D1700996

Photovoltaik

Das Manuskript und die Abbildungen dieses Buches wurden vom Autor in mehrjähriger Arbeit mit grösster Sorgfalt erstellt und vom Verlag so exakt als möglich reproduziert. Trotzdem können bei einem so umfangreichen Werk Fehler nie ganz ausgeschlossen werden.

Autor und Verlag können deshalb keine Verantwortung oder Haftung irgendwelcher Art für eventuelle Fehler und/oder unvollständige Angaben in diesem Buch oder für Folgeschäden übernehmen, die aus der Verwendung der in diesem Buch enthaltenen Angaben resultieren. Für die Mitteilung eventueller Fehler sind Autor und Verlag sehr dankbar.

Die in diesem Buch angegebenen Schaltungen und Verfahren werden ohne Rücksicht auf die Patentlage mitgeteilt. Sie sind nur für Lehrzwecke bestimmt und dürfen ohne Genehmigung des möglichen Patent- oder Lizenzinhabers nicht gewerblich genutzt werden.

In diesem Buch wurde bei Personenbezeichnungen im Interesse der besseren Lesbarkeit die männliche Form verwendet. Selbstverständlich sind aber weibliche Personen stets mitgemeint.

An verschiedenen Stellen sind in diesem Buch auch nützliche Internet-Links mit Material zum Thema Photovoltaik angegeben. Da Autor und Verlag keinen Einfluss auf den stetig wechselnden Inhalt dieser Webseiten haben und keine Haftung dafür übernehmen können, sind sie auf Grund der Rechtslage gezwungen, sich formell davon zu distanzieren.

Das Buch wurde vollständig in Farbe gedruckt. Um trotzdem einen möglichst günstigen Verkaufspreis zu erreichen, wurden bezahlte Anzeigen von auf dem Gebiet der Photovoltaik tätigen Firmen eingefügt. Autor und Verlag weisen darauf hin, dass sie auf den Inhalt dieser Anzeigen keinen Einfluss hatten und dass deren Inhalte ausschliesslich von den betreffenden Firmen festgelegt wurden.

1. Auflage 2007

AZ Fachverlage AG, CH-5001 Aarau, www.az-verlag.ch, www.elektrotechnik.ch

Printed in Germany: Westermann Druck Zwickau GmbH

ISBN AZ Verlag 978-3-905214-53-6
ISBN VDE Verlag 978-3-8007-3003-2

Heinrich Häberlin

Photovoltaik

Strom aus Sonnenlicht für Verbundnetz und Inselanlagen

AZ Verlag

Meiner Frau Ruth und meinen Kindern Andreas und Kathrin gewidmet, die während der Erstellung dieses Buches auf viel gemeinsame Zeit mit mir verzichten mussten, sowie allen Menschen, die sich für eine nachhaltige, verantwortbare Stromproduktion in der Zukunft interessieren und einsetzen.

Vorwort

Das Thema Energie und die damit verbundenen Fragen für Mensch, Gesellschaft und Umwelt sind aktueller denn je: Versorgungssicherheit, Klimawandel, Lieferengpässe, Strommarktliberalisierung, Preisschwankungen und anderes mehr haben Energiefragen wieder ins Zentrum der Diskussion gerückt. Dabei wird die Notwendigkeit einer nachhaltigen Energieversorgung und einer erhöhten Energieeffizienz so stark betont wie nie zuvor. Die aktuellen Ziele der Europäischen Kommission für das Jahr 2020 sind mutig und wegweisend.

Der von der britischen Regierung bestellte „Stern Report" hat die Klimaerwärmung und die damit verbundenen globalen wirtschaftlichen Folgen als das bisher grösste Marktversagen bezeichnet; auch die aus solch einer Entwicklung entstehenden Kosten hat er beziffert. Das Verhalten nach dem Motto „business as usual" in Wirtschaft und Politik wird uns teuer zu stehen kommen – teurer, als wenn schnell wirkungsvolle Massnahmen ergriffen würden. Einer wachsenden Zahl von Politikern, Wirtschaftsvertretern und Verbrauchern ist klar geworden, dass gehandelt werden muss – und dass es uns etwas kosten wird.

Der Zeitpunkt des Erscheinens dieses Buches könnte damit nicht besser gewählt sein. Gewiss: Strom aus Sonnenenergie – oder Photovoltaik – wird diese nunmehr anerkannten Probleme weder alleine noch schnell lösen können. Solarstrom ist aber eine derjenigen Technologien, welche mittel- und langfristig grosse Beiträge zur Energieversorgung leisten können. Auf dem Weg dorthin sind noch viele Probleme zu lösen, sowohl technische wie ökonomische. Gleichwohl befindet sich die Photovoltaik bereits jetzt in einer Phase der intensiven und rasanten globalen industriellen Entwicklung. Jährliche Wachstumsraten von 40% und mehr lassen auch Finanzkreise vermehrt auf diese Wachstumsbranche aufmerksam werden.

Häufig wird beim Stichwort Photovoltaik vor allem an die Solarzelle bzw. das Solarmodul gedacht. Zum Herzstück dieser Technologie ist diese Betrachtungsweise verständlich und nachvollziehbar. Trotzdem greift sie zu kurz, wenn es darum geht, die Energieproduktion einer Solarstromanlage zu beschreiben. Erst die Behandlung der Photovoltaik als Energiesystem erlaubt es, Aussagen über den Beitrag zur Energieversorgung zu machen. Systemaspekte sind es auch häufig, welche den Bezug zwischen Theorie und Praxis, bzw. zwischen Modell und Erfahrungen, herstellen.

Während immer mehr Photovoltaikanlagen gebaut und betrieben werden, rücken Fragen der Qualität und Zuverlässigkeit dieser Anlagen zunehmend in den Vordergrund. Nur eine gut funktionierende Solarstromanlage kann einen echten Beitrag zur Energieversorgung leisten. Weltweit wird deshalb diesen Fragen eine wachsende Aufmerksamkeit gewidmet. Es ist das besondere Verdienst dieses Buches, den Akzent auf die systemtechnischen Aspekte der Photovoltaik zu legen.

Prof. Heinrich Häberlin hat im Lauf seiner langjährigen Arbeiten an systemtechnischen Fragen der Photovoltaik eine einmalige Erfahrung gesammelt, eine Erfahrung, die in zahlreichen Publikationen sehr facetten- und detailreich belegt ist. Nun liegen diese Erfahrungen auch in Form dieses ausführlichen Buches vor. Aus der Erfahrung heraus geschrieben, liefert dieses Buch zahlreiche Erkenntnisse und Details aus der Praxis mit Solarstromanlagen. Damit greift dieses Buch ein weiteres, zunehmendes Problem auf: Im Zuge der raschen Marktentwicklung der Photovoltaik und anderer erneuerbarer Energien werden in Zukunft immer mehr Fachleute auf diesem Gebiet benötigt. Aus- und Weiterbildung sind damit Themen von wachsender Bedeutung.

Ich möchte Herrn Prof. Heinrich Häberlin herzlich danken und gratulieren, dass er seine überaus reiche Erfahrung in dieser Form zu teilen bereit ist und damit einen ganz wesentlichen Beitrag auf dem Gebiet der Photovoltaik leistet. Ich hoffe und wünsche, dass dieses umfassende Buch zahlreichen Studierenden und Fachleuten den Zugang zur Photovoltaik, insbesondere zu praxisorientierten Fragen dieses faszinierenden Gebietes, ermöglicht. Sie werden es nicht bereuen!

St. Ursen, im Juli 2007

Dr. Stefan Nowak

Vorsitzender des Photovoltaikprogramms
der Internationalen Energie Agentur IEA PVPS

Inhaltsverzeichnis

Kurzbiografie des Autors

Prof. Dr. Heinrich Häberlin studierte Elektrotechnik an der ETH Zürich und erwarb 1971 das Diplom als dipl. El. Ing. ETH. Anschliessend arbeitete er zunächst als Assistent und später als Oberassistent am Mikrowellenlabor der ETH. In dieser Zeit entwickelte er die Hardware, die Software und viele Lehrprogramme zu einem computergesteuerten Lehrsystem, das bis 1988 an der ETH im Unterricht verwendet wurde. Im Jahre 1978 promovierte er mit einer Arbeit über dieses System.

Von Anfang 1979 bis 1980 leitete er die Entwicklung der Hardware und der Software für die Mikroprozessorsteuerung eines komplexen Kurzwellen-Funkgerätesystems bei der Firma Zellweger in Hombrechtikon. Ende 1980 wurde er als Professor an die damalige Ingenieurschule Burgdorf berufen. Bis 1988 unterrichtete er dort neben Elektrotechnik auch Informatik.

Seit 1987 arbeitet er aktiv auf dem Gebiet Photovoltaik. 1988 gründete er das Photovoltaiklabor, wo er mit einer Gruppe von Assistenten, wissenschaftlichen Mitarbeitern und Technikern vor allem das Verhalten netzgekoppelter Photovoltaikanlagen untersucht. Seit 1989 betreibt er auch eine eigene private Photovoltaikanlage. Neben Untersuchungen von Photovoltaik-Wechselrichtern wurde 1990 auch mit Laborexperimenten zum Blitzschutz von Photovoltaikanlagen begonnen. Seit 1992 werden zudem auch ununterbrochene Langzeitmessungen an heute über 60 Photovoltaikanlagen durchgeführt. Diese Arbeiten wurden primär durch Forschungsaufträge des Bundesamtes für Energie und der Elektrizitätswirtschaft ermöglicht. Das Photovoltaiklabor arbeitete auch an einigen EU-Projekten mit. Das Photovoltaiklabor bietet für interessierte Firmen auch spezielle Messungen an Komponenten von Photovoltaikanlagen an.

Seit 1989 erteilt er an der Berner Fachhochschule im Studiengang Elektrotechnik und in Nachdiplomstudien auch Kurse über Photovoltaik. Er ist Mitglied der Electrosuisse (früher SEV), der ETG, der nationalen Fachkommission TK82 des SEV für Photovoltaikanlagen und der internationalen Photovoltaik-Normenkommission TC82 der IEC.

Hinweis zu den Berechnungsbeispielen

In diesem Buch finden sich zur Illustration des Stoffes an vielen Stellen Berechnungsbeispiele. Diese Beispiele wurden oft mit Tabellenkalkulationsprogrammen mit exakten Werten gerechnet und erst nach der Berechnung gerundet. Bei der Erstellung der Tabellen im Anhang A wurden dagegen aus Platzgründen viele Tabellenwerte auf zwei Kommastellen gerundet. Bei der Verwendung dieser gerundeten Tabellenwerte können sich deshalb gegenüber den im Buch in den Beispielen ausgedruckten Werten unter Umständen Abweichungen im Bereich von wenigen Promille ergeben.

1 Einführung und Übersicht

1.1 Photovoltaik – Was ist das?

Die Photovoltaik (PV) ist die Technik der direkten Umwandlung der Energie der Sonnenstrahlung in elektrische Energie mittels Solarzellen. In den letzten zehn Jahren ist in vielen Ländern das Interesse daran stark gewachsen (seit 1997 weltweites jährliches Wachstum 30 – 40%).

Eine Solarzelle ist im Prinzip eine spezielle Halbleiterdiode mit einer sehr grossflächigen, lichtexponierten Sperrschicht. Wird eine Solarzelle belichtet, kann sie einen Teil der Energie der auf sie auftreffenden Lichtquanten oder Photonen direkt in elektrische Energie (Gleichstrom) umwandeln.

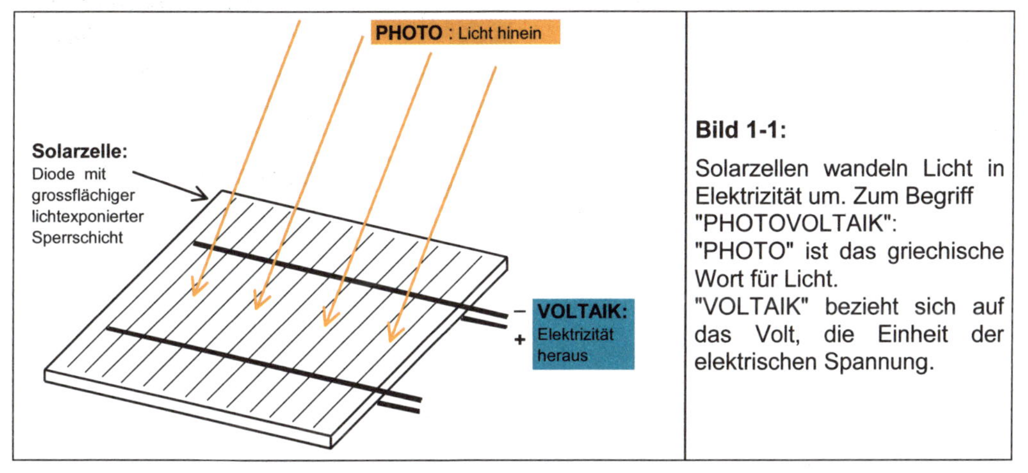

Bild 1-1:

Solarzellen wandeln Licht in Elektrizität um. Zum Begriff "PHOTOVOLTAIK": "PHOTO" ist das griechische Wort für Licht. "VOLTAIK" bezieht sich auf das Volt, die Einheit der elektrischen Spannung.

Da die einzelnen Solarzellen nur eine geringe Spannung erzeugen, werden für die praktische Anwendung mehrere solcher Solarzellen in Serie geschaltet und in einem sogenannten Solarmodul verpackt. Für grössere Leistungen können solche Module zu beliebig grossen Solargeneratoren zusammengeschaltet werden.

Die erste praktisch brauchbare Solarzelle wurde 1954 entwickelt. Die erste technische Anwendung der Photovoltaik erfolgte in der Weltraumtechnik. Fast alle im erdnahen Weltraum eingesetzten Satelliten beziehen seit 1958 die für ihren Betrieb notwendige elektrische Energie aus Solarzellen, die zuerst auch "Sonnenbatterien" genannt wurden. Die zunächst sehr hohen Kosten der Solarzellen spielten bei dieser Anwendung keine Rolle. Viel wichtiger waren eine hohe Zuverlässigkeit, ein geringes Gewicht und ein möglichst hoher Wirkungsgrad.

Die ersten terrestrischen Anwendungen der Photovoltaik erfolgten in den 70-er Jahren. Nach der Energiekrise von 1973 stieg das Interesse für die Nutzung erneuerbarer Energien und insbesondere der Sonnenenergie stark an. Diese Entwicklung hat sich seit dem Atomunfall in Tschernobyl im Jahre 1986 noch wesentlich verstärkt. Für den Einsatz auf der Erde wurden einfachere und billigere Solarzellen entwickelt. Sie wurden zunächst für die Stromversorgung abgelegener Verbraucher (z.B. Telekommunikationsanlagen, Ferienhäuser, Bewässerungsanlagen und Dorfstromversorgungen in Entwicklungsländern usw.) eingesetzt. Für solche Anwendungen ist die Photovoltaik bereits seit langer Zeit wirtschaftlich interessant.

Bild 1-2:
Stromversorgung der Monte-Rosa-Hütte mit Solargeneratoren von ca. 400 Wp Ende der 80-er Jahre. Heute sind für solche Hütten einige kWp üblich. (Bild Fabrimex).

Bild 1-3:
Solar-Home-System in Indien. Bereits eine PV-Inselanlage von 50 – 100 Wp erhöht die Lebensqualität in Drittweltländern deutlich (Bild DOE/NREL).

Bild 1-4:
Photovoltaische Stromversorgung eines Leuchtfeuers (Bild Siemens).

Bild 1-5:
Photovoltaisch versorgte Highway-Notrufsäule in einer Wüste in Kalifornien (Bild DOE/NREL).

Bild 1-6:

Mit photovoltaisch erzeugtem Strom betriebener Dorfbrunnen von Mondi im Innern von Senegal. Da das geförderte Grundwasser leicht speicherbar ist, benötigen solche einfachen Anlagen keinen Akkumulator für die Nachtstromversorgung, was die Kosten deutlich verringert. (Bild Siemens).

Bild 1-7:

Photovoltaische Dorfstromversorgung von 6 kWp in Doncun-Wushe in China (Inselananlage mit Speicher und Wechselstromversorgung) (Bild Shell Solar).

Bild 1-8:

Photovoltaische Stromversorgung einer abgelegenen Telekommunikationsanlage in Sipirok, Indonesien (Bild Siemens).

Bild 1-9:

Photovoltaische Dorf-Stromversorgung von 4 kWp in Lime Village in Alaska. Es handelt sich um eine Hybridanlage (Inselanlage mit Speicher und Wechselstromversorgung sowie zusätzlichem Dieselgenerator).

(Bild DOE/NREL).

In den 80-er Jahren waren die USA in der Photovoltaik führend. Bereits damals wurden vor allem in sonnenreichen Gebieten (Wüstengebiete der USA) einige photovoltaische Kraftwerke mit Leistungen bis zu einigen MW gebaut, welche den von den Solarzellen erzeugten Gleichstrom in Wechselstrom umwandeln und ins öffentliche Stromnetz einspeisen. Diese Anlagen wurden oft ein- oder zweiachsig der Sonne nachgeführt. Die erste Anlage mit 1 MWp ging 1982 in Hesperia in Betrieb, im Jahre 1984 folgte eine Anlage von 6,5 MWp in Carrizo Plain. Beide Anlagen sind inzwischen abgebrochen. Ende der 80-er Jahre erwachte nach dem Unfall in Tschernobyl auch in Europa das Interesse für netzgekoppelte Photovoltaikanlagen. Die grösste Anlage in Europa (3,3 MWp) war während vielen Jahren die Anlage in Serre/ Italien, die 1995 ans Netz ging. In den letzten Jahren werden in Deutschland laufend immer mehr Grossanlagen mit Leistungen von 5 MWp und mehr in Betrieb genommen. Bei Abschluss des Manuskriptes war die grösste dieser Anlagen die 12 MWp-Anlage Erlasee/Arnstein in Bayern, die seit 2006 in Betrieb ist. Einige noch grössere Anlagen befinden sich im Bau oder in Planung. Die grösste Anlage in der Schweiz mit einer Leistung von 1000 kWp war bei Abschluss des Manuskriptes die Anlage der SIG in Genf, gefolgt von der BKW-Anlage von 855 kWp auf dem neuen Fussballstadion in Bern ("Stade de Suisse" in Bern-Wankdorf), die seit Frühling 2005 in Betrieb ist. Diese Anlage wird bis Mitte 2007 auf etwa 1,3 MWp ausgebaut und wird dann neu die Spitze übernehmen. Sie ist auch momentan die grösste Anlage der Welt auf einem Fussballstadion. Eine weitere grössere Anlage (555 kWp, Inbetriebnahme 1992) befindet sich auf dem Mont Soleil (1270 m). Angaben über weitere grössere PV-Anlagen sind unter [www.pvresources.com] zu finden.

Bild 1-10:

Netzgekoppelte Photovoltaikanlage von 3,18 kWp auf dem Dach eines Einfamilienhauses in Burgdorf (Inbetriebnahme 1992).

Bild 1-11:

Netzgekoppelte Photovoltaikanlage von 60 kWp auf dem Dach des Elektrotechnik-Gebäudes der Berner Fachhochschule (BFH) in Burgdorf. Die Anlage wurde im Laufe des Jahres 1994 in Betrieb genommen.

Bild 1-12:

Netzgekoppelte Photovoltaikanlage von 1,152 kWp der BFH auf dem Jungfraujoch (3454 m). Sie ist seit November 1993 in Betrieb und war mindestens im Zeitpunkt ihrer Errichtung die höchstgelegene netzgekoppelte Photovoltaikanlage der Welt.

Bild 1-13:

Netzgekoppelte Photovoltaikanlage von 555 kWp auf dem Mont Soleil (1270 m), seit 1992 in Betrieb.

Der photovoltaische Wirkungsgrad heute kommerziell erhältlicher Solarzellen für terrestrische Anwendungen liegt bei maximal 23 %. Er lässt sich in Zukunft sicher noch etwas steigern, ist jedoch wegen grundlegender physikalischer Gesetze prinzipiell beschränkt.

Bild 1-14:

Netzgekoppelte Photovoltaikanlage von 3,3 MWp in Serre/ITALIEN, seit 1995 in Betrieb (Bild ENEL).

Bild 1-15:

Netzgekoppelte Photovoltaikanlage Leipziger Land von 5 MWp, die 2004 in Betrieb genommen wurde (Bild Geosol).

Bild 1-16:

Netzgekoppelte Photovoltaikanlage von gegenwärtig 4,6 MWp in Springerville / Arizona / USA (wird laufend ausgebaut auf maximal ca. 8 MWp). Der mittlere Jahres-Energieertrag beträgt 1673 kWh/kWp/a).

(Bild von Tucson Electric Power Company, www.greenwatts.com)

Die von den Solarzellen genutzte Strahlungsenergie der Sonne ist im Gegensatz zu den heute hauptsächlich genutzten Energieträgern, deren Vorräte noch für einige zehn (Erdöl, Uran) resp. hundert Jahre (Kohle) reichen, für menschliche Massstäbe unerschöpflich (Vorrat reicht noch etwa 5 Milliarden Jahre!).

Ein Grundproblem bei der terrestrischen Photovoltaik ist jedoch wie bei vielen Sonnenenergieanwendungen die zeitliche Variation der Sonnenstrahlung infolge des Wechsels von Tag und Nacht, von Sonnenschein und Regen und in höheren Breiten von Sommer und Winter. Falls ein kontinuierlicher Strombezug möglich sein soll, sind deshalb im Prinzip Energiespeicher nötig, welche die Kosten des photovoltaisch erzeugten Stromes deutlich erhöhen. In einem gewissen Umfang lässt sich allerdings ein bereits vorhandenes Netz als Speicher benutzen, ohne dass Kosten für zusätzliche Speicher anfallen.

Die photovoltaische Sonnenenergienutzung ist sehr sauber und umweltfreundlich. Die Stromerzeugung erfolgt absolut geräuschlos und ohne die Produktion irgendwelcher Abgase oder giftiger Abfallprodukte. Es ist sehr faszinierend, wie dabei praktisch aus dem Nichts hochwertige elektrische Energie entsteht. Bei den heute vorwiegend verwendeten Silizium-Solarzellen bestehen auch keine Probleme bei der Rohstoffbeschaffung oder bei der Entsorgung am Ende ihrer Lebensdauer. Sand als Ausgangsmaterial für die Siliziumherstellung ist auf der ganzen Welt in riesigen Mengen vorhanden. Die in Silizium-Solarzellen vorhandenen Substanzen sind ungiftig und gefährden die Umwelt nicht. Die Stromerzeugung mit Silizium-Solarzellen kann etwas salopp, aber prägnant mit "Strom aus Sand und Sonne" umschrieben werden.

Solarzellen haben eine sehr hohe Zuverlässigkeit und benötigen keine Wartung. Sind sie durch einwandfreie Verpackung gut vor Umwelteinflüssen geschützt, erreichen mono- und polykristalline Siliziumsolarzellen eine Lebensdauer von 25 bis 30 Jahren.

Gegenüber solarthermischen Anlagen zur Stromerzeugung, die nur die direkte Sonnenstrahlung verwerten können, haben photovoltaische Anlagen den Vorteil, dass sie auch den diffusen Anteil der Sonnenstrahlung nutzen können, der in höheren Breiten (wie in Mitteleuropa) einen grossen Teil der gesamten eingestrahlten Energie ausmacht. Im schweizerischen Mittelland und in weiten Teilen Deutschlands und Österreichs liegt der Anteil der diffusen Strahlung an der Gesamtstrahlung über 50 %. Im Gegensatz zu solarthermischen Anlagen gibt es bei der Photovoltaik auch keine minimale Anlagengrösse. Bereits sehr kleine Verbraucher im mW- und W-Bereich (Uhren, Taschenrechner, batteriebetriebene Kleingeräte usw.) lassen sich mit photovoltaisch erzeugtem Strom versorgen. Dank dem modularen Aufbau von Photovoltaikanlagen existiert auch keine obere Leistungsgrenze. Photovoltaische Kraftwerke mit Spitzenleistungen im GW-Bereich in Wüstengegenden sind im Prinzip durchaus realisierbar [1.1].

Die Photovoltaik hat heute noch einen gravierenden Nachteil, nämlich den immer noch relativ hohen Preis der Solarzellen. In den meisten Ländern ist photovoltaischer Strom deshalb auch heute noch nur für die Speisung von Verbrauchern, die weit vom nächsten Netzanschluss entfernt sind, wirtschaftlich interessant. Die Einspeisung von photovoltaisch erzeugtem Strom ins öffentliche Stromnetz ist dagegen noch unwirtschaftlich, wenn die anfallenden Stromerzeugungskosten mit den normalen Strompreisen verglichen werden. Bereits Ende der 80-er Jahre und Anfang der 90-er Jahre errichteten aber trotzdem viele umweltpolitisch engagierte Idealisten und Firmen netzgekoppelte Photovoltaikanlagen, sobald für Kleinanlagen geeignete, serienmässige Photovoltaik-Wechselrichter im Leistungsbereich von etwa 0,7 kW bis 5 kW auf dem Markt erhältlich waren. Seit dem Atomunfall von Tschernobyl im Jahre 1986 und dem daraus resultierenden faktischen Baustopp für Atomkraftwerke in den meisten Ländern der Welt interessierten sich auch einige Elektrizitätswerke in Europa für photovoltaische Kraftwerke, weniger um damit sofort grössere Energiemengen zu produzieren als vielmehr um mit der neuen Technik eigene Erfahrungen zu sammeln. Die Anzahl der Leute und der Elektrizitätswerke, die bereit sind, auf eigene Kosten und eigenes Risiko derartige Anlagen zu bauen und damit zur technischen Weiterentwicklung dieser neuen Stromerzeugungsart beizutragen, ist aber beschränkt.

In einigen Ländern wurden in den neunziger Jahren im Rahmen von Förderprogrammen punktuell Subventionen an die Errichtung netzgekoppelter Anlagen ausgerichtet. Die dadurch zwar stetig steigende Nachfrage nach Solarzellen war aber zunächst immer noch relativ klein, so dass noch keine wesentliche Verbilligung durch Massenproduktion erfolgen konnte. Eine solche Verbilligung durch industrielle Massenproduktion ("economy of volume") erfolgt nur, wenn eine langfristig stabile Nachfrage die auf Seiten der Industrie erforderlichen grossen Investitionen in Produktionsanlagen auslöst und wirtschaftlich lukrativ erscheinen lässt.

Die weitaus effizienteste Art der Förderung von netzgekoppelten Photovoltaikanlagen ist die kostendeckende Vergütung. Sie wurde 1991 erstmals in der Stadt Burgdorf durch Einführung des "Burgdorfer Modells" durch das lokale Elektrizitätswerk eingeführt. Nach diesem Modell wurde für den Strom von netzgekoppelten Photovoltaikanlagen, die in der Zeit von 1991 bis 1996 errichtet wurden, während 12 Jahren ein Rücknahmepreis von 1 Fr./kWh vergütet und durch Umlage auf den Strompreis aller Kunden finanziert. Zusammen mit den damals noch erhältlichen festen Subventionen (einige Fr./W_P) von Bund und Kanton war damit erstmals ein Vergütungsmodell realisiert, das eine Amortisation von netzgekoppelten Photovoltaikanlagen während ihrer Lebensdauer ermöglichte. Deshalb entstanden in Burgdorf in den nächsten Jahren sehr viele derartige Anlagen. *Diese Art der Förderung schafft nicht nur einen Anreiz zum Bau, sondern auch zum effizienten Betrieb solcher Anlagen und trägt somit am wirksamsten zur technischen Weiterentwicklung der Photovoltaik bei.* Das Modell wurde in modifizierter Form zunächst in einigen andern Städten ebenfalls eingeführt (z.B. in Aachen, "Aachener Modell") und schliesslich im April 2000 mit der Einführung des Erneuerbare-Energien-Gesetzes (EEG) in Deutschland landesweit übernommen, was zu einem riesigen Boom der Photovoltaik in Deutschland und einem rasanten Anstieg der installierten Leistung führte. In der Schweiz, wo kein landesweites EEG besteht und zudem wegen der Finanzkrise der öffentlichen Haushalte kaum noch Subventionen an die Errichtung solcher Anlagen ausgerichtet werden, steigt die Anzahl der Photovoltaikanlagen dagegen nur ganz langsam an.

Bild 1-17: Entwicklung der installierten PV-Spitzenleistung nach Einführung des "Burgdorfer Modells" (Vergütung von 1 Fr. pro kWh für photovoltaisch erzeugten Strom durch das lokale EW, die heutige Localnet AG). Der erneute Anstieg 1999/2000 ist auf im Rahmen der "Solarstrombörse" realisierte weitere Anlagen zurückzuführen.

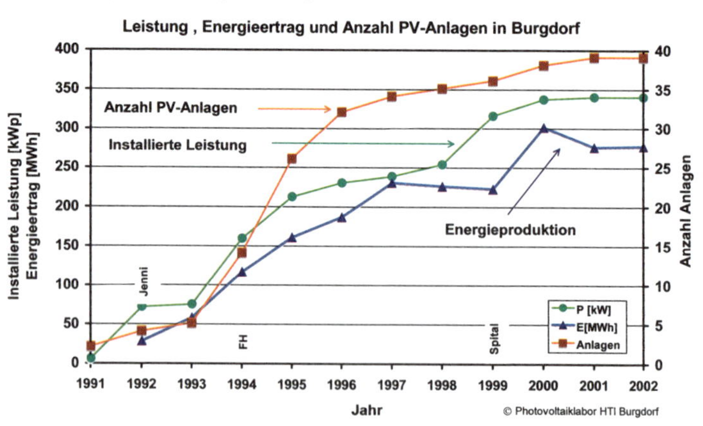

Seit dem Erscheinen des ersten 3kW-Gerätes (SI-3000) im Jahre 1987 hat die Anzahl der auf dem Markt angebotenen Geräte stark zugenommen und ihre Zuverlässigkeit ist in den letzten Jahren wesentlich gestiegen. Seit Mitte der 90-er Jahre sind auch sogenannte Modulwechselrichter im Leistungsbereich 100 W bis 400 W auf dem Markt, die für den Anschluss eines einzigen oder ganz weniger Module gedacht sind und direkt am oder in der Nähe des Solarmoduls angebracht werden. Auch bei grösseren Leistungen besteht ein reiches Angebot an serienmässigen dreiphasigen Wechselrichtern im Bereich von etwa 20 kW – 500 kW.

Durch Gebäudeintegration von Photovoltaikanlagen in Neubauten, d.h. Errichtung von Anlagen, die nicht nur aussen am Gebäude befestigt sind, sondern einen Teil der eigentlichen Gebäudehaut bilden oder eine für das Gebäude wichtige Funktion erfüllen (z.B. Sonnenschutz), kann im Prinzip bei den Gebäudeerstellungskosten ein Teil der Mehrkosten einer Photovoltaikanlage eingespart werden. Zudem können so auch ästhetisch viel ansprechendere und architektonisch originelle Lösungen realisiert werden. Oft wird diese Einsparung jedoch noch durch einen höheren Planungsaufwand und die Kosten für nach Mass angefertigte Module oder Laminate (rahmenlose Module) wieder aufgehoben. Schon Anfang der 90-er Jahre wurden in der Schweiz derartige gebäudeintegrierte Anlagen realisiert. In den letzten Jahren wurden aber vor allem in Deutschland, Holland und Österreich solche Anlagen gebaut.

Weltweit wird eifrig geforscht, um Solarzellen mit grösserem Wirkungsgrad und niedrigerem Preis zu erhalten. Gleichzeitig wird die Systemtechnik für Photovoltaikanlagen weiter entwickelt und optimiert. Die weltweite Produktion von Solarzellen wächst seit 1997 um 30 bis 40% pro Jahr. Dank steigender Produktion sinken auch die Preise weiter. Eine Verdoppelung der Produktionsmenge sollte wegen der wachsenden Erfahrung der Hersteller (Lernkurve) jeweils eine Preisreduktion von etwa 20% zur Folge haben. Die Photovoltaik wird in den kommenden Jahrzehnten einen stetig steigenden Beitrag an die Stromproduktion leisten.

1.2 Zum Aufbau dieses Buches

Ein derartiges Fachbuch enthält eine Fülle von Informationen und verschiedene Hilfstabellen und Anhänge. Eine kurze Erläuterung des Aufbaus ist für die effiziente Benützung deshalb zweckmässig.

Der **Hauptteil des Buches** umfasst eine systematische Einführung in die Systemtechnik von Photovoltaikanlagen. Bei der erstmaligen Verwendung neuer Begriffe und Symbole werden diese ausführlich erläutert. Zusätzlich sind im Anhang Listen der verwendeten Symbole, Einheiten und Abkürzungen vorhanden. Sind zur Durchführung von Berechnungen neben Formeln grössere Tabellen nötig, sind diese auch im Anhang A untergebracht. Bilder, Tabellen, Formeln und Literaturhinweise sind *kapitelweise fortlaufend numeriert* (erste Zahl = Kapitelnummer). Formel-Bezeichnungen stehen in runden, Literaturangaben in eckigen Klammern. Im Text selbst sind neben Bildern höchstens kleine Hilfstabellen oder Beispiele angegeben.

Am Schluss jedes Kapitels folgt jeweils eine Literaturliste zu den behandelten Themen. Zitierte Literatur aus dieser Liste beginnt jeweils mit der Kapitelnummer, gefolgt von einer Laufnummer. Um Platz zu sparen, wird jeweils in späteren Kapiteln eine bereits in einem früheren Kapitel aufgeführte Literaturangabe nicht mehr mit einer neuen Nummer versehen, sondern in den folgenden Kapiteln unter der alten Bezeichnung weitergeführt. Im Anhang B ist eine weitere Literaturliste mit Büchern über Photovoltaik enthalten. Zitierte Literatur aus dieser Bücherliste beginnt mit drei Buchstaben, die den Name des (Erst-) Autors abkürzen, gefolgt vom Erscheinungsjahr.

In **Kapitel 1** werden nach einer allgemeinen Einführung in die Photovoltaik neben einigen Grunddefinitionen auch erste *Richtwerte zur groben Abschätzung des Potenzials und des Flächenbedarfs* derartiger Anlagen angegeben, ohne aber näher auf technische Details einzugehen.

In **Kapitel 2** wird die *Sonnenstrahlung und das Strahlungsangebot* auf horizontale und geneigte Ebenen auf der ganzen nördlichen Hemisphäre zwischen 23,5°N und 66,5°N behandelt. Bei der Berechnung der Einstrahlung auf geneigte Ebenen wird neben einer leicht anwendbaren, einfachen Methode auch eine etwas leistungsfähigere, aber aufwändigere Methode eingeführt, die auch die Berücksichtigung einfacher Beschattungsfälle gestattet. Für den Einsatz beider Methoden stehen ausführliche Tabellen im Anhang A zur Verfügung. Ist die Einstrahlung in die Solargeneratorebene auf Grund der lokalen Strahlungsverhältnisse bekannt, kann der Energieertrag einer Photovoltaikanlage schon viel genauer abgeschätzt werden.

Kapitel 3 befasst sich mit dem *Aufbau und dem Funktionsprinzip von Solarzellen*, dem Einfluss von verschiedenen Solarzellenmaterialien und Technologien auf den Wirkungsgrad, praktischen Bauformen von Solarzellen, der Herstellung von Solarzellen und möglichen zukünftigen Entwicklungen.

Kapitel 4 behandelt *Solarmodule resp. Laminate* und ganze Solargeneratoren. Die Probleme, die bei der Zusammenschaltung von Solarzellen und Solarmodulen entstehen können (speziell bei Teilbeschattungen oder infolge der Streuung von Moduldaten) werden ausführlich diskutiert. Auch der praktische Aufbau und die Integration von Solargeneratoren in Gebäuden oder in Infrastrukturanlagen werden besprochen.

In **Kapitel 5** wird der *Aufbau von ganzen Photovoltaikanlagen* ausführlich dargestellt. Es ist unterteilt in einen ersten Teil über *Inselanlagen* und ein Teil über *netzgekoppelte Anlagen*. Auch wichtige Komponenten (z.B. Akkus oder Wechselrichter) für derartige Anlagen werden hier vorgestellt. Dabei werden auch die elektromagnetische Verträglichkeit solcher Anlagen und die im Zusammenwirken mit dem Netz auftretenden Probleme beleuchtet.

Kapitel 6 gibt zunächst eine kurze Einführung über den Blitzschutz allgemein und behandelt dann ausführlich den *Blitz- und Überspannungsschutz bei Photovoltaikanlagen.*

Kapitel 7 führt in die *normierte Darstellung des Energieertrags und der Leistung von Photovoltaikanlagen* ein, einem ausgezeichneten Mittel zur Beurteilung der ordnungsgemässen Funktion einer derartigen Anlage. Diese normierte Darstellung vereinfacht und systematisiert auch die Ertragsberechnung im folgenden Kapitel.

Kapitel 8 behandelt die *Dimensionierung und die Berechnung des Energieertrags von Photovoltaikanlagen* unter Verwendung der in Kapitel 2 vorgestellten Strahlungsberechnung und der im Kapitel 7 eingeführten normierten Darstellung des Energieertrags. Für die Anwendung der vorgestellten Berechnungsmethoden stehen in Anhang A ausführliche Tabellen zur Verfügung.

In **Kapitel 9** wird die *Wirtschaftlichkeit von Photovoltaikanlagen* in finanzieller und energetischer Sicht näher betrachtet.

In **Kapitel 10** werden einige *netzgekoppelte Photovoltaikanlagen* (Anlagen auf Gebäuden und auf dem freien Feld) in der Schweiz, Deutschland und den USA vorgestellt. Auch die *Energieerträge* dieser Anlagen und die damit gewonnenen *Betriebserfahrungen* werden diskutiert.

Kapitel 11 enthält eine kurze *Zusammenfassung* und ein *Ausblick* in die Zukunft.

Im **Anhang A** folgen zunächst ausführliche Tabellen mit meteorologischen Daten und Hilfstabellen für die Berechnung der Sonneneinstrahlung auf eine geneigte Ebene auf der ganzen nördlichen Hemisphäre zwischen 23,5°N und 66,5°N. Für weite Gebiete in Europa sind auch Angaben zur näherungsweisen Berücksichtigung der Beschattung durch den Horizont vorhanden. Weiter folgen Tabellen für die Berechnung von Energieerträgen von Photovoltaikanlagen sowie einige Strahlungskarten.

In Anhang B sind eine Liste mit wichtigen Links, eine Liste mit Büchern zur Photovoltaik, ein Stichwortverzeichnis, eine Liste mit den wichtigsten Symbolen und deren Einheiten, eine Abkürzungsliste, eine Liste mit den verwendeten dekadischen Vorsilben, einige nützliche Umrechnungsfaktoren und einige wichtige Naturkonstanten angegeben.

1.3 Einige für die Photovoltaik wichtige Begriffe und Definitionen

In diesem Unterkapitel werden einige für die Photovoltaik wichtige Begriffe und Definitionen kurz vorgestellt [SNV88]. Sie werden in den folgenden Kapiteln eingehender behandelt und mit Bildern und Grafiken illustriert.

1.3.1 Begriffe aus der Meteorologie, Astronomie und Geometrie

Sonnenstrahlung :

Von der Sonne stammende Strahlung (im Wellenlängenbereich 0,3 μm bis 3 μm).

Sonnenspektrum :

Die Verteilung der Intensität der Sonnenstrahlung in Funktion der Wellenlänge oder der Frequenz.

Direkte Sonnenstrahlung :

Sonnenstrahlung, die direkt aus der Richtung der Sonnenscheibe auf eine Ebene trifft.

Diffuse Sonnenstrahlung :

Diejenige Sonnenstrahlung, die erst nach Streuung an Bestandteilen der Atmosphäre (z.B. Wassertröpfchen, Wolken) oder Reflexion in der Umgebung auf eine Ebene trifft.

Globalstrahlung :

Die Summe aus direkter und diffuser Sonnenstrahlung (d.h. die gesamte von der Sonne stammende Strahlung) auf eine ebene Fläche.

Globale Bestrahlungsstärke G (globale Einstrahlung) :

Leistungsdichte (Leistung/Fläche) der auf eine Ebene auftreffenden Globalstrahlung.

Einheit: 1 W/m^2

Strahlungssumme H (Strahlungsenergie, Einstrahlung) :

Energiedichte (Energie/Fläche) der in einem bestimmten Zeitintervall auf eine Ebene auftreffenden Globalstrahlung, berechnet durch Integration der Bestrahlungsstärke G über dieses Zeitintervall. Als Zeitintervall wird meist ein Jahr (a), ein Monat (mt), ein Tag (d) oder eine Stunde (h) gewählt.

Einheit: 1 kWh/m^2 resp. 1 MJ/m^2 (kWh/m^2 ist für die Photovoltaik viel zweckmässiger)

Umrechnung: 1 kWh = 3,6 MJ resp. 1 MJ = 0,278 kWh

Pyranometer :

Instrument zur Messung der Globalstrahlung (globale Bestrahlungsstärke G) auf eine ebene Fläche im ganzen Wellenlängenbereich von etwa 0,3 μm bis 3 μm. Es basiert auf dem thermoelektrischen Prinzip und ist genau, aber teuer. Pyranometer werden vor allem von Wetterdiensten eingesetzt.

Referenzzelle :

Eine geeichte Solarzelle zur Messung der Globalstrahlung G auf eine ebene Fläche. Referenzzellen sind viel preisgünstiger als Pyranometer. Wie jede Solarzelle wertet eine Referenzzelle nur einen Teil der ganzen Strahlung auf diese Fläche aus. Sie ist so geeicht, dass sie *unter Normbedingungen* (Normspektrum AM1,5 mit G = 1 kW/m^2) die *gleiche Bestrahlungsstärke wie ein Pyranometer anzeigt.* In der Praxis ergeben sich je nach Wettersituation Abweichungen von bis zu einigen Prozent zwischen den Anzeigen von Pyranometern und Referenzzellen.

Sonnenhöhe h_S :
Der Winkel zwischen der Sonnenrichtung (d.h. dem Zentrum der Sonnenscheibe) und der Horizontalebene.

Sonnenazimut γ_S :
Der in die Horizontalebene projizierte Winkel zwischen der Sonnenrichtung und Süden, gemessen im Uhrzeigersinn (negativ für Ostabweichungen, positiv für Westabweichungen).

Solargeneratoranstellwinkel β :
Der Winkel zwischen der Solarzellenebene und der Horizontalebene.

Solargeneratororientierung (Solargeneratorazimut) γ :
Der Winkel zwischen der Projektion der Normalen (Senkrechten) zur Solarzellenebene auf die Horizontalebene und der Südrichtung, gemessen im Uhrzeigersinn (negativ für Ostabweichungen, positiv für Westabweichungen).

Relative Luftmassenzahl (Air Mass, AM) :
Das Verhältnis der von der Sonnenstrahlung tatsächlich durchlaufenen Atmosphärenmasse (optische Dicke) zur minimal möglichen Atmosphärenmasse auf Meereshöhe (wirksam, wenn die Sonne im Zenit steht).
Mit p = Lokaler Luftdruck, p_o = Luftdruck auf Meereshöhe gilt:

$$Air\ Mass\ AM = \frac{1}{\sin(h_S)} \cdot \frac{p}{p_o} \tag{1.1}$$

Beispiele (für Orte auf Meereshöhe) :
AM 1 : $h_S = 90^\circ$
AM 1,1 : $h_S = 65{,}4^\circ$
AM 1,2 : $h_S = 56{,}4^\circ$
AM 1,5 : $h_S = 41{,}8^\circ$ (günstiger Mittelwert für Europa)
AM 2 : $h_S = 30^\circ$
AM 3 : $h_S = 19{,}5^\circ$
AM 4 : $h_S = 14{,}5^\circ$

Gemäss (1.1) sind im Gebirge (z.B. in den Alpen im Sommer) AM-Zahlen unter 1 möglich !

1.3.2 Begriffe aus der Photovoltaik

Monokristallines Silizium (c-Si) :
Silizium, das in Form eines einzigen riesigen Kristalls (Einkristall) erstarrt ist. Die Herstellung von monokristallinem Silizium benötigt sehr viel Energie und das Ziehen des Einkristalls braucht viel Zeit.

Polykristallines oder multikristallines Silizium :
Silizium, das in Form vieler kleiner Kristalle (Kristallite) beliebiger Ausrichtung erstarrt ist. Der Energiebedarf für die Herstellung ist deutlich geringer als bei monokristallinem Silizium. Poly- und multikristallin werden oft als Synonyme gebraucht, manchmal wird aber auch unterschieden zwischen dem Rohmaterial (polykristallines Silizium) und dem Material, das nach dem Vergiessen in Blöcke und dem Zersägen dieser Blöcke zu Wafern zur Herstellung von entsprechenden Solarzellen dient (multikristallines Silizium, abgekürzt mc-Si, siehe S. 106).

Amorphes Silizium (a-Si) :
Silizium, dessen Atome nicht in Form eines Kristallgitters angeordnet sind.

Solarzelle :
Halbleiterdiode mit grossflächiger lichtexponierter Sperrschicht, die beim Auftreffen von Sonnenlicht direkt elektrische Energie erzeugt.

Solarmodul (ältere Bezeichnung Solarzellenmodul) :
Eine Anzahl galvanisch miteinander verbundener Solarzellen (meist in Serie geschaltet) in einem gemeinsamen Gehäuse zum Schutz gegen Umwelteinflüsse.

Solarpanel :
Eine Einheit aus mehreren mechanisch verbundenen Solarmodulen (oft auch vorverdrahtet), die vormontiert auf die Baustelle gebracht wird und zum Aufbau grösserer Solargeneratoren dient. Im Fachjargon wird Solarpanel aber oft (fälschlicherweise) auch als Synonym für Solarmodul gebraucht.

Solargenerator (Array) :
Eine Anordnung aus mehreren auf einer gemeinsamen Tragstruktur montierten und elektrisch zusammengeschalteten Solarpanels oder Solarmodulen (inklusive Tragstruktur).

Solargenerator-Feld (Array Field) :
Eine Anordnung von mehreren zusammengeschalteten Solargeneratoren, welche zusammen eine Photovoltaikanlage speisen.

Photovoltaische Anlage (PV-Anlage, Solarzellenanlage oder kurz Solaranlage) :
Gesamtheit der Komponenten zur direkten Umwandlung der Energie der Sonnenstrahlung in elektrische Energie.

Netzunabhängige Photovoltaikanlage (autonome Anlage, Inselanlage) :
Anlage zur photovoltaischen Stromerzeugung ohne Anschluss an das öffentliche Stromnetz. Eine solche Anlage benötigt oft einen Akkumulator als Energiespeicher für sonnenlose Zeiten (Nacht) und zum Ausgleich von Lastspitzen. Dieser Speicher erhöht die Stromkosten.

Netzgekoppelte Photovoltaikanlage :
Photovoltaikanlage mit Anschluss an das öffentliche Stromnetz. Das Stromnetz wird dabei als Speicher benützt, d.h. zu viel produzierte Energie wird ins Netz eingespeist und später wieder vom Netz bezogen, wenn die Eigenproduktion der Anlage nicht ausreicht.

Strom-Spannungs-Charakteristik ($I = f(U)$) :
Grafische Darstellung des Stromes in Funktion der Spannung einer Solarzelle oder eines Solarmoduls (bei einer bestimmten Bestrahlungsstärke G und einer bestimmten Solarzellentemperatur).

Leerlaufspannung U_{OC} :
Ausgangsspannung einer Solarzelle oder eines Solarmoduls im Leerlauf, d.h. im stromlosen Zustand, bei einer bestimmten Bestrahlungsstärke G und einer bestimmten Zellentemperatur.

Kurzschlussstrom I_{SC} :
Strom einer kurzgeschlossenen Solarzelle oder eines kurzgeschlossenen Solarmoduls, d.h. bei Ausgangsspannung = 0 V, bei einer bestimmten Bestrahlungsstärke G und einer bestimmten Solarzellentemperatur.

Standard Test Bedingungen (Standard Test Conditions = STC) :
Übliche Testbedingungen für die Angabe der Kenngrössen von Solarzellen und Solarmodulen: Bestrahlungsstärke $G_o = G_{STC} = 1000\ W/m^2$, AM1,5-Spektrum, Zellentemperatur 25^oC.

Spitzenleistung P_{max} :

Maximale Ausgangsleistung (Produkt aus Spannung und Strom) einer Solarzelle oder eines Solarmoduls bei einer bestimmten Einstrahlung und einer bestimmten Solarzellentemperatur (oft bei STC) im Punkt maximaler Leistung (MPP = Maximum Power Point).

Einheit: 1 Watt = 1 W resp. 1 W_P (Watt Peak)

Die Spitzenleistung wird oft statt in W in W_P angegeben, um zu unterstreichen, dass es sich um eine *Spitzenleistung unter Laborbedingungen* handelt, die im praktischen Betrieb kaum je erreicht wird.

Füllfaktor FF (einer Solarzelle oder eines Solarmoduls) :

Verhältnis der Spitzenleistung zum Produkt aus Leerlaufspannung und Kurzschlussstrom bei einer bestimmten Einstrahlung und einer bestimmten Solarzellentemperatur. In der Praxis ist FF immer < 1. Für den Füllfaktor FF gilt somit:

$$FF = \frac{P_{\max}}{U_{OC} \cdot I_{SC}} \qquad (1.2)$$

Flächennutzungsgrad eines Solarzellenmoduls (englisch Packing Factor PF) :

Verhältnis der totalen Solarzellenfläche zur gesamten Modulfläche (inkl. Rahmen). PF ist immer < 1.

Photovoltaischer Wirkungsgrad oder Solarzellenwirkungsgrad η_{PV} :

Verhältnis der Spitzenleistung P_{max} einer Solarzelle zu der auf die Solarzelle einfallenden Strahlungsleistung. Der Solarzellenwirkungsgrad sinkt etwas bei kleineren Einstrahlungen und höheren Temperaturen.

Mit der Solarzellenfläche A_Z gilt für den Solarzellenwirkungsgrad:

$$\eta_{PV} = \frac{P_{\max}}{G \cdot A_Z} \qquad (1.3)$$

Solarmodulwirkungsgrad η_M :

Verhältnis der Spitzenleistung eines Solarzellenmoduls zu der auf die ganze Modulfläche (inkl. Rahmen) einfallenden Strahlungsleistung. In der Praxis ist immer $\eta_M < \eta_{PV}$.
Für den Modulwirkungsgrad gilt somit:

$$\eta_M = \eta_{PV} \cdot PF \qquad (1.4)$$

Energiewirkungsgrad (Nutzungsgrad, Anlagenwirkungsgrad) η_E :

Verhältnis der von einer Photovoltaikanlage produzierten elektrischen Nutzenergie zu der auf die gesamte Solargeneratorfläche eingestrahlten Sonnenenergie in einem bestimmten Zeitraum (z.B. Tag, Monat, Jahr).

Es gilt: $\eta_E < \eta_M$.

1.4 Richtwerte für Potenzialabschätzungen bei Photovoltaikanlagen

Mit den in den folgenden Abschnitten angegebenen Werten ist es möglich, ohne detaillierte theoretische Kenntnisse überschlagsmässige Berechnungen an Photovoltaikanlagen vorzunehmen. Genauere Berechnungsmethoden folgen in späteren Kapiteln.

1.4.1 Solarzellenwirkungsgrad η_{PV}

Der Solarzellenwirkungsgrad ist vor allem für Forscher und Hersteller von Solarzellen interessant. Für *kommerziell erhältliche Solarzellen* beträgt er heute (Anfang 2007) bei den üblichen Testbedingungen (STC, also $G = G_o = 1$ kW/m², AM1,5-Spektrum, Zellentemperatur 25°C):

Bei monokristallinen Si-Solarzellen (c-Si) : η_{PV} = 13% ... 23%

Bei polykristallinen (multikristallinen) Si-Solarzellen (mc-Si): η_{PV} = 12% ... 18%

Bei amorphen Si-Solarzellen (a-Si): η_{PV} = 3,5% ... 8,5%
(obere Werte nur für a-Si-Tripelzellen)

Bei CdTe-Solarzellen η_{PV} = 7,5% ... 11,5%

Bei $CuInSe_2$-Solarzellen (CIS): η_{PV} = 7% ... 12,5%

Bei entsprechenden Laborzellen liegen die erreichten Wirkungsgrade einige Prozent höher.

Der Solarzellenwirkungsgrad ist jedoch prinzipiell beschränkt wegen der Zusammensetzung des Sonnenlichtes aus verschiedenen Farben (unterschiedliche, nicht immer voll nutzbare Energie der Lichtquanten) und auf Grund der Gesetze der Halbleiterphysik (Details Kap. 3).

1.4.2 Solarmodulwirkungsgrad η_M

Der Solarmodulwirkungsgrad ist vor allem für den Planer und Erbauer von Photovoltaikanlagen von Interesse. Zum Erstellen realer Anlagen ist nämlich immer die ganze Modulfläche und nicht nur die Solarzellenfläche nötig. Für kommerziell erhältliche Solarzellenmodule beträgt er heute (Anfang 2007) bei den in 1.4.1 erwähnten Testbedingungen:

Bei monokristallinen Si-Solarmodulen (c-Si) : η_M = 11% ... 19,3%

Bei polykristallinen (multikristallinen) Si-Solarmodulen (mc-Si): η_M = 10% ... 15%

Bei amorphen Si-Solarmodulen (a-Si) : η_M = 3% ... 7,4%
(obere Werte nur für a-Si-Tripelzellen)

Bei CdTe-Solarmodulen η_{PV} = 6% ... 9,7%

Bei $CuInSe_2$-Solarmodulen (CIS): η_M = 5,5% ... 11,1%

1.4.3 Energiewirkungsgrad (Nutzungsgrad, Gesamtwirkungsgrad) η_E

Der Energiewirkungsgrad oder Nutzungsgrad von realisierten Photovoltaikanlagen liegt immer deutlich unter dem Modulwirkungsgrad der verwendeten Solarmodule infolge zusätzlicher Verluste in der Anlage. Solche zusätzlichen Verluste entstehen in der Verdrahtung (Kabel und Dioden auf der Gleichstromseite) und wegen der Streuung der Moduldaten, der Verschmutzung und Beschattung der Module, der erhöhten Solarzellentemperatur, der erhöhten Reflexion bei schrägem Lichteinfall, der nicht nutzbaren Energie bei sehr geringer Einstrahlung sowie infolge der Wechselrichterverluste bei der Umwandlung von Gleichstrom in Wechselstrom (netzgekoppelte Anlage) resp. der Speicherverluste im Akku (netzunabhängige Anlage).

Für *netzgekoppelte Anlagen mit monokristallinen Solarzellen* in Mitteleuropa liegt der Energiewirkungsgrad η_E *für ein ganzes Jahr* etwa zwischen *8% und 14,5%.*

Die mit der gegenwärtig kommerziell verfügbaren Technik erzielbaren Energiewirkungsgrade mögen aus heutiger Sicht noch recht tief erscheinen. Wie in der Vergangenheit dürfte aber auch in der Zukunft der Wirkungsgrad kommerzieller Zellen mit einer gewissen Verzögerung dem stetig steigenden Wirkungsgrad der Laborzellen folgen, sodass sich auch der Nutzungsgrad von ganzen Photovoltaikanlagen langfristig noch wesentlich verbessert.

1.4.4 Jahresenergieertrag pro installiertes kW Solargenerator-Spitzenleistung

Photovoltaikanlagen sind modular aufgebaut und können deshalb in ganz verschiedenen Grössen realisiert werden. Für den Vergleich des jährlichen Energieertrags ist es deshalb zweckmässig, den auf die Solargenerator-Spitzenleistung P_{Go} bezogenen spezifischen Jahres-Energieertrag in kWh/kWp pro Jahr (a) anzugeben.

Dieser spezifische Jahresenergieertrag kann als Jahreswert Y_{Fa} des sogenannten Endertrags Y_{Fa} (Final Yield) in kWh/kWp/a angegeben werden oder (nach dem Kürzen durch kW) auch als Anzahl Volllaststunden t_{Vo} (in h/a) der Anlagen–Spitzenleistung P_{Go}!

$$\textit{Spezifischer Jahresenergieertrag } Y_{Fa} = t_{Vo} = \frac{E_a}{P_{Go}} \qquad (1.5)$$

E_a = Jahresenergieertrag (E_{AC} bei Netzverbundanlagen), P_{Go} = PV-Generator-Spitzenleistung

Durch Umstellen der Formel (1.5) kann bei bekanntem Y_{Fa} (Richtwerte in Tabelle 1.1) der für eine bestimmte Anlagengrösse zu erwartende Jahresenergieertrag einfach abgeschätzt werden.

Tabelle 1.1: Richtwerte für den spezifischen Energieertrag bei fest montierten PV-Anlagen

Richtwerte für fest montierte Photovoltaikanlagen	
Standort der Anlage	**Y_{Fa} (kWh/kWp/a) resp. t_{Vo} (h/a)**
Fassadenanlagen im Flachland (Mitteleuropa)	450 - 700
Flachland (neblig, suboptimal) in Mitteleuropa	600 - 800
Flachland (gute Lage, optimal) in Mitteleuropa	800 - 1000
Inneralpine Täler, Voralpen, Alpensüdseite	900 - 1200
Südeuropa, Alpen	1000 - 1500
Wüstengebiete	1300 - 2000
Grober Richtwert für Überschlagsrechnungen	1000

Alpine Standorte haben neben der höheren Jahresenergieproduktion den Vorteil, dass die Winterenergieproduktion viel grösser ist als bei Anlagen im Flachland. Bei hochalpinen Anlagen an Gebäudefassaden können beispielsweise Winterenergieanteile von etwa 45% bis über 55% erreicht werden statt etwa 25 bis 30% wie bei typischen Flachlandanlagen in Mitteleuropa.

In der Schweiz wird seit 1992 der Energieertrag der netzgekoppelten PV-Anlagen in einem gemeinsamten Projekt von BFE und VSE statistisch erfasst. Die erhobenen Daten beruhen vorwiegend auf jährlicher Selbstdeklaration interessierter Anlagebesitzer durch monatliche Zählerablesungen. Im Zeitraum von 1995 bis 2005 ergab sich dabei ein mittlerer Energieertrag von 825 kWh/kWp/a. Dabei ist zu berücksichtigen, dass weitaus die meisten Anlagen im Mittelland, also im Flachland liegen, dass wegen des geringen Zubaus in den letzten Jahren viele dieser Anlagen technologisch bereits einige Jahre alt sind und dass sicher nicht alle Anlagen bezüglich Orientierung und Beschattungssituation optimal sind.

In Deutschland wird vom Solarförderverein unter www.pv-ertraege.de ein Web-basierter Informationsdienst betrieben, der auf dem gleichen Prinzip basiert, aber dank monatlicher Eingabe entsprechend aktueller ist. Interessant ist dabei, dass dank dem Zubau vieler neuer Anlagen in den letzten Jahren der landesweite Mittelwert der Jahre 1995 bis 2005 dabei mit 845 kWh/kWp/a sogar höher ist als in der strahlungsmässig etwas günstiger gelegenen Schweiz!

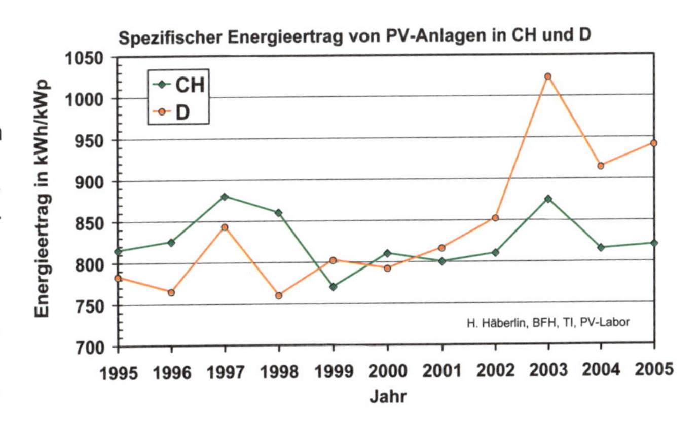

Bild 1-18: Mittlerer spezifischer Energieertrag netzgekoppelter PV-Anlagen in den Jahren 1995-2005 in Deutschland und der Schweiz. In den ersten Jahren ist der CH-Ertrag entsprechend den besseren Strahlungsverhältnissen etwas grösser. Dank dem EEG nimmt ab 2000 der Anteil neuerer, technisch besserer Anlagen in D stark zu. Quellen: [1.2], [1.3], [1.4], www.pv-ertraege.de.

Wegen des geringen Zubaus neuer Anlagen in der Schweiz werden die technischen Verbesserungen neuer Anlagen durch die Alterung alter Anlagen weitgehend aufgehoben. Dank dem im April 2000 eingeführten EEG dominieren in Deutschland dagegen neue Anlagen, die dank technischer Verbesserungen die angebotene Strahlungsenergie besser ausnützen [1.5].

In Österreich ergaben entsprechende Messungen Mitte der 90-er Jahre einen Y_{Fa}-Wert von 803 kWh/kWp/a, die Verhältnisse dürften somit ähnlich wie in der Schweiz sein [1.6].

Durch zweiachsige Nachführung statt fester Montage wird die Direktstrahlung besser ausgenützt. Die Energieproduktion von Photovoltaikanlagen lässt sich dadurch um 30% bis 40% steigern, allerdings mit einem wesentlich höheren mechanischen und regelungstechnischen Aufwand. Dieser Aufwand lohnt sich vor allem bei grossen PV-Kraftwerken in der Wüste.

1.4.5 Flächenbedarf von Photovoltaikanlagen

Für die nominelle Spitzenleistung P_{Go} eines Solargeneratorfeldes mit n_M Solarmodulen der Spitzenleistung P_{Mo} und der Modulfläche A_M gilt ($G_o = 1$ kW/m^2):

$$P_{Go} = n_M \cdot P_{Mo} = n_M \cdot A_M \cdot G_o \cdot \eta_M = A_G \cdot G_o \cdot \eta_M \tag{1.6}$$

Damit ergibt sich für die benötigte Gesamtfläche A_G des Solargeneratorfeldes:

$$A_G = n_M \cdot A_M = \frac{P_{Go}}{P_{Mo}} A_M = \frac{P_{Go}}{G_o \cdot \eta_M} \tag{1.7}$$

Für Aufstellung des Solargenerators nötige Land- oder Dachfläche:

$$A_L = LF \cdot A_G \tag{1.8}$$

n_M : Anzahl der Solarmodule des Solargenerators

P_{Go} : Nominelle Spitzenleistung des Solargenerators

P_{Mo} : Spitzenleistung eines Solarmoduls bei G_o

G_o : Globale Bestrahlungsstärke, bei der P_{Mo} definiert ist ($G_o = G_{STC} = 1$ kW/m^2)

A_G : Totale Fläche des Solargeneratorfeldes

A_M : Fläche eines Solarmoduls

η_M : Wirkungsgrad des Solarmoduls

A_L : Benötigte Land- oder Dachfläche für Solargeneratorfeld

LF : Landfaktor (Mitteleuropa: ca. 2 – 6) zur Vermeidung gegenseitiger Beschattung bei mehreren hintereinander angeordneten Solargeneratoren in grösseren Anlagen.

1.4.6 Kosten pro installiertes Kilowatt Spitzenleistung

Die heutigen Kosten für *grössere Mengen von Solarmodulen* (P_{Go} > 10 kWp) sind gegenüber den in [Häb91] angegebenen Werten deutlich gesunken und betragen heute (Anfang 2007) pro Watt Spitzenleistung:

Für Solarmodule aus monokristallinem Silizium: 4 – 6 Fr./Wp (2,5 – 4 €/Wp)

Für Solarmodule aus polykristallinem Silizium: 4 – 6 Fr./Wp (2,5 – 4 €/Wp)

Für Dünnschichtzellen-Module (amorphes Si, CIS, CdTe): 3 – 5,5 Fr./Wp (1,8 – 3,5 €/Wp)

Dank dem massivem Ausbau der Produktionskapazitäten durch viele Hersteller in den letzten Jahren werden in Zukunft weitere Preisreduktionen erwartet. Die reinen Solarzellenkosten sind deutlich tiefer und betragen für monokristalline Zellen etwa 2,4 – 4 Fr./Wp (1,5 – 2,5 €/Wp).

Rahmenlose Module (Laminate) sind fast gleich teuer wie gerahmte Module, einige Hersteller verkaufen sie um wenige Prozente billiger als gerahmte Module des gleichen Typs.

Neuartige Dünnschichtzellenmodule mit vernünftig hohem Wirkungsgrad (z.B. CdTe) sind heute bereits deutlich günstiger als Module aus kristallinem Si und werden seit 2006 in Deutschland bei grossen Freifeldanlagen in steigendem Masse verwendet, da dort die Einspeisevergütung nach EEG (siehe Tab. 1.2) am tiefsten ist und am raschesten absinkt. Module mit Tripelzellen aus amorphem Si werden auch auf Dächern eingesetzt. Ist der Wirkungsgrad der verwendeten Module aber allzu klein, erhöhen sich die Kosten der übrigen Systemkomponenten (z.B. Verkabelung) und die benötigte Fläche deutlich.

Amorphe Silizium-Solarzellen leiden unter einer anfänglichen Degradation unter Lichteinwirkung (Staebler-/ Wronski-Effekt), die den Wirkungsgrad in den ersten paar Betriebsmonaten um 10% bis 30% reduziert. Ob sie eine gleich hohe Lebensdauer wie mono- und polykristalline Zellen haben werden, ist deshalb nicht ganz so sicher. Wegen des geringen Wirkungsgrades (besonders bei einschichtigen Zellen) ist auch der Flächenbedarf grösser. Amorphe Si-Zellen werden deshalb heute noch hauptsächlich in Konsumartikeln (Taschenrechner, Uhren, Radios usw.) und seltener in grösseren Photovoltaikanlagen zur Energieproduktion eingesetzt.

Kosten für komplette netzgekoppelte PV-Anlagen (2006): 6 – 12,5 Fr./Wp (3,5 – 7,5 €/Wp).

Der untere Preis gilt für Freifeld-Grossanlagen mit Dünnschichtzellen, der obere für optimal in Gebäude integrierte Anlagen mit monokristallinen Zellen.

1.4.7 Einspeisetarife und Subventionen

Verschiedene lokale Elektrizitätswerke (EW, EVU) vergüteten zur Förderung der Photovoltaik bereits zu Beginn der Neunzigerjahre relativ hohe Einspeisetarife für photovoltaisch erzeugten Strom. Das erste EW, welches diese für die technologische Entwicklung wirksamste Art der Förderung *(Burgdorfer Modell)* einführte, waren die Industriellen Betriebe Burgdorf (IBB, heute Localnet AG), die für Strom von vor Ende 1996 errichteten Anlagen während 12 Jahren Fr. 1.- pro kWh vergüteten. Dieses für ganz Europa beispielhafte Modell wurde zunächst lokal an einigen Orten kopiert und modifiziert. In Deutschland wurde es auch unter dem Namen Aachener Modell bekannt.

Ein eigentlicher Durchbruch für die weitere Entwicklung der Photovoltaik war aber die landesweite Einführung der kostendeckenden Vergütung im Rahmen des Erneuerbare-Energien-Gesetzes (EEG) in Deutschland im April 2000, die ab diesem Zeitpunkt zu einer rasanten Zunahme der installierten PV-Leistung führte. Das Gesetz wurde im Juli 2004 revidiert und die ursprünglich vorhandene Leistungsbegrenzung eliminiert.

Tabelle 1.2: EEG-Einspeisetarife (in Euro-Cents) in Deutschland für 2007 in Betrieb genommene PV-Anlagen nach dem EEG vom Juli 2004. Die Vergütung wird in konstanter Höhe während 20 Jahren bezahlt. Sie reduziert sich für später in Betrieb genommene Anlagen um 5% pro Jahr (Freiflächenanlagen: 6,5%, Fassadenanlagen: Bonus 5 Ct/kWh). Details siehe www.erneuerbare-energien.de.

Anlageleistung	Freifläche	Dach	Fassade
bis 30 kW	37,96 Ct/kWh	49,21 Ct/kWh	54,21 Ct/kWh
30 – 100 kW	37,96 Ct/kWh	46,82 Ct/kWh	51,82 Ct/kWh
über 100 kW	37,96 Ct/kWh	46,30 Ct/kWh	51,30 Ct/kWh

In Österreich wurde 2003 ein leistungsmässig auf eine installierte Gesamtleistung von 15 MWp begrenztes und in der Zwischenzeit wieder sistiertes EEG mit kostendeckender Vergütung eingeführt (13 Jahre lang 60 Ct/kWh) [1.7]. Es war sehr rasch ausgebucht und führte nur zu einem kurzen Anstieg der in Österreich installierten PV-Leistung (siehe Bild 1-21).

In der Schweiz bieten verschiedene EVU ihren Kunden Solarstrom zu kostendeckenden Preisen an (z.B. Aufpreis von 80 Rp. zum normalen Strompreis), welcher teilweise in eigenen Anlagen produziert, teilweise im Rahmen von sogenannten Solarstrombörsen von Contracting-Firmen zu einem langfristig garantierten, kostendeckenden Preis geliefert wird. Die Nachfrage der einzelnen Kunden nach für sie so teurem Strom ist aber angesichts der gleichzeitigen Riesengewinne der EVU natürlich beschränkt und reicht nach dem fast landesweiten Abbau der Subventionen in der Schweiz bei weitem nicht aus, um eine markante Zunahme der installierten PV-Leistung und eine nennenswerte Technologieförderung zu bewirken.

Nachdem die Schweiz zu Beginn der Neunziger Jahre bezüglich der pro Kopf installierten PV-Leistung in Europa weit an der Spitze lag, ist sie mittlerweile ins Mittelfeld zurückgefallen, bezüglich Zuwachs in Europa sogar in die hinteren Ränge abgestiegen. In der ersten Hälfte 2007 wurde auch in der Schweiz endlich eine Einspeisevergütung für PV-Strom beschlossen, die 2008 in Kraft treten wird (Details siehe Kap. 5.2.7.6). Der tiefe finanzielle Deckel wird jedoch für die Photovoltaik vorerst nur ein geringes Marktwachstum gestatten.

1.4.8 Weltweite Produktion von Solarzellen

Bild 1-19 zeigt die weltweite Produktion von Solarzellen in den letzten Jahren gemäss [1.8] (bis 2000) und [1.9] (ab 2001). Die Daten werden jeweils im Frühjahr publiziert.

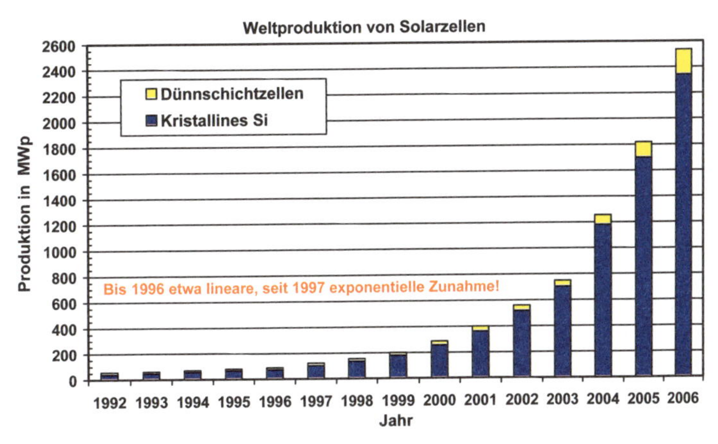

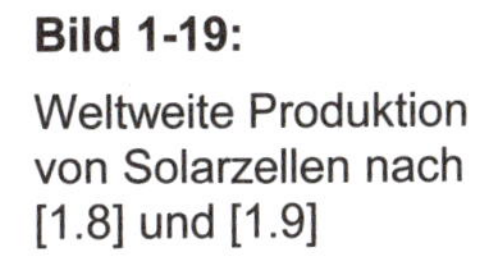
Bild 1-19:
Weltweite Produktion von Solarzellen nach [1.8] und [1.9]

Es fällt auf, dass die weltweite Solarzellenproduktion weitgehend unabhängig von der Situation in der übrigen Wirtschaft seit 1997 dauernd mit markanten Zuwachsraten von 30 – 40% ansteigt. Verschiedene Solarzellenhersteller bauten und bauen deshalb ihre Produktionskapazität massiv aus. Diese Zellen wurden immer noch fast ausschliesslich aus Silizium (Si) hergestellt. Andere Materialien (z.B. Kupfer-Indium-Diselenid ($CuInSe_2$) und Kadmium-Tellurid (CdTe)) werden nur für einen geringen Teil der Dünnschichtzellen-Produktion eingesetzt.

1.4.9 In Photovoltaikanlagen installierte Spitzenleistung

Eine Abschätzung der installierten Spitzenleistung in Photovoltaikanlagen, die der eigentlichen Energieproduktion dienen (keine Konsumartikel), ist relativ schwierig, da keine Meldepflicht besteht.

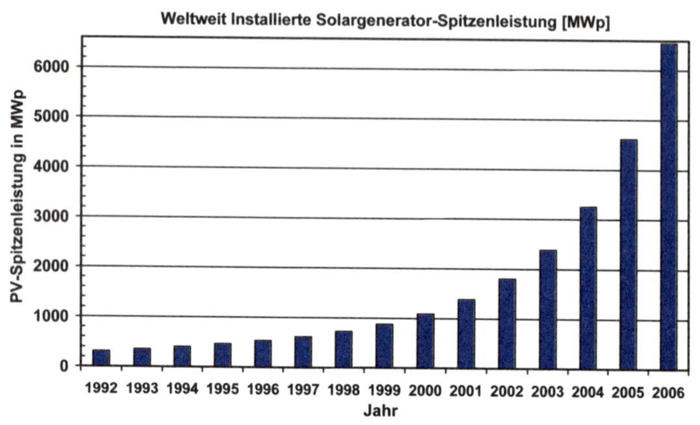

Bild 1-20: Weltweit installierte Solargenerator-Spitzenleistung jeweils Ende Jahr. Von den im gleichen Jahr neu produzierten Zellen Jahr wird jeweils nur ein Teil (35%) dazu gerechnet.

Der per Ende 2004 angegebene Wert deckt sich gut mit dem in [1.11] angegebenen Wert.

Weltweit dürften bis Ende 2006 gegen **6500 MWp** installiert worden sein. Diese Abschätzung ist relativ schwierig und nur auf Grund der Produktionszahlen der letzten Jahre möglich. Zur Gewinnung dieser Zahl wurde der in [1.10] angegebene Wert für 1987 verwendet und mit den Weltproduktionen 1988 bis 2006 (nur Zellen aus kristallinem Silizium) nach [1.8] und [1.9] aufdatiert, da Dünnschichtzellen zumindest bisher vorwiegend für Konsumartikel verwendet wurden. Bild 1-20 zeigt die so geschätzte jeweils per Ende Jahr auf der ganzen Welt installierte PV-Spitzenleistung in den Jahren 1992 bis 2006.

Bis Mitte der 90-er Jahre wurde der grösste Teil der *weltweit installierten Leistung* von PV-Anlagen in *Inselanlagen* installiert. So wurden nach [1.12] im Jahre 1994 nur etwa 20 % der Weltproduktion für netzgekoppelte Anlagen verwendet, 61 % für Inselanlagen und 19 % für Konsum- und Freizeitartikel. Seither wird aber ein immer grösserer Teil der Weltproduktion für netzgekoppelten Anlagen in industrialisierten Ländern mit attraktiven Einspeisebedingungen (z.B. Deutschland und Japan, zukünftig auch Spanien) eingesetzt. Ende 2005 dürften mindestens 70% der weltweit installierten PV-Leistung in netzgekoppelten Anlagen eingebaut sein (in den IEA-Ländern mit einer installierten Leistung von 3,7 GWp sogar über 86% [1.16]).

In der **Schweiz** wurden bis Ende 2005 total etwa **27 MWp** installiert [1.4]. Zunächst wurden Photovoltaikanlagen hauptsächlich in Form von vielen kleinen Inselanlagen zur Stromversorgung von abgelegenen Verbrauchern (Ferienhäusern, SAC-Hütten, Telekommunikationsanlagen usw.) errichtet. Seit 1988 sind viele netzgekoppelte Anlagen im Bereich von 1 kWp bis 1000 kWp dazugekommen, die von engagierten Privatpersonen, aber auch von Elektrizitätswerken und Gemeinden gebaut wurden. Die Leistung dieser netzgekoppelten Anlagen betrug Ende 2005 ca. 23,8 MWp [1.4]. Diese Zahl ist in den oben angegebenen 27 MWp enthalten.

In **Deutschland** wurden bis Ende 2005 Photovoltaikanlagen mit einer Spitzenleistung von **1429 MWp** errichtet, von denen 1400 MWp mit dem Netz gekoppelt sind [1.16]. Der effektive Wert ist wahrscheinlich sogar etwas höher. Nach einer neueren Schätzung der Zeitschrift Photon (Nov. 2006) betrug die in Deutschland Ende 2005 installierte Leistung sogar 1930 MWp.

In **Österreich** standen per Ende 2005 Photovoltaikanlagen von etwa **24 MWp** in Betrieb, von denen 21,1 MWp mit dem Netz gekoppelt sind. [1.16].

In **Japan**, das bereits Ende der 90-er Jahre ein umfangreiches Förderprogramm eingeführt hatte, waren Ende 2005 total **1422 MWp** in Betrieb, davon 1335 MWp netzgekoppelt [1.16].

Bild 1-21 zeigt die Entwicklung der jeweils per Ende Jahr in diesen Ländern installierten PV-Spitzenleistung in den Jahren 1992 bis 2005. Bei Abschluss des Manuskriptes lagen für 2006 noch nicht aus allen erwähnten Ländern die erforderlichen Angaben vor.

Bild 1-21:

In Deutschland, Österreich, der Schweiz und Japan jeweils per Ende Jahr installierte totale PV-Spitzenleistung in den Jahren 1992 bis 2005 im Vergleich.

(Angaben nach [1.16] und [1.4]).

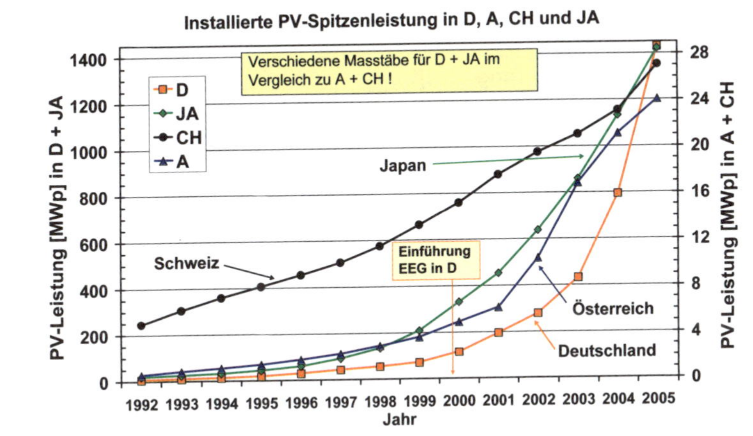

Betrachtet man dagegen die installierte Leistung pro Kopf, lag die Schweiz dank der frühen und lokal sehr intensiven Förderung lange an der Spitze. Bild 1-22 zeigt die installierte PV-Spitzenleistung pro Kopf in den Jahren 1992 bis 2005. Dank der landesweiten Förderung wurde sie im Jahr 2000 zunächst von Japan und im Jahr 2002 dank den Auswirkungen des EEG auch von Deutschland übertroffen.

Bild 1-22:

In Deutschland, Österreich, der Schweiz und Japan jeweils per Ende Jahr installierte totale PV-Spitzenleistung pro Kopf der Bevölkerung in den Jahren 1992 bis 2005 im Vergleich.
Für die Erstellung dieser Grafik wurden die Werte gemäss Bild 1-21 verwendet.

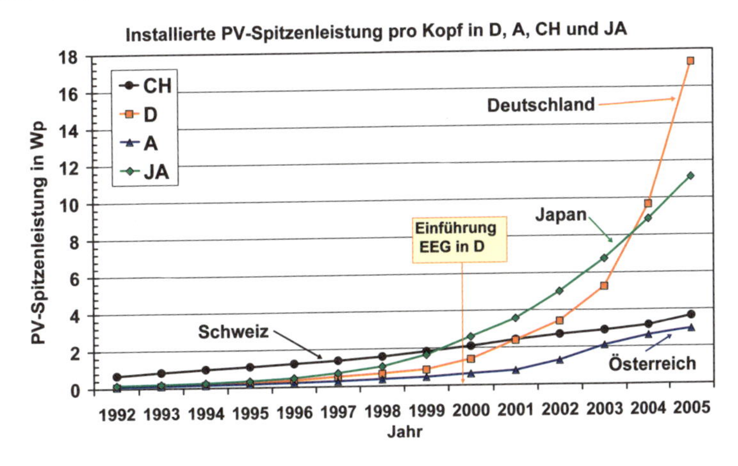

1.4.10 Voraussichtliche zukünftige Entwicklung der Weltproduktion

Betrachtet man das Wachstum der weltweiten Solarzellenproduktion in den Jahren 1997 bis 2006, so ist zu erkennen, dass die jährliche Wachstumsrate in all diesen Jahren trotz zeitweisen Rezessionserscheinungen in der übrigen Wirtschaft immer zwischen etwa 30 % und 40 % lag. Extrapoliert man diese Wachstumsraten mit 30, 35 oder 40 % weiter, so ergeben sich die in Bild 1-23 dargestellten Verläufe der künftigen Entwicklung der Weltproduktion.

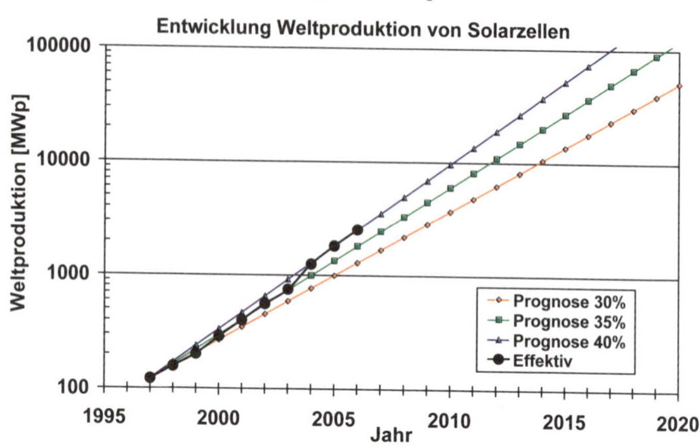

Bild 1-23:
Prognose für die künftige Entwicklung der Weltproduktion von Solarzellen bei Extrapolation der Wachstumsraten von 1997 bis 2006.
Der effektive Verlauf bewegte sich 1997 bis 1999 etwa auf der 30%-Kurve, 2000 bis 2003 auf der 35%-Kurve und seit 2004 sogar auf der 40%-Kurve.

Bisher konnten für die Produktion von Solarzellen immer Silizium-Abfälle der übrigen Halbleiterindustrie verwenden werden. Wegen des rasanten Wachstums der Solarzellenproduktion genügen diese aber für ein weiteres derartiges Wachstum nicht mehr. Es müssen deshalb zuerst weitere Produktionsmöglichkeiten für etwas weniger reines "solar grade" Silizium geschaffen werden, damit das in Bild 1-23 dargestellte Wachstum auch effektiv möglich wird. Allerdings spornt gerade dieser Mangel an Silizium bei gleichzeitig vorhandener Nachfrage nach Solarzellen die Innovationskraft an und verschiedene Firmen überlegen sich, wie sie den Rohmaterialaufwand pro Wp weiter senken können.

1.5 Beispiele zu Kapitel 1

1) Beispiel eines polykristallinen Moduls

Das polykristalline Modul KC120 der Firma Kyocera hat bei 1 kW/m^2 und einer Zellentemperatur von 25°C eine Spitzenleistung von 120 W_P, eine Leerlaufspannung von 21,5 V und einen Kurzschlussstrom von 7,45 A . Es besteht aus 36 quadratischen Solarzellen von 15 cm · 15 cm und hat die äusseren Abmessungen 96,7 cm · 96,2 cm.

Gesucht:

a) Solarzellenwirkungsgrad η_{PV}

b) Flächennutzungsgrad PF

c) Solarmodulwirkungsgrad η_M

d) Füllfaktor FF

Lösungen:

a) Für eine Solarzelle: $P_{max} = P_{Zo} = P_{Mo}/36 = 3{,}333\ W \Rightarrow \eta_{PV} = P_{max}/(G_o \cdot A_Z) = 14{,}8\ \%$

b) Flächennutzungsgrad $PF = 36 \cdot A_Z / A_M = 0{,}81m^2/0{,}9303m^2 = 0{,}8707$.

c) Modulwirkungsgrad $\eta_M = \eta_{PV} \cdot PF = 12{,}9\ \%$.

d) Füllfaktor $FF = P_{Mo}/(U_{OC} \cdot I_{SC}) = 0{,}749$.

2) Photovoltaikanlage mit 20 kWp

Eine Photovoltaikanlage soll bei 1 kW/m^2 und einer Zellentemperatur von 25°C eine Solargenerator-Spitzenleistung von $P_{Go} = 20{,}4\ kW_P$ aufweisen. Für die Realisierung des Solargenerators sollen Solarmodule BP 585 mit einer Spitzenleistung von 85 W_P und einem Modulwirkungsgrad von $\eta_M = 13{,}5\%$ verwendet werden.

Gesucht:

a) Benötigte Anzahl Module n_M.

b) Nötige Solargeneratorfläche A_G.

c) Jährlich produzierte Energie E_a, wenn die typische jährliche Anzahl Volllaststunden t_{Vo} der Solargenerator-Spitzenleistung P_{Go} am Aufstellungsort 950 h/a beträgt.

d) Eingesparte Stromkosten pro Jahr, wenn der Hochtarifpreis 22 Rp./kWh beträgt (Situation im Kanton Bern in der Schweiz).

e) Auf Grund des EEG in Deutschland erzielter Erlös aus dem Stromverkauf ans lokale EVU, wenn die Vergütung 57,4 Ct/kWh beträgt (Annahme: Anlage im 2004 errichtet).

Lösungen:

a) Anzahl Module $n_M = P_{Go}/P_{Mo} = 240$.

b) $A_G = n_M \cdot A_M = P_{Go}/\eta_M \cdot G_o) = 151{,}1\ m^2$. $(A_M = P_{Mo}/\eta_M \cdot G_o) = 0{,}6296\ m^2)$.

c) $E_a = P_{Go} \cdot t_{Vo} = P_{Go} \cdot Y_{Fa} = 19380\ kWh/a$.

d) $K_{Strom} = E_a \cdot 0{,}22\ Fr./kWh = 4263.60\ Fr./a$.

e) $V_{Strom} = E_a \cdot 0{,}574$ €/kWh = 11'124 €/a.

3) Ersatz der Energieproduktion eines Kernkraftwerks durch PV-Anlagen

Ein Atomkraftwerk mit einer installierten Leistung von 950 MW sei pro Jahr während 7700 Stunden im Betrieb. Die gleiche jährliche Energiemenge soll durch photovoltaische Kraftwerke mit fest montierten Solarzellenmodulen mit einem Modulwirkungsgrad von 14% an drei verschiedenen Standorten produziert werden.

Gesucht wird die Spitzenleistung aller Solargeneratoren bei 1 kW/m^2 und 25°C, die gesamte Solargeneratorfläche und die benötigte Land- oder Dachfläche für folgende Standorte:

a) Schweizer Mittelland, Anzahl jährliche Volllaststunden $t_{Vo} = 900$ h/a, Landfaktor LF = 3.

b) Alpen, Anzahl jährliche Volllaststunden $t_{Vo} = 1400$ h/a , Landfaktor LF = 2.

c) Sahara, Anzahl jährliche Volllaststunden $t_{Vo} = 1900$ h/a , Landfaktor LF = 1,6.

Lösungen:

$E_a = 950\ MW \cdot 7700\ h/a = 7{,}315\ TWh/a$.

a) $P_{Go} = E_a / t_{Vo} = 8{,}128\ GW_P$, $A_G = P_{Go}/(\eta_M \cdot G_o) = 58{,}06\ km^2$, $A_L = LF \cdot A_G = 174{,}2\ km^2$.

b) $P_{Go} = E_a / t_{Vo} = 5{,}225\ GW_P$, $A_G = P_{Go}/(\eta_M \cdot G_o) = 37{,}32\ km^2$, $A_L = LF \cdot A_G = 74{,}64\ km^2$.

c) $P_{Go} = E_a / t_{Vo} = 3{,}850\ GW_P$, $A_G = P_{Go}/(\eta_M \cdot G_o) = 27{,}50\ km^2$, $A_L = LF \cdot A_G = 44{,}00\ km^2$.

1.6 Literatur zu Kapitel 1

[1.1] K. Kurokawa: "Energy form the Desert (Summary)". James & James, London 2003 Summary of a study performed for IEA-PVPS-Task 8: VLS-PV.

[1.2] IEA-PVPS: Annual Report 2004, National Survey Report Switzerland 2003.

[1.3] F. Jauch, R. Tscharner: "Markterhebung Sonnenenergie 2004". Ausgearbeitet durch SOLAR im Auftrag des BFE, Mai 2005.

[1.4] T. Hostettler: "Solarstromstatistik 2005 mit Sonderfaktoren". SEV/VSE-Bulletin 10/06, S. 11 ff.

[1.5] U. Jahn, W. Nasse: "Performance von Photovoltaik-Anlagen: Resultate einer internationalen Zusammenarbeit in IEA-PVPS Task 2". 19. Symposium PV Solarenergie, Staffelstein 2004, S. 68 ff.

[1.6] H. Wilk: "Gebäudeintegrierte Photovoltaiksysteme in Österreich". 11. Symposium Photovoltaische Solarenergie, Staffelstein 1996, S. 173 ff.

[1.7] A. Gross: "Deckel für PV – Entwicklung am Beispiel Östereich". 19. Symposium PV Solarenergie, Staffelstein 2004, S. 23 ff.

[1.8] Photovoltaic Insider's Report, 1011 W. Colorado Blvd., Dallas, Texas, USA.

[1.9] Photon – Das Solarstrom-Magazin. ISSN 1430-5348. Solar-Verlag GmbH, D-52070 Aachen.

[1.10] G. H. Bauer: "Photovoltaische Stromerzeugung (Kap.5)" in [Win89], S. 139.

[1.11] S. Nowak: "The IEA PVPS Programme – Towards a sustainable global deployment of PV". 20th EU PV Conf., Barcelona, 2005.

[1.12] W. Roth, A. Steinhüser: "Marktchancen der Photovoltaik im Bereich industrieller Produkte und Kleinsysteme". 11. Symposium Photovoltaische Solarenergie, Staffelstein 1996, S. 59 ff.

[1.13] BSi-Statistik Photovoltaik 199-2004, Bundesverband Solarindustrie, März 2005 (www.bsi-solar.de)

[1.14] IEA-PVPS Task 1 National Survey Report 2004, Austria

[1.15] IEA-PVPS Task 1 National Survey Report 2004, Japan

[1.16] Report IEA-PVPS Task 1-15:2006: Trends in Photovoltaic Applications - Survey Report of Selected IEA Countries between 1992 and 2005.

2 Wichtige Eigenschaften der Sonnenstrahlung

2.1 Sonne und Erde

Seit vielen Milliarden Jahren produziert die Sonne Energie durch eine Kernfusion, bei der Wasserstoffkerne in Heliumkerne umgewandelt werden. Dabei wird nach der Beziehung $E = m \cdot c^2$ Energie frei, denn die entstehenden Heliumkerne haben eine etwas geringere Masse als die Wasserstoffkerne, aus denen sie entstanden sind. Die Leistung dieses gigantischen Kernreaktors beträgt etwa $3{,}85 \cdot 10^{26}$ W oder $3{,}85 \cdot 10^{17}$ GW oder etwa 10^{17} mal mehr als die thermische Leistung des Reaktors eines grossen Atomkraftwerkes von 1200 MW. Sonnenenergie ist also eigentlich Kernenergie im wahrsten Sinne des Wortes. Allerdings befindet sich der Kernreaktor Sonne glücklicherweise in einem grossen, beruhigenden Sicherheitsabstand von der Erde!

Die Erde umkreist die Sonne auf einer schwach elliptischen Bahn mit einem mittleren Abstand von 149,6 Millionen km einmal pro Jahr (siehe Bild 2-1). Da sich die Strahlung der Sonne nach allen Richtungen gleichmässig verteilt, beträgt die Bestrahlungsstärke S_{ex} am äusseren Rand der Erdatmosphäre (auf eine Ebene senkrecht zur Sonnenrichtung) im Mittel $S_o = 1367 \pm 2$ W/m² (Solarkonstante). Infolge der schwach elliptischen Bahn der Sonne variiert S_{ex} im Laufe des Jahres etwas. S_{ex} erreicht Anfang Januar einen Maximalwert von 1414 W/m² (Erde im Perihel ≈ 147,1 Millionen km) und Anfang Juli einen Minimalwert von 1322 W/m² (Erde im Aphel ≈ 152,1 Millionen km).

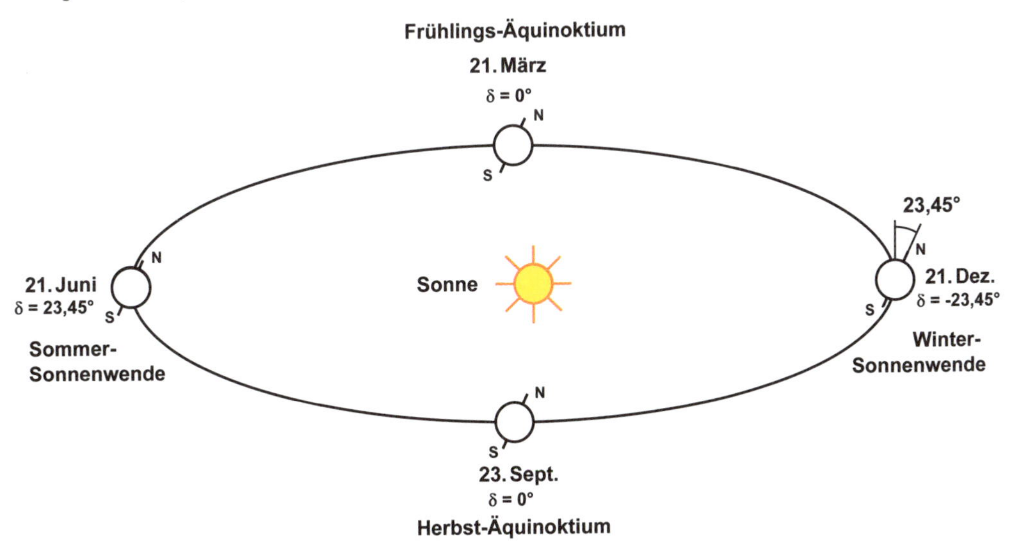

Bild 2-1: Bahn der Erde um die Sonne und Lage der Erdachse im Verlauf des Jahres.

Die insgesamt auf die Erde eingestrahlte Sonnenenergie ist gewaltig. Sie ist noch um mehrere Grössenordnungen (weit über 1000 mal) grösser als der gesamte Energieverbrauch auf der Erde, der bereits heute zu teilweise erheblichen Umweltbelastungen führt. Es ist deshalb eine faszinierende und sehr sinnvolle Aufgabe, diesen gewaltigen Energiestrom anzuzapfen und technisch nutzbar zu machen.

2.1.1 Die Sonnendeklination

Die Erde bewegt sich nicht nur einmal im Jahr um die Sonne, sondern dreht sich einmal pro Tag um ihre Achse. Gegenüber der Ebene der Erdbahn um die Sonne (Ekliptik) ist die Erdachse um 23,45° geneigt. Infolge der Erdrotation behält die Erdachse ihre Richtung im Raum das ganze Jahr über bei. Im Laufe des Jahres kommen die Sonnenstrahlen deshalb bezüglich der Äquatorebene nicht immer aus der gleichen Richtung. Im Sommerhalbjahr neigt sich die Erdachse gegen die Sonne, im Winterhalbjahr wendet sie sich von ihr ab. Dieses Phänomen kann man mit der **Sonnendeklination δ** beschreiben. Unter der Sonnendeklination δ versteht man den Winkel zwischen der Sonnenrichtung und der Äquatorebene oder auch den Winkel, um den sich die Erdachse gegen die Sonne hin neigt (siehe Bild 2-2). Deshalb ist an einem Ort mit der geografischen Breite φ auf der Nordhalbkugel der Erde die grösste Elevation der Sonne am Mittag nicht über das ganze Jahr konstant, sondern beträgt $h_{Smax} = 90° - \varphi + \delta$. Auf der Nordhalbkugel der Erde ist während des Sommerhalbjahres $\delta > 0$, im Winterhalbjahr dagegen $\delta < 0$. Die Sonnendeklination δ ist neben der geografischen Breite φ der zentrale Parameter, der die Grösse der Sonneneinstrahlung im Laufe des Jahres bestimmt.

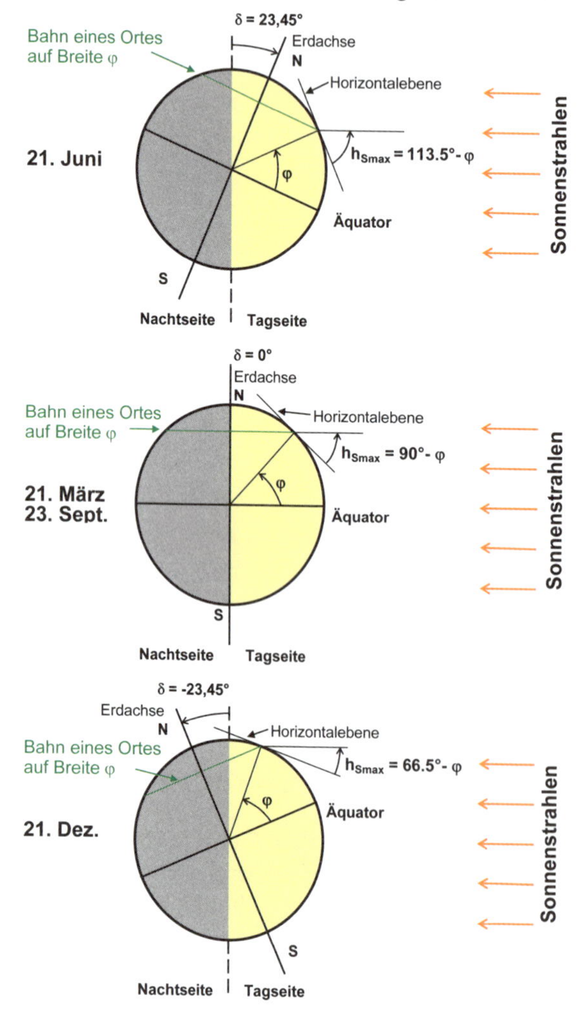

Bild 2-2:

Beleuchtung der Erde zur Zeit der Sommersonnenwende, der Äquinoktien und der Wintersonnenwende.

Bild 2-3 zeigt die Sonnendeklination δ im Verlauf des Jahres. Dabei sind die Tage im Jahr von 1 bis 365 fortlaufend nummeriert, der 1. Januar entspricht also dem Tag Nr. 1 (dy = 1), der 31. Dezember dem Tag Nr. 365 (dy = 365).

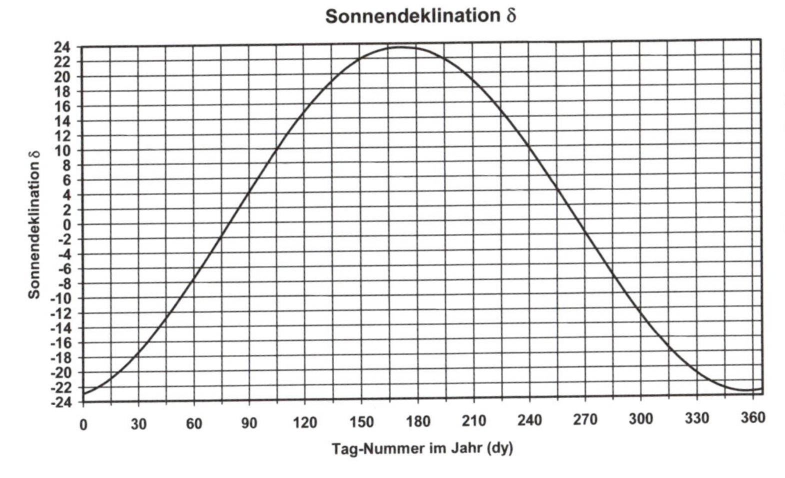

Bild 2-3:

Sonnendeklination δ im Verlauf des Jahres (als Funktion der Tag-Nummer dy im Jahr: 1. Januar = Tag 1, 31. Dezember = Tag 365).

2.1.2 Die scheinbare Bahn der Sonne

Für die technische Nutzung der Sonnenenergie ist es wichtig, den Verlauf der scheinbaren Bahn der Sonne im Laufe des Tages zu kennen. Dabei ist es aber meist nicht erforderlich, die genaue Sonnenposition zu einem bestimmten Zeitpunkt zu kennen. Dadurch kann der mathematische Aufwand für die Berechnung der Sonnenbahn gesenkt werden, und eine Berücksichtigung des Längengrades des Ortes ist nicht erforderlich.

Für die mathematische Beschreibung der Sonnenbahn wird der sogenannte Stundenwinkel ω_S benötigt. Dieser Winkel ist definiert als Winkel zwischen dem lokalen Längengrad des betrachteten Ortes zum Längengrad, auf dem die Sonne gerade durch den Meridian geht, d.h. den höchsten Punkt auf ihrer täglichen Bahn erreicht. Da sich die Erde in 24 Stunden einmal um ihre Achse dreht (1 Umdrehung = 360°), ergibt sich für den Stundenwinkel ω_S:

Mit ST = wahre Sonnenzeit (oder Ortszeit) in Stunden (0 h bis 24 h) am betrachteten Ort gilt:

$$\textit{Stundenwinkel}\ \omega_S = (ST - 12) \cdot 15° \qquad (2.1)$$

Die von der Erde aus gesehene Position der Sonne wird mit den beiden Winkeln h_S und γ_S beschrieben (siehe Bild 2-4).

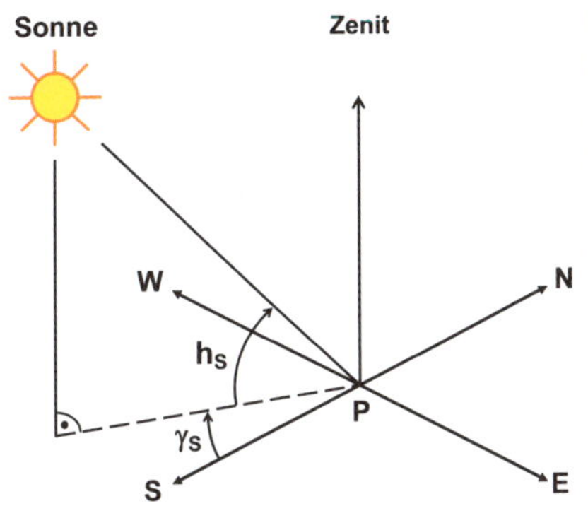

Bild 2-4 :

Beschreibung der Sonnenposition (von einem Punkt P auf der Erde aus gesehen) durch die Winkel h_S und γ_S.

Sonnenhöhe h_S : Elevation der Sonne über der Horizontalebene

Sonnenazimut γ_S : Abweichung der auf die Horizontalebene projizierten Verbindungslinie zur Sonne von der Südrichtung. Dabei ist γ_S für Westabweichungen > 0, für Ostabweichungen < 0.

Mit der geografischen Breite φ der Sonnendeklination δ und dem Stundenwinkel ω_S gelten folgende Beziehungen:

$$\sin h_S = \sin\varphi \sin\delta + \cos\varphi \cos\delta \cos\omega_S \tag{2.2}$$

$$\sin\gamma_S = \frac{\cos\delta \sin\omega_S}{\cos h_S} \tag{2.3}$$

Mit diesen Gleichungen können die Sonnenbahnen für beliebige Orte und zu beliebigen Zeiten gezeichnet werden. Bild 2-5 zeigt als Beispiel die Sonnenbahnen für Orte auf der geografischen Breite φ = 47°N an einigen Tagen des Jahres. Für grosse Teile Westeuropas (φ = 41°N, 44°N, 47°N, 50°N und 53°N) können die mittleren Sonnenbahnen für jeden Monat aus den im Anhang A4 dargestellten Beschattungsdiagrammen entnommen werden. Im Anhang A7 mit ergänzenden Bildern befindet sich im Teil A7.1 ein farbiges Sonnenstandsdiagramm für Burgdorf (47,1°N , 7,6°E) in Polardarstellung (Bild A-1), in dem nicht nur die Sonnenbahn, sondern auch die Sonnenposition zu einer bestimmten Zeit (in MEZ) dargestellt sind.

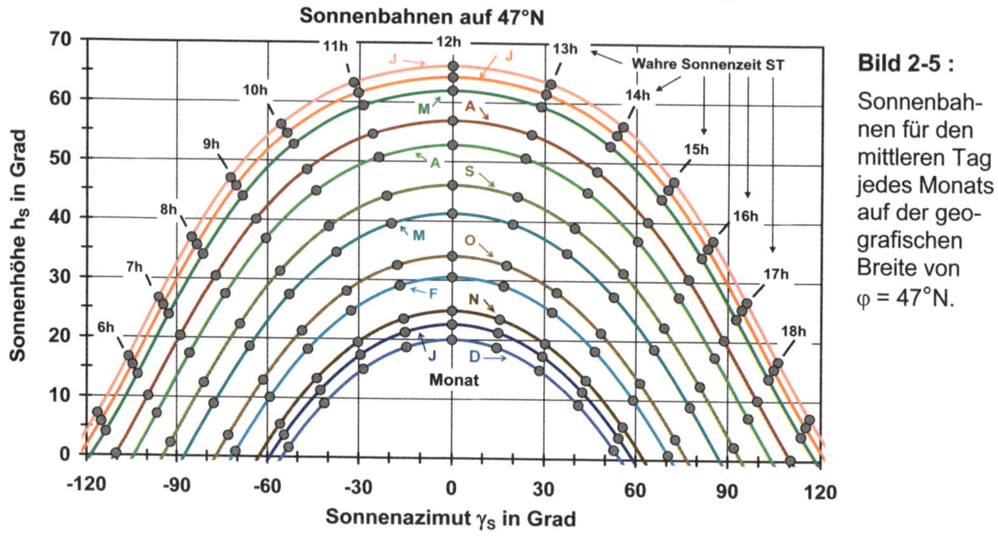

Bild 2-5 : Sonnenbahnen für den mittleren Tag jedes Monats auf der geografischen Breite von φ = 47°N.

Bei Sonnenaufgang und Sonnenuntergang ist $h_S = 0$. Für die Stundenwinkel ω_{SR} des Sonnenaufgangs und ω_{SS} des Sonnenuntergangs erhält man durch Umstellen der Formel (2.2):

$$\cos\omega_{SS} = \cos\omega_{SR} = -\tan\varphi \tan\delta \tag{2.4}$$

Aus ω_{SS} und ω_{SR} können bei Bedarf mit (2.1) die Zeit des Sonnenaufgangs und Sonnenuntergangs sowie die astronomische Sonnenscheindauer bestimmt werden.

2.2 Die extraterrestrische Strahlung

Mit den in Kapitel 2.1 kurz (ausführlicher in [2.1, 2.2]) dargestellten Beziehungen ist es möglich, für jeden Ort der Erde die sogenannte **extraterrestrische Bestrahlungsstärke G_{ex}** zu berechnen. Man versteht darunter die Bestrahlungsstärke auf eine zur Horizontalebene an der Erdoberfläche parallele Ebene, die am äusseren Rand der Erdatmosphäre liegt. Dieses G_{ex} enthält bereits die täglichen (infolge der Erdrotation) und die jahreszeitlichen (infolge der Schrägstellung der Erdachse und der Bewegung der Erde um die Sonne) Schwankungen der Bestrahlungsstärke und ist mathematisch gut berechenbar, da nur himmelsmechanische Beziehungen, jedoch noch keine wetterbedingten Einflüsse zu berücksichtigen sind.

Wie Bild 2-6 zeigt, besteht zwischen G_{ex} und S_{ex} eine einfache Beziehung:

$$G_{ex} = S_{ex} \cdot \sin h_S \text{, falls } h_S > 0 \text{, sonst } G_{ex} = 0 \quad (2.5)$$

Die von der Sonne stammende Strahlung wird beim Durchgang durch die Atmosphäre durch Reflexion, Streuung und Absorption mehr oder weniger stark abgeschwächt. Die an der Erdoberfläche eintreffende Strahlung ist somit meist kleiner als G_{ex} (Ausnahmen: Kurzzeitige Reflexionserscheinungen an Wolken (Cloud Enhancements)). G_{ex} ist deshalb auch die obere Grenze der in der Praxis an der horizontalen Erdoberfläche möglichen Bestrahlungsstärke G.

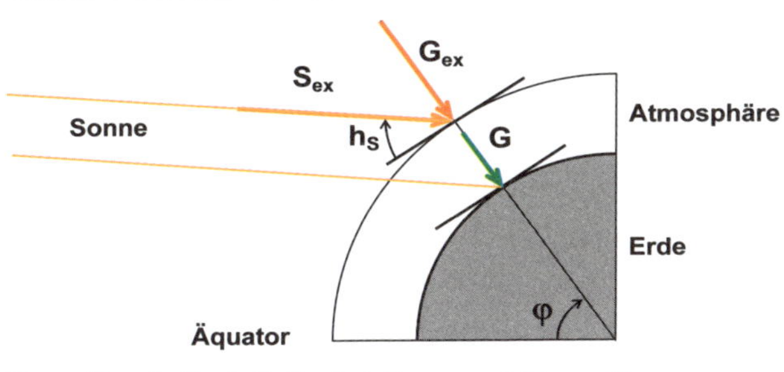

Bild 2-6 : Zur Berechnung der extraterrestrischen Strahlung G_{ex} aus der Bestrahlungsstärke S_{ex} normal zur Richtung der Sonnenstrahlen. S_{ex} schwankt im Laufe des Jahres um den Mittelwert S_o = 1367 W/m² (Solarkonstante), Maximum 1414 W/m² Anfang Januar, Minimum 1322 W/m² Anfang Juli.

Für die Dimensionierung von PV-Anlagen oder die Berechnung ihres Energieertrages ist es meist nicht erforderlich, den genauen Verlauf der Bestrahlungsstärke G in Funktion der Zeit zu kennen. Oft genügt die Kenntnis der Strahlungssumme H (eingestrahlte Energie) pro Flächeneinheit in einer bestimmten Zeit (z.B. in einem Tag oder einem Monat). Auch für die Beurteilung des auf verschiedenen Breitengraden ausserhalb der Erdatmosphäre vorhandenen Strahlungsangebotes genügt die Angabe der Tagessumme H_{ex} der extraterrestrischen Strahlung.

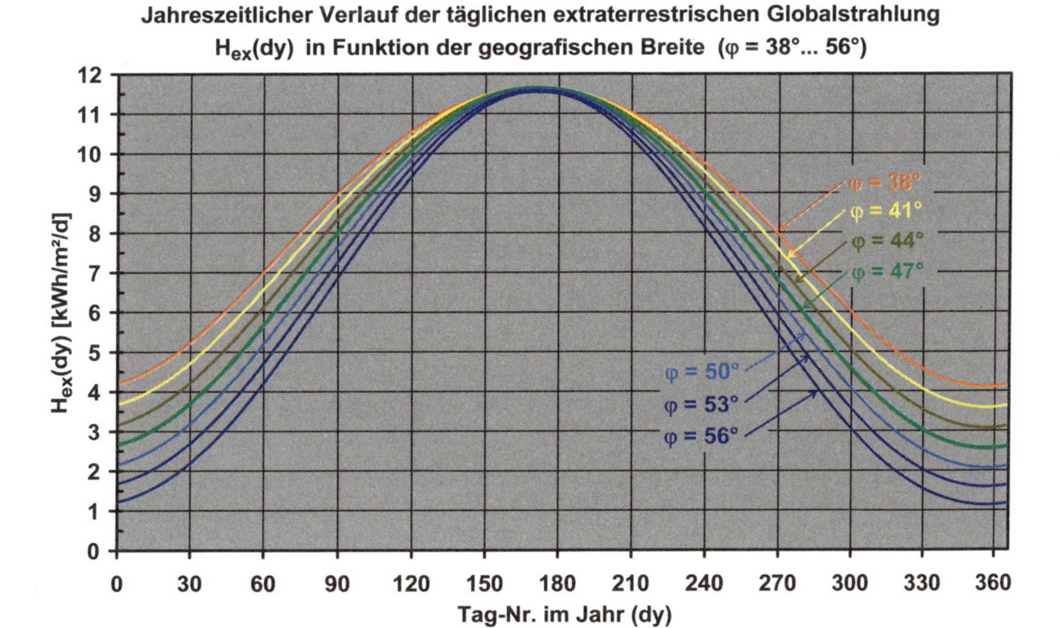

Bild 2-7: Jahreszeitlicher Verlauf der täglichen extraterrestrischen Globalstrahlung $H_{ex}(dy)$ auf verschiedenen geografischen Breiten im Verlauf des Jahres (als Funktion der Tag-Nummer dy im Jahr, 1. Januar = Tag Nr. 1, 31. Dezember = Tag Nr. 365).

Bild 2-7 zeigt den Verlauf der Tagessummen der extraterrestrischen Globalstrahlung im Verlauf des Jahres für geografische Breiten φ zwischen 38°N und 56°N. Man erkennt, dass im Sommer die Maximalwerte von H_{ex} fast gleich sind, d.h die grössere Taglänge in höheren Breiten kompensiert die geringere Sonnenhöhe fast vollständig. Im Winter dagegen ist natürlich (wegen der in höheren Breiten geringeren Sonnenhöhe und der kleineren Taglänge) H_{ex} umso kleiner, je grösser φ ist.

2.3 Die Einstrahlung auf die horizontale Erdoberfläche

Wie in Kapitel 2.2 bereits erwähnt, wird die Sonnenstrahlung beim Durchgang durch die Erdatmosphäre durch Reflexion, Absorption und Streuung abgeschwächt. Die globale Bestrahlungsstärke G_H auf die horizontale Erdoberfläche ist deshalb geringer als die extraterrestrische Bestrahlungsstärke G_{ex}. Auch die auf die horizontale Erdoberfläche eingestrahlte Energie H_H ist natürlich kleiner als die extraterrestrische Strahlungssumme H_{ex}. Um die Anzahl der Indizes nicht unnötig gross werden zu lassen, wird in diesem Buch der *Index H* (für horizontal) bei Bestrahlungsstärken und Strahlungssummen in die Horizontalebene meist weggelassen, d.h es gilt $G_H = G$, $H_H = H$. Dies bedingt aber, dass bei Bestrahlungsstärken und Strahlungssummen in andere Ebenen (z.B. in die Solargeneratorebene) immer ein Index verwendet wird, um Missverständnisse zu vermeiden.

Bei senkrechtem Durchtritt des Sonnenlichtes durch die Atmosphäre (AM1, siehe Kap.1.3.1) beträgt die globale Bestrahlungsstärke G auf die horizontale Erdoberfläche bei klarem Himmel noch etwa 1 kW/m^2. Für gemässigte Zonen (z.B. Mitteleuropa) kann man im Mittel mit AM1,5 rechnen (in der Schweiz variiert der AM-Wert am Mittag zwischen etwa 1 im Sommer und 3 im Winter). Die globale Bestrahlungsstärke der Sonnenstrahlung nach Durchgang durch AM1,5 beträgt noch 835 W/m^2 [Sta87]. An sehr schönen, klaren Sommertagen (kein Dunst!) kann man in ganz Mitteleuropa um die Mittagszeit auf Flächen senkrecht zur Sonneneinstrahlung ebenfalls eine globale Bestrahlungsstärke von gegen 1 kW/m^2 messen. Bei lockerer, heller Bewölkung um die Sonne kann G kurzzeitig (für Sekunden) noch etwas höher werden (sogenannte Cloud Enhancements, bei denen G bis gegen 1,3 kW/m^2 ansteigen kann).

Durch die Streuung des Sonnenlichtes in der Atmosphäre wird die Direktstrahlung aus der Richtung der Sonne wesentlich reduziert. Dafür entsteht neu eine aus allen Richtungen des Himmelsgewölbes stammende diffuse Strahlung. An Flachlandstandorten in Mitteleuropa macht diese Diffusstrahlung etwa 50% der jährlichen Gesamtstrahlung aus. In den Wintermonaten ist die Strahlung an solchen Standorten vorwiegend diffus.

Die meisten Photovoltaikanlagen arbeiten ohne Konzentration der Sonnenstrahlung und verwerten deshalb nicht nur die Direktstrahlung, sondern die gesamte Globalstrahlung (Summe von Direkt- und Diffusstrahlung) der Sonne. In erster Näherung ist die Leistung solcher Photovoltaikanlagen proportional zur Globalstrahlung auf die Solargeneratorfläche.

Die auf die horizontale Erdoberfläche treffende Globalstrahlung unterliegt infolge der Erdrotation täglichen und wegen der Neigung der Erdachse um 23,5° gegenüber der Erdbahn jahreszeitlichen Schwankungen. Diesen beiden Schwankungen, die mathematisch gut berechenbar sind und auf die extraterrestrische Strahlung G_{ex} resp. H_{ex} führen (siehe Kap. 2.2), sind jedoch die wetterbedingten Variationen der Einstrahlung überlagert. Diese lassen sich nur statistisch durch umfangreiche Messreihen mit Pyranometern für möglichst viele Orte erfassen. Der sogenannte Klarheitsgrad, das Verhältnis zwischen der effektiv auf der horizontalen Erdoberfläche ankommenden Bestrahlungsstärke G (resp. der eingestrahlten Energie H) und der extraterrestrischen Strahlung G_{ex} (resp. der extraterrestrischen Strahlungssumme H_{ex}) ist dabei ein Mass für die optische Durchlässigkeit der Atmosphäre und bestimmt den wetterbedingten Leistungs- resp. Energieverlust.

$$\textit{Klarheitsgrad (Clearness Index)}\ K_H = \frac{H}{H_{ex}} \tag{2.6}$$

Der Klarheitsgrad K_H wird in der Literatur oft auch als K_t oder Kt bezeichnet. Er kann für Perioden von einem Monat, Tag oder auch einer Stunde angegeben werden. K_H für Monatsmittelwerte variiert in Europa etwa zwischen 0,25 (Mitteleuropa im Winter) und 0,75 (Südeuropa im Sommer). In den Wintermonaten unterliegen die Werte von Jahr zu Jahr beträchtlichen Schwankungen. Im Sommer liegt K_H an Flachlandstandorten in der Schweiz und in Österreich etwa bei 0,5 , in Deutschland knapp darunter. An höhergelegenen Standorten in den Alpen bewegt sich K_H ganzjährig um etwa 0,5 , an sehr guten alpinen Standorten steigt er sogar bis etwa 0,6.

An einzelnen sehr trüben Wintertagen kann das Verhältnis H/H_{ex} unter 0,05 ... 0,1 sinken. Auch des Verhältnis G/G_{ex} nimmt an solchen Tagen oft Werte unter etwa 0,1 an. Unter starken Regen- oder Gewitterfronten kann G/G_{ex} sogar kurzzeitig unter 0,01 sinken.

Bild 2-8 zeigt den in Burgdorf/Schweiz gemessenen Tagesgang der globalen Bestrahlungsstärke G in die Horizontalebene an einem schönen Sommertag, einem schönen Herbsttag, an einem schönen Wintertag und an einem sehr trüben Wintertag mit stark bedecktem Himmel. Zu den einzelnen Tagesgängen von G ist zusätzlich auch noch die Einstrahlung H angegeben.

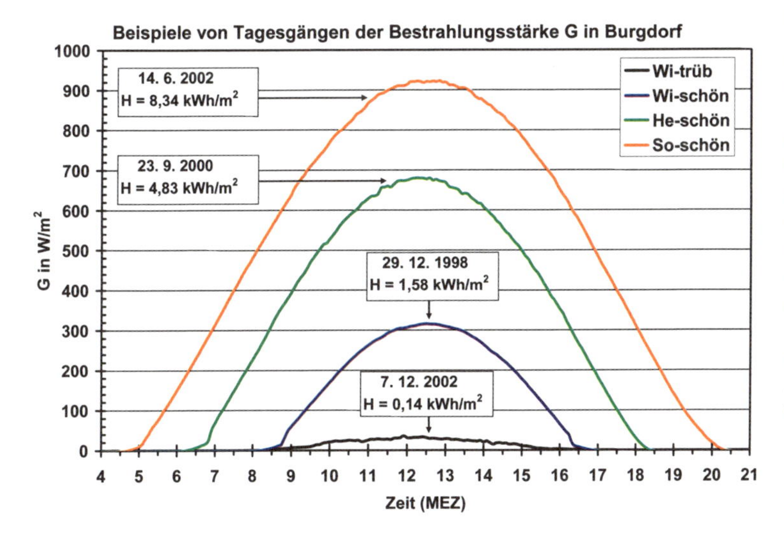

Bild 2-8 :

In Burgdorf/Schweiz (47°N) gemessener Tagesgang der globalen Bestrahlungsstärke G in die Horizontalebene an einem schönen Sommertag (14.6.2002), einem schönen Herbsttag (23.9.2000), einem schönen Wintertag (29.12.1998) und einem sehr trüben Wintertag (7.12.2002)

2.3.1 In Horizontalebene eingestrahlte Energie H

Da für die Dimensionierung von Photovoltaikanlagen und für die Berechnung ihres Energieertrages die Strahlungssumme H (eingestrahlte Energie) meist genügt, sind in den Tabellen in diesem Buch nur *Monatsmittelwerte der Tagessummen von H in die Horizontalebene* angegeben. Die verwendete Einheit ist dabei *kWh pro Quadratmeter und Tag* oder $kWh/m^2/d$. Die Verwendung von kWh (statt den von Physikern bevorzugten MJ) ist für die Photovoltaik sehr praktisch, da sie viele unnötige Umrechnungen erspart.

Die so entstehenden numerischen Werte haben auch eine sehr anschauliche Bedeutung, denn sie stellen auch die Anzahl *Sonnen-Volllaststunden* dar, also die Anzahl Stunden, während der die Sonne mit $G_o = 1$ kW/m² scheinen müsste, um diese Energie in die Empfangsfläche einzustrahlen. Die Anzahl Sonnen-Volllaststunden wird auch als Referenz- oder Strahlungsertrag Y_r bezeichnet (siehe Kap. 7).

Besonders für die Berechnung von Inselanlagen ist es günstig, als Bezugszeitraum einen Tag zu wählen. Man wird so auch von der Anzahl Tage des Monats (n_d) unabhängig. Falls man Monatssummen möchte, muss man die für den entsprechenden Monat angegebene mittlere Tagessumme einfach mit n_d multiplizieren. Falls dagegen die Jahressumme gewünscht wird, muss der angegebene Jahresmittelwert in kWh/m²/d einfach mit 365 multipliziert werden.

In Tabelle 2.1 sind als Beispiel die Monatsmittelwerte der Tagessummen von H auf eine horizontale Fläche für einige Orte in Europa und Umgebung angegeben. Viel umfangreichere Tabellen für 35 Orte und 16 Gebirgsstandorte in der Schweiz, 27 Orte in Deutschland, 7 Orte in Österreich, 62 Orte im übrigen Europa und 25 Orte im Rest der Welt sind im Anhang A2 angegeben. Bei der Benützung der Tabellen im Anhang ist zu beachten, dass neben dem fett gedruckten **H**-Wert auch die Tagessumme H_D der Diffusstrahlung angegeben ist, die für die Strahlungsberechnung mit dem Dreikomponentenmodell benötigt wird. Alle Werte wurden mit [2.4] berechnet.

Tabelle 2.1: Mittelwerte für die Tagessumme H der in die Horizontalebene eingestrahlten Energie (in kWh/m² pro Tag) für einige Orte Europa und Umgebung.

Mittelwerte für die tägliche Strahlungssumme H in die Horizontalebene in kWh/m²/d													
Ort	Jan	Feb	März	Apr	Mai	Juni	Juli	Aug	Sep	Okt	Nov	Dez	Jahr
Assuan	4.99	6.00	6.96	7.85	8.25	8.81	8.40	8.04	7.37	6.24	5.32	4.78	6.90
Berlin	0.60	1.20	2.28	3.57	4.85	5.25	5.04	4.32	2.95	1.63	0.72	0.43	2.74
Bern	1.06	1.76	2.79	3.72	4.68	5.20	5.69	4.82	3.56	2.06	1.13	0.84	3.12
Davos	1.68	2.66	4.02	5.01	5.58	5.70	5.88	5.01	3.95	2.78	1.72	1.34	3.77
Jungfraujoch	1.65	2.65	3.97	5.53	6.15	6.42	6.31	5.47	4.46	3.19	2.16	1.57	4.12
Kairo	3.42	4.41	5.56	6.59	7.46	7.96	7.81	7.23	6.28	5.06	3.78	3.10	5.72
Kloten	0.91	1.66	2.69	3.77	4.78	5.20	5.59	4.73	3.38	1.92	0.94	0.70	3.02
Locarno	1.42	2.00	3.06	3.57	4.39	5.50	5.95	5.17	3.72	2.17	1.44	1.13	3.29
Marseille	1.80	2.45	3.89	5.14	6.19	6.96	7.05	6.09	4.63	3.00	1.92	1.49	4.21
München	1.03	1.80	2.88	4.01	5.04	5.43	5.40	4.61	3.53	2.13	1.13	0.79	3.14
Sevilla	2.52	3.26	4.70	5.35	6.62	7.20	7.58	6.51	5.38	3.86	2.50	2.16	4.80
Wien	0.86	1.54	2.71	3.81	5.12	5.38	5.45	4.67	3.22	2.09	0.96	0.65	3.03

In der Schweiz, in Österreich und bei einigen Orten in Süddeutschland fällt auf, dass im Winter deutliche Unterschiede bei den Globalstrahlungswerten zwischen relativ nahe beieinanderliegenden Standorten in den Alpen und im Flachland bestehen. Dies ist hauptsächlich auf zusätzliche Direktstrahlung bei Hochdruck-Wetterlagen wegen des bei höhergelegenen Orten oder in inneralpinen Tälern oft fehlenden Nebels zurückzuführen. Standorte in von hohen Bergen umgebenen inneralpinen Tälern (z.B. Wallis) haben auch im Sommer wegen der geringeren Wolkenbildung eindeutige Spitzenwerte.

Die angegebenen Monatsmittelwerte der Einstrahlung unterliegen besonders in den Wintermonaten starken statistischen Schwankungen (siehe Bild 2-9). In den Wintermonaten sind Unterschiede von weit über 100% zwischen dem Minimal- und Maximalwert möglich, der Jahresmittelwert schwankt dagegen viel weniger. Bild 2-9 zeigt die vom Photovoltaiklabor der Berner Fachhochschule in den Jahren 1992 – 2004 in Burgdorf gemessenen Monatsmittelwerte der Globalstrahlung in die Horizontalebene in kWh/m²/d.

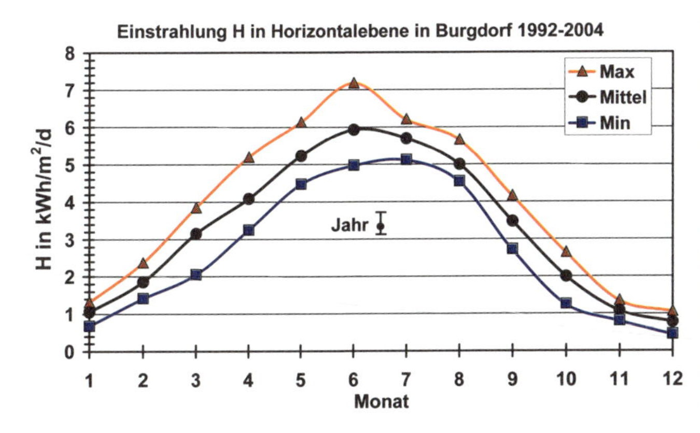

Bild 2-9: Vom Photovoltaiklabor der Berner Fachhochschule in den Jahren 1992 – 2004 in Burgdorf gemessene Monatsmittelwerte der Tagessummen der Globalstrahlung H in die Horizontalebene in kWh/m²/d. Es sind für jeden Monat in der angegebenen Periode der gemessene Minimalwert, der Mittelwert und der Maximalwert angegeben. Im Winterhalbjahr streuen die gemessenen Werte relativ stark!

Die Bilder 2-10 bis 2-14 zeigen die durchschnittliche tägliche horizontale Globalstrahlung für Mitteleuropa jeweils für das ganze Jahr (2-10) sowie für die Monate März (2-11), Juni (2-12), September (2-13) und Dezember (2-14). Die Bilder 2-15 bis 2-19 zeigen die durchschnittliche tägliche horizontale Globalstrahlung für ganz Europa und Umgebung für das ganze Jahr (2-15) sowie für die Monate März (2-16), Juni (2-17), September (2-18) und Dezember (2-19). Diese Bilder wurden mit dem Europäischen Strahlungsatlas ERSA erstellt [2.6].

Es ist zu beachten, dass die Farben für eine bestimmte Strahlungsstufe nicht überall gleich gewählt wurden, um möglichst feine Abstufungen darstellen zu können. Dies ist bei der Interpretation der Karten zu beachten. Der jeweils gültige Massstab ist bei jeder Karte angegeben!

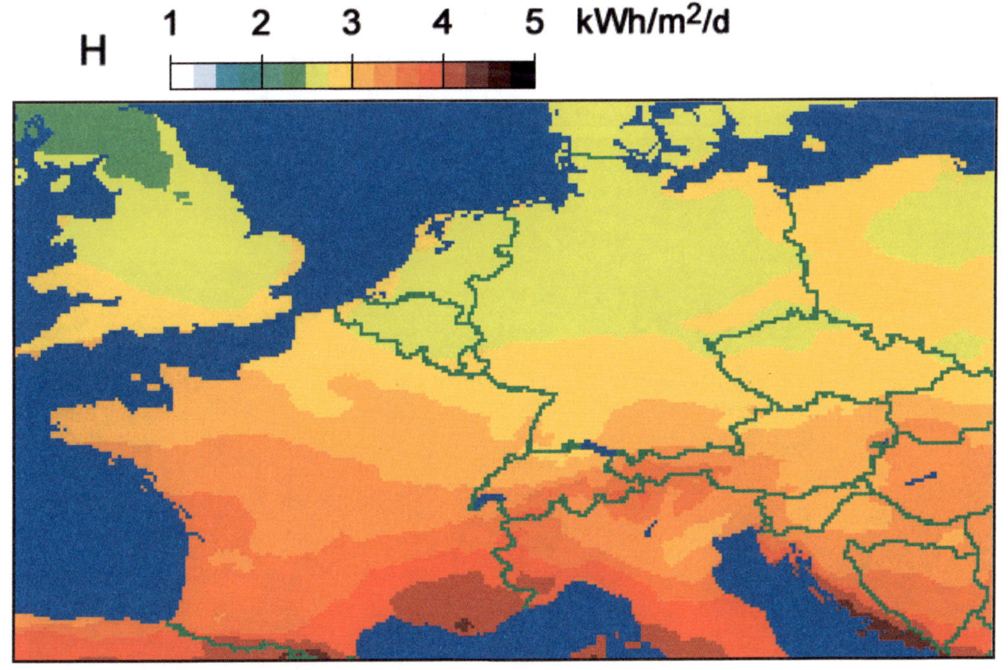

Bild 2-10: Mittlere jährliche globale Einstrahlung H auf eine horizontale Fläche in Mitteleuropa (in kWh/m² pro Tag).

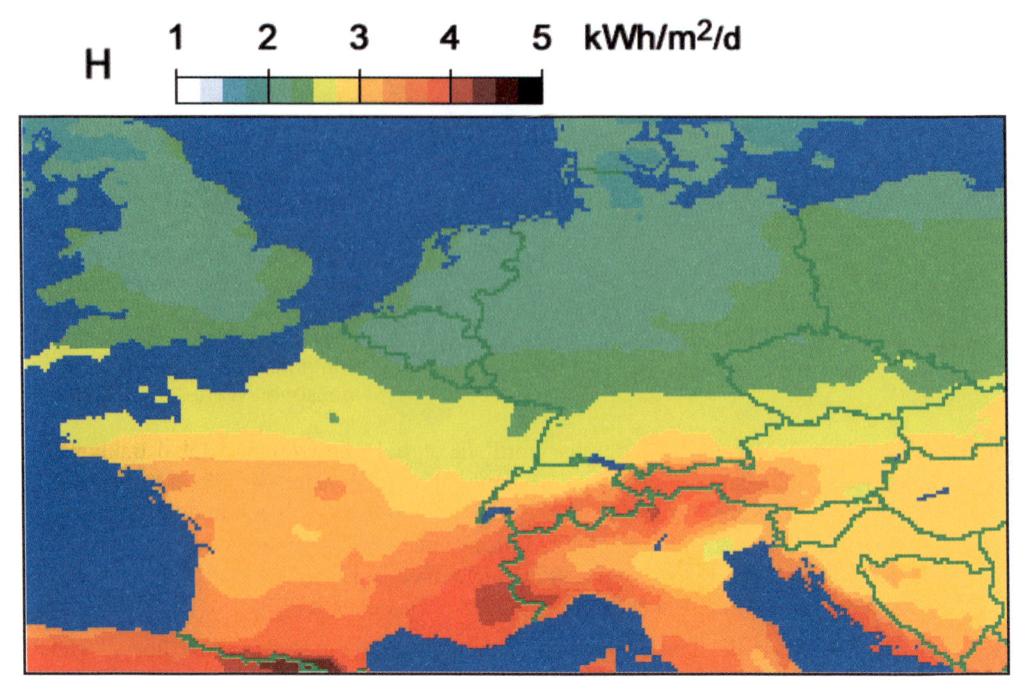

Bild 2-11: Mittlere globale Einstrahlung H auf eine horizontale Fläche in Mitteleuropa im März (in kWh/m^2 pro Tag).

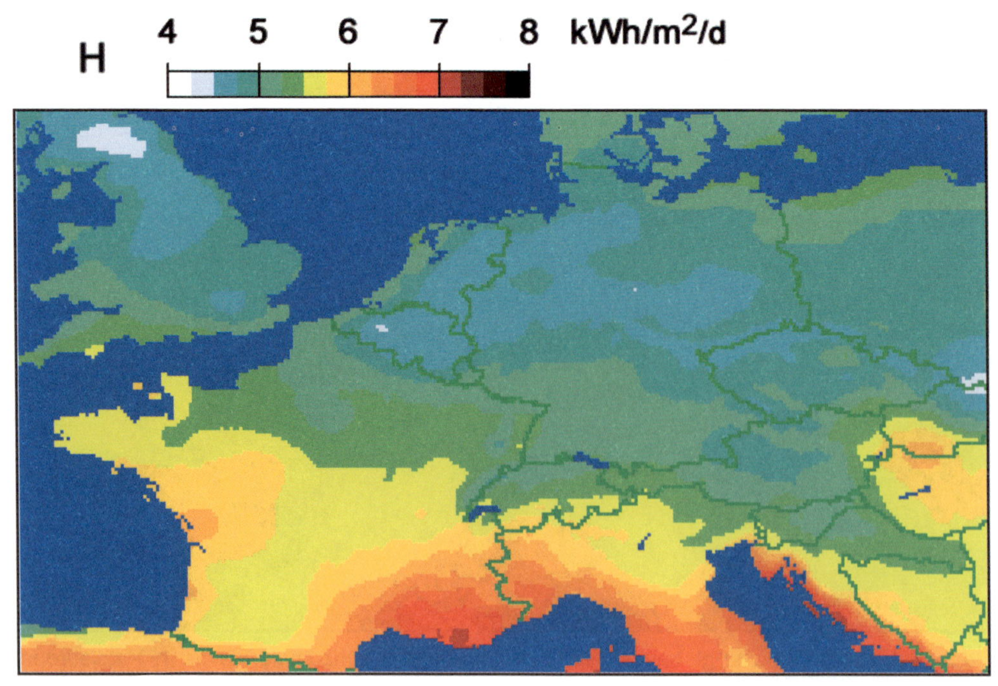

Bild 2-12: Mittlere globale Einstrahlung H auf eine horizontale Fläche in Mitteleuropa im Juni (in kWh/m^2 pro Tag).

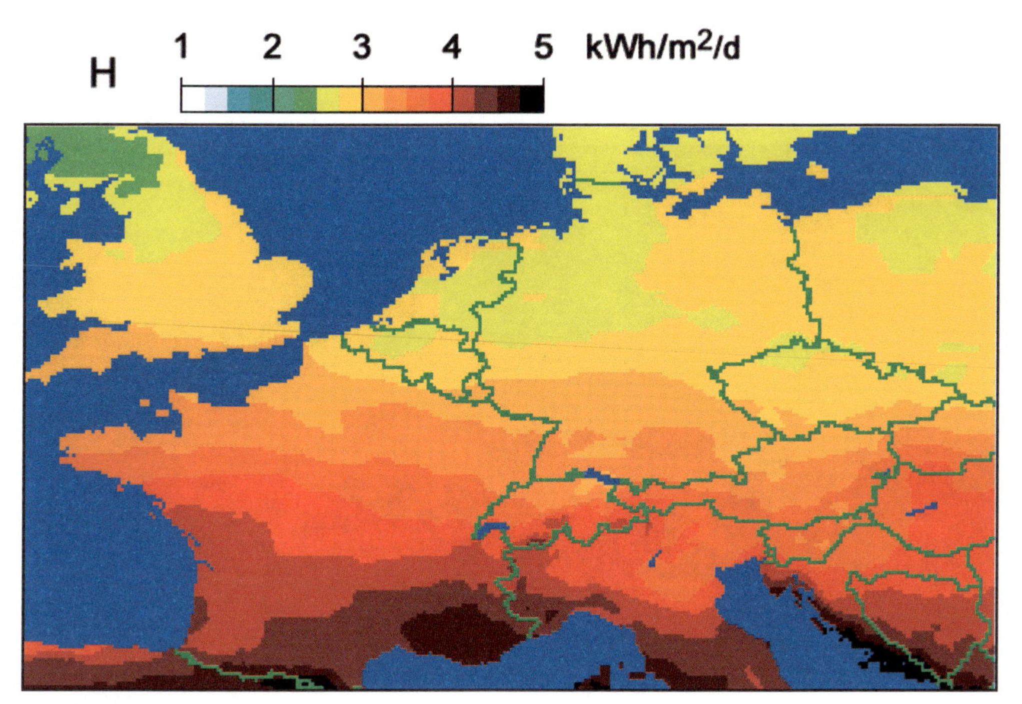

Bild 2-13: Mittlere globale Einstrahlung H auf eine horizontale Fläche in Mitteleuropa im Monat September (in kWh/m^2 pro Tag).

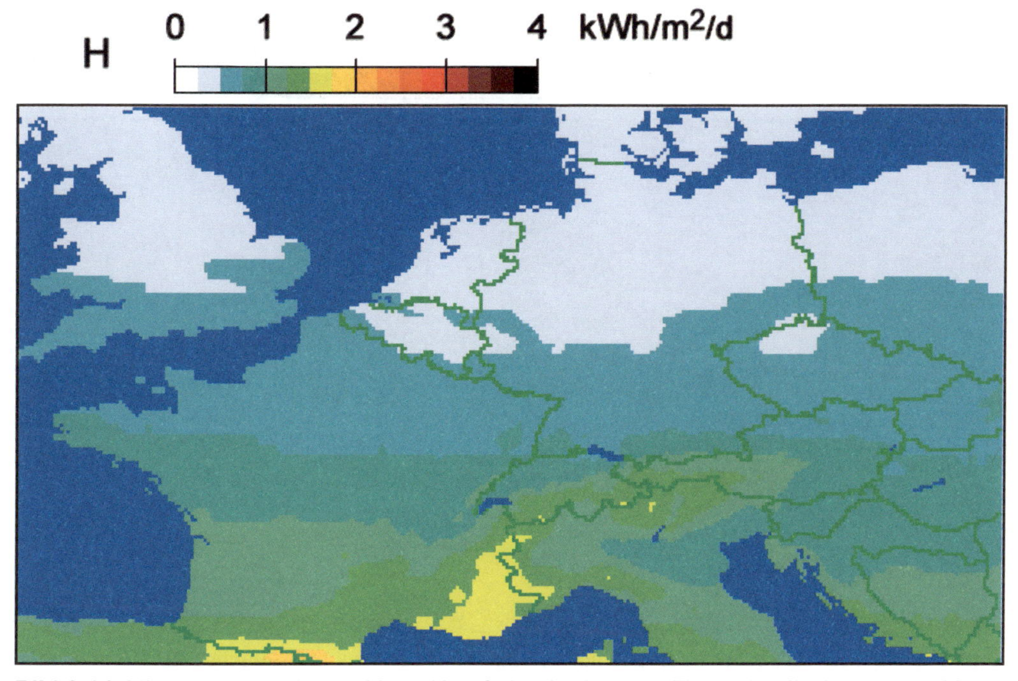

Bild 2-14: Mittlere globale Einstrahlung H auf eine horizontale Fläche in Mitteleuropa im Monat Dezember (in kWh/m^2 pro Tag).

Entsprechende Karten für ganz Europa und Umgebung:

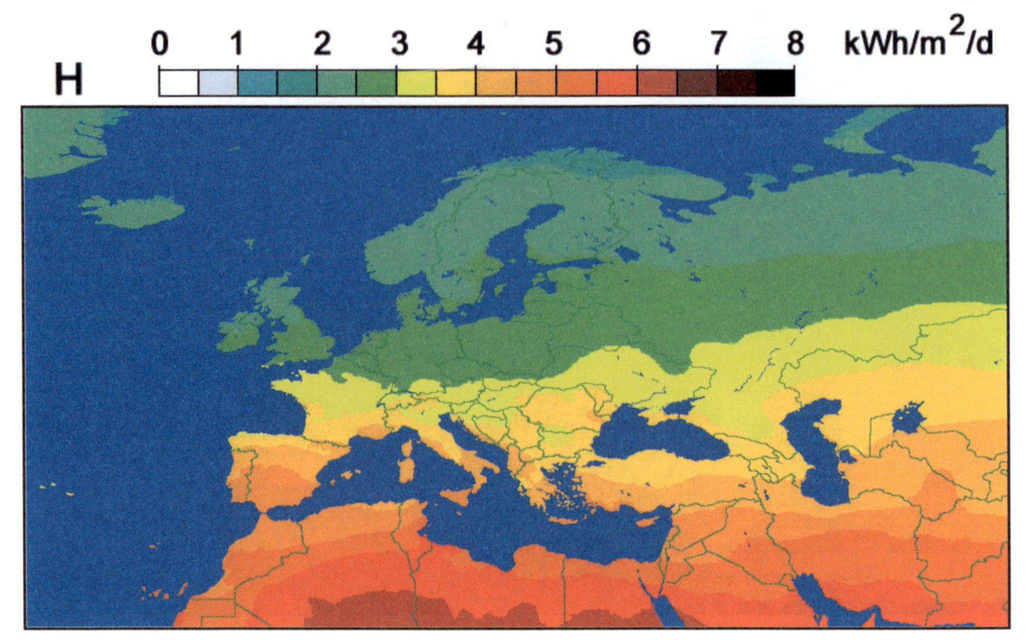

Bild 2-15: Mittlere jährliche globale Einstrahlung H auf eine horizontale Fläche in Europa und Umgebung (in kWh/m^2 pro Tag).

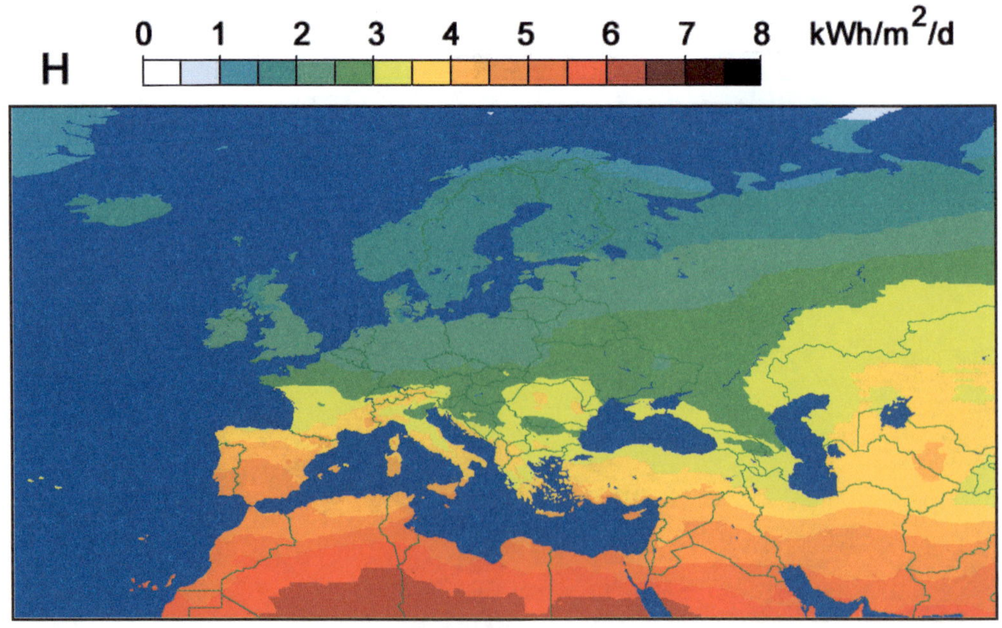

Bild 2-16: Mittlere globale Einstrahlung H auf eine horizontale Fläche in Europa und Umgebung im März (in kWh/m^2 pro Tag).

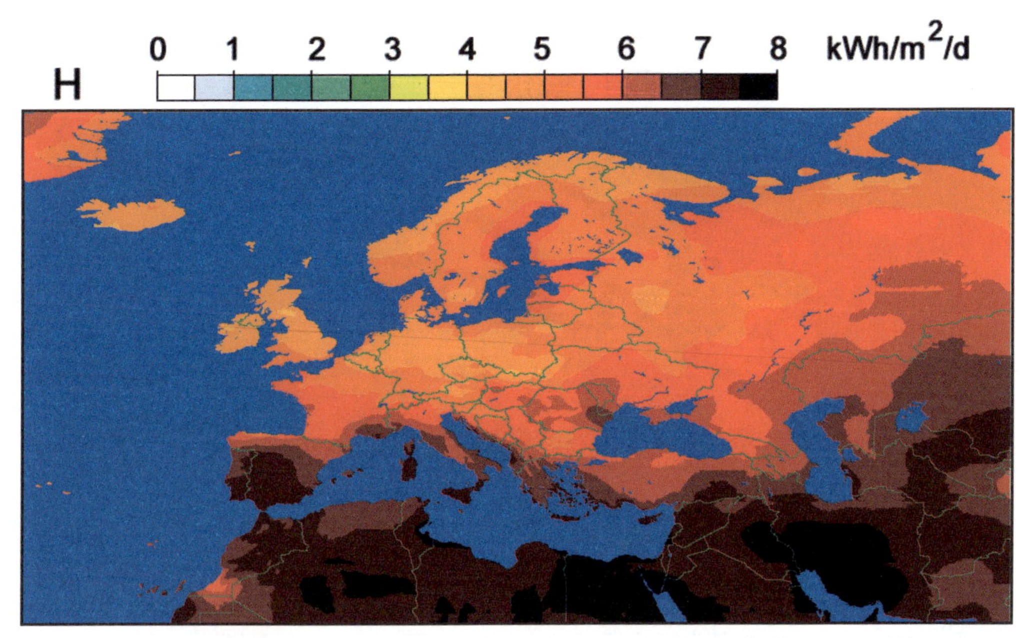

Bild 2-17: Mittlere globale Einstrahlung H auf eine horizontale Fläche in Europa und Umgebung im Juni (in kWh/m^2 pro Tag).

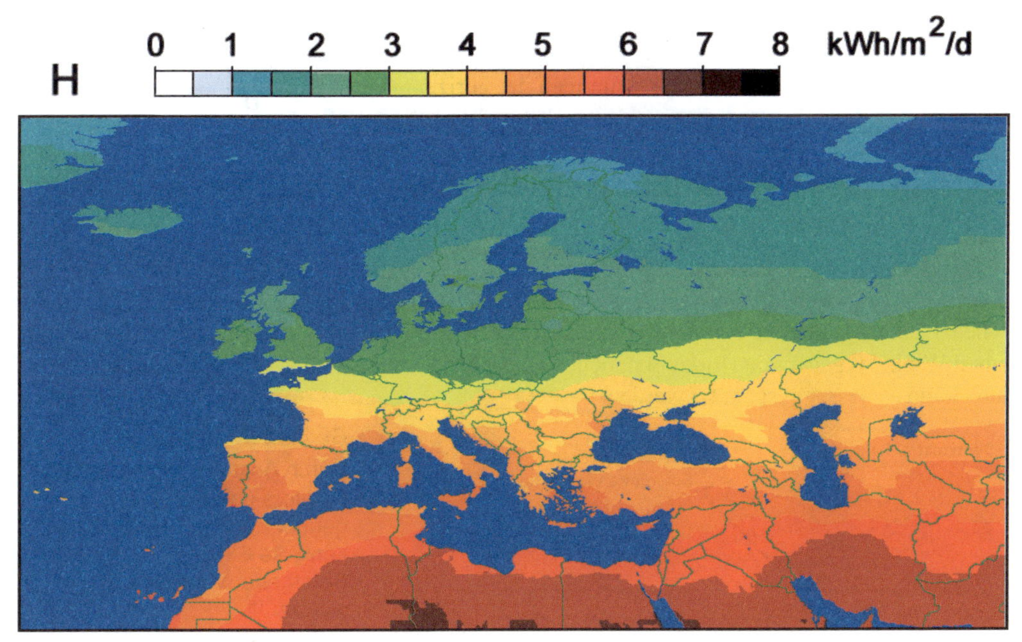

Bild 2-18: Mittlere globale Einstrahlung H auf eine horizontale Fläche in Europa und Umgebung im September (in kWh/m^2 pro Tag).

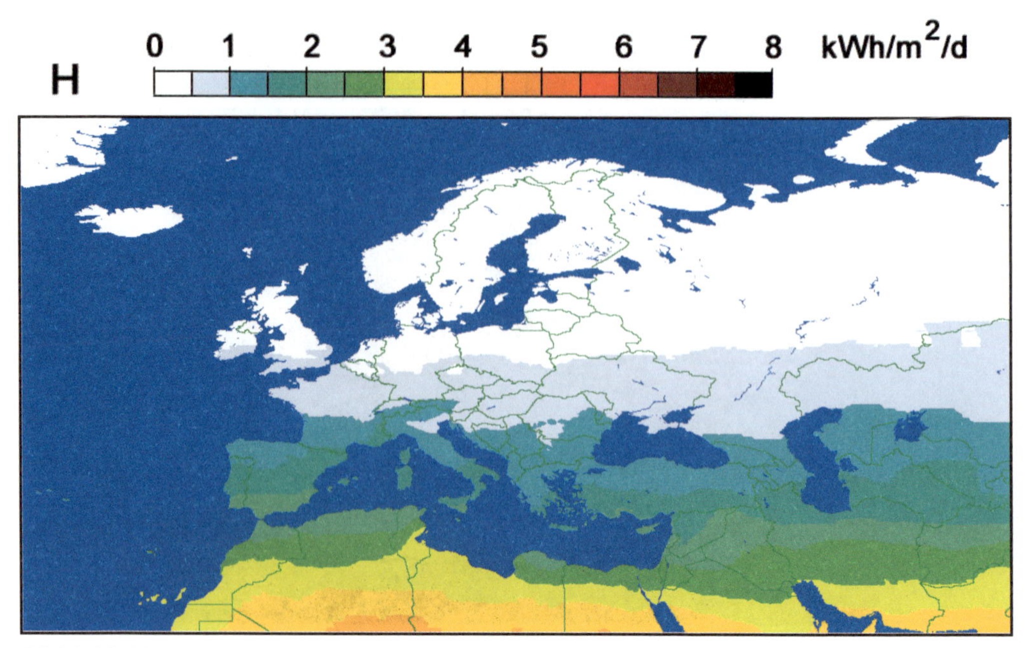

Bild 2-19: Mittlere globale Einstrahlung H auf eine horizontale Fläche in Europa und Umgebung im Dezember (in kWh/m^2 pro Tag).

Im Anhang A7 befinden sich einige ergänzende Karten mit Jahressummen der Globalstrahlung in die Horizontalebene in kWh/m^2. Bild A-2 zeigt die Jahressumme der horizontalen Globalstrahlung auf der ganzen Welt, Bild A-3 in den Alpenländern. Bild A-4 zeigt eine mit PV-GIS erstellte, detaillierte Karte der Jahressummen der horizontalen Globalstrahlung in Deutschland und Bild A-5 den Jahresenergieertrag einer optimal orientierten PV-Anlage in Europa [2.7].

2.4 Einfache Methode für die Berechnung der Strahlung auf geneigte Flächen

Bisher haben wir die Einstrahlung auf horizontale Flächen untersucht. Die Einstrahlung auf einen Solargenerator und damit die produzierte elektrische Energie kann in höheren geografischen Breiten gesteigert werden, wenn dieser in Richtung der Sonne geneigt wird, d.h. um einen Winkel β gegen die Horizontalebene angestellt wird (siehe Bild 2-20). Die direkte Strahlung kann so besser ausgenützt werden.

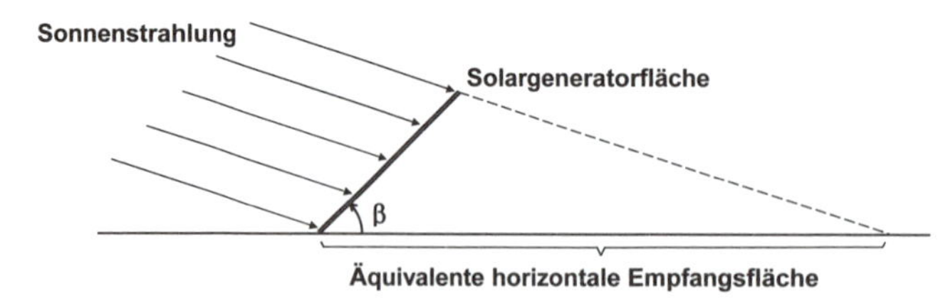

Bild 2-20:
Durch Anstellen des Solargenerators um den Winkel β gegenüber der Horizontalebene kann die Einstrahlung in die Solargeneratorebene erhöht werden.

Je nach Anstellwinkel, Jahreszeit und Wetterbedingungen variiert die so erzielbare Erhöhung der Einstrahlung beträchtlich. Bild 2-21 zeigt den Tagesgang der gemessenen Bestrahlungsstärke in die Horizontalebene und in eine genau südorientierte Fläche mit dem Anstellwinkel $\beta = 45°$ an einem schönen und Bild 2-22 an einem sehr trüben Wintertag in Burgdorf.

An einem schönen Wintertag ist H_G wegen der besseren Ausnützung der Direktstrahlung viel grösser als H. An einem sehr trüben Tag (reine Diffusstrahlung) ist H_G dagegen wegen der auf der geneigten Ebene fehlenden Diffusstrahlung etwas kleiner als H (siehe auch Kap. 2.5).

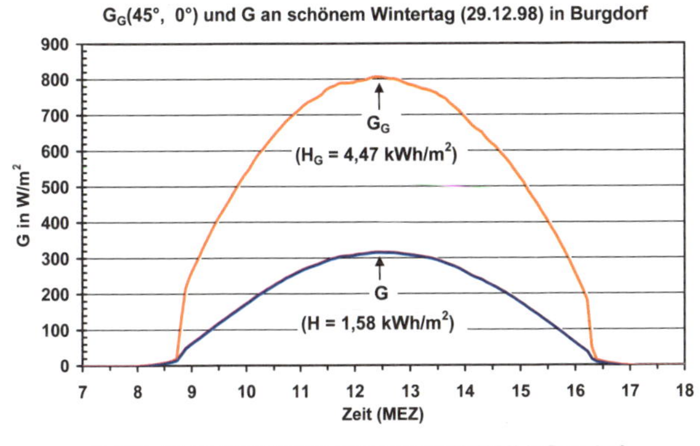

Bild 2-21:
Tagesgang der gemessenen Bestrahlungsstärke G in die Horizontalebene und der Bestrahlungsstärke $G_G(45°, 0°)$ in eine geneigte Fläche mit $\beta = 45°$ und $\gamma = 0°$ an einem sehr schönen Wintertag (29.12.1998) in Burgdorf.

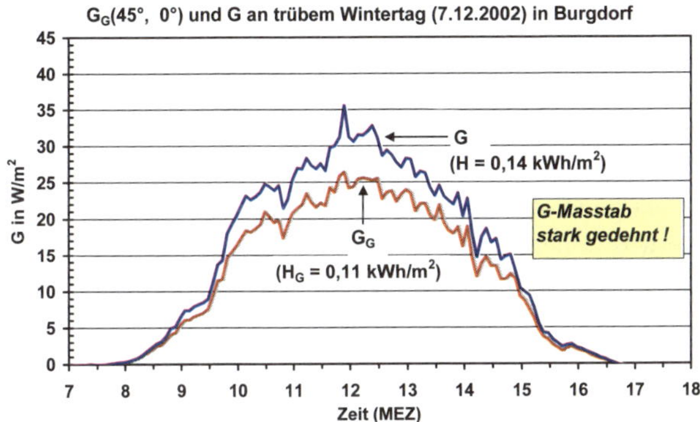

Bild 2-22:
Tagesgang der gemessenen Bestrahlungsstärke G in die Horizontalebene und der Bestrahlungsstärke $G_G(45°, 0°)$ in eine geneigte Fläche mit $\beta = 45°$ und $\gamma = 0°$ an einem sehr trüben Wintertag (7.12.2002) in Burgdorf.

Auf diese Weise kann man den Energieertrag vor allem in nebelarmen Gebieten deutlich steigern (siehe Bild 2-23). Allerdings wird dadurch die diffuse Himmelsstrahlung auf den Solargenerator etwas reduziert, was unter Umständen durch eine erhöhte diffuse Bodenreflexionsstrahlung (bei Schnee, hellem Beton usw.) wieder teilweise kompensiert werden kann.

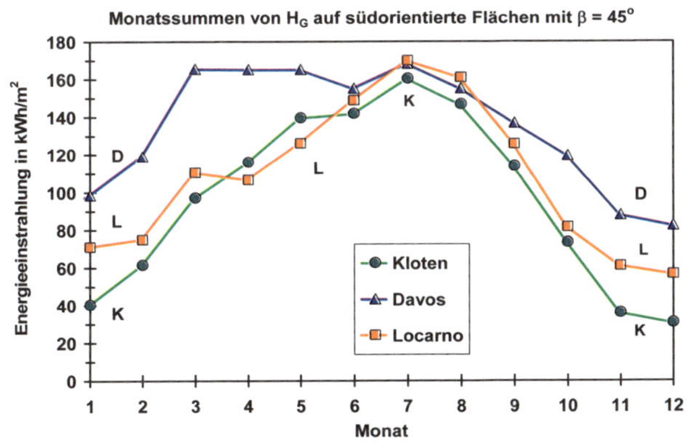

Bild 2-23 :
Monatssummen der Globalstrahlung H_G auf eine genau gegen Süden orientierte Solargeneratorfläche mit einem Anstellwinkel $\beta = 45°$ gegen die Horizontalebene in Kloten (typischer Standort im östlichen Schweizer Mittelland), Davos (typischer alpiner Standort) und Locarno (typischer Standort auf der Alpensüdseite).

Im Vergleich zu den durch Multiplikation der Angaben von Tabelle 2.1 mit n_d (Anzahl Tage des Monats) berechenbaren Monatssummen von H sind die in Bild 2-23 angegebenen Energieerträge auf der geneigten Fläche im Winter deutlich höher, d.h. das Anstellen der Solargeneratorfläche bringt in diesen Monaten einen eindeutigen Mehrertrag.

Die direkte Einstrahlung auf die Solargeneratorfläche wird maximal, wenn die Sonne normal zur Generatorfläche steht. Da Sonnenhöhe und Sonnenazimut im Laufe des Tages variieren, ist eine aufwändige Mechanik (zweiachsige Nachführung) nötig, um diesen Zustand während des ganzen Tages aufrecht zu erhalten. Dadurch können etwa 30% bis 40% mehr Strom produziert werden. Auch die Anzahl der möglichen Volllaststunden steigt entsprechend an, d.h. es kann mehr photovoltaisch erzeugte Energie ins Netz eingespeist werden, bevor Probleme mit der Spitzenleistung im Stromnetz auftreten (Details siehe Kap. 5.2.7).

Um diesen Mehrertrag in der Praxis aber wirklich zu erreichen, dürfen sich die einzelnen Anlagen bei tief stehender Sonne nicht gegenseitig beschatten, d.h. es muß vor allem in höheren Breiten auf einen genügenden Abstand zwischen den einzelnen nachgeführten Anlagen geachtet werden, deshalb wird dort eine relativ große Grundstücksfläche benötigt. Nachgeführte Anlagen eignen sich weniger für die Integration in Gebäuden, sondern primär für PV-Anlagen auf Freiflächen. Wegen des wesentlich höheren Aufwandes bei Erstellung und Wartung, der geringeren Zuverlässigkeit komplexerer Systeme und wegen des sinkenden Preises der Solarzellen ist vor der Realisierung nachgeführter Systeme immer abzuklären, ob das eingesparte Geld nicht besser in zusätzliche Solarmodule investiert würde.

In der Regel werden Solargeneratoren also mit einem festen Anstellwinkel β montiert und in der nördlichen Hemisphäre möglichst nach Süden orientiert (Abweichungen um 20° bis 30° haben noch keine allzu grosse Reduktion der Energieproduktion zur Folge). Eine saisonale Verstellung des Anstellwinkels (z.B. in der Schweiz 55° im Winter, 25° im Sommer) erhöht bei genau südlicher Orientierung der Solargeneratorfläche die Energieproduktion um einige Prozent, erfordert aber wiederum einen etwas höheren mechanischen Aufwand.

Bei Montage mit einem festen Anstellwinkel β ohne saisonale Nachführung stellt sich natürlich die Frage nach dem optimalen Wert für β. Unter idealen Bedingungen, d.h. bei klarem, sonnigem Wetter das ganze Jahr hindurch, empfängt eine Fläche ein Maximum an Direktstrahlung, wenn der Anstellwinkel β etwa gleich gross wie die geografische Breite φ ist. Da durch das Anstellen der Solargeneratorfläche die Diffusstrahlung reduziert wird, ist $\beta = \varphi$ nur für trockene Gebiete (Wüsten) mit einem hohen Anteil an Direktstrahlung optimal. In feuchteren Regionen mit einem hohen Anteil an diffuser Strahlung (Flachlandstandorte in Mitteleuropa) ist eine etwas geringere Neigung (z.B. $\beta = 30°$) etwas besser, wenn eine winterliche Schneebedeckung wegen des milden örtlichen Klimas selten ist. Ein steilerer Anstellwinkel (z.B. $\beta = 60°$) erhöht dagegen die Energieproduktion im Winter und ermöglicht ein leichtes Abgleiten von Schnee an Orten mit rauherem Winterklima. Für Photovoltaikanlagen in den Alpen sind grössere Anstellwinkel wegen des häufigen Schneefalls sicher empfehlenswert.

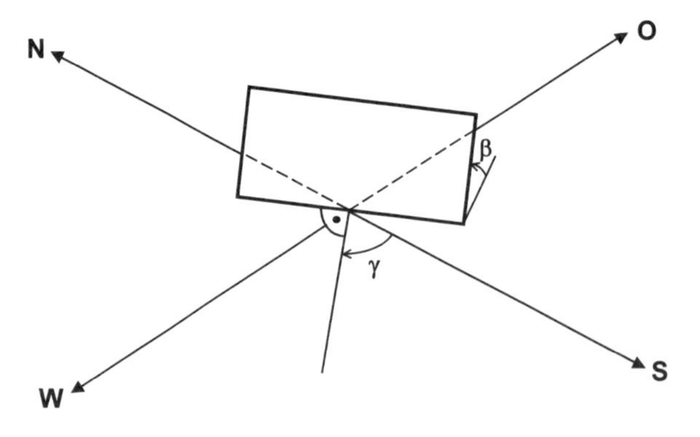

Bild 2-24:
Beschreibung einer beliebig orientierten Fläche durch den Anstellwinkel β und den Solargenerator-Azimut γ. Dabei ist γ die *Südabweichung nach Westen*. Es gilt:
$\gamma < 0$ bei Abweichung nach Ost,
$\gamma > 0$ bei Abweichung nach West).

Für beliebig geneigte und orientierte Flächen (Anstellwinkel β, Azimut γ, siehe Bild 2-24) kann für jeden Monat die in die Solargeneratorebene eingestrahlte Energie H_G mit dem sogenannten *Globalstrahlungsfaktor R(β,γ)* aus der in die Horizontalebene eingestrahlten Energie H berechnet werden [2.1], [2.2], [Bur83], [Häb91], [Lad86]:

In Solargeneratorebene eingestrahlte Energie : $H_G = R(\beta,\gamma) \cdot H$ (2.7)

Die Gleichung (2.7) gilt natürlich sowohl für Monatsmittelwerte von Tagessummen der Globalstrahlung als auch für Monatssummen der Globalstrahlung.

Die Globalstrahlungsfaktoren R(β,γ) sind abhängig von β, γ und vom Verhältnis von Diffusstrahlung zur Globalstrahlung, also im Prinzip vom lokalen Klima. Natürlich können diese Werte nicht für jeden Ort bestimmt werden. In [2.1] wurden für die Schweiz bereits drei sogenannte *Referenzstationen* bestimmt (*Kloten, Davos und Locarno*), mit welchen die verschiedenen Klimatypen in der Schweiz näherungsweise charakterisiert werden können und deren R(β,γ)-Werte im ihnen zugeordneten Gebiet für die Berechnung der Einstrahlung auf geneigte Ebenen herangezogen werden. Für die Erweiterung dieser Methode auf den ganzen deutschsprachigen Raum ist die Einführung eines entsprechenden Standortes im Südosten Deutschlands (*München*), im mittleren und westlichen Teil Deutschlands (*Giessen*) sowie eines Standortes im Nordosten Deutschlands (*Potsdam*) sinnvoll. Standorte in Österreich (annähernd auf der gleichen geografischen Breite wie die Schweiz und ebenfalls ein Alpenland) können durch Verwendung der R(β,γ)-Werte aus der Schweiz und Süddeutschland abgedeckt werden. Für approximative Berechnungen im südlichen Europa, Nordafrika und Nahost wurden Angaben für drei weitere Standorte (*Marseille, Sevilla und Kairo*) bereitgestellt.

Tabelle 2.2: Durch im Anhang A3 angegebenen Referenzstationen repräsentierte Gebiete.

Referenzstation	**Durch entsprechende Referenzstation repräsentiertes Gebiet**
Davos	Höher gelegene Orte (über ca. 1200 m) in der Schweiz, Süddeutschland, Österreich, Frankreich und Italien.
Giessen	Orte im nordwestlichen Teil Deutschlands, Nordfrankreich, Benelux-Länder
Kairo	Orte in östlichen Nordafrika, Nahost und der Sahara
Kloten	Flachlandstandorte in der Schweiz, Süddeutschland, Österreich, Mittelfrankreich
Locarno	Standorte auf der Alpensüdseite und in inneralpinen Tälern (z.B. Wallis)
Marseille	Orte in Südfrankreich, Nordspanien, Nord- und Mittelitalien
München	Orte in Südostdeutschland und in inneralpinen Tälern Österreichs
Potsdam	Orte in Nord- und Ostdeutschland, Polen
Sevilla	Orte in Südspanien, Süditalien, Nordküste Afrikas (W), Griechenland

Im Schweizer Mittelland, in Süddeutschland und in Österreich befindet man sich bei der Verwendung der R(β,γ)-Werte von Kloten eher auf der sicheren Seite, denn Kloten hat ein relativ nebliges Klima mit einem überdurchschnittlich hohen Anteil an Diffusstrahlung. An den meisten Flachlandstandorten (ausser in unmittelbarer Nähe von Gewässern) sind der Direktstrahlungsanteil und damit die R(β,γ)-Werte im Winter eher etwas höher.

In Tabelle 2.3 sind einige Globalstrahlungsfaktoren R(β,γ) für die erwähnten neun Referenzstationen für genau südlich orientierte Flächen angegeben. Abweichungen von 20° bis 30° aus der Südrichtung haben noch keinen wesentlichen Einfluss auf die R-Werte. Im Anhang A3 befindet sich eine ausführlichere Tabelle der R(β,γ)-Werte für diese neun Referenzstationen auch für andere Orientierungen (auch aus der Südrichtung abweichend).

Tabelle 2.3: Globalstrahlungsfaktoren R(β,γ) für südorientierte Flächen in jedem Monat des Jahres für die erwähnten neun Referenzstationen.

Globalstrahlungsfaktoren R(β,γ) für südorientierte geneigte Flächen														
Ort	**β**	**Jan**	**Feb**	**März**	**Apr**	**Mai**	**Juni**	**Juli**	**Aug**	**Sep**	**Okt**	**Nov**	**Dez**	**Jahr**
Davos	30°	1.67	1.46	1.27	1.11	1.01	0.98	0.99	1.05	1.16	1.32	1.53	1.73	1.16
	45°	1.90	1.59	1.33	1.10	0.95	0.91	0.92	1.00	1.15	1.39	1.69	1.98	1.17
	60°	2.01	1.66	1.32	1.04	0.85	0.80	0.82	0.91	1.09	1.39	1.78	2.13	1.12
Giessen	30°	1.33	1.31	1.16	1.09	1.02	0.99	1.00	1.05	1.13	1.22	1.32	1.35	1.09
	45°	1.44	1.39	1.16	1.06	0.96	0.92	0.94	1.01	1.13	1.26	1.38	1.45	1.06
	60°	1.48	1.41	1.12	0.99	0.87	0.82	0.84	0.92	1.07	1.24	1.41	1.50	0.99
Kairo	30°	1.33	1.23	1.12	1.01	0.93	0.90	0.91	0.97	1.07	1.20	1.31	1.37	1.06
	45°	1.40	1.26	1.08	0.94	0.83	0.78	0.80	0.88	1.03	1.20	1.36	1.44	1.01
	60°	1.39	1.21	1.00	0.82	0.68	0.62	0.65	0.75	0.93	1.15	1.34	1.44	0.91
Kloten	30°	1.34	1.28	1.16	1.06	1.01	0.98	1.00	1.05	1.13	1.21	1.26	1.34	1.08
	45°	1.42	1.33	1.17	1.03	0.94	0.91	0.93	1.00	1.13	1.24	1.31	1.45	1.05
	60°	1.47	1.33	1.12	0.95	0.84	0.80	0.82	0.91	1.06	1.21	1.31	1.48	0.98
Locarno	30°	1.47	1.27	1.16	1.03	0.99	0.98	0.99	1.06	1.14	1.20	1.33	1.49	1.10
	45°	1.61	1.33	1.16	0.99	0.93	0.90	0.92	1.00	1.13	1.22	1.42	1.62	1.08
	60°	1.68	1.32	1.11	0.91	0.83	0.79	0.81	0.91	1.06	1.19	1.43	1.68	1.01
Marseille	30°	1.57	1.35	1.22	1.09	1.01	0.97	0.99	1.06	1.18	1.31	1.49	1.61	1.14
	45°	1.73	1.43	1.24	1.06	0.94	0.89	0.91	1.01	1.18	1.37	1.61	1.79	1.12
	60°	1.80	1.43	1.20	0.97	0.82	0.76	0.79	0.91	1.11	1.35	1.65	1.89	1.05
München	30°	1.47	1.35	1.19	1.08	1.01	0.98	1.00	1.05	1.16	1.27	1.38	1.48	1.11
	45°	1.60	1.44	1.21	1.05	0.95	0.92	0.93	1.01	1.15	1.31	1.47	1.64	1.09
	60°	1.70	1.47	1.18	0.97	0.85	0.81	0.83	0.92	1.10	1.30	1.51	1.73	1.02
Potsdam	30°	1.40	1.30	1.19	1.09	1.03	1.00	1.01	1.07	1.16	1.26	1.33	1.44	1.10
	45°	1.56	1.38	1.21	1.07	0.98	0.94	0.95	1.03	1.16	1.32	1.43	1.56	1.08
	60°	1.60	1.40	1.18	0.99	0.89	0.84	0.85	0.95	1.11	1.31	1.47	1.61	1.01
Sevilla	30°	1.43	1.28	1.17	1.04	0.97	0.94	0.95	1.01	1.13	1.25	1.35	1.46	1.10
	45°	1.53	1.32	1.16	0.99	0.89	0.84	0.86	0.95	1.10	1.28	1.42	1.58	1.07
	60°	1.56	1.30	1.10	0.89	0.76	0.71	0.72	0.83	1.02	1.24	1.42	1.61	0.98

Die in diesen Tabellen enthaltenen R-Werte wurden mit Hilfe von [2.4] berechnet und können von den auf älteren Daten basierenden Angaben in [Häb91] oder [Lad86] leicht abweichen.

Bei der praktischen Anwendung der Gleichung (2.7) ist es sehr wichtig, dass die *richtigen H-Werte* verwendet werden, nämlich die *des Anlagestandortes* und nicht etwa die der Referenzstation. Von der *Referenzstation* werden *nur die R(β,γ)-Werte* verwendet!

Die praktische Berechnung der H_G-Werte geschieht am besten mit Hilfe der Tabelle 2.4 oder A1.1, in die zuerst die Monatswerte von H und dann die R(β,γ)-Faktoren eingetragen werden. Darauf kann H_G leicht als Produkt der beiden obenstehenden Faktoren berechnet werden.

Tabelle 2.4: Leere Tabelle für die H_G-Berechnung mit der einfachen Methode nach Kap. 2.4.

	Jan	Feb	März	April	Mai	Juni	Juli	Aug	Sept	Okt	Nov	Dez	Jahr	Einheit
H														kWh/m²
R(β,γ)														
H_G														kWh/m²

Die Jahressumme von H_G ergibt sich als Summe der Monatssummen. Der Jahresmittelwert H_{Ga} der Tagessummen von H_G müsste streng genommen aus der Jahressumme berechnet werden (siehe Kap. 2.5.6), man erhält ihn in der der Praxis aber auch mit einem meist vernachlässigbaren kleinen Fehler einfach als Mittelwert der Monatsmittelwerte der Tagessummen.

Wie die Einstrahlung in die Horizontalebene H unterliegt auch der Globalstrahlungsfaktor $R(\beta,\gamma)$ und damit auch die Einstrahlung H_G in die Solargeneratorebene besonders im Winterhalbjahr starken statistischen Schwankungen. Bild 2-25 zeigt für die Jahre 1992 – 2004 den Globalstrahlungsfaktor R(45°, 0°), Bild 2-26 die entsprechende Einstrahlung H_G in eine Ebene mit β = 45° und γ = 0° (gemessen in Burgdorf auf 47°N). Da bei kleinen H auch die $R(\beta,\gamma)$ klein sind, sind die Schwankungen bei H_G meist noch stärker als bei H.

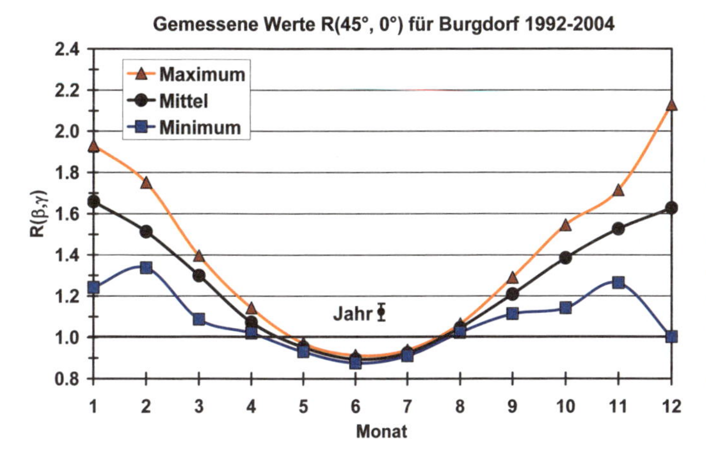

Bild 2-25:
Vom PV-Labor der Berner Fachhochschule in den Jahren 1992 – 2004 in Burgdorf gemessene Monatsmittelwerte des Globalstrahlungsfaktors $R(\beta,\gamma)$ für β = 45° und γ = 0°. Es sind für jeden Monat der Minimalwert, der Mittelwert und der Maximalwert angegeben. Vor allem in der Mitte des Winters streuen die gemessenen Werte relativ stark, der Jahresmittelwert ist aber sehr konstant.

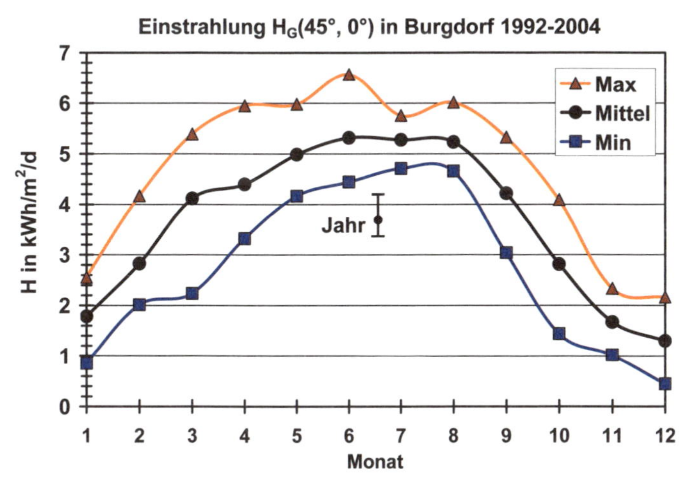

Bild 2-26:
Vom PV-Labor der Berner Fachhochschule in den Jahren 1992 – 2004 in Burgdorf gemessene Monatsmittelwerte der Globalstrahlung H_G in einer Ebene mit β = 45° und γ = 0°. Es sind für jeden Monat der Minimalwert, der Mittelwert und der Maximalwert angegeben. Im ganzen Winterhalbjahr streuen die Werte sehr stark (Verhältnis Maximum zu Minimum zwischen etwa 2 und 5. Im Sommer ist die relative Schwankung viel geringer.

2.4.1 Jahres-Globalstrahlungsfaktoren

In gleicher Weise wie für die Monatsmittelwerte oder die Monatssummen kann man für die *Jahresmittelwerte oder Jahressummen* H_{Ga} einen *Jahres-Globalstrahlungsfaktor* $R_a(\beta,\gamma)$ ermitteln. Man kann damit direkt den Jahresmittelwert oder die Jahressumme H_{Ga} der Globalstrahlung in die Solargeneratorebene aus dem Jahresmittelwert oder der Jahressumme H_a für die Globalstrahlung in die Horizontalebene berechnen:

In Solargeneratorebene eingestrahlte Jahresenergie : $H_{Ga} = R_a(\beta,\gamma)\cdot H_a$ (2.8)

Wichtig:
Ein Jahres-Globalstrahlungsfaktor R_a darf nicht durch Mittelwertbildung aus Monats-R-Faktoren gebildet werden, sondern ist als Quotient aus korrekt berechneten Jahressummen von H_G und H bei der jeweiligen Referenzstation zu bestimmen!

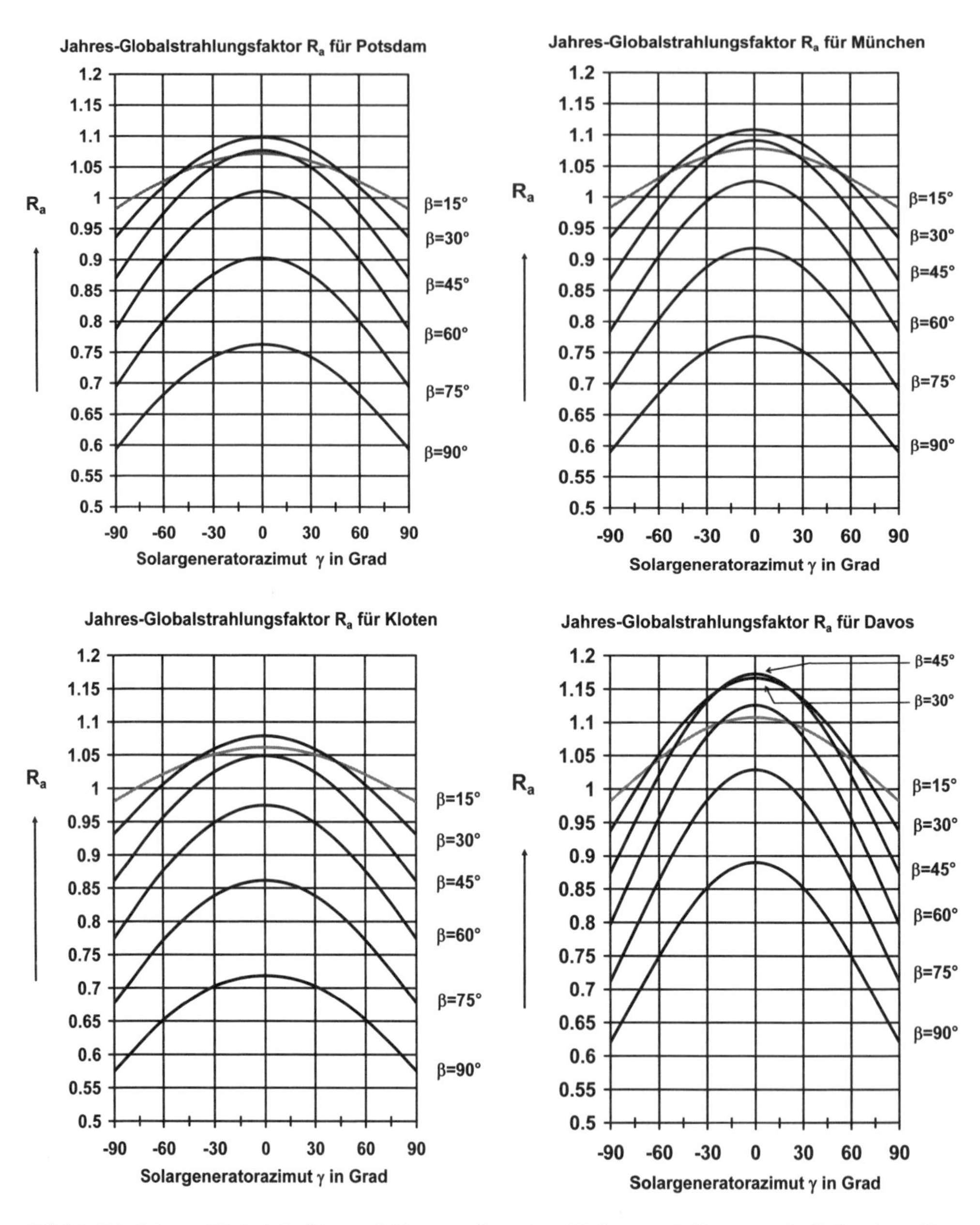

Bild 2-27: Jahres-Globalstrahlungsfaktoren für vier Referenzstationen nördlich der Alpen. Hinweis: Das Diagramm für Giessen (nicht gezeichnet) ist sehr ähnlich wie das von Kloten. Die in den Diagrammen gezeigten Werte wurden mit [2.4] berechnet.

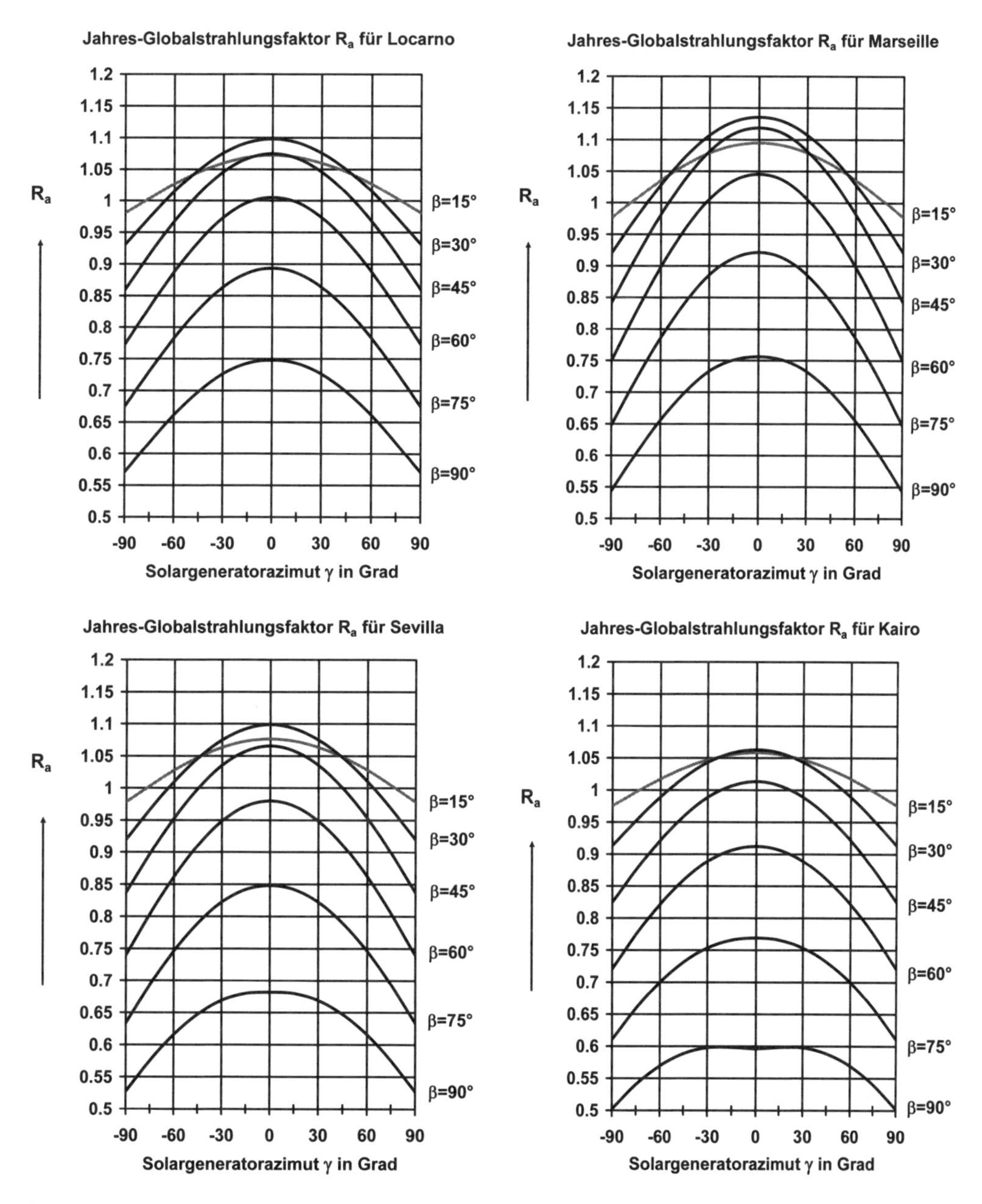

Bild 2-28: Jahres-Globalstrahlungsfaktoren für vier Referenzstationen südlich der Alpen. Die in den Diagrammen gezeigten Werte wurden mit [2.4] berechnet.

Die Verwendung des Jahres-Globalstrahlungsfaktors R_a der Referenzstation zur schnellen H_{Ga}-Berechnung ist sehr praktisch und schnell, denn man muss keine Monatswerte berechnen. Da das Verhältnis der Monatswerte von H am betrachteten Standort aber meist nicht ganz gleich ist wie bei der Referenzstation, ist der so bestimmte H_{Ga}-Wert jedoch im Vergleich zur wesentlich aufwändigeren Berechnung über die Jahressumme aus Monatssummen von H_G etwas weniger genau. Hat man also bereits berechnete Monatsummen von H_G zur Verfügung, ist eine Berechnung der Jahressumme aus diesen Monatssummen vorzuziehen.

Die Bilder 2-27 und 2-28 zeigen diese mit [2.4] berechneten Jahres-Globalstrahlungsfaktoren $R_a(\beta,\gamma)$ für die vier Referenzstationen nördlich und südlich der Alpen.

Man erkennt, dass an Flachlandstandorten in Mitteleuropa der maximale Jahresertrag etwa bei $\beta \approx 30°$ und $\gamma \approx 0°$ auftritt. Am alpinen Standort Davos ist dagegen $\beta \approx 40°$ für maximalen Jahresenergieertrag optimal. In Marseille ist trotz der südlicheren Lage ein etwas steilerer Winkel $\beta \approx 33°$ optimal, in Sevilla $\beta \approx 28°$ und in Kairo $\beta \approx 24°$. Die Maxima verlaufen relativ flach, d.h. bis zu 15° Abweichung vom Optimum bei β und bis gegen 30° Abweichung von der Südrichtung bei γ haben nur einen sehr geringen Einfluss auf $R_a(\beta,\gamma)$.

An Flachlandstandorten, bei denen der grösste Teil der Jahresenergie im Sommerhalbjahr anfällt, dürfte sogar eine ganz leichte Ostabweichung (γ = -5° bis -10°) optimal sein. Das in [2.4] zur Berechnung verwendete Modell berücksichtigt nämlich im Gegensatz zum älteren Modell von [2.1] nicht mehr, dass im Sommer die Einstrahlung am Nachmittag wegen Gewittern oft etwas kleiner ist als am Vormittag.

Bei Photovoltaikanlagen sollten kleinere Anstellwinkel als $\beta \approx 20°$ nicht realisiert werden, damit der Regen die Solargeneratorfläche noch reinigen kann und damit im Winter der Schnee überhaupt eine Chance hat, vom Solargenerator abzugleiten.

Da der Wirkungsgrad der Solarmodule bei höherer Temperatur etwas abnimmt, ist der Energiewirkungsgrad (Nutzungsgrad) einer Photovoltaikanlage im Sommer etwas geringer als im Winter, d.h. die im Sommer auf den Solargenerator eingestrahlte Energie wird etwas schlechter ausgenützt als die im Winter eingestrahlte Energie. Bei höheren β-Werten gleitet zudem der Schnee im Winter rascher ab, eventuell an den unteren Modulrändern auftretende Schmutzstreifen werden schmaler und die Selbstreinigung bei Regen wird intensiver.

Auf Grund langjähriger Beobachtungen an vielen Photovoltaikanlagen ist der Autor der Meinung, dass in Mitteleuropa etwas steilere Anstellwinkel langfristig oft günstiger wären als die für maximale jährliche Strahlungssumme in der Generatorebene optimalen Winkel von etwa 30°. In den Bildern 2-27 und 2-28 ist zu erkennen, dass in Europa der Unterschied des Jahres-Globalstrahlungsfaktors $R_a(\beta,\gamma)$ zwischen β = 30° und 45° nur 2 bis 3% beträgt. Bei vielen PV-Anlagen entwickelt sich im Laufe der Jahre trotz der Selbstreinigung durch Regen und Schnee nämlich eine gewisse permanente Verschmutzung. Diese Selbstreinigung ist bei Anstellwinkeln um 45° deutlich effizienter als bei flachen Anstellwinkeln. Derartige Anlagen weisen deshalb unter sonst gleichen Bedingungen langfristig eine geringere permanente Verschmutzung auf. Eine solche, sich nach wenigen Betriebsjahren entwickelnde, permanente Verschmutzung des Solargenerators kann Ertragseinbussen bis zu 10 % verursachen, also viel mehr als der durch einen geringfügig steileren Anstellwinkel hervorgerufene Minderertrag.

Langfristig dürften deshalb für eine optimale spezifische Energieproduktion von Photovoltaikanlagen (in kWh/kWp) eher etwas steilere Winkel als die mit blossen Strahlungsoptimierungen erhaltenen Winkel günstiger sein, also z.B. 35° bis 40° an Flachlandstandorten und 45° bis 50° an nicht zu hoch liegenden alpinen Standorten. Für höher gelegene alpine Standorte können wegen der häufigen winterlichen Schneebedeckung noch höhere β-Werte (z.B. 60° bis 90°) in der Praxis am günstigsten sein. Aus elektrizitätswirtschaftlicher Sicht (möglichst hohe Stromproduktion im Winterhalbjahr anstelle von maximaler Jahresenergieproduktion) wären in Mitteleuropa wahrscheinlich sogar β-Werte im Bereich 45° bis 60° optimal.

2.4.2 Beispiele zur elementaren Strahlungsberechnung auf geneigte Flächen

Beispiel 1:

Gesucht: Monatssummen und Jahressumme der in Berlin auf eine südorientierte Fläche mit einem Anstellwinkel $\beta = 30°$ eingestrahlten Energie H_G.

Lösung: Flachlandstandort in Norddeutschland, deshalb Wahl der Referenzstation Potsdam. Zunächst Berechnung der Monatssummen von H durch Multiplikation mit n_d (Anzahl Tage pro Monat), wobei die H-Werte für die Einstrahlung in die Horizontalebene aus der Tabelle 2.1 oder der ausführlichen Tabelle A2.3 für Orte in Deutschland im Anhang A2 entnommen werden. Danach erfolgt die Berechnung der Monatssummen von H_G (z.B. mit Hilfe einer Kopie der leeren Tabellenvorlage 2.4 oder A1.1). Die $R(\beta,\gamma)$-Werte werden der Tabelle 2.3 oder der ausführlicheren Tabelle A3.2 im Anhang A3 entnommen. Die Jahressumme ist die Summe der Monatssummen.

	Jan	Feb	März	April	Mai	Juni	Juli	Aug	Sept	Okt	Nov	Dez	Jahr	Einheit
H	18.6	33.6	70.7	107.1	150.4	157.5	156.2	133.9	88.5	50.5	21.6	13.3	1000	kWh/m²
$R(\beta,\gamma)$	1.40	1.30	1.19	1.09	1.03	1.00	1.01	1.07	1.16	1.26	1.33	1.44		
H_G	26.0	43.7	84.1	116.7	154.9	157.5	157.8	143.3	102.7	63.7	28.7	19.2	1098	kWh/m²

Beispiel 2:

Gesucht: Monatsmittelwerte H_G der Tagessummen der auf eine südorientierte Fläche mit einem Anstellwinkel $\beta = 60°$ eingestrahlten Energie in Montana (VS/Schweiz).

Lösung: Gebirgsstandort in der Schweiz in grösserer Höhe (siehe Anhang), deshalb Wahl der Referenzstation Davos. Die Monatsmittelwerte für die Tagessummen von H werden der Tabelle A2.2 für Orte in der Schweiz im Anhang entnommen. Die Berechnung erfolgt wieder mit einer Kopie der leeren Tabelle 2.4 oder A1.1. Die $R(\beta, \gamma)$-Werte werden der Tabelle 2.3 oder der ausführlicheren Tabelle A3.1 für Orte in der Schweiz im Anhang A3 entnommen.

	Jan	Feb	März	April	Mai	Juni	Juli	Aug	Sept	Okt	Nov	Dez	Jahr	Einheit
H	1.61	2.53	3.88	4.77	5.61	5.74	6.08	5.28	4.13	2.80	1.68	1.35	3.78	kWh/m²
$R(\beta,\gamma)$	2.01	1.66	1.32	1.04	0.85	0.80	0.82	0.91	1.09	1.39	1.78	2.13		
H_G	3.24	4.20	5.12	4.96	4.77	4.59	4.99	4.80	4.50	3.89	2.99	2.88	4.24	kWh/m²

Beispiel 3:

Gesucht: Jahresmittelwert der Tagessummen und Jahresssumme H_{Ga} der in Nizza (Nice) auf eine Ebene mit $\beta = 45°$, $\gamma = 30°$ eingestrahlten Energie.

Lösung: Ort in Südfrankreich, deshalb Referenzstation Marseille. Der Jahres-Globalstrahlungsfaktor ist $R_a(\beta, \gamma) = 1{,}08$ gemäss Tabelle A3.3 oder Bild 2-28. In Nizza ist gemäss der Tabelle A2.5 $H_a = 4{,}03$ kWh/m²/d oder 1471 kWh/m²/a.
Somit ergibt sich für $H_{Ga} = R_a(\beta,\gamma) \cdot H_a = 4{,}35$ kWh/m²/d oder 1589 kWh/m²/a.

Beispiel 4:

Gesucht: Jahresssumme H_{Ga} der in Kairo (Cairo) auf eine südorientierte Fläche mit $\beta = 30°$.

Lösung: Ort in Nahost, deshalb Referenzstation Kairo. Der Jahres-Globalstrahlungsfaktor ist $R_a(\beta, \gamma) = 1{,}06$ gemäss Tabelle A3.3 oder Bild 2-28. In Kairo beträgt gemäss der Tabelle 2.1 oder der ausführlicheren Tabelle A2.7 im Anhang $H_a = 5{,}72$ kWh/m²/d oder 2088 kWh/m²/a.
Somit ergibt sich für $H_{Ga} = R_a(\beta,\gamma) \cdot H_a = 6{,}06$ kWh/m²/d oder 2213 kWh/m²/a.

2.5 Berechnung der Strahlung auf geneigte Flächen mit Dreikomponentenmodell

Die in Kapitel 2.4 vorgestellte Methode zur Berechnung der Einstrahlung auf geneigte Flächen ist einfach, kann aber lokale klimatische Unterschiede nicht genau berücksichtigen, da die Zahl der Referenzstationen beschränkt ist. Zwischen den R-Faktoren der Referenzstationen bestehen besonders im Winter deutliche Unterschiede. Es muß deshalb auch Zwischenstufen geben. Mit der Methode von Kapitel 2.4 ist zudem eine Berücksichtigung der Beschattung durch den Horizont mit vernünftigem Aufwand nicht möglich.

Eine wesentlich genauere Berechnung der Einstrahlung auf geneigte Flächen ist mit dem sogenannten *Dreikomponentenmodell* möglich, bei dem die auf die Fläche auftreffende Strahlung in drei Komponenten, die *direkte Strahlung*, die *diffuse Strahlung* und die *reflektierte Strahlung* aufgeteilt wird [2.1], [2.2], [Bur83], [Eic01], [Mar94], [Luq03], [Qua03], [Win91]. Es bringt besonders bei der Berechnung von Monatsmittelwerten resp. Monatssummen eine deutliche Erhöhung der Genauigkeit und man wird unabhängig von passenden Referenzstationen. Da der Horizont oder Nachbargebäude hauptsächlich die direkte Strahlung beeinträchtigen, ist auch eine näherungsweise Berücksichtigung der Beschattung bei beliebigen Neigungswinkeln β möglich. Bei Verwendung dieses Modells mit Monatswerten befindet man sich im Winter auf der sicheren Seite, denn es neigt nicht dazu, die winterlichen Strahlungserträge zu überschätzen. Die Anwendung des Dreikomponentenmodells ist aufwändiger als das einfache Modell von Kap. 2.4. Der Mehraufwand kann jedoch deutlich gesenkt werden, wenn für einen Standort nicht nur die *Globalstrahlung H*, sondern auch die *Diffusstrahlung* H_D in die Horizontalebene bekannt ist. Deshalb werden im Anhang A2 in den Tabellen A2.1 bis A2.7 mit den Einstrahlungen an verschiedenen Orten *jeweils beide Werte* angegeben. Derartige Tabellen wurden mit Hilfe von [2.4] erstellt. In Tabelle 2.5 sind diese Angaben für einige Orte aufgeführt. Ausführlichere Tabellen (A2.1 bis A2.7) befinden sich im Anhang A2. Zur Unterscheidung sind in diesen Tabellen die **H**-Werte fett gedruckt, die H_D-Werte normal. In diesem Buch sind alle nötigen Angaben für eine Verwendung dieses Dreikomponentenmodells für Orte zwischen 24° N und 60° N enthalten.

Tabelle 2.5: Mittelwerte für die Tagessumme H der Globalstrahlung und H_D der Diffusstrahlung in die Horizontalebene in kWh/m²/d für einige Orte (für weitere Orte in Anhang A2) [2.4].

Orte		Jan	Feb	März	Apr	Mai	Juni	Juli	Aug	Sep	Okt	Nov	Dez	Jahr
Berlin	**H**	**0.60**	**1.20**	**2.28**	**3.57**	**4.85**	**5.25**	**5.04**	**4.32**	**2.95**	**1.63**	**0.72**	**0.43**	**2.74**
52.5°N, 13.3°E, 33m	H_D	0.45	0.82	1.42	2.06	2.57	2.80	2.69	2.28	1.69	1.05	0.54	0.34	1.56
Bern (-Liebefeld)	**H**	**1.06**	**1.76**	**2.79**	**3.72**	**4.68**	**5.20**	**5.69**	**4.82**	**3.56**	**2.06**	**1.13**	**0.84**	**3.12**
46.9°N, 7.4°E, 565m	H_D	0.71	1.09	1.63	2.19	2.63	2.81	2.69	2.36	1.86	1.27	0.78	0.58	1.72
Davos	**H**	**1.68**	**2.66**	**4.02**	**5.01**	**5.58**	**5.70**	**5.88**	**5.01**	**3.95**	**2.78**	**1.72**	**1.34**	**3.77**
46.8°N, 9.8°E, 1560m	H_D	0.78	1.12	1.62	2.23	2.68	2.87	2.78	2.43	1.91	1.34	0.88	0.66	1.77
Kairo	**H**	**3.42**	**4.41**	**5.56**	**6.59**	**7.46**	**7.96**	**7.81**	**7.23**	**6.28**	**5.06**	**3.78**	**3.10**	**5.72**
30.1°N, 31.2°E, 16m	H_D	1.26	1.47	1.76	1.99	2.05	2.01	1.99	1.89	1.73	1.50	1.30	1.18	1.68
Marseille	**H**	**1.80**	**2.45**	**3.89**	**5.14**	**6.19**	**6.96**	**7.05**	**6.09**	**4.63**	**3.00**	**1.92**	**1.49**	**4.21**
43.3°N, 5.4°E, 5m	H_D	0.79	1.11	1.49	1.90	2.16	2.18	2.02	1.85	1.58	1.24	0.87	0.70	1.49
Sevilla	**H**	**2.52**	**3.26**	**4.70**	**5.35**	**6.62**	**7.20**	**7.58**	**6.51**	**5.38**	**3.86**	**2.50**	**2.16**	**4.80**
37.4°N, 6.0°W, 30m	H_D	1.08	1.41	1.75	2.22	2.37	2.40	2.15	2.11	1.82	1.51	1.19	0.99	1.75
Wien	**H**	**0.86**	**1.54**	**2.71**	**3.81**	**5.12**	**5.38**	**5.45**	**4.67**	**3.22**	**2.09**	**0.96**	**0.65**	**3.03**
48.2°N, 16.4°E, 170m	H_D	0.62	1.01	1.59	2.17	2.61	2.81	2.71	2.35	1.81	1.24	0.69	0.48	1.67

2.5.1 Die Zusammensetzung der Globalstrahlung auf die Horizontalebene

Nur ein Teil der auf der horizontalen Erdoberfläche auftreffenden globalen Bestrahlungsstärke G ist Direktstrahlung G_B (beam radiation), welche direkt aus der Richtung der Sonne kommt. Ein mehr oder weniger grosser Teil der einfallenden extraterrestrischen Sonnenstrahlung G_{ex} wird in der Atmosphäre reflektiert, absorbiert oder gestreut. Ein Teil dieser gestreuten oder an Wolken reflektierten Himmelsstrahlung erreicht als sogenannte Diffusstrahlung G_D (diffuse radiation) die Erdoberfläche. Wie man an trüben Tagen mit einer dichten geschlossenen Wolkendecke leicht selbst beobachten kann, ist die Intensität dieser Diffusstrahlung im Mittel unabhängig von der Richtung, d.h. an einem Ort mit tiefem Horizont kommt die diffuse Himmelsstrahlung gleichmässig aus allen Richtungen des Himmelsgewölbes.

Die globale Bestrahlungsstärke G auf der Horizontalebene setzt sich also aus der Summe der Direkt- und der Diffusstrahlung zusammen (siehe Bild 2-29).

Globale Bestrahlungsstärke in Horizontalebene: $G = G_B + G_D$ (2.9)

Eine analoge Beziehung gilt natürlich für die von dieser Strahlung in die Horizontalebene eingestrahlte Energie:

In Horizontalebene eingestrahlte Energie: $H = H_B + H_D$ (2.10)

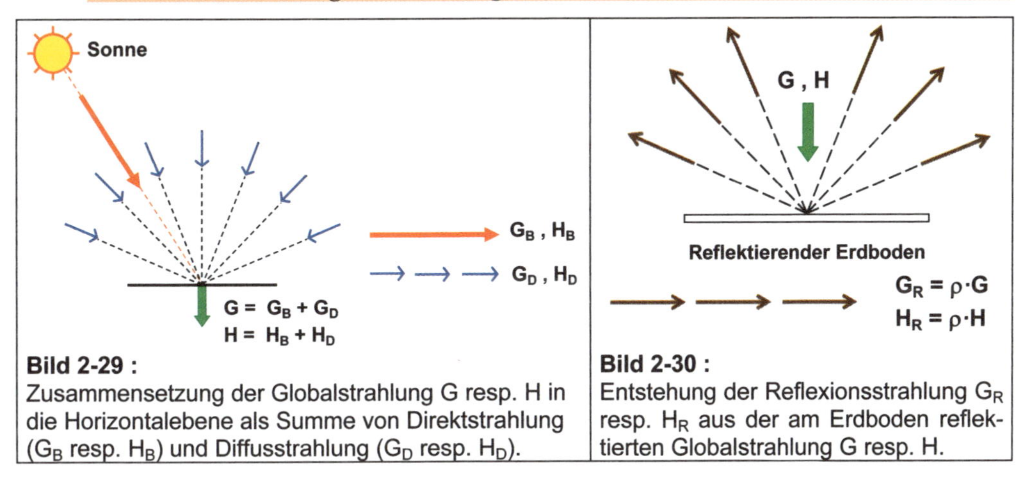

Bild 2-29 : Zusammensetzung der Globalstrahlung G resp. H in die Horizontalebene als Summe von Direktstrahlung (G_B resp. H_B) und Diffusstrahlung (G_D resp. H_D).

Bild 2-30 : Entstehung der Reflexionsstrahlung G_R resp. H_R aus der am Erdboden reflektierten Globalstrahlung G resp. H.

2.5.2 Die am Boden reflektierte Strahlung

Ein Teil der auf die Erdoberfläche treffenden Strahlung wird von dieser (meist diffus) reflektiert. Dies hat für die Berechnung der Strahlung auf eine horizontale Ebene meist keinen Einfluss, ausser wenn diese von sehr hohen schneebedeckten Bergen umgeben ist. Diese reflektierte Strahlung tritt jedoch als zusätzliche Komponente bei der Berechnung der Einstrahlung auf geneigte Flächen auf.

Die von einer Ebene mit normal beschaffener (nicht spiegelnder) Oberfläche reflektierte Bestrahlungsstärke G_R ist diffus und proportional zur Bestrahlungsstärke G auf diese Fläche. Sie verteilt sich in den Halbraum über der Fläche (siehe Bild 2-30). Mit dem *Reflexionsfaktor* ρ gilt für die von dieser Fläche reflektierte Bestrahlungsstärke G_R:

Von Erdboden reflektierte Bestrahlungsstärke: $G_R = \rho \cdot G$ (2.11)

Eine analoge Beziehung gilt auch für die von der Ebene reflektierte Energie:

Von Erdboden reflektierte Energie: $H_R = \rho \cdot H$ (2.12)

Der Reflexionsfaktor ρ ist von der Beschaffenheit des Bodens abhängig und muss zwischen 0 und 1 liegen. Oft hängt er auch davon ab, ob der Boden nass oder trocken ist. Tabelle 2.6 gibt einige grobe Richtwerte für den Reflexionsfaktor ρ. Da bei der Berechnung von Energieerträgen von Photovoltaikanlagen oft mit Monatsmittelwerten gearbeitet wird, muss bei ρ oft mit einem mittleren Reflexionsfaktor in diesem Monat gearbeitet werden.

Tabelle 2.6 : Richtwerte für den Reflexionsfaktor ρ [Bur83], [Mar03], [Qua03], [Win91]

Beschaffenheit des Erdbodens	Reflexionsfaktor ρ (Albedo)
Asphalt	0.1 - 0.15
Grüner Wald	0.1 - 0.2
Nasser Erdboden	0.1 - 0.2
Trockener Erdboden	0.15 - 0.3
Grasbedeckter Boden	0.2 - 0.3
Beton	0.2 - 0.35
Wüstensand	0.3 - 0.4
Altschnee (je nach Verschmutzung)	0.5 - 0.75
Neuschnee	0.75 - 0.9

2.5.3 Die drei Komponenten der Strahlung auf geneigte Flächen

Wie das Bild 2-31 zeigt, setzt sich bei einer um den Winkel β gegen die Horizontalebene angestellten Ebene die Bestrahlungsstärke G_G resp. die eingestrahlte Energie H_G aus drei Komponenten zusammen:

- Direktstrahlung (beam radiation) G_{GB} resp. H_{GB}
- Diffusstrahlung (diffuse radiation) G_{GD} resp. H_{GD} (von der diffusen Himmelsstrahlung)
- Vom Boden reflektierte Strahlung G_{GR} resp. H_{GR} (ebenfalls diffus)

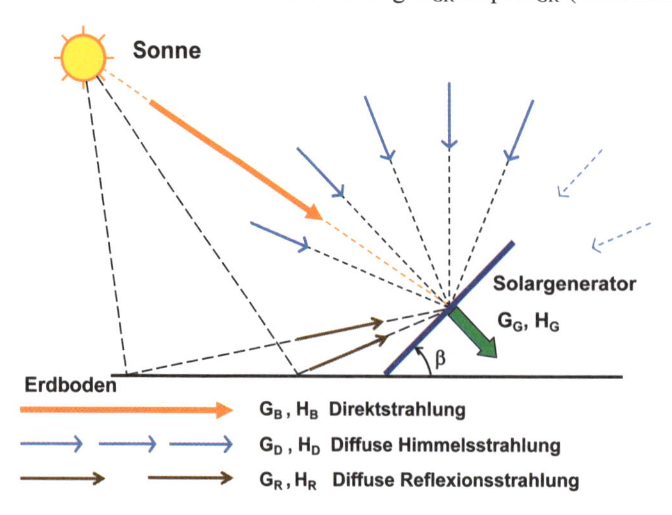

Bild 2-31 : Zusammensetzung der Einstrahlung G_G resp. H_G auf eine mit dem Winkel β gegenüber der Horizontalebene angestellten Fläche aus Direktstrahlung, Diffusstrahlung und Reflexionsstrahlung.

Es gilt also:

Bestrahlungsstärke G_G in der Solargeneratorebene: $G_G = G_{GB} + G_{GD} + G_{GR}$ (2.13)

In die Solargeneratorebene eingestrahlte Energie: $H_G = H_{GB} + H_{GD} + H_{GR}$ (2.14)

Natürlich sind diese Grössen von den entsprechenden Grössen auf die Horizontalebene verschieden. In den folgenden Unterkapiteln werden die von den einzelnen Komponenten eingestrahlten Energien (Strahlungssummen) auf geneigte Flächen näher untersucht.

2.5.3.1 Die Direktstrahlung auf eine geneigte Fläche

Unter einigen vereinfachenden Annahmen [2.1], [2.2] erhält man mit dem *Direktstrahlungsfaktor R_B* für die in die geneigte Fläche eingestrahlte Energie H_{GB} der Direktstrahlung:

$$H_{GB} = R_B \cdot H_B = R_B \cdot (H - H_D) \qquad (2.15)$$

Der Direktstrahlungsfaktor R_B ist von der geografischen Breite φ, vom Solargenerator-Anstellwinkel β und vom Solargeneratorazimut γ abhängig, d.h. $R_B = f(\beta, \gamma, \varphi)$. Er ist rein geometrisch berechenbar. Da die Berechnung ziemlich kompliziert ist, wurden die Monatsmittelwerte von R_B für 42 mögliche Solargeneratororientierungen und für geografische Breiten zwischen 24°N und 60°N für 23 verschiedene Breitengrade nach der Theorie in [2.2] berechnet und im Anhang A4 tabelliert. Für die Bestimmung der R_B-Monatsmittelwerte wurde jeweils der strahlungsmässig durchschnittliche Monatstag auf 47° N verwendet, d.h. der Tag, an dem die Tagessumme der extraterrestrischen Strahlung H_{ex} am nächsten beim Monatsmittelwert liegt. Um die Auswahl des richtigen R_B-Wertes zu erleichtern, ist in den Tabellen mit den Strahlungsdaten für verschiedene Orte (Tabelle 2.5 oder im Anhang A2) jeweils auch die geografische Breite des Ortes angegeben. Bei Bedarf können die tabellierten R_B-Werte auch interpoliert werden. In der Tabelle 2.7 sind einige R_B-Werte für südorientierte Flächen angegeben.

Tabelle 2.7: Einige R_B-Monatsmittelwerte für südorientierte Flächen (weitere Werte in A4).

Direktstrahlungsfaktoren $R_B(\beta, \gamma)$ für südorientierte geneigte Flächen ($\gamma = 0°$)													
Geogr. Breite	β	Jan	Feb	März	Apr	Mai	Juni	Juli	Aug	Sep	Okt	Nov	Dez
φ = 47°N	30°	2.25	1.80	1.44	1.20	1.06	1.00	1.03	1.13	1.33	1.66	2.09	2.46
	45°	2.66	2.02	1.53	1.18	0.98	0.90	0.94	1.09	1.37	1.83	2.44	2.96
	60°	2.89	2.11	1.50	1.08	0.84	0.75	0.79	0.97	1.31	1.87	2.62	3.26
	90°	2.76	1.86	1.16	0.68	0.41	0.32	0.36	0.55	0.93	1.59	2.45	3.19
φ = 50°N	30°	2.49	1.92	1.51	1.24	1.08	1.02	1.05	1.17	1.38	1.76	2.29	2.77
	45°	3.00	2.20	1.62	1.24	1.02	0.94	0.97	1.13	1.44	1.97	2.71	3.40
	60°	3.31	2.33	1.61	1.15	0.89	0.79	0.83	1.02	1.40	2.04	2.96	3.80
	90°	3.24	2.11	1.29	0.76	0.47	0.37	0.41	0.61	1.04	1.78	2.84	3.81
φ = 53°N	30°	2.82	2.08	1.58	1.28	1.11	1.05	1.08	1.20	1.44	1.88	2.54	3.22
	45°	3.47	2.42	1.72	1.30	1.06	0.97	1.01	1.18	1.52	2.14	3.08	4.04
	60°	3.88	2.60	1.74	1.22	0.94	0.83	0.88	1.08	1.50	2.25	3.40	4.58
	90°	3.90	2.42	1.44	0.84	0.53	0.42	0.46	0.68	1.15	2.02	3.35	4.71

2.5.3.2 Die Diffusstrahlung auf eine geneigte Fläche

Eine um den Winkel β geneigte Fläche sieht einen kleineren Teil des Himmelsgewölbes, von dem die diffuse Himmelsstrahlung stammt. Ist der Horizont sehr tief, berechnet sich die Diffusstrahlung auf eine geneigte Fläche (G_{GD} resp. H_{GD}) aus der Diffusstrahlung auf die Horizontalebene (G_D resp. H_D) wie folgt:

Bestrahlungsstärke G_{GD} der Diffusstrahlung auf geneigte Fläche:

$$G_{GD} = (\tfrac{1}{2} + \tfrac{1}{2}\cos\beta) \cdot G_D = R_D \cdot G_D \qquad (2.16)$$

Für die von der Diffusstrahlung auf die geneigte Fläche eingestrahlte Energie H_{GD} gilt analog:

$$H_{GD} = (\tfrac{1}{2} + \tfrac{1}{2}\cos\beta) \cdot H_D = R_D \cdot H_D \qquad (2.17)$$

Analog zum früher eingeführten Direktstrahlungsfaktor kann man den Faktor R_D auch als Diffusstrahlungsfaktor bezeichnen. Er gilt in gleicher Weise für G_{GD} und H_{GD} und seine Berechnung ist viel einfacher. Er ist nur von β, jedoch nicht von der geografischen Breite φ und von der Jahreszeit abhängig. R_D liegt immer zwischen 0 und 1.

Diffusstrahlungsfaktor $R_D = (\frac{1}{2} + \frac{1}{2}\cos\beta)$ (2.18)

Mit von 0 an steigendem β nimmt die Diffusstrahlung zunächst nur wenig ab, da der Einfallswinkel der Strahlung vom nicht mehr vorhandenen Teils des Himmelgewölbes zuerst sehr flach ist. Mit zunehmendem β steigt der Strahlungsverlust aber immer mehr an. Eine vertikale Fläche (Fassade) empfängt nur noch die Hälfte der diffusen Himmelsstrahlung!

2.5.3.3 *Die vom Boden reflektierte Strahlung auf eine geneigte Fläche*

Eine um den Winkel β geneigte Fläche sieht auch einen Teil der Erdoberfläche und empfängt einen Teil der davon reflektierten Strahlung. Die auf die geneigte Ebene treffende reflektierte Strahlung berechnet sich mit dem Reflexionsfaktor ρ aus der Globalstrahlung auf die Horizontalebene (G resp. H) wie folgt:

Bestrahlungsstärke G_{GR} der vom Boden reflektierten Strahlung auf eine geneigte Fläche:

$$G_{GR} = (\tfrac{1}{2} - \tfrac{1}{2}\cos\beta)\cdot G_R = (\tfrac{1}{2} - \tfrac{1}{2}\cos\beta)\cdot\rho\cdot G = R_R\cdot\rho\cdot G \quad (2.19)$$

Auf eine geneigte Fläche eingestrahlte Energie H_{GR} der Bodenreflexionsstrahlung:

$$H_{GR} = (\tfrac{1}{2} - \tfrac{1}{2}\cos\beta)\cdot H_R = (\tfrac{1}{2} - \tfrac{1}{2}\cos\beta)\cdot\rho\cdot H = R_R\cdot\rho\cdot H \quad (2.20)$$

Den Faktor R_R kann man auch als wirksamen Reflexionsstrahlungsanteil bezeichnen. Auch R_R gilt für G_{GR} und H_{GR} , ist sehr einfach berechenbar und nur von β, jedoch nicht von der geografischen Breite φ und der Jahreszeit abhängig. R_R liegt immer zwischen 0 und 1.

Wirksamer Reflexionsstrahlungsanteil $R_R = (\frac{1}{2} - \frac{1}{2}\cos\beta)$ (2.21)

Mit von 0 an steigendem β nimmt die auf die geneigte Fläche auftreffende Bodenreflexionsstrahlung zuerst nur wenig zu, da der Einfallswinkel noch flach ist. Mit zunehmendem β steigt die auftreffende reflektierte Strahlung immer mehr. Eine vertikale Fläche (Fassade) empfängt 50% der Bodenreflexionsstrahlung, was bei schneebedecktem Boden viel ausmacht.

2.5.3.4 *Auf eine geneigte Fläche eingestrahlte Gesamtenergie bei tiefem Horizont*

Durch Addition der Direktstrahlung, der Diffusstrahlung und der Bodenreflexionsstrahlung folgt für die gesamte auf eine geneigte Fläche mit tiefem Horizont eingestrahlte Energie H_G:

$$H_G = H_{GB} + H_{GD} + H_{GR} = R_B\cdot(H - H_D) + R_D\cdot H_D + R_R\cdot\rho\cdot H \quad (2.22)$$

Dabei bedeuten
- H : Eingestrahlte Energie der Globalstrahlung in Horizontalebene
- H_D : Eingestrahlte Energie der Diffusstrahlung in Horizontalebene
- R_B : Direktstrahlungsfaktor gemäss Tabelle 2.7 oder Anhang A4
- R_D : Diffusstrahlungsfaktor : $R_D = \frac{1}{2} + \frac{1}{2}\cos\beta$
- R_R : Wirksamer Reflexionsstrahlungsanteil : $R_R = \frac{1}{2} - \frac{1}{2}\cos\beta$
- β : Anstellwinkel der geneigten Ebene gegenüber der Horizontalebene
- ρ : Reflexionsfaktor (Albedo) des Erdbodens vor dem Solargenerator

Mit (2.22) kann man für im Freien oder auf Dächern *einreihig* aufgestellte Solargeneratoren die eingestrahlte Energie für den Fall eines tiefliegenden Horizontes gut berechnen.

2.5.4 Näherungsweise Berücksichtigung der Beschattung durch den Horizont

In [2.1] ist angegeben, wie sich in der Schweiz die auf die Horizontalebene eingestrahlte Energie der Direktstrahlung H_B in jedem Monat auf die einzelnen Stunden des Tages verteilt. Diese Information kann man in einem Diagram der mittleren Sonnenbahnen jedes Monats eintragen und erhält dadurch das *Beschattungsdiagramm* für diese geografische Breite. Bild 2-32 zeigt ein derartiges Beschattungsdiagramm für die geografische Breite 47°N.

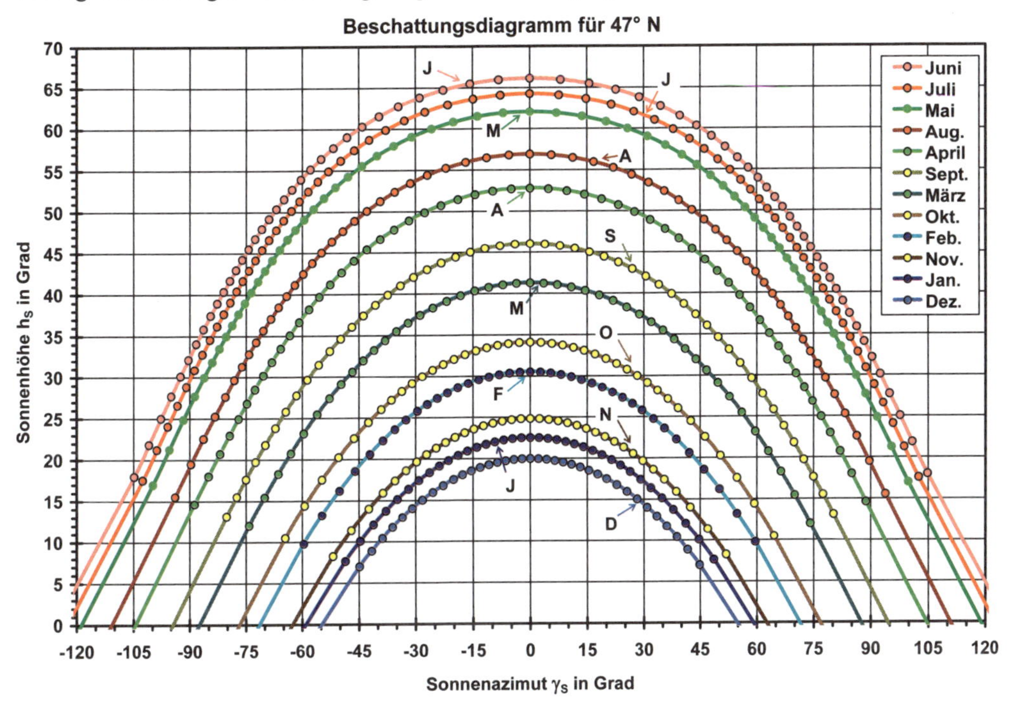

Bild 2-32: Beschattungsdiagramm für Orte auf einer geografischen Breite von 47°N.

Jeder Punkt auf der durchschnittlichen Sonnenbahn eines Monats entspricht einem bestimmten Teil der täglichen Direktstrahlung gemäss dem *Bewertungsdiagramm* nach Bild 2-33.

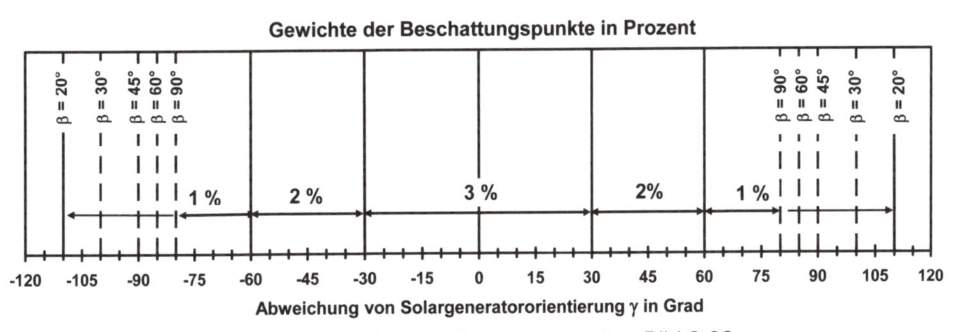

Bild 2-33: Bewertungdiagramm zu Beschattungdiagramm gemäss Bild 2-32.

Bei der Anwendung des Beschattungsdiagramms wird zuerst zunächst die Solargeneratororientierung γ durch eine vertikale Linie ins Beschattungsdiagramm eingetragen. Darauf wird der vom Solargenerator aus gesehene Horizont ins Beschattungsdiagramm eingetragen. Für den interessierenden Monat (oft nur einige Wintermonate) wird anschliessend mit dem Bewertungsdiagramm gemäss Bild 2-33 das Gesamtgewicht ΣGPS aller Punkte auf der Sonnenbahn bestimmt. Je nach der Abweichung $\Delta\gamma$ von der Solargeneratororientierung beträgt das Gewicht eines Punktes 3 % ($0° < |\Delta\gamma| \leq 30°$), 2 % ($30° < |\Delta\gamma| \leq 60°$) oder 1 % ($60° < |\Delta\gamma| \leq 80°...110°$ je nach Wert von β). Bei der Bestimmung des Energieverlustes durch die Beschattung hat jeder Punkt unter der Horizontlinie ebenfalls ein Gewicht von 3 %, 2 % oder 1 % entsprechend dem Bewertungsdiagramm gemäss Bild 2-33. Die Summe der Gewichte der unter dem Horizont liegenden, beschatteten Punkte ergibt das Gesamtgewicht ΣGPB der beschatteten Punkte. Aus ΣGPB und ΣGPS kann nun der sogenannte Beschattungskorrekturfaktor k_B für den entsprechenden Monat bestimmt werden. k_B liegt zwischen 0 (völlige Beschattung) und 1 (keine Beschattung) und berechnet sich wie folgt:

$$\textit{Beschattungskorrekturfaktor } k_B = 1 - \Sigma GPB / \Sigma GPS \tag{2.23}$$

wobei ΣGPB = Gesamtgewicht der *beschatteten* Punkte auf der Sonnenbahn des entsprechenden Monats

ΣGPS = Gesamtgewicht *aller* Punkte auf der Sonnenbahn des entsprechenden Monats

Für betragsmässig kleine γ (nahezu südorientierte Solargeneratoren) ist ΣGPS in den Wintermonaten immer nahezu 100 %. In diesem Fall vereinfacht sich (2.23) zu $k_B \approx 100\,\% - \Sigma GPB$.

Beispiel für die Berechnung des Beschattungskorrekturfaktors k_B:

Anhand von Bild 2-34 soll für einen Solargenerator auf 47°N mit $\beta = 45°$ und $\gamma = 15°$ die Berechnung des Beschattungskorrekturfaktors k_B erläutert werden. Nach dem Eintragen des Solargeneratorazimutes $\gamma = 15°$ und des Horizontes in das Beschattungsdiagramm für 47°N erkennt man, dass Beschattungen nur im Oktober, November, Dezember, Januar und Februar auftreten. Für diese Monate muss also k_B bestimmt werden.

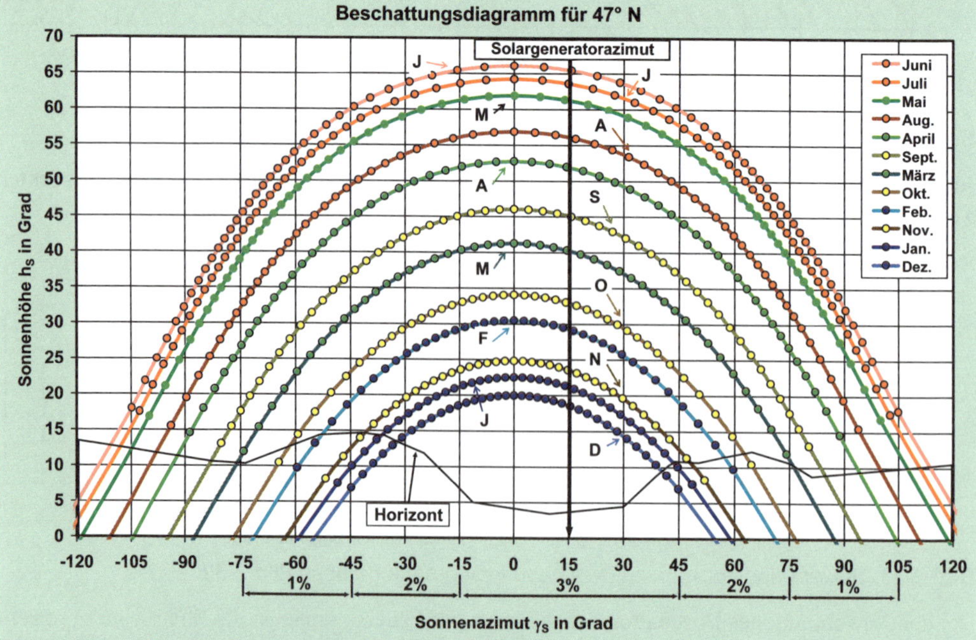

Bild 2-34: Vollständiges Beschattungsdiagramm mit eingetragenem Solargeneratorazimut und Horizont zum Beispiel für die k_B-Berechnung.

Für *Oktober* erhält man: $\Sigma GPS = 21 \cdot 3\% + 15 \cdot 2\% + 5 \cdot 1\% = 98\%$

$\Sigma GPB = 1 \cdot 2\% + 1 \cdot 1\% = 3\% \Rightarrow k_B = 1 - \Sigma GPB / \Sigma GPS = 0.97$

Für *November* erhält man: $\Sigma GPS = 23 \cdot 3\% + 12 \cdot 2\% + 2 \cdot 1\% = 95\%$

$\Sigma GPB = 2 \cdot 2\% + 2 \cdot 1\% = 6\% \Rightarrow k_B = 1 - \Sigma GPB / \Sigma GPS = 0.94$

Für *Dezember* erhält man: $\Sigma GPS = 25 \cdot 3\% + 12 \cdot 2\% = 99\%$

$\Sigma GPB = 2 \cdot 3\% + 5 \cdot 2\% = 16\% \Rightarrow k_B = 1 - \Sigma GPB / \Sigma GPS = 0.84$

Für *Januar* erhält man: $\Sigma GPS = 24 \cdot 3\% + 12 \cdot 2\% + 1 \cdot 1\% = 97\%$

$\Sigma GPB = 1 \cdot 3\% + 4 \cdot 2\% + 1 \cdot 1\% = 12\%$

$\Rightarrow k_B = 1 - \Sigma GPB / \Sigma GPS = 0.88$

Für *Februar* erhält man: $\Sigma GPS = 21 \cdot 3\% + 14 \cdot 2\% + 4 \cdot 1\% = 95\%$

$\Sigma GPB = 1 \cdot 2\% + 2 \cdot 1\% = 4\% \Rightarrow k_B = 1 - \Sigma GPB / \Sigma GPS = 0.96$

Für die übrigen Monate ist $k_B = 1$.

Im Anhang A5 befinden sich analog berechnete Beschattungsdiagramme für 41°N, 44°N, 47°N, 50°N und 53°N sowie ein Bewertungsdiagramm im gleichen Massstab, die als Kopiervorlagen benutzbar sind. Mit diesen Unterlagen kann der Beschattungskorrekturfaktor k_B mit genügender Genauigkeit in Mitteleuropa und in grossen Teilen Südeuropas bestimmt werden.

Mit diesem Beschattungskorrekturfaktor k_B kann nun die auf die geneigte Fläche eingestrahlte Direktstrahlungsenergie unter Berücksichtigung der Beschattung berechnet werden, indem die Gleichung (2.15) durch Multiplikation mit k_B korrigiert wird:

Direktstrahlungsenergie auf geneigte Fläche: $H_{GB} = k_B \cdot R_B \cdot H_B = k_B \cdot R_B \cdot (H - H_D)$ (2.24)

2.5.4.1 Die Beschattung durch wandartige Strukturen (z.B. Nachbargebäude)

In der Praxis wird ein Solargenerator oft zeitweise durch wandartige Strukturen beschattet. Solche Strukturen können beispielsweise Nachbargebäude oder bei horizontal gestaffelten Solargeneratoren (siehe Bild 2-37) auch ein vorne angeordneter Solargenerator sein. Es ist relativ einfach, den durch solche Objekte abgedeckten Horizont ins Beschattungsdiagramm einzutragen und anschliessend wieder den Beschattungsfaktor k_B zu berechnen.

Bild 2-35 zeigt eine solche Anordnung. Man bestimmt zunächst die maximale Elevation α_{max}, unter dem die Schatten werfende Kante vom Ort des Solargenerators (Punkt P) gesehen wird. Die Richtung (genauer der Azimut), in der diese maximale Elevation $\alpha_{max} = \arctan(h/d)$ auftritt, wird mit γ_B bezeichnet. Bei mehrreihigen, horizontal gestaffelten Solargeneratoren gemäss Bild 2-37 ist natürlich γ_B gleich wie der Solargeneratorazimut γ. Die Elevation α , unter der diese Schatten werfende Kante von P aus gesehen wird, lässt sich sehr einfach aus der Azimutabweichung $\Delta\gamma$ zwischen der Blickrichtung und γ_B berechnen:

Elevation α eines wandartigen Objektes (Höhe h, Abstand d von P):

$$\alpha = \arctan(\cos\Delta\gamma \cdot \tan\alpha_{max}) = \arctan(\cos\Delta\gamma \cdot \frac{h}{d}) \qquad (2.25)$$

Bild 2-36 zeigt α in Funktion von $\Delta\gamma$ mit α_{max} als Parameter. Derartige Kurven können sehr leicht ins Beschattungsdiagramm nach Bild 2-32 eingetragen werden. In Kap. 2.5.8 wird in Beispiel 2 diese Methode angewendet. Das Verfahren ist auch einsetzbar, wenn die beschattende Kante nicht bis zu α_{max} resp. γ_B reicht, man muss dann einfach mit der gedachten Verlängerung dieser Kante das α_{max} bestimmen und die Kurven gemäss Bild 2-36 nur bis zu dem γ ins Beschattungsdiagramm eintragen, bei dem die Struktur von P aus gesehen aufhört. Auch der Einfluss mehrerer derartiger Strukturen (z.B. zwei oder mehr Nachbargebäude) kann so berücksichtigt werden. Ein gewisses Problem bei der Berücksichtigung der Beschattung durch nahegelegene Objekte ist sicher die Tatsache, dass der Solargenerator nicht punktförmig ist. Für eine näherungsweise Berechnung genügt es manchmal, die Berechnung für einen strahlungsmässig durchschnittlichen Punkt (z.B. in der Mitte des Solargenerators) durchzuführen. Allerdings sind Solargeneratoren auf Teilbeschattungen recht empfindlich (siehe Kap. 3 + 4).

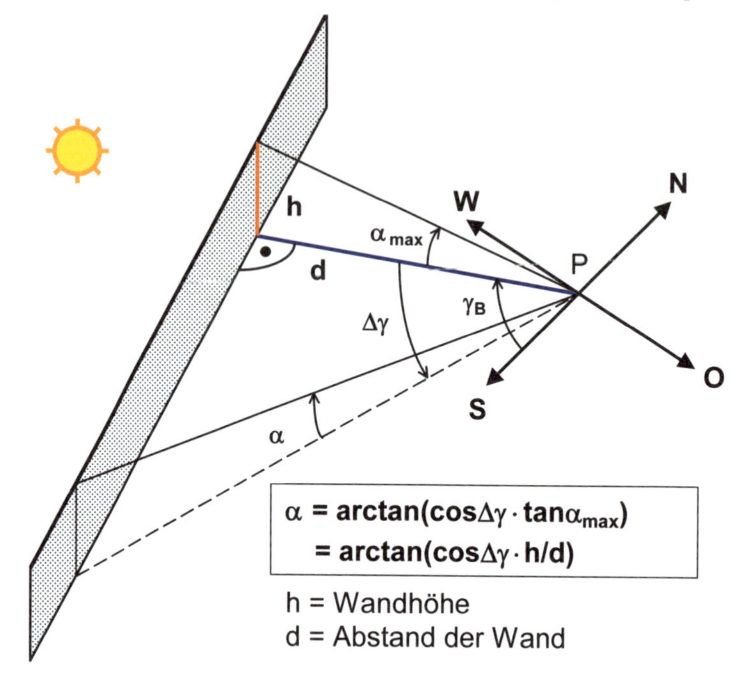

Bild 2-35 : Situation bei Beschattung durch eine wandartige Struktur.

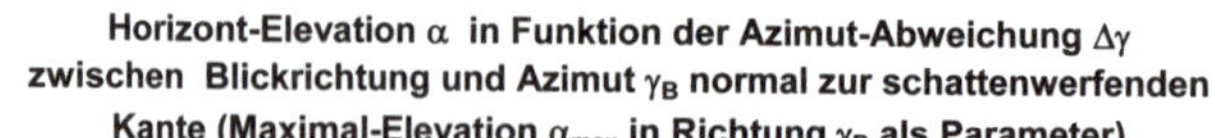

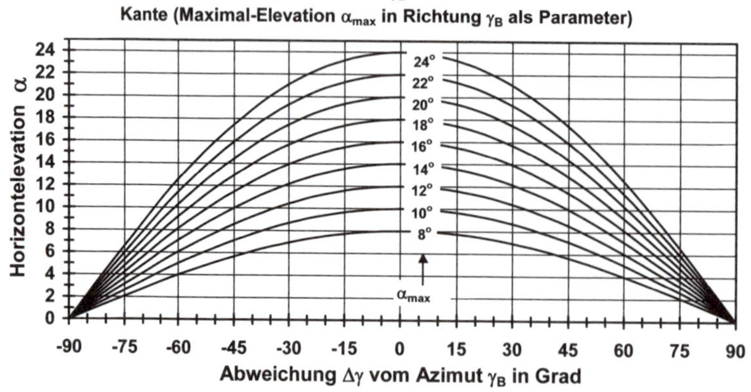

Bild 2-36 : Horizont-Elevation α in Funktion der Abweichung $\Delta\gamma$ zwischen dem Azimut der Blickrichtung und dem Azimut γ_B normal zur Schatten werfenden Kante.

Um allzu grosse Beschattungsverluste im Winter zu vermeiden, sollte α_{max} für kleinere Werte von γ_B (siehe Bild 2-35) immer um einige Grad niedriger sein als die um die Mittagszeit auftretende maximale Sonnenhöhe $h_{Smax} = 66{,}5° - \varphi$ (siehe Bild 2-2, φ = geografische Breite).

2.5.5 Der Einfluss der Elevation von Horizont und Fassade (resp. Dachkante) auf die Diffusstrahlung (Himmelsstrahlung und Reflexionsstrahlung)

In der Praxis ist der Horizont vor dem Solargenerator oft etwas erhöht. Diese Erhöhung des Horizontes reduziert nicht nur die Direktstrahlung in den Wintermonaten, sondern in einem gewissen Umfang auch die Diffusstrahlung das ganze Jahr hindurch. Bei Photovoltaikanlagen an Gebäuden, die in letzter Zeit zunehmend realisiert werden, kann die diffuse Himmelsstrahlung auf den Solargenerator zusätzlich auch durch die Fassade, die Dachkante oder eventuell darüberliegende Solargeneratoren reduziert werden.

Bei einfachen einreihigen Solargeneratoren kann die Reduktion der diffusen Himmelsstrahlung an Gebäuden durch eine zusätzliche Reflexionsstrahlung von der Fassade teilweise kompensiert werden. Im Normalfall hat man an Gebäuden aber meist mehrere horizontal oder vertikal gestaffelte Solargeneratoren, bei denen die Reflexionsstrahlung weniger ins Gewicht fällt.

Der ferne Horizont oder bei horizontal gestaffelten Solargeneratoren auch der nahe Horizont kann oft näherungsweise durch einen Horizont-Elevationswinkel α_1 (in Richtung von γ) beschrieben werden (siehe Bild 2-37).

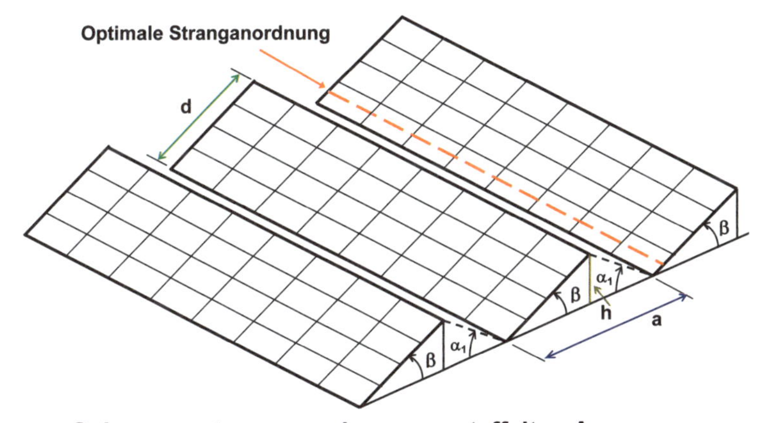

Bild 2-37:

Solargenerator aus mehreren horizontal gestaffelten, in mehreren Reihen angeordneten Arrays.

Der Winkel α_1 sollte jeweils etwas kleiner als die minimale Sonnenhöhe im Winter h_{Smax} = 66,5°- φ sein (φ = geogr. Breite)

Zur Verhinderung einer allzu grossen Beschattung im Winter sollte α_1 auch hier etwas unter h_{Smax} = 66,5° - φ sein. Soll α_1 bei gegebenem d einen bestimmten Wert einhalten, so ergibt sich für den Reihenabstand a der einzelnen Arrays (Bezeichnungen siehe Bild 2-37):

$$a = d\cos\beta + h\cot\alpha_1 = d(\cos\beta + \sin\beta\cot\alpha_1) \qquad (2.26)$$

Bei Solargeneratoren an Gebäuden (siehe Bild 2-38), die eventuell auch noch vertikal gestaffelt sind (siehe Bild 2-39), kann der Einfluss der Elevation der Fassade/Dachkante bezüglich der Generatorebene zusätzlich durch einen zweiten Elevationswinkel α_2 beschrieben werden.

Anhand von Bild 2-40 soll versucht werden, diese Einflüsse zu verstehen und ganz grob rechnerisch zu erfassen. Da vor allen bei nahe liegenden Objekten diese Einflüsse nicht auf dem ganzen Solargeneratorfeld gleich sind, ist eine mathematisch exakte Erfassung sehr schwierig. Es geht hier aber auch darum, ein gewisses *Verständnis für die prinzipielle Problematik* des unterschiedlichen Diffusstrahlungshorizontes zu entwickeln. Dieser unterschiedliche Diffusstrahlungshorizont für verschiedene Teile eines Solargeneratorfeldes führt zwangsläufig zu einer gewissen Inhomogenität der Bestrahlungsstärke G_G und der eingestrahlten Energie H_G auf den Solargenerator und damit zu einem gewissen *strahlungsbedingten Mismatch* innerhalb der (und zwischen den) Solargeneratoren, der zu einem gewissen Leistungsverlust des ganzen Solargeneratorfeldes führt (Details über Mismatch siehe Kapitel 4).

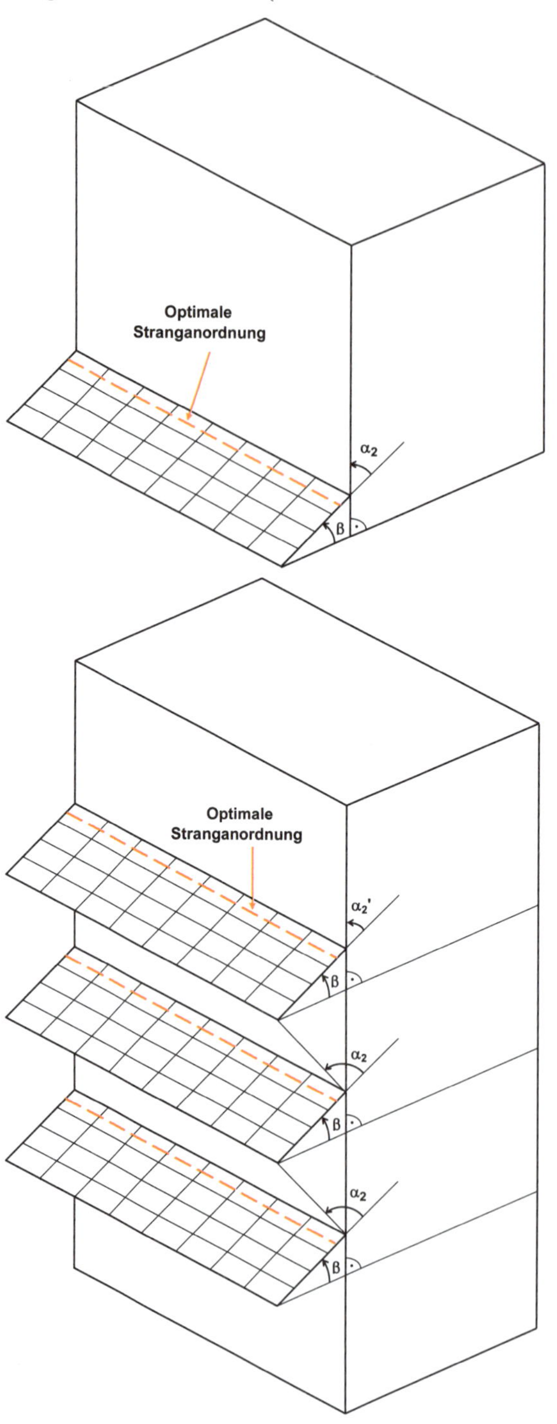

Bild 2-38:

Reduktion der Diffusstrahlung bei einreihigem Solargenerator an einer Gebäudefassade

Bild 2-39:

Solargenerator aus mehreren vertikal gestaffelten Arrays zur Fensterbeschattung in Fassaden. Die Fassade und die obenliegenden Arrays reduzieren die Diffusstrahlung auf die unteren Arrays. Bei den unteren Arrays geht am Morgen und am Abend auch ein Teil der Direktstrahlung wegen (Teil-) Beschattung durch die oberen Arrays während einer gewissen Zeit verloren.

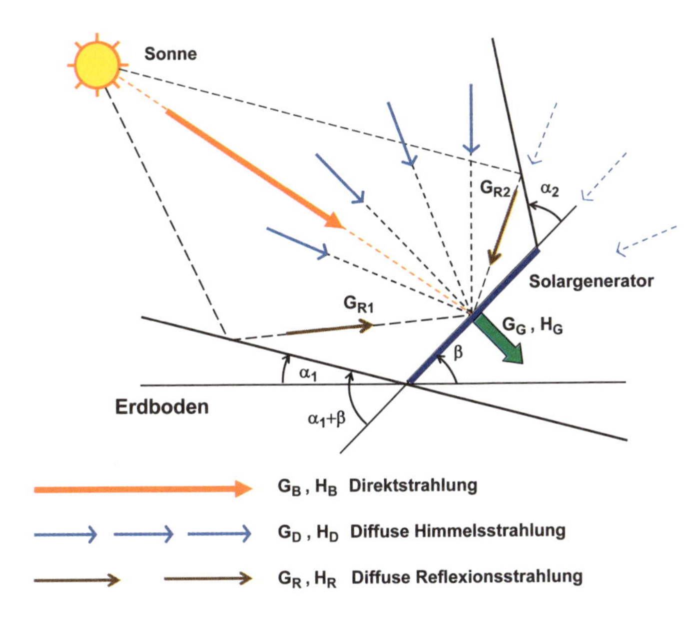

Bild 2-40:

Zur Berechnung der Einstrahlung auf einen Solargenerator mit Anstellwinkel β im allgemeinen Fall (mit Horizont-Elevation α_1 und Elevation α_2 der Fassade resp. Dachkante gegenüber der Ebene des Solargenerators).

2.5.5.1 Der Einfluss der diffusen Himmelsstrahlung

Infolge der Elevation des Horizontes um den Horizont-Elevationswinkel α_1 gegenüber der Horizontalebene sieht der Solargenerator einen entsprechend kleineren Teil des Himmelsgewölbes. Dies wirkt sich gleich aus, wie wenn der Solargenerator statt um den Winkel β um $(\alpha_1+\beta)$ angestellt wäre. Durch die Elevation α_2 der Fassade oder Dachkante geht auch ein Teil der Diffusstrahlung der zweiten Hälfte des Himmelsgewölbes verloren. Es leuchtet ein, dass dieser Verlust an Diffusstrahlung genau gleich ist, wie wenn der Solargenerator um diesen Winkel α_2 gegen die Horizontalebene angestellt wäre.

Damit ergibt sich für den Diffusstrahlungsfaktor R_D unter Berücksichtigung obiger Einflüsse:

Korrigierter Diffusstrahlungsfaktor: $R_D = \frac{1}{2}\cos\alpha_2 + \frac{1}{2}\cos(\alpha_1+\beta)$ (2.27)

Mit diesem korrigierten Diffusstrahlungsfaktor kann mit den Gleichungen (2.16) resp. (2.17) die korrigierte Bestrahlungsstärke G_{GD} resp. die korrigierte eingestrahlte Diffusstrahlungsenergie H_{GD} berechnet werden.

2.5.5.2 Der Einfluss der vom Boden resp. der Fassade reflektierten Strahlung

Bei einfachen einreihigen Solargeneratoren, welche weit von anderen Objekten (z.B. einer Gebäudefassade) entfernt sind, wird die Globalstrahlung in die um α_1 geneigte Ebene gegenüber der horizontalen Globalstrahlung etwas reduziert. Andererseits sieht der Solargenerator die geneigte Ebene unter dem Winkel $(\alpha_1+\beta)$. Bei relativ kleinen α_1-Werten kann man annehmen, dass die Globalstrahlung auf die um α_1 gegen die Horizontale geneigte Ebene noch ungefähr gleich wie die Globalstrahlung auf die Horizontalebene ist. Man könnte damit einen korrigierten wirksamen Reflexionsstrahlungsanteil berechnen:

Korrigierter wirksamer Reflexionsstrahlungsanteil: $R_R = \frac{1}{2} - \frac{1}{2}\cos(\alpha_1+\beta)$ (2.28)

Oft ist die den erhöhten Horizont bildende Fläche in der Praxis aber nicht so gleichmässig ausgeleuchtet wie oben angenommen (vor allem die für die reflektierte Strahlung besonders wichtigen Teile in der Nähe des Horizontes), deshalb wird die Einstrahlung in die geneigte Fläche meist überschätzt. Es ist deshalb meist praxisgerechter und gleichzeitig einfacher, den wirksamen Reflexionsstrahlungsanteil R_R trotz der Horizont-Elevation um α_1 immer noch nach Gleichung (2.21) zu berechnen.

Bei einreihigen Solargeneratoren in der Nähe von Gebäudefassaden (siehe Bild 2-38) ist oft $\alpha_2 = 90° - \beta$, d.h. man müsste eigentlich neben der Bodenreflexionsstrahlung G_{R1} resp. H_{R1} auch eine Fassaden-Reflexionsstrahlung G_{R2} resp. H_{R2} berücksichtigen (siehe Bild 2-40). Die korrekte Berechnung von G_{R2} resp. H_{R2} erfordert aber zunächst eine Berechnung der auf die Fassade eingestrahlten Globalstrahlung G_F resp. H_F. Falls α_2 nicht allzu gross ist, lohnt sich dieser Aufwand kaum, man kann wegen dem relativ kleinen Wert des wirksamen Fassadenreflexionsstrahlungsanteils R_{R2} die Fassadenreflexionsstrahlung meist vernachlässigen, ausser wenn sehr helle Fassaden (z.B. helle Metallfassade bei relativ grossen α_2) vorliegen. Diese Vernachlässigung kompensiert teilweise die auftretende leichte Reduktion der Bodenreflexionsstrahlung wegen der Verringerung der Globalstrahlung G resp. H auf die Ebene vor dem Solargenerator, denn wie Bild 2-38 zeigt, wird durch die Fassade die diffuse Himmelsstrahlung auf die Fläche unmittelbar vor dem Solargenerator entsprechend Gleichung (2.27) reduziert. Es genügt in diesem Fall also meist, die Bodenreflexionsstrahlung gemäss Gleichung (2.19) resp. (2.20) zu berücksichtigen.

Bei horizontal gestaffelten Solargeneratorfeldern gemäss Bild 2-37 ist die Bodenreflexionsstrahlung besonders im Winter kleiner als bei einreihigen Solargeneratoren. Dies kann näherungsweise durch einen reduzierten Reflexionsfaktor (ganzjährig) berücksichtigt werden. Bei vertikal gestaffelten Solargeneratorfeldern gemäss Bild 2-39 wird die Einstrahlung auf die Fassade durch die oben montierten Arrays meist derart reduziert, dass die Fassadenreflexionsstrahlung weitgehend vernachlässigbar ist.

2.5.6 Die auf geneigte Flächen eingestrahlte Gesamtenergie im allgemeinen Fall

Durch Addition der Energie der Direktstrahlung, der diffusen Himmelsstrahlung und der Bodenreflexionsstrahlung ergibt sich für die gesamte auf eine geneigte Fläche eingestrahlte Energie im allgemeinen Fall:

$$H_G = H_{GB} + H_{GD} + H_{GR} = k_B \cdot R_B \cdot (H - H_D) + R_D \cdot H_D + R_R \cdot \rho \cdot H \qquad (2.29)$$

Dabei bedeuten
- H : Eingestrahlte Energie der Globalstrahlung in Horizontalebene
- H_D : Eingestrahlte Energie der Diffusstrahlung in Horizontalebene
- k_B : Beschattungskorrekturfaktor gemäss Kap. 2.5.4 (unbeschattet: $k_B = 1$)
- R_B : Direktstrahlungsfaktor gemäss Tab. 2.7 oder Tabellen im Anhang A4
- R_D : Korrigierter Diffusstrahlungsfaktor $R_D = \frac{1}{2}\cos\alpha_2 + \frac{1}{2}\cos(\alpha_1+\beta)$
- R_R : Wirksamer Reflexionsstrahlungsanteil: $R_R = \frac{1}{2} - \frac{1}{2}\cos\beta$
- α_1 : Horizont-Elevation (in Richtung von γ)
- α_2 : Elevation von Fassade/Dachkante gegenüber Solargeneratorebene
- β : Anstellwinkel der geneigten Ebene gegenüber der Horizontalebene
- ρ : Reflexionsfaktor (Albedo) des Erdbodens vor dem Solargenerator gemäss Tab. 2.6.

Die praktische Berechnung der H_G-Werte mit der Dreikomponentenmethode geschieht am besten mit Hilfe einer Tabelle, in die zuerst die Monatswerte von H und H_D und die übrigen für die Berechnung benötigten Grössen eingetragen werden, die unterschiedliche Monatswerte annehmen. Dann werden die Monatswerte von H_{GB}, H_{GD} und H_{GR} berechnet und darauf H_G als Summe dieser drei Beiträge gebildet. Tabelle 2.8 oder A1.2 ist eine Vorlage für eine derartige Tabelle. Vor dem Ausfüllen der Tabelle werden zweckmässigerweise der Diffusstrahlungsfaktor R_D und der wirksame Reflexionsstrahlungsanteil R_R bestimmt (für alle Monate gleich).

Tabelle 2.8: Tabelle als Vorlage zur Berechnung von H_G mit der Dreikomponentenmethode:

$R_D = \frac{1}{2}\cos\alpha_2 + \frac{1}{2}\cos(\alpha_1+\beta) =$ $\qquad$ $R_R = \frac{1}{2} - \frac{1}{2}\cos\beta =$

	Jan	Feb	Mrz	Apr	Mai	Juni	Juli	Aug	Sep	Okt	Nov	Dez	Jahr	Einheit
H														kWh/m²
H_D														kWh/m²
R_B														
k_B														
$H_{GB}= k_B \cdot R_B \cdot (H-H_D)$														kWh/m²
$H_{GD}= R_D \cdot H_D$														kWh/m²
ρ														
$H_{GR}= R_R \cdot \rho \cdot H$														kWh/m²
$H_G=H_{GB}+H_{GD}+H_{GR}$														kWh/m²

Für die exakte Berechnung des Jahresmittelwertes H_{Ga} der Tagessummen von H_G muss aus den mittleren Monatssummen durch Multiplikation mit der Anzahl Tage n_d jedes Monats (28, 29, 30 oder 31) zuerst die Monatssumme und daraus die Jahressumme berechnet werden. Die mittlere Tagessumme H_G ergibt sich dann durch Division dieser Jahressumme durch die Anzahl Tage des Jahres (365 resp. 366). Wie bereits in Kap. 2.4 erwähnt, erhält man H_{Ga} in der Praxis aber auch mit einem meist vernachlässigbar kleinen Fehler einfach als Mittelwert der Monatsmittelwerte der Tagessummen. Die Unterscheidung von Mittelwerten der Tagessummen und Monats- oder Jahressummen erfolgt am besten durch eine klare Angabe der Zeiteinheit im Nenner: $kWh/m^2/d$ ist der Mittelwert einer Tagessumme, $kWh/m^2/mt$ eine Monatssumme und $kWh/m^2/a$ ist eine Jahressumme. Die ausdividierten Werte bedeuten eigentlich das gleiche, nämlich eine mittlere Leistung in der angegebenen Zeitperiode.

Die Berechnungen in Tabelle 2.8 lassen sich noch gut mit dem Taschenrechner durchführen. Der erforderliche Zeitaufwand kann aber deutlich gesenkt werden, wenn man sie mit einem Tabellenkalkulationsprogramm (z.B. EXCEL) auf dem Computer durchführt.

Meteonorm 4 oder 5 [2.4, 2.5] sind auf einem Personal Computer unter WINDOWS lauffähige Programme (Kosten einige 100 Euro), mit denen für viele Standorte in der Schweiz, in Europa und auf der ganzen Welt neben der Einstrahlung in die Horizontalebene auch direkt die Einstrahlung in die geneigte Ebene bequem berechnet werden kann. Diese Programme verwenden noch ein etwas verfeinertes Modell zur Strahlungsberechnung (Perez-Modell). Dieses Modell wird in [2.2], [Eic01] oder [Qua03] noch etwas näher erläutert. Die in die Horizontalebene eingestrahlte Energie H wird darin mit H_Gh, die in die Solargeneratorebene eingestrahlte Energie H_G mit H_Gk bezeichnet. Es ist auch möglich, den Einfluss der Beschattung durch den Horizont zu berücksichtigen. Wenn man oft derartige Strahlungsberechnungen durchführen muss, ist die Beschaffung dieses Programms zweckmässig. Auch auf dem Internet sind einige kostenlose Programme zur Strahlungsberechnung vorhanden (siehe Kap. 8.4).

2.5.7 Nachträgliche Berechnung der Einstrahlung auf den geneigten Solargenerator mit gemessenen Globalstrahlungswerten in die Horizontalebene

In der Praxis weichen in einem bestimmten Jahr die Monatsmittelwerte der Einstrahlung besonders in den Wintermonaten oft stark von den tabellierten langjährigen Mittelwerten ab. Solche Abweichungen der Einstrahlung betreffen jeweils vorwiegend die Direktstrahlung H_B . Wenn man von den Durchschnittswerten stark abweichende H-Werte einfach mit den $R(\beta,\gamma)$-Faktor gemäss Kap. 2.4 auf H_G-Werte in der Solargeneratorebene umrechnet, entsteht ein beträchtlicher Fehler, denn die R-Faktoren sind vom Verhältnis zwischen H_B und H_D abhängig. Das Dreikomponentenmodell nach Kap. 2.5 erlaubt mit der folgenden einfachen Methode auch in diesen Fällen eine wesentlich realistischere Bestimmung der effektiv aufgetretenen H_G-Werte:

Überschreitungen der gemessenen H-Werte gegenüber den in den Tabellen angegebenen Monatsmittelwerten werden zu etwa 80% der Direktstrahlung H_B und zu nur 20% der Diffusstrahlung H_D zugeordnet. *Unterschreitungen der gemessenen H-Werte* werden je zur Hälfte der Direktstrahlung H_B und der Diffusstrahlung H_D zugeordnet. Bei sehr grossen Abweichungen nach unten kann H_B natürlich nie negativ werden, im Extremfall würde $H_D = H$.

Beispiele:

1) Im Dezember werde in Kloten statt H = 0.70 kWh/m² ein Wert von 1.10 kWh/m² gemessen. Für eine nachträgliche Berechnung von H_G in diesen Monat wird somit mit $H = 1.1$ kWh/m², $H_D = 0.60$ kWh/m² und $H_B = 0.50$ kWh/m² gerechnet.

2) Wird im Dezember in Kloten dagegen statt 0.70 kWh/m² nur H = 0.50 kWh/m² gemessen, so wird für die nachträgliche Berechnung von H_G mit $H = 0.50$ kWh/m², $H_D = 0.42$ kWh/m² und $H_B = 0.08$ kWh/m² gerechnet.

2.5.8 Beispiele für Strahlungsberechnungen mit Dreikomponentenmethode

Beispiel 1:

Photovoltaikanlage mit einreihigem Solargenerator in **Bremen** mit $\beta = 30°$, $\gamma = 0°$. Mittlerer Reflexionsfaktor ρ des Bodens: Dezember 0,3 , Januar 0,4, Februar 0,35 , sonst das ganze Jahr 0,2 .

Gesucht:

a) Monatsmittelwerte und Jahresmittelwert der Tagessummen sowie Jahressumme von H_G auf den Solargenerator, wenn dieser in freiem Gelände steht.

b) Monatsmittelwerte und Jahresmittelwert der Tagessummen sowie Jahressumme von H_G auf den gleichen Solargenerator, wenn dieser an der *Südfront eines sehr hohen Gebäudes* mit einer *dunklen Fassade* montiert ist (siehe Bild 2-38).

Lösungen:

a) $\alpha_1 = 0°$, $\alpha_2 = 0°$. Berechnung von H_G mit Tabelle 2.8:

$R_D = ½\cos\alpha_2 + ½\cos(\alpha_1+\beta) =$	0.933	$R_R = ½ - ½\cos\beta =$	0.067

	Jan	Feb	Mrz	Apr	Mai	Juni	Juli	Aug	Sep	Okt	Nov	Dez	Jahr	Einheit
H	0.6	1.3	2.09	3.57	4.78	4.54	4.61	3.96	2.67	1.56	0.77	0.41	2.57	kWh/m^2
H_D	0.44	0.84	1.36	2.05	2.56	2.74	2.67	2.26	1.64	1.01	0.55	0.32	1.54	kWh/m^2
R_B	2.82	2.08	1.58	1.28	1.11	1.05	1.08	1.20	1.44	1.88	2.54	3.22		
k_B	1	1	1	1	1	1	1	1	1	1	1	1		
$H_{GB} = k_B \cdot R_B \cdot (H-H_D)$	0.45	0.96	1.15	1.95	2.46	1.89	2.10	2.04	1.48	1.03	0.56	0.29	1.37	kWh/m^2
$H_{GD} = R_D \cdot H_D$	0.41	0.78	1.27	1.91	2.39	2.56	2.49	2.11	1.53	0.94	0.51	0.30	1.44	kWh/m^2
ρ	0.4	0.35	0.2	0.2	0.2	0.2	0.2	0.2	0.2	0.2	0.2	0.3		
$H_{GR} = R_R \cdot \rho \cdot H$	0.02	0.03	0.03	0.05	0.06	0.06	0.06	0.05	0.04	0.02	0.01	0.01	0.04	kWh/m^2
$H_G = H_{GB} + H_{GD} + H_{GR}$	0.88	1.77	2.45	3.91	4.91	4.51	4.65	4.20	3.05	1.99	1.08	0.60	2.84	kWh/m^2

Jahressumme von H_G: $H_{Ga} = 365$ d/a $\cdot$ 2,84 kWh/m^2/d = 1037 kWh/m^2/a.

b) $\alpha_1 = 0°$, $\alpha_2 = 60°$. Berechnung von H_G mit Tabelle 2.8:

$R_D = ½\cos\alpha_2 + ½\cos(\alpha_1+\beta) =$	0.683	$R_R = ½ - ½\cos\beta =$	0.067

	Jan	Feb	Mrz	Apr	Mai	Juni	Juli	Aug	Sep	Okt	Nov	Dez	Jahr	Einheit
H	0.6	1.3	2.09	3.57	4.78	4.54	4.61	3.96	2.67	1.56	0.77	0.41	2.57	kWh/m^2
H_D	0.44	0.84	1.36	2.05	2.56	2.74	2.67	2.26	1.64	1.01	0.55	0.32	1.54	kWh/m^2
R_B	2.82	2.08	1.58	1.28	1.11	1.05	1.08	1.20	1.44	1.88	2.54	3.22		
k_B	1	1	1	1	1	1	1	1	1	1	1	1		
$H_{GB} = k_B \cdot R_B \cdot (H-H_D)$	0.45	0.96	1.15	1.95	2.46	1.89	2.10	2.04	1.48	1.03	0.56	0.29	1.37	kWh/m^2
$H_{GD} = R_D \cdot H_D$	0.30	0.57	0.93	1.40	1.75	1.87	1.82	1.54	1.12	0.69	0.38	0.22	1.05	kWh/m^2
ρ	0.4	0.35	0.2	0.2	0.2	0.2	0.2	0.2	0.2	0.2	0.2	0.3		
$H_{GR} = R_R \cdot \rho \cdot H$	0.02	0.03	0.03	0.05	0.06	0.06	0.06	0.05	0.04	0.02	0.01	0.01	0.04	kWh/m^2
$H_G = H_{GB} + H_{GD} + H_{GR}$	0.77	1.56	2.11	3.40	4.27	3.82	3.98	3.63	2.64	1.74	0.95	0.52	2.45	kWh/m^2

Jahressumme von H_G: $H_{Ga} = 365$ d/a $\cdot$ 2,45 kWh/m^2/d = 894 kWh/m^2/a.

Beispiel 2:

Photovoltaikanlage mit horizontal gestaffeltem Solargeneratorfeld (Anordnung gemäss Bild 2-37) auf dem **Mont Soleil** (1270 m) in der Schweiz mit $\beta = 45°$, $\gamma = -30°$. Die Horizont-Elevation in Richtung des Solargeneratorazimuts beträgt $\alpha_1 = 12°$. Die infolge der horizontalen Staffelung reduzierte Bodenreflexionsstrahlung wird mit einem etwas reduzierten Reflexionsfaktor $\rho = 0.2$ (Mai - Okt.), $\rho = 0.3$ (Nov. + April) und $\rho = 0.4$ (Dez. - März) berücksichtigt.

Gesucht:

a) Monatsmittelwerte und Jahresmittelwert der Tagessummen sowie Jahressumme von H_G auf der Oberkante des obersten Solarmoduls (H_{G-OBEN}) eines Arrays.

b) Monatsmittelwerte und Jahresmittelwert der Tagessummen sowie Jahressumme von H_G auf der Unterkante des untersten Solarmoduls ($H_{G-UNTEN}$) eines Arrays.

c) Bestrahlungsstärke G_{G-OBEN} an Oberkante des obersten PV-Moduls und $G_{G-UNTEN}$ an Unterkante des untersten PV-Moduls eines Arrays, wenn $G = G_D = 200$ W/m^2 und $\rho = 0,2$ ist.

Lösungen:

a) $H_{G\text{-OBEN}}$: $\alpha_1 = 0°$, $\alpha_2 = 0°$. Berechnung von H_G mit Tabelle 2.8:

An den oberen Modulkanten tritt keine Beschattung durch vordere Module auf $\Rightarrow k_B = 1$ für das ganze Jahr.

$R_D = ½\cos\alpha_2 + ½\cos(\alpha_1+\beta) =$	0.854

$R_R = ½ - ½\cos\beta =$	0.146

	Jan	Feb	Mrz	Apr	Mai	Juni	Juli	Aug	Sep	Okt	Nov	Dez	Jahr	Einheit
H	1.36	2.1	3.09	3.96	4.54	4.98	5.57	4.79	3.63	2.42	1.44	1.14	3.25	kWh/m²
H_D	0.65	0.98	1.45	1.91	2.23	2.42	2.46	2.14	1.66	1.14	0.71	0.55	1.53	kWh/m²
R_B	2.40	1.85	1.42	1.13	0.96	0.89	0.92	1.05	1.29	1.68	2.21	2.66		
k_B	1	1	1	1	1	1	1	1	1	1	1	1		
$H_{GB} = k_B \cdot R_B \cdot (H-H_D)$	1.70	2.07	2.33	2.32	2.22	2.28	2.86	2.78	2.54	2.15	1.61	1.57	2.20	kWh/m²
$H_{GD} = R_D \cdot H_D$	0.56	0.84	1.24	1.63	1.90	2.07	2.10	1.83	1.42	0.97	0.61	0.47	1.31	kWh/m²
ρ	0.4	0.4	0.4	0.3	0.2	0.2	0.2	0.2	0.2	0.2	0.3	0.4		
$H_{GR} = R_R \cdot \rho \cdot H$	0.08	0.12	0.18	0.17	0.13	0.15	0.16	0.14	0.11	0.07	0.06	0.07	0.12	kWh/m²
$H_G = H_{GB}+H_{GD}+H_{GR}$	2.34	3.03	3.75	4.12	4.25	4.50	5.12	4.75	4.07	3.19	2.28	2.11	3.63	kWh/m²

Jahressumme von H_G: $H_{Ga} = 365\ \text{d/a} \cdot 3{,}63\ \text{kWh/m}^2\text{/d} = 1325\ \text{kWh/m}^2\text{/a}$.

b) $H_{G\text{-UNTEN}}$: $\alpha_1 = 12°$, $\alpha_2 = 0°$. Berechnung von H_G mit Tabelle 2.8.

Zunächst erfolgt die Bestimmung des Beschattungskorrekturfaktors k_B mit Bild 2-32 (Beschattungsdiagramm mit Sonnenbahnen) und Bild 2-33 (Bewertungsdiagramm, am besten eine Kopie erstellen, ausschneiden, unter Beschattungsdiagramm legen und Gewicht der Beschattungspunkte herauslesen):

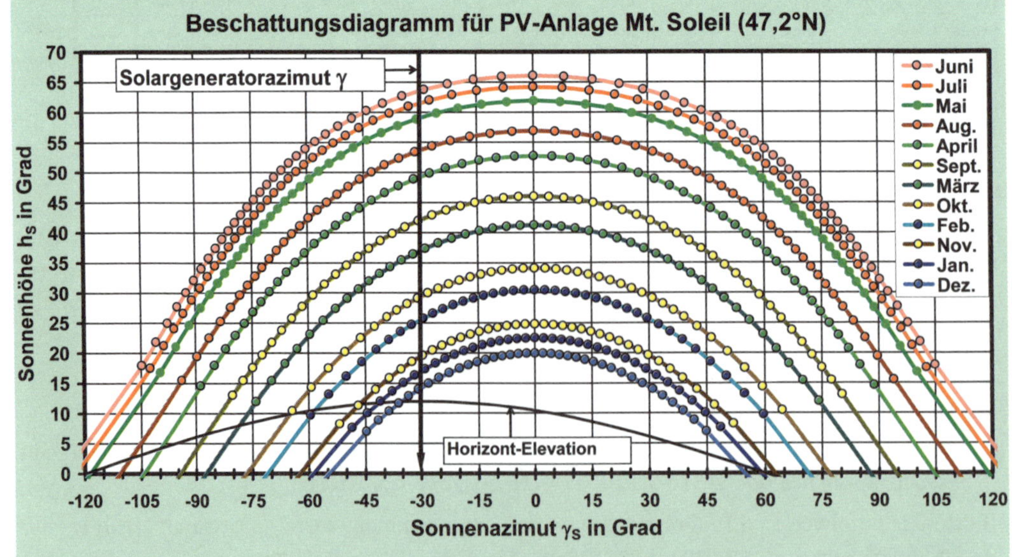

Bild 2-41: Beschattungsdiagramm für Anlage Mt. Soleil gemäss Aufgabe 2 mit eingetragenem Solargenerator-Azimut und dem an der untersten Modulkante gesehenen Horizont.

Berechnung des Beschattungskorrekturfaktors k_B gemäss Kap. 2.5.4:

Im Dezember gilt: $\Sigma GPS = 19 \cdot 3\% + 12 \cdot 2\% + 6 \cdot 1\% = 87\%$,
$\Sigma GPB = 3{,}5 \cdot 3\% = 10{,}5\% \Rightarrow k_B = 1 - \Sigma GPB / \Sigma GPS = 0{,}88$

Im Januar gilt: $\Sigma GPS = 19 \cdot 3\% + 12 \cdot 2\% + 6 \cdot 1\% = 87\%$,
$\Sigma GPB = 2 \cdot 3\% = 6\% \Rightarrow k_B = 1 - \Sigma GPB / \Sigma GPS = 0{,}93$

Im November gilt: $\Sigma GPS = 19 \cdot 3\% + 12 \cdot 2\% + 6 \cdot 1\% = 87\%$,
$\Sigma GPB = 1{,}5 \cdot 3\% = 4{,}5\% \Rightarrow k_B = 1 - \Sigma GPB / \Sigma GPS = 0{,}95$

Im Februar gilt: $\Sigma GPS = 20 \cdot 3\% + 11 \cdot 2\% + 8 \cdot 1\% = 90\%$,
$\Sigma GPB = 1 \cdot 3\% = 3\% \Rightarrow k_B = 1 - \Sigma GPB / \Sigma GPS = 0.97$

Nun kann H_G mit Tabelle 2.8 berechnet werden:

$R_D = ½\cos\alpha_2 + ½\cos(\alpha_1+\beta) =$	0.772

$R_R = ½ - ½\cos\beta =$	0.146

	Jan	Feb	Mrz	Apr	Mai	Juni	Juli	Aug	Sep	Okt	Nov	Dez	Jahr	Einheit
H	1.36	2.1	3.09	3.96	4.54	4.98	5.57	4.79	3.63	2.42	1.44	1.14	3.25	kWh/m^2
H_D	0.65	0.98	1.45	1.91	2.23	2.42	2.46	2.14	1.66	1.14	0.71	0.55	1.53	kWh/m^2
R_B	2.40	1.85	1.42	1.13	0.96	0.89	0.92	1.05	1.29	1.68	2.21	2.66		
k_B	0.93	0.97	1	1	1	1	1	1	1	1	0.95	0.88		
$H_{GB} = k_B \cdot R_B \cdot (H - H_D)$	1.58	2.01	2.33	2.32	2.22	2.28	2.86	2.78	2.54	2.15	1.53	1.38	2.17	kWh/m^2
$H_{GD} = R_D \cdot H_D$	0.50	0.76	1.12	1.47	1.72	1.87	1.90	1.65	1.28	0.88	0.55	0.42	1.18	kWh/m^2
ρ	0.4	0.4	0.4	0.3	0.2	0.2	0.2	0.2	0.2	0.2	0.3	0.4		
$H_{GR} = R_R \cdot \rho \cdot H$	0.08	0.12	0.18	0.17	0.13	0.15	0.16	0.14	0.11	0.07	0.06	0.07	0.12	kWh/m^2
$H_G = H_{GB} + H_{GD} + H_{GR}$	2.16	2.89	3.63	3.96	4.07	4.30	4.92	4.57	3.93	3.10	2.14	1.87	3.47	kWh/m^2

Jahressumme von H_G: $H_{Ga} = 365\ d/a \cdot 3{,}47\ kWh/m^2/d = 1267\ kWh/m^2/a$.

c) Es liegt hier eine reine Diffusstrahlung vor: $G = G_D = 200\ W/m^2$, $G_B = 0$
$\Rightarrow G_{G\text{-OBEN}} = R_{D\text{-OBEN}} \cdot G_D + R_R \cdot \rho \cdot G = 177\ W/m^2$.

$\Rightarrow G_{G\text{-UNTEN}} = R_{D\text{-UNTEN}} \cdot G_D + R_R \cdot \rho \cdot G = 160\ W/m^2$.

An der Unterkante eines Arrays beträgt bei rein diffuser Einstrahlung G_G nur etwa 90% des Wertes an der Oberkante. Bei zusätzlicher Direktstrahlung (z.B. 600 W/m^2 normal zum Solargenerator) ist dieser Effekt kleiner, trotzdem besteht dann immer noch eine Differenz von über 2%. Dies führt zu einem gewissen strahlungsbedingten Mismatch, der bei dieser Anlage unvermeidlich ist.

Hinweis: Die reale Anlage Mt. Soleil hat einen Anstellwinkel $\beta = 50°$ und die mittlere Solargeneratororientierung beträgt etwa $\gamma = -15°$. Da im Anhang A3 aber aus Platzgründen die R_B-Werte für diese Werte nicht tabelliert sind, wurden im Beispiel die nächstliegenden tabellierten Werte verwendet. Die so entstehenden Unterschiede sind relativ gering.

2.6 Approximativer Jahresenergieertrag netzgekoppelter PV-Anlagen

Führt man für den vorgesehenen Anlagestandort eine Berechnung der in die Solargeneratorebene eingestrahlten Energie gemäss Kapitel 2.4 oder 2.5 durch, so kann der *jährliche Energieertrag* einer *netzgekoppelten Photovoltaikanlage* bereits wesentlich genauer approximiert werden als mit den groben Richtwerten von Kap. 1.4.4. Da bei Inselanlagen meist nicht die ganze Energie der Photovoltaikanlage verwertet werden kann, ist die Berechnung etwas komplizierter und wird erst im Kap. 8 behandelt.

Aus der Jahressumme H_{Ga} von H_G kann durch Multiplikation mit dem *Jahresmittelwert der Performance Ratio* PR_a *näherungsweise* der bereits in Kap. 1.4.4 eingeführte spezifische Jahresenergieertrag Y_{Fa} berechnet werden (Details siehe Kap. 7). Exaktere Ertragsberechnungen werden in Kap. 8 beschrieben.

Approximativer spezifischer Jahresenergieertrag: $$Y_{Fa} = \frac{E_a}{P_{Go}} = PR_a \frac{H_{Ga}}{1\,kW/m^2} \quad (2.30)$$

Die Division durch 1 kW/m² bedeutet dabei keinen Rechenaufwand, sondern dient nur dazu, die korrekte Einheit zu erhalten. Liegt statt der Jahressumme von H_G der Jahresmittelwert der Tagessummen von H_G vor, so erhält man die notwendige Jahressumme H_{Ga} durch einfache Multiplikation des Jahresmittelwertes mit der Anzahl Tage pro Jahr, also 365. Die Jahres-Performance Ratio PR_a liegt bei den meisten netzgekoppelten Photovoltaikanlagen zwischen etwa 65% und 85%. Einigermassen vernünftig dimensionierte Anlagen sollten PR_a-Werte > 70% und gute Anlagen PR_a-Werte > 75% erreichen. Sehr gute Anlagen an nicht zu heissen Orten (z.B. im Gebirge) können sogar PR_a-Werte bis etwa 80% erreichen. Als grobe Faustregel kann man für gute Anlagen in Mitteleuropa etwa einen PR_a-Wert von 75% annehmen.

Die Jahres-Performance-Ratio PR_a kann als Produkt dreier Grössen dargestellt werden (Details siehe Kap. 7):

Jahres-Performance Ratio $$PR_a = k_{Ta} \cdot k_{Ga} \cdot \eta_I = k_{Ta} \cdot k_{Ga} \cdot \eta_{WR} \quad (2.31)$$

Dabei bedeuten:

k_{Ta}: Mittlerer Jahres-Temperaturkorrekturfaktor:
Falls genaue Angaben fehlen, gilt mit T_{Ua} (Jahresmittelwert der Umgebungstemperatur in °C) für PV-Anlagen mit kristallinen Solarmodulen als ganz grobe Näherung:

$$k_{Ta} \approx 1 - 0.0045(T_{Ua}+2) \quad (2.32)$$

k_{Ga}: Mittlerer Jahres-Generatorkorrekturfaktor:
k_{Ga} liegt je nach Toleranz der Modulleistungen P_{Mo} meist zwischen etwa 75% (bei Anlagen mit vielen Modulen mit zu kleinem P_{Mo}, kleinen β, zeitweiliger winterlicher Schneebedeckung, Problemen mit Teilbeschattung, Verschmutzung, Maximum-Power-Tracking beim Wechselrichter, Mismatch usw.) und 90% (bei sehr guten, neuen Anlagen mit Modulen, welche die angegebene Nennleistung P_{Mo} auch effektiv erbringen). k_G-Werte > 90% sind möglich, wenn die effektiven Modulleistungen > P_{Mo} sind oder bei PV-Anlagen mit (ein- oder zweiachsig) nachgeführten Solargeneratoren.

η_{WR}: Mittlerer (totaler) Wirkungsgrad des Wechselrichters (europäischer Wirkungsgrad für Einstrahlungsverhältnisse in Europa). Für einige Geräte ist η_{WR} in Tab. 5.11 angegeben. Moderne Geräte haben η_{WR}-Werte zwischen etwa 90% und 97% (je nach Grösse).

2.6.1 Beispiele zur approximativen Energieertragsberechnung:

Die Strahlungsberechnungen stammen aus den Beispielen zu Kap. 2.4.2.

Beispiel 1: Anlage in Berlin mit $\beta = 30°, \gamma = 0°$:

$H_{Ga} = 1098$ kWh/m²/a (resp. 3,01 kWh/m²/d), $k_{Ga} = 86\%$, $\eta_{WR} = 96\%$, $T_{Ua} = 9.0°C$

$\Rightarrow$ Mit (2.32) wird $k_{Ta} = 0,951 = 95,1\% \Rightarrow$ mit (2.31) wird $PR_a = 78,5\% = 0,785$

$\Rightarrow Y_{Fa} = PR_a \cdot H_{Ga}/(1\text{kW/m}^2) = 862$ kWh/kWp/a (resp. 2,36 kWh/kWp/d).

Beispiel 2: Anlage in Montana mit $\beta = 60°, \gamma = 0°$:

$H_{Ga} = 4,24$ kWh/m²/d resp. 1548 kWh/m²/a, $k_{Ga} = 88\%$, $\eta_{WR} = 94\%$, $T_{Ua} = 5,7°C$

$\Rightarrow$ mit (2.32) wird $k_{Ta} = 0,965 = 96,5\% \Rightarrow$ mit (2.31) wird $PR_a = 79,8\% = 0,798$

$\Rightarrow Y_{Fa} = PR_a \cdot H_{Ga}/(1\text{kW/m}^2) = 3,39$ kWh/kWp/d resp. 1236 kWh/kWp/a.

Beispiel 3: Anlage in Nizza mit $\beta = 45°, \gamma = 30°$:

$H_{Ga} = 4,35$ kWh/m²/d resp. 1589 kWh/m²/a, $k_{Ga} = 85\%$, $\eta_{WR} = 93\%$, $T_{Ua} = 15,3°C$

$\Rightarrow$ mit (2.32) wird $k_{Ta} = 0,922 = 92,2\% \Rightarrow$ mit (2.31) wird $PR_a = 72,9\% = 0,729$

$\Rightarrow Y_{Fa} = PR_a \cdot H_{Ga}/(1\text{kW/m}^2) = 3,17$ kWh/kWp/d resp. 1158 kWh/kWp/a.

Beispiel 4: Anlage in Kairo mit $\beta = 30°, \gamma = 0°$:

$H_{Ga} = 6,06$ kWh/m²/d resp. 2213 kWh/m²/a, $k_{Ga} = 87\%$, $\eta_{WR} = 95\%$, $T_{Ua} = 21,4°C$

$\Rightarrow$ mit (2.32) wird $k_{Ta} = 0,895 = 89,5\% \Rightarrow$ mit (2.31) wird $PR_a = 73,9\% = 0,739$

$\Rightarrow Y_{Fa} = PR_a \cdot H_{Ga}/(1\text{kW/m}^2) = 4,48$ kWh/kWp/d resp. 1636 kWh/kWp/a.

2.7 Die Zusammensetzung der Sonnenstrahlung

Die Strahlung der Sonne besteht aus einem Gemisch von Licht unterschiedlicher Wellenlängen, das für das menschliche Auge teilweise sichtbar und teilweise unsichtbar ist. Stellt man die Intensität der Sonnenstrahlung in Funktion der Wellenlänge graphisch dar, so erhält man das Spektrum der Sonnenstrahlung (siehe Bild 2-42). Das Spektrum der Sonnenstrahlung ist für die Strahlung am Rande der Atmosphäre (AM0) und für die in unseren Breiten im Mittel an der Erdoberfläche eintreffende Strahlung (AM1,5) etwas verschieden, denn ein Teil der Strahlung geht in der Atmosphäre durch Reflexion, Absorption und Streuung verloren.

Licht hat bekanntlich sowohl Wellen- als auch Teilchencharakter. Für das Verständnis der Funktionsweise von Solarzellen ist wesentlich, dass das Licht aus sehr vielen einzelnen Lichtquanten (Lichtteilchen) oder Photonen besteht. Jedes dieser Photonen besitzt eine ganz bestimmte Energie E, die in einem festen Zusammenhang mit der Wellenlänge und der Frequenz steht.

Für die Energie eines Photons gilt: $E = h \cdot \nu = h\frac{c}{\lambda}$ (2.33)

E = Energie des Photons
(häufig statt in Joule in Elektronenvolt (eV) angegeben, wobei 1 eV = $1{,}602 \cdot 10^{-19}$ J)
ν = Frequenz (Hz)
λ = Wellenlänge (m)
h = Planck'sche Konstante = $6{,}626 \cdot 10^{-34}$ Ws²
c = Lichtgeschwindigkeit = 299'800 km/s = $2{,}998 \cdot 10^{8}$ m/s

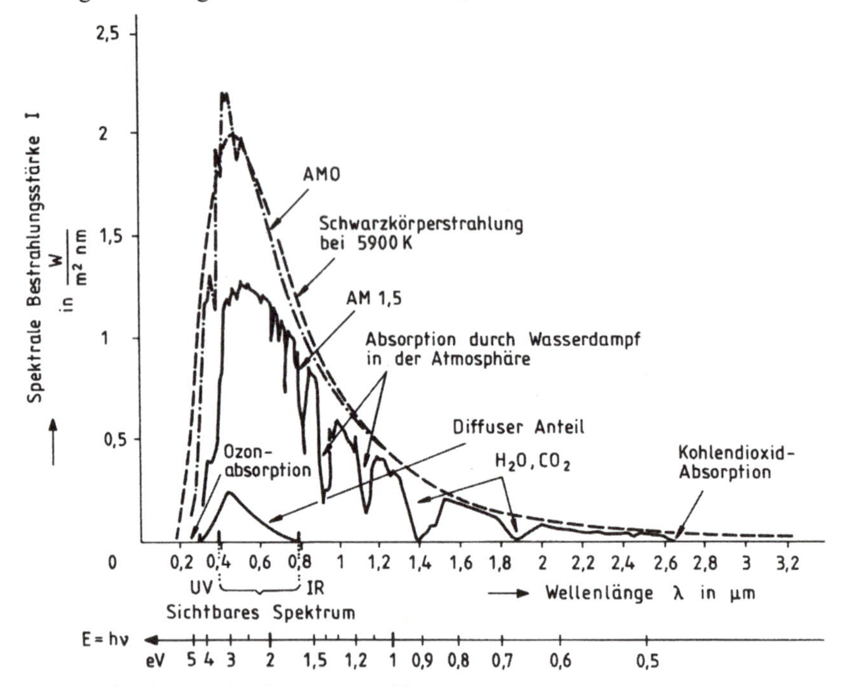

Bild 2-42: Spektrum der Sonnenstrahlung:

Intensität in Funktion von Wellenlänge und Photonenenergie
Ultravioletter Bereich (UV): 100 nm < λ < 380 nm
Sichtbarer Bereich: 380 nm < λ < 780 nm
Infraroter Bereich (IR): 780 nm < λ < 1 mm
AM0: Spektrum der extraterrestrischen Strahlung
AM1,5: Spektrum der Strahlung an der Erdoberfläche nach Durchdringen der 1,5-fachen Atmosphärendicke

Im Spektrum der Sonnenstrahlung (Bild 2-42) ist durch Vergleich des AM1,5-Spektrums mit dem AM0-Spektrum deutlich zu erkennen, dass gewisse Wellenlängenbereiche ganz oder teilweise von bestimmten Bestandteilen der Atmosphäre absorbiert werden. Das in Bild 2-42 gezeigte AM1,5-Spektrum entspricht einer Bestrahlungsstärke von 835 W/m² gemäss [Sta87], wie sie an der Erdoberfläche auf Meereshöhe nach Durchgang durch die 1,5 fache Atmosphärendicke effektiv auftritt. Für die Bestimmung der Maximalleistung P_{max} und des Wirkungsgrads η_{PV} von Solarzellen wird dagegen meist mit einem um den Faktor 1,198 = 1/0,835 aufgewerteten AM1,5-Spektrum gearbeitet, das einer Bestrahlungsstärke von 1 kW/m² entspricht (fette schwarze Kurve in Bild 3-19, tabellierte Werte in [Gre95]).

Die spektrale Intensitätsverteilung der Sonnenstrahlung ist für die Photovoltaik deshalb sehr wichtig, weil in einer Solarzelle ein Photon nur dann elektrische Energie freisetzen kann, wenn es mindestens eine bestimmte, vom Material abhängige Energie (Bandlückenenergie E_G) mitbringt. Photonen mit kleinerer Energie tragen nichts zur Energieumsetzung bei. Bei Photonen höherer Energie kann nur ein Teil, eben die Bandlückenenergie, verwertet werden (Details siehe Kap. 3). Bei monokristallinem Silizium liegt die Bandlückenenergie bei etwa 1,1 eV. An trüben Tagen ist vorwiegend diffuse Strahlung im sichtbaren Bereich vorhanden, d.h. der prozentuale Anteil des sichtbaren Lichtes im Spektrum ist etwas grösser (siehe Bild 2-42). Deshalb messen Referenzzellen unter solchen Bedingungen eine etwas höhere Bestrahlungsstärke als Pyranometer (siehe Bild 2-47).

2.8 Messung der Sonneneinstrahlung

Die korrekte Messung der Sonneneinstrahlung in die Horizontalebene und in die Solargeneratorebene ist nicht ganz so einfach. Korrekte Strahlungsmessungen sind in der Praxis aber sehr wichtig zur Beurteilung des richtigen Funktionierens von Photovoltaikanlagen. Deshalb werden hier die wichtigsten zur Strahlungsmessung verwendeten Sensoren und die auftetenden Probleme ganz kurz behandelt.

2.8.1 Pyranometer

In der Meteorologie werden Bestrahlungsstärken und eingestrahlte Energien auf der ganzen Welt fast ausschliesslich mit Pyranometern gemessen. Pyranometer bestehen aus einer Thermosäule aus vielen in Serie geschalteten Thermoelementen. Die schwarze Empfangsfläche am einen Ende der Thermoelemente absorbiert *breitbandig* die gesamte eingestrahlte Energie im Wellenlängenbereich 300 nm $< \lambda <$ 3 μm. Ein doppelter halbkugelförmiger Glasdom verhindert zusätzliche Reflexionen am Glas bei flachen Einfallswinkeln und erschwert das Beschlagen des Glases bei ungünstigen Verhältnissen bezüglich Temperatur und Feuchtigkeit. Die Ausgangsspannung eines Pyranometers ist (mit einer gewissen Trägheit) genau proportional zur Einstrahlung, ist aber relativ klein, da die von Thermoelementen erzeugten Spannungen sehr klein sind. Bei $G = 1$ kW/m^2 liegt die Ausgangsspannung eines typischen handelsüblichen Gerätes (z.B. Kipp&Zonen CM11) etwa bei 5 mV.

Diese relativ kleinen Ausgangsspannungen können nicht direkt weiter verarbeitet werden, sondern müssen zuerst verstärkt werden. Der Aufbau von genauen Verstärkern, welche Signale ab ca. 10 μV bis ca. 10 mV mit hoher Genauigkeit richtig verstärken, erfordert einige elektrotechnische Kenntnisse. Bei fehlerhaftem Aufbau der Messanordnung (z.B. unkorrekte Abschirmung, schlechten Messverstärkern, Erdschlaufen usw.) können grosse Messfehler auftreten.

Die Empfindlichkeit von Pyranometern nimmt im Laufe der Zeit ganz langsam ab (im Bereich Promille pro Jahr), sie sollten deshalb alle paar Jahre nachgeeicht werden, wenn eine hohe Genauigkeit verlangt wird. Die genaue Eichung von Pyranometern wird von geeigneten Institutionen (z.B. vom Weltstrahlungszentrum in Davos / Schweiz) relativ kostengünstig und gut reproduzierbar durchgeführt. Gute und genaue Pyranometer sind relativ teuer (Neupreis ca. 2000 - 3000 Fr. resp. 1300 - 2000 €) und erfordern einen minimalen periodischen Unterhalt (jährliche Auswechslung des Trocknungsmittels). Bild 2-43 zeigt ein derartiges Pyranometer, das zur Messung der Globalstrahlung in die Horizontalebene verwendet wird.

Bild 2-43:

Pyranometer CM-11 von Kipp&Zonen zur Messung der Globalstrahlung in die Horizontalebene.

2.8.2 Referenzzellen

Referenzzellen sind genau geeichte Silizium-Solarzellen, welche zur Strahlungsmessung eingesetzt werden und zum Schutz vor Umwelteinflüssen gut verpackt sind. Sie sind wesentlich preisgünstiger als Pyranometer (ca. Fr. 400.- bis Fr 600.- resp. etwa 250 bis 400 € pro Stück). Bei einer Solarzelle ist der Kurzschlussstrom I_{SC} mit guter Genauigkeit proportional zur auf die Referenzzelle auftreffenden Bestrahlungsstärke G (siehe Kap. 3). Referenzzellen verfügen oft über einen genauen Messshunt, der diesen Kurschlussstrom in eine Spannung umwandelt (typisch ca. 30 mV bei $G = 1\ kW/m^2$) und über einen eingebauten Zusatzsensor zur genauen Messung der Zellentemperatur (z.B. PT-100-Sensor, Thermoelement, leerlaufende zweite Zelle usw.). Bild 2-44 zeigt zwei derartige Referenzzellen.

Bild 2-44:
Zwei Referenzzellen mit eingebauter Messung der Zellentemperatur: Oben ESTI-Zelle, unten Siemens M1R. Bei der M1R ist die in der Mitte befindliche Messzelle von acht nicht kontaktierten Zellen umgeben, um die thermischen Verhältnisse in einem Modul möglichst wirklichkeitsnah nachzubilden.

Im Gegensatz zu Pyranometern können Solarzellen nur einen Teil des Sonnenspektrums auswerten, nämlich nur Photonen, welche eine Energie besitzen, welche grösser ist als die Bandlückenenergie E_G (siehe Kap. 2.7 und Kap. 3). Man versucht zwar, dies bei der Eichung möglichst gut zu berücksichtigen, da aber das Sonnenspektrum nicht immer genau gleich ist (auch bei genau gleichem G und gleicher AM-Zahl), ergeben sich in der Praxis doch gewisse Abweichungen. Viele Hersteller oder Eichinstitute eichen diese Referenzzellen mit künstlichen Lichtquellen, die auch für Messungen an Solarmodulen verwendet werden. Solche Lichtquellen haben ein zwar sonnenähnliches, aber nicht gleiches Spektrum wie das natürliche Sonnenlicht. In [Ima92] ist auch eine Methode zur Eichung von Referenzzellen im natürlichen Sonnenlicht beschrieben. Die genaue und reproduzierbare Eichung von Referenzzellen ist deshalb in der Praxis ein gewisses Problem.

Referenzzellen werden meist an einem strahlungsmässig durchschnittlichen Standort in der Solargeneratorebene montiert. Für Referenzzellen sollte immer möglichst die gleiche Zelltechnologie verwendetet werden wie bei der zu messenden PV-Anlage. Sind sie nämlich vom gleichen Zellentyp wie die verwendeten Solarmodule und besitzen sie wie die in Bild 2-44 gezeigten Zellen eine flache Glasoberfläche (möglichst aus dem gleichen Glas wie die Module), unterliegen sie einigen wichtigen Einflüssen, welche die Leistung der Solarmodule beeinflussen, in genau gleicher Weise wie die Solarmodule. Variationen des Sonnenspektrums und die zusätzliche Reflexion der Direktstrahlung bei flachen Einfallswinkeln haben dann auf die Referenzzelle und die Solarmodule den gleichen Einfluss und der eingebaute Temperatursensor ergibt einen Anhaltspunkt für die mittlere im Solargenerator auftretende Modultemperatur. So montierte Referenzzellen sind ein gutes Mittel, um das richtige Funktionieren einer Photovoltaikanlage zu überwachen (sieh Kap. 7).

Die obere in Bild 2-44 gezeigte Referenzzelle (ESTI-Zelle) wurde in den letzten Jahren oft eingesetzt. Die Zellen sind meist gut geeicht und es bestehen nur kleine Abweichungen zwischen den von verschiedenen Zellen angezeigten Werten. Sie weisen aber leider einen gewissen systematischen Fehler auf. Unter flachen Winkeln einfallende Strahlung kann durch die transparente Seitenkante in die Zelle eindringen und wird dort durch Totalreflexion an der Glasoberfläche bis zur Messzelle weitergeleitet, besonders wenn wie bei vielen dieser Sensoren eine weisse Hintergrundfolie (Backsheet) verwendet wird. Die Zelle kann dann einige Prozent zu viel anzeigen. ESTI-Zellen mit schwarzem Backsheet (wie in Bild 2-44) sind auf diesem Fehler weniger empfindlich und deshalb für genaue Messungen vorzuziehen.

2.8.3 Vergleich zwischen Messungen mit Referenzzellen und Pyranometern

Die parallele Messung der Einstrahlung in die Solargeneratorebene mit einem Pyranometer und einer vom Modulhersteller geeichten Referenzzelle (siehe Bild 2-45) ergibt interessante Ergebnisse. Die mit Referenzzellen gemessenen H_G-Werte liegen meist um einige Prozent unter den mit einem hochgenauen Pyranometer CM11 resp. CM21 gemessenen Werten.

Die Bilder 2-46 bis 2-49 zeigen derartigen Vergleiche zwischen jeweils mit einer Genauigkeit von 2% spezifizierten Siemens-Referenzzellen M1R und entsprechenden Messungen mit Pyranometern bei einer Anlage in Liestal (β = 30°, Meereshöhe 340 m) und auf Jungfraujoch (β = 90°, Meereshöhe 3454 m). Eine genauere Analyse zeigt, dass vor allem an schönen Tagen (siehe Bild 2-46) die Referenzzellen in der Regel deutlich weniger als die Pyranometer messen, dass aber an Tagen mit wenig Direktstrahlung die kristallinen Referenzzellen oft etwas mehr Strahlung registrieren (siehe Bild 2-47).

Bild 2-45: Parallele Messung der Einstrahlung in die Modulebene mit einer mono-c-Si-Referenzzelle Siemens M1R und einem Pyranometer CM-11 von Kipp&Zonen.

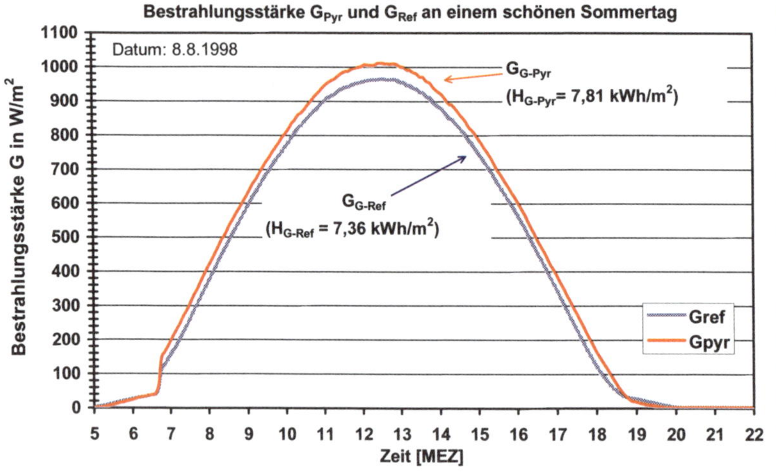

Bild 2-46: Parallelmessung der Einstrahlung in die Modulebene mit einer mono-c-Si-Referenzzelle Siemens M1R und einem Pyranometer CM-11 von Kipp& Zonen an einem schönen Sommertag bei einer PV-Anlage mit β = 30° in Liestal (340 m). Die Pyranometer-Messwerte sind einige % höher!

Bestrahlungsstärke G_{Pyr} und G_{Ref} an einem trüben Wintertag

Datum: 21.12.1997

$G_{G\text{-}Ref}$ ($H_{G\text{-}Ref}$ = 0,2 kWh/m²)

$G_{G\text{-}Pyr}$ ($H_{G\text{-}Pyr}$= 0,16 kWh/m²)

Gref Gpyr

Bestrahlungsstärke G in W/m²

Zeit [MEZ]

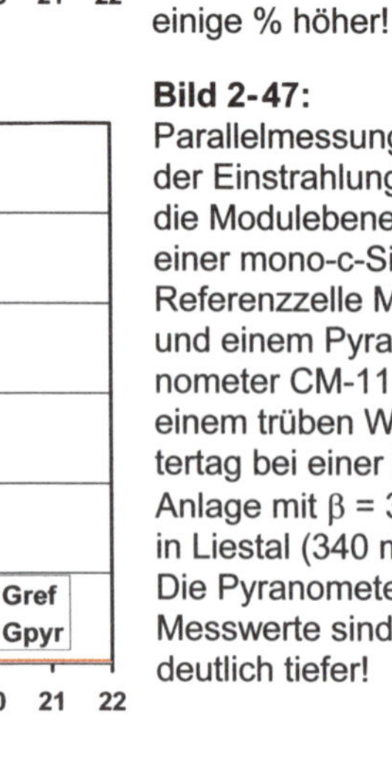

Bild 2-47: Parallelmessung der Einstrahlung in die Modulebene mit einer mono-c-Si-Referenzzelle M1R und einem Pyranometer CM-11 an einem trüben Wintertag bei einer PV-Anlage mit β = 30° in Liestal (340 m). Die Pyranometer-Messwerte sind deutlich tiefer!

Da in einem Jahr sowohl schöne als auch trübe Tage vorkommen, kompensieren sich diese Effekte im Monats- und Jahresmittel teilweise. Trotzdem liegen die mit Referenzzellen bei fest montierten Anlagen gemessenen Einstrahlungswerte auch im mehrjährigen Jahresmittel in der Regel um mehrere Prozent unter den mit Pyranometern gemessenen Werten (siehe Bild 2-48 und 2-49). Analoge (teilweise noch grössere) Unterschiede wurden auch an anderen Anlagen und von anderen Instituten festgestellt [2.10].

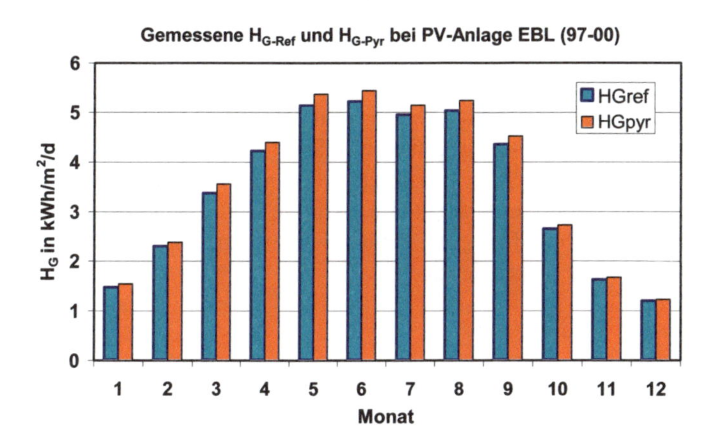

Bild 2-48: Parallele Messung der Monatsmittelwerte der Tagessummen der Einstrahlung H_G in die Modulebene mit einer mono-c-Si Referenzzelle Siemens M1R und einem Pyranometer CM-11 von Kipp &Zonen bei einer PV-Anlage mit $\beta = 30°$ in Liestal (340 m) in den Jahren 1997 - 2000. Die mit dem Pyranometer gemessenen Werte sind im Mehrjahresmittel 4,2% höher!

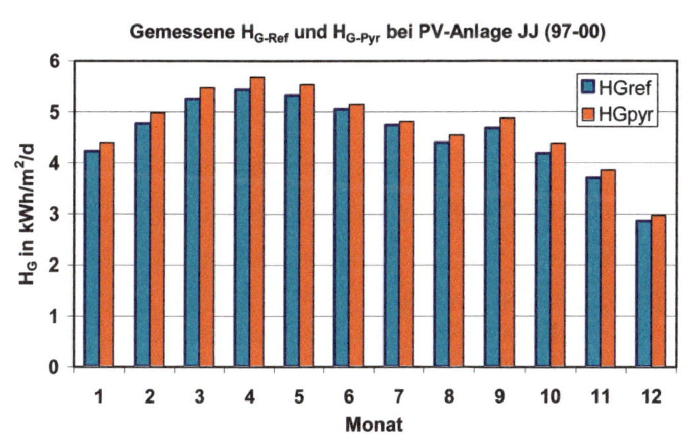

Bild 2-49: Parallele Messung der Monatsmittelwerte der Tagessummen der Einstrahlung H_G in die Modulebene mit einer mono-c-Si-Referenzzelle Siemens M1R und einem beheizten Pyranometer CM-21 von Kipp &Zonen bei der PV-Anlage Jungfraujoch (3454 m) mit $\beta = 90°$ in den Jahren 1997 - 2000. Die mit dem Pyranometer gemessenen Werte sind im Mehrjahresmittel 4% höher!

Das Spektrum der vom Hersteller zur Eichung der Referenzzellen verwendeten Lichtquellen enthält bei $G = 1\ kW/m^2$ wahrscheinlich etwas mehr von den Solarzellen auswertbares Licht als das natürliche Sonnenlicht. Da aber der Hersteller seine Module mit den gleichen Mitteln wie die Referenzzelle eicht und seine Modulleistungen entsprechend spezifiziert, sollten solche Abweichungen bei genauen Berechnung des Energieertrags von Photovoltaikanlagen berücksichtigt werden.

Man kann versuchen, die beobachteten Abweichungen durch eine Eichung nach [Ima92] für Messzwecke zu reduzieren. Da das Spektrum des Sonnenlichtes aber nicht nur von der Luftmassenzahl (AM), sondern auch vom aktuellen Wasserdampfgehalt der Atmosphäre abhängt, sind Eichungen von Referenzzellen im natürlichen Sonnenlicht gegen Pyranometer immer mit gewissen zufälligen Fehlern auf Grund der momentanen Zusammensetzung des Sonnenspektrums behaftet. Deshalb ist das Verhältnis der mit Pyranometern und Referenzzellen gemessenen G- und H-Werte an verschiedenen Tagen mit ähnlichen Wetterbedingungen nicht immer gleich, sondern es sind auch hier Abweichungen bis zu einigen Prozent zwischen verschiedenen Tagen möglich. Ideal wäre es, wenn für jede Zelltechnologie von einem international anerkannten Testinstitut gegen hochgenaue, stabile Primärnormale des gleichen Typs geeichte, gegen das Aussenklima resistente Referenzzellen erhältlich wären.

In der Praxis ist dieser sogenannte spektrale Mismatch (spektrale Fehlanpassung) zwischen dem natürlichen Sonnenlicht und dem bei den Eichungen verwendeten Licht die Ursache für einen Teil der Abweichung des Generatorkorrekturfaktors k_G gegenüber dem Idealfall zu erwartenden Wert 1 verantwortlich (siehe Kap. 2.6, Details in Kap. 7 und 8). Simulationsprogramme für die Berechnung von Energieerträgen von Photovoltaikanlagen, welche (wie allgemein üblich) von Meteorologen mit Pyranometern gemessene Strahlungsdaten verwenden und diesen spektralen Mismatch nicht berücksichtigen, werden deshalb meist um einige Prozent zu hohe Energieerträge berechnen, auch wenn sie andere wichtige Einflüsse (z.B. Strahlungsreduktion bei flachen Einfallswinkeln, Horizont, Teilbeschattung, ohmsche Verluste usw.) mit entsprechendem Aufwand korrekt berücksichtigen.

2.9 Literatur zu Kapitel 2

[2.1] "Meteonorm (1985). Theorie, Daten, Rezepte, Rohdaten für den Solarplaner" (4 Bände). Bundesamt für Energiewirtschaft, Bern, 1985.

[2.2] J. Remund, E. Salvisberg, S. Kunz: "Meteonorm (1995) - Meteorologische Grundlagen für die Sonnenenergienutzung" (Theorieband und PC-Programm). Bundesamt für Energiewirtschaft, Bern, 1995.

[2.3] "Meteonorm 3.0" (1997). PC-Programm, Vertrieb: Meteotest, Fabrikstr. 14, 3012 Bern.

[2.4] "Meteonorm 4.0" (2000). PC-Programm, Vertrieb: Meteotest, Fabrikstr. 14, 3012 Bern.

[2.5] "Meteonorm 5.0" (2003). PC-Programm, Vertrieb: Meteotest, Fabrikstr. 14, 3012 Bern.

[2.6] K. Scharmer, J. Greif: "EUROPEAN SOLAR RADIATION ATLAS" (2000), CD-ROM + Guidebook (290 pages), Format A4 ISBN 2-911762-22-3, erhältlich bei TRANSVALOR, Presses de l'Ecole des Mines, 60 Bd St Michel,F-75006 Paris,France.

[2.7] Šúri M., Huld T.A., Dunlop E.D. (2005). "PV-GIS: A web-based solar radiation database for the calculation of PV potential in Europe". International Journal of Sustainable Energy, 24, 2, p. 55-67.

[2.8] M. Zimmermann: "Handbuch der passiven Sonnenenergienutzung". SIA-Dokumentation D 010, 5. Aufl. 1990.

[2.9] P. Valko: "Solardaten für die Schweiz". Docu-Bulletin 3/1982. Verlag Schweizer Baudokumentation, 4223 Blauen.

[2.10] T. Degner, M. Ries: "Evaluation of long-term Performance Measurements of PV Modules with Different Technologies". 19th EU PV Conf., Paris, 2004.

Ferner:

[Bur93], [DGS05], [Eic01], [Gre95], [Häb91], [Her92], [Hu83], [Ima92], [Lad86], [Mar94], [Mar03], [Luq03], [Qua03], [Sta87], [See93], [Wen95], [Wil94], [Win91].

3 Aufbau und Funktionsprinzip von Solarzellen

3.1 Der innere Photoeffekt in Halbleitern

Jedes Atom besteht aus einem positiv geladenen Kern und einer Hülle aus negativ geladenen Elektronen (Ladung $-e = -1{,}602 \cdot 10^{-19}$ As). Trifft ein Photon auf ein Atom, so kann seine Energie $E = h \cdot \nu$ auf ein Elektron übertragen werden. Das Photon wird dabei absorbiert.

Beim äusseren Photoeffekt (z.B. bei den leicht ionisierbaren Alkalimetallen Li, Cs usw.) kann das Elektron dabei das Material verlassen (Photoemmission an einer Photokathode), wenn die vom Photon mitgebrachte Energie $E = h \cdot \nu$ grösser ist als die Austrittsenergie E_A .

Bei Solarzellen aus Halbleitermaterialien ist dagegen der innere Photoeffekt wichtig. Ein Photon, das genügend Energie $E = h \cdot \nu$ mitbringt, kann ein Elektron aus der Kristallbindung herauslösen oder vom Valenzband ins Leitungsband anheben.

In Halbleitern sind normalerweise die Elektronen auf der äussersten Schale (Valenzelektronen) fest im Kristallgitter gebunden. Zum Verlassen ihres Gitterplatzes ist eine gewisse minimale zusätzliche Energie erforderlich (Bandlückenenergie E_G). Diese Verhältnisse zeigt das Bändermodell des Halbleiters (Bild 3-1).

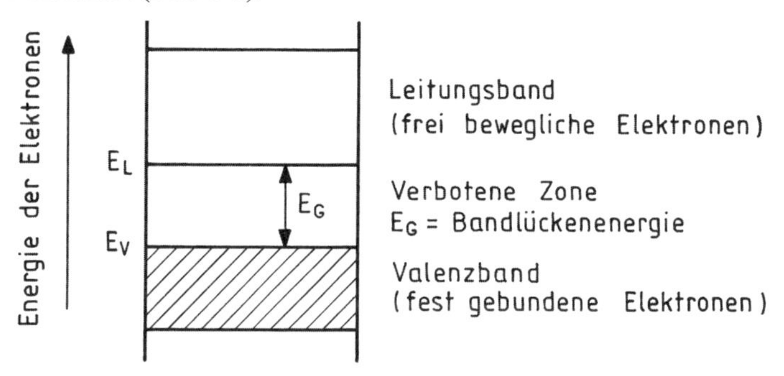

Bild 3-1:
Bändermodell des Halbleiters. In einem Festkörper sind die zulässigen Energiestufen nicht mehr diskret wie bei einzelnen Atomen, sondern sie verbreitern sich wegen der Nähe anderer Atome zu Energiebändern. Die Breite der verbotenen Zone, die Bandlückenenergie E_G, ist abhängig vom verwendeten Halbleitermaterial. Die untere Grenze des Valenzbandes und die obere Grenze des Leitungsbandes werden oft nicht gezeichnet.

Die oben dargestellten Verhältnisse gelten streng genommen nur bei Temperaturen in der Nähe des absoluten Nullpunktes. Steigt die Temperatur des Halbleiters an, so werden die Atome des Kristallgitters zu Schwingungen um ihre Gleichgewichtslage angeregt, was dazu führt, dass einige der Valenzbindungen aufbrechen und die frei werdenden Elektronen ins Leitungsband gelangen können (Eigenleitfähigkeit). Je höher die Bandlückenenergie, desto weniger Elektronen gelingt dies, d.h. desto geringer ist die elektrische Leitfähigkeit des Materials bei einer bestimmten Temperatur. Je höher andererseits die Temperatur bei einem bestimmten Halbleitermaterial steigt, desto mehr Elektronen können ins Leitungsband gelangen, d.h. desto grösser wird die elektrische Eigenleitfähigkeit.

Wo durch Aufbrechen einer Valenzbindung ein Elektron frei geworden ist, entsteht im Kristallgitter ein sogenanntes Loch. In ein solches Loch kann ein Elektron aus einer Valenzbindung eines benachbarten Atoms hineinfallen, wodurch das Loch am alten Ort verschwindet, jedoch am neuen Ort wieder ein Loch entsteht. Ein Loch kann sich also wie ein freies Elektron frei im Halbleiter bewegen und trägt auch zur Leitfähigkeit bei. Trifft ein freies Elektron zufällig auf ein Loch, so fällt es in dieses Loch, d.h. das Elektron und das Loch rekombinieren.

Bei Bestrahlung des Halbleitermaterials können Photonen mit genügender Energie $h \cdot \nu > E_G$ ein Elektron aus dem Valenzband ins Leitungsband anheben. Das Photon wird dabei absorbiert. Im Valenzband entsteht dabei ein Loch, im Leitungsband ein freies Elektron (siehe Bild 3-2). Bei den *direkt absorbierenden Halbleitern* ist zur vollständigen Absorption aller genügend energiereichen Photonen nur eine sehr geringe Materialdicke notwendig (Grössenordnung 1 µm). Bei den *indirekt absorbierenden Halbleitern* (z.B. kristallines Silizium) ist dagegen eine vom Licht im Halbleitermaterial durchlaufene Strecke von mindestens 100 µm erforderlich, damit auch die energieärmeren Photonen (Rotlicht und nahes Infrarot) noch sicher absorbiert werden. Direkt absorbierende Halbleiter sind deshalb prinzipiell zur Herstellung von Dünnschicht-Solarzellen mit geringem Materialaufwand geeignet. Bei indirekt absorbierenden Halbleitern ist dagegen wegen der erforderlichen Minimalstrecke der Materialaufwand höher, oder es müssen bei geringer Materialdicke spezielle Tricks zur Verlängerung des effektiven Lichtwegs angewendet werden (siehe Bild 3-26).

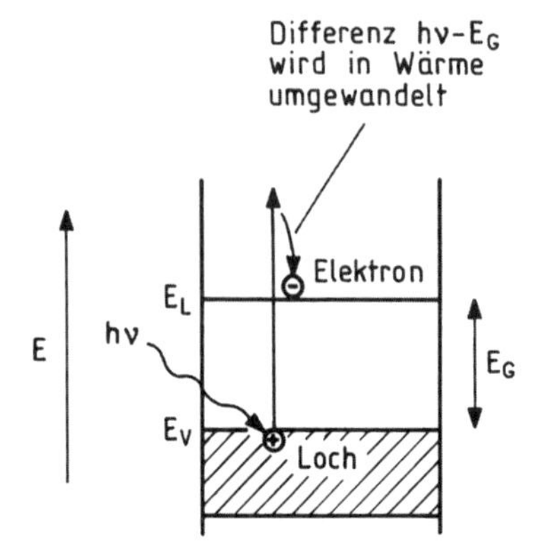

Bild 3-2:
Innerer Photoeffekt: Photonen mit $h \cdot \nu > E_G$ heben ein Elektron vom Valenzband ins Leitungsband und werden dabei absorbiert.

Das durch Absorption eines Photons erzeugte Elektron und das zugehörige Loch liegen jedoch sehr nahe beieinander. Wenn im Halbleiter kein elektrisches Feld vorhanden ist, das Elektron und Loch voneinander entfernt, fällt das Elektron deshalb nach kurzer Zeit wieder ins Loch zurück, d.h. die Energie des Photons verpufft nutzlos und heizt bloss den Halbleiter auf. Photonen mit Energien $h \cdot \nu < E_G$ vermögen kein Elektron vom Valenzband ins Leitungsband anzuheben und werden deshalb nicht absorbiert.

Wird durch eine äussere Spannungsquelle im bestrahlten Halbleiter ein elektrisches Feld erzeugt, so trennt dieses die von den absorbierten Photonen erzeugten Elektronen und Löcher. Wir haben dann einen Photoleiter oder Photowiderstand, dessen Leitfähigkeit proportional der Bestrahlungsstärke ist. Ein Photowiderstand ist jedoch ein passives Element und kann leider keine Energie produzieren!
In Halbleitern können jedoch unter gewissen Umständen (an einem Übergang zwischen p- und n-dotiertem Halbleitermaterial) starke innere elektrische Felder entstehen, die auch ohne Anlegen einer äusseren Spannung vorhanden sind. Es liegt deshalb nahe, diese inneren elektrischen Felder für die Trennung der durch Photonen erzeugten Elektron-/Loch-Paare auszunützen und damit die Energie der getrennten Elektronen und Löcher auszunutzen. Dies ist das Grundprinzip, das in der Solarzelle praktisch realisiert ist. Um die Funktion einer Solarzelle zu verstehen, müssen wir uns deshalb kurz mit der Dotierung von Halbleitern und mit den Verhältnissen am p/n-Übergang befassen.

3.2 Kurze Halbleitertheorie

Halbleiter sind Stoffe, deren elektrische Leitfähigkeit kleiner ist als die von Leitern, aber grösser als die von Nichtleitern. Der heute am meisten verwendete Halbleiterwerkstoff ist das Silizium (Si). Es ist auf der Erde sehr reichlich vorhanden und ökologisch unbedenklich. Weitere Halbleiterwerkstoffe mit einer gewissen technischen Bedeutung sind Germanium (Ge), Selen (Se), Galliumarsenid (GaAs), Galliumphosphid (GaP), Indiumphosphid (InP), Cadmiumsulfid (CdS), Cadmiumtellurid (CdTe) und Kupferindiumdiselenid ($CuInSe_2$ oder kurz CIS, manchmal auch mit einem gewissen Gallium-Anteil Kupferindiumgalliumdiselenid $Cu(In,Ga)Se_2$ oder kurz CIGS). Eine sehr wichtige Grösse zur Charakterisierung der Halbleitereigenschaften ist die Bandlückenenergie E_G. Tabelle 3.1 zeigt E_G und die Art des Absorptionsmechanismus für einige wichtige Halbleiter.

Tabelle 3.1: Bandlückenenergie und Absorptionsmechanismus einiger Halbleitermaterialien.

Halbleiter	Abkürzung	Bandlückenenergie E_G in eV	Absorption
Germanium	Ge	0,66	indirekt
Kupferindiumdiselenid	$CuInSe_2$ (CIS)	1,02	direkt
Kristallines Silizium	c-Si	1,12	indirekt
Indiumphosphid	InP	1,35	direkt
Galliumarsenid	GaAs	1,42	direkt
Cadmiumtellurid	CdTe	1,46	direkt
Amorphes Silizium	a-Si	$\approx$ 1,75	direkt
Cadmiumsulfid	CdS	2,4	direkt

Bild 3-3 zeigt den räumlichen Aufbau eines Silizium-Halbleiterkristalls. Silizium hat vier Valenzelektronen auf der äussersten Schale. Um eine stabile Elektronenkonfiguration ("Edelgaskonfiguration" mit 8 Elektronen) zu erreichen, geht jedes Si-Atom mit 4 Nachbaratomen eine sogenannte kovalente Bindung ein. Jedes Atom steuert dabei an eine Bindung je ein Elektron bei, d.h. eine Bindung besteht aus 2 Elektronen. Im Siliziumkristall ist jedes Si-Atom somit von 8 Elektronen umgeben und hat damit seine gewünschte Elektronenkonfiguration erreicht.

Die räumliche Darstellung gemäss Bild 3-3 ist relativ aufwändig. Oft wird deshalb auch die schematische ebene Darstellung des Kristallaufbaus gemäss Bild 3-4 verwendet.

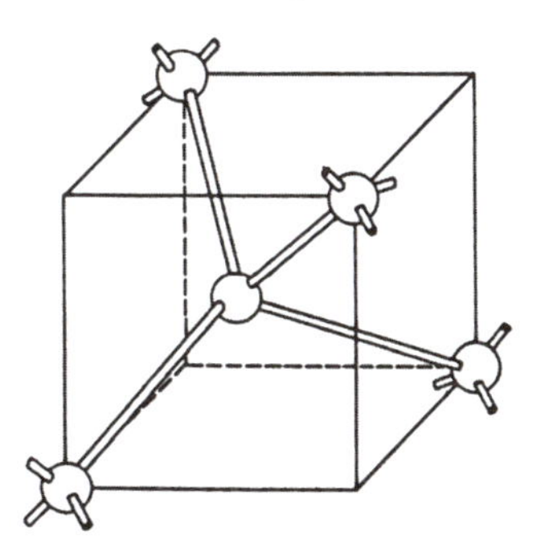

Bild 3-3: Räumliche Struktur eines Siliziumkristalls.

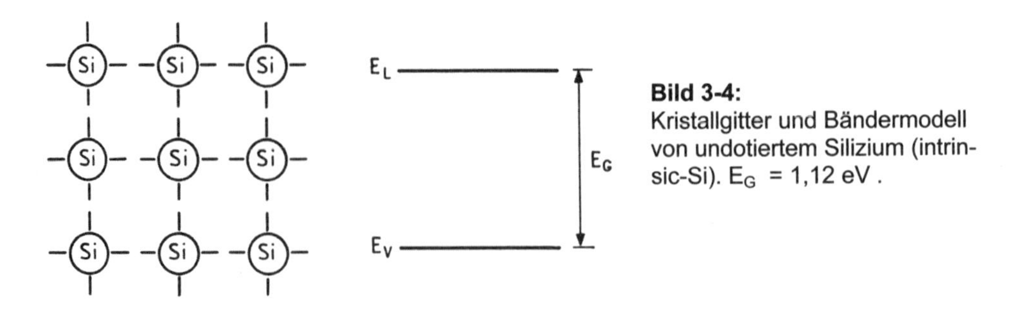

Bild 3-4:
Kristallgitter und Bändermodell von undotiertem Silizium (intrinsic-Si). E_G = 1,12 eV .

3.2.1 Dotierung von Halbleitern

Die bereits in Kap. 3.1 erwähnte Eigenleitfähigkeit von Halbleitermaterialien bei Temperaturen über dem absoluten Nullpunkt liegt bei Raumtemperatur zwar deutlich über der Leitfähigkeit von Isolatoren, ist aber immer noch sehr gering. Durch Zusatz einer geringen Menge von geeigneten Fremdatomen (Dotierung) kann sie wesentlich gesteigert werden.

Ersetzt man wie in Bild 3-5 gezeigt ein Siliziumatom durch ein Phosporatom mit 5 Valenzelektronen auf der äussersten Schale, so kann eines dieser Elektronen keine Bindung mit einem der vier Nachbaratome eingehen. Es löst sich deshalb sehr leicht von seinem Atomkern und lässt diesen positiv geladen zurück. Ein Phosphoratom "gibt" also ein Elektron an das Kristallgitter ab und wird deshalb Donator oder auch Donor genannt. Das entsprechende Elektron heisst Donatorelektron. Im Bändermodell liegt das Donatorelektron energiemässig nur wenig (um E_D) unter der unteren Bandgrenze des Leitungsbandes. Es braucht also nur wenig Energie aus der Temperaturbewegung zu gewinnen, um ins Leitungsband zu gelangen. Donatorelektronen bewirken eine Leitfähigkeit durch negative Ladungsträger; der Halbleiter ist deshalb n-leitend.

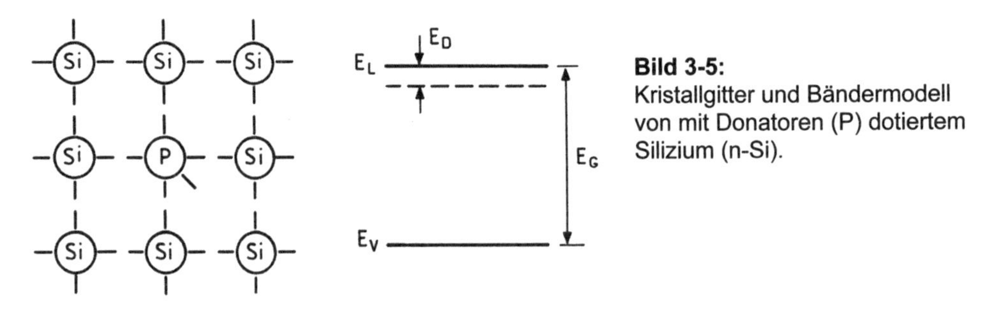

Bild 3-5:
Kristallgitter und Bändermodell von mit Donatoren (P) dotiertem Silizium (n-Si).

Ersetzt man dagegen wie in Bild 3-6 gezeigt ein Siliziumatom durch ein Boratom mit nur 3 Valenzelektronen auf der äussersten Schale, so können vom Boratom nur drei der vier Bindungen zu den benachbarten Si-Atomen mit Elektronen abgesättigt werden. Bei einer der vier Bindungen fehlt ein Elektron; es ist ein sogenanntes Loch vorhanden. In dieses Loch kann ein Elektron aus der Valenzbindung eines benachbarten Atomes hereinfallen, wodurch das Loch am alten Ort verschwindet, jedoch am neuen Ort wieder ein Loch entsteht. Das Boratom erhält bei diesem Vorgang eine negative Ladung.

Im Bändermodell liegt der Platz für das vom Akzeptoratom nicht gelieferte Elektron für das vierte Nachbaratom energiemässig nur wenig (um E_A) über der oberen Kante des Valenzbandes. Ein Elektron im Valenzband braucht also nur wenig Energie aus der Temperaturbewegung zu gewinnen, um diesen Platz unter Hinterlassung eines Lochs im Valenzband aufzufüllen.

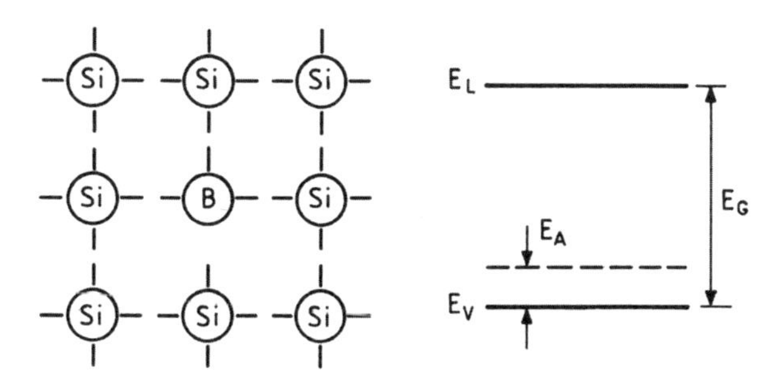

Bild 3-6:
Kristallgitter und Bändermodell von mit Akzeptoren (B) dotiertem Silizium (p-Si).

Ein Loch kann sich im Valenzband genauso frei bewegen wie ein freies Elektron im Leitungsband; es heisst deshalb auch Defektelektron. Das Boratom ist in der Lage, ein Elektron "aufzunehmen" und wird deshalb Akzeptor genannt. Akzeptoren bewirken also eine Leitfähigkeit durch Löcher im Valenzband, also eigentlich positive Ladungsträger; der Halbleiter ist deshalb p-leitend.

Wichtig für das Verständnis der Vorgänge am p/n-Übergang ist die Tatsache, dass Donatoratome, die ein Elektron abgegeben haben, im Kristallgitter fest eingebaute positive Ladungen (Ionen) darstellen. Umgekehrt stellen Akzeptoratome, die ein Elektron aufgenommen haben, im Kristallgitter fest eingebaute negative Ladungen (Ionen) dar.

Dotieren eines Halbleiters stellt eigentlich eine gezielte Verunreinigung dieses Halbleiters dar. Damit diese kontrolliert erfolgen kann, muss der Halbleiter vorher sehr rein sein, z.B. bei Silizium 1 Fremdatom auf 10^{10} Si-Atome. Die Erreichung dieses Reinheitsgrades ist natürlich sehr aufwändig. Für die Herstellung billigerer Solarzellen versuchen verschiedene Hersteller, den notwendigen Reinheitsgrad des Ausgangsmaterials und damit die Kosten etwas zu senken (Verwendung von sogenanntem Solarsilizium statt des reineren Elektroniksiliziums).

Als Donatoren können neben P auch andere 5-wertige Elemente verwendet werden, beispielsweise As, Sb oder Bi. Als Akzeptoren eignen sich neben B auch Al, Ga oder In.

3.2.2 Der p/n-Übergang

Für das Verständnis der prinzipiellen Funktion von Solarzellen genügt es, den Übergang zwischen p- und n-leitenden Halbleitern aus chemisch gleichartigem Basismaterial (homogener Übergang) zu untersuchen. In ihm entsteht auf natürliche Art eine Raumladungszone und damit ein starkes elektrisches Feld, das zur Trennung der durch den inneren Photoeffekt erzeugten Elektron/Loch-Paare eingesetzt werden kann. Dafür eignen sich selbstverständlich aber auch die Raumladungszonen und elektrischen Felder bei p/n-Übergängen, wo der p- und der n-dotierte Teil aus chemisch verschiedenen Materialien besteht (heterogene Übergänge) oder bei Übergängen zwischen Halbleitern und Metallen (Schottky-Übergänge).

Bild 3-7 zeigt einen solchen p/n-Übergang ohne äussere Spannung. Aus dem n-Gebiet diffundieren Elektronen ins p-Gebiet und füllen dort Löcher auf. Dadurch entsteht an der Grenzschicht im n-Gebiet durch die zurückbleibenden, positiv geladenen Donatoratome eine positive, im p-Gebiet durch die nun negativ geladenen Akzeptoratome eine negative Raumladung. Diese Raumladungen haben ein elektrisches Feld in der Grenzschicht zur Folge, welche die Diffusion weiterer Elektronen zunächst erschwert und schliesslich ganz zum Erliegen bringt. In der so entstandenen Sperrschicht an der Grenze zwischen dem n- und dem p-Material sind keine frei beweglichen Ladungsträger mehr vorhanden. Über der Diffusionszone entsteht eine Spannung U_D (Diffusionsspannung) und damit auch eine Potenzialdifferenz.

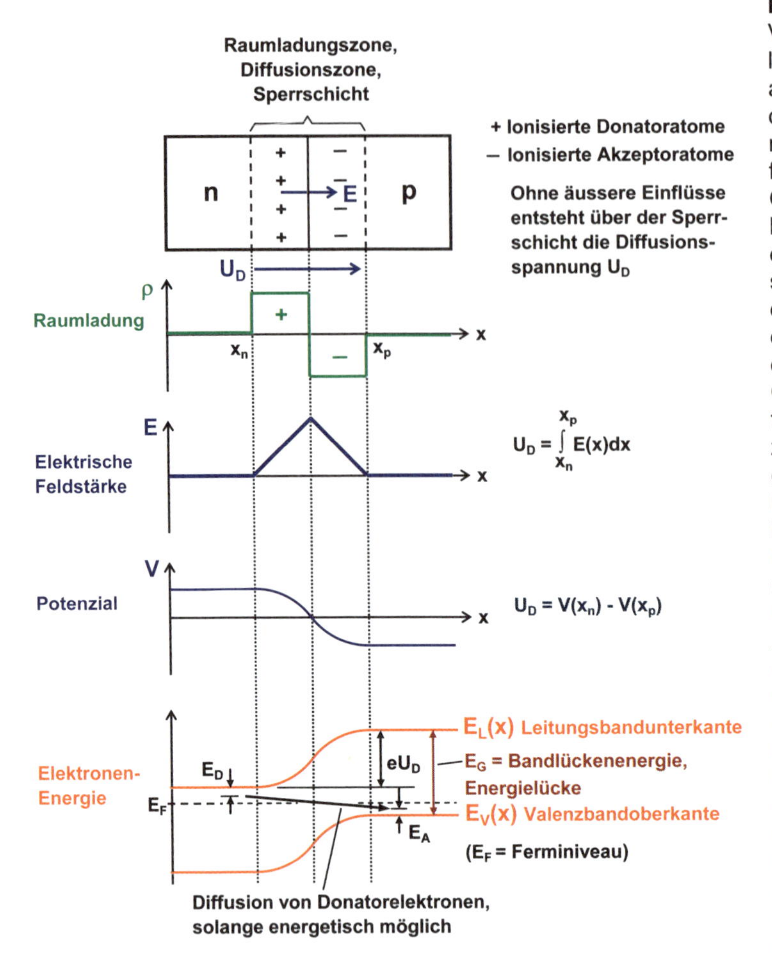

Bild 3-7: Vereinfachte Darstellung der Verhältnisse am p/n-Übergang ohne äussere Spannung. Elektronen diffundieren vom n- ins p-Gebiet und füllen dort Löcher auf. Dadurch entsteht an der Grenzschicht im n-Gebiet durch die positiv geladenen Donatoratome eine positive, im p-Gebiet durch die negativ geladenen Akzeptoratome eine negative Raumladung. Diese Raumladungen haben ein elektrisches Feld in der Grenzschicht zur Folge. Über der Diffusionszone entsteht deshalb eine Spannung U_D (Diffusionsspannung) und damit auch eine Potenzialdifferenz. Die Energiebänder im p-Gebiet werden deshalb um eU_D angehoben. Die Elektronendiffusion hört auf, wenn sie energetisch nicht mehr möglich ist.

Mit den oben dargestellten Überlegungen ist zwar die Entstehung einer Diffusionsspannung U_D erklärt, jedoch kann keine Aussage über ihre Grösse gemacht werden. Die Grösse dieser Diffusionsspannung ist bei Solarzellen sehr wichtig, denn sie bestimmt die maximal mögliche Leerlaufspannung U_{OC}. U_{OC} ist bei Solarzellen immer etwas kleiner als U_D.

Betrachtet man die Auswirkungen der Elektronendiffusion vom n- ins p-Gebiet im Bändermodell, so wird klar, dass das sich einstellende tiefere Potenzial V auf der p-Seite eine Anhebung der Energiebänder im p-Gebiet bewirkt (Elektronen haben wegen ihrer negativen Ladung auf tieferem Potenzial eine höhere Energie). Die vom n- ins p-Gebiet diffundierenden Elektronen können solange Energie gewinnen, bis sich die untere Valenzbandkante im p-Gebiet soweit angehoben hat, dass kein nennenswerter Unterschied im Energieniveau der Donatorelektronen auf der n-Seite und der Akzeptorlöcher auf der p-Seite mehr besteht. Da die Energie der Donatorelektronen um E_D unter der unteren Leitungsbandkante und die Energie der Akzeptorlöcher um E_A über der oberen Valenzbandkante liegt, muss eU_D etwas kleiner als die Bandlückenenergie E_G sein.

Praktisch gilt bei homogenen p/n Übergängen bei Raumtemperatur:

Diffusionsspannung $U_D \approx E_G/e - (0{,}35\ V \ldots 0{,}5\ V)$ (3.1)

Die Diffusionsspannung ist also etwa 0,35 V bis 0,5 V kleiner als die so genannte theoretische Photospannung U_{Ph} (3.16), die man erhält, wenn die Bandlückenenergie E_G durch die Elementarladung e dividiert wird ($e = 1{,}602 \cdot 10^{-19}$ As).

Wird an das n- und p-Gebiet je ein metallischer Kontakt angebracht, so erhält man eine Halbleiterdiode (siehe Bild 3-8). Schliesst man eine solche Halbleiterdiode kurz, so kann auf Grund der Diffusionsspannung am p/n-Übergang trotzdem kein Strom fliessen. An den Kontaktstellen zwischen Metall und Halbleiter bauen sich sofort ebenfalls Raumladungen und Kontaktspannungen auf, welche die Diffusionsspannung genau kompensieren.

3.2.3 Kennlinien einer Halbleiterdiode

Eine Halbleiterdiode besteht aus einem p/n-Übergang mit metallischen Anschlusskontakten (siehe Bild 3-8). Legt man eine in der eingezeichneten Richtung (von p nach n) positive Spannung U an, so dringen von der p-Seite Löcher und von der n-Seite Elektronen in die Sperrschicht ein. Die Raumladungen, die Diffusionsspannung und der Potenzialunterschied zwischen n- und p-Zone werden abgebaut. Die zahlreichen Majoritätsträger (Elektronen auf der n-Seite, Löcher auf der p-Seite) überschwemmen die Sperrschicht, es kann also ein grosser Strom fliessen, die Diode leitet.

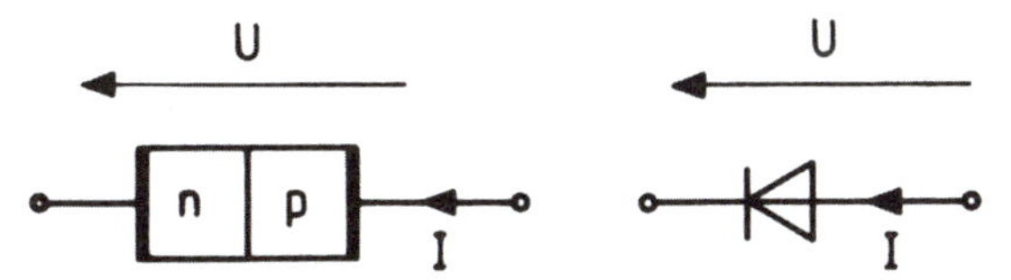

Bild 3-8:
Aufbau und Schaltzeichen einer Halbleiterdiode.

Legt man dagegen eine negative Spannung U an, so werden auf der n-Seite noch mehr Elektronen und auf der p-Seite noch mehr Löcher aus der Grenzschicht wegfliessen. Die Raumladungszone vergrössert sich, die Spannung über der Sperrschicht wird um die angelegte äussere Spannung grösser als die Diffusionsspannung U_D und der Potenzialunterschied zwischen n- und p-Zone vergrössert sich. Es fliesst nur ein ganz kleiner Sperrstrom infolge der thermisch erzeugten Minoritätsträger (Löcher in der n-Zone, Elektronen in der p-Zone), welche die Potenzialbarriere überwinden können, die Diode sperrt also.

Für die Diodenkennlinie I = f(U) gilt näherungsweise:

$$I = I_S\left(e^{eU/nkT} - 1\right) = I_D \quad \text{(in Bild 3-12)} \qquad (3.2)$$

wobei U = Spannung über der Diode (von p nach n)
I = Strom durch die Diode (= I_D in der Solarzellen-Ersatzschaltung von Bild 3-12)
I_S = Sättigungsstrom (idealisierter Sperrstrom)
e = Elementarladung = $1{,}602 \cdot 10^{-19}$ As (nur das e im Exponenten)
n = Dioden-Qualitätsfaktor ($1 < n < 2$, meist liegt n nahe bei 1)
k = Boltzmannkonstante = $1{,}38 \cdot 10^{-23}$ J/K
T = Absolute Temperatur (in K)

Gleichung (3.2) ist vor allem für die Beschreibung der Kennlinie im Durchlassbereich (U>0) recht gut geeignet. Im Sperrbereich (U<0) ist der Sperrstrom bei praktischen Dioden für grössere Spannungen nicht konstant, wie dies nach (3.2) eigentlich der Fall sein sollte, sondern er steigt mit steigender Sperrspannung etwas an. Wird die Sperrspannung sehr gross, so steigt der

Sperrstrom mehr oder weniger plötzlich stark an, die Diode kommt ins Durchbruchsgebiet und wird zerstört, wenn der Strom nicht durch die äussere Beschaltung auf ungefährliche Werte begrenzt wird.

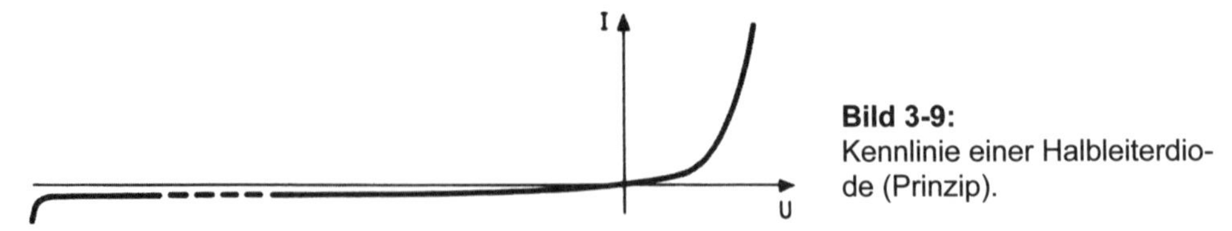

Bild 3-9: Kennlinie einer Halbleiterdiode (Prinzip).

3.3 Die Solarzelle - eine spezielle Halbleiterdiode mit grosser lichtexponierter Sperrschicht

3.3.1 Prinzipieller Aufbau einer kristallinen Silizium-Solarzelle

Bild 3-10 zeigt den Aufbau einer mono- oder polykristallinen Si-Solarzelle. Sie besteht aus einer grossflächigen Diode mit einer lichtexponierten Sperrschicht. Damit möglichst alle Lichtquanten in die Nähe der Sperrschicht gelangen können, muss die dem Licht zugewandte Halbleiterzone (meist n-Si) sehr dünn (z.B. 0,5 µm) sein. Auch die metallischen Frontkontakte, die zur Erzielung eines niedrigen Innenwiderstandes nötig sind, dürfen nur einen sehr kleinen Teil der aktiven Fläche beschatten. Zur Erzielung einer geringen Reflexion an der Oberfläche der Solarzelle muss lichtseitig zudem eine Antireflexschicht aufgebracht werden.

Treffen Lichtquanten auf die Solarzelle auf, so können Lichtquanten mit $h \cdot \nu > E_G$ vom Kristallgitter absorbiert werden und dabei auf Grund des inneren Photoeffektes ein Elektron-/Loch-Paar erzeugen. Durch das starke elektrische Feld E in der Sperrschicht werden diese Elektron-/Lochpaare schnell getrennt, bevor sie rekombinieren können. Auf die Elektronen wirkt wegen ihrer negativen Ladung eine Kraft entgegengesetzt zur Feldrichtung; sie sammeln sich deshalb in der n-Zone. Die Löcher wandern in Feldrichtung und sammeln sich im raumladungsfreien Teil der p-Zone (siehe Bild 3-10).

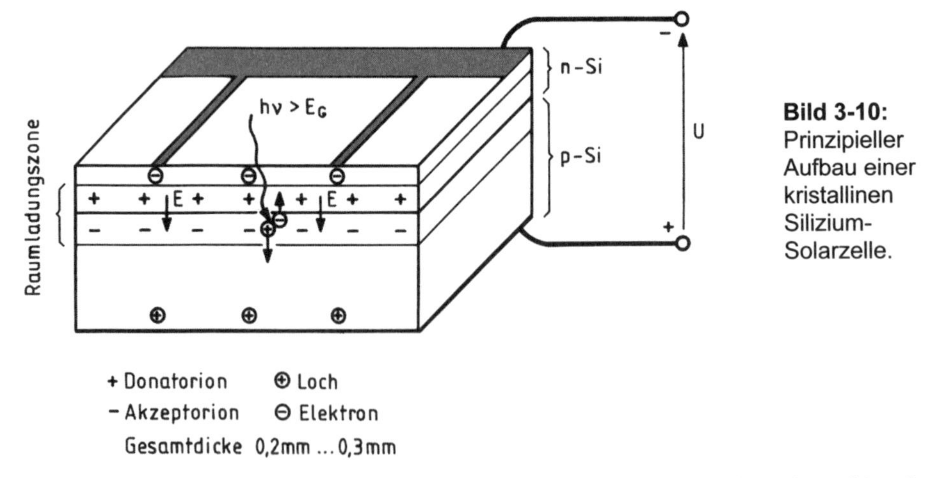

Bild 3-10: Prinzipieller Aufbau einer kristallinen Silizium-Solarzelle.

Durch die getrennten Ladungen wird die Raumladung und damit die elektrische Feldstärke in der Sperrschicht reduziert, bis sie für die Trennung weiterer durch den inneren Photoeffekt erzeugter Elektron-/Lochpaare nicht mehr ausreicht. Damit ist die Leerlaufspannung U_{OC} der

Solarzelle erreicht. Die Spannung über der Sperrschicht ist dabei viel kleiner als die Diffusionsspannung U_D, aber nicht ganz 0 geworden. Deshalb ist die Leerlaufspannung U_{OC} einer Solarzelle immer etwas kleiner als U_D.

Schliesst man dagegen die an Front- und Rückseite angebrachten Kontakte über eine äussere leitende Verbindung kurz, so können die durch den inneren Photoeffekt erzeugten Ladungsträger sofort aus den entsprechenden Zonen abfliessen. Es findet keine Reduktion der Raumladung und des elektrischen Feldes statt, über der Sperrschicht liegt weiterhin die Diffusionsspannung U_D und es fliesst für die gegebene Bestrahlungsstärke ein maximaler Strom (Kurzschlussstrom I_{SC}). I_{SC} ist bei einer Solarzelle proportional der Bestrahlungsstärke G .

Bild 3-11: Links eine polykristalline oder multikristalline, rechts eine monokristalline Silizium-Solarzelle. (Bild AEG).

In der Praxis wird die n-Schicht an der Zellenoberfläche meist wesentlich stärker dotiert als die p-Schicht. Um diesen Sachverhalt hervorzuheben, wird sie manchmal auch mit n+ bezeichnet. Da die Solarzelle als ganzes elektrisch neutral sein muss, erstreckt sich deshalb die Raumladungszone viel weiter ins p-Gebiet als in Bild 3-10 vereinfacht gezeichnet.

3.3.2 Ersatzschaltung einer Solarzelle

Die unbeleuchtete Solarzelle ist eine normale Halbleiterdiode, die einen Durchlassstrom von der p- nach der n-Seite fliessen lässt, wenn die Spannung über der Diode von p nach n gerichtet ist (siehe Abschn. 3.2.3). Bei Beleuchtung wird zusätzlich ein Photostrom I_{SC} erzeugt, der proportional zur Bestrahlungsstärke G ist und von der n-Seite zur p-Seite fliesst. Diese Verhältnisse kann man sehr schön mit einer Ersatzschaltung aus einer idealen Stromquelle I_{SC} und einer Diode (bei Bedarf ergänzt durch einen Seriewiderstand R_S und einen Parallelwiderstand R_P) darstellen (siehe Bild 3-12).

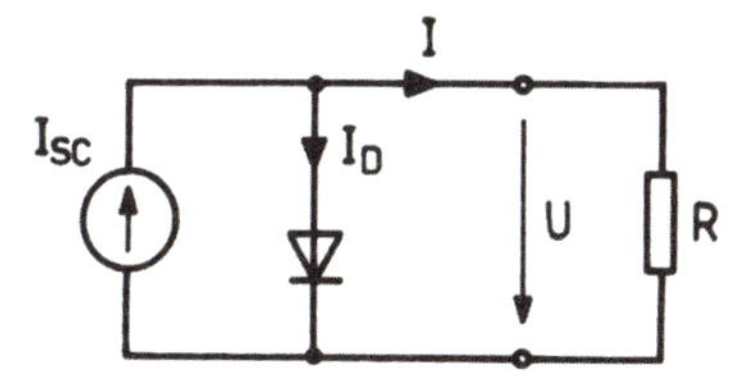

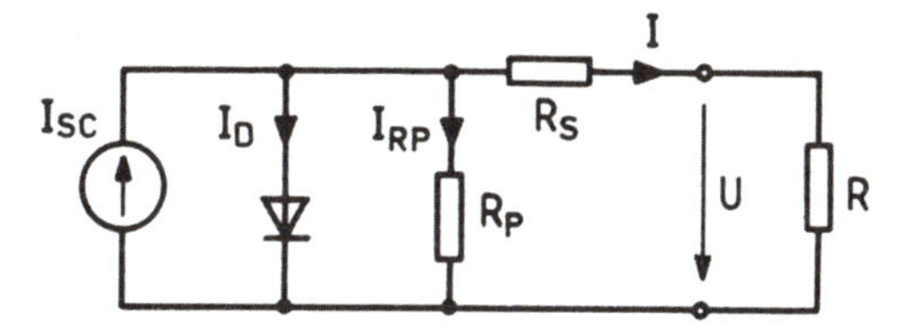

Bild 3-12:
Vereinfachte und vollständige Ersatzschaltung einer belasteten Solarzelle (Leerlauf: R = ∞, Kurzschluss: R = 0). I_{SC} ist proportional zur Bestrahlungsstärke G und zur Solarzellenfläche A_Z.

Im Leerlauf fliesst in der Ersatzschaltung der Solarzelle ein dauernder Ausgleichstrom: Der Photostrom $I_{Ph} = I_{SC}$ von der n- Seite zur p-Seite fliesst unter dem Einfluss der sich einstellenden Leerlaufspannung U_{OC} wieder als Strom I_D durch die Diode von der p-Seite zur n-Seite.

Für den Strom I der Solarzelle in Funktion der Spannnung U ergibt sich mit Gleichung (3.2) für den Diodenstrom I_D in der vereinfachten Ersatzschaltung (ohne R_S und R_P):

$$I = I_{SC} - I_D = I_{SC} - I_S\left(e^{eU/nkT} - 1\right) = I_{SC} - I_S\left(e^{U/U_T} - 1\right) \quad (3.3)$$

wobei

I_{SC} = Kurzschlussstrom der Solarzelle = Photostrom $I_{Ph} \sim G$

I_S = Sättigungsstrom in Sperrrichtung, wächst exponentiell mit steigender Temperatur (ungefähre Verdoppelung alle 10 K).

Übrige Bezeichnungen wie bei (3.2).

Ferner ist auch die folgende Abkürzung nützlich:

Thermische (Dioden-)Spannung $U_T = nkT/e$ (3.4)

n = Diodenqualitätsfaktor (liegt zwischen 1 und 2). Bei 25°C ist U_T = 25,7 mV für n = 1.

Durch Umstellen von Gleichung (3.3) lässt sich in der vereinfachten Ersatzschaltung auch die Spannung U an einer Solarzelle berechnen:

$$U = \frac{nkT}{e} \ln\left(1 + \frac{I_{SC} - I}{I_S}\right) = U_T \ln\left(1 + \frac{I_{SC} - I}{I_S}\right) \quad (3.5)$$

Für die Berechnung der Leerlaufspannung U_{OC} wird I = 0 eingesetzt:

$$U_{OC} = \frac{nkT}{e} \ln\left(1 + \frac{I_{SC}}{I_S}\right) = U_T \ln\left(1 + \frac{I_{SC}}{I_S}\right) \approx U_T \ln\left(\frac{I_{SC}}{I_S}\right) \quad \text{für } I_{SC} >> I_S \quad (3.6)$$

Im Gegensatz zum Kurzschlussstrom I_{SC}, der proportional zur Bestrahlungsstärke G ist, ist die Abhängigkeit der Leerlaufspannung von der Bestrahlungsstärke viel geringer. Die Leerlaufspannung sinkt mit steigender Temperatur, weil I_S mit der Temperatur exponentiell ansteigt und die Erhöhung von kT mehr als kompensiert.

In der vollständigen Ersatzschaltung mit R_S und R_P sind die Verhältnisse etwas komplizierter, man kann I und U nicht geschlossen ausdrücken, sondern muss eine Iteration durchführen. Für die Berechnung von I in Funktion von U nimmt man beispielsweise zuerst einen (nahe beim gewünschten U liegenden) Wert U_i über der inneren Diode an und berechnet den daraus resultierenden Strom I:

$$I = I_{SC} - I_S\left(e^{eU_i/nkT} - 1\right) - \frac{U_i}{R_P} \quad (3.7)$$

Darauf wird in einem zweiten Schritt die an den Klemmen der Solarzelle effektiv auftretende Spannung berechnet:

$$U = U_i - R_S \cdot I \quad (3.8)$$

Man kann auch Gleichung (3.8) nach U_i auflösen und diesen Ausdruck in (3.7) einsetzen. Dadurch entsteht eine Gleichung für I, die aber auch nur durch Iteration lösbar ist:

$$I = I_{SC} - I_S\left(e^{e(U + R_S \cdot I)/nkT} - 1\right) - \frac{(U + R_S \cdot I)}{R_P} \quad (3.9)$$

Neben dem hier behandelten Eindiodenmodell wird auch das Zweidiodenmodell verwendet. Bei diesem Modell werden statt nur einer Diode gemäss Bild 3-12 mit $1 < n < 2$ zwei separate Dioden, eine mit $n_1 = 1$ und eine mit $n_2 = 2$, verwendet [Eic01, Qua03, DGS05]. Wegen der zusätzlichen Parameter ist es allerdings in der Praxis mühsamer zu handhaben. Das Zweidiodenmodell ist vor allem für die hochgenaue Simulation des Solarzellenverhaltens in Berechnungsprogrammen nützlich. Für das grundlegende Verständnis des Verhaltens von Solarzellen und Solarmodulen in der Praxis genügt das hier dargestellte Eindiodenmodell aber völlig.

3.3.3 Kennlinien von Solarzellen

Verwendet man bei einer Solarzelle die gleichen Zählrichtungen für Spannung und Strom wie bei einer normalen Diode (Verbraucherzählsystem), so erhält man die in Bild 3-13 gezeigten Kennlinien für die beleuchtete und die unbeleuchtete Solarzelle (idealisierter Fall mit gut sperrender Diode). Man erkennt, dass die Kennlinie der beleuchteten Solarzelle die gleiche Form hat wie die der unbeleuchteten Zelle, sie ist einfach um I_{SC} in die negative Stromrichtung verschoben, da der Photostrom in umgekehrter Richtung zum Diodenstrom fliesst (Bei Vergleich mit Bild 3-12 beachten, dass $I' = -I$). Im 1. und 3. Quadranten nimmt die Solarzelle Leistung auf, nur wenn sie im 4. Quadranten betrieben wird, gibt sie Leistung ab.

Bei der Verschaltung von Solarzellen zu Solarmodulen treten keine Probleme auf, wenn durch geeignete Massnahmen sichergestellt wird, dass eine beschattete Solarzelle im Durchlassbereich höchstens auch mit etwa I_{SC} belastet wird (das erträgt sie nämlich im Leerlauf problemlos) und dass im Sperrbereich keine zu hohen Spannungen auftreten, damit die Verlustleistung an der Zelle nicht zu gross wird. Zu grosse Belastungen können die Solarzelle überhitzen und damit das ganze Solarmodul zerstören.

Details über das Verhalten von realen Solarzellen bei ungewöhnlichen Betriebszuständen im 1. und 3. Quadranten werden im Kap. 4 behandelt.

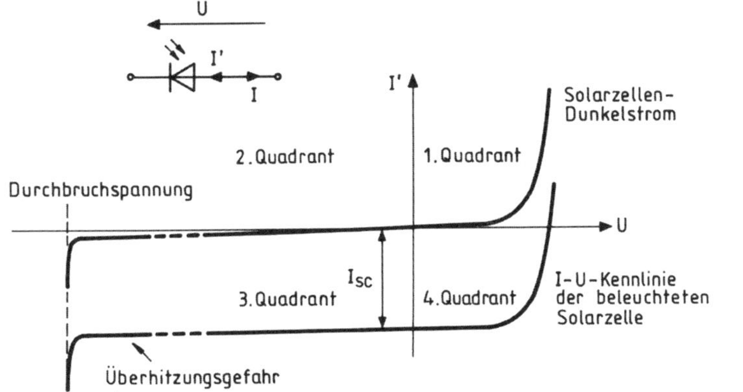

Bild 3-13: Idealisierte Kennlinie einer Solarzelle (beleuchtet und unbeleuchtet) mit idealisiertem Verhalten im Sperrbereich (gut sperrende Diode).

Bei Solarzellen interessiert vor allem das Verhalten im 4. Quadranten, wo sie Leistung abgeben können. Meist werden deshalb nur diese Kennlinien angegeben, wobei für U und I die Zählrichtungen von Bild 3-12 verwendet werden (Generatorzählsystem), damit U und I positiv werden.

Bild 3-14 zeigt die Kennlinie $I=f(U)$ einer Solarzelle. Für kleine Spannungen ist eine Solarzelle eine annähernd ideale Stromquelle mit I_{SC}. Erst bei Spannungen in der Nähe der Leerlaufspannung U_{OC} fällt der Strom relativ steil ab (die Diode in der Ersatzschaltung nach Bild 3-12 beginnt zu leiten).

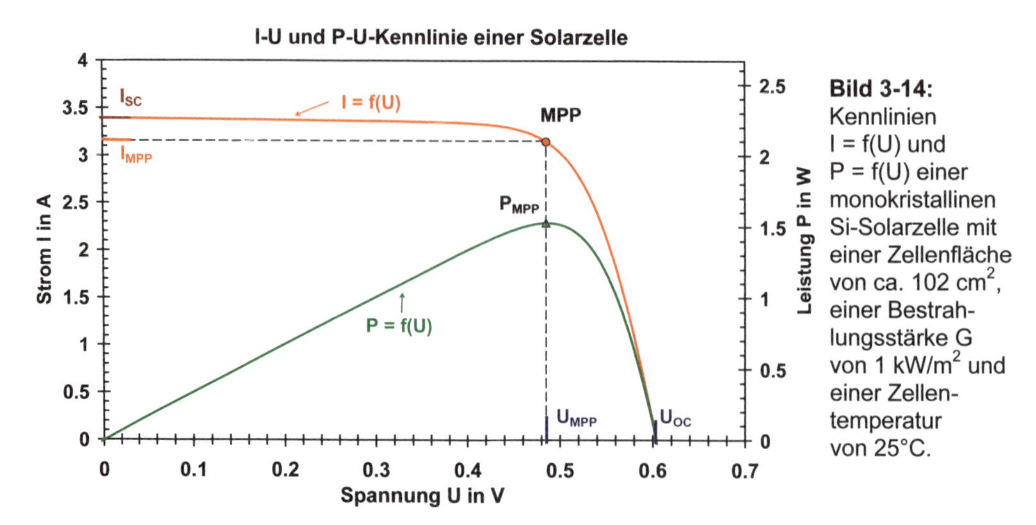

Bild 3-14: Kennlinien I = f(U) und P = f(U) einer monokristallinen Si-Solarzelle mit einer Zellenfläche von ca. 102 cm^2, einer Bestrahlungsstärke G von 1 kW/m^2 und einer Zellentemperatur von 25°C.

Ausser für den Strom interessiert man sich auch für die Leistung, denn Solarzellen sollen zur Produktion elektrischer Energie verwendet werden. Leistung ist das Produkt aus Strom und Spannung. Wenn man für jeden Punkt der Kennlinie I=f(U) die Leistung berechnet, erhält man die Kurve P=f(U), die in Bild 3-14 ebenfalls eingezeichnet ist. Im Fall von Leerlauf und Kurzschluss gibt die Solarzelle keine Leistung ab. In einem ganz bestimmten Punkt, der mit MPP (Maximum Power Point) bezeichnet wird, wird die von der Solarzelle abgegebene Leistung maximal und erreicht den Wert $P_{max} = P_{MPP}$.

Bei der vereinfachten Schaltung von Bild 3-12 kann durch Ableiten des mit Gleichung (3.3) gebildeten Produktes P = U·I nach U eine Gleichung zur Bestimmung von U_{MPP} hergeleitet werden:

$$U_{MPP} = U_{OC} - \frac{nkT}{e} \ln\left(1 + \frac{eU_{MPP}}{nkT}\right) = U_{OC} - U_T \ln\left(1 + \frac{U_{MPP}}{U_T}\right) \quad (3.10)$$

Damit die Leistung von Solarzellen möglichst gut ausgenützt wird, muss ein angeschlossener Verbraucher so gebaut werden, dass er im oder zumindest ganz in der Nähe des MPP arbeitet. Dies ist in der Praxis nicht ganz so einfach, denn die Lage des MPP ist von verschiedenen Faktoren (Einstrahlung, Temperatur, Exemplarstreuung, Alterung) abhängig. Eine Schaltung, die dafür sorgt, dass ein Verbraucher immer im MPP arbeitet, wird MPPT (Maximum Power Point Tracker) oder auch kürzer MPT (Maximum Power Tracker) genannt.

Die maximale Leistung $P_{max} = P_{MPP} = U_{MPP} \cdot I_{MPP}$, welche die Solarzelle im MPP abgeben kann, ist immer kleiner als das Produkt aus Leerlaufspannung U_{OC} und Kurzschlussstrom I_{SC}. Da eine Photovoltaikanlage immer sowohl Leerlaufspannung wie Kurzschlussstrom aushalten muss, ist das Verhältnis von P_{max} zu $U_{OC} \cdot I_{SC}$ neben dem Wirkungsgrad ein Mass für die Güte einer Solarzelle. Dieses Verhältnis heisst Füllfaktor FF:

$$\textit{Füllfaktor } FF = \frac{P_{max}}{U_{OC} \cdot I_{SC}} \quad (3.11)$$

Bei kommerziell erhältlichen Solarzellen liegt der Füllfaktor FF etwa zwischen 60% und 80%. Bei Laborzellen können auch höhere Werte bis etwa 85% erreicht werden.

Für die vereinfachte Ersatzschaltung von Bild 3-12 kann der Füllfaktor mit guter Genauigkeit durch folgende empirische Gleichung angegeben werden [Gre95, Wen95]:

$$\textit{Idealisierter Füllfaktor } FF_i = 1 - \frac{1 + \ln(\frac{U_{OC}}{U_T} + 0{,}72)}{1 + \frac{U_{OC}}{U_T}} \quad (3.12)$$

Aus Gleichung (3.12) ist ersichtlich, dass für einen hohen Füllfaktor ein hohes U_{OC} und ein kleines U_T (kleines n nahe bei 1, niedrige Temperatur) günstig sind.

Durch die Verluste in R_S und R_P im vollständigen Ersatzschema nach Bild 3-12 wird der Füllfaktor weiter reduziert. Nach [Gre95] erhält man mit dem charakteristischen Widerstand $R_{CH} = U_{OC}/I_{SC}$ näherungsweise:

$$FF \approx FF_i \left(1 - \frac{R_S}{R_{CH}}\right) \cdot \left(1 - \frac{\left(\frac{U_{OC}}{U_T} + 0{,}7\right) \frac{R_{CH}}{R_P} \left(1 - \frac{R_S}{R_{CH}}\right) FF_i}{\frac{U_{OC}}{U_T}}\right) \quad (3.13)$$

Wie bereits erwähnt, ist die Kennlinie einer Solarzelle von der Bestrahlungsstärke und von der Zellentemperatur abhängig. Bild 3-15 zeigt die Kennlinien der Solarzelle von Bild 3-14 mit der *Bestrahlungsstärke als Parameter*. Man erkennt, dass der Kurzschlussstrom schön proportional zur Bestrahlungsstärke ist.

Die Leerlaufspannung nimmt dagegen mit steigender Bestrahlungsstärke nur wenig zu. Dies hat andererseits zur Folge, dass die Spannung an einer Solarzelle bereits bei sehr kleinen Einstrahlungen (z.B. in der Dämmerung) schon recht gross sein kann. In Photovoltaikanlagen, die mit höheren Spannungen arbeiten, ist diese Tatsache bei der Installation und bei Servicearbeiten unbedingt zu beachten!

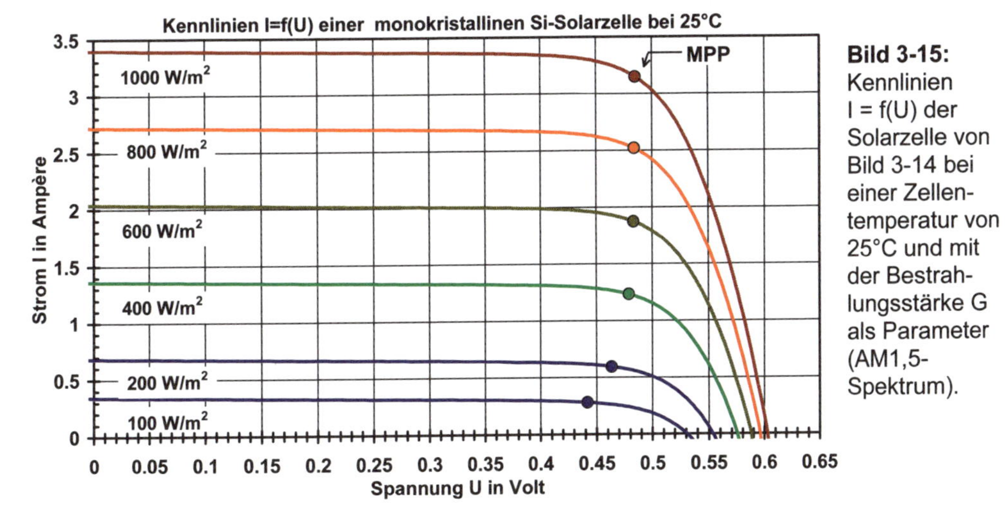

Bild 3-15: Kennlinien I = f(U) der Solarzelle von Bild 3-14 bei einer Zellentemperatur von 25°C und mit der Bestrahlungsstärke G als Parameter (AM1,5-Spektrum).

Das Verhältnis zwischen der Spannung U_{MPP} im MPP und der Leerlaufspannung U_{OC} variiert nur wenig, deshalb ist die MPP-Spannung bei kleineren Bestrahlungsstärken auch etwas kleiner. Bei ganz kleinen Bestrahlungsstärken fällt zudem der durch Parallelwiderstand R_P fliessende Strom stärker ins Gewicht und vermindert die Spannung über der Solarzelle zusätzlich. Wegen dieser Reduktion von U_{MPP} bei kleinen Bestrahlungsstärken und dem durch R_P fliessenden Strom wird dort natürlich auch der Wirkungsgrad der Solarzelle reduziert. Bild 3-16 zeigt den Wirkungsgrad der Solarzelle von Bild 3-15 in Funktion der Bestrahlungsstärke.

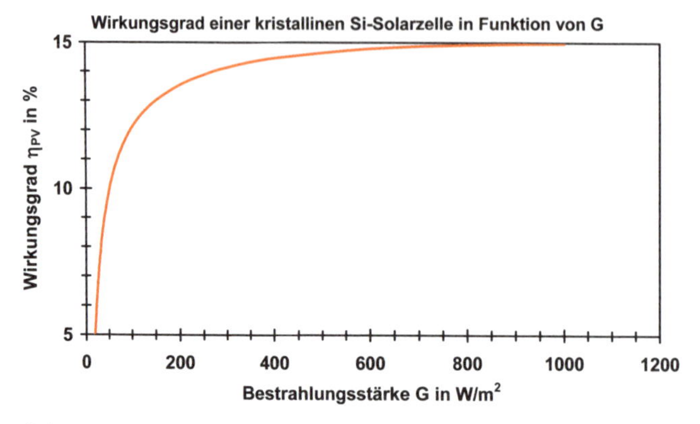

Bild 3-16: Wirkungsgrad der monokristallinen Si-Solarzelle von Bild 3-15 bei einer Zellentemperatur von 25°C in Funktion der Bestrahlungsstärke G (AM1,5-Spektrum, Betrieb im MPP).

Bild 3-17 zeigt die Kennlinien der Solarzelle von Bild 3-14 mit der *Zellentemperatur als Parameter*. Die Leerlaufspannung nimmt bei Si-Solarzellen mit steigender Temperatur um ca. 2 mV/K bis 2,4 mV/K ab (Temperatur-Koeffizient von U_{OC} -0,3%/K bis -0,4%/K), da die Durchlassspannung der Diode im Ersatzschema wie bei jeder normalen Si-Diode entsprechend absinkt. Damit nimmt natürlich auch die Spannung im MPP mit steigender Temperatur entsprechend ab. Auch der Füllfaktor FF wird mit steigender Temperatur etwas kleiner (Temperaturkoeffizient von FF ca. -0,15%/K nach [Wen95]). Da sich der Kurzschlussstrom mit steigender Temperatur nur ganz wenig erhöht (Temperaturkoeffizient von I_{SC} nur ca. +0,04 bis +0,05%/K), nimmt auch die Leistung P_{max} im MPP mit steigender Temperatur ab.

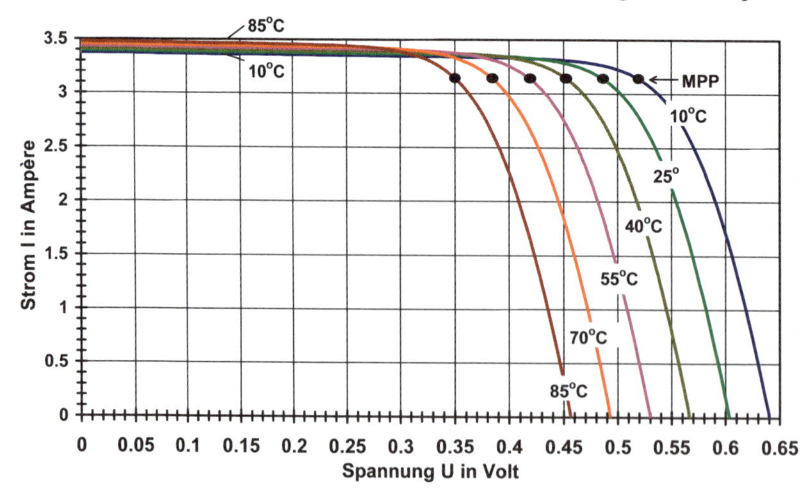

Bild 3-17: Kennlinien I = f(U) der Solarzelle von Bild 3-14 bei einer Bestrahlungsstärke von G = 1 kW/m² (AM1,5-Spektrum) und mit der Zellentemperatur als Parameter.

Der Temperaturkoeffizient c_T für P_{max} liegt bei kristallinen Si-Solarzellen etwa im Bereich -0,4%/K bis -0,5%/K. Da die Zellentemperatur in Photovoltaikanlagen bei hoher Einstrahlung um 20°C bis 40°C über der Umgebungstemperatur liegen kann, führt dies zu einem beträchtlichen Leistungsabfall und damit einem kleineren Wirkungsgrad bei höheren Temperaturen, was in der Praxis oft unterschätzt wird (siehe Bild 3-18). Man muss also dafür sorgen, dass die Solarzellen im Betrieb möglichst kühl bleiben (z.B. durch Hinterlüftung).

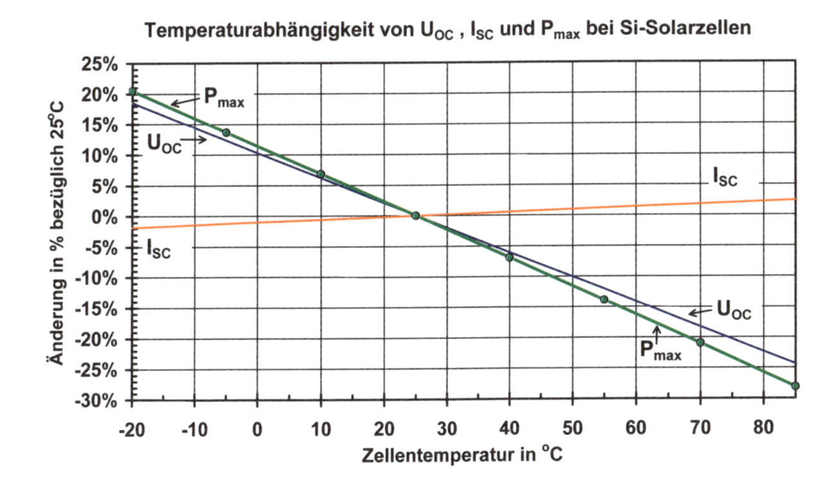

Bild 3-18: U_{OC}, I_{SC} und P_{max} in Funktion der Zellentemperatur bei einer kristallinen Silizium-Solarzelle.

3.4 Der Wirkungsgrad von Solarzellen

Bei Energieumwandlungen interessiert man sich immer für den Wirkungsgrad. In diesem Kapitel soll deshalb der Wirkungsgrad von Solarzellen näher untersucht werden. Es stehen hier weniger die in kommerziellen Produkten bereits erreichten Werte (siehe Kap. 1.4), sondern die auf Grund der Physik gegebenen Grenzen im Vordergrund. Anschliessend werden Möglichkeiten zur Überschreitung dieser Grenzen diskutiert.

3.4.1 Der spektrale Wirkungsgrad η_S (bei einem Übergang)

Bereits in Kap. 2.7 wurde die spektrale Zusammensetzung des Sonnenlichtes und in Kap. 3.1 der innere Photoeffekt behandelt. Bild 3-19 zeigt nochmals das Sonnenlichtspektrum (AM 1,5). Nur Photonen, deren Energie $E = h \cdot \nu$ grösser ist als die Bandlückenenergie E_G des verwendeten Halbleitermaterials, können ein Elektron-/Loch-Paar erzeugen. Je nach Material kann deshalb nur ein Teil der darin enthaltenen Energie ausgenützt werden.

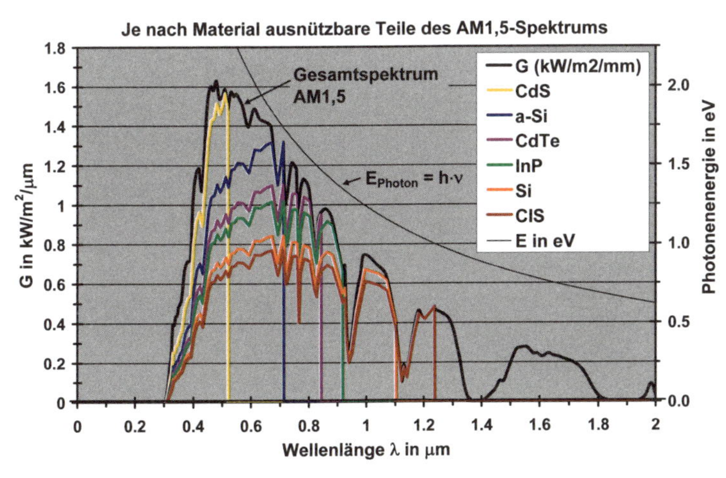

Bild 3-19: Sonnenspektrum AM 1,5 (1 kW/m², fette schwarze Kurve) und davon je nach Halbleitermaterial ausnützbare Energie (jeweils Fläche unter der entsprechenden farbigen Kurve).

Hinweis: Für Messungen an Solarzellen wird in der Photovoltaik meist das AM1,5-Spektrum bei 1 kW/m² (Verlauf von Bild 2-42, um Faktor 1,2 aufgewertet) verwendet.

Datenquelle: [Gre95].

Mit (2.33) ist es möglich, aus der Intensitätsverteilung der spektralen Bestrahlungsstärke gemäss Bild 2-42 die Anzahl der Photonen dn_{Ph} pro m^2 und Sekunde für jedes Wellenlängenintervall $d\lambda$ zu berechnen:

$$\frac{dn_{Ph}}{A} = \frac{I(\lambda)d\lambda}{h \cdot \frac{c}{\lambda}} \tag{3.14}$$

Durch Integration von 0 bis λ_{max} erhält man daraus die Anzahl der genügend energiereichen Photonen, die pro Flächeneinheit und Sekunde auf die Solarzelle auftreffen. Unter der Annahme, dass ein ideales Solarzellenmaterial zur Verfügung steht, das jedes dieser Elektron-/Loch-Paare trennen kann, kann aus der Anzahl der Photonen pro Flächeneinheit die maximal mögliche Stromdichte $J_{max} = J_{SCmax}$ einer solchen idealen Solarzelle berechnet werden:

$$\textit{Maximale Stromdichte } J_{max} = \frac{e}{h \cdot c} \int_0^{\lambda_{max}} I(\lambda) \cdot \lambda \cdot d\lambda \tag{3.15}$$

Dabei ist $J_{max} = J_{SCmax} = I_{SCmax} / A_Z$ = Maximal möglicher Kurzschlussstrom/Zellenfläche.

$I(\lambda)$ die spektrale Intensitätsverteilung gemäss Bild 2-42 resp. Bild 3-19 (AM1,5).

$\lambda_{max} = h \cdot c / E_G$ die maximale Wellenlänge, die bei gegebener Bandlückenenergie E_G gerade noch zur Trennung eines Elektron-/Loch-Paares ausreicht.

Auf diese Weise kann man J_{max} in Funktion von E_G berechnen. In [Gre86] ist eine Grafik für J_{max} bei AM0 bis 60 mA/cm² dargestellt, in [Gre95] sind die J_{max}-Werte in Funktion von E_G für das (aufgewertete) AM1,5-Spektrum mit 1 kW/m² tabelliert. Unter Verwendung dieser Angaben wurde Bild 3-20 erzeugt, das J_{max} in Funktion von E_G zeigt.

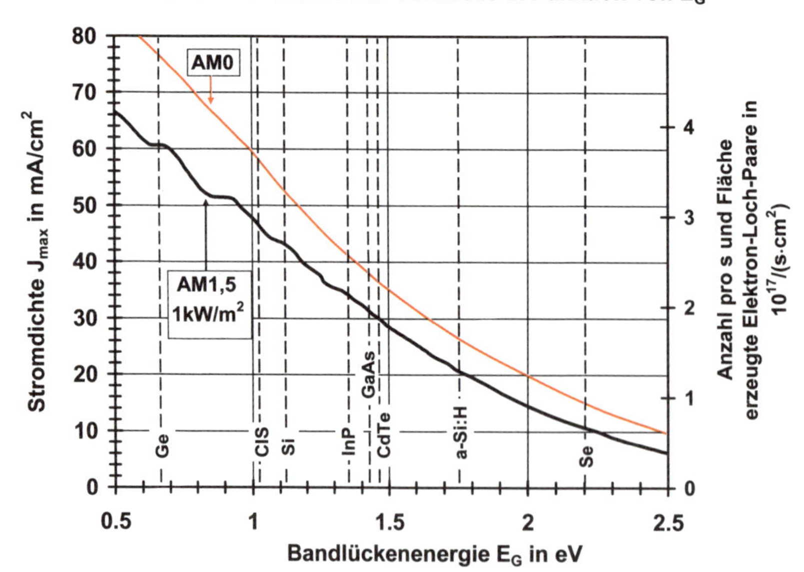

Bild 3-20: Maximal mögliche Stromdichte J_{max} (und zusätzlich Anzahl pro Sekunde und Zeiteinheit erzeugte Elektron-/Loch-Paare) bei einer idealen Solarzelle in Funktion der Bandlückenenergie E_G des Halbleitermaterials.

Während beim AM0-Spektrum die Stromdichte mit abnehmender Bandlückenenergie E_G relativ gleichmässig ansteigt, ist der Anstieg beim AM1,5-Spektrum weniger regelmässig. In Bild 3-19 und 2-42 ist zu erkennen, dass im AM1,5-Spektrum in gewissen Wellenlängenbereichen (die entsprechenden Photonenenergiebereichen entsprechen) infolge starker Lichtabsorption an Bestandteilen der Atmosphäre (H_2O, CO_2) die Strahlungsintensität sehr klein ist, so dass der Strom nur wenig ansteigen kann.

Wenn angenommen wird, dass diese ideale Solarzelle die volle aus dem Lichtquant gewonnene Energie E_G an den äusseren Stromkreis abgeben kann, ist es möglich, den spektralen Umwandlungswirkungsgrad η_S in Funktion der Bandlückenenergie E_G zu berechnen.

Die Spannung an dieser idealen Solarzelle berechnet sich wie folgt:

Theoretische Photospannung $$U_{Ph} = \frac{E_G}{e} \tag{3.16}$$

(e = Elementarladung)

Für die flächenspezifische Leistung P/A_Z dieser idealen Solarzelle (Fläche A_Z) ergibt sich:

Flächenspezifische Leistung der idealen Solarzelle: $$\frac{P}{A_Z} = U_{Ph} \cdot J_{\max} \tag{3.17}$$

Für den spektralen Wirkungsgrad η_S folgt:

Spektraler Wirkungsgrad einer idealen Solarzelle: $$\eta_S = \frac{P}{G \cdot A_Z} = \frac{U_{Ph} \cdot J_{\max}}{G} \tag{3.18}$$

Dabei bedeutet G die Bestrahlungsstärke auf die Solarzelle.

Bild 3-21 zeigt diesen spektralen Wirkungsgrad η_S in Funktion von E_G für das AM0-Spektrum und für das AM1,5-Spektrum mit 1 kW/m^2, das für die Bestimmung des Wirkungsgrads von terrestrischen Solarzellen allgemein verwendet wird.

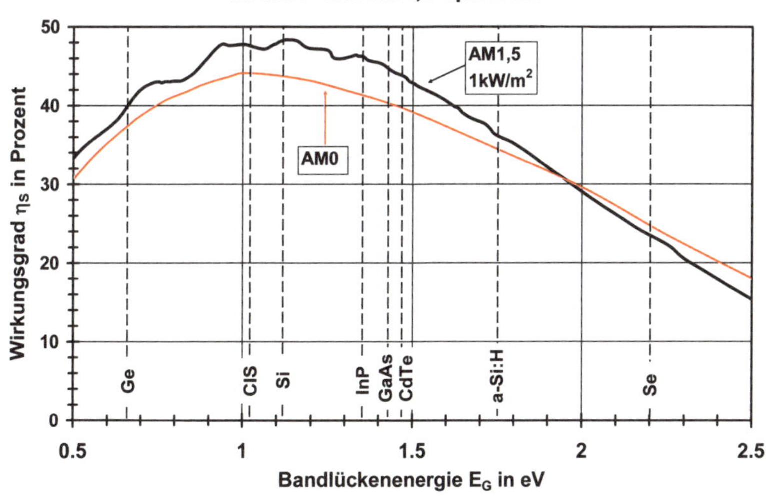

Bild 3-21: Spektraler Wirkungsgrad η_S bei einer idealen Solarzelle in Funktion der Bandlücken-energie E_G des Halbleiter-materials.

Ist E_G klein, so werden fast alle Photonen ein Elektron erzeugen, die Stromdichte J_{max} ist also gross. Allerdings ist die freigesetzte Energie pro Elektron (E_G) klein, so dass U_{Ph} ebenfalls klein ist. Deshalb ist der spektrale Wirkungsgrad der idealen Solarzelle klein. Bei grossen Werten von E_G wird nur noch ein kleiner Teil der Photonen ein Elektron erzeugen können, deshalb sinkt die Stromdichte J_{max} auf kleine Werte. Dafür ist E_G und damit U_{Ph} gross. Wegen der kleinen Stromdichte ist bei grossen E_G-Werten der spektrale Wirkungsgrad ebenfalls klein. Dazwischen liegt irgendwo das Optimum.

Beim für terrestrische Anwendungen wichtigen AM1,5-Spektrum ist der Wirkungsgrad η_S bei mittleren E_G-Werten um einige Prozent höher, denn es enthält bei gleicher Bestrahlungsstärke G im infraroten Bereich etwas weniger von der Solarzelle nicht nutzbare Energie als das AM0-Spektrum. Aus den gleichen Gründen wie bei J_{max} ist der η_S-Verlauf beim AM1,5-Spektrum unregelmässiger als beim AM0-Spektrum.

Sowohl die Kurven von Bild 3-20 als auch von Bild 3-21 gelten nicht für real existierende, sondern nur für unsere idealen Solarzellen. Bild 3-22 zeigt die Verhältnisse in einer solchen idealen Silizium-Solarzelle (gemäss unseren Annahmen).

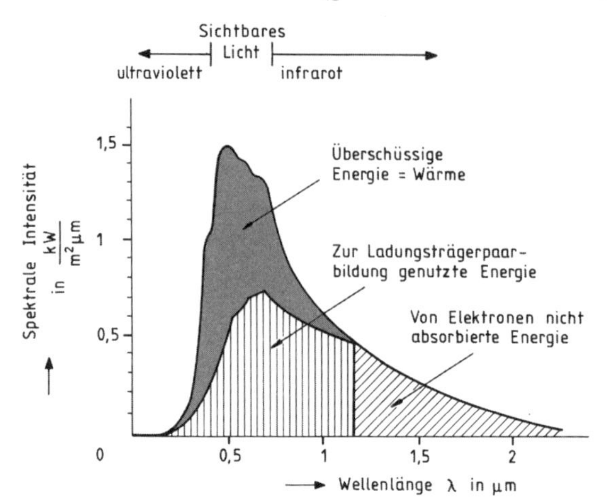

Bild 3-22:

Spektrale Energieabsorption in einer kristallinen Silizium-Solarzelle.

Photonen mit zu geringer Energie $h \cdot \nu < E_G$ ($\lambda > 1{,}11$ µm) werden vom Halbleitermaterial nicht absorbiert; ihre Energie ist deshalb nicht nutzbar. Bei Photonen mit $h \cdot \nu > E_G$ ist die Differenz $h \cdot \nu - E_G$ ebenfalls nicht nutzbar, sie wird im Halbleitermaterial in Wärme umgewandelt.

Nur der vertikal schraffierte Energieanteil kann im Idealfall in elektrische Energie umgewandelt werden!

3.4.2 Der theoretische Wirkungsgrad η_T (bei einem Übergang)

Die im Kap. 3.4.1 gemachten Annahmen waren sehr grob und berücksichtigten nur das Prinzip der Photonenabsorption in Halbleitern, jedoch nicht die übrige Halbleiterphysik. Eine wesentlich bessere Annäherung an die Realität wird erreicht, wenn man auch berücksichtigt, dass zur Trennung der photogenerierten Elektron-/Loch-Paare das elektrische Feld in der Sperrschicht einer Halbleiterdiode benützt wird. Dazu wird die vereinfachte Ersatzschaltung nach Bild 3-12 (ohne R_S und R_P) verwendet. Damit lässt sich aus dem spektralen Wirkungsgrad η_S mit Hilfe der Gleichungen (3.6), (3.11) und (3.12) der theoretische Wirkungsgrad η_T einer idealisierten Solarzelle in Funktion der Bandlückenenergie E_G berechnen. Dabei werden die wichtigsten Gesetze der Halbleiterphysik bereits richtig berücksichtigt. Einige idealisierte Annahmen bleiben weiter bestehen:

- Die Solarzelle wird jeweils im MPP (Maximum-Power-Point) betrieben.
- Alle Photonen mit $h \cdot \nu > E_G$ erzeugen ein Elektron-/Loch-Paar.
- Alle Elektron-/Loch-Paare werden getrennt.
- Beschattung durch Frontkontakte wird vernachlässigt.
- Solarzelle ist auf Raumtemperatur (25°C).
- Die Diodenkennlinie der unbestrahlten Solarzelle verläuft gemäss (3.2).
- Der Einfluss von R_S und R_P wird vernachlässigt, d.h. es treten keine ohmschen Verluste auf.

Die beiden wichtigen Tatsachen, dass die Spannung U_{MPP} einer Solarzelle im Punkt maximaler Leistungsabgabe (MPP) deutlich unter der theoretischen Photospannung $U_{Ph} = E_G/e$ liegt und dass der Strom I_{MPP} im MPP kleiner ist als I_{SC}, werden damit richtig berücksichtigt.

Gleichung (3.11) nach P_{max} aufgelöst ergibt für diesen Fall:

$$P_{max} = FF_i \cdot U_{OC} \cdot I_{SC} = FF_i \cdot \frac{U_{OC}}{U_{Ph}} U_{Ph} \cdot I_{SC} = FF_i \cdot SF \cdot U_{Ph} \cdot I_{SC} \qquad (3.19)$$

Dabei bedeutet FF_i der idealisierte Füllfaktor nach (3.12), $SF = U_{OC}/U_{Ph}$ = Spannungsfaktor. Für den theoretischen Wirkungsgrad η_T folgt somit:

$$\eta_T = \frac{P_{max}}{G \cdot A_Z} = FF_i \cdot SF \cdot U_{Ph} \frac{I_{SC}}{A_Z} \cdot \frac{1}{G} = FF_i \cdot SF \cdot U_{Ph} \frac{J_{SC}}{G} = FF_i \cdot SF \cdot \eta_S \qquad (3.20)$$

I_{SC}/A_Z entspricht dabei der maximalen Stromdichte $J_{SCmax} = J_{max}$ in (3.18).

Für einen möglichst hohen Wirkungsgrad η_T muss also die Leerlaufspannung U_{OC} und damit der Spannungsfaktor SF möglichst gross sein. Für eine hohe Leerlaufspannung U_{OC} muss nach (3.6) der Sättigungsstrom I_S möglichst klein sein. Der minimal mögliche Wert der Sättigungsstromdichte $J_S = I_S/A_Z$ kann mit folgender Beziehung abgeschätzt werden [Gre86]:

$$J_S = K_S \cdot e^{-\frac{E_G}{kT}} = K_S \cdot e^{-\frac{U_{Ph}}{U_T}} \qquad (3.21)$$

dabei ist $U_{Ph} = E_G/e$ die theoretische Photospannung gemäss (3.16)

$U_T =$ nkT/e die thermische Diodenspannung gemäss (3.4)

Nach [Gre86] ist für eine vernünftige Abschätzung des minimal möglichen Wertes für J_S etwa $K_S = 150'000\ A/cm^2$ einzusetzen. Für eine Si-Solarzelle mit $E_G = 1{,}12$ eV ergibt sich bei 25°C damit ein Wert für das minimale mögliche J_S von etwa 18 fA/cm^2. Nach neueren Erkenntnissen scheint sogar ein minimaler Wert von $J_S \approx 5\ fA/cm^2$ möglich zu sein [3.1]. Damit ergibt sich ein Wert für K_S von etwa 40'000 A/cm^2.

Da $I_{SC}/I_S = J_{SC}/J_S$ ist, kann das mit (3.21) berechnete J_S in (3.6) eingesetzt werden und damit eine sehr einfache Beziehung für die maximal mögliche Leerlaufspannung U_{OC} gewonnen werden:

$$U_{OC} = U_{Ph} - U_T \ln \frac{K_S}{J_{SC}} \qquad (3.22)$$

Mit den mit (3.15) berechneten und in Bild 3-20 dargestellten Werten für $J_{SCmax} = J_{max}$ kann nun mit (3.6) oder (3.22) die maximal mögliche Leerlaufspannung U_{OC} und der Spannungsfaktor SF in Funktion von E_G berechnet werden:

$$\textit{Spannungsfaktor}\ SF = \frac{U_{OC}}{U_{Ph}} \qquad (3.23)$$

Bild 3-23 zeigt die unter diesen Annahmen für STC (1 kW/m^2, AM1,5, 25°C) berechneten Maximalwerte für Leerlaufspannung U_{OC} und Spannungsfaktor SF einer Solarzelle in Funktion von E_G (für den Diodenqualitätsfaktor n = 1).

In gleicher Weise kann man mit dem so bestimmten Maximalwert von U_{OC} mit (3.12) den idealisierten Füllfaktor FF_i berechnen. Bild 3-24 zeigt FF_i in Funktion von E_G für n = 1 bei STC (1 kW/m^2, AM1,5 , 25°C).

Wegen der logarithmischen Abhängigkeit sind sowohl der Spannungsfaktor SF als auch der idealisierte Füllfaktor FF_i bei einer Bestrahlungsstärke von 1 kW/m^2 nur wenig von der Art des Spektums (AM0 oder AM1,5) abhängig. Wie mit (3.22) und (3.12) leicht zu erkennen ist, sinkt sowohl U_{OC} als auch FF_i mit zunehmendem Diodenqualitätsfaktor n, d.h. möglichst kleine n-Werte nahe bei 1 sind am günstigsten.

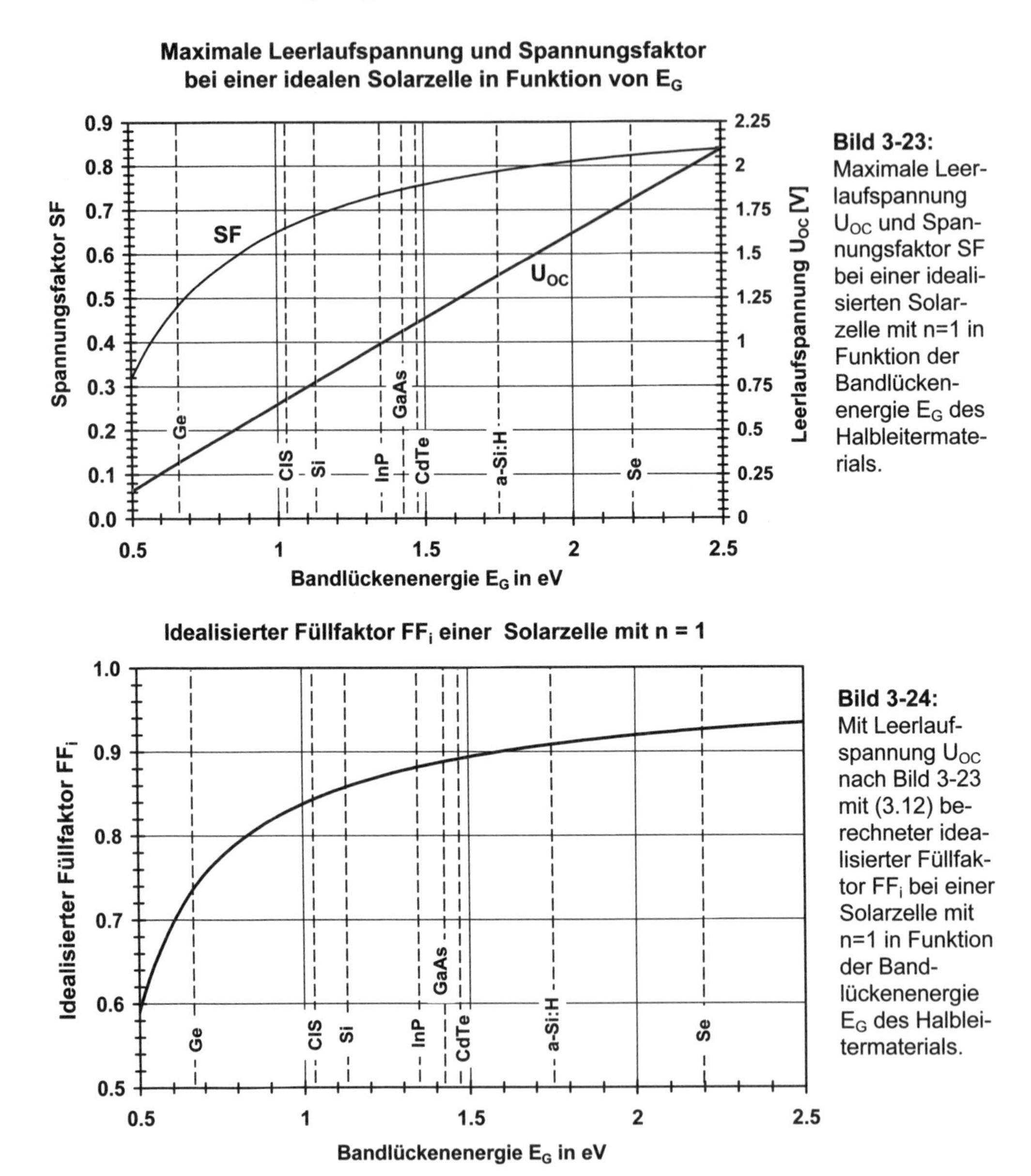

Bild 3-23: Maximale Leerlaufspannung U_{OC} und Spannungsfaktor SF bei einer idealisierten Solarzelle mit n=1 in Funktion der Bandlückenenergie E_G des Halbleitermaterials.

Bild 3-24: Mit Leerlaufspannung U_{OC} nach Bild 3-23 mit (3.12) berechneter idealisierter Füllfaktor FF_i bei einer Solarzelle mit n=1 in Funktion der Bandlückenenergie E_G des Halbleitermaterials.

Mit der Formel (3.20) erhält man nun durch Multiplikation der Kurven von Bild 3-21, 3-23 und 3-24 den theoretischen Wirkungsgrad η_T einer Solarzelle für das AM0- und das AM1,5-Spektrum bei 1 kW/m^2 . Bild 3-25 zeigt η_T in Funktion der Bandlückenenergie E_G des Solarzellenmaterials bei 1 kW/m² und einer Zellentemperatur von 25°C. Wie der spektrale Wirkungsgrad η_S ist auch der theoretische Wirkungsgrad η_T beim AM1,5-Spektrum wegen des etwas geringeren Infrarotgehaltes einige Prozent höher als beim AM0-Spektrum.

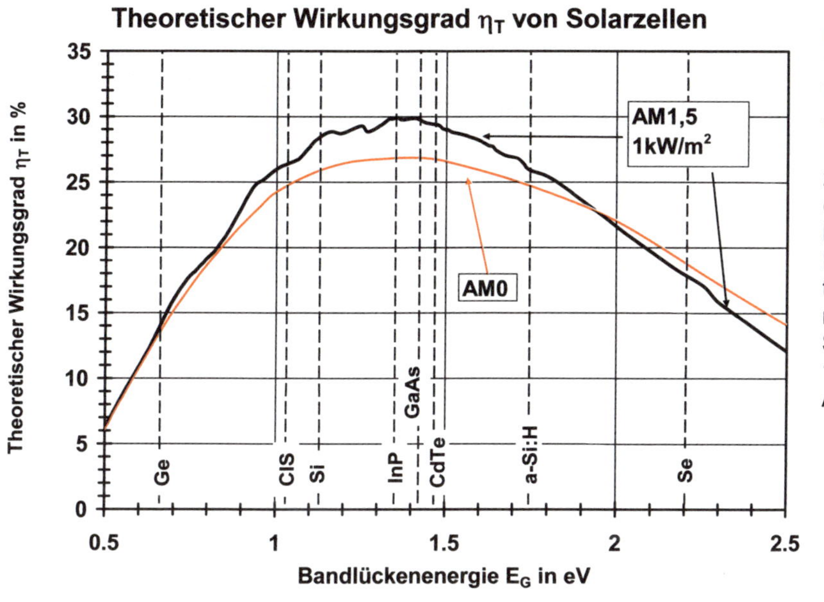

Bild 3-25: Theoretischer Wirkungsgrad η_T bei einer idealen Solarzelle in Funktion der Bandlückenenergie E_G des Halbleitermaterials für n=1 im AM1,5-Spektrum bei 1 kW/m² und im AM0-Spektrum.

Für die Herstellung von Solarzellen sind also Halbleitermaterialien mit einem E_G zwischen etwa 0,8 eV und 2,1 eV einigermassen gut geeignet. Speziell günstig ist der Bereich von etwa 1,1 eV bis 1,6 eV, in dem im AM1,5-Spektrum theoretische Wirkungsgrade η_T von 28% und höher zu erwarten sind. Das Maximum von etwa 30% erreicht η_T bei 1,35 eV und 1,41 eV. Indiumphosphid (InP) und Galliumarsenid (GaAs) haben praktisch genau die richtigen E_G-Werte, aber auch kristallines Silizium liegt mit 1,12 eV und $\eta_T = 28{,}5\%$ sehr günstig.

Beim Vergleich der Kurve für den theoretischen Wirkungsgrad η_T im AM1,5-Spektrum mit der Kurve des spektralen Wirkungsgrades η_S gemäss Bild 3-21 fällt auf, dass sie besonders für kleine E_G stark voneinander abweichen:

Bei c-Si: $E_G \approx 1{,}12\text{V}$, $\eta_S \approx 48\%$, $\eta_T \approx 28{,}5\%$.

Bei Ge: $E_G \approx 0{,}66\text{V}$, $\eta_S \approx 40\%$, $\eta_T \approx 13{,}5\%$.

Da die Diffusionsspannung U_D gemäss Abschn. 3.2.2 bei Raumtemperatur um etwa 0,35 V...0,5 V unter der theoretischen Photospannung von 1,12 V resp. 0,66 V liegt, die Leerlaufspannung U_{OC} etwas kleiner als U_D und die Spannung U_{MPP} im MPP nochmals etwas kleiner als U_{OC} ist, sind die angegebenen Werte aber durchaus einleuchtend.

3.4.3 Der praktische Wirkungsgrad η_{PV} (bei einem Übergang)

Gegenüber dem theoretischen Wirkungsgrad η_T gemäss Kap. 3.4.2 wird der praktische Wirkungsgrad η_{PV} einer Solarzelle durch folgende Effekte weiter reduziert:

- **Reflexionsverluste an der Oberfläche der Solarzelle**
  Durch verschiedene optische Tricks (Auftragen einer Antireflexschicht, wirksames Einfangen des Lichtes *("Light Trapping")* durch spezielle texturierte Oberflächenstruktur und reflektierenden Rückseitenkontakt, siehe Bild 3-26) können diese Verluste bei senkrechtem Lichteinfall bis gegen 1% gesenkt werden [Mar94]. Bei schrägem Lichteinfall sind die Reflexionsverluste grösser (vor allem durch Reflexionen am Glas, siehe Bild 8-1).

- **Rekombinationsverluste**
  Die Eindringtiefe der Photonen ist in manchen Materialien (z.B. Si) abhängig von der Wellenlänge. Nicht alle durch den inneren Photoeffekt getrennten Elektron-/Loch-Paare werden deshalb in oder in der Nähe der Raumladungszone erzeugt, wo sie sofort vom Feld getrennt werden können. Bei c-Si werden die energiereichsten Photonen zum Teil bereits an der Oberfläche der n-Schicht (siehe Bild 3-10), energiearme Photonen mit $h{\cdot}\nu \approx E_G$ dagegen teilweise erst hinter der Raumladungszone absorbiert.

  Die an ungünstigen Stellen (weit hinter der Raumladungszone) von energieärmeren Photonen (Rotlicht, nahes Infrarot) erzeugten Elektronen rekombinieren teilweise mit den reichlich vorhandenen Löchern der p-Zone, bevor sie zur Raumladungszone diffundiert sind, wo sie vom elektrischen Feld durch Überführung auf die n-Seite vor der Rekombination bewahrt und damit definitiv dem äusseren Stromkreis zugeführt werden können. Die Rekombination ist besonders stark an Störstellen im Kristallgitter und an der Oberfläche des Halbleiters (z.B. am Rückseitenkontakt).

  Durch spezielle Massnahmen (Erzeugung eines sogenannten *Back-Surface-Fields (BSF)* durch starke zusätzliche Dotierung (p+) an der Oberfläche des p-Gebietes, siehe Bild 3-27) wird versucht, bei modernen Solarzellen die Rekombinationsverluste am Rückseitenkontakt möglichst klein zu halten. Dadurch steigen sowohl I_{SC} als auch U_{OC} und P_{max} .

  Die effektive Ausnützung der Photonen mit $h{\cdot}\nu > E_G$ in einer praktischen Solarzelle ist also abhängig von ihrer Wellenlänge. Bild 3-28 zeigt den prinzipiellen Verlauf des spektralen Quantenwirkungsgrads einiger Solarzellenmaterialien (Stand der Technik von 1986).

- **Selbstbeschattung durch lichtundurchlässige Frontelektroden**
  Durch Verbesserung der Frontelektroden (Frontkontaktierung in mit Lasern erzeugte Gräben, "buried contact cell", Bild 3-29) können diese Verluste (normalerweise einige Prozent) stark verringert werden. Bei Zellen mit Rückkontaktierung wird das n- und das p-Gebiet von der Rückseite her kontaktiert, so dass gar keine Selbstbeschattung auftritt (Bild 4-4).

- **Ohmsche Verluste im Halbleitermaterial**
  Durch R_S und R_P in der Ersatzschaltung nach Bild 3-12 entstehen in der Solarzelle ohmsche Verluste. Bei c-Si-Solarzellen können diese durch relativ hohe Dotierung (n+) auf der n-Seite reduziert werden.

- **Reduktion des Wirkungsgrades mit der Temperatur**
  Analog wie P_{max} (siehe Bild 3-18) reduziert sich auch der Wirkungsgrad η_{PV} mit steigender Temperatur (typischer Wert für den Temperaturkoeffizienten des Wirkungsgrades bei c-Si-Solarzellen: -0,004/K bis -0,005/K). Die etwas höhere Leerlaufspannung neuerer c-Si-Solarzellen wirkt sich dabei günstig auf diesen Temperaturkoeffizienten aus, da die relative Änderung bei höherem U_{OC} etwas kleiner wird.

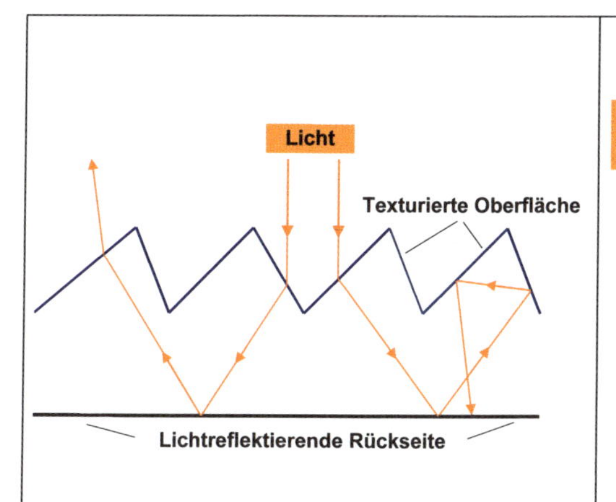

Bild 3-26:

Prinzip des “Light-Trapping“ in einer c-Si-Solarzelle: Verminderung der Reflexionsverluste und Verbesserung der Lichtabsorption in der Solarzelle durch geeignete Gestaltung der Oberfläche (Texturierung) und reflektierende Rückseitenkontakte.

Das einfallende Licht wird an der Oberfläche so gebrochen, dass es im Silizium schräg verläuft, an der Rückseite wieder reflektiert wird und durch Totalreflexion möglichst im Silizium gefangen bleibt. Durch die so erreichten Mehrfachreflexionen des Lichtes in der Zelle wird der Lichtweg um ein Vielfaches verlängert (bis über 20 mal) und praktisch alle Photonen werden vollständig absorbiert. Die Zelle kann deshalb wesentlich dünner aufgebaut werden (geringere Rekombination bei gleicher Materialqualität, Materialeinsparung). Das Licht durchläuft dank diesen Massnahmen trotz geringerer Zellendicke eine genügend lange Strecke, damit auch die energieärmeren Photonen (Rotlicht, nahes Infrarot) vollständig absorbiert werden [Gre95]. Durch eine analoge Gestaltung der Rückseite oder das Anbringen optischer Gitter kann dieser Effekt noch verstärkt werden. In der Praxis wird auf der texturierten Oberfläche meist noch eine Antireflexschicht aufgetragen.

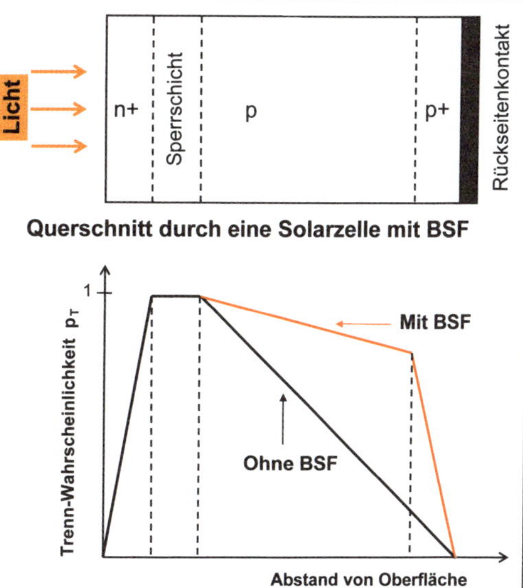

Bild 3-27:

Durch Anbringen einer stärker dotierten Schicht (p+) unmittelbar vor dem Rückseitenkontakt entsteht ein sogenanntes Back-Surface-Field (BSF) und damit eine Potenzialbarriere, welche verhindert, dass Elektronen in die Nähe der rückseitigen Zellenoberfläche gelangen können, wo sie besonders gern rekombinieren. Dadurch steigt die Chance wesentlich, dass ein Elektron, das durch ein energieärmeres Photon hinter der Raumladungszone in der Nähe des Rückkontaktes freigesetzt wurde, ohne zu rekombinieren noch ins Feld der Raumladungszone diffundieren kann. Dort kann es definitiv von den im p-Gebiet überall lauernden Löchern getrennt werden, sodass es zum äusseren Stromfluss beiträgt. Durch ein Back-Surface-Field steigt somit die Wahrscheinlichkeit p_T, dass ein photogeneriertes Elektron erfolgreich getrennt werden kann und damit durch den äusseren Stromkreis fliessen muss. Dadurch steigt nicht nur I_{SC}, sondern (wegen der Verkleinerung von I_S) auch U_{OC} der Solarzelle [Gre95].

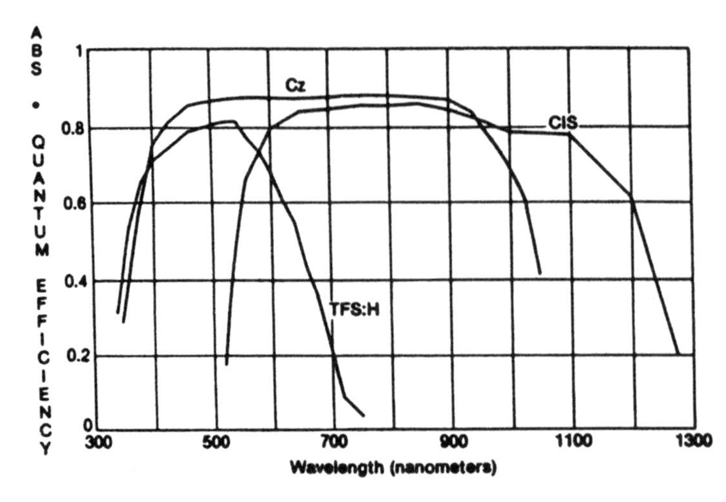

Bild 3-28:
Spektraler Quantenwirkungsgrad von:
Cz:
kristallinem Si (c-Si)
TFS:H:
Amorphem Dünnfilm-Si (a-Si:H)
CIS:
Dünnfilm-$CuInSe_2$
Stand der Technik von 1986, Quelle Arco Solar (später Siemens Solar, heute Shell Solar) [3.3].

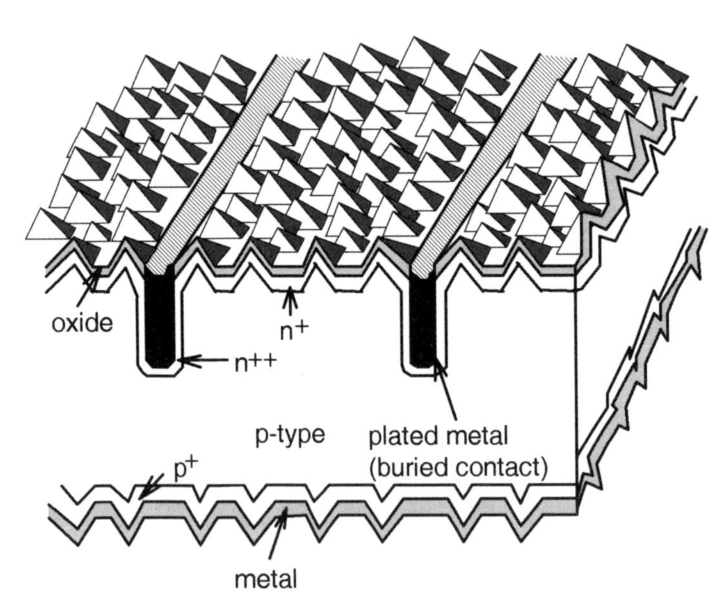

Bild 3-29:
Verminderung der Selbstbeschattung durch die Frontelektroden bei der "Buried Contact"-Solarzelle. Die Frontkontaktierung erfolgt in schmalen mit Lasern erzeugten Gräben. An der Rückseite wird durch eine spezielle Gestaltung der Rückseitenkontakte die Lichtreflexion erhöht und mit einer hohen p+ Dotierung ein Back-Surface-Feld zur Verringerung der Rekombination erzeugt. Kommerzielle Zellen dieser Bauart werden von BP Solar hergestellt.
Bild UNSW, Centre for Photovoltaic Engineering

Der Wirkungsgrad von Solarzellen ist für die praktische Anwendung der Photovoltaik eine sehr wichtige Grösse. Es ist klar, dass Forscher und Hersteller möglichst hohe Wirkungsgrade angeben möchten. Die Wirkungsgrade η_{PV} von auf dem Markt erhältlichen Produkten wurden bereits in Kap. 1.4.1 angegeben.

Im Labor wurden bereits Wirkungsgrade erreicht, die um einige Prozent höher liegen. Allerdings wird auf der Jagd nach dem höchsten Wirkungsgrad manchmal auch etwas gemogelt. Viele Forscher beziehen ihren Wirkungsgrad nur auf die aktive (vom Frontkontakt nicht beschattete) Fläche und erreichen so automatisch höhere Werte. Bei anderen Werten fehlen wichtige Angaben (z.B. AM-Zahl des Spektrums, Zellenfläche, Zellentemperatur usw.), so dass die in der Literatur angegebenen Werte oft nicht direkt vergleichbar sind.

Als gesichert gelten können etwa folgende bei *Laborzellen* erreichte Werte für η_{PV}:

Tabelle 3.2:

Bisher bei kleinflächigen Zellen (Fläche einige cm^2) mit nur einem p/n-Übergang erreichte Laborwirkungsgrade η_{PV} bei STC (AM 1,5-Spektrum, 1 kW/m^2, Zellentemperatur 25°C [3.2].

Material	η_{PV}
GaAs	25,1%
GaAs (Dünnfilm)	24,5%
c-Si (monokristallin)	24,7%
c-Si (polykristallin)	20,3%
InP	21,9%
Cu(In,Ga)Se_2 (CIGS)	18,4%
CdTe	16,5%
a-Si	9,5%

Bild 3-30 zeigt die prinzipielle Struktur einer von der Gruppe von Prof. M. A. Green an der Universität von New South Wales in Australien entwickelten PERL-Zelle, die seit längerer Zeit (und auch 2005 noch) den Rekord des Wirkungsgrads bei den monokristallinen Si-Solarzellen hält. Bei ihr sind praktisch alle heute vorstellbaren Methoden zur Steigerung des Wirkungsgrades realisiert. Ihr Wirkungsgrad η_{PV} liegt bereits sehr nahe bei der theoretischen Grenze gemäss Bild 3-25.

Bild 3-31 zeigt die U-I-Kennlinie einer solchen Solarzelle. Es fällt auf, dass vor allem die Leerlaufspannung U_{OC} , aber auch die Kurzschluss-Stromdichte J_{SC} und der Füllfaktor FF deutlich grösser sind als bei heute erhältlichen kommerziellen monokristallinen Zellen.

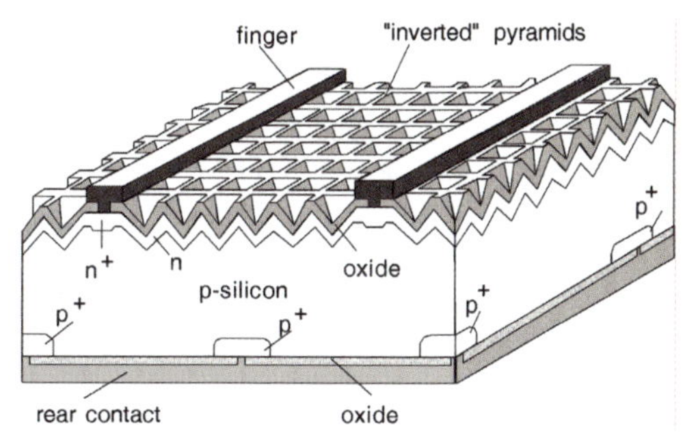

Bild 3-30:

Aufbau einer sogenannten PERL-Zelle aus c-Si. Sie verfügt über eine spezielle Oberflächengestaltung mit invertierten Pyramiden, beidseitige Oberflächenpassivierung und Punktkontakten mit Back-Surface-Feld auf der Rückseite. Dadurch erreicht sie den gegenwärtigen Rekordwirkungsgrad für c-Si-Zellen von η_{PV} = 24% [Gre95]. Wegen der vielen notwendigen Prozessschritte ist ihre Produktion jedoch noch ziemlich aufwändig.
Bild UNSW, Centre for Photovoltaic Engineering.

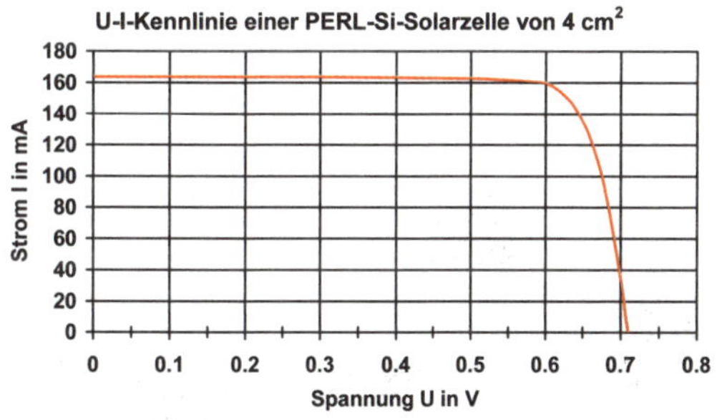

Bild 3-31:

U-I-Kennlinie einer PERL-Solarzelle mit einer Zellenfläche A_Z = 4 cm^2 [Gre95]. Bei STC erreicht sie eine Stromdichte J_{SC} von 41 mA/cm^2, ein U_{OC} von 710 mV, einen Füllfaktor FF von 83% und einen Wirkungsgrad von η_{PV} = 24% und kommt damit bereits recht nahe an die theoretischen Grenzen gemäss den Bildern 3-20, 3-23, 3-24 und 3-25.

In kommerziellen Produkten ist nicht nur ein hoher Wirkungsgrad, sondern auch ein vernünftiger Preis wichtig. Es ist nicht einfach, alle angewandten Methoden zur Wirkungsgradsteigerung mit tragbaren Kosten in einer industriellen Produktion zu realisieren. Eine gewisse Steigerung des Wirkungsgrades zukünftiger kommerzieller Zellen darf aber auf Grund der oben angegebenen Laborwerte sicher erwartet werden.

3.4.4 Methoden zur Erhöhung des Wirkungsgrades

3.4.4.1 Optische Konzentration des Sonnenlichtes

Die Leerlaufspannung U_{OC} steigt nach Gleichung (3.6) resp. (3.22) logarithmisch mit dem Kurzschlussstrom I_{SC} an, der direkt proportional der Bestrahlungsstärke G ist. Damit steigt nach Gleichung (3.23) mit steigendem G auch der Spannungsfaktor SF und nach (3.12) der idealisierte Füllfaktor FF_i . Somit nimmt nach Gleichung (3.20) auch der theoretische Wirkungsgrad zu. Durch optische Konzentration des Sonnenlichtes kann deshalb der Wirkungsgrad von Solarzellen noch etwas gesteigert werden. Allerdings muss durch eine entsprechende (stärkere) Dotierung dafür gesorgt werden, dass der Seriewiderstand einer solchen Konzentratorzelle genügend klein bleibt. Zudem steigt mit zunehmender Bestrahlungsstärke auch der absolute Wert der nicht umgewandelten Strahlungsleistung an, so dass solche Solarzellen unbedingt gekühlt werden müssen. Ferner kann bei optischer Konzentration der Sonnenstrahlung nur die Direktstrahlung ausgenützt werden.

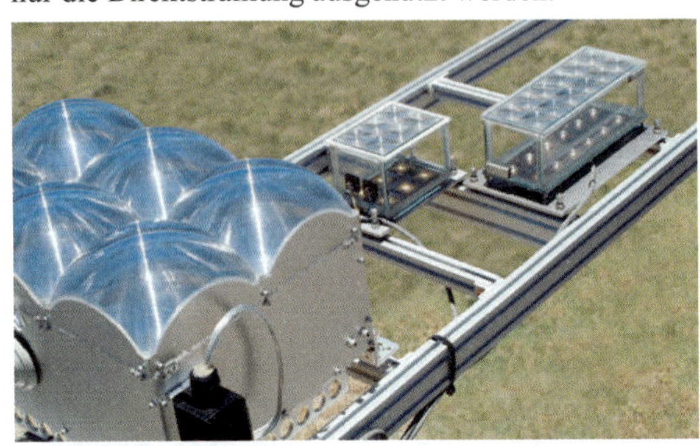

Bild 3-32:
Feldtest von Konzentratorzellen. Das Sonnenlicht wird hier mit Linsensystemen auf die nur wenige mm^2 grossen Solarzellen konzentriert. Für eine vernünftige Energieausbeute müssen Konzentratorzellen immer zweiachsig der Sonne nachgeführt werden.
Bild DOE/NREL.

Bild 3-33:
Detailansicht einer Anlage mit Konzentratorzellen, bei denen die Lichtkonzentration mit Spiegeln erfolgt. Diese Spiegel konzentrieren ihr Licht auf die Solarzellen im Brennpunkt. Sehr schön sichtbar sind die relativ grossen Kühlkörper (schwarz) bei jeder dieser Solarzellen.
Bild DOE/NREL.

In Mitteleuropa mit seinem hohen Anteil an Diffusstrahlung ist die Verwendung konzentrierender Solarzellen deshalb wenig sinnvoll. Nach [3.2] wurde bereits vor mehr als 10 Jahren für eine kleinflächige Labor-Konzentratorzelle aus GaAs bei einer 255-fachen Konzentration des Sonnenlichtes ein Wirkungsgrad von 27,6% erreicht. Bei kleinflächigen Silizium-Konzentratorzellen (A_Z = 1,6 cm^2) beträgt der entsprechende Rekordwert 26,8%.

3.4.4.2 Tandem- und Tripelzellen

Bei sogenannten Dünnschicht-Solarzellen, die nur wenige µm dick sind, ist es möglich, mehrere solche Solarzellen aus Halbleitermaterialien mit verschieden grossen Energielücken E_G übereinander anzuordnen (optische Serieschaltung, siehe Bild 3-34).

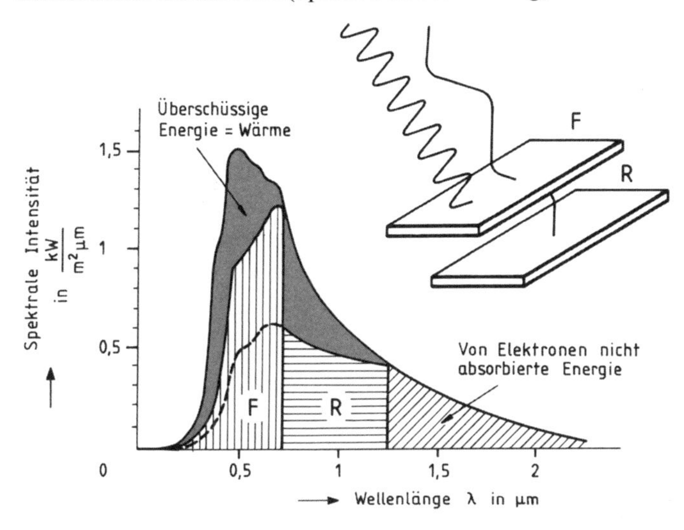

Bild 3-34:
Prinzipieller Aufbau und spektrale Energieabsorption bei einer Tandemzelle (im Beispiel: a-Si und CIS). Die Energie des Sonnenspektrums kann so besser ausgenützt werden.
Die Frontzelle F nützt die der vertikal schraffierten Fläche entsprechende Energie (blaue Kurve in Bild 3-19), die Rückzelle R die der horizontal schraffierten Fläche entsprechende Energie (noch nicht von Frontzelle verwertete Anteile mit grösserem λ unter der dunkelroten Kurve in Bild 3-19).

Werden die E_G der einzelnen Übergänge so gewählt, dass die vorderste (der Sonne zugewandte) Solarzelle den grössten, die hinterste den kleinsten E_G -Wert hat, so kann die Energie der in den vorderen Schichten nicht absorbierten Photonen in den weiter hinten liegenden Schichten ausgenützt werden, da Photonen mit $h \cdot \nu < E_G$ ein Halbleitermaterial einfach durchdringen. Dadurch steigt natürlich der spektrale Wirkungsgrad der ganzen Anordnung, wie ein Vergleich der Bilder 3-34 und 3-22 sofort zeigt.

Die in Bild 3-34 gezeigten Verhältnisse erhält man etwa bei einer zweischichtigen Tandemsolarzelle aus a-Si (Thin-Film Silicon, TFS) mit $E_G \approx 1{,}75$ eV und $CuInSe_2$ (CIS) mit $E_G \approx 1$ eV. In Bild 3-28 ist zu erkennen, dass sich die spektralen Quantenwirkungsgrade der beiden Materialien sehr gut ergänzen. Solche experimentelle Tandemsolarzellen wurden bereits 1986 von der damaligen Firma Arco Solar hergestellt und erreichten bei einer Fläche von 65 cm^2 einen Wirkungsgrad η_{PV} von 14% [3.3].

Die Idee ist sehr verlockend, bei einer Tandemzelle die beiden Schichten nicht nur optisch, sondern auch elektrisch in Serie zu schalten, da dies die Herstellung vereinfacht (siehe Bild 3-36). Es ist dabei aber sehr schwer zu erreichen, dass die untere Zelle bei dem noch durchdringenden Restlicht immer genau den gleichen Strom wie die obere produziert, denn bei einer Serieschaltung muss der Strom in beiden Zellen gleich sein. Bei Ungleichheiten bestimmt die schwächere Zelle den Gesamtstrom, wodurch der Wirkungsgrad sofort sinkt. Dieses Problem kann dadurch gelöst werden, dass die beiden optisch in Serie geschalteten Solarzellen durch eine Lichtkopplerfolie elektrisch voneinander isoliert werden. Es wird je eine Anzahl Solarzellen der einen und der andern Art so in Serie geschaltet, dass sich ungefähr die gleiche Spannung ergibt. Diese Solarzellengruppen können nun problemlos parallelgeschaltet werden (4-Terminal-Struktur). Dieses Prinzip wurde in der bereits erwähnten a-Si/$CuInSe_2$-Tandemzelle der damaligen Firma Arco-Solar verwendet (siehe Bild 3-35).

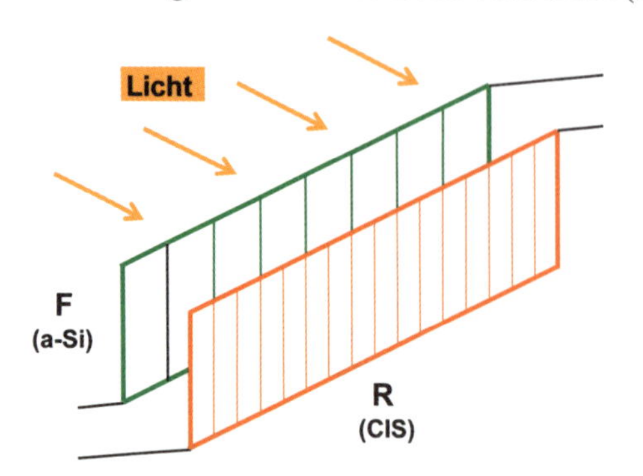

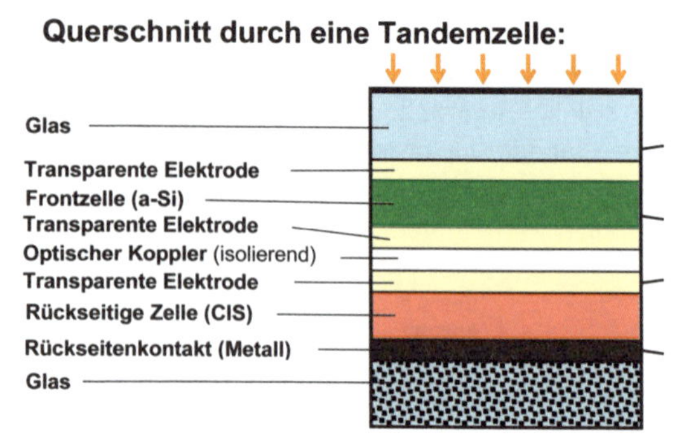

Bild 3-35:
Aufbau einer experimentellen Tandem-Solarzelle mit 4-Terminal-Struktur aus a-Si und $CuInSe_2$ (CIS) von Arco Solar (nach [3.3]). Bei diesem Aufbau sind die beiden Zellen elektrisch voneinander isoliert, so dass eine beliebige Verschaltungsmöglichkeit besteht.

Bei Tandemsolarzellen müssen auf den Vorder- und den Rückseiten der Zellen transparente Kontaktmaterialien verwendet werden, damit das Licht überhaupt noch zur hinteren Zelle gelangen kann. Nur für die Rückseite der hinteren Zelle ist ein Metallkontakt zulässig. Üblicherweise werden dafür Zinn- und Zinkoxidschichten eingesetzt.

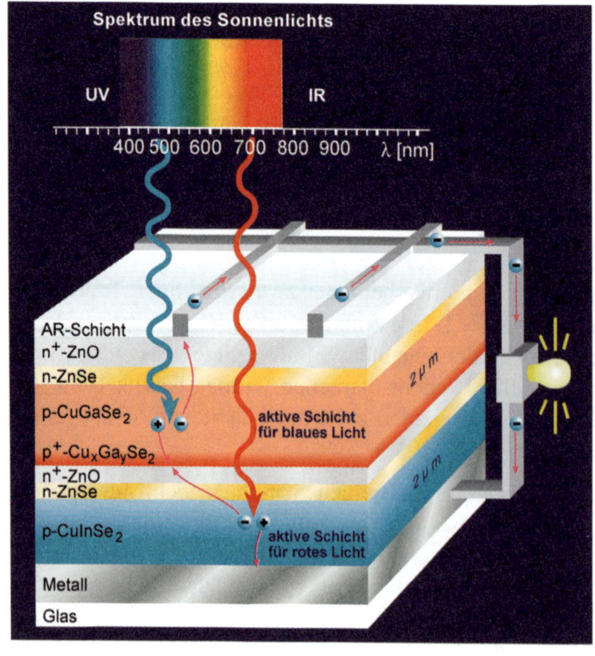

Bild 3-36:

Querschnitt durch eine Tandemzelle mit optischer und elektrischer Serieschaltung (2-Terminal-Struktur).
Die Frontzelle hat eine ähnliche Bandlückenenergie E_G wie amorphes Silizium (ca. 1,75 eV), die Rückzelle besteht aus CIS (E_G ca. 1 eV). An der Grenzfläche zwischen Front- und Rückzelle rekombinieren die in der Frontzelle erzeugten Löcher mit den in der Rückseitenzelle erzeugten Elektronen.

Bild Hahn-Meitner Institut, Berlin.

Inzwischen ist auch die *optische und elektrische Serieschaltung* bei Tandemzellen erfolgreich realisiert worden. Bild 3-36 zeigt einen Querschnitt durch eine solche Tandemzelle mit optischer und elektrischer Serieschaltung.

Die Firma Unisolar bietet seit einiger Zeit gar *Module mit Tripelzellen* (3 Zellen mit verschiedenen E_G hintereinander) aus amorphem Silizium an (mit leicht unterschiedlichen Zusatzstoffen in den einzelnen amorphen Si-Zellen), die neben einem etwas höheren Wirkungsgrad als amorphe Einzelzellen vor allem eine viel bessere Stabilität aufweisen. Bild 3-51 im Kapitel 3.5 zeigt einen Querschnitt durch eine solche Zelle.

Mit dem in Abschnitt 3.4.2 gezeigten Verfahren kann auch der theoretische Wirkungsgrad η_T von Tandemsolarzellen mit zwei p-n-Übergängen berechnet werden (Zellen elektrisch unabhängig, d.h. 4-Terminal-Struktur). Bei STC (AM1,5, 1 kW/m^2, 25°C) erreicht η_T bei einer solchen Zelle einen Maximalwert von etwa 40%. Er wird etwa bei einem $E_G \approx 1{,}75$ eV für die vordere und einem $E_G \approx 1$ eV für die hintere Zelle erreicht (siehe Kap. 3.7, Beispiel 4).

Der bis heute höchste von einer Tandemzelle (GaInP und GaAs) im AM1,5-Spektrum mit 1 kW/m^2 bei 25°C bisher erreichte Wirkungsgrad beträgt 30,2 %. Der höchste von einer Tripelzelle (GaInP, GaAs und Ge) unter den gleichen Bedingungen erreichte Wirkungsgrad beträgt gar 32 %. Beide Laborzellen hatten eine Fläche von etwa 4 cm^2 [3.2].

Besonders hohe Wirkungsgrade lassen sich erreichen, wenn beide Techniken zur Steigerung des Wirkungsgrades kombiniert werden, wenn also *Tandem- oder Tripel-Konzentratorzellen* gebaut werden. Der gegenwärtige bestätigte Rekordwirkungsgrad für eine Tandem-Konzentratorzelle (GaAs und GaSb, $A_Z = 0{,}05$ cm^2) mit 4 Anschlüssen (analog Bild 3-35) unter 100-fachem Sonnenlicht (G = 100 kW/m^2) beträgt 32,6 %, der höchste gemessene Wirkungsgrad bei einer Tripel-Konzentratorzelle (GaInP, GaAs und GaInAs, $A_Z = 0{,}24$ cm^2) unter 10-fachem Sonnenlicht (G = 10 kW/m^2) sogar 37,9 % [3.2], [3.4]. Im Juni 2005 wurde an der 20. EU PV Konferenz bereits von einer Tripel-Konzentratorzelle (GaInP, GaInAs und Ge) berichtet, die unter 236-fachem Sonnenlicht einen Wirkungsgrad von 38,0 % haben soll. Im Jahre 2005 hofften einige Hersteller für Tripel-Konzentratorzellen bis Ende 2006 einen Wirkungsgrad von 40 %, bis 2010 gar 45 % zu erreichen [3.4]. Im Dezember 2006 scheint die Firma Boeing mit einem Wirkungsgrad von 40,7 % dieses Ziel tatsächlich erreicht zu haben.

Die Technik der Tandem- und Tripel-Solarzellen steht erst am Anfang. Durch intensive Forschung und Entwicklung werden sich in Zukunft vermutlich noch wesentlich höhere Wirkungsgrade erzielen lassen. Allerdings ist für die Umsetzung von Forschungsresultaten in industrielle Produkte noch ein weiter Weg zurückzulegen.

3.4.4.3 Noch höhere Grenzen des Wirkungsgrades ?

Die in diesem Kapitel dargelegten Grenzen des Wirkungsgrades basieren auf der klassischen Vorstellung, das ein Photon nur ein Elektron-/Lochpaar erzeugt, die seit einigen Jahrzehnten angewendet wird. Bereits vor mehr als zehn Jahren wurden aber auch Ideen entwickelt, die in gewissen Fällen eine Aufweichung dieses ehernen Gesetzes als nicht absolut ausgeschlossen erscheinen lassen [Gre95]. Dadurch könnte der Wirkungsgrad η_T möglicherweise näher an den spektralen Wirkungsgrad η_S heranrücken und es sollen Werte bis gegen 40 % vorstellbar sein. Als Stichworte seien etwa genannt: "impact ionisation effect", "quantum well structure cell", "subband absorption cell". Allerdings hat noch niemand auf diesen Prinzipien beruhende, praktisch funktionsfähige Solarzellen hergestellt, welche die in Bild 3-25 angegebenen Werte für den theoretischen Wirkungsgrad von Solarzellen mit einem Übergang überschreiten. Eine gesunde Portion Skepsis gegenüber diesen Ideen ist heute sicher noch angebracht.

3.5 Die wichtigsten Solarzellenarten und ihre Herstellung

In diesem Kapitel sollen einige der heute verwendeten Arten von Solarzellen vorgestellt werden. Bei den in der Praxis wichtigen Silizium-Solarzellen wird auch der Herstellungsprozess kurz dargestellt.

3.5.1 Kristalline Silizium-Solarzellen

Aufbau und Funktion von Solarzellen aus kristallinem Silizium (Si) wurden bereits in Kap. 3.3 (Bild 3-10) behandelt. In diesem Abschnitt soll vor allem die Herstellung solcher Solarzellen erläutert werden.

Für die vollständige Absorption aller Photonen mit $h \cdot \nu > E_G$ ist bei kristallinen Siliziumsolarzellen eine vom Licht im Silizium durchlaufene Strecke von mindestens 100 µm notwendig. Aus Gründen der mechanischen Stabilität (vor allem bei der Herstellung wichtig) wird häufig eine Materialdicke von 200 µm bis 300 µm verwendet, so dass diese Bedingung für eine möglichst vollständige Strahlungsabsorption sicher erfüllt ist.

Das Ausgangsmaterial für die Siliziumherstellung ist Siliziumdioxid (SiO_2), das in der Natur in Form von Quarzsand oder auch grösseren Quarzkristallen (Bergkristallen) reichlich vorkommt. Dieses SiO_2 wird im Lichtbogenofen unter Zusatz von Kohle reduziert, wobei metallurgisches Si (Reinheit ca. 98%) entsteht. Dieses Rohsilizium wird fein vermahlen und mit Chlorwasserstoff (HCl) zur Reaktion gebracht. Dabei entsteht Trichlorsilan ($SiHCl_3$), eine bereits bei 31°C siedende Flüssigkeit. Durch mehrfache Destillation wird sie hoch gereinigt. In einem elektrisch auf 1000°C – 1200°C geheizten Reaktor entsteht aus gasförmigem $SiHCl_3$ und Wasserstoff (H_2) schliesslich hochreines polykristallines Si. Bild 3-37 zeigt das Ausgangsmaterial Sand und das daraus hergestellte hochreine polykristalline Silizum.

Bild 3-37:
Links:
Das Ausgangsmaterial für die Siliziumherstellung: Quarzsand (in vielen Wüsten reichlich vorhanden).
Rechts:
Polykristallines Silizium.
Bild: Fabrimex/Arco Solar.

Für die Herstellung monokristalliner Solarzellen wird das polykristalline Silizium unter Schutzgas in einem Tiegel eingeschmolzen. Nach dem Eintauchen eines an einem Zugstab angebrachten Kristallkeims kann unter ständiger leichter Rotation langsam ein monokristalliner Stab (Einkristall) aus der Siliziumschmelze gezogen werden (Czochralski-Verfahren, siehe Bild 3-38). Die Ziehgeschwindigkeit beträgt dabei maximal etwa 30 cm/h.

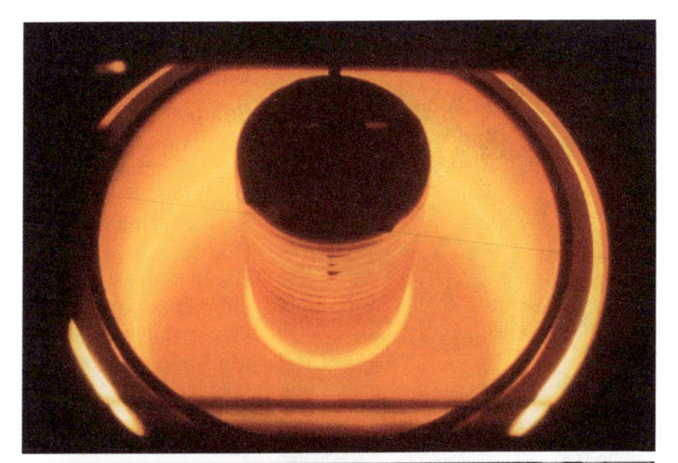

Bild 3-38:

Ziehen eines Silizium-Einkristalls nach dem Czochralski-(Cz)-Verfahren für die Herstellung von monokristallinen Solarzellen.

Bild: Fabrimex/Arco Solar

Bild 3-39:

Fertig gezogener, runder Silizium-Einkristall beim Qualitätstest.

Bild DOE/NREL

Die Herstellung von Einkristallen ist also langsam, energieaufwändig und deshalb teuer. Der so produzierte, ursprünglich runde Einkristall (Bild 3-39) wird heute zur Erzielung eines hohen Flächennutzungsgrades (PF) in den Solarzellenmodulen oft so bearbeitet, dass ein annähernd quadratischer statt runder Querschnitt entsteht. Darauf wird der Einkristall mit einer Drahtsäge in viele dünne Scheiben (Wafer) von etwa 0,2 mm bis 0,3 mm Dicke zersägt (siehe Bild 3-40). Dabei wird leider wegen der Dicke der Sägeblätter wieder ein schöner Teil des mit grossem Aufwand hergestellten Einkristalls in Sägemehl statt Wafer umgewandelt.

Bild 3-40:

Bearbeiteter Einkristall mit nunmehr fast quadratischem Querschnitt nach einigen Schnitten mit der Drahtsäge.
Die beinahe vollständig abgetrennten Wafer sind am rechten Rand des Einkristalls sichtbar.

Bild: Fabrimex/Arco Solar

Der Prozess für die Herstellung von Wafern für oder poly- oder multikristalline Solarzellen ist wesentlich einfacher und energiesparender. Das hoch gereinigte polykristalline Silizium wird einfach in quadratische Blöcke gegossen. Die so entstandenen polykristallinen Siliziumstäbe haben bereits den gewünschten quadratischen Querschnitt und können wieder mit einer Drahtsäge in polykristalline Wafer zersägt werden (siehe Bild 3-41). Weil an den Korngrenzen zwischen den einzelnen Kristalliten mehr Störstellen im Kristallaufbau vorkommen, welche die Rekombination der in der Solarzelle erzeugten Ladungsträger begünstigen, ist der Wirkungsgrad polykristalliner Solarzellen etwas geringer.

Bild 3-41:

Poly- oder multikristalliner Silizium-Block nach dem Zersägen in Säulen mit rechteckigem Querschnitt.
Aus diesen Säulen werden anschliessend analog zu Bild 3-40 entsprechende Wafer hergestellt.

Bild DOE/NREL

Aus diesen mono- oder polykristallinen Wafern werden nun in vielen Arbeitsgängen Solarzellen hergestellt. Bild 3-42 vermittelt einen Eindruck von der Anzahl und der Komplexität der dabei notwendigen Prozessschritte.

Für die Herstellung kristalliner Solarzellen ist der Energieaufwand wegen der erforderlichen Zellendicke von mindestens 100 µm und der Materialverluste beim Zersägen der Siliziumstäbe sehr gross. Für die Herstellung polykristalliner Solarzellen wird wegen des einfacheren Prozesses (kein Ziehen eines Einkristalls erforderlich) wesentlich weniger Energie benötigt. Details über den Energieaufwand bei der Solarzellenherstellung befinden sich in Kap. 9.

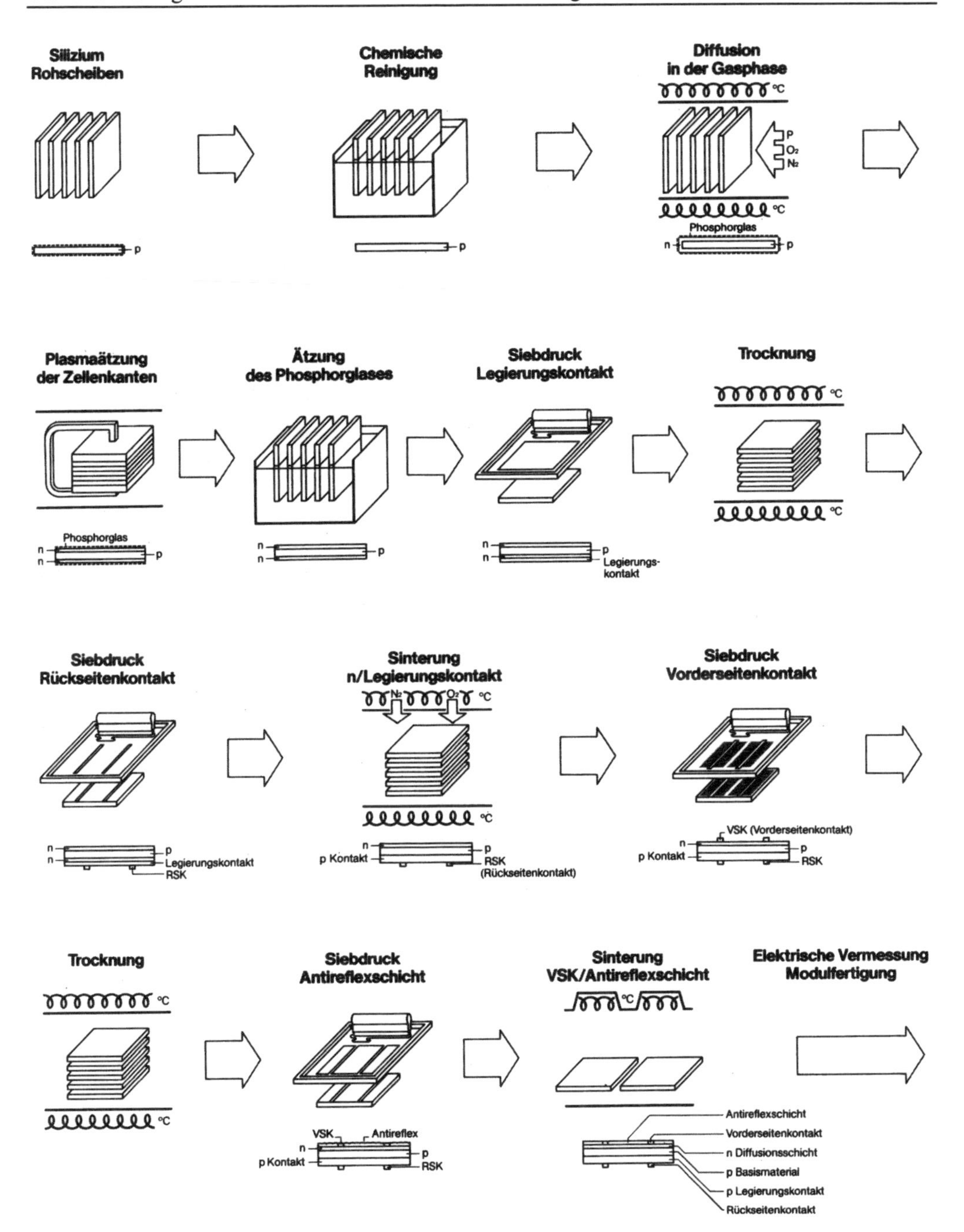

Bild 3-42:
Der Weg von der Silizium-Rohscheibe (Wafer) zur fertigen Solarzelle (nach AEG-Unterlagen)

Da die Spannung einer einzelnen Solarzelle relativ klein ist, müssen zur Erzielung vernünftiger Spannungshöhen immer viele Solarzellen in Serie geschaltet werden (siehe Kap. 4). Dies ist bei kristallinen Solarzellen ein ebenfalls relativ arbeitsaufwändiger Prozess, der noch nicht vollständig automatisiert werden konnte.

Um den Materialverlust beim Zersägen der Siliziumstäbe zu vermeiden, wurden Verfahren entwickelt, die ein Ziehen von polykristallinen Bändern direkt aus der Si-Schmelze erlauben. Bild 3-43 zeigt als Beispiel das Prinzip des sogenannten EFG-Verfahrens, Bild 3-44 eine entsprechende industrielle Anlage der Firma ASE, die in den USA kommerziell Module aus mit dem EFG-Verfahren produzierten Wafern herstellt. Im Gegensatz zum Ziehen von massiven Einkristallen werden dabei dünne zylindrische Rohre mit achteckigem Querschnitt gezogen. Aus den acht ebenen Seitenflächen werden dann Wafer produziert.

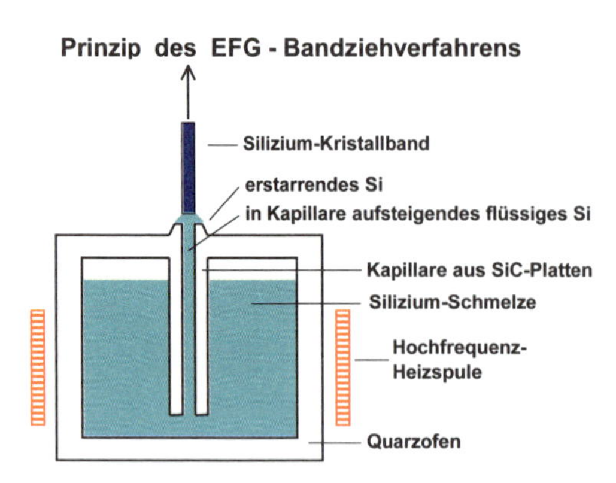

Bild 3-43:
Prinzip des EFG-Bandziehverfahrens zur Waferherstellung.

Bild 3-44:
Industrielle Herstellung von EFG-Wafern bei der Firma ASE. Bild DOE/NREL.

3.5.1.1 Die Kugel-Solarzelle

Dieser ursprünglich von der Firma Texas Instruments bereits in der ersten Hälfte der 90-er Jahre entwickelte Zellentyp besteht aus sehr vielen Silizium-Kügelchen von etwa 1 mm Durchmesser, die einen konzentrischen p-n-Übergang haben (siehe Bild 3-45). Diese Kügelchen werden nahe beieinander in eine zweilagige Aluminiumfolie mit einer dazwischenliegenden Isolation eingepresst. Die Kügelchen sind so angeschliffen, dass die eine Folie die n-Schicht und die andere die p-Schicht kontaktiert. Die Aluminiumfolie zwischen den Kügelchen erzeugt zusätzliches Streulicht, das die Stromproduktion ebenfalls etwas erhöht .

Die Vorteile dieser Solarzelle sind ihre mechanische Flexibilität und die Tatsache, dass sie durch relativ einfache und für Massenproduktion geeignete Verfahren, also ohne Einkristallziehen, Giessen oder Sägen aus relativ unreinem Silizium hergestellt werden kann. Eine Pilotproduktion wurde während langer Zeit immer wieder angekündigt, ohne dass effektiv Produkte auf dem Markt erschienen. Vor einiger Zeit brachte die Firma Spheral Solar Power (SSP) aus Pilotproduktion erste Produkte dieses Typs auf den Markt (Module bis 200 W_P, η_M bis 9,5%).

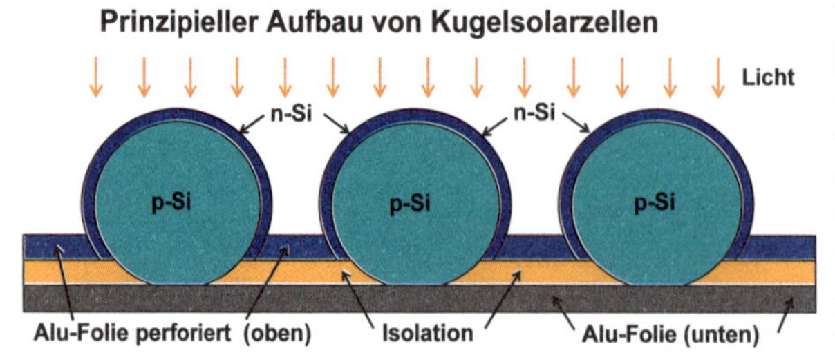

Bild 3-45:
Prinzipieller Aufbau von Kugelsolarzellen: Bei p-dotierten Si-Kügelchen entsteht durch n-Dotierung an der Oberfläche ein p/n Übergang. Diese werden in eine Al-Folie eingepresst und die p-Seite nach dem Wegätzen der n-Schicht mit einer zweiten Folie kontaktiert.

3.5.2 Galliumarsenid-Solarzellen

Galliumarsenid (GaAs) hat gegenüber anderen Halbleitermaterialien eine sowohl für das AM1,5-Spektrum als auch für das AM0-Spektrum fast optimale Lage der Energielücke (E_G = 1,42 eV). Bei AM1,5 beträgt der theoretische Wirkungsgrad η_T bei Raumtemperatur etwa 30 %, bei AM0 immerhin noch fast 27 % (siehe Bild 3-25). Da GaAs ein direkt absorbierender Halbleiter ist, wird für die vollständige Lichtabsorption nur eine geringe Materialdicke benötigt, d.h. es eignet sich nicht nur für kristalline Zellen, sondern auch für Dünnschichtzellen.

Bei Galliumarsenid-Solarzellen wird bei AM1,5 und 1 kW/m^2 deshalb heute in der Praxis auch der absolut höchste Wirkungsgrad unter allen Solarzellenarten mit nur einem p-n-Übergang erreicht (2005 erreichte Werte bei kleinflächigen Zellen mit A_Z = 4 cm^2: Für kristalline GaAs-Solarzellen η_{PV} = 25,1 %, für GaAs-DünnfilmSolarzellen η_{PV} = 24,5 % nach [3.2]). GaAs-Solarzellen ertragen wegen der grösseren Bandlücke auch viel höhere Temperaturen als Silizium-Solarzellen und zeigen einen weniger stark negativen Temperaturkoeffizienten bei U_{OC} und P_{max} als Si-Solarzellen (bei GaAs etwa -0,2 %/K nach [Hu83]). Sie eignen sich deshalb sehr gut für Konzentratorzellen, also Solarzellen, die mit stark konzentriertem Sonnenlicht (bis weit über 100 kW/m^2 !) arbeiten.

Nach Literaturangaben [3.2] wurde bei einer solchen GaAs-Konzentratorzelle bei 255-facher Konzentration des Sonnenlichtes ein Wirkungsgrad von 27,6 % gemessen. Noch höhere Wirkungsgrade können mit GaAs-haltigen Tandem- und Tripel-Konzentratorzellen erreicht werden (siehe Kap. 3.4.4.2).

GaAs-Solarzellen haben aber zwei wesentliche Nachteile. Erstens sind die Ausgangsmaterialien Ga und As im Gegensatz zum reichlich vorhandenen Si relativ selten und deshalb in der erforderlichen hochreinen Qualität sehr teuer (nach [3.5] bestehen 27 % der Masse der Erdkruste aus Si, dagegen nur 0,00015 % aus Ga und gar nur 0,00005 % aus As). Auch die Herstellung von GaAs ist sehr teuer und energieaufwändig, da extreme Reinheitsanforderungen bestehen. Zweitens ist As sehr giftig, also ist die Beseitigung ausgedienter GaAs-Solarzellen ökologisch sehr problematisch. Im Brandfall können hochgiftige und krebserregende Substanzen wie As_2O_3 in die Luft entweichen [Hu83]. In den an sich umweltfreundlichen Solarzellen sollten deshalb trotz des etwas höheren Wirkungsgrades keine derart problematischen Substanzen verwendet werden.

Da GaAs-Solarzellen aus den oben beschriebenen Gründen sehr teuer sind, werden sie fast ausschliesslich als Konzentratorzellen mit sehr hohen Konzentrationsfaktoren oder wegen ihrer Strahlungsbeständigkeit im Weltraum eingesetzt. In Mitteleuropa mit seinem hohen Anteil an Diffusstrahlung ist die Verwendung von GaAs-Solarzellen deshalb (glücklicherweise) nicht sinnvoll. Deshalb wird hier auf eine eingehendere Behandlung dieser Zellen verzichtet. Weitere Angaben sind in der Literatur zu finden [Hu83, Joh80, Gre86].

3.5.3 Dünnschicht-Solarzellen

In vielen für die Solarzellenherstellung geeigneten Halbleitern ist für die vollständige Absorption von Photonen mit $h \cdot \nu > E_G$ nur eine Schichtdicke in der Grössenordnung µm (je nach Material etwa 0,5 µm bis 5 µm) nötig (direkte Absorption). Dadurch sinkt der Material- und damit der Energieaufwand gewaltig, wenn es gelingt, in solch dünnen Schichten die für die Funktion der Solarzelle nötigen Halbleitereigenschaften zu realisieren. Deshalb konzentrieren viele Forscher und Hersteller ihre Entwicklungsanstrengungen auf Dünnschicht-Solarzellen, da dort ein beträchtliches Kostenreduktionspotential besteht [3.3], [3.6], [3.7].

Für die Produktion von Dünnschichtzellen potenziell geeignete Halbleiter sind beispielsweise amorphes Silizium (a-Si), CdTe, $CuInSe_2$ (CIS), $Cu(In,Ga)Se_2$ (CIGS), $CuInS_2$, CdS/Cu_2S und GaAs. Durch hocheffiziente Lichteinfang-Techniken und geeignete Gestaltung des Rückseitenkontakts wird auch versucht, auf geeigneten Substraten *polykristalline Dünnschichtzellen* zu erzeugen, die ebenfalls viel weniger Material (höchstens noch einige 10 µm) benötigten. Bei Dünnschichtzellen fallen hohe Kosten der Ausgangsmaterialien weniger ins Gewicht, und die Anforderungen an die Qualität des Halbleitermaterials sind geringer. In der Regel haben sie bei schwachem Licht einen etwas höheren Wirkungsgrad als kristalline Solarzellen.

Bei Dünnschichtzellen werden nur noch hauchdünne Schichten geeigneter Halbleitermaterialien auf einen billigen Träger (Substrat), z.B. Glas, Metall, Keramik oder Kunststoff, aufgedampft. Diese Abscheidung erfolgt direkt aus der Gasphase bei relativ niedrigen Temperaturen (wenige 100°C), so dass der Energieaufwand deutlich geringer ist als bei der Herstellung kristalliner Zellen. Wird der Herstellungsprozess sinnreich organisiert, kann gleichzeitig auch die notwendige Serieschaltung der einzelnen Solarzellen erfolgen. Da dies in einem automatisch ablaufenden monolithischen Prozess wie bei der Produktion integrierter Schaltungen erfolgt, bestehen bei der Herstellung von Dünnschicht-Solarzellen gegenüber der etablierten kristallinen Technologie beträchtliche Rationalisierungsmöglichkeiten. Dünnschichtzellen können auch als Tandemzellen oder Tripelzellen (siehe Abschnitt 3.4.4.2) gebaut werden, was im Prinzip eine bessere Ausnützung der Energie des Sonnenlichtes erlaubt (siehe Bild 3-34). Bis zu kommerziellen Dünnschichtzellen, die wie heutige monokristalline Zellen einen stabilen Wirkungsgrad von beispielsweise 15 – 20 % aufweisen, ist aber noch ein sehr weiter Weg zurückzulegen.

In diesem Abschnitt werden zunächst etwas ausführlicher Dünnschichtsolarzellen aus amorphem Silizium besprochen, weil sie aus ökologisch unbedenklichem Material bestehen und schon von verschiedenen Herstellern angeboten werden. Anschliessend wird ganz kurz auf andere Materialien eingegangen.

3.5.3.1 Solarzellen aus amorphem Silizium (a-Si)

Amorphes Silizium hat im Gegensatz zu kristallinem Silizium eine relativ ungeordnete Struktur (siehe Bild 3-46). Nicht jedes Siliziumatom hat deshalb die Möglichkeit, mit vier Nachbaratomen eine Bindung einzugehen wie in einem Si-Kristall. Einzelne ungebundene Elektronen bilden deshalb sogenannte "Dangling Bonds" (gebrochene Bindungen), die als Fallen für sich im Material bewegende freie Ladungsträger wirken. Amorphes Silizium wird als Halbleitermaterial erst brauchbar, wenn der Grossteil dieser gebrochenen Bindungen mit Wasserstoff (H) gesättigt wird. Solches mit H-Atomen gesättigtes a-Si wird oft als a-Si:H bezeichnet. Es ist aber in der Praxis nicht möglich, alle gebrochenen Bindungen mit Wasserstoff zu sättigen [3.6].

Ein wichtiges Problem bei Solarzellen aus amorphem Silizium ist die Stabilität der elektrischen Eigenschaften. Ihr Wirkungsgrad sinkt in den ersten Betriebsmonaten gegenüber dem Anfangswert um 10% bis 30% ab (Staebler-Wronski-Effekt). Einfallende Photonen können einzelne schwache Bindungen zwischen Si-Atomen (z.B. wegen etwas zu grossem Abstand) aufbrechen, wodurch zusätzliche gebrochene Bindungen entstehen (siehe Bild 3-47). Deshalb rekombinieren die durch den inneren Photoeffekt erzeugten Ladungsträger häufiger, bevor sie die Elektroden erreichen, d.h. der Wirkungsgrad sinkt. Nach einiger Zeit sind alle "angeknackten" Si-Si-Bindungen unter Lichteinwirkung aufgebrochen und der Wirkungsgrad stabilisiert sich auf tieferem Niveau. Bei sehr dünnen Zellen ist dieser Effekt weniger ausgeprägt.

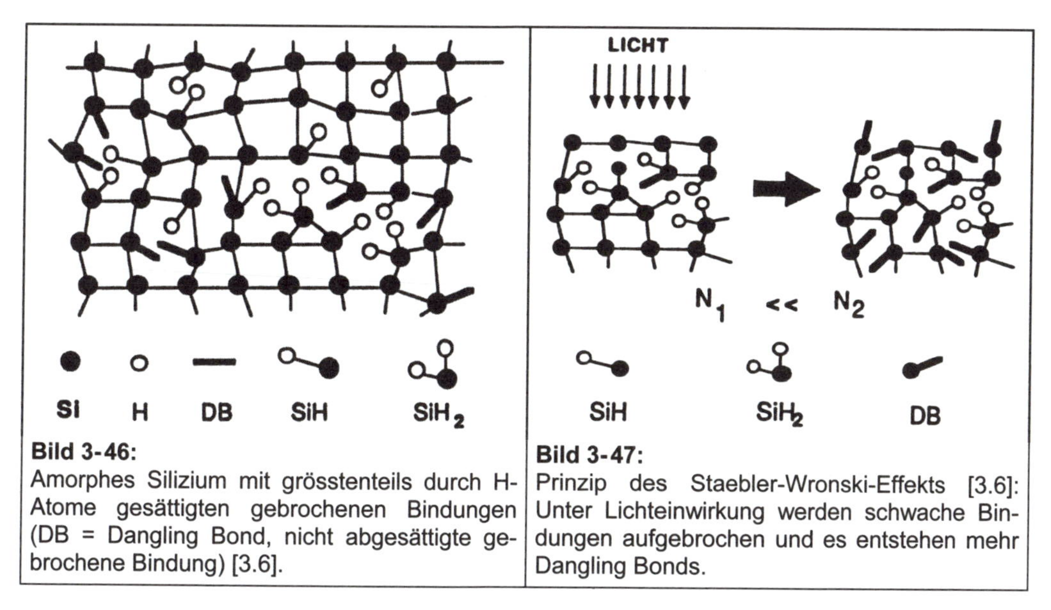

Bild 3-46:
Amorphes Silizium mit grösstenteils durch H-Atome gesättigten gebrochenen Bindungen (DB = Dangling Bond, nicht abgesättigte gebrochene Bindung) [3.6].

Bild 3-47:
Prinzip des Staebler-Wronski-Effekts [3.6]: Unter Lichteinwirkung werden schwache Bindungen aufgebrochen und es entstehen mehr Dangling Bonds.

Die Energielücke E_G von amorphem Si kann durch Zusatz von Ge nach tieferen, durch Zusatz von C nach höheren Werten verschoben werden. Auch durch teilweise Sättigung der gebrochenen Bindungen mit anderen Substanzen als H (z.B. F) kann E_G beeinflusst werden. Auf diese Weise können Tandem- oder sogar Tripel-Zellen mit 3 aktiven Übergängen erzeugt werden.

Bild 3-48 zeigt den prinzipiellen Aufbau einer Solarzelle aus a-Si. Durch den Einbau einer Zwischenschicht aus nicht dotiertem (intrinsischem) a-Si wird erreicht, dass praktisch in der ganzen Solarzelle ein gewisses elektrisches Feld vorhanden ist, was den Transport der photogenerierten Ladungsträger erleichtert und die schlechteren Halbleitereigenschaften teilweise kompensiert.

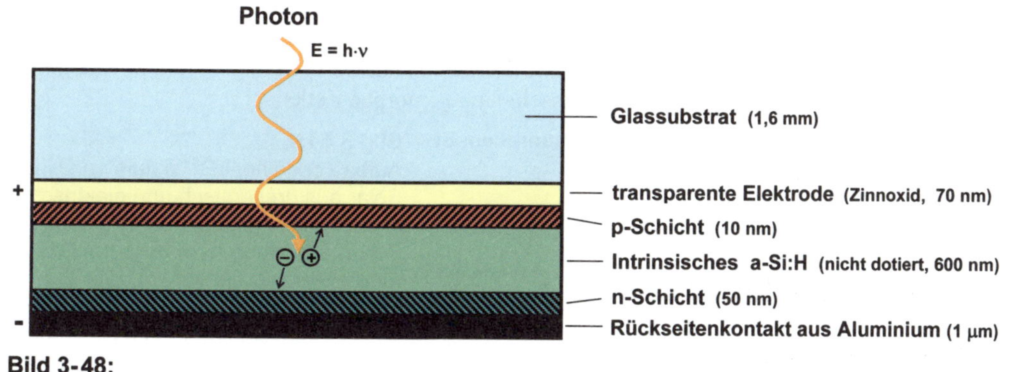

Bild 3-48:
Prinzipieller Aufbau einer pin-Solarzelle aus amorphem Silizium (nach Angaben der ehemaligen Firma Arco Solar).

Bild 3-49 zeigt die Degradation von Dünnschicht-Solarzellen aus amorphem Silizium. Man erkennt, dass der grösste Teil des Wirkungsgradverlustes infolge des Staebler-Wronski-Effektes bereits in den ersten Tagen der Sonnenlichtexposition erfolgt.

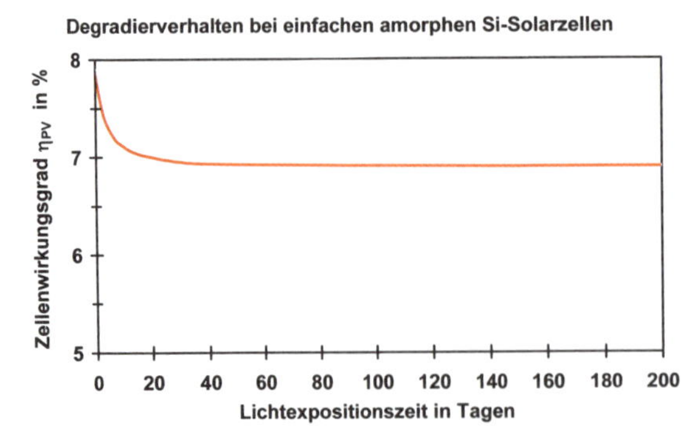

Bild 3-49: Degradierverhalten von Dünnschicht-Solarzellen aus amorphem Silizium (a-Si:H) nach Angaben von Arco Solar unter Lichteinwirkung infolge des Staebler-Wronski-Effektes (nach [3.3]). Nach einigen Wochen stabilisiert sich der Wirkungsgrad auf einem deutlich tieferen Niveau.

Infolge des höheren Seriewiderstandes in den dünnen Schichten und Unvollkommenheiten des Materials haben Dünnschichtzellen meist einen schlechteren Füllfaktor FF als kristalline Si-Solarzellen. Wegen des höheren E_G von a-Si ist die Leerlaufspannung grösser als bei kristallinen Solarzellen (siehe Bild 3-50).

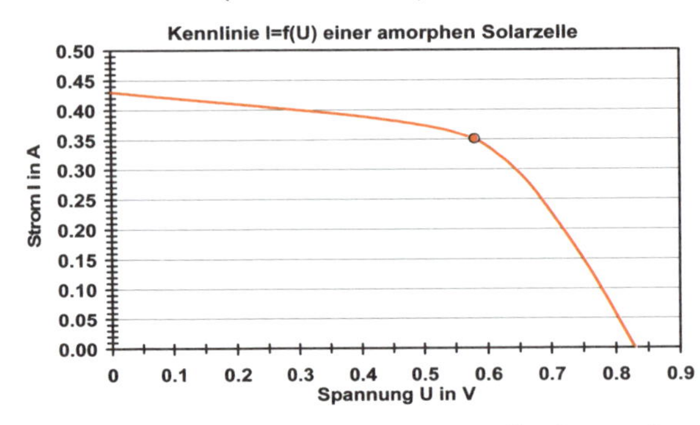

Bild 3-50: Kennlinie I=f(U) einer Dünnschicht-Solarzelle aus amorphem Silizium (a-Si:H) bei 1 kW/m^2, AM1,5-Spektrum, Zellentemperatur 25°C nach Angaben von Arco Solar (Zelle des Moduls G100, η_{PV} = 5,5%).
Die Leerlaufspannung U_{OC} ist deutlich höher, der Füllfaktor FF mit etwa 57% deutlich niedriger als bei einer kristallinen Solarzelle

Durch Zusatz eines bestimmten Anteils Germanium (Ge) zum Silizium ist es möglich, die Bandlückenenergie E_G des entstehenden amorphen Materials zu reduzieren. Auf diese Weise können amorphe Tandem- und Tripelzellen gebaut werden, die überdies wesentlich weniger empfindlich auf die Degradation infolge des Staebler-Wronsky-Effektes sind. Sie haben nicht nur einen etwas höheren, sondern auch einen deutlich stabileren Wirkungsgrad und eine geringere Initialdegradation als gewöhnliche einschichtige amorphe Zellen.

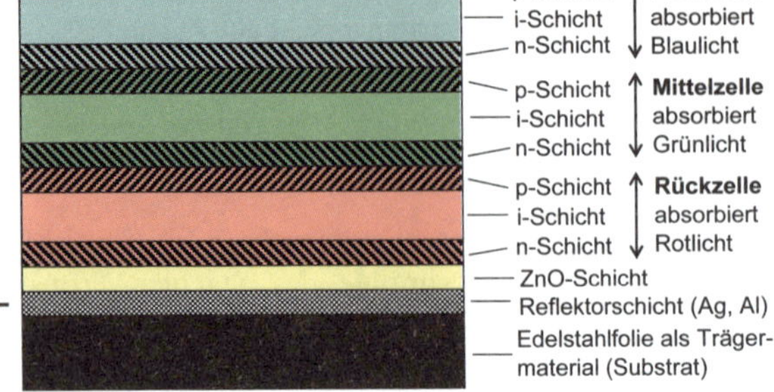

Bild 3-51: Aufbau der Tripel-Solarzelle von Uni-Solar aus drei optisch und elektrisch in Serie geschalteten, sehr dünnen Zellen aus amorphem Silizium. Das für die Herstellung verwendete Verfahren (sukzessives Aufbringen dünner Siliziumschichten auf eine Trägerfolie aus Edelstahl) eignet sich sehr gut für eine Massenproduktion. Bei kleinflächigen Laborzellen dieses Typs sollen gemäss Angaben von Uni-Solar bereits Wirkungsgrade bis 13% erreicht worden sein [Mar03]. Von unabhängiger Seite bestätigt ist ein Wert von 12,1% [3.2].

Bild 3-51 zeigt einen Querschnitt durch die amorphe Tripel-Solarzelle, die von der Firma Uni-Solar hergestellt wird. Sie besteht aus 3 optisch und elektrisch in Serie geschalteten Zellen mit verschiedenem Ge-Gehalt, wobei die vordere Zelle das blaue, die mittlere Zelle das grüne und die hintere Zelle das rote Licht verwertet. Der Zellenwirkungsgrad kommerzieller Zellen dieses Typs ist mit knapp 9% aber trotz der Tripel-Struktur nur etwa halb so gross wie bei kommerziellen kristallinen Zellen.

Der Energieaufwand für die Herstellung amorpher Si-Dünnschichtzellen ist viel kleiner als bei monokristallinen Zellen (Details siehe Kap. 9). Leider sind die Wirkungsgrade kommerzieller a-Si-Solarzellen aber noch sehr tief (stabiler Wirkungsgrad nach Ende der Degradation infolge Staebler-Wronski-Effekt ca. 3,5 % – 9 %, wobei Werte im oberen Bereich nur mit Tripelzellen erreichbar sind). Da der theoretische Wirkungsgrad viel höher liegt, ist ein Hauptgrund in den noch relativ schlechten Halbleitereigenschaften des heutigen a-Si:H zu suchen. Die Preise pro Watt Spitzenleistung liegen etwas unter denen mono- und polykristalliner Module. Die Hauptanwendung von a-Si-Solarzellen liegt heute noch bei der Stromversorgung portabler Konsumartikel (Taschenrechner, Uhren usw.), wo die Anforderungen bezüglich Wirkungsgrad und Lebensdauer nicht so hoch sind wie bei Energieerzeugungsanlagen.

In letzter Zeit wird versucht, amorphe Zellen vermehrt auch für gebäudeintegrierte Photovoltaikanlagen einzusetzen, denn sie bieten gewisse ästhetische Vorteile. Da mit amorphen Zellen praktisch unsichtbare Kontaktierungen realisiert werden können, ist der resultierende Farbton viel homogener als bei kristallinen Zellen. An Standorten mit hohem Diffusstrahlungsanteil ist wegen der besseren Anpassung an das Spektrum von diffusem Licht (vergl. Bild 2-42) der spezifische Energieertrag (produzierte kWh pro kW_P Solargeneratorleistung) sogar noch etwas höher als bei kristallinen Zellen. Besonders gut für gebäudeintegrierte PV-Anlagen und für die Herstellung spezieller Kombi-Produkte für diesen Zweck (stromproduzierende Dachelemente) eignen sich amorphe Tripelzellen gemäss Bild 3-51.

3.5.3.2 Solarzellen aus Cadmiumtellurid (CdTe)

CdTe liegt mit seiner Energielücke von 1,46 eV sehr nahe beim maximalen theoretischen Wirkungsgrad (siehe Bild 3-25) und eignet sich ebenfalls für die Herstellung von Dünnschichtzellen. Im Gegensatz zu amorphem Silizium ist es unter Lichteinwirkung sehr stabil und zeigt keine Degradation. Bild 3-52 zeigt einen Querschnitt durch eine CdTe-Dünnschicht-Solarzelle, deren aktive Schichten nur wenige µm dick sind. Im Labor haben derartige CdTe-Solarzellen bereits einen Wirkungsgrad von 16,5 % erreicht [3.2]. Zudem sind sie relativ einfach herzustellen. In Deutschland produziert die Firma ANTEC rahmenlose CdTe-Module von 50 W_P, einer Fläche von 120 cm · 60 cm, einem Modulwirkungsgrad η_M = 6,9 % und einem Füllfaktor FF von 53 %. Die amerikanische Firma First Solar produziert grössere Mengen von entsprechenden Modulen von 67,5 W_P, einer Fläche von 120 cm · 60 cm, einem Modulwirkungsgrad η_M = 9,4 % und einem Füllfaktor FF von 64 %. Der entsprechende Zellenwirkungsgrad dürfte etwa 1 – 2 % höher liegen. Wie andere Dünnschichtzellen haben auch CdTe-Zellen bei geringen Bestrahlungsstärken einen etwas höheren Wirkungsgrad als kristalline Si-Solarzellen.

Cadmium (Cd) ist aber bekanntlich ein *ökologisch problematisches Material.* Auch wenn nur sehr dünne Schichten benötigt werden, ist es doch möglich, dass nicht alle CdTe-Solarmodule am Ende ihrer Lebensdauer korrekt als Sondermüll behandelt werden und dass ein gewisser Teil des hochgiftigen Cadmiums unkontrolliert in die Umwelt gelangt. CdTe ist allerdings nach Literaturangaben sehr stabil [Mar03]. Da es sich erst bei Temperaturen > 1000°C zersetzt, wird es im Brandfall im schmelzenden Glas der Module eingeschlossen [DGS05].

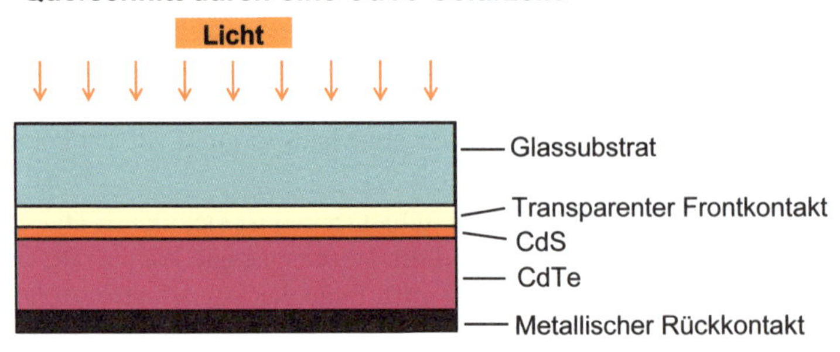

Bild 3-52: Querschnitt durch eine CdTe-Solarzelle (nach [Mar03]).

3.5.3.3 Solarzellen aus Kupferindiumdiselenid ($CuInSe_2$, CIS) und $Cu(In,Ga)Se_2$ (CIGS)

Kupferindiumdiselenid ($CuInSe_2$ oder kurz CIS) hat eine Energielücke von etwa 1 eV. Schon sehr dünne Schichten von 0,5 µm können praktisch alle Photonen mit $h \cdot \nu > E_G$ absorbieren, und es ist unter Lichteinwirkung ebenfalls sehr stabil. Bild 3-53 zeigt einen Querschnitt durch eine $CuInSe_2$-Dünnschicht-Solarzelle.

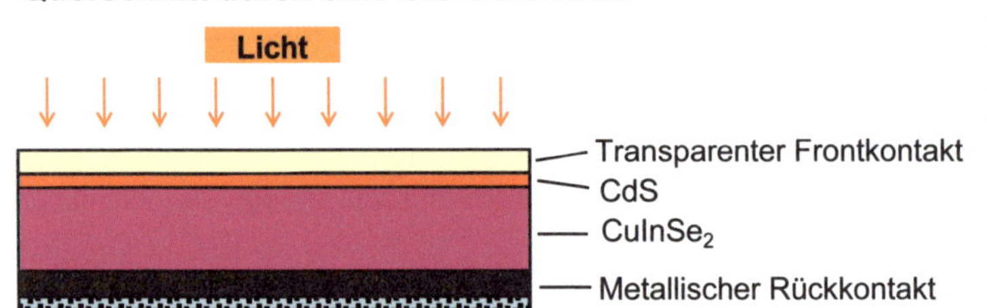

Bild 3-53: Querschnitt durch eine $CuInSe_2$-Solarzelle (nach [Mar03]).

Eine Möglichkeit, um das E_G des Materials zu beeinflussen, ist ein Ersatz eines Teils des Indiums (In) durch Gallium (Ga) und eines Teils des Selens (Se) durch Schwefel (S). Dadurch kann E_G in weiten Grenzen variiert werden. Durch den Ersatz eines Teils des In (10% bis 20%) durch Ga entsteht $CuInGaSe_2$ (oder kurz CIGS), das ein E_G von etwa 1,1 eV (etwa wie c-Si) aufweist. Auch die Leerlaufspannung von CIGS ist mit 450 mV – 500 mV deutlich höher als bei reinen CIS-Zellen (300 mV – 350 mV). CIGS-Zellen haben auch einen besseren Füllfaktor FF. Nach [3.2] haben kleinflächige CIGS-Zellen (A_Z = 1 cm^2) bereits Wirkungsgrade η_{PV} = 18,4% erreicht. Die Firmen Shell Solar und Würth Solar bieten bereits seit einiger Zeit kommerzielle CIS Module an. Die Zellenwirkungsgrade η_{PV} dieser Produkte liegen zwischen 10,5 und 12,5%. Bild 3-54 zeigt das Verschaltungsprinzip und Bild 3-55 einen elektronenmikroskopischen Querschnitt durch eine CIGS-Solarzelle (Lichteinfall jeweils von oben).

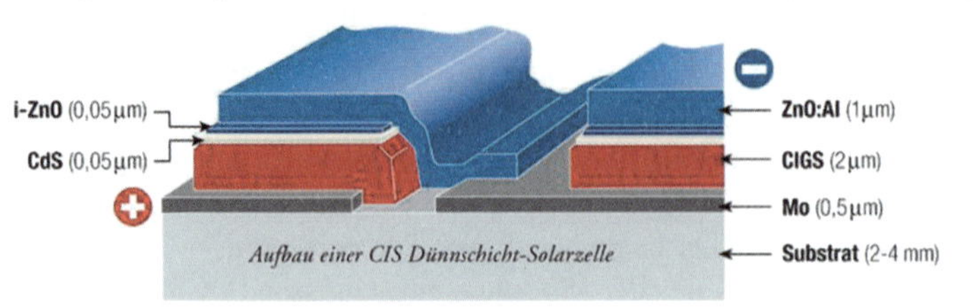

Bild 3-54: Querschnitt und Verschaltungsprinzip bei einer CIGS-Solarzelle. Geeignete Substrate z.B. Glas oder Plastik. (Grafik Würth Solar)

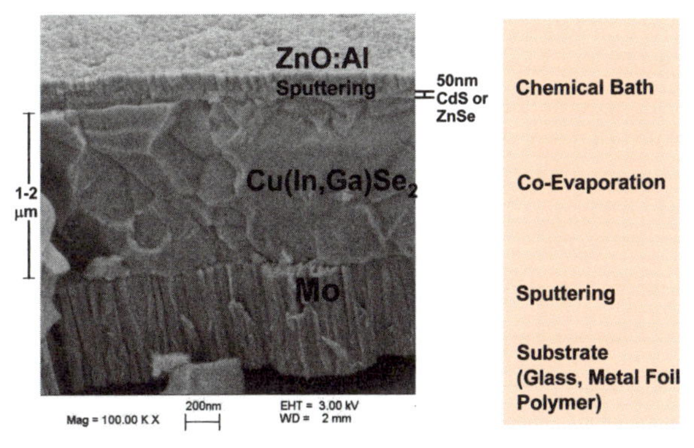

Bild 3-55:
Elektronenmikrosopischer Querschnitt durch eine CIGS-Solarzelle. Der Aufbau erfolgt vom Substrat her: Zunächst Abscheidung des Molybdän-Rückkontaktes, dann Abscheidung der CIGS-Schicht, Aufbringen einer dünnen CdS oder ZnSe-Zwischenschicht und schliesslich der gut leitenden Frontelektrode aus ZnO:Al. Der Lichteinfall erfolgt von oben.
(Bild von Prof. Dr. A. Tiwari, ETH Zürich)

Viele Hersteller benötigen für die Herstellung von CIS- und CIGS-Solarzellen eine dünne Zwischenschicht aus Cadmiumsulfid (CdS), was wegen des giftigen Cadmiums (Cd) wiederum etwas problematisch ist. Es sind allerdings Versuche im Gang, das Cd durch andere Materialien zu ersetzen. $CuInSe_2$- und $CuInGaSe_2$-Solarzellen eignen sich mit ihrem relativ niedrigen E_G auch sehr gut als rückseitige Zellen in Tandemanordnungen hinter einer vorderen Zelle mit einer höheren Energielücke (siehe Kap. 3.4.4.2, Bild 3-35 und 3-36).

3.5.3.4 Tandemzellen aus mikrokristallinem und amorphem Silizium

Seit etwa zehn Jahren wird auch daran gearbeitet, mikrokristalline Silizium-Solarzellen mit viel kleineren Kristallen als heutige poly- oder multikristallinen Solarzellen herzustellen, die eine sehr geringe Dicke (wenige µm) haben. Dabei muss das Licht aber sehr effizient eingefangen und in der Zelle behalten werden, um genügend Photonen erfolgreich zu absorbieren und eine genügende Stromdichte zu erreichen. Durch die Verkleinerung der Kristalle sinkt zudem die Leerlaufspannung U_{OC} gegenüber dem Wert bei kristallinen Zellen deutlich. Wegen des im kleinen doch kristallinen Aufbaus tritt bei mikrokristallinen Solarzellen kein Staebler-Wronski-Effekt auf. Für kleinflächige Laborzellen ($A_Z \approx 1{,}2$ cm^2) mit einer Dicke von 2 µm wurde bereits ein Wirkungsgrad von $\eta_{PV} = 10{,}1\%$ erreicht [Mar03], [3.2].

Mikrokristalline Solarzellen eignen sich sehr gut als Rückzelle in Tandemzellen (mit optischer und elektrischer Serieschaltung) mit einer Frontzelle aus amorphem Silizium. Dadurch entsteht eine „mikromorphe" Solarzelle. Da nur die Frontzelle amorph ist, ist der Staebler-Wronski-Effekt in der Gesamtzelle viel weniger ausgeprägt als bei rein amorphen Zellen. Für kleinflächige Laborzellen ($A_Z \approx 1$ cm^2) wurde bereits ein (Anfangs-) Wirkungsgrad von $\eta_{PV} = 14{,}5$ % erreicht [Mar03]. Bild 3-56 zeigt einen Querschnitt durch eine derartige Tandemzelle aus mikrokristallinem und amorphem Silizium.

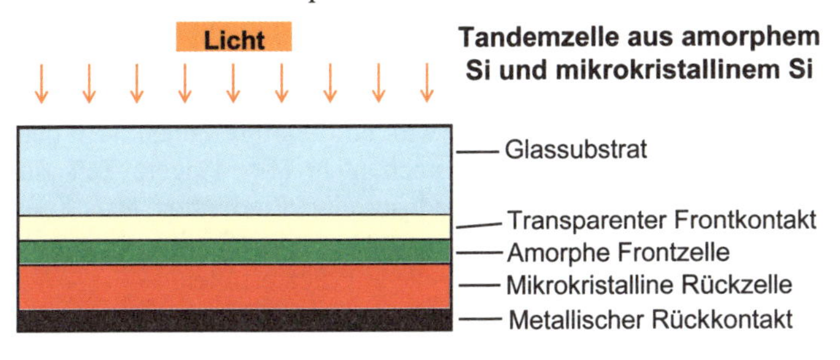

Bild 3-56:
Querschnitt durch eine ("mikro-morphe" Tandemzelle mit einer Frontzelle aus a-Si und einer Rückzelle aus mikrokristallinem (µc) Si (nach [Mar03]).

3.5.4 Farbstoff-Solarzellen (Photoelektrochemische Solarzellen, Grätzel-Zellen)

An der EPFL Lausanne wurde von einer Gruppe unter der Leitung von Prof. Dr. M. Grätzel eine neuartige Farbstoff- oder Injektionssolarzelle entwickelt, die auf einem ganz anderen Prinzip als die bisherigen Solarzellen beruht. Sie bestehen nicht nur aus einem Halbleiter allein, sondern aus einer Kombination von einem Halbleiter (TiO_2), einer monomolekularen Schicht eines geeigneten Farbstoffs auf diesem Halbleiter und einer Elektrolytlösung. Bild 3-57 zeigt den prinzipiellen Aufbau einer solchen Farbstoff-Solarzelle.

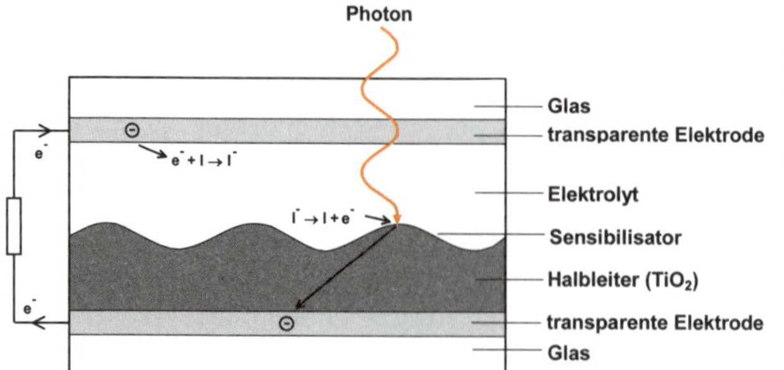

Bild 3-57: Querschnitt durch eine Farbstoff-Solarzelle (Graetzel-Zelle) nach [3.8].

Trifft ein Photon mit genügender Energie auf ein Farbstoffmolekül, wird das Photon absorbiert und das Molekül in einen angeregten Zustand versetzt, d.h eines der Valenzelektronen des Moleküls wird auf ein höheres Energieniveau gehoben. Dieses angeregte Farbstoffmolekül injiziert nun ein Elektron in das Leitungsband des Halbleiters (TiO_2) und wird dabei ionisiert.

Damit dieses Elektron nicht bald wieder rekombiniert, gibt ein sogenannter Redoxmediator (hier im Beispiel vereinfacht I/I^-, in der Praxis z.B. I_3^-/I^-) im Elektrolyt in sehr kurzer Zeit (etwa 10 ns) ein Elektron an das ionisierte Farbstoffmolekül ab, versetzt dieses dadurch in den neutralen Zustand und verhindert dadurch eine Rekombination.

Die durch die Absorption der Photonen erzeugten Elektronen e^- sind gezwungen, über den Halbleiter zur unteren Elektrode und von dort über den äusseren Stromkreis unter Energieabgabe zur Gegenelektrode (oben) zu fliessen. Der Stromkreis wird dadurch geschlossen, dass der durch den Farbstoff zu I oxidierte Redoxmediator im Elektrolyten zur Gegenelektrode diffundiert und dort unter Aufnahme eines Elektrons wieder zu I^- reduziert wird. Eine ausführlichere und detailliertere Funktionsbeschreibung mit vielen Bildern ist in [3.8] zu finden.

Nach [3.2] erreicht eine kleinflächige Grätzel-Zelle (0,25 cm^2) bei STC einen Wirkungsgrad von η_{PV} = 11 %. Nach [3.8] ist der Wirkungsgrad derartiger Zellen bei schwacher Einstrahlung (G = 100 W/m^2) deutlich höher als bei G = 1000 W/m^2. Der Herstellprozess soll einfacher sein und damit das Potential für eine billige Massenfabrikation haben.

Von diesen Farbstoffzellen wurde in den letzten fünfzehn Jahren in den Medien und auch an Fachkongressen über Photovoltaik immer wieder berichtet. Es muss aber betont werden, dass es sich immer noch um Laborentwicklungen handelt. Kommerziell hergestellte Module mit Grätzelzellen und Datenblätter solcher Module lagen bei der Erstellung des Manuskriptes noch nicht vor. Diese Technologie ist vielleicht vielversprechend, sie muss aber ihre Langzeit-Stabilität und Praxistauglichkeit erst noch beweisen. Bisher wurden derartige Zellen nach den dem Autor zur Verfügung stehenden Informationen aber noch nicht über längere Zeit zur Energieproduktion eingesetzt. Bis zu einer erfolgreichen industriellen Produktion neuartiger Solarzellen ist erfahrungsgemäss ein weiter Weg zurückzulegen. Die Zukunft wird zeigen, ob sich die grossen Erwartungen in Bezug auf diese neue Solarzelle wirklich erfüllen.

3.6 Bifacial-Solarzellen (beidseitig aktive Solarzellen)

Verschiedene der besprochenen Solarzellentypen sind prinzipiell dazu geeignet, *von beiden Seiten einfallendes Licht* auszunützen. Dadurch ergeben sich neue interessante Nutzungsmöglichkeiten, da bifaciale Module nicht mehr unbedingt in Sonnenrichtung geneigt werden müssen, sondern auch vertikal aufgestellt werden können (z.B. in Nord-Süd-Richtung). Andererseits kann bei normal ausgerichteten Solargeneratoren mit Bifacial-Modulen, bei denen vom Boden reflektiertes Licht auch auf die Rückseite fallen kann, mit einem Energie-Mehrertrag von 10 - 15 % gerechnet werden. Die Firma Solar Wind Europe bietet Bifacial-Module im Leistungsbereich 40 W - 120 W aus Pilotproduktion an. Allerdings ist die Lichtausnützung noch nicht auf beiden Seiten genau gleich gut, d.h. das von der einen Seite einfallende Licht wird etwas besser verwertet als das von der andern Seite kommende Licht (Ausnützung des von der Rückseite stammenden Lichtes z.B. nur zu etwa 50 %). Auch Hitachi hat an der Weltausstellung 2005 in Japan offenbar bifaciale Module aus Pilotproduktion vorgestellt. Die Zukunft wird zeigen, ob sich solche Module einen gewissen Anteil am PV-Markt erobern werden und ob auch grössere Hersteller mit der Produktion derartiger Module beginnen werden.

3.7 Beispiele zu Kapitel 3

1)

Eine Silizium-Solarzelle mit einer Zellenfläche $A_Z = 225\ cm^2$ hat bei STC (1 kW/m^2, AM 1,5, 25°C) ein U_{OC} von 600 mV, ein I_{SC} von 7,5 A und ein P_{max} von 3,4 W .

Diese Solarzelle werde nun bei der gleichen Einstrahlung, aber bei einer Zellentemperatur $T_Z = 75$ °C betrieben. Es kann angenommen werden, dass ihre Temperaturabhängigkeit gemäss Bild 3-18 verläuft.

Gesucht:
a) U_{OC} (bei $T_Z = 75°C$)
b) I_{SC} (bei $T_Z = 75°C$)
c) P_{max} (bei $T_Z = 75°C$)
d) FF (bei $T_Z = 75°C$)
e) η_{PV} (bei $T_Z = 75°C$)

Lösungen:
a) $U_{OC} \approx (1 - 0,2)\ U_{OC(STC)} \approx 480$ mV
b) $I_{SC} \approx (1 + 0,02)\ I_{SC(STC)} \approx 7,65$A
c) $P_{max} \approx (1 - 0,235)\ P_{max(STC)} \approx 2,60$ W
d) $FF = P_{max}/(U_{OC} \cdot I_{SC}) \approx 70,8$ %.
e) $\eta_{PV} = P_{max}/(G_o \cdot A_Z) \approx 11,6$ % .

Mit steigender Temperatur nehmen also nicht nur U_{OC}, P_{max} und η_{PV}, sondern auch der Füllfaktor FF ab.

2)

Für (vorläufig noch nicht realisierbare) *idealisierte Solarzellen* (Diodenqualitätsfaktor n=1) ohne ohmsche Verluste mit einer Zellenfläche $A_Z = 100\ cm^2$, welche die *theoretischen Grenzen von* J_{SC}, U_{OC}, *FF und* η_T auch in der Praxis *erreichen*, berechne man mit den Beziehungen von Kapitel 3.4 bei STC (1 kW/m², AM1,5, 25 °C) :

a) I_{SC}, U_{OC}, FF, P_{max} und η_T für eine idealisierte monokristalline Si-Solarzelle (E_G = 1,12 eV).

b) I_{SC}, U_{OC}, FF, P_{max} und η_T für eine idealisierte CdTe-Solarzelle (E_G = 1,46 eV).

Lösungen:

a) Gemäss (3.4) beträgt U_T = 25,68 mV für n = 1 bei 25°C.
Gemäss Bild 3-20 ist $J_{SC} \approx 43{,}1\ mA/cm^2 \Rightarrow I_{SC} \approx A_Z \cdot J_{SCmax} = 4{,}31$ A.
Mit (3.22) oder angenähert mit Bild 3-23 ergibt sich : U_{OC} = 767 mV (K_S = 40'000 A/cm²).
Mit (3.12) oder angenähert mit Bild 3-24 erhält man FF_i = 0,857.
Mit (3.19) folgt: $P_{max} = U_{OC} \cdot I_{SC} \cdot FF_i = 2{,}83$ W.
Mit (3.20) oder direkt mit Bild 3-25 ergibt sich $\eta_T = P_{max}/(G_o \cdot A_Z) = 28{,}3\%$.

b) Gemäss (3.4) beträgt U_T = 25,68 mV für n = 1 bei 25°C.
Gemäss Bild 3-20 ist $J_{SC} \approx 30{,}1\ mA/cm^2 \Rightarrow I_{SC} \approx A_Z \cdot J_{SCmax} \approx 3{,}01$ A.
Mit (3.22) oder angenähert mit Bild 3-23 ergibt sich : U_{OC} = 1,098 V
(K_S = 40'000 A/cm²).
Mit (3.12) oder angenähert mit Bild 3-24 erhält man FF_i = 0,891.
Mit (3.19) folgt: $P_{max} = U_{OC} \cdot I_{SC} \cdot FF_i = 2{,}94$ W.
Mit (3.20) oder direkt mit Bild 3-25 ergibt sich $\eta_T = P_{max}/(G_o \cdot A_Z) = 29{,}4\ \%$.

3)

Für die in Aufgabe 2a verwendete idealisierte Si-Solarzelle (Diodenqualitätsfaktor n=1) ohne ohmsche Verluste mit einer Zellenfläche $A_Z = 100\ cm^2$, welche die theoretischen Grenzen von J_{SC}, U_{OC}, FF und η_T auch in der Praxis *erreicht*, berechne man mit den Beziehungen von Kapitel 3.4 den *theoretischen Wirkungsgrad* η_T *in monochromatischem Rotlicht* (λ = 0,77 μm) mit G_o = 1 kW/m² (Zellentemperatur T_Z = 25°C).

Lösung:

Nach (2.33) beträgt die Energie eines solchen Rotlicht-Photons $E_{Ph} = 2{,}58 \cdot 10^{-19}$ J = 1,61 eV.
Die Anzahl pro Sekunde und Flächeneinheit auf die Solarzelle aufteffenden Photonen beträgt:
$n_{Ph}/(A \cdot t) = G_o/E_{Ph} = 3{,}88 \cdot 10^{17}$ Photonen/cm²s $\Rightarrow$ Stromdichte $J_{SC} = n_{Ph} \cdot e/(A \cdot t) = 62{,}1\ mA/cm^2$.
Mit (3.22) erhält man daraus die maximal mögliche Leerlaufspannung U_{OC} = 777 mV
(K_S = 40'000 A/cm²).
Mit (3.12) ergibt sich der idealisierte Füllfaktor FF_i = 0,858.
Mit (3.19) erhält man $P_{max} = FF_i \cdot U_{OC} \cdot J_{SC} \cdot A_Z = 4{,}14$ W.
Mit (3.20) folgt daraus $\eta_T = (P_{max}/A_Z)/\ G_o = 41{,}4\ \%$.
In monochromatischem Licht kann der Wirkungsgrad von Solarzellen somit noch wesentlich grösser sein als im AM1,5-Spektrum !

4)

Eine (vorläufig noch nicht realisierbare) *idealisierte Tandem-Solarzelle* (Diodenqualitätsfaktor n=1) ohne ohmsche Verluste (analog zu Beispiel 2) mit einer Zellenfläche $A_Z = 100\ cm^2$ besteht aus zwei elektrisch getrennten und optisch hintereinandergeschalteten Solarzellen (4-Terminal-Tandemzelle). Die Bandlückenenergie E_G der Frontzelle betrage 1,75 eV, diejenige der rückseitigen Zelle $E_G = 1$ eV. Da in diesem idealisierten Fall angenommen wird, dass die Frontzelle alle Photonen mit genügender Energie absorbiert und alle Photonen mit zu geringer Energie ungehindert durchlässt, verringert sich die mögliche Stromdichte gemäss Bild 3-20 in der rückseitigen Zelle genau um die Stromdichte der Frontzelle. Unter diesen Annahmen berechne man mit den Beziehungen von Kapitel 3.4 bei STC (1 kW/m², AM1,5 , 25 °C):

a) I_{SC}, U_{OC}, FF, P_{max} und η_T für die idealisierte Front-Solarzelle ($E_G = 1{,}75$ eV).

b) I_{SC}, U_{OC}, FF, P_{max} und η_T für die idealisierte rückseitige Solarzelle ($E_G = 1$ eV).

c) P_{max} und η_T für die Gesamtzelle, wenn angenommen wird, dass beide Zellen der Tandemzelle jeweils im MPP betrieben werden.

Lösungen:

a) Front-Solarzelle mit $E_G = 1{,}75$ eV :

Gemäss (3.4) beträgt $U_T = 25{,}68$ mV für n = 1 bei 25 °C.

Gemäss Bild 3-20 ist $J_{SC} = J_{SC\text{-}F} \approx 20{,}7\ mA/cm^2 \Rightarrow I_{SC\text{-}F} \approx A_Z \cdot J_{SCmax} \approx 2{,}07$ A.

Mit (3.22) oder angenähert mit Bild 3-23 ergibt sich : $U_{OC} = 1{,}378$ V.
($K_S = 40'000\ A/cm^2$).

Mit (3.12) oder angenähert mit Bild 3-24 erhält man $FF_i = 0{,}909$.

Mit (3.19) folgt: $P_{max} = P_{max\text{-}F} = U_{OC} \cdot I_{SC} \cdot FF_i \approx 2{,}59$ W.

Mit (3.20) oder direkt mit Bild 3-25 ergibt sich $\eta_T = P_{max} / (G_o \cdot A_Z) \approx 25{,}9\%$.

b) Rückseitige Solarzelle mit $E_G = 1$ eV :

Gemäss (3.4) beträgt $U_T = 25{,}68$ mV für n=1 bei 25 °C.

Gemäss Bild 3-20 beträgt bei $E_G = 1$ eV $J_{SC} \approx 47{,}7\ mA/cm^2$.

Davon ist bei einer Tandemzelle aber $J_{SC\text{-}F} = 20{,}7\ mA/cm^2$ der Frontzelle abzuziehen:

$\Rightarrow J_{SC\text{-}R} = J_{SC} - J_{SC\text{-}F} = 27{,}0\ mA/cm^2 \Rightarrow I_{SC\text{-}R} \approx A_Z \cdot J_{SC\text{-}R} \approx 2{,}70$ A.

Mit (3.22) oder näherungsweise mit Bild 3-23 ergibt sich: $U_{OC} = 635$ mV.
($K_S = 40'000\ A/cm^2$).

Mit (3.12) oder angenähert mit Bild 3-24 erhält man $FF_i = 0{,}835$.

Mit (3.19) folgt: $P_{max} = P_{max\text{-}R} = U_{OC} \cdot I_{SC\text{-}R} \cdot FF_i \approx 1{,}43$W.

Mit (3.20) *(aber nicht direkt mit Bild 3-25!)* ergibt sich $\eta_T = P_{max} / (G_o \cdot A_Z) \approx 14{,}3$ %.

c) Gesamte Tandemzelle :

Totales $P_{max} = P_{max\text{-}F} + P_{max\text{-}R} = 4{,}02$ W. Mit (3.20) ergibt sich somit :

Theoretischer Wirkungsgrad der ganzen Tandemzelle : $\eta_T = P_{max} / (G_o \cdot A_Z) \approx 40{,}2$ % .

3.8 Literatur zu Kapitel 3

[3.1] R.M. Swanson: "How Close to the 29% Limit Efficiency can Commercial Silicon SolarCells Become?" 20th EU Photovoltaic Solar Energy Conference, Barcelona, 2005.

[3.2] M.A. Green et al.: "Solar Cell Efficiency Tables (Version 26)". Progress in Photovoltaics: Research and Applications 2005; 13: 387-392.

[3.3] W. Maag: "Photovoltaische Dünnfilmzellen - Der grosse Aufschwung". SEV-Bulletin 6/1987, S. 323 ff.

[3.4] G. Herning, A. Kreutzmann: "Konzentration bitte – Die Renaissance der konzentrierenden Solarmodule". Photon 7/2005, S. 62 ff.

[3.5] A. Shah und R. Tscharner: "Technologien für Solarzellen und Solarmodule". SEV-Bulletin 23/1991, S. 11 ff.

[3.6] A. Shah, H. Curtins u.a.: "Die Abscheidung von amorphem Silizium im VHF-GD-Prozess". IMT, Universität Neuenburg, 1988.

[3.7] H. Curtins und A. Shah: "Photovoltaik: Strom aus Sonnenlicht". Technische Rundschau 25/1988, S. 70 ff.

[3.8] P. Bonhôte, A. Kay, M. Grätzel: "Photozellen mit Enerigeumwandlung nach Pflanzenart". SEV-Bulletin 7/1996, S. 11 ff.

[3.9] Y. Tawada, H. Yamagishi, K. Yamamoto: "Mass productions of thin film silicon PV thin Film Modules". Solar Energy Materials & Solar Cells 78(2003), p. 647ff.

Ferner:

[Bur93], [Eic01], [Gre86], [Gre95], [Häb91], [Her92], [Hu83], [Ima92], [Lad86], [Luq03], [Mar94], [Mar03], [Qua03], [Sta87], [See93], [Wen95], [Wil94], [Win91].

4 Solarmodule und Solargeneratoren

4.1 Solarmodule

Kommerzielle kristalline Silizium-Solarzellen haben bei einer Zellentemperatur von 25°C eine Leerlaufspannung U_{OC} von etwa 0,55 V bis 0,72 V. Bei einer Zellenfläche von $A_Z \approx 100\ cm^2$ (4-Zoll-Wafer) haben sie einen Kurzschlussstrom I_{SC} von 3 A bis 3,8 A, bei $A_Z \approx 155\ cm^2$ (5-Zoll-Wafer) etwa 4,6 A bis 6 A, bei $A_Z \approx 225\ cm^2$ (6-Zoll-Wafer) etwa 6,8 A bis 8,5 A und bei 400 cm^2 (8-Zoll-Wafer) etwa 13 A bis 15 A. Im Punkt optimaler Leistungsabgabe (MPP, siehe Abschn. 3.3.3) beträgt die Spannung noch etwa $U_{MPP} \approx 0,45$ V bis 0,58 V. Es gibt kaum einen Verbraucher, der sich mit so kleinen Spannungen betreiben lässt. Zur Erzeugung praktisch nutzbarer Spannungen müssen deshalb mehrere Solarzellen in Serie geschaltet werden.

Werden für eine bestimmte Anwendung grössere Ströme benötigt, so müssen mehrere Solarzellen parallel geschaltet werden. Durch Serie- und Parallelschaltung von Solarzellen ist es möglich, beliebig viele Solarzellen zu riesigen Solargeneratorfeldern mit Leistungen von vielen MW zusammenzuschalten.

Für viele Anwendungen ist es zweckmässig, etwa 32 bis 72 Solarzellen in Serie zu schalten und zum Schutz gegen Umwelteinflüsse in einem gemeinsamen Gehäuse zu verpacken. Die so entstehenden Einheiten werden Solarzellenmodule, Solarmodule oder nur Module genannt.

Sehr verbreitet sind Solarmodule mit 36 Zellen und Betriebsspannungen von ca. 15 V – 20 V und Leistungen von 50 W_P bis 200 W_P, da sich damit bereits mit einem Modul und einem Akkumulator für 12 V kleine Stromversorgungen realisieren lassen. Entsprechende Module mit 72 Zellen für Betriebsspannungen von 30 V – 40 V eignen sich dagegen direkt für Inselanlagen mit Systemspannungen von 24 V. Module mit Leistungen bis zu etwa 200 W_P, einer Fläche von maximal etwa 1,5 m^2 und einem Gewicht bis etwa 18 kg lassen sich noch einigermassen gut von einer Person handhaben.

Das grösste *serienmässig* produzierte Modul wird gegenwärtig von der Firma Schott angeboten und hat eine Leistung von etwa 283 W_P (120 Zellen in Serie). Die Firma Sunpower hat auf Mitte 2007 sogar ein Modul mit 315 W_P angekündigt (Details zu diesen Modulen siehe Tab. 4.1). Auf Kundenwunsch können von spezialisierten Firmen auch grössere Module nach Mass für die Integration in Gebäuden hergestellt werden.

Die Lebensdauer eines Solarmoduls ist weitgehend durch die Güte des erreichten Schutzes gegen Umwelteinflüsse bestimmt. Von manchen Herstellern werden Werte von 30 Jahren angegeben, wobei Vollgarantien von 2 – 5 Jahren und teilweise eine beschränkte Leistungsgarantie für 10 bis 26 Jahre gewährt wird. Meist wird für die Frontabdeckung eisenarmes gehärtetes Spezialglas (Schutz gegen Hagel!) mit sehr guter Lichtdurchlässigkeit verwendet. Die Solarzellen werden in Folien aus durchsichtigem Kunststoff (z.B. Ethylvinylazetat, EVA) hermetisch eingepackt. Für die Rückseite wird je nach Hersteller Kunststoff oder ebenfalls Glas eingesetzt. Ein *klassisches Solarmodul* hat ein relativ dünnes Glas (z.B. 3 – 4 mm) und wird von einem stabilen *Metallrahmen* (meist aus Aluminium) eingefasst, der die nötige mechanische Festigkeit und einen guten Kantenschutz gewährleistet. Bei Modulen mit Dünnschichtzellen (z.B. a-Si) werden auch Kunststoffrahmen eingesetzt.

Bei kristallinen Solarzellen ist die Modulherstellung ein relativ arbeitsaufwändiger Prozess. In Bild 4-1 sind die dazu nötigen Arbeitsgänge dargestellt. Bild 4-2 und 4-3 zeigen einzelne Zwischenstadien im Produktionsprozess.

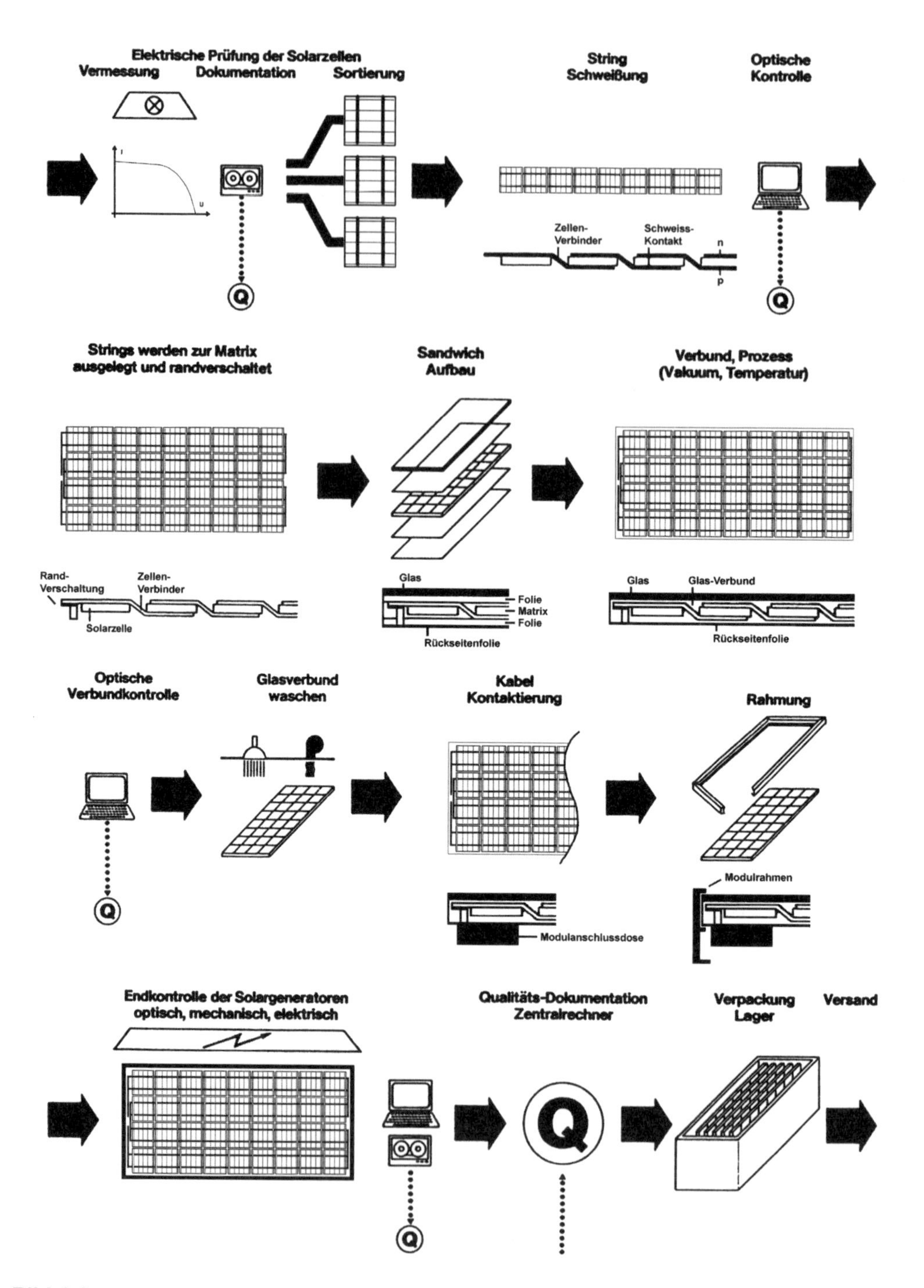

Bild 4-1:
Der Weg von der kristallinen Silizium-Solarzelle zum fertigen Solarmodul
(unter teilweiser Verwendung von Unterlagen der Firma AEG)

Bild 4-2:

Zusammenfügen von einzelnen Solarzellen zu Strings.

Um das Prinzip zu zeigen, wird hier bewusst eine etwas ältere, aber leichter zu verstehende Apparatur gezeigt.

(Bild Solarfabrik AG, Freiburg)

Bild 4-3:

Im Laminator wird das Sandwich aus Deckglas, EVA-Folien und den dazwischen liegenden, bereits verschalteten Strings unter Vakuum zusammengebacken.

Um das Prinzip zu zeigen, wird auch hier eine etwas ältere, aber leichter zu verstehende Apparatur gezeigt.

(Bild Solarfabrik AG, Freiburg)

Die beschriebene Verpackungsmethode ist recht aufwändig. In den dazu benötigten Materialien steckt besonders bei Modulen mit Aluminiumrahmen viel graue Energie, also Energie, die bei ihrer Herstellung aufgewendet werden musste. Wenn man andererseits Solarmodule gesehen hat, die schon viele Jahre im relativ feuchten mitteleuropäischen Klima der Witterung ausgesetzt waren, ist man von der Notwendigkeit eines sehr guten Witterungsschutzes überzeugt. Es ist auf dem Gebiet des Bauwesens auch keine einfache Sache, Fenster herzustellen, die 20 - 30 Jahre ohne Unterhaltsarbeiten völlig dicht bleiben und nicht trüb werden.

Für die Integration in Gebäuden werden oft *rahmenlose Module* (sogenannte *Laminate*) mit wesentlich dickerem Glas (z.B. 6 - 10 mm) eingesetzt, welche wie Glasscheiben in Fassaden oder Dächer eingebaut werden können. Wegen des fehlenden Rahmens müssen derartige Laminate bis zum Einbau sehr sorgfältig behandelt werden, um Bruchschäden zu vermeiden. Für die Montage auf Dächern werden seit einigen Jahren von verschiedenen Herstellern auch spezielle *Solardachziegel* aus Kunststoff oder Glas angeboten, die etwas grösser als normale Dachziegel sind und anstelle normaler Ziegel für die Dacheindeckung verwendet werden.

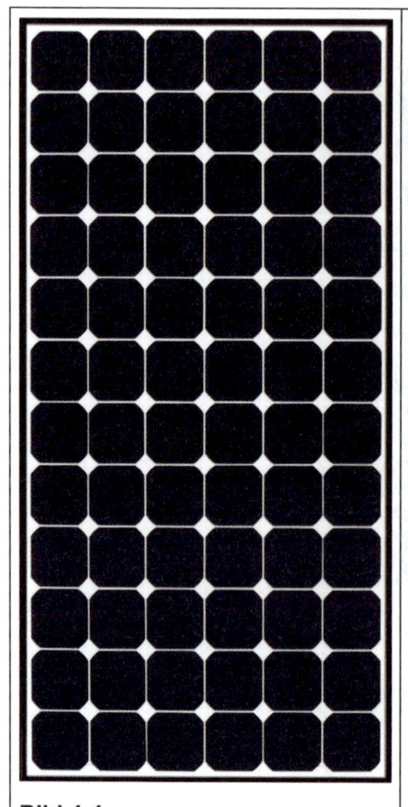

Bild 4-4:
Solarmodul SPR220 mit 72 monokristallinen Silizium-Solarzellen mit neuartiger Rückkontaktierung von Sunpower (220 Wp, η_M = 17,7 %).
(Bild Sunpower Corporation)

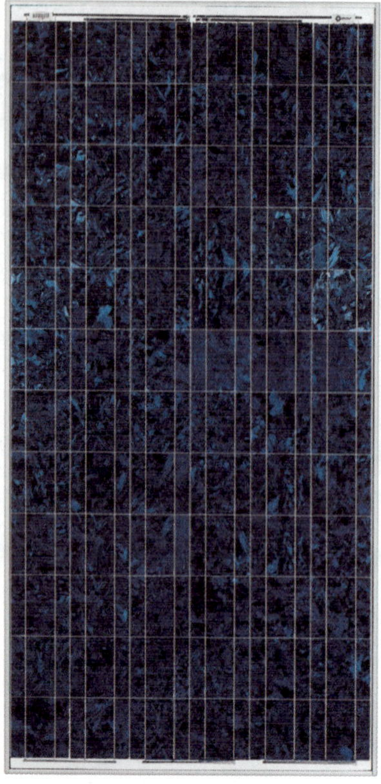

Bild 4-5:
Solarmodul BP3160 mit 72 polykristallinen Silizium-Solarzellen mit konventioneller Kontaktierung von BP Solar (175 Wp, η_M = 12,7 %).
(Bild BP Solar)

Bild 4-6:
$CuInSe_2$-(CIS-) Modul ST40 von Shell Solar (40 Wp)
(Bild Shell Solar)

Bild 4-4 zeigt ein fertiges monokristallines Solarmodul (SPR220) mit Zellen mit neuartiger Rückkontaktierung (keine Beschattung durch Frontelektroden), Bild 4-5 ein poly- resp. multikristallines Solarmodul mit konventionellen Frontelektroden (BP3160) und Bild 4-6 ein CIS-Modul ST40 mit einem sehr homogenen Erscheinungsbild (alle diese Module gerahmt).

Bild 4-7 stellt ein rahmenloses Laminat mit polykristallinen Zellen dar. In Bild 4-8 erkennt man ein Solarmodul US64 von Unisolar mit Tripelzellen aus amorphem Silizium (Aufbau der Solarzellen gemäss Bild 3-51). Bild 4-9 zeigt einen der ersten kommerziellen Solardachziegel, den SDZ36 von Newtec, der 24 monokristalline Zellen enthält, anstelle einiger normaler Ziegel auf dem Dach verlegt werden kann und wie normale Dachziegel begehbar ist.

Gegenüber Laminaten bieten gerahmte Module Vorteile bezüglich Handhabung, mechanischer Stabilität und Blitzschutz. Besonders bei relativ flach montierten Modulen bildet sich aber zwischen dem Rand der äussersten Zellen und dem Rahmen im Laufe der Zeit gerne eine permanente Schmutzschicht, die den Energieertrag reduziert. Deshalb sollte bei gerahmten Modulen der Rahmen auf der besonnten Seite möglichst niedrig sein und immer allseitig ein Abstand von etwa 5 mm – 15 mm zwischen Zellen und Modulrahmen vorgesehen werden.

Bild 4-7:
Polykristallines Laminat SF125 von Solarfabrik mit 36 Zellen in Serie (P_{max} = 125 Wp).
(Bild Solarfabrik AG, Freiburg)

Bild 4-8:
Amorphes Solarmodul US64 mit P_{max} = 64 Wp von Unisolar mit Tripelzellen gemäss Bild 3-51. Da die Zellen relativ grossflächig und zudem nach Herstellerangaben einzeln mit je einer Bypassdiode überbrückt sind, sind diese Module auf Teilbeschattung wesentlich weniger empfindlich als normale Module mit kristallinen Zellen.
(Bild Uni-Solar).

Bild 4-9:
Begehbarer Solardachziegel aus Kunststoff mit 24 monokristallinen Solarzellen und P_{max} = 36 Wp von Newtec.
Dieses Produkt war einer der ersten kommerziell erhältlichen Solardachziegel vernünftiger Grösse, konnte mit einem einfachen Stecksystem schraubenlos zu Strängen in Serie geschaltet werden und wurde anstelle von 4 normalen Dachziegeln eingebaut.

Für die Darstellung von Solarzellenmodulen in Schaltschemas wird das in Bild 4-10 gezeigte Symbol verwendet. Das Dreieck am positiven Ende erinnert etwas an das Schaltzeichen einer Diode (siehe Bild 3-8).

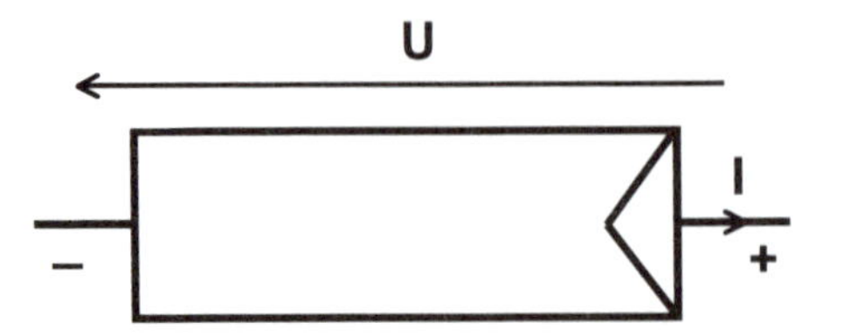

Bild 4-10:
Schaltzeichen eines Solarmoduls

Falls in der Photovoltaikanlage höhere Spannungen erforderlich sind, müssen mehrere Module zu einem sogenannten Strang (oder auf Englisch: String) in Serie geschaltet werden. Für höhere Ströme müssen mehrere Module oder Stränge parallel geschaltet werden.

Um den prinzipiellen Verlauf der Kennlinien eines Solarmoduls mit 36 Zellen *produkt- und herstellerneutral* darzustellen, wird das früher sehr verbreitete, heute aber nicht mehr produzierte Modul M55 der früheren Firma Siemens Solar verwendet mit 36 nahezu quadratischen Zellen von etwa 103 mm · 103 mm in Serie und einer Nennleistung von 55 Wp bei STC.

Da es in den letzten Jahren zunehmend schwieriger wurde, von den Modulherstellern *detaillierte* Kennlinien ihrer Module *bei verschiedenen Betriebszuständen* zu erhalten, wurden die Kennlinien der Bilder 4-11 bis 4-15 unter Verwendung der vollständigen Ersatzschaltung nach Bild 3-12 mit dem Computer erzeugt, so dass sich eine möglichst gute Übereinstimmung mit den relativ wenigen vom Hersteller publizierten Daten und mit eigenen Messungen an einigen Modulen ergibt. Bild 4-11 gibt eine Übersicht über die I-U-Charakteristiken des Moduls M55 bei einer Zellentemperatur von 25°C und 55°C und drei verschiedenen Bestrahlungsstärken (100 W/m^2, 400 W/m^2 und 1 kW/m^2).

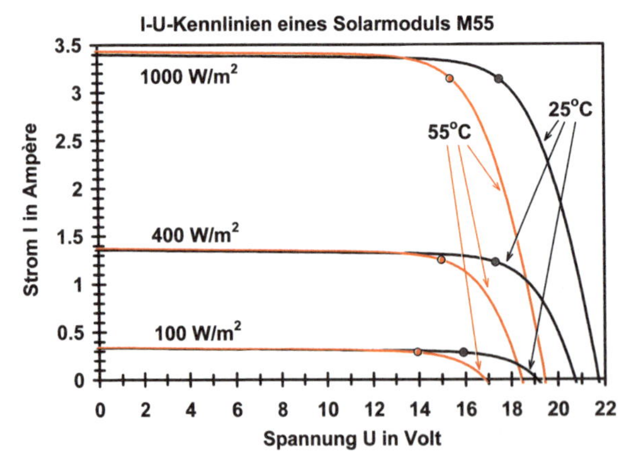

Bild 4-11:
Übersicht über die I-U-Charakteristiken des Moduls M55 (55 Wp, 36 Zellen in Serie) bei drei verschiedenen Einstrahlungen (100 W/m^2, 400 W/m^2, 1 kW/m^2) und Zellentemperaturen von 25°C und 55°C.

Auf allen gezeigten Kurven sind jeweils auch die MPPs (Punkte maximaler Leistung) angegeben.

Bild 4-12 zeigt die I-U-Kennlinien eines Moduls M55 bei einer konstanten Zellentemperatur von 25°C bei verschiedenen Bestrahlungsstärken. Der Kurzschlussstrom ist genau proportional zur Einstrahlung. Die Leerlaufspannung ist dagegen bereits bei kleiner Einstrahlung fast so gross wie bei 1 kW/m^2. Die maximale Leistung P_{MPP} im MPP nimmt etwas stärker zu als die Einstrahlung, d.h. bei kleiner Einstrahlung ist auch der Wirkungsgrad etwas geringer als bei 1 kW/m^2.

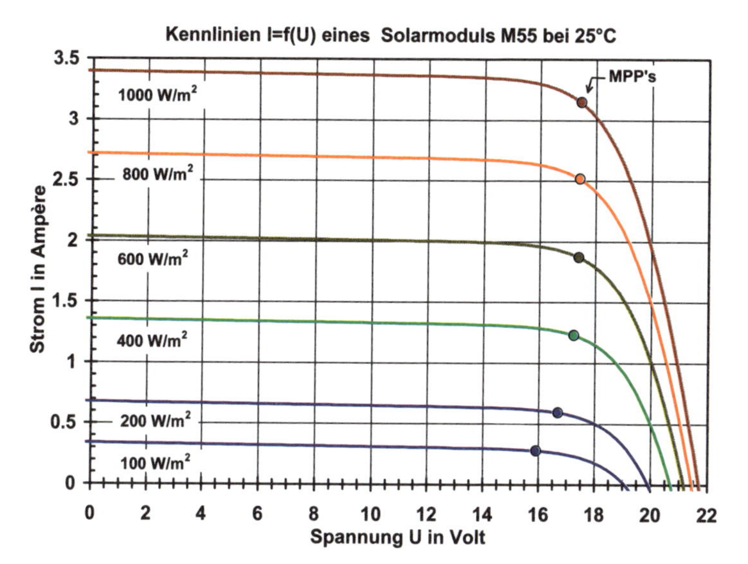

Bild 4-12:

Typische Kennlinien I=f(U) des monokristallinen Solarmoduls M55 bei verschiedenen Einstrahlungen und einer Zellentemperatur von 25°C.

Bild 4-13 zeigt die I-U-Kennlinien eines Moduls M55 bei einer konstanten Bestrahlungsstärke von 1 kW/m² bei verschiedenen Zellentemperaturen T_Z. Der Kurzschlussstrom nimmt mit steigender Temperatur ganz wenig zu, dafür sinken aber die Leerlaufspannung, der Füllfaktor, die maximale Leistung im MPP und damit auch der Wirkungsgrad mit steigender Temperatur ziemlich stark ab.

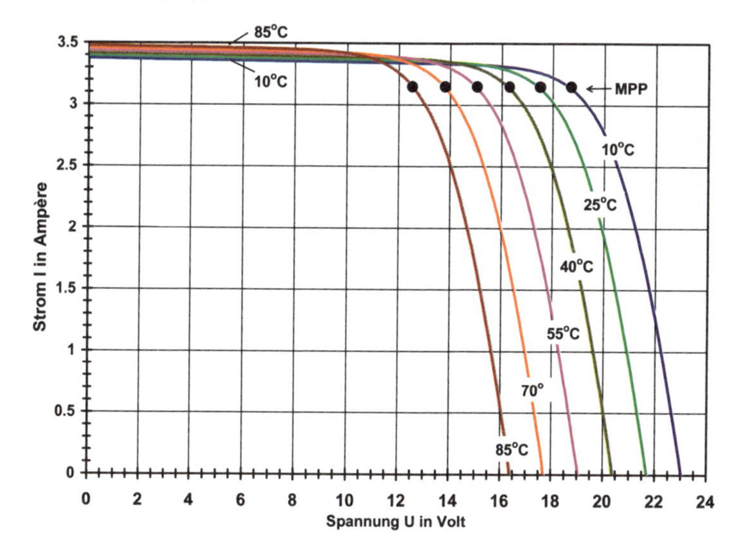

Bild 4-13:

Typische Kennlinien I=f(U) des monokristallinen Solarmoduls M55 bei verschiedenen Zellentemperaturen und einer Einstrahlung von 1 kW/m².

Die in Bild 4-12 gezeigten I-U-Kennlinien bei verschiedenen Bestrahlungsstärken, aber konstanter Zellentemperatur zeigen das Verhalten des Moduls unter Laborbedingungen, sagen aber für die Verwendung in der Praxis zu wenig aus, da sich ein Solarmodul bei Bestrahlung natürlich beträchtlich erwärmt. Die Zellentemperatur T_Z liegt je nach Montageart, Modulaufbau und Windverhältnissen bei einer Einstrahlung von 1 kW/m² meist etwa 20°C bis 40°C über der Umgebungstemperatur T_U. Wird die verfügbare elektrische Leistung des Moduls vom äusseren Stromkreis abgenommen, ist T_Z etwas tiefer als im Leerlauf oder Kurzschluss, wo die gesamte eingestrahlte Leistung in Wärme umgesetzt wird. Diese auf Grund des Energiesatzes leicht verständliche Tatsache kann beispielsweise zur Fehlersuche (Auffinden inaktiver Module mittels Thermografie) in grossen Solargeneratorfeldern ausgenützt werden.

Die durch die Bauart des Moduls bedingte Erhöhung der Zellentemperatur gegenüber der Umgebungstemperatur T_U kann mit der sogenannten *nominellen Zellenbetriebstemperatur NOCT* berechnet werden. Diese ist definiert als die sich einstellende Zellentemperatur des Moduls, wenn dieses *im Leerlauf* bei einer Umgebungstemperatur von 20°C und einer Windgeschwindigkeit von 1 m/s im AM1,5-Spektrum einer Bestrahlungsstärke G_{NOCT} = 800 W/m² ausgesetzt wird. Unter der Annahme, dass die Temperaturerhöhung gegenüber T_U proportional zur Einstrahlung G_M auf das Modul resp. G_G auf den Solargenerator ist, erhält man für T_Z:

$$\textit{Zellentemperatur}\ T_Z = T_U + (NOCT - 20°C) \cdot \frac{G_M}{G_{NOCT}} \qquad (4.1)$$

Dabei bedeuten

T_U die Umgebungstemperatur in °C

NOCT die nominelle (normale) Zellenbetriebstemperatur gemäss Moduldatenblatt in °C

$G_M = G_G$ die Bestrahlungsstärke auf das Solarmodul resp. auf den Solargenerator

G_{NOCT} = 800 W/m² = Bestrahlungsstärke, bei der NOCT definiert ist.

Bei üblichen Modulen liegt die NOCT-Temperatur etwa im Bereich 44°C – 50°C.

Praxisgerechter sind deshalb Darstellungen der I-U-Kennlinien eines Solarmoduls bei verschiedenen Bestrahlungsstärken, jedoch *konstanten Umgebungstemperaturen*. Solche *typische Kennlinien* eines M55 werden in Bild 4-14 für eine *Umgebungstemperatur von 25°C* (z.B. an einem durchschnittlichen Sommertag) und in Bild 4-15 für eine *Umgebungstemperatur von 5°C* (z.B. an einem durchschnittlichen Wintertag) gezeigt.

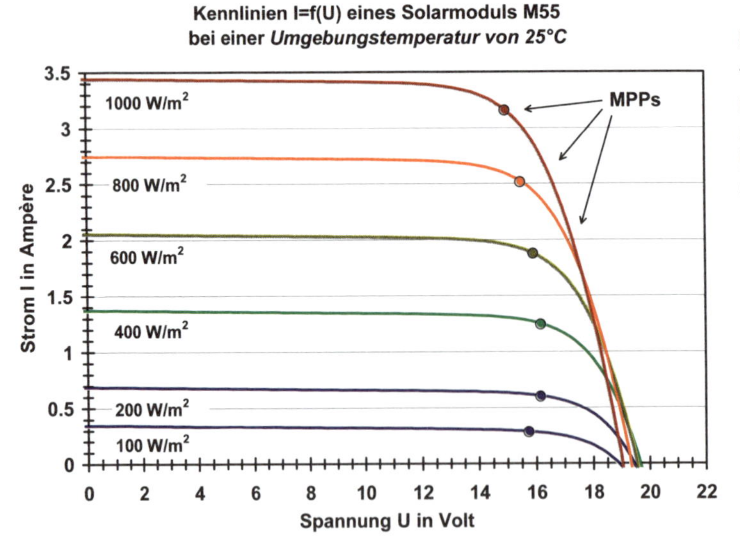

Bild 4-14:
Typische Kennlinien I=f(U) des monokristallinen Solarmoduls M55 bei verschiedenen Einstrahlungen und einer *Umgebungstemperatur von 25°C.*

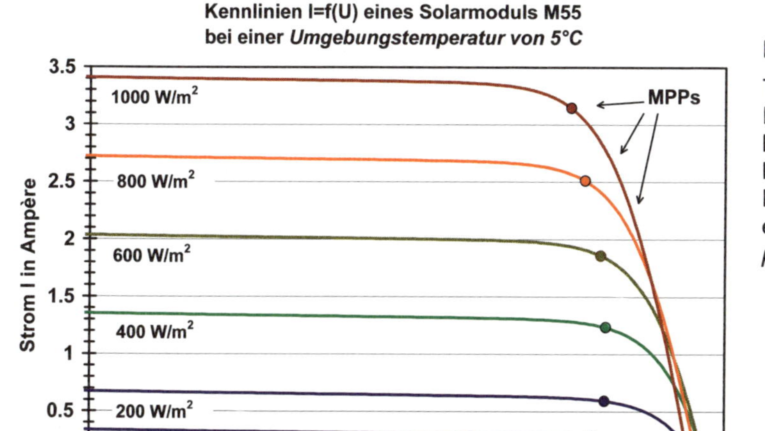

Bild 4-15:

Typische Kennlinien I=f(U) des monokristallinen Solarmoduls M55 bei verschiedenen Einstrahlungen und einer *Umgebungstemperatur von 5°C.*

Bei der Erzeugung dieser Kennlinien wurde gegenüber der Umgebungstemperatur mit einer Temperaturerhöhung von 30°C bei einer Einstrahlung von 1 kW/m^2 gerechnet. Diese Werte werden etwa bei Windstille mit einer durchschnittlichen Montageart (Befestigung an einem Gebäude, aber mit guter Hinterlüftung) erreicht. Bei freistehend montierten Modulen, die von einem zügigen Wind gekühlt werden, ist die Temperaturerhöhung deutlich geringer und die Spannung etwas höher als in Bild 4-14 und Bild 4-15 dargestellt. Bei Modulen, die auf begrünten Freiflächen montiert sind, kann beispielsweise mit einer Temperaturerhöhung von etwa 22°C bei 1 kW/m^2 gerechnet werden. Dagegen kann bei schlecht hinterlüfteten Modulen bei Windstille die Temperaturerhöhung wesentlich grösser und die Spannung etwas geringer sein. In einem solchen Fall können Temperaturerhöhungen bis über 40°C auftreten.

Wie in Bild 4-14 zu erkennen ist, liegt die MPP-Spannung bei einer Umgebungstemperatur von 25°C bei allen angegebenen Bestrahlungsstärken deutlich über 12 V. In gemässigten Klimazonen reichen deshalb für die vollständige Aufladung von 12 V-Akkus eigentlich auch Module mit nur 32 – 33 in Serie geschalteten Zellen völlig aus. Module mit nur 33 Zellen und somit etwas tieferer Spannung werden aber nur von wenigen Herstellern angeboten (z.B. I-47 von Isofoton, früher auch M50 von Siemens Solar). Sunpower produziert ein hocheffizientes 32-Zellen Modul (SPR95) mit etwa gleicher Betriebsspannung wie frühere 36-Zellen Module.

Klassische Hersteller von Solarmodulen produzieren Solarzellen und verarbeiten diese zu Modulen weiter, die sie dem Kunden (mit einer gewissen Garantie) verkaufen. In den letzten Jahren sind verschiedene (teils kleine) Firmen ohne eigene Zellenproduktion entstanden, welche sich auf die Herstellung von (teils kundenspezifischen) Modulen oder Laminaten spezialisiert haben. Kundenspezifische Module und Laminate werden vor allem in der Gebäudeintegration verwendet. Diese Firmen verwenden zugekaufte Solarzellen von verschiedenen Herstellern. Sicher ist es bei der Gebäudeintegration für die Architekten sehr praktisch, wenn sie wie bei den Fenstern üblich Solarmodule und Laminate auf fast beliebige Masse erhalten können. Im Falle von Problemen (z.B. zu geringe Leistung, allmählicher Leistungsabfall, Delaminationen, Verfärbungen usw.), für die sowohl die Solarzellen als auch die Verpackung als Ursache in Frage kommen, dürfte es aber in diesem Fall viel schwieriger sein, Garantieansprüche geltend zu machen, denn es gibt keine klaren Verantwortlichkeiten mehr.

Heute werden Hunderte von verschiedenen Typen von Solarmodulen von vielen verschiedenen Herstellern angeboten. Tabelle 4.1 gibt beispielhaft eine Übersicht über die wichtigsten Daten einiger ausgewählter Module (nach Herstellerangaben und ohne Anspruch auf Vollständigkeit). Ausführlichere Angaben über einige hundert Module werden jeweils in der Februarnummer der Zeitschrift Photon veröffentlicht.

Firma	Typ	Zellen	Rahmen	Zelle	P_{max} [W]	U_{OC} [V]	I_{SC} [A]	Masse [kg]	Länge [mm]	Breite [mm]	A_M [m²]	η_M [%]
Aleo	S-18-I230	60	Alu	poly	230	36,6	8,44	22	1660	990	1,643	14,0
BP Solar	BP 790	36	Alu	mono	90	22,4	5,4	7,7	1209	537	0,649	13,8
BP Solar	BP 7195	72	Alu	mono	195	44,9	5,6	15,4	1593	790	1,258	15,5
BP Solar	BP 380	36	Alu	poly	80	22,1	4,8	7,7	1209	537	0,649	12,3
BP Solar	BP 3165	72	Alu	poly	165	44,2	5,1	15,4	1593	790	1,258	13,1
First Solar	FS-267	?	L	CdTe	67.5	92	1,15	11	1200	600	0,720	9,4
Isofoton	I-75S/12	36	Alu / L	mono	75	21,6	4,67	9	1224	545	0,667	11,2
Isofoton	IS150/12	72	Alu / L	mono	150	21,6	9,3	14,4	1590	790	1,256	11,9
Isofoton	IS150/24	72	Alu / L	mono	150	43,2	4,7	14,4	1590	790	1,256	11,9
Kyocera	KC130GHT-2	36	Alu	poly	130	21,9	8,02	12,2	1425	652	0,929	14,0
Kyocera	KC175GHT-2	48	Alu	poly	175	29,2	8,09	16	1290	990	1,277	13,7
Kyocera	KC200GHT-2	54	Alu	poly	200	32,9	8,21	18,5	1425	990	1,411	14,2
Schott	ASE260DG-FT	120	Alu	EFG	268	71,4	5,0	41	1605	1336	2,144	12,5
Schott	ASE275DG-FT/MC	120	Alu	poly	283	72,3	5,33	41	1605	1336	2,144	13,2
Sanyo	HIP-215 NHE	72	Alu	HIT	215	51,6	5,61	15	1570	798	1,152	17,2
Sharp	ND162E1F	48	Alu	poly	162	28,4	7,92	16	1318	994	1,310	12,4
Sharp	NT175E1	72	Alu	mono	175	44,4	5,4	17	1575	826	1,301	13,5
Sharp	NU180E1	48	Alu	mono	180	30,0	8,37	16	1318	994	1,310	13,7
Solarworld	SW225 poly	60	Alu	poly	225	36,6	8,17	22	1675	1001	1,677	13,4
Solarworld	SW185 mono	72	Alu	mono	185	44,8	5,5	15	1610	810	1,304	14,2
Shell	ST40	42	Alu	CIS	40	23,3	2,7	7	1219	328	0,424	9,4
Siemens	*M55 **	*36*	*Alu / L*	*mono*	*55*	*21,7*	*3,4*	*5,7*	*1293*	*330*	*0,427*	*12,9*
Sunpower	SPR 95**	32	Alu	mono	95	21,2	5,85	7,4	1038	527	0,547	17,4
Sunpower	SPR 220**	72	Alu	mono	220	48,3	5,95	15	1559	798	1,244	17,7
Sunpower	SPR 315** (prov.)	96	Alu	mono	315	64,6	6,14	24	1559	1046	1,631	19,3
Unisolar	US-32	11	Alu	3·a–Si	32	23,8	2,4	4,8	1366	383	0,523	6,1
Unisolar	US-64	11	Alu	3·a–Si	64	23,8	4,8	9,2	1366	741	1,012	6,3
Würth Solar	WS 31046	ca. 33	Alu	CIS	55	22,0	3,56	9,7	905	605	0,548	10,0
Würth Solar	WS 11007/80	ca. 69	Alu	CIS	80	45,5	2,5	12,7	1205	605	0,729	11,0

* nicht mehr lieferbar
** für volle Leistung Pluspol des PV-Generators hochohmig erden!

SPR 315: Provisorische Daten, Modul ab ca. Mitte 2007 lieferbar

Tabelle 4.1: Übersicht über die wichtigsten Daten einiger serienmässiger Module mit Silizium-Solarzellen von einigen grösseren Modulherstellern (nach Herstellerangaben, ohne Gewähr, ohne Anspruch auf Vollständigkeit). Bei HIT-Zellen wird zur Erhöhung des Wirkungsgrades eine dünne amorphe Si-Schicht auf eine kristalline Zelle aufgebracht, was auch eine etwas höhere Spannung pro Zelle zur Folge hat. Von vielen Modulen sind auf Wunsch auch Laminatversionen erhältlich (in Kolonne Rahmen mit L bezeichnet), bei denen geringfügige Abweichungen bei Dimensionen und Gewicht möglich sind. Alle elektrischen Angaben beziehen sich auf STC. Bei Modulen mit Tripel-Zellen und bei hocheffizienten Si-Zellen sind die Spannungen pro Zelle höher, bei CIS-Modulen dagegen etwas geringer als bei gewöhnlichen kristallinen Si-Zellen.

Beim Aufbau von Solarmodulen ist die Serieschaltung aller Solarzellen nicht die einzige Möglichkeit. Es werden vor allem in grösseren Modulen manchmal auch gemischte Schaltungen (Kombinationen von Serie- und Parallelschaltung) verwendet.

Bei der Zusammenschaltung von Solarzellen und Solarmodulen zu Solargeneratoren treten verschiedene Probleme auf, die berücksichtigt werden müssen, wenn in ungewöhnlichen Betriebszuständen Schäden vermieden werden sollen (siehe Kap. 4.2).

4.2 Probleme bei der Zusammenschaltung von Solarzellen

4.2.1 Kennlinien von Solarzellen in allen Quadranten

Bei der Zusammenschaltung von Solarzellen zu grösseren Einheiten (Solarmodulen oder Solargeneratoren) muss darauf geachtet werden, dass bei ungewöhnlichen Betriebszuständen keine Schäden durch Überlastung und Überhitzung einzelner Solarzellen auftreten. Praktisch heisst dies, dass bei jeder Solarzelle ein Betrieb im 1. und 3. Quadranten der Diodenkennlinie gemäss Bild 3-13, wo die Zelle Leistung aufnimmt statt abgibt, möglichst zu vermeiden ist.

Falls eine Solarzelle im Störungsfall (z.B. bei Beschattung) trotzdem im 1. oder 3. Quadranten der Diodenkennlinie betrieben werden kann, ist durch geeignete Schaltungsmassnahmen sicherzustellen, dass sowohl der Strom durch die Zelle als auch die in der Zelle in diesem Fall freigesetzte Leistung nicht zu gross werden. Um diese Fälle genauer behandeln zu können, ist es notwendig, die vollständigen Kennlinien von realen Solarzellen etwas näher zu betrachten. Da von den Herstellern über den Betrieb von Solarzellen im ersten 1. und 3. Quadranten auf den Datenblättern keine Angaben geliefert werden, wurden am PV-Labor der Berner Fachhochschule (BFH) einige handelsübliche Silizium-Solarzellen und Solarmodule untersucht.

Bild 4-16 zeigt die so gewonnenen typischen Kennlinien einer monokristallinen Solarzelle mit einer Zellenfläche $A_Z \approx 102\ cm^2$. Die dabei verwendeten Zählrichtungen entsprechen den gleichen Zählrichtungen für Spannung und Strom wie bei einer normalen Diode (Verbraucherzählpfeilsystem), d.h. der darin angegebene Strom entspricht I' in Bild 3-13. Der 1. Quadrant der Kennlinie entspricht der Vorwärts- oder Durchlassrichtung der Diode, der 3. Quadrant der Rückwärts- oder Sperrrichtung der Diode und der 4. Quadrant dem aktiven Bereich der Solarzelle, in dem Leistung abgegeben wird. Im 1. und 3. Quadranten nimmt die Solarzelle dagegen Leistung auf. Bei Sperrspannungen > 15 … 25 V erfolgt meist ein Durchbruch [4.14].

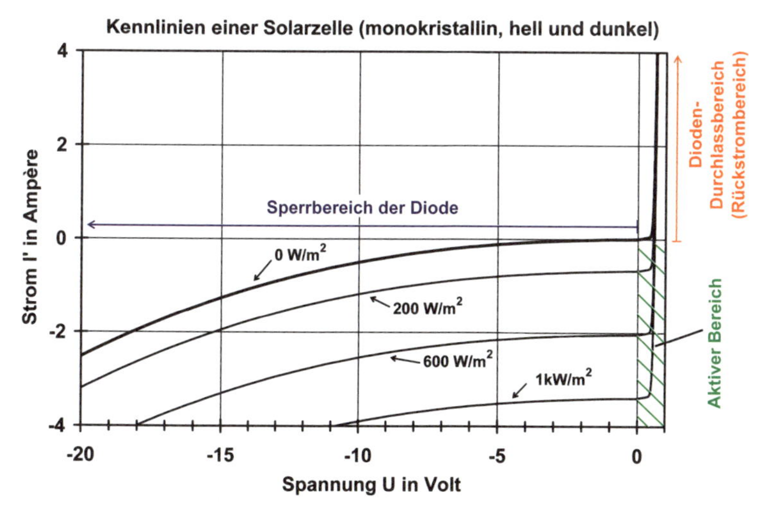

Bild 4-16: Kennlinien einer monokristallinen Siemens Solarzelle mit $A_Z \approx 102\ cm^2$ und einer Zellentemperatur von 25°C in allen Quadranten mit und ohne Beleuchtung (Verbraucherzählpfeilsystem). Bei Sperrspannungen im Bereich zwischen 20 V und 30 V (bei einzelnen Zelltypen auch etwas tiefer) tritt meist ein thermischer Durchbruch auf [4.14].

4.2.1.1 Rückstromverhalten (Verhalten im Dioden-Durchlassbereich)

Wird die Spannung an der Solarzelle durch eine äussere Quelle über die Leerlaufspannung U_{OC} angehoben, fliesst ein Strom I'>0 durch die in der Solarzelle enthaltene Diode. Dabei arbeitet diese Diode im Durchlassbereich. Bezieht man einen derartigen Strom auf die Stromrichtung I im Normalbetrieb der Solarzelle, kann man auch von einem *Rückstrom* sprechen.

In einer Diplomarbeit am PV-Labor der BFH (früher ISB) wurde im Frühling 1995 das Verhalten verschiedener monokristalliner Solarzellen beim Betrieb im 1. Quadranten untersucht [4.1]. Analoge Messungen wurden im Frühjahr 2006 auch an einem CIS-Modul von Würth durchgeführt. Dabei wurden die Solarzellen in dunklem Zustand jeweils während 15 Minuten von wachsenden Durchlassströmen I' gemäss Bild 3-13 durchflossen. Darauf wurden die Kennlinien der Solarzellen in einem Sonnensimulator aufgenommen und auf Veränderungen der Kennlinie untersucht. Der Füllfaktor FF reagiert besonders empfindlich auf Beschädigungen der Solarzelle. Dabei zeigte sich, dass alle untersuchten Solarzellen bei einer Umgebungstemperatur T_U von 20°C bis 25°C während 15 Minuten einen Rückstrom $I_R = 3 \cdot I_{SC\text{-}STC}$ ohne messbare Kennlinienveränderungen aushielten ($I_{SC\text{-}STC}$ = Kurzschlussstrom bei STC). Durch die Beanspruchung mit $I_R = 3 \cdot I_{SC\text{-}STC}$, bei der in der Solarzelle eine flächenspezifische Verlustleistung von 800 W/m^2 bis 900 W/m^2 entsteht, erwärmten sich die Solarzellen typischerweise um etwa 25°C gegenüber der Umgebungstemperatur. Einige Zellen zeigten erste leichte Kennlinienveränderungen nach Beanspruchung mit Dioden-Durchlassströmen resp. Rückströmen von $4{,}5 \cdot I_{SC\text{-}STC}$ bis $6 \cdot I_{SC\text{-}STC}$. Einzelne Zellen zeigten aber auch selbst nach diesen Beanspruchungen noch keine messbaren Kennlinienveränderungen. Auch einzelne Module wurden während bis zu 30 Minuten mit $3 \cdot I_{SC\text{-}STC}$ beansprucht, ohne dass Kennlinienveränderungen auftraten.

Die erwähnten Messungen wurden ohne Lichtexposition der Solarzellen bei einer Umgebungstemperatur von 20°C bis 25°C durchgeführt. Falls mit 1 kW/m^2 bestrahlte Solarzellen mit derartigen Rückströmen beansprucht werden, ergibt sich natürlich eine kumulierte Temperaturerhöhung. Infolge der Sonneneinstrahlung steigt die Zellentemperatur bereits um 20°C bis 40°C an. Die flächenspezifische Verlustleistung infolge des Rückstroms führt zu einer zusätzlichen Temperaturerhöhung. Bei $3 \cdot I_{SC\text{-}STC}$ dürfte diese (wegen der bei höheren Temperaturdifferenzen bereits leicht höheren Abstrahlung) etwa weitere 20°C betragen. Typischerweise wird sich eine Solarzelle unter dieser Beanspruchung also um etwa 50°C gegenüber der Umgebungstemperatur erwärmen. Bei einer maximal zulässigen Zellenbetriebstemperatur von 90°C bis 100°C (wie in einigen Moduldatenblättern angegeben) ergibt sich somit für diesen Fall eine noch zulässige Umgebungstemperatur von 40°C bis 50°C.

Bei analogen Untersuchungen am Fraunhofer Institut für Solare Energiesysteme, bei denen sich die Module bis auf über 150°C erwärmten, wurden bei einigen Modulen bei kurzzeitigen Rückströmen von bis zu $7 \cdot I_{SC\text{-}STC}$ keine Schäden beobachtet [4.15]. Werden Module allerdings längere Zeit derartigen Temperaturen ausgesetzt, dürften Schäden an den Einbettungsmaterialien (EVA-Folien) auftreten, denn kein Hersteller spezifiziert Module für derartige Temperaturen. Zudem ist auch nicht garantiert, dass die internen Verbindungen in den Modulen längere Zeit derartige Ströme sicher führen können, denn sie sind vom Hersteller nicht dafür ausgelegt.

Es darf deshalb angenommen werden, dass alle handelsüblichen Module mindestens den Kurzschlussstrom $I_{SC\text{-}STC}$ bei STC auch als Durchlassstrom im 1. Quadranten (resp. als Rückstrom I_R bezogen auf die normale Stromrichtung beim Solarzellenbetrieb) ohne Schaden aushalten. Wie die Messungen gezeigt haben, halten Solarzellen aber meist auch *$I_R = 2 \cdot I_{SC\text{-}STC}$ bis $3 \cdot I_{SC\text{-}STC}$* problemlos aus. Für die Planung von PV-Anlagen wäre aber eine *explizite Angabe des maximal zulässigen Modul-Rückstroms I_R auf dem Moduldatenblatt* (evtl. bei verschiedenen Temperaturen) sehr nützlich. Beim Modul Shell Ultra 85-P wurde z.B. ein Rückstrom $I_R = 3{,}67 \cdot I_{SC\text{-}STC}$ angegeben. Manchmal wird I_R indirekt durch Angabe eines Maximalwertes I_{max} für eine in Serie zu schaltende Sicherung angegeben. In einem solchen Fall kann $I_R \approx 1{,}1 \cdot I_{max}$ angenommen werden. Diese Erkenntnisse sind wichtig bei der Beurteilung der Frage, wie viele Modulstränge in Solargeneratoren ohne Strangsicherungen direkt parallel geschaltet werden dürfen.

4.2.1.2 Verhalten der Solarzelle bei Spannungsumkehr (im Dioden-Sperrbereich)

Wenn der von einer Solarzelle im aktiven Bereich erzeugte Strom I = -I' durch einen äusseren Einfluss noch grösser als ihr Kurzschlussstrom I_{SC} werden soll, muss die Spannung an dieser Zelle negativ werden. Die Zelle arbeitet dann im 3. Quadranten oder im Sperrbereich der Diode. Für die Gewinnung der Kennlinien im 3. Quadranten wurde zunächst die Dunkelkennlinie (Kurve 0 W/m²) bei einigen Zellen gemessen und daraus eine typische Kurve ausgewählt. Reale Solarzellen zeigen im Vergleich zu normalen Si-Dioden ein sehr schlechtes Sperrverhalten (siehe Bild 4-16), welches zudem noch beträchtlichen Exemplarstreuungen unterliegt. Die Dunkelkennlinie ist auch von der Temperatur abhängig. Bei grösseren Spannungen (mehr als einige Volt) tritt in der Zelle immer eine gewisse Verlustleistung auf, welche die Zellentemperatur erhöht. Durch diese Erwärmung verändert sich der Arbeitspunkt und damit auch die Kennlinie etwas.

4.2.1.3 Richtwerte für zulässige totale flächenspezifische thermische Verlustleistung

Beim Betrieb der Solarzelle im 1. oder 3. Quadranten kumulieren sich die Erwärmung infolge der elektrischen Verlustleistung und die Erwärmung infolge der Sonneneinstrahlung. Nimmt man eine höchstmögliche Umgebungstemperatur T_U von 40°C bis 50°C und eine gemäss Solarmodul-Datenblatt zulässige maximale Zellenbetriebstemperatur von 90°C bis 100°C an, kann man bei durchschnittlichen Kühlungsverhältnissen eine totale Temperaturerhöhung von etwa 50°C gegenüber der Umgebungstemperatur zulassen. Wird das ganze Modul thermisch gleichmässig beansprucht, wird dies bei einer totalen flächenspezifischen Verlustleistung von etwa 2 kW/m² (bei Zellengrösse von 100 cm² etwa 20 W pro Zelle) erreicht.

Maximale flächenspezifische thermische Verlustleistung p_{VTZ} in der Solarzelle:

$$p_{VTZ} = G_Z + \frac{P_{VEZ}}{A_Z} \approx 2\,kW/m^2 \approx 20\,W/dm^2 \approx 200\,mW/cm^2 \qquad (4.2)$$

Dabei bedeuten G_Z die Bestrahlungsstärke auf die Solarzelle (in der Praxis: $G_Z = G_G$)
A_Z die Fläche der Solarzelle
P_{VEZ} die elektrische Verlustleistung (U·I) in der Solarzelle beim Betrieb im 1. oder 3. Quadranten gemäss Bild 4-16.

Da die getroffenen Annahmen eher vorsichtig sind, geht man mit diesem (eher konservativen) Richtwert nach (4.2) in der Praxis meist noch kein Risiko ein. Beim Betrieb im 1. Quadranten, also im Durchlassgebiet, wird das ganze Modul gleichmässig belastet. Da in diesem Quadranten die Spannung relativ klein ist ($U_F \approx 0{,}8$ V), kann dort wie in Abschnitt 4.2.1.1 erwähnt auch die Grösse des Rückstromes $I_{R\text{-}Mod}$ und nicht die Verlustleistung der begrenzende Faktor sein.

Beim Betrieb im 3. Quadranten tritt der schlimmste Fall dann auf, wenn bei einer (Teil)-Beschattung des Moduls nur einzelne Zellen in Sperrrichtung betrieben werden und durch die gesammelte Leistung der übrigen, voll bestrahlten Solarzellen erwärmt werden. In diesem schlimmsten Fall tragen aber auch die unmittelbar benachbarten Zellen etwas zur Kühlung bei. Deshalb machen die meisten Hersteller für diesen Fall etwas weniger konservative Annahmen und lassen für einzelne teilbeschattete Zellen etwa folgende Werte von p_{VTZ} zu:

Für einzelne Zellen im 3. Quadranten zulässig: $p_{VTZ} \approx 2{,}5$ kW/m² bis 4 kW/m² (4.3)

Aus diesem Richtwert für p_{VTZ} kann man im Prinzip die notwendige Anzahl Bypassdioden pro Modul bestimmen. Je höher der Grenzwert für p_{VTZ} gewählt wird, desto weniger Bypassdioden pro Zelle sind notwendig (siehe Abschnitt 4.2.2.2).

4.2.2 Serieschaltung von Solarzellen

Bei der Serieschaltung von Solarzellen addieren sich ihre Spannungen. Die Spannung von n_{ZS} in Serie geschalteten Zellen ist also n_{ZS} mal so gross wie die Spannung einer Zelle. Der Strom ist bei dieser Serieschaltung wegen der Stromquellencharakteristik von Solarzellen durch die schwächste Zelle bestimmt.

Wir analysieren diese Situation am Beispiel von zwei in Serie geschalteten Solarzellen (siehe Bild 4-17). Die Zelle B hat (beispielsweise infolge Teilbeschattung durch ein Blatt oder durch Vogelkot) nur den halben Kurzschlussstrom wie Zelle A. Die I-U-Charakteristik der Gesamtschaltung entsteht durch Addition der Spannungen der beiden Zellen bei gleichem Strom und entspricht ungefähr der auf der Spannungsachse um den Faktor 2 gedehnten I-U-Kennlinie der schwächeren Zelle B. Die maximale Leistung P_{max} im MPP der I-U-Gesamtcharakteristik entspricht nicht der Summe der maximalen Leistungen der Zellen A und B, sondern nur gut dem doppelten Wert der Maximalleistung der schwächeren Zelle.

Wird diese Serieschaltung kurzgeschlossen, ist $U_B = -U_A$ und wird somit negativ. Dabei wird die von der stärkeren Zelle A produzierte Leistung in der Zelle B in Wärme umgesetzt, denn bei Zelle B sind Strom und Spannung gleich gerichtet (Betrieb im 3. Quadranten gemäss Bild 4-16). Bei der Serieschaltung von nur zwei Zellen hält dies die Zelle B ohne weiteres aus.

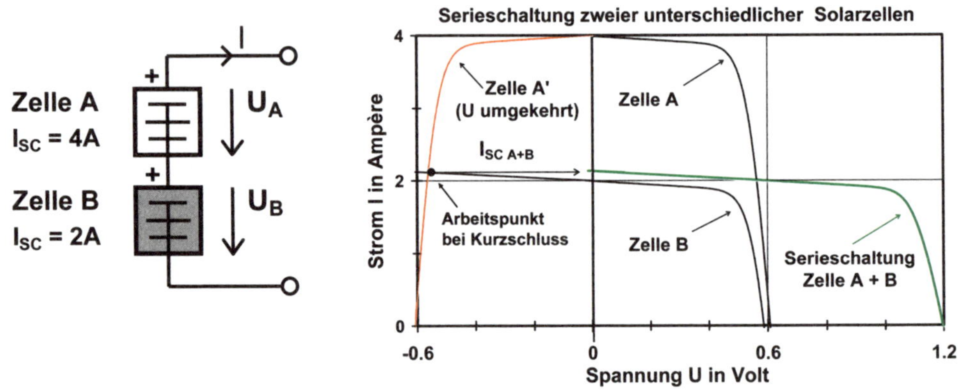

Bild 4-17: Individuelle Kennlinien und I-U-Gesamtcharakteristik von zwei unterschiedlichen in Serie geschalteten Solarzellen (Zelle B teilbeschattet).

Die in Bild 4-17 gezeigte Situation tritt in viel geringerem Umfang auch bei der Serieschaltung gleichmässig bestrahlter Solarzellen auf, da die Kennlinien der einzelnen Solarzellen infolge der Exemplarstreuung nie ganz identisch sein können. Die Maximalleistung der Serieschaltung mehrerer Solarzellen ist deshalb immer etwas geringer als die Summe der Maximalleistungen der einzelnen Zellen. Bei der Herstellung von Solarzellenmodulen versucht man diese sogenannten "Mismatch"- oder Fehlanpassungs-Verluste dadurch klein zu halten, dass man in einem Modul nur Zellen mit möglichst gleichem Strom I_{MPP} im MPP verwendet. Mit einem Computer wird deshalb jede Zelle nach der Fabrikation ausgemessen und in die passende I_{MPP}-Gruppe eingeteilt (siehe Zellen-Charakterisierung am Anfang von Bild 4-1).

4.2.2.1 Gefahr der Bildung von "Hot-Spots"

In der Praxis sind meist mehr als zwei Zellen in Serie geschaltet. In diesem Fall wird eine teilweise oder ganz beschattete Zelle im Falle eines Kurzschlusses viel stärker belastet und kann sich stark erwärmen (Bildung eines sogenannten "Hot Spot"), denn über ihr fällt die gesamte von den übrigen Zellen produzierte Spannung ab (siehe Bild 4-18).

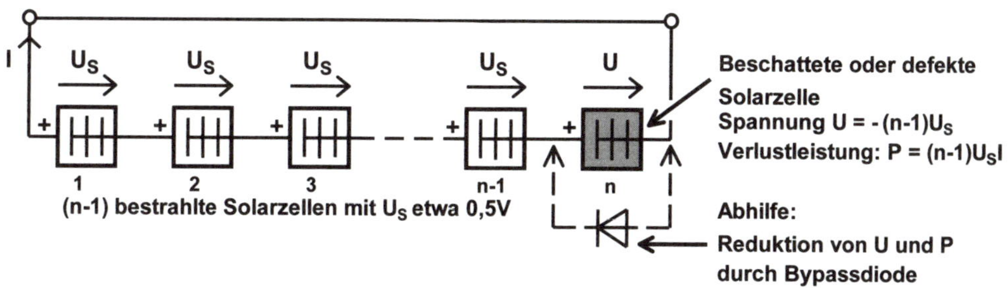

Bild 4-18:
Serieschaltung von n Solarzellen im Kurzschlussfall. Über einer beschatteten oder defekten Solarzelle liegt die Spannung der übrigen Zellen, also etwa -(n-1)·0,5V. Eine genauere Ermittlung des resultierenden Arbeitspunktes und von U und P der beschatteten Zelle kann mit den Kennlinien in Bild 4-19 erfolgen. Durch den Einsatz einer *Bypassdiode* (gestrichelt) lässt sich der Betrag dieser Spannung stark reduzieren.

Bild 4-19 zeigt die zu der in Bild 4-18 gezeigten Situation gehörenden Kennlinien bei einem Modul mit 36 Solarzellen mit einer Zellenfläche von etwa 102 cm^2 (ohne Bypassdioden). 35 dieser Zellen werden mit 1 kW/m^2 bestrahlt und haben die eingezeichnete Gesamtkennlinie K35. An den (teil-)beschatteten Kennlinien (mit den im Diagramm angegebenen mittleren Einstrahlungen) ist die Spannung U in der eingezeichneten Richtung negativ. Um den Arbeitpunkt bestimmen zu können, wurden die Sperrkennlinien gemäss Bild 4-16 *mit umgekehrter Spannungs- und Stromrichtung* ebenfalls ins Diagramm eingezeichnet.

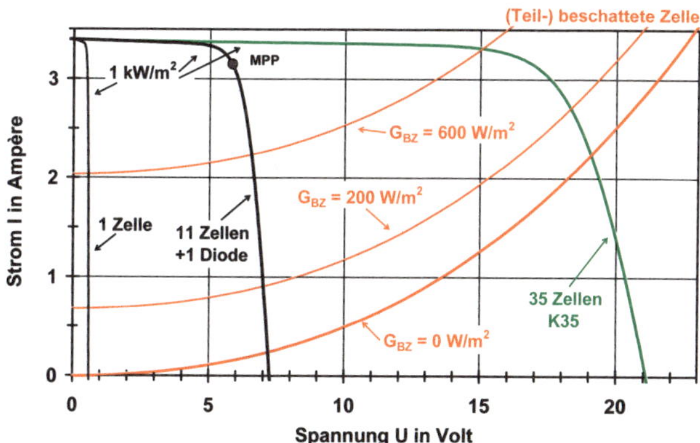

Bild 4-19:
Kennlinien eines *kurzgeschlossenen Moduls mit 36 Solarzellen* (Zellenfläche $A_Z \approx 102$ cm^2, Zellentemperatur T_Z = 25°C) bei Teilbeschattung einer Zelle. 35 Zellen werden mit AM1,5 und 1 kW/m^2 bestrahlt, die teilbeschattete Zelle nur mit den bei den entsprechenden Kurven angegebenen Einstrahlungen G_{BZ}. Der Arbeitspunkt ergibt sich als Schnittpunkt der Sperrkennlinien der (teil-)beschatteten Zellen mit der Kennlinie der 35 voll bestrahlten Zellen (K35). Für die Illustration der Verhältnisse mit einer Bypassdiode über 12 Zellen gemäss Bild 4-23 ist noch die resultierende Kennlinie von 11 voll bestrahlten Zellen (erhöht um eine Diodenflussspannung) eingezeichnet. Bei leitender Bypassdiode ergibt sich der Arbeitspunkt als Schnittpunkt der Sperrkennlinien der (teil-)beschatteten Zellen mit dieser Kurve. Mit einer Bypassdiode wird eine teilbeschattete Zelle somit wesentlich weniger beansprucht und die flächenspezifische thermische Verlustleistung liegt unter dem Richtwert gemäss (4.3).

Im Kurzschlussfall findet man den sich einstellenden Arbeitspunkt im Prinzip sehr einfach als Schnittpunkt der Sperrkennlinie der (teil-)beschatteten Zelle (bei der entsprechenden Einstrahlung) mit der Kennlinie der 35 voll bestrahlten Zellen. Wegen der thermischen Instabilität der Sperrkennlinien ist die genaue Bestimmung des sich einstellenden Arbeitspunktes in der Praxis allerdings nicht ganz so einfach. Die sich einstellende Verlustleistung könnte aber in vielen Fällen den in (4.3) angegebenen Richtwert deutlich überschreiten, so dass Schäden an der (teilweise oder ganz) beschatteten Solarzelle und am ganzen Solarmodul auftreten würden.

Der Einsatz einer Bypassdiode über jeder Zelle ist natürlich sehr aufwändig. In der Regel wird deshalb eine Bypassdiode nur für eine Gruppe von Solarzellen eingesetzt, z.B. über 12 – 24 Zellen (siehe Bild 4-23). Zur Illustration der sich in dieser Situation in einer solchen Gruppe einstellenden Verhältnisse ist in Bild 4-19 auch noch eine entsprechende Kennlinie für den Fall mit einer Bypassdiode über 12 Zellen eingezeichnet.

Es fällt auf, dass die grösste Verlustleistung in der beschatteten Zelle nicht bei voller Beschattung, sondern bei einer bestimmten Teilbeschattung auftritt, wenn also die Kennlinie der beschatteten Zelle etwa durch den MPP der I-U-Kurve der mit einer Bypassdiode überbrückten Zellengruppe (im Beispiel: n = 12) geht. Bei leitender Bypassdiode entsteht über dieser etwa die gleiche Spannung wie an einer bestrahlten Zelle.

Der Kurzschlussbetrieb eines Solarmoduls ist sicher eine eher ungewöhnliche, aber keineswegs ausgeschlossene Beanspruchung. In geringerem Ausmass tritt eine Erwärmung teilbeschatteter Solarzellen aber auch im Normalbetrieb auf (siehe Bild 4-20).

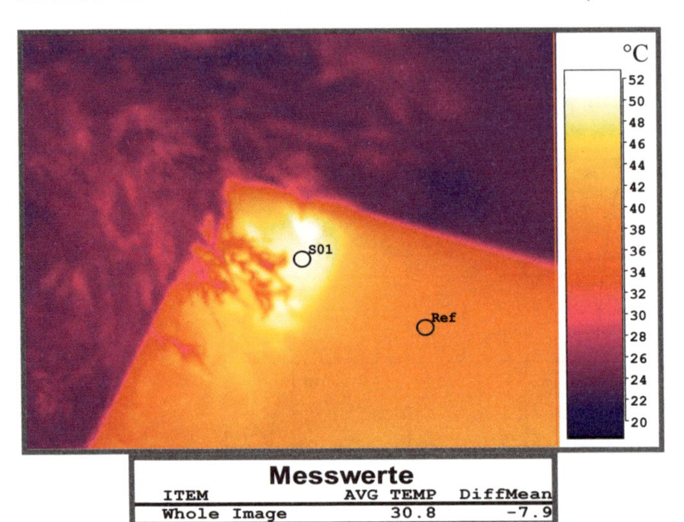

Messwerte

ITEM	AVG TEMP	DiffMean
Whole Image	30.8	-7.9
R Ref	38.7	0.0
S01	50.4	11.7

Bild 4-20:
Bildung eines Hot-Spots bei einer durch einen Strauch teilbeschatteten Solarzelle im Normalbetrieb (Solargenerator arbeitet im MPP).
In der thermografischen Aufnahme ist zu erkennen, dass die normale Modultemperatur 38,7°C (Punkt Ref) beträgt, der noch besonnte Teil der abgeschatteten Zelle sich jedoch auf eine Temperatur von 50,4°C erwärmt hat (Punkt S01).

Bild 4-21 zeigt die Kennlinien des Moduls von Bild 4-19 (35 vollbestrahlte, eine teilbeschattete Zelle) beim Laden eines Akkus von 12 V. Zur Bestimmung des Arbeitspunktes der teilbeschatteten Zelle wurde neben der Kennlinie K35 der 35 voll bestrahlten Zellen auch die sich über der teilbeschatteten Zelle ergebene Restspannung (Kurve K35 -12V) eingezeichnet. Der Arbeitspunkt der teilbeschatteten Zelle ergibt sich wieder als Schnittpunkt der Sperrkennlinie dieser Zelle (bei der entsprechenden Einstrahlung) mit der Kurve K35 - 12V. Die sich einstellende Verlustleistung über der teilbeschatteten Zelle ist zwar deutlich geringer als im Kurzschlussfall, liegt aber immer noch im Bereich des Richtwertes gemäss (4.3), d.h. die teilbeschattete Zelle kann sich stark erwärmen, jedoch ohne dass Schäden entstehen.

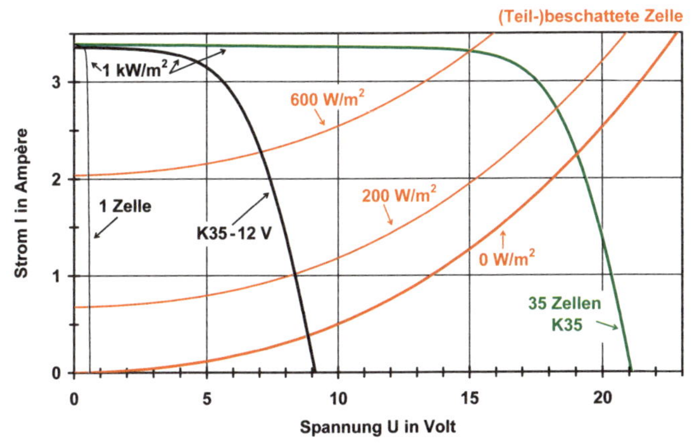

Bild 4-21:
Kennlinien eines *Moduls mit 36 Zellen* mit $A_Z \approx 102\ cm^2$, Zellentemperatur $T_Z = 25°C$ und Teilbeschattung einer Zelle *beim Laden eines 12V-Akkus*. 35 Zellen werden mit 1 kW/m^2 bestrahlt (Kennlinie K35), die teilbeschattete Zelle (rot) nur mit den angegebenen Einstrahlungen. Über der teilbeschatteten Zelle liegt die um 12 V verringerte Spannung der 35 voll bestrahlten Zellen (Kennlinie K35 -12V).
Der Arbeitspunkt ergibt sich als Schnittpunkt der Sperrkennlinien der (teil-)beschatten Zellen mit dieser Kurve.

Bei Teilbeschattung einer Solarzelle eines Solarmoduls verändern sich auch die Kennlinien des Solarmoduls sehr stark und die Leistung P_{max} in MPP sinkt massiv. Bild 4-22 zeigt die resultierenden Kennlinien des 36-zelligen Solarmoduls von Bild 4-19 (35 Zellen mit 1 kW/m^2, 1 teilbeschattete Zelle mit der angegebenen mittleren Einstrahlung G_{BZ}).

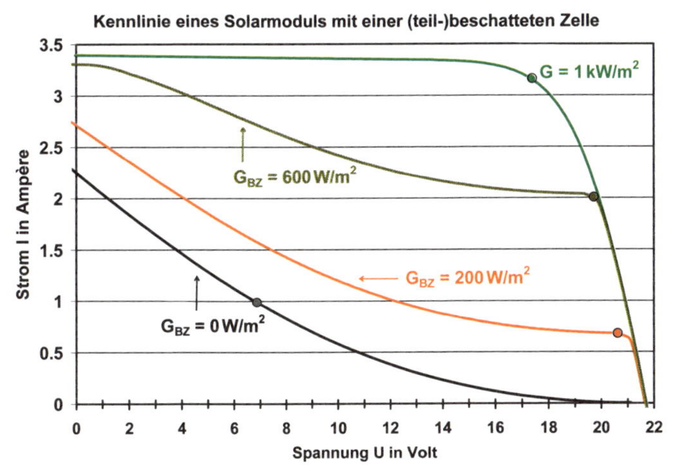

Bild 4-22:
I-U-Kennlinien des Moduls gemäss Bild 4-19 ohne Bypassdioden mit 36 Solarzellen mit einer Fläche $A_Z \approx 102\ cm^2$, einer Zellentemperatur T_Z = 25°C und Teilbeschattung einer Zelle. Obwohl *nur eine von 36 Zellen* teilbeschattet ist (resultierende Bestrahlungsstärke G_{BZ}), verändern sich die Kennlinien massiv und die Leistung im MPP fällt stark ab. Wird das Modul mit Bypassdioden ausgerüstet, verändern sich die Kennlinien je nach der verwendeten Schaltung etwas.

4.2.2.2 Bypassdioden in Modulen

Die Parallelschaltung einer normalerweise sperrenden Diode (Bypassdiode) zu jeder Solarzelle eliminiert das Problem der "Hot-Spot"-Bildung. Bei einer Beschattung oder bei einem Defekt in einer Zelle kann der Strom der übrigen Solarzellen über die Bypassdiode weiter fliessen, wobei die (negative) Spannung über der gefährdeten Zelle nur noch etwa 0,6 V – 0,9 V resp. bei Schottky-Dioden 0,3 V – 0,5 V (Flussspannung der Bypassdiode) beträgt (Bild 4-18).

Der Einsatz einer Bypassdiode für jede Solarzelle ist optimal, sehr aufwändig, aber nicht unbedingt notwendig. Da eine im 3. Quadranten, also in Sperrichtung, betriebene Solarzelle durchaus einige Volt aushalten kann, bevor der Richtwert gemäss (4.3) für die maximale flächenspezifische thermische Verlustleistung erreicht wird, genügt je nach den entsprechenden Annahmen des Herstellers eine Bypassdiode für eine Gruppe von 12 bis 24 seriegeschalteten Solarzellen (siehe Bild 4-23). Bei der (Teil-)Beschattung einer Zelle in der von ihr geschützten Gruppe kann der von den Solarzellen ausserhalb der Gruppe produzierte Strom über die Bypassdiode weiter fliessen. Man hat dann innerhalb dieser Bypassdiodengruppe etwa die gleichen Verhältnisse, wie wenn das ganze Modul im Kurzschlussbetrieb wäre, auch wenn dies effektiv nicht der Fall ist. Wegen möglicher kurzzeitiger Überleistungen während "Cloud-Enhancements" müssen Bypassdioden für etwas größere Ströme als im Normalbetrieb dimensioniert werden (nach [4.11] für $\geq 1{,}25 \cdot I_{SC\text{-}STC}$).

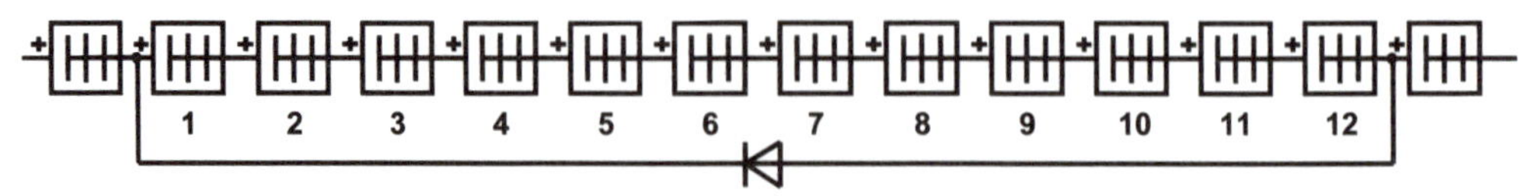

Bild 4-23:
Mit Bypassdioden kann eine Gruppe von seriegeschalteten Solarzellen gegen Hot-Spot-Bildung geschützt werden. Empfehlenswert ist eine Bypassdiode auf etwa 12 bis 24 Solarzellen.

Bei leitender Bypassdiode ist die Spannung über der beschatteten Zelle um den Spannungsabfall an der Bypassdiode grösser als die von den unbeschatteten Gruppenmitgliedern erzeugte Spannung, also etwa gleich gross wie die von der Gruppe im Normalbetrieb erzeugte Spannung und stellt somit noch keine Gefahr dar. In Bild 4-19 ist zusätzlich eine Kurve (11 Zellen + 1 Diode) eingezeichnet, welche die Spannung an der teilbeschatteten Solarzelle darstellt, wenn wie in Bild 4-23 gezeigt über jeweils 12 Zellen eine Bypassdiode angebracht wird. Auf diese Weise liegt die an einer teilbeschatteten Zelle maximal mögliche thermische Verlustleistung p_{VTZ} im Bereich von ca. 2,5 kW/m^2, d.h. es treten noch keine "Hot-Spot"-Schäden auf.

Durch den richtigen Einsatz von Bypassdioden bei Serieschaltungen von Solarzellen können somit Schäden durch Überhitzung einzelner beschatteter Zellen (Bildung von "Hot-Spots") sicher verhindert werden. Bypassdioden verursachen im Normalbetrieb überhaupt keine Verluste und sollten aus Sicherheitgründen bei PV-Anlagen mit höheren Systemspannungen als 12 V immer vorgesehen werden, ausser wenn die Solarzellen ein kontrolliertes Durchbruchsverhalten oder gar eine integrierte Bypassdiode aufweisen.

Bei den im Handel erhältlichen Solarzellenmodulen sind die notwendigen Bypassdioden oft schon eingebaut oder sie können in den Anschlussdosen des Moduls eingebaut werden. Meist genügt eine Bypassdiode für 10 bis 24 Solarzellen. Je kleiner eine Bypassdiodengruppe ist, desto unempfindlicher wird das Modul gegen Teilbeschattungen, desto grösser wird aber andererseits der Aufwand. Es wäre wünschenswert, wenn in Moduldatenblättern die Grösse einer Bypassdiodengruppe oder mindestens die Anzahl der Bypassdioden angegeben wäre.

Trotz Verwendung von Bypassdioden fällt die Leistung eines Solarmoduls mit in Serie geschalteten Zellen sofort überproportional ab, sobald einzelne Zellen beschattet werden. Bypassdioden vermögen gegen den überproportionalen Leistungsabfall des einzelnen Moduls bei Teilbeschattung nicht allzu viel auszurichten. Erst bei einer grösseren Anzahl von Modulen in einem Seriestrang tragen die Bypassdioden auch dazu bei, dass bei einer Teilbeschattung einzelner Zellen oder Module die Leistung des gesamten Stranges nicht allzu sehr reduziert wird.

Dimensionierung von Bypassdioden (bei maximaler Modul-Betriebstemperatur [4.11]):

$$\textit{Durchlassstrom}\ I_F \geq 1{,}25 \cdot I_{SC-STC} \tag{4.4}$$

$$\textit{Sperrspannung}\ U_R \geq 2 \cdot U_{OC} \tag{4.5}$$

Die in die Module eingebauten Bypassdioden müssen natürlich genügend gekühlt werden. Je grösser die Fläche und der Strom der Solarzellen, desto größer wird das Problem. Während für Module mit I_{SC} von etwa 3,5 A noch billige 6A-Dioden ausreichen, die sich noch ungekühlt in Anschlussdosen unterbringen lassen, sind für grössere Zellen (z.B. 15 cm·15 cm) bereits 12A-Dioden notwendig, die eigentlich gekühlt werden sollten. Das Problem kann durch Verwendung von Schottky-Dioden, die in Vorwärtsrichtung nur etwa einen Spannungsabfall von 0,3 V – 0,5 V haben, entschärft werden, allerdings ist die Spannungsfestigkeit von Schottky-Dioden deutlich geringer als die von normalen Si-Dioden. Bypassdioden sollten in Sperrrichtung etwa die doppelte Leerlaufspannung des Moduls (oder mindestens aller zu ihrer Bypassdiodengruppe gehörenden Solarzellen) aushalten. Aus Gründen des Blitzschutzes wäre aber eine möglichst hohe Sperrspannung für Bypassdioden wünschenswert (siehe Kap. 6.7.7).

4.2.2.3 Möglicher Verzicht auf Bypassdioden

Wenn der Fall eines Modulkurzschlusses ausgeschlossen wird, ist bei kleinen PV-Anlagen mit Spannungen von 12 V und weniger die Verwendung von Modulen ohne Bypassdioden in der Regel möglich. Bei Anlagen mit höherer Spannung müssen die Module jedoch immer mit Bypassdioden geschützt sein oder die verwendeten Zellen müssen ganz spezielle Eigenschaften im Sperrbereich aufweisen. Besonders bei grösseren Modulen und bei grösseren Zellen ist die Notwendigkeit des Einsatzes von Bypassdioden wegen der notwendigen Kühlung recht lästig. Durch gezielte Verschlechterung der Sperrfähigkeit der Zellen könnte ein kontrolliertes Durchbruchsverhalten im Sperrbereich erreicht werden.

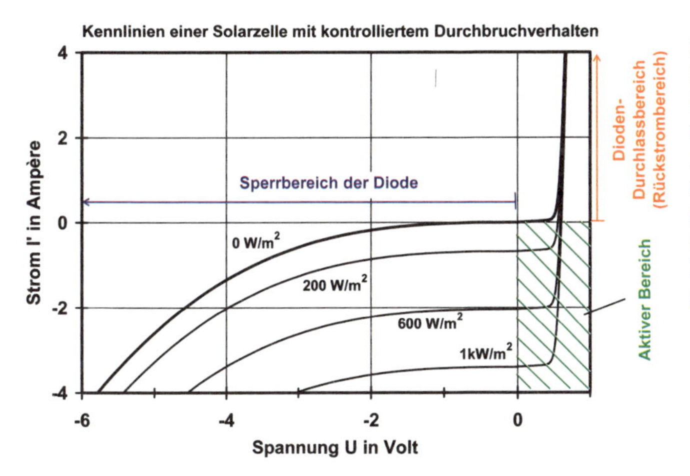

Bild 4-24:
I-U-Kennlinien einer (vorerst hypothetischen und noch nicht erhältlichen) monokristallinen *Solarzelle* ($A_Z \approx 102$ cm²) *mit kontrolliertem Durchbruchsverhalten* in allen Quadranten mit und ohne Beleuchtung bei einer Zellentemperatur von 25°C (Verbraucherzählsystem).

Noch besser wäre es, eine Bypassdiode in jede Solarzelle zu integrieren. Dadurch dürfen natürlich die übrigen Eigenschaften der Solarzelle nicht verschlechtert werden. Bild 4-24 zeigt die vollständigen Kennlinien in allen Quadranten einer derartigen (noch hypothetischen) Solarzelle, welche keine Bypassdioden benötigen würde.

Bild 4-25 zeigt die zu Bild 4-19 analogen Kennlinien eines 36-zelligen Moduls aus solchen Zellen im Falle eines Kurzschlusses. Da die Spannung über teilbeschatteten Zellen bei allen Einstrahlungen klein bleibt, ist die Verlustleistung ebenfalls klein, so dass keine Gefährdung der Zelle bei fehlenden Bypassdioden auftritt. Verschiedene Hersteller haben bereits versucht, derartige Solarzellen zu produzieren, leider haben sich aber dadurch bisher die Eigenschaften im Normalbetrieb verschlechtert, so dass noch keine kommerziellen Produkte verfügbar sind.

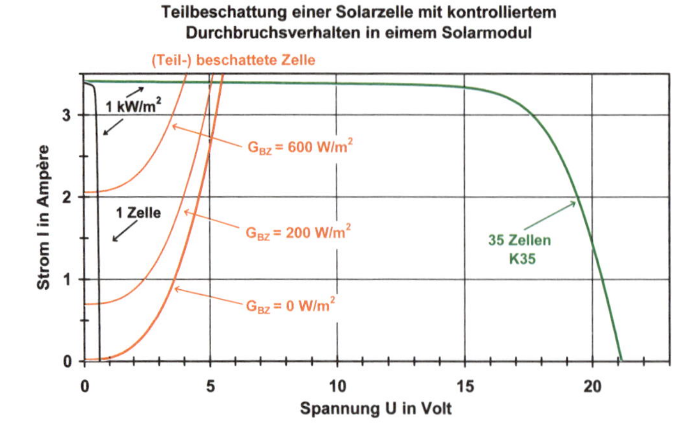

Bild 4-25:
Kennlinien eines *kurzgeschlossenen Moduls mit 36 Zellen mit Durchbruchverhalten nach Bild 4-24* und Zellentemperatur T_Z = 25°C bei Teilbeschattung einer Zelle. 35 Zellen sind mit 1 kW/m² bestrahlt (K35), die teilbeschattete Zelle (rot) nur mit den angegebenen G_{BZ}. Arbeitspunkt = Schnittpunkt der Sperrkennlinien der (teil-) beschatteten Zellen mit K35. Für solche Module wären keine Bypassdioden mehr nötig!

Ein Verzicht auf Bypassdioden ist nur möglich, wenn der Hersteller garantiert, dass die verwendeten Solarzellen integrierte Bypassdioden oder ein kontrolliertes Durchbruchsverhalten haben. Beim Verzicht auf Bypassdioden kann aber die andere, bei grösseren Anlagen ebenfalls wichtige Aufgabe von Bypassdioden, nämlich die Verhinderung eines allzu grossen Leistungsabfalls bei teilbeschatteten Modul-Seriesträngen, nicht mehr gleich gut erfüllt werden. Bei Anlagen mit grösseren Beschattungsproblemen zu gewissen Tages- und Jahreszeiten ist deshalb der Einsatz von einer Bypassdiode pro Modul auch in solchen Fällen günstig.

4.2.3 Parallelschaltung von Solarzellen

Nur Solarzellen gleicher Technologie, des gleichen Herstellers und des gleichen Typs dürfen direkt parallel geschaltet werden. Bei der Parallelschaltung von Solarzellen addieren sich ihre Ströme, die Spannung bleibt aber gleich wie bei einer einzigen Zelle. Wegen Exemplarstreuungen können die Kennlinien der einzelnen Solarzellen auch bei gleicher Bestrahlung leicht differieren. Deshalb ist die Maximalleistung einer Parallelschaltung von mehreren Solarzellen immer etwas geringer als die Summe der Maximalleistungen der einzelnen Zellen. Durch entsprechende Auswahl der parallelgeschalteten Zellen (möglichst gleiche MPP-Spannung U_{MPP}) können diese "Mismatch"- oder Fehlanpassungsverluste klein gehalten werden.

Auch bei der Parallelschaltung von Solarzellen gibt es kritische Betriebszustände, die beherrscht werden müssen. Zunächst soll untersucht werden wie sich eine *Beschattung von einer der parallel geschalteten Solarzellen* auswirkt. In diesem Fall kann die beschattete Solarzelle unter Umständen im 1. Quadranten gemäss Bild 3-13 (resp. Bild 4-16) betrieben werden, also in Durchlassrichtung, sie kann deshalb als Verbraucher wirken.

Am gefährlichsten ist dieser Zustand für die beschattete Solarzelle, wenn gleichzeitig das ganze Modul im Leerlauf ist, so dass die noch bestrahlten Zellen eine Spannung in der Nähe der Leerlaufspannung erzeugen. In diesem Fall speisen alle bestrahlten Nachbarzellen die beschattete Zelle (siehe Bild 4-26). Dieser Fall wird für kristalline Si-Solarzellen in Bild 4-27 untersucht. Darin sind die Kennlinien der mit 1 kW/m² bestrahlten Zellen und die Dunkelkennlinie einer vollständig beschatteten Zelle eingezeichnet. Der Arbeitspunkt der beschatteten Zelle ergibt sich dabei als Schnittpunkt zwischen der Kennlinie der bestrahlten Zelle und der Kennlinie der beschatteten Zelle.

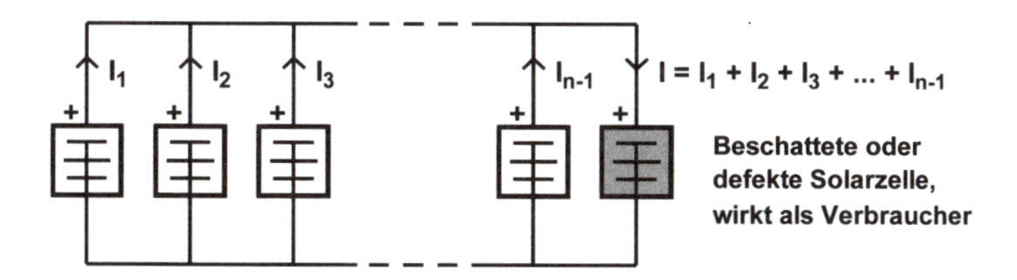

Bild 4-26:
Bei Parallelschaltung von n Solarzellen kann eine beschattete oder defekte Solarzelle von den n-1 noch bestrahlten Zellen gespeist werden und als Verbraucher wirken. In Bezug auf den bei einer Teilbeschattung möglichen Rückstrom ist die Parallelschaltung beliebig vieler kristalliner Si-Zellen des gleichen Typs unkritisch. Sollen dagegen auch Zellendefekte sicher beherrscht werden, ist eine Beschränkung auf maximal 3 – 4 parallele Zellen empfehlenswert.

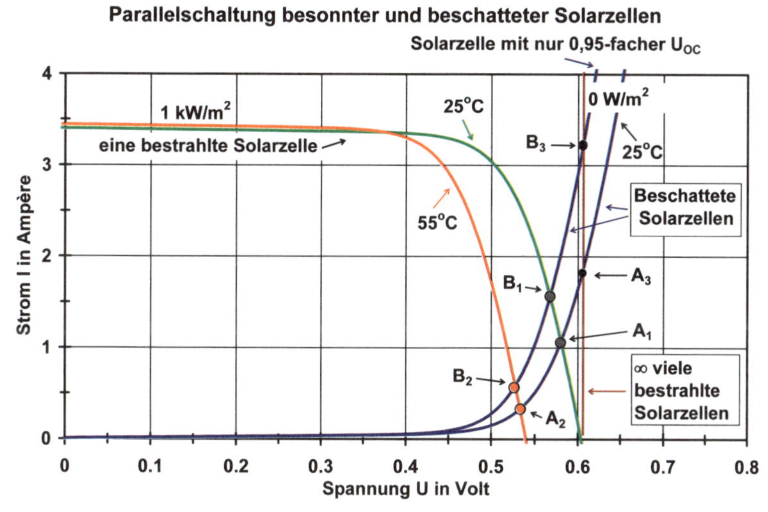

Bild 4-27:
Kennlinien einer mit 1 kW/m^2 bestrahlten kristallinen Si-Solarzelle mit einer Zellentemperatur von 25°C (grün) und 55°C (rot) sowie Dunkelkennlinie einer normalen Solarzelle (dunkelblau) und einer Solarzelle mit infolge Exemplarstreuung reduzierter Durchlassspannung (blau). Bei unendlich vielen parallelen Solarzellen ergibt sich als Kennlinie der bestrahlten Zellen eine Senkrechte bei U_{OC}. Der Arbeitspunkt ist der Schnittpunkt der Dunkelkennlinie der beschatteten Zelle mit der Kennlinie der bestrahlten Zelle. Auch im schlimmsten möglichen Fall liegt der Rückstrom I_R unter $I_{SC\text{-}STC}$ bei STC. Somit können beliebig viele kristalline Si-Solarzellen *des gleichen Typs* parallel geschaltet werden, ohne dass allzu grosse Rückströme auftreten.

Bei der Parallelschaltung einer bestrahlten und einer beschatteten Zelle mit einer Zellentemperatur von je 25°C ergibt sich der Arbeitspunkt A_1. Der sich in der beschatteten Zelle dabei einstellende Rückstrom ist viel kleiner als $I_{SC\text{-}STC}$, wir haben also eine völlig unkritische Situation. Praxisgerechter ist sicher die Annahme, dass die mit 1 kW/m^2 bestrahlte Solarzelle etwa 30°C wärmer ist als die beschattete Zelle. Mit dieser Annahme ergibt sich der Arbeitspunkt A_2 mit einem noch viel kleineren Rückstrom. Aber auch bei der Parallelschaltung der beschatteten Zelle mit *unendlich vielen* mit 1 kW/m^2 bestrahlten Solarzellen mit einer Zellentemperatur von 25°C tritt im sich einstellenden Arbeitspunkt A_3 erst etwa ein Rückstrom in Bereich des halben Kurzschlussstroms I_{SC} bei STC auf. Dies wird beim Betrachten des Ersatzschemas der Solarzelle gemäss Bild 3-12 klar, denn ein Rückstrom verursacht am Seriewiderstand R_S einen Spannungsabfall, so dass die Spannung an der Diode des Ersatzschemas kleiner ist als im Leerlauf.

Um auch mögliche Exemplarstreuungen zwischen den Solarzellen zu berücksichtigen, wurde noch eine zweite Kurve (blau) für die beschattete Zelle eingezeichnet, die bei gleichem Strom nur 95 % der Spannung der normalen Zelle aufweist. Damit ergeben sich unter sonst den gleichen Bedingungen die entsprechenden Arbeitspunkte B_1, B_2 und B_3. Auch die sich in diesen Fällen einstellenden Rückströme liegen immer noch unter $I_{SC\text{-}STC}$. Eine Parallelschaltung beliebig vieler Solarzellen *gleichen Typs* ist also in Bezug auf Rückströme bei Beschattung ohne Probleme möglich.

Ist das betreffende Modul belastet, so ist die Spannung über den parallel geschalteten Zellen geringer, der Strom durch die beschattete Zelle wird also nochmals viel kleiner. Der Modulstrom vermindert sich etwa um den Betrag, den die beschattete Solarzelle vorher an den Gesamtstrom beigetragen hat. Dadurch sinkt auch die Leistung des Moduls entsprechend, allerdings viel weniger als bei der Serieschaltung aller Solarzellen.

Der gefährlichste Fall ist ein nicht ganz perfekter Kurzschluss in einer der Zellen. Der Strom aller noch intakter Zellen speist diesen Kurzschluss und erwärmt den verbleibenden Restwiderstand der defekten Zelle. Um diesen zwar seltenen, aber nicht unmöglichen Fehler beherrschen zu können, ist eine Beschränkung der Anzahl der parallel geschalteten Zellen sinnvoll. Sind nicht allzu viele Solarzellen parallel geschaltet (maximal etwa 3 bis 4 Zellen), dürften wegen der durch die geringe Spannung beschränkten Verlustleistung in der defekten Zelle noch keine katastrophalen Folgen auftreten. Im schlimmsten Fall tritt infolge der Überhitzung der Zelle ein satter Kurzschluss (Verschweissen der Kontakte) oder ein Leerlauf (Schmelzen der Zuleitungen) auf, was in beiden Fällen eine bleibende Leistungsreduktion, jedoch keinen Totalausfall des betroffenen Moduls bewirken dürfte.

Durch Serieschaltung von Gruppen aus jeweils n_{ZP} parallel geschalteten Solarzellen können *Module in Matrixschaltung* mit höheren Spannungen hergestellt werden, die auf Teilabschattungen unempfindlicher sind als Module mit Serieschaltung aller Solarzellen. Dabei sind zur Vermeidung von Schäden bei Teilbeschattung aber wieder die bereits in Abschn. 4.2.2 behandelten Massnahmen (z.B. Einsatz von *gekühlten* Bypassdioden, die für einen Strom von $1{,}25 \cdot n_{ZP} \cdot I_{SC}$ ausgelegt sind, für eine Gruppe von 12 bis 24 Solarzellen) notwendig.

4.3 Zusammenschaltung von Solarmodulen zu Solargeneratoren

Bei der Zusammenschaltung von Modulen zu Solargeneratoren bestehen im Prinzip die gleichen Probleme wie bei der Zusammenschaltung von einzelnen Solarzellen. Module sind im Prinzip "Supersolarzellen" mit grösseren Spannungen und Strömen. Wegen der in Solargeneratoren auftretenden grösseren Spannungen und Ströme sind aber die im Störfall auftretenden Leistungen viel grösser, so dass verstärkte Schutzmassnahmen erforderlich sind. Die verwendeten Module müssen mindestens für die auftretende Systemspannung (gesamte in der Photovoltaikanlage im Betrieb vorhandene Gleichspannung) spezifiziert sein.

Es ist sinnvoll, einen grossen Solargenerator in einzelne Gruppen aufzuteilen, die beim Auftreten von Störungen separat abgeschaltet und gewartet werden können, ohne dass der ganze Generator stillgelegt werden muss. Bei der Auswahl von Sicherungen, Sicherungsautomaten und Schaltern für die Anwendung in Solargeneratoren ist zu beachten, dass diese ausdrücklich für *Gleichstrombetrieb* mit den entsprechenden Spannungen ($\geq 1{,}2 \cdot U_{OCA\text{-}STC}$) und Strömen spezifiziert sein müssen (U_{OCA}= Leerlaufspannung der Anlage). Wegen des bei Gleichströmen fehlenden Nulldurchgangs ist die Abschaltung von Gleichströmen schon bei kleinen Spannungen (>24 V) viel schwieriger als die Abschaltung von Wechselströmen. Wechselstrommaterial kann bei Gleichstrombetrieb meist nur für viel kleinere Spannungen eingesetzt werden (z.B.

statt für 230 V Wechselspannung nur für 24 V bis 48 V Gleichspannung). Kabel, Dioden, Bypassdioden und Sicherungen müssen so dimensioniert sein, dass sie (wegen möglichen "Cloud-Enhancements", siehe Kap. 2.3) bei der höchsten Temperatur mindestens den 1,25-fachen (besser sogar den 1,4-fachen) Kurzschlussstrom I_{SC-STC} des entsprechenden Stranges dauernd führen können [4.10]. Falls nötig sind Dioden mit Kühlkörpern auszurüsten.

4.3.1 Serieschaltung von Solarmodulen zu einem Strang oder String

Bei der Serieschaltung von Solarmodulen gleichen Typs zur Erzielung einer höheren Systemspannung muss jedes Modul mit mindestens einer *Bypassdiode* überbrückt werden, sofern der Hersteller sie nicht bereits eingebaut hat. Bei den meisten Modulen sind bei grösseren Spannungen sogar 2 bis 6 Dioden pro Modul empfehlenswert (Details siehe Abschnitt. 4.2.2.2). Die entsprechenden Herstellerangaben sind unbedingt zu befolgen.

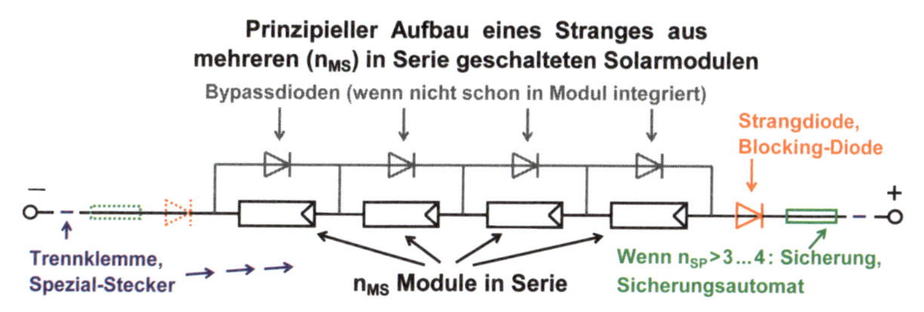

Bild 4-28:
Durch Serieschaltung mehrerer Solarmodule des gleichen Typs entsteht ein Strang (oder String). Jedes Modul benötigt Bypassdioden, sofern diese nicht vom Hersteller bereits eingebaut sind. Es ist zweckmässig, wenn der Strang zu Servicezwecken beidseitig vom übrigen Solargenerator abgetrennt und separat ausgemessen werden kann. Bei Verwendung von Modulen und Verkabelungsmaterial der Schutzklasse II (doppelte resp. verstärkte Isolierung, heute Normalfall) genügen meist Sicherungen und allfällige Strangdioden nur auf einer Seite. Wenn auch *Erd- und Kurzschlüsse an beliebigen Stellen* sicher beherrscht werden sollen, sind *auf beiden Seiten des Strangs* Sicherungen und allfällige Strangdioden einzusetzen.

Eine Serieschaltung von mehreren (n_{MS}) Solarmodulen wird als *Strang* (oder englisch String) bezeichnet (siehe Bild 4-28). Sollen in einem grösseren Solargenerator mehrere (n_{SP}) solche Stränge parallelgeschaltet werden, ist im Prinzip in jedem Strang die Serieschaltung eines Elementes zum Schutz gegen Rückströme und gegen strommässige Überlastung der Strangverkabelung erforderlich. Dies kann eine zusätzliche Diode sein (Strangdiode, Rückstromdiode, Blocking-Diode, rot) und/oder eine Sicherung oder ein Sicherungsautomat sein (grün). Zu Testzwecken sollte jeder Strang beidseitig vom übrigen Solargenerator getrennt werden können, d.h. es ist auf jeder Seite mindestens eine Sicherung, eine Trennklemme oder ein PV-Spezialstecker vorzusehen (blau). Derartige Spezialstecker mit Trennfunktion werden oft auch für die Verbindung zwischen den Modulen eingesetzt und erleichtern die Strangverdrahtung wesentlich. Solche Spezialstecker ermöglichen bei Bedarf (z.B. zur Fehlersuche im Falle einer Störung) auch die Auftrennung eines Stranges in mehrere Teile mit U_{OC} < 120V (Kleinspannung). Für *höhere Spannungen sind möglichst Module der Schutzklasse II* zu verwenden.

4.3.1.1 Strangdioden

Eine *Strangdiode* verhindert, dass die Module des Stranges im Störungsfall (z.B. bei Beschattung oder bei Defekten) im Rückstrombereich (Durchlassrichtung der Dioden in den Solarzellen) betrieben werden können. Sie sollte eine Sperrspannung aufweisen, die deutlich grösser als die im Betrieb maximal auftretende Leerlaufspannung des Stranges ist (z.B. $2 \cdot U_{OCA-STC}$) und mindestens den 1,25-fachen Modulkurzschlussstrom I_{SC-STC} des Stranges dauernd führen können (bei alpinen Anlagen: Faktor etwa 1,5 statt 1,25!). Ist in einem Solargenerator eine Seite des Stranges geerdet, sollte sie immer auf der nicht geerdeten Seite angebracht werden. Eine funktionierende Strangdiode ist ein absoluter Schutz gegen Rückströme auch im Falle von Verdrahtungsfehlern oder schweren Defekten an einzelnen Modulen des Stranges. Allerdings ist eine Strangdiode durch atmosphärische Überspannungen gefährdet, muss bei grösseren Strangströmen (z.B. > 4 – 6 A) gekühlt werden und verursacht immer einen gewissen Spannungsabfall und damit einen Leistungsverlust. Dieser fällt jedoch bei höheren Systemspannungen nicht mehr stark ins Gewicht. Strangdioden werden heute meist nur noch bei grösseren Anlagen mit vielen parallelen Strängen und hohen Betriebsspannungen (mehrere 100 V) eingesetzt. Falls Strangdioden eingesetzt werden, ist eine bewährte, preisgünstige Methode der Einsatz von in Kunststoff vergossenen Gleichrichterbrücken, die für Ströme bis 35 A und Spannungen bis 1400 V erhältlich sind und gut isoliert sind. Eine einphasige Brücke reicht dabei für 2, eine dreiphasige für 3 Stränge.

Da wie in Abschnitt 4.2.1.1 gezeigt ein vollständiger Schutz gegen Rückströme nicht erforderlich ist und bei grösseren Modulströmen die notwendige Kühlung der Strangdiode zu einem lästigen Zusatzaufwand führt, besteht seit einiger Zeit die Tendenz, diese Strangdioden wenn möglich wegzulassen (ausser in Sonderfällen, wie zum Beispiel bei Testanlagen mit häufigen Umverdrahtungen). Dadurch wird die Anlage vereinfacht, die Zuverlässigkeit erhöht und zudem steigt der Wirkungsgrad der Anlage leicht an (besonders bei niedrigen Systemspannungen). Ist bei einer Inselanlage zur Verhinderung einer nächtlichen Entladung des Akkus durch den PV-Generator eine Rückstromdiode erforderlich, kann auch dies durch eine einzige solche Diode in der Nähe des Ladereglers oder durch einen dafür geeigneten Laderegler geschehen.

4.3.1.2 Strangsicherungen

Ein Schutz gegen unzulässige Rückströme, welche die Module und die Strangverkabelung gefährden, ist einfacher auch durch eine *gleichstromtaugliche Sicherung* auf der einen und eine Trennklemme auf der anderen Seite des Stranges möglich. Für eine gute Langzeitbeständigkeit muss ihr Nennstrom I_{SN} um einen Faktor k_{SN} grösser sein als der STC-Kurzschlussstrom I_{SC-STC} des Stranges. Ist beim PV-Generator eine Seite des Stranges geerdet, ist die Sicherung auf der anderen Seite anzubringen. Solche Sicherungen müssen für Gleichspannungen $>1{,}2 \cdot U_{OC-STC}$ spezifiziert sein und sollten zur Verhinderung von Lichtbögen sandgefüllt sein.

Nennstrom I_{SN} von Strangsicherungen: $$I_{SN} = k_{SN} \cdot I_{SC-STC}, \quad \text{wobei } 1{,}4 < k_{SN} < 2{,}4 \qquad (4.6)$$

Für alpine Anlagen ist wegen möglicher Schneereflexionen als Minimalwert für k_{SN} 1,6 zu verwenden. Die Strangverkabelung muss dabei natürlich immer für Ströme $\geq I_{SN}$ ausgelegt werden. Wegen der bei gewissen Wetterlagen möglichen kurzzeitigen Überleistungen durch Reflexionen an Wolken (Cloud Enhancements) sollten immer *träge* Sicherungen verwendet werden. Mit Sicherung und Trennklemme kann ein Strang zu Servicezwecken auch abgetrennt werden, nachdem die Anlage mit dem DC-seitigen Hauptschalter stromlos geschaltet wurde.

4.3.1.3 Strang-Sicherungsautomaten

Besser und sicherer (aber auch etwas teurer) ist der Ersatz der Sicherung durch einen *gleichstromtauglichen* Sicherungsautomaten (am besten zwei- oder vierpolig in + und - !), der auch eine direkte Abschaltung eines Stranges unter Last erlaubt. Wird nur ein einpoliger Sicherungsautomat verwendet, ist auf der andern Seite des Stranges eine Trennklemme vorzusehen.

4.3.2 Parallelschaltung von Solarmodulen

Es ist klar, dass nur Solarmodule der gleichen Technologie (z.B. mit kristallinen Solarzellen) und vergleichbaren Werten für U_{OC} und U_{MPP} parallel geschaltet werden dürfen, am besten natürlich nur Module des gleichen Typs. Die Anzahl der parallel geschalteten Module wird mit n_{MP} bezeichnet. Da Module elektrisch eigentlich "Supersolarzellen" mit grösseren Spannungen und Strömen sind, gelten die in Abschn. 4.2.3 gewonnenen Erkenntnisse auch für die direkte Parallelschaltung von Modulen. Selbst wenn sehr viele gleiche Module direkt parallel geschaltet sind, treten deshalb bei Beschattung von einzelnen intakten Modulen in diesen keine gefährlichen Rückströme auf, auch wenn der Solargenerator im Leerlauf betrieben wird.

Soll der sehr seltene Störfall eines Kurzschlusses in einem Modul sicher beherrscht werden, dürfen wieder nur etwa drei oder höchstens vier Module direkt parallel geschaltet werden (die Leistung und damit die Gefahr ist bei Parallelschaltung von Modulen bereits deutlich grösser als bei Parallelschaltung von Einzelzellen). Voraussetzung dazu ist aber, dass der Verkabelungsquerschnitt ausreichend dimensioniert ist und dass durch entsprechende Vorkehrungen ein Rückstrom aus dem angeschlossenen Verbraucher (z.B. Wechselrichter, Akku) ausgeschlossen ist. Bei einer grösseren Anzahl paralleler Module ($n_{MP} > 4$) sollte pro Modul je eine Sicherung (Nennstrom ca. 1,4-facher bis 2,5-facher Modulkurzschlussstrom I_{SC-STC}) in Serie geschaltet werden, wenn ein Modulkurzschluss sicher abgeschaltet werden soll (siehe Bild 4-29). Dies ist recht aufwändig, weshalb solche Schaltungen in der Praxis kaum vorkommen.

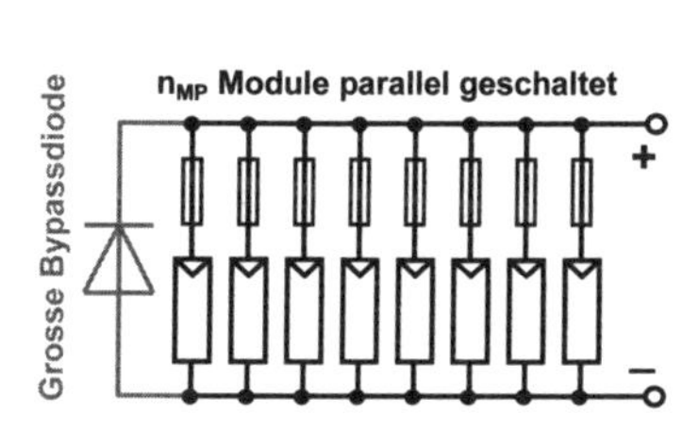

Bild 4-29:
n_{MP} parallel geschaltete Module mit Modulsicherungen. Bei Parallelschaltung von Modulen gleichen Typs treten bei Teilbeschattung keine allzu hohen Rückströme auf. Um alle denkbaren Störfälle im PV-Generator zu beherrschen, sollten aber nur 3 oder höchstens 4 PV-Module direkt parallel geschaltet werden. Für $n_{MP} > 4$ sind Modulsicherungen empfehlenswert. Bei einer Serieschaltung mehrerer solcher Gruppen ist die parallel geschaltete Modulgruppe zudem mit einer grossen Bypassdiode zu überbrücken, die den 1,25-fachen Kurzschlussstrom aller Module führen kann.

Soll diese Parallelschaltung mehrerer Module mit weiteren gleichartigen Parallelschaltungen in Serie geschaltet werden (siehe Kap. 4.3.4) ist eine *einzige Bypassdiode über der ganzen Parallelschaltung* vorzusehen, die mindestens den 1,25-fachen Gesamtkurzschlussstrom aller Module führen kann, also $1{,}25 \cdot n_{MP} \cdot I_{SC-STC}$, denn bei Verwendung mehrerer kleiner Bypassdioden ist die interne Stromaufteilung nicht genau bestimmt, was zu Überhitzungen und Ausfall der in den Modulen eingebauten kleinen Dioden und damit zu Schäden an den Modulen führen könnte.

4.3.3 Solargenerator mit parallel geschalteten Seriesträngen

Bei dieser bei grösseren Solargeneratoren häufig angewendeten Schaltungsvariante werden die Module zur Erzeugung der notwendigen Systemspannung zunächst zu seriellen Einzelsträngen aus n_{MS} Modulen gemäss Bild 4-28 zusammengeschaltet. Zur Erzielung eines höheren Gesamtstroms werden dann mehrere (n_{SP}) derartige Stränge parallel geschaltet. Bild 4-30 zeigt die entstehende Anordnung, wenn auf einen möglichst perfekten Schutz des Solargenerators vor allen denkbaren Fehlern Wert gelegt wird. Wie bereits in Abschnitt 4.3.1.1 erwähnt wurde, sind die eingezeichneten Strangdioden nicht unbedingt notwendig.

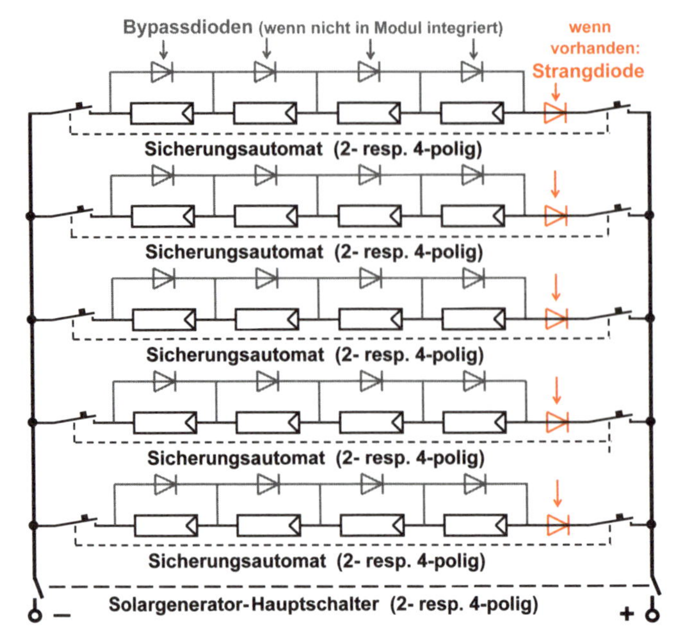

Bild 4-30:
Solargenerator mit mehreren parallel geschalteten Seriesträngen, der für *möglichst optimalen Schutz gegen alle denkbaren Fehler* ausgelegt ist. Die einzelnen Stränge sind durch Strangdioden voneinander entkoppelt, so dass bei funktionierenden Strangdioden keine Rückströme auftreten können. Bei defekten Strangdioden (oft ein Kurzschluss) ist der Rückstrom durch die Sicherungsautomaten weiterhin begrenzt. Im Störungsfall kann jeder Strang auch unter Last mit seinem Sicherungsautomaten von der Generatorsammelschiene abgetrennt und separat ausgemessen werden.

Anstelle der zweipoligen Sicherungsautomaten kann man auch zwei separate Sicherungen oder nur einpolige Sicherungsautomaten oder Sicherungen (nur stromlos entfernbar!) verwenden. Dann ist aber (wie in Bild 4-31 gezeigt) auf der andern Seite jedes Strangs eine Trennklemme oder ein PV-Spezialstecker mit Trennfunktion erforderlich (blau).

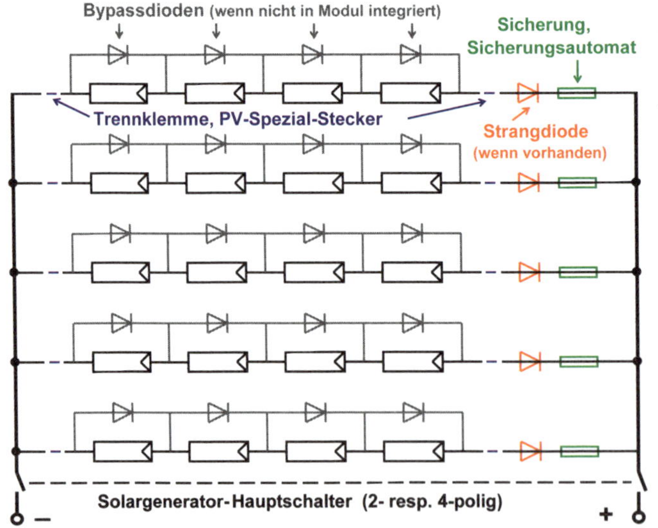

Bild 4-31:
Solargenerator mit mehreren parallel geschalteten Seriesträngen mit geringerem Aufwand (Sicherungen und Trennklemmen resp. PV-Spezialstecker statt Sicherungsautomaten). Teilbeschattungen einzelner Modulstränge führen zu keinen unzulässig hohen Rückströmen. Trotzdem ist eine Strangsicherung bei mehr als 3 bis 4 parallel geschalteten Strängen ratsam, um auch gegen schwerere Defekte im Solargenerator (Kurzschlüsse in den Modulen oder über Teilen des Stranges und gegen Erdschlüsse) gewappnet zu sein (Bild 4-32).

Die in Bild 4-30 gezeigte Schaltungsvariante erlaubt auch eine einfache Überwachung des Betriebs durch Messung der Ströme in den einzelnen Strängen. Wird in einem Strang eine Störung (z.B. zu kleiner Strom) festgestellt, so kann der entsprechende Strang einfach mit dem Sicherungsautomaten von der Generatorsammelschine abgetrennt werden. Der Fehler im defekten Strang kann darauf ohne Beeinträchtigung des Betriebs des übrigen Generators gesucht und behoben werden. Diese Schaltung (oder die einfachere Variante von Bild 4-31 mit Sicherungen und Trennklemmen, nur stromlos freischaltbar!) wird deshalb bei mittleren und grossen PV-Anlagen weitaus am häufigsten verwendet. Die einfachere Schaltung nach Bild 4-31 bietet bei ungünstig liegenden Erdschlüssen aber keinen optimalen Schutz. Ist ein solcher optimaler Schutz gewünscht, sind *beidseitig* Sicherungen (bei + und – in jedem Strang) vorzusehen.

Beim praktischen Aufbau von Solargeneratoren mit mehreren parallelen Seriesträngen sollte vor dem Zusammenschalten immer kontrolliert werden, ob die Spannungen der einzelnen Stränge annähernd gleich sind, um unnötige Energieverluste infolge Mismatch oder bei schweren Verdrahtungsfehlern sogar Rückströme zu verhindern.

Falls Strangdioden eingesetzt werden sollen, eignen sich *vergossene Brückengleichrichter* dafür sehr gut (2 bis 3 kostengünstige, isolierte Strangdioden mit gemeinsamer Kathode in einem gut isolierten Gehäuse, die durch Montage auf eine Metallplatte leicht kühlbar sind).

Bei der Beschattung eines Moduls in einem Seriestrang wird die Leistung dieses Stranges sofort stark reduziert. Je mehr Module in einem Strang in Serie geschaltet sind, desto geringer ist jedoch die Leistungsreduktion bei der Beschattung eines einzelnen Moduls. Wegen der höheren Systemspannung kann ein grosser Teil des Stromes der unbeschatteten Module über die Bypassdiode des beschatteten Moduls weiterfliessen. Zur Verringerung der "Mismatch"- oder Fehlanpassungsverluste kann man die einzelnen Module ausmessen und in einem Strang nur Module mit ähnlichen Werten für den Strom I_{MPP} im MPP in Serie schalten. Details über diese "Mismatch"-Verluste werden in Kap. 4.4 behandelt.

4.3.3.1 Rückströme und Kurzschlussströme bei Solargeneratordefekten

Bild 4-32 zeigt die Situation bei einem schweren Defekt in einem Modulstrang (z.B. Kurzschluss über einigen Modulen), wie er beispielsweise durch mechanische Einwirkung bei einem Unfall oder bei einem massiven Verdrahtungsfehler in einem Strang auftreten kann. Dieser Fall ist nicht rein hypothetisch, sondern dürfte bei der Integration von PV-Anlagen in Gebäuden oder Infrastrukturanlagen (z.B. Lärmschutzwände an Autobahnen oder Bahnlinien) ab und zu auftreten. Ist ein Pol geerdet, so tritt diese Situation auch bei einem Erdschluss auf.

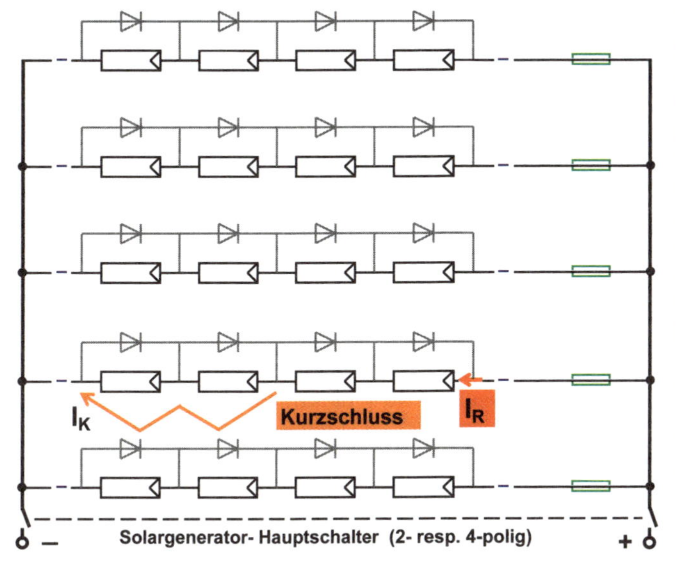

Bild 4-32:
Rückstrom I_R in einem Strang ohne Strangdioden, zum Beispiel wegen Kurzschluss in einem Strang über einigen Modulen infolge eines schweren Defektes (z.B. mechanische Einwirkung durch einen Unfall, Kurzschlüsse in Bypassdioden nach einem Blitzschlag).
Die gleiche Situation kann auftreten, wenn beispielsweise infolge eines massiven Verdrahtungsfehlers in einem Strang zu wenige Module vorhanden sind.

Ohne Strangdiode und ohne Strangsicherungen, also bei direkter Parallelschaltung von n_{SP} Strängen, fliesst in diesem Fall aus dem übrigen Solargenerator folgender Rückstrom I_R:

Maximaler Rückstrom I_R bei direkter Strang-Parallelschaltung: $I_R \approx (n_{SP} - 1) \cdot I_{SC}$ (4.7)

Dabei bedeuten: I_{SC} Kurzschlussstrom eines Solarmoduls / eines Stranges

n_{SP} Anzahl parallel geschaltete Stränge

Der Strom im Kurzschluss selbst ist noch um I_{SC} höher, d.h. es ergibt sich für den Kurzschlussstrom I_K bei direkter Strang-Parallelschaltung:

Kurzschlussstrom $I_K = I_{SC} + I_R \approx I_{SC} + (n_{SP} - 1) \cdot I_{SC} \approx n_{SP} \cdot I_{SC}$ (4.8)

Je nach dem Aufbau des Solargenerators können folgende Fälle unterschieden werden:

- Bei *vorhandener und funktionierender Strangdiode* ist der auftretende Kurzschlussstrom I_K auf den Kurzschlussstrom I_{SC} eines Stranges beschränkt, d.h. $I_K = I_{SC}$ und $I_R = 0$.
- Bei fehlender oder kurzgeschlossener Strangdiode, aber *vorhandener Strangsicherung* mit k_{SN} gemäss (4.6) ist der Kurzschlussstrom I_K anfänglich gleich dem Kurzschlusstrom $n_{SP} \cdot I_{SC}$ des gesamten Solargenerators. Durch den kurzzeitig fliessenden Rückstrom I_R tritt also je nach Grösse von n_{SP} eine mehr oder weniger grosse temporäre Überstrombeanspruchung der von I_R durchflossenen Module auf. Längerfristig beträgt der Rückstrom aus dem übrigen Solargenerator aber höchstens $I_R \approx k_{SN} \cdot I_{SC-STC}$, da sonst die Sicherung durchbrennt, d.h. es gilt $I_K \leq I_{SC} + k_{SN} \cdot I_{SC-STC}$. Bei getrennter Sicherung ist $I_R = 0$ und als Dauerstrom bleibt nur der Kurzschlussstrom I_{SC} eines Stranges, d.h. $I_K = I_{SC}$.
- Bei *direkter Parallelschaltung der Stränge* ist der Kurzschlussstrom permanent etwa gleich dem Kurzschlusstrom $I_K = n_{SP} \cdot I_{SC}$ des gesamten Solargenerators, so dass für grössere Werte von n_{SP} schwere Schäden an der Strangverkabelung und an den vom Rückstrom $I_R \approx (n_{SP} - 1) \cdot I_{SC}$ durchflossenen Modulen des Stranges möglich sind.

Bei sehr grossen Solargeneratoren, die aus n_{TG} parallelen Teilgeneratoren TG mit jeweils n_{SP} parallelen Strängen aufgebaut sind, ist die Situation noch etwas komplizierter (Bild 4-33):

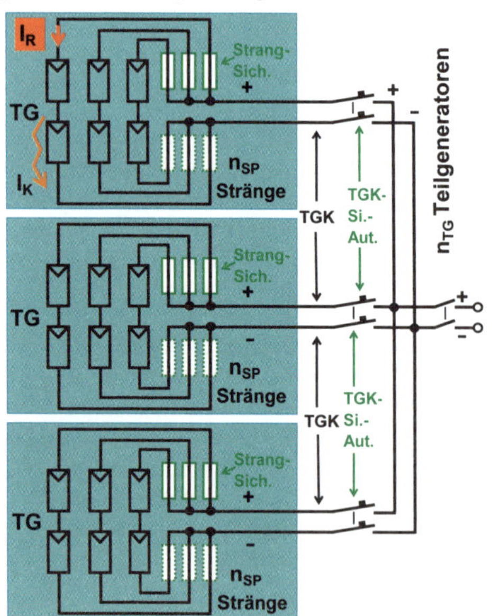

Bild 4-33:

Rückstrom I_R bei einem Fehler in einem Strang bei einem sehr grossen Solargenerator, der aus n_{TG} Teilgeneratoren TG mit je n_{SP} parallelen Strängen aufgebaut ist. Da n_{TG} meist sehr gross und >> 1 ist, müssen die Teilgeneratorkabel TGK mit einer Sicherung oder besser einem Sicherungsautomaten gegen Rückströme aus dem Gesamtgenerator geschützt werden.

Da n_{TG} >> 1 ist, kann der mögliche Rückstrom I_R in einem Strang im Fehlerfall sehr gross werden, denn er kommt in diesem Fall nicht nur von den (n_{SP} - 1) gesunden Strängen des eigenen Teilgenerators, sondern auch aus den (n_{TG} - 1) nicht vom Fehler betroffenen Teilgeneratoren.

Deshalb sind in diesem Fall auch schon bei kleinen Werten von n_{SP} Strangsicherungen empfehlenswert. Auch gekühlte Dioden in jeder Teilgeneratorleitung, die für $1{,}25 \cdot n_{SP} \cdot I_{SC-STC}$ dimensioniert sind, sind eine gute Lösung.

Die Teilgeneratorkabel TGK müssen bei grossen Solargeneratoren mit einer Sicherung oder einem Sicherungsautomaten gegen Rückströme aus dem Gesamtgenerator geschützt werden.

Da der Strom in einem Teilgeneratorkabel n_{SP} mal grösser als der Strom in einem Strang ist, ergibt sich wie in (4.6) als Richtwert für den Nennstrom $I_{SN\text{-}TG}$ dieser Teilgenerator-Sicherung:

$I_{SN\text{-}TG}$ von Teilgeneratorsicherungen: $I_{SN\text{-}TG} = k_{SN\text{-}TG} \cdot I_{SC\text{-}STC\text{-}TG} = k_{SN\text{-}TG} \cdot n_{SP} \cdot I_{SC\text{-}STC}$ (4.9)

Dabei bedeuten: $k_{SN\text{-}TG}$ = Verhältnis zwischen Sicherungs-Nennstrom $I_{SN\text{-}TG}$ und Nennstrom in der Teilgeneratorleitung (Richtwert analog zu (4.6): 1,4 bis 2,4)

$I_{SC\text{-}STC}$ = Kurzschlussstrom eines Solarmoduls / eines Stranges bei STC

n_{SP} Anzahl parallel geschaltete Stränge in einem Teilgenerator

Im Fehlerfall kann bei noch intakter Teilgeneratorsicherung in einem grossen Solargenerator über das Teilgeneratorkabel ein Strom von mindestens $k_{SN\text{-}TG} \cdot n_{SP} \cdot I_{SC\text{-}STC}$ zurückfliessen. Der maximale Strang-Rückstrom I_R in einem Grossgenerator aus mehreren Teilgeneratoren beträgt:

Max. Rückstrom I_R bei Teilgeneratoren : $I_R \approx [n_{SP} \cdot (k_{SN\text{-}TG} + 1) - 1] \cdot I_{SC\text{-}STC}$ (4.10)

Schon bei relativ kleinen Werten von n_{SP} kann also ein beträchtlicher Rückstrom fliessen, z.B. bei $n_{SP} = 3$ und $k_{SN\text{-}TG} = 2$ wird I_R bereits $8 \cdot I_{SC\text{-}STC}$. Deshalb ist es sinnvoll, bei aus mehreren Teilgeneratoren bestehenden grösseren Solargeneratoren nicht nur die Leitungen der einzelnen Teilgeneratoren abzusichern, sondern auch die Stränge in den einzelnen Teilgeneratoren.

4.3.3.2 Direkte Parallelschaltung von Strängen

Da Module elektrisch eigentlich "Supersolarzellen" mit grösseren Spannungen und Strömen sind, gelten die in Abschn. 4.2.3 und 4.3.2 gewonnenen Erkenntnisse auch für die direkte Parallelschaltung von gleichartigen Strängen. Selbst wenn sehr viele gleichartige Stränge direkt parallel geschaltet sind, treten deshalb bei Beschattung von einzelnen intakten Strängen in diesen keine gefährlichen Rückströme auf, auch wenn der Solargenerator im Leerlauf betrieben wird. Allerdings ist vor einer direkten Parallelschaltung mehrerer Stränge unbedingt sicherzustellen, dass diese korrekt verkabelt sind und annähernd die gleiche Leerlaufspannung aufweisen. Mindestens auf beidseitige Trennklemmen oder PV-Spezialstecker für jeden Strang kann deshalb nicht verzichtet werden.

Ein genereller Verzicht auf Schutzelemente gegen Rückstrom bei Anwendung von speziell gut isolierten Solarmodulen der Schutzklasse II und erd- und kurzschlusssicherer Verkabelung mit doppelter Isolation, wie in [4.2] vorgeschlagen, mag aus normenphilosophischer Sicht vielleicht logisch und konsequent erscheinen. Da Solarmodule und Laminate mit ihren *Glasabdeckungen* aber *prinzipiell ziemlich zerbrechlich* und schlagempfindlich sind, sind bei Anlagen mit vielen parallel geschalteten Strängen immer Schadenfälle denkbar, die Kurzschlüsse in einzelnen Modulen oder über einzelnen Modulgruppen oder Erdschlüsse zur Folge haben (siehe Abschn. 4.3.3.1). Auch Verdrahtungsfehler sind ab und zu möglich. Der Ingenieur wird während seiner ganzen Ausbildung darauf getrimmt, seine Anlagen auf den schlimmsten möglichen Fall (worst case) auszulegen und auch beim Eintritt eines Schadens diesen in seinem Umfang möglichst zu begrenzen. Dies ist in der elektrischen Energieverteilung unbestrittener Stand der Technik. Bei grösseren Anlagen mit vielen parallelen Strängen wäre es deshalb fahrlässig, nur wegen einer geringen Kostenreduktion auf Elemente zum Schutz gegen Rückströme und zum Schutz der meist mit geringerem Querschnitt realisierten Strangverkabelungen zu verzichten.

Bei der direkten Parallelschaltung von Strängen treten im Falle eines Kurzschlusses oder Erdschlusses wegen der höheren Spannungen wesentlich grössere Leistungen auf als bei der direkten Parallelschaltung einzelner Solarzellen oder Solarmodule. Wegen der Stromquellencharakteristik des Solargenerators (Kurzschlussstrom prinzipiell beschränkt!) können zwei Stränge immer direkt parallel geschaltet werden, denn bei n_{SP} = 2 können Strangsicherungen einen Rückstrom nie abschalten. Meist können auch drei Stränge noch ohne Schutzelemente gegen Rückstrom direkt parallel geschaltet werden. In diesen Fällen sollten aber immer Trennklemmen oder besser PV-Spezialstecker auf beiden Seiten vorgesehen werden. *Dies setzt aber voraus, dass der Querschnitt der Strangverkabelung ausreichend dimensioniert ist und dass durch entsprechende Vorkehrungen ein Rückstrom aus dem angeschlossenen Verbraucher (Wechselrichter, Akku usw.) ausgeschlossen ist.* Oft ist auch die direkte Parallelschaltung von vier Strängen noch möglich, aber ohne explizite Rückstromspezifikation durch den Modulhersteller eher riskant, falls doch einmal ein Schaden eintritt. Vorsichtige Planer, die jedes Risiko ausschliessen wollen, werden sich bei der direkten Parallelschaltung auf n_{SP} = 2 beschränken.

Wenn n_{SP} > 3 bis 4 oder bei Aufteilung des PV-Generator in mehrere Teilgeneratoren ist dagegen der Einsatz von Strangsicherungen ratsam, ausser wenn vom Hersteller im Datenblatt explizit ein Wert für den maximalen Rückstrom $I_{R\text{-}Mod}$ für das verwendete Modul spezifiziert ist, so dass mit (4.7) oder (4.10) die Anzahl n_{SP} der maximal zulässigen direkt parallel schaltbaren Stränge berechnet werden kann. Dabei ist zu beachten, dass im schlimmsten Fall (bei kurzzeitigen strahlungsmässigen Überleistungen durch Reflexionen an Wolken oder Schnee) in den Modulen Ströme bis über $1{,}25 \cdot I_{SC\text{-}STC}$ fliessen können. Zur Vermeidung von Schäden an der Strangverkabelung muss diese deshalb auf mindestens $1{,}25 \cdot (n_{SP} - 1) \cdot I_{SC\text{-}STC}$ ausgelegt werden.

4.3.4 Solargenerator mit Matrixschaltung der Solarmodule

Bei dieser weniger häufig angewandten Schaltungsvariante werden zunächst Gruppen aus n_{MP} parallel geschalteten Solarmodulen und einer grossen Bypassdiode gebildet (siehe Kap. 4.3.2). Zur Erzielung einer höheren Systemspannung werden dann n_{GS} solcher Gruppen in Serie geschaltet (siehe Bild 4-34).

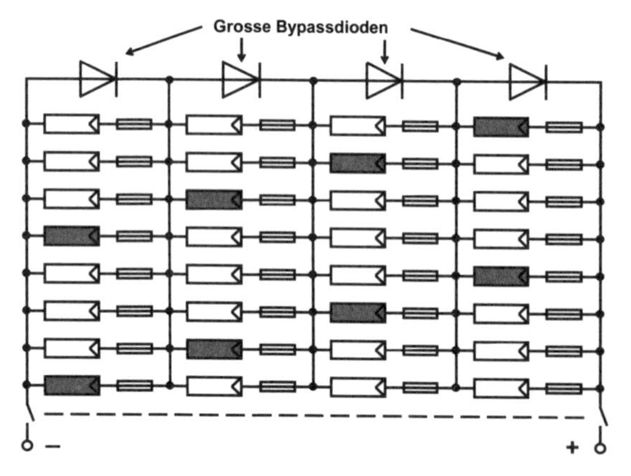

Bild 4-34: PV-Generator in Matrixschaltung, der durch Serieschaltung einzelner Modulgruppen aus n_{MP} parallel geschalteten PV-Modulen entsteht. Jede parallel geschaltete Modulgruppe muss mit einer grossen Bypassdiode (gekühlt!) überbrückt werden, die mindestens den 1,25-fachen Gesamtstrom aller Module führen kann. Bei Beschattung der grau eingezeichneten Module reduziert sich die Leistung dank der Matrixschaltung nur um 25%. Aufbau und Wartung eines solchen Generators sind jedoch viel aufwändiger.

Durch die serielle und parallele Vermaschung erfolgt ein gewisser Ausgleich innerer Unsymmetrien. Ein solcher Generator ist auf Teilbeschattungen einzelner Module oder auf leichte Unterschiede in den Modulkennlinien weniger empfindlich. Sind beim PV-Generator von Bild 4-34 die grau eingezeichneten Module (25 % aller Module) vollständig beschattet, sinkt die Leistung des PV-Generators nur um 25 %. Ohne die Querverbindungen hat man einen PV-Generator mit 8 parallelen Strängen zu 4 Modulen in Serie. Wenn die von diesem PV-Generator gespeiste Anlage weiterhin auf der ursprünglichen MPP-Spannung U_{MPP} des unbeschatteten Generators arbeitet, sinkt die Ausgangsleistung eines solchen Solargenerators praktisch auf 0.

Ein wesentlicher Nachteil dieser Schaltung ist jedoch, dass die *Fehlersuche infolge der Vermaschung stark erschwert* ist. Fehler (z.B. der Ausfall eines Moduls) äussern sich in erster Linie durch eine Spannungsreduktion über der Gruppe mit dem defekten Modul und in zweiter Linie durch eine Reduktion des Gesamtstroms des ganzen Generators.

Die dauernde Überwachung der inneren Teilspannungen im Betrieb ist sehr aufwändig und deshalb kaum durchführbar. Beim Eintreten einer Störung muss für das Auffinden des defekten Moduls jeweils der ganze Generator abgeschaltet werden. Grössere Photovoltaikanlagen werden deshalb kaum in Matrixschaltung aufgebaut. Es ist allenfalls denkbar, bei sehr grossen Anlagen kleine Teilgeneratoren in Matrixschaltung aufzubauen, die dann einen Strang des Gesamtgenerators bilden und gemäss Kap. 4.3.3 parallel geschaltet sind.

4.4 Leistungsverluste im Solargenerator durch Teilbeschattungen und Mismatch

Wie bereits in Kap. 4.2.2 erwähnt, sinkt die Leistung eines Solarmoduls und damit auch des entsprechenden Stranges massiv, wenn einzelne Solarzellen oder sogar das ganze Modul teilbeschattet sind.

In geringerem Mass tritt auch ein Leistungsverlust auf, wenn die Kennlinien der Module nicht ganz gleich sind, z.B. infolge von unvermeidlichen Exemplarstreuungen (ungleiche Werte von von P_{max} , U_{MPP} , I_{MPP}). In diesem Fall spricht man auch von *Mismatch* (interner Fehlanpassung) im Solargenerator. Ein gewisser Mismatch kann auch bei unbeschatteten, völlig identischen Solarmodulkennlinien auftreten, wenn auf die Module eines Stranges infolge ungleicher Diffusstrahlungsverhältnisse nicht genau die gleiche Bestrahlungsstärke einwirkt. Die in der Praxis bei STC effektiv auftretende Leistung P_{Ao} eines Solargenerators ist deshalb immer geringer als die nominelle Solargeneratorleistung $P_{Go} = n_M \cdot P_{Mo}$ gemäss (1.6).

4.4.1 Verluste infolge Beschattung einzelner Module

Bei einem Strang aus nur einem einzigen Modul ist der Leistungsabfall bei teilweiser oder vollständiger Beschattung recht dramatisch (siehe Bild 4-22). Wenn in einem Strang mit n_{MS} in Serie geschalteten Solarmodulen alle mit Bypassdioden ausgerüstet sind, ist dieser Leistungsabfall bei Teilbeschattung einzelner Module umso weniger gravierend, je höher n_{MS} ist. Die nicht beschatteten Module verschieben ihren Arbeitspunkt einfach etwas in Richtung Leerlauf, die Spannung über diesen Modulen erhöht sich etwas und der Strom fliesst über die Bypassdiode(n) um das (teil-)beschattete Modul herum. Dies ist neben dem Schutz gegen "Hot-Spots" die zweite wichtige Aufgabe der Bypassdioden.

Die Verhältnisse bei Beschattung eines Moduls sollen für verschiedene Werte von n_{MS} jeweils für einen Strang untersucht werden. Dabei wird angenommen, dass jeweils *ein beschattetes Modul nur noch mit 100 W/m² bestrahlt* wird, während die *übrigen (n_{MS} - 1) Module weiterhin mit 1 kW/m² bestrahlt* werden. In den gezeigten Diagrammen sind jeweils auch die Spannungen U_{MPP} (MPP-Spannung bei Bestrahlung aller n_{MS} Module mit 1 kW/m²), U_{A1} (Spannung 12 V pro Modul, etwa zu Beginn des Ladevorgangs bei einem stark entladenen Akku mit einer Nennspannung von $n_{MS} \cdot 12$ V) und U_{A2} (Spannung 14 V pro Modul gegen Ende des Ladevorgangs) angegeben. Um die Verhältnisse nicht zu kompliziert zu gestalten, ist weiter angenommen, dass das beschattete Modul mit einer idealen Bypassdiode (Spannungsabfall im Durchlassbereich 0 V) überbrückt ist und dass die Modultemperatur aller Module 40°C beträgt (Mittelwert zwischen Winter- und Sommertemperaturen). In den gezeigten Beispielen wird das monokristalline Modul M55 (36 Zellen in Serie) verwendet, die Überlegungen gelten aber für alle Arten von kristallinen Modulen.

Bild 4-35 zeigt die Verhältnisse bei n_{MS} = 2 Modulen in Serie (z.B. bei einer 24 V Inselanlage). Strom und Leistung betragen sowohl bei U_{MPP} als auch bei U_{A2} und U_{A1} nur etwa 10 % des Wertes bei unbeschattetem Strang. Die Teilbeschattung eines Moduls bei einem Strang mit nur n_{MS} = 2 wirkt sich also sehr stark auf die Energieproduktion aus.

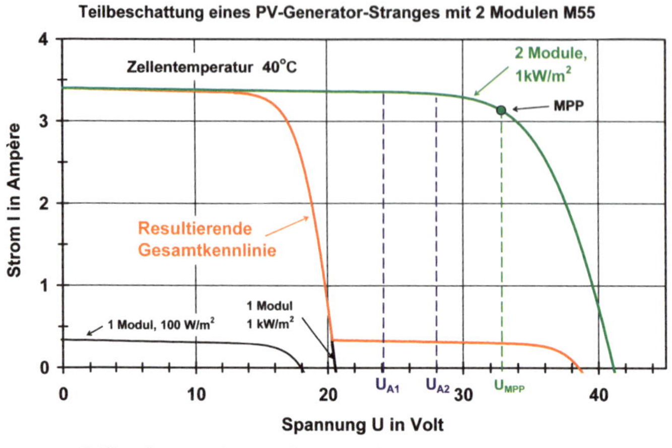

Bild 4-35: Kennlinien eines Solargeneratorstrangs aus 2 Modulen M55 (z.B. bei 24V-Inselanlage) bei Beschattung eines Moduls, das mit einer idealen Bypassdiode überbrückt ist (Zellentemperatur T_Z = 40°C, besonntes Modul mit 1 kW/m², beschattetes Modul mit 100 W/m² bestrahlt). U_{MPP} = MPP-Spannung des voll bestrahlten Strangs, U_{A2} = 14 V und U_{A1} = 12 V pro Modul.

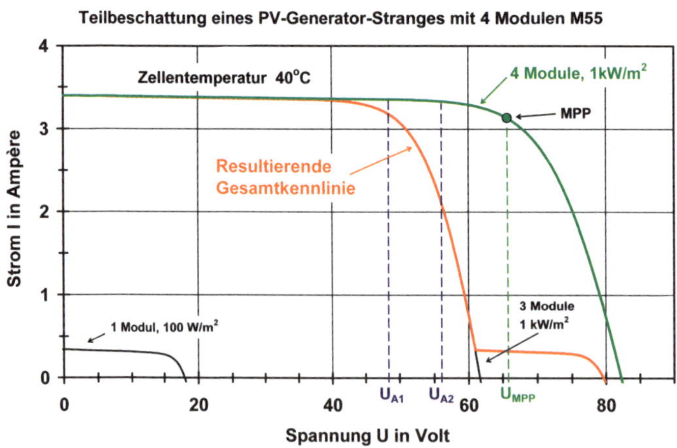

Bild 4-36: Kennlinien eines Solargeneratorstrangs aus 4 Modulen M55 (z.B. bei 48V-Inselanlage) bei Beschattung eines Moduls, das mit einer idealen Bypassdiode überbrückt ist (Zellentemperatur T_Z = 40°C, besonnte Module mit 1 kW/m², beschattetes Modul mit 100 W/m² bestrahlt). U_{MPP} = MPP-Spannung des voll bestrahlten Strangs, U_{A2} = 14 V und U_{A1} = 12 V pro Modul.

Bild 4-36 zeigt die Verhältnisse bei n_{MS} = 4 Modulen in Serie (z.B. bei einer 48 V Inselanlage). Bei U_{MPP} betragen Strom und Leistung immer noch nur etwa 10 % des Wertes beim unbeschatteten Strang. Bei U_{A2} ist der Strom bereits auf etwa 62 %, bei U_{A1} gar auf etwa 95 % des ursprünglichen Wert angestiegen, d.h. dank den Bypassdioden ist der Leistungsverlust bereits relativ gering.

Bild 4-37 zeigt die Verhältnisse bei n_{MS} = 9 Modulen in Serie (z.B. bei einer 110 V Inselanlage). Bei U_{MPP} betragen Strom und Leistung dank den Bypassdioden bereits über 70 % des Wertes beim unbeschatteten Strang. Bei U_{A2} ist der Strom weiter auf etwa 97 %, bei U_{A1} sogar auf praktisch 100 % des ursprünglichen Wertes angestiegen.

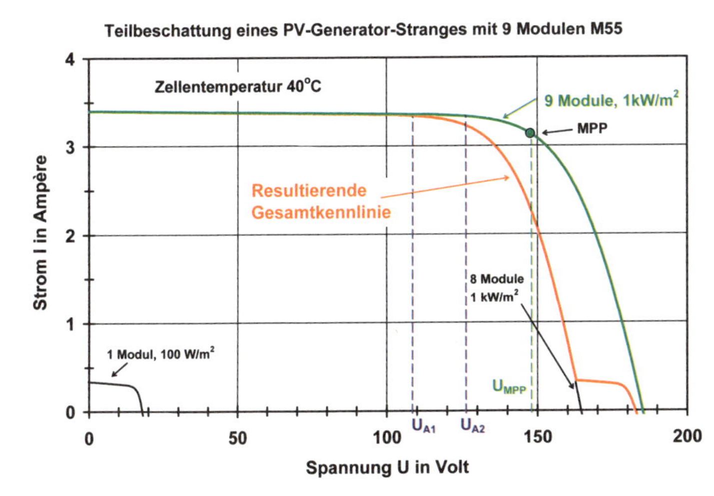

Bild 4-37: Kennlinien eines Solargeneratorstrangs aus 9 Modulen M55 (z.B. bei 110V-Inselanlage) bei Beschattung eines Moduls, das mit einer idealen Bypassdiode überbrückt ist (Zellentemperatur T_Z = 40°C, besonnte Module mit 1 kW/m², beschattetes Modul mit 100 W/m² bestrahlt). U_{MPP} = MPP-Spannung des voll bestrahlten Strangs, U_{A2} = 14 V und U_{A1} = 12 V pro Modul.

Man kann allgemeiner die Leistung in einem Strang mit n_{MS} Modulen untersuchen, von denen n_{MSB} beschattet, d.h. noch mit 100 W/m² bestrahlt sind, während die übrigen (n_{MS} - n_{MSB}) voll mit 1 kW/m² bestrahlt werden. In Bild 4-38 ist als Beispiel für M55 Module mit einer Zellentemperatur T_Z = 40°C die relative Strangleistung in Funktion der relativen Anzahl beschatteter Module a_{MB} = n_{MSB} / n_{MS} dargestellt. Für die Berechnung wurden die Kennlinien des Moduls M55 verwendet, die entstehenden Kurven sind aber für alle kristallinen Module brauchbar.

$$\text{Relative Anzahl beschatteter Module } a_{MB} = \frac{n_{MSB}}{n_{MS}} \tag{4.11}$$

Dabei bedeutet n_{MS} = Anzahl Module pro Strang (totale Anzahl)
n_{MSB} = Anzahl Module pro Strang mit Beschattung

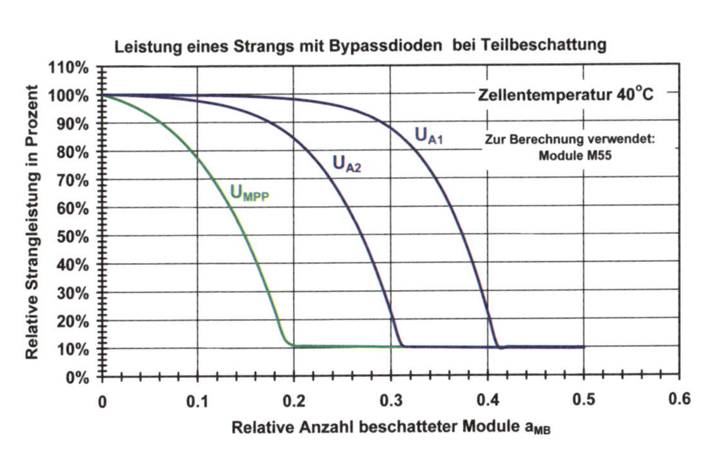

Bild 4-38: Relative Leistung eines PV-Generator-Strangs aus kristallinen Modulen bei Beschattung einzelner Module (mit idealen Bypassdioden überbrückt) in Funktion der relativen Anzahl beschatteter Module a_{MB} gemäss (4.11). Annahmen: Zellentemperatur T_Z = 40°C, besonnte Module mit 1 kW/m², beschattete Module mit 100 W/m² bestrahlt. U_{MPP} = MPP-Spannung des voll bestrahlten Strangs, U_{A2} = 14 V und U_{A1} = 12 V pro 36-zelliges Modul.

In Bild 4-38 ist zu erkennen, dass beim Betrieb auf der MPP-Spannung U_{MPP} des voll beleuchteten Stranges schon bei kleinen a_{MB}-Werten eine zunächst geringe und dann zunehmende Leistungsreduktion auftritt. Arbeitet der Strang dagegen auf der kleineren Spannung U_{A2} (14 V pro Modul) oder gar U_{A1} (12 V pro Modul), tritt für kleine a_{MB}-Werte noch praktisch keine

Leistungsreduktion auf. Erst bei grösseren Werten von a_{MB} fällt die Strangleistung allmählich ab. Dank den Bypassdioden fällt in Strängen mit einer grösseren Anzahl Modulen somit die Leistung bei Beschattung einzelner Module nicht allzu rasch ab, sondern erst wenn eine nennenswerte Anzahl Module betroffen ist.

4.4.2 Mismatch- oder Fehlanpassungs-Verluste infolge Exemplarstreuungen

Sind die Kennlinien der im Strang verschalteten Solarmodule unterschiedlich, d.h. sind im Strang Module mit Minderleistung vorhanden, so sinkt die Leistung des betreffenden Stranges stärker ab, als rein rechnerisch auf Grund der reduzierten Summe der Modulleistungen zu erwarten wäre. Diese *zusätzlichen Verluste* entstehen auf Grund interner Fehlanpassungen im Solargenerator und werden als *Mismatch-Verluste* bezeichnet.

Diese Mismatchverluste sollen für verschiedene Werte von n_{MS} jeweils für einen Strang untersucht werden. Alle Module werden mit 1 kW/m^2 bestrahlt und haben eine Zellentemperatur T_Z = 25°C. Dabei wird angenommen, dass jeweils *ein Modul* infolge Exemplarstreuung oder Herstellungstoleranzen die gleiche Kennlinie wie ein nur mit *900 W/m^2* bestrahltes Modul aufweist. Die *übrigen (n_{MS} - 1) Module* haben die *normalen Kennlinien* bei einer Einstrahlung von *1 kW/m^2*. In den gezeigten Diagrammen sind jeweils auch die Spannungen U_{MPP} (MPP-Spannung bei Bestrahlung aller n_{MS} Module mit 1 kW/m^2), U_{A1} (Spannung 12 V pro Modul, etwa zu Beginn des Ladevorgangs an einem entladenen Akku mit Nennspannung von $n_{MS} \cdot 12$ V) und U_{A2} (Spannung 14 V pro Modul gegen Ende des Ladevorgangs) angegeben. Um die Verhältnisse etwas zu vereinfachen, wird angenommen, dass alle Module mit einer idealen Bypassdiode (Spannungsabfall im Durchlassbereich 0 V) überbrückt sind und die Modultemperatur aller Module 25°C beträgt. In diesen Beispielen wird wieder das Modul M55 verwendet.

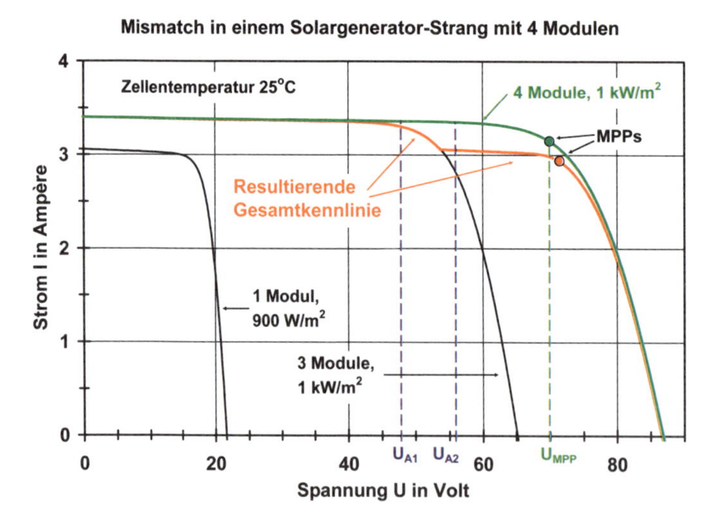

Bild 4-39: Kennlinien eines Solargeneratorstrangs aus 4 Modulen M55 mit einer Zellentemperatur T_Z = 25°C bei einer Einstrahlung von 1 kW/m^2 (z.B. bei einer 48V-Inselanlage). Eines dieser Module hat eine Minderleistung von 10 % (gleiche Kennlinien wie ein normales Modul bei 900 W/m^2). Alle Module sind mit idealen Bypassdioden überbrückt. U_{MPP} = MPP-Spannung des voll bestrahlten Strangs, U_{A2} = 14 V und U_{A1} = 12 V pro Modul.

Bild 4-39 zeigt einen Strang mit n_{MS} = 4 Modulen M55 in Serie. Man erkennt, dass Strom und Leistung bei U_{MPP} um 5,2 % und bei U_{A2} gar etwa 10 % geringer sind als bei einem "gesunden" Strang aus völlig gleichartigen Modulen. Diese Einbussen liegen deutlich über der rein rechnerischen Einbusse der Strangleistung von 2,5 % (3 Module mit 100 % und ein Modul mit 90 % der Modul-Nennleistung P_{Mo}). Auch wenn der Strang im neu resultierenden MPP des Stranges betrieben wird, ist die Leistung immer noch etwa 4,7 % geringer als bei einem "gesunden" Strang. Nur beim Betrieb bei U_{A1} (bei gesundem Strang weit vom MPP entfernt) beträgt die Minderproduktion dank der vorhandenen Spannungsreserve nur etwa 2,5 % und liegt damit im Bereich der rechnerischen Einbusse der Strangleistung.

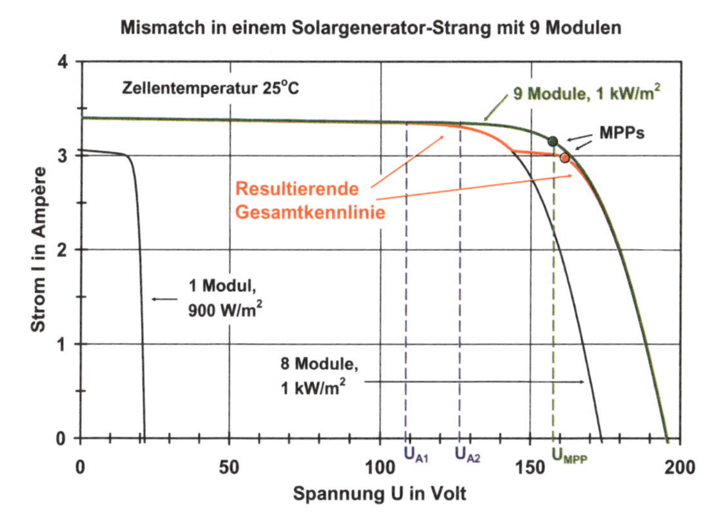

Bild 4-40: Kennlinien eines Solargeneratorstrangs aus 9 Modulen M55 mit einer Zellentemperatur T_Z = 25°C bei einer Einstrahlung von 1 kW/m^2 (z.B. bei einer 110V-Inselanlage). Eines der Module hat eine Minderleistung von 10 % (gleiche Kennlinien wie ein normales Modul bei 900 W/m^2). Alle Module sind mit idealen Bypassdioden überbrückt. U_{MPP} = MPP-Spannung des voll bestrahlten Strangs, U_{A2} = 14 V und U_{A1} = 12 V pro Modul.

Bild 4-40 zeigt einen Strang mit n_{MS} = 9 Modulen M55 in Serie. Man erkennt, dass Strom und Leistung bei U_{MPP} um 4,2 % und bei U_{A2} auch noch etwa 1,5 % geringer sind als bei einem "gesunden" Strang aus völlig gleichartigen Modulen. Diese Einbussen liegen deutlich über der rein rechnerischen Einbusse der Strangleistung von 1,1 % (8 Module mit 100 % und ein Modul mit 90 % der Modul-Nennleistung P_{Mo}). Auch wenn der Strang im neu resultierenden MPP des Stranges betrieben wird, ist die Leistung immer noch etwa 3,1 % geringer als bei einem "gesunden" Strang. Nur beim Betrieb bei U_{A1} (bei gesundem Strang weit vom MPP entfernt) ist die Minderproduktion dank der grossen vorhandenen Spannungsreserve beinahe 0 und liegt damit unter der rechnerischen Einbusse der Strangleistung.

Man kann allgemeiner die Mismatch-Leistungsverluste in einem Strang mit n_{MS} Modulen untersuchen, von denen n_{MSM} Module eine Minderleistung aufweisen, während die übrigen (n_{MS} - n_{MSM}) Module normale Kennlinien aufweisen. In Bild 4-41 sind als Beispiel für Module M55 bei 1 kW/m^2 und einer Zellentemperatur T_Z = 25°C die resultierenden Mismatch-Leistungsverluste gegenüber der Strang-Nennleistung ($n_{MS} \cdot P_{Mo}$) in Funktion der relativen Anzahl Module mit Minderleistung $a_{MM} = n_{MSM}/n_{MS}$ angegeben. Für eine Modul-Minderleistung von 5 % resp. 10 % gegenüber P_{Mo} sind jeweils die resultierende Minderleistung beim Betrieb des Stranges bei U_{MPP} des gesunden Stranges (Kurve U_{MPP}), beim Betrieb im resultierenden MPP des Stranges (Kurve MPP) und zu Vergleichszwecken auch der rein rechnerische Verlust (Kurve ΣP_M) angegeben. Die Kurve U_{MPP} ist dann von Interesse, wenn in einem Solargenerator viele Stränge parallelgeschaltet sind und der Einfluss von Mismatch in einem einzelnen Strang untersucht werden soll. Die Kurve MPP ist dagegen massgebend, wenn ein Solargenerator nur aus einem Strang besteht oder wenn in allen n_{SP} parallelen Strängen eines grösseren Solargenerators jeweils gleich viele Module mit Minderleistung auftreten. Für Bild 4-41 wird definiert:

$$\textit{Relative Anzahl Module mit Minderleistung:}\ a_{MM} = \frac{n_{MSM}}{n_{MS}} \qquad (4.12)$$

Dabei bedeutet n_{MS} = Anzahl Module pro Strang (totale Anzahl)

n_{MSM} = Anzahl Module pro Strang mit Minderleistung (5 % resp. 10 %)

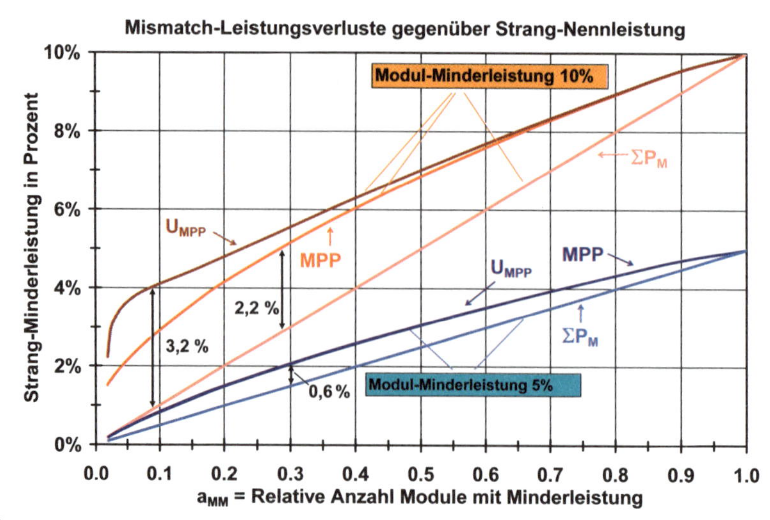

Bild 4-41:
Mismatch-Leistungsverluste eines Solargeneratorstrangs aus Modulen Siemens M55 in Funktion der relativen Anzahl Module mit Minderleistung a_{MM} gemäss Formel (4.12).
Annahmen: Zellentemperatur T_Z = 25°C, alle Module mit 1 kW/m² bestrahlt, Minderleistung der Module 5 % resp. 10 %. Alle Module sind mit idealen Bypassdioden überbrückt.
Kurve U_{MPP} : Betrieb bei der MPP-Spannung U_{MPP} *eines gesunden Strangs.*
Kurve MPP : Betrieb im neuen MPP der resultierenden U-I-Kennlinie.
Kurve ΣP_M : Rein rechnerischer Leistungsverlust infolge der Module mit Minderleistung

Bei der Erzeugung der Kurven von Bild 4-41 wurde angenommen, dass bei den schwächeren Modulen bei gleicher Einstrahlung jeweils einfach der Strom um 10 % resp. 5 % geringer ist als bei einem normalen Modul, d.h. dass in der Ersatzschaltung der Solarzelle von Bild 3-12 und der von der Stromquelle gelieferte Strom entsprechend kleiner wird, wobei aber die übrigen Elemente der Ersatzschaltung unverändert bleiben.

In Bild 4-41 ist zu erkennen, dass bereits bei einer relativ kleinen Anzahl Module mit Minderleistung (d.h. kleinen a_{MM}-Werten) sowohl beim Betrieb bei der MPP-Spannung U_{MPP} eines gesunden Stranges (Kurve U_{MPP}) als auch beim Betrieb im neu resultierenden MPP des Stranges (Kurve MPP) beträchtliche Mismatch-Verluste entstehen, die deutlich über der rein rechnerisch zu erwartenden Einbusse (Kurve ΣP_M) liegen.

Ein Vergleich der Kurven mit einer Modul-Minderleistung von 5 % und 10 % zeigt, dass die *Mismatch-Verluste mit zunehmender Minderleistung überproportional ansteigen*. Beim Betrieb bei der MPP-Spannung U_{MPP} eines gesunden Stranges sind die Verluste höher als beim Betrieb im neu resultierenden MPP des Stranges. Besonders ausgeprägt ist dieser Effekt bei kleinen a_{MM}-Werten und einer Modul-Minderleistung von 10 %, wo Abweichungen zur rein rechnerischen Leistung von mehr als 2 % (Betrieb im neuen MPP) resp. 3 % (Betrieb auf U_{MPP} des gesunden Stranges mit Modulen ohne Minderleistung) auftreten. Bei einer Modul-Minderleistung von 5 % liegen die beiden Kurven für den Betrieb im alten und neuen MPP praktisch aufeinander und die maximale Abweichung zur rein rechnerischen Minderleistung beträgt max. 0,6 %. Es fällt auf, dass schon ein relativ geringer Anteil von Modulen mit Minderleistung (a_{MM} relativ klein) bereits eine fühlbare Reduktion der Strangleistung zur Folge hat. Zur Erzielung eines möglichst hohen Energieertrags ist es in der Praxis deshalb zweckmässig, in *grösseren PV-Generatoren möglichst eng tolerierte Module* (Streuung von P_{max} und $I_{MPP} \leq 5$ %) einzusetzen.

4.4.3 Mismatch-Verluste infolge Strahlungsinhomogenitäten

Ein gewisser Mismatch kann auch bei unbeschatteten, völlig identischen Solarmodulkennlinien auftreten, wenn auf die Module eines Stranges *infolge ungleicher Diffusstrahlungsverhältnisse* nicht genau die gleiche Bestrahlungsstärke einwirkt, wenn also *Strahlungsinhomogenitäten im Solargenerator* auftreten. Dieser Effekt tritt besonders bei gestaffelten Solargeneratorfeldern auf (siehe Bilder 2-37 und 2-39). Die auftretenden Unterschiede innerhalb des Solargenerators können dabei bis einige Prozent betragen (siehe Kap. 2.5.8, Beispiel 2). Diese Unterschiede in der Diffussstrahlung führen natürlich auch zu unterschiedlichen U-I-Kennlinien der Solarmodule eines Stranges und damit zu Mismatch-Verlusten. Durch Kumulation mit Kennlinienunterschieden infolge Exemplarstreuungen können sie gar einen überproportionalen Anstieg der totalen Mismatch-Verluste bewirken wie in Kap. 4.4.2 anhand von Bild 4-41 dargelegt wurde.

Um die praktischen Auswirkungen dieser strahlungsbedingten Mismatch-Verluste möglichst klein zu halten, empfiehlt es sich, in einem Strang möglichst nur Module mit gleichen Diffusstrahlungsverhältnissen (z.B. an der Unterkante oder der Oberkante eines Solargenerators) in einem Strang in Serie zu schalten (siehe Bilder 2-37 , 2-38 und 2-39).

4.5 Praktischer Aufbau von Solargeneratoren

In diesem Kapitel werden einige Hinweise zur praktischen Realisierung von Solargeneratoren, zu den verschiedenen Montagearten, zur Auswahl der Materialien und zur elektrischen Verkabelung gegeben. Dabei soll versucht werden, nicht nur wie in vielen andern Büchern einfach die Nummern entsprechender Normen aufzuzählen, sondern primär die technischen Hintergründe zu beleuchten und zu erklären. Diese Angaben entsprechen etwa dem aktuellen Stand des technischen Wissens bei der Erstellung des Manuskriptes. Formaljuristisch gelten jedoch natürlich immer die jeweiligen nationalen Normen, die teils aus historischen Gründen oder infolge nationaler Besonderheiten leicht davon abweichen können.

4.5.1 Montagearten für Solargeneratoren

Mit den langsam, aber stetig sinkenden Kosten für Solarmodule ist es in Europa wegen des hohen Anteils an Diffusstrahlung in der Regel weniger sinnvoll, nachgeführte Systeme mit einem doch wesentlich höheren Investitions- und Wartungsaufwand zu installieren. Ein Grund für die Verwendung nachgeführter Solargeneratoren könnte höchstens die so mögliche höhere Anzahl Volllaststunden sein. Der Solargenerator wird deshalb meist in einer fixen Position montiert.

Für die Montage von Solargeneratoren eignen sich neben speziell dafür konzipierten Tragstrukturen im freien Gelände vor allem Gebäudeoberflächen, also Flach- und Schrägdächer sowie Fassaden von Gebäuden. Manchmal können auch bestimmte bereits im Gelände vorhandene Strukturen wie Schallschutzwände an Autobahnen oder Bahnanlagen als Tragstruktur mitbenutzt werden.

Gerahmte Module haben meist eine bessere mechanische Festigkeit als Laminate. Ein metallischer Rahmen gewährleistet auch einen guten Kantenschutz und bietet gewisse Vorteile beim Blitzschutz. Sie eignen sich besonders für Anlagen im Gelände oder für nachträglich erstellte Anlagen auf oder an Gebäuden. Sie werden oft mit Schrauben oder seltener mit Klemmen an einer geeigneten Tragstruktur befestigt. Es gibt heute eine grosse Vielfalt verschiedener Montagesysteme, mit denen die Solarmodule mit relativ geringem Aufwand befestigt werden können. Der Rahmen hat aber gegenüber Laminaten auch gewisse betriebliche Nachteile (Neigung zu Verschmutzung an Unterkante, Verzögerung des Abgleitens von Schnee).

Ungerahmte Laminate bieten dagegen ästhetische Vorteile bei der Gebäudeintegration. Da zur Erzielung der notwendigen Festigkeit oft dickeres Glas (z.B. 6 – 10 mm) eingesetzt werden muss, sind sie meist nicht leichter als gerahmte Module. Sie werden oft wie Glasscheiben in Fassaden oder Dächer eingebaut, wobei zu beachten ist, dass derartige Laminate stärkeren Temperaturschwankungen ausgesetzt sind als normale Gläser. Es ist auch möglich, Laminate mit speziellen Klammern (mit Einlagen aus elastischem Kunststoff, z.B. Neopren) zur befestigen oder sie mit Silikonklebstoff zu kleben. Wegen des fehlenden Rahmens müssen solche Laminate bis zum Einbau sehr sorgfältig behandelt werden, um Bruchschäden zu vermeiden.

Für die Montage auf Schrägdächern werden seit einigen Jahren von verschiedenen Herstellern auch spezielle *Solardachziegel* angeboten, die anstelle normaler Ziegel für die Dacheindeckung verwendet werden. Falls ihr Gewicht pro Flächeneinheit geringer ist als dasjenige normaler Ziegel, sind sie durch den Windsog gefährdet und müssen zusätzlich befestigt werden.

4.5.1.1 Freifeldmontage

Bild 4-42 zeigt eine Teilansicht des Solargenerators der Photovoltaikanlage auf dem Mont Soleil (1270 m), bei dem auf Metallträger geklebte Laminate im freien Feld auf einer speziell errichteten Tragstruktur montiert sind. Auf diese Weise können Photovoltaikanlagen auch an strahlungsmässig optimalen Standorten mit relativ hoher Winterenergieproduktion realisiert werden, dagegen wird für eine derartige Anlage zusätzliches Land verbraucht. Für die Tragstruktur, die Fundamente und einen eventuell notwendigen Netzanschluss entstehen relativ hohe Baukosten, die nicht mit anderen Bauwerken geteilt werden können. Ein Vorteil dieser Montageart ist dagegen die gute beidseitige Zugänglichkeit der Module. Es gibt heute auch industriell gefertigte Montagestrukturen für Freifeldanlagen, die direkt in dafür geeignete Böden geschraubt werden können und keine Betonfundamente mehr benötigen.

Bild 4-42: Freifeldmontage von rahmenlosen Laminaten (53 Wp) bei der Anlage Mont Soleil (560 kWp) auf 1270 m. Der Anstellwinkel beträgt β = 50°, so dass der Schnee im Winter rasch abgleiten kann. Die Tragkonstruktion besteht aus feuerverzinktem Stahl. Die einzelnen Laminate sind mit einem speziellen Silikonkleber auf die Tragkonstruktion geklebt. Die Konstruktion hat sich in den ersten 14 Betriebsjahren bewährt. (Bild Siemens)

4.5.1.2 Flachdachmontage

Bild 4-43 zeigt die Montage von Solarmodulen mit SOFREL-Elementen. Dabei handelt es sich um serienmässig herstellbare Fertigbetonelemente für die Flachdach-Montage von Solarmodulen (Solar flat roof element). Sie weisen zur Vermeidung von Dichtigkeitsproblemen keine

Verbindung mit dem Gebäude auf. Das SOFREL-System eignet sich sowohl für gerahmte Module als auch für Laminate. Um allzu grosse Windlastprobleme zu vermeiden, kann der Anstellwinkel β jedoch nur zwischen 18° und 25° gewählt werden.

Bild 4-43:
Flachdachmontage von gerahmten Solarmodulen von 120 Wp mit SOFREL-Elementen. Dank dem geringeren Anstellwinkel von β = 18° sind die Windkräfte kleiner als bei der Anlage von Bild 4-45, so dass weniger zusätzliches Gewicht erforderlich ist und die zusätzliche Dachlast kleiner ist. Dank dem kleineren β sind auch die zur Vermeidung gegenseitiger Beschattung nötigen Abstände geringer. Allerdings neigen flach angestellte Solargeneratoren zu stärkerer Verschmutzung und zu geringerem Winterenergieertrag. (Bild Tritec)

Bild 4-44 zeigt einen Ausschnitt aus einem ebenfalls auf einem Flachdach montierten Solargenerator mit etwas grösseren Solarmodulen (etwa Grösse von Bild 4-4). Die verwendeten Beton-Montageelemente weisen einen etwas grösseren Abstand zum Dach auf, was bei winterlichem Schneefall günstig sein dürfte.

Bild 4-44:
Teilansicht eines grösseren Solargenerators (total ca. 100 kWp) auf dem Flachdach eines Silos in Genf. Für die Montage der gerahmten Solarmodule von etwa 215 Wp (analog zu Bild 4-4) wurden ähnliche Elemente verwendet wie in Bild 4-43, sie weisen jedoch einen etwas grösseren Abstand zum Dach auf, was sich bei Schneefall günstig auswirkt.
(Bild Sunpower Corp./ Suntechnics Fabrisolar AG)

Bild 4-45 zeigt eine Teilansicht der Rückseite eines Solargenerators mit gerahmten Modulen auf einer speziellen, relativ schweren Montagestruktur auf einem Flachdach. Die auftretenden Windkräfte werden dabei nur durch die Schwerkraft und die Reibung kompensiert, deshalb ist eine genügende Tragfähigkeit des Daches erforderlich (Schwergewichtsanlage, benötigte Masse ca. 100 kg pro m^2 Solargeneratorfläche). Bei der Realisierung einer solchen Anlage ist auch darauf zu achten, dass die Windkräfte die Tragstruktur nicht umkippen können. Auch diese Montageart gewährleistet eine gute beidseitige Zugänglichkeit der Module.

Bild 4-45:
Flachdachmontage eines Solargenerators mit gerahmten Modulen Siemens M55 (55 Wp) nach dem Schwergewichtsprinzip (Ansicht von der Rückseite, Anstellwinkel β = 35°). Die Module sind in Vierergruppen auf Alu-U-Profilen montiert, die an auf dem Dach aufliegenden Fertigbetonelementen befestigt sind. Auf der Hinterseite (vom Betrachter her gesehen vorne) sind diese mit zusätzlichen Gewichten beschwert, um ein mögliches Kippen durch Windkräfte zu verhindern. Die auftretenden Windlasten werden durch das Eigengewicht und Reibungskräfte kompensiert. Es sind auch einige weitere Details zu erkennen:

- Modulrahmen und Tragstruktur sind mit Blitzschutzanlage verbunden
- Elektrische Serieschaltung der einzelnen Module zu Strängen durch kurze Verbindungskabel (kleiner Mangel: Kabel frei durchhängend, mechanische Befestigung fehlt)
- Klemmenkasten der Anlage, in dem die Stränge parallel geschaltet sind

Oft werden auch begrünte Flachdächer eingesetzt. Bild 4-46 zeigt die Montage von Solarmodulen auf einem derartigen Dach mit SOLGREEN-Elementen.

Bild 4-46:
Flachdachmontage von rahmenlosen Solarmodulen (Laminaten) von 120 Wp mit SOLGREEN-Elementen. Solche Laminate neigen weniger zur Verschmutzung und der daraus resultierenden Ertragsminderung, sind aber im Falle eines Blitzeinschlags empfindlicher.
(Bild Enecolo AG)

4.5.1.3 Schrägdachmontage mit separatem Aufbau

Diese Methode eignet sich vor allem für Schrägdächer auf bereits bestehenden Gebäuden. Der Solargenerator wird auf eine speziell erstellte metallische Unterkonstruktion montiert (siehe Bilder 1-10, 4-47 und 4-48). Die Abdichtung gegen Regen und Schnee ist dabei weiterhin vom bestehenden Ziegeldach unter dem Solargenerator gewährleistet. Für Sicherheitsbewusste gewährleistet das feuerfeste und elektrisch isolierende Dach zwischen der Solargeneratorverkabelung und der meist aus Holz gefertigten Dachunterkonstruktion einen guten Brandschutz im Falle eines schweren Problems im Solargenerator.

Bild 4-47: Schrägdachmontage eines Solargenerators von etwa 2,2 kWp auf einem separaten Aufbau. Der Abstand zwischen dem Dach und den Solarmodulen gewährleistet eine gute Hinterlüftung. (Bild Siemens)

Bild 4-48: Schrägdachmontage eines Solargenerators von etwa 30 kWp auf einem separaten Aufbau auf dem Dach des Ökonomiegebäudes eines Bauernhauses im Schwarzwald.
Die Stromproduktion mit PV-Anlagen stellt für innovative Bauernbetriebe eine attraktive zusätzliche Erwerbsquelle dar, wenn der Einspeisetarif für einen wirtschaftlichen Betrieb genügend hoch ist. (Bild Sunpower Corp./ Suntechnics)

Nach der Montage sind sowohl die Modulrückseiten als auch die Ziegel unter dem Solargenerator nur noch mit grossem Aufwand zugänglich. Zur Erzielung einer genügenden Hinterlüftung der Module (Kühlung $\Rightarrow$ geringerer Wirkungsgradverlust) ist zwischen dem Dach und dem Solargenerator ein genügender Abstand (z.B. 10 cm) vorzusehen. Die Tragkonstruktion muss nicht nur richtig auf die auftretenden Schneelasten, sondern auch auf den Winddruck und den Windsog dimensioniert werden. Entsprechende Tragkonstruktionen werden heute von verschiedenen Herstellern angeboten.

4.5.1.4 Schrägdachmontage in Dachfläche integriert

Ästhetisch ansprechender ist die direkte Integration von Laminaten oder Solarziegeln in die Dachfläche. Dabei muss der Solargenerator aber auch den Witterungsschutz vollständig übernehmen. Im Bereich des Solargenerators können dadurch bei Neubauten die Kosten für die konventionelle Dachhaut eingespart werden. Um auf steilen Dächern Unfälle zu vermeiden, ist es zweckmässig, für die elektrische Verbindungen unverwechselbare Stecksysteme einzusetzen, damit die Verlegung und die Serieschaltung der einzelnen Stränge vom Dachdecker vorgenommen werden kann und nur noch die Stranganschlüsse und die Hauptleitung vom Elektriker erstellt werden müssen.

Bild 4-49:
Schrägdachmontage eines kleinen Solargenerators aus rahmenlosen Modulen, der in ein Schrägdach integriert ist.
(Bild Suntechnics)

Bild 4-50:
Schrägdachmontage eines ins Schrägdach integrierten, aus rahmenlosen Solardachziegeln "Megaslates" aufgebauten Solargenerators von 9,3 kWp
(Bild 3S Swiss Solar Systems AG)

Auch bei dachintegrierten Anlagen dürfen insbesondere die Windsogkräfte nicht vergessen werden. Beim Einsatz von Solardachziegeln, die ein geringeres flächenspezifisches Gewicht als normale Ziegel aufweisen, müssen manchmal spezielle Andruckleisten oder Andruckklemmen montiert werden. Bei solchen Anlagen ist besonders auf eine genügende Hinterlüftung zu achten. Bild 4-49 zeigt einen kleinen, in ein Ziegeldach integrierten Solargenerator. Bild 4-50 zeigt einen mit grossen, rahmenlosen Solardachziegeln mit der Handelsbezeichnung "Megaslate" realisierter, in ein Schrägdach integrierter Solargenerator, der fast das halbe Dach bedeckt.

Bild 4-51 zeigt ein Haus mit SOLRIF-Solardachziegeln. Bei diesem System werden Laminate mit einem speziellen Aluminiumrahmen eingefasst, der auf drei Seiten (links, rechts und oben) dieses beidseitig einfasst, auf der unteren Seite aber nur unterhalb des Laminates angebracht ist, so dass die oft beobachtete Schmutzansammlung an der Unterseite des Modulrahmens nicht auftritt. Das blitzschutztechnisch bessere Verhalten gerahmter Module kann so mit der geringeren Verschmutzungsneigung rahmenloser Module kombiniert werden (siehe Kap. 6.7.7). Dank der besonderen, an allen Seiten verschiedenen Form der SOLRIF-Profile entstehen aus Laminaten Solardachziegel, mit denen ein dichtes Dach gebaut werden kann.

Bild 4-51: In Schrägdach integrierter Solargenerator von 12 kWp aus SOLRIF-Modulen, welche die Vorteile von gerahmten und ungerahmten Modulen kombinieren. (Bild Ernst Schweizer AG)

4.5.1.5 Fassadenmontage und Fassadenintegration

Neben der Dachfläche bietet sich bei Gebäuden auch die Fassade für die Montage von Solargeneratoren an. Der zu erwartende Energieertrag solcher Anlagen ist im Flachland allerdings deutlich geringer als bei optimal dimensionierten Dachanlagen (Minderertrag ca. 20 % bis 40 %, siehe Kapitel 2.4 und 2.5). Im Hochgebirge ist dagegen der Energieertrag von Fassadenanlagen vergleichbar mit dem Energieertrag optimal orientierter Anlagen und man kann durch senkrechte Anordnung des Solargenerators zudem den Einfluss der Schneelast praktisch vollständig eliminieren. Viele Fassadenanlagen werden vertikal montiert (β = 90°, Bild 4-52, 4-53 und 4-54), es sind aber auch Anlagen mit Zusatzfunktionen (Beschattung von Fenstern) realisierbar, bei welchen etwas kleinere Anstellwinkel verwendet werden (Bild 4-55). Auch bei fassadenintegrierten Anlagen ist eine gute Hinterlüftung wichtig.

In der Fassade sind die Anforderungen an die Dichtheit etwas leichter zu erfüllen als im Dachbereich. Für die Integration in Fassaden werden heute meist Laminate (oft auf Kundenwunsch speziell angefertigt) oder Grossmodule (bis etwa 300 W serienmässig erhältlich) verwendet. Spezialanfertigungen bedingen aber oft hohe Mehrkosten (je nach Aufwand bis gegen 100 % gegenüber Standardprodukten). Wegen der oft exponierten Anordnung der Laminate oder

Module ist es auch hier zweckmässig, für die elektrische Verbindungen unverwechselbare Stecksysteme einzusetzen, damit die Verlegung und die Serieschaltung der einzelnen Stränge vom Fassadenbauer vorgenommen werden kann.

Bild 4-52:
Auf zwei Seiten des Gebäudes in die Fassade integrierter Solargenerator aus polykristallinen Modulen an einem Gebäude in Riehen.
(Bild Suntechnics Fabrisolar AG)

Bild 4-53:
An der Fassade des SLF, des eidgenössischen Instituts für Schnee- und Lawinenforschung auf Weissfluhjoch/ Davos (2690 m) montierter Solargenerator (9,35 kWp).
(Bild SLF Davos)

Bild 4-54:
An die Fassade der Talstation der Luftseilbahn zum Piz Nair oberhalb St. Moritz montierte Photovoltaikanlage auf einer Höhe von 2486 m ü M.
(Bild Suntechnics Fabrisolar AG)

Auch im Fassadenbereich kann ein Teil der Kosten der PV-Anlage eingespart werden, wenn der Solargenerator nicht nur auf, sondern anstelle der äusseren Hülle der Fassade montiert wird, besonders wenn ein teures, repräsentatives Material (z.B. Marmor) ersetzt werden kann.

Bild 4-55:
In die Fassade der US-Botschaft in Genf integrierter Solargenerator aus polykristallinen Modulen. Auf der linken Seite sind die Module senkrecht (β =90°) montiert, auf der rechten Seite des Gebäudes dagegen mit einem etwas geringeren Anstellwinkel zur Beschattung der darunter liegenden Fenster im Sommer.
(Bild Suntechnics Fabrisolar AG)

4.5.1.6 Montage auf geeigneten bereits vorhandenen Strukturen

Manchmal können Solargeneratoren mit geringem Zusatzaufwand auch an bestimmte bereits im Gelände vorhandene Strukturen wie Lärmschutzwände an Autobahnen oder Bahnanlagen montiert werden. Bild 4-56 zeigt eine Ansicht der ersten derartigen Anlage in der Nähe von Chur. In jüngster Zeit wird auch versucht, kombinierte Lösungen (Photovoltaik/Schallschutz kombiniert) zu entwickeln, wobei natürlich gewisse Kompromisse unumgänglich sind. Es ist auch denkbar, andere derartige Strukturen für die Photovoltaik zu nutzen (z.B. Brücken, Staumauern, Dämme, Autobahnüberdeckungen, Parkplatzüberdeckungen usw.).

Bild 4-56:
Teilansicht des Solargenerators der ersten auf einer Autobahn-Lärmschutzwand realisierten PV-Anlage von 110 kWp, die bereits Ende 1989 in Betrieb genommen wurde.
Ein ungewöhnliches, aber auf die Dauer ärgerliches Problem bei dieser Anlage waren sporadische Diebstähle von Modulen, die immer wieder ersetzt werden mussten.
(Bild TNC)

4.5.1.7 Nachgeführte Photovoltaikanlagen

Wie bereits in Kap. 2.4 erwähnt, kann der Energieertrag durch ein- oder zweiachsige Nachführung gegenüber der festen Montage erhöht werden. Mit der gleichen installierten PV-Spitzenleistung können bei einachsiger Nachführung etwa 10 % bis 25 %, bei zweiachsiger Nachführung etwa 30 % bis 40 % mehr Strom produziert werden und die Anzahl der möglichen Volllaststunden steigt entsprechend an. Aus mechanischen Gründen (Windlast!) kann ein nachgeführten Teilgenerator aber nicht beliebig groß gewählt werden. Grössere Anlagen werden deshalb in mehrere nachgeführte Teilgeneratoren von etwa 1 – 20 kWp unterteilt, die auch über eigene Wechselrichter verfügen können. Tragstrukturen für zweiachsige Nachführung werden von mehreren Herstellern angeboten.

Bild 4-57:
Bei der 6,3 MWp-Anlage Mühlhausen werden die einzelnen Teilgeneratoren einachsig nachgeführt. Sie sind auf in Nord-Süd-Richtung angeordneten, horizontalen Achsen montiert und drehen sich im Laufe des Tages entsprechend dem Lauf der Sonne von Osten nach Westen. Dadurch ist im Winter auch die Gefahr von Schneebedeckungen geringer.
(Bild Power Light GmbH)

Bei der einachsigen Nachführung ist der mechanische Aufwand, aber auch der mögliche zusätzliche Energiegewinn noch nicht so gross. Bei Anlagen mit horizontal montierter Achse in Nord-Süd-Richtung, die im Verlauf des Tages langsam von Osten nach Westen gedreht wird, liegt der mögliche jährliche Energiegewinn in Mitteleuropa nach [4.16] etwa im Bereich von 10% bis 12%. Eine derartige Nachführung wurde bei der 6,3 MWp-Freifeldanlage Mühlhausen in Bayern realisiert (siehe Bild 4-57). Die Nachführung erfolgt dabei relativ einfach über ein mit den einzelnen Teilgeneratoren gekoppeltes mechanisches Gestänge.

Bei einachsig nachgeführten Anlagen sind noch bessere Erträge möglich, wenn die Drehachse etwas gegen Süden geneigt wird. Bei einer um 30° gegen Süden geneigten Achse beträgt der jährliche Mehrertrag in Mitteleuropa gut 20%, in Südeuropa noch etwas mehr [4.16]. Bild 4-58 zeigt eine entsprechende Anlage auf dem Dach eines Gebäudes.

Bild 4-58:
Einachsig nachgeführte PV-Anlage auf dem Dach eines Gebäudes. Die Module sind auf in Nord-Süd-Richtung angeordneten, gegen Süden geneigten Achsen montiert, die sich im Laufe des Tages entsprechend dem Lauf der Sonne von Osten nach Westen drehen.
(Bild SOLON AG)

Bild 4-59 zeigt eine mechanisch robuste Konstruktion für die zweiachsige Nachführung von Solargeneratoren (Forschungsanlage Berlin-Adlerhof der Solon AG). Bei diesem Konzept hat jeder der nachgeführten Solargeneratoren (Fläche $\approx$ 50 m^2) von 6,5 – 9 kWp ("Solon-Mover") einen eigenen Wechselrichter. Eine Anlage von total 12 MWp aus 1500 solchen Movern ist seit 2006 im Betrieb (Solarpark Erlasee bei Arnstein/Bayern, siehe Bild 4-60).

Bild 4-59: Zweiachsig nachgeführte Solargeneratoren mit je einem eigenem Wechselrichter bei der Forschungsanlage Berlin-Adlerhof. (Bild SOLON AG, Fotograf Norbert Michalke, Berlin)

Bild 4-60: Teilansicht des Solarparks Erlasee (12 MWp) bei Arnstein in der Nähe von Würzburg. Er besteht aus 1500 zweiachsig nachgeführten "Solon-Movern" von 6,5 bis 9 kWp (je nach gewählter Zelltechnologie). (Bild Sunpower Corp.)

4.5.2 Realisierung der Tragstruktur

4.5.2.1 Mechanische Dimensionierung der Tragstruktur

Bei der Dimensionierung der Montagestruktur des Solargenerators sind neben dem Eigengewicht der Module resp. Laminate (Masse ca. 10 kg/m^2 bis 20 kg/m^2, Gewicht somit ca. 100 N/m^2 bis 200 N/m^2) vor allem die wesentlich grösseren sporadisch auftretenden Kräfte (Schnee- und Windlasten) zu berücksichtigen. Diese Schnee- und Windlasten sind regionalen Variationen unterworfen, so dass hier keine allgemein gültigen Werte, sondern nur Hinweise über die zu erwartende Grössenordnung angegeben werden können. Für genauere Berechnungen sind die für den jeweiligen Standort gültigen nationalen Normenwerke zu konsultieren.

Bei der **Schneelast** ist nach den in der Schweiz gültigen Normen (SIA 261) im Minimum ein Wert von p_S = 900 N/m^2 (in der Horizontalebene) zu berücksichtigen, der jedoch mit steigender Meereshöhe stark ansteigt (siehe Bild 4-61) und für grössere Höhenlagen die dominierende Beanspruchung darstellt. Falls der Solargenerator gegenüber der Horizontalebene um den Winkel β angestellt ist, reduziert sich der infolge der Schneelast wirkende Druck senkrecht zur Modulebene entsprechend.

Zu berücksichtigender Schneedruck bei einem um den Winkel β angestelltem Solargenerator:

$$p_{S\beta} = p_S \cdot \cos\beta \qquad (4.13)$$

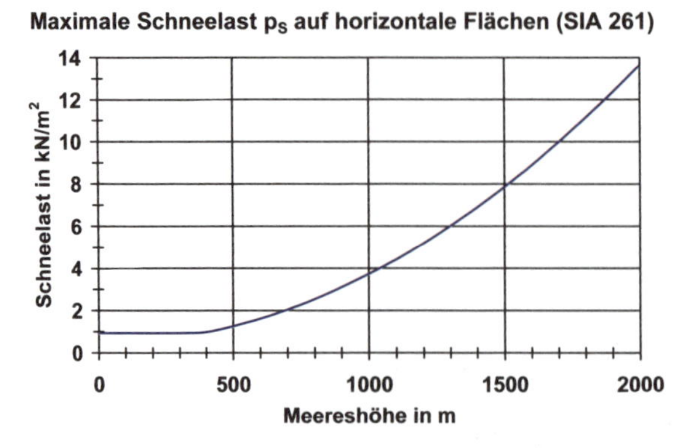

Bild 4-61: Maximal anzunehmende Schneelast auf horizontale Flächen nach SIA 261. Die angegebene Kurve entspricht auch näherungsweise der Schneelastzone III für Deutschland nach DIN1055-5, Tab. 2 [DGS05]. Genauere Angaben für Deutschland in [DGS05].

Nach der Norm IEC 61215 [4.11] müssen Solarmodule einen Schneedruck von 2400 N/m², speziell robuste sogar von 5400 N/m² aushalten. Dies genügt aber nicht immer (z.B. Winter 2005/2006 in Mitteleuropa, Beispiel aus Ostbayern siehe Bild 4-62).

Bild 4-62: Meterhoch mit Schnee bedeckte Hausdächer in Ostbayern im Frühjahr 2006. In diesem Winter brachen in Mitteleuropa mehrere grössere Dächer unter der Schneelast zusammen. Auch an einigen auf Dächern montierten PV-Anlagen traten in diesem Winter Schneedruckschäden auf.
(Bild Schletter Solar-Montagesysteme GmbH)

Einen Eindruck von den möglichen praktischen Auswirkungen der riesigen Kräfte des Schneedrucks im Gebirge vermitteln die Bilder 4-63 und 4-64. Sie zeigen vom Schneedruck verursachte Schäden an einem im freien Gelände aufgestellten Solargenerator mit β = 50° auf einer Höhe von etwa 1800 m bei der im Jahre 1987 in Betrieb genommenen solaren Tunnelbeleuchtung des Sommereggtunnels am Grimselpass.

Bild 4-63: Durch Schneelast zerstörte Module bei einer alpinen Anlage (β = 50°, h = 1800 m).
(Bild Alpha Real AG / IUB).

Bild 4-64:
Infolge grosser Schneelast verformter Doppel-T-Träger bei der Anlage von Bild 4-63.
(Bild Alpha Real AG / IUB).

Für β-Werte über 60° wird angenommen, dass der Schnee abgleitet, d.h. es wird für die statische Dimensionierung keine Schneelast mehr berücksichtigt. Bei hochgelegenen Anlagen im Gebirge ist es zweckmässig, Anstellwinkel von 60° oder mehr anzustreben, um den Einfluss des Schneedrucks zu vermeiden und ihn bei der Dimensionierung nicht berücksichtigen zu müssen. An stark windexponierten Lagen ist jedoch auch ein Anstellwinkel von über 60° keine Garantie für sofortiges Abgleiten des Schnees. Für alpine Anlagen an extremen Standorten haben sich Anstellwinkel β von 75° bis 90° bewährt. Bei der im Oktober 1993 erstellten Anlage Jungfraujoch auf 3454 m sind trotz des extremen Standorts dank β = 90° bis heute (Ende 2006) jedenfalls keine Schäden aufgetreten, obwohl im Frühling ab und zu zeitweise Schneebedeckungen auftreten können.

Neben der Schneelast muss auch die **Windlast** berücksichtigt werden. Die auftretenden Windkräfte wachsen quadratisch mit der Windgeschwindigkeit. Sie sind abhängig von der Form, der Grösse, der Anordnung benachbarter Objekte und der Anströmrichtung. Je nach Anstellwinkel und Form des PV-Generators kann nicht nur auf der dem Wind zugewandten Seite (Luv) ein *Winddruck*, sondern auch auf der vom Wind abgewandten Seite (Lee) ein *Windsog* in ähnlicher Grössenordnung entstehen, was besonders bei Anlagen auf Dächern zu berücksichtigen ist.

Mit dem Gesetz von Bernoulli kann zunächst der Staudruck bei einer bestimmten Windgeschwindigkeit v berechnet werden:

$$\textit{Staudruck}\ q = \tfrac{1}{2} \cdot d_L \cdot v^2 \qquad (4.14)$$

Dabei bedeuteten d_L die Luftdichte (auf Meereshöhe bei 0°C: d_L = 1,29 kg/m³) und v die Windgeschwindigkeit.

Für den Staudruck q kann nach SIA 160 für Flachlandstandorte in der Regel ein Maximalwert **q = 900 N/m²** angenommen werden, was etwa einer Windgeschwindigkeit von ca. 135 km/h bei 0°C auf Meereshöhe entspricht. An stark windexponierten Lagen (z.B. im Hochgebirge, an Küsten oder auf sehr hohen Gebäuden) treten noch höhere Windgeschwindigkeiten auf, so dass q mehr als das Doppelte dieses Wertes betragen kann! Entsprechende Angaben für Deutschland befinden sich in [DGS05].

Aus dem Wert für den Staudruck q, der Solargeneratorfläche A_G und einem Anströmkoeffizienten c_W kann näherungsweise die auftretende Windkraft berechnet werden:

$$\textit{Windkraft}\ F_W = c_W \cdot q \cdot A_G \qquad (4.15)$$

Bei Solargeneratoren variiert c_W je nach Form des Objektes und Anströmrichtung etwa zwischen 0,4 bis 1,6. Die niedrigsten c_W-Werte gelten etwa für den Windsog auf dachintegrierte Solargeneratoren auf der Leeseite in der Mitte von Schrägdächern oder für Generatoren, welche vollständig im Windschatten anderer Gebäude- oder Anlagenteile liegen. Die höchsten c_W-Werte treten bei gegen die Windrichtung geneigten, freistehenden Anlagen auf, bei denen starke Auftriebskräfte entstehen können. Die auftretenden Windkräfte wirken senkrecht auf die Solargeneratorfläche. In der Praxis sind anhebende Windkräfte besonders gefährlich und benötigen meist mehr Aufwand zur sicheren Beherrschung als Druckkräfte.
Mit diesen Angaben können die auftretenden Windlasten grob abgeschätzt werden. Solargenerator-Montagestrukturen müssen somit nicht primär auf das Eigengewicht, sondern auf die auftretenden Schnee- und Windlasten dimensioniert werden. Etwas detailliertere Untersuchungen zur Windlast bei PV-Anlagen befinden sich in [Her92] und [DGS05].

4.5.2.2 Geeignete Materialien für die Tragstruktur

Für die Tragstruktur eignen sich vor allem Aluminiumlegierungen, verzinkter Stahl, rostfreier Edelstahl (V2A, V4A) und Beton (auch Fertigbetonelemente). Wie bei normalen Ziegeldächern kann für die Unterkonstruktion von dachintegrierten Schrägdachanlagen auch Holz verwendet werden (für Dachsparren, Konterlattung und Ziegellattung). In Südeuropa wird bei Inselanlagen in ländlichen Gebieten oft auch Holz für die Tragstruktur von Freifeldanlagen mit gerahmten Modulen eingesetzt. Kürzlich wurde sogar auch eine grosse Netzverbundanlage von 5 MW_P (PV-Anlage Leipziger Land, siehe Bilder 1-15, 10-45, 10-46, 10-47) mit hölzernen Tragkonstruktionen realisiert. Für Freifeldanlagen gibt es aber auch Metallkonstruktionen mit riesigen Erdschrauben, die in geeigneten Böden keine Fundamente benötigen. Als Verbindungselemente eignen sich vor allem Schrauben und Klemmen aus rostfreiem Edelstahl (V2A, V4A). Verzinkte Schrauben rosten erfahrungsgemäss oft bereits nach wenigen Jahren.

Aluminiumlegierungen sind im Allgemeinen am beständigsten gegen Korrosion und können auch nach der Montage gut nachbearbeitet werden, ohne dass die bearbeiteten Stellen zusätzlich korrodieren. Sie sind deshalb eigentlich das ideale Material für Modulrahmen und Tragstrukturen. Der Energieaufwand für die Herstellung von Aluminium ist jedoch relativ gross, weshalb dieses Material bei vielen potenziellen Anlagebesitzern nicht sehr beliebt ist und nach Möglichkeit vermieden wird. Da Aluminiumprofile aber mit geringem Energieaufwand problemlos rezykliert werden können, geht die im Material enthaltene graue Energie beim Abbruch der Anlage nicht verloren, weshalb dieses Problem vielfach überbewertet wird. Wenn ein guter Korrosionsschutz wichtig ist, ist der Einsatz von Aluminiumlegierungen sicher vertretbar.

Feuerverzinkter Stahl mit unverletzter Zinkschicht ist im normalen Klima für viele Jahre gut gegen Korrosion geschützt, beginnt aber je nach den übrigen in der Luft enthaltenen Schadstoffen nach 10 bis 20 Jahren oft zumindest an einzelnen Stellen zu rosten. Dies ist meist nur ein ästhetisches, selten ein festigkeitsmässig relevantes Problem. In Verbindung mit dem Aluminium von Modulrahmen ist beim Zutritt von Regenwasser eine Lokalelementbildung und damit Kontaktkorrosion möglich. Kann das Wasser von solchen Kontaktstellen gut ablaufen und sind diese gut belüftet, ist die in der Praxis zwischen Aluminium und verzinktem Stahl beobachtete Korrosion nicht sehr bedeutend.

Verbindungselemente aus rostfreiem Edelstahl zeigen sowohl in Kombination mit Aluminiumlegierungen als auch mit verzinktem Stahl keine Korrosionserscheinungen und sind deshalb für beide Materialien ideal. Wegen der viel dünneren Zinkschicht und der mechanischen Beanspruchung beim Anziehen, welche oft zu einer Beschädigung der Zinkschicht führt, sind dagegen verzinkte Schrauben und Muttern weniger gut geeignet.

Kritischer und nach Möglichkeit zu vermeiden sind dem Aussenklima ausgesetzte, direkte Übergänge zwischen Aluminium oder verzinktem Stahl einerseits und aus Kupfer gefertigten Blitzschutzanlagen andererseits. In solchen Fällen ist es angezeigt, im Kontaktbereich Massnahmen zum Korrosionsschutz zu treffen (geeignete Zweimetallverbinder verwenden oder Übergangsstücke aus vernickeltem oder verzinntem Material einsetzen, das in der elektrochemischen Spannungsreihe dazwischen liegt, die Verbindungsstellen nach Möglichkeit vor direkter Bewitterung schützen).

Gefährlicher als die Korrosion durch Lokalelementbildung ist die bei Gleichstromanlagen immer drohende elektrolytische Korrosion durch vagabundierende Gleichströme, die an der Übertrittsstelle des Stromes vom Metall in einen Elektrolyten auftritt. Um derartige Korrosionserscheinungen zu vermeiden, ist eine sehr gute Isolation aller Teile des Gleichstromkreises und ein guter Schutz aller blanken Teile in Modulanschlussdosen und Klemmenkästen vor Feuchtigkeit erforderlich. Diese Massnahmen werden bei Anlagen mit hohen Gleichspannungen zweckmässigerweise ergänzt durch Massnahmen zur Isolationsüberwachung.

4.5.3 Elektrische Verschaltung des Solargenerators

In diesem Kapitel wird primär die Verschaltung eines klassischen Solargenerators gemäss Kap. 4.3.3 behandelt, der aus n_{SP} parallelen Strängen aus jeweils n_{MS} in Serie geschalteten Modulen besteht. Die Zusammenschaltung der parallelen Stränge wird im sogenannten Generatoranschlusskasten vorgenommen. Bei grösseren Anlagen erfolgt oft in sogenannten Teilgenerator-Anschlusskästen zuerst eine Zusammenschaltung zu Teilgeneratoren oder Arrays. Die davon abgehenden Leitungen werden dann im Generatoranschlusskasten zusammengeschaltet.

Spezielle Anlagekonzepte mit String- oder Modulwechselrichtern, die den gleichstromseitigen Schaltungsaufwand drastisch reduzieren, werden in Kap. 5.2 behandelt.

4.5.3.1 Die Gefahr durch die dauernd anliegende Spannung bei Photovoltaikanlagen

Wie bereits in früheren Kapiteln gezeigt, produzieren Solarmodule auch bei kleiner Einstrahlung (z.B. in der Dämmerung) bereits eine recht hohe Spannung. Werden die Solarmodule nicht abgedeckt (bei grösseren Anlagen nur schwer praktikabel) oder wird nicht in der Nacht gearbeitet, erfolgt die Strangverdrahtung deshalb immer unter Spannung. Bei der praktischen Realisierung der Serieschaltung von Modulen oder Laminaten ist es wichtig, dass die ganze Strangverkabelung dabei ungeerdet und von anderen Anlageteilen völlig freigeschaltet ist. Es ist für die Sicherheit bei der Erstellung und Wartung der Anlage günstig, wenn ein Strang in einzelne Teilstränge aufgetrennt werden kann, welche eine maximale Leerlaufspannung von 120 V aufweisen (Kleinspannung, solche Gleichspannungen sind meist noch ungefährlich) und die erst bei der Inbetriebsetzung der Anlage in Serie geschaltet werden. Die Sicherheit beim Erstellen der Strangverkabelung wird wesentlich erhöht, wenn statt der konventionellen Schraubverbindungen in den Modulanschlussdosen (in der Anlage von Bild 4-45) spezielle isolierte PV-Steckverbinder für Solarmodulverdrahtungen verwendet werden (siehe Bild 4-65). Viele Hersteller liefern seit mehreren Jahren auch Module, welche statt der konventionellen Schraubverbindungen zu den Steckverbindern passende, unverwechselbare Kabelbuchsen aufweisen (siehe Bild 4-66). Dies vereinfacht und verbilligt die Montage erheblich.

Bild 4-65:
Vollisolierte, unverwechselbare PV-Spezialstecker und dazugehörige Spezialkupplung, welche die Isolations-Anforderungen der Schutzklasse II bei weitem übertreffen, für die Strangverkabelung von Photovoltaikanlagen. (Bild 4-65 und 4-66 von Multicontact AG)

Bild 4-66:
Laminat mit spezieller Anschlussdose für die problemlose Verdrahtung durch Nicht-Elektrofachleute: Einseitig fest angeschlossenes Kabel (mit Spezialstecker), auf der anderen Seite integrierte Buchse für den Anschluss eines Spezialsteckers nach Bild 4-65.

Obwohl für das Öffnen einer solchen Steckverbindung eine beträchtliche Kraft benötigt wird, ist in den letzten Jahren die Forderung aufgekommen, dass es möglich sein soll, solche PV-Spezialstecker im geschlossenen Zustand zu verriegeln, um einen noch besseren Schutz gegen Lichtbogenbildung beim unbeabsichtigten Öffnen zu erreichen. Derartige verriegelbare PV-Spezialstecker werden von verschiedenen Herstellern angeboten (Beispiel siehe Bild 4-70).

4.5.3.2 Das Brandrisiko durch Lichtbögen bei Photovoltaikanlagen

Zwischen unter Spannung stehenden elektrischen Leitern tritt ein elektrisches Feld auf, das umso grösser ist, je höher die Spannung und je kleiner der Leiterabstand ist. Bei zu hohen elektrischen Feldstärken zwischen zwei Leitern in Luft wird die Luft ionisiert, es erfolgt ein Durchschlag und es bildet sich ein sehr heisser Lichtbogen, der zu Bränden führen kann. Bei Wechselstrom hat der Lichtbogenstrom und damit auch die im Lichtbogen umgesetzte Leistung 100 mal pro Sekunde einen Nulldurchgang und es besteht eine gute Chance, dass der Lichtbogen dabei löscht. Bei Gleichstrom fehlt jedoch ein solcher Nulldurchgang, und die Leistung im Lichtbogen bleibt konstant. Wegen der Stromquellencharakteristik einer PV-Anlage ist ein Lichtbogen in einer solchen Anlage noch gefährlicher als in einer normalen Gleichstromanlage. Da bei PV-Anlagen der Betriebsstrom der Anlage nur unwesentlich kleiner als der Kurzschlussstrom ist, kann eine solche Anlage nicht durch Sicherungen gegen Kurzschüsse abgesichert werden! Strangsicherungen können nur unzulässig hohe Strangrückströme bei einer Störung verhindern und die Module und die Strangverkabelung dagegen schützen.

Lichtbögen können nicht nur durch Kurzschlüsse zwischen Leitern (Parallellichtbogen) entstehen. Auch ein Wackelkontakt an einer lockeren Klemme oder in einem defekten Stecker kann zu einem Lichtbogen führen (Serielichtbogen). Mit etwas Glück wird dadurch nur das betroffene Element zerstört. Es kann dadurch aber auch ein Brand entstehen, der z.B. auf benachbarte Klemmen, den Klemmenkasten oder gar weiter auf das Gebäude übergreift.

Ein Lichtbogen kann auch beim Ansprechen einer nicht für Gleichstrom geeigneten Sicherung oder beim Betätigen eines nicht für Gleichstrom geeigneten Schalters entstehen. Auch durch einen solchen Lichtbogen kann ein Brand entstehen. Nur für Wechselspannungen von 250 V spezifiziertes Material ist meist nur für sehr kleine Gleichspannungen geeignet und versagt oft schon bei relativ kleinen Gleichspannungen (z.B. bereits für Spannungen > 24 V … 48 V)!

Schmelzsicherungen oder Trennklemmen dürfen nur *stromlos* entfernt resp. geöffnet werden, sie sind zum Schalten von Gleichströmen unter Last völlig ungeeignet. Die Verwendung von ungeeignetem Material, das nicht für die in der Anlage auftretenden Gleichstromgrössen (Strom und Spannung!) spezifiziert ist, ist fahrlässig und sehr gefährlich.

Weltweit sind bereits mehrere durch Lichtbögen in PV-Anlagen ausgelöste Brände aufgetreten (in der Schweiz: Brand in einem Bauernhaus und im Schaltschrank der Anlage Mont Soleil). Es ist im Prinzip möglich, gefährliche Lichtbögen bereits bei der Entstehung zu entdecken, bevor sie einen Brand auslösen können. Am PV-Labor der Berner Fachhochschule (BFH) in Burgdorf wurde in Zusammenarbeit mit der Firma Alpha Real AG in den Jahren 1994 bis 1998 ein solches Gerät entwickelt, das im Rahmen eines EU-Projektes ausgedehnten Feldversuchen an verschiedenen PV-Anlagen in Europa unterzogen wurde. Das entwickelte Gerät ist fähig, Lichtbögen auf eine Distanz von bis zu 100 m zu detektieren. Wegen fehlendem Interesse der Industrie wurde die Idee damals nicht weiter verfolgt. Nachdem im Herbst 2006 verschiedene Schäden durch Lichtbögen an Modulen bekannt geworden sind [4.17], könnte das Interesse an diesem bereits entwickelten und getesteten Lichtbogendetektor wieder zunehmen. Ein solches Gerät könnte als zusätzlicher Schutz kostengünstig in Wechselrichter eingebaut werden [4.18].

4.5.3.3 Anforderungen an Spannungsfestigkeit und Witterungsbeständigkeit der Komponenten

Alle auf der Gleichstromseite verwendeten Komponenten in einer Photovoltaikanlage müssen eine Prüfspannung U_P aushalten, die wesentlich über der maximalen Leerlaufspannung U_{OCA} der Anlage liegt. Module, Gehäuse von Klemmenkästen und im Freien verlegte Litzen und Kabel müssen darüber hinaus beständig gegen Sonnenlicht (UV) und andere Witterungseinflüsse (Regen, Schnee, Eis, hohe Umgebungstemperaturen hinter schlecht belüfteteten Modulen usw.) sein. Diese minimale Prüfspannung beträgt nach den gültigen Vorschriften in vielen Ländern (z.B. [4.4], [4.11], [4.12]):

Minimale Prüfspannung U_P für PV-Komponenten: $U_P = 2 \cdot U_{OCA} + 1\,kV$ (4.16)

Dabei bedeutet U_{OCA} die maximale Leerlaufspannung der ganzen PV-Anlage.

Damit ergibt sich eine zulässige maximale Betriebsspannung der Anlage:

Maximal zulässige Betriebsspannung für PV-Komponenten: $U_{OCA} = \frac{U_P - 1\,kV}{2}$ (4.17)

Angesichts des erhöhten Risikos der Lichtbogenbildung in Photovoltaikanlagen ist es empfehlenswert, nach Möglichkeit Komponenten der Schutzklasse II mit Sonderisolation (doppelter/verstärkter Isolation) zu verwenden. Die entsprechenden Isolationsanforderungen betragen:

Minimale Prüfspannung für Sonderisolation: $U_P = 4 \cdot U_{OCA} + 2\,kV$ (4.18)

Zudem ist auch eine Prüfung mit einer Stossspannung (1,2 µs/50 µs) vorzunehmen:

Tabelle 4.2: Scheitelwerte der Impulsprüfspannungen (1,2 µs/50 µs) für PV-Module nach [4.12]

Systemspannung	Grundanforderung	Schutzklasse II
150 V	1500 V	2500 V
300 V	2500 V	4000 V
600 V	4000 V	6000 V
1000 V	6000 V	8000 V

Damit ergibt sich eine zulässige maximale Betriebsspannung einer Anlage in Sonderisolation:

$$\textit{Zulässige Betriebsspannung bei Sonderisolation: } U_{OCA} = \frac{U_P - 2\,kV}{4} \tag{4.19}$$

Die Verwendung von Komponenten der Schutzklasse II mit Sonderisolation verringert nicht nur die Lichtbogengefahr, sondern erhöht auch die Sicherheit gegen ungewollte Berührungen und somit den Personenschutz.

4.5.3.4 Hinweise zur Komponentenauswahl und zur Realisierung des PV-Generators

Durch richtige Auswahl der Komponenten und geeignete Massnahmen bei Planung und Installation lässt sich das Risiko der Lichtbogenbildung stark reduzieren und die langfristige Sicherheit der Anlage gewährleisten:

Anlagen mit höheren Betriebsspannungen (> 120 V)

Für Anlagen mit Betriebsspannungen > 120 V sollten nur Module und Komponenten der Schutzklasse II (sonderisoliert, Stossspannungsfestigkeit gemäss Tab. 4.2) verwendet werden.

Litzen und Kabel

Für Verdrahtungen im Freien und hinter Modulen und Laminaten sollten nur sonderisolierte (doppelt isolierte), Litzen und Kabel verwendet werden, die gegen Sonnenlicht (UV) und hohe Betriebstemperaturen beständig sind. Das verwendete Isoliermaterial sollte halogenfrei, nur schwer brennbar und selbstverlöschend sein. Hinter schlecht belüfteten Modulen oder Laminaten, welche direkt auf thermisches Isoliermaterial montiert sind, können die Temperaturen bis zu 50°C höher sein als die Umgebungstemperatur. Deshalb ist eine zulässige Betriebstemperatur von mindestens 85°C (besser ≥ 100°C) anzustreben. Die Verwendung verschiedener Farben (z.B. Rot für +, Blau für -, Schwarz für übrige Leitungen) erleichtert die Erstellung und Wartung der Anlage wesentlich.

Um auch eine ausreichende mechanische Festigkeit zu gewährleisten und um die gleichstromseitigen Verluste genügend klein zu halten, empfiehlt es sich, für die Strangverkabelung einen Minimalquerschnitt von 2,5 mm^2 zu wählen. Um bei Modulen mit grösseren Zellen niedrigere Verluste zur erhalten, kann auch ein Querschnitt von 4 – 6 mm^2 verwendet werden.

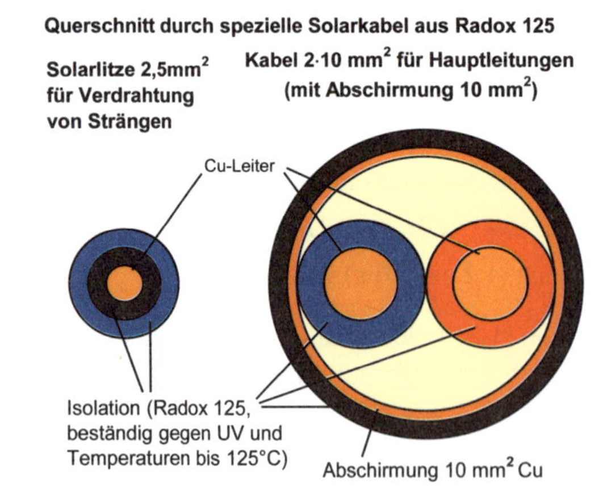

Bild 4-67:
Querschnitt durch sonderisolierte (doppelt isolierte) Spezialkabel aus Radox 125 für PV-Anlagen von Huber und Suhner. Links Litze 2,5 mm^2 (erhältlich in den Farben rot, blau und schwarz) für Strangverdrahtungen, bei der die Sonderisolation (doppelte Isolation) durch die beiden verschiedenen Farben der Isolation hervorgehoben wird. Das rechts dargestellte abgeschirmte Spezialkabel für Gleichstromhauptleitungen, das einen optimalen Blitzschutz gewährleistet, ist für Spannungen bis 900V= gegenüber der Abschirmung und bis 1500V= zwischen den Adern erhältlich.

Für die Strangverkabelung hat sich beispielsweise doppelt isoliertes Solarkabel aus strahlenvernetztem Radox 125 von Huber und Suhner mit einem Querschnitt von 2,5 mm^2 und einer Betriebstemperatur von 125°C bewährt. Für Anlagen mit mehreren parallelen Strängen ohne

Strangsicherungen werden heute auch Solarlitzen mit Querschnitten bis zu 16 mm^2 angeboten. Aus dem gleichen Material gibt es auch abgeschirmte Kabel für Gleichstrom-Hauptleitungen mit einem Querschnitt von bis zu $2 \cdot 10\,mm^2$ resp. $4 \cdot 10\,mm^2$ und gemeinsamen Abschirmungen von bis zu 13 mm^2, mit welchem sich optimal gegen Blitzeinschläge geschützte Anlagen realisieren lassen (Beispiele siehe Bild 4-67 und 4-68). Beim Anschluss von Litzen an Klemmen oder Schrauben sind immer gepresste Aderendhülsen resp. Kabelschuhe zu verwenden. Bei der Einführung in Modulanschlussdosen und Gehäuse ist darauf zu achten, dass die Anschlüsse von unten erfolgen, damit durch sie kein Wasser eingeleitet werden kann.

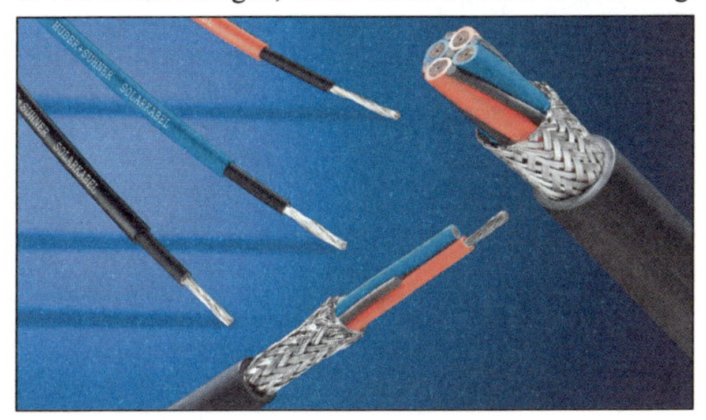

Bild 4-68:
Beispiele von speziellen Solarlitzen und abgeschirmten Gleichstrom-Hauptleitungen für optimal gegen Blitzeinschläge geschützte PV-Anlagen.
(Bild Huber + Suhner AG)

Erd- und kurzschlusssichere Leitungsführung

Durch die Verwendung sonderisolierter Litzen und Kabel ist automatisch eine erd- und kurzschlusssichere Leitungsführung realisiert, die bei Photovoltaikanlagen sehr empfehlenswert ist. Falls kein Material mit Sonderisolation verfügbar ist oder als zusätzliche Sicherheitsmassnahme kann eine derartige Leitungsführung auch durch Führung der Plus- und Minus-Leitungen in getrennten, isolierenden Kabelkanälen realisiert werden. Getrennte Kabelkanäle sind aber nicht nur aufwändiger, sondern auch elektrisch weniger günstig, wenn eine Photovoltaikanlage optimal gegen Blitzeinschläge im Nahbereich geschützt werden soll.

Klemmen

Auf der Gleichstromseite einer konventionellen Photovoltaikanlage werden relativ viele Klemmen benötigt. Eine fehlerhafte Verbindung kann einen ganzen Strang unwirksam machen oder im schlimmsten Fall gar einen Lichtbogen und eventuell einen Brand auslösen. Es sollten deshalb nur qualitativ hochwertige Klemmen verwendet werden, die nach Möglichkeit gegen Lockern der angeschlossenen Drähte geschützt sind (Käfigzugfedern, Klemmen mit gefederten Schrauben usw.). Nicht gefederte Klemmen sollten periodisch kontrolliert und wenn nötig nachgezogen werden (Kupfer kann unter Last kriechen). Durch eine geeignete mechanische Befestigung der Kabel und Litzen (z.B. mit Kabelverschraubungen) ist sicherzustellen, dass nach einem eventuellen Lockern der Klemme kein Kontakt mit andern Klemmen oder dem Gehäuse möglich ist.

Trennklemmen

Trennklemmen dürfen nur stromlos betätigt werden und *niemals* zum Schalten von Gleichströmen verwendet werden (Lichtbogengefahr)!

PV-Steckverbinder

Sind die Module statt mit konventionellen Schraubverbindungen bereits mit passenden Buchsen zu PV-Steckverbindern oder mit kurzen Kabeln mit PV-Steckverbindern ausgerüstet, ermöglichen diese das gefahrlose, unverwechselbare Zusammenschalten von PV-Modulen zu Strängen.

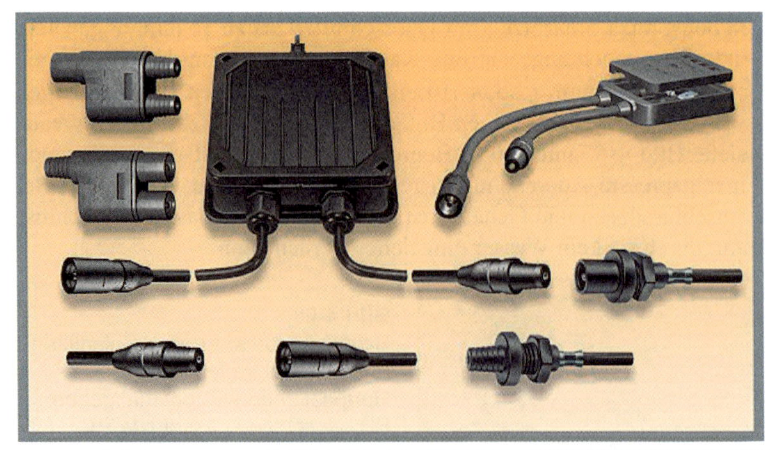

Bild 4-69:
Für Verkabelung von Strängen erhältliches Sortiment von PV-Steckverbindern der Firma Multi-Contact, die als erste derartige Stecker entwickelt hat (alte, unverriegelte Stecker). Die Elemente links oben dienen zur direkten Parallelschaltung von zwei Strängen.
(Bild Multicontact AG)

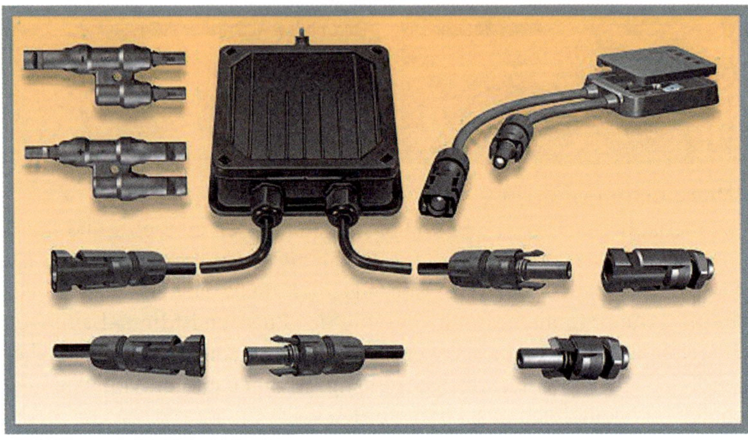

Bild 4-70:
Da seit einigen Jahren auch verriegelbare PV-Steckverbinder verlangt werden, wurde das Sortiment entsprechend erweitert.
Das Bild links zeigt die erhältlichen verriegelbaren PV-Spezialstecker der Firma Multi-Contact.
(Bild Multicontact AG)

Im nicht gesteckten Zustand stellen Kabelenden mit PV-Steckverbindern auch unter Spannung keine unmittelbare Gefahr dar. Wie Trennklemmen dürfen PV-Steckverbinder aber nur stromlos betätigt und nicht zum Schalten verwendet werden.

Strangdioden

Strangdioden sind Bauelemente, die relativ empfindlich gegen Überspannungen sind, wie sie bei Gewittern auch ohne direkte Einschläge immer auftreten können. Deshalb werden in neueren Anlagen Strangdioden oft weggelassen (Details zur Notwendigkeit und Dimensionierung siehe Kap. 4.3 und 4.3.1.1). Ein vollständiger Schutz jeder Strangdiode gegen derartige Überspannungen ist sehr aufwändig und wird deshalb kaum realisiert. Um trotzdem einen gewissen Schutz gegen solche Spannungen zu gewährleisten, sind Dioden mit einer Sperrspannung von etwa der doppelten Anlagen-Leerlaufspannung U_{OCA} zu wählen. Da Strangdioden dauernd vom Strom durchflossen werden, ist eine ausreichende Kühlung erforderlich. Schottky-Dioden sind nur für relativ niedrige Sperrspannungen erhältlich, deshalb eignen sie sich für die Anwendung als Strangdioden in der Regel nicht.

Strangsicherungen

Sicherungen sind zum Schutz der Strangverkabelung und der gesunden Module in einem fehlerhaften Strang empfehlenswert, wenn viele Stränge parallel geschaltet werden (Details siehe Kap. 4.3.3.2). Zweckmässigerweise werden sie für etwa den 1,4-fachen (bei alpinen Anlagen $\geq$ 1,6-fachen) bis 2,4-fachen Kurzschlussstrom $I_{SC\text{-}STC}$ eines Stranges dimensioniert. Bei Modulen mit hoher Rückstrombelastbarkeit kann der Maximalwert auch gleich dem vom Hersteller spezifizierten Modulrückstrom $I_{R\text{-}Mod}$ sein, wenn die Verkabelung entsprechend ausgelegt ist. Es dürfen nur *spezielle Sicherungen oder Sicherungsautomaten für Gleichstrom* verwendet werden, die vom Hersteller für Gleichspannungen spezifiziert sind, die grösser als die maximal auftretende Leerlaufspannung U_{OCA} des Solargenerators sind. Um Ausfälle bei "cloud enhancements" zu vermeiden, sind *träge* Sicherungen empfehlenswert, die genügend Abstand zu allfälligen Strangdioden zur Vermeidung von Fehlauslösungen durch zusätzliche Erwärmung haben. Sicherungen für Leistungshalbleiter sind oft zu flink und als Strangsicherungen weniger geeignet. Sicherungen dürfen nie zum Schalten von Gleichströmen verwendet werden (Lichtbogengefahr)! Die Verwendung von Leitungsschutzschaltern statt Schmelzsicherungen in den einzelnen Strängen hat den Vorteil, dass auch eine Trennung unter Last möglich ist, wird aber meist aus Kostengründen nicht realisiert. Bei grösseren Anlagen sind für die Absicherung von Teilgeneratoren gegen den Gesamtgenerator Sicherungsautomaten empfehlenswert.

Gleichstromseitiger Hauptschalter mit Lastschaltvermögen

Um die Gleichstromseite unter Last abschalten zu können, ist immer ein gleichstromtauglicher Schalter mit Lastschaltvermögen vorzusehen, der vom Hersteller für Gleichströme grösser als der maximale Solargenerator-Kurzschlussstrom und für Gleichspannungen grösser als die maximal auftretende Leerlaufspannung U_{OCA} des Solargenerators spezifiziert ist. Erst nach dem Öffnen dieses Hauptschalters dürfen Strangsicherungen entfernt oder Trennklemmen geöffnet werden. Oft wird dieser Hauptschalter im Generatoranschlusskasten untergebracht. Bei grösseren Anlagen (z.B. wenn diese aus mehreren Teilgeneratoren bestehen) ist ein weiterer solcher Schalter in der Nähe des Ladereglers oder Wechselrichters zweckmässig.

Überspannungsschutz

Solargeneratoren werden immer im Freien montiert und sind damit gewitterbedingten Überspannungen ausgesetzt. Zum Schutz von Modulen und Verkabelung vor derartigen Überspannungen ist es zweckmässig, die von der Modulverkabelung aufgespannten Flächen besonders in der Nähe von Blitzableiten und blitzstromführenden Ableitungen möglichst klein zu halten und im Generatoranschlusskasten, also relativ nahe bei den Modulen, geeignete Überspannungsableiter (Varistoren, wenn möglich mit thermischer Überwachung gegen alterungsbedingte Zunahme der Leckströme oder mit genügender Überdimensionierung) zwischen der Plus- und der Minusleitung und Erde einzusetzen. Genauere Angaben und Hinweise zum Blitz- und Überspannungsschutz von Photovoltaikanlagen befinden sich in Kap. 6.

4.5.3.5 Der (Teil-)Generatoranschlusskasten (Arrayanschlusskasten)

Viele der in Abschn. 4.5.3.4 beschriebenen Komponenten sind in der Praxis in einem speziellen Kasten in der Nähe des Solargenerators eingebaut, der als Generatoranschlusskasten bezeichnet wird. Bei grösseren PV-Generatoren, die aus mehreren Teilgeneratoren (Arrays) aufgebaut sind, erfolgt die Zusammenschaltung der Stränge dieses Arrays zuerst in einem analog aufgebauten Teilgeneratoranschlusskasten. Die davon abgehenden Teilgeneratorkabel werden dann im übergeordneten Generatoranschlusskasten zum gesamten PV-Generator zusammengeschaltet (weitere Informationen zu grösseren PV-Generatoren in Kap. 4.5.6). Bild 4-71 zeigt das Prinzipschema eines Generatoranschlusskastens. Er sollte für eine periodische Kontrolle der Sicherungen und der Überspannungsableiter leicht zugänglich sein. Dieser Kasten schützt die Komponenten vor Witterungseinflüssen und sollte bei Aussenmontage ein UV-beständiges Gehäuse aufweisen, das mindestens der Schutzart IP54 (besser IP65) entspricht. Für das Gehäuse ist nicht oder nur schwer brennbares, selbstverlöschendes Material zu verwenden.

Im Generatoranschlusskasten werden die einzelnen Stränge des PV-Generators angeschlossen und parallelgeschaltet. Neben den dazu notwendigen Elementen wie Stranganschlussklemmen, Strangdioden, Strangsicherungen und Trennklemmen enthält er auch oft den DC-seitigen Hauptschalter und Varistoren zum Überspannungsschutz. Auch im Innern eines solchen Kastens ist eine erd- und kurzschlusssichere Auslegung anzustreben (Plus- und Minus-Leitungen sonderisoliert, Klemmen sonderisoliert und mit genügender gegenseitiger Distanz, eventuell mit Zwischenisolation). Auch die Verwendung zweier separater Kästen für die Plus- und Minusleitungen ist möglich, was jedoch einen höheren Aufwand und ungünstige Verhältnisse für einen optimalen Blitzschutz bedingt. Metallgehäuse sind nicht brennbar, was im Falle eines Klemmenbrandes im Gehäuse ein wesentlicher Vorteil ist. Weil sie aber aus Sicherheitsgründen meist geerdet werden, ist die Realisierung einer erdschlusssicheren Verdrahtung im Inneren eines solchen Gehäuses etwas schwieriger.

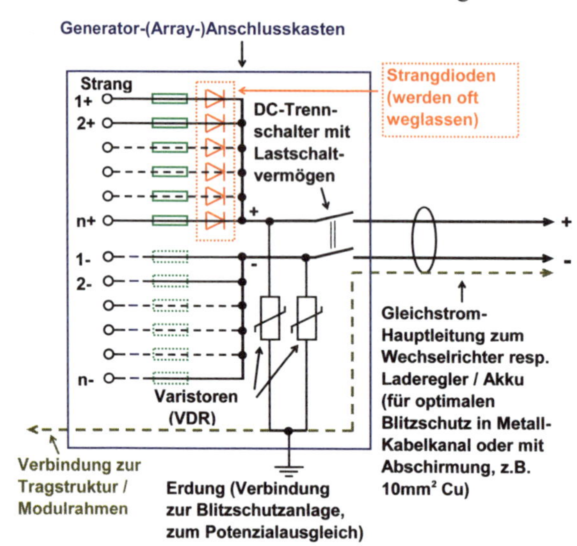

Bild 4-71:
Prinzipschema eines Generatoranschlusskastens einer PV-Anlage zum Anschluss von n_{SP} = n parallelen Strängen. Jeder Strang ist durch eine Trennklemme und eine Sicherung vom Rest des Solargenerators abtrennbar und kann bei Bedarf separat ausgemessen werden. Der Kasten enthält auch einen gleichstromseitigen Hauptschalter, mit dem die Anlage vor dem Entfernen von Sicherungen oder dem Öffnen von Trennklemmen stromlos geschaltet werden kann, sowie die Überspannungsableiter für die Plus- und Minus-Hauptleitung. Bei kleinen n_{SP}-Werten (z.B. $n_{SP} \leq 3$) können die Sicherungen durch Trennklemmen ersetzt werden.

Nach der Erstellung der Strangverkabelung werden die einzelnen Stränge bei geöffnetem Hauptschalter und geöffneten Trennklemmen und entfernten Sicherungen an den Stranganschlussklemmen angeschlossen und die Leerlaufspannungen der einzelnen Stränge gemessen.

Fehlerhafte Stränge fallen meist sofort durch eine gegenüber dem Mittelwert deutlich tiefere Leerlaufspannung auf. Erst wenn allfällige Probleme in den einzelnen Strängen behoben sind, dürfen zunächst die Sicherungen eingesetzt resp. die Trennklemmen geschlossen und anschliessend der Hauptschalter geschlossen werden.

Defekte Strangsicherungen kann man leicht durch eine einfache Spannungsmessung erkennen, wenn die Anlage normal läuft, d.h. wenn ein angeschlossener Wechselrichter im MPP arbeitet oder wenn eine Inselanlage Strom vom Solargenerator bezieht, d.h. wenn der Akku nicht ganz vollgeladen ist. Ein Strang mit einer defekten Sicherung ist dann im Leerlauf und weist eine deutlich höhere Spannung auf als die am DC-Hauptschalter gemessene Spannung. Vor dem Ersetzen einer defekten Sicherung muss jedoch der Hauptschalter geöffnet werden, damit die Sicherung stromlos eingesetzt werden kann. Bei neueren Generatoranschlusskästen für grössere PV-Anlagen ist oft auch eine kontinuierliche Überwachung aller Strangströme integriert.

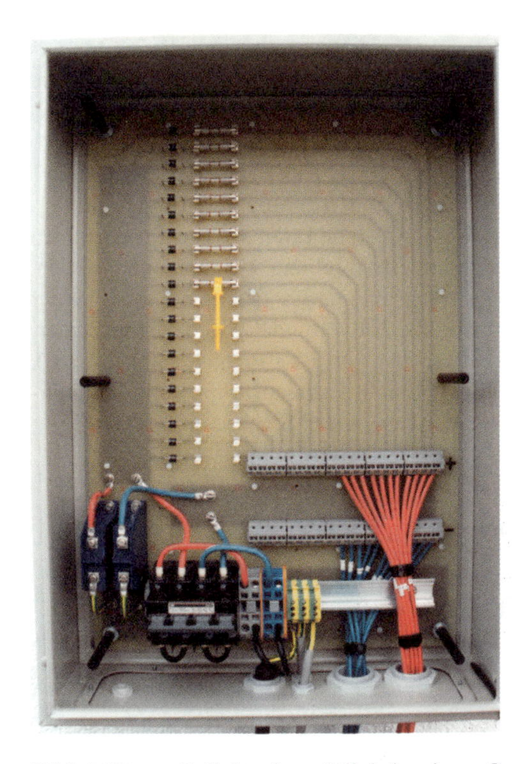

Bild 4-72:

Älterer Generatoranschlusskasten aus Metall für die Parallelschaltung von bis zu 20 Strängen (10 Stränge bestückt) mit hohen Betriebsspannungen (U_{OCA} bis ca. 800 V).

Die einzelnen Stränge sind auf der positiven Seite mit grossen gleichstromtauglichen Sicherungen und Strangdioden ausgerüstet (unterste Sicherung mit angesetztem Spezialwerkzeug zum Einsetzen / Entfernen der Sicherungen).

Die an sich wünschbaren Trennklemmen für die Minusleitungen zur allpoligen Trennung der einzelnen Stränge fehlen hier. Links unten erkennt man die beiden Varistoren, rechts daneben den vierpoligen Anlagen-Hauptschalter.

In der Mitte ist die Gleichstrom-Hauptleitung mit abgeschirmtem Spezialkabel $2 \cdot 10\,mm^2$ und einer gemeinsamen Abschirmung $10\,mm^2$ zu erkennen. Der Anschluss der Litzen erfolgt mit Klemmen mit Käfigzugfedern.

(Bild Tritec)

Bild 4-72 ermöglicht einen Blick in einen Generatoranschlusskasten für die Parallelschaltung von bis zu 20 Strängen mit hohen Betriebsspannungen (typisch ca. 500 V). Die einzelnen Stränge sind mit Strangdioden und grossen gleichstromtauglichen Strangsicherungen ausgerüstet. Bei der gezeigten Anlage (ca. 15 kWp) sind jedoch nur 10 Stränge effektiv bestückt. Wie in der Schweiz Mitte der 90-er Jahre vorgeschrieben, verfügt die Hauptleitung über eine gemeinsame Abschirmung von $10\,mm^2$ zur Erzielung eines guten Blitzschutzes (siehe Kap. 6.9.4).

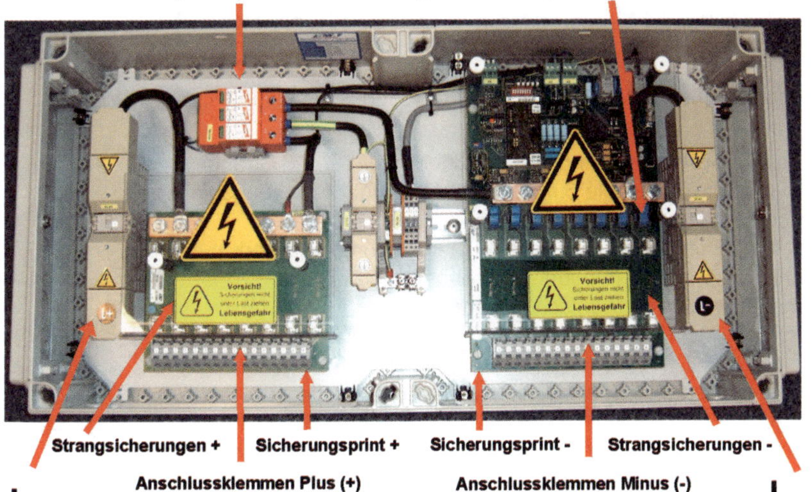

Bild 4-73:

Teilgenerator-anschlusskasten von SMA für die Parallelschaltung von maximal 8 resp. 16 Strängen (bei direkter Parallelschaltung von 2 Strängen mit $I_{MPP} < 5{,}6$ A).

(Bild erstellt unter Verwendung von Firmenunterlagen von SMA)

Bild 4-73 zeigt einen Teilgenerator-Anschlusskasten der Firma SMA mit integrierter Strang- resp. String-Überwachung für grössere PV-Anlagen mit Zentralwechselrichter. Er ist für die Parallelschaltung von maximal 8 resp. 16 Strängen vorgesehen. In der Plus- und Minus- Leitung ist bei jedem Eingang je eine DC-taugliche Sicherung vorgesehenen (im Interesse der Übersichtlichkeit nicht eingesetzt). Die Ströme in den acht Anschlussleitungen (jeweils mit 1 oder 2 Strängen) werden mit LEM-Wandlern überwacht. Die Ausgangssignale der Strangüberwachung (rechts oben) können über eine RS-485-Schnittstelle (kleine Anschlussklemmen rechts in der Mitte) abgenommen und zu einer zentralen Überwachung weitergeleitet werden, die Strangausfälle sofort erkennt. Damit die Überspannungsableiter wirksam sind, muss an der grossen Erdungsklemme in der Mitte eine möglichst kurze Erdverbindung genügenden Querschnitts angeschlossen werden (Details über den Blitzschutz von PV-Anlagen siehe Kap. 6). Eine Schaltmöglichkeit für die abgehende DC-Leitung ist nicht vorhanden und sollte im übergeordneten Generatoranschlusskasten vorgesehen werden (am besten Sicherungsautomat).

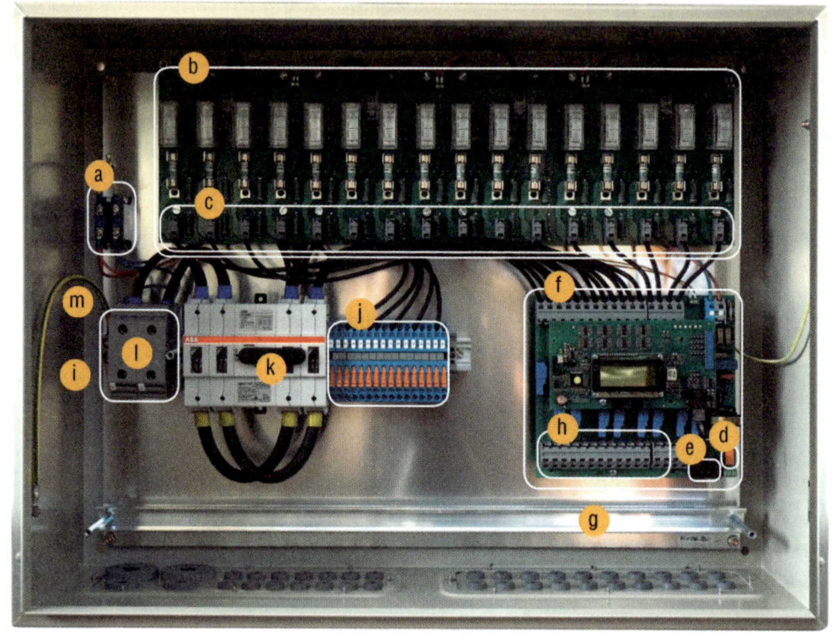

Bild 4-74: (Teil-)Generatoranschlusskasten MaxConnect von Sputnik für bis zu 16 Stränge

a Überspannungsableiter (Varistoren)
b Strangmodule mit Ampèremetern und Strangsicherungen (für 16 Stränge)
c Stranganschlussklemmen Pluspole 6 mm^2 (ohne Strangüberwachungselektronik)
d Klemme für potenzialfreien Fernmeldeausgang
e RJ-45-Buchsen für Anschluss an MaxComm-Überwachungsnetzwerk
f Strangüberwachungselektronik (Option, auch ohne erhältlich)
g Schiene für Zugentlastung mit Kabelschnellverleger
h Stranganschlussklemmen Pluspole 6 mm^2 (mit Strangüberwachungselektronik)
i Erdklemme 35 mm^2
j Stranganschlussklemmen Minuspole 6 mm^2 und Trennklemmen
k DC-Lasttrenner
l Anschlussklemmen für (Teil-)Generator-Anschlusskabel (50 mm^2 oder 150 mm^2)
m Klemme für Mittelpunktserdung 6 mm^2

(Bild Sputnik Engineering AG)

Bild 4-74 zeigt einen (Teil-)Generatoranschlusskasten von Sputnik für max. 16 Stränge mit je einer Sicherung und einem Ampèremeter pro Strang auf der Plus-Seite und einer Trennklemme pro Strang auf der Minus-Seite, Varistoren zum Überspannungsschutz und einem gemeinsamen Lasttrenner. Als Option kann er mit einer Strang-Fernüberwachung ausgerüstet werden.

Bild 4-75 zeigt einen Generatoranschlusskasten für eine kleine Anlage von 3,3 kWp aus nur zwei Strängen, die für eine Betriebsspannung von etwa 500 V ausgelegt ist. Hier sind Strangsicherungen nicht notwendig, so dass sich eine wesentliche Vereinfachung ergibt. Die beiden Stränge werden nur noch über je eine Trennklemme in der Plus- und Minusleitung angeschlossen. Auch hier verfügt die Hauptleitung über eine gemeinsame Abschirmung von 10 mm^2.

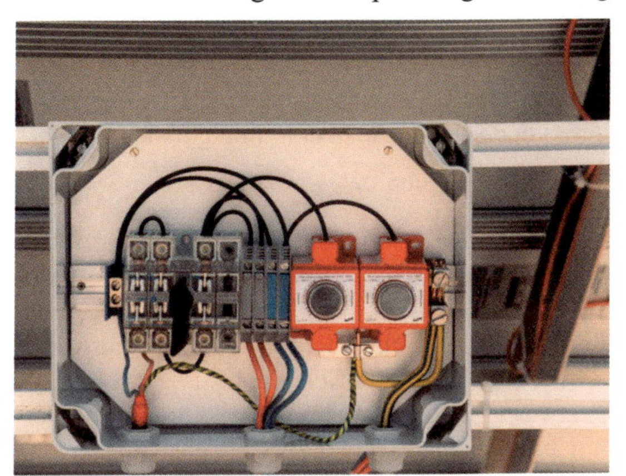

Bild 4-75:
Generatoranschlusskasten aus Kunststoff für eine kleinere PV-Anlage von 3,3 kWp mit hoher Betriebsspannung ($U_{OCA\text{-}STC}$ ca. 650 V, Anlage gemäss Bild 4-45).
Da nur noch zwei Stränge vorhanden sind, fehlen Strangdioden und Strangsicherungen. Die beiden Stränge sind nur noch über je zwei Trennklemmen (in der Mitte) angeschlossen, mit denen sie bei Bedarf allpolig abgetrennt werden können. Rechts sind die thermisch überwachten Überspannungsableiter, links der dreipolige Anlagen-Hauptschalter.

In Bild 4-75 erkennt man, dass die Strangverkabelung nur mit gewöhnlichen weissen Kabelbindern an den Modulrahmen befestigt ist. Dies stellt einen eindeutigen Mangel dar. Derartige Kabelbinder werden nach wenigen Jahren brüchig und die Kabel hängen dann frei herunter. Die Kabelbinder der gezeigten Anlage mussten bereits nach wenigen Jahren ersetzt werden. Schwarze Kabelbinder sind in der Regel etwas dauerhafter. Für die Befestigung der Verkabelung sollten immer UV- und wetterbeständige Befestigungselemente verwendet werden.

4.5.4 Verluste in der Gleichstromverkabelung

Bei PV-Anlagen wird mit einem beträchtlichen Aufwand Energie erzeugt. Wenn der Solargenerator im MPP betrieben wird (z.B. bei netzgekoppelten Anlagen), lohnt es sich oft, die Querschnitte der Verkabelung etwas grösser zu wählen, als es nach den geltenden Vorschriften unbedingt erforderlich ist, um die Verluste in der Gleichstromverkabelung genügend klein zu halten. Der zusätzliche Aufwand für etwas mehr Kupfer fällt meist kaum ins Gewicht.

Der ohmsche Widerstand R eines Leiters der Länge l und dem Querschnitt A berechnet sich mit dem spezifischen Widerstand ρ des Leitermaterials wie folgt:

$$R = \rho \cdot \frac{l}{A} \tag{4.20}$$

Für Kupfer beträgt ρ bei 20°C etwa 0,0175 $\Omega mm^2/m$, für 85°C etwa 0,022 $\Omega mm^2/m$. Für die korrekte Anwendung der Formel mit diesen ρ-Werten muss somit l in Meter (m) und der Querschnitt A in mm^2 eingesetzt werden. Dabei ist zu beachten, dass bei Zweidrahtleitungen l doppelt so gross wie die Leitungslänge ist.

Für die Berechnung der ohmschen Verluste in der Solargeneratorverkabelung ist es zweckmässig, einen einzigen äquivalenten Verlustwiderstand R_{DC} zu bestimmen. Bei n_{SP} parallel geschalteten Strängen mit je einem Widerstand R_{STR} und einer Gleichstrom-Hauptleitung mit dem Widerstand R_H berechnet er sich wie folgt:

Äquivalenter gleichstromseitiger Verlustwiderstand: $$R_{DC} = R_H + \frac{R_{STR}}{n_{SP}} \qquad (4.21)$$

Dabei ist sowohl bei der Berechnung von R_{STR} als auch bei der Berechnung von R_H nicht nur der reine Leitungswiderstand, sondern auch der zusätzliche Widerstand allfälliger Sicherungen (z.B. Strangsicherungen) und Klemmen einzusetzen (z.B. 1 mΩ pro Klemme, wenn der Klemmenwiderstand berücksichtigt werden soll).

Die gesamten ohmschen Verluste P_{VR} auf der Gleichstromseite betragen dann beim Strom I_{DC}:

Ohmsche Verluste P_{VR} auf der Gleichstromseite: $$P_{VR} = R_{DC} \cdot I_{DC}^2 \qquad (4.22)$$

An den **Strangdioden** fällt näherungsweise immer eine Diodenflussspannung $U_F \approx 0{,}8V$ (für eine Si-Diode). Somit ergibt sich für die Gesamtheit der Verluste an den Strangdioden:

Gleichstromseitige Verlustleistung P_{VD} an Strangdioden: $$P_{VD} = U_F \cdot I_{DC} \qquad (4.23)$$

Gesamte Verluste P_V auf der Gleichstromseite: $$P_{VDC} = P_{VR} + P_{VD} \qquad (4.24)$$

Meist interessieren nicht die absoluten, sondern die *relativen* Verluste, also die bei gleichstromseitigem Nennstrom I_{DCn} der Anlage auftretenden, auf die gleichstromseitige Nennleistung P_{DCn} bezogenen Verluste. Ist der Solargenerator nicht überdimensioniert, entspricht I_{DCn} etwa dem Strom des Solargenerators im MPP und P_{DCn} der effektiven Solargeneratorleistung P_{Ao} bei STC (1 kW/m², 25°C), die meist etwas geringer als die nominelle Solargeneratorleistung P_{Go} bei STC ist. Es ist aber auch möglich, P_{DCn} etwas kleiner als P_{Ao} zu wählen.

Mit U_{DCn} = Nennspannung auf der DC-Seite (meist MPP-Spannung des Solargenerators) wird $P_{DCn} = U_{DCn} \cdot I_{DCn}$ und es gilt für die relative Gleichstromverlustleistung bei Nennleistung:

$$\frac{P_{VDCn}}{P_{DCn}} = \frac{(R_{DC} \cdot I_{DCn} + U_F)}{U_{DCn}} \qquad (4.25)$$

Bei Inselanlagen ohne Maximum-Power-Tracker haben relative Gleichstromverlustleistungen bis etwa 5 % noch keinen allzu grossen Einfluss auf den Energieertrag, da der Solargenerator derartiger Anlagen spannungsmässig meist etwas überdimensioniert ist (ausser an sehr warmen Standorten). Dies kann man sich leicht z.B. anhand von Bild 4-37 überlegen, denn es spielt grundsätzlich keine Rolle, ob ein Spannungsverlust an beschatteten Modulen oder an Dioden und Widerständen entsteht. Bei Anlagen mit Maximum-Power-Trackern, also vor allem bei netzgekoppelten Anlagen (besonders an Orten mit hohen Rücknahmetarifen für Photovoltaikstrom), sollte man dagegen bestrebt sein, die relative Gleichstromverlustleistung wenn immer möglich unter etwa 1 % , auf jeden Fall aber unter 2 % zu halten, um unnötige Energieverluste zu vermeiden. Besonders ins Gewicht fallen dabei die Verluste an einer langen Gleichstrom-Hauptleitung und an Strangdioden bei niedrigen Nennspannungen U_{DCn}.

Ist die Verteilung der Einstrahlung und der Energieproduktion einer Photovoltaikanlage auf die verschiedenen Leistungsstufen bekannt, so kann daraus die auf Grund der Verkabelungsverluste verlorene relative gleichstromseitige Jahresverlustenergie abgeschätzt werden:

Relative DC-seitige Jahresverlustenergie $$\frac{E_{VDCa}}{E_{DCa}} = \frac{k_{EV} \cdot R_{DC} \cdot I_{DCn} + U_F}{U_{DCn}} \qquad (4.26)$$

Für Burgdorf im Schweizer Mittelland erhält man bei $P_{DCn} = P_{Ao}$ für den Energieverlustkoeffizienten $k_{EV} \approx 0{,}5$.

Dieser Wert dürfte auch für andere Flachlandstandorte in Europa brauchbar sein. Wenn $P_{DCn} < P_{Ao}$ ist oder bei südeuropäischen oder hochalpinen Anlagen ist für k_{EV} statt 0,5 ein etwas höherer Wert (bis maximal etwa 0,65) einzusetzen.

4.5.5 Erdungsprobleme auf der Gleichstromseite

4.5.5.1 Erdung von Metallgehäusen und metallischen Tragstrukturen

Metallgehäuse von Generatoranschlusskästen, metallische Tragstrukturen und Modulrahmen müssen aus Sicherheitsgründen geerdet werden, ausser wenn die Isolation zu aktiven Teilen der Anlage den Anforderungen der Schutzklasse II entspricht oder wenn die PV-Anlage mit Leerlaufspannungen U_{OCA} kleiner als 120 V arbeitet und keine galvanische Verbindung zum Niederspannungsnetz aufweist. Bei netzgekoppelten Anlagen mit trafolosen Wechselrichtern ist eine Erdung gerahmter Module wegen der Kapazität zwischen dem Innern der Module und den Metallrahmen in jedem Falls ratsam. Eine Erdung bringt nicht nur Vorteile beim Personenschutz (Schutz gegen gefährliche Berührungsspannungen), sondern auch beim Blitzschutz (Ableitung eventueller Blitzströme). Dies jedoch nur, wenn eine Potenzialausgleichsleitung unmittelbar parallel zum Teilgeneratorkabel oder der DC-Hauptleitung verlegt wird. Blitzschutztechnisch ideal sind dabei geschirmte Leitungen (siehe Kap. 6.6.4 und 6.9.4.2). Überspannungsableiter in einem Klemmenkasten sind nur wirksam, wenn sie auf möglichst kurzem Weg geerdet werden und wenn eine möglichst kurze Potenzialausgleichsleitung zur metallischen Tragstruktur des Solargenerators und zu den Modulrahmen besteht.

4.5.5.2 Erdung aktiver Teile des Solargenerators

Die *betriebliche Erdung aktiver Teile* eines Solargenerators ist wesentlich problematischer und wird seltener durchgeführt. Sie bietet gewisse Vorteile, aber auch Nachteile, die sorgfältig gegeneinander abzuwägen sind. Es gibt drei prinzipielle Möglichkeiten: Einseitige Erdung eines Pols (z.B. des Minuspols), Mittelpunktserdung und ungeerdeter Betrieb.

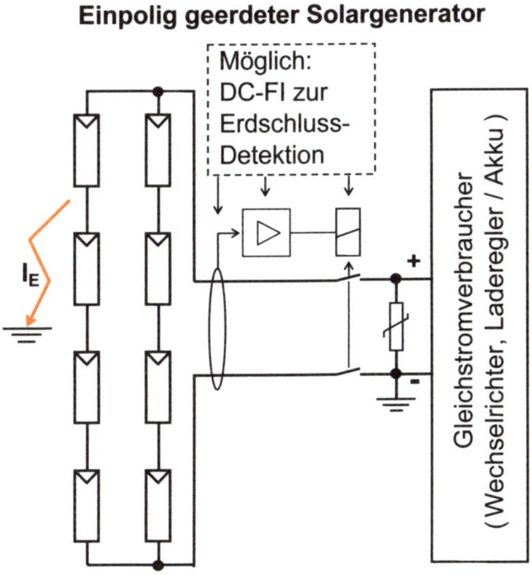

Einpolig geerdeter Solargenerator

Bild 4-76:
Prinzipschema eines einpolig geerdeten PV-Generators (Varistoren im Generatoranschlusskasten weggelassen). Die Spannungsverhältnisse im ganzen Solargenerator sind eindeutig definiert, der Blitzschutzaufwand auf der Verbraucherseite ist relativ gering. Ohne Fehlerstromüberwachung fliesst bei einem Erdschluss ein relativ grosser Erdschlussstrom I_E (bis zum gesamten Kurzschlussstrom des Solargenerators) und bei Berührung eines defekten Moduls besteht bei höheren Spannungen sofort eine Personengefährdung. Durch Einsatz eines gleichstromsensitiven Fehlerstromschutzschalters (DC-FI) kann der Generator im Störungsfall sofort freigeschaltet werden, so dass die gleiche Sicherheit wie im FI-geschützten Niederspannungsnetz besteht.

Eine *einpolige Erdung* gemäss Bild 4-76 schafft im ganzen Solargenerator eindeutig definierte Potenzialverhältnisse und erleichtert den Blitz- und Überspannungsschutz. Ohne zusätzliche

Sicherheitsmassnahmen (DC-seitige Fehlerstromüberwachung) stellt aber bereits der erste in einem PV-Generator auftretende Erdschluss ein gefährliches Risiko dar (grosse Erdschlussströme I_E, Personengefährdung durch Berührungsspannungen bei Solargeneratordefekten).

Eine einpolige Erdung ist in der Praxis nur bei sehr kleinen Betriebsspannungen oder beim Einsatz eines DC-seitigen Fehlerstromautomaten sinnvoll. Es ist möglich, einen auf reinen Gleichstrom reagierende Fehlerstromautomaten (DC-FI) zu bauen (z.B. mit einer Differenzstrom-Empfindlichkeit von ΔI = 5 mA bei einem Betriebsstrom von 30 A), diese benötigen jedoch eine Hilfsstromversorgung und sind noch nicht kommerziell erhältlich [4.5]. Derartige Fehlerstromautomaten schalten den Generator bei einem Erdschluss sofort frei und bieten somit den gleichen Schutz wie die seit langem bekannten klassischen Fehlerstromautomaten im Wechselstromnetz. Im Interesse der Übersichtlichkeit ist in Bild 4-76 nur der Varistor auf der Verbraucherseite am Ende der Gleichstromhauptleitung gezeichnet, die Varistoren im Generatoranschlusskasten in der Nähe des Solargenerators dagegen nicht.

Die *Mittelpunktserdung* gemäss Bild 4-77 wird manchmal bei grösseren Photovoltaikanlagen mit hohen Betriebsspannungen angewendet (z.B. bei der Anlage auf dem Mont Soleil). Ist die Erdung niederohmig ausgeführt, sind die Potenzialverhältnisse wie bei der einseitigen Erdung klar definiert. Alle Isolationsmaterialien werden nur mit der halben Leerlaufspannung U_{OCA} des Generators beansprucht. Auch die Überspannungsableiter müssen nur auf $\frac{1}{2} \cdot U_{OCA}$ dimensioniert werden, deshalb ist ein guter Überspannungsschutz trotz der hohen Betriebsspannung leichter realisierbar. Eine Mittelpunktserdung weist jedoch die gleichen Nachteile wie eine einpolige Erdung auf und sollte nur in Kombination mit auf reinen Gleichstrom reagierenden Fehlerstromautomaten realisiert werden, die bei einem Erdschluss den betroffenen Generatorteil sofort freischalten. Auch in Bild 4-77 sind die Varistoren im Generatoranschlusskasten nicht eingezeichnet. Bei Verzicht auf die Erdschlussüberwachung mit DC-FI kann die Mittelpunktserdung natürlich direkt im Solargenerator erfolgen.

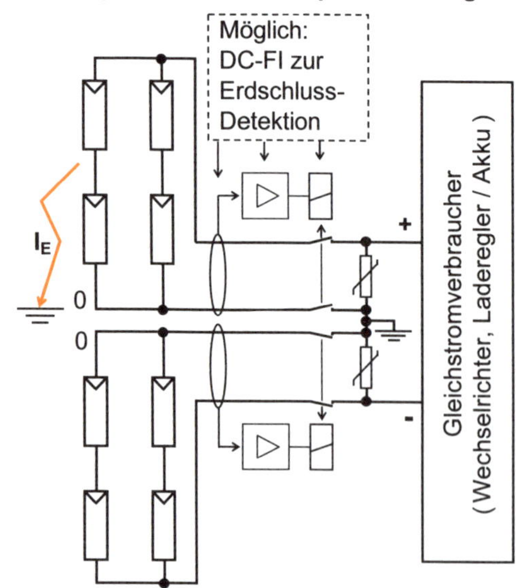

Bild 4-77:
Prinzipschema eines Solargenerators mit Mittelpunktserdung (Varistoren im Generatoranschlusskasten weggelassen), die vor allem bei höheren Betriebsspannungen manchmal eingesetzt wird. Im ganzen Solargenerator sind die Spannungsverhältnisse eindeutig definiert, jede Komponente wird mit höchstens der halben Solargenerator-Leerlaufspannung U_{OCA} beansprucht. Ohne Fehlerstromüberwachung bestehen die gleichen Probleme wie beim einpolig geerdeten Generator (der Mittelpunkt des Solargenerators könnte in diesem Fall zur Vereinfachung direkt im Feld geerdet werden). Beim Einsatz von je einem gleichstromsensitiven Fehlerstromschutzschalter (DC-FI) auf der Plus- und Minusseite kann der Generator im Störungsfall sofort freigeschaltet werden.

Bei *ungeerdetem Solargenerator* gemäss Bild 4-78 sind die Potenzialverhältnisse in der Anlage im Normalbetrieb nicht exakt definiert. Die meist vorhandenen Varistoren bewirken jedoch oft eine ungefähre elektrische Symmetrierung der Anlage, d.h. Plus- und Minusleiter haben im Normalbetrieb betragsmässig etwa das gleiche Potenzial. Da die Erdverbindung sehr hochohmig ist, werden bereits durch kleine Leckströme deutliche Symmetrieverschiebungen hervorgerufen, die gut detektiert werden können. Bei einem ungeerdeten Solargenerator ist es auch möglich, die Isolation im Betrieb mit kommerziell erhältlichen Isolationsüberwachungsgeräten dauernd zu überwachen. Wechselrichter haben oft eine integrierte Isolationsüberwachung. Überdies kann die Anlage auch nach dem Auftreten eines ersten Erdschlusses bei Bedarf noch weiter betrieben werden, da dann noch kein nennenswerter Strom fliesst, der auch noch keine Personengefährdung darstellt. Kritisch ist erst ein zweiter Erdschluss.

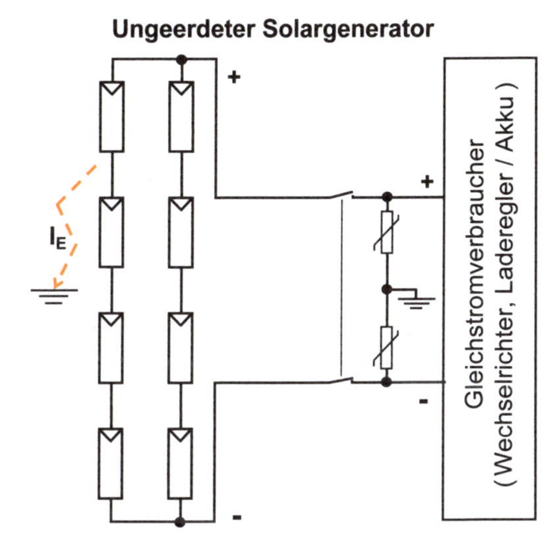

Bild 4-78:
Prinzipschema eines ungeerdeten PV-Generators (Varistoren im Generatoranschlusskasten weggelassen). Die Schaltung ist relativ einfach. Im Normalbetrieb werden alle Komponenten höchstens mit etwa der halben PV-Generator-Leerlaufspannung U_{OCA} beansprucht. Im Störungsfall (ungünstig liegender Erdschluss) kann aber die volle Spannung U_{OCA} anliegen, die nicht sofort abgeschaltet werden kann, d.h. alle Komponenten inkl. Varistoren müssen auf diese Spannung ausgelegt werden. Ein grosser Vorteil ist die Tatsache, dass der Erdschlussstrom I_E bei einem Erdschluss sehr klein ist und dass dadurch noch keine Personengefährdung auftritt. Bei Anwendung dieser Schaltung ist eine permanente Isolationsüberwachung möglich.

Ein Nachteil des ungeerdeten Betriebs ist hingegen, dass sich das Potenzial im Fall von Erdschlüssen bis zur vollen Leerlaufspannung U_{OCA} der Anlage in beide Richtungen verschieben kann. Dies ist bei der Definition der Isolationsfestigkeit der Komponenten und bei der Auswahl der Überspannungsableiter zu berücksichtigen. Bei ungeerdeten Anlagen ist deshalb der Schutz gegen Überspannungen zwangsläufig schlechter und die Isolationsanforderungen sind höher als bei Anlagen mit im Mittelpunkt geerdetem Solargenerator.

4.5.6 Prinzipieller Aufbau grösserer Solargeneratoren

Um unnötig lange Verkabelungen zu vermeiden, werden grössere PV-Generatoren (ab etwa 10 bis 30 Strängen) in mehrere Teilgeneratoren unterteilt (siehe Bild 4-79 und 4-33). Die Zusammenschaltung der einzelnen Stränge dieser Teilgeneratoren erfolgt dabei in Teilgenerator-Anschlusskästen (TGAK). Die davon abgehenden Teilgeneratorkabel (TGK) führen zu einem Generatoranschlusskasten und werden dort zum Gesamtgenerator parallelgeschaltet. Von diesem Generator-Anschlusskasten führt die Gleichstrom-Haupleitung (DC-HL) zum DC-Verbraucher (i.A. ein grosser Netzverbund-Wechselrichter). Für einen guten Blitzschutz ist es wichtig, sowohl in den Teilgenerator- als auch in den Generator-Anschlusskästen thermisch überwachte Varistoren einzusetzen und eine Potenzialausgleichsleitung (PAL) ausreichenden Querschnitts ($\geq 10mm^2$ Cu, [4.13]) in unmittelbarer Nähe des entsprechenden Teilgeneratorkabels oder der DC-Hauptleitung mitzuführen. Diese PAL wird modulseitig mit den Metallrahmen oder einem metallischen Traggestell verbunden und beim Wechselrichter geerdet.

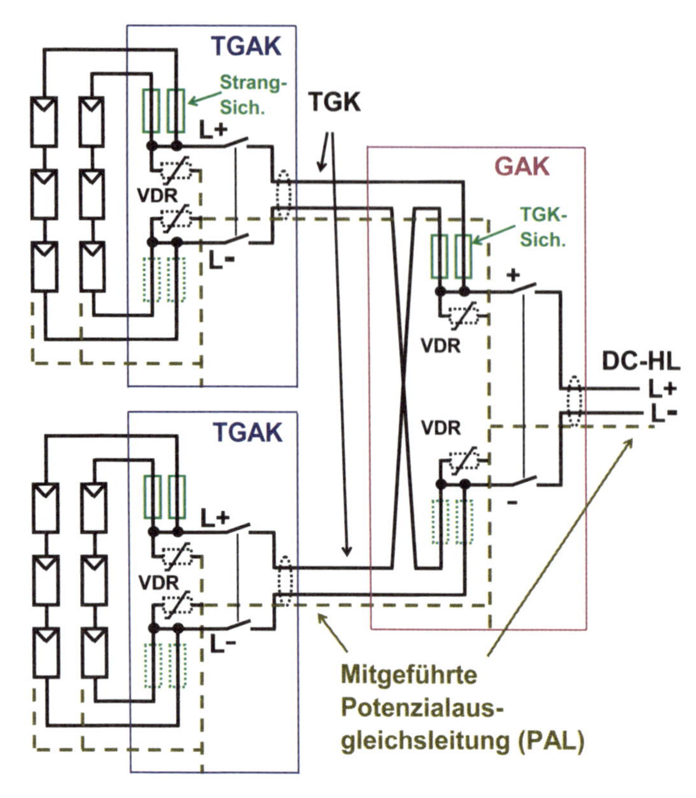

Bild 4-79:
Prinzip des Aufbaus von grösseren PV-Generatoren: Im Teilgenerator-Anschlusskasten (TGAK) werden die Stränge des Teilgenerators parallelgeschaltet. Die von diesen abgehenden Teilgeneratorkabel (TGK) werden im Generatoranschlusskasten (GAK) zum Gesamtgenerator zusammengeschaltet. Bei grösseren Generatoren sollten die Strangleitungen immer abgesichert werden. Wenn im GAK viele TGK parallelgeschaltet sind, sollten auch die einzelnen TGK gegen Rückströme aus dem ganzen Generator abgesichert werden (am besten mit Sicherungsautomaten, siehe Bild 4-33). Blitzschutztechnisch ideal ist die Verwendung beidseitig geerdeter geschirmter Kabel für TGK und DC-Hauptleitung (DC-HL) mit einem Schirmquerschnitt von $\geq$ 10mm^2 Cu.

In Bild 4-79 sind im Interesse der Übersichtlichkeit nur die wichtigsten Elemente gezeichnet. Weitere Details über den Blitzschutz von PV-Anlagen sind in Kap. 6.9 zu finden.

4.5.7 Schutz von Personen gegen gefährliche Berührungsspannungen

Im Falle einer Beschädigung eines Teils einer PV-Anlage (z.B. bei Berührung eines Moduls mit einem zerbrochenen Frontglas) muss der Personenschutz durch geeignete Sicherheitsmassnahmen weiterhin gewährleistet sein. Bei PV-Anlagen auf Dächern und Fassaden sind auch Unfälle infolge von Stürzen durch Erschrecken nach nicht lebensgefährlichen Stromschlägen möglich. Dieser Personenschutz kann auf verschiedene Weise erreicht werden:

4.5.7.1 Betrieb der Anlage mit Schutzkleinspannung (Schutzklasse III)

Gleichspannungen bis 120 V sind im Normalfall für den Menschen nicht gefährlich. Liegt die Leerlaufspannung U_{OCA} einer PV-Anlage somit unter 120 V= und ist sie galvanisch nicht mit dem Niederspannungsnetz (230 V~) verbunden, sind keine weiteren Schutzmassnahmen erforderlich. In der Praxis stellt sich das Problem, unter welchen Bedingungen diese Leerlaufspannung zu bestimmen ist. Die elektrischen Daten von Modulen werden auf Datenblättern meist bei STC (1 kW/m^2, 25°C) angegeben und es ist deshalb naheliegend, diese leicht zugänglichen Daten zu verwenden. Mit fünf in Serie geschalteten mono- oder polykristallinen Modulen für 12V-Anlagen (z.B. M55) wird der Wert von 120 V noch nicht überschritten. In praktischen Anlagen werden STC-Bedingungen im Flachland allerdings fast nie erreicht.

Im Sommer, wo Einstrahlungen von 1 kW/m² ab und zu vorkommen, liegen die Modultemperaturen deutlich über 25°C und somit die Leerlaufspannungen tiefer. Im Winter sind die Modultemperaturen zwar tiefer, dafür liegt die Einstrahlung bei üblichen Anstellwinkeln deutlich unter 1 kW/m², was ebenfalls zu tieferen Leerlaufspannungen führt. In der Praxis bewegt man sich somit bei Flachlandanlagen auch mit sechs derartigen Modulen in Serie oft noch im Bereich der Schutzklasse III und überschreitet die 120 V nur geringfügig und in seltenen Ausnahmefällen.

4.5.7.2 Schutz durch räumliche Distanz

Arbeitet eine Photovoltaikanlage mit Leerlaufspannungen über 120 V oder ist sie galvanisch mit dem Netz verbunden, sind zusätzliche Schutzmassnahmen gegen ungewollte Berührung notwendig, wenn der Solargenerator nur über eine Basisisolation verfügt. Eine mögliche Methode ist in diesem Fall die Trennung durch räumliche Distanz. Dies ist dann gegeben, wenn der Solargenerator an einem normalerweise unzugänglichen Ort, z.B. hinter einem genügend hohen Zaun oder auf einem normalerweise nicht begangenen Dach (z.B. Schrägdach, nicht jedoch auf einer Dachterrasse) oder in unzugänglicher Höhe montiert wird. Es ist zweckmässig, weitere kritische Anlageteile (z.B. Wechselrichter, Schaltschränke, Akkus usw.) in einem abgeschlossenen Raum ("abgeschlossene elektrische Betriebsstätte") unterzubringen.

4.5.7.3 Sonderisolation (doppelte Isolation), Schutzklasse II

Wenn der Solargenerator (insbesondere die Module resp. Laminate) isolationsmässig der Schutzklasse II entspricht, ist nach der gängigen Normenphilosophie auch bei hohen Anlagebetriebsspannungen oder fehlender galvanischer Trennung gegenüber dem Niederspannungsnetz kein weiterer Schutz gegen ungewolltes Berühren notwendig. Seit einigen Jahren sind von vielen Herstellern Solarmodule erhältlich, welche den Anforderungen der Schutzklasse II genügen.

Diese generelle normenphilosophische Argumentation erscheint dem Autor allerdings nicht ungefährlich. Da das *Glas der Module und Laminate relativ dünn und zerbrechlich* ist und zudem im Gegensatz zu praktisch allen andern Geräten der Schutzklasse II *dauernd der Witterung ausgesetzt* ist, sind die dahinter befindlichen, auf gefährlich hohem Potential befindlichen aktiven Teile der Anlage langfristig sicher nicht gleich gut geschützt wie beispielweise in einer Bohrmaschine der Schutzklasse II mit einem dicken Kabel aus zähem Kunststoff, die nur in Innenräumen oder bei trockener Witterung benützt wird. Für den verbreiteten Einsatz der Photovoltaik vor allem in Gebäuden scheint *eine weitere Sicherheitsbarriere* angezeigt. Möglichkeiten für eine weitere Sicherheitsbarriere sind etwa:

- Ungeerdeter Solargenerator mit galvanischer Trennung vom Niederspannungsnetz gemäss Bild 4-78.
- Zusätzliche Fehlerstromüberwachung (DC-FI) bei geerdetem Solargenerator oder bei Verwendung trafoloser Wechselrichter mit galvanischer Verbindung zum Niederspannungsnetz (heute meist in derartigen Wechselrichtern integriert).
- Räumliche Distanz gemäss Kap. 4.5.7.2.

4.5.8 Beeinträchtigungen der Solargeneratorleistung im praktischen Betrieb

4.5.8.1 Teilbeschattung durch lokale Verschmutzung

Die Gefahr der Hot-Spot-Bildung und die Reduktion der Solargeneratorleistung durch Teilbeschattung einzelner Zellen ist nicht etwa nur ein theoretisches Hirngespinst, sondern tritt in der Praxis auch effektiv auf. Dies kann etwa durch den Kot grösserer Vögel (z.B. Dohlen), durch herunterfallende Blätter von Bäumen oder bei schlecht gepflegten Anlagen durch wuchernde Pflanzen geschehen. Bild 4-80 zeigt eine lokale Verschmutzung einzelner Zellen eines Solargenerators durch Vogelkot, die wegen der Lage unter einem hohen Antennenmast relativ häufig vorkommt und die Leistung des betroffenen Stranges jeweils markant reduziert. Dank dem Anstellwinkel von $\beta = 30°$ werden derartige Verschmutzungen in der Modulfläche bei stärkeren Regenfällen jeweils praktisch vollständig entfernt.

Bild 4-80: Verschmutzung eines horizontal liegend mit $\beta = 30°$ montierten, gerahmten Moduls Siemens M55 (33 cm · 130 cm) durch Vogelkot. An den Modulunterkanten erkennt man bei genauem Hinsehen auch den charakteristischen Schmutzstreifen, der sich bei dieser Montageart bei flachen Anstellwinkeln nach einiger Zeit bildet.

4.5.8.2 Schmutzablagerungen an Modulrahmen oder Laminateinfassungen

Bei gerahmten Modulen oder bei mit Dichtungsprofilen in Schrägdächer integrierten Laminaten, die einen für hohen Jahresertrag dimensionierten, relativ kleinen Anstellwinkel aufweisen ($0° < \beta < 35°$), bleibt zwischen dem Modulglas und dem Rahmen nach Regenfällen immer eine kleine Menge Wasser mit Schmutzrückständen zurück. Auch einige Zentimeter oberhalb dieses Bereichs tritt nach längerer Betriebszeit eine Schmutzschicht auf, die auch nach Regenfällen nicht vollständig verschwindet.

Dieses Problem ist vor allen dann von Bedeutung, wenn die Module zur Vermeidung von Beschattungen durch weiter vorne montierte Solargeneratoren (z.B. auf Sheddächern, siehe Bild 1-11) horizontal liegend montiert wurden und wenn zwischen Modulrahmen und Zellen praktisch kein Abstand besteht. Das gleiche Problem kann auch bei Solardachziegeln mit erhöhtem Rahmen auftreten. Das Streben nach dem höchstmöglichen Modulwirkungsgrad durch Verringerung der Abstände zwischen dem Beginn der Solarzellen und dem Modulrahmen ermöglicht zwar auf dem Papier einen höheren Modulwirkungsgrad, hat aber in der Praxis eine stärkere Neigung zu Verschmutzungen zur Folge, welche die Leistung reduzieren. Bereits einige Millimeter Abstand verbessern die Situation bei Anstellwinkeln im Bereich 30° deutlich und sind auch in Bezug auf die Überspannungsfestigkeit und die Widerstandsfähigkeit der Module gegen Blitzströme günstiger.

Bild 4-81:
Ansicht eines Teils des Solargenerators der 60 kWp-PV-Testanlage der BFH in Burgdorf mit β = 30°.
Die Module auf der linken Seite sind frisch gereinigt. Bei den Modulen auf der rechten Seite ist die Verschmutzung am unteren Modulrand sichtbar, welche sich in der Zeit von Juni 1993 bis Mai 1998 angesammelt hat. In der Fläche der Module ist die Verschmutzung relativ gering.

Bild 4-82:
Detailansicht der Verschmutzung des PV-Generators von Bild 4-81 mit gerahmten Modulen Siemens M55 durch Blütenstaub (Pollen) und Insektenkot während einer längeren Trockenperiode im Frühling. Der Abstand zwischen Zellen und Rahmen ist sehr gering (ca. 0 bis 3 mm). Der Schmutz lagert sich bevorzugt unmittelbar über der Modulunterkante ab.

Nach manueller Reinigung zeigen solche Module jeweils eine um mehrere Prozent höhere Leistung. Bei der Photovoltaik-Testanlage der BFH (60 kWp), die etwa 50 m von einer stark befahrenen Eisenbahnlinie in der Nähe eines Bahnhofs entfernt liegt (Flugrost), betrug die mögliche Leistungssteigerung durch Reinigung nach gut vierjährigem Betrieb knapp 10 % [4.6], [4.7]. Bild 4-81 zeigt einen gereinigten und einen ungereinigten Teilgenerator der PV-Anlage der BFH mit der Verschmutzung an der Modulunterkante, die sich im Laufe von 5 Jahren angesammelt hat. Bild 4-82 zeigt eine derartige Verschmutzung bei einem Solargenerator mit β = 30° im Detail. Das Problem ist weniger gravierend bei stehender Montage der Module (z.B. wie in Bild 2-44), bei grösseren Modulen und bei Anstellwinkeln im Bereich von 40° bis 50°, wenn das Regenwasser mehr "Anlauf" und damit eine grössere Reinigungswirkung hat und die Regenmenge noch genügend gross ist. An einer anderen Anlage an einem Standort in der Nähe einer stark befahrener Eisenbahnlinie (in der Nähe eines Bahnhofs) wurde sogar bei stehender Montage der Module nach etwa 20 Monaten Betriebsdauer eine Leistungseinbusse infolge Verschmutzung von bis zu 7 % beobachtet [4.9]. Nach [4.8] betrugen analoge Leistungseinbussen bei verschiedenen anderen Anlagen (ohne Angabe der Betriebsdauer) meist zwischen 2 % und 6 %, in Einzelfällen sogar bis 18 %.

Bei noch steileren Anstellwinkeln kann die Reinigungswirkung durch Regen wieder reduziert sein. Bild 4-83 zeigt die Unterkante eines Moduls mit $\beta = 65°$ und $\gamma = -61°$, an der die unteren Solarzellen durch Moose und Flechten beeinträchtigt werden.

Bild 4-83:
Auch bei steiler angestellten, hochkant montierten Modulen können derartige Verschmutzungsstreifen auftreten. Beim gezeigten Modul ist der Anstellwinkel β =65°. Wegen γ = -61° ist die Sonneneinstrahlung im Winterhalbjahr hier etwas gering.

4.5.8.3 Generelle Leistungsreduktion durch Schmutzablagerungen

In Gebieten in Südeuropa mit flach montierten Modulen sollen in langen Trockenperioden an einigen Anlagen Leistungsverluste von bis zu 15 % – 30% beobachtet worden sein. In ariden Regionen in Afrika traten am Ende der Trockenzeit durch massive Verstaubung vereinzelt sogar Leistungsreduktionen bis zu 80 % auf [Wag06]. An solchen Orten ist eine periodische Reinigung des Solargenerators sinnvoll und muss in den Betriebskosten einkalkuliert werden.

Der Grad der Verschmutzung und die beobachtete Leistungsreduktion sind stark von den lokalen Verhältnissen abhängig. In der Stadt Burgdorf werden seit 1992 eine grössere Anzahl PV-Anlagen vom PV-Labor der BFH im Rahmen mehrerer Langzeit-Monitoring-Projekte überwacht. Während bei vielen Anlagen auch nach mehreren Jahren nur geringe permanente Verschmutzungen beobachtet wurden, traten an einigen Anlagen im Laufe der Zeit doch durch Verschmutzung bedingte Leistungsreduktionen von bis zu 10 % auf.

In speziell ungünstigen Fällen können aber auch bei PV-Anlagen in gemässigten Klimazonen stärkere Leistungsverluste infolge Verschmutzung von gegen 30 % auftreten. Bei einer im Januar 1997 erstellten PV-Anlage auf dem Dach eines Schnellimbiss-Restaurants in Burgdorf, das an einer stark befahrenen Hauptstrasse und einer Nebenbahnlinie und zudem in unmittelbarer Nähe eines Sägewerks liegt, wurde im Laufe des Jahres 2005 ein deutlicher Abfall des spezifischen Energieertrags festgestellt. Die Anlage wurde daraufhin im Oktober 2005 vom Photovoltaik-Labor der BFH näher untersucht.

Bild 4-84:
Ansicht eines Teils des PV-Generators mit β = 30° der erwähnten 3,3 kWp-Anlage mit Modulen M55 der auf dem Dach eines Schnellimbiss-Restaurants in Burgdorf. Die Module vorne sind frisch gereinigt. Im Gegensatz zu Bild 4-81 sind die Module hier nicht nur an der Unterkante, sondern auf der ganzen Fläche gleichmässig stark verschmutzt, deshalb ist der gemessene Leistungsabfall hier viel stärker.

Es wurde festgestellt, dass in der ersten Jahreshälfte 2005 an einem hohen Gebäude in unmittelbarer Nachbarschaft Renovationsarbeiten durchgeführt worden waren und dass die gerahmten Module der Anlage nicht nur an der Modul-Unterkante, sondern auch auf der ganzen Fläche stark verschmutzt waren (siehe Bild 4-85 und 4-86). Die natürliche Reinigungswirkung des Regens reichte nicht mehr aus, um die möglicherweise durch Baustaub verstärkte Verschmutzung zu beseitigen.

Um den Leistungsabfall infolge dieser Verschmutzung festzustellen, wurde die Anlage gereinigt. Vor und nach der Reinigung wurden mit einem Kennlinienmessgerät bei gleichzeitiger Messung der Bestrahlungsstärke G und der Modultemperatur die I-U-Kennlinien der Gesamtanlage und der einzelnen Stränge aufgenommen und auf STC umgerechnet (siehe Bild 4-86). Es wurde eine Reduktion der Gesamtleistung von gegen 29 % festgestellt. Da alle Stränge ordnungsgemäß funktionierten, war diese Reduktion allein auf die Verschmutzung und nicht auf den Ausfall einzelner Stränge zurückzuführen. Speziell ungünstig bei dieser Anlage dürfte sich auch die Tatsache ausgewirkt haben, dass der Solargenerator aus gerahmten Modulen M55 nicht nur den Belastungen durch die Emissionen der Umgebung, sondern auch der Küchenabluft des Restaurants selbst ausgesetzt war.

Bild 4-85:
Stark verschmutzte Solarzelle des PV-Generators (β = 30°) von Bild 4-84 mit einer Minderleistung von etwa 30 %. Neben den auch in Bild 4-81 sichtbaren Verschmutzungen an der Unterkante ist auf der ganzen übrigen Zelle eine gleichmässig starke Verschmutzung auf der ganzen Fläche sichtbar. Zusammen bewirkt dies den beobachteten außerordentlich starken Leistungsabfall.

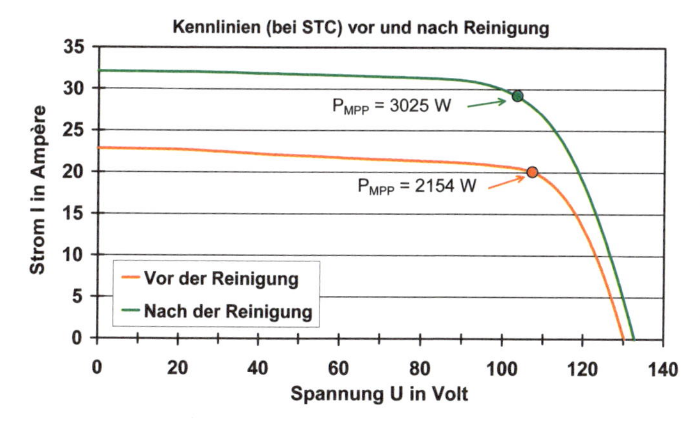

Bild 4-86:
Auf STC umgerechnete I-U-Kennlinie der PV-Anlage von Bild 4-84 mit einer Nennleistung von 3,3 kWp vor und nach der Reinigung.
Die vor der Reinigung gemessene Leistung P_{MPP} = 2154 W ist im Vergleich zur nach der Reinigung gemessenen Leistung von 3025 W um 28,8% geringer.

4.5.8.4 Schneebedeckung des Solargenerators

Mit flachen Anstellwinkeln montierte Solargeneratoren sind im Winter nach stärkeren Schneefällen oft einige Zeit mit Schnee bedeckt. Bereits wenige Zentimeter Schnee reichen aus, dass praktisch kein Licht mehr durchdringt und vom Solargenerator kein Strom mehr produziert wird. Die Situation ist besonders ungünstig, wenn feuchter Schnee auf einen kalten Solargenerator fällt und dann gefriert. Bild 4-87 zeigt einen Solargenerator mit β = 30° nach einem solchen Schneefall (ca. 25 cm Neuschnee). Ist die Schneeschicht relativ dick, gleitet der Schnee in diesem Fall oft erst ab, wenn Tauwetter mit Temperaturen über 0°C eintritt und sich unter dem Schnee ein Wasserfilm bildet, auf den der Schnee abgleiten kann. Weist die Schneeschicht aus irgendeinem Grund bereits Löcher auf, erwärmen sich die freien Stellen des Solargenerators sehr rasch, so dass der übrige Schnee abschmelzen und abgleiten kann. Weniger tragisch ist dagegen die Situation bei leichtem Pulverschnee, der bei tiefen Temperaturen fällt, weit weniger haftet und leicht vom Wind weggeblasen werden kann.

Bild 4-87: Schneebedeckung des PV-Generators der BFH mit β = 30° im Winter (Schneehöhe ca. 25 cm). Die Kanten der horizontal liegend montierten Module (gemäss Bild 4-81 und Bild 1-11) wirken als Schneefänger. Der Schnee gleitet meist erst wieder ab, wenn die Lufttemperatur über 0°C steigt, so dass sich ein Wasserfilm unter dem Schnee bildet. Bei Dauerfrost bleibt der Schnee bei diesem Anstellwinkel auch bei Sonnenschein längere Zeit liegen, bis die ersten schwarzen Stellen erscheinen, an denen die Sonne den Generator stärker erwärmt.

Flache Anstellwinkel und gerahmte Module, Kanten von Solarziegeln und vorstehende Laminateinfassungen behindern das Abgleiten des Schnees, weil die vorstehenden Kanten wie Miniaturschneefänger wirken. Zur Vermeidung langdauernder Schneebedeckungen eignen sich somit die gleichen Massnahmen, die auch die Verschmutzung in der Nähe von Modulunterkanten verringern.

Grössere Schneemengen bewirken somit während der Schneebedeckung einen Ertragsverlust. Andererseits konnte im Verlauf der Langzeit-Monitoring-Projekte der BFH festgestellt werden, dass längere Schneebedeckungen im Winter der Verschmutzung entgegenwirken und beim Abgleiten einen gewissen Reinigungseffekt haben.

Bei der Anlage von Bild 4-42 auf dem Mont Soleil auf 1270 m ist die Situation für das Abgleiten des Schnees recht günstig, weil der Anstellwinkel β = 50° relativ hoch ist und rahmenlose, aufgeklebte Laminate ohne vorstehende Kanten verwendet werden. Bei dieser Anlage gleitet der Schnee denn auch nach wenigen Stunden Sonnenschein vollständig ab. Bei Anlagen im Hochgebirge ist am günstigsten, die Module stehend (wie in Bild 2-44) zu montieren und Anstellwinkel von 75° bis 90° zu verwenden, wenn Schneebedeckungen vermieden werden sollen.

4.6 Beispiele zu Kapitel 4

1) Berechnung der Zellentemperatur bei einem Solarmodul

Ein Solarmodul mit einer nominellen Zellentemperatur NOCT von 48°C wird bei einer Umgebungstemperatur T_U = 40°C im Leerlauf betrieben.

Gesucht:

a) Zellentemperatur T_Z bei einer Bestrahlungsstärke von 1 kW/m²

b) Zellentemperatur T_Z bei einer Bestrahlungsstärke von 200 W/m².

Lösungen: Mit (4.1) ergibt sich

a) $T_Z = 40°C + (48°C-20°C)\cdot(1000W/m^2/800W/m^2) = 75°C$

b) $T_Z = 40°C + (48°C-20°C)\cdot(200W/m^2/800W/m^2) = 47°C$

2) Stromproduktion eines teilbeschatteten Strangs bei einer PV-Inselanlage

Im Solargenerator einer PV-Inselanlage werden Solarmodule M55 verwendet mit Kennlinien gemäss Bild 4-12 und 4-13. Sie werden mit 1 kW/m² und AM1,5-Spektrum bestrahlt, die Zellentemperatur beträgt 55°C. Pro Strang sind jeweils n_{MS} Module in Serie geschaltet, von denen n_{MSB} vollständig beschattet (0 W/m²!) und (n_{MS}-n_{MSB}) unbeschattet sind. Der Strang liegt an einem Akku. Jedes Modul ist von einer Bypassdiode überbrückt. Alle Dioden haben ideales Sperrverhalten und in Durchlassrichtung einen konstanten Spannungsabfall $U_F \approx 750$ mV (Idealisierung). Es werden jeweils zwei Betriebszustände mit Akkuspannung U_{A1} (ziemlich stark entladener Akku) und U_{A2} (fast vollgeladener Akku) untersucht.

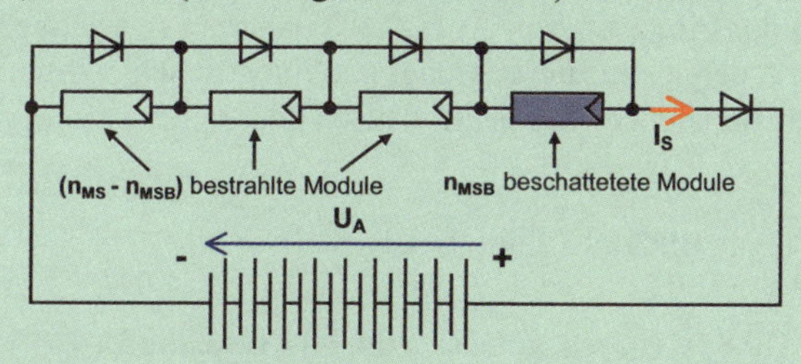

a) Inselanlage 48 V ohne Teilbeschattung: n_{MS} = 4, n_{MSB} = 0, U_{A1} = 48 V, U_{A2} = 56 V. Berechnen Sie I_{S1} bei U_{A1} und I_{S2} bei U_{A2}!

b) Inselanlage 48 V mit Teilbeschattung: n_{MS} = 4, n_{MSB} = 1, U_{A1} = 48 V, U_{A2} = 56 V. Berechnen Sie I_{S1} bei U_{A1} und I_{S2} bei U_{A2}!

c) Inselanlage 120 V mit Teilbeschattung: n_{MS} = 10, n_{MSB} = 1, U_{A1} = 120 V, U_{A2} = 140 V. Berechnen Sie I_{S1} bei U_{A1} und I_{S2} bei U_{A2}!

d) Inselanlage 120 V mit Teilbeschattung: n_{MS} = 10, n_{MSB} = 2, U_{A1} = 120 V, U_{A2} = 140 V. Berechnen Sie I_{S1} bei U_{A1} und I_{S2} bei U_{A2}!

Lösungen:

Die Spannung an einem bestrahlten Modul beträgt: $U_M = [U_A + (n_{MSB} + 1)U_F] / (n_{MS} - n_{MSB})$. Damit kann man aus Bild 4-13 den zugehörigen Wert für I_S entnehmen.

a) $U_{A1} = 48\,V \Rightarrow U_{M1} = 12{,}2\,V \Rightarrow I_{S1} \approx 3{,}4\,A$, $U_{A2} = 56\,V \Rightarrow U_{M2} = 14{,}2\,V \Rightarrow I_{S2} \approx 3{,}3\,A$.

b) $U_{A1} = 48\,V \Rightarrow U_{M1} = 16{,}5\,V \Rightarrow I_{S1} \approx 2{,}65\,A$, $U_{A2} = 56\,V \Rightarrow U_{M2} = 19{,}2\,V \Rightarrow I_{S2} \approx 0\,A$.

c) $U_{A1} = 120\,V \Rightarrow U_{M1} = 13{,}5\,V \Rightarrow I_{S1} \approx 3{,}35\,A$, $U_{A2} = 140\,V \Rightarrow U_{M2} = 15{,}7\,V \Rightarrow I_{S2} \approx 3{,}0\,A$.

d) $U_{A1} = 120\,V \Rightarrow U_{M1} = 15{,}3\,V \Rightarrow I_{S1} \approx 3{,}1\,A$, $U_{A2} = 140\,V \Rightarrow U_{M2} = 17{,}8\,V \Rightarrow I_{S2} \approx 1{,}5\,A$.

3) Berechnungen an einem PV-Generator mit kleiner DC-Spannung

Ein Solargenerator besteht aus $n_{SP} = 12$ Strängen zu je $n_{MS} = 6$ Modulen M55 in Serie (Kennlinien siehe Bild 4-12 und 4-13). Der Querschnitt der Strangverkabelung betrage $A_{STR} = 2{,}5\ mm^2$ Cu, der Querschnitt der Hauptleitung $A_H = 10\ mm^2$ Cu, es werden keine Strangdioden verwendet, $\rho_{Cu} = 0{,}02\ \Omega mm^2/m$ (bei ca. 50°C). Die DC-Nennleistung P_{DCn} der angeschlossenen Anlage (Wechselrichter für Netzeinspeisung) beträgt 4 kW.

Gesucht:

a) Leerlaufspannung U_{OCA} des Solargenerators bei 1 kW/m² und T_Z = 10°C, 25°C und 55°C.

b) Kurzschlussstrom I_{SCA} des ganzen Solargenerators bei STC.

c) Maximal möglicher Rückstrom I_R in einem gesunden Solarmodul in einem Strang mit einem Kurzschluss über vier Modulen bei STC bei fehlenden Strangsicherungen.

d) Würden Sie in diesem Fall Strangsicherungen einsetzen und welche Sicherung (Wert, Typ) würden Sie gegebenenfalls vorschlagen?

e) Werte für P_{MPPA}, U_{MPPA} und I_{MPPA} des Solargenerators bei 1 kW/m² und T_Z = 25°C resp. 55°C unter idealen Bedingungen (alle Module gleich, d.h. kein Mismatch, keine ohmschen Verluste, keine Verschmutzung usw.).

f) Relative Gleichstromverlustleistung bei STC, wenn die Anlage im MPP arbeitet, die Drahtlänge eines Stranges l_{STR} = 10 m und die Länge der zweidrähtigen Hauptleitung l_H = 20 m beträgt. Zusatzwiderstand pro Strang: 50 mΩ (Sicherung und Klemmen), für Hauptleitung: 10 mΩ.

g) Berechnen Sie mit den Angaben von Aufgabe f) näherungsweise die relative gleichstromseitige Jahresverlustenergie für diese Anlage an einem Flachlandstandort in Mitteleuropa. Sind die gemachten Annahmen eher pessimistisch oder optimistisch?

Lösungen:

a) $U_{OCA} = n_{MS} \cdot U_{OC} \Rightarrow$ Aus Bild 4-13 folgt: bei T_Z = 10°C: U_{OCA} = 138,6 V,
bei T_Z = 25°C: U_{OCA} = 130,2 V, bei T_Z = 55°C: U_{OCA} = 114,6 V.

b) $I_{SCA} = n_{SP} \cdot I_{SC\text{-}STC}$ = 40,8 A ($I_{SC\text{-}STC}$ gemäss Bild 4-12 resp. 4-13).

c) $I_R = (n_{SP}-1) \cdot I_{SC}$ = 37,4 A.

d) Ja, $n_{SP} > 3$, Wahl: *Gleichstromtaugliche* Sicherungen von 5 A, 6 A oder evtl. 8 A.

e) **T_Z = 25°C:**
Modul: U_{MPP} = 17,45 V , I_{MPP} = 3,15 A , P_{MPP} = 55 W.
Anlage: $U_{MPPA} = n_{MS} \cdot U_{MPP}$ = 104,7 V , $I_{MPPA} = n_{SP} \cdot I_{MPP}$ = 37,8 A,
$P_{MPPA} = n_{MS} \cdot n_{SP} \cdot P_{MPP}$ = 3,96 kW.
T_Z = 55°C:
Modul: U_{MPP} = 15,1 V , I_{MPP} = 3,15 A , P_{max} = 47,6 W.
Anlage: $U_{MPPA} = n_{MS} \cdot U_{MPP}$ = 90,6 V , $I_{MPPA} = n_{SP} \cdot I_{MPP}$ = 37,8 A,
$P_{MPPA} = n_{MS} \cdot n_{SP} \cdot P_{MPP}$ = 3,42 kW.

f) Mit (4.20) folgt R_{STR} = 130 mΩ, R_H = 90 mΩ, mit (4.21) ergibt sich R_{DC} = 100,8 mΩ,
$I_{DCn} = I_{MPPA}$ = 37,8 A, $R_{DC} \cdot I_{DCn} = R_{DC} \cdot I_{MPPA\text{-}STC}$ = 3,81 V,
$\Rightarrow$ mit (4.25) folgt $P_{VDC}/P_{DCn} = (R_{DC} \cdot I_{DCn})/U_{DCn} = (R_{DC} \cdot I_{MPPA\text{-}STC})/U_{MPPA\text{-}STC}$ = 3,64 %.

g) Bei Flachlandanlagen in Mitteleuropa mit $P_{DCn} \approx P_{Ao}$ beträgt $k_{EV} \approx 0{,}5$
$\Rightarrow$ mit (4.26) ergibt sich $E_{VDCa}/E_{DCa} \approx (k_{EV} \cdot R_{DC} \cdot I_{DCn})/U_{DCn}$ = 1,82 %
(eher etwas zu optimistisch, da Modultemperatur i.A. höher als 25°C).

4) Berechnungen an einem PV-Generator mit hoher DC-Spannung

Der Solargenerator der Anlage von Bild 4-45 und Bild 4-75 besteht aus $n_{SP} = 2$ Strängen zu je $n_{MS} = 30$ Modulen M55 in Serie, $P_{DCn} \approx P_{Ao}$. Strangverkabelung: Querschnitt $A_{STR} = 2{,}5\ mm^2$ Cu, Länge $l_{STR} = 20$ m, total 64 Klemmen zu je 2 mΩ pro Strang. Hauptleitung (zweidrähtig) mit Querschnitt $A_H = 2{,}5\ mm^2$ Cu, Länge $l_H = 20$ m, Zusatzwiderstand für Klemmen und Hauptschalter 20 mΩ. Der spezifische Widerstand der Kupferleitungen sei $\rho_{Cu} = 0{,}02\ \Omega mm^2/m$ (bei ca. 50°C). Da $n_{SP} = 2$ ist, werden keine Strangsicherungen verwendet.

Gesucht:

a) Leerlaufspannung U_{OCA} des Solargenerators bei STC (1 kW/m², AM1,5 , $T_Z = 25°C$).

b) Werte für P_{MPPA}, U_{MPPA} und I_{MPPA} des Solargenerators bei STC unter idealen Bedingungen (alle Module gleich, d.h. kein Mismatch, ohmsche Verluste vernachlässigt, keine Verschmutzung usw.).

c) Relative Gleichstromverlustleistung bei STC, wenn die Anlage im MPP arbeitet.

d) Berechnen Sie mit den Angaben von Aufgabe c) näherungsweise die relative gleichstromseitige Jahresverlustenergie für diese Anlage im Flachland.

Lösungen:

a) $U_{OCA} = n_{MS} \cdot U_{OC} = 651$ V.

b) Modul: $U_{MPP} = 17{,}45$ V , $I_{MPP} = 3{,}15$ A , $P_{MPP} = 55$ W.
Anlage: $U_{MPPA} = n_{MS} \cdot U_{MPP} = 523{,}5$ V , $I_{MPPA} = n_{SP} \cdot I_{MPP} = 6{,}3$ A,
$P_{MPPA} = n_{MS} \cdot n_{SP} \cdot P_{MPP} = 3{,}3$ kW.

c) Mit (4.20) folgt $R_{STR} = 288$ mΩ, $R_H = 340$ mΩ, mit (4.21) ergibt sich $R_{DC} = 484$ mΩ,
$U_{DCn} = U_{MPPA} = 523{,}5$ V, $I_{DCn} = I_{MPPA} = 6{,}3$ A, $R_{DC} \cdot I_{DCn} = 3{,}05$ V
$\Rightarrow$ mit (4.25) folgt $P_{VDC}/P_{DCn} = (R_{DC} \cdot I_{DCn})/U_{DCn} = 0{,}58$ %.

d) Bei Flachlandanlagen in Mitteleuropa mit $P_{DCn} \approx P_{Ao}$ beträgt $k_{EV} = 0{,}5$
$\Rightarrow$ mit (4.26) ergibt sich $E_{VDCa}/E_{DCa} \approx (k_{EV} \cdot R_{DC} \cdot I_{DCn})/U_{DCn} = 0{,}29$ %.

Ein Vergleich zwischen Aufgabe 3 und 4 zeigt, dass bei höheren Systemspannungen die Verkabelungsverluste deutlich kleiner sind.

4.7 Literatur zu Kapitel 4

[4.1] Ch. Isenschmid: "Neue DC-Verkabelungstechniken bei PV-Anlagen". Diplomarbeit Ingenieurschule Burgdorf (ISB), 1995 (interner Bericht).

[4.2] R. Hotopp: "Verzicht auf Rückstromdioden in Photovoltaik-Anlagen". etz Band 114 (1993), Heft 23-24, S. 1450 ff.

[4.3] R. Minder: "Engineering Handbuch für grosse Photovoltaik-Anlagen". Schlussbericht PSEL-Projekt Nr. 23, März 1996.

[4.4] Eidgenössisches Starkstrominspektorat: "Provisorische Sicherheitsvorschrift für photovoltaische Energieerzeugungsanlagen", Ausgabe Juni 90 , STI-Nr. 233.0690 d . Erhältlich beim SEV, CH-8320 Fehraltdorf (aufgehoben).

[4.5] H. Häberlin: "Das neue 60kWp-Photovoltaik-Testzentrum der Ingenieurschule Burgdorf". SEV/VSE-Bulletin 22/1994, S. 55 ff.

[4.6] H. Häberlin and J. Graf: "Gradual Reduction of PV Generator Yield due to Pollution". Proc. 2nd World Conf. on Photovoltaic Energy Conversion, Vienna, Austria, 1998.

[4.7] H. Häberlin und Ch. Renken: "Allmähliche Reduktion des Energieertrags von Photovoltaikanlagen durch permanente Verschmutzung und Degradation". SEV/VSE-Bulletin 10/1999.

[4.8] H. Becker, W. Vassen, W. Herrmann: "Reduced Output of Solar Generators due to Pollution". Proc. 14 th EU PV Conf., Barcelona, 1997.

[4.9] M. Keller: "Netzgekoppelte Solarzellenanlage in Giubiasco". SEV/VSE-Bulletin 4/1995, S. 17 ff.

[4.10] Norm IEC 60364-7-712:2002: Electrical installation of buildings – Part 7-712: Special installations or locations – Solar photovoltaic (PV) power supply systems.

[4.11] Norm IEC 61215:2005: Crystalline silicon terrestrial photovoltaic modules – Design qualification and type approval.

[4.12] Norm IEC 61730-2:2005: Photovoltaic module safety qualification. Part 2 Requirements for testing.

[4.13] Norm STI 233.1104 d (2004): Solar-Photovoltaik (PV) Stromversorgungssysteme. Schweizerische Adaptation der IEC 60364-7-712. Erhältlich beim Schweizerischen Starkstrominspektorat, 8320 Fehraltorf.

[4.14] H. Laukamp, M. Danner, K. Bücher: "Sperrkennlinien von Solarzellen und ihr Einfluss auf Hot-Spots". 14. Symposium PV-Solarenergie, Staffelstein, 1999.

[4.15] H. Laukamp, K. Bücher, S. Gajewski, A. Kresse, A. Zastrow: "Grenzbelastbarkeit von PV-Modulen". 14. Symposium PV-Solarenergie, Staffelstein, 1999.

[4.16] H. Gabler, F. Klotz, H. Mohring: "Ertragspotenzial nachgeführter Photovoltaik in Europa – Anspruch und Wirklichkeit". 20. Symposium PV-Solarenergie, Staffelstein, 2005.

[4.17] A. Schlumberger, A. Kreutzmann: "Brennendes Problem – Schadhafte BP-Module können Feuer entfachen". Photon 8/2006, S.104 - 106.

[4.18] H. Häberlin und M. Real: "Lichtbogendetektor zur Ferndetektion von gefährlichen Lichtbögen auf der DC-Seite von PV-Anlagen". 22. Symposium PV-Solarenergie, Staffelstein, 2007.

Ferner: [Hum93], [Hag02], [DGS05], [Wag06]

5 Photovoltaische Energiesysteme

Wegen der zeitlichen Variation der Sonnenstrahlung kann photovoltaisch erzeugter Strom meist nicht direkt einer Last zugeführt werden, sondern muss in geeigneter Form aufbereitet oder gespeichert werden. Eine direkte Verwendung (Inselanlage ohne Speicher) ist etwa denkbar bei Bewässerungsanlagen (siehe Bild 1-6), beim Antrieb von Ventilatoren (z.B. Kühlung heisser Autos im Sommer) oder allgemein bei Anwendungen, bei denen die freie Wahl des Zeitpunktes des Strombezuges weniger wichtig ist. Bild 5-1 zeigt die Einteilung der Photovoltaikanlagen nach ihrem grundsätzlichen Aufbau. Bild 5-2 zeigt die typischen Leistungsbereiche heutiger Photovoltaikanlagen.

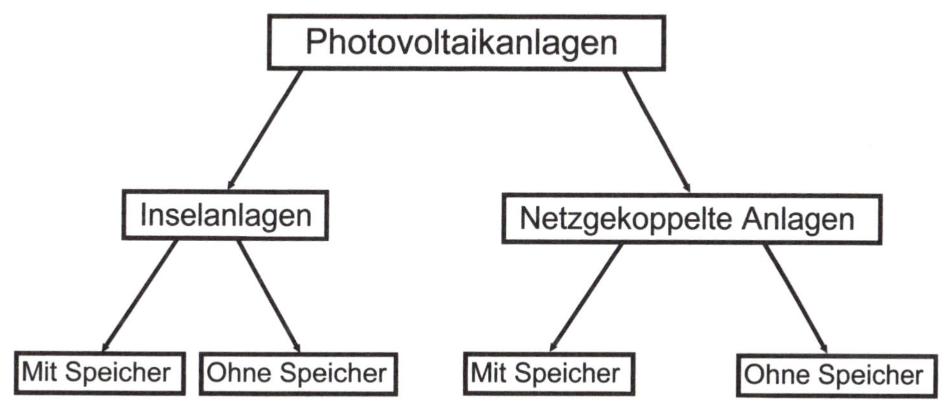

Bild 5-1: Einteilung von Photovoltaikanlagen nach ihrem Aufbauprinzip.

Art der PV-Anlage	Anlagen - Spitzenleistung in Wp
	10^{-3} 10^{-2} 10^{-1} 10^{0} 10^{1} 10^{2} 10^{3} 10^{4} 10^{5} 10^{6} 10^{7} 10^{8}
Inselanlagen	
Anlagen mit Speicher	
Einzelgeräte	
Mobile Anlagen	
Telekommunikationsanlagen	
Ferienhäuser, Berghütten	
Einzelhäuser	
Infrastrukturanlagen	
Anlagen ohne Speicher	
Bewässerungsanlagen	
Ventilationsanlagen	
Netzgekoppelte Anlagen	
Anlagen mit Speicher	
Anlagen ohne Speicher	
Kleinanlagen (EFH) (230 V, 1 ph)	
Grossanlagen (400 V, 3 ph)	
PV-Kraftwerke (5 kV...50 kV, 3 ph)	
Anlagen an DC-Netzen (600 V)	

Bild 5-2: Typische Leistungsbereiche von Photovoltaikanlagen.

Eine Inselanlage ist eine Stromversorgungsanlage, die einen oder mehrere Verbraucher unabhängig von einem Stromnetz mit Energie versorgt. Der mögliche Leistungsbereich erstreckt sich von mW bis W bei der Stromversorgung von portablen Einzelgeräten (Uhren, Taschenrechner, Kleinfunkgeräte usw.) bis zu einigen 10 kW (Verkehrs-Infrastrukturanlagen, grössere abgelegene Gebäude, Funksender usw.). Für Verbraucher, die auf eine dauernde Stromversorgung angewiesen sind, ist ein Energiespeicher (meist ein Akkumulator) erforderlich. Ein Akku verteuert die Stromkosten erheblich (typischerweise um etwa 1 Fr./kWh resp. 0,6 €/kWh).

Um die Speicherkosten zu vermeiden, werden grössere Photovoltaikanlagen mit Leistungen ab etwa 1 kW zweckmässigerweise mit dem Netz gekoppelt. In Gebieten mit einer hohen Verfügbarkeit des Netzes (wie in Mitteleuropa oder USA) kann auf den Einsatz eines zusätzlichen Speichers meist verzichtet werden. In Zeiten, in denen die netzgekoppelte Photovoltaikanlage mehr Energie produziert als verbraucht wird, wird der Überschuss ins Netz eingespeist. Umgekehrt wird Energie vom Netz bezogen, wenn die Photovoltaikanlage wenig (tagsüber bei schlechtem Wetter) oder keine (nachts) Energie produziert. Bei einer netzgekoppelten Anlage wirkt also das Stromnetz quasi als Speicher.

Wegen ihrer besonderen praktischen Bedeutung werden in den folgenden Kapiteln Inselanlagen mit Speicher und netzgekoppelte Anlagen ohne Speicher näher untersucht.

5.1 Photovoltaische Inselanlagen

In den meisten Fällen ist eine kontinuierliche Möglichkeit des Strombezuges erforderlich. Der photovoltaisch erzeugte Strom muss deshalb für sonnenlose oder sonnenarme Zeiten (Nacht, schlechtes Wetter) gespeichert werden. Dafür werden heute noch fast ausschliesslich Akkumulatoren (meist Bleiakkus, seltener Nickel-Cadmium-Akkus) eingesetzt, obwohl auch andere Speichermöglichkeiten denkbar sind. Für kurzzeitige Speicherung könnten beispielsweise auch Superkondensatoren mit grossen Kapazitäten oder sehr schnell rotierende Schwungräder aus hochfesten Materialien eingesetzt werden. Für Langzeitspeicherung könnte mit photovoltaisch erzeugtem Strom durch Elektrolyse von Wasser speicherbarer Wasserstoff erzeugt werden, der bei Bedarf mit Brennstoffzellen wieder in Strom umgewandelt werden kann.

Bild 5-3 zeigt das Blockschema einer photovoltaischen Inselanlage mit einem Akkumulator als Energiespeicher. Die I-U-Kennlinie von Solargeneratoren (1) eignet sich wegen ihrer Stromquellencharakteristik mit Spannungsbegrenzung sehr gut für die Aufladung von Akkumulatoren. Der Laderegler (2) sorgt dafür, dass der Akkumulator nicht überladen werden kann, da sonst eine Zersetzung des im Elektrolyten (verdünnte Schwefelsäure) enthaltenen Wassers in Wasserstoff und Sauerstoff erfolgt (Gasung des Akkumulators). Dieser Vorgang (Produktion von Knallgas!) stellt einerseits eine gewisse Gefahr dar, die mit guter Belüftung des Batterieraums jedoch unter Kontrolle gehalten werden kann, andererseits verkürzt der Wasserverlust die Lebensdauer des Akkumulators und erfordert je nach Batterietyp manuelle Wartungsarbeiten (Nachfüllen von destilliertem Wasser). Bei grösseren Anlagen kann statt des Ladereglers ein sogenannter Maximum Power Tracker (MPT) eingesetzt werden, der dafür sorgt, dass der Solargenerator immer im Punkt maximaler Leistung (MPP) betrieben wird und daneben auch den Überladeschutz sicherstellt.

Im Akkumulator (3) erfolgt die eigentliche Energiespeicherung. Die Nennspannung des Akkus ist bei einer Inselanlage gleich der Systemspannung der Anlage. Übliche Systemspannungen sind bei kleinen Anlagen 12 V, bei grösseren Anlagen 24 V, 48 V oder noch mehr (vor allem bei Anlagen im kW-Bereich). Die Systemspannung bestimmt die Betriebsspannung direkt angeschlossener Gleichstromverbraucher (7a). Bei 12 V ist das Angebot weitaus am grössten (Autozubehör, Campingartikel, Portabelgeräte), bei 24 V schon geringer und bei höheren Spannungen kaum vorhanden. Neben der Systemspannung ist auch die Kapazität des Akkumulators (speicherbare elektrische Ladung in Ampèrestunden (Ah)) sehr wichtig, denn sie bestimmt wesentlich die Dauer der Autonomie der Anlage bei schlechtem Wetter.

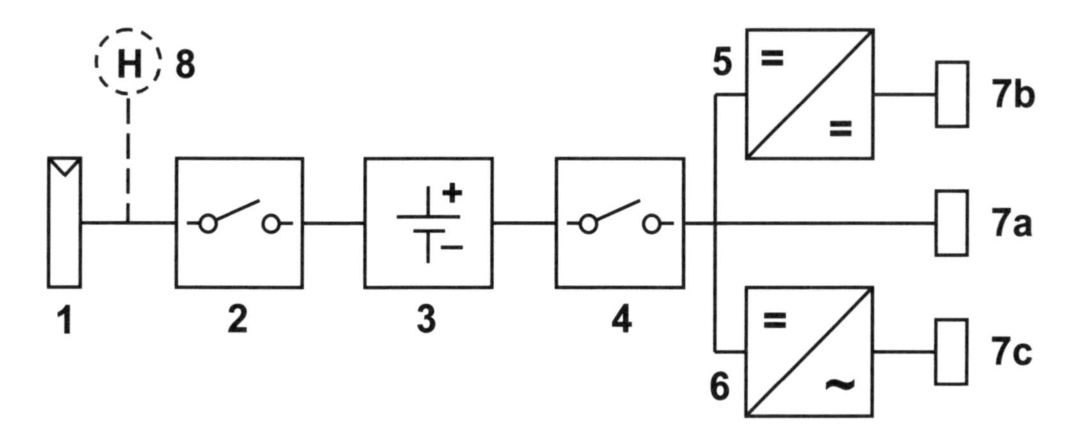

Bild 5-3: Blockschema einer photovoltaischen Inselanlage mit Speicher.
Der Energiefluss erfolgt von links nach rechts.
Legende: **1** Solargenerator **2** Laderegler / MPT
3 Akkumulator (Akku) **4** Entladeregler / Tiefentladeschutz
5 Gleichspannungswandler **6** Wechselrichter
7 Verbraucher **8** Hilfsgenerator in *Hybridanlagen* (z.B. Diesel- oder Wind-Generator)

Die Lebensdauer von Akkumulatoren wird nicht nur durch Überladung, sondern auch durch Tiefentladung reduziert. Der Entladeregler oder Tiefentladeschutz (4) schaltet deshalb die Verbraucher beim Unterschreiten einer (eventuell stromabhängigen) minimalen Akkuspannung ab. Bei grösseren Anlagen können die Verbraucher in Gruppen mit verschiedenen Prioritäten aufgeteilt werden. Weniger wichtige Gruppen werden etwas früher abgeschaltet, so dass für wichtige Verbraucher länger Strom vorhanden ist.

Oft müssen auch Verbraucher mit anderen Betriebsspannungen (7b) angeschlossen werden. Dieser Fall ist besonders häufig bei Verwendung von grösseren Systemspannungen als 12 V. In Gleichspannungswandlern (5) wird die erforderliche Spannungsumsetzung (meist Spannungsreduktion) vorgenommen.

Viele Geräte gibt es leider nur für den Anschluss an 230 V Wechselspannung (7c). Will man solche Geräte an einer Photovoltaik-Inselanlage betreiben, so ist der Einsatz eines Wechselrichters (6) unumgänglich. Wechselrichter vereinfachen die Installation auf der Verbraucherseite, sie erhöhen aber auch den Preis und verschlechtern den Wirkungsgrad der ganzen Anlage. Wechselrichter haben zudem gewisse Leerlaufverluste. Es ist günstig, sie nur dann voll einzuschalten, wenn gerade ein Wechselstromgerät gebraucht wird. Details über Wechselrichter für Anwendungen in Inselanlagen sind in Kap. 5.1.3 zu finden.

Wechselstromgeräte, die intern mit Gleichstrom betrieben werden (vor allem Geräte der Unterhaltungselektronik) kann man durch einen kleinen Eingriff oft auf Gleichstrombetrieb umbauen. Durch diesen Umbau sinkt der Energieverbrauch solcher Geräte häufig recht stark, da die Leerlaufverluste des Transformators wegfallen. In solchen Fällen hat der photovoltaisch erzeugte Gleichstrom also eigentlich eine höhere Wertigkeit als Wechselstrom.

In kleineren Anlagen ohne MPT werden der Laderegler (2) und der Entladeregler (4) oft in einem einzigen Gerät zusammengefasst. Solche Geräte nennt man Laderegler mit Tiefentladeschutz, Solarregler, Systemregler oder Batterieregler. Sie werden auf dem Markt in verschiedenen Grössen und für verschiedene Systemspannungen angeboten und besitzen Anschlüsse für den Solargenerator, den Akkumulator und die Verbraucher. Manchmal ist auch die gleichstromseitige Hauptverteilung noch ins Gerät integriert. Bild 5-4 zeigt eine Skizze einer photovoltaischen Stromversorgung für ein Ferienhaus mit einem solchen Gerät. Seit einiger Zeit gibt es auch Wechselrichter mit integriertem Laderegler und Tiefentladeschutz, mit denen nach Anschluss eines Akkus und eines Solargenerators leicht *Inselanlagen für 230 V Wechselstrom* realisiert werden können.

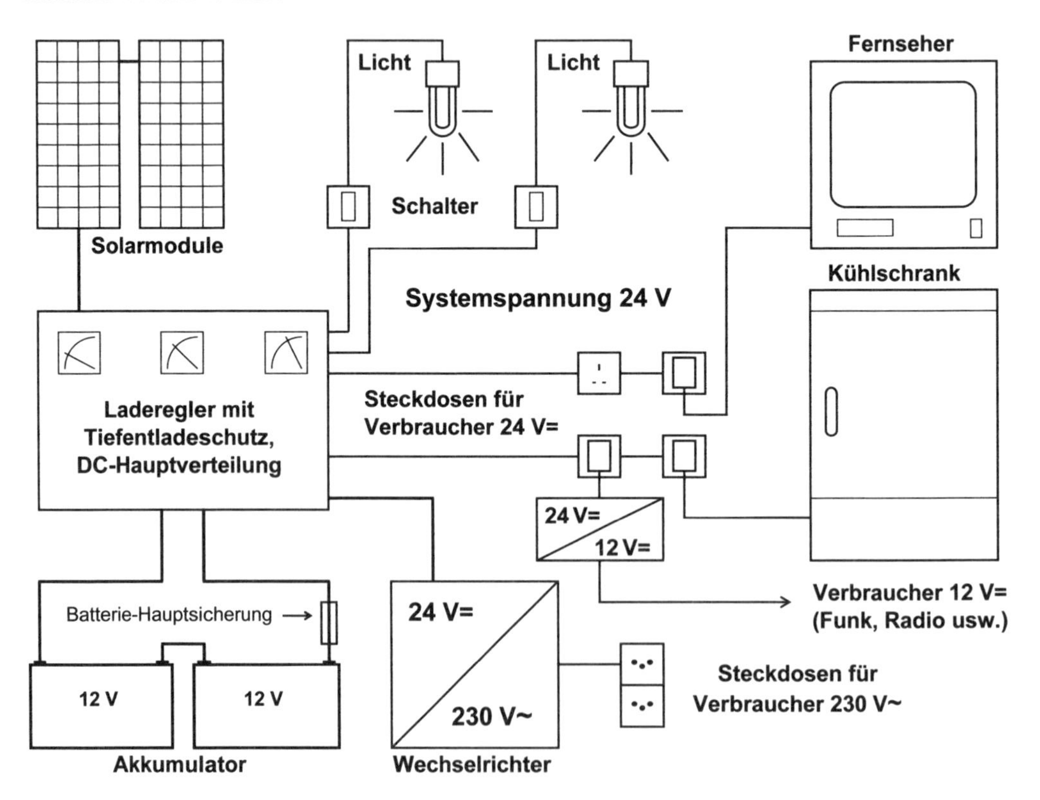

Bild 5-4 : Photovoltaische Inselanlage zur Stromversorgung eines Ferienhauses.

5.1.1 Akkumulatoren in Photovoltaikanlagen

Der Akkumulator (oder kurz Akku) ist nicht nur wegen seiner Funktion (Speicherung der Energie für die Nacht oder für Schlechtwetterperioden), sondern auch in Bezug auf die Kosten ein wichtiges Element einer photovoltaischen Inselanlage. Tabelle 5.1 gibt einen Überblick über die wichtigsten Eigenschaften von Akkumulatoren für Photovoltaikanlagen.

Tabelle 5.1: Übersicht über die wichtigsten Eigenschaften von Akkumulatoren für Photovoltaikanlagen. Vollgeladene Blei-Akkus mit flüssigem Elektrolyten können bis etwa –20°C betrieben werden. Kann die Vollladung bei tiefen Temperaturen nicht garantiert werden (z.B. bei ganzjährig betriebenen Inselanlagen, bei denen ein Winterbetrieb im teilentladenen Zustand vorkommen kann), sollte eine minimale Betriebstemperatur von etwa –5°C nicht unterschritten werden, um das Einfrieren des Akkus sicher zu vermeiden.

Akkutyp	Zellenspannung		Energiedichte (bezüglich K_{20})		Betriebs-Temperatur	Zyklen-Lebens-dauer	Energie-wirkungs-grad	Relative Kosten
	U_{Nenn}	U_{Gasung}	Wh/kg	Wh/l	°C	(Zyklentiefe 60%)	%	
Blei (geschlossen, flüss. Elektrolyt)	2 V	ca. 2,4 V	15...45	30...90	min. -5 (-20) max. 55 opt. 10 ... 20	250...2000	70...85	1
Blei (verschlossen, Gel-Elektrolyt)	2 V	ca. 2,35 V	15...35	25...90	min. -20 (-30) max. 45 (50) opt. 10 ... 20	400...1600	70...85	1...2
NiCd (Taschenplatten)	1,2 V	ca. 1,55 V	15...45	40...90	min. -40 (-50) max. 50 (60) opt. 0 ... 30	bis 5000	60...75	3...5

Die Kosten für den Akkumulator machen etwa 10% bis 30% der Investitionskosten und (wegen des periodisch notwendigen Ersatzes) sogar etwa 30% bis 50% der Betriebskosten einer solchen Anlage aus. Anders als bei den Solarzellen dürften die Kosten für Akkumulatoren in Zukunft kaum wesentlich sinken. Sie liegen heute bei für Solaranlagen geeigneten Bleiakkus je nach Qualität etwa zwischen 200 Fr./kWh resp. 125 €/kWh und 800 Fr./kWh resp. 500 €/kWh (speicherbare Energie mit K_{100} berechnet).

5.1.1.1 Einsatz von Nickel-Cadmium-Akkumulatoren in Photovoltaikanlagen

NiCd-Akkumulatoren werden in PV-Anlagen meist nur in Sonderfällen eingesetzt (Anwendungen mit extremen Lebensdaueranforderungen, bei sehr kleinen Geräten, wenn absolute Gasdichtigkeit verlangt ist oder bei sehr tiefen Temperaturen), da sie bei gleichem Energiespeichervermögen etwa 3 bis 5 mal teurer als Bleiakkumulatoren sind. Zudem zeigen viele NiCd-Akkumulatoren (vor allem die kleinen gasdichten Typen mit Sinterelektroden) bei unvollständigen Entladungen, wie sie bei photovoltaischen Inselanlagen häufig vorkommen, einen sogenannten Memory-Effekt (Kapazitätsreduktion bei unvollständiger Entladung vor der erneuten Aufladung). Dieser Memory-Effekt ist aber für Inselanlagen sehr ungünstig. Wenn NiCd-Akkumulatoren verwendet werden, sollten deshalb nur solche mit *Taschenplatten-Elektroden* oder Masse-Elektroden verwendet werden, bei welchen der Memory-Effekt viel weniger stark ausgeprägt ist.

In diesem Kapitel werden nur photovoltaische Inselanlagen mit Bleiakkumulatoren als Energiespeicher detailliert behandelt, weil sie die weitaus grösste praktische Bedeutung haben.

5.1.1.2 Wichtige elektrische Eigenschaften von Bleiakkumulatoren

Bild 5-5 zeigt schematisch den prinzipiellen Aufbau eines Bleiakkumulators, die an beiden Elektroden beim Laden und Entladen ablaufenden Teilreaktionen sowie die Gesamtreaktion.

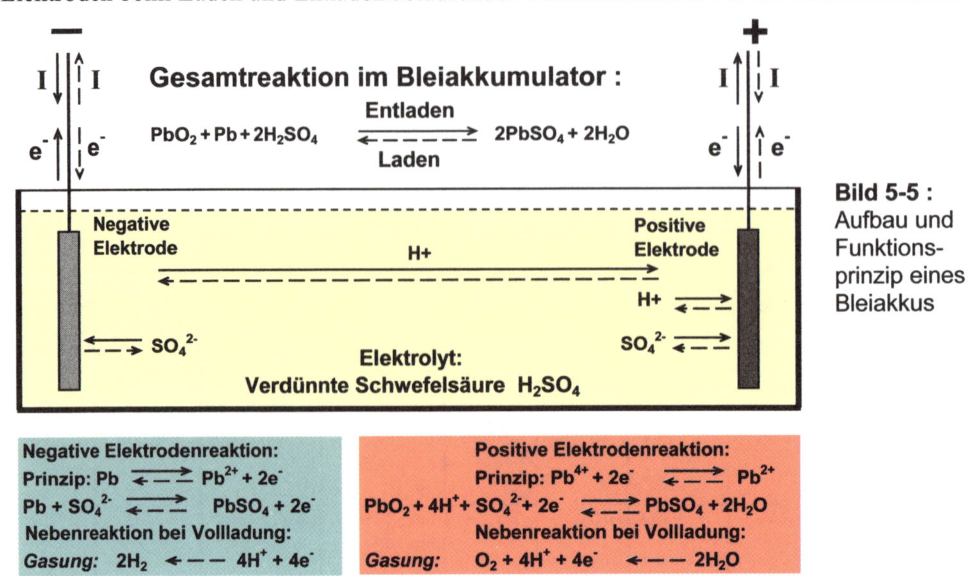

Bild 5-5 : Aufbau und Funktionsprinzip eines Bleiakkus

Beim Entladen eines Bleiakkumulators wird an der positiven Elektrode Bleidioxid (PbO_2) unter Aufnahme von Elektronen aus dem Stromkreis in Bleisulfat ($PbSO_4$) umgewandelt, während an der negativen Elektrode metallisches Blei (Pb) unter Elektronenabgabe ebenfalls in Bleisulfat ($PbSO_4$) umgewandelt wird. Die für diese Umsetzung erforderlichen Sulfat-Ionen werden dabei dem Elektrolyten (verdünnte Schwefelsäure H_2SO_4) entnommen, wobei die Säurekonzentration sinkt und zusätzliches Wasser (H_2O) gebildet wird. Da die Schwefelsäure bei tiefen Temperaturen das Einfrieren des Elektrolyten verhindert, ist ein (teil-)entladener Akku auf tiefe Temperaturen viel empfindlicher als ein vollgeladener Akku. Der Akku darf nicht zu tief entladen werden, da sonst eine Schädigung der Platten auftreten kann (Sulfatierung, Bildung grobkörniger $PbSO_4$-Kristalle, besonders im tiefentladenen Zustand), die beim Laden nicht mehr vollständig reversibel ist und die aktive Masse und damit die Kapazität des Akkus vermindert. Deshalb muss ein Tiefentladeschutz vorgesehen werden, der das Unterschreiten der zulässigen Entladeschlussspannung verhindert und notfalls die Last abschaltet.

Beim Laden verlaufen diese chemischen Reaktionen umgekehrt, aus dem Bleisulfat entsteht an der positiven Elektrode wieder Bleidioxid und an der negativen Elektrode metallisches Blei, wobei die Säurekonzentration im Elektrolyten wieder ansteigt. Ist der Akku vollgeladen, wird an der positiven Elektrode Sauerstoffgas (O_2) und an der negativen Elektrode Wasserstoffgas (H_2) gebildet. Dieses Gasgemisch (Knallgas) ist im Bereich von etwa 4% bis 75% H_2 explosiv. Deshalb muss durch geeignete Massnahmen (Begrenzung der Ladespannung, genügende Belüftung des Akkuraumes) dafür gesorgt werden, dass die H_2-Konzentration genügend klein bleibt [Köt94], [5.5]. Bei Akkus mit flüssigem Elektrolyten (geschlossene Akkus) ist beim Betrieb in der Nähe der Ladeschlussspannung eine geringfügige Gasbildung unvermeidlich und es tritt allmählich ein gewisser Wasserverlust auf, der periodisch ersetzt werden muss (z.B. jedes Jahr Nachfüllen von etwas destilliertem Wasser). Dauerndes Überladen beschleunigt den Wasserverlust, fördert die Elektrodenkorrosion und senkt die Akku-Lebensdauer.

Bei *verschlossenen Akkus* mit Gel-Elektrolyt, die in gewissen Grenzen lageunabhängig betrieben werden können und auslaufsicher sind, tritt beim Aufladen im Normalfall kein Gas aus und es entsteht damit kein Wasserverlust. Allerdings muss bei derartigen Akkus die maximale Ladeschlussspannung sehr genau eingehalten werden, denn bereits eine kleine Überschreitung dieser Spannung führt zu einem internen Druckanstieg, einem Abblasen von überschüssigem Gas über das Sicherheitsventil und damit zu einem irreversiblen Wasserverlust, der die Lebensdauer beträchtlich verringern kann.

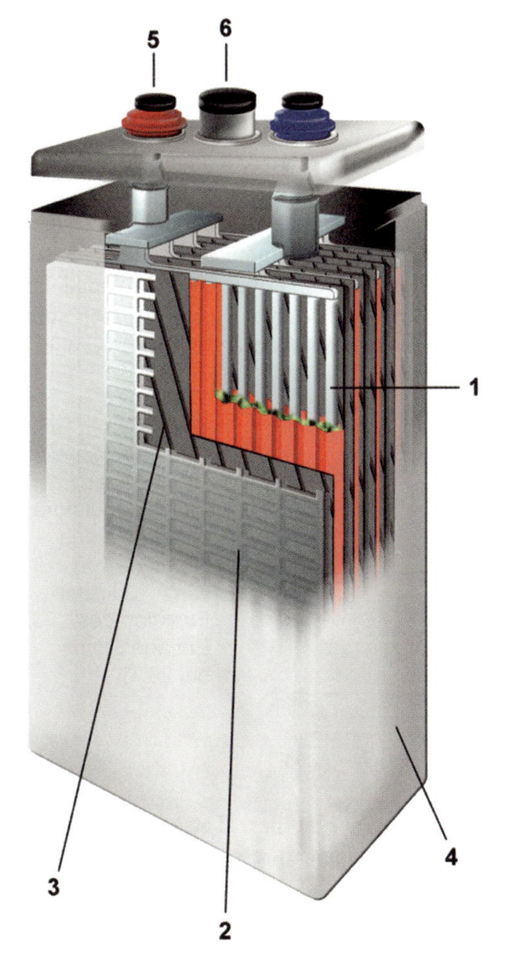

Bild 5-6:

Aufbau einer verschlossenen Blei-Gel Zelle (OPzV). Das (nicht gezeichnete) Gel enthält in gebundener Form den Elektrolyten H_2SO_4.

Legende:

1 Positive Platten: Panzerplatten aus Blei-Kalzium-Legierung, besonders robust durch stabilisierende Röhrchentasche, optimiert für hohe Korrosionsbeständigkeit

2 Negative Platten: Gitterplatten aus Blei-Kalzium-Legierung

3 Separator: Mikroporös und robust, zur elektrischen Isolation zwischen den Platten und optimiert für niedrigen Innenwiderstand

4 Gehäuse: SAN, auf Anfrage auch schwerentflammbares ABS

5 Pole: Schraubanschluss für einfache und sichere Montage sowie wartungsfreie Verbindung und exzellente Leitfähigkeit

6 Ventil: Öffnet kurzzeitig bei Überdruck, verhindert den Eintritt von Luftsauerstoff

(Bild EXIDE Technologies)

In den Bildern 5-7 bis 5-16 ist das typische Verhalten eines für photovoltaische Inselanlagen gut geeigneten Bleiakkus mit einer Kapazität von K_{10} = 100 Ah dargestellt (z.B. OPzS-Akku mit spezieller Bleilegierung, welche etwas Se und 1,6% Sb enthält). Die dazu verwendeten Angaben stammen aus Firmenunterlagen der Firmen Varta, EXIDE, BAE, Hoppecke, SWISS-solar sowie aus [5.1], [5.2], [5.3], [5.4], [5.5], [Köt94], [Sch88] und [Lad86].

Selbstverständlich werden in der Praxis auch Akkus mit weit grösseren Kapazitäten eingesetzt. Dank dem runden Kapazitätswert ist es sehr einfach, diesen Diagrammen auch das prinzipielle Verhalten grösserer Akkus zu entnehmen: Ströme und Ladungen sind proportional, der Innenwiderstand dagegen umgekehrt proportional zur Akkukapazität.

Wichtige Kenngrössen und Eigenschaften von Akkumulatoren:

Spannung :

Die Nennspannung einer Einzelzelle beträgt beim Bleiakku U_{Zelle} = 2 V. Durch Serieschaltung mehrerer Zellen können auch höhere Spannungen erreicht werden. Übliche Nennspannungen von Akkus sind 12 V, seltener 6 V oder 4 V. Grosse Akkus werden meist aus 2V-Einzelzellen aufgebaut. Bei der Serieschaltung von Zellen oder Akkus bleibt die Kapazität unverändert.

Nennspannung eines Akkus mit n_Z Zellen in Serie : $U_{Akku} = n_Z \cdot U_{Zelle}$ (5.1)

Neben der Nennspannung des Akkus sind noch weitere Spannungswerte wichtig, die separat diskutiert werden.

Kapazität K :

Unter der *Kapazität K (oft auch als C bezeichnet) eines Akkus* versteht man die von ihm *speicherbare Ladung Q* in Ampèrestunden (Ah). Sie ist von der Entladedauer resp. dem Entladestrom (siehe Bild 5-7) und von der Betriebstemperatur (siehe Bild 5-8) abhängig. Deshalb wird bei der Angabe von Akkukapazität und Entladestrom oft mit einem *Index die Entladedauer in Stunden* angegeben. K_{10} bedeutet also die Akkukapazität K bei einer Entladedauer von 10 h, I_{10} bedeutet den dabei fliessenden Entladestrom. Bei höheren Entladeströmen sinkt die Kapazität eines Akkus. Als Nennkapazität eines Akkus wird üblicherweise K_{10} verwendet.

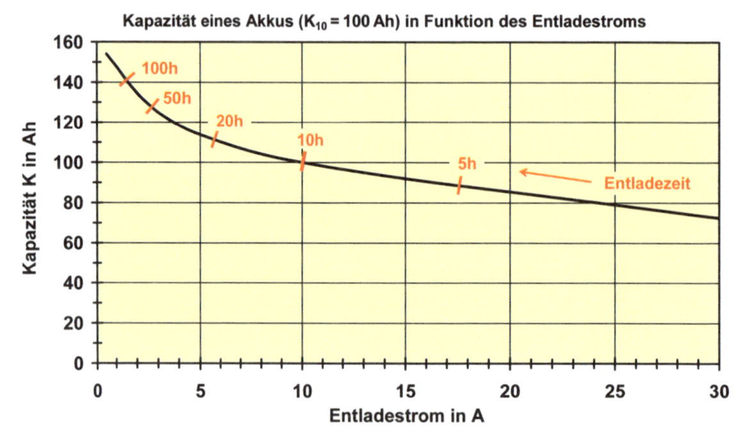

Bild 5-7: Nutzbare Kapazität K eines Bleiakkumulators mit einer Nennkapazität von K_{10} = 100 Ah in Funktion des Entladestroms bei 20°C.

Beim Vergleich von Kapazitätsangaben verschiedener Hersteller ist diese Tatsache sehr wichtig, es dürfen nur Kapazitätsangaben für die gleiche Entladedauer direkt miteinander verglichen werden. Wie Bild 5-7 zeigt, ist die Kapazität K_{100} eines Akkus wesentlich grösser als die Kapazität K_{20} und diese wieder grösser als die Kapazität K_{10} des gleichen Akkus. Hersteller von Akkus für PV-Inselanlagen geben in Datenblättern deshalb gerne die Kapazitäten K_{20} oder K_{100} an. Für die Dimensionierung von PV-Inselanlagen ist aber auch die erreichbare Zyklenzahl sehr wichtig. Die entsprechenden Tests der Hersteller beziehen sich in der Regel auf die Nennkapazität K_{10} oder gar nur auf 60% dieser Nennkapazität (nach IEC 896-1 resp. –2). Entsprechende Kurven sind in Bild 5-12 angegeben. Tiefentladungen auf K_{100} sollten nur in Ausnahmefällen vorkommen, sie verkürzen die Lebensdauer und viele Hersteller (auch solche, die Angaben für K_{100}, K_{120} und gar K_{240} machen!) raten ausdrücklich davon ab!

Falls nur die Werte von K_{20} und K_{100} bekannt sind, erhält man K_{10} näherungsweise wie folgt:

Näherungsformel für Nennkapazität K_{10}: $K_{10} \approx 0{,}85 \cdot K_{20} \approx 0{,}7 \cdot K_{100}$ (5.2)

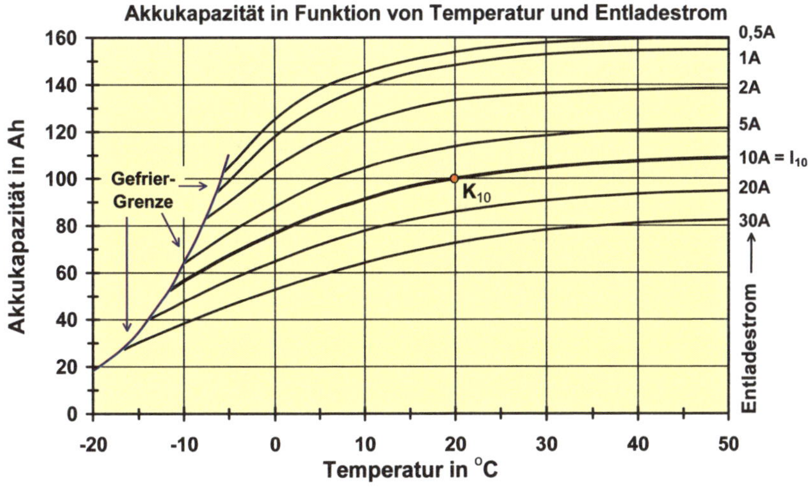

Bild 5-8:
Nutzbare Kapazität eines Bleiakkus mit einer Nennkapazität von K_{10} = 100 Ah in Funktion der Zellentemperatur mit dem Entladestrom als Parameter. Bei Temperaturen unter etwa -5°C sinkt die nutzbare Kapazität stark ab, da der Akku bei tiefem Ladezustand einfriert. Mit steigender Temperatur steigt die nutzbare Kapazität, aber auch die Selbstentladung (siehe Bild 5-15). Bei hohen Temperaturen sinkt auch die Lebensdauer, da die internen Korrosionsvorgänge sehr viel rascher ablaufen (siehe Bild 5-13). Akkus von PV-Anlagen werden deshalb am besten bei Temperaturen von etwa 10°C bis 20°C (im Keller eines Gebäudes) betrieben.

Entladeschlussspannung :

Die Entladeschlussspannung ist die Spannung, die beim Entladen nicht unterschritten werden darf, wenn die Lebensdauer des Akkus nicht beeinträchtigt werden soll. Sie ist vom Entladestrom abhängig (siehe Bild 5-9) und liegt bei Raumtemperatur etwa zwischen 1,7 V und 1,85 V pro Zelle. Bei grösseren Strömen sinkt die Entladeschlussspannung, denn am Innenwiderstand des Akkus tritt ein grösserer Spannungsabfall auf. Der Entladeregler oder Tiefentladeschutz in photovoltaischen Inselanlagen sorgt durch Abschalten der Verbraucher dafür, dass die Entladeschlussspannung nicht unterschritten werden kann.

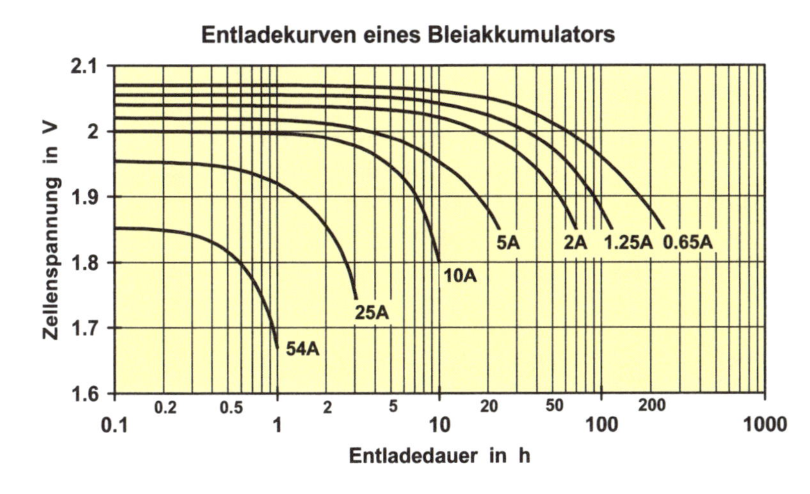

Bild 5-9:
Entladekurven eines Bleiakkus: Zellenspannung in Funktion der Zeit für verschiedene Entladeströme bei einem Akku mit K_{10} = 100 Ah bei 20°C.

Ladegrenzspannung (Grenzladespannung, Ladeschlussspannung) im Zyklenbetrieb :
Beim Laden des Akkus darf diese Spannung nicht überschritten werden, wenn die Zersetzung des Elektrolyten unter Bildung von Wasserstoff- und Sauerstoffgas (Knallgas!) verhindert werden soll. Die sogenannte Gasungsspannung, bei der verstärkte Gasentwicklung einsetzt, liegt bei Raumtemperatur etwa bei 2,4 V pro Zelle. Bei einer PV-Inselanlage liegt die empfehlenswerte Ladegrenzspannung im Zyklenbetrieb bei Raumtemperatur meist im Bereich dieser Gasungsspannung. Wie die Bilder 5-10 und 5-11 zeigen, ist die Ladegrenzspannung temperaturabhängig und steigt mit sinkender Temperatur. Zwischen etwa 10°C – 15°C und 30°C – 35°C erlauben viele Hersteller eine konstante Ladegrenzspannung (siehe Bild 5-11).

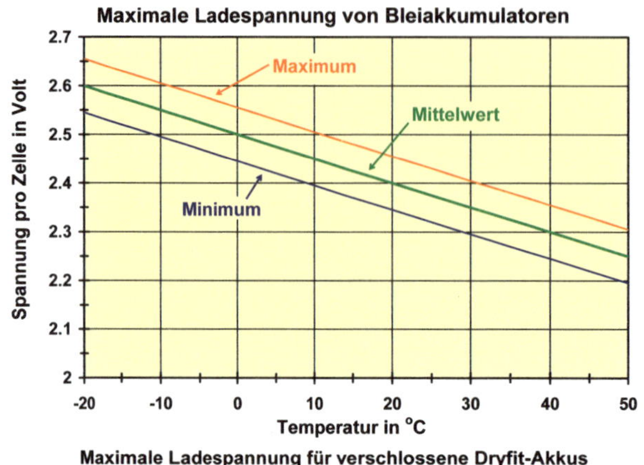

Bild 5-10:
Typische Ladegrenzspannung von geschlossenen Bleiakkus in Funktion der Zellentemperatur im Zyklenbetrieb von PV-Anlagen. Nach Tiefentladungen ist es bei solchen Akkus empfehlenswert, während einer gewissen Zeit mit einer etwas höheren Spannung zu laden, um der Säureschichtung entgegenzuwirken.

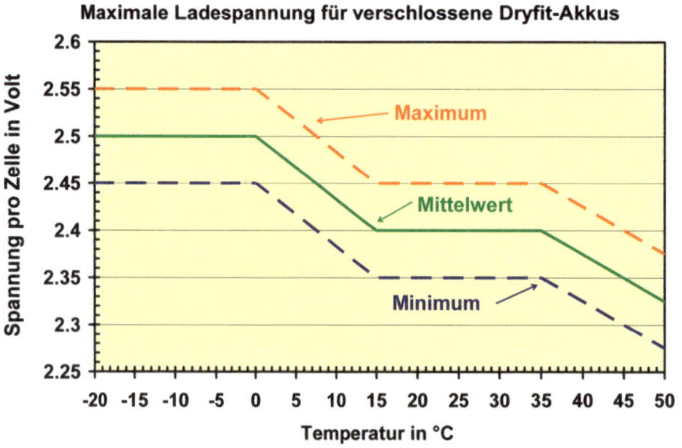

Maximale Ladespannung für verschlossene Dryfit-Akkus
Spannung pro Zelle in Volt
2.6 2.55 2.5 2.45 2.4 2.35 2.3 2.25
Maximum
Mittelwert
Minimum
-20 -15 -10 -5 0 5 10 15 20 25 30 35 40 45 50
Temperatur in °C

Bild 5-11:
Ladegrenzspannung von verschlossenen Blei-Gel-Akkus A600 Solar in Funktion der Zellentemperatur. Die Ladespannung muss entweder beim angegebenen Mittelwert begrenzt werden oder darf kurzzeitig zum angegebenen Maximalwert ansteigen mit anschliessendem Zurückschalten auf den Minimalwert. (Datenquelle: EXIDE Technologies).

Der *Laderegler* in photovoltaischen Inselanlagen begrenzt den Ladestrom beim Erreichen der Ladegrenzspannung am Akkumulator, so dass diese nicht überschritten werden kann. Bei Akkus mit flüssigem Elektrolyt ist es nach Tiefentladungen zur Verhinderung einer korrosionsfördernden Säureschichtung (höhere Säurekonzentration unten im Akku) nützlich, beim Aufladen kurzzeitig eine etwas höhere Ladespannung zuzulassen, um mit einer kurzen Gasungsperiode den Elektrolyt besser zu durchmischen und damit diese Säureschichtung zu beseitigen. Moderne Laderegler können die Entladetiefe des letzten Zyklus registrieren und schalten nach Tiefentladungen automatisch eine derartige kurze Gasungsperiode ein. Bei Akkus mit Gel-Elektrolyten sind derartige Gasungsperioden jedoch meist schädlich (permanenter Wasserverlust), es dürfen deshalb nur Laderegler eingesetzt werden, die keine solchen Gasungsperioden aufweisen oder bei denen diese abschaltbar sind. Bei verschlossenen Akkus muss deshalb die vom Hersteller empfohlene Ladespannung genau eingehalten werden.

Ampèrestunden-(Ah-)Wirkungsgrad η_{Ah} / Coulomb-Wirkungsgrad / Ladefaktor:

Ein Akkumulator speichert die ihm beim Ladevorgang zugeführte Ladung nicht vollständig, ein kleiner Teil davon wird (vor allem bei nicht gasdichten Akkus) für nicht der Speicherung dienende, aber immer auch in einem gewissen Umfang ablaufende chemische Nebenprozesse (z.B. Gasentwicklung) benötigt. Bei tiefem Ladezustand und deshalb noch relativ tiefer Ladespannung wird praktisch der volle Ladestrom für die Ladungsspeicherung ausgenützt, während bei der Gasungsspannung ein Teil des Stromes für die Gasentwicklung verbraucht wird. Das Verhältnis zwischen beim Entladen verfügbarer Ladung Q_E und der für die Aufladung benötigten Ladung Q_L wird Ampèrestunden- oder Coulomb-Wirkungsgrad genannt:

Ampèrestunden- oder Coulomb-Wirkungsgrad: $$\eta_{Ah} = \frac{Q_E}{Q_L} \tag{5.3}$$

η_{Ah} ist abhängig vom Ladezustand des Akkus und liegt etwa zwischen 80% und 98%.

Tabelle 5.2: η_{Ah} für verschiedene Ladezustände (in % der Nennkapazität) nach [DGS05].

Ladezustand	90%	75%	50%
η_{Ah}	> 85%	> 90%	> 95%

Ein guter Mittelwert für Überschlagsrechnungen ist η_{Ah} = 90% (bei Gel-Akkus etwas höher). Als Ladefaktor bezeichnet man das Verhältnis von zugeführter Ladung Q_L zu entnehmbarer Ladung Q_E, also den Kehrwert von η_{Ah}. Ein typischer Wert für den Ladefaktor ist etwa 1,11. Wird ein Akku längere Zeit im Bereich der Gasungsspannung betrieben, sinkt der Ah-Wirkungsgrad η_{Ah}, da der Strom statt zur Energiespeicherung für die Gasung verbraucht wird.

Energiewirkungsgrad / Wattstunden-(Wh-)Wirkungsgrad η_{Wh}:

Da die Spannung am Akkumulator beim Laden (siehe Bild 5-16) immer etwas höher ist als die mittlere Entladespannung (siehe Bild 5-9), ist der Energie- oder Wattstunden-Wirkungsgrad immer etwas tiefer als der Ah-Wirkungsgrad. Er liegt bei Bleiakkumulatoren meist zwischen etwa 70% und 85%. Ein guter Mittelwert für Überschlagsrechnungen ist η_{Wh} = 80%.

Zyklentiefe oder Entladetiefe t_Z:

Die Zyklentiefe entspricht dem Verhältnis zwischen der bei der Entladung entnommenen Ladung Q_E und der Akku-Nennkapazität K_{10} und gibt somit an, wie stark der Akku in einem Zyklus im Verhältnis zur Nennkapazität K_{10} entladen wird:

Zyklentiefe oder Entladetiefe: $$t_Z = \frac{Q_E}{K_{10}} \tag{5.4}$$

Zur Erreichung einer langen Lebensdauer ist die im Normalbetrieb erlaubte Zyklentiefe bei manchen Akkutypen beschränkt (z.B. bei gewissen Blei-Kalzium-Akkus $t_Z \leq 50\%$).

Zyklenlebensdauer n_Z:

Akkus in photovoltaischen Inselanlagen werden meist zyklisch geladen (tagsüber) und entladen (nachts und bei Schlechtwetterperioden). Unter der Zyklenlebensdauer versteht man die Anzahl der Zyklen, die der Akku mitmachen kann, bis seine Kapazität auf 80% der Nennkapazität abgesunken ist. Die Zyklenlebensdauer ist stark vom Akkutyp und der Zyklentiefe oder Entladetiefe t_Z abhängig. Bild 5-12 zeigt die Zyklenlebensdauer einiger Akkutypen in Funktion der Zyklentiefe nach Herstellerangaben. Aus der Zyklenlebensdauer bei der in der PV-Anlage zu erwartenden Zyklentiefe und der Häufigkeit der Zyklen in der Anlage (z.B. 1 Zyklus pro Tag) kann die im Betrieb zu erwartende Lebensdauer des Akkus abgeschätzt werden.

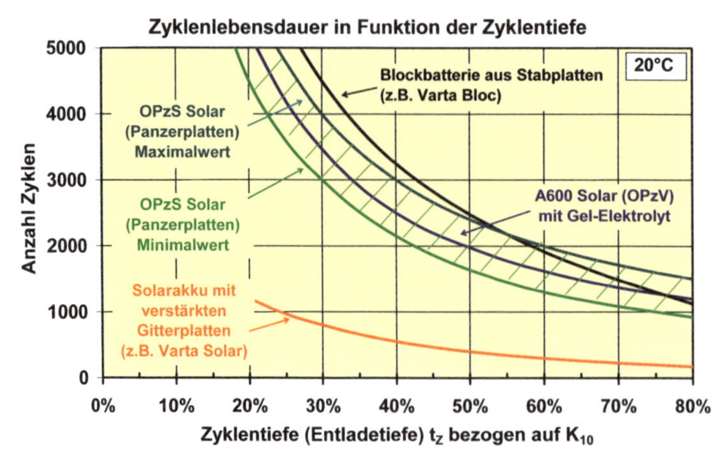

Bild 5-12: Zyklenlebensdauer für einige Typen von Bleiakkus in Funktion der Zyklentiefe nach Herstellerangaben. Bei einigen Typen, bei denen vom Hersteller nur die Werte bei einer Zyklentiefe von 30% und 75% angegeben wurden, wurden die Zwischenwerte interpoliert.

Um bei der Bestimmung dieser Zyklenlebensdauer in vernünftigen Zeiten Resultate zu erhalten, werden die Entladungen bei solchen Tests mit relativ grossen Strömen (z.B. $2 \cdot I_{10}$) durchgeführt. Zudem werden die Akkus nach der Entladung sofort wieder voll aufgeladen. Beides ist aber für den praktischen Betrieb in einer PV-Inselanlage nicht typisch. Dort sind die Entladeströme im Mittel meist deutlich kleiner, und es erfolgt (in Schlechtwetterperioden und im Winter) manchmal auch eine Zyklierung bei tieferen Entladezuständen ohne Vollladung dazwischen. Längerer Betrieb des Akkus bei tiefen Ladezuständen begünstigt aber die Sulfatierung [5.1], [5.2]. Deshalb dürften die in der Praxis bei PV-Inselanlagen erreichbaren Zyklenzahlen eher etwas geringer sein. Zur Erzielung einer vernünftigen Lebensdauer ist es ratsam, den Akku einer PV-Inselanlage so zu dimensionieren, dass er in der eingeplanten Autonomiezeit nicht unter 75% – 80 % von K_{10} resp. nicht unter 50% - 60% von K_{100} entladen wird.

Brauchbarkeitsdauer :

Bei kleinen Zyklentiefen und Zyklenzahlen kann auch die von den chemischen Alterungsvorgängen bestimmte Brauchbarkeitsdauer der die Lebensdauer begrenzende Faktor sein. Sie ist vom Typ des Akkus und von der Temperatur abhängig. Bild 5-13 zeigt die Brauchbarkeitsdauer zweier verschiedener Akkutypen in Funktion der Temperatur im Erhaltungsladebetrieb. Bei geeigneten Akkutypen sind bei Temperaturen um 20°C nach Herstellerangaben Brauchbarkeitsdauern von 15 bis 20 Jahren erreichbar. Da der Zyklenbetrieb einen Akku etwas stärker beansprucht als der Erhaltungsladebetrieb, sind diese Werte für die Brauchbarkeitsdauer eine obere Grenze für die zu erwartende Akku-Lebensdauer in PV-Anlagen.

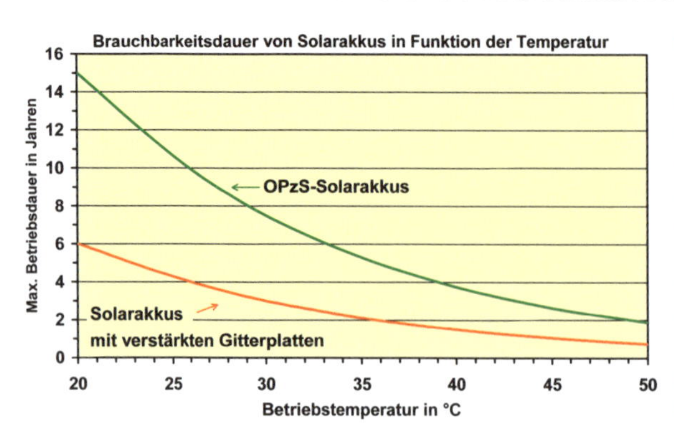

Bild 5-13: Typische Brauchbarkeitsdauer von Bleiakkus in Funktion der Temperatur im Erhaltungsladebetrieb mit ca. 2,25 V pro Zelle. Diese Angaben vermitteln einen Eindruck von der Geschwindigkeit der im Akku ablaufenden Korrosionsprozesse. Sie stellen eine obere Grenze für die Akku-Lebensdauer dar, da Akkus im Zyklenbetrieb immer etwas stärker beansprucht werden als im reinen Erhaltungsladebetrieb.

Vollzyklen-Lebensdauer n_{VZ} / Entnehmbare Gesamtkapazität K_{Ges} und Energiedurchsatz E_{Ges}:

Manche Hersteller geben eine Zyklenlebensdauer n_Z bei einer bestimmten Zyklentiefe t_Z an (meist auf K_{10} bezogen, siehe Bild 5-12!). In PV-Anlagen sind aber die Zyklen nie gleich tief und kaum so wie in den Datenblättern angegeben. Das Produkt aus Zyklenlebensdauer und Zyklentiefe ist bei aber vielen Akkus nahezu konstant. Aus den Datenblattangaben lässt sich eine Vollzyklenlebensdauer n_{VZ} berechnen:

$$\textit{Vollzyklen-Lebensdauer:} \quad n_{VZ} = n_Z \cdot t_Z \tag{5.5}$$

Die Vollzyklen-Lebensdauer n_{VZ} ist primär eine rechnerische Grösse. Wie t_Z ist sie meist auf K_{10} bezogen. Im praktischen Betrieb muss natürlich darauf geachtet werden, dass die maximal zulässige Zyklentiefe t_{Zmax} (z.B. 80%) nicht überschritten wird. Während der Lebensdauer des Akkus kann etwa folgende Gesamtkapazität entnommen werden:

$$\textit{Entnehmbare Gesamtkapazität:} \quad K_{Ges} = n_{VZ} \cdot K_{10} \tag{5.6}$$

Ist K_{10} nicht aus dem Datenblatt bekannt, kann mit (5.2) aus K_{20} oder K_{100} ein Näherungswert bestimmt werden.

Aus der Vollzyklen-Lebensdauer n_{VZ} resp. der entnehmbaren Gesamtkapazität K_{Ges} und der Akkuspannung U_{Akku} kann die während der Lebensdauer des Akkumulators speicherbare Gesamtenergie E_{Ges} berechnet werden. E_{Ges} wird auch Energiedurchsatz genannt und ist für die Berechnung der Speicherkosten wichtig:

$$\textit{Energiedurchsatz:} \quad E_{Ges} = U_{Akku} \cdot K_{Ges} = U_{Akku} \cdot n_{VZ} \cdot K_{10} \tag{5.7}$$

Innenwiderstand :

In manchen Anwendungen ist auch der Innenwiderstand eines Akkus von Bedeutung. Er steigt im Verlauf der Entladung an und ist proportional zur Anzahl n_Z der in Serie geschalteten Zellen und umgekehrt proportional zur Akkukapazität. R_i kann leicht aus dem Innenwiderstand R_{i100Ah} einer Einzelzelle von 100 Ah berechnet werden:

$$\textit{Innenwiderstand } R_i \textit{ eines Akkus der Kapazität } K: \quad R_i = \frac{n_Z \cdot R_{i100\text{Ah}}}{K / 100\text{Ah}} \tag{5.8}$$

Bild 5-14 zeigt den prinzipiellen Verlauf des Innenwiderstandes in Funktion der entnommenen Akkukapazität bei einem OPzS-Akku von 100 Ah (Einzelzelle mit 2 V). Die von verschiedenen Herstellern bei 20°C für einen vollgeladenen 2V-OPzS-Akku angegebenen Werte schwanken zwischen etwa 1,5 mΩ und 3 mΩ.

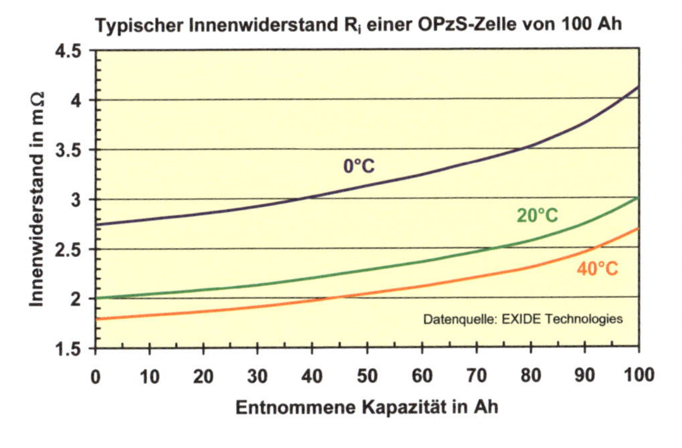

Bild 5-14: Typischer Innenwiderstand R_i eines OPzS-Bleiakkus (2 V) mit einer Kapazität K_{10} = 100 Ah bei 0°C, 20°C und 40°C in Funktion der entnommenen Ladung nach Herstellerangaben. Bei andern Batterietypen (mit Stabplatten oder Gitterplatten) ist R_i kleiner (z.B. ca. 50% des angegebenen Wertes). Bei Gitterplattenbatterien ist aber die Zyklenlebensdauer kleiner (Datenquelle [5.5]).

Selbstentladung :

Ein Akku entlädt sich auch ohne angeschlossene Verbraucher ganz langsam. Dies geschieht umso schneller, je höher die Temperatur ist (siehe Bild 5-15).

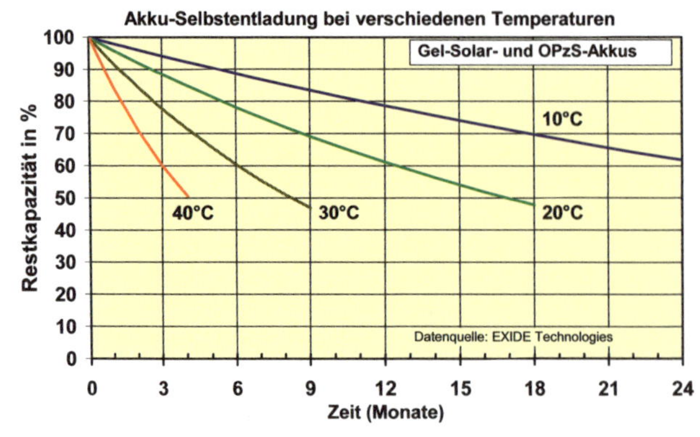

Bild 5-15: Selbstentladung von Bleiakkus in Funktion der Temperatur im Erhaltungsladebetrieb nach Herstellerangaben. Bei höheren Temperaturen steigt die Selbstentladung stark an.

Gezeigt sind die Kurven von Gel-Solar-Akkus, sie gelten aber auch näherungsweise für OPzS-Akkus. (Datenquelle [5.4] und [5.5]).

Man sollte deshalb die Akkutemperatur nach Möglichkeit nicht zu hoch wählen. Die Selbstentladung ist auch wesentlich vom internen Aufbau des Akkus abhängig. Bei Akkutypen, welche für Photovoltaikanlagen gut geeignet sind, sollte die Selbstentladung im Bereich 2% bis 5% der Nennkapazität pro Monat liegen (siehe Bild 5-15). Es gibt aber auch Solarakkus, die bei 20°C eine Selbstentladung von bis zu 10% pro Monat aufweisen.

Erhaltungsladespannung :

Spannung, bei welcher die Selbstentladung gerade kompensiert wird und der Akku (nach einer Vollladung) dauernd voll geladen bleibt (bei einem Blei-Akku ca. 2,25 V pro Zelle bei 20°C).

Aufladen von Bleiakkumulatoren :

Ein vollständig entladener Bleiakku kann sehr grosse Ladeströme aufnehmen. In der Praxis ist der Ladestrom meist durch das Ladegerät oder (bei einer PV-Anlage) den PV-Generator und nicht durch die Eigenschaften des Akkus begrenzt. Die Spannung steigt beim Laden langsam an, bis die Ladegrenzspannung erreicht wird (siehe Bild 5-16).

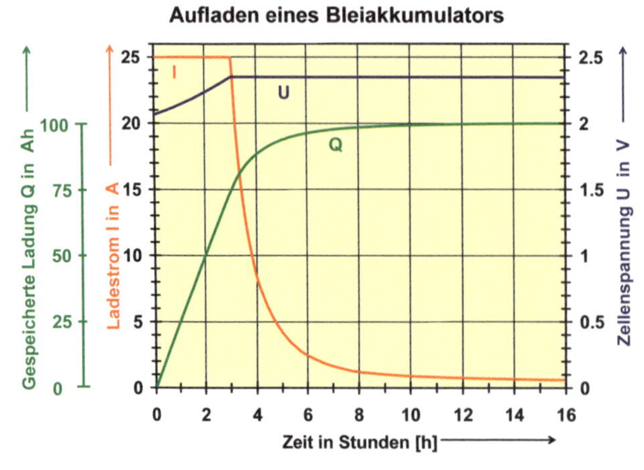

Bild 5-16: Aufladen eines Bleiakkus mit einer Kapazität K_{10} = 100 Ah nach der IU-Kennlinie.

Verlauf von Ladestrom I, Zellenspannung U und im Akku gespeicherter Ladung Q in Funktion der Zeit.

Beim Erreichen dieser Spannung darf der Ladevorgang aber nicht schon beendet werden, sonst wird der Akku nicht auf die volle Kapazität aufgeladen. Es muss durch eine geeignete Schaltung (Laderegler) sichergestellt werden, dass diese Spannung nicht überschritten wird, d.h. der

Ladestrom muss entsprechend reduziert werden. Erst nach einigen weiteren Stunden Nachladen mit der Ladegrenzspannung erreicht der Akku seine volle Kapazität. Das hier beschriebene Ladeverfahren heisst IU-Laden und wird in der Praxis häufig angewendet.

Zusammenschaltung von Akkumulatoren :

Bei der Zusammenschaltung von Akkumulatoren sollen immer nur Akkumulatoren gleichen Typs, gleicher Kapazität, gleichen Alters und gleichen Ladezustandes verwendet werden.

Bei der Serieschaltung von n_{AS} gleichartigen Akkus addieren sich die Spannungen und die Innenwiderstände bei gleichbleibender Kapazität K.

Spannung bei Serieschaltung von Akkus: $U_{Akku}' = n_{AS} \cdot U_{Akku}$ (5.9)

Innenwiderstand bei Serieschaltung von Akkus: $R_i' = n_{AS} \cdot R_i$ (5.10)

Bei der Parallelschaltung von n_{AP} Akkumulatoren bleibt die Akkuspannung unverändert und es addieren sich die Kapazitäten und die Innenleitwerte, d.h. der Innenwiderstand sinkt.

Kapazität bei Parallelschaltung von Akkus: $K' = n_{AP} \cdot K$ (5.11)

Innenwiderstand bei Parallelschaltung von Akkus: $R_i' = \frac{R_i}{n_{AP}}$ (5.12)

Bei der Parallelschaltung ist besonders bei kleinen Systemspannungen eine Sicherung pro Strang vorzusehen (siehe Bild 5-17), damit bei einem Plattenkurzschluss keine Schäden durch die in einem solchen Fall fliessenden sehr hohen Ausgleichsströme auftreten können. Um bei der Parallelschaltung ungleichmässige Belastungen der einzelnen Akkus zu vermeiden, müssen die Leitungen von den Knotenpunkten zu den einzelnen Plus- und Minuspolen gleich lang sein.

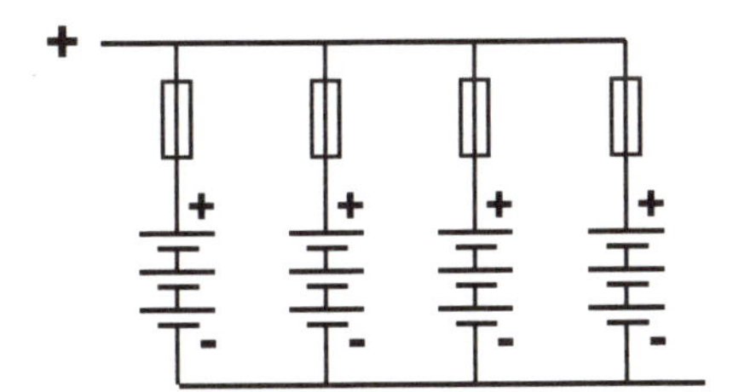

Bild 5-17:

Bei der Parallelschaltung von Akkus (gleiche Kapazität, gleicher Typ, gleiches Alter!) ist es ratsam, die einzelnen Batteriestränge mit Sicherungen vor Schäden bei einem Plattenkurzschluss zu schützen und so zu verkabeln, dass alle den genau gleichen Leitungswiderstand aufweisen.

Erwünschte Eigenschaften bei Akkumulatoren für Photovoltaikanlagen:

- Grosse Kapazität (meist ein Mehrfaches eines Tagesverbrauches).
- Hohe Zyklenlebensdauer bei relativ kleiner Zyklentiefe (t_Z bei PV-Anlagen meist klein).
- Gelegentliche Tiefentladezyklen mit Zyklentiefen von 80% bis 100% ohne Beeinträchtigung der Lebensdauer zulässig.
- Bereits sehr kleine Ladeströme (z.B. I_{1000}) sollen für die Energiespeicherung ausgenützt werden können.
- Geringe Selbstentladung (maximal 2% - 5% der Nennkapazität pro Monat).
- Guter Ampèrestundenwirkungsgrad η_{Ah} resp. kleiner Ladefaktor.
- Geringe oder gar keine Wartung erforderlich (Nachfüllen von destilliertem Wasser in Intervallen von einem Jahr oder mehr). Bei verschlossenen gasdichten Bleiakkumulatoren (z.B. dryfit A600 Solar) ist über die ganze Lebensdauer überhaupt keine Wartung nötig.

5.1.1.3 Für Photovoltaikanlagen geeignete Typen von Bleiakkumulatoren

Solarbatterien mit verstärkten positiven und negativen Gitterplatten

Bei diesen Akkus handelt es sich um modifizierte Starterbatterien mit verstärkten Gitterplatten bei der positiven und negativen Elektrode. Es sind Weiterentwicklungen normaler Autobatterien für verbessertes Zyklenverhalten und geringere Selbstentladung. Sie haben einen flüssigen Elektrolyten und eignen sich primär für den Einsatz in kleineren PV-Anlagen mit nicht sehr vielen Zyklen, z.B. für Wochenendhäuser. Sie erreichen eine Vollzyklenlebensdauer n_{VZ} von etwa 150 bis 250. Das Wartungsintervall im Zyklenbetrieb ist ca. 1 Jahr, d.h. es muss nur einmal im Jahr destilliertes Wasser nachgefüllt werden. Die monatliche Selbstentladung beträgt ca. 5%. Bezogen auf die speicherbare Energie (mit K_{100} berechnet) ist ihr Preis günstig (ca. Fr. 200.- bis 300.- resp. 120€ bis 180€ pro kWh.)

Bild 5-18:

Geschlossener Solarakku mit U_{Akku} = 12 V und K_{100} = 150 Ah mit verstärkten Gitterplatten der Marke SWISSsolar

(Bild SWISSsolar)

OPzS-Batterien mit positiven Panzerplatten und negativen Gitterplatten

Bei diesen Akkus besteht die positive Platte aus vielen einzelnen Bleistäben (meist kammartig angeordnet), die einzeln von je einer speziellen Gewebetasche umgeben sind, welche die aktive Masse zusammenhält und einen vorzeitigen Verlust dieser Masse verhindert. Dadurch wird eine viel höhere Zyklenlebensdauer erreicht. Sie erreichen nach Herstellerangaben eine Vollzyklenlebensdauer n_{VZ} von etwa 900 bis 1200.

Bild 5-19:

Geschlossener OPzS-Solarakku (Blockbatterie 6 V mit drei Zellen in Serie, K_{100} = 280 Ah) mit positiven Panzerplatten (Röhrchenplatten, einzeln von je einer Gewebetasche umgeben) und flüssigem Elektrolyt.

Dieser Akkutyp hat eine besonders hohe Zyklenfestigkeit. Der Innenwiderstand von OPzS-Akkus ist allerdings relativ gross (siehe Bild 5-14), sie eignen sich deshalb weniger für Entladungen mit sehr grossen Strömen, was bei PV-Anlagen aber ohnehin selten ist.

(Bild EXIDE Technologies)

Für derartige OPzS-Batterien ("Ortsfeste Panzerplattenbatterie Spezial") werden meist spezielle Bleilegierungen mit Zusatz geringer Mengen Selen und etwa 1,6% Antimon verwendet. Das Wartungsintervall im Zyklenbetrieb beträgt etwa 2 Jahre, die monatliche Selbstentladung bei 20°C liegt unter 4%. Sie eignen sich besonders für stärker beanspruchte mittlere bis grössere Photovoltaikanlagen mit täglichen Zyklen und für den Anschluss von Wechselrichtern. Es werden mehrzellige Blockbatterien mit Kapazitäten K_{100} bis 430 Ah und 2V-Einzelzellen mit K_{100} bis 4500 Ah angeboten. Bezogen auf die speicherbare Energie (mit K_{100} berechnet) beträgt ihr Anschaffungspreis ca. Fr. 350.- bis 500.- (ca. 220€ bis 300€) pro kWh. Neben geschlossenen Typen mit flüssigem Elektrolyt gibt es auch verschlossenene, sogenannte OPzV-Akkus mit Gel-Elektrolyt, die noch etwas teurer sind.

Bild 5-20:
Blick in einen Akkumulatorenraum mit einem grossen 110V-Akku aus 2V-OPzS-Einzelzellen (K_{10} = 600 Ah) mit flüssigem Elektrolyt. Der Boden ist mit säurefesten Klinkerplatten belegt. (Bild Banner Batterien SCHWEIZ / BAE).

Batterien mit positiven Stabplatten und negativen Gitterplatten

Bei diesen Akkumulatoren besteht die positive Platte aus vielen einzelnen Bleistäben, die aber im Gegensatz zur OPzS-Batterie wie bei einem Drahtgitter auch quer vermascht sind (positive Stabplatte), wodurch ein kleinerer Innenwiderstand ereicht wird. Diese Stabplatten sind wie die einzelnen Röhrchen bei den OPzS-Akkus von einer speziellen Tasche aus Glasvlies umgeben, das die aktive Masse zusammenhält und einen vorzeitigen Verlust verhindert. Dadurch wird eine gegenüber der OPzS nochmals etwas höhere Zyklenlebensdauer erreicht. Sie erreichen nach Herstellerangaben eine Vollzyklenlebensdauer n_{VZ} von etwa 1000 bis 1350. Das Wartungsintervall im Zyklenbetrieb beträgt etwa 3 Jahre, die monatliche Selbstentladung liegt unter 3% . Sie eignen sich besonders für sehr stark beanspruchte grössere Photovoltaikanlagen mit Kapazitäten ab etwa 500 Ah mit täglichen Zyklen und für den Anschluss von Wechselrichtern. Bezogen auf die speicherbare Energie (mit K_{100} berechnet) beträgt ihr Anschaffungspreis etwa Fr. 440.- bis 700.- (ca. 300€ bis 450€) pro kWh.

Bild 5-21:

2V-Einzelzellen verschiedener Grösse mit positiven Stabplatten) zum Aufbau grosser Batterien bis K_{100} = 3000 Ah.

Diese schon lange bekannten Akkus von VARTA (Varta-Bloc, Vb) werden heute offenbar nicht mehr direkt vom Hersteller vertrieben, sind aber über verschiedene Grosshändler teilweise auch unter andern Markennamen (SWISSsolar) immer noch erhältlich.

(Bild VARTA / SWISSsolar)

Bei grossen Akkus aus Einzelzellen ist es ratsam, nicht zu hohe Zellen (Höhe > doppelte Breite) zu verwenden, da hohe Zellen eher zu einer schädlichen Säureschichtung neigen. Gegebenenfalls ist bei höheren Zellen zeitweise eine künstliche Elektrolytumwälzung durch Einblasen von Luft zur Bekämpfung der Säureschichtung zweckmässig [5.2].

Verschlossene Blei-Kalzium-Batterien mit Gitterplatten

Diese Akkumulatoren sind im Normalfall gasdicht, elektrolytdicht und wartungsfrei. Auch ihre Selbstentladung von ca. 2% pro Monat ist sehr klein. Sie eignen sich aber nicht für Tiefentladungen (Gefahr von irreversibler Passivierung des Gitters) und sind deshalb auch für Wechselrichterbetrieb nicht geeignet. Ihre (rechnerische!) Vollzyklen-Lebensdauer n_{VZ} liegt etwa zwischen 200 bis 300. Sie werden vor allem für kleinere PV-Anlagen mit eher geringer Batteriebeanspruchung eingesetzt (z.B. für Beleuchtung, Speisung von Messgeräten usw.). Bezogen auf die speicherbare Energie (mit K_{100} berechnet) beträgt ihr Anschaffungspreis ca. Fr. 220.- bis 300.- (ca. 140€ bis 180€) pro kWh.

Verschlossene Blei-Batterien mit Gel-Elektrolyt

Diese Akkus sind im Normalfall gasdicht, elektrolytdicht und wartungsfrei. Bild 5-22 zeigt Beispiele von solchen Akkus. Je nach interner Bauart beträgt die Selbstentladung bei 20°C 2% bis 4% pro Monat. Es werden Typen mit verstärkten positiven und negativen Gitterplatten angeboten, die in PV-Anlagen eine ähnliche Lebensdauer wie normale Gitterplattenbatterien mit flüssigem Elektrolyt haben. Es gibt aber auch speziell langlebige Typen mit positiven Panzerplatten (OPzV), die speziell für den Solarbetrieb ausgelegt wurden (z.B. dryfit A600 Solar). Derartige Spezialbatterien erreichen vergleichbare Zyklenlebensdauern wie entsprechende Akkus mit flüssigem Elektrolyt (siehe Bild 5-12).

Bild 5-22:
Verschlossene, gasdichte Solarakkus mit Gel-Elektrolyt der Marke Sonnenschein.
Vorne:
Akkus mit verstärkten Gitterplatten.
Hinten:
Einzelzelle A600 Solar mit K_{100} = 1200 Ah (OPzV-Akku mit positiven Panzerplatten oder Röhrchenplatten).
(Bild EXIDE Technologies)

Wie bei allen verschlossenen Batterien ist es sehr wichtig, dass die Ladegrenzspannung nicht überschritten wird, damit kein irreversibler Wasser- und Kapazitätsverlust eintritt. Sie sind meist etwas teurer als vergleichbare Batterien mit flüssigem Elektrolyt. Bezogen auf die speicherbare Energie (mit K_{100} berechnet) beträgt ihr Anschaffungspreis je nach internem Aufbau (Gitterplatten oder OPzV) ca. Fr. 350.- bis 800.- (ca. 220€ bis 500€) pro kWh.

Beispiele für die Berechnung der Speicherkosten

1) Ein 12V-Akku mit Gitterplatten hat eine Kapazität K_{100} = 150 Ah und eine Zyklenlebensdauer n_Z = 800 bei einer Zyklentiefe t_{Z10} = 30% von K_{10}, also eine Vollzyklen-Lebensdauer n_{VZ} = 240 von K_{10}. Gemäss (5.2) beträgt $K_{10} \approx 0{,}7 \cdot K_{100}$, d.h. seine während der Lebensdauer speicherbare Gesamtenergie beträgt somit gemäss (5.7):
$E_{Ges} = U_{Akku} \cdot n_{VZ} \cdot K_{10} \approx U_{Akku} \cdot n_{VZ} \cdot 0{,}7 \cdot K_{100} = 302\ kWh.$
Bei einem Akkupreis von etwa Fr. 570.- resp. 365 € ergibt dies ohne Berücksichtigung von Zinsen Speicherkosten von etwa 1,90 Fr./kWh resp. 1,2 €/kWh.

2) Ein geschlossener 6V-Akku (OPzS Solar) hat eine Kapazität K_{10} = 300 Ah und eine Zyklenlebensdauer n_Z = 3000 bei einer Zyklentiefe t_Z = 30% von K_{10}, also eine Vollzyklen-Lebensdauer n_{VZ} = 900 von K_{10}. Seine während der Lebensdauer speicherbare Gesamtenergie beträgt somit gemäss (5.7):
$E_{Ges} = U_{Akku} \cdot n_{VZ} \cdot K_{10} = 1620\ kWh.$
Bei einem Akkupreis von ca. Fr. 1060.- resp. 680 € ergibt dies ohne Berücksichtigung von Zinsen Speicherkosten von ca. 0,65 Fr./kWh resp. 0,42 €/kWh.

5.1.2 Aufbau photovoltaischer Inselanlagen

5.1.2.1 Wahl der Systemspannung und der Modulspannung

Ein wichtiger Gesichtspunkt für die Wahl der Systemspannung, also der Nennspannung des Akkumulators, ist das bei dieser Betriebsspannung vorhandene Angebot an Gleichstromverbrauchern. Dieses Angebot ist bei 12 V weitaus am grössten, bei 24 V schon kleiner und bei 48 V kaum vorhanden. Wegen der Verluste in den Zuleitungen, die proportional zu I^2 ansteigen, ist es aber bei höheren Verbraucherleistungen zweckmässig, zu höheren Systemspannungen überzugehen.

Eine einfache Faustregel, ab welcher Verbraucherleistung man sich den Übergang zu einer höheren Systemspannung überlegen sollte, ist die "1 Ω-Regel". Sinkt der Widerstand von angeschlossenen Verbrauchern deutlich unter 1 Ω, so steigen die Verluste in Kabeln, Schaltern, Steckern, Sicherungsautomaten und Kontaktklemmen so stark an, dass ein Übergang zu einer höheren Systemspannung sinnvoll ist, denn eine weitere Vergrösserung der Leitungsquerschnitte führt zu einem starken Mehraufwand an Material. Einzig bei einem direkt an den Klemmen des Akkumulators angeschlossenen Wechselrichter ist eine deutliche Unterschreitung dieses Wertes bis in die Gegend von etwa 0,1 Ω denkbar. Wechselrichter mit höheren Betriebsspannungen haben aber bei gleicher Leistung den besseren Wirkungsgrad.

Tabelle 5.3 zeigt die sich aus diesen Überlegungen ergebenden 1Ω-Grenzleistungen. Wegen des grösseren Angebotes an Gleichstromverbrauchern tendiert man bei kleinen Systemspannungen eher dazu, diese Grenze noch etwas zu überschreiten. Deshalb ist zusätzlich noch eine praktische Grenzspannung angegeben, die auch das vorhandene Materialangebot berücksichtigt.

Tabelle 5.3 : Sinnvolle Grenzleistungen von Gleichstromverbrauchern und von direkt am Akku angeschlossenen Wechselrichtern in Funktion der Systemspannung.

Systemspannung	**12 V**	**24 V**	**48 V**
Grenzleistung (1 Ω-Regel)	**144 W**	**576 W**	**2304 W**
Grenzleistung (praktisch)	**300 W**	**1 kW**	**3 kW**
Grenzleistung Wechselrichter	**1,2 kW**	**5 kW**	**10 kW**

Die Spannung des Solargenerators muss natürlich auf die gewählte Systemspannung abgestimmt werden. Sie muss mindestens so gross sein, dass der Akkumulator voll geladen werden kann, d.h. dass im MPP bei allen zu erwartenden Temperaturen mindestens die Ladeschlussspannung des Akkus erreicht werden kann. Für Anlagen in gemässigten Klimazonen genügt pro 12 V Systemspannung je ein Solarmodul mit 32 bis 33 mono- oder polykristallinen Solarzellen in Serie. Solarmodule mit 36 Zellen in Serie bringen an solchen Standorten nur im Sommer einen geringfügig höheren Energieertrag. In tropischen Klimazonen oder in Wüstengebieten ist wegen der höheren Umgebungstemperaturen dagegen der Einsatz von Solarmodulen mit 36 Zellen in Serie empfehlenswert.

Bei tiefen Temperaturen werden derartige Module ohne den Einsatz eines Maximum-Power-Trackers (MPT) dann aber nicht mehr im MPP betrieben, da die Akkuspannung den Arbeitspunkt der Module zu tieferen Spannungen und somit kleineren Leistungen verschiebt.

5.1.2.2 Rückstromdiode, Tiefentladeschutz und Überladeschutz

In der Nacht liefert der Solargenerator keine Spannung. Damit sich der Akku nicht langsam über den Solargenerator entlädt, muss man eine Rückstrom- oder Blocking-Diode vorsehen, die nur einen Stromfluss vom Solargenerator zum Akku, jedoch nicht in umgekehrter Richtung zulässt (siehe Bild 5-23). Über dieser Diode entsteht im Normalbetrieb ein Spannungsabfall von 0,3 V - 0,8 V entsprechend dem verwendeten Diodentyp.

Um eine für die Lebensdauer des Akkus schädliche Tiefentladung zu vermeiden, müssen beim Unterschreiten der Entladeschlussspannung von etwa 1,75 V bis 1,85 V pro Zelle die angeschlossenen Verbraucher vom Akku abgetrennt werden (Bild 5-9). Diese Aufgabe wird vom Tiefentladeschutz, Entladeregler oder Batterieüberwachungsgerät übernommen (Bild 5-23).

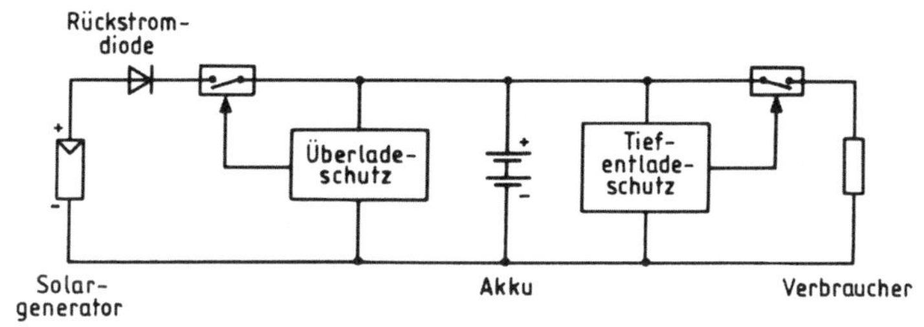

Bild 5-23: Zur Funktion von Rückstromdiode, Überladeschutz und Tiefentladeschutz in einer photovoltaischen Inselanlage.

Bei kommerziell erhältlichen Ladereglern ist meist ein mit einem Relais, Leistungstransistor oder Power-MOS-FET realisierter Tiefentladeschutz bereits eingebaut, der nach einem genügenden Wiederansteigen der Akkuspannung die Verbraucher automatisch wieder zuschaltet, man darf dann allerdings den angegebenen maximalen Laststrom nicht überschreiten. Die Funktion des Tiefentladeschutzes kann auch mit der verbraucherseitigen Hauptsicherung kombiniert werden, indem man einen Sicherungsautomaten mit Arbeitsstromauslöser verwendet. Ein Komparator löst diesen Sicherungsautomaten aus, sobald die Akkuspannung zu tief absinkt, also unter etwa 10,5 V in 12V-Anlagen und unter etwa 21 V in 24V-Anlagen. Diese Lösung ist relativ einfach, da aber nach einer Auslösung ein manuelles Wiedereinschalten notwendig ist, eignet sich diese Variante primär als Not-Tiefentladeschutz beim Versagen des normalen Tiefentladeschutzes.

In gleicher Weise kann man auch einen Not-Überladeschutz realisieren, der den Akkumulator beim Versagen des elektronischen Ladereglers vor einer katastrophalen Überladung schützt. Ein Komparator kann einen solargeneratorseitig angebrachten Sicherungsautomaten mit einem Arbeitsstromauslöser beim Überschreiten der Gasungsspannung von 2,4 V pro Zelle (14,4 V bei 12V-Anlagen, 28,8 V bei 24V-Anlagen) auslösen. In kleineren Anlagen wird meist auf die sichere Funktion des Ladereglers vertraut und auf einen unabhängigen Not-Überladeschutz verzichtet. Bei grösseren Anlagen ist aber aus Sicherheitsgründen ein vom Laderegler unabhängiger Überladeschutz empfehlenswert. Natürlich muss seine Schaltschwelle so hoch eingestellt werden, dass er die normale Funktion des Ladereglers oder Maximum-Power-Trackers (MPT) nicht behindert.

5.1.2.3 Anlagen mit Seriereglern

Bei Anlagen mit Seriereglern liegt zwischen dem Solargenerator und dem Akkumulator ein strombegrenzendes Element (Leistungstransistor, Power-MOS-FET, Relaiskontakt). Bild 5-24 zeigt die Prinzipschaltung einer solchen Anlage.

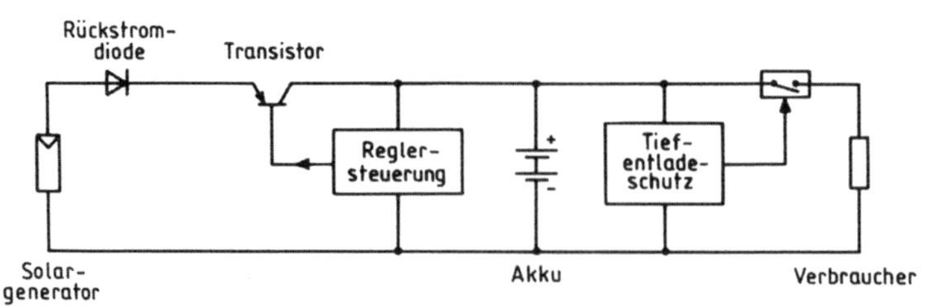

Bild 5-24: Prinzipschaltung einer PV-Anlage mit Serieregler. Detaillierte Schaltungen findet man in der Literatur, z.B. in [Jäg90], [Köt94]. Auf dem Markt werden viele schaltende Serieregler angeboten.

Bei einem stetigen oder linearen Regler ist der Transistor (oder der Power-MOS-FET) voll durchgeschaltet, wenn die eingestellte Grenzladespannung U_G noch nicht erreicht wurde. Beim Erreichen von U_G wird die Ansteuerung des Transistors reduziert, so dass nur noch ein reduzierter Ladestrom fliessen kann, der gerade zur Aufrechterhaltung von U_G genügt. Bei dieser Strombegrenzung fällt natürlich eine nicht unbeträchtliche Spannung am Transistor ab, der Transistor wird durch die entstehende Verlustleistung erwärmt und muss entspechend gekühlt werden. Die maximal auftretende Verlustleistung liegt im Gegensatz zu andern Reglerprinzipien aber noch wesentlich unter der gesamten Solargeneratorleistung. Beim Serieregler fällt aber auch im voll durchgeschalteten Zustand eine gewisse Spannung über dem Transistor ab, was die nutzbare Leistung des Solargenerators etwas reduziert.

Bei einem *schaltenden* Serieregler kann der Nachteil der Erwärmung des Transistors weitgehend vermieden werden. Die Reglersteuerung wird in diesem Fall als Komparator mit einer gewissen Hysterese oder als sogenannter Zweipunktregler ausgelegt. Bis zum Erreichen der Ladegrenzspannung U_G wird der Transistor voll durchgesteuert, d.h. der Akku wird mit vollem Strom geladen. Beim Erreichen von U_G wird der Transistor vollständig abgeschaltet, worauf die Akkuspannung langsam sinkt (ein auf U_G geladener Akku wirkt wie eine sehr grosse Kapazität von vielen Farad). Erst wenn eine etwas unter U_G liegende Einschaltschwelle unterschritten wird, schaltet der Transistor wieder voll ein. Bild 5-25 zeigt den sich dabei ergebenden Verlauf von Akkuspannung und Ladestrom.

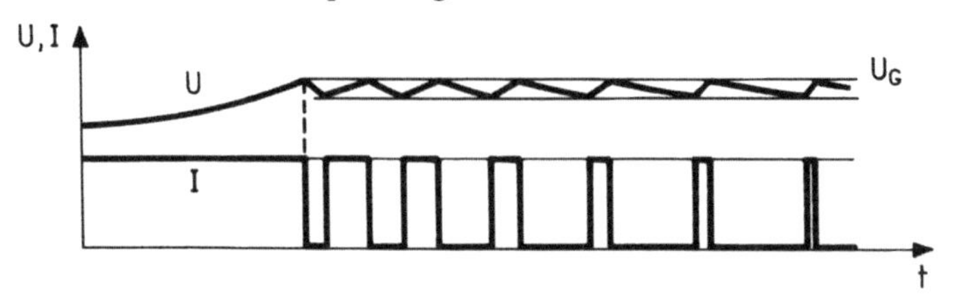

Bild 5-25: Verlauf von Akkuspannung U und Ladestrom I bei einem schaltenden Laderegler.

Schaltende Laderegler können wegen der steilen Schaltflanken bei unsachgemässer Auslegung Probleme der elektromagnetischen Verträglichkeit (EMV) verursachen, d.h. sie können empfindliche elektronische Geräte in der Umgebung (z.B. Radios, Funkanlagen usw.) stören. Um diese EMV-Probleme zu entschärfen, können beispielsweise die Flanken etwas verschliffen werden (erhöht Verlustleistung in den Halbleiterbauelementen) oder es sind wie bei qualitativ hochwertigen Wechselrichtern geeignete Entstörmassnahmen (Filter) erforderlich.

Statt des Transistors kann auch ein Relaiskontakt verwendet werden, was eine Reduktion der Verluste im durchgeschalteten Zustand ermöglicht, aber dafür neue Probleme (Kontaktlebensdauer) bringt. Die Verwendung von Relais statt Transistoren kann auch bei Anlagen an extrem blitzgefährdeten Standorten im Gebirge von Vorteil sein, da Relais gegen Überspannungen viel unempfindlicher sind.

5.1.2.4 Anlagen mit Parallelreglern oder Shuntreglern

Bei Anlagen mit Parallelreglern (auch Shuntregler genannt) wird der vom Akku nicht benötigte Solargeneratorstrom vom Regler übernommen. Das Element, das den überschüssigen Strom abführt (Leistungstransistor, Power-MOS-FET oder Relaiskontakt), liegt meist direkt über den Anschlussleitungen des Solargenerators, also noch vor der Rückstromdiode.

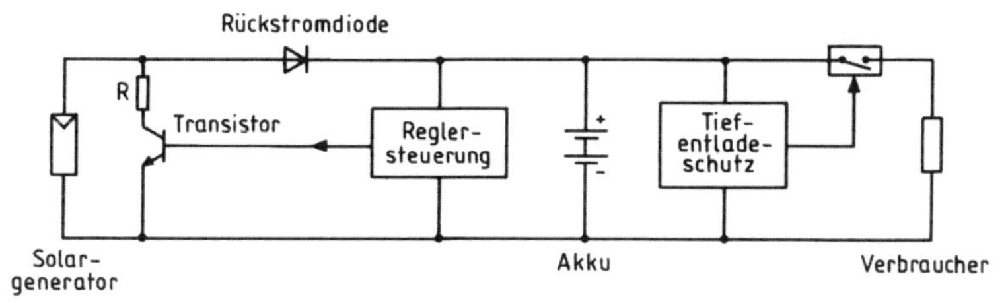

Bild 5-26 : Prinzipschaltung einer PV-Anlage mit Parallelregler. Bei linearen Reglern kann man mit einem Widerstand R die Transistor-Verlustleistung deutlich reduzieren. Bei schaltenden Reglern kann R weggelassen werden (R=0), sodass im Regler kaum Verlustleistung entsteht. Detaillierte Schaltungen z.B. in [Jäg90], [Köt94].

Ein wesentlicher Vorteil des Parallelreglers ist die Tatsache, dass er nur Leistung aufnimmt, wenn Energie im Überfluss vorhanden ist. Wenn der Akku noch nicht voll geladen ist, ist immer die volle Leistung des Solargenerators nutzbar.

Bei einem stetigen oder linearen Regler sperrt der Transistor, wenn die eingestellte Ladegrenzspannung U_G noch nicht erreicht wurde. Beim Erreichen von U_G wird der Transistor gerade so stark angesteuert, dass der vom Akkumulator oder Verbraucher nicht benötigte Solargeneratorstrom über den Transistor abfliessen kann. Im Transistor entsteht dabei natürlich eine beträchtliche Verlustleistung, er muss also gekühlt werden. Im schlimmsten Fall muss fast die ganze Leistung des Solargenerators vom Parallelregler aufgenommen werden. Die maximal auftretende Transistorverlustleistung kann auf etwa einen Viertel reduziert werden, wenn ein richtig dimensionierter Leistungswiderstand R in Serie mit dem Transistor geschaltet wird. Da Widerstände wesentlich höhere Temperaturen aushalten als Halbleiter, kann so der Aufwand für die Kühlung deutlich reduziert werden.

Bei einem *schaltenden* Parallelregler kann die Erwärmung des Transistors stark reduziert werden. Da der Solargenerator den Charakter einer Stromquelle hat, kann er im Prinzip auch kurzgeschlossen werden. Die Reglersteuerung wird im diesem Fall wieder als Komparator mit einer gewissen Hysterese oder als Zweipunktregler ausgelegt. Bis zum Erreichen der Ladegrenzspannung U_G bleibt der Transistor gesperrt, d.h. der Akku wird mit vollem Strom geladen. Beim Erreichen von U_G wird der Transistor voll durchgesteuert, es fällt an ihm nur noch die Sättigungsspannung ab, so dass seine Verlustleistung klein bleibt. Erst wenn eine etwas unter U_G liegende Ausschaltschwelle unterschritten wird, schaltet der Transistor wieder aus. Der Ladestrom des Akkus und die Akkuspannung verlaufen dann auch wie in Bild 5-25 angegeben. Im Jahre 2005 wurde an PV-Kongressen allerdings von vereinzelten Schäden an Modulen bei PV-Anlagen in heissen Klimazonen (Hot-Spot-Bildung) durch schaltende Parallelregler berichtet [5.9].

Statt den PV-Generator abzuschalten oder kurzzuschliessen, kann man den überschüssigen Strom auch für nützliche Zwecke verwenden. In einer Anlage nach Bild 5-23 (mit Not-Überladeschutz) lässt sich ein stetiger Parallelregler auch als intelligenter Verbraucher (Zusatzheizung) betreiben. Der Autor setzt einen solchen Regler seit 1989 in einer Inselanlage ein.

5.1.2.5 Anlagen mit Maximum-Power-Tracker (MPT)

Ein Maximum-Power-Tracker (MPT) oder genauer Maximum-Power-*Point*-Tracker (MPPT) ist ein elektronischer Anpassungswandler, der dafür sorgt, dass der PV-Generator immer im Punkt maximaler Leistung (MPP) betrieben wird. Ein MPT ist von der Philosophie her natürlich eine sehr elegante Sache, er bringt bei gut dimensionierten Inselanlagen mit Akku nach Angaben von MPT-Herstellern eine Steigerung des Energieertrags von etwa 15% - 30%.

Bei grossen Inselanlagen ab einigen 100 W kann der Einsatz von Maximum-Power-Trackern sinnvoll sein. Es ist jedoch bei jeder Anlage genau zu untersuchen, ob sich die Kosten für einen MPT wirklich lohnen oder ob das eingesparte Geld nicht sinnvoller in einige zusätzliche Solarmodule investiert wird. Durch den Einsatz eines MPT's steigt auch die Komplexität des Systems. Es ist eher unwahrscheinlich, dass die Leistungselektronik des MPT die gleiche Lebensdauer haben wird wie der PV-Generator. Zudem können MPT's wie schaltende Laderegler Probleme der elektromagnetischen Verträglichkeit (EMV) verursachen, d.h. sie können empfindliche elektronische Geräte in der Umgebung (z.B. Radios, Funkanlagen usw.) stören. Um diese EMV-Probleme zu entschärfen, sind wie bei qualitativ hochwertigen Wechselrichtern geeignete Entstörmassnahmen (Filter) erforderlich.

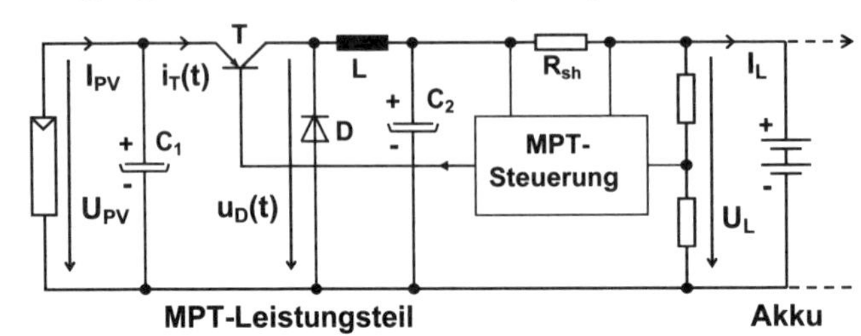

Bild 5-27: Prinzipschaltung eines Ladereglers mit Maximum-Power-Tracker (MPT) mit Abwärtswandlung (Ausgangsspannung kleiner als Eingangsspannung). Statt Bipolartransistoren werden oft Power-MOS-FET verwendet.

Bei einem MPT für die Speisung von Akkus mit ihrer relativ konstanten Spannung wird am einfachsten dafür gesorgt, dass der Akku-Ladestrom I_L maximal wird. Bild 5-27 zeigt den prinzipiellen Aufbau eines MPT mit Abwärtswandlung ($U_{PV} > U_L$, Tiefentladeschutz und Verbraucher aus Platzgründen nicht eingezeichnet). Für die Erklärung der prinziellen Funktion wird angenommen, dass L, C_1 und C_2 sehr gross und die Diode D und der Transistor T ideal sind.

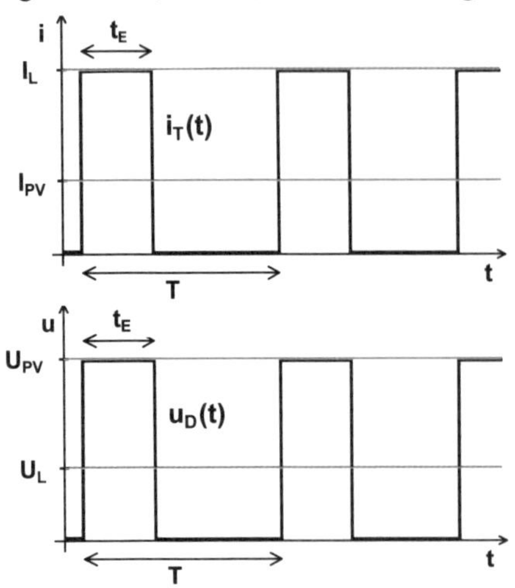

Bild 5-28: Verlauf des Solargeneratorstroms I_{PV} (grün), des Stromes $i_T(t)$ im Transistor T (schwarz) und des Akku-Ladestroms I_L (rot) in Funktion der Zeit bei der Schaltung nach Bild 5-27. t_E = Einschaltzeit des Transistors, T = Periodendauer, t_E/T = Tastverhältnis (Annahme: L, C_1, $C_2 \approx \infty$).

Bild 5-29: Solargeneratorspannung U_{PV} (grün), Spannung $u_D(t)$ (schwarz) über der Diode D (ideal!) und Spannung U_L über dem Akku (rot) in Funktion der Zeit bei der Schaltung nach Bild 5-27. t_E = Einschaltzeit des Transistors, T = Periodendauer, t_E/T = Tastverhältnis. (Annahme: L, C_1, $C_2 \approx \infty$)

Am Shunt R_{Sh} entsteht ein Spannungsabfall, der proportional zum Strom I_L am Ausgang des MPT ist. Die MPT-Steuerung prüft diesen Wert laufend und erzeugt das für die gegebenen Einstrahlungsbedingungen optimale Tastverhältnis t_E/T (Verhältnis von Transistor-Einschaltzeit t_E zur Periodendauer T) für maximales I_L. Der Ladestrom I_L pendelt dabei ganz wenig um den maximalen Wert. Der Solargeneratorstrom I_{PV} ist dabei gleich dem Mittelwert des Transistorstroms I_T und entspricht etwa dem Strom I_{MPP} im MPP (siehe Bild 5-28).

Bild 5-29 zeigt die in der Schaltung auftretenden Spannungen. Während der Zeit t_E ist der Transistor T voll durchgeschaltet und an der Diode D liegt die Spannung $u_D = U_{PV}$ (Diode sperrt). Der Transistor führt während t_E den Strom I_L. Während der übrigen Zeit sperrt der Transistor, die Spannung über der Induktivität wird negativ und der Strom I_L fliesst über die nun leitende Diode weiter. Die Spannung über der leitenden Diode ist $u_D \approx 0$ (Diode ideal). Als Ausgangsspannung U_L ergibt sich der Mittelwert der Spannung $u_D(t)$ an der Diode.

Für den Solargeneratorstrom gilt: $I_{PV} = I_L \dfrac{t_E}{T}$ (5.13)

Umgekehrt gilt für den Ladestrom: $I_L = I_{PV} \dfrac{T}{t_E}$ (5.14)

Für die Ausgangsspannung U_L ergibt sich: $U_L = U_{PV} \dfrac{t_E}{T}$ (5.15)

Umgekehrt gilt für die Spannung am Solargenerator $U_{PV} = U_L \dfrac{T}{t_E}$ (5.16)

Da die Verluste vernachlässigt wurden, gilt wegen des Energiesatzes:

$$U_{PV} \cdot I_{PV} = U_L \cdot I_L \qquad (5.17)$$

Der Ladestrom I_L wird somit grösser als der vom Solargenerator gelieferte Strom I_{PV}. Die ganze Schaltung wirkt als "Gleichstromtransformator", d.h. die Ausgangsleistung auf der Akkumulatorseite ist nahezu gleich der Eingangsleistung auf der Solargeneratorseite.

Damit der Akkumulator nicht überladen wird, überwacht die MPT-Steuerung laufend die Ausgangsspannung. Beim Erreichen der Ladegrenzspannung wird das Tastverhältnis so reduziert, dass diese Spannung nicht überschritten wird.

Maximum-Power-Tracker sind spezialisierte Gleichspannungswandler und haben bei grösseren Leistungen einen Wirkungsgrad von etwa 90% bis gegen 99%. Bei kleinen Leistungen sinkt ihr Wirkungsgrad, da zuerst ihre Leerlaufverluste gedeckt werden müssen. Serienmässig produzierte schaltende Laderegler werden beispielsweise unter den Markenbezeichnungen Maximizer und Outback Power Systems angeboten.

5.1.2.6 Beispiele kommerziell erhältlicher Solarregler (Laderegler mit Tiefentladeschutz)

Verschiedene Hersteller (z.B. Steca, Phocos, Morningstar, aber auch viele andere) bieten serienmässige Laderegler für Ladeströme im Bereich 4 A bis 140 A, für Lastströme im Bereich 4 A bis 70 A und für Systemspannungen von 12 V, 24 V und 48 V an (oft mit automatischer Erkennung und Umschaltung auf die jeweilige Spannung). Auf Kundenwunsch werden von einzelnen Herstellern Systeme mit Ladeströmen bis 300 A angeboten.

Viele schaltende Laderegler arbeiten mit Pulsweitenmodulation (PWM), d.h. sie schalten den Solargenerator bis zum Erreichen der Grenzladespannung voll auf den Akku durch. Nach Tiefentladungen kann bei geschlossenen Akkus mit flüssigem Elektrolyt auch eine kurze Ausgleichsladung mit etwas höherer Spannung erfolgen. Danach wird der Ladestrom nur noch in Form von ganz kurzen Stromimpulsen auf den Akku weitergeleitet, der Ladestrom wird also getaktet (f_{Takt} z.B. einige 100 Hz), wobei durch Variation des Verhältnisses zwischen der Einschaltzeit t_E und der Periodendauer T (analog wie in Bild 5-28) dafür gesorgt wird, dass der Akku immer auf der (etwas tieferen) Erhaltungsladungsspannung (z.B. 2,25 V/Zelle) bleibt.

Tabelle 5.4: Kenndaten einiger *schaltender* Systemregler für Photovoltaikanlagen von verschiedenen Herstellern (P = Parallelregler, S = Serieregler). Neben diesen Modellen sind noch viele weitere Typen mit anderen Daten erhältlich.

Typ	Steca Solarix	Steca Solarix	Steca PowerTARON	Phocos	Phocos	Morningstar	Morningstar
	Alpha	Omega	4140	CA06-2	CX40	Sunsaver 6L	Prostar-30
Nennspannung	12V / 24V	12V / 24V	48V	12V	12V / 24V	12V	12V / 24V
Regelprinzip	P	P	P	S	S	S	S
Ladestrom	8A	30A	140A	5A	40A	6A	30A
Laststrom	8A	30A	70A	6A	40A	6A	30A
Eigenverbrauch	<5mA	<5mA	<14mA	<4mA	<4mA	6-10mA	25mA
Temperatur (°C)	-25 ... 50	-25 ... 50	-10 ... 60	?	?	-40 ... 85	-40 ... 60

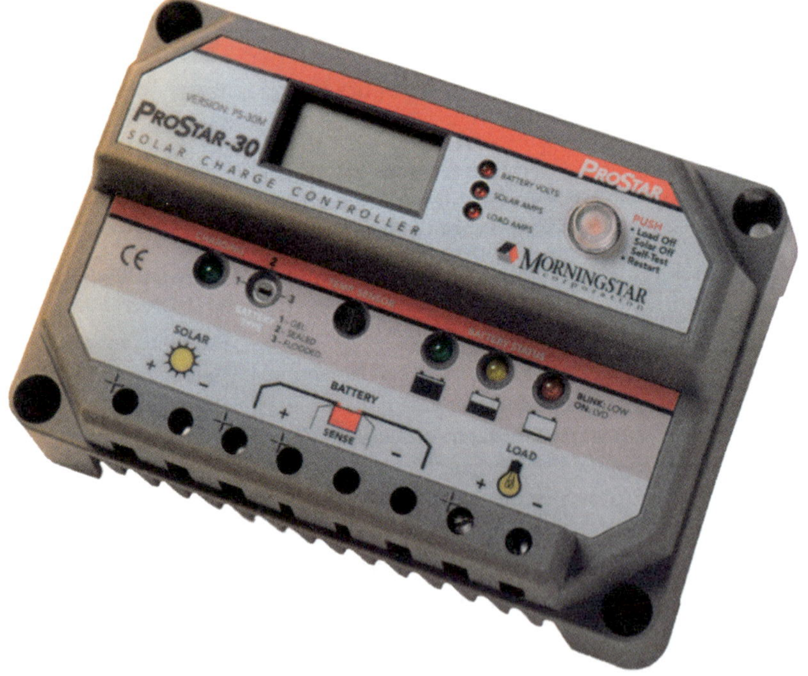

Bild 5-30:
Beispiel eines kommerziell erhältlichen Systemreglers für PV-Anlagen mittlerer Leistung (Prostar-30, schaltender PWM-Serieregler, für 12V/24V-Anlagen mit Solargeneratorströmen bis 30A und Lastströmen bis 30A). Das Gerät ist für verschiedene Akku-Typen umschaltbar (mit Schraubenzieher bei grüner LED links, Battery Type 1, 2, 3). Mit einigen LEDs und einer LCD-Anzeige wird dem Benutzer eine grobe Information über den Betriebszustand der PV-Anlage und den Akku-Ladezustand vermittelt. (Bild aus Datenblatt von Morningstar).

5.1.3 Wechselrichter für photovoltaische Inselanlagen

Da nicht alle Verbraucher als Gleichstrom-Kleinspannungsgeräte erhältlich sind (vor allem Geräte mit grösseren Motoren wie Waschmaschinen oder Elektrowerkzeuge), wird in grösseren Inselanlagen häufig ein Wechselrichter eingesetzt, um auch Wechselstromgeräte mit einer Spannung von 230 V und einer Frequenz von 50 Hz betreiben zu können.

Bei Wechselrichtern für Inselanlagen sind andere Eigenschaften wichtig als bei Geräten, die in netzgekoppelten Photovoltaikanlagen eingesetzt werden (siehe Kap. 5.2).

Anforderungen für Wechselrichter in Inselanlagen:

- Wechselspannungsquelle mit stabiler, intern erzeugter Frequenz (i.A. 50 Hz)
- Hoher Wirkungsgrad auch im Teillastbereich.
- Kleiner Leerlaufstrom und damit kleine Leerlaufverluste.
- Fähigkeit, die für den Betrieb von induktiven Verbrauchern nötige Blindleistung ohne allzu grosse Reduktion des Wirkungsgrades zu liefern.
- Fähigkeit, kurzzeitig (einige 100 ms) grosse Anlaufströme (ca. 2 - 3,5 facher Nennstrom) zu liefern.
- Kurzzeitige Überlastbarkeit (z.B. 50% bis 100%) im Bereich einige Sekunden bis einige Minuten.
- Einschaltstrombegrenzung auf der Gleichstromseite (kein unnötiges Auslösen von Akku-Hauptsicherungen beim Einschalten).
- Schutz gegen Überspannungen durch Abschalten induktiver Verbraucher.
- Schutz gegen Überlastung und Kurzschluss auf der Wechselstromseite.
- Bei grösseren Geräten Fernbedienung oder automatische Einschaltung bei Belastung des 230V-Ausgangs (Stand-By-Schaltung).
- Sinusförmiges Ausgangssignal mit geringem Oberwellengehalt (niedriger Klirrfaktor).
- Geringer Gehalt an hochfrequenten Störungen im Ausgangssignal.

Stand der Technik sind heute Wechselrichter mit sinusförmigem oder zumindest annähernd sinusförmigem Ausgangssignal. Wechselrichter mit anderem Ausgangssignalen sind zwar noch auf dem Markt und auch vielfach in älteren Anlagen noch vorhanden, ihre früher vorhandenen Vorteile (günstigerer Preis, höhere Überlastbarkeit) haben sie aber dank der Weiterentwicklung der Sinuswechselrichter weitgehend eingebüsst.

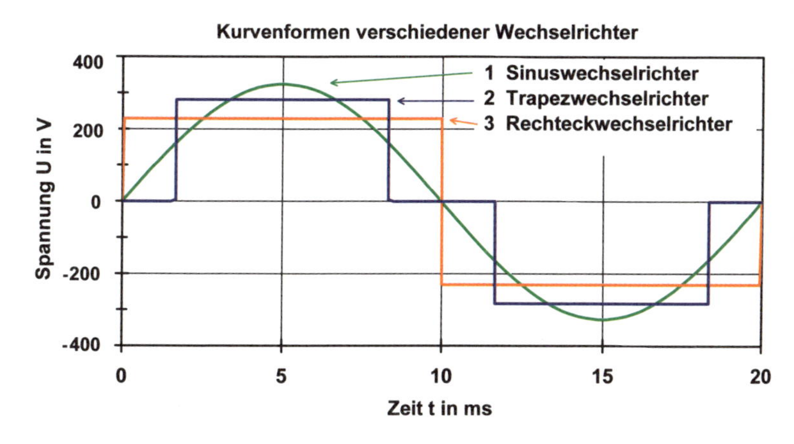

Bild 5-31: Kurvenform der Ausgangsspannung von verschiedenen Wechselrichtertypen für PV-Inselanlagen.

Es ist klar, dass die Erfüllung all dieser Anforderungen recht aufwändig ist. Man unterscheidet nach ihrem Aufbau und der Kurvenform ihres Ausgangssignals (siehe Bild 5-31) vier Hauptkategorien von Wechselrichtern, welche die obigen Anforderungen in unterschiedlicher Weise erfüllen:

- Rotierende Umformer (Gleichstrommotor treibt Wechselstromgenerator)
- Rechteckwechselrichter
- Pulsbreitengeregelte Rechteckwechselrichter
- Sinuswechselrichter

(Rechteckwechselrichter, pulsbreitengeregelte Rechteckwechselrichter und Sinuswechselrichter: statische Wechselrichter)

5.1.3.1 Rotierende Umformer

Bei rotierenden Umformern treibt ein Gleichstrommotor einen Wechselstromgenerator an. Günstig ist dabei die sinusartige Ausgangsspannung und die Möglichkeit, hohe Anlaufströme zu liefern (infolge der in den rotierenden Massen gespeicherten Energie). Sie haben aber relativ hohe Leerlaufverluste und einen ziemlich schlechten Wirkungsgrad von max. 70% ... 85%, da die Energie zweimal umgewandelt werden muss und unterliegen mechanischem und elektrischem Verschleiss.

5.1.3.2 Rechteckwechselrichter

Rechteckwechselrichter sind relativ einfach aufgebaut (siehe Bild 5-32) und sind deshalb ziemlich preisgünstig. Sie haben einen hohen Wirkungsgrad und können kurzzeitig etwas überlastet werden. Ihre rechteckige Ausgangsspannung (siehe Bild 5-31) enthält aber sehr viele Oberschwingungen (Klirrfaktor ca. 44%), was bei manchen Verbrauchern (z.B. Motoren und Transformatoren) eine erhöhte Erwärmung bewirkt. Bei anderen Geräten (z.B. mit Schaltnetzteilen oder mit Triac- oder Thyristorsteuerung) kann es sogar zu Fehlfunktionen oder vorzeitigem Ausfall kommen.

Bild 5-32:
Blockschema eines einfachen Rechteck-Wechselrichters.

Das feste Übersetzungsverhältnis des Transformators bewirkt auch, dass die Ausgangsspannung eines Rechteckwechselrichters stark von der Akkuspannung abhängig ist. Beträgt beispielsweise der Effektivwert der Ausgangsspannung bei 24 V Akkuspannung 230 V, so sinkt er bei 21 V auf 201 V und steigt andererseits bei 28,8 V (Gasungsspannung) auf 276 V an. Solche Spannungsschwankungen neben dem hohen Oberschwingungsgehalt verursachen bei vielen Verbrauchern Probleme. Rechteckwechselrichter sind deshalb nur zum *gelegentlichen* Betrieb von Geräten mit Einphasenkollektormotoren (Bohrmaschinen, Staubsauger, Mixer) oder mit einfachen Netzteilen ohne Elektronik geeignet.

5.1.3.3 Pulsbreitengeregelte Rechteckwechselrichter

Pulsbreitengeregelte Rechteckwechselrichter (manchmal auch Trapezwechselrichter genannt) halten die Ausgangsspannung unabhängig von der Akkuspannung und der Belastung konstant. Dies wird durch eine zusätzliche Spannungsstufe bei 0 V erreicht, deren Dauer durch eine schnelle Regelschaltung so verändert wird, dass der Effektivwert der Ausgangsspannung immer 230 V beträgt (siehe Bild 5-31).

Dank der dritten Spannungsstufe bei 0 V sinkt auch der Oberschwingungsgehalt der Ausgangsspannung. Vor allem die ungeradzahligen Vielfachen der 3. Harmonischen (also die 3., 9., 15., 21. usw.) werden deutlich reduziert und der Klirrfaktor sinkt auf knapp 30 %. Mit pulsbreitengeregelten Rechteckwechselrichtern lassen sich deshalb viele Geräte auch über längere Zeit betreiben.

Der Wirkungsgrad von pulsbreitengeregelten Rechteckwechselrichtern ist vergleichbar mit dem von einfachen Rechteckwechselrichtern und erreicht Maximalwerte von 85 % ... 95 %. Ihre Leerlaufverluste sind mit 1 % ... 4 % der Nennleistung recht gering und können durch spezielle automatisch arbeitende Stromsparschaltungen, die den Wechselrichter nur bei Belastung voll einschalten, auf unter 1 % der Nennleistung reduziert werden.

Pulsbreitengeregelte Rechteckwechselrichter können kurzzeitig stark überlastet werden (z.B. 100 % während einigen Minuten und 200 % bis 300 % während einigen Sekunden) und eignen sich deshalb auch für Geräte mit hohen Anlaufströmen. Durch geeignete Verschleifung der Flanken (z.B. Anstiegs- und Abfallzeit > 50 µs) kann man erreichen, dass die bei Wechselrichtern oft beobachtete Beeinträchtigung des Radioempfangs durch hochfrequente Störspannungen nicht auftritt, ohne dass der Wirkungsgrad dadurch nennenswert absinkt. Die Rechteckimpulse werden dabei leicht trapezförmig.

Probleme können beim Anschluss von Geräten auftreten, die auf die in der Speisespannung noch vorhandenen niederfrequenten Störspannungen empfindlich sind, z.B. Hi-Fi-Anlagen. Für solche Anwendungen ist der Einsatz von Sinuswechselrichtern günstiger.

5.1.3.4 Sinuswechselrichter

Sinuswechselrichter erzeugen eine praktisch sinusförmige Ausgangsspannung (siehe Bild 5-31), an die grundsätzlich alle Verbraucher angeschlossen werden können. Dank wesentlichen technischen Fortschritten sind sie heute eindeutig Stand der Technik. Wie pulsbreitengeregelte Rechteckwechselrichter sind moderne Sinuswechselrichter kurzzeitig stark überlastbar (z.B. 200 % bis 350 %), so dass keine Probleme mit Anlaufströmen mehr auftreten. Trotz des höheren technischen Aufwandes sind sie heute nur noch wenig teurer in der Anschaffung. Auch ihr Wirkungsgrad liegt heute im Bereich der Wirkungsgrade von pulsbreitengeregelten Rechteckwechselrichtern. Deshalb sind Sinuswechselrichter oder zumindest Wechselrichter mit Quasisinus (vielstufige Treppenwechselrichter) heute bei Neuanschaffungen eindeutig zu bevorzugen.

Moderne Sinuswechselrichter erreichen die Sinusform des Ausgangssignals durch Erzeugung eines pulsweitenmodulierten Signals mit einer Taktfrequenz von etwa 10 kHz bis 50 kHz im Innern des Wechselrichters. Diese relativ hohe Taktfrequenz kann mit geringem Aufwand (oft genügt eine einfache Drossel) ausgefiltert werden. Die niederfrequenten Oberschwingungen werden vom Schaltungsprinzip her weitgehend unterdrückt. Bild 5-33 zeigt das Blockschema eines derartigen Sinuswechselrichters und Bild 5-34 illustriert die Erzeugung eines sinusförmigen Ausgangssignals mit Hilfe der Pulsweitenmodulation.

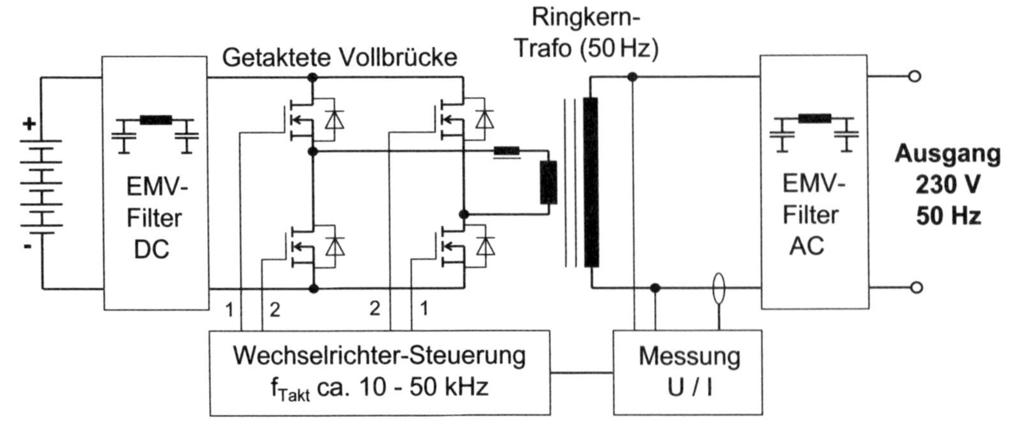

Bild 5-33:
Blockschema eines modernen Sinus-Wechselrichters mit Power-MOS-FET. Die beiden Steuersignale 1 und 2 schalten jeweils zwei diagonal gegenüberliegende FET's gleichzeitig durch, während die beiden anderen gesperrt bleiben. Durch unterschiedliche Dauer der Ein- und Ausschaltzeiten (Pulsbreiten-, Pulsdauer- resp. Pulsweitenmodulation) wird der Verlauf der Sinuskurve approximiert.

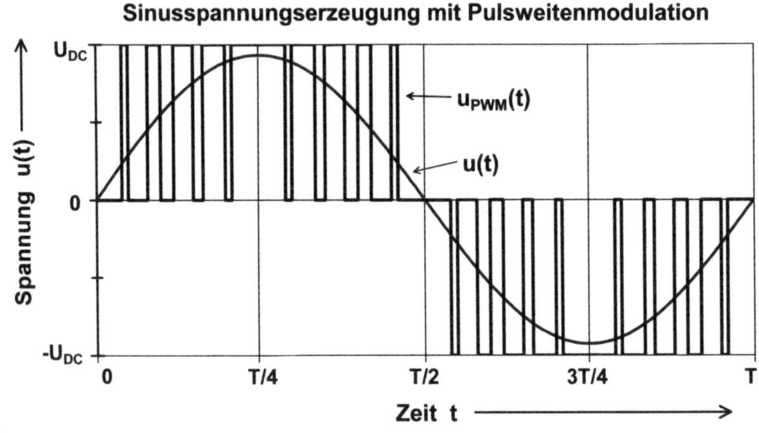

Bild 5-34:
Zur Funktion eines Sinuswechselrichters gemäss Bild 5-33: Erzeugung einer sinusförmigen Spannung mit Pulsweitenmodulation durch häufiges Ein- und Ausschalten innerhalb einer Halbperiode (momentanes Tastverhältnis entsprechend dem Momentanwert der gewünschten Sinusspannung). Die Taktfrequenz liegt viel höher als die Frequenz der zu erzeugenden Spannung und kann somit mit einem einfachen Tiefpassfilter leicht eliminiert werden.

Auf diese Weise kann auch bei Sinuswechselrichtern ein maximaler Wirkungsgrad von weit über 90% erreicht werden (z.B. 92% bis 96%, siehe Bild 5-35 und Tabelle 5.5). Durch die hochfrequente Taktung bei der Pulsbreitenmodulation mit sehr steilen Flanken, die zur Erzielung eines hohen Wirkungsgrades erforderlich sind, entstehen aber hochfrequente Störspannungen am Ausgang, die durch die auf niedrige Frequenzen optimierten Ausgangsfilter nur ungenügend gedämpft werden. Gute HF-Sinuswechselrichter sind deshalb *beidseitig* mit zusätzlichen HF-Filtern ausgerüstet (Bild 5-33), damit keine Störungen anderer Geräte auftreten (z.B. Störungen des Radioempfangs).

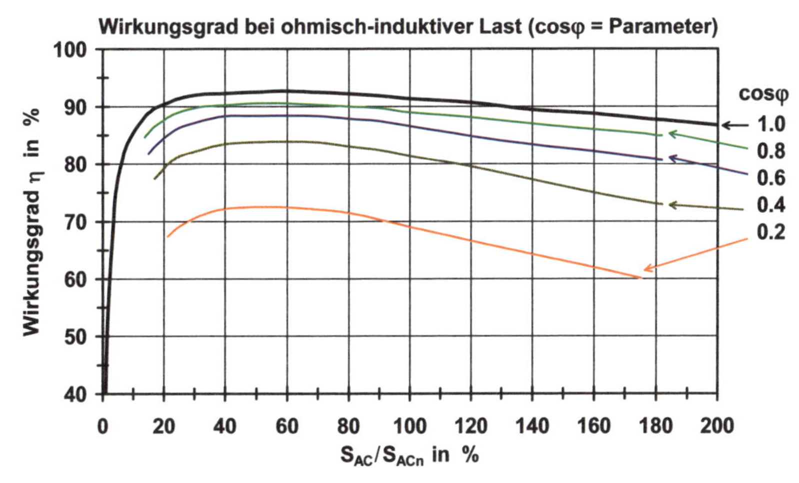

Bild 5-35:
Typischer Wirkungsgradverlauf eines Sinus-Wechselrichters für Inselanlagen bei ohmisch-induktiver Belastung. Für verschiedene Werte von cosφ ist der Wirkungsgrad in Funktion der *normierten* AC-Scheinleistung angegeben (auf der Wechselstromseite entnommene Scheinleistung S_{AC} bezogen auf die Nenn-Scheinleistung S_{ACn}). Bei kleinen cosφ-Werten ist der Wirkungsgrad sehr viel geringer als bei annähend ohmscher Belastung. Als Beispiel verwendet: TopClass 08/24 (DC-Nennspannung 24 V, S_{ACn} = 800 VA) [5.6].

Dank verlustarmer Stand-By-Schaltungen brauchen moderne Sinuswechselrichter heute ohne Last nur noch wenige Promille der Nennleistung, so dass sie dauernd im Betrieb bleiben können. Bei manchen Wechselrichtern ist heute auch als Option ein eingebauter Laderegler erhältlich. Es gibt auch Wechselrichter mit eingebautem Gleichrichter-Ladegerät, die beim Anschluss eines Hilfsgenerators den Akku nach einer Tiefentladung infolge längerer Schlechtwetterperioden aufladen können. In Tabelle 5.5 werden als Beispiele die wichtigsten Kenndaten einiger Sinuswechselrichter von verschiedenen Herstellern angegeben.

Tabelle 5.5: Beispiele einiger Sinuswechselrichter (230 V / 50 Hz) für PV-Anlagen von verschiedenen Herstellern. Neben diesen Modellen sind noch viele weitere Typen mit anderen Daten und Optionen (z.B. eingebautes Netzladegerät oder Solarladeregler) erhältlich. Alle aufgeführten Daten beruhen auf Herstellerangaben.

Typ	Aton 2.3/12	Allegro 10/24	TopClass TC35/48	AJ 275-12	AJ 1300-24	XPC 2200-24	HPC 8000-48
Hersteller	ASP	ASP	ASP	Studer	Studer	Studer	Studer
Dauerleistung	160VA	1000VA	3200VA	200VA	1000VA	1600VA	7000VA
Max. Wirkungsgrad	94%	94%	93%	93%	94%	95%	96%
Nennspannung	12V	24V	48V	12V	24V	24V	48V
Eingangs-U_{DC}	10.5...16V	21...32V	42...64V	10.5...16V	21...32V	19...32V	38V...68V
cosφ	0,3...1	0,3 ... 1	0,3...1	0.1...1	0.1...1	0.1...1	0,1 ... 1
Eigenverbrauch Stand-By / AC on	0.6W / 2W	0.5W/10W	0.5W/12W	0.3W/1.9W	0.4W/10W	0.9W/7W	3W/30W
Temperatur (°C)	-25...50	-25...50	-25...50	-20...50	-20...50	-20...55	-20...55
Laderegler (I_{max})	ja (20A)	nein	nein	opt. (10A)	opt. (25A)	opt. (30A)	nein
Ladegerät (I_{max})	nein	nein	nein	nein	nein	ja (37A)	ja (90A)

Moderne Sinuswechselrichter weisen eine sehr gute Sinusform auf (siehe Bild 5-36) und ihr Oberschwingungsgehalt ist relativ klein. Gegenüber Rechteck- oder Trapez-Wechselrichtern stellen sie einen eindeutigen Fortschritt dar. Die Sinusform ist zwar nicht bei jedem Gerät ganz perfekt, erreicht aber meist Netzqualität oder übertrifft diese gar.

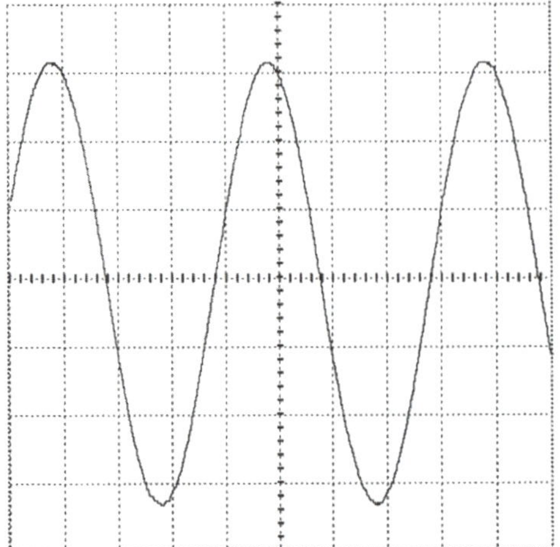

Bild 5-36:
Gemessene Ausgangsspannung eines SI1224 (1200 W, 24 V) bei einer ohmschen Last von 300 W. Der Regelkreis arbeitet optimal, die Spannung weist eine sehr gute Sinusform auf.
Masstäbe:
Vertikal 100V/Div , horizontal 5ms/Div.

Im Spektrum der Oberschwingungsspannungen ist der Unterschied zwischen Sinuswechselrichtern und Trapezwechselrichtern besonders deutlich. Bild 5-37 zeigt ein derartiges Spektrum für einen Sinus-Wechselrichter TC13/24 und einen Atlas 24/1200 im Vergleich zu den Grenzwerten von EN61000-2-2, welche die im Netz maximal zu erwartenden Oberschwingungsspannungen definiert.

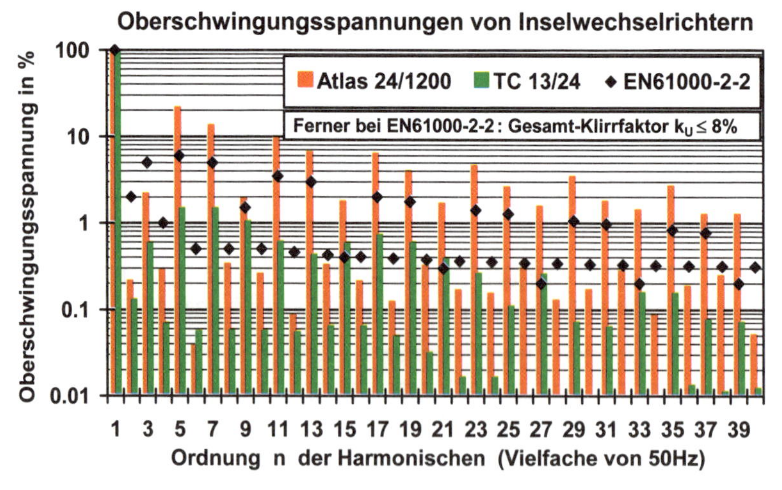

Bild 5-37:
Oberschwingungsspannungen bezogen auf die Grundschwingungsspannung bei einem pulsbreitengeregelten Rechteckwechselrichter (Atlas 24/1200) und einem Sinuswechselrichter (TC13/24) bei ca. 30% der Nennleistung (ohmsche Last) im Vergleich zu den Verträglichkeitspegeln in Niederspannungsnetzen gemäss EN61000-2-2 [5.7]. Der pulsbreitengeregelte Wechselrichter überschreitet diese Grenzwerte bei vielen Frequenzen deutlich. Dagegen liefert der Sinuswechselrichter bezüglich Oberschwingungen praktisch Netzqualität.

Das Problem der Anlaufströme darf bei der Auswahl eines Inselbetriebs-Wechselrichters nicht unterschätzt werden. Trotz der beträchtlichen Überlastbarkeit moderner Wechselrichter ist es oft nötig, die Wechselrichter-Nennleistung deutlich über der Leistung eines anzuschliessenden Verbrauchers im stationären Betrieb zu wählen, um diesen überhaupt starten zu können. Bild 5-38 zeigt den Verlauf von Spannung und Strom beim Einschalten eines Kompressorkühlschranks mit nur 90 W Dauerleistung auf einen Wechselrichter mit einer Nennleistung von immerhin 1300 W bei einer DC-Nennspannung von 24 V. Bild 5-39 zeigt die maximal verfügbare Leistung eines Sinuswechselrichters bei temporärer Überlastung.

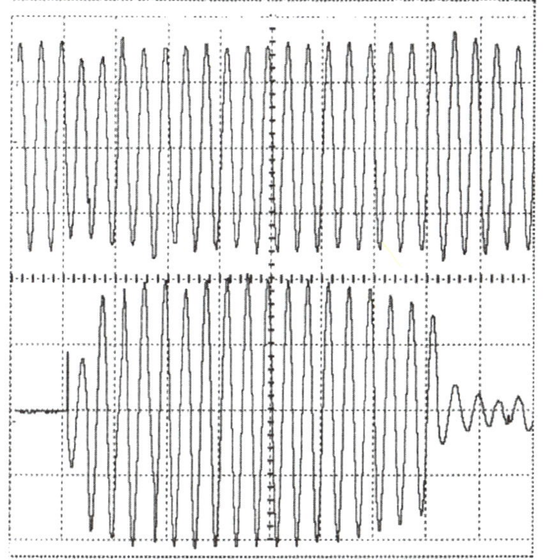

Bild 5-38:
Einschalten eines 90 W Kompressor-Kühlschranks an einem leerlaufenden TC13/24.
Oben:
Spannung U, Massstab 200 V/Div.
Unten:
Strom I, Masstab 5 A/Div.
Zeitmasstab (x-Achse): 50ms/Div.
Der Kühlschrank zieht während des Anlaufvorgangs von ca. 350ms etwa den 9-fachen Nennstrom. Während des Anlaufvorgangs wird etwa das 1,3-fache der Nenn-Scheinleistung des Wechselrichters aufgenommen!

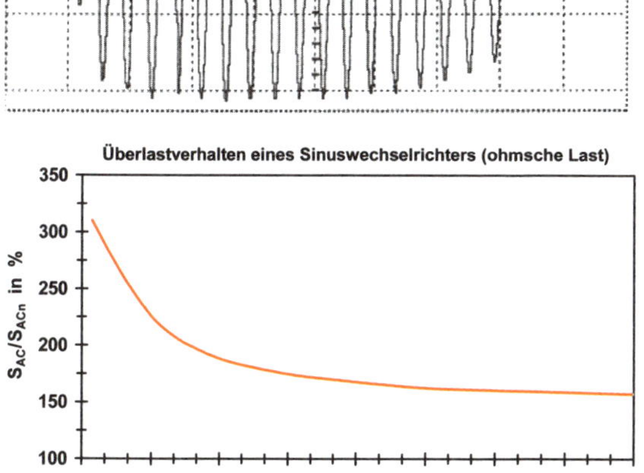

Bild 5-39:
Verhalten eines Sinus-Wechselrichters von 800 VA (TC 08/24) bei Überlastung. Die maximal mögliche Betriebszeit bei einer bestimmten Überlastung ist von der Wechselrichtertemperatur vor Beginn des Überlastbetriebs und von der Umgebungstemperatur abhängig. Die angegebene Kurve wurde bei einer Umgebungstemperatur von 20°C und einer Kühlkörpertemperatur von etwa 30°C aufgenommen [5.6].

Bei richtiger Dimensionierung können Inselwechselrichter Wechselstromverbraucher also mit der gleichen Qualität versorgen wie das normale Stromnetz. Ein Nachteil besteht aber darin, dass sie viel geringere Kurzschlussströme liefern können als das normale Stromnetz. Wird die Sicherung am Wechselstromausgang auf den Nennstrom des Wechselrichters ausgelegt, dauert es im Kurzschlussfall viel länger, bis diese auslöst. Ein Wechselrichter muss deshalb selbst einen Kurzschluss erkennen und abschalten können. Bei kleineren Inselanlagen treten bei wechselstromseitigen Isolationsdefekten weniger Probleme auf, wenn generell Fehlerstromautomaten eingesetzt werden oder die Wechselstromverteilung (ausser PE) gegen Erde isoliert aufgebaut wird (mit Isolationsüberwachung) (IT-Netz statt wie üblich TN-C-S-Netz) [5.8].

Bild 5-40 :

Beispiel eines ASP-Sinus-Wechselrichters (230 V / 50 Hz) für Inselbetrieb. Im Bild ein Top Class 22/48 für eine Scheinleistung von 2000 VA bei einer Systemspannung von 48 V.

Für eine Systemspannung von 12 V sind entsprechende Geräte erhältlich für eine Scheinleistung von 1000 VA (TC13/12) und 1800 VA (TC20/12).

Für eine Systemspannung von 24 V für 1200 VA (TC15/24), 2000 VA (TC22/24) und 2700 VA (TC30/24).

Für eine Systemspannung von 48 V wird neben dem gezeigten Gerät auch ein TC35/48 mit 3200 VA angeboten.

5.1.3.5 Notwendige Akkugrösse in Funktion der Wechselrichterleistung

Bei einer photovoltaischen Inselanlage mit einem Wechselrichter darf der Akkumulator nicht zu klein gewählt werden. Dafür sind zwei Gründe massgebend: Einerseits steigt der Innenwiderstand bei kleinen Akkus an, andererseits leiden die Akkus unter dem bei einphasigen Wechselrichtern 230 V / 50 Hz immer vorhandenen Wechselanteil (100 Hz) auf der Gleichstromseite.

Bei grösserer Belastung beträgt der Effektivwert dieses Wechselanteils in der Praxis etwa 50% bis 70% des Eingangsgleichstromes. Einige Akkuhersteller geben einen zulässigen Wechselstromanteil von etwa I_{10} an. Mit dem gleichstromseitigen Nennstrom I_{DCn} des Wechselrichters gilt somit:

$$(0{,}5 \ldots 0{,}7) \cdot I_{DCn} = I_{10} \qquad (5.18)$$

Damit ergibt sich für die notwendige Minimalkapazität eines Akkus bei Wechselrichterbetrieb:

$$\text{Min. Akkukapazität bei Wechselrichterbetrieb: } K_{10} = 10h \cdot I_{10} = (5h \ldots 7h) \cdot I_{DCn} \qquad (5.19)$$

Der Akkumulator sollte also so gross gewählt werden, dass seine gespeicherte Ladung resp. Energie mindestens für 5 bis 7 Stunden Betrieb mit Wechselrichter-Nennleistung ausreicht.

Bei dieser Dimensionierung beträgt der Spannungsabfall am Innenwiderstand eines vollgeladenen OPzS-Akkus (siehe Bild 5-14) etwa 40 mV/Zelle oder etwa 2% der Akkuspannung, was gerade noch tolerierbar ist.

5.1.3.6 Stromverlauf auf der DC-Seite von Sinuswechselrichtern für Inselbetrieb

Bei einphasigen Inselwechselrichtern ist zu beachten, dass der Momentanwert des Stromes $i_{DC}(t)$ auf der DC-Seite bei grösserer Belastung mit der doppelten AC-seitigen Frequenz zwischen beinahe 0 und etwa dem doppelten Wert des DC-Mittelwertes I_{DC} variiert, wenn auf der AC-Seite eine Last mit $\cos\varphi = 1$ angeschlossen ist (siehe Bild 5-41). Der Effektivwert I_{DCeff} dieses Stromes ist deshalb etwas höher! Unter idealisierten Bedingungen gilt:

Effektivwert I_{DCeff} für AC-Lasten mit $\cos\varphi = 1$: $$I_{DCeff} = I_{DC}\sqrt{1{,}5} \approx 1{,}22 \cdot I_{DC} \qquad (5.20)$$

Bei $\cos\varphi < 1$ steigt der DC-seitige Effektivwert sogar noch weiter an. Mit (5.21) kann man auch in diesem Fall eine *Näherung* für I_{DCeff} berechnen:

Effektivwert I_{DCeff} für AC-Lasten mit $\cos\varphi < 1$: $$I_{DCeff} \approx \sqrt{I_{DC}^2 + \left(\frac{S_{AC}}{U_{DC}\sqrt{2}}\right)^2} \qquad (5.21)$$

wobei I_{DC} = Mittelwert des vom Wechselrichter auf der DC-Seite aufgenommenen Stromes
S_{AC} = Auf der AC-Seite auftretende Scheinleistung
U_{DC} = Mittelwert der Spannung auf der DC-Seite

Diese Tatsache ist bei der Dimensionierung der Verkabelung und der Sicherungen zwischen Akku und Wechselrichter zu berücksichtigen. Da die Eingangsspannung U_{DC} jedoch praktisch konstant ist, berechnet sich die DC-seitige Eingangsleistung trotzdem als $P_{DC} = U_{DC} \cdot I_{DC}$.

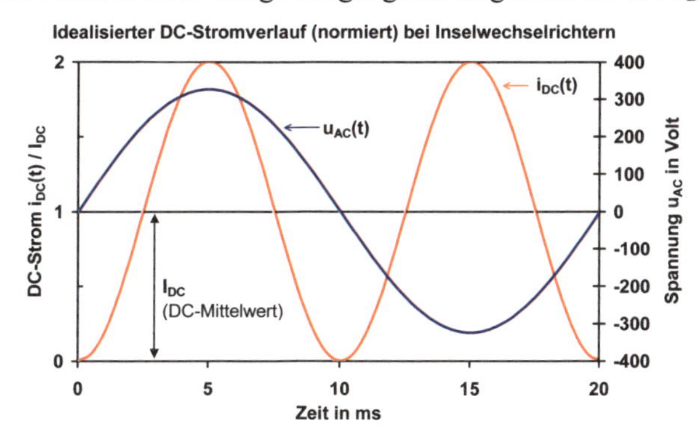

Bild 5-41:

DC-seitiger Momentanwert $i_{DC}(t)$ bei einem Sinuswechselrichter für Inselbetrieb (normierte Darstellung, auf Mittelwert I_{DC} des DC-Stromes bezogen), wenn auf der Wechselstromseite eine Last mit $\cos\varphi = 1$ angeschlossen ist. Der Effektivwert dieses Stromes beträgt dann das 1,22-fache von I_{DC}. Der Strom $i_{DC}(t)$ ist die Summe von I_{DC} und von einem mit der doppelten Ausgangsfrequenz schwankenden AC-Anteil mit der Amplitude I_{DC}. Bei einem Wechselrichter, der eine Ausgangsspannung mit einer Frequenz von 50 Hz erzeugt, schwankt der Wechselrichter-Eingangsstrom $i_{DC}(t)$ somit mit 100 Hz.

5.1.4 Gleichstromverbraucher für Inselanlagen

Bei Photovoltaik-Inselanlagen ist es sehr wichtig, dass *nur hocheffiziente Verbraucher* mit möglichst geringem Stromverbrauch eingesetzt werden. Wegen der unvermeidlichen Verluste in Wechselrichtern ist es günstig, Verbraucher wenn möglich direkt an die Anlagen-Gleichspannung anzuschliessen. Dies betrifft vor allem Verbraucher kleiner und mittlerer Leistung (z.B. Stromsparlampen, für die spezielle Adapter für Gleichstrom erhältlich sind).

Nur Geräte mit grösserer Leistungsaufnahme, von denen keine Gleichstromversionen erhältlich sind, sollen über den Wechselrichter gespeist werden, wobei es zweckmässig ist, die Betriebszeiten des Wechselrichters möglichst kurz zu halten. Um den Akkumulator zu schonen, ist es auch sinnvoll, solche Grossverbraucher möglichst in Zeiten eines grossen Solarstromangebots (z.B. über Mittag) zu betreiben.

Tabelle 5.6 gibt einen Überblick über die heute im Handel erhältlichen Gleichstromverbraucher für Photovoltaikanlagen mit 12 V und 24 V Systemspannung. Wegen kleinen Serien sind sie oft wesentlich teurer als Wechselstromgeräte (z.B. Kühlschränke und Kühltruhen) oder dann eher billig und deshalb nicht für Dauerbetrieb geeignet (Geräte aus dem Autozubehörsortiment). Bei einer Inselanlage schwankt die Akkuspannung im Betrieb, deshalb müssen Gleichstromverbraucher für 12 V Systemspannung etwa im Bereich 10 V bis 15 V, für 24 V Systemspannung etwa im Bereich 20 V bis 30 V zuverlässig funktionieren.

Tabelle 5.6 : Im Handel erhältliche Gleichstromverbraucher für Photovoltaik-Inselanlagen.

Verbraucher	12 V	24 V
Glühlampen	x	x
Hocheffiziente LED-Lampen	x	x
Adapter für normale FL-Lampen	x	x
Adapter für FL-Kompaktlampen (z.B. PLC)	x	x
Adapter für Radios, Taschenrechner usw.	x	x
Fernsehgeräte	x	x
Pumpen	x	x
Ventilatoren	x	x
Kühlschränke	x	x
Tiefkühltruhen	x	x
Staubsauger	x	x
Bügeleisen		x
Kaffeemaschinen		x
Handmixer		x
Tauchsieder / Wassererwärmer	x	
Kleiner Heizlüfter	x	
DC-DC-Wandler für 13,8V-Funkgeräte		x
Aussenbordmotoren	x	x

5.1.5 Photovoltaik-Inselanlagen mit 230 V Wechselstrom

Mit modernen Sinuswechselrichtern mit geringen Verlusten im Leerlauf und Teillastbetrieb kann man heute Photovoltaik-Inselanlagen realisieren, bei denen die *Verbraucherseite in normaler Wechselstromtechnik für 230 V* aufgebaut ist, so dass man normale Verbraucher für 230 V einsetzen kann. Der Aufbau einer solchen Anlage ist wesentlich einfacher als bei einer normalen Photovoltaikanlage. Bild 5-42 zeigt das Blockschema einer derartigen Anlage.

Bei mittleren und grösseren Inselanlagen ist heute ein Trend in Richtung zu derartigen Wechselstromanlagen zu beobachten. Allerdings sind die Verluste in der Anlage besonders bei kleinen Verbraucherleistungen grösser und es treten dauernd gewisse Wechselrichter-Leerlaufverluste auf. Dies muss bei der Dimensionierung natürlich berücksichtigt werden. Bei solchen Anlagen besteht auch die grosse Gefahr, dass wie an einer normalen Steckdose einfach immer mehr Geräte angeschlossen werden, obwohl durch die Einstrahlungsverhältnisse und die Grösse des Solargenerators auch bei einem genügend grossen Akkumulator die Energieproduktion einer Photovoltaikanlage naturgemäss immer beschränkt ist. Auch bei einer Inselanlage für Wechselstromverbraucher ist es deshalb sehr wichtig, dass *nur hocheffiziente Verbraucher* mit möglichst geringem Stromverbrauch eingesetzt werden.

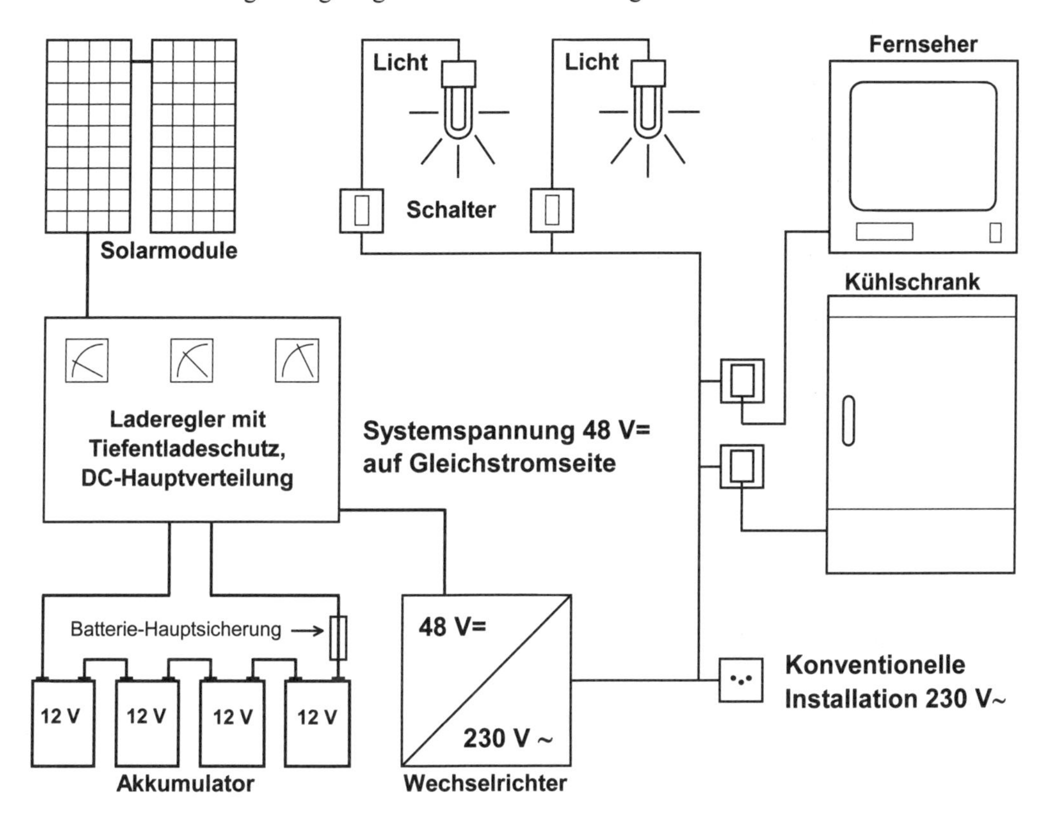

Bild 5-42 :
Blockschema einer Photovoltaik-Inselanlage für 230 V Wechselstrom. Die Verbraucherseite kann in normaler Wechselstromtechnik aufgebaut werden, so dass sich eine wesentliche Vereinfachung ergibt. Da keine Rücksicht auf direkt angeschlossene Gleichstromverbraucher genommen werden muss, kann die gleichstromseitige Systemspannung bei grösseren Anlagen höher gewählt und der Akku aus leichteren 2V-Einzelzellen mit geringerer Kapazität aufgebaut werden. Viele Wechselrichter haben bei höheren Gleichspannungen zudem einen etwas grösseren Wirkungsgrad.

Es gibt heute zudem Wechselrichter mit integriertem Laderegler und Tiefentladeschutz auf dem Markt, bei denen nur noch der Solargenerator, der Akkumulator und die Wechselstrom-Verbraucher (230 V) angeschlossen werden müssen. Bild 5-43 zeigt einen derartigen Wechselrichter. Dadurch wird der Aufwand für die Erstellung derartiger Anlagen nochmals kleiner. Für kleine Anlagen gibt es sogar Solar-Home-Systeme (SHS), bei denen ein verschlossener Bleiakku mit integriert ist, an die nur noch einige Solarmodule angeschlossen werden müssen und an die dann normale Wechselstromverbraucher 230 V / 50 Hz angeschlossen werden können.

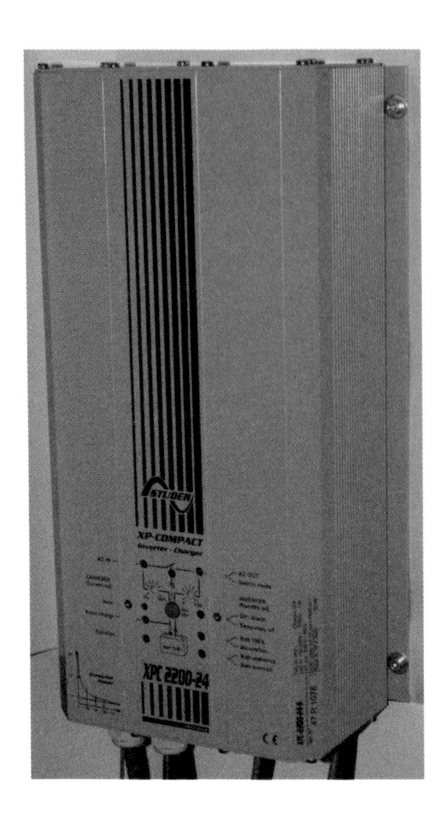

Bild 5-43:

Beispiel eines Kombi-Wechselrichters XPC 2200-24 von 1600 VA von Studer-Innotec für eine Systemspannung von 24 V. Das Gerät verfügt über ein integriertes Netzladegerät (max. Ladestrom von 37 A) und einen Laderegler für PV-Inselanlagen (PWM-Parallelregler für max. 30 A).

Das Gerät arbeitet bis zu seiner Nennleistung im Vierquadrantenbetrieb, d.h. es kann auf der Wechselstromseite nicht nur Leistung abgeben, sondern auch Leistung aufnehmen und damit den Akku laden.

Analoge Geräte sind auch für eine Systemspannung von 12 V (XPC1400-12, 1100 VA) und 48 V (XPC2200-48, 1600VA) erhältlich.

5.1.6 Photovoltaik-Inselanlagen mit Wechselstrom-Energiebus

Bei diesem Konzept werden nicht nur die Energieverteilung auf der Verbraucherseite, sondern alle energieführenden Leitungen im System soweit technisch möglich in Wechselstromtechnik ausgeführt. Dazu dient ein gemeinsamer, ein- oder dreiphasiger AC-Bus (230 V / 400 V), über den der gesamte Energietransfer innerhalb des Inselsystems und zu den Verbrauchern abgewickelt wird. Die von den Solarmodulen erzeugte Gleichstromleistung wird mit Netzwechselrichtern (siehe Kap. 5.2) in Wechselstrom umgeformt und auf diesen AC-Bus eingespeist, an dem auch die Verbraucher angeschlossen sind. Das zentrale Element einer derartigen Inselanlage ist ein *bidirektionaler Inselwechselrichter* mit einem angeschlossenen Akku, der dauernd für die richtige Spannung und Frequenz auf diesem AC-Bus sorgt und bei Bedarf nicht nur Gleichstrom in Wechselstrom, sondern auch überschüssigen Wechselstrom in Gleichstrom umwandeln und so den Akku laden kann. Dazu muss er natürlich auch die Funktion eines Ladereglers übernehmen. Bei einem Leistungs-Überangebot auf dem AC-Bus, das nicht mehr zur Akkuladung verwendet werden kann, erhöht er seine Frequenz leicht, so dass die angeschlossenen Netzwechselrichter ihre Leistung etwas zurückfahren. Entsprechende Geräte werden unter der Bezeichnung "Sunny Island" seit einigen Jahren von der Firma SMA angeboten (Leistungsbereich 3,3 kVA – 220 kVA).

Damit das System stabil bleibt, müssen auch die angeschlossenen Netzwechselrichter die Eigenschaft haben, dass sie bei einem leichten Frequenzanstieg nicht abschalten, sondern zunächst ihre Leistung reduzieren. Eine andere Möglichkeit wäre natürlich die gezielte Zuschaltung von Verbrauchern in Zeiten eines Leistungsüberangebotes.

Auf einen derartigen AC-Bus können über entsprechende Wechselrichter auch andere erneuerbare Energiequellen (z.B. Windgeneratoren), in Hybridsystemen auch Diesel- oder Benzingeneratoren, grössere Langzeit-Energiespeicher (Brennstoffzellen) oder in Gebieten mit schwachen Stromnetzen auch das öffentliche Netz angeschlossen werden.

Dieses Konzept erhöht die Komplexität einer Inselanlage deutlich, was die Installation, den Betrieb und die Wartung in abgelegenen Gebieten (z.B. Drittweltländern) sicher erschwert. Es hat aber den Vorteil, dass es leicht erweiterbar ist, dass alle Installationen in normaler Wechselstromtechnik ausgeführt und dass normale Wechselstromverbraucher eingesetzt werden können. Dies ist ein wesentlicher Vorteil bei der Elektrifizierung grösserer Einzelgebäude oder abgelegener Dörfer, die vielleicht später einmal nach einem Netzausbau an das öffentliche Stromnetz angeschlossen werden. Die bisher erbrachten Investitionen behalten dabei ihren Wert, denn auch nach dem Anschluss ans Netz können nicht nur alle Verbraucher, sondern auch alle Installationen und Energieerzeuger weiter betrieben werden.

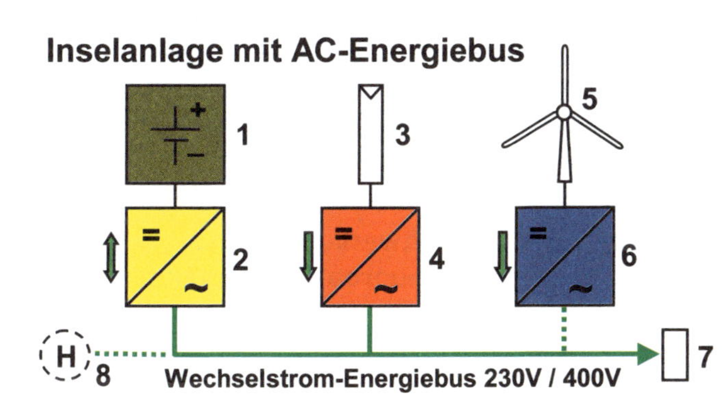

Bild 5-44:
Inselanlage mit AC-Energiebus (Energieflussrichtung hellgrün)

Legende:
1 Akkumulator
2 Bidirektionaler Wechselrichter
3 Solargenerator
4 Netz-Wechselrichter
5 Windgenerator
6 Wechselrichter für Windgenerator
7 Verbraucher
8 Diesel-/Benzin-Hilfsgenerator

Bild 5-45:
Beispiel einer dreiphasigen PV-Inselanlage (230 V / 400 V, 3·4,5 kW) mit AC-Bus.
Links: Blick in den Akkuraum.
Mitte: Bidirektionale Spezialwechselrichter Sunny Island (gelb, je ein Gerät pro Phase)
Rechts: Netzwechselrichter zur Einspeisung der PV-Leistung auf den AC-Bus. (Bild SMA)

5.2 Netzgekoppelte Photovoltaikanlagen

5.2.1 Prinzip des Netzverbundbetriebs

Bei mittleren und grösseren Photovoltaikanlagen kann man in Gebieten mit ausgebauter öffentlicher Stromversorgung die Speicherkosten einsparen, indem man die Photovoltaikanlage über einen geeigneten Wechselrichter direkt mit dem Stromnetz koppelt. Mit den heute erhältlichen Komponenten sind netzgekoppelte Photovoltaikanlagen bereits ab einer Grösse von etwa 100 Wp realisierbar.

Bild 5-46 zeigt das Prinzip dieses sogenannten Netzverbundbetriebes. Da in einem elektrischen Netzwerk auf Grund der Gesetze der Elektrotechnik in jedem Zeitpunkt die Summe der erzeugten Leistung gleich der Summe der verbrauchten Leistung sein muss, wirkt das Netz dabei natürlich nicht als Speicher im eigentlichen Sinn. Die von einer Photovoltaikanlage (oder auch einem Windkraftwerk) ins Netz eingespeiste Leistung wird beim Netzverbundbetrieb von irgendeinem Verbraucher im Netz aufgenommen und muss nicht durch die anderen Kraftwerke produziert werden. Die so ins Netz eingespeiste Energie führt also zu einem Minderverbrauch an Primärenergie in einem Kraftwerk, das seine Produktion rasch dem wechselnden Verbrauch anpassen kann. In der Schweiz wird somit bei irgendeinem hydraulischen Speicherkraftwerk ein wenig Wasser eingespart und bleibt deshalb im Speichersee in Reserve für Zeiten, in denen die PV-Anlage zu wenig oder gar keine Energie produziert.

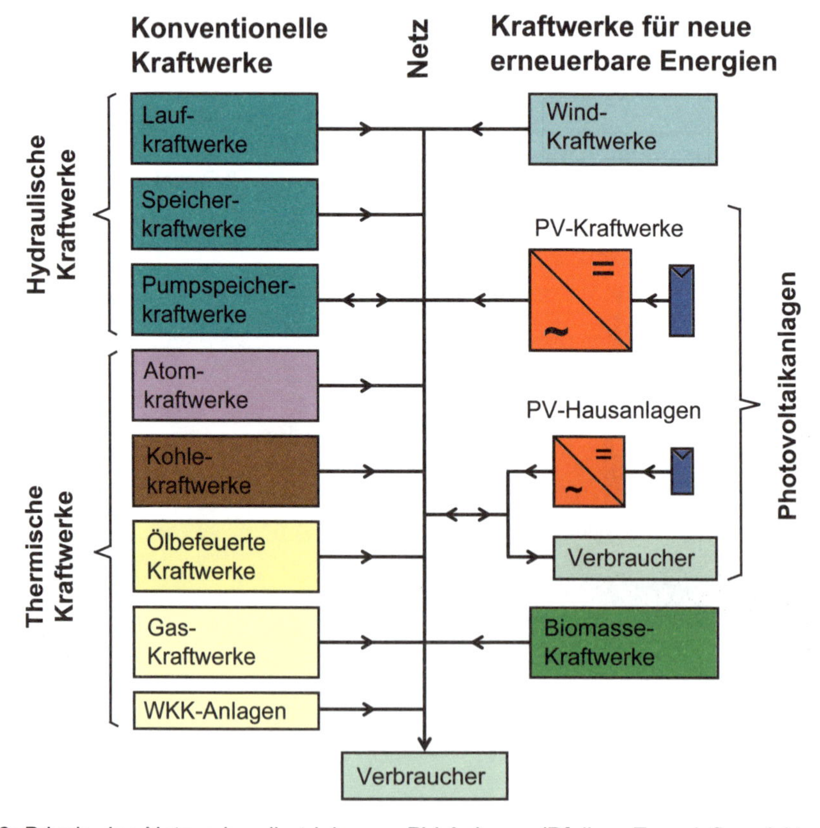

Bild 5-46: Prinzip des Netzverbundbetriebs von PV-Anlagen (Pfeile = Energieflussrichtungen).

Netzgekoppelte Photovoltaikanlagen sind kleine Kraftwerke, die ihre Energie ins Netz eines Elektrizitätswerkes einspeisen. Sie dürfen den normalen Betrieb des Netzes nicht beeinträchtigen und benötigen deshalb immer eine Anschlussbewilligung des entsprechenden Elektrizitätswerkes.

Weitaus der meiste Strom wird in Gebäuden verbraucht. Es liegt deshalb nahe, Photovoltaikanlagen direkt auf Dächer und an Fassaden von Gebäuden zu montieren. Auf diese Weise kann mindestens ein Teil des Strombedarfs des Gebäudes direkt produziert werden, es entsteht kein zusätzlicher Landbedarf für die Montage des Solargenerators und es ist meist bereits ein Netzanschluss vorhanden, der kostenlos mitbenützt werden kann.

Bild 5-47 zeigt das Prinzip einer netzgekoppelten Photovoltaikanlage auf einem Gebäude (klassische Schaltung mit Zentralwechselrichter). Der Solargenerator (1) auf dem Dach wandelt die eingestrahlte Sonnenenergie in Gleichstrom um. Im Generatoranschlusskasten (2) sind die einzelnen Stränge des Solargenerators parallel geschaltet. Die erzeugte Gleichstromleistung wird über die Gleichstromhauptleitung (3) dem Wechselrichter (4) zugeführt, der diesen Gleichstrom in Wechselstrom mit einer Spannung von 230 V und einer Frequenz von 50 Hz umformt. Es ist zweckmässig, die Energieproduktion der PV-Anlage mit einem separaten Produktionszähler (6) zu erfassen. Die so erzeugte Energie kann im Haus zur Speisung von normalen Wechselstromverbrauchern (8) verwendet werden. Ein eventueller Energieüberschuss wird ins öffentliche Stromnetz eingespeist. Wenn die PV-Anlage keinen oder zu wenig Strom liefert, bezieht das Haus wie alle andern Häuser die benötigte Energie vom Netz. Der Energieaustausch mit dem Netz wird mit einem oder eventuell zwei Energiezählern (7) erfasst.

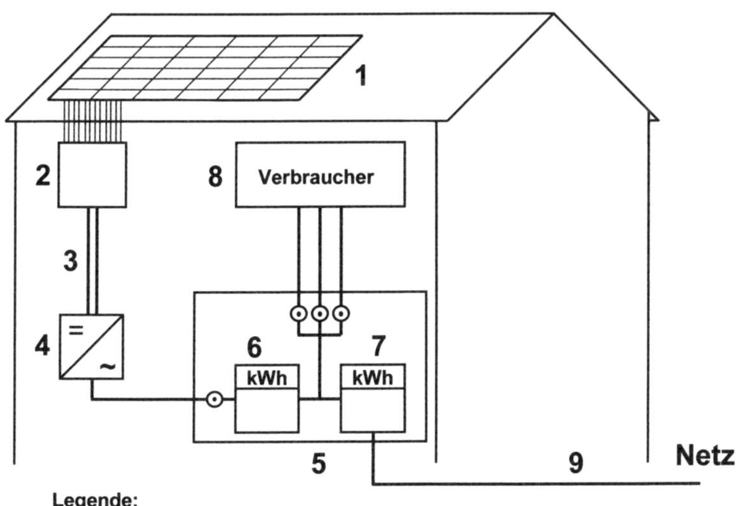

Legende:

1 Solargenerator
2 Generatoranschlusskasten
3 DC-Hauptleitung
4 Wechselrichter
5 Hauptverteilung
6 Produktionszähler (fakultativ)
7 Zähler für Verrechnung mit EVU (evtl. 2 für Lieferung/Bezug separat)
8 Verbraucher 230V / 400V~
9 Netzzuleitung (meist dreiphasig)

Bild 5-47:

Prinzipieller Aufbau einer PV-Hausanlage. Ein Produktionszähler ist meist nicht vorgeschrieben, aber sehr zweckmässig zur Überwachung des ordnungsgemässen Betriebs der Anlage. Je nach der Art der Verrechnung mit dem lokalen Elektrizitätsversorgungsunternehmen (EVU) sind auch andere Schaltungen der Zähler möglich (siehe Bild 5-48).

5.2.1.1 Mögliche Zählerschaltungen bei netzgekoppelten Photovoltaikanlagen

Je nach der Art der Verrechnung mit dem lokalen Elektrizitätsversorgungsunternehmen (EVU) sind verschiedene Schaltungen der Energiezähler denkbar (siehe Bild 5-48).

In Bild 5-48a ist die einfachste Verrechnungsart mit nur einem Zähler dargestellt (Saldomessung). Er läuft vorwärts, wenn das Gebäude Energie vom Netz bezieht und rückwärts, wenn ein Energieüberschuss ins Netz einspeist wird. Diese Möglichkeit ist sehr einfach, man braucht nur einen Zähler und es treten damit nur die Verluste eines Zähler auf. Langfristig ist dies sicher die sinnvollste Schaltungsart. Allerdings erfolgt dabei automatisch eine Vergütung im Verhältnis 1:1, d.h. für eine eingespeiste Kilowattstunde (kWh) wird genau der gleiche Preis vergütet wie für eine bezogene Kilowattstunde verrechnet wird.

In Bild 5-48b zeigt die Schaltung, die bei der Förderung von Photovoltaikanlagen über den Strompreis oder bei der kostengerechten Vergütung angewendet wird. Das EVU übernimmt dabei die gesamte Energieproduktion zum höheren Förderpreis, während der gesamte Energiebezug zum (tieferen) normalen Bezugstarif verrechnet wird. Diese Schaltung wurde 1991 mit der Einführung des "Burgdorfer Modells" erstmals in der Stadt Burgdorf eingeführt und wird seit April 2000 (Einführung des EEG) in Deutschland landesweit angewandt.

Bild 5-48c schliesslich ist die Standardschaltung mit zwei Zählern mit Rücklaufsperre zur separaten Messung und Verrechnung der vom Netz bezogenen Energie und der ins Netz eingespeisten Energie. Sie wird vor allem von EVU's angewendet, die gegenüber der Photovoltaik eher skeptisch eingestellt sind und für eingespeiste Energie meist einen tieferen Tarif vergüten als sie für bezogene Energie verrechnen.

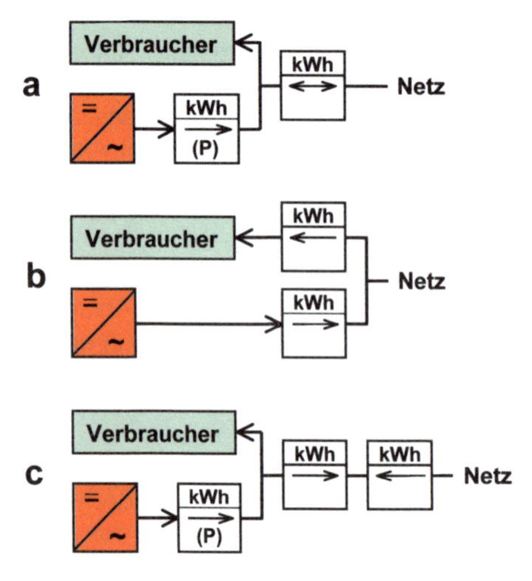

Bild 5-48:
Mögliche Zählerschaltungen für Verrechnung mit EVU (P = fakultativer privater Produktionszähler):

a Saldomessung (1:1) mit nur einem Zähler: Bei Energiebezug vom Netz läuft Zähler vorwärts, bei Einspeisung ins Netz rückwärts. Das EVU verrechnet resp. vergütet den Saldo.

b Schema für Förderung über Energiepreis resp. für kostendeckende Vergütung (z.B. 1991-1996 in Burgdorf, in Deutschland (EEG) seit 2000): Das EVU kauft die gesamte Energieproduktion der PV-Anlage zum höheren Förderpreis, der gesamte Energiebezug wird zum (tieferen) normalen Bezugstarif verrechnet.

c Separate Messung und Verrechnung der bezogenen Energie und der ins Netz eingespeisten Energie mit zwei separaten Zählern mit Rücklaufsperre.

5.2.1.2 Mögliche Anlagenkonzepte bei netzgekoppelten Photovoltaikanlagen

Für den Aufbau netzgekoppelter Photovoltaikanlagen sind verschiedene Varianten möglich (siehe Bilder 5-49 bis 5-51):

Bei der klassischen Variante mit einem zentralen Wechselrichter besteht der Solargenerator meist aus n_{SP} parallelen Strängen zu n_{MS} Modulen in Serie (siehe Kap. 4.3), es ist somit eine relativ aufwändige Gleichstromverkablung und ein spezieller Generatoranschlusskasten (siehe

Kap. 4.5.3.5) erforderlich und die Anlage ist empfindlich auf Teilbeschattungen und Mismatch innerhalb des Solargenerators.

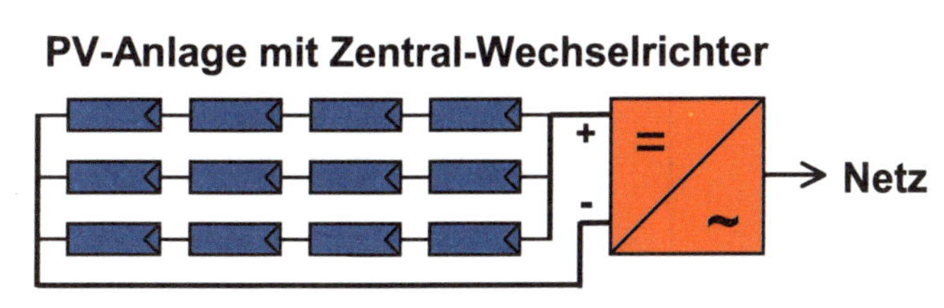

Bild 5-49: Klassische Anlage mit relativ aufwändiger Gleichstromverkabelung mit mehreren parallelen Strängen und einem Zentralwechselrichter (Klemmenkasten erforderlich).

Seit gut zehn Jahren sind auch kleinere String-Wechselrichter erhältlich, die nur noch für einen Strang ausgelegt sind, sodass sich die gleichstromseitige Verkabelung auf die Serieschaltung einiger Module (z.B. 5 - 40) beschränkt und kein Generator-Anschlusskasten mehr erforderlich ist. Bei grösseren Anlagen werden einfach mehrere derartige Stringwechselrichter eingesetzt, die jetzt aber netzseitig parallel geschaltet werden. Da sich jeder Stringwechselrichter den speziellen Einstrahlungsverhältnissen der ihm zugeordneten Module anpassen kann, sind derartige Anlagen auf Teilbeschattungen weniger empfindlich. Wegen des Fehlens einer Gleichstrom-Hauptleitung und der meist kurzen Strangverkabelung sind auch die Verluste auf der Gleichstromseite meist geringer als bei Anlagen mit Zentralwechselrichter. Dank diesen Vorteilen kann der Wirkungsgrad der Gesamtanlage durchaus vergleichbar oder sogar besser sein als der Wirkungsgrad einer Anlage mit Zentralwechselrichter, obwohl der reine DC-AC Umwandlungswirkungsgrad kleinerer Wechselrichter meist etwas kleiner ist als der von grösseren Wechselrichtern.

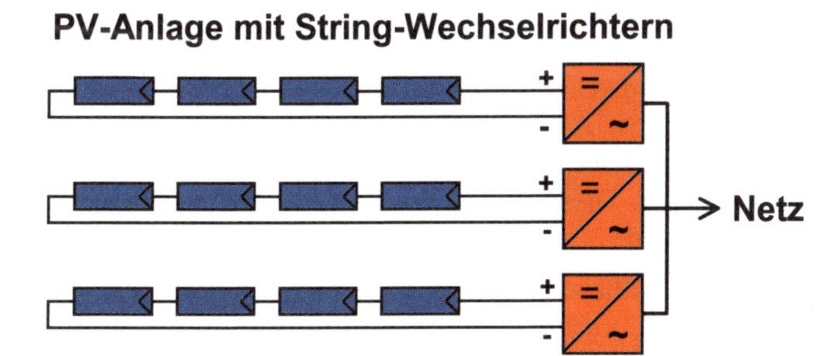

Bild 5-50: Anlage mit stark vereinfachter Gleichstromverkabelung (nur noch Serieschaltung der Module eines Strangs). Pro Strang wird ein String-Wechselrichter eingesetzt.

Eine konsequente Weiterentwicklung dieses Prinzips ist der Einsatz von Modulwechselrichtern, die heute für Leistungen von etwa 100 W_P bis 400 W_P angeboten werden. Bei Anlagen mit Modulwechselrichtern ist gar keine (bei aufgeklebten Wechselrichtern) oder nur eine ganz einfache (z.B. Anschluss zweier Stecker) Verdrahtung auf der Gleichstromseite erforderlich. Anlagen mit Modulwechselrichtern sind gegenüber Teilbeschattungen und Mismatch sehr unempfindlich und weisen auf der Gleichstromseite praktisch keine Verluste mehr auf. Da sich die Solarmodule im Betrieb jedoch stark erwärmen, ist es zweckmässig, den Modulwechselrichter thermisch vom zugehörigen Modul etwas zu isolieren, um seine Betriebstemperatur abzusenken und damit seine Lebensdauer zu erhöhen. Da die Lebensdauer eines Modulwechselrichters, der viele elektronische Komponenten enthält, deutlich kleiner als die Lebensdauer eines Solarmoduls sein dürfte, ist es zweckmässig, eine *lösbare* Verbindung zwischen Modul und Modulwechselrichter vorzusehen, damit dieser bei Bedarf ersetzt werden kann.

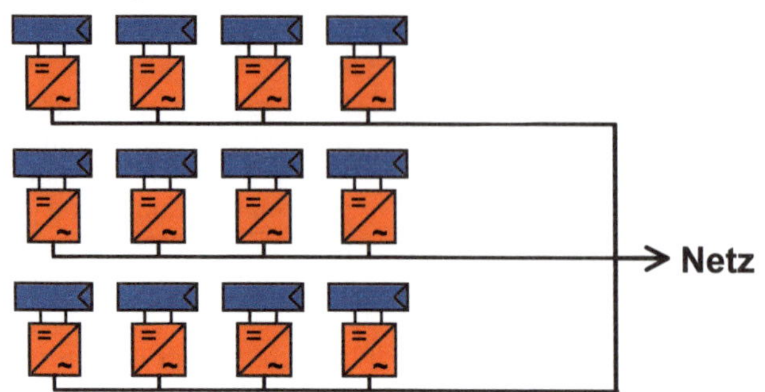

Bild 5-51:

Anlage mit je einem Modulwechselrichter pro Modul. Es ist keine Gleichstromverkabelung mehr notwendig

Modulwechselrichter und oft auch Stringwechselrichter müssen in der Nähe von oder unmittelbar bei den Solarmodulen angeordnet werden. Wie die Module sind sie deshalb *unmittelbar dem Aussenklima ausgesetzt* (Sonne, Regen, Schnee, grosse Temperaturschwankungen, Wind sowie je nach Montageort auch Rückstau von Schmelzwasser) und müssen so ausgelegt werden, dass sie diese Beanspruchung ohne Korrosionserscheinungen oder Betriebsstörungen dauernd aushalten. Im Gegensatz dazu werden Zentralwechselrichter meist in Innenräumen oder zumindest in einem wetterfesten Container oder einem Schutzgehäuse untergebracht, so dass ihre klimatische Beanspruchung deutlich geringer ist.

5.2.1.3 Grundsätzliche Problematik bei netzgekoppelten Photovoltaikanlagen

Das Herzstück und zugleich das kritische Element einer netzgekoppelten Photovoltaikanlage ist der Wechselrichter. Der Betrieb solcher Wechselrichter kann andere elektrische und elektronische Geräte in der Umgebung durch Überspannungen oder Oberschwingungen im Netz oder abgestrahlte Störungen beeinträchtigen. Umgekehrt kann der ordnungsgemässe Wechselrichterbetrieb durch die Verhältnisse im Netz (z.B. die Netzimpedanz oder die Kurzschlussleistung am Anschlusspunkt) beeinflusst und durch spezielle Ereignisse (z.B. Überspannungen, Rundsteuersignale usw.) sogar gestört werden. Diese Probleme müssen bei netzgekoppelten Photovoltaikanlagen beachtet und gelöst werden.

Im Kapitel 5.2.2 werden zunächst der grundsätzliche Aufbau und die Funktion von Photovoltaik-Wechselrichtern für Netzverbundanlagen beschrieben. Da die Photovoltaik ein relativ neues Gebiet ist und erst seit einigen Jahren netzgekoppelte Anlagen in grösserer Zahl betrieben werden, sind nur wenige spezifische Normen für netzgekoppelte Photovoltaikanlagen in Kraft. Im Kapitel 5.2.3 wird versucht, eine Zusammenfassung der auf netzgekoppelte PV-Anlagen anwendbaren Normen und Vorschriften zu geben, die zum grossen Teil aus der allgemeinen elektrotechnischen Normung stammen. Im Kapitel 5.2.4 wird das Problem des Selbstlaufs behandelt (unerwünschter Inselbetrieb nach einem Netzausfall in einem abgetrennten Teil des Netzes). Im Kapitel 5.2.5 wird ein kurzer Überblick über die Tests des PV-Labors der BFH an Wechselrichtern von 1,5 kW bis 25 kW und die registrierten Ausfälle und ihre Ursachen vermittelt. In Kap. 5.2.6 wird die spannungs- und leistungsmässige Dimensionierung von netzgekoppelten PV-Anlagen näher betrachtet und insbesondere untersucht, welche PV-Leistung an einem bestimmten Netzpunkt angeschlossen werden darf, ohne dass Probleme zu erwarten sind. In Kap. 5.2.7 werden schliesslich noch die möglichen Regelungs- und Stabilitätsprobleme im ganzen Verbundnetz kurz beleuchtet, die bei einer sehr starken Verbreitung netzgekoppelter PV-Anlagen in ferner Zukunft zu beachten sein werden.

5.2.2 Aufbau und Funktionsprinzip von Photovoltaik-Netzwechselrichtern

Zur Einspeisung ins Netz muss der vom Solargenerator erzeugte Gleichstrom in Wechselstrom mit einer Frequenz von 50 Hz umgewandelt werden. Neben dieser Hauptaufgabe übernehmen speziell für Netzverbundanlagen konzipierte Photovoltaik-Wechselrichter meist auch die Maximalleistungssteuerung (Maximum-Power-Tracking), d.h. sie suchen auf der Solargeneratorkennlinie automatisch den Punkt maximaler Leistung (MPP, siehe Kap. 3.3.3) und schalten sich je nach verfügbarer Solargeneratorleistung auch automatisch ein und aus. Der Wechselrichter muss auch mit den speziellen Bedingungen des angeschlossenen Netzes zurecht kommen und gefährliche Betriebszustände (z.B. Inselbetrieb nach einem Netzausfall) erkennen und nötigenfalls abschalten.

Für den Netzverbundbetrieb sind meist andere Wechselrichtereigenschaften wichtig als für den Inselbetrieb (vergl. Kap. 5.1.3). Blindleistungsproduktion und Überlastbarkeit sind hier beispielsweise eher nebensächlich. In Kap. 5.2.2.1 sind die wichtigsten Anforderungen an Wechselrichter für Netzverbundanlagen stichwortartig aufgeführt. Detailliertere Angaben zu den einzelnen Punkten folgen in späteren Kapiteln.

5.2.2.1 Anforderungen an Photovoltaik-Wechselrichter für Netzverbundanlagen

- Wechselstromquelle mit *durch das Netz bestimmter* Frequenz. Absolut synchroner Betrieb mit dem Verbundnetz.
- Automatisches Aufstarten und Synchronisieren bei genügender Einstrahlung G (z.B. am Morgen) und Abschalten bei zu geringer Einstrahlung (z.B. am Abend).
- Anlauf und Betrieb nur mit vorhandenem Netz möglich. Sofortige Abschaltung bei Netzausfall (kein Inselbetrieb!).
- Keine Gleichstromeinspeisung ins Netz, welche den normalen Netzbetrieb oder wichtige Schutzeinrichtungen gefährden könnte. Galvanische Trennung mit Trafo oder kontinuierliche adaptive Überwachung des Fehlerstroms ΔI auf der Solargeneratorseite (inkl. Gleichstromkomponente) und Abschaltung bei plötzlicher Zunahme des Fehlerstroms ΔI.
- Hoher Wirkungsgrad auch im Teillastbereich.
- Geringe Leerlaufverluste und kleine minimale Ein- und Ausschaltleistung.
- Speisung der Steuerelektronik von der Gleichstromseite. Minimale Leistungsaufnahme aus dem Netz (möglichst 0) im ausgeschalteten Zustand (in der Nacht) zur Vermeidung unnötiger Verluste.
- Hohe Zuverlässigkeit (störungsfreier Betrieb von mehreren Jahren zwischen Wechselrichterdefekten). Lebensdauer im Bereich üblicher Gross-Haushaltsgeräte (15 bis 20 Jahre).
- Einwandfreie Maximalleistungssteuerung (Maximum-Power-Tracking) über einen weiten Leistungsbereich in einem genügend grossen Eingangsspannungsbereich (MPP-Tracking Bereich), der minimal von $0{,}8 \cdot U_{MPPA\text{-}STC}$ bis $1{,}25 \cdot U_{MPPA\text{-}STC}$ reicht ($U_{MPPA\text{-}STC}$ = Spannung des PV-Generators im MPP bei STC, also bei Zellentemperatur 25°C und $G_0 = 1\ kW/m^2$).
- Der Wechselrichter darf bei Eingangsgleichspannungen von mindestens $1{,}4 \cdot U_{MPPA\text{-}STC}$ (Definition siehe oben) keinen Schaden nehmen und sollte noch einwandfrei aufstarten (Details über optimale spannungsmässige Dimensionierung von PV-Anlagen in Abschn. 5.2.6.8).

- Genügende DC-seitige Filterung: Bei einphasigen Wechselrichtern pulsiert die ins Netz eingespeiste Leistung mit doppelter Netzfrequenz. Auf der Gleichstromseite ist ein genügend grosser Elektrolytkondensator erforderlich, damit die 100Hz-Welligkeit der Eingangsspannung nicht zu gross wird. Die entstehenden Schwankungen um den MPP reduzieren sonst die vom Solargenerator bezogene Leistung.
- Bei DC-seitigem Leistungsüberangebot (z.B. bei kurzzeitigen Strahlungsspitzen): Begrenzung der ins Netz eingespeisten Leistung auf die wechselstromseitige Nennleistung (Arbeitspunktverschiebung in Richtung Leerlaufspannung U_{OC}), jedoch keine Abschaltung.
- Schutz gegen Überspannungen auf Gleich- und Wechselstromseite.
- Immunität gegen Netzkommandos (Rundsteuersignale) im Bereich 110 Hz – 2 kHz.
- Geringe Blindleistungsaufnahme aus dem Netz (Leistungsfaktor $\cos\varphi = P/S = 0{,}85 \ldots 1$).
- Möglichst sinusförmige Stromkurvenform, d.h. geringe Erzeugung von Stromoberschwingungen (Einhaltung der Normen EN61000-3-2 (früher EN60555-2) für Geräte mit AC-Strömen bis 16 A resp. EN61000-3-12 für Geräte mit grösseren Strömen bis 75 A pro Phase).
- Bei PV-Wechselrichtern für den Einsatz in Wohngebäuden: Keine Störungen benachbarter elektronischer Geräte (z.B. Radios), d.h. geringe Erzeugung hochfrequenter Störspannungen auf Gleich- und Wechselstromseite (Einhaltung der Grenzwerte der EMV-Normen EN61000-6-3 [5.23] für auf der DC und AC-Seite).
- Bei Wechselrichtern mit Trafo: Isolationsüberwachung des Solargenerators.

Zur Erleichterung der Netzregulation im Verbundnetz wäre es auch erwünscht, wenn der Wechselrichter die ins Netz eingespeiste Leistung begrenzen würde, wenn die Netzspannung den oberen Grenzwert erreicht (230 V +10%). Eine Abschaltung sollte nur erfolgen, wenn die Spannung auch ohne eingespeiste Leistung zu gross ist. Ebenso wäre es längerfristig bei einer stärkeren Verbreitung von PV-Anlagen für die Netzstabilität sehr sinnvoll, wenn die eingespeiste Leistung bei einem Anstieg der Netzfrequenz über 50,1 Hz bis 50,2 Hz sukzessive begrenzt würde und eine vollständige Abschaltung erst bei beispielsweise 51 Hz erfolgen würde.

Diese Eigenschaften erhöhen jedoch die Wahrscheinlichkeit eines stabilen Inselbetriebs in einem abgeschalteten Teil des Netzes und dürfen nur zugelassen werden, wenn ausreichende Sicherheitsmassnahmen gegen Selbstlauf getroffen wurden (siehe Kap. 5.2.4).

5.2.2.2 Netzgeführte Wechselrichter

Netzgeführte Wechselrichter sind einfach aufgebaut, werden in vielen anderen Anwendungen bereits verwendet und sind deshalb relativ preisgünstig. Sie werden heute manchmal noch in grösseren netzgekoppelten Photovoltaikanlagen verwendet. Neben diesen Vorteilen haben sie aber auch einige Nachteile. Sie erzeugen im Betrieb im Netz rechteckige oder trapezförmige Ströme mit einem hohen Gehalt an Oberschwingungen und nehmen Blindleistung auf. Beides ist aus der Sicht des Netzbetreibers unerwünscht. Zur galvanischen Trennung vom Netz wird zudem ein grosser 50Hz-Trafo benötigt.

Die Funktion eines netzgeführten Wechselrichters soll zunächst für den einphasigen Fall untersucht werden. Bild 5-52 und Bild 5-53 zeigen eine solche Schaltung. Sie besteht im wesentlichen aus einer Brückenschaltung aus vier Thyristoren und einer grossen Induktivität L auf der Gleichstromseite. Ihre Funktion ist leichter zu verstehen, wenn zuerst der Gleichrichterbetrieb betrachtet wird, der in Bild 5-52 dargestellt ist.

Gleichrichterbetrieb (0° < α < 90°):

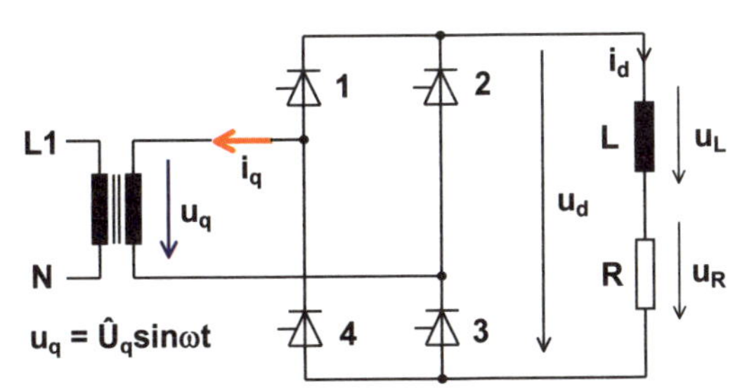

Mittelwert von u_d : $U_{dm} = (2/\pi)\hat{U}_q \cos\alpha = u_R$

$\omega L >> R \Rightarrow i_d \approx I_{dm} = U_{dm}/R$

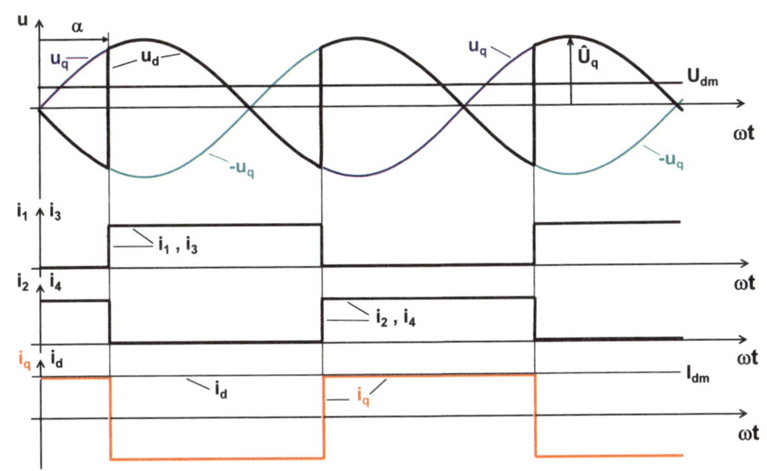

Bild 5-52: Gleichrichterbetrieb der einphasigen netzgeführten Wechselrichterschaltung (Brückenschaltung aus vier Thyristoren). Auf der Sekundärseite des Trafos kann das Netz durch eine annährernd ideale Spannungsquelle $u_q(t) = \hat{U}_q \sin\omega t$ dargestellt werden. Wahl der Richtung von i_q für Verbraucherzählsystem an der Quelle u_q. Die Thyristoren 1 und 3 werden jeweils um den Zündwinkel α nach dem ansteigenden Nulldurchgang von u_q gezündet, die Thyristoren 2 und 4 eine halbe Periode später.

Ein Thyristor ist im Prinzip eine Diode, die in Flussrichtung erst leitend wird, wenn sie einen positiven Zündimpuls auf eine Hilfselektrode, das Gate, erhalten hat und die wieder sperrt, wenn der Thyristorstrom 0 wird. In der gezeigten Schaltung werden die Thyristoren 1 und 3 jeweils um den Winkel α nach dem ansteigenden Nulldurchgang von u_q gezündet, die Thyristoren 2 und 4 eine Halbperiode später. Die dabei entstehende Spannung u_d über der R-L-Serieschaltung ist in Bild 5-52 schwarz eingezeichnet. Wenn $\omega L >> R$ ist, wird der Wechselanteil von u_d durch die Induktivität L ausgefiltert, so dass der Strom i_d praktisch konstant wird. Der Strom durch die Thyristoren fliesst dank der Induktivität, an der wegen $u_L = L\, di/dt$ die Spannung auch negativ werden kann, jeweils auch nach dem Vorzeichenwechsel von u_q weiter, bis die nächsten beiden Thyristoren gezündet werden. Am Widerstand R liegt somit nur noch die praktisch konstante Spannung U_{dm} . Es gilt:

Linearer Mittelwert von u_d: $$U_{dm} = \frac{2}{\pi} \cdot \hat{U}_q \cdot \cos\alpha \qquad (5.22)$$

Die Spannung am Widerstand R ist also gemäss (5.22) durch den Zündwinkel α einstellbar. Neben den verschiedenen Spannungen sind in Bild 5-52 auch die Ströme i_1 ... i_4 durch die Thyristoren sowie der Strom i_q an der Quelle eingezeichnet, der eine symmetrische Rechteckkurve darstellt und deshalb viele Oberschwingungen enthält.

Gemäss Formel (5.22) wären für $\alpha > 90^{o}$ auch negative Werte von U_{dm} möglich. Dies ist aber an einem passiven Widerstand R nicht möglich, da dort die Spannung und der Strom immer gleich gerichtet sein müssen. Dagegen können an einer Gleichstromquelle, die Leistung abgibt, Strom und Spannung entgegengesetzt sein. Bild 5-53 zeigt diesen Fall, in dem der Widerstand durch einen Solargenerator ersetzt wurde, so dass unsere Schaltung im Wechselrichterbetrieb arbeitet und Leistung von der Gleichstromseite auf die Wechselstromseite fliesst.

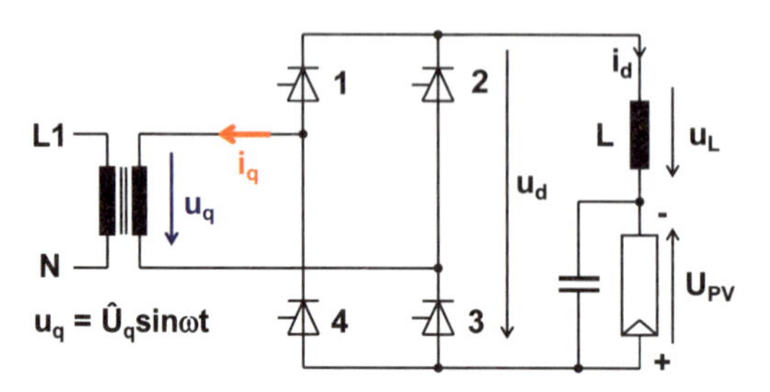

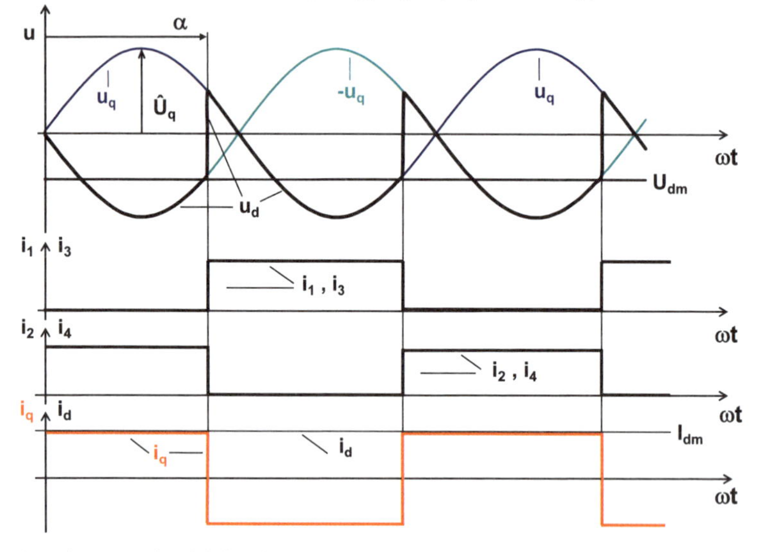

Bild 5-53: Wechselrichterbetrieb der einphasigen netzgeführten Wechselrichterschaltung von Bild 5-52 (in der Zeichnung: $\alpha = 150^{o}$). Der ins Netz eingespeiste Strom i_q ist rechteckförmig und enthält somit viele Oberschwingungen. Seine Grundschwingung ist gegenüber u_q nur wenig (um 30°) voreilend, d.h. es wird Wirkleistung ins Netz eingespeist, der Wechselrichter bezieht aber etwas induktive Blindleistung vom Netz.

Für den Wechselrichterbetrieb wählt man den Zündwinkel α meist deutlich über 90°, aber nicht zu nahe bei 180°, da dort der Wechselrichter kippen kann. Da L immer noch sehr gross ist, ist i_d immer noch praktisch konstant. Die Thyristorströme i_1 ... i_4 sind gegenüber dem Gleichrichterbetrieb deutlich nacheilend. Da am Solargenerator U_{PV} und i_d entgegengesetzt sind, gibt dieser Leistung ab. Der Strom i_q auf der Wechselstromseite hat immer noch Rechteckform und enthält deshalb viele Harmonische, liegt nun aber beinahe in Phase mit u_q, sodass die Quelle u_q Leistung aufnimmt. Es fliesst in dieser Schaltung also tatsächlich Leistung von der Gleichstrom- auf die Wechselstromseite, d.h. die Schaltung arbeitet als Wechselrichter. Der Leistungsfluss kann durch Variation des Zündwinkels α gesteuert werden. Da i_q nicht ganz in Phase ist mit u_q, nimmt die Schaltung je nach der Grösse von α immer auch etwas Blindleistung auf (bei der Grundschwingung gilt: $\cos\varphi_1 = \cos(\alpha+\pi) = -\cos\alpha$ mit unserer i_q-Zählrichtung).

Meist führt man netzgeführte Wechselrichter dreiphasig aus. Bild 5-54 zeigt die Schaltung eines sechspulsigen netzgeführten Wechselrichters. Wegen des dreiphasigen Aufbaus treten in den Phasenleitern rechteckförmige Ströme mit einem Leitwinkel von 120° pro Halbwelle (statt wie im einphasigen Fall 180°) auf, sie sind also trapezförmig mit einer Zwischenstufe bei 0. Ihre Kurvenform gleicht der eines pulsbreitengeregelten Rechteckwechselrichters (siehe Bild 5-31). Bei derartigen Strömen fallen die ungeraden Vielfachen der 3. Harmonischen (also die 3., 9., 15., 21. usw.) weg. Bezüglich Oberschwingungen ist die dreiphasige Ausführung also eindeutig günstiger. Eine weitere Reduktion der Oberschwingungen kann durch Filter (Saugkreise, grün eingezeichnet) erreicht werden. Auch durch die Verwendung höherpulsiger Schaltungen (z.B. zwölfpulsig) lassen sich die Oberschwingungen reduzieren.

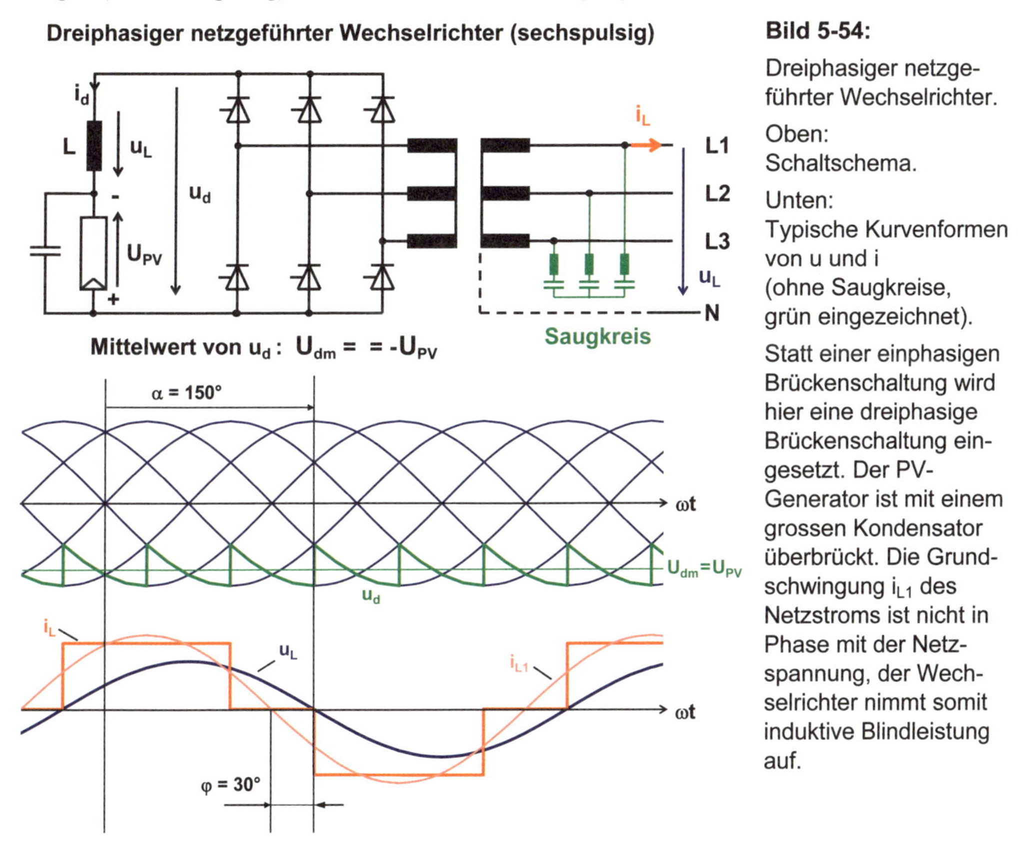

Bild 5-54:

Dreiphasiger netzgeführter Wechselrichter.

Oben: Schaltschema.

Unten: Typische Kurvenformen von u und i (ohne Saugkreise, grün eingezeichnet).

Statt einer einphasigen Brückenschaltung wird hier eine dreiphasige Brückenschaltung eingesetzt. Der PV-Generator ist mit einem grossen Kondensator überbrückt. Die Grundschwingung i_{L1} des Netzstroms ist nicht in Phase mit der Netzspannung, der Wechselrichter nimmt somit induktive Blindleistung auf.

Da in all diesen Schaltungen die relativ grosse Induktivität L den Strom i_d ungefähr konstant hält, spricht man bei Wechselrichtern gemäss Bild 5-52 ... 5-54 auch von stromgespeisten Wechselrichtern. Eine eingehendere Behandlung solcher Wechselrichter findet man in der Fachliteratur (z.B. in [5.11]).

Da der Preis selbstgeführter Wechselrichter, die bezüglich Oberschwingungen viel unproblematischer sind, in den letzten Jahren deutlich gesunken ist, werden heute meist nur noch dreiphasige netzgeführte Wechselrichter grösserer Leistung eingesetzt. Die selbstgeführten Wechselrichter verdrängen aber die netzgeführten Geräte auch bei grösseren Leistungen immer mehr.

5.2.2.3 Unterschiede zwischen selbstgeführten und netzgeführten Wechselrichtern

Wegen der sich abzeichnenden immer schärferen Vorschriften in Bezug auf Oberschwingungen und der in letzter Zeit wesentlich gesunkenen Preise besteht heute ein Trend zu selbstgeführten Wechselrichtern.

Die in netzgeführten Wechselrichtern eingesetzten Thyristoren werden pro Periode einmal ein- und ausgeschaltet. Das Auschalten ist dabei nur indirekt möglich, indem durch das Zünden weiterer Thyristoren im richtigen Zeitpunkt in einem früher leitenden Thyristor ein Stromnulldurchgang und damit ein Löschvorgang ausgelöst wird. Da für die Kommutierung das Netz benötigt wird, ist die Neigung netzgeführter Wechselrichter zu einem Selbstlauf (Inselbetrieb in einem abgetrennten Teil des Netzes nach einem Netzausfall) vom Schaltungsprinzip her klein.

Bei selbstgeführten Wechselrichtern werden elektronische Schalter verwendet, die mehrmals pro Periode direkt über die Steuerelektrode ein- und ausgeschaltet werden. Dadurch werden bei einer solchen Schaltung die Blindleistungsaufnahme und die Stromoberschwingungen stark reduziert. Statt Thyristoren werden bei selbstgeführten Wechselrichtern folgende Bauelemente als schnelle elektronische Schalter verwendet:

- GTO's (Gate-Turn-Off-Thyristoren):
  Über Steuerelektrode (Gate) *abschaltbare* Thyristoren
- Bipolare Leistungstransistoren
- Power-MOSFET's (Leistungs-Feldeffekttransistoren mit isolierter Steuerelektrode)
- IGBT's (Bipolartransistoren mit isolierter Steuerelektrode)

Allerdings besteht vom Schaltungsprinzip her bei selbstgeführten Wechselrichtern eine gewisse Neigung zu Inselbetrieb nach einem Netzausfall. Da dies bei Wechselrichtern für Netzverbundbetrieb aus Sicherheitsgründen unerwünscht ist, sind geeignete Vorkehrungen dagegen erforderlich.

Um einen hohen Wirkungsgrad zu erreichen, müssen die verwendeten Halbleiterschalter immer entweder voll durchgeschaltet oder voll sperrend sein. Es müssen im Wechselrichter somit sehr steilflankige Impulse verwendet werden, welche hochfrequente Störungen verursachen. In selbstgeführten Wechselrichtern mit sehr vielen Schaltvorgängen pro Periode ist diese interne Störungserzeugung besonders ausgeprägt. Ohne genügende Filterung (auf der Gleich- und Wechselstromseite!) verursachen derartige Wechselrichter auf den angeschlossenen Leitungen deshalb sehr starke hochfrequente Störungen, welche den Radioempfang und den Betrieb anderer elektronischer Geräte beeinträchtigen können.

In den Kapiteln 5.2.2.4 bis 5.2.2.6 sind einige wichtige Schaltungskonzepte dargestellt, die in heute auf dem Markt erhältlichen Photovoltaik-Wechselrichtern für Netzverbundanlagen verwendet werden. Diese Darstellung ist natürlich nicht abschliessend. Es sind auch andere, mehr oder weniger stark abweichende Schaltungen möglich (z.B. Gegentaktstufen mit angezapfter Trafo-Primärwicklung statt Brückenschaltungen, PWM-Signalerzeugung mit nur einem Schaltelement (Tief- oder Hochsetzsteller) und anschliessendem 50 Hz-Umklapper, Gleichstromsteller mit MPT-Funktion vor eigentlicher Wechselrichterschaltung usw.).

5.2.2.4 Selbstgeführte pulsweitenmodulierte Wechselrichter mit NF-Trafo

Bild 5-55 zeigt die Grundschaltung eines einphasigen Wechselrichters mit diesem Schaltungsprinzip. Die mit einem Kondensator geglättete Solargeneratorspannung liegt direkt am Wechselrichtereingang, man spricht hier deshalb von einem spannungsgesteuerten Wechselrichter. Die prinzipielle Schaltung ist relativ ähnlich wie die Schaltung des Inselbetriebs-Wechselrichters von Bild 5-33. Die Erzeugung der sinusförmigen Ausgangsspannung erfolgt in einer Brückenschaltung aus Leistungstransistoren, Power-MOSFET's oder (bei grösseren Leistungen) IGBT's mit Pulsweitenmodulation gemäss Bild 5-34. Meist wird die Pulszahl n pro Periode relativ gross gewählt. Je grösser n ist, desto mehr niederfrequente Oberschwingungen sind ohne zusätzliche Filter bereits direkt eliminiert. Durch Variieren der Impulsbreite lässt sich der Effektivwert der Grundschwingung auf den Wert einstellen, der zur Anpassung an die Netzspannung und zur Steuerung des Leistungsflusses erforderlich ist. Zur Unterdrückung der relativ hohen PWM-Taktfrequenz (viele kHz) genügt meist bereits eine einfache Drossel. Die galvanische Trennung erfolgt mit einem verlustarmen 50 Hz-Ringkerntrafo. Am Ausgang dieses Trafos ist jedoch zusätzlich ein Netz-Relais erforderlich, mit dem die Parallelschaltung des Wechselrichters mit dem Netz erfolgt.

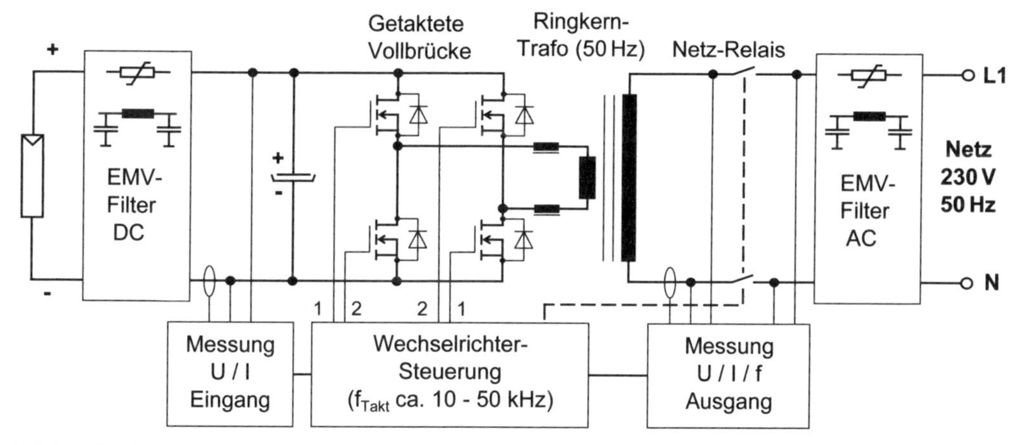

Bild 5-55: Selbstgeführter einphasiger Wechselrichter (pulsweitenmoduliert) mit 50Hz-Trafo.

Die Steuerung eines Wechselrichters für Netzeinspeisung ist natürlich komplizierter als bei einem Inselbetriebs-Wechselrichter. Neben dem eigentlichen Wechselrichterbetrieb muss auch ein einwandfreies Maximum-Power-Point-Tracking, die automatische Steuerung der Ein- und Ausschaltvorgänge und die sichere Vermeidung unerwünschter Betriebszustände (z.B. Inselbildung, Betrieb bei Unter- oder Überspannung, unzulässiger Netzfrequenz usw.) realisiert werden. Einphasige Wechselrichter mit diesem Schaltungsprinzip werden z.B. von den Firmen ASP und SMA hergestellt.

Wird die einphasige Brückenschaltung durch eine dreiphasige Brückenschaltung und der Einphasentrafo durch einen Dreiphasentrafo ersetzt, lassen sich in gleicher Weise auch selbstgeführte pulsweitenmodulierte *dreiphasige* Wechselrichter realisieren. Bild 5-56 zeigt die Schaltung eines derartigen Wechselrichters. Wegen der grösseren umgesetzten Leistungen werden statt Power-MOSFET's meist IGBT's eingesetzt. Die Pulsweitenmodulation dieser relativ grossen Halbleiterschalter erfolgt meist mit etwas tieferen Frequenzen als bei kleinen einphasigen Wechselrichtern. Wechselrichter mit diesem Schaltungsprinzip mit Leistungen von 20 kW bis 500 kW werden z.B. von den Firmen Sputnik, SMA und Siemens hergestellt.

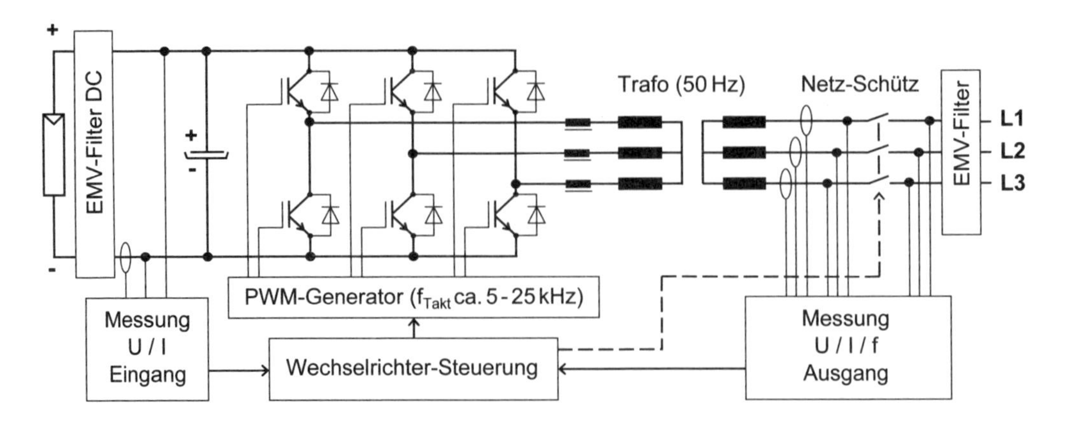

Bild 5-56: Selbstgeführter dreiphasiger Wechselrichter (pulsweitenmoduliert) mit 50Hz-Trafo.

Die galvanische Trennung von Gleich- und Wechselstromseite durch einen Trafo hat betriebliche und sicherheitstechnische Vorteile. Man kann die Spannung auf der Gleichstromseite in diesem Fall frei wählen (bei Kleinanlagen z.B. zwischen 50 V und 250 V, für Anlagen mit Schutzkleinspannung < 120 V), so dass die Modulisolation im Betrieb nicht allzu sehr beansprucht wird und die Personengefährdung im Falle eines Solargeneratordefektes klein bleibt. Im Falle eines Wechselrichterdefekts hat man auch nicht automatisch die Netzspannung auf dem Solargenerator. Durch den Einsatz eines Isolationsüberwachungsgerätes auf der Gleichstromseite lässt sich zudem die Isolation des Solargenerators dauernd überwachen, so dass sich anbahnende Probleme frühzeitig erkannt und behoben werden können, bevor grössere Schäden auftreten.

5.2.2.5 Selbstgeführte pulsweitenmodulierte Wechselrichter ohne Trafo

Viele Vertreter von Elektrizitätswerken fordern heute nicht mehr unbedingt eine galvanische Trennung von Solargenerator und Wechselstromnetz. Immer wird jedoch verlangt, dass eine im Störungsfall mögliche Gleichstromeinspeisung ins Netz sicher verhindert wird. Dies ist auch durch andere Massnahmen (z.B. adaptive Fehlerstromüberwachung) als durch die galvanische Trennung mit einem Trafo möglich, der immer gewisse Verluste aufweist. Durch Weglassen des Trafos kann der Wirkungsgrad eines Wechselrichters etwas gesteigert werden.

Bild 5-57 zeigt das Schaltungsprinzip eines selbstgeführten pulsweitenmodulierten Wechselrichters ohne Trafo. Statt des Trafos ist nur ein Tiefpassfilter und eine adaptive Fehlerstromüberwachung notwendig, die bei plötzlichen Änderungen des Fehlerstromes ΔI anspricht (z.B. bei Berührung eines defekten Moduls durch eine Person), jedoch innerhalb gewisser Grenzen nicht auf allmähliche Änderungen des Ableitstromes reagiert (z.B. bei Benetzung der Solarmodule durch Regen oder nassen Schnee). Bei diesem Schaltungskonzept ist auf der Eingangsseite eine relativ hohe Eingangsspannung erforderlich, die im Minimum etwa 400 V betragen sollte. In der Praxis liegt die Spannung oft noch höher (z.B. 450 V – 700 V). Dank der hohen Betriebsspannung sind auch die Verluste in der gleichstromseiten Verkabelung einer Anlage relativ klein, so dass der spezifische Energieertrag von netzgekoppelten Anlagen mit derartigen Wechselrichtern um einige Prozent höher liegen kann als bei konventionellen Anlagen mit Zentralwechselrichtern mit Trafo und einer Gleichstromhauptleitung.

Ein Beispiel eines auf dem Markt erhältlichen Wechselrichters mit diesem Schaltungsprinzip ist der Solarmax 4000C (früher Solarmax S) von Sputnik AG.

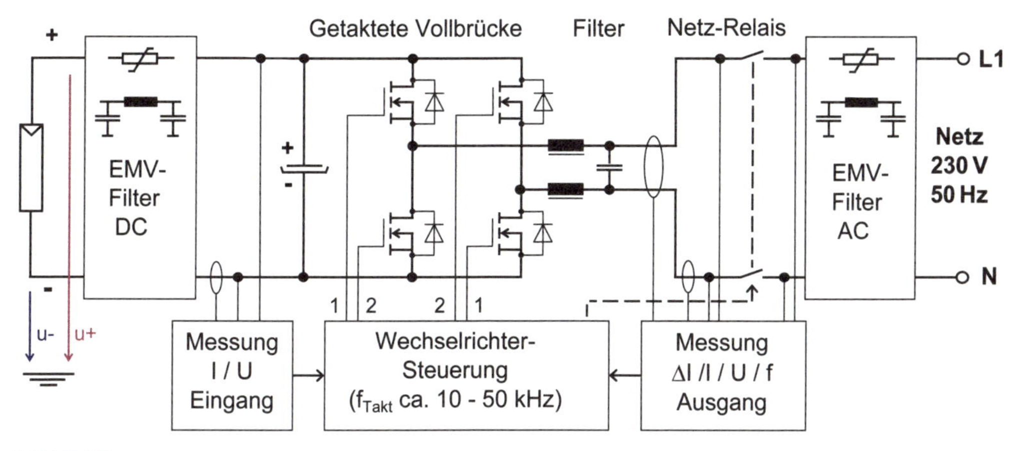

Bild 5-57:
Selbstgeführter einphasiger Wechselrichter (pulsweitenmoduliert) *ohne Trafo.* Der im Solargenerator fliessende Fehlerstrom ΔI (Gleich- und Wechselstromkomponente) wird dauernd überwacht. Bei plötzlichen ΔI-Änderungen (z.B. Berührung eines defekten Moduls) wird der Wechselrichter abgeschaltet (adaptive Fehlerstromüberwachung). Dieses Schaltungskonzept benötigt relativ hohe Eingangsgleichspannungen (> 400 V).

Durch die hohe Betriebsspannung und die auf der DC-Seite oft vorhandene Wechselspannungskomponente (siehe Bild 5-58) wird die Isolation der Module und der Verkabelung relativ stark beansprucht, so dass im Solargenerator nach längerer Betriebszeit (viele Jahre oder Jahrzehnte) möglicherweise eher Isolationsdefekte auftreten können. Bild 5-58 zeigt den typischen Verlauf der an den Klemmen des Solargenerators gegen Erde auftretenden Potenziale u+ und u- bei einem solchen Wechselrichter. An beiden Anschlüssen tritt neben der halben DC-Betriebsspannung auch die halbe Netzspannung auf. Bei einem Wechselrichter mit Trafo gemäss Bild 5-55 oder 5-56 würden die entsprechenden Spannungsverläufe bei ungeerdetem Solargenerator dagegen etwa den gestrichelten Linien entsprechen (bei einphasigen Geräten tritt manchmal noch eine relativ schwache 100 Hz-Komponente von wenigen Volt auf).

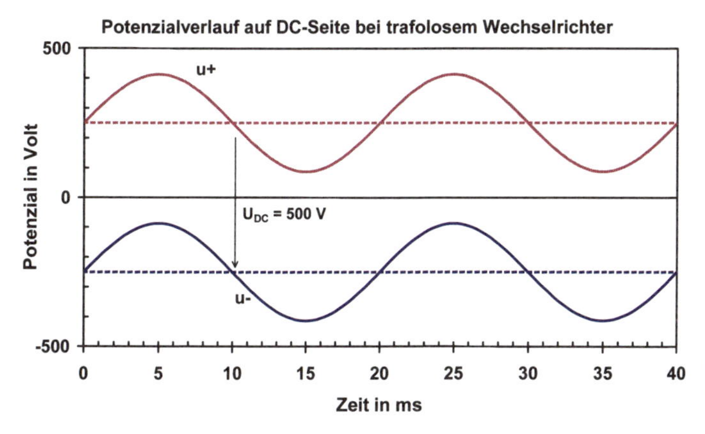

Bild 5-58:
Potenziale u+ und u- bei einem trafolosen Wechselrichter mit symmetrischer Taktung (immer beide diagonal gegenüberliegenden Schalter gleichzeitig geschlossen) bei einer DC-Betriebsspannung von 500 V. An beiden Anschlüssen tritt neben der halben DC-Betriebsspannung auch die halbe Netzspannung (f = 50 Hz) auf.

Will man den Nachteil der hohen Eingangsgleichspannung verringern und gleichzeitig eine grössere Variation der Eingangsgleichspannung zulassen (z.B. bei einem String-Wechselrichter), kann man vor der eigentlichen Wechselrichterschaltung auch einen Hochsetzsteller anbringen, der auch das Maximum-Power-Tracking ausführt (siehe Bild 5-59). Wegen der zusätzlichen Verluste im Hochsetzsteller ist der Umwandlungswirkungsgrad etwas kleiner. Beispiele von auf dem Markt erhältlichen Geräten mit diesem Schaltungsprinzip sind der Solarmax 6000C von Sputnik AG und die Sunny Boys SB 2100TL und SB3300TL von SMA.

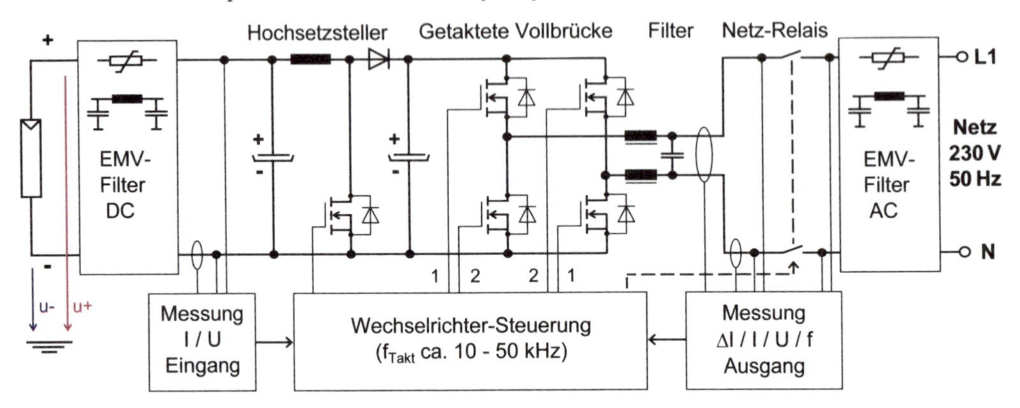

Bild 5-59: Selbstgeführter einphasiger Wechselrichter (pulsweitenmoduliert) *ohne Trafo* mit Hochsetzsteller für niedrige Eingangsspannungen.

Bild 5-60 zeigt den typischen Verlauf der an den Klemmen des Solargenerators gegen Erde auftretenden Potenziale u+ und u- bei einem Wechselrichter mit Hochsetzsteller. An beiden Anschlüssen tritt zwar weiterhin die halbe Netzspannung auf, dagegen teilt sich die DC-Spannung nun unsymmetrisch auf die beiden Anschlüsse auf.

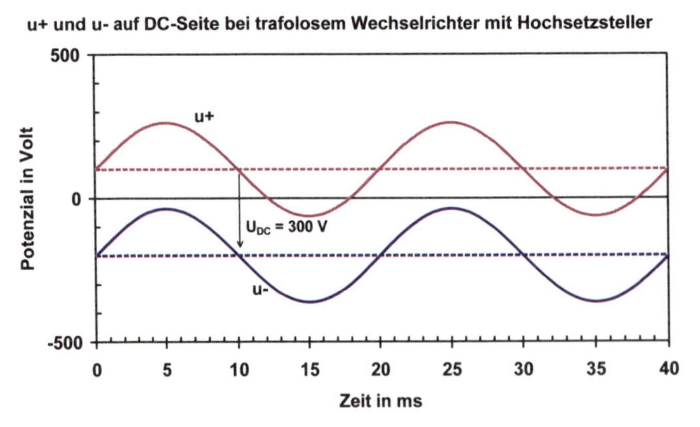

Bild 5-60: Potenziale u+ und u- bei einem trafolosen Wechselrichter mit Hochsetzsteller und symmetrischer Taktung (immer beide diagonal gegenüberliegenden Schalter gleichzeitig geschlossen) bei einer DC-Betriebsspannung von 300 V. An beiden Anschlüssen tritt zwar weiterhin die halbe Netzspannung auf, aber die Aufteilung der DC-Spannung ist nicht mehr symmetrisch.

In [5.12] sind einige weitere mögliche Schaltungen und Taktungsarten für trafolose Wechselrichter angegeben. Bei einigen dieser Schaltungen können ruhigere, bei andern aber noch viel wildere Verläufe der Potenziale u+ und u- auftreten (z.B. beinahe rechteckige Sprünge von 0 auf U_{DC} (bei u+) und von 0 auf $-U_{DC}$ (bei u-) bei sogenannten Einphasen-Choppern). Solche Schaltungen produzieren starke EMV-Störungen und beanspruchen die Isolation des PV-Generators und der Verkabelung langfristig auf eine Art, für die sie überhaupt nicht dimensioniert und getestet sind. Einphasen-Chopper sollten deshalb unbedingt vermieden werden.

5.2.2.6 Selbstgeführte pulsweitenmodulierte Wechselrichter mit HF-Zwischenkreis

Bei kleinen Anlagen im Leistungsbereich von einigen wenigen kW haben gewöhnliche 50 Hz-Trafos relativ hohe Verluste (z.B. 5% bei Nennleistung) und sind zudem relativ schwer. Durch die Leerlaufverluste wird der Wirkungsgrad der Anlage im Teillastbereich, in dem der Wechselrichter meist arbeitet, beträchtlich verkleinert.

Eine Möglichkeit zur Verringerung der Trafoverluste und des Gewichtes ist die Verwendung eines Hochfrequenz-Zwischenkreises (siehe Bild 5-61 oben). Der Gleichstrom des Solargenerators wird dabei zunächst mit einem selbstgeführten HF-Wechselrichter in Wechselstrom mit einer Frequenz von etwa 10 kHz bis 100 kHz umgewandelt. Die galvanische Trennung kann deshalb mit einem wegen der hohen Frequenz sehr kleinen Trafo mit viel geringeren Verlusten erfolgen. Meist wird der hochfrequente Wechselstrom zusätzlich noch pulsweitenmoduliert (siehe Bild 5-61 unten).

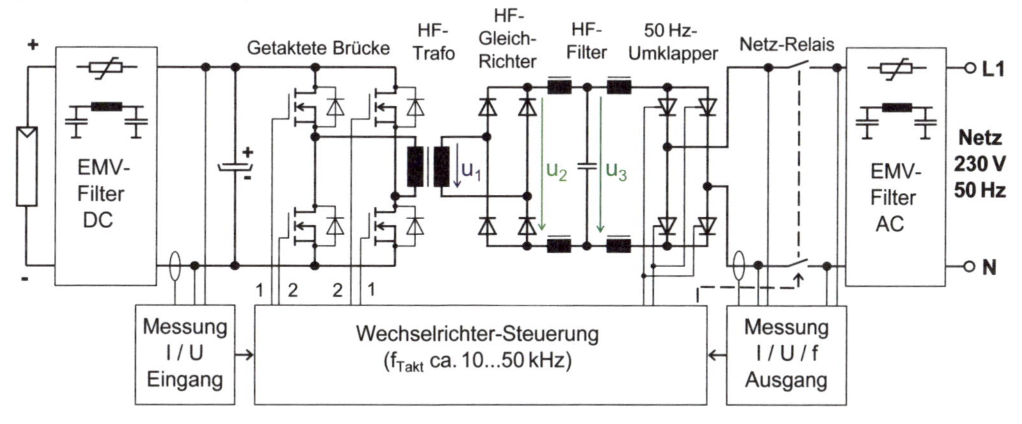

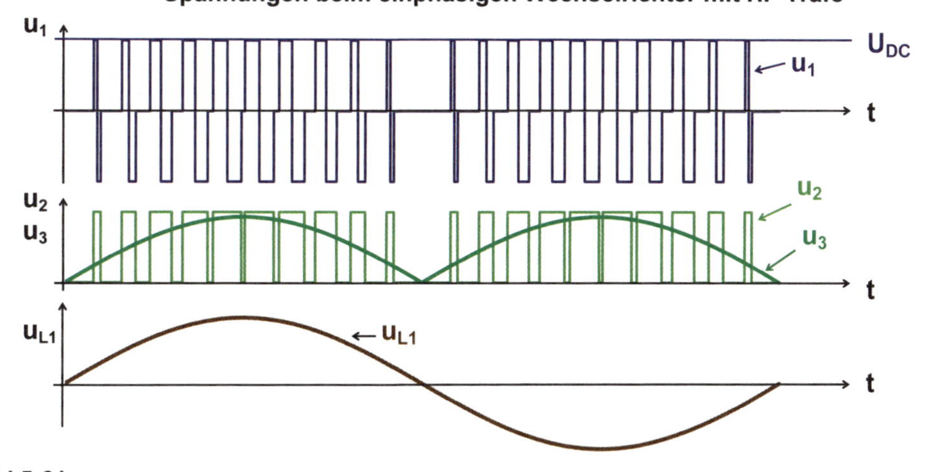

Bild 5-61:
Prinzipschaltung und Spannungsverläufe bei einem selbstgeführten einphasigen Wechselrichter mit Hochfrequenz-Zwischenkreis, bei dem die galvanische Trennung durch einen Hochfrequenz-Trafo erfolgt. Mögliche Varianten: Statt Brückenschaltung Gegentaktstufe (analog Bild 5-32) am Eingang, statt Thyristoren Power-MOSFET's im Umklapper am Ausgang.

Nach dem HF-Trafo wird der hochfrequente Wechselstrom gleichgerichtet und gefiltert, wodurch ein Ausgangsstrom in Form von gleichgerichteten Sinushalbwellen entsteht. In einer Brückenschaltung aus Thyristoren, Leistungstransistoren oder Power-MOSFET's wird schliesslich jede zweite Halbwelle umgeklappt, so dass ein annähernd sinusförmiger Ausgangsstrom entsteht, der ins Netz eingespeist werden kann. Die ersten serienmässigen selbstgeführten Wechselrichter für einphasige Netzverbundanlagen von 1 bis 3 kW, die im deutschsprachigen Raum in den Jahren 1988 bis 1991 auf dem Markt erschienen, arbeiteten meist nach diesem Prinzip (z.B SI-3000 von Photoelectric Inc., Solcon 3000, 3300 und 3400 von Hardmeier AG, PV-WR 1500 und 1800 von SMA). Weil einige elektronische Bauteile (Umklapper, HF-Gleichrichter) ohne nennenswerte schützende Serieimpedanz direkt am Netz liegen, traten bei vielen dieser Geräte in den ersten Jahren relativ häufig Hardwaredefekte auf. Viele der ersten Geräte wiesen auch eine ungenügende Filterung der hochfrequenten Störspannungen auf und verursachten im Betrieb starke Störungen des Radioempfangs und von benachbarten elektronischen Geräten.

Das beschriebene Schaltungskonzept ist grundsätzlich einphasig. Für eine dreiphasige Netzeinspeisung sind deshalb drei solche einphasige HF-Wechselrichter erforderlich, was die Komplexität und damit die Kosten der Anlage entsprechend erhöht.

5.2.2.7 Neuere Ideen und Weiterentwicklungen bei PV-Netzverbund-Wechselrichtern

In der Kapiteln 5.2.2.2 bis 5.2.2.6 wurden die wichtigsten Grundformen heutiger PV-Netzverbund-Wechselrichter beschrieben. Heute sind aber auch viele Wechselrichter mit verschiedenen Erweiterungen dieser Grundkonzepte auf dem Markt, die aus Platzgründen hier nicht alle im Detail dargestellt werden können. Die wichtigsten davon sind:

- Mehrere unabhängige DC-DC-Wandler (ohne galvanische Trennung) mit je einem eigenen Maximum-Power-Point-Tracker für 2 – 4 verschiedene Teilgeneratoren speisen einen internen DC-Bus. Die Leistung auf diesem DC-Bus wird mit einen gemeinsamen Wechselrichter in Wechselstrom umgeformt (Hersteller z.B. SMA, Mastervolt).
- Galvanische Trennung durch DC-DC-Wandler (mit HF-Trafo) auf der DC-Seite. Die Umwandlung in Wechselstrom erfolgt dann über einen trafolosen Wechselrichter (Hersteller z.B. Fronius)
- Team-Konzept statt wie früher Master-Slave-Betrieb. Bei schwacher Einstrahlung wird die gesamte Leistung eines PV-Generators durch einen der Wechselrichter im Team allein verarbeitet $\Rightarrow$ höherer Teillastwirkungsgrad. Bei grösserer Einstrahlung arbeiten mehrere Wechselrichter zusammen (Hersteller z.B. SMA).
- Neue Schaltungskonzepte zur weiteren Erhöhung des Wirkungsgrades von trafolosen Wechselrichtern (z.B. HERIC-Technologie von Sunways) [5.12]. Bei diesem Konzept werden bei der Schaltung gemäss Bild 5-57 parallel zur Brücke zwei antiparallele Dioden mit je einem Halbleiterschalter in Serie eingefügt, die jeweils während einer Halbperiode dauernd eingeschaltet sind und in den Freilaufphasen (Schalter in der Brücke geöffnet) den Drosselstrom übernehmen, so dass geringere Verluste auftreten.
- Vor kurzer Zeit sind auch dreiphasige trafolose Wechselrichter auf dem Markt erschienen (i.A. mit mehreren, galvanisch nicht getrennten Maximum-Power-Point Trackern mit oder ohne gemeinsamem DC-Bus).

5.2.2.8 Bilder einiger PV-Netzverbund-Wechselrichter

Bild 5-62:

Einphasiger Wechselrichter SB3800 mit Trafo gemäss dem Schaltungskonzept von Bild 5-55.

An der Unterseite sind Anschlüsse für PV-Steckverbinder für + und – zum direkten Anschluss von drei Strängen vorhanden (im Bild verdeckt). Das Netz wird über eine spezielle Kupplung angeschlossen (ebenfalls verdeckt).

Die AC-Nennleistung dieses Gerätes beträgt P_{ACn} = 3,8 kW.

Bild 5-63:

Dreiphasiger Wechselrichter Solarmax 25C mit Trafo gemäss dem Schaltungskonzept von Bild 5-56.

Der Anschluss der DC-Hauptleitung und des Netzes erfolgt über Klemmen im Innern des Gerätes.

Die AC-Nennleistung des Gerätes beträgt P_{ACn} = 25 kW.

Bild 5-64:

Einphasiger trafoloser Wechselrichter Solarmax 6000C gemäss dem Schaltungskonzept von Bild 5-59.

An der Unterseite sind Anschlüsse für PV-Steckverbinder für + und – für den direkten Anschluss von drei Strängen sichtbar. Auch hier wird das Netz über eine spezielle Kupplung angeschlossen (ganz rechts). Die AC-Nennleistung dieses Gerätes beträgt P_{ACn} = 4,6 kW.

5.2.3 Auf Netzverbund-Wechselrichter anwendbare Normen und Vorschriften

Vor dem Anschluss einer netzgekoppelten PV-Anlage ans Stromnetz ist grundsätzlich immer eine Bewilligung des lokalen Elektrizitätswerks (EW, EVU) einzuholen. Netzverbund-Wechselrichter dürfen den normalen Betrieb des Netzes und andere daran angeschlossene Geräte nicht beeinträchtigen und müssen deshalb gewisse Normen und Vorschriften einhalten.

Es soll hier versucht werden, nicht nur wie meist üblich eine Liste mit den (häufig ändernden) Nummern der Normen aufzustellen, sondern eine Zusammenfassung des wesentlichen Inhalts und des Sinns und Zwecks der wichtigsten Normen, Vorschriften und Grenzwerte darzustellen, die nach den dem Autor vorliegenden Informationen für mit dem Niederspannungsnetz gekoppelte Photovoltaikanlagen in der Schweiz heute anzuwenden sind. Dabei sind gewisse sinnvolle Vereinfachungen aus Platzgründen unvermeidlich. Nach diesen Angaben erstellte Anlagen sollten in der Praxis ordnungsgemäss funktionieren. Eine Garantie für Vollständigkeit oder Richtigkeit kann aber nicht übernommen werden. Der Zweck dieser Zusammenstellung ist es, allen auf dem Gebiet der netzgekoppelten PV-Anlagen tätigen Elektrofachleuten rasch einen Überblick über diese Materie zu vermitteln. Aus Platzgründen kann dabei nicht jedes in den Ausgangsnormen enthaltene Detail angegeben werden. Zudem bestehen zwischen einzelnen Normen auch noch gewisse Unterschiede. Für eine ausführlichere Darstellung muss auf die entsprechenden vollständigen Normen verwiesen werden [4.10], [4.13], [5.14] ... [5.23], die bei Electrosuisse, Postfach, CH-8320 Fehraltorf erhältlich sind.

In den letzten Jahren wurden viele Normen in Europa vereinheitlicht und es gibt zudem auch bereits gemeinsame Normen für Deutschland, Österreich und die Schweiz (z.B. [5.19]). In Deutschland und Österreich weichen aber die gültigen Vorschriften teilweise etwas von den schweizerischen Vorschriften ab. Zudem sind oft auch Auflagen des lokalen EVU's zu beachten. Es ist deshalb zweckmässig, im Bedarfsfall den genauen Wortlaut der in diesen Ländern anzuwendenden Normen und Vorschriften über das lokale EVU und den nationalen Verband der EVU's (VDEW in Deutschland, VEÖ in Österreich) ausfindig zu machen. Einige generelle Informationen über die aktuelle Situation in Deutschland findet man auch in [DGS05].

Wie andere elektrische Anlagen müssen Photovoltaikanlagen einerseits in ihrer elektromagnetischen Umgebung einwandfrei funktionieren und dürfen diese andererseits nicht durch unzulässig starke Störemissionen beeinträchtigen. Diese Eigenschaft bezeichnet man als elektromagnetische Verträglichkeit (EMV).

5.2.3.1 Provisorische Sicherheitsvorschrift für photovoltaische Anlagen

Diese vom eidgenössischen Starkstrominspektorat (ESTI) bereits 1990 herausgegebene Sicherheitsvorschrift [4.4] enthielt Bestimmungen über den Blitzschutz, den mechanischen und elektrischen Aufbau des Solargenerators sowie über Verkabelung und Erdung der Anlage auf der Gleich- und Wechselstromseite. Ferner wurde verlangt, dass in netzgekoppelten Anlagen eingesetzte Wechselrichter bei Netzausfall innert 5 Sekunden abschalten müssen, keinen Gleichstrom ins Netz einspeisen dürfen und keine unzulässigen Oberschwingungen und Funkstörspannungen erzeugen dürfen. Ebenso wurde festgehalten, dass kleine netzgekoppelte Photovoltaikanlagen bis 3,3 kVA einphasig oder 10 kVA dreiphasig den Hausinstallationen gleichgestellt sind und vor der Erstellung nicht mehr dem ESTI vorgelegt werden müssen. Diese relativ liberale, heute formell nicht mehr gültige Vorschrift trug neben den verschiedenen, lokal unterschiedlichen Förderungsmodellen sicher dazu bei, dass in der Schweiz Anfang und Mitte der 90-er Jahre relativ viele netzgekoppelte PV-Anlagen erstellt wurden.

5.2.3.2 Provisorische Sicherheitsvorschrift für Wechselrichter für photovoltaische Stromerzeugungsanlagen

Diese 1993 vom Schweizerischen Elektrotechnischen Verein (SEV) herausgegebene Sicherheitsvorschrift [5.13] enthält neben vielen allgemeinen Sicherheitsanforderungen bezüglich der verwendeten Materialien auch Angaben über die einzuhaltenden Normen bezüglich der elektromagnetischen Verträglichkeit im Niederfrequenz- und Hochfrequenzbereich, Angaben über den durchzuführenden Selbstlauftest und verlangt ferner einen *Überlasttest, bei welchem dem Wechselrichter während bis zu 2 Stunden 140 % der vom Hersteller spezifizierten STC-Solargenerator-Nennleistung* angeboten wird, um sicherzustellen, dass der Wechselrichter auch bei kurzzeitigen Strahlungsspitzen noch sicher arbeitet (siehe Bild 5-65). Derartige Tests sind bei Netzwechselrichtern wegen in der Praxis möglichen Einstrahlungsspitzen ("Cloud Enhancements") sehr sinnvoll, auch wenn diese Vorschrift formell nicht mehr gültig ist.

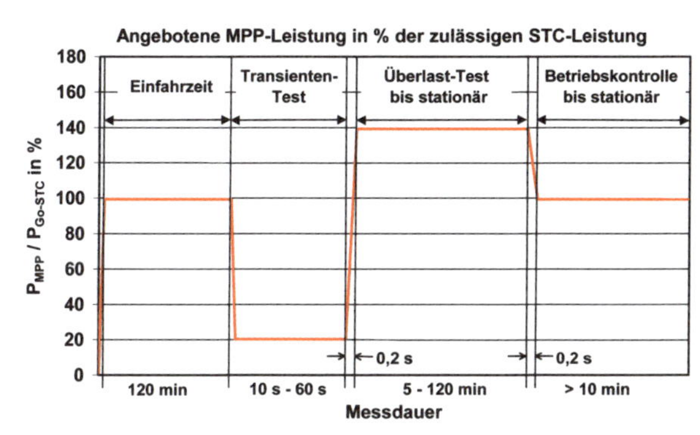

Bild 5-65: Überlasttest gemäss [5.13] mit DC-seitigem Leistungsüberangebot $P_{MPP} > P_{Go}$, um den sicheren Betrieb des Wechselrichters bei kurzzeitiger strahlungsbedingter Überleistung (cloud enhancement) zu gewährleisten (P_{Go} = maximal zulässige PV-Generator-Nennleistung bei STC). Es sind kurzzeitige Strahlungsspitzen bis 1400 W/m^2 im Flachland und bis zu 1900 W/m^2 im Hochgebirge möglich!

5.2.3.3 Niederfrequente Störungen in Stromversorgungsnetzen (0 bis 2 kHz)

In diesem Abschnitt werden die wichtigsten Vorschriften zur Vermeidung niederfrequenter Störungen in Stromversorgungsnetzen behandelt. Diese Massnahmen liegen den Elektrizitätswerken naturgemäss näher als beispielsweise Vorschriften über Funkstörspannungen zur Vermeidung von Radio- und Fernsehempfangsstörungen. Für die messtechnische Kontrolle ist zudem ein ganz anderer Messgerätepark erforderlich als bei höherfrequenten Störungen.

5.2.3.3.1 Spannungsänderungen

Durch den Betrieb eines Wechselrichters wird die Spannung am Verknüpfungspunkt mit dem Netz angehoben. Unter dem Verknüpfungspunkt ist dabei die Anschlussstelle eines Abnehmers an das Stromversorgungsnetz zu verstehen, also beispielsweise der Punkt, an dem die Hauptverteilung eines Gebäudes mit dem Energiezähler ans Stromnetz angeschlossen ist. Als Grenzwert für selten auftretende Spannungsänderungen gelten heute für das Niederspannungsnetz (230 V / 400 V) 3% und für das Mittelspannungsnetz 2% der Netzspannung [5.19]. Für sehr seltene Spannungsschwankungen wären nach [5.15] und [5.16] auch Werte von bis zu 4% zulässig.

Bei einer Photovoltaikanlage können bei leicht bewölktem, windigem Wetter durchaus einige Male pro Minute Schwankungen der Leistung zwischen etwa 10% und 100% auftreten. Nach den oben angegebenen Normen müssten mit steigender Repetitionsrate die zulässigen Spannungsschwankungen sogar noch etwas reduziert werden (siehe Bild 5-66). Da die entsprechenden Wetterlagen relativ selten sind, ist es bei nicht allzu grosser Dichte von PV-Anlagen im Netz aber vertretbar, deren Netzanschluss so zu dimensionieren, dass beim Betrieb des

Wechselrichters mit Nennleistung die *Spannung am Verknüpfungspunkt* mit dem Netz im Niederspannungsnetz *um höchstens 3% ansteigt* (sowohl zwischen L-N als auch zwischen L-L) gegenüber der Spannung bei ausgeschaltetem Wechselrichter. Diese Anforderung gilt für einzelne PV-Anlagen. Bei einer grösseren Verbreitung von netzgekoppelten Photovoltaikanlagen im Netz könnte es notwendig sein, diesen Wert weiter abzusenken (z.B. bis gegen 1%). Neben der Einhaltung der maximal zulässigen Spannungsänderung darf aber natürlich auch die maximal zulässige Netzspannung (230 V / 400 V +10%) am Verknüpfungspunkt nicht überschritten werden.

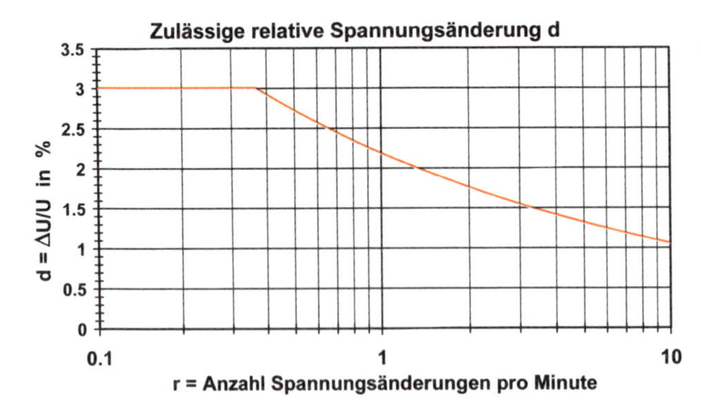

Bild 5-66:
Zulässige relative Spannungsänderung d im Niederspannungsnetz 230 V / 400 V in Funktion der Repetitionsrate r nach [5.19].
Für ganz seltene Spannungsschwankungen wären nach [5.15] und [5.16] auch d-Werte von bis zu 4% zulässig.

5.2.3.3.2 Immunität gegen Rundsteuersignale

Bild 5-67 gibt die im Netz maximal zu erwartenden Rundsteuersignalpegel (Effektivwerte) im Bereich 100 Hz bis 4 kHz an. Die von den EVU's ausgesendeten Signalpegel liegen meist deutlich unter diesen Maximalwerten [5.19]. Wegen Blindstromkompensationsanlagen sind die Impedanzverhältnisse im Netz bei höheren Frequenzen aber nicht eindeutig definiert und können zudem zeitlich stark schwanken. Es ist deshalb möglich, dass infolge Resonanzerscheinungen die Pegel lokal zu gewissen Zeiten durchaus die in Bild 5-67 angegebenen Werte erreichen. PV-Wechselrichter sollten deshalb so dimensioniert sein, dass sie diese Pegel ohne gravierende Ausfälle aushalten. Es ist höchstens ein kurzer Betriebsunterbruch mit automatischem Neustart zulässig, jedoch kein Unterbruch mit Hardwaredefekt oder notwendigem manuellem Neustart.

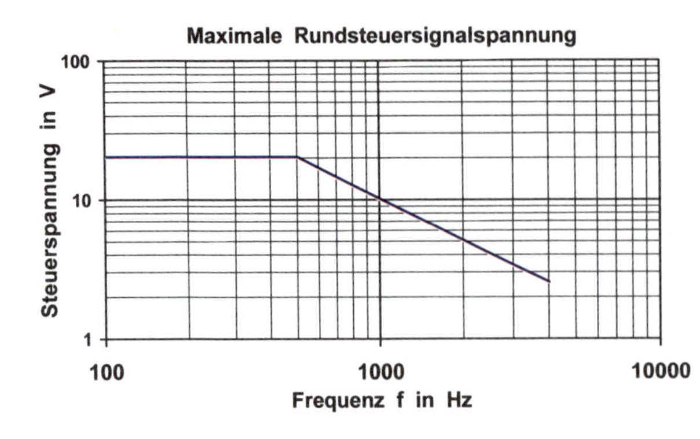

Bild 5-67:
Zulässige Rundsteuersignalspannungen (L-N) in Niederspannungsnetzen nach [5.19].
Nach [5.18] müsste oberhalb von 1 kHz sogar noch mit etwas höheren Signalpegeln bis gegen 10 V gerechnet werden.

5.2.3.3.3 Grenzwerte für Oberschwingungsströme

In [5.14] sind für Geräte mit Strömen ≤ 16A in den Netzanschlussleitungen Grenzwerte für Oberschwingungsströme festgelegt, also für Ströme, deren Frequenz ein ganzzahliges Vielfaches n der Grundfrequenz darstellt. Wenn ein Photovoltaik-Wechselrichter im stationären Betrieb bei allen Leistungen und Netzverhältnissen höchstens die in Tabelle 5.7 angegebenen Oberschwingungsströme ins Netz einspeist, kann er überall problemlos und ohne spezielle Kontrollmessungen angeschlossen werden.

Tabelle 5.7:

Grenzwerte der Oberschwingungsströme nach EN61000-3-2 [5.14]

Ordnungszahl n	maximal zulässiger Oberschwingungsstrom I_n (in Ampère)
ungeradzahlige Oberschwingungen	
3	2,30
5	1,14
7	0,77
9	0,40
11	0,33
13	0,21
$15 \le n \le 40$	$0{,}15 \cdot 15/n$
geradzahlige Oberschwingungen	
2	1,08
4	0,43
6	0,30
$8 \le n \le 40$	$0{,}23 \cdot 8/n$

Die oben angegebenen Grenzwerte sind Absolutwerte. Deshalb sind sie für kleine Geräte mit Scheinleistungen bis zu einigen 100 VA praktisch bedeutungslos, d.h. auch Kleingeräte, welche sehr starke Oberschwingungserzeuger sind, dürfen noch angeschlossen werden. Bei einzelnen Kleingeräten ist dies sicher unproblematisch. Beim Anschluss *vieler gleichartiger Geräte am gleichen Ort* (z.B. viele Modul- oder Stringwechselrichter an der gleichen Phase) überlagern sich die Oberschwingungsströme jedoch. Beim Aufteilen einphasiger Geräte auf alle Phasen addieren sich zudem die Harmonischen mit Ordnungszahlen, die Vielfache von 3 sind, im Neutralleiter. Eine PV-Anlage aus vielen kleinen Wechselrichtern ist deshalb auch in Bezug auf Oberschwingungen als eine grössere Anlage zu betrachten und zu beurteilen.

Für grössere Geräte mit Strömen > 16A gelten andere Werte. Bei grösseren Anschlussleistungen ist die Netzimpedanz geringer, so dass höhere Oberschwingungsströme zulässig sind, ohne dass unzulässig hohe Oberschwingungsspannungen entstehen. Neben Grenzwerten für einzelne Harmonische I_n ist oft auch ein Grenzwert für den Klirrfaktor oder Gesamtverzerrungsfaktor (englisch: "Total Harmonic Distortion") des Stromes festgelegt. Man unterscheidet den Klirrfaktor k_I oder THD_I , der auf den Gesamteffektivwert I des Geräte-Nennstroms bezogen ist, und den Klirrfaktor k_{I_1} oder THD_{I_1}, der auf den (etwas kleineren) Effektivwert der Grundschwingungsanteils I_1 des Geräte-Nennstroms bezogen ist:

Strom-Klirrfaktor $k_I = THD_I$ (bezogen auf Gesamtstrom):
$$k_I = \frac{\sqrt{\sum_{n=2}^{40} I_n^2}}{I} \qquad (5.23)$$

Die Berechnung von $k_{I_1} = THD_{I_1}$ erfolgt analog, es ist in (5.23) statt I einfach I_1 einzusetzen. Diese Grösse stellt somit das Verhältnis zwischen dem Effektivwert der Oberschwingungsströme und dem Effektivwert des Gesamtstromes I resp. des Grundschwingungsstromes I_1 dar.

Manchmal ist auch die auf I_1 bezogene, gewichtete Oberschwingungs-Teilverzerrung (englisch: partially weighted harmonic distortion, PWHD) wichtig, die störenden höheren Harmonischen ein etwas stärkeres Gewicht verleiht:

$$\textit{Gewichtete Oberschwingungs-Teilverzerrung } PWHD = \frac{\sqrt{\sum_{n=14}^{40} n \cdot I_n^2}}{I_1} \quad (5.24)$$

Bei grösseren Anlagen sind die zulässigen Oberschwingungsströme oft von der *Kurzschluss-Scheinleistung S_{KV} des Netzes am Verknüpfungspunkt* abhängig. Nähere Angaben zur Berechnung von S_{KV} findet man in Abschn. 5.2.6.1.5.

Für PV-Anlagen, bei denen diese Kurzschlussleistung S_{KV} mindestens 33 mal grösser ist als die Nennscheinleistung S_{WR} des Wechselrichters, was bei vernünftig dimensionierten Netzanschlussleitungen fast immer der Fall ist, sind nach [5.17] folgende Grenzwerte sinnvoll:

Tabelle 5.8: Grenzwerte der Oberschwingungsströme (bezogen auf die Grundschwingung I_1) nach EN61000-3-12 für $S_{KV} \geq 33 \cdot S_{WR}$. Für Kurzschlussleistungen $S_{KV} \geq 120 \cdot S_{WR}$ sind noch etwas höhere Oberschwingungsströme zulässig [5.17].

Ordnungszahl n	maximal zulässiger Oberschwingungsstrom I_n/I_1 in %
ungeradzahlige Oberschwingungen :	
3	5
5	10,7
7	7,2
9	keine Angabe
11	3,1
13	2,0
geradzahlige Oberschwingungen :	
$2 \leq n \leq 40$	16 / n
Ferner:	THD ≤ 13% , PWHD ≤ 22%

In [5.19] sind auch Grenzwerte für zulässige Oberschwingungsströme in Funktion des Verhältnisses S_{KV} / S_{WR} angegeben, die in den deutschsprachigen Ländern und Tschechien verbindlich sind. Dabei ist zu beachten, dass nach [5.19] *für Eigenerzeugungsanlagen nur 50% der für Verbraucher zulässigen Oberschwingungsströme erlaubt sind* (Werte für p_n aus Tabelle. 5.9):

$$\textit{Grenzwerte für Harmonische mit Ordnungszahl n (für WR): } \frac{I_n}{I} \leq 0{,}5 \cdot p_n \sqrt{\frac{S_{KV}}{S_{WR}}} \quad (5.25)$$

S_{KV} = Kurzschluss-Scheinleistung S_{KV} des Netzes am Verknüpfungspunkt

S_{WR} = Nenn-Scheinleistung des anzuschliessenden Wechselrichters (WR)

I = Nennstrom des Wechselrichters (Gesamtstrom)

Faktor 0,5 für Eigenerzeugungsanlagen (wie Wechselrichter) nach [5.19]

Tabelle 5.9: Grenzwerte der p_n-Werte (in %) für einzelne Oberschwingungsströme nach [5.19].

n	3	5	7	11	13	17	19	>19
p_n in %	0,6	1,5	1	0,5	0,4	0,2	0,15	0,1

Grenzwert für den auf den Gesamtstrom bezogenen Strom-Klirrfaktor k_I nach [5.19]:

$$\textit{Strom-Klirrfaktor(für WR): } k_I = THD_I \leq 0{,}5 \cdot 2\% \sqrt{\frac{S_{KV}}{S_{WR}}} \quad (5.26)$$

Bild 5-68 gibt einen Überblick über die Grenzwerte gemäss [5.19] in Funktion von S_{KV}/S_{WR}. Es ist zu erkennen, dass in stärkeren Netzen mit niedrigerer Netzimpedanz und höherer Kurzschlussleistung grössere Oberschwingungsströme zulässig sind. Wegen des Faktors 0,5 für Erzeugungsanlagen sind diese Werte etwas strenger als die Grenzwerte von Tab. 5.8 gemäss [5.17], die primär für Verbaucher gelten. Treten unzulässig hohe Oberschwingungsströme auf, ist durch geeignete Massnahmen (z.B. Saugkreise, Verstärkung des Netzes, Wahl eines anderen Wechselrichtertyps usw.) dafür zu sorgen, dass die Grenzwerte gemäss [5.19] eingehalten werden.

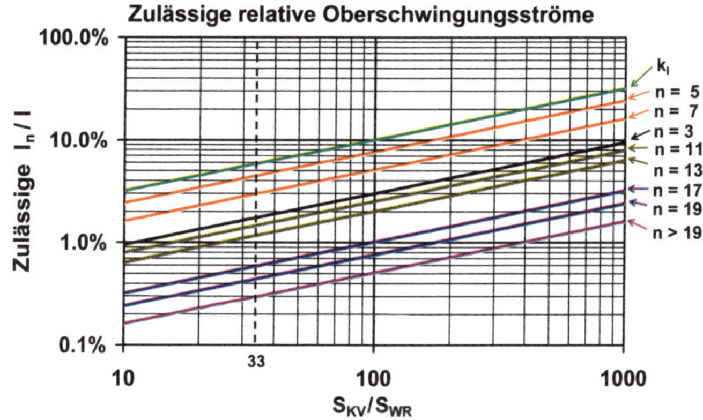

Bild 5-68: Zulässige Oberschwingungsströme *für Erzeugungsanlagen* in Niederspannungsnetzen bezogen auf den Gesamtstrom I nach [5.19] in Funktion des Verhältnisses S_{KV}/S_{WR}. Um den Vergleich mit den Werten von Tabelle 5.8 zu erleichtern, ist auch noch der Wert S_{KV}/S_{WR} = 33 eingezeichnet.
Hinweis: Für Verbraucher ist der doppelte Wert zulässig.

5.2.3.4 Hochfrequente Störungen (150 kHz bis 30 MHz)

Photovoltaik-Wechselrichter enthalten schnelle elektronische Schalter, die zur Erzielung eines hohen Wirkungsgrades mit möglichst steilen Schaltflanken betrieben werden. Steilflankige grosse Ströme und Spannungen haben aber einen hohen Gehalt an hochfrequenten Anteilen, die ohne entsprechende Gegenmassnahmen in der näheren Umgebung den Radioempfang und andere empfindliche elektronische Geräte stören können. Bei netzgekoppelten PV-Anlagen stellen sowohl die Verkabelung des Solargenerators als auch die Netzanschlussleitung ausgedehnte strahlungsfähige Gebilde dar, die für diese Störungen als Sendeantennen wirken. Da ihre internen Schaltfrequenzen meist deutlich unter 100 kHz liegen, verursachen PV-Wechselrichter im Bereich über 30 MHz in der Regel keine nennenswerten Störungen.

Für PV-Wechselrichter existiert keine gerätespezifische Norm bezüglich der Emission leitungsgebundener hochfrequenter Störungen. Da netzgekoppelte Photovoltaikanlagen häufig auf Gebäuden erstellt werden, ist es sinnvoll, die Grenzwerte der europäischen EMV-Norm EN61000-6-3 [5.23] anzuwenden. Diese Norm gilt für alle elektrische Geräte, die in Wohngebieten verwendet werden und für die keine speziellen Gerätenormen existieren. Sie enthält seit kurzem auch verbindliche Normen für die Gleichstromseite. Praktisch äquivalent ist die Anwendung der Norm EN55014 [5.21] für elektrische Haushaltgeräte, welche bereits seit langer Zeit auch Grenzwerte für andere Leitungen als die Netzzuleitung enthält (bei einer PV-Anlage also die Gleichstromleitungen), was in der Praxis sehr wichtig ist.

Die Einhaltung der in diesen Normen enthaltenen Grenzwerte kann bei geringer Distanz (< 10 m) zwischen Störquelle und Störopfer nicht jede Störung des Radioempfangs verhindern. Anders als die meisten elektrischen Kleingeräte sind netzgekoppelte PV-Anlagen vom Morgen bis zum Abend ununterbrochen im Betrieb. Für den problemlosen Einsatz in Wohngebieten wäre es deshalb eigentlich sinnvoll, sogar die noch etwas strengeren Grenzwerte nach der alten deutschen Norm VDE871B anzustreben, die aber nicht mehr in Kraft ist.

5.2.3.4.1 Funkstörspannungen auf Netzanschlussleitungen

Nach [5.21] und [5.23] dürfen auf den Netzanschlussleitungen die mit einer 50 Ω-Netznachbildung gemessenen Funkstörspannungen im Bereich 150 kHz – 30 MHz die in Bild 5-69 angegebenen Grenzwerte nicht überschreiten.

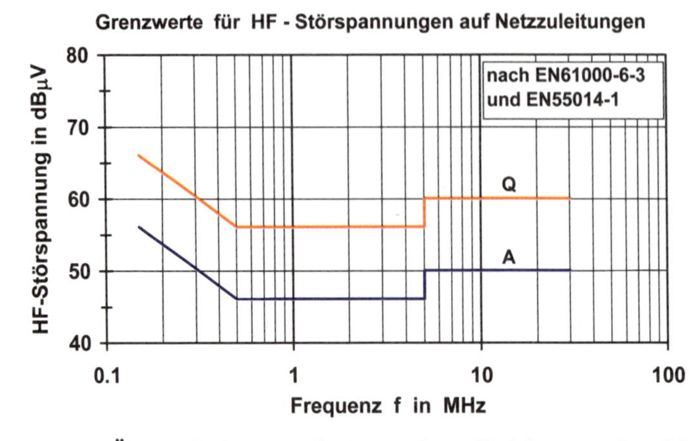

Bild 5-69: Grenzwerte für Funkstörspannungen auf der Netzzuleitung nach EN61000-6-3 / EN55014-1, die für PV-Wechselrichter im Minimum anzuwenden sind [5.21], [5,23].
Q: Grenzwert für Quasipeak / Breitbandstörer
A: Grenzwert für Average / Schmalbandstörer

5.2.3.4.2 Übrige Leitungen (insbesondere Gleichstrom-Anschlussleitungen)

Auf den Netzzuleitungen sind in beiden Normen Messverfahren und Grenzwerte identisch. Dagegen gibt es Unterschiede zwischen [5.21] und [5.23] bei der Erfassung der Störungen auf den übrigen Leitungen.

Im Gegensatz zu vielen andern EMV-Normen werden in der EN55014-1 [5.21], die für Haushaltgeräte gilt, schon seit vielen Jahren auf den übrigen angeschlossenen Leitungen (bei PV-Wechselrichtern also speziell auf den Gleichstromleitungen) die in Bild 5-70 gezeigten Grenzwerte für die Funkstörspannungen vorgeschrieben. Diese Spannungen sind mit einer hochohmigen Sonde von 1500 Ω zu messen. Bei dieser Messung ist an diesen Leitungen keine bestimmte Netznachbildung vorgeschrieben. Damit hat man bei PV-Wechselrichtern möglicherweise Probleme mit der Reproduzierbarkeit der Messungen. Da PV-Wechselrichter (wie Haushaltgeräte) häufig in Wohngebäuden betrieben werden, ist die Anwendung dieser Norm sicher sinnvoll. Da Wechselrichter aber nicht zu den typischen Haushaltgeräten gehören, haben viele Wechselrichterhersteller diese Norm in der Vergangenheit ignoriert.

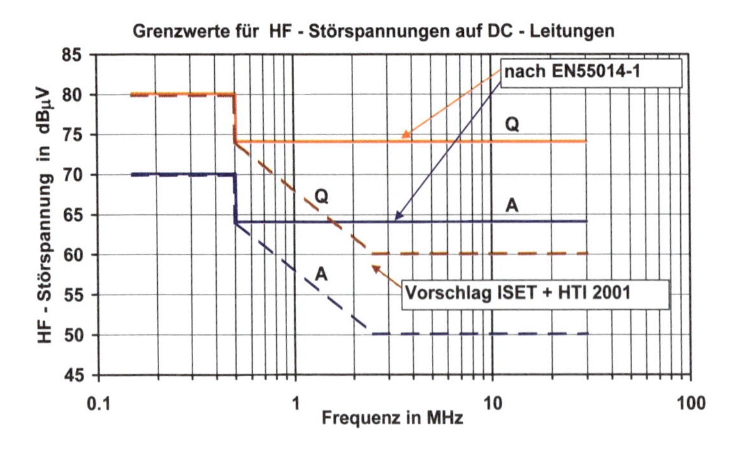

Bild 5-70: Grenzwerte für Funkstörspannungen auf den übrigen Leitungen nach EN55014-1, [5.21]
Q: Grenzwert für Quasipeak / Breitbandstörer
A: Grenzwert für Average / Schmalbandstörer
Gestrichelt sind zudem die auf Grund der Ergebnisse zweier EU-Projekte empfohlenen Grenzwerte angegeben [5.24], [5.25].

Für realistische EMV-Messungen sollten immer typische Verhältnisse angestrebt werden. Der PV-Wechselrichter sollte also von einem Solargenerator oder einem Solargenerator-Simulator gespeist werden, der über eine Netznachbildung mit definierter HF-Impedanz gegen Erde gespeist wird. In [5.24] und [5.25] werden dazu für die auf der DC-Seite vorkommenden Stromstärken dimensionierte Netznachbildungen nach EN 61000-4-6 vorgeschlagen.

Die Grenzwerte nach EN55014-1 sind für relativ kurze Lastanschlussleitungen von höchstens einigen Metern Länge ausgelegt. Die DC-seitige Verkabelung von PV-Anlagen ist aber recht ausgedehnt. Ihre Ausdehnung kann im Kurzwellenbereich durchaus in den Bereich von Viertel- und Halbwellenstrahlern kommen. Damit kann in ungünstigen Situationen eine Solargeneratorverkabelung relativ gute Strahlungseigenschaften aufweisen, so dass in gewissen Fällen die Einhaltung dieser Grenzwerte nicht genügt. Auf Grund von Messungen der abgestrahlten elektrischen Feldstärke an mehreren realen PV-Anlagen im Rahmen zweier EU-Projekte wurden deshalb etwas strengere Grenzwerte vorgeschlagen, die in Bild 5-70 gestrichelt eingezeichnet sind. Gut entstörte Wechselrichter sollten diese Grenzwerte nicht überschreiten.

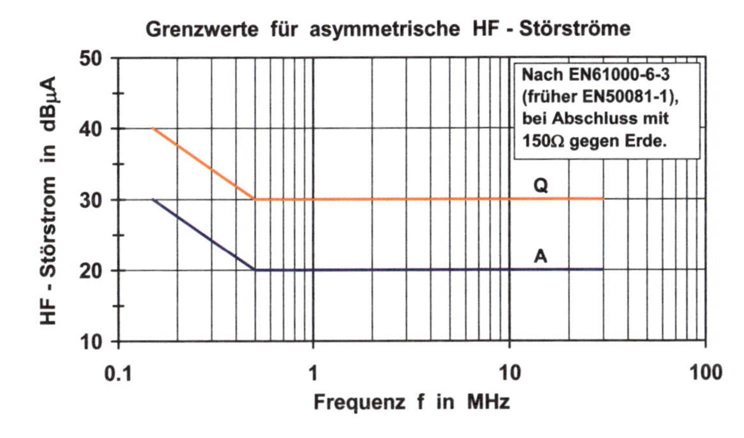

Bild 5-71: Grenzwerte für asymmetrische Ströme auf anderen (speziell DC-) Leitungen, gemessen mit HF-Stromsonde und Leitungsabschluss gegen Erdebene mit 150 Ω, nach EN61000-6-3 [5.23]
Q: Grenzwert für Quasipeak / Breitbandstörer
A: Grenzwert für Average / Schmalbandstörer
Diese Grenzwerte sind heute verbindlich!

Für die übrigen Leitungen wurden schon 1992 im Anhang der EN50081-1 statt Grenzwerten für die Funkstörspannungen Grenzwerte für Störströme nach Bild 5-71 empfohlen. Seit 2004 sind diese Grenzwerte in der neuen Norm EN61000-6-3, die für Geräte im Wohn- und Gewerbebereich gilt, nun allgemein verbindlich geworden. Zur Erzielung definierter und reproduzierbarer Verhältnisse muss eine Leitung bei der Messung hochfrequenzmässig mit 150 Ω gegen Erde abgeschlossen sein. Damit ist die von gewissen uneinsichtigen Herstellern lange vertretene Ansicht, dass auf der DC-Seite keine verbindlichen Grenzwerte gelten, eindeutig widerlegt und es steht nun fest, dass auch auf der DC-Seite EMV-Grenzwerte einzuhalten sind. Die angegebenen Stromgrenzwerte können ggf. mit der bekannten Abschlussimpedanz (150 Ω) der Netznachbildung leicht auf Spannungsgrenzwerte umgerechnet werden.

Beim Vergleich der verschiedenen Normen ergeben sich Differenzen von höchstens einigen dB. Mit dem vorgeschriebenen 150 Ω-Abschlusswiderstand von Bild 5-71 kann man die daran entstehenden Funkstörspannnungen berechnen. Man erhält die entsprechenden gleichstromseitigen Funkstörspannungen in dBµV durch Erhöhen der in dBµA angegebenen Stromgrenzwerte um 43,5 dB. Ein Vergleich mit den Grenzwerten nach EN55014-1 in Bild 5-70 zeigt, dass die so entstehenden Grenzwerte oberhalb von 500 kHz praktisch identisch sind!

5.2.3.5 Weitere Normen

Im Normentwurf EN61000-6-1 werden weitere Anforderungen bezüglich Störfestigkeit von Geräten, die in Wohngebieten verwendet werden, festgelegt. Erfahrungsgemäss erhöhen Massnahmen zur Reduktion von hochfrequenten Störungen gemäss Kap. 5.2.3.4 auch die Immunität gegen schnelle transiente Überspannungen, was eine deutlichen Erhöhung der Zuverlässigkeit derartiger Wechselrichter im praktischen Betrieb bewirkt.

5.2.4 Vermeidung von Selbstlauf resp. Inselbetrieb bei Netzwechselrichtern

Wie bereits in Kap. 5.2.2 dargestellt, sind viele Photovoltaik-Wechselrichter für Netzverbundanlagen selbstgeführt und neigen deshalb vom Schaltungskonzept her eher zu Selbstlauf als netzgeführte Wechselrichter, bei denen dies wegen des relativ hohen Blindleistungsbedarfs nur bei ziemlich stark kapazitiven Lasten (in der Praxis selten) möglich ist. Bei Selbstlauf wird in einem abgeschalteten Teil des Netzes unter bestimmten Bedingungen (bei PV-Anlagen: bei angepasster Last) durch den oder die Wechselrichter ein Inselbetrieb aufrechterhalten, was aus Sicherheitsgründen aus der Sicht des Netzbetreibers unerwünscht ist. Da Netzverbund-Wechselrichter nur bei vorhandenem Netz anlaufen dürfen (Abschn. 5.2.2.1), ist ein solcher unerwünschter Inselbetrieb nur möglich, wenn *im Betrieb ein Netzausfall* auftritt.

In diesem abgetrennten Teil des Netzes (= Insel) sind bei einem Inselbetrieb die wichtigen Netzparameter (Spannung, Frequenz, Oberschwingungen usw.) der Kontrolle des EVU's entzogen, ein wesentlicher Gesichtspunkt angesichts der Tatsache, dass auch die Elektrizität neuerdings den Produkthaftpflichtgesetzen unterstellt ist. Allerdings ist der Schutz angeschlossener Verbraucher gegen Über- und Unterspannung und unzulässige Frequenzabweichung eigentlich schon durch die in jedem Wechselrichter obligatorisch eingebaute Spannungs- und Frequenzüberwachung gewährleistet. Ein mögliches Sicherheitsproblem könnte bei einem unerwünschten Inselbetrieb allenfalls die ungenügende Kurzschlussleistung in einer nur von PV-Wechselrichtern gespeisten Insel sein (siehe auch Abschn. 5.1.3.4). Allerdings würde ein Kurzschluss mit hoher Wahrscheinlichkeit den stabilen Inselbetrieb beenden. Ferner könnte ein derartiger Inselbetrieb das mit dem Netzunterhalt betraute EVU-Personal gefährden, allerdings nur, wenn dieses elementare Sicherheitsvorschriften (Spannungsprüfung nach dem Abschalten!) verletzt.

Die für einen *Inselbetrieb notwendige Anpassbedingung* ist dann erfüllt, wenn die folgenden beiden Bedingungen *gleichzeitig* zutreffen:

1. Unterbruch der Verbindung zum Netz (geplante Abschaltung durch das EVU oder Sicherheitsabschaltung wegen einer Störung).
2. Im abgetrennten Netzbereich (der entstandenen Insel) wird in jeder Phase der Wirk- und Blindleistungsbedarf der Verbraucher von einem oder mehreren Wechselrichtern gedeckt.

Sind diese Bedingungen erfüllt, kann die Spannung und die Speisung der Verbraucher innerhalb der Insel auch nach der Trennung vom Netz allein durch den resp. die Wechselrichter aufrechterhalten werden. Damit infolge der Stromquellencharakteristik von PV-Wechselrichtern die Spannung und die Frequenz innerhalb der vom Wechselrichter dauernd überwachten Grenzen bleibt, muss die Bedingung 2 innerhalb eines recht engen Toleranzbandes erfüllt sein. Mit zunehmender Dauer sinkt die Wahrscheinlichkeit eines stabilen Inselbetriebs wegen der dauernden Schwankungen der Belastung und der Einstrahlung jedoch stark ab (siehe Bild 5-72 und 5-73).

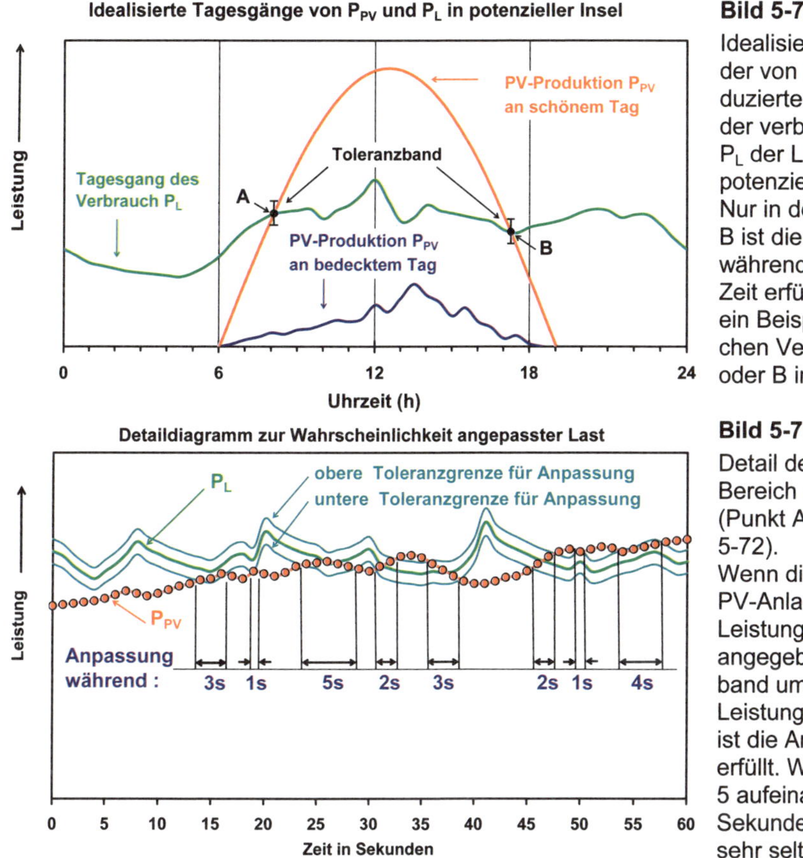

Bild 5-72:

Idealisierte Tagesgänge der von PV-Anlagen produzierten Leistung P_{PV} und der verbrauchten Leistung P_L der Lasten in einer potenziellen Insel.
Nur in den Punkten A und B ist die Anpassbedingung während einer gewissen Zeit erfüllt. Bild 5-73 zeigt ein Beispiel eines möglichen Verlaufs im Punkt A oder B im Detail.

Bild 5-73:

Detail des Verlaufs im Bereich angepasster Last (Punkt A oder B in Bild 5-72).
Wenn die von der (den) PV-Anlage(n) produzierte Leistung P_{PV} sich mit dem angegebenen Toleranzband um die verbrauchte Leistung P_L überschneidet, ist die Anpassbedingung erfüllt. Während mehr als 5 aufeinanderfolgenden Sekunden ist dies aber nur sehr selten der Fall.

Für einen stabilen Inselbetrieb muss aber die in Bild 5-72 und 5-73 gezeigte Anpassbedingung nicht nur für die Wirkleistung, sondern auch für die Blindleistung erfüllt sein. Die gleichzeitige Erfüllung beider Bedingungen ist deshalb noch wesentlich unwahrscheinlicher.

Die gleichzeitige Erfüllung der Bedingungen 1 und 2 ist äusserst unwahrscheinlich. In Mitteleuropa sind die meisten Netzausfälle nur sehr kurz (Kurzzausschaltungen von einigen 100 ms nach Blitzeinschlägen in Hochspannungsleitungen zur Lichtbogenlöschung). Diese sehr kurzen Netzausfälle sind bezüglich Inselbildung unkritisch, sie stellen allenfalls eine zusätzliche Beanspruchung des Wechselrichters dar, wenn zwischen Netz und (weiter laufendem) Wechselrichter nach einer Schnellwiedereinschaltung eine Phasendifferenz besteht. Unter Experten wird allgemein anerkannt, dass erst Inselbetriebe von > 5 s ein Problem darstellen können. Pro Jahr treten nur sehr wenige längere Netzausfälle auf, die für eine mögliche Inselbildung relevant sind (etwa 0,2 – 2 nach [5.29]). Kritisch kann die Situation aber erst werden, wenn dann auch gerade noch die Sicherheitseinrichtungen im Wechselrichter versagen.

Ein Netzverbund-Wechselrichter verfügt zudem noch über zusätzliche Sicherheitsfunktionen, die einen derartigen (an sich schon seltenen) Inselbetrieb detektieren und abschalten können. Dadurch wird die Wahrscheinlichkeit eines Inselbetriebs noch weiter gesenkt.

Als Minimum muss der Wechselrichter die Spannung und Frequenz des Netzes überwachen. Die anzuwendenden Grenzen sind je nach Land etwas unterschiedlich. Nach der neuesten deutschen Vornorm [5.27] liegt der zulässige Spannungsbereich im Bereich 80% bis 115% der Nennspannung, der zulässige Frequenzbereich im Bereich 47,5 Hz bis 50,2 Hz. Liegen Spannung oder Frequenz ausserhalb dieses Bereiches, darf sich ein Wechselrichter nicht einschalten und muss im Betrieb innert 0,2 s ausschalten. Nach [5.27] muss ferner abgeschaltet werden, wenn der 10-Minuten-Mittelwert der Netzspannung am Verknüpfungspunkt 110% der Nennspannung übersteigt. Daneben werden noch weitere Sicherheitsfunktionen (z.B. Überwachung der Netzimpedanz, dreiphasige Spannungsüberwachung, Frequenzschiebeverfahren) realisiert, um die geforderten Tests bezüglich Inselbetriebserkennung zu bestehen.

An einem von der Internationalen Energieagentur (IEA) im September 1997 in Zürich speziell über Netzverbundanlagen durchgeführten Tagung wurde über keine in der Praxis aufgetretenen Probleme oder Schäden infolge Selbstlauf berichtet, obwohl schon damals weltweit seit vielen Jahren Tausende von netzgekoppelten Photovoltaikanlagen in Betrieb waren.

Im Januar 2002 wurde in Arnhem/NL nach mehrjährigen, umfangreichen Forschungsarbeiten eine spezielle Tagung der IEA Task 5 über das Problem der Inselbildung mit vielen internationalen Experten durchgeführt und festgestellt, dass die Wahrscheinlichkeit einer durch netzgekoppelte PV-Anlagen verursachten Inselbildung sehr gering ist [5.28], [5.29]. Da Verbraucher meist auch etwas Blindleistung benötigen, ist es zur Vermeidung von Inselbetrieb günstig, Wechselrichter so auszulegen, dass sie nur Wirkleistung abgeben [5.28].

Die Wahrscheinlichkeit p_{IB} für einen gefährlichen Inselbetrieb an einer bestimmten PV-Anlage berechnet sich als Produkt der Wahrscheinlichkeiten der einzelnen Ereignisse:

$$p_{IB} = p_{AN} \cdot p_{NA} \cdot p_{ND} \tag{5.27}$$

wobei

p_{AN} = Wahrscheinlichkeit der Erfüllung der Anpassbedingung (mit einer gewissen Toleranz)

p_{NA} = Wahrscheinlichkeit eines Netzausfalls

p_{ND} = Wahrscheinlichkeit der Nichtdetektion eines Inselbetriebs (z.B. wegen WR-Defekt)

In [5.28] wurde für die Wahrscheinlichkeit der Erfüllung der Anpassbedingung während mehr als 5 s ein typischer Bereich von $p_{AN} = 10^{-5}$ bis 10^{-6} ermittelt. Diese Wahrscheinlichkeit hängt allerdings stark von der Breite des angenommenen Toleranzbandes für die Erfüllung der Anpassbedingung (für Wirk- und Blindleistung) ab. Wenn hier sehr konservativ die in dieser Studie ebenfalls angegebenen Werte für ein breiteres Toleranzband (15% bei Wirkleistung, 10% bei Blindleistung) verwendet werden, ergeben sich Werte von $p_{AN} = 10^{-4}$ bis 10^{-5}.

Auch bei der Wahrscheinlichkeit eines Netzausfalls soll mit dem konservativen Wert von 2 Netzausfällen pro Jahr gerechnet werden. Da nur die Netzausfälle während des Tages kritisch sind, wenn die PV-Anlagen Energie produzieren können, ist $p_{NA} \approx 1$ (bezogen auf ein Jahr).

Wenn für p_{ND} ein (relativ hoher) Wert von 0,01 Nichtdetektionen eines Inselbetriebs pro Jahr angenommen wird, ergibt sich für die Wahrscheinlichkeit eines nichtdetektierten Inselbetriebs > 5 s in einem Teil des Netzes mit PV-Anlagen unter absoluten Worst-Case Bedingungen:

$p_{IB} \leq 10^{-4} \cdot 1 \cdot 0{,}01 = 10^{-6}$ pro Jahr (≤ 1 unentdeckter Inselbetrieb > 5s in 1'000'000 Jahren!)

Die Wahrscheinlichkeit einer Personengefährdung liegt etwa im vergleichbaren Rahmen, wenn Netzelektriker des EVUs beispielsweise 1000 Netzabschaltungen zu Unterhaltszwecken pro Jahr in Gebieten mit PV-Anlagen durchführen und bei jeder tausendsten Anlage aus Unachtsamkeit die vorgeschriebene Spannungsprüfung nach dem Abschalten nicht vornehmen. Wird ein solcher extrem seltener Inselbetriebzustand festgestellt, so dürfte er in kurzer Zeit wegen der dauernden Schwankungen von Einstrahlung und Lasten in der Insel von selbst zerfallen.

Es wird manchmal auch befürchtet, dass bei PV-Anlagen mit mehreren parallelen Wechselrichtern die Wahrscheinlichkeit eines Inselbetriebs mit angepasster Last ansteigt, d.h. dass eine Spontananpassung durch (zeitlich gestaffeltes) Abschalten nur eines Teils der Wechselrichter und Weiterbetrieb der restlichen Wechselrichter mit einer nur auf einen Teil der Wechselrichter-Gesamtleistung angepassten Last möglich ist. In einem ausführlichen Feldversuch wurden im Rahmen eines Forschungsprojektes in einer PV-Anlage mit bis zu 18 parallelen Wechselrichtern verschiedener Hersteller derartige Inselbetriebsversuche durchgeführt. Dabei konnte nie ein unzulässiger Inselbetrieb festgestellt werden, die Wechselrichter schalteten immer in weniger als 5 s ab [5.30].

Während andere Eigenerzeugungsanlagen (z.B. Kleinwasserkraftwerke, Blockheizkraftwerke, Wärme-Kraft-Kopplungsanlagen usw.) in einem gewissen Leistungsbereich durchaus einen stabilen Inselbetrieb in einem abgetrennten Teil des Netzes aufrecherhalten können, ist diese Gefahr bei netzgekoppelten PV-Anlagen wegen der nur durch Zufall erfüllbaren Anpassbedingung also sehr gering. Da diese anderen, vom Prinzip her inselbetriebsfähigen Eigenerzeugungsanlagen den Elektrizitätswerken besser bekannt sind, fürchten sich diese aber oft sehr vor dieser möglichen Inselbildung. Vor allem mit PV-Anlagen nicht vertraute EVUs forderten in der Vergangenheit zum Teil baulich sehr aufwändige Sicherheitseinrichtungen (z.B. jederzeit dem EVU zugängliche, separate Trennstelle). Derartige manuelle Methoden können zwar ein gewisses Gefühl von Sicherheit vermitteln, sind bei einer grösseren Verbreitung von PV-Anlagen im praktischen Netzbetrieb aber rein schon aus Zeitgründen nicht mehr sinnvoll einsetzbar, es müssen automatisch wirksame Lösungen vorgesehen werden.

Am PV-Labor der Berner Fachhochschule wurden seit 1989 sehr viele PV-Netzwechselrichter im Labor getestet. Bei diesen Tests wurde *nie ein Selbstlauf beim blossen Unterbruch der Verbindung zum Netz* festgestellt. Die Ausgangsspannung der ersten Geräte, die 1988 bis 1990 auf dem Markt erschienen und über keine HF-Filterung am Netzausgang verfügten, fiel jeweils sehr rasch (meist innert einer Periode) nach einem Netzausfall auf 0. Bei neueren Geräten sind Netzfilter vor dem Netzausgang eingebaut. Diese Filter stellen reaktive Lasten dar, welche die Zeit bis zum Abschalten des Wechselrichters etwas erhöhen. Bild 5-74 zeigt das Abschalten eines neueren Wechselrichters nach einem Unterbruch der Verbindung zum Netz, wenn die Anpassbedingung nicht erfüllt ist (R = ∞ in der Testschaltung von Bild 5-75).

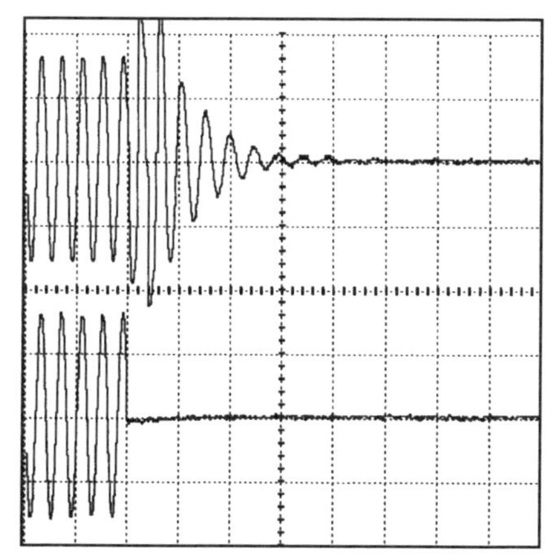

Bild 5-74:
Abschalten eines Wechselrichters Top Class Grid II 4000/6 ohne angepasste Last, $P_{AC} \approx 900$ W.

KO-Einstellungen:
Vertikal: 200 V/div,
Horizontal 50 ms/div.

Obere Kurve: Wechselrichter-Ausgangsspannung

Untere Kurve: Netzspannung.

Nach dem Abschalten des Netzes nimmt die Ausgangsspannung während etwa 2 Perioden deutlich zu, bevor der Wechselrichter abschaltet.

5.2.4.1 *Selbstlauf bei angepasster Last*

Um bei den oben erwähnten Wechselrichtertests im Labor einen Inselbetrieb zu provozieren, war es im Minimum immer notwendig, eine Last an den Wechselrichter anzuschliessen, welche die vom Wechselrichter produzierte Wirkleistung P aufnimmt (siehe Bild 5-75). Dadurch wird der Strom zwischen dem Netz und der Parallelschaltung von Wechselrichter und Last vor dem Öffnen des Verbindungsschalters sehr klein (50 Hz-Komponente = 0, der Strom enthält dann praktisch nur noch Oberschwingungen). Bei selbstgeführten Wechselrichtern mit HF-Transformatoren gemäss Bild 5-61, die damals stark verbreitet waren, ist der cos φ ≈ 1, deshalb war diese Wirkleistungsanpassung meist ausreichend, um einen zeitlich unlimitierten Selbstlauf auszulösen, speziell bei Geräten von neuen, noch unerfahrenen Herstellern. Bild 5-76 zeigt einen derartigen Selbstlauf bei einem der ersten Solcon-Geräte.

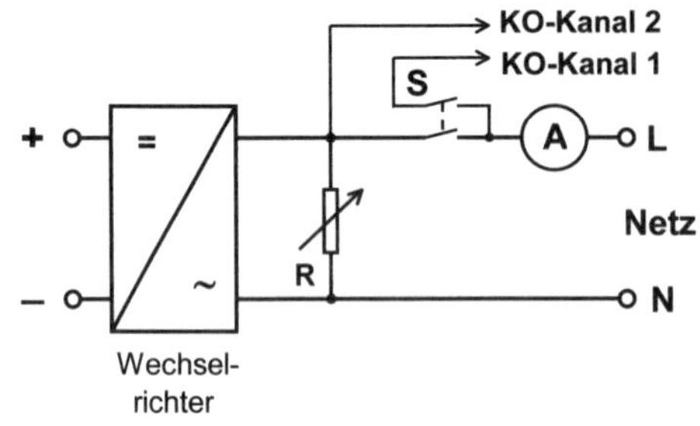

Bild 5-75:
Einfache Testschaltung für Selbstlauftests mit angepasster Last für Wechselrichter mit cosφ ≈ 1:
Vor dem Öffnen der beiden Schalter wird R so eingestellt, dass der Strom durch das Ampèremeter A minimal ist. Kanal 1 dient zur Feststellung des Schaltzeitpunktes.

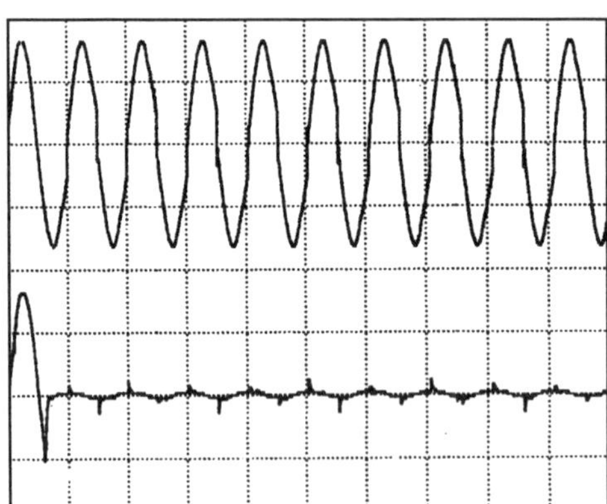

Bild 5-76:
Selbstlauf eines Solcon-Wechselrichters (ältestes Modell) bei P_{AC} ≈ 300 W mit angepasster Last in der Schaltung von Bild 5-75.
KO-Einstellungen:
Vertikal: 200 V/div, Horizontal 20 ms/div.
Obere Kurve:
Wechselrichter-Ausgangsspannung
Untere Kurve: Netzspannung.
Es tritt ein zeitlich unbeschränkter Inselbetrieb auf. Die Kurvenform der Ausgangsspannung während des Inselbetriebs ist nahezu sinusförmig (geringer Oberschwingungsgehalt).

Bei den etwa ab 1991 erschienenen Geräten, die gemäss Bild 5-55 und 5-56 aufgebaut sind und über einen NF-Transformator (z.B. einen verlustarmen 50 Hz-Ringkerntrafo) verfügen, wird immer eine gewisse (meist relativ kleine) Blindleistung Q vom Netz benötigt. Um die Anpassbedingung bei diesen Geräten exakt zu erfüllen, ist es nötig, auch diese Blindleistung zu kompensieren. Die Schaltung von Bild 5-75 wurde deshalb durch zusätzliche parallel geschaltete Reaktanzen erweitert [5.13], so dass die Schaltung nach Bild 5-77 entsteht.

In Deutschland wurde zur Vermeidung des Selbstlaufs Mitte der 90-er Jahre die sogenannte *ENS* eingeführt, die auf einer *permanenten Überwachung der Netzimpedanz* basiert (siehe Abschn. 5.2.4.5). Die Funktion dieser ENS wurde zunächst in einer relativ komplizierten Testschaltung geprüft [5.32]. In [5.33] wurde durch geeignete Netzwerkumformungen gezeigt, dass diese Schaltung äquivalent zur Testschaltung gemäss Bild 5-77 ist, wenn der Schalter, der die direkte Verbindung zum Netz vermittelt, mit einer niederohmigen Impedanz $\underline{Z}$ überbrückt ist. Etwa diese Schaltung ist denn auch seit 1999 in Deutschland in Gebrauch.

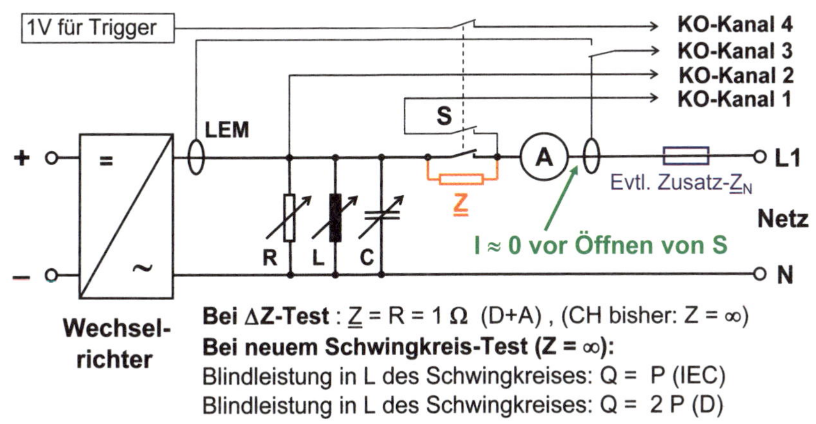

Bild 5-77:
Universelle Testschaltung für Selbstlauftests von Wechselrichtern (auch mit cosφ ≠ 1) mit und ohne ENS: Vor dem Öffnen der beiden Schalter werden R, L und C so eingestellt, dass der Strom durch das Ampèremeter A minimal ist. Kanal 1 (resp. bei ENS Kanal 4) dient zur Feststellung des Schaltzeitpunktes, Kanal 2 misst die Ausgangsspannung und Kanal 3 den Ausgangsstrom des Wechselrichters (resp. den Strom in der Netzzuleitung vor Öffnen von S). Für Tests von Wechselrichtern ohne ENS wird $\underline{Z} = \infty$ gesetzt und L und C gegebenenfalls entsprechend der geforderte Minimalgüte Q_S eingestellt. Für ENS-Tests ist für $\underline{Z}$ nach [5.27] in Deutschland R = 1 Ω statt wie früher 0,5 Ω [5.26], in Österreich 1 Ω zu wählen. In [5.27] werden zusätzlich noch gewisse Netzimpedanzen in Serie zum Netzanschluss gefordert (blau).

Eine nützliche Ergänzung und Erschwerung des Selbstlauftests ergibt sich, wenn mit L oder C nicht nur eine allfällig vom Wechselrichter aufgenommene induktive oder kapazitive Blindleistung kompensiert wird, sondern wenn damit ein immer vorhandener Parallelschwingkreis realisiert wird, bei dem sowohl L als auch C immer eine gewisse Blindleistung aufnehmen. Erstmals wurde ein solcher zusätzlicher LC-Parallelschwingkreis (Resonanz bei 50 Hz) in [5.32] vorgeschlagen, allerdings nur mit einer fixen Blindleistung Q von ± 100 Var. Im Jahre 2005 wurde in einem IEC-Normentwurf für eine international einheitliche Inselbetriebs-Testschaltung eine entsprechende Schaltung mit einer definierten Kreisgüte (z.B. mit $Q_S = 1$) vorgeschlagen [5.34]. Mit $\underline{Z} = \infty$ ermöglicht die Schaltung nach Bild 5-77 Selbstlauftests nach diesem neuen Normentwurf und nach den lange Zeit in der Schweiz gültigen Vorschriften.

Für die Durchführung eines Selbstlauftests mit $Q_S = 1$ muss dabei die Induktivität L so eingestellt werden, dass sie eine Blindleistung Q aufnimmt, die betragsmässig gleich der von R aufgenommenen Wirkleistung P ist. Anschliessend muss vor dem Öffnen des Schalters S die Kapazität C so abgeglichen werden, dass die 50 Hz-Komponente des Stroms durch das Ampèremeter A minimal wird. Messungen an vielen Geräten im PV-Labor der BFH in Burgdorf haben gezeigt, dass dadurch der Selbstlauftest meist erschwert wird, d.h. es dauert länger, bis ein Gerät den unzulässigen Inselbetrieb erkennt. Im Zuge einer Angleichung an internationale Standards wächst auch in Deutschland die Akzeptanz für diesen neuen Test, allerdings wird in [5.27] für einen noch etwas strengeren Test ein $Q_S = 2$ gefordert ($\Rightarrow Q = 2P$!).

Die universelle Testschaltung gemäss Bild 5-77 erlaubt somit mit geringem Aufwand die Durchführung der heute üblichen Selbstlauftests mit angepasster Last. Für den Test dreiphasiger Wechselrichter muss der Test mit dieser Schaltung der Reihe nach an jeder Phase durchgeführt werden, wobei die beiden andern Phasen jeweils direkt am Netz angeschlossen sind [5.27].

5.2.4.2 Prinzipielle Möglichkeiten zur Detektion eines unerwünschten Inselbetriebs

Nach gängiger Praxis der Elektrizitätswerke liegt die Verantwortung zur Verhinderung eines unerwünschten Inselbetriebs voll beim Betreiber resp. Hersteller der im Parallelbetrieb mit dem Netz arbeitenden Photovoltaikanlage, obwohl im Prinzip auch das EVU durchaus gewisse Möglichkeiten hätte, die Detektion von Selbstlauf bei derartigen Anlagen zu erleichtern (z.B. durch Aussenden eines Rundsteuer-Pilotsignals bei eingeschaltetem Netz). Folgende Möglichkeiten zur Erkennung von Selbstlauf durch einen Photovoltaik-Wechselrichter (WR) sind grundsätzlich möglich und wurden bereits realisiert (weitere Details siehe z.B. [5.31]):

Passive Methoden (Überwachung wichtiger Netzparameter) :

- Netzspannungsüberwachung (WR schaltet bei Über- oder Unterspannung ab)
- Frequenzüberwachung (WR schaltet ab, wenn Frequenz ausserhalb Toleranz)
- Oberschwingungsüberwachung (WR schaltet ab, wenn Oberschwingungen zu stark)
- Abschalten bei abrupten Änderungen obiger Parameter
- Abschalten bei sprungartigen Veränderungen des Phasenwinkels zwischen U und I

Aktive Methoden :

- Aktive Frequenzschiebung, wenn der WR nicht am Netz ist und Abschaltung, sobald Toleranzgrenze erreicht
- Variation der Ausgangsleistung (Wirk- und/oder Blindleistung)
- Messung der (Änderung der) Netzimpedanz und Abschaltung, wenn diese zu gross ist

Eine einzelne dieser Methoden kann einen Selbstlauf nur mit einer beschränkten Sicherheit detektieren. Durch *Kombination mehrerer Methoden* steigt die Wahrscheinlichkeit einer erfolgreichen Detektion deutlich an, sodass ein Selbstlauf in der Praxis extrem unwahrscheinlich ist. Eine absolute Sicherheit gibt es aber auch hier nicht. Je nach der angewandten Methode funktioniert die Selbstlauferkennung bei Einzelgeräten sehr gut, es können sich aber Probleme ergeben, wenn sehr viele Geräte nahe beieinander eingesetzt werden

Bei relativ gravierenden Fehlern (z.B. Über- oder Unterspannung oder Über- oder Unterfrequenz) sollte die Abschaltung relativ rasch erfolgen (z.B. innert 200 ms), um eine Gefährdung benachbarter Verbraucher auszuschliessen. Bei einer kurzzeitigen Inselbildung mit Spannungs- und Frequenzwerten innerhalb der normalen Netztoleranzen ist für eine sichere Unterscheidung vom Normalbetrieb mehr Zeit erforderlich. In vielen Ländern, darunter der Schweiz, Deutschland und Österreich, steht nach den gegenwärtig gültigen Vorschriften dafür eine Zeit von 5 Sekunden zur Verfügung.

Praktische Probleme bei einem kurzzeitigen Inselbetrieb eines Wechselrichters mit angepasster Last sind bei Schnellwiedereinschaltungen denkbar, wenn beispielsweise während eines Gewitters das Netz kurz ausschaltet und unmittelbar danach (z.B. nach 250 ms) auf einen noch laufenden Inselbetrieb mit leicht verschiedener Frequenz phasenverschoben wieder einschaltet. Bisher wurden in der Praxis keine derartigen Probleme beobachtet (auch bei Wechselrichtern mit Frequenzschiebeverfahren nicht), weil einerseits wie bereits gezeigt eine Inselbildung mit zufälliger Erfüllung der Anpassbedingung sehr selten ist und andererseits während Gewittern, wo solche Schnellwiedereinschaltungen häufig auftreten, die Wechselrichter von PV-Anlagen wegen zu geringer Einstrahlung meist abgeschaltet haben. Für eine optimale Zuverlässigkeit von Wechselrichtern wäre es aber wahrscheinlich sinnvoll, auch das Verhalten von Wechselrichtern bei Kurzausschaltungen bei angepasster Last zu untersuchen.

5.2.4.3 Dreiphasige Über- und Unterspannungsüberwachung

Bei *einphasigen Wechselrichtern* kann man auch die Tatsache ausnützen, dass bei einer gewollten *Netzabschaltung durch das EVU immer alle drei Phasen gleichzeitig abgeschaltet* werden. Durch die gleichzeitige Überwachung der verketteten Spannung zwischen den drei Phasen (auf Unterspannung) durch ein sogenanntes Asymmetrierelais steigt die Detektionswahrscheinlichkeit vor allem beim Einsatz einphasiger Wechselrichter sehr stark an. Für die Erkennung einer Überspannung genügt die Überwachung der Phase, in die eingespeist wird (siehe Bild 5-78). Diese Methode wurde Anfang der 90-er Jahre oft bei einphasigen Anlagen bis 4,6 kVA in Deutschland und Österreich angewendet. Die Abschaltung bei Über- oder Unterspannung muss innert 200 ms erfolgen. Diese Methode ist relativ einfach und hat den Vorteil, dass die Abschaltung bei Netzausfällen sehr schnell erfolgt, so dass bei gewitterbedingten Kurzausschaltungen keine Probleme mit Phasenverschiebungen zwischen Wechselrichter-Ausgangsspannung und der wiederkehrenden Netzspannung auftreten. Auch gegenseitige Störungen benachbarter Anlagen treten nicht auf. Ein Nachteil dieser Methode ist die Tatsache, dass auch für den Anschluss an sich einphasiger Wechselrichter immer ein dreiphasiger Netzanschluss und zwei spezielle Relais, welche immer etwas Energie verbrauchen, erforderlich sind. Obwohl viele Hersteller in Deutschland heute die ENS verwenden, gibt es noch einige Hersteller (z.B. Kaco und Sunways), welche diese dreiphasige Netzüberwachung verwenden. Die früher verlangte Wiederholungsprüfung alle 3 Jahre ist nach [5.27] nicht mehr nötig.

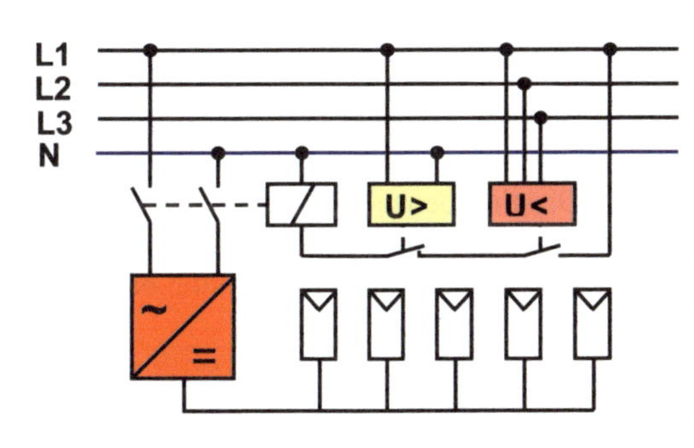

Bild 5-78: Schutzeinrichtung gegen Inselbildung für einphasige Wechselrichter mit dreiphasiger Unterspannungsüberwachung der verketteten Spannungen nach [5.35]. Beim Überschreiten der 1,15-fachen Nennspannung in der Phase, in die der Wechselrichter einspeist, öffnet der Ruhekontakt (bei U>). Wenn eine der verketteten Spannungen die 0,8-fache Nennspannung des Netzes unterschreitet, öffnet der (im Normalfall angezogene) Arbeitskontakt (bei U<). In beiden Fällen wird die Verbindung zum Netz automatisch unterbrochen.

Bei *dreiphasigen PV-Anlagen* ist es zwar auch viel weniger wahrscheinlich, dass bei einem Netzausfall die Anpassbedingung gerade in allen drei Phasen gleichzeitig erfüllt ist, aber natürlich auch nicht ausgeschlossen (z.B. wenn in einer entstandenen Insel nur symmetrische dreiphasige Lasten vorkommen). Deshalb scheint die alleinige Anwendung der dreiphasige Über- und Unterspannungsüberwachung bei dreiphasigen Wechselrichtern etwas weniger sicher zu sein als bei einphasigen Wechselrichtern. Einige EVU's verlangen deshalb in diesem Fall noch eine zusätzliche, ihrem Personal jederzeit zugängliche Trennstelle (siehe Bild 5-79). Auf die praktische Problematik solcher Trennstellen wurde aber bereits früher hingewiesen.

Messungen im Betrieb zeigen aber, dass bei dreiphasigen Wechselrichtern die Leistung auch nicht immer genau symmetrisch auf die einzelnen Phasen verteilt ist. Auf Grund der Diskussion der Wahrscheinlichkeit der Erfüllung der Anpassbedingungen zu Beginn des Kapitels 5.2.4 kann bei dreiphasigen Geräten mit dreiphasiger Über- und Unterspannungsüberwachung bei Anwendung einer einfachen zusätzlichen Massnahme (z.B. Frequenzschiebeverfahren) deshalb auf diese zusätzliche Trennstelle verzichtet werden.

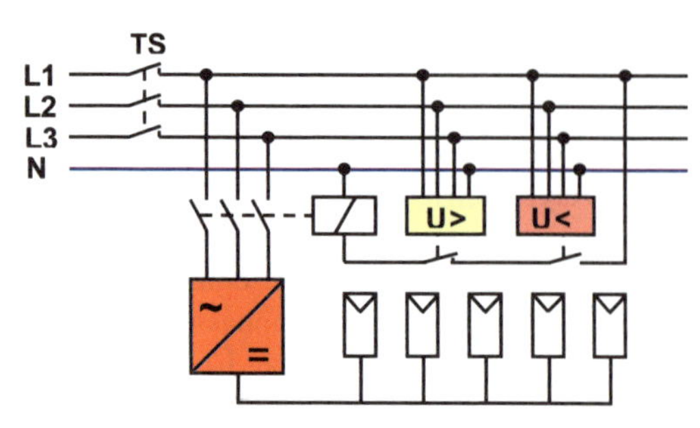

Bild 5-79:
Schutzeinrichtung gegen Inselbildung für dreiphasige Wechselrichter nach [5.35]. Beim Überschreiten der 1,15-fachen Nennspannung des Netzes öffnet der Ruhekontakt (bei U>), beim Unterschreiten der 0,8-fachen Nennspannung des Netzes öffnet der (im Normalfall angezogene) Arbeitskontakt (bei U<). In beiden Fällen wird die Verbindung zum Netz automatisch unterbrochen. Bei dreiphasigen Wechselrichtern wird zudem eine dem EVU jederzeit zugängliche Trennstelle TS gefordert.

5.2.4.4 Frequenzschiebeverfahren

In Westeuropa mit dem relativ engen Toleranzfenster für die Frequenz im Verbundnetz (ca. 49,8 Hz bis 50,2 Hz) kann man auch eine sehr eng tolerierte Frequenzüberwachung anwenden. Zusammen mit einer Über- und Unterspannungsüberwachung (z.B. bei $1{,}15 \cdot U_n$ resp. $0{,}8 \cdot U_n$, U_n = Nennspannung) ist eine derartige Frequenzüberwachung sicher dazu geeignet, Schäden in angeschlossenen Kundenanlagen im Falle eines unerwünschten Inselbetriebs zu verhindern. Wenn ein Wechselrichter zusätzlich so ausgelegt wird, dass er im Falle eines Selbstlaufs seine Frequenz automatisch in einen Bereich ausserhalb des Toleranzbandes der Netzfrequenz verschiebt und seine Frequenz somit nur bei vorhandenem Netz innerhalb dieses Toleranzbandes liegen kann (Frequenzschiebeverfahren), hat man ebenfalls eine recht effiziente Selbstlauferkennung, die bei Einzelgeräten bereits einphasig gut funktioniert. Bild 5-80 zeigt die Erkennung eines Selbstlaufs bei angepasster Last durch einen einphasig angeschlossenen Wechselrichter, der das Frequenzschiebeverfahren anwendet. Die Frequenzveränderung ist sehr klein und im Oszillogramm nicht sichtbar. Nach wenigen 100 ms hat sich die Frequenz aber bereits so stark verändert, dass die permanente interne Frequenzüberwachung anspricht und das Gerät abschaltet.

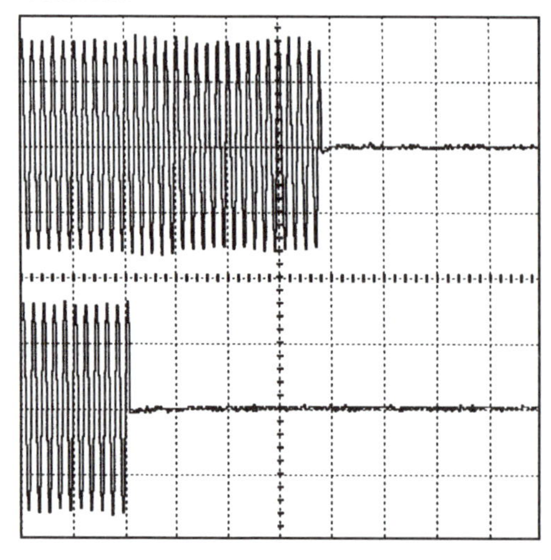

Bild 5-80:
Abschalten eines Wechselrichters Solarmax S bei einem Selbstlauftest mit angepasster Last mit $P_{AC} \approx 380$ W. Die Selbstlaufdetektion erfolgt bei diesem Gerät mit dem Frequenzschiebeprinzip.
KO-Einstellungen: Vertikal: 200 V/div, Horizontal 100 ms/div.
Obere Kurve: Ausgangsspannung des Wechselrichters, untere Kurve: Netzspannung.
Etwa 380 ms nach dem Ausfall des Netzes hat sich die Frequenz soweit verschoben, dass die permanente Frequenzüberwachung des Gerätes anspricht und den Wechselrichter abschaltet. Diese Zeit liegt deutlich unter den 5 Sekunden, die nach den aktuellen Vorschriften in der Schweiz zulässig sind.

Das Eidgenössische Starkstrominspektorat (ESTI) praktiziert bezüglich Selbstlauf seit jeher eine relativ liberale Regelung. Es verlangte bereits in den provisorischen Sicherheitsvorschriften von 1990 nur, dass ein netzgekoppelter Wechselrichter bei Netzausfall in jedem Fall (also auch bei angepasster Last) innert 5 Sekunden abschalten muss [4.4]. Ebenso ist eine Überwachung von Spannung und Frequenz des Netzes vorzusehen und bei unzulässigen Abweichungen das Gerät vom Netz zu trennen. Die Wahl der konkreten Methode zur Verhinderung des Selbstlaufs ist damit dem Hersteller des Wechselrichters oder der Anlage überlassen. Diese Norm wurde inzwischen durch die neue Norm [4.13] abgelöst, die aber keine Vorschriften betreffend Inselbetrieb und seine Erkennung enthält. Deshalb wird das einfach zu realisierende Frequenzschiebeverfahren von Herstellern in der Schweiz immer noch angewendet. Das Frequenzschiebeverfahren wird auch in anderen Ländern (z.B. in den Niederlanden) verwendet.

Damit dieses Frequenzschiebeverfahren aber auch bei vielen in unmittelbarer Nachbarschaft betriebenen Wechselrichtern verschiedener Hersteller ohne gegenseitige Störungen angewendet werden kann, sollte durch eine internationale Norm festgelegt werden, in welche Richtung ein nicht mit dem Netz verbundener Wechselrichter seine Frequenz schieben soll. In den Niederlanden wird beispielsweise eine Frequenzverschiebung nach unten empfohlen [5.36].

5.2.4.5 Permanente Überwachung der Netzimpedanz durch ENS

Die in Deutschland und Österreich Anfang der 90-er Jahre verlangte dreiphasige Über- und Unterspannungsüberwachung einphasiger Wechselrichter war in der Vergangenheit wegen des erforderlichen dreiphasigen Anschlusses und der früher verlangten Wiederholungsprüfungen alle drei Jahre sowohl auf Seiten der EVU's wie auch der Anlagenbesitzer ziemlich aufwändig.

Eine interessante Idee, die erstmals in [5.32] vorgeschlagen wurde, ist die permanente aktive Überwachung der Netzimpedanz $\underline{Z}_N$ zur Erkennung einer unerwünschten Inselbildung. Die Netzimpedanz $\underline{Z}_N$ setzt sich hauptsächlich aus der relativ niedrigen Impedanz des Trafos, der die Mittelspannung in Niederspannung umsetzt, und der meist höheren Impedanz der Leitung zusammen (siehe Kap. 5.2.6). Die Impedanz der angeschlossenen Verbraucher ist dagegen deutlich höher und hat nur einen geringen Einfluss auf die Netzimpedanz. Bei vorhandenem Netz ist die Netzimpedanz $\underline{Z}_N$ somit relativ klein und steigt bei der plötzlichen Bildung einer Insel abrupt an.

Bei der in Deutschland und Österreich Mitte der 90-er Jahre eingeführten ENS (zwei unabhängige, parallele **E**inrichtungen zur **N**etzüberwachung mit jeweils zugeordneten **S**chaltorgan in Reihe) ist diese Idee neben einer Frequenzüberwachung und der bereits früher praktizierten Spannungsüberwachung realisiert. Jede dieser beiden Netzüberwachungen überwacht dauernd den Betrag Z_{1N} der einphasigen Netzimpedanz $\underline{Z}_{1N}$ zwischen Phasen- und Neutralleiter. Bei einem Netzimpedanzsprung $\Delta\underline{Z}_{1N}$ von mehr als 0,5 Ω (früherer Wert [5.26]) resp. heute 1 Ω [5.27] muss der Wechselrichter innert 5 s abschalten. Bild 5-81 zeigt die Blockschaltung eines Wechselrichters mit ENS.

Es hat sich in der Photovoltaik-Branche übrigens inzwischen eingebürgert, nicht nur diese Überwachungseinrichtung selbst, sondern auch das Prinzip der Netzimpedanzüberwachung zur Inselbetriebserkennung mit ENS abzukürzen. Die Abkürzung ENS wird in diesem Buch deshalb auch in diesem Sinn verwendet.

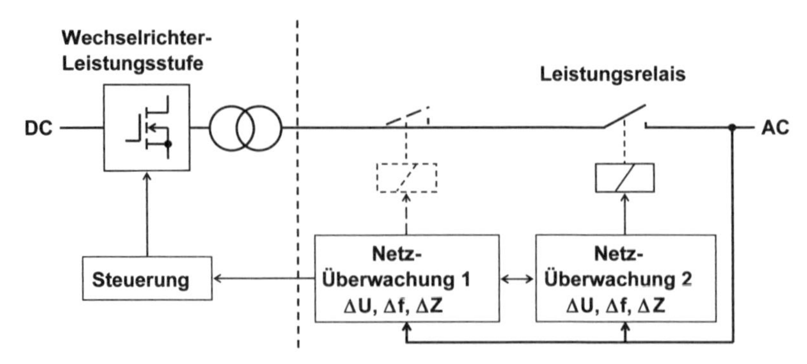

Bild 5-81:
Blockschaltbild eines Wechselrichters mit ENS nach [5.26] zur Verhinderung von Selbstlauf. Neben der Überprüfung von Netzspannung und Netzfrequenz erfolgt auch periodisch eine Messung der Netzimpedanz mit zwei voneinander unabhängigen, redundanten Messkreisen, die auf voneinander unabhängige Trennvorrichtungen wirken. Bei der Integration der ENS in einen Wechselrichter kann eine Trennvorrichtung eingespart werden, indem eine der beiden Netzüberwachungen im Fehlerfall die Ansteuerung der Leistungsstufe blockiert. Bei der Realisierung der ENS als separates Gerät sind dagegen zwei Netztrennrelais erforderlich (2. Relais gestrichelt eingezeichnet).

Um auf den dreiphasigen Anschluss verzichten zu können, werden bei der ENS zur Erhöhung der Sicherheit zwei voneinander unabhängige Netzüberwachungen mit je einem zugehörigen Schaltorgan vorgesehen. Ist die ENS als separates Gerät realisiert, müssen zwei separate Schaltorgane realisiert werden. Der Einbau eines derartigen separaten Gerätes in der Hauptverteilung unmittelbar beim Leitungsschutzschalter, an den der Wechselrichter angeschlossen ist, stellt eindeutig die sicherste Lösung dar, besonders wenn im Wechselrichter auch noch andere Massnahmen zur Verhinderung von Selbstlauf (z.B. Frequenzschiebeverfahren) realisiert sind. Ist die ENS dagegen in den Wechselrichter selbst eingebaut, kann eine der beiden Netzüberwachungen direkt auf die Ansteuerung der Leistungsstufe wirken, so dass nur ein Netztrennrelais erforderlich ist und Kosten eingespart werden können.

Nach den aktuellen Vorschriften dürfen in Deutschland und Österreich Wechselrichter bis 4,6 kVA mit ENS *einphasig* angeschlossen werden und es sind keine Wiederholungsprüfungen mehr erforderlich. Die wichtigsten Anforderungen an eine ENS sind:

- Schnellabschaltung innert 0,2 s, bei gravierenden Abweichungen wichtiger Netzparameter:
  - Netzspannung $> 1{,}15 \cdot U_n$ resp. $< 0{,}8 \cdot U_n$ (U_n = Nennspannung)
  - Frequenz $> 50{,}2$ Hz oder $< 47{,}5$ Hz
- Abschaltung innert 5 s, bei Inselbildung ohne gravierende Parameterabweichung:
  - Netzimpedanzänderung $\Delta Z_{1N} > 1\ \Omega$ (seit der letzten Messung, früher in D 0,5 Ω)
  - Netzimpedanz $Z_{1N} > 1{,}75\ \Omega$ (in Österreich, früher auch in Deutschland)

Die Tests mit dem Impedanzsprung sind dabei mit verschiedenen ohmisch-induktiven Zusatz-Impedanzen (in Bild 5-77 blau eingezeichnet) mit Beträgen bis zu etwa 1 Ω durchzuführen.

Das Prinzip der Netzimpedanzüberwachung ist nicht nur für einphasige, sondern auch für dreiphasige Wechselrichter anwendbar, d.h. es sind grundsätzlich auch dreiphasige ENS realisierbar, welche die dreiphasige Netzimpedanz $\underline{Z}_{3N}$ überwachen.

Seit einigen Jahren wird die ENS in Deutschland deshalb auch für dreiphasige Geräte bis 30 kVA eingesetzt. Nach [5.27] ist sogar keine Leistungsgrenze mehr vorgesehen. Es wäre dann für Anlagen mit grösserer Leistung aber sinnvoll, die oben angegebenen festen Impedanzwerte der Geräteleistung anzupassen, d.h. sie bei grösseren Geräten kleiner zu wählen. Bei grösseren Leistungen ist sonst keine sichere Inselbetriebserkennung mehr möglich, da die Impedanz aller angeschlossenen Verbraucher in einer grösseren Insel durchaus im Bereich von 1 Ω oder sogar weniger liegen kann.

Wenn der Betriebsstrom des Wechselrichters selbst für die Impedanzmessung verwendet wird, ist ein gewisser Minimalstrom (oder eine gewisse Minimalleistung) nötig, um ein detektierbares Signal zu erhalten. Deshalb wird in [5.26] zur Kontrolle der ENS nur eine Prüfung bei etwa 25%, 50% und 100% der Wechselrichter-Nennleistung verlangt. Dies erleichtert zwar die Integration einer ENS in den Wechselrichter, ist aber nicht ganz konsequent. Wenn der mögliche Selbstlauf wirklich ein echtes Problem darstellt, gilt dies grundsätzlich für alle Leistungsbereiche und sollte deshalb generell unterbunden werden. Dies ist mit einer völlig unabhängigen ENS in der Hauptverteilung leichter realisierbar.

Bild 5-82 zeigt die praktische Realisierung der Netzimpedanzmessung durch die integrierte ENS bei einem Wechselrichter. Bei diesem Gerät wird nahe beim Nulldurchgang der Netzspannung ein relativ starker Impulsstrom (Dauer ca. 2,5 ms) verwendet. Um eine gewisse Immunität gegen Störungen (z.B. infolge Netzspannungsschwankungen) zu erreichen, erfolgt bei den meisten Geräten vor einer eventuellen Abschaltung eine nochmals eine Kontrollmessung.

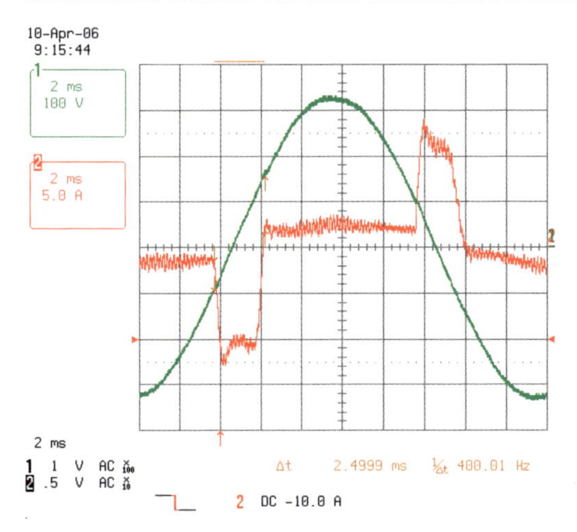

Bild 5-82:
Netzimpedanzmessung bei einem Wechselrichter SB3800 von SMA mit ENS. Das Bild wurde beim Betrieb mit relativ kleiner Leistung ($P_{AC} \approx 450$ W) aufgenommen, um die zur Messung verwendeten Stromimpulse schön darstellen zu können
Kurve 1 (grün): Netzspannung (100 V/div)
Kurve 2 (rot): Ausgangsstrom des SB3800 (5 A/div).
Zeitmassstab: 2 ms/div.
Die Impedanzmessung erfolgt mit einem beinahe rechteckförmigen Stromimpuls (Dauer ca. 2,5 ms, Spitzenwert ca. 13 A) in der Nähe des Nulldurchgangs der Netzspannung.

Da EVU's primär mit 50 Hz-Impedanzen operieren, beziehen sich die gemachten Angaben auf den Betrag Z_{1N} der Impedanz $\underline{Z}_{1N}$ bei 50 Hz. Die Netzimpedanz Z_{1N} ist bei 50 Hz meist relativ gut definiert, steigt aber bei höheren Frequenzen an. Sind in der Nähe Blindstromkompensationsanlagen vorhanden, können auch Resonanzerscheinungen auftreten. Bild 5-83 zeigt die Frequenzabhängigkeit der Netzimpedanz Z_{1N} am Anschlusspunkt eines einphasigen Wechselrichters (ohne derartige Resonanzen). Verwendet ein Wechselrichter zur Impedanzmessung Stromimpulse mit einem bestimmten Gehalt an höheren Harmonischen (siehe Bild 5-82), so wird nicht die Impedanz bei 50 Hz, sondern die (meist höhere) Impedanz bei irgend einer höheren, nicht genau definierten Frequenz gemessen. Eine Impedanzmessung mit Stromimpulsen in der Nähe von oder mit 50 Hz wäre im Interesse einer besseren Reproduzierbarkeit eindeutig vorzuziehen.

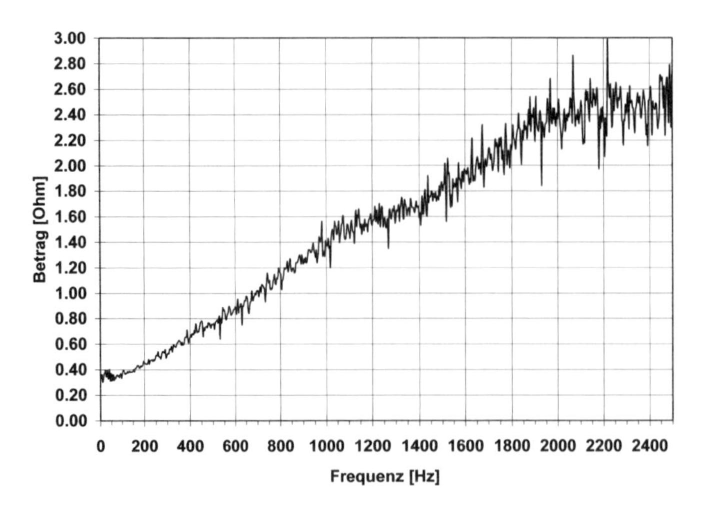

Bild 5-83:
Verlauf der einphasigen Netzimpedanz Z_{1N} am Anschlusspunkt des Wechselrichters in Funktion der Frequenz bei der PV-Anlage Gfeller (3,18 kWp) in Burgdorf.
Mit zunehmender Frequenz steigt die Impedanz wegen des Einflusses der Leitungsinduktivität und des Skin-Effektes an.

Während die ENS in verkabelten Stadtnetzen in Mitteleuropa meist recht gut funktioniert, können sich bei weniger guten Netzverhältnissen (kleiner Trafo, grössere Distanz zum Trafo, längere Niederspannungs-Freileitungen usw., Details siehe Kap. 5.2.6) je nach dem verwendeten Wechselrichter Probleme ergeben. In Österreich wurde denn auch der erforderliche Impedanzsprung schon vor vielen Jahren von 0,5 Ω auf 1 Ω heraufgesetzt. In Deutschland wurde dieser Schritt soeben nachvollzogen. Grössere induktive Anteile in der Netzimpedanz können je nach Wechselrichter-Messprinzip eine zu grosse Netzimpedanz vortäuschen, auf die der Wechselrichter nicht mehr einschaltet, obwohl die Impedanz bei 50 Hz an sich noch klein genug wäre. Der Betrieb von Wechselrichtern mit ENS kann auch durch Spannungsschwankungen im Netz oder Rundsteuersignale beeinträchtigt werden.

Leider besitzt die ENS auch einen prinzipiellen Nachteil und verursacht zusätzliche Spannungsschwankungen im Netz, welche durch ihre Stromimpulse, die sie zur Messung der Netzimpedanz braucht, hervorgerufen werden. Es ist deshalb sinnvoll, die Anzahl der aktiven ENS in einem Stromnetz nicht allzu gross werden zu lassen.

Aktive Massnahmen zur Netzüberwachung sind prinzipiell anfällig auf *gegenseitige* Störungen. Da die Netzimpedanzmessung meist nur kurzzeitig (höchstens wenige Perioden) mit grossen zeitlichen Abständen (z.B. > 100 Perioden) erfolgt, gibt es kaum gegenseitige Störungen, wenn nur einige wenige Wechselrichter mit ENS am gleichen Netzpunkt angeschlossen sind. Bei sehr vielen Wechselrichtern (Grossanlagen mit sehr vielen Modul- oder String-Wechselrichtern) könnten sich allerdings Probleme ergeben, wenn jedes Gerät über eine eigene ENS verfügt. Für diesen Fall wären zentrale ENS in der Hauptverteilung sicher sinnvoller.

5.2.4.6 Neue selbsttätige Schaltstelle zwischen Eigenerzeugungsanlage und Netz

Da sich die alte ENS [5.26] international nicht durchsetzen konnte, wurde in den letzten Jahren in Deutschland eine neue, etwas liberalere Norm "Selbsttätige Schaltstelle zwischen einer netzparallelen Eigenerzeugungsanlage und dem öffentlichen Niederspannungsnetz" entwickelt [5.27], die nicht mehr faktisch zwingend die Messung der Netzimpedanz vorschreibt, sondern als weitere Methoden die dreiphasige Spannungsüberwachung (ohne periodische Wiederholungsprüfungen!) und den Schwingkreistest (siehe Abschn. 5.2.4.1 und [5.34]) zulässt. Sie ist nicht mehr nur für Photovoltaikanlagen, sondern generell für netzparallele Eigenerzeugungsanlagen konzipiert und enthält keine Leistungsgrenze mehr.

Wie in [5.26] ist weiterhin die Einfehler-Sicherheit gefordert, d.h. es sind zwei unabhängige Schaltorgane gefordert und das Auftreten eines einzelnen Fehlers in der Überwachungseinrichtung darf nicht zu einem Ausfall der Sicherheitsfunktion führen. Eines dieser Schaltorgane darf dabei weiterhin die Leistungsendstufe des Wechselrichters sein (siehe Bild 5-84).

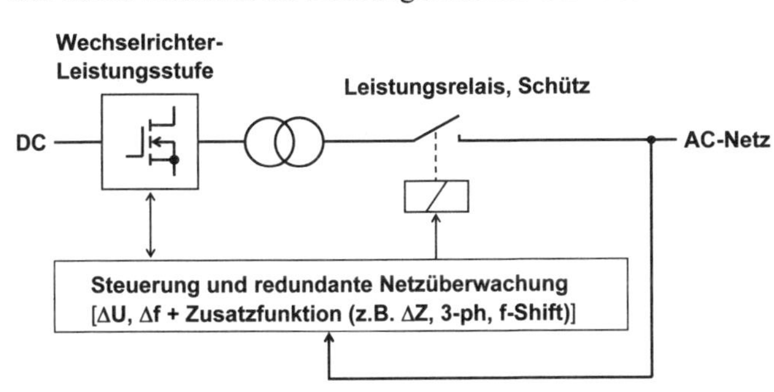

Bild 5-84: Blockschaltbild einer selbsttätigen Freischaltstelle für den Einsatz in Photovoltaik-Wechselrichtern nach der neuen Norm [5.27] vom Feb. 2006. Als Kurzbezeichnung für diese selbsttätige Schaltstelle wird BISI (bidirektionales Sicherheitsinterface) vorgeschlagen.

Hier nochmals die wichtigsten Eigenschaften einer derartigen Freischaltstelle im Überblick:

- Schnellabschaltung innert 0,2 s, bei gravierenden Abweichungen wichtiger Netzparameter:
  - Netzspannung $> 1{,}15 \cdot U_n$ resp. $< 0{,}8 \cdot U_n$ (U_n = Nennspannung)
  - Frequenz > 50,2 Hz oder < 47,5 Hz

  Ferner muss abgeschaltet werden, wenn der 10-Minuten-Mittelwert der Netzspannung am Verknüpfungspunkt 110% der Nennspannung übersteigt, wobei eine gewisse Einstellmöglichkeit zur Kompensation des Spannungsabfalls an der Speiseleitung zulässig ist.
- Für die weiteren Tests (nach Wahl, jeweils mit angepasster Last nach Bild 5-77):
  - Bei Impedanzmessung nach Abschn. 5.2.4.5:
    Abschaltung innerhalb von 5 s nach einer Netzimpedanzänderung $\Delta Z_{IN} \geq 1\ \Omega$
  - Beim Schwingkreistest:
    Abschaltung innerhalb von 5 s bei Schwingkreistest mit angepasster Last und $Q_S = 2$.
  - Bei dreiphasiger Netzspannungsüberwachung:
    Abschaltung innerhalb von 0,2 s, wenn mindestens eine Aussenleiterspannung $< 0{,}8 \cdot U_n$ oder $> 1{,}15 \cdot U_n$ wird.

Bei trafolosen Wechselrichtern muss zudem noch der gleichstromseitige Fehlerstrom überwacht werden. Ableitströme > 300 mA müssen innerhalb von 0,3 s zur Abschaltung führen, ebenso plötzliche ändernde Ableitströme ΔI > 30mA. Bei grösseren ΔI muss die Abschaltung noch schneller erfolgen (Abschaltzeiten bis hinunter auf 40 ms je nach Grösse von ΔI).

5.2.5 Betriebsverhalten und Eigenschaften von Photovoltaik-Netzwechselrichtern

In diesem Kapitel soll anhand einiger Beispiele die Entwicklung und der aktuelle Stand der Technik demonstriert und auf mögliche Probleme hingewiesen werden. Im Rahmen eines Buches kann jedoch wegen des beschränkten Platzes, der relativ langen Vorbereitungszeit und der erforderlichen längeren Nutzungsdauer nie eine vollständige Marktübersicht gegeben werden. Für derartige relativ kurzlebige Zusammenstellungen muss auf Publikationen in einschlägigen Fachzeitschriften verwiesen werden.

Am Photovoltaiklabor der Berner Fachhochschule BFH (früher Hochschule für Technik und Informatik HTI resp. Ingenieurschule Burgdorf ISB) wurden seit 1989 im Rahmen von Semester- und Diplomarbeiten und von mehreren Forschungsprojekten viele PV-Wechselrichter getestet [5.30, 5.37 ... 5.52]. Auch von anderen Institutionen wurden solche Tests durchgeführt (z.B. [5.53 ... 5.56]). Da es hier um eine exemplarische Darstellung wichtiger Eigenschaften von Wechselrichtern geht, wurden hier primär die Ergebnisse der BFH-Tests verwendet, die dem Autor am leichtesten und vollständig zugänglich waren. Aus Platzgründen kann hier nur eine kurze Übersicht über einige Ergebnisse dieser Tests präsentiert werden. Es wurde meist nur ein Gerät eines bestimmten Typs getestet. Eine Garantie für Vollständigkeit oder Richtigkeit der Angaben kann nicht übernommen werden. Für eine umfassendere Darstellung muss auf die oben angegebenen früheren oder auf zukünftige Publikationen verwiesen werden. Viele dieser Publikationen und eingehende Testberichte sind unter www.pvtest.ch on-line zugänglich.

Auf den folgenden beiden Seiten wird eine kurze Übersicht über die wichtigsten Daten und Testergebnisse der bisher an der BFH getesteten Wechselrichter gegeben. Tabelle 5.10 stellt dabei die Ergebnisse der Test in den Jahren 1989 – 2000 dar. Nach Entwicklung geeigneter halbautomatischer Solargenerator-Simulatoren wurden noch detailliertere Labortests möglich, die vorher wegen des zu hohen Aufwandes nicht durchgeführt werden konnten. Tabelle 5.11 zeigt die Ergebnisse derartiger Tests an neueren Geräten ab 2004.

Der in den folgenden Tabellen 5.10 und 5.11 angegebene Europäische Wirkungsgrad η_{EU} ist ein für mitteleuropäische Strahlungsverhältnisse sinnvoller Durchschnittswirkungsgrad für die Berechnungen des Energieertrags (bei nicht allzu starker Überdimensionierung des Solargenerators) und wurde nach folgender Formel berechnet (Indexwert = Prozent der Gleichstrom-Nennleistung):

$$\eta_{EU} = 0.03 \cdot \eta_5 + 0.06 \cdot \eta_{10} + 0.13 \cdot \eta_{20} + 0.1 \cdot \eta_{30} + 0.48 \cdot \eta_{50} + 0.2 \cdot \eta_{100} \qquad (5.28)$$

Die in (5.28) verwendeten Gewichtungsfaktoren wurden erstmals in [5.35] angegeben.

Bei der Angabe der Nennleistung herrscht keine einheitliche Praxis. Einige Hersteller geben eine Gleichstrom-Nennleistung an, andere eine Wechselstrom-Nennleistung. Die Gleichstrom-Nennleistung ist für die Dimensionierung des Solargenerators nützlich, die Wechselstrom-Nennleistung für die Dimensionierung des Netzanschlusses. Neuere Wechselrichter können zudem kurzzeitig oft etwas überlastet werden. In Tabelle 5.10 ist jeweils die vom Hersteller angegebene AC-seitige Nennleistung angegeben. Bei selbstgeführten Wechselrichtern sind die Blindleistungsaufnahme und die Oberschwingungsströme relativ klein, der Leistungsfaktor $\lambda = P/S$ ist noch etwa gleich dem $\cos\varphi$ der Grundschwingung und liegt bei mittleren und grösseren Leistungen meist nahe bei 1, sodass die Scheinleistung $S \approx P_{AC}$ wird. Netzgeführte Wechselrichter nehmen dagegen relativ viel Blindleistung auf und erzeugen zum Teil starke Oberschwingungsströme , sodass $\lambda < 1$ und $S > P_{AC}$ wird (siehe Bilder 5-53 und 5-104).

Tabelle 5.10:

Wichtigste Daten und Testergebnisse einiger in den Jahren 1989 - 2000 am Photovoltaiklabor der BFH (vormals HTI resp. ISB) getesteten Wechselrichter (ohne Gewähr und ohne Anspruch auf Vollständigkeit). Neben diesen Wechselrichtern gibt es natürlich weitere Geräte von den gleichen Herstellern und von vielen anderen Herstellern.

Typ	**Test-Jahr**	S_N [kVA]	U_{DC} (typ.) [V]	η_{EU} [%]	**Trafo**	**Strom-Harm.** (0.1-2kHz)	**EMV AC**	**EMV DC**	**RSS-Empf.**	**Insel-Betr.**
SI-3000	89	3	48	90	HF	0	-	-	0 [3]	-/++ [3]
SOLCON	90/91	3.3	96	90	HF	+	- [1]	- -	+ [3]	-/++ [3]
EGIR 10	91	1.7	165	89	NF	-	-	-	n.t.	n.t.
PV-WR-1500	91	1.5	96	85.5	HF	++	0	-	0	++ [5]
ECOVERTER	91/92	1	64	92	HF	++	0	0	+	++
PV-WR-1800	92	1.8	96	86.5	HF	+	++	0	0	++ [5]
TCG 1500	92	1.5	64	89.5	NF	+	+ [1]	0 [1]	++	-/++ [3]
TCG 3000	92	3	64	91.5	NF	0	+ [1]	0 [1]	++	-/++ [3]
EcoPower20 *	94/95	20	760	92.6	NF [6]	0	0/+ [1]	++	++	0
Solcon3400	94/95	3.4	96	91.9	HF	0	0/+ [1]	0	+	++
NEG 1600	95	1.5	96	90.4	NF	+	++	0	++	++
SolarMax S	95/98	3.3	550	91.7	TL	+	-/+ [7] [8]	+	++	0/++ [3]
SolarMax20 *	95	20	560	89.4	NF	0	+	-/0 [1]	++	++
TCG II 2500/4	95	2.2	64	91.9	NF	0	+	0	++	++
TCG II 2500/6	95	2.2	96	90.4	NF	0	+	-	++	++
TCG II 4000/6	95	3.3	96	90.2	NF	0	0/+ [2] [8]	-/++ [2]	++	++
Edisun 200	95/96	0.18	64	90.7	HF [6]	++	++	0 [4]	++	++
SPN 1000	95/96	1	64	89.8	NF	+	+	++	0	++
Sunrise 2000	96	2	160	89.3	NF	0	++	+	0	++
SWR 700	96	0.7	160	90.8	NF	0	0 [8]	++	+	++
TCG III 2500/6	96	2.25	96	91.5	NF	+	+ [8]	++	++	++
TCG III 4000	96	3.5	96	91.9	NF	+	+ [8]	++	++	++
TC Spark	98/99	1.35	180	90.6	NF	++	+ [8]	++	++	++
OK4E-100	98/99	0.1	32	90.3	HF	++	+	- - [4]	++	0
Solcolino	99/00	0.2	64	90.6	HF [6]	++	0	- - [4]	++	++
Convert 4000	99/00	3.8	550	92.5	TL	++	+ [8]	++	++	++
SWR1500	99/00	1.5	400	94.4	TL	++	+ [8]	++	++	++

++	Sehr gut, Grenzwerte weit unterschritten	1)	nach Modifikation durch HTI Burgdorf
+	gut, Grenzwerte eingehalten	2)	mit optionaler DC-Drossel
0	genügend, Grenzwerte beinahe eingehalten	3)	mit neuer Steuersoftware
-	ungenügend, Grenzwerte überschritten	4)	genügt für Modul-WR (PV-Gen. klein)
- -	schlecht, Grenzwerte massiv überschritten	5)	nur mit 3-phasigem Anschluss
n.t.	nicht getestet	6)	ohne galvanische Trennung DC-AC
*	3 phasiges Gerät	7)	neues, verbessertes Modell
TL	trafolos	8)	leichte Überschreitung < 300kHz

Tabelle 5.11:

Wichtigste Daten und Testergebnisse einiger neuerer Wechselrichter, die in den Jahren 2004 bis Mitte 2006 am PV-Labor der BFH mit Hilfe von halbautomatischen Solargenerator-Simulatoren eingehend getestet wurden (ohne Gewähr und ohne Anspruch auf Vollständigkeit). Neu wurde das Verhalten bei mehreren verschiedenen DC-Spannungen untersucht (inkl. statisches und dynamisches MPP-Tracking). Neben diesen Wechselrichtern gibt es natürlich weitere Geräte von den gleichen Herstellern und von vielen anderen Herstellern.

Hinweis: Bei einem Teil der dynamischen MPPT-Tests waren die Messbedingungen etwas zu streng (zu grosse Spannungsvariation zwischen tiefer und hoher Leistungsstufe, rot markiert).

WR-Typ	Testjahr	S_N [kVA]	Trafo	MPP-Spann. [V]	η_{EU} [%]	η_{MPPT_EU} [%]	η_{tot_EU} [%]	Dyn. MPPT-Verhalten	Strom-Harm. (0.1–2kHz)	EMV AC	EMV DC	RSS-Empf.	Frequenz-Überwachung	Spannungs-Überwachung	Inselbetrieb
Sunways NT4000	04	3.3	TL	400	95.4	99.5	94.9	+	+	0	+	++	--	++	++
				480	*94.9*	*99.0*	*94.0*								
				560	94.6	98.0	92.6								
Fronius IG30	04	2.5	HF	170	91.0	99.8	90.8	0	++	+	+[4]	+	++	+	+
				280	*92.1*	*99.7*	*91.8*								
				350	91.6	99.5	91.2								
Fronius IG40	04	3.5	HF	170	91.1	99.9	91.1	-	++	++	+[4]	+	++	+	+
				280	*92.5*	*99.6*	*92.2*								
				350	91.8	99.5	91.3								
Sputnik SM2000E	05	1.8	TL	180	92.4	99.9	92.3	*0 ***	++	0[1]	+[4]	++	++	++	+
				300	*93.4*	*99.7*	*93.1*								
				420	94.0	99.2	93.2								
Sputnik SM3000E	05	2.5	TL	250	93.5	99.5	93.0	*0 ***	+	0[1]	++	++	++	++	+
				330	*94.0*	*99.4*	*93.4*								
				420	94.7	99.7	94.4								
Sputnik SM6000E	05	5.1	TL	250	94.3	99.8	94.1	*0 ***	-	0[1]	++	+[3]	++	++	++
				330	*94.8*	*99.9*	*94.6*								
				420	95.2	99.6	94.9								
Sputnik SM6000C*	05	4.6	TL	250	94.5	99.7	94.2	+	+	0[1]	++	+	++	+	+
				330	*95.1*	*99.6*	*94.7*								
				420	95.4	99.5	95.0								
Sputnik SM25C	05	25	NF	490	93.1	99.6	92.7	+	++	0[1]	+[6]	++	+[7]	++	+[8]
				560	*93.1*	*99.5*	*92.6*								
				630	92.9	99.7	92.6								
ASP TC Spark	05	1.4	NF	160	90.0	99.7	89.8	++	++	0[1]	++	0	+	+	0[5]
				190	*90.4*	*99.8*	*90.3*								
SMA SB3800*	05	3.8	NF	200	94.8	99.6	94.4	+	++	++	++	++	++	++	+
				280	*94.2*	*99.7*	*93.9*								
				350	93.5	99.7	93.2								
SMA SMC6000	05	5.5	NF	280	94.7	99.6	94.3	*0 ***	++	++	++	+	++	++	+[2]
				350	*94.1*	*99.6*	*93.8*								
				420	93.7	99.7	93.4								

++	**sehr gut**	1)	Grenzwertüberschreitung für Frequenzen < 300kHz
+	**gut**	2)	Nur mit aktivierter ENS betreiben
0	**genügend**	3)	Relativ frühe Abschaltung bei RSS mit f=200Hz
-	**mangelhaft**	4)	Grenzwertüberschreitung für Frequenzen < 200kHz
--	**schlecht**	5)	Älteres Modell; erfüllt nur frühere ENS-Norm, heutige nicht mehr
*	***η mit neuem, genauerem Wattmeter gemessen***	6)	Grenzwertüberschreitung für Frequenzen < 400kHz
		7)	Nach neuer VDE 0126-1-1 kleine Normverletzung bei Überfrequenz
		8)	Testleistung etwas zu klein, deshalb nicht ganz nach VDE 0126-1-1
**	***Messung etwas zu streng***		

Beim Vergleich der Tabellen 5.10 und 5.11 ist zu erkennen:

- **DC-AC-Umwandlungswirkungsgrad** η:
  Der Umwandlungswirkungsgrad konnte seit 1989 deutlich gesteigert werden. In den Jahren 1989 bis 1991 lagen die Spitzenwirkungsgrade der damaligen Geräte (alle mit Trafo) im Bereich 89% – 92% und der Europäische Wirkungsgrad η_{EU} im Bereich 85% – 90%. Dank technischen Fortschritten haben sich diese Werte inzwischen deutlich verbessert. Bei Geräten mittlerer Leistung mit Trafo liegen die Spitzenwirkungsgrade heute im Bereich 93% – 96% und der Europäische Wirkungsgrad η_{EU} im Bereich 92% – 95%. Bei trafolosen Geräten liegen die Werte typischerweise noch 1 – 2% höher.
- **Maximum-Power-(Point-)Tracking (MPP-Tracking):**
  Die Messung der Güte des MPP-Trackings ist relativ schwierig und erfordert präzise Solargenerator-Simulatoren, deshalb wird es von den Herstellern oft nicht spezifiziert. Vor allem bei kleinen Leistungen haben verschiedene Geräte noch etwas Mühe.
- **Oberschwingungsströme:**
  Die von modernen selbstgeführten Wechselrichtern produzierten Oberschwingungsströme liegen meist unter den Grenzwerten der EN61000-3-2 resp. EN61000-3-12. Bei solchen Geräten sind allenfalls noch Probleme möglich, wenn sehr viele String- oder Modulwechselrichter am gleichen Netzpunkt angeschlossen werden. Bei netzgeführten Wechselrichtern (Beispiel aus dem Jahr 1991: EGIR 10) sind dagegen Probleme möglich.
- **Selbstlauf resp. Inselbetrieb:**
  Die sichere Abschaltung nach einem Netzausfall bereitete früher bei neuen Herstellern oft Probleme. Heute ist dies i.A. kein Problem (mit und ohne ENS). Die anzuwendenden Methoden sind aber international noch nicht genormt (siehe auch Kap. 5.2.4).
- **Empfindlichkeit gegen Rundsteuersignale (RSS):**
  Besonders neue Hersteller hatten früher oft Probleme (gelegentliche Hardwaredefekte beim Auftreten von Rundsteuersignalen mit gleichzeitig hoher Netzspannung!). Bei heutigen Geräten treten meist keine Defekte auf, jedoch sind Geräte mit ENS tendenziell empfindlicher und schalten beim Auftreten von Rundsteuersignalen manchmal unnötigerweise ab.
- **Elektromagnetische Verträglichkeit (EMV):**
  Wechselstromseite (AC-Seite):
  Die ersten Wechselrichter Anfang der 90-er Jahre hatten noch sehr starke HF-Störspannungen auf den AC-Anschlussleitungen, die deutlich über den Grenzwerten lagen. Da AC-seitig die Normensituation relativ klar war, realisierten dies erfahrene Hersteller rasch und verbesserten die Geräte bei Neu- und Weiterentwicklungen. Probleme bestehen teilweise noch für Frequenzen < 400 kHz oder bei Geräten neuer, unerfahrener Hersteller.
  Gleichstromseite (DC-Seite):
  Da die DC-Seite von PV-Anlagen ein ausgedehntes strahlungsfähiges Gebilde ist, sind auch dort unzulässige HF-Emissionen zu vermeiden. Entsprechende Filtermassnahmen erhöhen auch die Immunität gegen (während Gewittern) eingekoppelte Überspannungen. Da bis zur Ergänzung der EN61000-6-3 im Jahre 2004 jedoch keine verbindliche Normen bezüglich HF-Emissionen auf der DC-Seite existierten, gab es noch lange uneinsichtige Hersteller, die auf der DC-Seite keine oder nur ungenügende Entstörmassnahmen trafen. Heute ist die Situation aber klar und Geräte erfahrener Hersteller halten die Grenzwerte ein.
- **Zuverlässigkeit:**
  Bei erfahrenen Herstellern treten heute etwa 0,1 - 0,2 Ausfälle pro WR-Betriebsjahr auf.

5.2.5.1 Umwandlungs-Wirkungsgrad

Die in der Praxis am meisten interessierende Grösse ist der Wechselrichter-Umwandlungs-Wirkungsgrad η_{UM} (oft auch kurz als Wirkungsgrad η bezeichnet). Er gibt an, wie effizient die Umwandlung der Solargenerator-Gleichstromleistung in Wechselstromleistung erfolgt und ist wie folgt definiert:

$$\textit{Wechselrichter-(Umwandlungs-) Wirkungsgrad}\ \eta_{UM} = \eta = \frac{P_{AC}}{P_{DC}} \qquad (5.29)$$

Wobei P_{DC} = aufgenommene Gleichstromleistung
P_{AC} = ans Netz abgegebene Wechselstromleistung
(entspricht in der Praxis der Grundschwingungsleistung)

Die Messung des Umwandlungswirkungsgrades ist bei Wechselrichtern für Inselbetrieb im stationären Betrieb relativ einfach durchzuführen, da bei derartigen Geräten keine MPP-Regelung vorhanden ist.

Bei Wechselrichtern für Netzverbundanlagen ist dies wegen des meist vorhandenen kontinuierlichen MPP-Suchalgorithmus jedoch nicht so einfach (siehe auch Kap. 5.2.5.2). Man muss zunächst sicherstellen, dass die Messung der Gleich- und Wechselstromleistung während mindestens einer Periode der Grundfrequenz und möglichst im gleichen Zeitpunkt erfolgt. Da der Wechselrichter meist über Elemente mit Energiespeichervermögen verfügt, sollten während einer gewissen Messzeit t_M bei konstanter Einstrahlung mehrere Einzelmessungen bei ähnlicher Leistung in einem bestimmten zeitlichen Abstand (z.B. 1 - 2 Sekunden) vorgenommen werden. Die gesamte Messzeit t_M sollte viel grösser als die grösste Zeitkonstante des MPP-Regelalgorithmus sein. Hat die Leistung während dieser Messzeit nicht allzu stark geschwankt, kann der Wirkungsgrad als Quotient der in der Zeit t_M ins Netz eingespeisten AC-Energie E_{AC} und der aufgenommenen Gleichstromenergie E_{DC} berechnet werden und dem Mittelwert der Leistung in der Zeit t_M zugeordnet werden. Durch Wiederholung derartiger Wirkungsgradmessungen bei der gleichen Leistung und Bildung des Mittelwertes aus diesen Messungen kann die verbleibende Messunsicherheit weiter reduziert werden.

Dieser Wirkungsgrad ist natürlich nicht konstant, sondern von der umgesetzten Leistung und von der DC-Spannung abhängig [5.30], [5.45 – 5.51], [5.55], [5.58 – 5.60]. Bei kleinen Leistungen ist er wegen der Leerlaufverluste in der Elektronik und im Trafo relativ klein und nimmt mit steigender Leistung stark zu. Bei Wechselrichtern mit galvanischer Trennung ist er meist bei mittleren Leistungen am grössten und nimmt bei grossen Leistungen wegen der steigenden Kupferverluste im Trafo wieder leicht ab. Bei Geräten ohne Trafo oder mit Spar- oder Autotrafo tritt meist kein derartiger Abfall bei grossen Leistungen auf. In geringerem Masse ist der Wirkungsgrad auch von der AC-Spannung abhängig.

Der Wechselrichter-Umwandlungswirkungsgrad η_{UM} resp. η kann in Funktion der Gleichstromleistung P_{DC} oder in Funktion der Wechselstromleistung P_{AC} dargestellt werden. Um Wechselrichter verschiedener Grösse einfach miteinander vergleichen zu können, ist es zweckmässig, den Wirkungsgrad in Funktion der normierten Gleichstromleistung oder normierten Wechselstromleistung darzustellen, welche wie folgt definiert sind:

$$\textit{Normierte Gleichstromleistung} = P_{DC}/P_{DCn} \qquad (5.30)$$

$$\textit{Normierte Wechselstromleistung} = P_{AC}/P_{ACn} \qquad (5.31)$$

(P_{ACn} = Wechselstrom-Nennleistung, P_{DCn} = Gleichstrom-Nennleistung)

Auf den Bildern 5-85 bis 5-91 ist exemplarisch der Umwandlungswirkungsgrad einiger PV-Netzwechselrichter dargestellt. Bild 5-85 zeigt den Wirkungsgrad einiger Trafo-Wechselrichter aus den frühen 90-er Jahren, Bilder 5-86 den Wirkungsgrad von zwei beliebten Trafogeräten aus der Mitte der 90-er Jahre. Die Bilder 5-87 bis 5-91 zeigen Wirkungsgradkurven einiger neuerer Geräte bei drei oder sogar vier verschiedenen MPP-Spannungen. Es ist klar zu erkennen, dass sich bei Trafogeräten der Wirkungsgrad im Laufe der Zeit um einige Prozentpunkte verbessert hat und dass er bei trafolosen Geräten nochmals etwas höherer liegt.

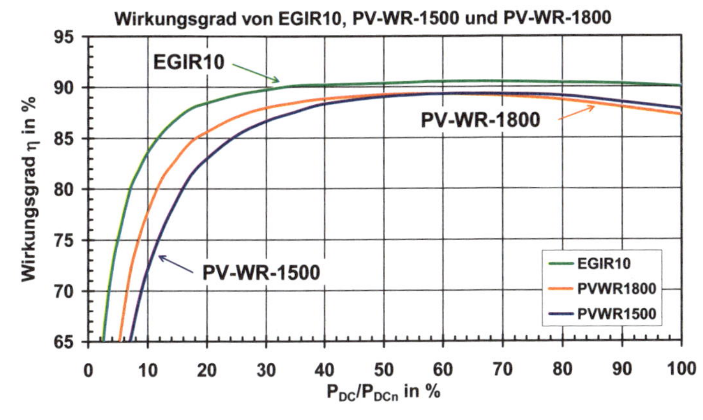

Bild 5-85:
Wirkungsgrad in Funktion der normierten Gleichstromleistung (bezogen auf Nennleistung) bei einigen älteren einphasigen Wechselrichtern mit Trafo:
EGIR10 (1,75 kW),
PV-WR-1500 (1,5 kW),
PV-WR-1800 (1,8 kW).
Wirkungsgradkurven von SI-3000 und Solcon sind in [Häb91] zu finden.

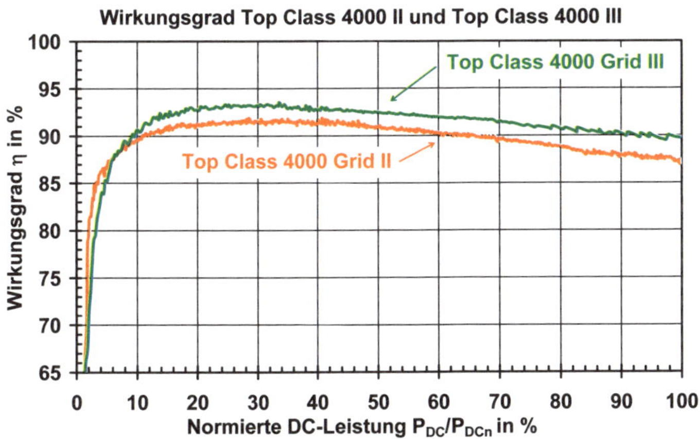

Bild 5-86:
Wirkungsgrad in Funktion der normierten Gleichstromleistung (bezogen auf Nennleistung) des Wechselrichters ASP Top Class 4000 Grid III (grün) im Vergleich zum Vorgängermodell Top Class 4000 Grid II (rot). Das neuere Modell weist einen wesentlich verbesserten Wirkungsgrad auf (beide Geräte mit Trafo).

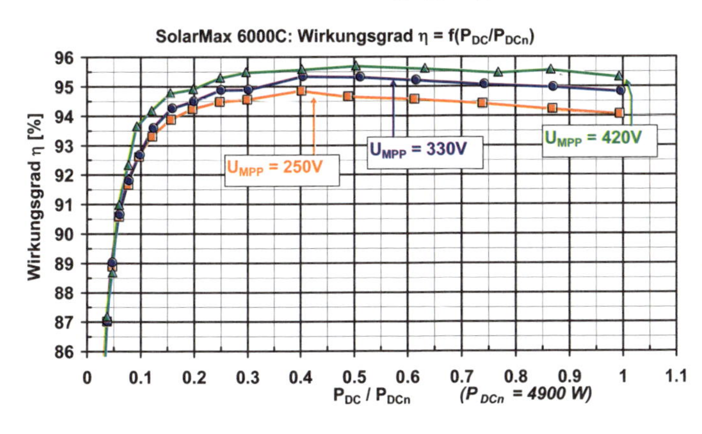

Bild 5-87:
Umwandlungswirkungsgrad eines trafolosen Wechselrichters Solarmax 6000C in Funktion der normierten DC-Spannung bei drei verschieden DC-Spannungen.
Dieses Gerät hat den höchsten Wirkungsgrad bei hohen DC-Spannungen.

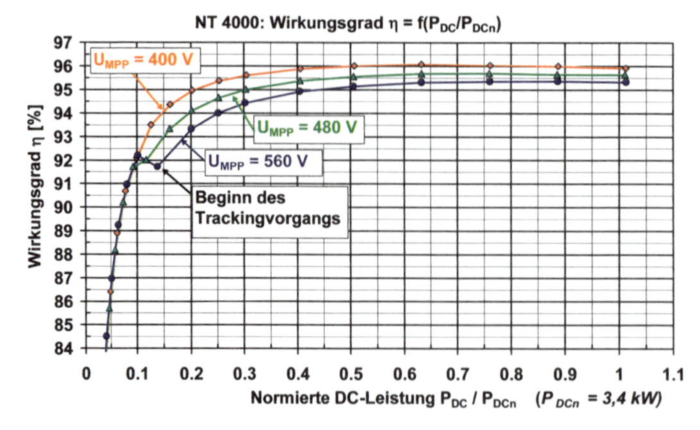

Bild 5-88: Umwandlungswirkungsgrad eines trafolosen Wechselrichters NT4000 bei drei verschiedenen DC-Spannungen (P_{DCn} = 3,4 kW). Dieses Gerät hat den höchsten Wirkungsgrad bei tiefen DC-Spannungen.

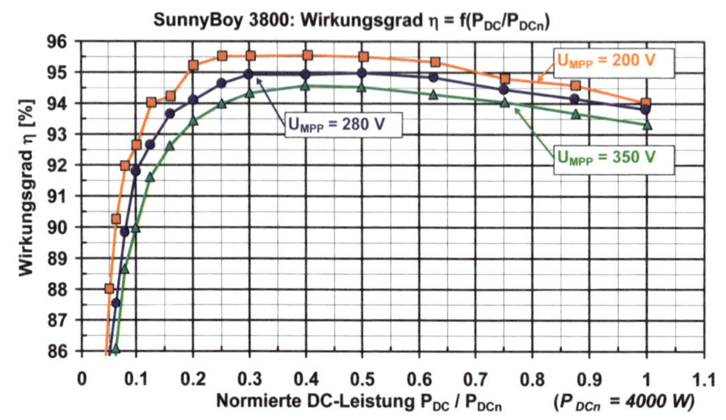

Bild 5-89: Umwandlungswirkungsgrad eines SB3800 (P_{DCn} = 4 kW) mit 50 Hz-Trafo bei drei verschiedenen DC-Spannungen. Der höchste Wirkungsgrad wird hier bei der tiefsten Spannung erreicht.

Der SB3800 hat für ein Gerät mit Trafo einen sehr hohen Wirkungsgrad, der bei höheren Leistungen zudem nur wenig von der DC-Spannung abhängig ist.

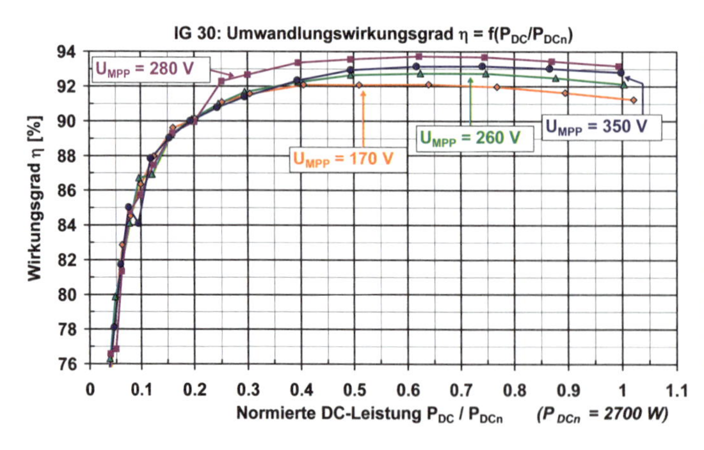

Bild 5-90: Umwandlungswirkungsgrad eines Wechselrichters IG30 mit galvanischer Trennung (und deshalb etwas geringerem η) bei vier verschiedenen DC-Spannungen ($P_{DCn} \approx$ 2,7 kW).

Bei diesem Gerät ist η bei einer mittleren Spannung am grössten!

Die Bilder 5-85 bis 5-91 zeigen, dass keine generelle Aussage über die Art der Abhängigkeit des Umwandlungswirkungsgrades von der DC-Spannung möglich ist. Meist ist der Wirkungsgrad entweder bei tiefen oder hohen Spannungen am grössten. Es gibt aber auch Geräte, bei denen er bei einer mittleren Spannung am grössten ist (Bild 5-90).

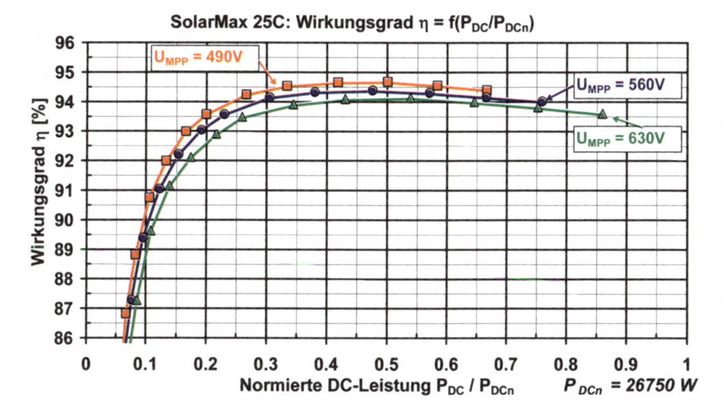

Bild 5-91: Umwandlungswirkungsgrad eines dreiphasigen Wechselrichters Solarmax 25C (mit Trafo) in Funktion der normierten DC-Spannung bei drei verschieden DC-Spannungen.

Dieses Gerät hat den höchsten Wirkungsgrad bei tiefen DC-Spannungen.

5.2.5.2 Maximalleistungs-(MPP-)Regelverhalten und MPP-Tracking-Wirkungsgrad

Der Solargenerator einer PV-Anlage hat je nach aktueller Einstrahlung und Modultemperatur eine bestimmte I-U-Kennlinie, die in einem bestimmten Punkt (Maximum Power Point, MPP, siehe Kap. 3.3.3) bei einer Spannung U_{MPP} eine maximale Leistung P_{MPP} aufweist. Für eine optimale Energieproduktion sollte ein Wechselrichter immer in diesem MPP arbeiten.

Da aber ein Wechselrichter meist einen kontinuierlichen Suchvorgang um den MPP durchführt (englisch: MPP-Tracking, abgekürzt MPPT), arbeitet er die meiste Zeit nicht genau im MPP, sondern nur in der Nähe davon. Dadurch geht je nach Güte dieses internen Regelalgorithmus immer etwas Energie verloren.

Als Mass für die Güte der Anpassung an den MPP, den die Regelung des Wechselrichters zustande bringt und für den aus den verbleibenden Abweichungen resultierenden Energieverlust, kann man einen MPP-Anpassungsgrad η_{AN} oder MPP-Tracking-Wirkungsgrad η_{MPPT} definieren, indem man die bei konstanter Einstrahlung in einer gewissen Zeit T_M durch den Wechselrichter vom PV-Generator bezogene DC-Energie mit der Energie vergleicht, die der PV-Generator in dieser Zeit an eine perfekt an den MPP angepasste Last abgegeben hätte. Der statische MPP-Tracking Wirkungsgrad η_{MPPT} wird somit wie folgt bestimmt:

$$\eta_{MPPT} = \frac{1}{P_{MPP} \cdot T_M} \int_0^{T_M} u_{DC}(t) \cdot i_{DC}(t) \cdot dt \tag{5.32}$$

wobei

$u_{DC}(t)$ = Spannung, $i_{DC}(t)$ = Strom am DC-Eingang des Wechselrichters.

P_{MPP} = Verfügbare maximale Leistung des Solargenerators im MPP (abhängig von der Bestrahlungsstärke G und der Zellen-/resp. Modultemperatur T_Z!).

T_M = Dauer der Messung (Beginn bei t = 0). Empfohlen: 60 s bis 300 s pro Leistungsstufe.

Der in (5.32) definierte statische MPP-Tracking-Wirkungsgrad sollte bei Wechselrichtern mit einem guten MPP-Regelverhalten zumindest bei grösseren Leistungen nahe bei 100% liegen.

Da die Messung dieses Maximum-Power-Point-Tracking-Wirkungsgrades relativ schwierig ist, wird meist stillschweigend angenommen, dass der Wechselrichter genau in diesem MPP arbeitet. Je nach dem realisierten MPPT-Verfahren bestehen aber zumindest bei gewissen Leistungen und Spannungen mehr oder weniger grosse Abweichungen, was den Energieertrag der Gesamtanlage (unter Umständen bis zu einigen Prozent) reduzieren kann.

Für präzise und reproduzierbare Messungen des statischen MPP-Tracking-Wirkungsgrades sind hochstabile Solargenerator-Simulatoren erforderlich [5.46], [5.60]; die von vielen Testlabors verwendeten Diodenketten-Simulatoren eignen sich wegen des inhärenten thermischen Stabilitätsproblems dazu weniger. Mit vom PC steuerbaren Solargenerator-Simulatoren können dabei auf einer Leistungsstufe viele Grössen gleichzeitig gemessen werden (z.B. η, η_{MPPT}, cosφ, Oberschwingungen), und durch stufenweise Variation des Stromes auf einer bestimmten Kennlinie sind automatische Messungen möglich.

Vor der Messung des statischen MPP-Tracking-Wirkungsgrades η_{MPPT} ist nach dem Einstellen einer neuen Leistungsstufe eine gewisse Stabilisierungsperiode erforderlich (z.B. 60 s, bei Wechselrichtern mit träger MPP-Regelung auch länger). Dann wird während der darauf folgenden Messzeit T_M der DC-Strom i_{DC} und die DC-Spannung u_{DC} mit einer hohen Abtastfrequenz (z.B. 1000 bis 10000 Messpunkte/s) möglichst gleichzeitig gemessen und daraus jeweils die DC-Momentanleistung bestimmt. Zur Datenreduktion ist bei der Momentanleistung oft eine gewisse Mittelwertbildung sinnvoll. Der statische MPP-Tracking-Wirkungsgrad η_{MPPT} ist dann das Verhältnis zwischen der während der Messzeit T_M vom Wechselrichter effektiv aufgenommenen DC-Energie und der in dieser Zeit vom Simulator angebotenen DC-Energie $P_{MPP} \cdot T_M$. Soll der Einfluss der bei einphasigen Wechselrichtern typischen 100 Hz-Komponente auf der DC-Momentanleistung eliminiert werden, kann eine Mittelwertbildung über 50 ms oder 100 ms erfolgen. Dabei gehen aber gewisse Informationen (z.B. Streuung von u_{DC}) verloren.

Herkömmliche Präzisionswattmeter sind meist viel zu langsam, um MPP-Werte genügend genau zu bestimmen, deshalb ist die oben beschriebene Abtast- und Mittelungsmethode viel geeigneter. Die so erhaltenen Messwerte können in sogenannten Wolkendiagrammen dargestellt werden (Bild 5-92 und 5-93).

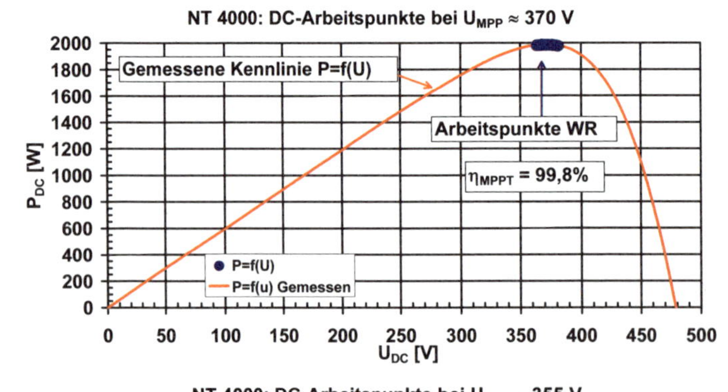

Bild 5-92: Wolkendiagramm eines NT4000 bei $P_{MPP} \approx 2$ kW und $U_{MPP} \approx 370$ V.

Der gemessene Wert von η_{MPPT} liegt bei 99,8%, d.h. der Wechselrichter zeigt hier ein sehr gutes MPP-Tracking-Verhalten.

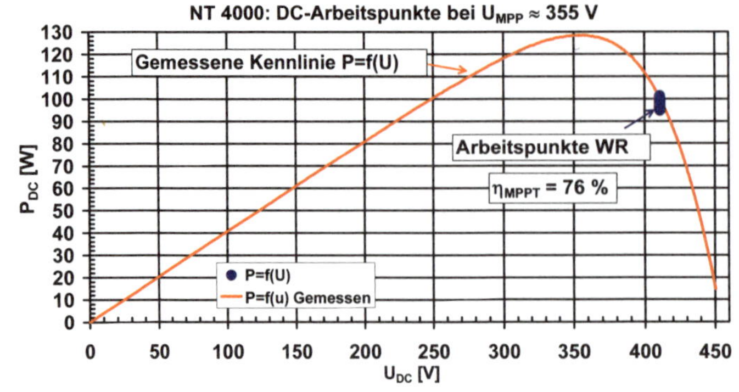

Bild 5-93: Wolkendiagramm eines NT4000 bei $P_{MPP} \approx 130$ W und $U_{MPP} \approx 355$ V.

Der Wechselrichter arbeitet bei $U_{DC} \approx 410$ V weit neben dem MPP, η_{MPPT} liegt bei 76%, d.h. das MPP-Tracking ist hier sehr schlecht.

Um das genaue MPP-Tracking-Verhalten bei verschiedenen Leistungen zu zeigen, ist es zweckmässig, η_{MPPT} in Funktion der MPP-Leistung darzustellen und im gleichen Diagramm auf der zweiten Achse einerseits den wahren, gemessenen Wert von U_{MPP} und andererseits den Mittelwert der vom Wechselrichter auf der Kennlinie effektiv eingestellten DC-Eingangsspannung U_{DC} anzugeben (Bild 5-94 und 5-95). Da die Eingangsgrösse für das MPP-Tracking die vom Solargenerator zur Verfügung gestellte MPP-Leistung P_{MPP} ist, wird η_{MPPT} zweckmässigerweise in Funktion von P_{MPP} dargestellt. Um das Verhalten von Wechselrichtern verschiedener Grösse zu vergleichen, ist es zudem günstig, diese MPP-Leistung auf die DC-Nennleistung des Wechselrichters P_{DCn} zu normieren, also wie in den Bildern 5-94 bis 5-97 den MPP-Tracking-Wirkungsgrad η_{MPPT} in Funktion von P_{MPP}/P_{DCn} darzustellen.

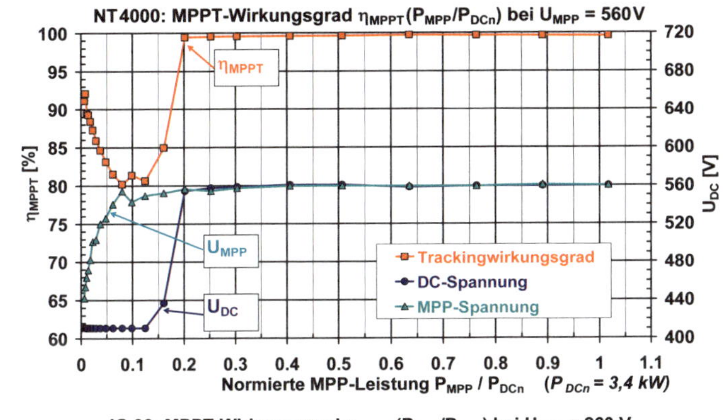

Bild 5-94: MPP-Tracking-Wirkungsgrad η_{MPPT} bei einem NT4000 in Funktion der normierten MPP-Leistung P_{MPP}/P_{DCn} bei $U_{MPP} \approx 560$ V.

Da das Gerät bei kleinen Leistungen bei der tieferen Spannung $U_{DC} \approx 410$ V arbeitet, ist η_{MPPT} dort tief. η_{MPPT} steigt bei höheren P_{MPP} gegen 100%, da dort $U_{DC} \approx U_{MPP}$ ist.

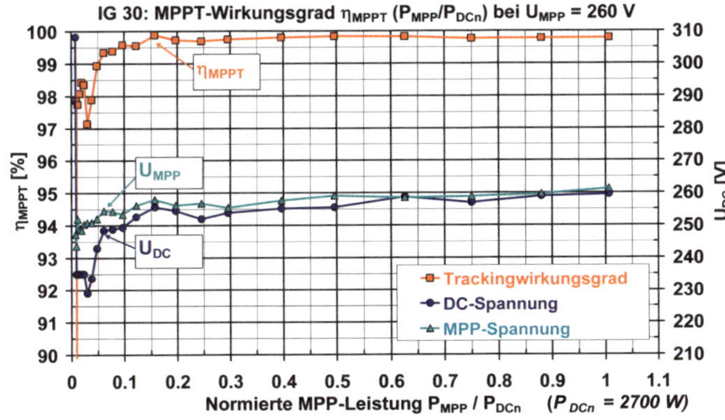

Bild 5-95: MPP-Tracking-Wirkungsgrad η_{MPPT} bei einem IG30 in Funktion der normierten MPP-Leistung P_{MPP}/P_{DCn} bei $U_{MPP} \approx 260$ V.

U_{DC} weicht auch bei kleinen Leistungen nur wenig von U_{MPP} ab, das statische MPP-Tracking-Verhalten ist auch dort sehr gut.

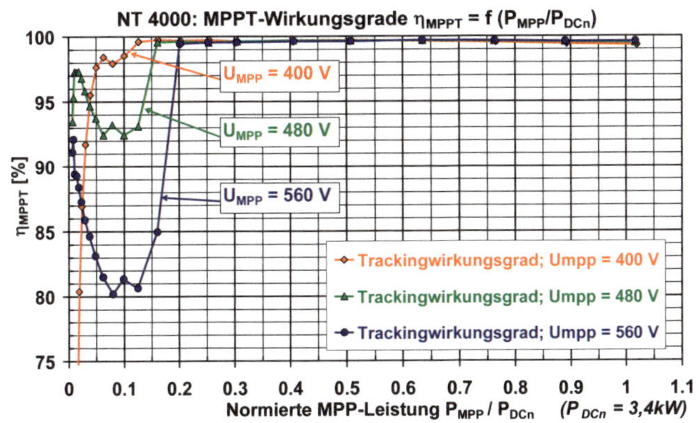

Bild 5-96: MPP-Tracking-Wirkungsgrad η_{MPPT} bei einem NT4000 in Funktion der normierten MPP-Leistung P_{MPP}/P_{DCn} bei drei verschiedenen MPP-Spannungen.

Da das Gerät bei kleinen Leistungen fest bei $U_{DC} \approx 410$ V arbeitet, ist η_{MPPT} je nach Lage von U_{MPP} dort mehr oder weniger kleiner als 100%.

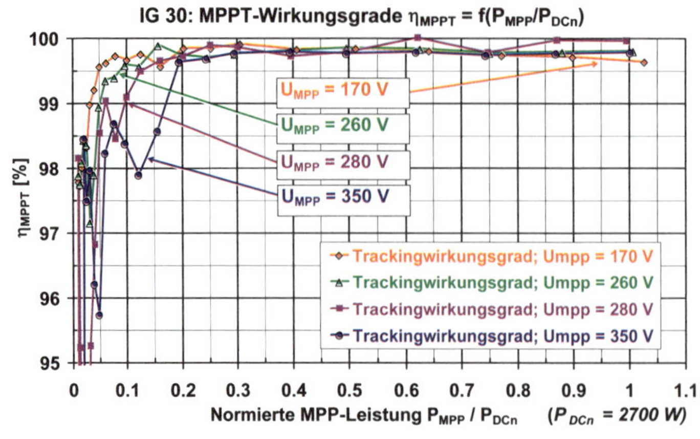

Bild 5-97: MPP-Tracking-Wirkungsgrad η_{MPPT} bei einem IG30 in Funktion der normierten MPP-Leistung P_{MPP}/P_{DCn} bei vier verschiedenen MPP-Spannungen. Gegenüber Bild 5-96 ist der η_{MPPT}-Massstab stark gedehnt. Das statische MPP-Tracking-Verhalten ist auch bei kleinen Leistungen sehr gut.

Manche Wechselrichter arbeiten bei kleinen Leistungen auf einer fixen Spannung, da die Störungen durch ihre interne PWM-Schaltfrequenz die Erkennung des bei kleinen Leistungen kleinen Stromsignals und damit das korrekte Auffinden des MPP erschweren. Durch diese Strategie ist somit bei kleinen Leistungen immer noch ein sinnvoller Betrieb möglich. Allerdings wird dadurch bei kleinen Leistungen, je nach Lage der effektiven MPP-Spannung U_{MPP}, mehr oder weniger Energie verschenkt (siehe Bild 5-96), denn die vom PV-Generator angebotene Energie wird nicht vollständig ausgenützt, besonders wenn diese Festspannung wie in Bild 5-94 weit vom effektiven U_{MPP} liegt. Besser wäre es vermutlich, bei kleinen Leistungen auf beispielsweise dem 0,8-fachen der vorher gemessenen Leerlaufspannung U_{OC} zu arbeiten oder diese Fixspannung bei kleinen Leistungen einstellbar zu machen. Der in Bild 5-95 gezeigte Wechselrichter hat dagegen bei allen Spannungen ein wesentlich besseres statisches MPPT-Verhalten (siehe Bild 5-97), seine Arbeitsspannung U_{DC} ist auch bei kleinen Leistungen nur wenig unterhalb von U_{MPP}, was wesentlich geringere Leistungsverluste und damit einen höheren η_{MPPT} zur Folge hat.

5.2.5.3 Totaler Wirkungsgrad oder Gesamtwirkungsgrad eines Wechselrichters

Mit einer etwas grundsätzlicheren Überlegung kann man nun den totalen Wirkungsgrad η_{tot} eines Wechselrichters einführen (siehe Bild 5-98):

Der Solargenerator stellt auf Grund der aktuellen Einstrahlung G und Temperatur T eine bestimmte Leistung P_{MPP} zur Verfügung. Der Wechselrichter verwertet im stationären Betrieb davon aber nur $P_{DC} = \eta_{MPPT} \cdot P_{MPP}$ und erzeugt daraus $P_{AC} = \eta \cdot P_{DC}$. Somit kann man eine neue Grösse definieren:

Totaler Wirkungsgrad eines Wechselrichters: $$\eta_{tot} = \eta \cdot \eta_{MPPT} = P_{AC}/P_{MPP} \qquad (5.33)$$

Damit gilt im stationären Fall:

$$P_{AC} = \eta \cdot P_{DC} = \eta \cdot \eta_{MPPT} \cdot P_{MPP} = \eta_{tot} \cdot P_{MPP} \qquad (5.34)$$

Der totale Wirkungsgrad eines Wechselrichters ist somit ein direktes Qualitätsmerkmal, das eine höhere Relevanz für die Praxis aufweist als der reine Umwandlungswirkungsgrad η. Wie η und η_{MPPT} hängt natürlich auch η_{tot} von P_{MPP} und U_{MPP} ab und muss durch geeignete Messungen bestimmt werden.

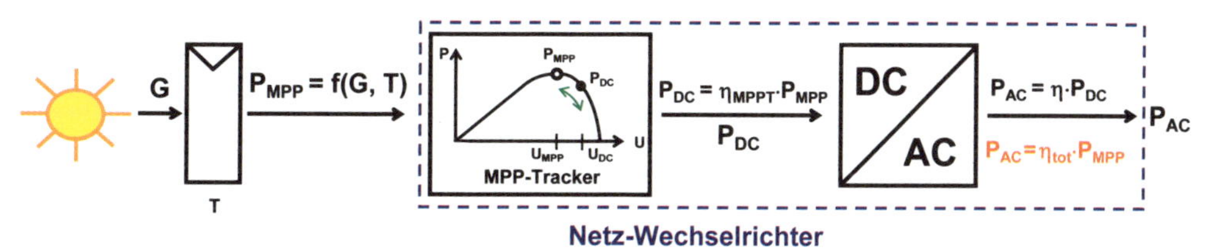

Bild 5-98: Zur Berechnung des totalen Wirkungsgrades bei Netzwechselrichtern:
Ein Netzwechselrichter besteht aus zwei Hauptbaugruppen, dem MPP-Tracker, der dem PV-Generator immer die maximal mögliche Leistung entziehen soll, und dem eigentlichen Wechselrichterteil, der die vorhandene Gleichstromleistung möglichst effizient in Wechselstrom umwandeln soll.

Bild 5-99 und Bild 5-100 zeigen den so berechneten totalen Wirkungsgrad η_{tot} der beiden Wechselrichter NT4000 und IG30 in Funktion der normierten MPP-Leistung P_{MPP}/P_{DCn} bei drei resp. vier verschiedenen MPP-Spannungen.

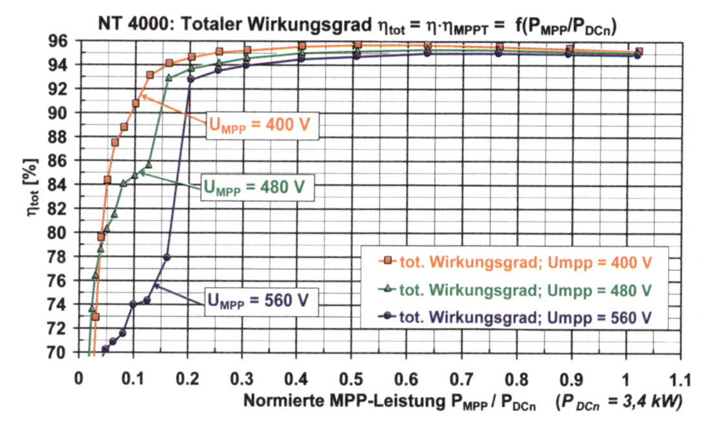

Bild 5-99:

Totaler Wirkungsgrad η_{tot} eines NT4000 in Funktion von P_{MPP} bei drei verschiedenen MPP-Spannungen.

Wegen des relativ schlechten η_{MPPT} bei kleinen Leistungen und höheren U_{MPP} hat das Gerät dort trotz des hohen Wirkungsgrades η ein relativ kleines η_{tot}.

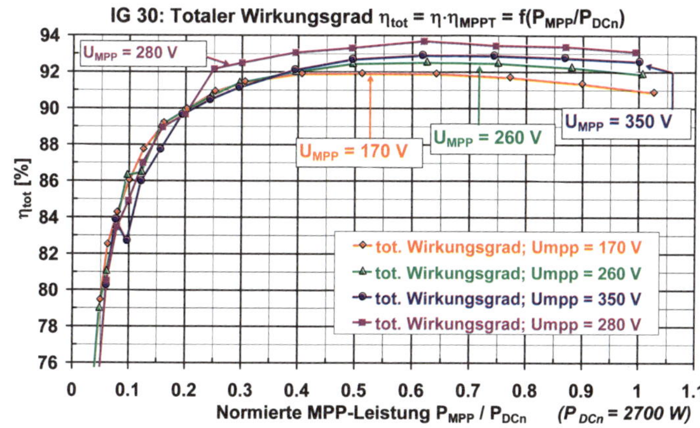

Bild 5-100:

Totaler Wirkungsgrad η_{tot} eines IG30 in Funktion von P_{MPP} bei vier verschiedenen MPP-Spannungen.

Bei kleinen Leistungen macht der IG 30 bei η_{tot} durch das gute MPP-Tracking den schlechteren Umwandlungswirkungsgrad η wett.

Um mit einem einzigen Wert das Verhalten eines Wechselrichters kurz zu beschreiben, kann auch für η_{tot} und η_{MPPT} ein Durchschnitts-Wirkungsgrad (z.B. Europäischer Wirkungsgrad) berechnet werden. Die sich so ergebenden Werte sind in der Tabelle 5.11 angegeben. Beachte: $\eta_{tot\text{-}EU}$ ist nicht genau $\eta_{EU} \cdot \eta_{MPPT\text{-}EU}$, da η_{EU} nicht auf P_{MPP} bezogen ist.

5.2.5.4 Dynamische MPP-Tracking Tests

Neben dem statischen Betriebsverhalten, das durch η, η_{MPPT} und η_{tot} gut beschrieben werden kann, interessiert in der Praxis natürlich auch das dynamische Verhalten. Für dynamische Tests, welche Tage mit wechselnder Bewölkung simulieren, sind relativ schnelle Variationen zwischen zwei Stufen mit bekannten P_{MPP}-Werten zweckmässig. Für kleine PV-Anlagen sind die Flanken der Leistungsvariationen dabei steiler als bei grosssen Anlagen. Bei kleinen Anlagen bis zu einigen kW kann die PV-Leistung bei speziellen Wettersituationen mit scharf definierten Wolken (speziell nach Durchzug einer Kaltfront im Frühling und Frühsommer) in weniger als 2 Sekunden von etwa 15% bis 120% der DC-Nennleistung variieren. Ein guter Wechselrichter sollte unter solchen Bedingungen zumindest nicht ausschalten.

Ein einfacher Test des dynamischen Verhaltens ist eine nahezu rechteckige Variation zwischen etwa 20% und 100% des Nennwertes von Strom resp. Leistung mit steilen Flanken und nur wenigen (1 – 3) Zwischenstufen, die nur während sehr kurzer Zeit (z.B. während 100 ms bis 200 ms) angenommen werden. Vor dem Beginn eines dynamischen MPP-Tracking Tests müssen wie bei den statischen Tests die P_{MPP}-Werte auf den vorgesehenen Leistungsstufen bestimmt werden und eine Stabilisierungsperiode von 1 – 2 Minuten vorgesehen werden. Dann folgen einige Testzyklen (z.B. 6), während denen die effektive dynamische MPPT-Messung stattfindet. Natürlich finden die meisten Wechselrichter den tatsächlichen MPP nicht sofort, deshalb wird die angebotene MPP-Leistung P_{MPPi} nach einer Änderung nicht sofort vollständig absorbiert. Die Zeit T, während welcher der hohe und der tiefe Stromwert während eines Testzyklus angenommen wird, kann zwischen 2 s und 60 s variieren, was eine totale Zykluszeit von 4 s bis 120 s ergibt und eine totale Testzeit $T_M = \Sigma T_{Mi}$ auf dem gewählten Leistungs- und Spannungsbereich von höchstens 12 Minuten ergibt.

Der dynamische MPPT-Tracking-Wirkungsgrad $\eta_{MPPTdyn}$ kann dann analog wie in (5.32) berechnet werden:

$$\eta_{MPPTdyn} = \frac{1}{\Sigma P_{MPP_i} \cdot T_{M_i}} \int_0^{T_M} u_{DC}(t) \cdot i_{DC}(t) \cdot dt \qquad (5.35)$$

wobei

$$\Sigma P_{MPPi} \cdot T_{Mi} = P_{MPP1} \cdot T_{M1} + P_{MPP2} \cdot T_{M2} + \ldots + P_{MPPn} \cdot T_{Mn} \qquad (5.36)$$

(Summe der verschiedenen MPP-Energien, die unter optimalen Bedingungen auf den verschiedenen Leistungsstufen absorbiert werden könnten)

T_{Mi} = Zeit während welcher der PV-Generator-Simulator die Leistung P_{MPPi} anbietet

$$\textit{Totale Messzeit } T_M = \Sigma T_{Mi} = T_{M1} + T_{M2} + T_{M3} + \ldots + T_{Mn} \qquad (5.37)$$

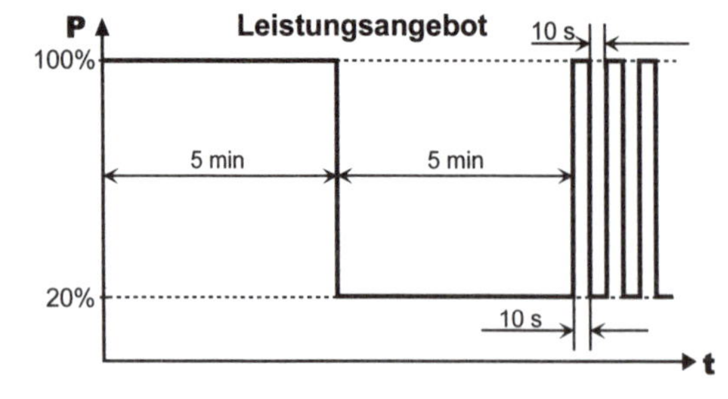

Bild 5-101:
Vom Solargenerator-Simulator angebotenes Leistungsprofil während eines dynamischen MPP-Tracking Tests.
Vor dem Test werden die MPP-Leistungen auf der hohen und tiefen Stufe genau bestimmt und dem Gerät eine Stabilisierungsperiode von 5 Minuten angeboten.
Der eigentliche dynamische Test beginnt erst mit den schnellen Wechseln tief-hoch-tief mit jeweils 10 s pro Stufe.

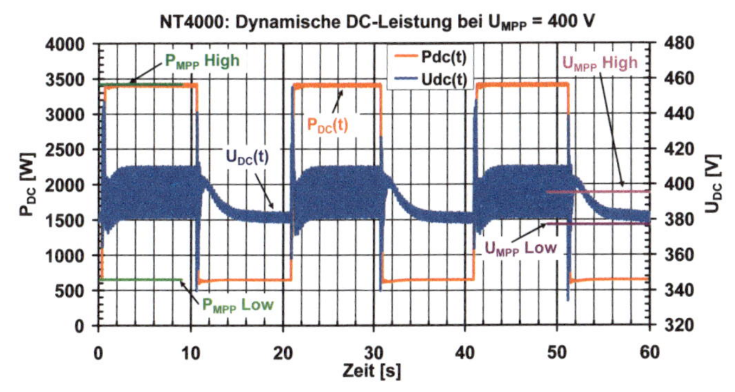

Bild 5-102: Dynamische Leistung $P_{DC}(t)$ und DC-Spannung $U_{DC}(t)$ bei Betrieb auf einer Kennlinie mit U_{MPP} = 400 V (bei voller Leistung) bei einem NT4000 und einem Leistungsangebot gemäss Bild 5-101. Das dynamische Verhalten dieses Gerätes ist bei dieser Spannung sehr gut, der dynamische MPP-Tracking-Wirkungsgrad beträgt hier $\eta_{MPPTdyn}$ = 99,4%.

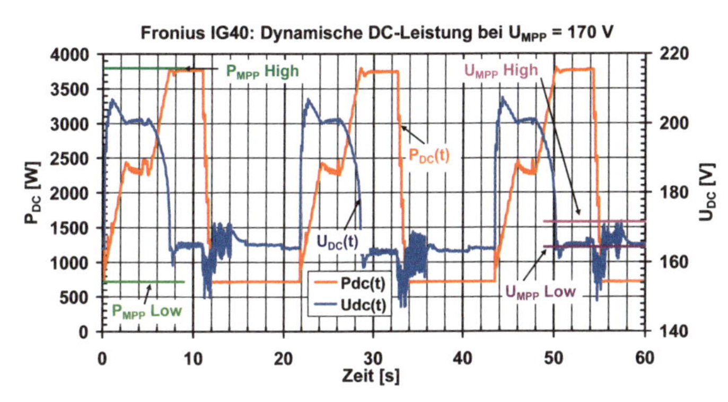

Bild 5-103: Dynamische Leistung $P_{DC}(t)$ bei U_{MPP} = 170 V (bei voller Leistung) bei einem IG40 und einem Leistungsangebot gemäss Bild 5-101. Das dynamische Verhalten ist hier nicht optimal, die Leistung auf der hohen Stufe wird nach dem Wechsel von tiefer zu hoher Leistung nur ganz allmählich absorbiert, der dynamische MPP-Tracking-Wirkungsgrad beträgt nur gerade $\eta_{MPPTdyn}$ = 82,5%.

5.2.5.5 Oberschwingungsströme

Bild 5-104 zeigt das Spektrum der Ströme beim netzgeführten einphasigen Wechselrichter EGIR10 (1,75 kW) bei einer Leistung von 1 kW. Der Grundschwingungsstrom ist deutlich höher als er auf Grund der umgesetzten Wirkleistung bei cos φ = 1 sein müsste, die Scheinleistung ist somit wesentlich höher als die Wirkleistung und das Gerät bezieht deshalb eine relativ grosse Blindleistung. Bei dieser Leistung werden auch bereits die Grenzwerte von EN61000-3-2 für Oberschwingungsströme (siehe Abschn. 5.2.3.3.3) überschritten.

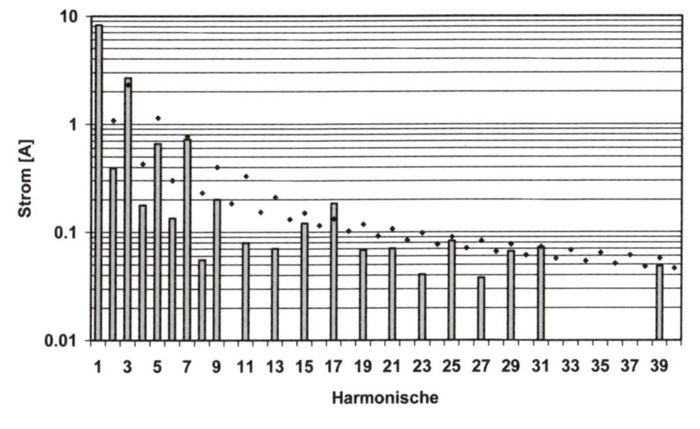

Bild 5-104: Stromoberschwingungen des netzgeführten Wechselrichters EGIR10 (1,75 kW) bei P_{AC} = 1 kW. Die vertikalen Balken geben den Effektivwert des Stromes bei den einzelnen Harmonischen an. Zusätzlich sind mit ♦ die Grenzwerte gemäss EN61000-3-2 angegeben. Für die 3. und 17. Harmonische wird der Grenzwert bereits bei 1 kW überschritten!

Alle übrigen getesteten Wechselrichter sind selbstgeführt mit hochfrequenter Pulsbreitenmodulation. Deshalb sollten ihre Oberschwingungsströme im praktischen Betrieb keine Probleme verursachen, wenn die Netzimpedanz nicht ungewöhnlich hoch ist.

Bild 5-105 zeigt die bei einem selbstgeführten einphasigen Wechselrichter gemessenen Oberschwingungsströme. Bei allen Harmonischen liegen die gemessenen Oberschwingungsströme weit unter den zulässigen Grenzwerten. Praktisch alle neueren einphasigen Wechselrichter halten die Grenzwerte der EN 61000-3-2 für Geräte bis 16 A bei voller Leistung ein.

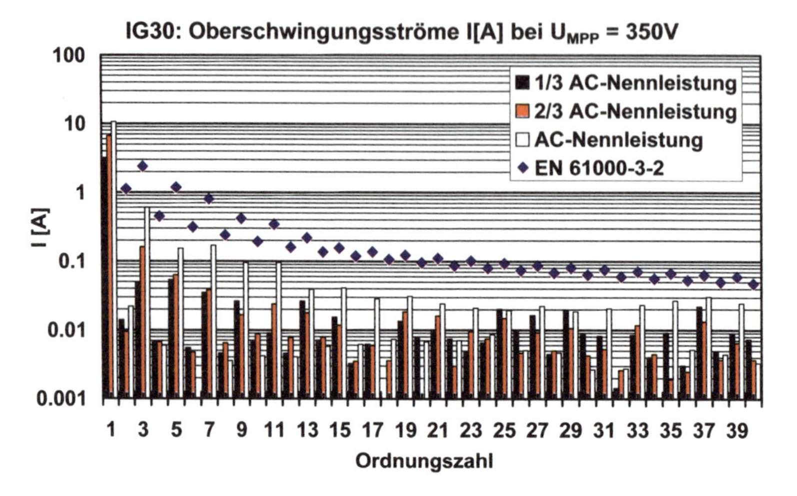

Bild 5-105: Stromoberschwingungen des IG30 (P_{ACn} = 2,5 kW) bei U_{MPP} = 350 V und einer Leistung von 33%, 66% und 100% der AC-Nennleistung im Vergleich zu den Grenzwerten nach der EN 61000-3-2. (Ordnungszahl = Vielfache der Grundfrequenz von 50 Hz)

Bild 5-106 zeigt die an einem dreiphasigen Wechselrichter Solarmax 25C (P_{ACn} = 25 kW) gemessenen Oberschwingungsströme. Das Gerät hält sowohl die Grenzwerte von EN 61000-3-12 [5.17] für Geräte mit Strömen zwischen 16 A und 75 A als auch die Grenzwerte nach [5.19] für $S_{KV} \geq 33\ S_{WR}$ ein (siehe Abschn. 5.2.3.3.3). Dieses Gerät sollte somit bezüglich Oberschwingungen überall problemlos anschliessbar sein.

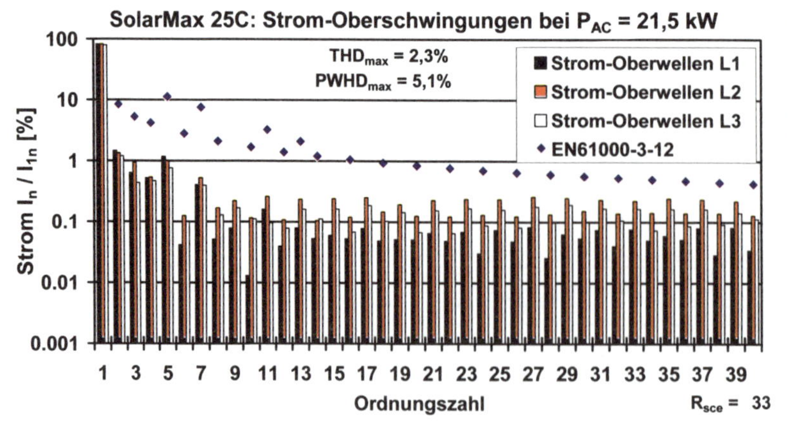

Bild 5-106: Oberschwingungsströme (normiert) des dreiphasigen Wechselrichters SolarMax 25C (P_{ACn} = 25 kW) bei U_{MPP} = 630 V und einer Leistung P_{AC} = 21,5 kW im Vergleich zu den Grenzwerten nach EN 61000-3-12 für $S_{KV} \geq 33\ S_{WR}$ (siehe Tab. 5.8).

5.2.5.6 Emission hochfrequenter Störspannungen

In den Jahren 1987 bis 1992 haben viele Hersteller mit teils sehr kleinen Budgets Wechselrichter entwickelt. Dabei wurden oft nur die absolut notwendigen Grundfunktionen realisiert. Wichtige Details wie eine genügende Unterdrückung der hochfrequenten Störspannungen auf den Anschlussleitungen wurden dabei nicht beachtet, was in der Praxis oft zu Problemen führte. Viele Hersteller realisierten damals nicht, dass eine gute Dämpfung der hochfrequenten Emissionen fast automatisch auch zu einer verbesserten Immunität gegenüber von aussen kommenden transienten Störspannungen und damit zu einer höheren Zuverlässigkeit führt.

Wenn Entstörmassnahmen getroffen werden, beschränken sich diese oft auf die Wechselstromseite. Derartige Hersteller zitieren in ihren Datenblättern gerne Normen, welche ausschliesslich Grenzwerte für diese Seite angeben, z.B. EN55011. Besonders bei mittleren und grösseren Wechselrichtern mit ihrer zum Teil ausgedehnten Gleichstromverkabelung auf der Solargeneratorseite ist es aber wichtig, nicht nur auf der Wechselstromseite, sondern auch auf der Gleichstromseite eine genügende Entstörung zu erreichen. Die massgebenden Grenzwerte wurden bereits in Kapitel 5.2.3.4 erläutert.

Bild 5-107 zeigt die hochfrequenten Störspannungen auf der Wechselstromseite bei einem besonders krassen Fall, der Urversion des ersten in der Schweiz serienmässig produzierten Wechselrichters Solcon. Die Funkstörspannungen liegen um bis zu 55 dBμV über den zulässigen Grenzwerten! Bei diesem Gerät wurden denn auch in der Praxis starke Störungen benachbarter elektronischer Geräte beobachtet.

Durch geeignete Modifikationen konnte das PV-Labor der BFH diese Störemissionen damals deutlich senken, es gelang aber nicht, die zulässigen Grenzwerte zu unterschreiten. Derartige nachträgliche Entstörungen sind nicht so einfach, der blosse Einbau eines Netzfilters an irgend einer Stelle im Gerät reicht meist nicht aus, um ein derartiges Problem zu beheben.

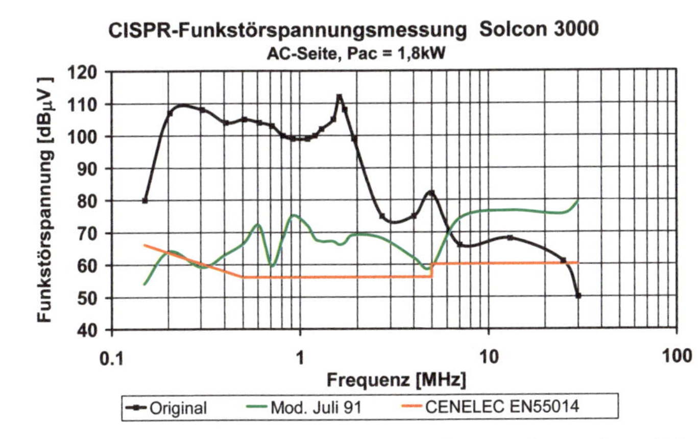

Bild 5-107:
Von einem alten Solcon 3000 auf der Wechselstromseite produzierte HF-Störspannungen vor und nach der Modifikation im Juli 1991 im Vergleich zu den Grenzwerten von EN 55014 (Quasi-Peak-Messung).
Bei ca. 1,8 MHz überschreitet die ursprüngliche Version den Grenzwert um 56 dBμV!

Fortschrittliche Firmen realisierten schon nach wenigen Jahren, dass die elektromagnetische Verträglichkeit (EMV) bei "grüner" Technik ein wichtiges Thema ist und ergriffen entsprechende Massnahmen, zumindest auf der Wechselstromseite, wo die normative Situation schon lange klar war. Lange fehlte aber oft die Einsicht, dass auch auf der DC-Seite Massnahmen erforderlich sind. Mühe bereitet in der Praxis manchmal noch der Bereich unterhalb von 500 kHz. Bezüglich EMV besonders fortschrittlich war schon früh die Firma SMA. Die hochfrequenten Emissionen der neuesten Geräte dieser Firma liegen meist nicht nur knapp, sondern weit unter den massgebenden Grenzwerten (Beispiele siehe Bild 5-108 und 5-109).

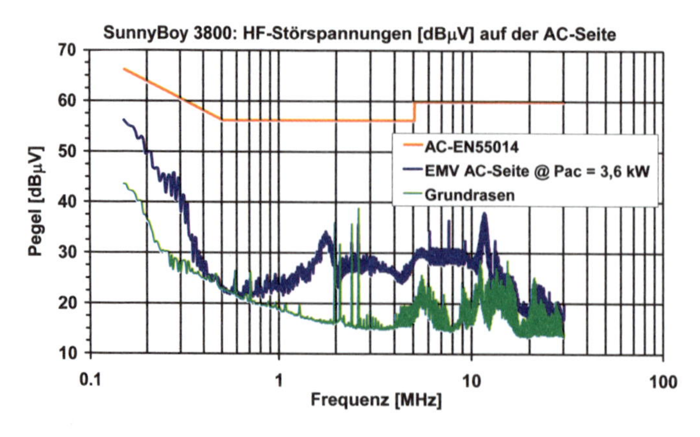

Bild 5-108:
Von einem SB 3800 auf der Wechselstromseite produzierte HF-Störspannungen bei Nennleistung im Vergleich zu den Grenzwerten von EN 55014 (Quasi-Peak-Messung). Der bei ausgeschaltetem Wechselrichter gemessene Grundstörpegel wird hier als "Grundrasen" bezeichnet).
Die Grenzwerte werden zwischen 10 und 40 dBµV unterschritten!

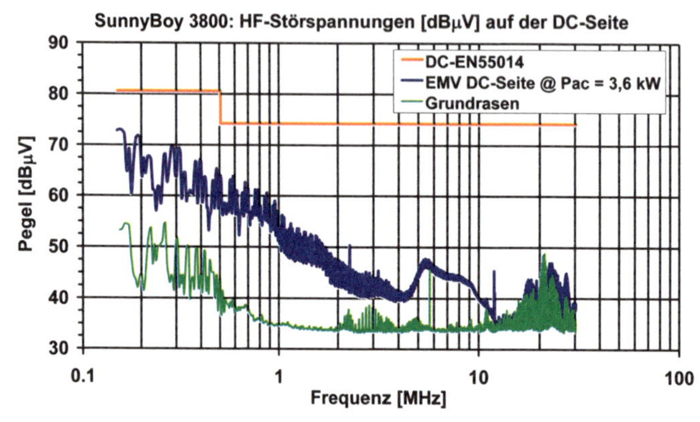

Bild 5-109:
Von einem SB 3800 auf der Gleichstromseite produzierte HF-Störspannungen bei Nennleistung im Vergleich zu den Grenzwerten von EN 55014 (Quasi-Peak-Messung).
Die Grenzwerte werden auch hier zwischen 10 und 40 dBµV unterschritten!

In Bild 5-110 sind die hochfrequenten Störspannungen eines dreiphasigen Wechselrichters Solarmax 25C dargestellt. Bei diesem Gerät hat der Hersteller gewisse Probleme mit der Entstörung unterhalb von 300 kHz (auch auf der Gleichstromseite, hier nicht gezeigt). Allerdings sind die Abstrahleigenschaften von Netzleitungen und Solargeneratoren in diesem Frequenzbereich nicht sehr gut, und er wird im Wohnbereich kaum noch für den Radioempfang genutzt, so dass eine Grenzwertüberschreitung in diesem Frequenzbereich in der Praxis nicht von allzu grosser Bedeutung ist.

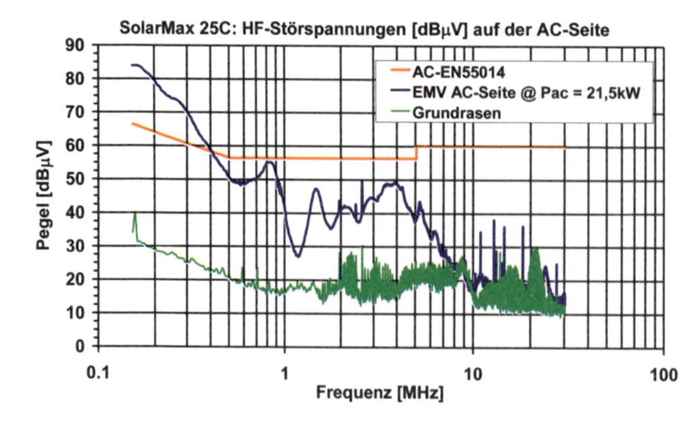

Bild 5-110:
Von einem Solarmax 25C auf der Wechselstromseite produzierte HF-Störspannungen bei Nennleistung im Vergleich zu den Grenzwerten von EN 55014 resp. 61000-6-3 (Quasi-Peak-Messung).
Unterhalb von 300 kHz werden die Grenzwerte deutlich überschritten (auch auf der Gleichstromseite).

5.2.5.7 Entwicklung der Wechselrichterzuverlässigkeit

Bei den ersten in den Jahren 1989 bis 1991 an der BFH über längere Zeit getesteten Wechselrichtern (SI-3000 und Solcon 3000) traten pro Betriebsjahr im Mittel etwa 3 Wechselrichterausfälle mit Hardwaredefekten auf. Untersuchungen am Photovoltaiklabor zeigten, dass die Ursache vieler dieser Ausfälle einerseits auf Rundsteuersignale (besonders bei relativ hoher Netzspannung) und andererseits auf hohe Netzspannung am Wechselrichter-Anschlusspunkt (besonders bei Einstrahlungsspitzen bei schwacher Netzbelastung) zurückgeführt werden konnten. Bild 5-111 zeigt einen derartigen Ausfall bei einem Solcon-Wechselrichter durch ein Rundsteuersignal von 317 Hz bei relativ hoher Netzspannung. Weitere derartige Ausfälle sind in [5.37] und [5.38] beschrieben. Wechselrichter für Netzverbundbetrieb müssen so dimensioniert werden, dass sie im Netz auftretende Rundsteuersignale mit teilweise stark schwankenden Pegeln ohne Schaden aushalten. Andererseits muss bei der Dimensionierung des Netzanschlusses eines Wechselrichters die Netzimpedanz und die im Betrieb auftretende Spannungsanhebung berücksichtigt werden. Derartige Wechselrichter sollten auch eine geringfügige Überschreitung des oberen Toleranzwertes der Netzspannung (heute 230 V resp. 400 V + 10% (früher + 6%)) ohne Hardwaredefekt aushalten.

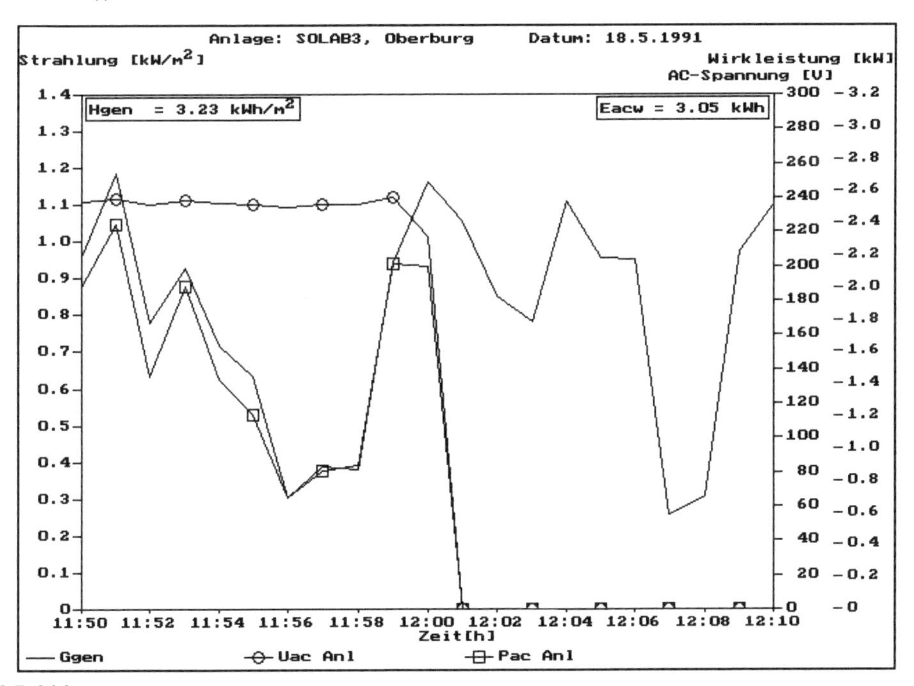

Bild 5-111:
Durch ein BKW-Rundsteuersignal (317 Hz) bei relativ hoher Netzspannung um 12:00 Uhr ausgelöster Solcon-Ausfall mit Hardwaredefekt am 18.5.1991.

Bei anderen beobachteten Wechselrichterausfällen konnte die genaue Ursache nicht mit Sicherheit ermittelt werden. Bild 5-112 zeigt einen Ausfall des Master-Wechselrichters bei einer Anlage mit 4 PV-WR-1800 in Master-Slave Konfiguration. Diese Schaltungsmöglichkeit wurde vom Hersteller dieses Gerätes entwickelt, um den Nachteil des relativ schlechten Teillastwirkungsgrades bei grösseren Anlagen teilweise zu kompensieren. Am Vormittag mit noch ungestörtem Betrieb erkennt man sehr schön das sukzessive Einschalten der einzelnen Geräte.

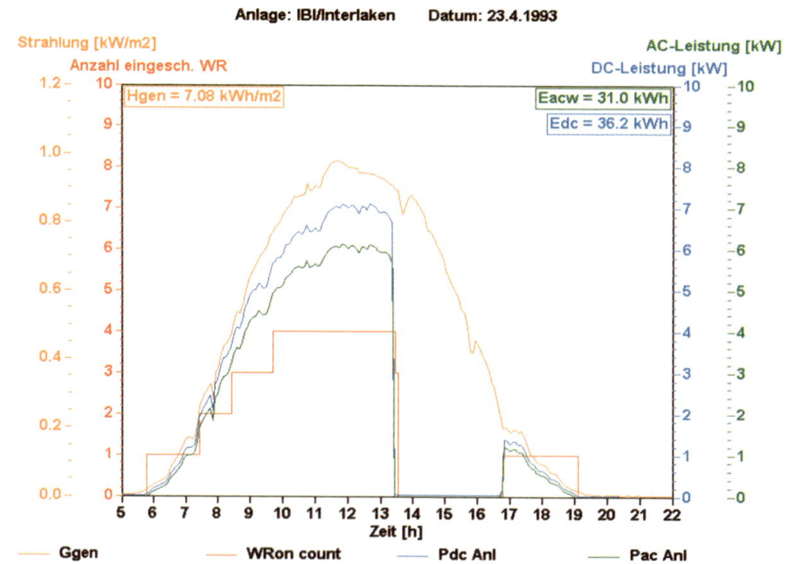

Bild 5-112: Wechselrichterausfall mit Hardware-Defekt (beim Master) bei einer 9 kW-Anlage mit vier PV-WR-1800 in Master-Slave-Schaltung. Am Morgen ist das sukzessive Einschalten der Geräte gut sichtbar. Der Fehler wird am Abend bemerkt und die Anlage für den Betrieb mit den noch funktionsfähigen Geräten manuell umkonfiguriert.

5.2.5.7.1 Systematische Untersuchung der Rundsteuersignal-Empfindlichkeit

Nachdem das Problem der Wechselrichterausfälle infolge Rundsteuersignalen einmal erkannt war, gelang es den meisten Herstellern relativ rasch, durch geeignete Schaltungsverbesserungen Abhilfe zu schaffen. Seit Dezember 1991 werden am PV-Labor der BFH in Burgdorf alle Wechselrichter mit einem Rundsteuersignal-Simulator mit simulierten Rundsteuersignalen verschiedener Frequenzen getestet. Obwohl hohe Spannungen (bis zu 20 V) verwendet wurden, traten höchstens kurzzeitige Abschaltungen (vor allem bei Geräten mit ENS), aber keine Wechselrichterdefekte mehr auf.

Bild 5-113 zeigt beispielsweise die damit gemessene Empfindlichkeit eines SB3800 auf Rundsteuersignale bei einer relativ hohen Netzspannung von ca. 242 V. Zusätzlich ist noch der maximal zulässige Pegel nach EN50160 [5.18] eingezeichnet. Bei den tiefsten verwendeten Rundsteuersignalfrequenzen treten bei RSS-Pegeln über etwa 16 V jeweils kurzzeitige Betriebsunterbrüche, jedoch keine Hardwaredefekte auf. Wie viele andere moderne Wechselrichter hat dieses Gerät eine hervorragende Immunität gegen Rundsteuersignale.

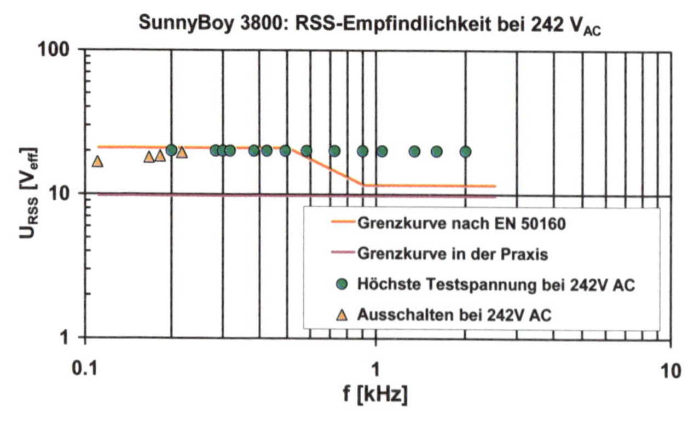

Bild 5-113: Empfindlichkeit des eines SB3800 auf Rundsteuersignale bei P_{AC} = 3,8 kW bei U_{AC} = 242 V. Nur bei den niedrigsten Rundsteuersignal-Frequenzen im Bereich 110 Hz bis 220 Hz treten bei RSS-Pegeln > 16 V kurzzeitige Abschaltungen (ohne Hardwaredefekte) auf. Bei Frequenzen ab 283 Hz treten sogar beim Maximalpegel von 20 V überhaupt keine Abschaltungen mehr auf.

5.2.5.7.2 Entwicklung der Wechselrichterzuverlässigkeit im Laufe der Zeit

Durch die Elimination verschiedener anfänglicher Probleme wie die bereits erwähnte Empfindlichkeit auf Rundsteuersignale und hohe Netzspannungen, die zunehmende Erfahrung der Hersteller und die getroffenen Massnahmen zur Reduktion der hochfrequenten Störspannungen, welche auch die Immunität der Geräte gegen von aussen (DC-und AC-Seite) kommende transiente Überspannungen erhöhen, sank die mittlere Anzahl der beobachteten Wechselrichterdefekte pro Wechselrichter-Betriebsjahr im Laufe der Zeit sehr stark.

Wie Bild 5-114 zeigt, sanken die in verschiedenen Messprojekten der BFH pro Wechselrichter-Betriebsjahr registrierten Hardwaredefekte in den Jahren 1992 bis 1997 von etwa 0,71 im Jahre 1992 nach einem kurzen Anstieg im Jahre 1994 auf 0,94 (Inbetriebnahme vieler neuer, noch unerprobter Wechselrichtertypen) auf unter 0,1 im Jahre 1997. Seither bewegt sie sich im Bereich zwischen 0,07 und 0,21 Wechselrichterdefekten pro Wechselrichter-Betriebsjahr. Im Jahre 2001 erreichte dieser Wert in dieser Periode ein relatives Maximum von 0,21, bedingt durch den Ausfall von zumeist älteren Geräten. Bei den Ausfällen im Jahre 2001 war zudem bei 3 Geräten möglicherweise eine Vorschädigung durch eine blitzbedingte Überspannung mitbeteiligt, da sie kurz hintereinander am gleichen Ort erfolgten. Im Jahre 2002, in dem keine schweren Gewitter beobachtet wurden, sank er dagegen wieder auf einen Rekordtiefstand von 0,07 und stieg 2003 wieder auf 0,13 an. Der Mittelwert in der Zeit von 1997 bis 2006 liegt etwa bei 0,13. Gegenüber den Jahren 1989 bis 1991 (ca. 3 Defekte pro Jahr) hat sich die Zuverlässigkeit somit im Mittel um mehr als den Faktor 20 erhöht. Bei überarbeiteten Geräten von erfahrenden Herstellern (nicht jedoch von Neueinsteigern) dürfte sie heute im Bereich der Zuverlässigkeit von normalen Haushalt-Grossgeräten liegen. Einige ältere Geräte, bei denen der Reparaturservice nicht mehr befriedigend funktionierte, wurden nach Betriebszeiten zwischen etwa 4,5 und 10 Jahren durch andere Produkte ersetzt.

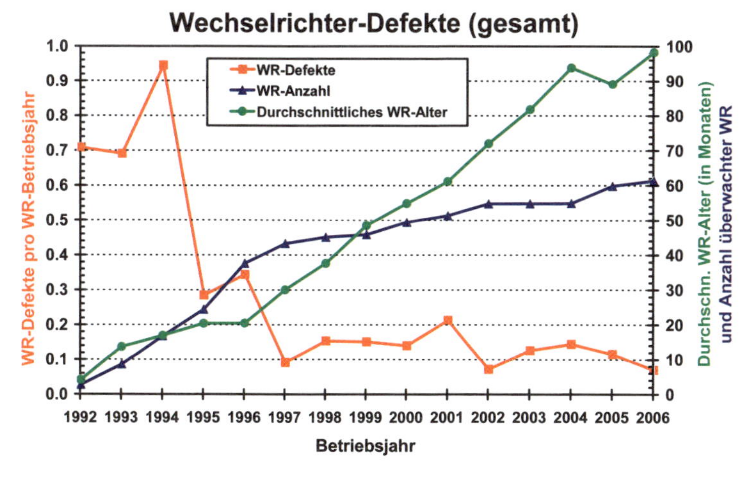

Bild 5-114: Wechselrichter-Defekte pro Wechselrichter-Betriebsjahr und durchschnittliche Anzahl von der BFH überwachter Wechselrichter.

Dank dem Einsatz von insgesamt 9 neuen Wechselrichtern ist das Durchschnittsalter der überwachten Wechselrichter im Jahr 2005 etwas gesunken.

Es scheint, dass im Mittel die Wechselrichter mit galvanischer Trennung etwas weniger Ausfälle erleiden. Sie scheinen gegen netzseitige Störungen oder in Bezug auf bei nahen Blitzeinschlägen zwischen Solargenerator- und Netzanschlussleitungen auftretende Spannungsdifferenzen robuster zu sein. Es ist aber zu beachten, dass praktisch alle überwachten trafolosen Wechselrichter vom selben Hersteller stammen. Die grösseren dreiphasigen Wechselrichter des gleichen Herstellers erwiesen sich dagegen bisher als sehr zuverlässig.

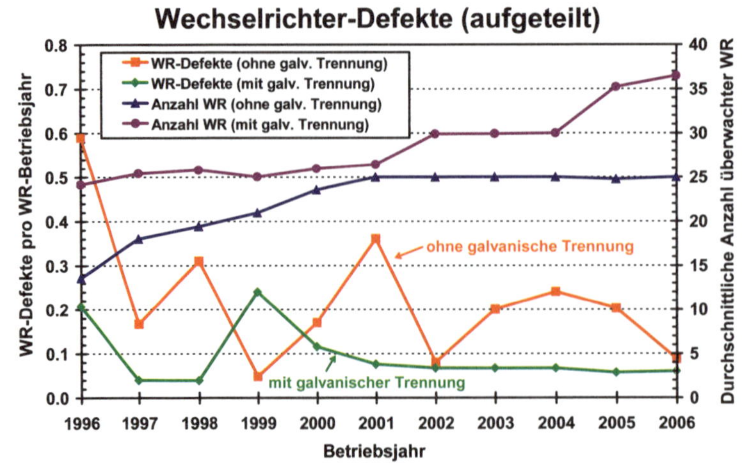

Bild 5-115: Wechselrichter-Defekte pro Wechselrichter-Betriebsjahr aufgeteilt nach Wechselrichtern mit und ohne galvanische Trennung von 1996 - 2006. Auf Grund der gemessenen Daten scheint die Langzeit-Zuverlässigkeit von galvanisch getrennten Wechselrichtern etwas grösser zu sein. Allerdings ist die Grösse der Stichprobe relativ klein.

Deshalb wurde die Ausfallstatistik noch etwas verfeinert und zusätzlich eine nach Wechselrichtern mit und ohne galvanische Trennung aufgeteilte Statistik erstellt (Bild 5-115). Die Stichprobengrösse ist allerdings relativ klein. Bei der Interpretation ist zu beachten:

- Die hohe Ausfallrate der Geräte ohne galvanische Trennung im Jahre 1996 wurde hauptsächlich durch mehrere Ausfälle eines EcoPower20 verursacht (1998 nach weiteren Ausfällen ersetzt, das Gerät wird seit vielen Jahren nicht mehr produziert).
- Die hohe Ausfallrate der Geräte mit galvanischer Trennung im Jahre 1999 wurde durch Ausfälle einiger älterer Solcon-Geräte hervorgerufen, die dann durch andere Geräte ersetzt wurden. Auch diese Geräte werden sei langer Zeit nicht mehr produziert.
- Der Spitzenwert der Ausfälle bei den trafolosen Wechselrichtern im Jahr 2001 wurde wahrscheinlich durch Überspannungen (naher Blitzeinschlag bei einer Anlage mit mehreren Wechselrichtern) verursacht.

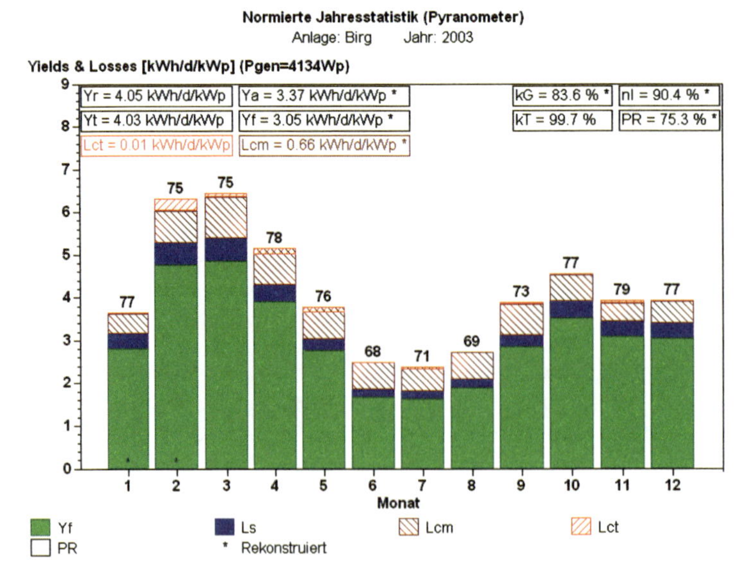

Bild 5-116: Normierte Jahresstatistik für 2003 der Anlage Birg (2670 m) *mit Hochrechnung der durch den Wechselrichterausfall vom Jan./Feb. 2003 verlorenen Energie* (vergl. Bild 5-117). Ohne diesen Ausfall wären in diesem Jahr 1113 kWh/kWp produziert worden. (Details über diese Darstellung siehe Kap. 7).

Ein Wechselrichter-Defekt wirkt sich je nach dem Zeitpunkt und der Grösse des Gerätes energetisch natürlich sehr verschieden aus. Bei den betroffenen Anlagen kann der Energieverlust in einzelnen Jahren durchaus im Bereich von 10% liegen (siehe Bild 5-116 und 5-117).

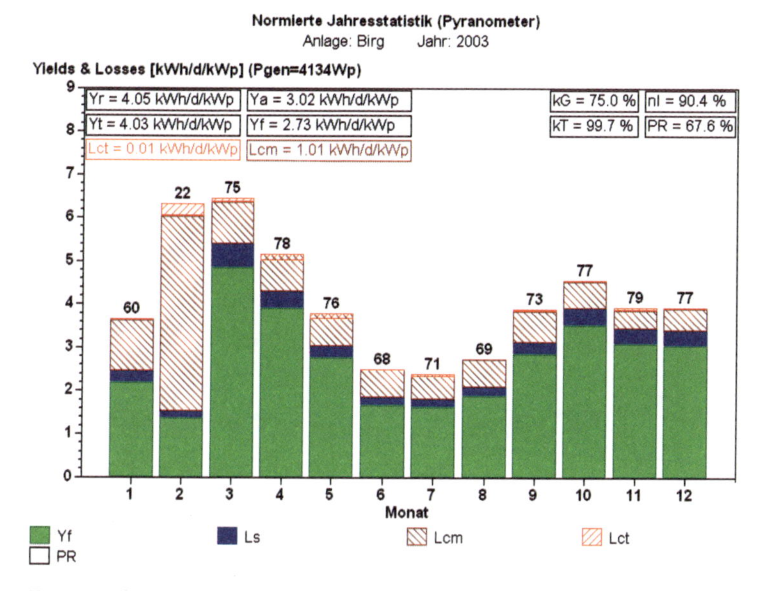

Bild 5-117: Normierte Jahresstatistik für 2003 der Anlage Birg (2670 m) Wegen des Ende Januar aufgetretenen Ausfalls wurden in diesem Jahr effektiv nur 996 kWh/kWp produziert, also 10,5% weniger!

(Details über diese Darstellung siehe Kap. 7).

Der *mittlere Ertragsausfall* auf Grund von Wechselrichter-Defekten liegt dagegen deutlich tiefer und beträgt im mehrjährigen Mittel etwa 1,1%. Bild 5-118 zeigt den auf Grund dieser Defekte resultierenden mittleren Ertragsausfall bei den PV-Anlagen in Burgdorf in den Jahren 1996 – 2003.

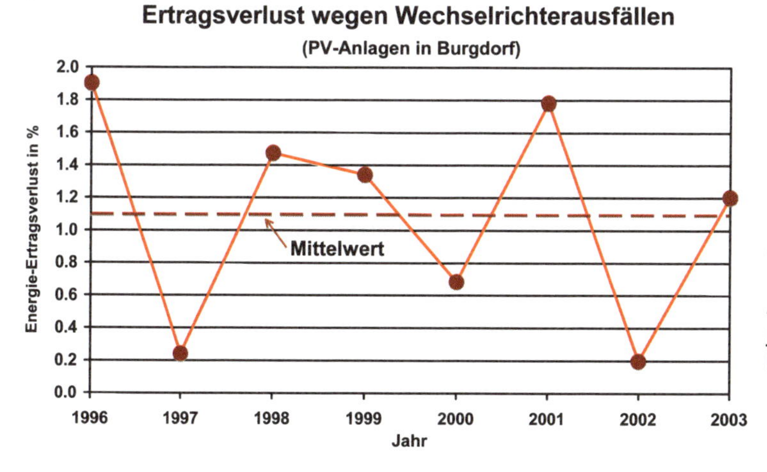

Bild 5-118: Energie-Ertragsverluste in Prozent auf Grund von Wechselrichter-Defekten bei den in den Langzeit-Monitoring-Projekten des PV-Labors der BFH überwachten Anlagen. Der mehrjährige Mittelwert liegt bei 1,1% .

5.2.5.8 Leistungsbegrenzung bei überdimensioniertem Solargenerator

Bei überdimensioniertem Solargenerator oder bei kurzzeitig zu grosser Strahlung (cloud enhancement) schalteten die ersten Netzverbund-Wechselrichter (u.a. SI-3000 und SOLCON) einfach ab. Dies ist aber in der Praxis sehr unerwünscht und dem Besitzer einer PV-Anlage kaum vermittelbar. Es ist viel sinnvoller, bei zu grossem Leistungsangebot auf der Gleichstromseite den MPP in Richtung Leerlaufspannung zu verlassen und einfach auf die wechselstromseitige Nennleistung zurückzuregeln. Dies ist heute Stand der Technik. Der PV-WR-1500 war das erste serienmässige Gerät mit dieser Eigenschaft (siehe Bild 5-119). Der PV-Generator konnte bei diesem Gerät deshalb um bis zu 50% überdimensioniert werden. Der Wechselrichter speist dann bei gleicher AC-Spitzenleistung pro Jahr deutlich mehr Energie ins Netz ein als bei einem genau auf DC-seitige Nennleistung dimensionierten PV-Generator. Diese Eigenschaft ist aus der Sicht des Netzbetreibers sehr erwünscht, entschärft sie doch das Spitzenleistungsproblem der netzgekoppelten PV-Anlagen etwas (siehe Kap. 5.2.7).

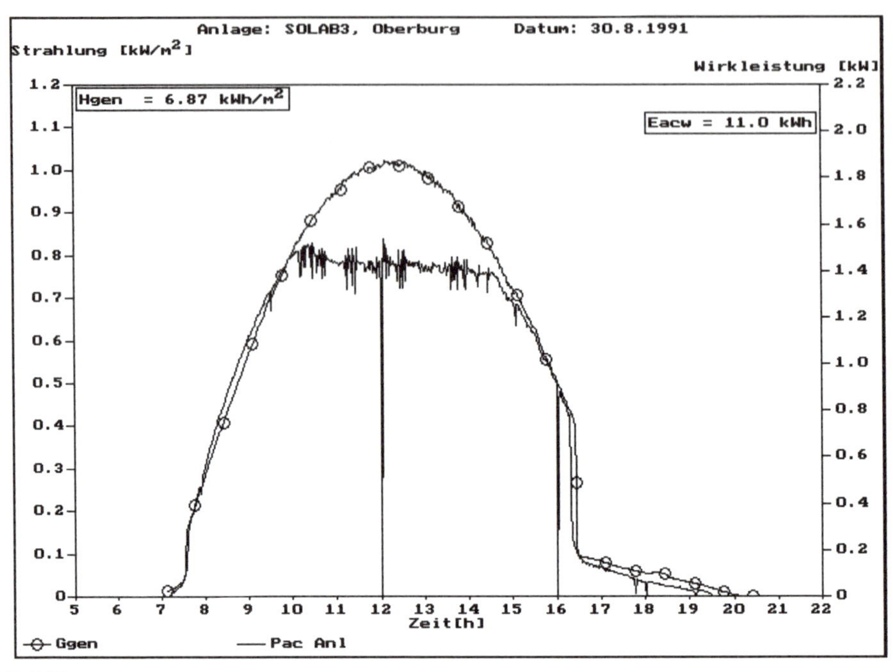

Bild 5-119:

Begrenzung der ins Netz eingespeisten AC-Leistung beim PV-WR-1500 auf etwa 1,4 kW bei zu grossem Leistungsangebot auf der DC-Seite (an einem überdimensionierten PV-Generator von 2,8 kWp). Die kurzen Ausfälle um 12:00 Uhr und 16:00 Uhr werden durch Rundsteuersignale verursacht.

Seit Wechselrichter mit Leistungsbegrenzung zur Verfügung stehen, ist es bei Anlagen *im Flachland* zweckmässig, den Solargenerator leicht überzudimensionieren, d.h. seine Leistung P_{Go} bei STC (1 kW/m², Zellentemperatur 25°C, AM1,5) etwas höher als die Gleichstrom-Nennleistung P_{DCn} des Wechselrichters zu wählen (maximal anschliessbare Generatorleistung gemäss Datenblatt beachten!). Dadurch können der Teillastwirkungsgrad der Anlage etwas erhöht und die auf die Anlagengrösse bezogenen Kosten etwas gesenkt werden.

Definition: Solargenerator-Überdimensionierungsfaktor $k_Ü = P_{Go}/P_{DCn}$ (5.38)

Bei der Bestimmung des Faktors $k_Ü$, um den der PV-Generator überdimensioniert werden kann, ohne dass allzu grosse Energieverluste auftreten, ist die Verteilung der in den Generator eingestrahlten Energie auf die verschiedenen Strahlungsklassen, das Verhältnis der effektiven STC-Leistung des PV-Generators zur deklarierten Nennleistung und der Verlauf des totalen Wechselrichter-Wirkungsgrades η_{tot} (besonders im Teillastbereich) zu berücksichtigen.

Bild 5-120 und 5-121 zeigen die gemessene Verteilung der eingestrahlten Sonnenenergie H_G in die Generatorebene bei einer Anlage im Flachland (Gfeller) und in den Alpen (Birg). Die in den Bildern 5-120 und 5-121 gezeigten Verteilungen der in die Solargeneratorebene eingestrahlten Energie wurden auf der Basis von mehrjährigen 5-Minuten-Mittelwerten erstellt. Bild 5-120 stimmt gut mit einer in [5.61] dargestellten Verteilung auf der Basis von 10-Sekunden-Mittelwerten für das Jahr 2000 für eine PV-Anlage in Freiburg/D überein.

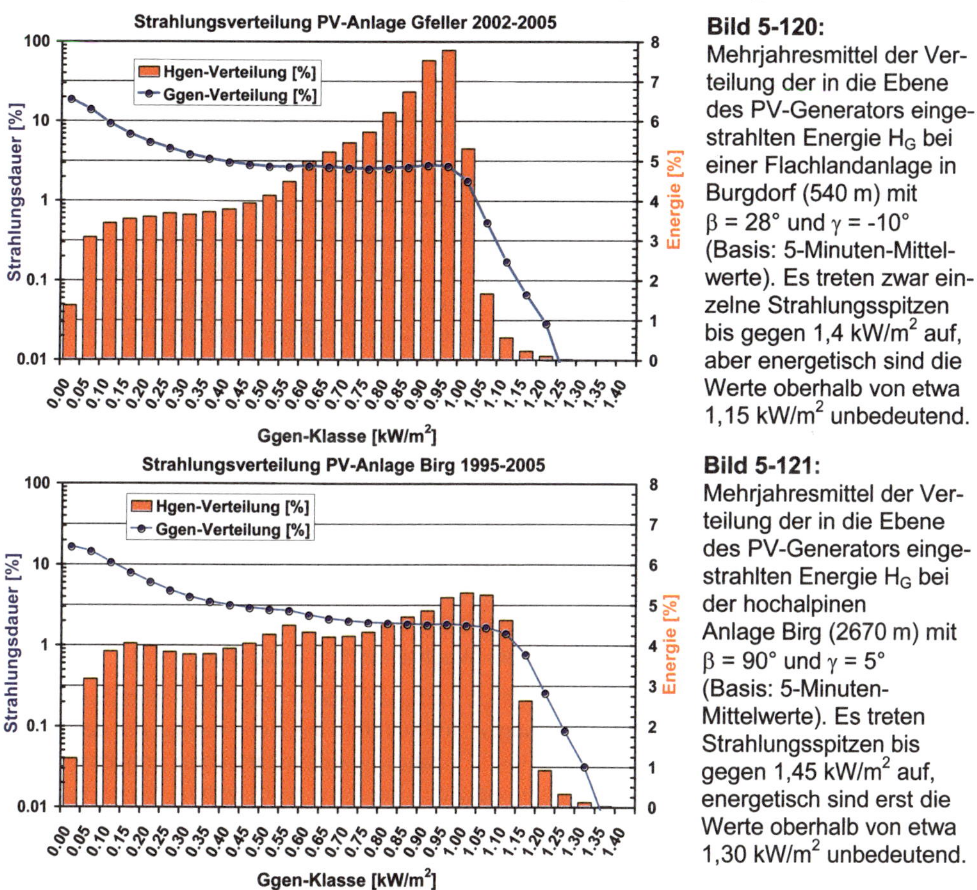

Bild 5-120: Mehrjahresmittel der Verteilung der in die Ebene des PV-Generators eingestrahlten Energie H_G bei einer Flachlandanlage in Burgdorf (540 m) mit $\beta = 28°$ und $\gamma = -10°$ (Basis: 5-Minuten-Mittelwerte). Es treten zwar einzelne Strahlungsspitzen bis gegen 1,4 kW/m^2 auf, aber energetisch sind die Werte oberhalb von etwa 1,15 kW/m^2 unbedeutend.

Bild 5-121: Mehrjahresmittel der Verteilung der in die Ebene des PV-Generators eingestrahlten Energie H_G bei der hochalpinen Anlage Birg (2670 m) mit $\beta = 90°$ und $\gamma = 5°$ (Basis: 5-Minuten-Mittelwerte). Es treten Strahlungsspitzen bis gegen 1,45 kW/m^2 auf, energetisch sind erst die Werte oberhalb von etwa 1,30 kW/m^2 unbedeutend.

Bei PV-Anlagen mit kristallinen Si-Zellen im Flachland ist zu berücksichtigen, dass bei hohen Einstrahlungen auch die Zellentemperatur wesentlich über der STC-Temperatur von 25°C liegt (siehe Kap. 3.3.3 und 4.1). Für die höchste noch zu berücksichtigende Einstrahlungsklasse von 1,1 bis 1,15 kW/m^2 liegt die mittlere PV-Generatortemperatur bei dieser Einstrahlung wahrscheinlich im Bereich von 60°C, was eine mittlere Reduktion des Wirkungsgrades von etwa 16 % zur Folge hat. Damit dürfte die mittlere Leistung des PV-Generators bei der mittleren Bestrahlungsstärke ($G = 1{,}125$ kW/m^2) dieser Einstrahlungsklasse etwa $0{,}95 \cdot P_{Go}$ betragen. Werden keine weiteren Verluste berücksichtigt, kann $k_Ü$ somit bei etwa 105 % liegen. Da im PV-Generator auch in der Verkabelung, infolge Mismatch und Verschmutzung gewisse Verluste entstehen, dürfte für Flachlandanlagen aus energetischer Sicht somit eine leistungsmässige Überdimensionierung des Solargenerators von gegen 10 % ($k_Ü$ etwa 110 %) sinnvoll sein.

Die dargestellten Überlegungen gelten für Flachlandanlagen mit einigermassen optimaler Orientierung. Bei entsprechenden Anlagen mit suboptimaler Orientierung kann $k_Ü$ auf bis 120 %, bei Fassadenanlagen sogar bis 130 % erhöht werden [5.61]. Umgekehrt kann für gut gekühlte Freifeldanlagen mit optimaler Orientierung oder für Anlagen mit Wechselrichtern mit sehr gutem Teillastwirkungsgrad $k_Ü$ im Bereich 100 % bis 105 % gewählt werden. Eine etwas grössere DC-Nennleistung des Wechselrichters wirkt sich auch positiv auf seine Lebensdauer aus.

Früher wurden für Flachlandanlagen oft $k_Ü$-Werte im Bereich von etwa 0,7 bis 1,25 empfohlen [5.62], [5.63]. Dabei ist zu berücksichtigen, dass in den 90-er Jahren die effektive Leistung P_{Ao} eines PV-Generators bei STC in der Regel um etwa 10 % bis 15 % unter der mit der Summe der STC-Modul-Nennleistungen P_{Mo} berechneten Nennleistung P_{Go} lag, d.h. es wurden oft Module geliefert, deren effektive Leistung einige Prozent unter der deklarierten Minimalleistung lagen! Damals betrug die Toleranz der Nennleistung oft ±10 %. Auch der Teillastwirkungsgrad der ersten Wechselrichter (Bild 5-85) war deutlich schlechter als bei modernen Wechselrichtern (siehe Abschn. 5.2.5.1) und die Kosten pro kW Wechselrichterleistung waren damals wesentlich höher. Aus diesem Grund waren damals etwa 10 – 20 % höhere $k_Ü$-Werte durchaus sinnvoll. Heute sind aber wesentlich enger tolerierte Module erhältlich (evtl. sogar mit Minustoleranz -0 %!), und der Teillastwirkungsgrad der Wechselrichter ist deutlich höher.

Für hochalpine Anlagen (Bild 5-121) ist die Situation jedoch anders. Die Umgebungstemperatur ist niedriger, es treten höhere Strahlungsspitzen auf (meist im Winter, wenn Schnee vor dem Generator liegt), sodass mit höheren Leistungsspitzen gerechnet werden muss. Für die höchste dort noch zu berücksichtigende Einstrahlungsklasse von 1,25 bis 1,3 kW/m^2 liegt die mittlere PV-Generatortemperatur bei dieser Einstrahlung wahrscheinlich etwa im Bereich von 50°C, was eine mittlere Reduktion des Wirkungsgrades von ca. 12 % zur Folge hat. Damit dürfte die mittlere Leistung des PV-Generators bei der mittleren Bestrahlungsstärke (G = 1,275 kW/m^2) dieser Einstrahlungsklasse etwa $1{,}13 \cdot P_{Go}$ betragen. Werden keine weiteren Verluste berücksichtigt, sollte $k_Ü$ somit bei etwa 90 % liegen, d.h. P_{Go} bei STC sollte sogar noch etwas kleiner als die DC-Nennleistung des Wechselrichters gewählt werden!

Die Bilder 5-120 und 5-121 zeigen auch, dass kurzzeitige Spitzenwerte der Bestrahlungsstärke G auftreten, die wesentlich über 1 kW/m^2 liegen. Im Sekundenbereich wurden bei der Anlage Jungfraujoch (3454 m) bei sogenannten "Cloud Enhancements" sogar schon Spitzenwerte bis etwa 1,7 kW/m^2 registriert. Solche Strahlungsspitzen sind zwar recht selten, die verwendeten Komponenten und speziell die Wechselrichter müssen aber solche Spitzenwerte ohne Schaden überstehen. Deshalb ist es sinnvoll, bei Tests Wechselrichtern routinemässig das 1,4-fache der DC-Nennleistung P_{DCn} anzubieten, um sicherzustellen, dass sie bei solchen "Cloud Enhancements" ihre Leistung begrenzen und keinen Schaden nehmen (Bild 5-65).

5.2.5.9 Geräuschentwicklung im Betrieb

Die Geräuschentwicklung der verschiedenen Wechselrichter im Betrieb ist recht unterschiedlich. Während einige Geräte kaum störende Geräusche entwickeln, können andere Geräte ziemlich lästige Geräusche produzieren, die in Wohnräumen unakzeptabel wären. Besonders kritisch sind Wechselrichter mit PWM-Taktfrequenzen deutlich unter 20 kHz, welche noch im Hörbereich liegen (z.B. Geräte mit IGBT's) oder netzgeführte Wechselrichter. Diese Geräuschentwicklung muss bei der Wahl des Standortes eines Wechselrichters unbedingt berücksichtigt werden, um eine spätere Belästigung zu vermeiden. Es ist zweckmässig, Wechselrichter nach Möglichkeit in unbewohnten Räumen (Keller oder Estrich) unterzubringen.

5.2.5.10 Ausschaltvorgänge bei Netzunterbruch unter Last

Bei Unterbruch der Verbindung zum Netz (ohne angepasste Last, keine Last parallel zum Wechselrichter) können bei einigen Geräten während mehrerer Perioden hohe Ausgangsspannungen auftreten. Bild 5-122 zeigt das Verhalten eines älteren SWR700 mit Spitzenspannungen bis zu 760 V. Das ist mehr als das 2,3-fache der normalen Amplitude. Wenn parallel dazu Verbraucher kleiner Leistung angeschlossen sind, können sie durch solche Überspannungen zerstört werden. Beim SWR 1500, einem neueren Gerät des gleichen Herstellers, ist dieser Effekt deutlich weniger ausgeprägt. Auch andere Wechselrichter zeigen bei entsprechenden Versuchen oft ein ähnliches Verhalten, allerdings mit deutlich kleineren Amplituden (z.B. Bild 5-74).

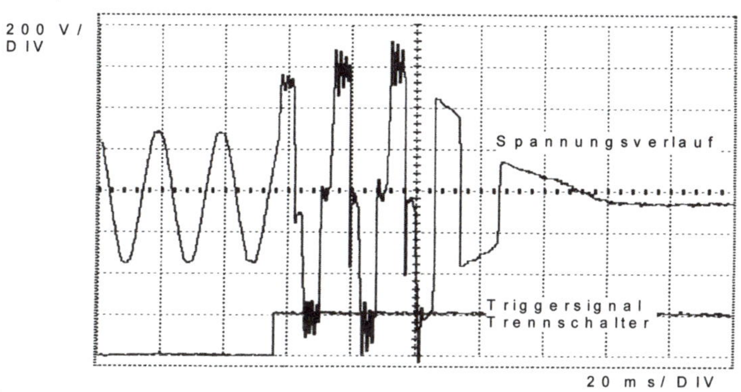

Bild 5-122:
Spannungsverlauf eines älteren SWR700 bei Unterbruch der Verbindung zum Netz unter Last (Leerlaufabschaltung, keine Last parallel geschaltet). Das Gerät schaltet wie gefordert schnell ab, aber die maximal auftretende Amplitude beträgt ca. 760 V [5.46], [5.47], [5.48].

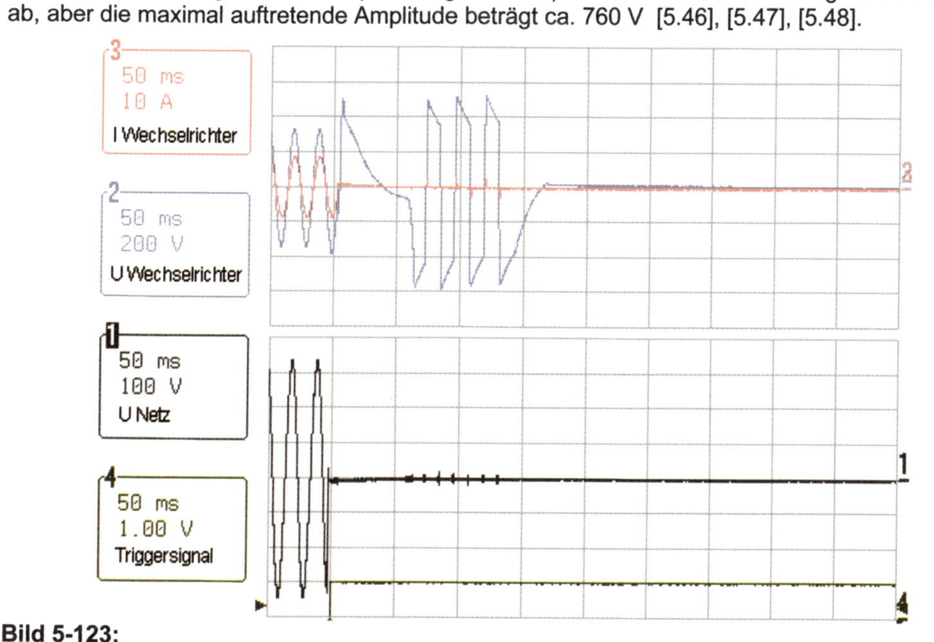

Bild 5-123:
Leerlaufabschaltverhalten eines Sunny Boy SWR 1500 bei AC-Nennleistung (P_{ACn} = 1,5 kW). Die Spannung am Wechselrichterausgang steigt während 3 Perioden auf ca. 500 V [5.46].

5.2.6 Auftretende Probleme und mögliche Gegenmassnahmen beim Netzverbundbetrieb von Photovoltaikanlagen

In diesem Kapitel werden einige wichtige Probleme behandelt, die an praktisch realisierten Anlagen bereits zu Schwierigkeiten geführt haben. Zunächst erfolgt für Elektrofachleute eine Einführung in die Problematik mit detaillierten Berechnungsmethoden. Danach werden auch einige Tips für Praktiker angegeben, deren Beachtung die beschriebenen Probleme weitgehend vermeiden sollte. Am Schluss folgen einige Berechnungsbeispiele zu dieser Thematik.

Netzgekoppelte PV-Anlagen sind kleine Kraftwerke, die ihre Energie ins Netz eines Elektrizitätswerkes einspeisen. Sie dürfen den normalen Betrieb des Netzes nicht beeinträchtigen und benötigen deshalb immer eine Anschlussbewilligung des entsprechenden Elektrizitätswerkes.

Bild 5-124 zeigt die einphasige Ersatzschaltung einer netzgekoppelten Photovoltaikanlage, bei der das Netz am Verknüpfungspunkt (Punkt, an dem auch andere Bezüger angeschlossen sind) durch eine Ersatzspannungsquelle $\underline{U}_{1N}$ in Serie mit der Quellenimpedanz $\underline{Z}_N$ (R_N in Serie mit L_N) dargestellt ist. Die Speiseleitung hat die Impedanz $\underline{Z}_S$ (R_S in Serie mit L_S). Statt der Induktivitäten L_N und L_S können wie in der Energietechnik üblich auch die 50 Hz-Werte von X_N und X_S angegeben werden. Bei der Untersuchung von Oberschwingungsproblemen ist dann aber zu beachten, dass bei der n-ten Harmonischen die X-Werte n mal so gross werden wie bei 50 Hz. Da netzgekoppelte Photovoltaikwechselrichter entweder als einphasige (Anschluss L-N) oder bei grösseren Leistungen als symmetrische dreiphasige Geräte ausgeführt werden, ist die Verwendung der einphasigen Ersatzschaltung sinnvoll und zweckmässig.

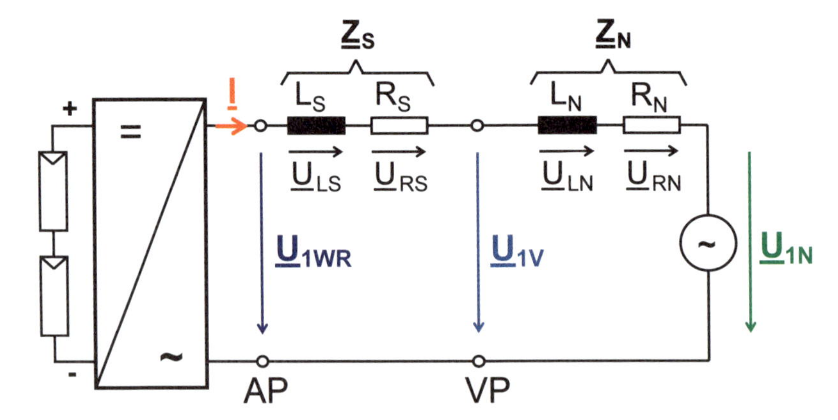

Bild 5-124: Einphasige Ersatzschaltung einer netzgekoppelten PV-Anlage zur Berechnung von Spannungsschwankungen, Kurzschlussleistungen und Oberschwingungsspannungsbeiträgen.
Unter Vernachlässigung von Kabelkapazitäten und Kapazitäten von Blindstromkompensationsanlagen ist diese Schaltung näherungsweise gültig für tiefe Frequenzen bis etwa 2 kHz [5.64].
Bei Bedarf verwendete Zusatzindizes für R, L und X: 1 = einphasig, 3 = dreiphasig.

Legende:

AP = WR-Anschlusspunkt, $\underline{U}_{1WR}$ = Phasenspannung am Anschlusspunkt

VP = Verknüpfungspunkt, $\underline{U}_{1V}$ = Phasenspannung am Verknüpfungspunkt

$\underline{U}_{1N}$ = Einphasige Ersatzspannungsquelle des Netzes (idealer Teil)

R_N = Widerstand des Netzes, L_N = Induktivität des Netzes

R_S = Speiseleitungswiderstand, L_S = Speiseleitungsinduktivität

Für die Reaktanzen X_N und X_S gilt:

$$X_N = 2\pi f \cdot L_N \quad ; \quad X_S = 2\pi f \cdot L_S \tag{5.39}$$

Für die Berechung der Spannungsanhebung sind in erster Linie die Werte R_N und R_S, für die Berechnung der Oberschwingungsspannungsbeiträge die Werte von L_N und L_S resp. X_N und X_S massgebend, wie in den folgenden Abschnitten gezeigt wird.

5.2.6.1 Bestimmung der Netzimpedanz $\underline{Z}_N$ am Verknüpfungspunkt

Viele EVU's verfügen heute bereits über computergestützte Datenbanken, in denen für ihr ganzes Netz die wichtigsten Netzeigenschaften (z.B. Netzimpedanz, Kurzschlussleistung usw.) dokumentiert sind. Es ist natürlich sehr bequem und erspart einige Rechenarbeit, wenn diese Daten für den vorgesehenen Verknüpfungspunkt bei der Planung einer Photovoltaikanlage vom EVU erhältlich sind.

Es ist auch möglich, die Netzimpedanz (Betrag und Phase) nicht nur bei 50 Hz, sondern bis zu Frequenzen von 2 kHz mit geeigneten Messgeräten zu messen. Mit einem derartigen Messgerät wurde Bild 5-83 aufgenommen, das den Verlauf der Netzimpedanz Z_{1N} in Funktion der Frequenz am Anschlusspunkt eines Wechselrichters zeigt.

In [5.64] ist eine mit vernünftigem Aufwand handhabbare Methode zur Berechnung der Netzimpedanz im Niederspannungsnetz beschrieben. Da bei Photovoltaikanlagen sehr grosser Leistung ohnehin eine detaillierte Untersuchung der Netzverhältnisse in Zusammenarbeit mit dem EVU erforderlich ist, erfolgt hier aus Platzgründen eine Beschränkung der Netzimpedanzberechnung auf das Niederspannungsnetz. Die dargestellten Methoden zur Berechnung der Spannungsanhebung gelten aber im Prinzip auch für das Mittelspannungsnetz. Detailliertere Berechnungen für das Mittel- und Hochspannungsnetz sind in [5.19] zu finden.

Im Niederspannungsnetz wird die Netzimpedanz hauptsächlich von der Grösse des Transformators zwischen dem Mittelspannungs- und dem Niederspannungsnetz und von der Niederspannungsleitung bestimmt, die Verhältnisse im übergeordneten Mittelspannungsnetz haben nur einen geringen Einfluss. Unter einigen vereinfachenden Annahmen (z.B. nur von einem Trafo gespeistes Netz, also kein Ringnetz auf der Niederspannungsseite) kann die Impedanz $\underline{Z}_N$ am Verknüpfungspunkt deshalb als Summe der Impedanz des Mittelspannungstrafos $\underline{Z}_T = R_T + jX_T$ und der Impedanz $\underline{Z}_L$ der Leitung vom Trafo bis zum Verknüpfungspunkt VP berechnet werden. Bei dreiphasigem Anschluss eines symmetrischen Wechselrichters an L1, L2 und L3 ist die Impedanz des Neutralleiters bedeutungslos, deshalb ist zwischen dem einphasigen und dem dreiphasigen Fall zu unterscheiden.

Für die 50Hz-Impedanz (massgebend für die Berechnung der Spannungsänderungen und der Kurzschlussleistung S_{KV} am Verknüpfungspunkt) ergibt sich:

$$\underline{Z}_N = R_N + jX_N = Z_N \angle \psi = \underline{Z}_T + \underline{Z}_L = (R_T + R_L) + j(X_T + X_L) \tag{5.40}$$

$$\textit{Betrag der Netzimpedanz:}\quad Z_N = \sqrt{R_N^{\,2} + X_N^{\,2}} \tag{5.41}$$

$$\textit{Netzimpedanzwinkel}\ \psi = \arctan\left(\frac{X_N}{R_N}\right) \tag{5.42}$$

Wenn wir unter X_T resp. X_L die entsprechenden Reaktanzwerte bei 50 Hz verstehen, erhält man für die Netzimpedanz bei der n-ten Harmonischen (massgebend für eine allfällige Berechnung der vom Wechselrichter erzeugten Oberschwingungsspannungsbeiträge am Verknüpfungspunkt infolge der Oberschwingungsströme):

$$\underline{Z}_{Nn} = \underline{Z}_{Tn} + \underline{Z}_{Ln} = (R_T + R_L) + j \cdot n \cdot (X_T + X_L) \quad (5.43)$$

5.2.6.1.1 Mittlere sekundärseitige Impedanzwerte von Mittelspannungstransformatoren

In Tabelle 5.12 [5.64] sind einige typische Werte für die auf die Sekundärseite reduzierten Widerstands- und Reaktanzwerte von 16kV/0,4kV-Trafos (inkl. einem kleinen Impedanzanteil einer 16kV-Leitung (5 km lang, Ø 8 mm)) in Funktion der Trafo-Nennleistung S_n angegeben. Die Werte stammen aus [5.64], sie stimmen aber gut überein mit Werten, die man mit den in [5.19] angegebenen, etwas aufwändigeren Berechnungsmethoden erhält. Bei Mittelspannungstrafos ist X_T deutlich grösser als R_T (je grösser der Trafo, umso ausgeprägter). Zusätzlich ist noch der Betrag der Trafoimpedanz Z_T, der Phasenwinkel ψ_T von Z_T und die auftretende Kurzschlussleistung S_{KS} bei einem Kurzschluss an der Sammelschiene eines derartigen Trafos angegeben.

Tabelle 5.12: Typische Impedanzwerte von 16kV/0,4kV-Trafos nach [5.64].

S_n in kVA	63	100	160	200	250	300	400	500	630	800	1000	1600
R_T in mΩ	42,1	24,8	13,7	10,9	8,6	7,1	5,4	4,4	3,5	3	2,5	1,8
X_T in mΩ	104	69	45	37	30	26	20	16	13	11	9,1	6,5
Z_T in mΩ	112	73,3	47,0	38,6	31,2	27	20,7	16,6	13,5	11,4	9,4	6,7
ψ_T	68°	70,2°	73,1°	73,6°	74°	74,7°	74,9°	74,6°	74,9°	74,7°	74,6°	74,5°
S_{KS} in MVA	1,43	2,18	3,40	4,15	5,13	5,94	7,72	9,64	11,9	14,0	17,0	23,7

5.2.6.1.2 Approximative Werte für Reaktanzbeläge von Leitungen

Bei Leitungen dominiert oft der ohmsche Widerstand. Die Reaktanzen dürfen zwar nicht völlig vernachlässigt werden, aber es genügen meist approximative Berechnungsverfahren. In [5.19] und [5.64] sind auch die Reaktanzbeläge X_L' (Reaktanz pro m Leitungslänge) für verschiedene Leitungsarten angegeben. Wie aus der Feldtheorie bekannt, ist der Induktivitätsbelag L' und damit auch X_L' primär von der Art der Leitung (Kabel oder Freileitung) und weniger von den Leiterquerschnitten abhängig. Falls keine Herstellerangaben erhältlich sind, kann man für näherungsweise Berechnungen deshalb mit den Mittelwerten von Tabelle 5.13 operieren. Die Berücksichtigung der Leitungsreaktanz ist vor allem bei Freileitungen wichtig.

Tabelle 5.13: Reaktanzbeläge von Niederspannungsleitungen nach [5.19] und [5.64].

Art der Leitung	Reaktanzbelag $X_L' = X_L/l$		
	Mittelwert für Berechnungen	Minimum	Maximum
Freileitung	0,33 mΩ/m = 0,33 Ω/km	0,27 mΩ/m	0,37 mΩ/m
Einleiterkabel	0,18 mΩ/m = 0,18 Ω/km	0,15 mΩ/m	0,22 mΩ/m
Vierleiterkabel	0,08 mΩ/m = 0,08 Ω/km	0,065 mΩ/m	0,1 mΩ/m

5.2.6.1.3 Widerstand und Reaktanz der Leitung

Die Leitung zwischen Trafo und Verknüpfungspunkt besteht aus m Teilstücken. Das i-te Teilstück hat den Querschnitt A_i und die Länge l_i , woraus sich der Widerstand R_{Li} und die Reaktanz X_{Li} berechnen lässt. Für die Widerstandsberechnung ist sicherheitshalber von einer Leitertemperatur von ca. 70°C auszugehen, d.h. es ist bei Kupferleitungen etwa mit einem spezifischen Widerstand $\rho = 0{,}022\ \Omega mm^2/m$ und bei Aluminiumleitungen mit einem $\rho = 0{,}036\ \Omega mm^2/m$ zu rechnen.

Widerstand und Reaktanz des Aussenleiters im i-ten Teilstück berechnen sich wie folgt:

Widerstand des Aussenleiters des i-ten Teilstücks: $$R_{Li} = \rho \frac{l_i}{A_i} = R_{Li}' \cdot l \quad (5.44)$$

Reaktanz des Aussenleiters des i-ten Teilstücks: $$X_{Li} = X_{Li}' \cdot l \quad (5.45)$$

In [5.19] und [5.64] sind für verschiedene Typen von Kabeln und Freileitungen die Widerstandsbeläge R_L' und die genauen Werte der Reaktanzbeläge X_L' angegeben. In der Praxis ergeben sich bei der Verwendung der Mittelwerte für X_L' aus Tabelle 5.13 gegenüber den exakten Werten nur geringe Abweichungen.

Im Niederspannungsnetz ist in der Praxis oft der Widerstand R_L deutlich grösser als die Reaktanz X_L. Besonders bei Kabelleitungen ist die Reaktanz der Leitung meist viel kleiner als der Widerstand, d.h. die Verhältnisse sind gegenüber dem Trafo gerade umgekehrt.

Dreiphasiger Fall (L1-L2-L3)

Die Impedanz der Leitung ist die Summe der Impedanzen der einzelnen Teilstücke des Aussenleiters, d.h.

$$\underline{Z}_{3L} = R_{3L} + jX_{3L} = \sum_{i=1}^{m} R_{Li} + j\sum_{i=1}^{m} X_{Li} \quad (5.46)$$

Einphasiger Fall (L-N)

Meist ist der Querschnitt von Aussenleiter und Nulleiter zumindest auf dem grössten Teil der Leitung gleich. Die gesamte Leitungsimpedanz wird annähernd doppelt so gross wie die Impedanz des Aussenleiters, d.h.

$$\underline{Z}_{1L} = R_{1L} + jX_{1L} = \sum_{i=1}^{m} 2 \cdot R_{Li} + j\sum_{i=1}^{m} 2 \cdot X_{Li} = 2 \cdot \underline{Z}_{3L} \quad (5.47)$$

5.2.6.1.4 Gesamte 50Hz-Netzimpedanz $\underline{Z}_N$

Mit der Formel (5.40) ergibt sich für die Netzimpedanz $\mathbf{\underline{Z}_N = R_N + j X_N}$ bei 50 Hz:

Im dreiphasigen Fall:

$$\underline{Z}_N = \underline{Z}_{3N} = Z_{3N}\angle\psi_3 = \underline{Z}_T + \underline{Z}_{3L} = (R_T + R_{3L}) + j(X_T + X_{3L}) \quad (5.48)$$

Im einphasigen Fall:

$$\underline{Z}_N = \underline{Z}_{1N} = Z_{1N}\angle\psi_1 = \underline{Z}_T + \underline{Z}_{1L} = (R_T + R_{1L}) + j(X_T + X_{1L}) \quad (5.49)$$

ψ_3 resp. ψ_1 werden als Netzwinkel der 3-phasigen resp. 1-phasigen Netzimpedanz bezeichnet.

Im einphasigen Fall wird die Netzimpedanz bei grösseren Distanzen zum Trafo fast doppelt so gross wie bei dreiphasigem Anschluss. Die dreiphasige Netzimpedanz beträgt typischerweise ca. 60% der einphasigen Netzimpedanz.

5.2.6.1.5 Kurzschlussleistung am Verknüpfungspunkt

Ein wichtiger Begriff in Energieverteilungsnetzen ist die Kurzschlussleistung S_{KV}. Die neuen Normen bezüglich zulässigen Oberschwingungsströmen legen für dreiphasige Wechselrichter Grenzwerte fest, die vom Verhältnis zwischen der Wechselrichter-Scheinleistung S_{WR} und dieser Kurzschlussleistung S_{KV} am Verknüpfungspunkt abhängig sind. Die Kurzschlussleistung S_{KV} ist auch nützlich für die Berechnung der durch einen Wechselrichter hervorgerufenen Spannungsanhebung am Anschluss- und Verknüpfungspunkt.

Unter der Kurzschlussleistung S_{KV} am Verknüpfungspunkt versteht man die Scheinleistung, die das Netz bei einem dreiphasigen allpoligen Kurzschluss am Verknüpfungspunkt liefern muss. Anhand von Bild 5-124 erkennt man, dass gilt:

$$\textit{(Dreiphasige) Kurzschlussleistung}\; S_{KV} = 3 \cdot \frac{U_{1N}^2}{Z_{3N}} = \frac{U_N^2}{Z_{3N}} \qquad (5.50)$$

Dabei bedeutet U_{1N} die Phasenspannung und $U_N = \sqrt{3}\, U_{1N}$ die verkettete Spannung des Netzes.

Der speisende Trafo hat an seiner Sammelschiene eine Kurzschlussleistung S_{KS} (siehe Tabelle 5.12). Mit zunehmender Distanz vom Trafo sinkt die Kurzschlussleistung immer mehr ab. S_{KS} stellt in der Praxis deshalb eine obere Schranke für die Kurzschlussleistung im durch den Trafo versorgten Teil des Netzes dar.

Analog kann man auch eine einphasige Kurzschlussleistung S_{1KV} definieren, welche bei einem einphasigen Kurzschluss zwischen einem Aussenleiter und dem Neutralleiter auftritt:

$$\textit{Einphasige Kurzschlussleistung}\; S_{1KV} = \frac{U_{1N}^2}{Z_{1N}} \qquad (5.51)$$

S_{1KV} beträgt in der Nähe des Trafos noch etwa $S_{KV}/3$ und sinkt mit zunehmender Entfernung vom Trafo sukzessive auf etwa $S_{KV}/6$.

5.2.6.2 Spannungsanhebung am Anschluss- und Verknüpfungspunkt

In Mitteleuropa beträgt die normale Spannung im Niederspannungsnetz heute 230 V / 400 V (+10%, -10%). Liegt die Netzspannung in diesem Bereich, funktionieren angeschlossene Verbraucher ohne Probleme. Um diese Spannung im ganzen Netz auch beim hintersten Verbraucher trotz häufig wechselnder Last garantieren zu können, werden die Trafostationen, welche die Mittelspannung von z.B. 16 kV auf die Niederspannnung von 230 V / 400 V umsetzen, von den Elektrizitätswerken meist so eingestellt, dass die Leerlaufspannung am Trafo in der Nähe der oberen Toleranzgrenze liegt (z.B. im Mittel bei 240 V).

Bei einer netzgekoppelten Photovoltaikanlage kann bei voller Leistung die Spannung am Netzanschlusspunkt ohne weiteres um einige Volt ansteigen. Liegt ein Haus mit einer Photovoltaikanlage in der Nähe eines Trafos, so wird durch diese Anlage die Spannung im Haus und besonders am Wechselrichter zeitweise noch weiter angehoben. Ist das Stromnetz gerade schwach belastet und liegt die Spannung bei der Trafostation auch gerade in der Nähe des oberen Grenzwertes, kann deshalb die Netzspannung in einem solchen Haus zeitweise etwas zu hohe Werte annehmen und Schäden an angeschlossenen Verbrauchern verursachen (z.B. durch Überhitzung). Nützlich wäre es auch, wenn der Wechselrichter beim Erreichen der oberen Spannungsgrenze seine eingespeiste Leistung begrenzen würde.

Die Grösse der entstehenden Überspannung lässt sich durch eine zweckmässige Installation verringern. Ein Photovoltaik-Wechselrichter ist immer über eine separat abgesicherte, spezielle Leitung direkt mit der Hauptverteilung des Hauses zu verbinden, damit die Impedanz am Verknüpfungspunkt mit dem Netz möglichst klein ist. Dadurch werden gleichzeitig auch die entstehenden Oberschwingungsspannungen verringert. Die Spannungschwankungen werden auch durch eine Hausanschlussleitung mit genügendem Querschnitt verringert. Wechselrichter grösserer Leistung (mehr als einige 10 kW) sollten mit einer separaten Leistung direkt mit der Trafostation verbunden werden.

Bei stärkerer Verbreitung von netzgekoppelten Photovoltaikanlagen in der Zukunft verschlimmert sich dieses Problem. Sind in einem Teil des Netzes relativ viele PV-Anlagen konzentriert, die zusammen eine Spitzenleistung erzeugen, die nicht mehr klein ist gegenüber der maximal auftretenden Leistung, so treten durch den Betrieb dieser Anlagen nicht nur in einzelnen Häusern, sondern im ganzen Netz stärkere Spannungsschwankungen auf. Die Elektrizitätswerke müssen in diesem Fall die Leerlaufspannung an der Trafostation statt ans obere Ende in die Mitte des Toleranzbandes legen und zur Vermeidung grösserer Spannungsabweichungen nach unten entweder die Zuleitungen verstärken oder die Spannungsregelung an den Trafos verbessern, was gewisse Mehraufwendungen bedingt.

Für die hier anschliessende detailliertere Untersuchung der Probleme infolge Spannungsanhebung werden folgende Bezeichnungen verwendet (siehe auch Bild 5-124):

U_N = Netzspannung (verkettet), U_{1N} = Phasenspannung des Netzes = $U_N/\sqrt{3}$

U_V = Spannung (verkettet) am Verknüpfungspunkt VP, U_{1V} = Phasenspannung am VP

U_{WR} = Spannung (verkettet) am Wechselrichter, U_{1WR} = Phasenspannung am Wechselrichter

P = Gesamte vom Wechselrichter ins Netz *eingespeiste* Wirkleistung

Q = Gesamte vom Wechselrichter vom Netz *bezogene* Blindleistung (ind.)

Wechselrichter-Scheinleistung: $S = \sqrt{P^2 + Q^2} \approx U_{1N} \cdot I$ (1-phasig) resp. $\sqrt{3} \cdot U_N \cdot I$ (3-phasig)

$\cos\varphi = P/S$ = Leistungsfaktor des Wechselrichters

I = vom Wechselrichter ins Netz eingespeister Strom

$I_W = I \cdot \cos\varphi$ = vom Wechselrichter ins Netz eingespeister Wirkstrom

$I_B = I \cdot \sin\varphi$ = vom Wechselrichter aufgenommener Blindstrom

n (als Index) = Nenn-... , ... im Nennbetrieb

Übrige Bezeichnungen gemäss Kapitel 5.2.6.1.

Wenn der $\cos\varphi$ des Wechselrichters nahe bei 1 liegt, was aus der Sicht des Elektrizitätswerks immer anzustreben ist, muss die Spannung U_{WR} immer etwas grösser als die Leerlaufspannung U_N des Netzes sein. Auch die Spannung U_V am Verknüpfungspunkt ist zwar bereits kleiner als U_{WR} , aber immer noch etwas höher als U_N (siehe Bild 5-124).

In Bild 5-125 ist das Zeigerdiagramm für den Fall $\cos\varphi = 1$ dargestellt. Da bei einer sinnvollen Dimensionierung des Netzanschlusses die Spannungsabfälle an den Widerständen und Induktivitäten der Schaltung von Bild 5-124 klein gegen U_{1N} sind, fallen die Spannungsabfälle an den Reaktanzen für die Berechnung der betragsmässigen Spannungserhöhungen ΔU_{1WR} und ΔU_{1V} nicht ins Gewicht und es gilt in diesem Fall angenähert:

$$\Delta U_{1V} = U_{1V} - U_{1N} \approx R_N \cdot I \tag{5.52}$$

$$\Delta U_{1WR} = U_{1WR} - U_{1N} \approx (R_N + R_S) \cdot I \tag{5.53}$$

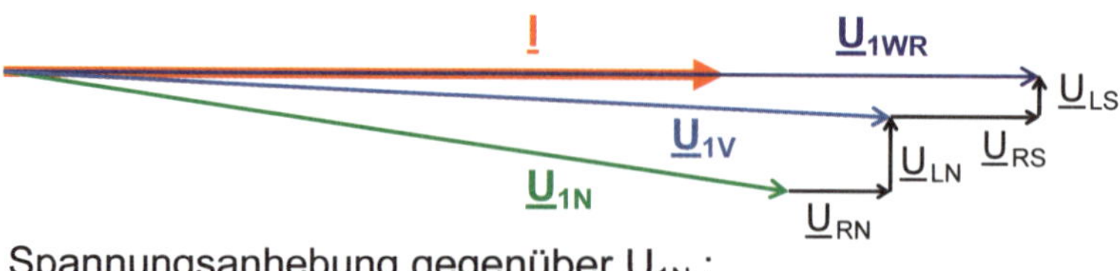

Spannungsanhebung gegenüber U_{1N} :

$\Delta U_{1V} \approx R_N \cdot I$; $\Delta U_{1WR} \approx (R_N + R_S)I$

Bild 5-125: Zeigerdiagramm der Schaltung nach Bild 5-124 beim Anschluss eines Wechselrichters mit $\cos\varphi = 1$

Zur Vermeidung unzulässiger Spannungsschwankungen muss R_N so gewählt werden, dass das mit (5.52) berechnete ΔU_{1V} höchstens 3% der Phasenspannung U_{1N} beträgt (siehe Kap. 5.2.3.3.1) und [5.19].

Ist umgekehrt R_N bekannt, so kann daraus die *maximal zulässige Wechselrichter-Nennleistung* berechnet werden, die bei $\cos\varphi = 1$ an diesem Punkt angeschlossen werden darf. Im Niederspannungsnetz beträgt sie bei einer maximal zulässigen Spannungsanhebung von 3%:

bei einphasigem Anschluss: $$P_{AC1} = 0{,}03 \frac{U_{1N}^2}{R_{1N}} \qquad (5.54)$$

bei dreiphasigem Anschluss: $$P_{AC3} = 0{,}09 \frac{U_{1N}^2}{R_{3N}} = 0{,}03 \frac{U_N^2}{R_{3N}} \qquad (5.55)$$

Dabei ist natürlich immer $P_{AC3} \leq S_n$ und $P_{AC1} \leq S_n/3$ (S_n = Nenn-Scheinleistung des Trafos).

Bei direktem Anschluss ans Mittelspannungsnetz mit einem separaten Trafo ist nur zwei Drittel der obigen Werte zulässig, da die höchstzulässige Spannungsänderung in Mittelspannungsnetzen nur 2% beträgt.

Da R_{3N} meist etwa 50% - 60% von R_{1N} beträgt, kann man bei dreiphasigem Anschluss am gleichen Netzpunkt typischerweise etwa die fünf- bis sechsfache Leistung einspeisen wie im einphasigen Fall.

Bezieht ein Wechselrichter induktive Blindleistung Q (z.B. ein netzgeführter Wechselrichter, dort ist Q > 0), ist die Erhöhung der Phasenspannung geringer (siehe Bild 5-126):

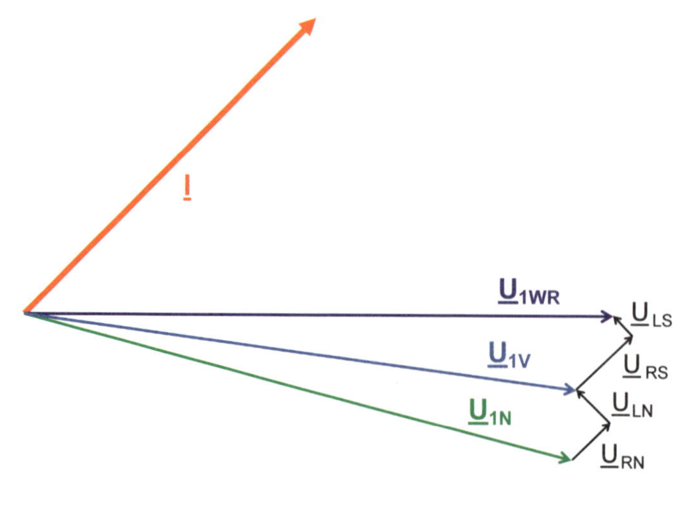

Bild 5-126: Zeigerdiagramm der Schaltung nach Bild 5-124 beim Anschluss eines netzgeführten Wechselrichters, der induktive Blindleistung vom Netz bezieht ($\cos\varphi \approx 0{,}7$). Das Netz nimmt dabei die vom Wechselrichter produzierte Wirkleistung und kapazitive Blindleistung auf. Da sich die Spannungsabfälle an R und X teilweise kompensieren, ist die Spannungsanhebung in diesem Fall deutlich geringer

Im einphasigen Fall gilt:

$$\Delta U_{1V} \approx R_{1N} \cdot I_W - X_{1N} \cdot I_B = R_{1N} \frac{P}{U_{1N}} - X_{1N} \frac{Q}{U_{1N}} \tag{5.56}$$

$$\Delta U_{1WR} \approx (R_{1N} + R_{1S}) \cdot I_W - (X_{1N} + X_{1S}) \cdot I_B = (R_{1N} + R_{1S}) \frac{P}{U_{1N}} - (X_{1N} + X_{1S}) \frac{Q}{U_{1N}} \tag{5.57}$$

Für die *relative Spannungserhöhung* d_V am Verknüpfungspunkt ergibt sich mit S_{1KV} die einfache Beziehung:

$$d_V = \frac{\Delta U_{1V}}{U_{1N}} \approx \frac{P}{S_{1KV}} \cos\psi_1 - \frac{Q}{S_{1KV}} \sin\psi_1 \tag{5.58}$$

Bei einer einphasigen Einspeisung in mehrere Phasen ist die resultierende Spannungsanhebung wegen der sich im Neutralleiter teilweise oder (im symmetrischen Fall) ganz aufhebenden Ströme geringer. Die mit (5.56), (5.57) und (5.58) berechnete Spannungsanhebung stellt somit den schlimmstmöglichen Fall dar.

Im dreiphasigen Fall gilt bei symmetrischer Einspeisung:

$$\Delta U_{1V} \approx R_{3N} \cdot I_W - X_{3N} \cdot I_B = R_{3N} \frac{P}{3 U_{1N}} - X_{3N} \frac{Q}{3 U_{1N}} \tag{5.59}$$

$$\Delta U_V = \sqrt{3} \cdot \Delta U_{1V} \approx R_{3N} \frac{P}{U_N} - X_{3N} \frac{Q}{U_N} \tag{5.60}$$

$$\Delta U_{1WR} \approx (R_{3N} + R_{3S}) I_W - (X_{3N} + X_{3S}) I_B = (R_{3N} + R_{3S}) \frac{P}{3 U_{1N}} - (X_{3N} + X_{3S}) \frac{Q}{3 U_{1N}} \tag{5.61}$$

$$\Delta U_{WR} = \sqrt{3} \cdot \Delta U_{1WR} \approx (R_{3N} + R_{3S}) \frac{P}{U_N} - (X_{3N} + X_{3S}) \frac{Q}{U_N} \tag{5.62}$$

Mit S_{KV} ergibt sich für die *relative Spannungserhöhung* d_V am Verknüpfungspunkt bei dreiphasiger symmetrischer Einspeisung:

$$d_V = \frac{\Delta U_{1V}}{U_{1N}} = \frac{\Delta U_V}{U_N} \approx \frac{P}{S_{KV}} \cos\psi_3 - \frac{Q}{S_{KV}} \sin\psi_3 \tag{5.63}$$

Die Spannung U_{1V} darf die obere Toleranzgrenze von 230 V +10% = 253 V und die verkettete Spannung U_V den Wert 400 V +10% = 440 V nicht überschreiten. Da die Elektrizitätswerke meist bestrebt sind, die Leerlaufspannung an den Trafostationen (= U_{1N} in unserem Fall) in der oberen Hälfte des Toleranzbandes zu halten, aber noch mindestens einige Prozent unter der oberen Toleranzgrenze zu bleiben (U_{1N} z.B. 240 V), dürfte man bei eingespeisten Leistungen unter den Maximalleistungen nach (5.54) und (5.55) keine Probleme mit Überspannungen am Verknüpfungspunkt haben.

Bei $\cos\varphi \approx 1$ liegt die Spannung U_{1WR} am Wechselrichter noch um etwa $R_S \cdot I$ über der Spannung U_{1V} am Verknüpfungspunkt. Bei grösseren Distanzen zwischen Verknüpfungspunkt und Wechselrichter (einige 10 m genügen) kann besonders bei einphasigen Geräten die obere Toleranzgrenze der Netzspannung ohne weiteres um einige Prozent überschritten werden. Durch diesen unvermeidlichen Spannungsanstieg darf die Funktion des Wechselrichters nicht beeinträchtigt werden und es dürfen keine Defekte am Gerät auftreten. Es ist aber eigentlich wenig sinnvoll, wenn sich der Wechselrichter bereits beim Erreichen der oberen Toleranzgrenze der Netzspannung selbst abschaltet, denn wenn U_{WR} die obere Toleranzgrenze erreicht, muss dies bei U_V noch lange nicht der Fall sein.

Ein gut konzipierter Photovoltaikwechselrichter für Netzverbundbetrieb sollte eine um einige Prozent höhere obere Spannungstoleranz aufweisen als das Netz selbst. Seine zulässige Betriebsspannung U_{1WR} sollte für die heutigen Verhältnisse in Mitteleuropa also etwa 230 V (+15%, -20%) betragen.

Zur Begrenzung der möglichen Spannungsanhebung wäre es auch erwünscht, wenn der Wechselrichter die ins Netz eingespeiste Leistung *begrenzen* würde, wenn die Netzspannung den oberen Grenzwert erreicht. Zur Kompensation des Spannungsabfalls an der Speiseleitung sollte dieser in gewissen Grenzen einstellbar sein, z.B. im Bereich 110 – 115% der Nennspannung. Eine Abschaltung sollte somit nur erfolgen, wenn die Spannung auch ohne eingespeiste Leistung den oberen Grenzwert der Netzspannung übersteigen würde. Wie bereits erwähnt, erhöht diese Eigenschaft jedoch die Wahrscheinlichkeit eines stabilen Inselbetriebs in einem abgeschalteten Teil des Netzes etwas und darf nur zugelassen werden, wenn weitere Sicherheitsmassnahmen gegen Inselbildung getroffen wurden (siehe Kap. 5.2.4).

Die Grösse der entstehenden Überspannung lässt sich durch eine zweckmässige Installation verringern. Gleichzeitig wird dadurch der Wirkungsgrad der Gesamtanlage erhöht. Durch Platzierung des Wechselrichters neben der Hauptverteilung oder durch eine separate Wechselrichterspeiseleitung mit ausreichendem Querschnitt (eventuell *grösser als nach den Hausinstallationsvorschriften verlangt*, z.B. Drahtquerschnitt 4 mm^2 oder gar 6 mm^2 statt 2,5 mm^2!) direkt ab der Hauptverteilung des Gebäudes kann R_S klein gehalten werden. Eine Hausanschlussleitung mit genügendem Querschnitt reduziert R_N, was sich ebenfalls günstig auswirkt. Es macht wenig Sinn, bei Wechselrichtern mit viel Aufwand den Wirkungsgrad um 1%, 2% oder gar 3% zu erhöhen und durch eine Speiseleitung mit zu hohem Widerstand Verluste in der gleichen Grössenordnung zuzulassen, die sehr einfach vermeidbar wären.

Einige Berechnungsbeispiele für Netzimpedanzen, zulässige Anschlussleistungen für Wechselrichter und Spannungserhöhungen im Betrieb befinden sich in Kap. 5.2.6.7.

5.2.6.2.1 Die Speiseleitungsverluste

In Kapitel 4.5.4 wurden bereits Methoden zur Berechnung der Verluste in der Gleichstromverkabelung aufgezeigt. In analoger Weise kann man auch die Verluste in der Speiseleitung auf der Wechselstromseite (AC-Verlustleistung) berechnen:

Im einphasigen Fall gilt:

$$\text{AC-Verlustleistung } P_{v_{AC}} = R_{IS} \cdot I^2 = R_{IS} \frac{P^2}{U_{IN}{}^2 \cos^2 \varphi} \tag{5.64}$$

Die Verlustleistung in der Speiseleitung ist umgekehrt proportional zu $\cos^2\varphi$, deshalb sind lange Speiseleitungen bei netzgeführten Wechselrichtern speziell ungünstig.

Relative AC-Verlustleistung bei Nennleistung:

$$\frac{P_{v_{ACn}}}{P_{ACn}} = R_{IS} \frac{P_{ACn}}{U_{IN}{}^2 \cos^2 \varphi} = R_{IS} \frac{I_n}{U_{IN} \cos\varphi} \tag{5.65}$$

Wie in Kap. 4.5.4 kann die auf Grund der ohmschen Verluste in der Speiseleitung verlorene relative Jahresverlustenergie abgeschätzt werden, wenn die Verteilung der Einstrahlung und der Energieproduktion auf die verschiedenen Leistungsstufen bekannt ist:

Relative Wechselstrom-Jahresverlustenergie:

$$\frac{E_{vACa}}{E_{ACa}} \approx k_{EV} \frac{P_{vACn}}{P_{ACn}} = k_{EV} \cdot R_{IS} \frac{P_{ACn}}{U_{IN}^2 \cos^2 \varphi} = k_{EV} \cdot R_{IS} \frac{I_n}{U_{IN} \cos\varphi} \tag{5.66}$$

Für Burgdorf im Schweizer Mittelland erhält man bei $P_{DCn} = P_{Ao}$ (effektive Solargeneratorleistung bei STC) für den Energieverlustkoeffizienten $k_{EV} \approx 0{,}5$. Dieser Wert dürfte auch für andere Flachlandstandorte in Europa brauchbar sein. Wenn $P_{DCn} < P_{Ao}$ ist (bei überdimensioniertem Solargenerator) oder bei südeuropäischen oder hochalpinen Anlagen ist für k_{EV} statt 0,5 ein etwas höherer Wert (bis maximal etwa 0,7) einzusetzen.

Im dreiphasigen Fall gilt bei symmetrischer Einspeisung:

$$\text{AC-Verlustleistung } P_{vAC} = 3 \cdot R_{3S} \cdot I^2 = 3 \cdot R_{3S} \left(\frac{P}{3\, U_{IN} \cos\varphi} \right)^2 = R_{3S} \frac{P^2}{U_N^2 \cos^2 \varphi} \tag{5.67}$$

Relative AC-Verlustleistung bei Nennleistung:

$$\frac{P_{vACn}}{P_{ACn}} = R_{3S} \frac{P_{ACn}}{U_N^2 \cos^2 \varphi} = R_{3S} \frac{I_n}{U_{IN} \cos\varphi} \tag{5.68}$$

Relative Wechselstrom-Jahresverlustenergie:

$$\frac{E_{vACa}}{E_{ACa}} \approx k_{EV} \frac{P_{vACn}}{P_{ACn}} = k_{EV} \cdot R_{3S} \frac{P_{ACn}}{U_N^2 \cos^2 \varphi} = k_{EV} \cdot R_{3S} \frac{I_n}{U_{IN} \cos\varphi} \tag{5.69}$$

(für k_{EV} einzusetzende Werte: 0,5 ... 0,7, siehe Bemerkung zu (5.66)).

Bei einer zweckmässigen Installation wird der Wechselrichter mit einer separaten Leitung mit der Hauptverteilung verbunden, wo sich die Produktions- und Verrechnungszähler befinden (siehe Bild 5-47 und 5-48). Die Speiseleitungsverluste gehen dabei voll zu Lasten des Anlagebetreibers. Um unnötige Energieproduktionsverluste zu vermeiden, ist es deshalb in der Praxis meist sinnvoll, die Speiseleitung so auszulegen, dass bei Nennleistung die Speiseleitungsverluste höchstens 1% bis 2% betragen.

5.2.6.3 Oberschwingungen

5.2.6.3.1 Störende Auswirkungen von Oberschwingungsströmen

Wechselrichter erzeugen je nach Schaltungsprinzip mehr oder weniger grosse Verzerrungen des Netzstromes, d.h. dieser enthält neben der 50Hz-Grundschwingung auch Oberschwingungen. Netzgeführte Wechselrichter sind zwar relativ einfach aufgebaut und preisgünstig, erzeugen aber relativ starke Oberschwingungsströme.

Je höher die Frequenz des Oberschwingungsstromes und je grösser die Induktivität L_N (gemäss Bild 5-124) ist, desto grösser ist die auf der entsprechenden Frequenz entstehende Oberschwingungsspannung am Verknüpfungspunkt. Enthält die Netzspannung zu viele Oberschwingungen, können benachbarte Verbraucher gestört werden.

In Kapitel 5.2.6.1 wurde gezeigt, wie die Netzimpedanz $\underline{Z}_N$ berechnet werden kann. Mit Formel (5.43) kann näherungsweise die Netzimpedanz $\underline{Z}_{Nn}$ bei der n-ten Harmonischen aus der 50 Hz-Netzimpedanz $\underline{Z}_N$ berechnet werden.

Bei der Anwendung von (5.43) werden die Widerstandserhöhung infolge des Skineffekts bei höheren Freqenzen und der Einfluss von unverdrosselten Blindleistungs-Kompensationskondensatoren, die Resonanzstellen verursachen können, vernachlässigt. Unter der Annahme, dass der angeschlossene Wechselrichter auf der n-ten Harmonischen eine Oberschwingungsstromquelle I_n ist, kann man die Oberschwingungsspannung $\underline{Z}_{Nn} \cdot \underline{I}_n$, die dieser Strom an der Netzimpedanz $\underline{Z}_{Nn}$ erzeugt, berechnen. Im schlimmsten Fall ist diese zusätzliche Oberschwingungsspannung (der sogenannte Oberschwingungsspannungsbeitrag) in Phase mit der schon vorhandenen Oberschwingungsspannung auf dem Netz bei dieser Frequenz und addiert sich zu dieser.

5.2.6.3.2 Beurteilung auf Grund gemessener Oberschwingungsströme

Falls die vom Wechselrichter erzeugten Oberschwingungsströme bei allen Leistungen relativ klein sind, d.h. kleiner als die in Tabelle 5.7 (für einphasige Geräte) oder als die in Tabelle 5.8 resp. Bild 5-68 (für grössere dreiphasige Geräte) angegebenen Grenzwerte, hat man in der Praxis keine Probleme und darf das Gerät ohne zusätzliche Massnahmen zur Reduktion der Oberschwingungsströme anschliessen. Die Grenzwerte für Oberschwingungsströme sind in Kap. 5.2.3.3.3 angegeben.

Besteht eine Photovoltaikanlage aus mehreren kleineren Wechselrichtern, so muss die *Beurteilung immer für die Gesamtanlage* erfolgen, d.h. auf Grund der Summe der Oberschwingungsströme aller Wechselrichter. Bei der Verwendung vieler kleiner Wechselrichter (z.B. Modulwechselrichter), welche die Grenzwerte von Tabelle 5.7 noch knapp erfüllen, können sonst schwere Oberschwingungsprobleme auftreten.

5.2.6.3.3 Grobbeurteilung bei netzgeführten Wechselrichtern

In der Planungsphase einer grösseren dreiphasigen Anlage kann eine erste Beurteilung auch nur auf Grund der Scheinleistung S_{WR} des Wechselrichters und der Kurzschlussleistung S_{KV} des Netzes am Verknüpfungspunkt erfolgen [5.19]. Dabei ist wieder zu berücksichtigen, dass für Erzeugungsanlagen nur die halben Leistungen wie für Verbraucher zulässig sind.

In einem sehr starken Netz mit $S_{KV}/S_{WR} \geq 300$ darf bezüglich Oberschwingungen jeder beliebige Wechselrichter unabhängig von seinem Funktionsprinzip angeschlossen werden.

Maximal zulässige Wechselrichterleistung bei sechspulsigen Wechselrichtern:

Max. Scheinleistung bei 6-pulsigen Wechselrichtern: $S_{WR6} \leq S_{KV}/300$ (5.70)

Maximal zulässige Wechselrichterleistung bei Wechselrichtern mit Pulszahl ≥ 12:

Max. Scheinleistung bei höherpulsigen Wechselrichtern: $S_{WR12} \leq S_{KV}/75$ (5.71)

Bei direktem Anschluss an Mittelspannungsnetze darf nur die Hälfte der Scheinleistung gemäss (5.70) resp. (5.71) angeschlossen werden. Bei netzgeführten Wechselrichtern muss zudem noch untersucht werden, ob die von diesen Geräten verursachten Kommutierungseinbrüche nicht unzulässig gross sind [5.19].

Sind die oben erwähnten Bedingungen nicht erfüllt, müssen auch die von andern Geräten der Kundenanlage erzeugten Oberschwingungsströme berücksichtigt werden und es ist eine detaillierte Berechnung nach [5.19] mit Einbezug aller andern am gleichen Anschlusspunkt angeschlossenen Verbraucher durchzuführen.

5.2.6.3.4 Reduktion der störenden Auswirkungen von Oberschwingungsströmen

Sind die Bedingungen gemäss Kap. 5.2.6.3.2 und 5.2.6.3.3 nicht erfüllt, wird das zuständige Elektrizitätswerk einen Anschluss nicht oder nur mit Vorbehalt und Auflagen bewilligen, nach der Inbetriebnahme Kontrollmessungen durchführen und eventuell auf Kosten des Wechselrichterbetreibers Abhilfemassnahmen verlangen. Mögliche Massnahmen sind einerseits die Reduktion der ins Netz eingespeisten Oberschwingungsströme (z.B. mit Saugkreisen oder durch Einsatz eines anderen, eventuell kleineren Wechselrichters) und andererseits die Erhöhung der zulässigen Grenzwerte (z.B. Verstärkung des Netzes, separate Anschlussleitung des Wechselrichters an einen Netzpunkt mit höherer Kurzschlussleistung usw.). Die zu erwartenden Probleme und der Aufwand zu ihrer Beseitigung sind umso bedeutender, je grösser die relative Überschreitung der angegebenen Grenzwerte oder je kleiner die Kurzschlussleistung S_{KV} im Vergleich zur Wechselrichter-Scheinleistung S_{WR} ist.

Die Verwendung von einphasigen Wechselrichtern in Sternschaltung ist bezüglich Oberschwingungen viel ungünstiger als die Verwendung nur an L1, L2 und L3 angeschlossener dreiphasiger Wechselrichter für die gesamte Leistung. Im Gegensatz zu den 50Hz-Strömen, die sich bei symmetrischer Belastung im Neutralleiter aufheben, sind die Oberschwingungsströme mit Ordnungszahlen, die Vielfache von 3 sind, im Neutralleiter alle in Phase und addieren sich deshalb auch bei symmetrischer Aufteilung der Geräteleistung auf die einzelnen Phasen. Es ist deshalb besonders wichtig, dass einphasige Wechselrichter auf diesen Frequenzen nur geringe Oberschwingungsströme erzeugen. Durch den Einsatz *dreiphasiger Kleinwechselrichter* (bis hinunter zum Strang- und Modulwechselrichter!) kann die Belastung des Netzes mit Oberschwingungen ebenfalls reduziert werden. Dreiphasige Wechselrichter werden heute bereits ab Leistungen von einigen kW angeboten.

Die am Neutralleiter entstehenden Oberschwingungsspannungen können zu Problemen im Betrieb und zu Störungen anderer einphasiger Geräte, aber auch der Wechselrichter selbst führen. In extremen Fällen, wenn in einem Teil des Netzes sehr viele einphasige Geräte mit hoher Oberschwingungserzeugung (z.B. Computer, Elektronikgeräte, TV-Geräte usw.) angeschlossen sind, kann der Strom im Neutralleiter vorwiegend aus Oberschwingungsströmen bestehen und eventuell sogar grösser als die Aussenleiterströme werden. Durch Wahl eines Neutralleiterquerschnitts, der grösser als nach den Vorschriften erforderlich ist, können in solchen Fällen die Neutralleiterimpedanz und damit auch die entstehenden Oberschwingungsspannungen gesenkt werden.

5.2.6.4 Elektromagnetische Verträglichkeit

Bei vielen PV-Anlagen mit Wechselrichtern der ersten Generation kam es neben Störungen des Radioempfangs (besonders auf Lang-, Mittel- und Kurzwellen) auch zu Störungen anderer elektronischer Geräte. Ein bekanntes Beispiel war die Störung eines Röntgengerätes in einer Arztpraxis durch einen stark störenden Wechselrichter. Da Solargeneratoren mit einer Leistung von einigen kW zusammen mit ihrer recht ausgedehnten Verkabelung ausgedehnte strahlungsfähige Gebilde darstellen und da PV-Anlagen vom Morgen bis zum Abend dauernd im Betrieb sind, sollten in Gebäuden eingesetzte Photovoltaik-Wechselrichter auf der Wechselstromseite mindestens die Grenzwerte nach Bild 5-69 und auf der Gleichstromseite nach Bild 5-70 oder 5-71 einhalten.

Falls der Wechselrichter selbst die erwähnten Grenzwerte nicht einhält oder wenn im praktischen Betrieb empfindliche Geräte in der unmittelbaren Nachbarschaft immer noch gestört werden, müssen die hochfrequenten Störspannungen durch unmittelbar beim Wechselrichter angebrachte, grossflächig mit seinem (Metall-)Gehäuse verbundene, externe Netzfilter (notfalls auf der Gleich- und Wechselstromseite) weiter reduziert werden. Für solche allfällig notwendig werdende, zusätzliche Entstörmassnahmen ist es deshalb sehr günstig, wenn das Gerät über ein Metallgehäuse verfügt. Bei geringen Reststörungen auf der Gleichstromseite hilft unter Umständen auch das Einfügen einer HF-Drossel (L ca. 50 ... 500 μH) die aus einigen (bifiliar) gewickelten Windungen auf einem geeigneten Ringkern für die Plus- und Minus-Anschlussleitung besteht, unmittelbar beim oder sogar im Wechselrichter.

5.2.6.5 Wechselrichterdefekte

In den ersten Jahren traten in der Praxis oft Defekte wegen niederfrequenten Überspannungen und/oder Rundsteuersignalen bei gleichzeitig hoher Netzspannung auf. Abhilfe bringen die in Kap. 5.2.6.2 behandelten Massnahmen zur Reduktion von U_{WR}, welche gleichzeitig den Wirkungsgrad der Gesamtanlage erhöhen, und die Verwendung rundsteuersignalfester Wechselrichter. Bei neueren Wechselrichtern von erfahrenen Herstellern treten meist keine Defekte infolge Rundsteuersignalen mehr auf.

Daneben ist ein genügender Schutz gegen transiente Überspannungen (Varistoren mit genügender Strombelastbarkeit an allen Anschlussleitungen auf der Gleich- und Wechselstromseite, siehe Kap. 6) wichtig. Überspannungsschäden zeigen sich nicht immer sofort nach dem Auftreten des schädigenden Ereignisses, sondern manchmal erst einige Zeit danach.

Bei einigen älteren Wechselrichtern konnten Netzunterbrüche oder -ausfälle im Betrieb in ungünstigen Situationen (sehr hochohmige Netzimpedanz beim Netzausfall, z.B. beim Unterbrechen des Überstromauslösers in der Anschlussleitung) ebenfalls zu Hardwaredefekten führen, da sie sich wechselstromseitig annähernd wie eine Stromquelle verhalten. Bei einem Netzunterbruch kann in einem solchen Fall kurzzeitig eine für die Wechselrichterelektronik gefährliche Überspannung entstehen. Bei Wechselrichtern mit diesem Problem sollte vor dem Abschalten der Wechselstromseite immer der gleichstromseitige Hauptschalter geöffnet werden. Nach Möglichkeit sind deshalb Wechselrichter einzusetzen, die auch den Unterbruch der Netzanschlussleitung im Betrieb ohne Schaden überstehen. Bei den Wechselrichtertests des PV-Labors der BFH werden deshalb die Wechselrichter routinemässsig einem AC-seitigen Abschalttest unter Vollast unterzogen.

5.2.6.6 Tipps für den Praktiker für die Dimensionierung des Netzanschlusses

Wenn die Berechnungen nach Kap. 5.2.6.1 bis 5.2.6.3 zu aufwändig erscheinen oder keine detaillierten Netzdaten zur Verfügung stehen, können durch Beachtung der folgenden einfachen Tipps trotzdem die meisten in der Praxis auftretenden Probleme vermieden werden:

1. Nur Wechselrichter mit nachgewiesener Immunität gegen Rundsteuersignale verwenden.
2. Nur Wechselrichter verwenden, die auf der Netzseite einen Betriebsspannungsbereich von mindestens 230 V +/-10% resp. 400 V +/-10% (noch besser: +15%, -20%) haben. Oberhalb von 230 V +10% resp. 400 V +10% darf der Wechselrichter zwar die eingespeiste Leistung begrenzen oder abschalten, jedoch im ganzen angegebenen Betriebsspannungsbereich keinen Defekt erleiden (auch beim gleichzeitigen Auftreten eines Rundsteuersignals nicht!).
3. Nur Wechselrichter verwenden, welche das Unterbrechen der Netzanschlussleitung im Betrieb ohne Schaden überstehen.
4. Wenn möglich Wechselrichter verwenden, welche die Oberschwingungsnormen EN61000-3-2, EN61000-3-12 oder die Grenzwerte nach [5.19] (Bild 5-68) einhalten (siehe Kap. 5.2.3.3.3). Keine einphasigen netzgeführten Wechselrichter verwenden.
5. Wenn möglich Wechselrichter verwenden, welche die Grenzwerte der EMV-Normen EN55014 [5.21] oder EN61000-6-3 [5.23] auf der Wechselstromseite (Bild 5-69) und der Gleichstromseite (Bild 5-70 oder 5-71) erfüllen. Bei Nichteinhaltung der Grenzwerte entsprechende Seite mit zusätzlichem Filter (z.B. Netzfilter) ausrüsten.
6. Wechselrichter mit einer separaten, möglichst niederohmigen Kabelleitung (Spannungsabfall max. ca. 1% - 2% der Netzspannung) direkt mit der Hauptverteilung des Gebäudes verbinden. Diese Hauptverteilung soll für eine Stromstärke abgesichert sein, die wesentlich grösser ist als der Nennstrom des Wechselrichters (mindestens um Faktor 3).
7. Wechselrichter mit Leistungen, die grösser als etwa 100 kW sind, mit einer separaten, möglichst niederohmigen Kabelleitung (Spannungsabfall max. ca. 2% - 3%) direkt mit der Trafostation verbinden. Die Nenn-Scheinleistung S_n des Trafos soll deutlich grösser sein als die maximal auftretende Wechselrichterleistung (mindestens um den Faktor 3).
8. Netzgeführte Wechselrichter (nur dreiphasige!) möglichst nur in verkabelten Netzen und in nicht zu grosser Entfernung vom Trafo verwenden. Bei 6-pulsigen Wechselrichtern sollte die Nenn-Scheinleistung S_n des Trafos um mindestens den Faktor 16, bei Wechselrichtern mit ≥ 12 Pulsen mindestens um den Faktor 4 grösser sein als die Leistung der PV-Anlage. Günstig ist zudem eine direkte Speiseleitung vom Wechselrichter zum Trafo. Sind diese Bedingungen nicht erfüllt, müssen bei den kritischen Harmonischen Saugkreise vorgesehen werden (Vorgehen nach Kap. 5.2.6.3).
9. Grössere netzgeführte Wechselrichter ab etwa 100 kW mit separatem Trafo direkt ans Mittelspannungsnetz anschliessen.

5.2.6.7 Berechnungsbeispiele für den Netzanschluss

An drei verschiedenen Netzanschlusspunkten 1, 2 und 3 sollen vier unterschiedliche Wechselrichter A, B, C und D angeschlossen werden. Es darf angenommen werden, dass an den vorgesehenen Anschlusspunkten neben diesen Wechselrichtern nur wenige andere Oberschwingungserzeuger angeschlossen sind.

Zunächst sind die Netzimpedanzen und die Kurzschlussleistungen zu berechnen und die bezüglich Spannungserhöhung zulässige Anschlussleistung zu bestimmen. Darauf ist zu beurteilen, ob der jeweilige Wechselrichter bezüglich Spannungsanhebung und Oberschwingungen angeschlossen werden darf oder nicht. Schliesslich ist die relative Spannungserhöhung bei angeschlossenem Wechselrichter und Betrieb mit Nennleistung zu ermitteln.

Wechselrichter A (WR A): Einphasiger selbstgeführter Wechselrichter mit hochfrequent getakteter Pulsweitenmodulation, P_{ACn} = 3 kW, U_{1N} = 230 V, $\cos\varphi \approx 1$, erfüllt EN61000-3-2.

Wechselrichter B (WR B): Dreiphasiger selbstgeführter Wechselrichter mit hochfrequent getakteter Pulsweitenmodulation, P_{ACn} = 20 kW, U_N = 400 V, $\cos\varphi \approx 1$, erfüllt EN61000-3-2 bei fast allen Stromoberschwingungen ausser bei der 17. und 19. Harmonischen (I_{17} = 250 mA, I_{19} = 200 mA).

Wechselrichter C (WR C): Dreiphasiger netzgeführter Wechselrichter (6-pulsig) mit S_{ACn} = 30 kVA, U_N = 400 V, P_{ACn} = 27 kW, Q_{ACn} = 13 kVar.

Wechselrichter D (WR D): Dreiphasiger netzgeführter Wechselrichter (12-pulsig) mit S_{ACn} = 30 kVA, U_N = 400 V, P_{ACn} = 27 kW, Q_{ACn} = 13 kVar.

Beispiel 1 : Sehr gutes Stadtnetz

			R[mΩ]	X[mΩ]	Z_N[mΩ]	ψ
Trafo	S_n = 1600 kVA	gemäss Tab. 5.12:	1,8	6,5		
Leitung	Vierleiterkabel 1	$A_1 = 240\ mm^2$, l_1 = 75 m	6,88	6,0		
	Vierleiterkabel 2	$A_2 = 95\ mm^2$, l_2 = 10 m	2,32	0,8		
Total:		Netzimpedanzen: $\underline{Z}_{3N}$:	11,0	13,3	17,26	50,4°
		$\underline{Z}_{1N}$:	20,2	20,1	28,5	44,9°
Kurzschlussleistungen: S_{KV} = 9,27 MVA , S_{1KV} = 1,86 MVA						

(Leitermaterial: Cu, $\rho = 0{,}022\ \Omega mm^2/m$, X_L' gemäss Tabelle 5.13)

Spannungsanhebung:

Anschliessbare Leistungen nach (5.54) resp. (5.55): P_{AC1} = 78,6 kW, P_{AC3} = 436 kW.
Bezüglich Spannungsanhebung dürfen somit alle vier Wechselrichter angeschlossen werden.

Oberschwingungen:

WR A: EN60555-2 erfüllt, Anschluss bedingungslos möglich.

WR B: S_{KV}/S_{WR} = 463 ⇒ Nach Kap. 5.2.6.3 anschliessbar, da die Scheinleistung des WR S = 20 kW < S_{KV}/300 = 30,9 kVA.
Kontrolle: I_{ACn} = 28,9 A ⇒ Zulässig nach (5.25): I_{17zul} = 622 mA > I_{17} = 250 mA.
⇒ Zulässig nach (5.25): I_{19zul} = 467 mA > I_{19} = 200 mA.
⇒ WR B darf angeschlossen werden.

WR C: $S_{WR6} = S_{KV}/300$ = 30,9 kVA > 30 kVA ⇒ WR C darf angeschlossen werden.

WR D: $S_{WR12} = S_{KV}/75$ = 124 kVA > 30 kVA ⇒ WR D darf angeschlossen werden.

Relative Spannungsanhebung d_V am Verknüpfungspunkt gemäss (5.58) resp. (5.63):

WR A: d_V = 0,11% ; WR B: d_V = 0,14% ; WR C: d_V = 0,08% ; WR D: d_V = 0,08%.

Beispiel 2 : Schlechte Netzverhältnisse auf dem Land

			R[mΩ]	X[mΩ]	Z_N[mΩ]	ψ
Trafo	S_n = 63 kVA	gemäss Tab. 5.12:	42,1	104		
Leitung	Freileitung	A_1 = 50mm ^{2}, l_1 = 700 m	308	231		
	Vierleiterkabel 2	A_2 = 25mm ^{2}, l_2 = 30 m	26,4	2,4		
Total:		Netzimpedanzen: $\underline{Z}_{3N}$:	377	337	506	41,9°
		$\underline{Z}_{1N}$:	711	571	912	38,8°
Kurzschlussleistungen: S_{KV} = 316 kVA , S_{1KV} = 58,0 kVA						

(Leitermaterial: Cu, ρ = 0,022 Ωmm^2/m, X_L' gemäss Tabelle 5.13)

Spannungsanhebung:

Anschliessbare Leistungen nach (5.54) resp. (5.55): P_{AC1} = 2,23 kW, P_{AC3} = 12,7 kW.
Die vorgesehenen Wechselrichterleistungen sind somit zu gross und es dürfen bezüglich Spannungsanhebung alle vier Wechselrichter nicht angeschlossen werden!

Oberschwingungen:

WR A: EN60555-2 erfüllt, Anschluss bezüglich Oberschwingungen bedingungslos möglich.

WR B: S_{KV}/S_{WR} = 15,8 ⇒ S=20 kW > S_{KV}/300=1,05 kVA ⇒ genauere Untersuchung nötig.
I_{ACn} = 28,9 A ⇒ Zulässig nach (5.25): I_{17zul} = 115 mA < I_{17} = 250 mA.
⇒ Zulässig nach (5.25): I_{19zul} = 86 mA < I_{19} = 200 mA.
⇒ WR B darf nicht angeschlossen werden.

WR C: S_{WR6} = S_{KV}/300 = 1,05 kVA < 30 kVA ⇒ WR C darf nicht angeschlossen werden.

WR D: S_{WR12} = S_{KV}/75 = 4,22 kVA < 30 kVA ⇒ WR D darf nicht angeschlossen werden.

Relative Spannungsanhebung d_V am Verknüpfungspunkt gemäss (5.58) resp. (5.63):
WR A: d_V = 4,0% ; WR B: d_V = 4,7% ; WR C: d_V = 3,6% ; WR D: d_V = 3,6%.

An diesem schwachen Netzpunkt sollte keiner dieser Wechselrichter angeschlossen werden. Allenfalls könnte beim Wechselrichter A die Solargeneratorleistung etwas reduziert werden (z.B. P_{Go} ≤ 2,5 kWp), dann wäre ein Anschluss gerade noch knapp möglich.

Insbesondere beim Anschluss des 6-pulsigen netzgeführten Wechselrichters C wären wegen der massiven Überschreitung der bezüglich Oberschwingungen zulässigen Scheinleistung massive Probleme zu erwarten. Aber auch beim Anschluss des 12-pulsigen Wechselrichters wären noch bedeutende Probleme mit Oberschwingungen zu erwarten. Die resultierende Spannungsanhebung ist bei den beiden netzgeführten Geräten C und D trotz etwas höherer Leistung (30 kVA) wegen des Bezugs von induktiver Blindleistung dagegen geringer als beim selbstgeführten Wechselrichter B mit nur 20 kW und cosφ = 1.

Durch Platzierung eines Mittelspannungstrafos in der Nähe des Einspeisepunktes kann die Situation von Beispiel 2 wesentlich verbessert werden. Bei diesem ***Beispiel 3,*** *das auf der folgenden Seite behandelt ist, wird angenommen, dass der Mittelspannungstrafo auch noch andere Abnehmer speist, d.h. der Verknüpfungspunkt VP befindet sich immer noch auf der Niederspannungsseite.*

Beispiel 3 : Verbesserte Netzverhältnisse auf dem Land (eigener Trafo)

			R[mΩ]	X[mΩ]	Z_N[mΩ]	ψ
Trafo	S_n = 160 kVA	gemäss Tab. 5.12:	13,7	45		
Leitung	Vierleiterkabel	A_1= 25 mm², l_1 = 30 m	26,4	2,4		
Total:		Netzimpedanzen: $\underline{Z}_{3N}$:	40,1	47,4	62,1	49,8°
		$\underline{Z}_{1N}$:	66,5	49,8	83,1	36,8°
Kurzschlussleistungen: S_{KV} = 2,58 MVA , S_{1KV} = 637 kVA						

(Leitermaterial: Cu, ρ = 0,022 Ωmm²/m, X_L' gemäss Tabelle 5.13)

Spannungsanhebung:

Anschliessbare Leistungen nach (5.54) resp. (5.55): P_{AC1} = 23,9 kW, P_{AC3} = 120 kW.
Bezüglich Spannungsanhebung dürfen somit alle vier Wechselrichter angeschlossen werden.

Oberschwingungen:

WR A: EN60555-2 erfüllt, Anschluss bezüglich Oberschwingungen bedingungslos möglich.

WR B: S_{KV}/S_{WR} = 129 ⇒ S=20 kW > S_{KV}/300=8,59 kVA ⇒ genauere Untersuchung nötig.
I_{ACn} = 28,9 A ⇒ Zulässig nach (5.25): I_{17zul} = 328 mA > I_{17} = 250 mA.
⇒ Zulässig nach (5.25): I_{19zul} = 246 mA > I_{19} = 200 mA.
⇒ WR B darf somit auf Grund der Detailuntersuchung angeschlossen werden.

WR C: S_{WR6} = S_{KV}/300 = 8,59 kVA < 30 kVA ⇒ WR C darf nicht angeschlossen werden.

WR D: S_{WR12} = S_{KV}/75 = 34,4 kVA > 30 kVA ⇒ WR D darf angeschlossen werden.

Relative Spannungsanhebung d_V am Verknüpfungspunkt gemäss (5.58) resp. (5.63):

WR A: d_V = 0,38% ; WR B: d_V = 0,50% ; WR C: d_V = 0,29% ; WR D: d_V = 0,29%.

Wechselrichter A, B und D können somit problemlos angeschlossen werden. Der Anschluss des 6-pulsigen Wechselrichter C ist bezüglich Spannungserhöhung ebenfalls problemlos, dagegen ist bezüglich Oberschwingungen ein Anschluss nur mit Vorbehalt möglich und es ist ein gewisser Zusatzaufwand zur Verringerung der Oberschwingungsströme erforderlich (z.B. Saugkreise auf den kritischen Harmonischen). Wegen der viel geringeren Überschreitung von S_{WR6} als in Beispiel 2 (nur noch um etwa einen Faktor 3,5) ist der zu erwartende Aufwand für die Beseitigung von Oberschwingungsproblemen bei einem eventuellen Anschluss von Wechselrichter C wesentlich geringer.

5.2.6.8 Optimale DC-Betriebsspannung bei Netzverbundanlagen

Bei den meisten Wechselrichtern wird vom Hersteller ein Fenster für die zulässige Spannung U_{MPP} im Punkt maximaler Leistung (MPP) angegeben (U_{MPPmin} ... U_{MPPmax}), in dem der Wechselrichter ordnungsgemäss läuft und einen dazwischen liegenden MPP auf der I-U-Kennlinie des PV-Generators einwandfrei findet. Oft wird zusätzlich noch eine minimale und maximale Betriebsspannung angegeben (U_{Bmin}, U_{Bmax}), in dem das Gerät zwar läuft, jedoch nicht immer im korrekten MPP, wobei $U_{Bmin} < U_{MPPmin}$ und $U_{Bmax} > U_{MPPmax}$. Manchmal wird auch eine maximale Spannung U_{DCmax} angegeben, die auch im Leerlauf bei der kältesten denkbaren Modultemperatur T_{Cmin} nicht überschritten werden darf. Bei sinnvoll dimensionierten Wechselrichtern gilt $U_{DCmax} > U_{Bmax} > U_{MPPmax}$ und U_{DCmax} ist deutlich grösser als U_{MPPmax}.

Leider gibt es einige Hersteller, die den gleichen Wert für U_{MPPmax}, U_{Bmax} und U_{DCmax} angeben, was natürlich nicht sinnvoll ist. Bei der Planung einer netzgekoppelten PV-Anlage stellt sich die Frage, in welchem Bereich die MPP-Spannung $U_{MPPA-STC}$ des PV-Generators bei STC zu wählen ist und welche Spannung für den gewählten Wechselrichter optimal ist.

5.2.6.8.1 Definition der verwendeten Grössen

Für die klare Unterscheidung der verschiedenen Spannungen und Leistungen werden einige verschiedene Grössen mit teilweise mehreren (kombinierten) Indizes benötigt, die hier kurz definiert werden (aus Platzgründen nur teilweise in Symbolliste enthalten):

Hauptsymbole: U = Spannung, G = Bestrahlungsstärke, P = Leistung, T = Temperatur

Indizes:

MPP	Maximum-Power-Point (Punkt maximaler Leistung)
STC	Standard-Testbedingungen ($G = 1 kW/m^2$, Zellentemperatur 25°C)
OC	Leerlauf (Open Circuit)
A	Anlage
B	Betrieb
C	Zellen-, Modul- (T_C = Zellen-/Modultemperatur)
LI	bei kleiner Bestrahlungsstärke (z.B. $0{,}1 \cdot G_{STC}$)
min	Minimum
max	Maximum

Wichtigste Symbole im Detail:

PV-Generator:

G_{STC}	Bestrahlungsstärke bei STC ($1 kW/m^2$)
G_{LI}	Kleinste Bestrahlungsstärke, bei der die Anlage noch laufen soll (z.B. $0{,}1 \cdot G_{STC}$)
T_{STC}	STC-Bezugstemperatur (25°C), bei der die Generator-Nennleistung P_{Go} definiert ist
T_{Cmax}	Maximale Zellentemperatur des Solargenerators
T_{Cmin}	Minimale Zellentemperatur des Solargenerators

Anlage:

$U_{MPPAmin}$	Minimale MPP-Spannung der PV-Anlage bei G_{STC} und T_{Cmax}
$U_{MPPA-STC}$	MPP-Spannung der PV-Anlage bei STC ($U_{MPPAmin}/k_{TCmax} < U_{MPPA-STC} < U_{MPPAmax}$)
$U_{MPPA-GLI}$	MPP-Spannung der PV-Anlage bei G_{LI} und T_{STC} ($G_{LI} \ll G_{STC}$)
$U_{MPPAmax}$	Maximale MPP-Spannung der PV-Anlage (realistisch: bei STC, d.h. $U_{MPPAmax} = U_{MPPAmax-STC}$)
$U_{MPPAmax-STC}$	Maximale MPP-Spannung der PV-Anlage bei STC
$U_{OCAmin-STC}$	Minimale Leerlaufspannung des Solargenerators bei STC
$U_{OCA-STC}$	Leerlaufspannung des Solargenerators bei STC ($U_{OCAmin-STC} < U_{OCA-STC} < U_{OCAmax-STC}$)
$U_{OCAmax-STC}$	Maximale Leerlaufspannung des Solargenerators bei STC
$U_{OCA-TCmin}$	Maximale Leerlaufspannung der PV-Anlage bei G_{STC} und T_{Cmin}

Wechselrichter:

U_{Bmin}	Minimale vom WR-Hersteller angegebene Betriebsspannung (Abschaltspannung)
U_{MPPmin}	Minimale vom WR-Hersteller angegebene MPP-Spannung des Wechselrichters
U_{Ein}	Einschaltspannung des Wechselrichters ($U_{MPPmin} < U_{Ein} < k_{LI} \cdot U_{OCAmin-STC}$)
U_{MPPmax}	Maximale vom WR-Hersteller angegebene MPP-Spannung
U_{Bmax}	Max. vom Hersteller angegebene Betriebsspannung (WR läuft, ohne MPP-Tracking)
U_{DCmax}	Max. gemäss Hersteller zulässige Eingangsspannung *im Leerlauf (kein Betrieb)*

5.2.6.8.2 Verhalten des PV-Generators bei verschiedenen Einstrahlungen und Temperaturen

Statt der bekannten I-U-Kennlinien von PV-Generatoren können auch die Leistungskennlinien P = f(U) angegeben werden. Wie die I-U-Kennlinien sind diese P-U-Kennlinien natürlich von der Bestrahlungsstärke G auf den PV-Generator und der Modul- resp. Zellentemperatur T_C des PV-Generators abhängig (siehe Bild 5-127).

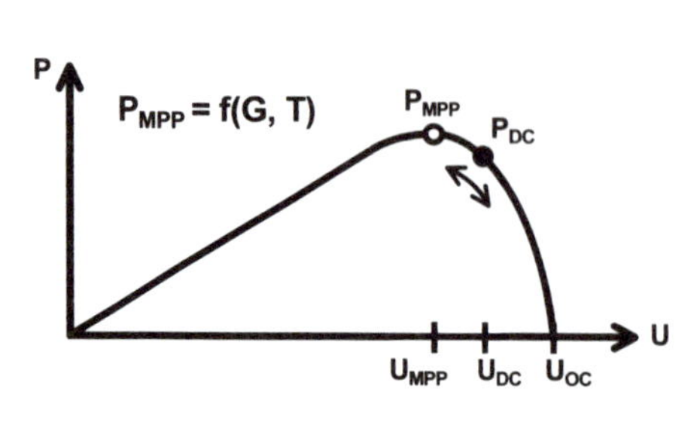

Bild 5-127:
Kennlinie der Leistung P = f(U) bei einem Solargenerator. Die Kennlinie ist abhängig von der Bestrahlungsstärke G auf den PV-Generator und der Modul- resp. Zellen-Temperatur T_C. Damit hängt auch die maximale Leistung P_{MPP} im Punkt maximaler Leistung (MPP) von G und T_C ab. Ein Wechselrichter arbeitet nicht unbedingt immer im MPP, sondern manchmal auch etwas daneben und nimmt dann bei einer Spannung $U_{DC} \neq U_{MPP}$ eine etwas kleinere Leistung $P_{DC} < P_{MPP}$ auf.

Bild 5-128 zeigt die P-U-Kennlinie eines Solargenerators bei Standard-Testbedingungen ($G = G_{STC} = 1$ kW/m². Zellentemperatur $T_C = 25°C$). Bei der gleichen Bestrahlungsstärke G_{STC}, aber tieferen Zellentemperaturen verschieben sich die Werte von P_{MPP} und U_{MPP} nach oben (siehe Bild 5-129). Umgekehrt sinken P_{MPP} und U_{MPP} bei gleicher Bestrahlungsstärke, aber höheren Zellentemperaturen (siehe Bild 5-130).

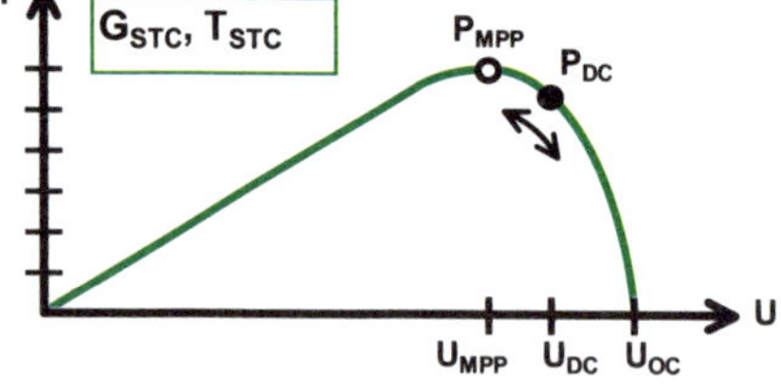
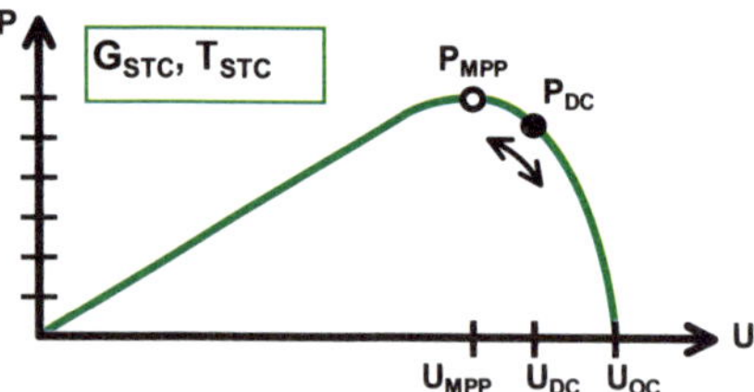

Bild 5-128:

Kennlinie der Leistung P in Funktion der Spannung U bei einem Solargenerator bei Standard-Testbedingungen ($G = G_{STC} = 1$ kW/m², Zellentemperatur $T_C = T_{STC} = 25°C$).

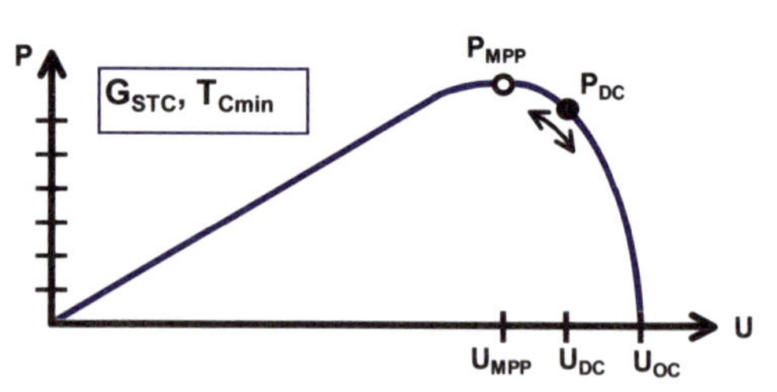

Bild 5-129:

Kennlinie P = f(U) bei einem Solargenerator bei $G_{STC} = 1$ kW/m² und dabei minimal zu erwartender Zellentemperatur T_{Cmin} (z.B. -10°C bei Flachlandanlagen).

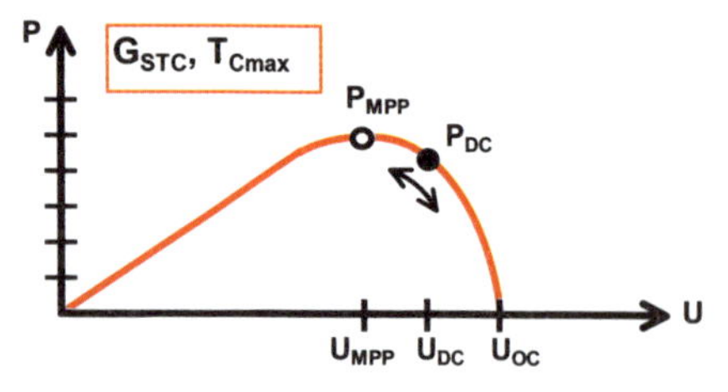

Bild 5-130:
Kennlinie P = f(U) bei einem PV-Generator bei $G_{STC} = 1$ kW/m² und dabei maximal zu erwartender Zellentemperatur T_{Cmax} (z.B. 55°C bis 65°C bei Flachlandanlagen).

P
G_{LI}, T_{Cmax}
P_{MPP}
P_{DC}
U
U_{MPP}
U_{DC}
U_{OC}

Bild 5-131:
Kennlinie P = f(U) bei einem PV-Generator bei heissem, aber bewölktem Wetter nach einem Strahlungseinbruch auf $G_{LI} < G_{STC}$.

Tritt bei der höchsten vorgesehenen Zellentemperatur ein plötzlicher Abfall der Einstrahlung auf (z.B. bei Bewölkung, $G_{LI} \approx 0{,}1 \cdot G_{STC}$), so sinken P_{MPP} und U_{MPP} nochmals etwas weiter ab (Bild 5-131). Da die Zellentemperaturen bei diesen Bedingungen etwas kleiner sind als die absoluten Höchstwerte, sind für diese Situation etwas kleinere Werte für T_{Cmax} realistisch.

5.2.6.8.3 Definitionen der relevanten Spannungsfaktoren (mit Angabe typischer Werte)

Die anhand der Bilder 5-127 bis 5-131 gewonnenen Erkenntnisse können nun zur Definition verschiedener Spannungsfaktoren verwendet werden, die jeweils auf die entsprechenden Spannungen bei STC bezogen sind:

Die Spannung ist bei G_{STC} im MPP tiefer als im Leerlauf, deshalb wird definiert:

MPP-Spannungsfaktor: $k_{MPP} = U_{MPP\text{-}STC} / U_{OC\text{-}STC}$ (5.72)

Typische Werte für k_{MPP}: Kristalline Module mit FF ≈ 75%: $k_{MPP} \approx 0{,}8$
Amorphe Module mit FF ≈ 55 - 60%: $k_{MPP} \approx 0{,}7$

Bei tiefen Temperaturen (T_{Cmin}) ist die Leerlaufspannung U_{OC} bei G_{STC} höher als bei STC:

Tieftemperatur-Spannungsfaktor: $k_{TCmin} = U_{OC\text{-}TCmin} / U_{OC\text{-}STC}$ (5.73)

Typische Werte für k_{TCmin} bei Flachlandanlagen ($T_{Cmin} \approx$ -10°C und 1 kW/m^2): $k_{TCmin} \approx 1{,}15$
Sinnvoller Wert für alpine Anlagen (etwas kleineres T_{Cmin}, G_{max} etwas grösser): $k_{TCmin} \approx 1{,}2$
Sinnvoller Wert für hochalpine Anlagen analog: $k_{TCmin} \approx 1{,}25$

Für amorphe Module fehlen oft genaue Angaben der Hersteller. Da die Temperaturabhängigkeit eher geringer ist, aber mindestens während der Initialdegradation die auftretenden Spannungen eher etwas höher sind, kann beim Fehlen genauerer Angaben für amorphe Module näherungsweise der gleiche Faktor wie für kristalline Module verwendet werden.

Bei hohen Temperaturen sinkt die MPP-Spannung U_{MPP} bei G_{STC} gegenüber STC, somit:

Hochtemperatur-Spannungsfaktor $k_{TCmax} = U_{MPP\text{-}TCmax} / U_{MPP\text{-}STC}$ (5.74)

Typischer Wert für kristalline Module bei $T_{Cmax} \approx 60$°C für G_{STC}: $k_{TCmax} \approx 0{,}84$

Für amorphe Module fehlen oft genaue Angaben der Hersteller. Da die Temperaturabhängigkeit eher geringer ist, aber mindestens während der Initialdegradation die auftretenden Spannungen eher etwas höher sind, kann beim Fehlen genauerer Angaben für amorphe Module wieder näherungsweise der gleiche Faktor wie für kristalline Module verwendet werden.

Bei geringer Einstrahlung G_{LI} ist bei T_{STC} die MPP-Spannung $U_{MPPA\text{-}GLI}$ tiefer als bei G_{STC}:

Schwachlicht-Spannungsfaktor $k_{LI} = U_{MPPA\text{-}GLI} / U_{MPPA\text{-}STC}$ (5.75)

Typischer Wert für $G_{LI} \approx 0{,}1 \cdot G_{STC}$: $k_{LI} \approx 0{,}91$

5.2.6.8.4 DC-seitige spannungsmässige Dimensionierung von PV-Anlagen

Leider werden die Wechselrichter von vielen Herstellern bezüglich der DC-Betriebsspannungen nur unvollständig spezifiziert. Allenfalls fehlende Angaben müssen deshalb so ergänzt werden, dass man auf der sicheren Seite bleibt:

Fehlt die Angabe von U_{DCmax}, so wird $U_{DCmax} = U_{Bmax}$ gesetzt.

Fehlt die Angabe von U_{Bmax}, so wird $U_{Bmax} = U_{MPPmax}$ gesetzt.

Um den Planern einen möglichst weiten Eingangsspannungsbereich zur Verfügung zu stellen, sollten die Hersteller ihre Geräte spannungsmässig möglichst genau spezifizieren!

Eine PV-Anlage ist dann optimal dimensioniert, wenn

- der Wechselrichter auf der im ungünstigsten Fall (meist bei G_{STC} = 1kW/m^2 und minimaler Zellentemperatur T_{Cmin}, bei höher gelegenen Anlagen auch bei noch etwas höheren G-Werten) theoretisch höchstens auftretenden Anlagen-Leerlaufspannung $U_{OCA\text{-}TCmin}$ zumindest keinen Defekt erleidet
- der Wechselrichter bei den in der Praxis effektiv auftretenden maximalen U_{OC}-Werten sicher anläuft
- der Wechselrichter bei allen zu erwartenden U_{MPP}-Werten den MPP sicher findet

Um ein einwandfreies dynamisches MPP-Tracking zu gewährleisten, muss bei einer PV-Anlage die bei der höchsten vorkommenden Zellentemperatur T_{Cmax} auftretende minimale MPP-Spannung $U_{MPPAmin}$ etwas grösser als U_{MPPmin} des Wechselrichters gewählt werden:

$$U_{MPPAmin} = U_{MPPmin} / k_{LI} \tag{5.76}$$

Bei systematischen Wechselrichtertests ist deshalb mit einer Testreihe das Verhalten des Gerätes bei dieser minimalen sinnvollen Spannung des PV-Generators zu untersuchen.

Mit (5.74) ergibt sich für die minimale MPP-Spannung der PV-Anlage bei STC:

$$U_{MPPAmin\text{-}STC} = U_{MPPAmin} / k_{TCmax} \tag{5.77}$$

Mit den angegebenen typischen Werten für k_{LI} und k_{TCmax} gilt etwa:

$$U_{MPPAmin\text{-}STC} \approx 1{,}3 \cdot U_{MPPmin} \quad \textit{(in der Praxis genügt oft } 1{,}25 \cdot U_{MPPmin}\textit{)} \tag{5.78}$$

Bei variablem G ist $T_{Cmittel}$ meist etwas kleiner als T_{Cmax}, deshalb ist auch 1,25 noch vertretbar.

Für die maximale Leerlaufspannung der Anlage bei STC gilt:

$$U_{OCAmax\text{-}STC} = U_{DCmax} / k_{TCmin} \tag{5.79}$$

Die maximal zulässige MPP-Spannung der Anlage bei STC beträgt somit:

$$U_{MPPAmax} = U_{OCAmax\text{-}STC} \cdot k_{MPP} \tag{5.80}$$

Bei systematischen Wechselrichtertests ist deshalb mit einer weiteren Testreihe das Verhalten des Gerätes bei dieser maximalen sinnvollen Spannung des PV-Generators zu untersuchen. Zweckmässigerweise wird mit einer weiteren Testreihe auch noch das Verhalten bei weiteren Spannungen (z.B. beim Mittelwert von $U_{MPPAmin}$ und $U_{MPPAmax}$) untersucht.

Mit den angegebenen typischen Werten für k_{MPP} und k_{TCmin} gilt für Flachlandanlagen etwa:

$$\textit{Bei kristallinen Modulen:} \quad U_{MPPAmax} \approx 0{,}7 \cdot U_{DCmax} \tag{5.81}$$

$$\textit{Bei amorphen Modulen:} \quad U_{MPPAmax} \approx 0{,}6 \cdot U_{DCmax} \tag{5.82}$$

Für die bezüglich Energieertrag optimale Dimensionierung der PV-Anlage wird man $U_{MPPA\text{-}STC}$ der Anlage so wählen, dass sich ein möglichst hoher Gesamtwirkungsgrad $\eta_{tot} = \eta \cdot \eta_{MPPT}$ (siehe Kap. 5.2.5.3) ergibt, wobei natürlich

$$U_{MPPAmin\text{-}STC} < U_{MPPA\text{-}STC} < U_{MPPAmax\text{-}STC} \quad \text{(i.A. sinnvoll: } U_{MPPAmax\text{-}STC} = U_{MPPAmax}\text{)} \tag{5.83}$$

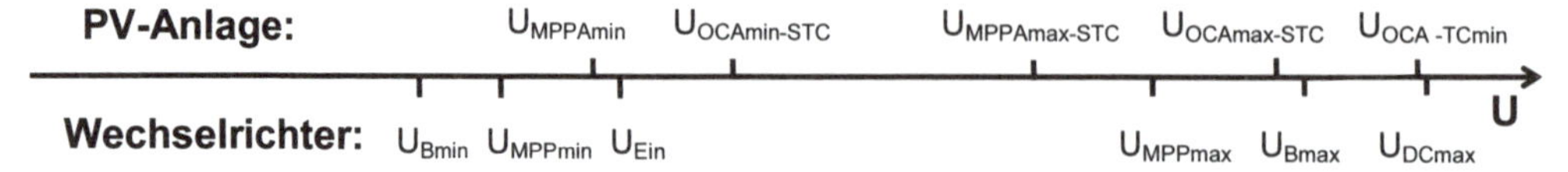

Bild 5-132:
Die verschiedenen wichtigen Spannungswerte auf der Anlagen- und Wechselrichterseite

5.2.6.8.5 Beispiele zur DC-seitigen spannungsmässigen Dimensionierung von PV-Anlagen

Fronius IG30: $U_{DCmax} = 500$ V, $U_{MPPmax} = 400$ V, $U_{MPPmin} = 150$ V

Mit (5.76) ergibt sich $U_{MPPAmin} \approx 165$ V

Mit (5.78) ergibt sich $U_{MPPAmin\text{-}STC} \approx 195$ V

Mit (5.72) erhält man für kristalline Module: $U_{OCAmin\text{-}STC} \approx 244$ V

Mit (5.72) erhält man für amorphe Module: $U_{OCAmin\text{-}STC} \approx 278$ V

Mit (5.79) erhält man bei Flachlandanlagen für $U_{OCAmax\text{-}STC} = U_{DCmax} / k_{TCmin} \approx 435$ V

Mit (5.81) erhält man bei Flachlandanlagen für kristalline Module: $U_{MPPAmax} \approx 350$ V

Mit (5.82) erhält man bei Flachlandanlagen für amorphe Module: $U_{MPPAmax} \approx 300$ V

Für Wechselrichtertests ist somit sinnvoll, eine Testreihe für das Verhalten bei $U_{MPPAmin} \approx 170$ V, bei $U_{MPPAmax} \approx 350$ V und beim Mittelwert 260 V durchzuführen.

Sunways NT4000: $U_{DCmax} = 850$ V (früher 800 V), $U_{MPPmax} = 750$ V, $U_{MPPmin} = 350$ V

Mit (5.76) ergibt sich $U_{MPPAmin} \approx 385$ V

Mit (5.78) ergibt sich $U_{MPPAmin\text{-}STC} \approx 455$ V

Mit (5.72) erhält man für kristalline Module: $U_{OCAmin\text{-}STC} \approx 569$ V

Mit (5.72) erhält man für amorphe Module: $U_{OCAmin\text{-}STC} \approx 650$ V

Mit (5.79) erhält man bei Flachlandanlagen für $U_{OCAmax\text{-}STC} = U_{DCmax} / k_{TCmin} \approx 739$ V

Mit (5.81) erhält man bei Flachlandanlagen für kristalline Module: $U_{MPPAmax} \approx 595$ V

Mit (5.82) erhält man bei Flachlandanlagen für amorphe Module: $U_{MPPAmax} \approx 510$ V

Für Wechselrichtertests mit den heutigen Daten wäre es somit sinnvoll, eine Testreihe für das Verhalten bei $U_{MPPAmin} \approx 400$ V, bei $U_{MPPAmax} \approx 590$ V und beim Mittelwert 495V durchzuführen. Da für U_{DCmax} früher 800 V angegeben wurde, wurden die in Kap. 5.2.5 angegebenen Messungen noch bei 400 V, 480 V und 560 V durchgeführt [5.49], [5.50].

5.2.6.9 Mögliche DC-seitige Probleme beim Einsatz neuartiger Zelltechnologien

In jüngster Zeit wurde von teils irreversiblen Degradationsproblemen an Modulen mit gewissen neuartigen Technologien (Dünnschichtzellen, kristalline Rückseitenkontaktzellen) bei Verwendung trafoloser Wechselrichter berichtet. Durch Erden des negativen Pols (bei Dünnschichtzellen) resp. des positiven Pols (bei Rückseitenkontaktzellen) können diese Probleme offenbar behoben werden [5.65]. Es empfiehlt sich deshalb, bei derartigen Zelltechnologien bis auf weiteres vorsichtshalber Wechselrichter mit galvanischer Trennung einzusetzen.

5.2.6.10 Rückblick auf die gewonnenen Erkenntnisse und Ausblick

In diesem Kapitel wurden einige wesentliche Probleme beim Betrieb von netzgekoppelten PV-Anlagen dargestellt und analysiert. Einige dieser Erkenntnisse wurden auf der Basis der damals gültigen Normen bereits früher publiziert [5.38] und haben sich in der Praxis bewährt.

Mit den gezeigten Berechnungsmethoden ist es möglich, eventuelle Probleme bereits in der Planungsphase zu erkennen und entsprechende Gegenmassnahmen frühzeitig zu ergreifen. Gegenüber dem früher oft praktizierten Vorgehen, wo eine Anlage meist einfach einmal ans Netz angeschlossen wurde und auftretende Probleme mit teuren Feuerwehrübungen im Felde bekämpft wurden, ist dies sicher ein wesentlicher Fortschritt.

Die hier zusammengestellten Informationen sind sicher nicht neu, sondern den Spezialisten des jeweiligen Fachgebietes schon lange bekannt. Der Planer von Photovoltaikanlagen benötigt jedoch gleichzeitig Kenntnisse über verschiedene Spezialgebiete der Elektrotechnik, wie Gleichstromtechnik, Theorie von Solarzellen, 50Hz-Energieversorgungsnetze, niederfrequente Oberschwingungen und Hochfrequenztechnik. Es wurde versucht, die wichtigsten Informationen aus diesen Gebieten mit sinnvollen Vereinfachungen hier zusammenzustellen.

Die in diesem Kapitel enthaltenen Empfehlungen stellen persönliche Vorschläge des Autors dar. Sie sind auf Grund der Analyse von vielen Problemen bei eigenen und bei fremden Anlagen unter Berücksichtigung der sinnvollerweise anwendbaren Normen entstanden. Ihre Beachtung ist technisch sinnvoll und eliminiert viele der immer wieder beobachteten Wechselrichterprobleme. Es kann jedoch keine Garantie irgendwelcher Art übernommen werden, dass bei Einhaltung dieser Empfehlungen keine Probleme mehr auftreten oder dass eine so realisierte Anlage vollständig mit den jeweils gültigen nationalen Normen oder EVU-Vorschriften übereinstimmt, die zudem einer dauernden Wandlung unterworfen sind.

Dank verbesserten Planungsmethoden sollte es möglich sein, in Zukunft weitgehend störungsfrei arbeitende netzgekoppelte Photovoltaikanlagen zu realisieren.

5.2.7 Regelungs- und Stabilitätsprobleme im Verbundnetz

Die Idee des Netzverbundbetriebs von Photovoltaikanlagen besteht darin, den Speicher und damit die Speicherkosten für den unregelmässig anfallenden photovoltaisch erzeugten Strom einzusparen (vergl. auch Kap. 5.2.1, Bild 5-46).

In diesem Kapitel soll zunächst anhand der Verhältnisse in der Schweiz kurz die Frage untersucht werden, wo etwa die *technische Grenze des Netzverbundbetriebs* liegt, d.h. wieviel Solarstrom sich quasi gratis im Verbundnetz speichern lässt, ohne dass dieses durch teure Massnahmen (z.B. zusätzliche Pumpspeicherwerke) ausgebaut werden muss. *Diese Grenze ist heute natürlich noch lange nicht erreicht und ist erst in vielen Jahren nach einem massiven Ausbau von netzgekoppelten Photovoltaikanlagen von Bedeutung.* Zum Abbau von Produktionsspitzen bei sehr grossem Solarstromangebot sind neben technischen Massnahmen aber auch tarifliche Massnahmen möglich, die möglicherweise wirtschaftlicher sind. Anschliessend wird auch die Situation im europäischen Verbundnetz kurz beleuchtet.

5.2.7.1 Prinzip der Leistungsregelung im Verbundnetz

Wie bereits in Kap. 5.2.1 erwähnt, muss aus physikalisch zwingenden Gründen die erzeugte und die verbrauchte Leistung in einem elektrischen Netzwerk in jedem Zeitpunkt genau gleich sein. Die von den Kraftwerken zu produzierende Leistung wird also nicht von diesen selbst, sondern von der Gesamtheit der Verbraucher bestimmt. Kraftwerke können ihre Leistung natürlich nicht augenblicklich dem ständig wechselnden Verbrauch anpassen. Die benötigte Zeit vom Einschalten bis zur vollen Energieproduktion variiert je nach Kraftwerktyp sehr stark. Sie schwankt zwischen wenigen Minuten bei hydraulischen Speicherkraftwerken oder Gasturbinenkraftwerken bis zu vielen Stunden bei grossen thermischen Kraftwerken (z.B. Atomkraftwerken). Bei thermischen Kraftwerken ist häufiges Ein- und Ausschalten zudem ungünstig für den Wirkungsgrad und die Lebensdauer. Thermische Kraftwerke werden deshalb am besten dauernd betrieben (Produktion von Bandenergie) und zur Abdeckung der Grundlast im Netz eingesetzt. Auch Laufkraftwerke eignen sich vorwiegend für die Produktion von Bandenergie, da sie oft nur über ein relativ geringes Speichervolumen verfügen und weil es energiewirtschaftlich sinnlos wäre, an sich vorhandenes Flusswasser nur zur Leistungsregulierung zeitweise ungenutzt über das Stauwehr fliessen zu lassen. Nur bei niedriger und mittlerer Wasserführung können Laufkraftwerke mit grösseren Stauseen ihre Produktion kurzzeitig etwas der Nachfrage anpassen und somit die Netzregulierung etwas erleichtern.

Ganz kurzfristig im Sekundenbereich passiert die unbedingt notwendige Anpassung der Produktion an die wechselnde Last durch die in den rotierenden Massen aller Turbinen und Generatoren gespeicherte kinetische Energie. Diese Generatoren laufen im Verbundnetz alle genau synchron. Steigt nun plötzlich die verbrauchte Leistung im Verhältnis zur erzeugten Leistung stark an, so wird die fehlende Leistung für ganz kurze Zeit zunächst aus der kinetischen Energie der Gesamtheit der rotierenden Massen produziert. Dadurch werden diese etwas abgebremst und die Frequenz des Netzes sinkt etwas. Als Folge davon erhöhen bestimmte Kraftwerke, die bereits eingeschaltet sind, aber nicht voll produzieren (Regulierwerke, in der Schweiz natürlich Speicherwerke, in flachen Ländern oft Gasturbinenkraftwerke), ihre Leistung etwas, bis die Netzfrequenz wieder auf dem Sollwert von 50 Hz ist und damit die produzierte Leistung und die verbrauchte Leistung wieder im Gleichgewicht sind.

Reicht der Regelbereich der Regulierkraftwerke bei grossen Lastsprüngen nicht aus, wird die sogenannte rotierende Reserve wirksam, d.h. schnell regulierbare, bereits im Leerlauf arbeitende Kraftwerke beginnen sofort, Leistung ans Netz abzugeben. In der Schweiz sind dies weitere Speicherwerke. Muss die rotierende Reserve eingesetzt werden, veranlasst der zentrale Netzregler, dass sofort weitere schnell reagierende Reservekraftwerke eingeschaltet werden. Im umgekehrten Fall, bei plötzlicher Reduktion der verbrauchten Leistung im Netz, verläuft der beschriebene Vorgang umgekehrt, die Netzfrequenz steigt kurzzeitig etwas, die Regulierwerke fahren ihre Leistung zurück und eventuell werden Speicherkraftwerke abgeschaltet.

Im europäischen Verbundnetz sind alle Kraftwerke in ganz West- und Mitteleuropa zusammengeschaltet. Als Vorteil ergibt sich eine wesentlich grössere Sicherheit gegen Netzzusammenbrüche bei gleichzeitig geringerem Aufwand für die Reservehaltung in allen angeschlossenen Ländern. Die zulässige Frequenzabweichung ist in diesem Netz aber sehr klein. Bei vielen Kraftwerken durchfahren die Maschinen beim An- und Abfahren Bereiche mit sogenannt kritischen Drehzahlen. Bleibt die mechanische Drehzahl der Turbine und des Generators längere Zeit im Bereich solcher kritischer Drehzahlen, treten schwere Schäden an der Anlage auf. Deshalb schalten alle Kraftwerke bei grösseren Abweichungen der Netzfrequenz von 50 Hz (z.B. ±0,2 Hz) aus Sicherheitsgründen automatisch ab. Tritt dieser Vorgang gleichzeitig in vielen Kraftwerken auf, hat dies natürlich den Zusammenbruch des gesamten Verbundnetzes und einen Stromausfall in ganz Europa zur Folge. Die korrekte Frequenz- und Leistungsregulierung im Verbundnetz ist also eine sehr wichtige Sache und darf durch den Betrieb einer grossen Zahl netzgekoppelter Photovoltaikanlagen (und Windenergieanlagen) nicht beeinträchtigt werden.

Photovoltaisch erzeugte elektrische Leistung ist in erster Näherung proportional zur Einstrahlung auf die Generatorfläche und unterliegt deshalb starken tageszeitlichen, jahreszeitlichen und wetterbedingten Schwankungen. Sie eignet sich deshalb vorwiegend dazu, die Leistung von mittelschnell bis schnell regulierbaren Kraftwerken (Mittel- und Spitzenlastkraftwerke, in der Schweiz: Speicherkraftwerke und Pumpspeicherwerke, in andern Ländern auch Gasturbinenkraftwerke) an schönen Tagen zu ersetzen. Die konstante Leistung von Grundlastkraftwerken (Kernkraftwerke, konventionell-thermische Kraftwerke, Laufkraftwerke), deren Leistung nur langsam oder gar nicht variierbar ist, kann durch PV-Anlagen direkt aber nur tagsüber und zu einem kleinen Teil substituiert werden, denn nur ein sehr geringer Anteil der Maximalleistung von PV-Anlagen (wenige Prozent) ist tagsüber bei jedem Wetter garantiert verfügbar.

5.2.7.2 Belastung des Stromnetzes im Tagesverlauf

Bild 5-133 zeigt den Verbrauch von elektrischer Energie in der Schweiz, Österreich und Deutschland (anderer Massstab!) jeweils am 3. Mittwoch des Monats März, Juni, September und Dezember im Jahre 2005.

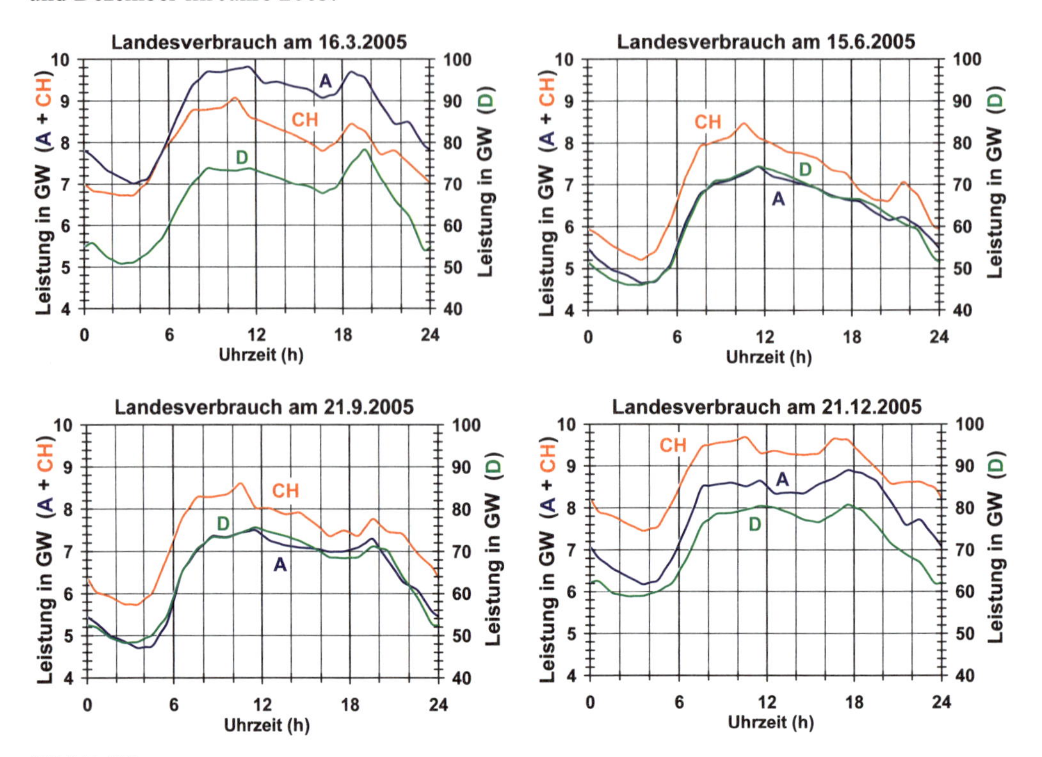

Bild 5-133:
Landesverbrauch an elektrischer Energie an einem typischen Frühlings-, Sommer-, Herbst- und Wintertag in der Schweiz (rot), Österreich (blau) und Deutschland (grün, separater Massstab!) im Jahr 2005. Für den dritten Mittwoch des Monats März, Juni, September und Dezember sind die Belastungsdiagramme (gesamte Leistung aller Verbraucher im Netz im Verlauf des Tages) dargestellt. Datenquelle: UCTE (www.ucte.org).

Gegenüber der Produktion von Windenergieanlagen, die vor allem in Deutschland in den letzten Jahren massiv ausgebaut wurden, haben Photovoltaikanlagen den Vorteil, dass ihre Produktion immer tagsüber anfällt, wenn auch die grösste Stromnachfrage herrscht. Windstrom fällt dagegen stochastisch, d.h. zu völlig beliebigen Zeiten an. Auf Grund der Wettervorhersage ist die Produktion derartiger Anlagen im Mittel in einem gewissen Umfang vorhersehbar und kann damit in die Produktionsplanung der EVU's einbezogen werden.

In allen drei Ländern ist der Verbrauch tagsüber am grössten (Spitze kurz vor Mittag) und in den frühen Morgenstunden am kleinsten. Der Mehrverbrauch während des Tages muss durch relativ schnell regulierbare Kraftwerke (Mittel- und Spitzenlastkraftwerke) gedeckt werden und kann deshalb grundsätzlich durch photovoltaisch erzeugten Strom, der nur tagsüber anfällt, ersetzt werden. Da jedoch die Produktion von PV-Anlagen an Tagen mit schlechtem Wetter ziemlich gering ist (besonders im Winter bei Flachlandanlagen, siehe Kap. 10), muss ein Grossteil dieser schnell regulierbaren Kraftwerke für diesen Fall weiterhin bereitstehen.

5.2.7.3 Dauerlinien, Energieausnutzung, Volllaststunden und Auslastung

Um die Verhältnisse etwas genauer zu analysieren, soll zunächst untersucht werden, bei welchen Leistungen die Produktion von Photovoltaikanlagen anfällt. Dazu sind Dauerlinien sehr gut geeignet (siehe Bild 5-134 und 5-135, jeweils linkes Diagramm).

Eine Dauerlinie (oder genauer: Leistungsdauerlinie) gibt an, während welcher Zeit (Abszissenwert) die Leistung einer elektrischen Anlage (z.B. eines Kraftwerks) mindestens einen gewissen Wert (Ordinatenwert) erreicht. Die Fläche unter der Kurve entspricht dabei der produzierten oder verbrauchten Energie. Spitze und schmale Dauerlinien (in Form eines steilen Berges mit raschem Abfall auf 0) bedeuten, dass die Spitzenleistung nur während relativ kurzer Zeit auftritt und sind für das Netz eher ungünstig. Eher stumpfe, trapezähnliche Dauerlinien (in Form eines flachen Abhangs, der möglichst nicht ganz auf 0 abfällt) sind dagegen für den Netzbetrieb günstiger. Um Anlagen verschiedener Leistung miteinander vergleichen zu können, ist die Verwendung normierter Dauerlinien günstig, bei der die auftretende Leistung P_{AC} der Anlage auf die maximal auftretende Leistung P_{ACmax} normiert ist. Bei derartigen normierten Kurven entspricht die Fläche unter der Kurve der Anzahl der Volllaststunden t_{Vm} des Kraftwerks, d.h. der Anzahl Stunden, während der die Anlage mit der maximal auftretenden Leistung P_{ACmax} laufen muss, um in der Beobachtungsperiode T (z.B. einem Jahr) die Energie E_{AC} zu produzieren resp. aufzunehmen. Für eine elektrische Anlage gilt somit:

$$\textit{Volllaststunden bei Maximalleistung: } t_{Vm} = \frac{E_{AC}}{P_{AC_{\max}}} \tag{5.84}$$

Wird die *Leistung künstlich auf einen tieferen Wert* $P_{ACGrenz} < P_{ACmax}$ *begrenzt* (z.B. durch Wahl eines kleineren Wechselrichters oder durch eine von der Netzleitstelle via Rundsteuersignale ausgelösten Leistungsreduktion), so geht wegen der Leistungsbegrenzung ein kleiner Teil der Energieproduktion verloren, d.h. die effektiv ins Netz eingespeiste Energie E_{AC}' wird etwas kleiner als der ohne Begrenzung mögliche Wert E_{AC}. Bei nicht nachgeführten Photovoltaikanlagen in gemässigten Klimazonen mit ihrer relativ spitzen Dauerlinie ist dieser Effekt aber nicht sehr gravierend. In den Dauerlinien von Bild 5-134 und 5-135 ist zur Illustration dieser Energieverlust als schraffierte Fläche für $P_{ACGrenz} / P_{ACmax} = 0{,}7$ eingezeichnet. Diese Fläche ist im Vergleich zur Gesamtfläche unter der Kurve noch sehr klein. Somit ist die Energieausnutzung E_{AC}'/E_{AC} bei einer derartigen Leistungsbegrenzung noch nahe bei 100% .

Durch diese Leistungsbegrenzung auf $P_{ACGrenz}$ steigt andererseits die Anzahl der möglichen Volllaststunden t_V der neuen, tieferen Maximalleistung $P_{ACGrenz}$ deutlich an, d.h. die Netzbelastung wird gleichmässiger. Die Verhältnisse bei einer derartigen Leistungsbegrenzung werden im rechten Teil der Bilder 5-134 und 5-135 für den Bereich $P_{ACGrenz}/P_{ACmax} = 0{,}2 \ldots 1$ gezeigt. Die dargestellten Grössen sind:

$$\textit{Energieausnutzung } a_E = \frac{E_{AC}'}{E_{AC}} = \frac{\textit{Energie mit Leistungsbegrenzung}}{\textit{Energie ohne Leistungsbegrenzung}} \tag{5.85}$$

$$\textit{Volllaststunden bei Leistungsbegrenzung: } t_{Vb} = \frac{E_{AC}'}{P_{AC_{Grenz}}} \tag{5.86}$$

Mit t_V kann auch die mittlere Arbeitsausnutzung oder die Auslastung CF (englisch: Capacity Factor) der Anlage in der Zeit T definiert werden:

$$\textit{Mittlere Arbeitsausnutzung oder Auslastung } CF = \frac{t_V}{T} \tag{5.87}$$

Um die mittlere Jahresauslastung zu erhalten, muss man also die jährlichen Volllaststunden t_V durch $T = 365 \cdot 24\,h = 8760\,h$ dividieren.

Bild 5-134 zeigt die Jahresdauerlinie für 1997 einer PV-Anlage in Burgdorf im Schweizer Mittelland auf 540 m. Sie hat eine relativ spitze Form, d.h. die Spitzenleistung wird nur während sehr kurzer Zeit erreicht. In diesem Jahr war die Sonneneinstrahlung leicht überdurchschnittlich. Die Anlage produzierte in diesem Jahr $E_a = E_{AC} = 3193$ kWh. Bezogen auf die nominelle Generatorleistung $P_{Go} = 3{,}18$ kWp ergibt sich somit ein spezifischer Jahresenergieertrag $Y_{Fa} = 1004$ kWh/kWp. Die maximal registrierte Spitzenleistung P_{ACmax} auf der Wechselstromseite betrug dabei nur 2,735 kW und lag damit deutlich unter dem Wert P_{Go}. Gemäss (5.84) sind somit $t_{Vm} = 1167$ Volllaststunden notwendig, um diese Energie zu erzeugen. Die mittlere jährliche Auslastung betrug somit $CF_m = 13{,}3$ %.

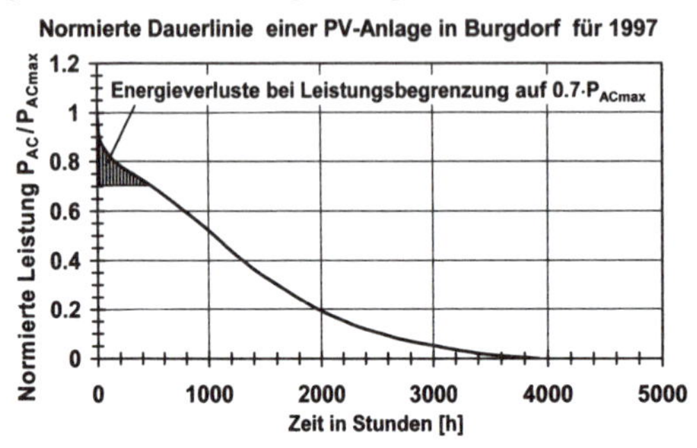

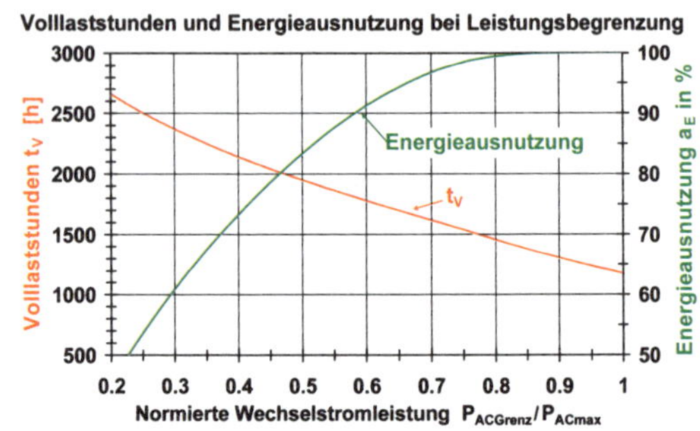

Bild 5-134:
Dauerlinie, Volllaststunden und Energieausnutzung bei einer PV-Anlage in Burgdorf für das Jahr 1997, die keine Leistungsbegrenzung aufweist (P_{Go} = 3,18 kWp, P_{ACmax} = 2,735 kW, auf die nominelle Generatorleistung P_{Go} bezogene Energieproduktion 1004 kWh/kWp). Die maximal auftretende AC-Leistung P_{ACmax} an diesem Flachlandstandort (540 m) ist deutlich kleiner als P_{Go}. Im Diagramm links ist die auf die maximal auftretende Wechselstromleistung P_{ACmax} normierte Dauerlinie dargestellt. Man erkennt, dass diese Leistung P_{ACmax} nur während sehr kurzer Zeit auftritt. Wird die maximal ins Netz eingespeiste Leistung auf einen tieferen Wert $P_{ACGrenz}$ begrenzt, so tritt zwar ein gewisser Energieverlust auf und die Energieausnutzung sinkt etwas (Beispiel: Schraffierte Fläche für $P_{ACGrenz} / P_{ACmax}$ = 0,7). Dafür sind mit dieser reduzierten Leistung $P_{ACGrenz}$ mehr Volllaststunden t_V möglich (siehe Diagramm rechts).

Würde die Leistung dieser Anlage auf $P_{ACGrenz} = 0{,}7 \cdot P_{ACmax} = 1{,}915$ kW begrenzt, so wäre $E_{AC}'/E_{AC} = 96{,}6$ %, d.h. es würde etwa 3,4 % der produzierbaren Energie nicht ausgenützt. Die Jahresenergieproduktion betrüge in diesem Fall noch $E_{AC}' = 3085$ kWh. Dafür würde gemäss (5.86) die Zahl der mit dieser Leistung möglichen Volllaststunden $t_{V0,7}$ auf 1611 h und die mittlere jährliche Auslastung gemäss (5.87) auf $CF_{0,7} = 18{,}4$ % ansteigen.

Würde die Leistung dieser Anlage gar auf $P_{ACGrenz} = 0{,}4 \cdot P_{ACmax} = 1{,}094$ kW begrenzt, so wäre $E_{AC}'/E_{AC} = 73{,}1$ %, d.h. es würde etwa 26,9 % der produzierbaren Energie nicht ausgenützt. Die Jahresenergieproduktion betrüge in diesem Fall nur noch $E_{AC}' = 2335$ kWh. Dafür würde die Zahl der mit dieser Leistung möglichen Volllaststunden $t_{V0,4}$ auf 2135 h und die mittlere jährliche Auslastung auf $CF_{0,4} = 24{,}4$ % ansteigen.

Bild 5-135 zeigt zum Vergleich die Jahresdauerlinie für 1997 der hochalpinen Photovoltaikanlage auf dem Jungfraujoch auf 3454 m. Sie ist zwar etwas breiter, hat aber immer noch eine ziemlich spitze Form, d.h. auch hier wird die Spitzenleistung nur während sehr kurzer Zeit erreicht. In diesem Jahr war die Sonneneinstrahlung etwa durchschnittlich. Die Anlage produzierte in diesem Jahr $E_a = E_{AC} = 1700$ kWh. Bezogen auf die nominelle Generatorleistung $P_{Go} = 1{,}15$ kWp betrug der spezifische Jahresenergieertrag $Y_{Fa} = 1478$ kWh/kWp. Die maximal registrierte Spitzenleistung P_{ACmax} auf der Wechselstromseite betrug dabei 1,303 kW und lag damit deutlich über dem Wert P_{Go}. Gemäss (5.84) sind somit $t_{Vm} = 1305$ Volllaststunden notwendig, um diese Energie zu erzeugen. Die mittlere jährliche Auslastung betrug somit $CF_m = 14{,}9$ %.

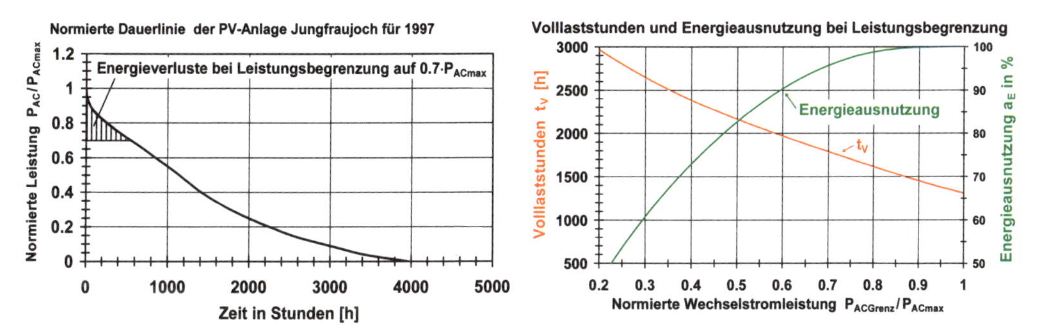

Bild 5-135:
Analoge Darstellung wie in Bild 5-134 für die PV-Anlage auf dem Jungfraujoch (3454 m) für das Jahr 1997 ($P_{Go} = 1{,}15$ kWp, $P_{ACmax} = 1{,}303$ kW, auf die nominelle Generatorleistung P_{Go} bezogene Energieproduktion 1478 kWh/kWp). Auch diese Anlage weist keine Leistungsbegrenzung auf.
Wegen der dünneren Atmosphäre, des fehlenden Nebels und der zusätzlichen Strahlung infolge Reflexionen am Gletscher vor der Anlage ist die Energieproduktion wesentlich höher. Aus dem gleichen Grund ist auch die maximal auftretende Wechselstromleistung P_{ACmax} deutlich grösser als P_{Go}. Die Dauerlinie ist etwas breiter und die Volllaststunden t_V höher als bei der Flachlandanlage. Wegen der höheren Maximalleistung P_{ACmax} ist die Zunahme von t_V aber deutlich geringer als die Zunahme der Jahresenergieproduktion.

Würde die Leistung dieser Anlage auf $P_{ACGrenz} = 0{,}7 \cdot P_{ACmax} = 912$ W begrenzt, so wäre $E_{AC}'/E_{AC} = 95{,}7$ %, d.h. es würde etwa 4,3 % der produzierbaren Energie nicht ausgenützt. Die Jahresenergieproduktion betrüge in diesem Fall noch $E_{AC}' = 1628$ kWh. Dafür würde gemäss (5.86) die Zahl der mit dieser Leistung möglichen Volllaststunden $t_{V0,7}$ auf 1783 h und die mittlere jährliche Auslastung gemäss (5.87) auf $CF_{0,7} = 20{,}4$ % ansteigen.

Würde die Leistung dieser Anlage gar auf $P_{ACGrenz} = 0{,}4 \cdot P_{ACmax} = 521$ W begrenzt, so wäre $E_{AC}'/E_{AC} = 72{,}9$ %, d.h. es würde etwa 27,1 % der produzierbaren Energie nicht ausgenützt. Die Jahresenergieproduktion betrüge in diesem Fall nur noch $E_{AC}' = 1239$ kWh. Dafür würde die Zahl der mit dieser Leistung möglichen Volllaststunden $t_{V0,4}$ auf 2378 h und die mittlere jährliche Auslastung auf $CF_{0,4} = 27{,}1$ % ansteigen.

Beim Vergleich der beiden Anlagen fällt auf, dass trotz relativ grossen Unterschieden beim spezifischen Jahresenergieertrag Y_{Fa} bei den auf die maximal auftretende Wechselstromleistung bezogenen Volllaststunden t_{Vm}, der mittleren jährlichen Auslastung und bei der Energieausnutzung unter gleichen Bedingungen viel geringere Unterschiede bestehen.

Die obigen Beispiele zeigen, dass man die durch Begrenzung der ins Netz eingespeisten Leistung auf einen tieferen Wert als maximal möglich die Zahl der jährlichen Volllaststunden deutlich erhöhen kann, wenn man bereit ist, einen gewissen Energieverlust in Kauf zu nehmen. Solange die durch eine derartige Leistungsbegrenzung entstehenden Energieverluste in der gleichen Grössenordnung wie die bei einer Energiespeicherung entstehenden Verluste sind, dürften sie bei einer allfälligen massiven Verbreitung photovoltaischer Energieerzeugunganlagen in einigen Jahrzehnten noch tragbar sein.

5.2.7.4 Maximal ins Netz einspeisbare Energie

5.2.7.4.1 Situation bei Verwendung fest montierter Anlagen am Beispiel der Schweiz

Es soll zunächst untersucht werden, welche Leistung und welche Energiemenge ohne Beeinträchtigung der Netzstabilität ins schweizerische Stromnetz eingespeist werden kann.

Bild 5-136 zeigt die Stromerzeugung in der Schweiz an einem typischen Sommertag, dem 16.6.2004. Dieser Tag wurde anstelle des 15.6.2005 gewählt, um die typischen Verhältnisse in der Schweiz darzustellen, da 2005 das Kernkraftwerk Leibstadt wegen eines Defektes mehrere Monate ausser Betrieb war. Die Produktion der Grundlastwerke variiert den ganzen Tag nur wenig und liegt etwa zwischen 4,6 GW und 5,4 GW (leichte Regelung durch dazu geeignete Laufkraftwerke, auch umgekehrt möglich). Die Produktion der Speicherkraftwerke variiert dagegen sehr stark zur Anpassung an den Tagesgang des Verbrauches. Beim Vergleich mit Bild 5-133 fällt auf, dass die Produktion an Sommertagen meist deutlich über dem Verbrauch in der Schweiz liegt. Dies liegt daran, dass im Sommer in der Schweiz normalerweise sehr viel Strom aus Wasserkraft anfällt, der teilweise in umliegende Länder exportiert wird, so dass dort einige fossil betriebene Kraftwerke gedrosselt oder abgeschaltet werden können.

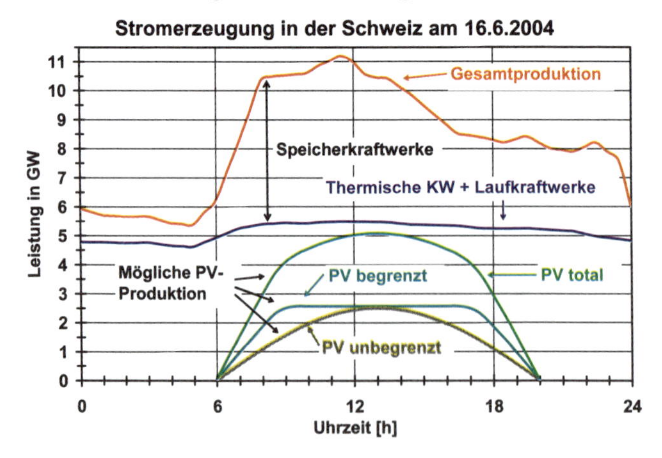

Bild 5-136:

Stromerzeugung in der Schweiz am 16.6.2004 nach [5.66]. Dargestellt sind die Bandenergieproduktion der thermischen Kraftwerke (hauptsächlich Kernkraftwerke) und der Laufkraftwerke sowie die Gesamtproduktion. Die Differenz beider Kurven ist die Produktion der leicht regulierbaren Speicherkraftwerke. Eingezeichnet ist ferner die ohne Regulationsprobleme maximal verkraftbare Produktion von PV-Anlagen. Sie setzt sich zusammen aus einem Anteil von PV-Anlagen ohne Leistungsbegrenzung und einem Anteil von PV-Anlagen mit Leistungsbegrenzung (hier angenommen: Begrenzung auf $0{,}6 \cdot P_{ACmax}$). Die Zeit ist als mitteleuropäische Sommerzeit (MESZ) angegeben, deshalb erfolgt die maximale PV-Produktion um etwa 13 Uhr.

Die Summe der Produktion der Speicherwerke und des Regelhubs der Laufkraftwerke beträgt kurz vor Mittag etwa 6,5 GW und liegt zwischen 8 Uhr und 17 Uhr über 4 GW. Diese Leistung könnte maximal durch die Produktion von PV-Anlagen ersetzt werden. Wegen der Sommerzeit (MESZ) erreicht die photovoltaische Stromproduktion das Maximum nicht um 12 Uhr, sondern etwa um oder kurz nach 13 Uhr. Ein möglicher Tagesgang der photovoltaischen Stromproduktion, der noch ohne Stabilitätsprobleme vom Netz absorbierbar wäre, ist ebenfalls eingezeichnet. Die gezeichnete Kurve setzt sich zusammen aus der Produktion von PV-Anlagen ohne Leistungsbegrenzung mit einer AC-Spitzenleistung P_{ACu} = 2,5 GW und der Produktion von PV-Anlagen mit Leistungsbegrenzung auf 60% der möglichen Maximalleistung mit P_{ACb} = 2,5 GW. Um 13 Uhr ergibt sich eine photovoltaisch erzeugte Spitzenleistung von 5 GW. Die photovoltaische Produktion ist den ganzen Tag nie grösser als die Summe der Produktion der Speicherwerke und des Regelhubs der Laufkraftwerke.

Aus Gründen der Netzstabilität können die Speicherwerke tagsüber aber nicht einfach alle abgeschaltet werden, sondern es muss immer ein Teil der Speicherkraftwerke als Regulierwerke betrieben werden. Da ein laufendes Speicherwerk immer eine gewisse Minimalproduktion aufweisen muss, ist eine Gesamtproduktion 0 nur möglich, wenn etwas Speicherwerksleistung wieder von Pumpspeicherwerken verbraucht wird, was energetisch natürlich ungünstig ist. An diesem Tag wäre dies etwa zwischen 15:30 und 17 Uhr der Fall. Wegen des internationalen Verbundbetriebes sollte ein derartiger Pumpbetrieb nur zur Aufrechterhaltung der Netzstabilität im Normalfall aber nicht nötig sein, die Minimalleistung der Speicherkraftwerke könnte in ein Nachbarland exportiert werden oder die Leistung von geeigneten Laufkraftwerken könnte bei nicht allzu hoher Wasserführung kurzzeitig etwas gedrosselt werden.

Für die Berechnung der im Jahr photovoltaisch erzeugbaren Energie kann man aus Bild 5-134 und 5-135 die jährlich mögliche Anzahl Volllaststunden t_V ohne Leistungsbegrenzung und mit Leistungsbegrenzung auf $P_{ACGrenz}$ = 0,6·$P_{ACGrenz}$ entnehmen. Wenn als Durchschnitt über alle netzgekoppelten Photovoltaikanlagen in der Schweiz (alpine Anlagen, Anlagen im Tessin, im Wallis und im nebligeren Mittelland) für die Anlagen ohne Leistungsbegrenzung mit t_{Vu} = 1200 h und für die Anlagen mit Leistungsbegrenzung mit t_{Vb} = 1800 h gerechnet wird, erhält man für die ohne Stabilitätsprobleme ins Schweizer Stromnetz einspeisbare photovoltaisch erzeugte Jahresenergie:

$$E_{ACa} = P_{ACu} \cdot t_{Vu} + P_{ACb} \cdot t_{Vb} \tag{5.88}$$

Für die oben getroffenen Annahmen erhält man mit (5.88) E_{ACa} = 7500 GWh = 7,5 TWh oder etwa 12,5% des Landesverbrauchs (ca. 60 TWh) der Schweiz im Jahre 2005.

5.2.7.4.2 Mögliche Verbesserung durch weitere technische und tarifliche Massnahmen

Beim Einsatz von nachgeführten PV-Anlagen steigt einerseits der mechanische und regelungstechnische Aufwand, andererseits erhöht sich die mögliche jährliche Energieproduktion und vor allem auch die Anzahl der Volllaststunden bei gleicher maximaler AC-Spitzenleistung am gleichen Standort um 25 bis 40 %. In gleichem Umfang erhöht sich natürlich auch der Anteil der photovoltaisch ohne Probleme ins Netz einspeisbaren Energie. Besonders vorteilhaft sind nachgeführte Anlagen natürlich in südlichen Ländern und in Wüstengebieten. Dort dürften bei nachgeführten Anlagen für t_{Vu} Werte zwischen 2000 und 2800 Volllaststunden möglich sein.

Durch zusätzliche technische Massnahmen kann die maximal vom Netz absorbierbare Energie noch weiter erhöht werden. Statt einer fixen, in den einzelnen Wechselrichtern einprogrammierten Begrenzung, könnte man (z.B. durch Rundsteuersignale) die Leistung einzelner Photovoltaikanlagen gezielt nur in kritischen Fällen drosseln oder gar abschalten. Dadurch könnten die durch Abregelung bedingten Energieverluste deutlich verringert werden.

Noch besser wäre es, durch weitere technische und tarifliche Massnahmen Lasten, deren Stromverbrauch ohne allzu grosse Probleme zeitlich verschiebbar ist, von der Niedertarifzeit am Abend und in der Nacht in die Zeit photovoltaischer Spitzenproduktion zu verschieben [5.67], [5.68]. Solche Lasten sind z.B. Waschmaschinen, Kühlgeräte, Wärmepumpen und Boiler. Dies kann durch gezielte Steuerung des Verbraucherverhaltens durch Appelle an grün motivierte Kunden und dynamische, der erwarteten Solarstromproduktion angepasste (und den Kunden im Voraus mitgeteilte) Tarife erfolgen. Entsprechende Versuche wurden bereits erfolgreich durchgeführt [5.67]. Noch erfolgversprechender scheint eine Kombination tariflicher und technischer Massnahmen mit vom Energieversorger z.B. übers Internet gesteuerten, automatischen Energiemanagement-Systemen (BEMI) zu sein, die je nach Netzbelastung und momentanem Stromtarif entsprechende Lasten zu- und abschalten [5.68]. Dadurch könnte die maximal ins Netz einspeisbare Energie von Photovoltaikanlagen ohne Abregelverluste und zusätzliche Netzbelastung weiter erhöht werden.

Durch eine *Kombination derartiger Massnahmen* könnte die ohne Stabilitätsprobleme vom Netz absorbierbare von Photovoltaikanlagen produzierte Energie ohne allzu grosse Energieproduktionsverluste in mitteleuropäischen Ländern langfristig sicher auf 15 – 20 % des Landesverbrauchs erhöht werden. Allerdings müsste dazu das bisherige Konzept der Netzregulation durch die EVU's wesentlich verändert werden und würde technisch komplexer.

5.2.7.4.3 Situation im europäischen Verbundnetz

Der Tagesgang des Stromverbrauchs weist in allen Ländern Europas den gleichen prinzipiellen Verlauf auf (siehe Bild 5-133).

Die für die Schweiz durchgeführten Überlegungen dürfen deshalb auch auf das europäische Verbundnetz verallgemeinert werden, wenn angenommen wird, dass die PV-Anlagen einigermassen gleichmässig auf alle Länder verteilt sind. Zwar verfügen nicht alle Länder über derart viele schnell regulierbare Kraftwerke wie die Schweiz, eine gewisse Anzahl regulierbarer Werke (z.B. Gasturbinenkraftwerke statt Speicherwerke) ist aber in jedem Land vorhanden. Wegen des über das Verbundnetz möglichen internationalen Stromaustausches ist zudem ein Austausch allfälliger lokaler Stromüberschüsse leicht möglich. Da es sehr selten vorkommt, dass in ganz Westeuropa gleichzeitig schönes Wetter herrscht, dürfte es viel seltener nötig sein, die Leistung von PV-Anlagen aus Gründen der Netzstabilität zu begrenzen, so dass Energieverluste infolge Begrenzungsmassnahmen geringer sein dürften. Der vermehrte Energieaustausch könnte aber einen gewissen Ausbau des Höchstspannungsnetzes erfordern.

In Südeuropa sind im Sommer zudem viele Klimaanlagen im Betrieb, deren Stromverbrauch sehr gut mit dem Tagesgang der Produktion von PV-Anlagen korreliert ist. Weil dort auch die Anzahl der Volllaststunden höher ist, kann in südlichen Ländern ein noch etwas grösserer Anteil des jährlichen Stromverbrauchs ohne Probleme photovoltaisch erzeugt werden.

Im europäischen Verbundnetz dürften deshalb durch eine Kombination aller beschriebenen technischen und tariflichen Massnahmen in einigen Jahrzehnten ohne allzu grosse Probleme gegen 20 – 25 % der elektrischen Energie von PV-Anlagen erzeugt werden können.

5.2.7.5 Möglichkeiten zur Substitution von Bandenergie

Zur Sicherstellung einer kontinuierlichen Stromversorgung ist immer auch ein gewisser Anteil an Grundlastkraftwerken notwendig. Ideal ist die Produktion von Grundlast- oder Bandenergie durch Laufkraftwerke, die jedoch nicht überall in genügendem Umfang zur Verfügung stehen. Zum Ersatz von Bandenergie aus nicht erneuerbaren Quellen (z.B. die Energie von Kohle-, Öl-, Gas- oder Kernkraftwerken) eignen sich prinzipiell auch neuere CO_2-neutrale Technologien, beispielsweise Biomassekraftwerke und geothermische Kraftwerke, die zwar ein grosses Potenzial haben, aber gegenwärtig noch nicht in grossen Einheiten im Einsatz stehen. Biomassekraftwerke haben sogar noch gewisse Regelmöglichkeiten, was bei verstärktem Einsatz von Strom aus PV-Anlagen und Windkraftwerken sehr erwünscht ist.

Soll ein nennenswerter Teil der Bandenergie durch Strom aus PV-Anlagen (oder Windkraftanlagen) ersetzt werden, so muss immer ein Teil der produzierten Energie für stromarme Zeiten zwischengespeichert werden. Die Windenergie ist vor allem in Deutschland heute bereits wesentlich stärker ausgebaut und es ist geplant, sie noch viel weiter auszubauen (siehe Bild 5-137), so dass sich das Speicherproblem wegen der Windenergie bereits wesentlich früher stellen wird als bei der Photovoltaik. Bei der Speicherproblematik und den Methoden zu ihrer Lösung bestehen somit gewisse Parallelen zwischen Windenergie und Photovoltaik. Eine forcierte Nutzung von Solar- und Windstrom erhöht also den Bedarf an schnell regulierbarer Leistung und an Kraftwerken, die fähig sind, Energie kurz- und mittelfristig zu speichern. Weitsichtige EVU's erhöhen deshalb bereits heute ihre entsprechenden Kapazitäten.

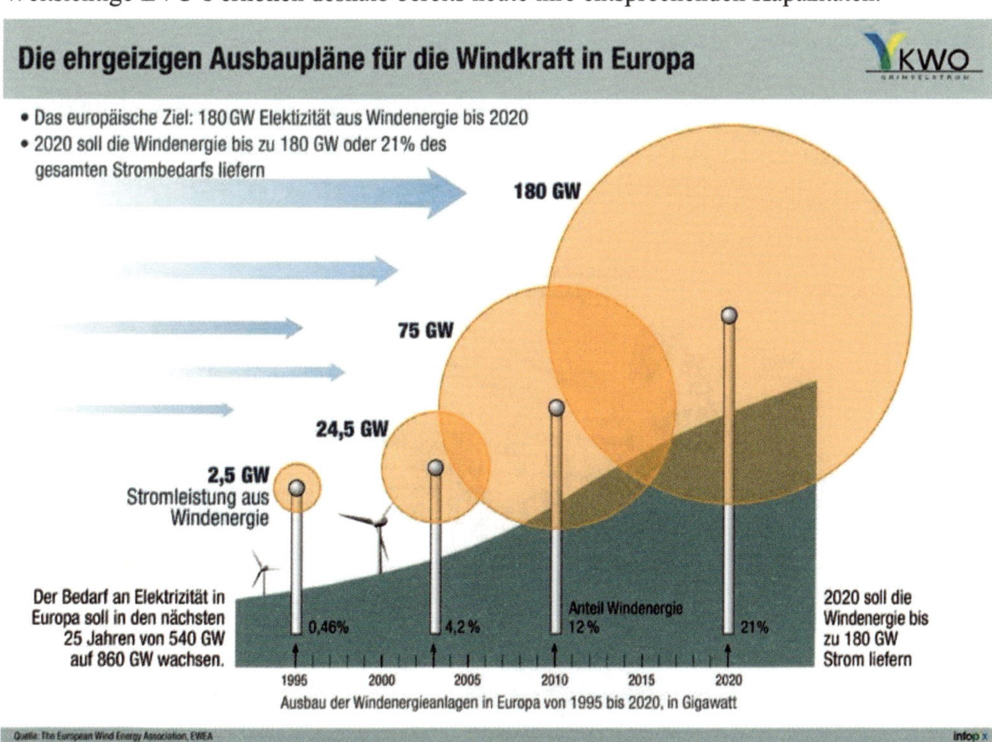

Bild 5-137:
Geplanter weiterer Ausbau der Windenergie in Europa
(Grafik: Kraftwerke Oberhasli, Datenquelle European Wind Energy Association EWEA).

Bei der Energiespeicherung variiert der Aufwand zur Lösung dieses Problems je nach dem Standort der Photovoltaikanlagen sehr stark. Sind die Photovoltaikanlagen vorwiegend für die Winterenergieproduktion ausgelegt und an Orten mit wenig Nebel aufgestellt (z.B. in den Alpen oder in Südeuropa), so genügt eine Speicherung für wenige Tage zur Überbrückung von Schlechtwetterperioden und zum Ausgleich zwischen Tag und Nacht. Dieses Problem könnte mit einem konsequenten Ausbau bestehender Speicherwerke zu Pumpspeicherwerken zu einem grossen Teil gelöst werden. Sind die Photovoltaikanlagen dagegen vorwiegend auf Gebäudedächern in Nord- und Mitteleuropa montiert und für maximale Jahresenergieproduktion optimiert, so muss ein gewisser Teil der produzierten Energie saisonal gespeichert werden, was wesentlich aufwändiger ist und wegen der erforderlichen Speichervolumina allein mit Pumpspeicherwerken vermutlich nicht realisierbar ist.

Wie bereits erwähnt, ist ein analoges Spitzenlast- und Speicherproblem auch bei der heute schon wesentlich stärker ausgebauten Windenergie vorhanden. Bei der Windenergie fällt glücklicherweise im sonnenärmeren Winterhalbjahr mehr Energie als im Sommerhalbjahr an, was einen sehr willkommenen Ausgleich zur photovoltaischen Stromproduktion darstellt.

5.2.7.5.1 Stromspeicherung in Pumpspeicherwerken

Eine mit heute bekannter und bewährter Technik machbare Lösung ist die Speicherung mit Pumpspeicherwerken (siehe Bild 5-138 und 5-139). Dabei beträgt der Gesamtwirkungsgrad (Strom-Wasser-Strom) jedoch nur gut 75%, d.h. es gehen auch bei modernen Anlagen knapp 25% der Energie verloren (Faustregel: Für die Produktion von 1 kWh Strom aus einem Pumpspeicherwerk wird etwa 1,3 kWh Pumpenergie benötigt).

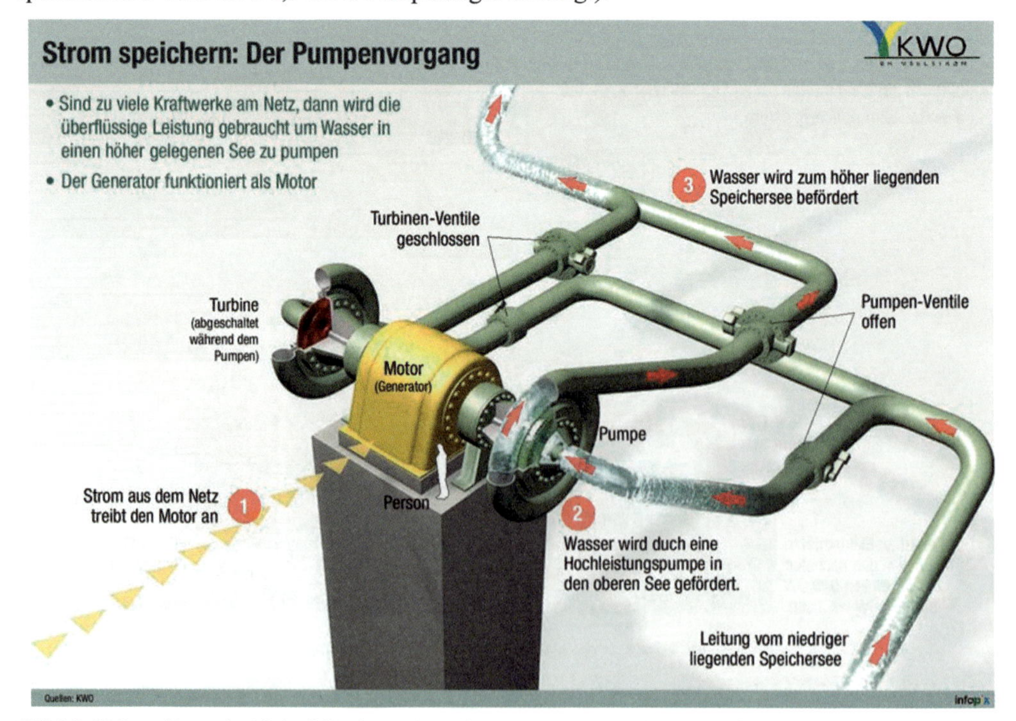

Bild 5-138: Pumpbetrieb: Mit überschüssigem, momentan billigem Strom wird bei Stromüberschuss Wasser aus einem tiefer liegenden See in einen höher liegenden Speichersee hochgepumpt (Grafik: Kraftwerke Oberhasli AG (KWO)).

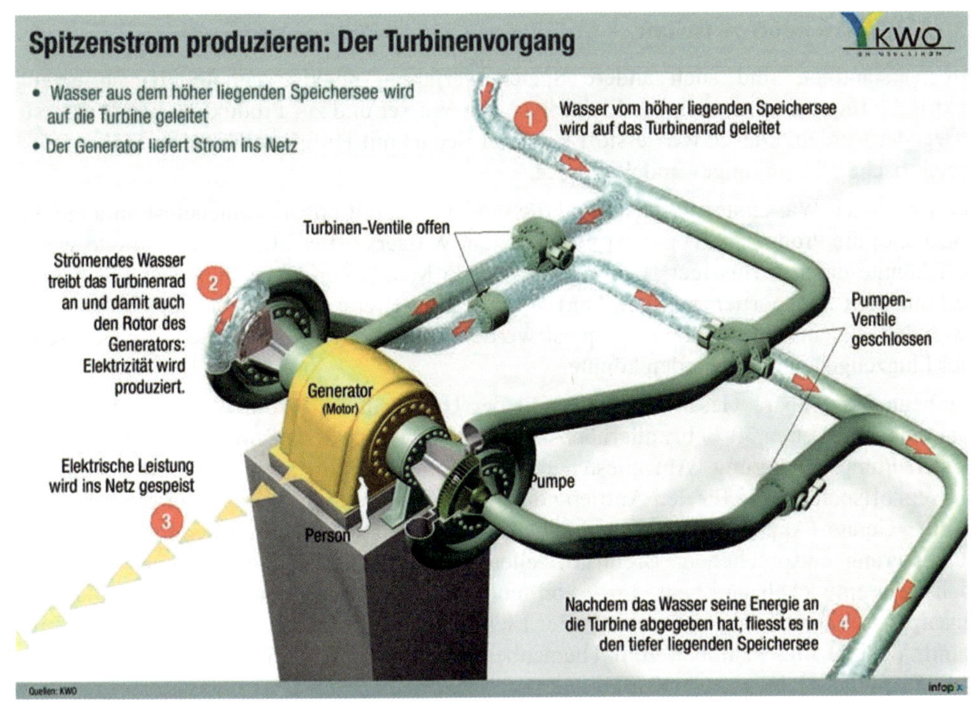

Bild 5-139: Turbinenbetrieb: Zu Zeiten, wo im Stromnetz zu wenig Strom vorhanden ist (z.B. über Mittag, oder bei zu geringer Produktion aus PV-Anlagen oder Windkraftwerken) wird das Wasser aus dem höher liegenden Speichersee auf die Turbine geleitet und damit Strom produziert (Grafik: Kraftwerke Oberhasli AG (KWO)).

Soll die Energie aus fossilen Kraftwerken und Kernkraftwerken neben der durch geothermische Kraftwerke und Biomasse-Kraftwerke produzierbaren Energie in grösserem Umfang durch die Energie von PV-Anlagen und Windenergieanlagen ersetzt werden, deren Produktion nicht dauernd verfügbar ist, muss die Anzahl der Pumpspeicherkraftwerke deutlich erhöht und die Leistung der bestehenden Speicher- und Pumpspeicherwerke nach Möglichkeit vergrössert werden, um die Netzregulation und damit die Netzstabilität sicherzustellen. Deshalb werden gegenwärtig viele neue derartige Anlagen projektiert. Allerdings erwächst vielen Pumpspeicherwerken oft Widerstand von technisch nicht genügend kompetenten grünen Politikern, die mit der grundsätzlichen technischen Problematik eines stabilen Netzbetriebs nicht vertraut sind. Auch wenn Pumpspeicherkraftwerke heute noch zur Veredelung von Strom aus fossilen und nuklearen Kraftwerken dienen können, sind sie aus den gezeigten Gründen doch für eine spätere, nur auf erneuerbaren Energien beruhende Stromversorgung unerlässlich.

Die Pumpspeicherung erhöht wegen des Energieverlustes und der Kosten der zusätzlichen Infrastruktur die Kosten des gespeicherten Stromes und verteuert damit den an sich schon teureren Strom aus Windkraftwerken und Photovoltaikanlagen. Wegen der rasant steigenden Kosten der fossilen Energie bei gleichzeitig sinkenden Kosten für Wind- und PV-Strom wird sich die Situation aber mittel- und langfristig wesentlich verbessern. Auch bei der Kernenergie dürften die Uranreserven nur noch für wenige Jahrzehnte ausreichen, zudem stellt sich dort das Problem der politischen Akzeptanz. Angesichts des weltweiten Terrorismus stellen auch die in Kernkraftwerken entstehenden radioaktiven Abfälle ein nicht zu unterschätzendes Problem dar.

5.2.7.5.2 Wasserstoffwirtschaft

Selbstverständlich sind auch andere Speicherverfahren denkbar. Photovoltaisch erzeugte elektrische Energie kann auch zur Elektrolyse von Wasser und zur Produktion von Wasserstoff verwendet werden. Dieser Wasserstoff kann bei Bedarf mit Hilfe von Brennstoffzellen wieder in elektrischen Strom umgewandelt werden.

Bei der solaren Wasserstoffwirtschaft würde in Gebieten mit hoher Sonneneinstrahlung (Wüstengebiete) die Produktion von solar produziertem Wasserstoff erfolgen. Der erzeugte Wasserstoff könnte dann in flüssiger, gasförmiger oder in Metallhydriden gebundener Form zu den Verbrauchern transportiert werden. Dort würde er mit Brennstoffzellen wieder in Strom umgewandelt, der ins Stromnetz eingespeist werden könnte oder zum Antrieb von Fahrzeugen oder Flugzeugen genutzt werden könnte.

Der heute erreichbare Gesamtwirkungsgrad der Umwandlung Strom-Wasserstoff-Strom beträgt jedoch nur etwa 30 % bis allerhöchstens 50 % und liegt deshalb weit unter dem der klassischen Pumpspeicherung. Am ehesten denkbar ist aus heutiger Sicht die Anwendung der Wasserstoffspeicherung für den Antrieb von abgasfreien Automobilen und für die Versorgung mobiler Geräte (Akkuersatz). Die Industrie arbeitet mit Hochdruck an der Entwicklung und Verbesserung entsprechender Brennstoffzellen. Grosstechnisch ist dieses Verfahren jedoch noch nicht entwickelt und heute noch viel teurer als die Pumpspeicherung. Deshalb steht der Einsatz der Wasserstoffspeicherung in der Elektrizitätswirtschaft momentan nicht im Vordergrund. Weitere Informationen zum Themenbereich Wasserstoffspeicherung sind in [Win89], [Bas87], [Sche87], [Web91], [Kur03] und [5.69] zu finden.

5.2.7.5.3 Globales elektrisches Verbundnetz

Ein globales Verbundnetz genügender Leistungsfähigkeit würde das Speicherproblem weitgehend entschärfen. Durch West-Ost-Verbindungen könnte ein Energieaustausch zwischen Gebieten mit verschiedenen Tageszeiten und durch Nord-Süd-Verbindungen ein Energieausgleich zwischen Gebieten mit verschiedenen Jahreszeiten realisiert werden. Ein derartiger globaler Verbund ist aber mit der heute verfügbaren Technologie noch nicht realisierbar, denn ein Transport von elektrischer Energie über viele 1000 km ist noch mit zu grossen Verlusten verbunden. Mit den heute üblichen Wechselstrom-Höchstspannungsleitungen betragen die Übertragungsverluste grössenordnungsmässig etwa 5 % bis 10 % pro 1000 km. Beim Einsatz von Übertragungsleitungen mit Hochspannungs-Gleichstromübertragung (HGÜ, heute erst für Punkt-Punkt-Verbindungen möglich) können die Verluste auf etwa 2,5 % bis 4 % pro 1000 km gesenkt werden.

Im Vergleich zum heutigen internationalen Energieaustausch im Höchstspannungsnetz müsste die heute vorhandene Kapazität der Übertragungsleitungen allerdings vervielfacht werden, d.h. für ein solches globales Verbundnetz wären sehr viele neue Höchstspannungsleitungen erforderlich. Dank den erzielten Fortschritten in der Technik der Supraleiter ist ein derartiges globales Verbundnetz in der Zukunft vielleicht einmal denkbar. Es würde aber auch eine globale politische Stabilität aller Staaten im Bereich dieses Verbundnetzes voraussetzen, was aus heutiger Sicht sicher wünschenswert, aber leider noch ziemlich weit von der Realität entfernt sein dürfte.

5.2.7.6 *Wirtschaftliche Konsequenzen auf den Betrieb anderer Kraftwerke*

Bisher wurden nur die rein technischen Aspekte bezüglich Netzstabilität untersucht. Kraftwerke sind aber auch wirtschaftliche Unternehmungen, die ihren Strom zu möglichst guten Bedingungen absetzen möchten, damit ihre zum Teil sehr hohen Investitionen amortisiert werden können. In der Schweiz produzieren die schnell regulierbaren Speicherwerke deshalb möglichst in Zeiten des Spitzenbedarfs, wenn der Strompreis hoch ist. Auch in anderen Ländern gibt es Kraftwerke (z.B. mit Öl oder Erdgas betriebene Gasturbinenkraftwerke), die sich auf die Produktion von Spitzenenergie spezialisiert haben und wegen der kürzeren Betriebszeit einen höheren Preis pro Kilowattstunde erzielen müssen als andere Kraftwerke. Wenn nun diese Werke ihre Produktion ausgerechnet zu diesen Zeiten drosseln müssen, damit das Netz die Leistung von vielen PV- und Windenergieanlagen aufnehmen kann, und stattdessen in Schwachlastperioden produzieren müssen, wenn der Strompreis tiefer ist, sinken ihre Einnahmen aus dem Stromverkauf. Wie bereits erwähnt, hätte ein grosser Anteil photovoltaisch erzeugter Energie auch entsprechende Auswirkungen auf die Strompreise, d.h. tendenziell dürften dann die Tagesstrompreise eher sinken und die Nachtstrompreise eher steigen.

Die Kraftwerke stehen wegen der aus politischen Gründen verordneten Liberalisierung des Strommarktes gegenwärtig unter einem starken Kostendruck und werden sich deshalb gegen eine derartige Verschiebung ihrer Produktionszeiten aus wirtschaftlichen Gründen verständlicherweise zur Wehr setzen. Es muss dabei aber klar zwischen wirtschaftlichen Problemen und technischen Problemen unterschieden werden. Ein Vorschieben technischer Probleme zur Wahrung wirtschaftlicher Interessen ist unseriös und unzulässig. Eine Gefährdung der Existenz umweltfreundlicher Wasserkraftwerke oder gar Speicherkraftwerke aus wirtschaftlichen Gründen wäre natürlich äusserst unerwünscht. An Schlechtwettertagen, in der Nacht und bei Flauten ist das Netz auf derartige Spitzenlastkraftwerke angewiesen. Wenn wirklich ein politischer Wille zum massiven Einsatz erneuerbarer Energie aus photovoltaischen, solarthermischen und Wind-Kraftwerken besteht, sind sicher Abgeltungsmechanismen zum Ausgleich entsprechender wirtschaftlicher Verluste bei bestehenden Kraftwerken realisierbar. Irgendwann ist eine Umstellung auf erneuerbare Energien wegen der beschränkten Ressourcen ja ohnehin notwendig, denn sämtliche nicht erneuerbaren Energien sind endlich. Wird diese Umstellung allzu lange nicht vorgenommen, werden im Zeitpunkt der dann einmal durch äussere Umstände erzwungenen Umstellung schwere (möglicherweise nicht nur wirtschaftliche) Probleme entstehen.

Die Liberalisierung des Strommarktes mit der von oben vorgeschriebenen Trennung zwischen Produktion und Verteilung bringt aber für die Photovoltaik durchaus auch gewisse Vorteile. Es ist dann nicht mehr möglich, dass ein EVU sich generell gegen die Einspeisung von photovoltaisch erzeugtem Strom zur Wehr setzt und seine Übernahme verweigert. Im Rahmen der entsprechenden gesetzlichen Anpassungen wird (oder wurde bereits) in mehreren Ländern Europas eine Förderung von Strom aus Photovoltaik- und Windenergieanlagen durch eine höhere Einspeisevergütung analog dem EEG in Deutschland eingeführt.

In der Schweiz tritt ab dem 1. Januar 2008 ein analoges (allerdings für die Photovoltaik vorerst relativ bescheidenes) Fördermodell für neue erneuerbare Energien in Kraft, das durch eine Abgabe von maximal 0,6 Rp./kWh auf der auf dem Hochspannungsnetz übertragenen Energie finanziert wird. Neben Kleinwasserkraftwerken werden auch Windenergieanlagen, Biomasse-Kraftwerke, Geothermieanlagen und Photovoltaikanlagen unterstützt.

Im Gegensatz zu Deutschland sind die für diese Förderung verfügbaren Mittel aber von vorneherein beschränkt. Solange die Kosten von Photovoltaikanlagen noch relativ hoch sind, ist der für sie verfügbare Anteil vorerst noch sehr bescheiden (zu Beginn, solange die ungedeckten Mehrkosten für PV-Strom ca. 50 Rp./kWh übersteigen, 5% der Gesamtsumme von ca. 300 Millionen Fr. pro Jahr). Die vorgesehenen Einspeisevergütungen für Photovoltaikanlagen (gemäss Vernehmlassungsentwurf der Energieverordnung vom 27.6.2007) sind in Tabelle 5.14 angegeben. Darin ist eine spezielle Förderung von im Dach oder in der Fassade von Bauwerken integrierten Anlagen vorgesehen. Für solche Anlagen ist die Vergütung gemäss dem aktuellen Wechselkurs sogar etwas höher als in Deutschland. Für Anlagen, die auf dem Dach oder an der Fassade montiert sind, ist die Vergütung aber leicht tiefer als in Deutschland. Noch tiefer liegen die vorgesehenen Einspeisetarife für freistehende Anlagen im Gelände.

Tabelle 5.14: EnV-Einspeisetarife (in Rp./kWh) in der Schweiz ab 2008 (für seit dem 1.1.2006 in Betrieb genommene PV-Anlagen) nach dem Vernehmlassungsentwurf zur Energieverordnung (EnV) vom 27.6.2007. Die Vergütung wird in konstanter Höhe während 20 Jahren bezahlt. Für Anlagen mit Nennleistung >10 kW wird die Vergütung anteilsmässig über die Leistungsklassen berechnet. Die Vergütung reduziert sich ab 2009 für später in Betrieb genommene Anlagen um 5% pro Jahr.

Anlagenleistung	Freistehend	Angebaut	Integriert
≤ 10 kW	59 Rp./kWh	72 Rp./kWh	98 Rp./kWh
≤ 30 kW	53 Rp./kWh	66 Rp./kWh	88 Rp./kWh
≤ 100 kW	50 Rp./kWh	56 Rp./kWh	72 Rp./kWh
> 100 kW	46 Rp./kWh	50 Rp./kWh	66 Rp./kWh

Beim Abschluss des Manuskriptes befand sich dieser Entwurf in der Vernehmlassung. Auf Grund der Resultate dieser Vernehmlassung sind noch Anpassungen möglich. Geplante Inkraftsetzung: 1.1.2008, Beginn der Vergütung voraussichtlich ab 1.10.2008.

5.2.7.7 Zusammenfassung und Ausblick

Es wurde gezeigt, dass im bestehenden Netz rein technisch ohne grössere Probleme etwa 15 bis 20 % der elektrischen Energie von netzgekoppelten PV-Anlagen produziert werden kann. Dies hat aber wesentliche Auswirkungen auf den Netzbetrieb und die Wirtschaftlichkeit bestehender Kraftwerke. Durch zusätzliche technische und tarifliche Massnahmen und Energieaustausch in ganz Europa könnte dieser Anteil wahrscheinlich bis auf 20 bis 25 % gesteigert werden. Dazu wäre aber ein gewisser Ausbau des europaweiten Höchstspannungsnetzes erforderlich. Soll diese Grenze überschritten werden, müssen zusätzliche Speichermöglichkeiten geschaffen und die Infrastruktur des Netzes weiter ausgebaut werden. Dies ist möglich durch den Ausbau bestehender Speicherwerke zu Pumpspeicherwerken und den Neubau weiterer Pumpspeicherwerke oder durch den Einsatz neuer, heute noch nicht vollständig entwickelter Technologien. Auch die Windenergie könnte einen ähnlichen Beitrag leisten. In all diesen Fällen entstehen jedoch zunächst Zusatzkosten, für deren Deckung volkswirtschaftlich tragbare Modelle entwickelt werden müssen. Durch die laufende Verteuerung der konventionellen Energien dürfte sich dieses Problem jedoch längerfristig von selbst lösen.

5.3 Literatur zu Kapitel 5

[5.1] D. Berndt (Hrsg.): "Bleiakkumulatoren (Varta)". 11. Aufl., VDI-Verlag, 1986, ISBN 3-18-400534-8.

[5.2] D.U. Sauer, H. Schmidt: "Speicher für elektrische Energie in Photovoltaik-Anlagen", in [Rot97].

[5.3] EXIDE Technologies: "Handbuch für verschlossene Gel-Blei-Batterien – Teil 1: Grundlagen, Konstruktion, Merkmale". Ausgabe 3, März 2005.

[5.4] EXIDE Technologies: "Handbuch für verschlossene Gel-Blei-Batterien – Teil 2: Montage, Inbetriebsetzung und Betrieb". Ausgabe 9, März 2005.

[5.5] EXIDE Technologies: "Handbuch für geschlossene Classic-Batterien – Teil 2: Montage, Inbetriebsetzung und Betrieb". Ausgabe 1, März 2005.

[5.6] J. Jost und S. Wagner: "Aufbau eines Messplatzes für Inselbetriebs-Wechselrichter". Diplomarbeit Ingenieurschule Burgdorf (ISB), 1997 (interner Bericht).

[5.7] Europäische Norm EN61000-2-2(2002): "Elektromagnetische Verträglichkeit (EMV). Teil 2: Umweltbedingungen. Abschnitt 2: Verträglichkeitspegel für niederfrequente leitungsgeführte Störgrössen und Signalübertragung in öffentlichen Niederspannungsnetzen".

[5.8] K. Preiser, G. Bopp: "Die Wahl der geeigneten Netzform in photovoltaischen Inselsystemen", in [Rot97].

[5.9] A. Neuheimer, P. Adelmann u.a.: "Hot-Spots durch Shuntregler – Schäden in der Praxis dokumentiert". 20. Symp. PV Solarenergie, Staffelstein, 2005.

[5.10] H. Häberlin und M. Kämpfer. "Optimale DC-Betriebsspannung bei Netzverbundanlagen". 20. Symp. PV Solarenergie, Staffelstein, 2005 (siehe www.pvtest.ch).

[5.11] F. Zach: "Leistungselektronik - Bauelemente, Leistungskreise, Steuerungskreise, Beeinflussungen". Springer Verlag, Wien, 1988, ISBN 3-211-82028-0.

[5.12] H. Schmidt, B. Burger, Ch. Siedle: "Gefährdungspotenzial transformatorloser Wechselrichter – Fakten und Gerüchte". 18. Symp. PV Solarenergie, Staffelstein, 2003.

[5.13] Schweizerischer Elektrotechnischer Verein: "Provisorische Sicherheitsvorschriften für Wechselrichter für photovoltaische Stromerzeugungsanlagen - 3.3kVA einphasig / 10kVA dreiphasig". 1. Ausgabe März 1993 (heute aufgehoben).

[5.14] EN61000-3-2 (2000): "Elektromagnetische Verträglichkeit (EMV), Teil 3-2: Grenzwerte – Grenzwerte für Oberschwingungsströme (Geräte-Eingangsstrom ≤ 16A je Leiter)".

[5.15] EN61000-3-3+A1(2000): "Elektromagnetische Verträglichkeit (EMV), Teil 3-3: Grenzwerte – Begrenzungen von Spannungsänderungen, Spannungsschwankungen und Flicker in öffentlichen Niederspannungsnetzen für Geräte mit einem Bemessungsstrom ≤ 16A je Leiter)".

[5.16] EN61000-3-11 (2001): "Elektromagnetische Verträglichkeit (EMV), Teil 3-11: Grenzwerte – Begrenzungen von Spannungsänderungen, Spannungsschwankungen und Flicker in öffentlichen Niederspannungsnetzen für Geräte mit einem Bemessungsstrom ≤ 75A, die einer Sonderanschlussbewilligung unterliegen".

[5.17] EN61000-3-12(2004): "Elektromagnetische Verträglichkeit (EMV), Teil 3-12: Grenzwerte – Grenzwerte für Oberschwingungsströme in öffentlichen Niederspannungsnetzen für Geräte mit einem Bemessungsstrom ≤ 75A, die einer Sonderanschlussbewilligung unterliegen".

[5.18] EN50160(1999): "Merkmale der Spannung in öffentlichen Stromversorgungsnetzen".

[5.19] "Technische Regeln zur Beurteilung von Netzrückwirkungen, Oktober 2004". Erhältlich bei VSE, CH-5001 Aarau, bei VDN, D-10115 Berlin oder VEÖ, A-1040 Wien.

[5.20] IEC61727(2004): "Photovoltaic (PV) Systems – Characteristics of the utility interface".

[5.21] EN55014, Aenderung 1 / Oktober 1988: "Grenzwerte und Messverfahren für Funkstörungen von Elektro-Haushaltgeräten u. ä.".

[5.22] European Standard EN50081-1 (February 1991): "Electromagnetic compatibility – Generic emission standard. Generic standard class: Domestic, commercial and light industry" (heute aufgehoben).

[5.23] EN61000-6-3+A11(2004): "Elektromagnetische Verträglichkeit (EMV). Teil 6-3: Fachgrundnormen – Fachgrundnorm Störausendung – Wohnbereich, Geschäfts- und Gewerbebereiche sowie Kleinbetriebe".

[5.24] H. Häberlin: "New DC-LISN for EMC-Measurements on the DC side of PV Systems: Realisation and first Measurements at Inverters".
Proc. 17th EU PV Conf., Munich, Germany, 2001.

[5.25] N. Henze, G. Bopp, T. Degner, H. Häberlin und S. Schattner: "Radio Interference on the DC Side of PV Systems: Research Results and Limits of Emission".
Proc. 17th EU PV Conf., Munich, Germany, 2001.

[5.26] DIN VDE 0126 (1999-04): "Selbsttätige Freischaltstelle für Photovoltaikanlagen mit einer Nennleistung ≤ 4,6 kVA und einphasiger Paralleleinspeisung über Wechselrichter in das Netz der öffentlichen Versorgung".

[5.27] DIN V VDE V 0126-1-1 (2006-02): "Selbsttätige Freischaltstelle zwischen einer netzparallelen Eigenerzeugungsanlage und dem öffentlichen Niederspannungnetz".

[5.28] B. Verhoeven: "Probability of Islanding in Utility Networks due to Grid-Connected PV Power Systems". Report IEA PVPS T5-07: 2002, September 2002.

[5.29] N. Cullen, J. Thornycroft, A. Collinson: "Risk Analysis of Islanding of Photovoltaic Power Systems within Low Voltage Distribution Networks".
Report IEA PVPS T5-08: 2002, March 2002.

[5.30] J.D. Graf und H. Häberlin: "Qualitätssicherung von Photovoltaikanlagen".
Schlussbericht des BFE-Projektes DIS 2744 / 61703, ENET Nr. 200023, Juli 2000.

[5.31] W. Bower, D. Ropp: "Evaluation of Islanding Detection Methods for Photovoltaic Utility-Interactive Power Systems". Report IEA PVPS T5-09: 2002, March 2002.

[5.32] U. Lappe: "Selbsttätige Freischaltstelle für Eigenerzeugungsanlagen einer Nennleistung ≤ 4,6kVA bzw. bei Photovoltaikanlagen ≤ 5kWp mit einphasiger Paralleleinspeisung in das Netz der öffentlichen Versorgung".
10. Symposium Photovoltaische Solarenergie, Staffelstein, März 1995.

[5.33] H. Häberlin and J. Graf: "Islanding of Grid-connected PV Inverters: Test Circuits and some Test Results".
Proc. 2nd World Conf. on Photovoltaic Energy Conversion, Vienna, Austria, 1998.

[5.34] IEC-Dokument 82/402/CD (Entwurf für Norm IEC62116): "Testing Procedure of Islanding prevention Measures for Utility Interactive Photovoltaic Inverters", 2005.

[5.35] R. Hotopp: "Private Phtovoltaik-Stromerzeugungsanlagen im Netzparallelbetrieb", Oktober 1990. RWE Energie AG, Essen.

[5.36] S. Verhoeven: "New Dutch Guidelines for Dispersed Power Generators". Proc. Workshop on Grid Interconnection of PV Systems, IEA PVPS Task V, Zurich, Sept. 1997.

[5.37] H. Häberlin, H.P. Nyffeler und D. Renevey: "Photovoltaik-Wechselrichter für Netzverbundanlagen im Vergleichstest". SEV/VSE-Bulletin 10/1990.

[5.38] H. Häberlin: "Photovoltaik-Wechselrichter für Netzverbundanlagen - Normen, Vorschriften, Testergebnisse, Probleme, Lösungsmöglichkeiten". Elektroniker 6/1992 und 7/1992.

[5.39] H. Häberlin und H.R. Röthlisberger: "Neue Photovoltaik-Wechselrichter im Test". SEV/VSE-Bulletin 10/1993.

[5.40] H. Häberlin und H.R. Röthlisberger: "Vergleichsmessungen an Photovoltaik-Wechselrichtern". Schlussbericht BEW-Projekt EF-REN(89)045, 1993.

[5.41] H. Häberlin: "Vergleichsmessungen an Photovoltaik-Wechselrichtern". 9. Symposium Photovoltaische Sonnenenergie, Staffelstein, März 1994.

[5.42] H. Häberlin, F. Käser, Ch. Liebi und Ch. Beutler: "Resultate von neuen Leistungs- und Zuverlässigkeitstests an Wechselrichtern für Netzverbundanlagen ". 11. Symposium Photovoltaische Sonnenenergie, Staffelstein, März 1996.

[5.43] H. Häberlin, F. Käser, Ch. Liebi und Ch. Beutler: "Resultate von neuen Leistungs- und Zuverlässigkeitstests an Photovoltaik-Wechselrichter für Netzverbundanlagen". SEV/VSE-Bulletin 10/1996.

[5.44] C. Liebi, H. Häberlin und Ch. Beutler: "Aufbau einer Testanlage für PV-Wechselrichter bis 60kW". Schlussbericht BEW-Projekt DIS 2744 / ENET Nr. 9400561, Jan. 1997.

[5.45] Ch. Renken und H. Häberlin: "Langzeitverhalten von netzgekoppelten Photovoltaikanlagen 2 (LZPV2)". Schlussbericht BFE-Projekt DIS 39949 / 79765, September 2003.

[5.46] H. Häberlin: "Fotovoltaik-Wechselrichter werden immer besser – Entwicklung der Fotovoltaik-Wechselrichter für Netzverbundanlagen 1989-2000". Elektrotechnik 12/2000.

[5.47] H. Häberlin: "Entwicklung der Photovoltaik-Wechselrichter für Netzverbundanlagen 1989 - 2000". 16. Symposium Photovoltaische Solarenergie , Staffelstein / BRD, 2001.

[5.48] H. Häberlin: "Resultate von Tests an neueren Photovoltaik-Wechselrichtern für Netzverbundanlagen". SEV/VSE-Bulletin 10/2001.

[5.49] H. Häberlin: "Wirkungsgrade von Photovoltaik-Wechselrichtern – Bessere Charakterisierung von Netzverbund-Wechselrichtern mit den neuen Grössen 'Totaler Wirkungsgrad' und 'Dynamischer MPPT-Wirkungsgrad' ". Elektrotechnik 2/2005.

[5.50] H. Häberlin, L. Borgna, M. Kämpfer und U. Zwahlen: "Totaler Wirkungsgrad – ein neuer Begriff zur besseren Charakterisierung von Netzverbund-Wechselrichtern". 20. Symposium Photovoltaische Solarenergie , Staffelstein / BRD, 2005.

[5.51] H. Häberlin, M. Kämpfer und U. Zwahlen: "Neue Tests an Photovoltaik-Wechselrichtern: Gesamtübersicht über Testergebnisse und gemessene totale Wirkungsgrade". 21. Symposium Photovoltaische Solarenergie , Staffelstein / BRD, 2006.

[5.52] H. Häberlin, M. Kämpfer und U. Zwahlen: "Messung des dynamischen Maximum-Power-Point-Trackings bei Netzverbund-Wechselrichtern". 21. Symposium Photovoltaische Solarenergie , Staffelstein / BRD, 2006.

[5.53] W. Vassen: "Technische Begleitung des 1000-Dächer Programms - Messungen an netzgekoppelten Wechselrichtern". 8. Symposium Photovoltaik, Staffelstein, März 1993.

[5.54] W. Knaupp: "Wechselrichter-Technik, Kenngrössen und Trends". 8. Symposium Photovoltaische Sonnenenergie, Staffelstein, März 1993.

[5.55] Ch. Bendel, G. Keller und G. Klein: "Ergebnisse von Messungen an Photovoltaik-Wechselrichtern". 8. Symposium Photovoltaik, Staffelstein, März 1993.

[5.56] F. Hummel, H. Müh, R. Wenisch: "Sieben Wechselrichter im Test". Sonnenenergie & Wärmetechnik 1/95.

[5.57] M. Jantsch, M. Real, H. Haeberlin et al.: "Measurement of PV Maximum Power Point Tracking Performance". 14. EU PV Conf., Barcelona, 1997.

[5.58] H.Haeberlin: "Evolution of Inverters for Grid connected PV-Systems from 1989 to 2000". 17th EU PV Conf. Munich, 2001.

[5.59] F. Baumgartner et al: "MPP Voltage Monitoring to optimise Grid-Connected PV Systems ". 19th EU PV Conf. Paris, 2004.

[5.60] H.Haeberlin and L. Borgna: "A new Approach for Semi-Automated Measurement of PV Inverters, especially MPP Tracking Efficiency, using a Linear PV Array Simulator with High Stability ". 19th EU PV Conf. Paris, 2004.

[5.61] B. Burger: "Auslegung und Dimensionierung von Wechselrichtern für netzgekoppelte PV-Anlagen". 20. Symposium Photovoltaik, Staffelstein, 2005.

[5.62] A. Woyte et al.: "Unterdimensionieren des Wechselrichters bei der Netzkopplung – Wo liegt das Optimum?". 18. Symposium Photovoltaik, Staffelstein, 2003.

[5.63] K. -Kiefer: "Erste Auswertungen aus dem Intensiv-Mess- und Auswerteprogramm (I-MAP) des 1000-Dächer-PV-Programms". 9. Symp. Photovoltaik, Staffelstein, 1994.

[5.64] SEV-Norm SEV3600-2.1987 (abgelöst): "Begrenzung von Beeinflussungen in Stromversorgungsnetzen (Oberschwingungen und Spannungsänderungen), Teil 2 : Erläuterungen und Berechnungen".

[5.65] H. Schmidt, B. Burger, K. Kiefer: "Welcher Wechselrichter für welche Modultechnologie?". 21. Symp. Photovoltaik, Staffelstein, 2006.

[5.66] "Schweizerische Elektrizitätsstatistik 2004", unter www.bfe.admin.ch herunterladbar, auch erschienen im SEV/VES-Bulletin 12/2005.

[5.67] S. Gölz, G. Bopp, B .Buchholz, R. Pickham: "Waschen mit der Sonne – Direkter Verbrauch von lokal erzeugtem PV Strom durch gezielte Lastverschiebung in Privathaushalten". 21. Symp. Photovoltaik, Staffelstein, 2006.

[5.68] Ch. Bendel, M. Braun, D. Nestle, J. Schmid, P. Strauss: "Energiemanagement in der Niederspannungsversorgung mit dem Bidirektionalen Energiemanagement Interface (BEMI) – Technische und wirtschaftliche Entwicklungslösungen". 21. Symp. Photovoltaik, Staffelstein, 2006.

[5.69] Elektrowatt Ingenieurunternehmung AG: "Alternative Energie Wasserstoff". EGES-Schriftenreihe Nr. 5, EDMZ Bern, Juli 1987.

[5.70] H. Häberlin: "Neue Tests an Netzverbund-Wechselrichtern unter spezieller Berücksichtigung des dynamischen Maximum-Power-Point-Trackings". Elektrotechnik 7-8/2006.

Ferner: [Köt94], [Luq03], [Mar03], [Qua03], [Rot97], [Sch00], [Wag06].

Hinweis:

Neuere Publikationen des Autors sind von www.pvtest.ch > Publikationen herunterladbar!

6 Blitzschutz von Photovoltaikanlagen

Infolge der relativ geringen Leistungsdichte der Sonnenstrahlung ist der Flächenbedarf von Photovoltaikanlagen ziemlich gross. In Deutschland muss mit etwa 1 bis 4 und in der Schweiz mit etwa 3 bis 6 Blitzeinschlägen pro Quadratkilometer und Jahr gerechnet werden [Has89], [Deh05], [6.1]. In Österreich gelten ähnliche Werte wie in der Schweiz. Wegen der Klimaerwärmung dürften diese Werte in Zukunft tendenziell eher steigen. An sehr exponierten Standorten (z.B. in den Alpen oder im Tessin) kann diese Zahl lokal noch etwas höher liegen. In subtropischen und tropischen Gebieten muss sogar mit 30 bis 70 Einschlägen pro km^2 und Jahr gerechnet werden [Pan86]. Tragstrukturen und Rahmen von Solarzellenmodulen sind häufig aus Metall und deshalb gute Blitzfänger. Solargeneratoren aus rahmenlosen Modulen auf nichtmetallischen Tragkonstruktionen sind durch Blitzschläge aber genauso gefährdet, da in jedem Fall eine Verkabelung mit metallischen Leitern unumgänglich ist. Ein Blitzschlag in einen Solargenerator kann nicht nur Solarmodule, sondern auch die Elektronik der Photovoltaikanlage (Laderegler, Wechselrichter usw.) beschädigen und eventuell sogar Menschen gefährden. *Es ist aber klar festzuhalten, dass eine Photovoltaikanlage das Risiko eines Blitzeinschlages in ein Gebäude prinzipiell nicht erhöht.*

Ein absoluter Schutz gegen Schäden durch direkte Blitzschläge ist auch bei sehr hohem Aufwand praktisch nicht erreichbar. Es ist aber möglich, mit vernünftigem Aufwand einen sinnvollen Blitzschutz zu realisieren, der die Gefahr von Personenschäden und Bränden elimiert und eventuelle Anlageschäden begrenzt.

Eine PV-Anlage ist nicht nur durch direkte Blitzeinschläge in die Anlage oder das Gebäude, auf dem sich die Anlage befindet, gefährdet. Schäden sind auch durch *indirekte Blitzeinwirkungen* wegen Naheinschlägen in der näheren Umgebung (z.B. in Nachbargebäude) möglich. Netzgekoppelte Anlagen sind auch durch Überspannungen vom Netz gefährdet. Solche indirekten Blitzeinwirkungen sind viel häufiger als direkte Blitzeinschläge. Der Aufwand zur Vermeidung von Schäden wegen Naheinschlägen ist allerdings deutlich geringer. Es sollte daher bei jeder PV-Anlage mindestens ein ausreichender Schutz gegen Naheinschläge vorgesehen werden.

Will man nicht nur Rezepte anwenden, sondern etwas in die Materie eindringen, kann der Blitzschutz von PV-Anlagen nicht isoliert betrachtet werden. Deshalb erfolgt hier unter Verwendung sinnvoller Näherungen zunächst eine Einführung in die allgemeinen Prinzipien des Blitzschutzes.

6.1 Wahrscheinlichkeit von direkten Blitzeinschlägen

Aus dem geometrischen Abmessungen von baulichen Anlagen und ihrer lokalen Umgebungssituation lässt sich die Wahrscheinlichkeit eines direkten Einschlages abschätzen [Deh05], [6.2], [6.21]. Jede bauliche Anlage empfängt nicht nur die auf ihre eigene Grundfläche entfallende Anzahl Blitze, sondern mit zunehmender Höhe auch einen Teil der eigentlich für ihre Umgebung bestimmten Blitze. Man erhält die Kontur der äquivalenten Fangfläche A_d, indem man die Linie bestimmt, von der aus das Gebäude oder das Objekt unter einem Winkel von 18,4° gesehen wird, was einer Steigung von 1:3 entspricht (siehe Bild 6-1). Bei einfachen Gebäuden mit rechteckigem Grundriss kann man A_d wie folgt berechnen:

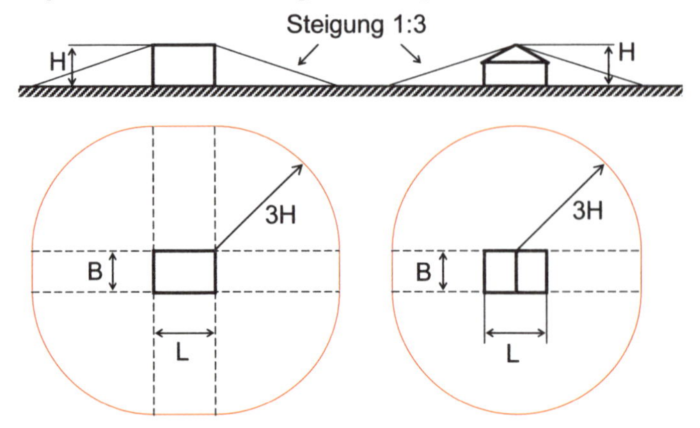

Bild 6-1: Äquivalente Blitz-Fangflächen A_d von Gebäuden mit rechteckigem Grundriss mit Flachdach und Satteldach.

Äquivalente Fangfläche bei rechteckigem Gebäude mit Flachdach:

Fangfläche eines Gebäudes mit Flachdach: $A_d = L \cdot B + 6 \cdot H \cdot (L+B) + 9 \cdot \pi \cdot H^2$ (6.1)

Äquivalente Fangfläche bei rechteckigem Gebäude mit Satteldach (Dachneigung > 18,4°):

Fangfläche eines Gebäudes mit Satteldach: $A_d = 6 \cdot H \cdot B + 9 \cdot \pi \cdot H^2$ (6.2)

Äquivalente Fangfläche eines Mastes der Höhe H:

Fangfläche eines Mastes: $A_d = 9 \cdot \pi \cdot H^2$ (6.3)

wobei L = Gebäudelänge (senkrecht zum Giebel bei Satteldach mit Dachneigung > 18,4°),
B = Gebäudebreite, H = Gebäudehöhe resp. Masthöhe.

Nach [6.2] und [6.21] kann man damit die durchschnittliche jährliche Anzahl Direkteinschläge N_D in eine bauliche Anlage wie folgt abschätzen:

Durchschnittliche jährliche Anzahl Direkteinschläge: $N_D = N_g \cdot A_d \cdot C_d \cdot 10^{-6}$ (6.4)

Dabei ist:

N_g mittlere Anzahl Erdblitze (in Blitzen pro km² und Jahr) am jeweiligen Standort: Deutschland: ca. 1 - 4 (kleinere Werte im Norden, grössere im Süden und in Hügellagen). Schweiz + Österreich: Flachland/Alpennordseite ca. 3 - 4, Alpen + Alpensüdseite 5 - 6.

A_d die gemäss (6.1) ... (6.3) bestimmte äquivalente Fangfläche im m² der baulichen Anlage

C_d der Umgebungskoeffizient gemäss Tab. 6.1, der die Art der Umgebung berücksichtigt.

Tabelle 6.1: Werte für den Umgebungskoeffizienten C_d [6.21]

Lage der baulichen Anlage in Bezug auf die Umgebung (besonders im Abstand 3H)	C_d
Bauliche Anlage von Objekten oder Bäumen gleicher oder grösserer Höhe umgeben	0,25
Bauliche Anlage von Objekten oder Bäumen gleicher oder kleinerer Höhe umgeben	0,5
Freistehende bauliche Anlage, keine weiteren Objekte in der Nachbarschaft	1
Freistehende bauliche Anlage auf einer Bergspitze oder Kuppe	2

Bei sehr hohen Gebäuden mit Höhen über etwa 100 m liefert Gleichung (6.4) zu kleine Werte. Bei grossen vertikalen Strukturen (Sendetürme über 150 m) können bis zu einige 10 Einschläge pro Jahr auftreten [Has89].

6.1.1 Beispiele zur Berechnung der jährliche Anzahl Direkteinschläge N_D

Je nach Standort und Umgebungssituation erhält man stark unterschiedliche Werte für N_D.

Als Beispiel sollen die N_D-Werte für zwei verschiedene Gebäude A und B an vier Standorten bestimmt werden:

Gebäude A: Einfamilienhaus mit Satteldach, L = 10 m, B = 8 m, H = 8 m, A_d = 2194 m²

Gebäude B: Fabrikgebäude mit Flachdach, L = 30 m, B = 20 m, H = 20 m, A_d = 17910 m²

Betrachtete Standorte:

1) Norddeutschland, N_g = 1,5 Einschläge/km²/a, viele Nachbargebäude grösserer Höhe

2) Mitteldeutschland, N_g = 3 Einschläge/km²/a, nur Nachbargebäude geringerer Höhe

3) Schweiz (Alpennordseite), N_g = 4 Einschläge/km²/a, freistehendes Gebäude

4) Schweiz (Alpensüdseite), N_g = 6 Einschläge/km²/a, freistehendes Gebäude auf Kuppe

Tabelle 6.2: Durchschnittliche jährliche Anzahl Direkteinschläge in zwei verschiedene Gebäude an vier unterschiedlichen Standorten.

Standort	N_g Erdblitze pro km² und Jahr	C_d	Gebäude A (EFH)		Gebäude B (Fabrik)	
			N_D pro Jahr	Jahre zwischen 2 Einschlägen	N_D pro Jahr	Jahre zwischen 2 Einschlägen
1	1,5	0,25	0,00082	1215	0,0067	149
2	3	0,5	0,00329	304	0,0269	37,2
3	4	1	0,00877	114	0,0716	14,0
4	6	2	0,0263	38	0,215	4,7

Bei tiefen Werten von N_D kann es aus wirtschaftlichen Gründen sinnvoll sein, auf einen Schutz gegen die Folgen direkter Blitzeinschläge zu verzichten und das Gebäude einfach genügend zu versichern (z.B. bei Einfamilienhäusern im Flachland, besonders in dicht überbauten Wohnquartieren). Bei grösseren und höheren Gebäuden im Flachland sowie bei exponierten Gebäuden im Gebirge (besonders wenn noch Freileitungen oder Drahtseile von Seilbahnen angeschlossen sind) ist dagegen eine Blitzschutzanlage empfehlenswert.

6.2 Kennwerte und prinzipielle Auswirkungen von Erdblitzen

Blitzströme sind kurzzeitige, sehr intensive Stossströme. Bild 6-2 zeigt den prinzipiellen Verlauf eines solchen Blitzstroms. In sehr kurzer Zeit erfolgt der Anstieg auf einen sehr hohen Spitzenwert i_{max} . Der anschliessende Abfall auf 0 dauert dagegen viel länger. Man unterscheidet drei prinzipielle Arten von Blitzen (siehe Kap. 6.2.1):

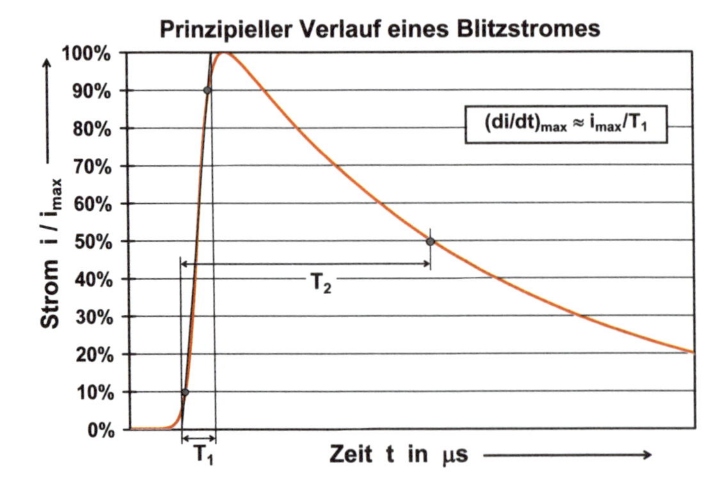

Bild 6-2:
Prinzipieller Verlauf eines Blitzstroms.
T_1 = Stirnzeit
T_2 = Rückenhalbwertszeit

6.2.1 Arten von Blitzen

- **Erster Teilblitz (positiv oder negativ):**

  Erstblitze weisen die höchsten maximalen Stromwerte auf und erwärmen von ihnen durchflossene Leiter am stärksten. Der Maximalwert i_{max} kann im Extremfall Werte von 100 kA bis 200 kA erreichen, ist bei einem durchschnittlichen Erstblitz aber deutlich kleiner (etwa 30 kA). Die maximale Stromanstiegsgeschwindigkeit di/dt_{max} ist meist kleiner als bei negativen Folgeblitzen. Typische Werte für die Stirnzeit T_1 sind etwa 10 µs, für die Rückenhalbwertszeit T_2 etwa 350 µs. Von den kurzzeitigen Blitzstossströmen transportieren Erstblitze die grössten Ladungen Q_S.

- **Negative Folgeblitze:**

  Derartige Blitze benützen einen bereits durch einen unmittelbar vorangegangenen Blitz ionisierten Blitzkanal, können somit viel rascher auf ihren Maximalwert ansteigen und erreichen deshalb die höchsten Werte für die Stromanstiegsgeschwindigkeit di/dt_{max} (Maximalwerte zwischen 100 kA/µs und 200 kA/µs, bei einem durchschnittlichen Folgeblitz etwa 25 kA/µs). Folgeblitze erzeugen in benachbarten Leiterschleifen deshalb die höchsten induzierten Spannungen. Die Maximalwerte i_{max} von Folgeblitzen sind deutlich kleiner als bei Erstblitzen und können im Extremfall Werte von 25 kA bis 50 kA erreichen. Typische Werte für die Stirnzeit T_1 sind etwa 0,25 µs, für die Rückenhalbwertszeit T_2 etwa 100 µs.

- **Langzeitströme (positiv oder negativ):**

  Derartige Blitze erreichen nur relativ kleine Stromstärken von maximal 200 A bis 400 A, die aber während relativ langer Zeit (einige 100 ms, typisch 500 ms) vorhanden sind. Langzeitströme können von allen Blitzen die grössten Ladungen Q_L transportieren, sind aber ansonsten relativ harmlos. Sie können auch unmittelbar vor oder nach Erst- oder Folgeblitzen auftreten.

In der Praxis besteht ein Blitz oft aus bis zu zehn Teilblitzen aus den oben beschriebenen Komponenten, welche innerhalb maximal einer Sekunde auftreten und einen gemeinsamen Blitzkanal und Einschlagspunkt benützen.

6.2.2 Auswirkungen von Blitzen

In ein Gebäude oder eine Anlage einschlagende Blitze haben verschiedene gefährliche Auswirkungen. Am besten bekannt ist sicher die Auslösung von Bränden in beim Einschlag in brennbare Strukturen (z.B. Bauernhöfe ohne Blitzschutzanlage). Weitere wichtige Auswirkungen von Blitzen sind:

- **Starke Potenzialanhebung des getroffenen Objektes gegenüber der Umgebung**
  Dafür wichtigster Parameter: Maximalstrom i_{max}
- **Hohe induzierte Spannungen in benachbarten Leiterschleifen**
  Dafür wichtigster Parameter: Maximale Stromänderungsgeschwindigkeit:
  $(di/dt)_{max} \approx (\Delta i/\Delta t)_{max} = i_{max}/T_1$
- **Erwärmung / Kraftwirkungen bei blitzstromdurchflossenen Leitern**
  Dafür wichtigster Parameter: Spezifische Energie $W/R = \int i^2 dt$
- **Abschmelzungen an Einschlagspunkten / Sprengwirkung von Funkendurchschlägen**
  Dafür wichtigster Parameter: $Q = \int i dt$ (Unterscheidung: Stossstromladung Q_S, Langzeitstromladung Q_L).

Bei Photovoltaikanlagen sind wie bei allen elektrischen Anlagen die Potenzialanhebung und die durch (Teil-)Blitzströme induzierten Spannungen besonders wichtig. Sie werden in später folgenden, speziellen Kapiteln näher untersucht.

6.2.3 Schutzklassen und Wirksamkeit von Blitzschutzanlagen

Damit sie ihre Aufgabe erfüllen kann, ist eine Blitzschutzanlage so auszulegen, dass sie einen grossen Teil der direkten Blitzeinschläge ohne Schäden am geschützten Objekt ableiten kann. Unter der *Wirksamkeit einer Blitzschutzanlage* definiert man das Verhältnis der Einschläge ohne Schäden am geschützten Objekt im Vergleich zur Gesamtzahl der Einschläge in dieses Objekt. Je grösser die geforderte Wirksamkeit ist, desto extremere Werte sind für die oben erwähnten Blitzparameter anzunehmen. Man unterscheidet vier Schutz- oder Anforderungsklassen (siehe Tabelle 6.3):

Tabelle 6.3: Schutz- oder Anforderungsklassen bei Blitzschutzanlagen mit Angabe der erreichten Wirksamkeit, der bei der Dimensionierung zu verwendenden Grenzwerte und des Radius r_B der Blitzkugel (siehe Kap. 6.3.2) bei den verschiedenen Blitzschutzklassen [Deh05], [6.20].

Anforderung	Wirksamkeit	i_{max}	$(di/dt)_{max}$	W/R	Q_S	Q_L	r_B
tief (Kl. IV)	84%	100 kA	100 kA/μs	2,5 MJ/Ω	50 As	100 As	60 m
normal (Kl. III)	91%	100 kA	100 kA/μs	2,5 MJ/Ω	50 As	100 As	45 m
hoch (Kl. II)	97%	150 kA	150 kA/μs	5,6 MJ/Ω	75 As	150 As	30 m
extrem (Kl. I)	99%	200 kA	200 kA/μs	10 MJ/Ω	100 As	200 As	20 m

6.2.4 Verwendung von Näherungslösungen für die Blitzschutz-Dimensionierung

Bei realen Blitzen streuen die massgebenden Blitzparameter in weiten Bereichen. Der exakte Verlauf von durch Blitzen induzierten Spannungen und Strömen kann deshalb nicht vorausgesagt werden, sondern man rechnet mit den in Tabelle 6.3 angegebenen Grenzwerten je nach der gewählten Anforderungsklasse.

Für die Dimensionierung des Blitzschutzes sind keine genauen Lösungen für die auftretenden Spannungen und Ströme erforderlich, meist genügen Lösungen, welche nicht um Faktoren falsch sind, sondern beispielsweise eine Genauigkeit von ± 30% aufweisen. Deshalb ist es auch nicht notwendig, mit riesigem mathematischem Aufwand vollständig exakte Werte für die auftretenden Gegeninduktivitäten und Induktivitäten zu bestimmen. Es dürfen auch einfacher benützbare Näherungsformeln verwendet werden, wenn der Fehler gegenüber der exakten Lösung nicht allzu gross ist.

6.3 Grundprinzipien des Blitzschutzes

6.3.1 Äusserer und innerer Blitzschutz

Der **äussere Blitzschutz** kann einen Einschlag in das zu schützende Objekt (Gebäude, Anlage usw.) nicht verhindern. Er hat die Aufgabe, im Falle eines Blitzeinschlags den sehr heissen Blitzkanal von brennbaren oder sonstwie empfindlichen Strukturen des Objektes fernzuhalten und den Blitzstrom über metallische Leiter sicher zur Erde abzuleiten. Um dieses Ziel zu erreichen, werden am vor direkten Blitzschlägen zu schützenden Volumen Fangleitungen oder Fangstäbe genügenden Querschnitts (z.B. > 25 – 35 mm^2 Cu) angebracht, die den Blitz auffangen und auf speziellen Ableitungen in die Erdungsanlage leiten, welche den Stromübergang in den Erdboden ermöglicht. Bei einer Fundamenterdung wird dazu die Armierung des Gebäudefundaments verwendet. Es kann auch eine rund um das Gebäude in einer Tiefe von etwa 50 cm bis 100 cm verlegte, genügend korrosionsfeste Ringleitung (z.B. aus Rundkupfer mit einem Durchmesser von 8 mm) verwendet werden. Die Erdungsanlage hat gegenüber der fernen Erde einen bestimmten Erdungswiderstand R_E, der meist zwischen etwa 1 Ω und einigen 10 Ω liegt. An felsigen Gebirgsstandorten ist eine gute Erdung schwierig zu erreichen, der Erdungswiderstand kann an solchen Orten deshalb noch etwas höher liegen. Weitergehende Informationen zur Realisierung des äusseren Blitzschutzes findet man in [Has89], [Deh05], [6.2], [6.22].

Der **innere Blitzschutz** umfasst dagegen alle Massnahmen, um Schäden an den im Innern des geschützten Volumens befindlichen elektrischen Installationen zu verhindern, welche infolge der bei einem Blitzschlag in den Leitungen des äusseren Blitzschutzes fliessenden Ströme entstehen könnten.

6.3.2 Bestimmung des Schutzbereichs mit dem Blitzkugelverfahren

Bei der häufigsten Blitzart, den Wolke-Erde-Blitzen, arbeitet sich zunächst ein Leitblitz von der geladenen Wolke in mehreren Stufen in Richtung Erdoberfläche vor. Der Ort, an denen diese Leitblitze sich der Erde nähern, ist zunächst nur vom Zufall bestimmt und unabhängig von irgendwelchen Objekten an der Erdoberfläche. Hat sich dieser Leitblitz auf einige 10 m – 100 m der Erde genähert, wird lokal die Isolationsfähigkeit der Luft in Bodennähe überschritten. Von der Erde aus wächst diesem Leitblitz deshalb eine Fangentladung entgegen, worauf der Enddurchschlag erfolgt. Beim sogenannten geometrisch-elektrischen Modell wird angenommen, dass dieser Enddurchschlag immer über die geringste verbleibende Distanz erfolgt, d.h. der Blitz schlägt an dem Ort ein, der sich dem Leitblitzkopf an nächsten befindet (siehe Bild 6-3). Der zu berücksichtigende Radius der Enddurchschlagstrecke (in Form einer Blitzkugel um den Leitblitzkopf) ist von der gewählten Blitzschutzklasse abhängig (siehe Tabelle 6.3). Details siehe [Has89], [Deh05], [6.22].

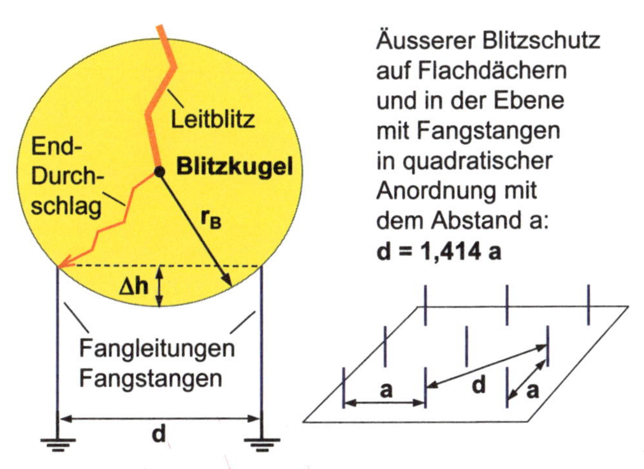

Bild 6-3:

Zum Blitzkugelverfahren: Der Enddurchschlag erfolgt in das dem Leitblitzkopf am nächsten liegende Objekt. Durch leitende Fangleitungen kann ein Einschlag unterhalb der Blitzkugel ausgeschlossen werden. Die maximale Eindringtiefe Δh zwischen zwei Fangleitungen (im Abstand d) ist von d und dem Radius r_B der Blitzkugel abhängig (r_B = 20 – 60 m, je nach Blitzschutzklasse, siehe Tab. 6.3).

Das Blitzkugelverfahren zur Bestimmung des von direkten Blitzeinschlägen geschützten Volumens eignet sich besonders für Anlagen auf Flachdächern, in der Ebene und für speziell komplizierte Situationen. Dabei wird (in Gedanken oder in einem Modell) eine Blitzkugel mit dem Radius r_B gemäss der gewählten Blitzschutzklasse über das Objekt mit den vorgesehenen Fangleitungen gerollt. Die Blitzkugel darf das zu schützende Objekt nur bei den Fangleitungen oder Fangstangen berühren.

Bei vertikalen Fangstangen im Abstand d dringt die Blitzkugel um eine gewisse Eindringtiefe Δh in die von den Fangstangen aufgespannte Ebene vor (siehe Bilder 6-3 und 6-4):

$$\textit{Eindringtiefe } \Delta h \textit{ der Blitzkugel: } \Delta h = r_B - \sqrt{r_B^{\,2} - \left(\frac{d}{2}\right)^2} \qquad (6.5)$$

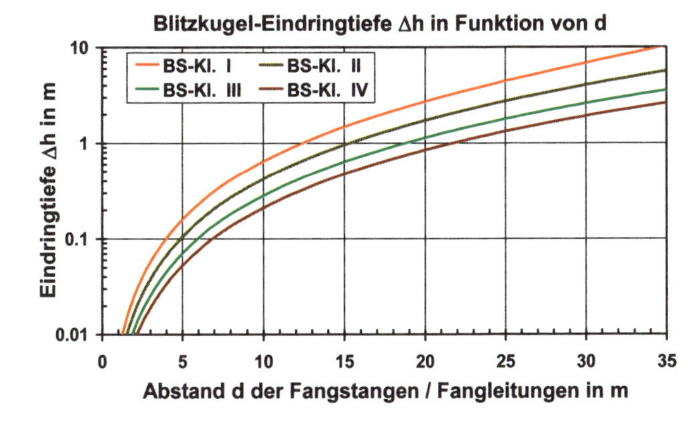

Bild 6-4:

Eindringtiefe Δh, um welche die Blitzkugel gemäss Bild 6-3 in die von den Fangstangen oder den Fangleitungen aufgespannte Ebene eindringt, in Funktion des Abstandes d für die vier Blitzschutzklassen.

Für den Blitzschutz ebener Flächen wird auch das sogenannte Maschenverfahren angewendet, bei dem ein quadratisches Maschennetz aus Fangleitungen mit einem maximalen Abstand a angenommen wird (siehe Tab. 6.4, Eindringtiefe Δh relativ klein bei relativ kleinen d).

Tabelle 6.4: Maximaler Maschenabstand a beim Maschenverfahren:

Blitzschutzklasse	I	II	III	IV
Maximaler Maschenabstand a in m	5	10	15	20

6.3.3 Schutzbereich von Fangstäben und Fangleitern

Bei Gebäuden mit Satteldächern und bei metallischen Stangen ist das Schutzwinkelverfahren sehr gut geeignet. Es kann angenommen werden, dass ein vertikaler Fangstab oder eine horizontale Fangleitung ein bestimmtes Volumen vor direkten Blitzeinschlägen schützt. Dieses Volumen kann sehr einfach durch einen Schutzwinkel α zur Vertikalen beschrieben werden. [Deh05], [6.22].

Die Schutzwinkel α hängen von der Höhe h und von der gewählten Blitzschutzklasse gemäss Tabelle 6.3 ab. Bild 6-5 zeigt das von einem Fangstab resp. einer horizontalen Fangleitung der Höhe h geschützte Volumen und die Schutzwinkel in Funktion der Höhe h und der gewählten Blitzschutzklasse. Von einem Fangstab wird somit ein kegelförmiges Volumen, von einer Fangleitung ein zeltförmiges Volumen, das oben den Winkel α zur Vertikalen aufweist, geschützt.

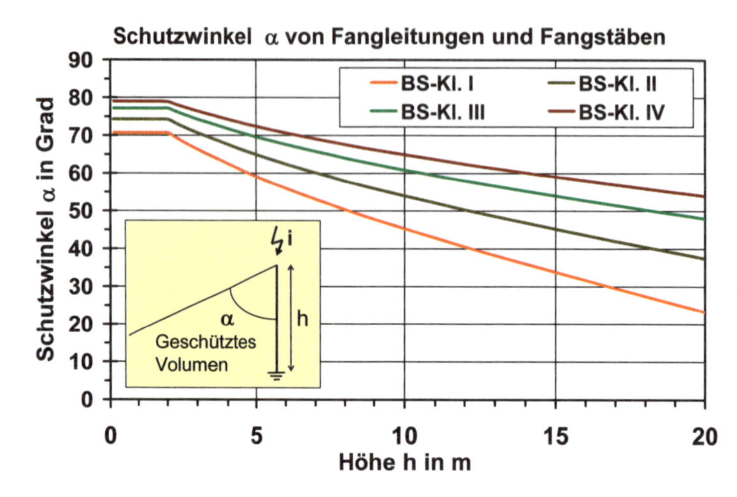

Bild 6-5: Schutzwinkel von Fangstäben und horizontalen Fangleitungen. Es wird angenommen, dass in das von Schutzwinkel α begrenzte Volumen (kegelförmig bei Einzelstab, zeltförmig bei horizontalen Fangleitungen) kein Blitzeinschlag erfolgt. [Deh05], [6.22].

6.3.4 Massnahmen zum Blitzschutz elektrischer Anlagen

- Direkte Einschläge in die Anlage nach Möglichkeit vermeiden (wirksamer äusserer Blitzschutz).
- Blitzstromführende Leiter ausreichend dimensionieren ($\geq$ 16 – 25 mm^2 Cu), Wandstärken von Behältern und Gehäusen genügend dick wählen.
- Blitzstrom möglichst in mehrere Teilblitzströme aufteilen, die in mehreren (parallelen) Ableitungen zur Erde geführt werden $\Rightarrow$ Reduktion der Blitzeinwirkungen, die proportional i oder i^2 sind.
- Potenzialausgleich bei allen von aussen in die Anlage einführenden Leitungen realisieren.
- Genügende Abstände zwischen (teil-)blitzstromführenden Leitungen und benachbarten Leiterschleifen vorsehen. Von solchen Leiterschleifen aufgespannte Fläche möglichst klein halten!
- Bei Leitungen: - Bei abgeschirmten Leitungen Abschirmung *beidseitig* erden
  - Überspannungsableiter auf beiden Seiten der Leitung verwenden

6.4 Aufteilung von Blitzströmen auf die einzelnen Ableitungen

Eine wichtige Massnahme zur Reduktion der Auswirkungen von Blitzströmen ist die sofortige Aufteilung eines Blitzstroms in mehrere kleinere Teilblitzströme, die auf verschiedenen Ableitungen fliessen. Dadurch werden die unerwünschten Auswirkungen von Blitzströmen, die proportional i^2, i oder di/dt sind, stark reduziert und oft heben sich die entstehenden Magnetfelder wenigstens teilweise auf. Bei induzierten Spannungen kann man in erster Näherung meist annehmen, dass nur der Teil i_A des Blitzstromes, der in der zur Leiterschleife am nächsten liegenden Ableitung fliesst, für die entstehende induzierte Spannung massgebend ist. Es ist deshalb wichtig, das Verhältnis zwischen dem in einer Ableitung fliessenden Strom i_A und dem Gesamtblitzstrom i bei verschiedenen Anordnungen zu kennen.

Man definiert zu diesem Zweck:

Relativer Blitzstromanteil in einer Ableitung: $$k_C = \frac{i_A}{i} \tag{6.6}$$

Der Faktor k_C ist von der gegenseitigen Geometrie der Fangleitungen und der Ableitungen sowie vom Ort des Blitzeinschlags abhängig.
Bei einem symmetrischen Einschlag bezüglich der Fang- und Ableitungen verteilt sich der Blitzstrom gleichmässig auf alle Ableitungen (siehe Bild 6-6) und es gilt:

Relativer Blitzstromanteil im symmetrischem Fall bei n Ableitungen: $$k_C = \frac{1}{n} \tag{6.7}$$

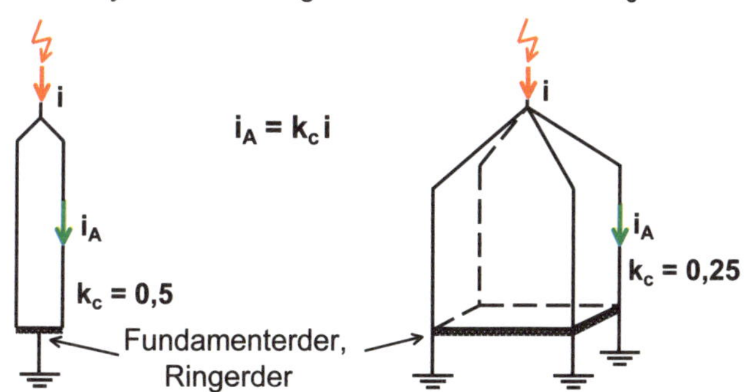

Bild 6-6: Aufteilung eines Blitzstromes bei symmetrischen Ableiteranordnungen

Sind nicht alle Ableitungen vom Ort des Blitzeinschlags aus gesehen gleich lang, verteilt sich der Blitzstrom nicht gleichmässig auf alle Ableitungen. Durch die kürzeste Verbindung zur Erde fliesst jeweils der grösste Strom. Je weiter eine Ableitung vom Einschlagsort entfernt ist, desto weniger Strom fliesst durch sie. In Bild 6-7 sind die k_C-Werte für den kürzesten Weg zur Erde bei einigen in der Praxis vorkommenden Anordnungen angegeben. Bei der Berechnung dieser Werte mit Hilfe der Theorie des magnetischen Feldes wurde angenommen, dass quadratische Maschen mit Leiterabstand 10 m und Leiterradius 4 mm vorliegen, die Resultate sind jedoch nur ganz wenig vom Leiterabstand und Leiterradius abhängig und können deshalb allgemein verwendet werden. Mit weniger Aufwand kann man die k_C-Werte bei komplizierten Anordnungen mit gleichem Leiterradius näherungsweise auch durch einfache Rechnung mit den ohmschen Widerständen der Teilstücke erhalten.

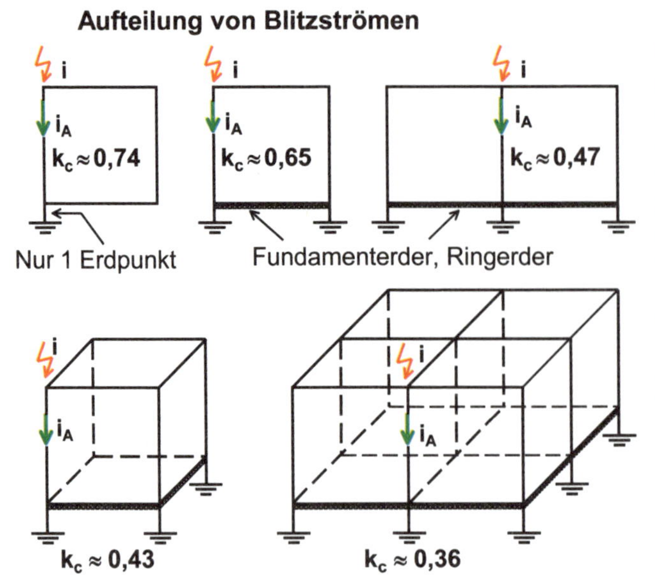

Bild 6-7:

Beispiele für die Aufteilung eines Blitzstromes bei unsymmetrischen Ableiteranordnungen.

Der bei einem konkreten Blitzeinschlag effektiv auftretende Wert von k_C hängt nicht nur von der Art der Vermaschung und der Anzahl der Ableitungen, sondern auch etwas von der genauen Lage des Einschlagspunktes ab.

6.5 Potenzialanhebung und Potenzialausgleich

Bei einem Blitzeinschlag entsteht gemäss Bild 6-8 am Erdungswiderstand R_E des Gebäudes oder der Anlage ein sehr hoher Spannungsabfall $u_{max} = V_{max}$ gegenüber der fernen Umgebung (ferne Erde). Die maximal auftretende Potenzialanhebung tritt bei i_{max} auf:

Maximale auftretende Potenzialanhebung $V_{max} = R_E \cdot i_{max}$ (6.8)

Da der Erdungswiderstand R_E meist im Bereich von etwa 1 Ω bis einigen 10 Ω liegt, können sehr hohe Potenzialanhebungen von etwa 100 kV bis einigen MV auftreten.

Die ins Gebäude oder die Anlage führenden metallischen Leitungen (z.B. Strom-, Telefon-, Wasserleitungen usw.) liegen in grosser Entfernung praktisch auf Erdpotenzial und können deshalb bei einem Blitzeinschlag als mit der fernen Erde verbunden betrachtet werden. Die Spannung $u_{max} = V_{max}$ tritt somit auch (glücklicherweise meist nur zum Teil) zwischen der Erdungsanlage und den ins Gebäude oder die Anlage führenden metallischen Leitungen auf.

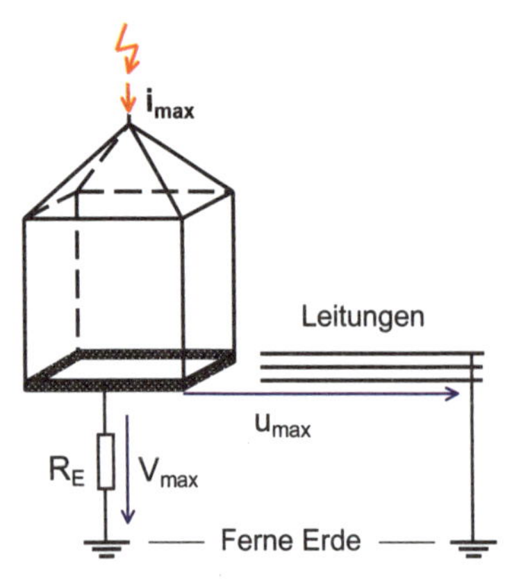

Bild 6-8:

Entstehung der Potenzialanhebung beim Einschlag eines Blitzes:

Der Blitzstrom i fliesst über den Erdungswiderstand R_E zur Erde ab und erzeugt daran einen Spannungsabfall. Im Maximum entsteht somit eine Potenzialanhebung $V_{max} = R_E \cdot i_{max}$. Zwischen dem vom Blitz getroffenen Objekt und der fernen Erde entsteht eine Spannung u, die dieser Potenzialanhebung entspricht. Alle zum Objekt führenden Leitungen sind faktisch an die ferne Erde angeschlossen, so dass sehr hohe Spannungen zwischen dem Objekt und diesen Leitungen entstehen, wenn kein Potenzialausgleich durchgeführt wird.

Um die bei einem Blitzschlag auftretenden Spannungsdifferenzen gering zu halten, ist deshalb ein *Potenzalausgleich* zwischen der Blitzschutzanlage und allen ins Gebäude führenden metallischen Leitern erforderlich. In den Potenzialausgleich einbezogene Leiter führen bei einem Blitzeinschlag immer einen Teil des Blitzstroms.

6.5.1 Realisierung des Potenzialausgleichs

Bei im Betrieb nicht stromführenden Installationen (z.B. Wasserleitungen) kann der Potenzialausgleich durch einfache Verbindung zur Erdungsanlage (z.B. Fundamenterder) mit einem Leiter ausreichenden Querschnitts erfolgen. Bei elektrischen Leitungen ist eine direkte Erdverbindung nur bei Abschirmungen möglich, aktive Leiter dürfen aus betrieblichen Gründen natürlich nicht geerdet werden. Sie müssen über geeignete Ableiter, welche den auf die einzelnen Adern entfallenden Teilblitzstrom tragen können, in den Potentialausgleich einbezogen werden. Aus praktischen Gründen (insbesondere auch zu Kontrollzwecken) erfolgt die Verbindung aller in den Potenzialausgleich einbezogenen Leitungen oft auf einer sogenannten Potenzialausgleichsschiene (PAS), welche mit einer möglichst kurzen und induktivitätsarmen Verbindung (z.B. mit einem bandförmigem Leiter) mit der Erdungsanlage verbunden ist. Um induktive Überspannungen klein zu halten, sind alle Potenzialausgleichsleitungen möglichst kurz zu halten. Bei grösseren Objekten ist deshalb die Verwendung mehrerer Potenzialausgleichsschienen zweckmässig. Der Potenzialausgleich erfolgt meist im Keller oder Erdgeschoss eines Gebäudes. Bei höheren Gebäuden kann es sinnvoll sein, auch in höheren Stockwerken einen zusätzlichen Potenzialausgleich durchzuführen. Bild 6-9 zeigt das Prinzip der praktischen Durchführung des Potenzialausgleichs bei einem Gebäude.

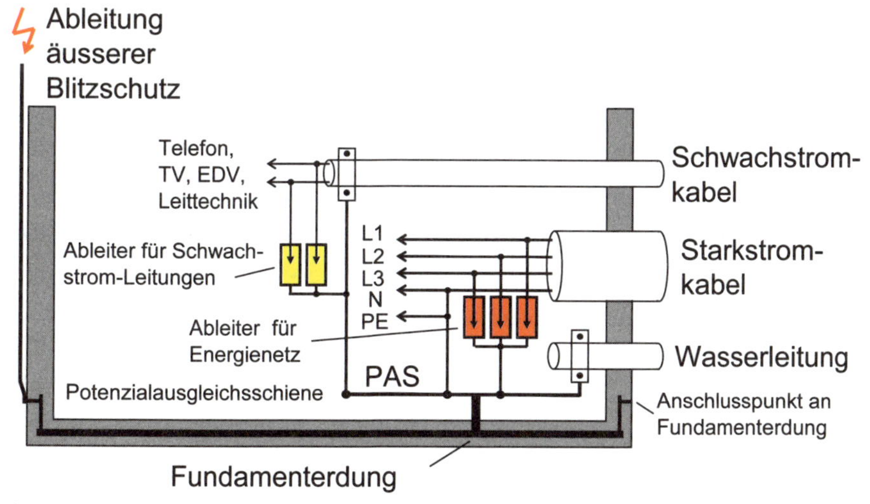

Bild 6-9:
Praktische Durchführung des Potenzialausgleichs (meist im Keller oder Erdgeschoss):
Alle ins Objekt führenden Leitungen sind direkt (wenn ohne Betriebsstörung oder ohne Korrosionsgefahr möglich) oder indirekt (über entsprechende Schutzgeräte oder Trennfunkenstrecken) mit der Erdungsanlage des Objektes verbunden, so dass keine gefährlichen Spannungsdifferenzen innerhalb des Objekts entstehen. Dafür fliesst in allen von aussen kommenden Leitungen bei einem Blitzeinschlag ein gewisser Teil des Blitzstroms, der von den Leitungen und den verwendeten Ableitern verkraftet werden muss.

6.5.2 Teilblitzströme auf den in den Potenzialausgleich einbezogenen Leitungen

Nach der Durchführung des Potenzialausgleichs teilt sich der Strom bei einem Blitzschlag auf den Erdungswiderstand R_E und die in den Potenzialausgleich einbezogenen Leitungen auf, wobei gleichzeitig die resultierende Potentialanhebung entsprechend absinkt. In [6.20] ist angegeben, wie man die Aufteilung des Blitzstroms auf die einzelnen Leitungen und die einzelnen Adern dieser Leitung vornehmen kann. Näherungsweise kann angenommen werden, dass die eine Hälfte des Blitzstroms durch den Erdungswiderstand und die andere Hälfte zu gleichen Teilen auf den n_L am Objekt angeschlossenen Leitungen abfliesst. In einer mehradrigen Leitung mit n_A Adern verteilt sich der entsprechende Teilblitzstrom i_L gleichmässig auf alle Adern. Bei *beidseitig geerdeten* geschirmten Leitungen kann jedoch angenommen werden, dass der auf sie entfallende Strom vorwiegend auf dem Schirm fliesst, wenn dieser den auf ihn entfallenden Teilblitzstrom ohne Schaden führen kann. Somit ergibt sich:

Teilblitzstrom auf einer Leitung: $$i_L \approx 0{,}5\frac{i}{n_L} \quad (6.9)$$

Teilblitzstrom auf einer Leitungsader: $$i_{LA} = \frac{i_L}{n_A} \approx 0{,}5\frac{i}{n_L \cdot n_A} \quad (6.10)$$

Dabei bedeutet: i = Blitzstrom, n_L = Anzahl der ans Objekt angeschlossenen Leitungen,
n_A = Anzahl der Adern in der Leitung

Mit den Werten von Tabelle 6.3 kann man in (6.9) und (6.10) entsprechend der gewünschten Blitzschutzklasse den Maximalwert des zu erwartenden Blitzstromes i_{max} einsetzen, den maximalen Stromwert i_{LAmax} auf der einzelnen Ader und dem zugehörigen Ableiter berechnen und diesen entsprechend auswählen.

Beispiel:
An einem mit einer Blitzschutzanlage versehenen Haus sind eine Wasserleitung aus verzinktem Eisenrohr, ein Starkstromkabel 230 V / 400 V (vieradrig), eine Telefonleitung (zweiadrig) und ein Kabelfernsehanschluss angeschlossen. Werden die Grenzwerte der Blitzschutzklasse III gemäss Tabelle 6.3 verwendet (i_{max} = 100 kA), ist gemäss (6.9) somit auf jeder dieser Leitungen ein maximaler Teilblitzstrom von i_{Lmax} = 12,5 kA zu erwarten und gemäss (6.10) auf einer Ader der Starkstromleitung ein maximaler Strom von i_{LAmax} = 3,1 kA. Bei einem Blitz durchschnittlicher Stärke ($i_{max} \approx$ 30 kA) treten nur etwa 30% dieser Werte auf.

Auch für die Dimensionierung von Potenzialausgleichsleitungen ist es nützlich, den auf ihnen fliessenden Teilstrom i_{PAmax} zu kennen, um den richtigen Querschnitt A_{PA} wählen zu können. Nach [6.2] dürfen Potenzialausgleichsleitungen aus Kupfer ohne unzulässige Erwärmung der Isolation maximal folgende Teil-Blitzströme führen:

Max. zulässiger Blitzteilstrom auf Potenzialausgleichsleitung (Cu): $$i_{PAmax} = 8 \cdot A_{PA} \quad (6.11)$$

wobei: i_{PAmax} = Maximalwert des Blitzteilstromes auf der Potenzialausgleichsleitung in kA (Summe der angeschlossenen Leitungs- und Ableiterströme),
A_{PA} = Querschnitt der Potenzialausgleichsleitung in mm².

Bei Potenzialausgleichsleitungen aus Kupfer ist also bei einem bestimmten Strom i_{PAmax} (in kA) folgender Minimalquerschnitt A_{PAmin} (in mm²) erforderlich:

Minimalquerschnitt einer Potenzialausgleichsleitung (Cu): $$A_{PAmin} = 0{,}125 \cdot i_{PAmax} \quad (6.12)$$

Beide Gleichungen sind so genannte zugeschnittene Zahlenwertgleichungen und gelten somit nur für die Zahlenwerte, wenn i_{PA} in kA und A_{PA} in mm² angegeben werden!

Die obigen Beziehungen können auch dazu verwendet werden, um bei beliebigen Leitungen abzuschätzen, ob sie einen bestimmten Teilblitzstrom führen können oder nicht.

Um auch eine gewisse mechanische Festigkeit zu erreichen, wird in nationalen Blitzschutznormen für Potenzialausgleichsleitungen oft ein Minimalquerschnitt von 6 mm^2 Cu vorgeschrieben (nach [6.22]: 5 mm^2). Für Verbindungsleitungen zwischen Potenzialausgleichsschienen unter sich und mit der Erdungsanlage sind sogar 16 mm^2 Cu (nach [6.22]: 14 mm^2) vorgeschrieben.

6.5.3 Ableiter

Auf dem Markt werden zwei Haupttypen von Ableitern angeboten. Die sogenannten *Blitzstromableiter* (Ableiter Typ 1) ermöglichen den Einbezug von Leitern, die im Betrieb nicht geerdet werden dürfen, in den Potenzialausgleich. Sie dienen dem Grobschutz und bestehen meist aus speziellen Funkenstrecken, die bei Nennstrom die Spannung typischerweise bei 10- bis 15-facher Nennbetriebspannung begrenzen. Sie sind für eigentliche Blitzströme (mit Maximalwerten i_{max} von 50 kA bis 100 kA bei Energieleitungen, für Telekommunikationsleitungen von 2,5 kA bis 40 kA) mit Stirnzeiten T_1 = 10 μs und Rückenhalbwertszeiten T_2 von 350 μs ausgelegt. Spannungsmässig sind sie jedoch meist nur für Wechselspannungen von 250 V bis 280 V erhältlich, decken also die Bedürfnisse für den Blitzschutz auf der Gleichstromseite von PV-Anlagen nicht ab. Eine Ausweitung des Angebotes auf verschiedene Spannungen bis 1000 V= wäre für den Einsatz auf der DC-Seite von PV-Anlagen sehr erwünscht.

Daneben werden viele sogenannte *Überspannungsableiter* für Ströme mit Stirnzeiten T_1 von 8 μs und Rückenhalbwertszeiten T_2 von 20 μs angeboten (Ableiter Typ 2 für Mittelschutz und Typ 3 für Feinschutz). Sie bestehen meist aus Varistoren (spannungsabhängigen Widerständen, VDR) auf der Basis von Zinkoxid (ZnO), sind primär für die Ableitung von induktiven Überspannungen gemäss Kap. 6.6 gedacht und werden meist für bei dieser Kurvenform zulässige Ströme $I_{8/20}$ von etwa 0,1 kA bis 100 kA angeboten. Sie begrenzen bei Nennstrom die Spannung typischerweise bei der 3- bis 5-fachen DC-Nennbetriebspannung U_{VDC} und werden deshalb nach einem vorgeschalteten Blitzstromableiter und einem strombegrenzenden Element (Induktivität, einige Meter Leitung) oft auch als Mittel- resp. Feinschutz eingesetzt. Bei Varistoren kann die Ansprechspannung durch Überlastung oder Alterung allmählich etwas sinken. Im Extremfall kann ein Varistor bereits bei der Betriebsspannung durch einen Leckstrom erwärmt und eventuell zerstört werden, wobei der auftretende Netzfolgestrom unter Umständen noch weitere Schäden anrichten kann. Verschiedene Hersteller bieten deshalb thermisch überwachte Varistoren ($I_{8/20}$ von etwa 5 kA bis 20 kA) an, bei denen eine Abtrennvorrichtung den Varistor bei unzulässiger Erwärmung abtrennt, bevor weitere Schäden entstehen können.

Überspannungsableiter mit Varistoren werden für viele verschiedene Spannungen von 5 V= bis 1000 V= angeboten. Bild 6-10 zeigt als Beispiel die U-I-Kennlinien einiger Überspannungsableiter mit ZnO-Varistoren.

Beim Einsatz von Varistoren als Überspannungsableiter ist zu beachten, dass sie eine gewisse Eigenkapazität besitzen (typisch einige 10 pF bis einige nF), die bei Signalleitungen manchmal zu Problemen führen kann. Gasgefüllte Überspannungsableiter haben eine sehr geringe Eigenkapazität (einige pF) und eignen sich deshalb für Signalleitungen. Bei PV-Anlagen dürfen gasgefüllte Überspannungsableiter dagegen nicht verwendet werden, da sie wegen der relativ geringen Brennspannung den entstehenden Lichtbogen meist nicht selbst löschen können und durch den vom Solargenerator fliessenden Folgestrom zerstört werden.

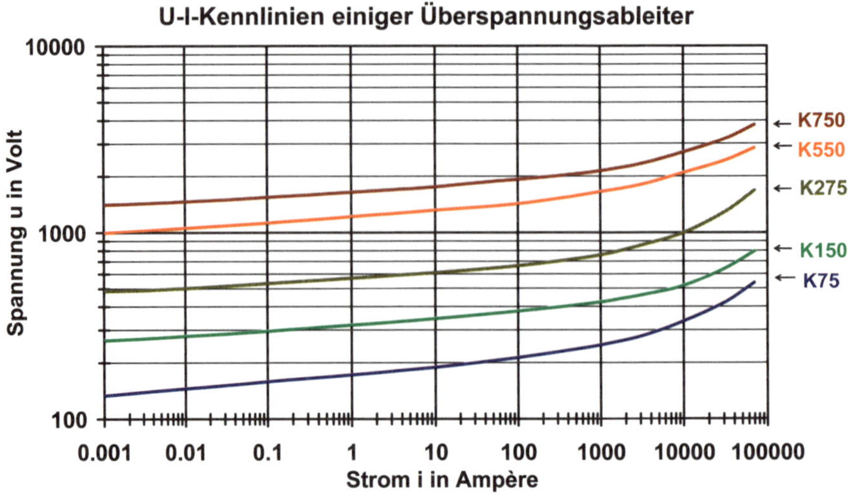

Bild 6-10:
Kennlinien einiger Varistoren, welche als Überspannungsableiter für Stossströme bis 70 kA (8 µs/20 µs) eingesetzt werden können (Typ SIOV-B60K... von Siemens Matsushita).
Die Ziffer hinter dem K gibt den Effektivwert der zulässigen Betriebsspannung bei Wechselstrom an. Die zulässige Gleichspannung ist jeweils ca. 30% bis 35% höher, d.h. sie beträgt beim K75 100 V=, beim K150 200 V=, beim K275 350 V=, beim K550 745 V= und beim K750 1060 V= (Quelle: Datenbuch von Siemens-Matsushita).

Wegen des zu geringen Angebots an für die Gleichstromseite von Photovoltaikanlagen geeigneten Blitzstromableitern ist man gelegentlich versucht, einen Überspannungsableiter als Blitzstromableiter einzusetzen. Auf Grund der bei der Stossstrombeanspruchung im Ableiter umgesetzten Energie kann man abschätzen, dass ein mit einem Blitzteilstrom mit einer Kurvenform 10 µs/350 µs beaufschlagter Überspannungsableiter nur mit etwa 6 – 12 % (je nach Typ) seines (8 µs/20 µs)-Nennstromes $I_{8/20}$ belastet werden kann, was eventuell für Adern mit nicht allzu grossen Blitzteilströmen noch genügen kann. Für grössere Ströme kann man bei Bedarf mehrere derartige Ableiter parallel schalten.

6.6 Durch Blitzströme induzierte Spannungen und Ströme

Wie jeder Strom erzeugt auch ein Blitzstrom in seiner Umgebung ein Magnetfeld, das sich wie der Blitzstrom selbst sehr rasch ändert. Bei einem langen geraden Leiter, der vom Strom i durchflossen wird, ist im Abstand r eine magnetische Flussdichte von $B = \mu_0 i/2\pi r$ vorhanden.

In einer geschlossenen Leiterschleife entsteht infolge des magnetischen Feldes ein Fluss Φ, der durch Integration der magnetischen Flussdichte B über die Fläche der Leiterschleife berechnet werden kann. Wenn sich in einer Leiterschleife ein Fluss zeitlich ändert, entsteht auf Grund des Induktionsgesetzes eine induzierte Spannung $u = d\Phi/dt$.

Bei der Berechnung der induzierten Spannungen in benachbarten Leiterschleifen ist der Begriff der Gegeninduktivität M sehr nützlich. Sie ermöglicht die Berechnung dieser Spannungen ohne detaillierte Kenntnisse der Theorie des elektromagnetischen Feldes und ist für einfache Anordnungen in Kap. 6.6.1 angegeben.

Ein zeitlich variabler Strom i induziert in einer benachbarten Leiterschleife eine Spannung:

Vom Strom i in Leiterschleife induzierte Spannung: $u = \frac{d\Phi}{dt} = M \frac{di}{dt}$ (6.13)

Dabei bedeutet:

M die Gegeninduktivität zwischen dem vom Strom i durchflossenen Leiter und der betrachteten Leiterschleife (nur von Geometrie zwischen Leiterschleife und Strom abhängig).

di/dt die Ableitung (im mathematischen Sinn) des Stromes i nach der Zeit.
(in der Praxis oft: $di/dt \approx \Delta i/\Delta t$ = Änderung des Stromes pro Zeiteinheit)

Die Gegeninduktivität M ist umso grösser, je grösser die Fläche der aufgespannten Leiterschleife ist und je näher sie dem Strom liegt, da in der Nähe des stromführenden Leiters das Magnetfeld besonders gross ist. Besonders hohe Werte für die Gegeninduktivität M treten in Leiterschleifen auf, die einen Teil einer blitzstromführenden Ableitung umfassen (Bild 6-11).

Durch Aufteilung des Blitzstromes auf mehrere Ableitungen gemäss Kapitel 6.4 kann der Strom und damit auch di/dt in den einzelnen Ableitungen reduziert werden. Für die Berechnung der induzierten Spannung in einer Leiterschleife müssen die induzierten Spannungen, die von mehreren (teil-)blitzstromführenden Leitern in der Schleife induziert werden, überlagert (addiert) werden. Da sich die Magnetfelder der verschiedenen Ableitungen im Innern eines Gebäudes oft teilweise aufheben, befindet man sich meist auf der sicheren Seite, wenn man für näherungsweise Berechnungen nur die der Schleife am nächsten liegende Ableitung mit dem Teilblitzstrom $i_A = k_C \cdot i$ betrachtet. Die von einem Teilblitzstrom in einer Leiterschleife induzierte Spannung wird in diesem Fall:

Vom Teilblitzstrom i_A induzierte Spannung: $u = M \frac{di_A}{dt} = M \cdot k_C \frac{di}{dt} = M_i \frac{di}{dt}$ (6.14)

Dabei ist $M_i = k_C \cdot M$ *die effektive Gegeninduktivität* zwischen dem *gesamten Blitzstrom i und der betrachteten Leiterschleife*. M_i berücksichtigt dabei nicht nur die Geometrie zwischen dem Leiter mit dem Teilblitzstrom i_A, sondern auch die vorherige Aufteilung des gesamten Blitzstroms i auf verschiedene Ableitungen und die dadurch bedingte Reduktion des Magnetfeldes. M_i ist speziell nützlich bei der allgemeinen Diskussion möglicher Schäden durch induzierte Spannungen und Ströme. Falls das Magnetfeld durch andere Einflüsse (z.B. den Metallrahmen eines Moduls) weiter reduziert wird, kann dies ebenfalls in M_i berücksichtigt werden (6.37).

Der Maximalwert von di_A/dt beträgt $(di_A/dt)_{max} = k_C \cdot (di/dt)_{max}$, d.h. die in der Schleife maximal auftretende Spannung $u_{max} = M \cdot di_A/dt_{max}$ wird dank der Aufteilung des Blitzstromes i auf verschiedene Ableitungen um den Faktor k_C kleiner.

Die von Blitzströmen induzierten Spannungen sind primär während des *Anstiegs des Blitzstromes* von Bedeutung. Wegen der sehr grossen Werte für die maximal auftretende Stromänderungsgeschwindigkeit di/dt_{max} (100 kA/µs bis 200 kA/µs, siehe Tab. 6.3) können beim Anstieg des Blitzstromes *sehr hohe induzierte Spannungen* bis zu vielen kV oder (wenn die Leiterschleife auch einen Teil einer Ableitung umfasst) sogar bis zu einigen MV auftreten.

Man kann näherungsweise annehmen, dass nur während dieses Stromanstiegs eine induzierte Spannung auftritt, die annähernd die Form $u_{max} \cdot e^{-t/\tau}$ hat, wobei $u_{max} = M \cdot di_A/dt_{max}$ (Beispiel von Spannungen mit dieser Kurvenform siehe Bild 6-51) und die vorher und nachher 0 ist. Beim Abfall des Blitzstroms nach dem Erreichen des Maximums treten nur sehr kleine di/dt-Werte auf, die maximal etwa 0,2 % der höchsten zu erwartenden Werte beim Stromanstieg erreichen, so dass die beim Stromabfall induzierten Spannungen in der Praxis kaum von Bedeutung sind.

6.6.1 Gegeninduktivitäten und induzierte Spannungen bei Rechteckschleifen

Viele in der Praxis vorkommenden Anordnungen können näherungsweise auf die beiden in Bild 6-11 und 6-13 dargestellten elementaren Fälle zurückgeführt oder aus mit diesen Fällen berechneten Teilresultaten zusammengesetzt werden.

6.6.1.1 Rechteckschleifen mit Teilstrecken von Ableitungen

In Bild 6-11 wird eine rechteckige Schleife der Länge l betrachtet, welche auf der einen Seite den (teil-)blitzstromführenden, geraden Leiter mit dem Radius r umfasst, während sich die dazu parallele Seite im Abstand a von der Leiterachse befindet. Bei der Herleitung der Formel wurde angenommen, dass der blitzstromführende Leiter unendlich lang ist, doch tritt in der Praxis nur ein relativ kleiner Fehler auf, wenn diese Bedingung nicht erfüllt ist. Der Leiterradius in dem Teil der Schleife, der keinen Blitzstrom führt, wird vernachlässigt. Für eine derartige Leiterschleife nach Bild 6-11 beträgt die Gegeninduktivität M_a:

$$M_a = 0{,}2 \cdot l \cdot \ln\frac{a}{r} \tag{6.15}$$

Dabei ist M_a die Gegeninduktivität in μH, wenn alle Längenangaben (l, r, a) in Meter angegeben werden.

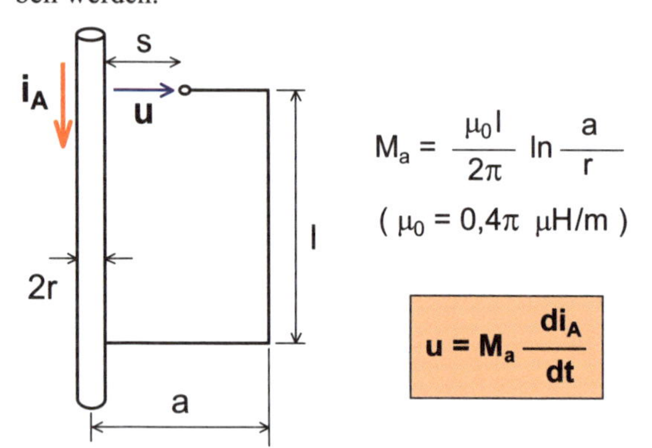

Bild 6-11:

Gegeninduktivität zwischen einer (teil-)blitzstromführenden Ableitung und einer rechteckigen Leiterschleife, welche auch ein Teilstück der Ableitung (Länge l) enthält.

(Die eingezeichnete Strecke s wird erst in Kap. 6.6.2 verwendet und erklärt).

Da der grösste Teil des für die induzierte Spannung verantwortlichen Flusses in unmittelbarer Umgebung des stromdurchflossenen Leiters auftritt, wird einem Leiter manchmal direkt auch eine bestimmte Selbstinduktivität L_a zugeordnet, die dem M_a für einen bestimmten, relativ grossen Abstand a (z.B. 10 m) entspricht. Eine solche Festlegung ist natürlich etwas willkürlich. Für grosse Abstände a ist der Verlauf des natürlichen Logarithmus aber relativ flach, so dass auch bei gewissen Abweichungen keine grösseren Fehler auftreten. Diese Betrachtungsweise kann beispielsweise für die Abschätzung des entstehenden induktiven Spannungsabfalls von Erdleitungen nützlich sein.

Mit (6.14) kann man mit M_a bei bekanntem di_A/dt auch die in einer derartigen Schleife induzierte Spannung berechnen.

Um eine möglichst universelle Anwendbarkeit zu erreichen, ist in Bild 6-12 für diese Anordnung statt direkt M_a die Gegeninduktivität pro Längeneinheit $M_a' = M_a/l$ und die induzierte Spannung pro Längeneinheit u/l bei einem di_A/dt von 100 kA/μs dargestellt. Dieser Maximalwert für di_A/dt ist eine in der Praxis sinnvolle Annahme für erste Abschätzungen. Aus M_a' und u/l kann man durch Multiplikation mit l sehr einfach die in einer konkreten Anordnung auftretende Gegeninduktivität und Spannung berechnen.

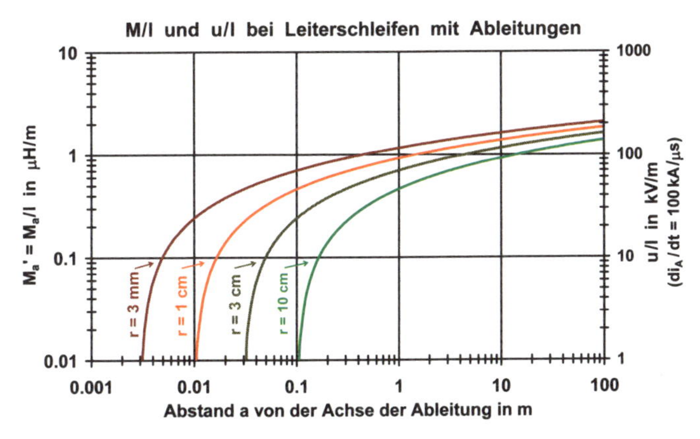

Bild 6-12:

Gegeninduktivität $M_a' = M_a/l$ pro Längeneinheit und bei di_A/dt = 100 kA/µs induzierte Spannung u / l pro Längeneinheit bei einer rechteckigen Leiterschleife gemäss Bild 6-11, die aus einer (teil-)blitzstromführenden Ableitung der Länge l und anderen Installationen gebildet wird.

Obwohl die Zahlenwerte von M_a' relativ klein sind und den Wert von 1,5 µH/m bis 2 µH/m auch bei sehr grossen Verhältnissen a/r nicht überschreiten, sind die in derartigen Schleifen induzierten Spannungen bei grossen a wegen der bei Blitzströmen sehr hohen Stromänderungsgeschwindigkeiten extrem hoch. Die Spannung u/l pro Längeneinheit erreicht sehr schnell Werte zwischen 10 kV/m und 200 kV/m.

Beispiel (Anordnung gemäss Bild 6-11):

Installationsschleife gemäss Bild 6-11 zwischen einer Ableitung mit l = 7 m und r = 3 mm, welche den ganzen Blitzstrom führt, und der Gleichstrom-Speiseleitung einer Photovoltaikanlage im Abstand a = 10 m.

Wie gross ist M_a und die maximale induzierte Spannung u_{max} bei $(di/dt)_{max}$ = 100 kA/µs?

Lösung:

$k_C = 1 \Rightarrow (di_A/dt)_{max} = (di/dt)_{max}$ = 100 kA/µs. Mit (6.15) ergibt sich M_a = 11,4 µH. Mit (6.14) ergibt sich damit während des Anstiegs des Blitzstroms eine Spannung u_{max} = 1,14 MV.

6.6.1.2 Von Ableitungen getrennte Rechteckschleifen

In Bild 6-13 wird eine ebenfalls rechteckige Schleife der Länge l und der Breite b betrachtet, die sich in einem Abstand d von einem (teil-)blitzstromführenden, geraden Leiter befindet. Bei der Herleitung der Formel wurde wieder angenommen, dass der blitzstromführende Leiter unendlich lang ist, doch tritt in der Praxis nur ein relativ kleiner Fehler auf, wenn diese Bedingung nicht erfüllt ist.

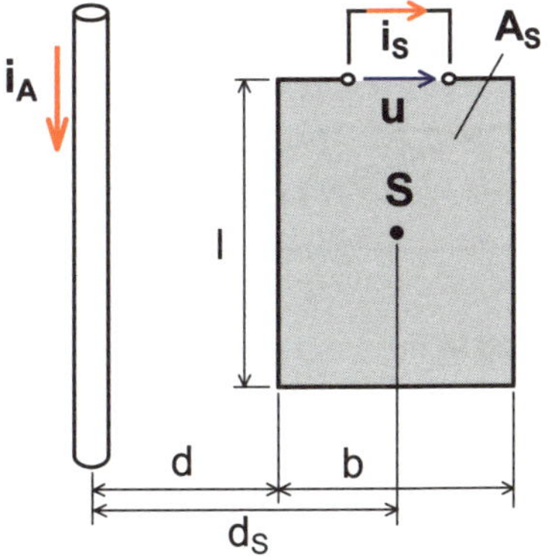

$$M_b = \frac{\mu_0 l}{2\pi} \ln \frac{b+d}{d}$$

$(\mu_0 = 0{,}4\pi\ \mu\text{H/m})$

Für b<<d:

$$M_b \approx \frac{\mu_0 b\, l}{2\pi d_S} = \frac{\mu_0 A_S}{2\pi d_S}$$

$$u = M_b \frac{di_A}{dt}$$

Bild 6-13:

Gegeninduktivität zwischen einer (teil-)blitzstromführenden Ableitung und einer rechteckigen Leiterschleife der Länge l und der Breite b im Abstand d von der Achse der Ableitung.

Für eine derartige Leiterschleife nach Bild 6-13 beträgt die Gegeninduktivität:

$$\textit{Gegeninduktivität bei von Ableitung getrennter Schleife:}\quad M_b = 0{,}2 \cdot l \cdot \ln\frac{b+d}{d} \tag{6.16}$$

Dabei ist M_b die Gegeninduktivität in µH, wenn alle Längenangaben (l, b, d) in Meter angegeben werden. b ist die Breite, l die Länge und d der Abstand der Leiterschleife von i_A.

Oft ist b deutlich kleiner als d. In diesem Fall gilt mit guter Näherung:

$$M_b \approx 0{,}2\frac{l \cdot b}{d_S} = 0{,}2\frac{A_S}{d_S} \tag{6.17}$$

Dabei ist M_b die Gegeninduktivität in µH, wenn alle Längenangaben (l, b, d_S) in m und A_S in m^2 angegeben werden. $d_S = d + b/2$ bedeutet den Abstand zwischen der Ableitungsachse und dem Schwerpunkt S der Leiterschleife und A_S die Fläche der Leiterschleife. Formel (6.17) ist bereits ab etwa d > 2b anwendbar. Wird b als maximale Ausdehnung der Schleife senkrecht zur Ableitung interpretiert, kann (6.17) für b << d auch für andere Schleifenformen (z.B. Dreiecke, Vielecke, Kreise usw.) verwendet werden.

Mit (6.14) kann man mit M_b bei bekanntem di_A/dt auch die in einer derartigen Schleife induzierte Spannung berechnen.

Um eine möglichst universelle Anwendbarkeit zu erreichen, ist in Bild 6-14 für diese Anordnung gemäss Bild 6-13 statt direkt M_b die Gegeninduktivität pro Längeneinheit $M_b' = M_b/l$ und die induzierte Spannung pro Längeneinheit u/l bei einem di_A/dt von 100 kA/µs dargestellt. Aus M_b' und u/l kann man durch Multiplikation mit l sehr einfach die in einer konkreten Anordnung auftretende Gegeninduktivität und Spannung berechnen.

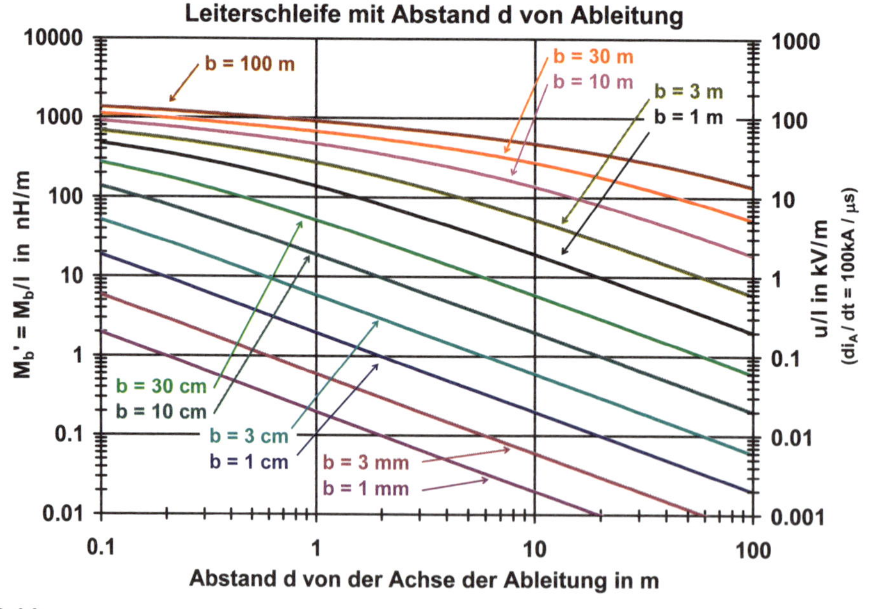

Bild 6-14:

Gegeninduktivität $M_b' = M_b/l$ pro Längeneinheit und bei di_A/dt = 100 kA/µs induzierte Spannung u/l pro Längeneinheit bei einer rechteckigen Leiterschleife gemäss Bild 6-13 für verschiedene Schleifenbreiten b in Funktion des Abstandes d.

In der Praxis sind die in (6.16) auftretenden Verhältnisse (b+d)/d meist viel kleiner als die Verhältnisse a/r in (6.15), so dass bei gleicher Schleifenlänge l die Werte von M_b meist deutlich kleiner sind als die Werte von M_a. Trotzdem können die in solchen Schleifen induzierten Spannungen wegen der bei Blitzströmen sehr hohen Stromänderungsgeschwindigkeiten immer noch sehr hoch werden und ungeschützte elektronische Geräte (z.B. Laderegler oder Wechselrichter) mit Leichtigkeit zerstören. Zur Verringerung der induzierten Spannungen ist es zweckmässig, die *aufgespannte Fläche von unvermeidlichen Installationsschleifen* (z.B. Verdrahtung der Solarmodule in einem Solargenerator) *möglichst klein zu halten* und *möglichst weit von (teil-) blitzstromführenden Ableitungen* zu distanzieren. Durch *Verdrillen der Adern von Leitungen* können die in den Leitungen selbst induzierten Spannungen wesentlich verkleinert werden. Etwas genauere, aber viel kompliziertere Formeln für Fälle, bei denen die Länge des (teil-) blitzstromführenden Leiters relativ kurz ist, befinden sich in [Has89].

Beispiele (Anordnungen gemäss Bild 6-13, alle Beispiele mit Blitzschutzklasse III):

1) Installationsschleife in der Verdrahtung eines Solargenerators mit l = 5 m, b = 3 m, d = 1 m. Es sei $k_C = 1$ und es sei $(di/dt)_{max}$ = 100 kA/µs für BSK III gemäss Tabelle 6.3. Wie gross ist M_b und die maximale induzierte Spannung u_{max}?

Lösung:
$k_C = 1 \Rightarrow (di_A/dt)_{max} = (di/dt)_{max}$ = 100 kA/µs. Mit M_b'= 277 nH/m aus Bild 6-14 und Multiplikation mit l oder mit (6.16) wird M_b = 1,39 µH. Mit u/l = 27,7 kV/m aus Bild 6-14 und Multiplikation mit l oder mit (6.14) ergibt sich damit während des Anstiegs des Blitzstroms eine Spannung u_{max} = 139 kV.

2) Zweidrahtleitung der Länge 10 m (Achsenabstand 1 cm) im Abstand 10 cm *parallel zur blitzstromführenden Ableitung* gemäss Bild 6-13. Es sei k_C = 0,5 und es sei $(di/dt)_{max}$ = 100 kA/µs gemäss Tabelle 6.3 für BSK III. Wie gross ist M_b und die maximale induzierte Spannung u_{max}?

Lösung:
$k_C = 0,5 \Rightarrow (di_A/dt)_{max} = k_C \cdot (di/dt)_{max}$ = 50 kA/µs. In diesem Fall ist l = 10 m, d= 0,1 m, b = 0,01 m $\Rightarrow$ Mit M_b'= 19,1 nH/m aus Bild 6-14 oder direkt mit (6.16) oder (6.17) ergibt sich M_b = 191 nH. Mit (6.14) ergibt sich damit während des Anstiegs des Blitzstroms eine Spannung u_{max} = 9,5 kV.

3) Zweidrahtleitung der Länge 10 m (Achsenabstand 1 cm) im Abstand 10 cm *senkrecht zur blitzstromführenden* Ableitung gemäss Bild 6-13. Es sei k_C = 0,5 und es sei $(di/dt)_{max}$ = 100 kA/µs gemäss Tabelle 6.3 für BSK III. Wie gross ist M_b und die maximale induzierte Spannung u_{max}?

Lösung:
$k_C = 0,5 \Rightarrow (di_A/dt)_{max} = k_C \cdot (di/dt)_{max}$ = 50 kA/µs bei normalen Anforderungen. In diesem Fall ist l = 0,01 m, d = 0,1 m, b = 10 m $\Rightarrow$ Mit M_b' = 923 nH/m aus Bild 6-14 und Multiplikation mit l oder direkt mit (6.16) ergibt sich M_b = 9,23 nH. Mit u/l = 92,3 kV/m aus Bild 6-14 und Multiplikation mit l und k_C oder mit (6.14) ergibt sich während des Blitzstromanstiegs eine Spannung u_{max} = 462 V.

6.6.2 Näherungen zwischen Ableitungen und anderen Installationen

Die in (teil-)blitzstromführenden Schleifen nach Bild 6-11 induzierten Spannungen können sehr gross werden. Ist die Schleife offen, so kann bei einem zu kleinen Sicherheitsabstand s sogar ein Durchschlag erfolgen. Dies ist bei Näherungen zwischen einer (teil-) blitzstromführenden Ableitung und anderen Installationen im Innern eines Gebäudes (z.B. der Gleichstrom-Hauptleitung einer PV-Anlage!) zu beachten.

Die maximalen Werte $(di/dt)_{max}$ treten in der Front von negativen Folgeblitzen während maximal etwa 0,25 µs auf. Nach [Has89] beträgt die Durchschlagspannung für Stab-Stab Funkenstrecken mit dem Abstand s bei einer derart kurzzeitigen Beanspruchung:

Stoss-Durchschlagspannung zwischen Stäben (Abstand s): $U_D = s \cdot k_m \cdot 3000\,kV/m$ (6.18)

k_m ist ein Materialfaktor:

$k_m = 1$ für reine Luftstrecken

$k_m \approx 0{,}5$, wenn feste Materialien (Holz, Beton, Backsteine) in der Näherungsstrecke

Gemäss Bild 6-12 beträgt die längenspezifische Gegeninduktivität für grosse Leiterschleifen gemäss Bild 6-11 für a ≈ 2 m mit a >> r in Gebäuden höchstens etwa $M_a' = 1{,}2\,\mu H/m$. Wegen des flachen Anstiegs des natürlichen Logarithmus bei grösseren Argumentwerten steigt dieser Wert auch bei noch etwas grösseren Verhältnissen von a/r nicht mehr wesentlich an und kann somit als typisch für grosse Abstände a betrachtet werden.

Wird die in einer Schleife gemäss Bild 6-11 induzierte Spannung nach (6.14) gleich der Durchschlagspannung U_D gemäss (6.18) gesetzt, ergibt sich:

$$u = M_a' \cdot l \cdot k_C \cdot di/dt = 1{,}2\,\mu H/m \cdot l \cdot k_C \cdot di/dt = s \cdot k_m \cdot 3000\,kV/m \qquad (6.19)$$

Setzt man den Maximalwert $(di/dt)_{max}$ = 100 kA/µs für normale Anforderungen (Blitzschutzklasse (BSK) III) gemäss Tabelle 6.3 ein und löst man nach s auf, erhält man den minimal erforderlichen Sicherheitsabstand s_{min} nach der neuesten Norm [6.22], damit bei einer Näherung gemäss Bild 6-11 kein Durchschlag erfolgen kann:

Minimaler Sicherheitsabstand bei Näherungen: $s_{min} = 0{,}04 \frac{k_C}{k_m} l$ (6.20)

k_m ist ein Materialfaktor:

$k_m = 1$ für reine Luftstrecken

$k_m \approx 0{,}5$, wenn feste Materialien (Holz, Beton, Backsteine) in der Näherungsstrecke

l ist die Länge des vom (Teil-)Blitzstrom durchflossenen Ableitungsteilstücks in der Schleife.

Für hohe Anforderungen (BSK II) ist in (6.20) statt 0,04 der Wert 0,06, für extreme Anforderungen (BSK I) der Wert 0,08 einzusetzen [6.22]. Nach [Deh05] resp.[6.2] galten früher noch etwas grössere Werte: Für BSK III und IV: 0,05, für BSK II 0,075 und für BSK I 0,1.

Wenn bei der konkreten baulichen Realisierung diese minimalen Sicherheitsabstände eingehalten werden können und durch eine gewissenhafte Planung und Bauführung sichergestellt ist, dass auch keine unbeabsichtigten versteckten Näherungen entstehen, ist die Montage eines Solargenerators im Schutzbereich einer Blitzschutzanlage somit möglich.

Auf der nächsten Seite folgt ein konkretes Beispiel zur Berechnung der erforderlichen minimalen Sicherheitsabstände (Bild 6-15).

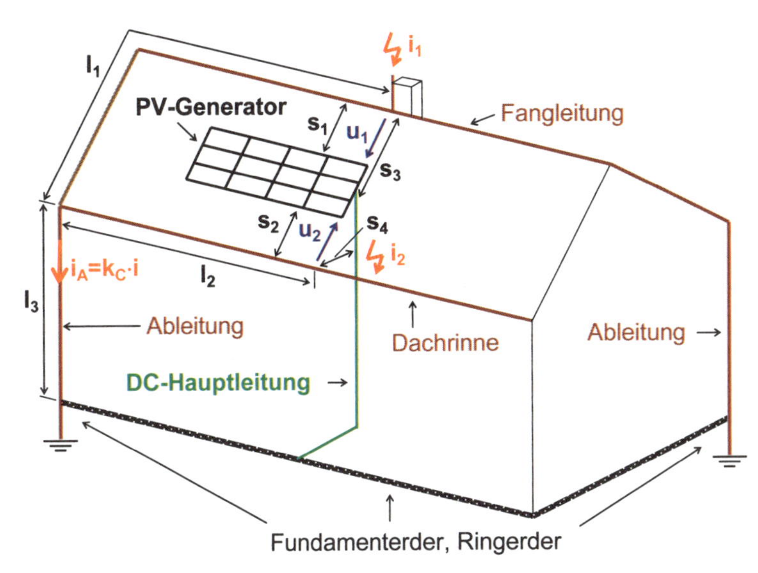

Bild 6-15:

Minimal notwendige Sicherheitsabstände s_1 und s_2 auf dem Dach, s_3 und s_4 durch das Dach sowie die bei einem Blitzschlag entstehenden Spannungen u_1 und u_2 bei einem Einfamilienhaus mit relativ steilem Dach und einer Blitzschutzanlage, wenn der PV-Generator im Schutzbereich der Blitzschutzanlage angeordnet werden soll.

Beispiel (Skizze siehe Bild 6-15):

Bei einem mit einer Blitzschutzanlage ausgerüsteten Einfamilienhaus mit relativ steilem Dach soll der Solargenerator im Schutzbereich der Blitzschutzanlage montiert werden (vergl. Bild 6-5). Gesucht sind die minimal notwendigen Sicherheitsabstände s_1 gegen die Fangleitung, s_2 gegen die an die Blitzschutzanlage angeschlossene Dachrinne sowie die entsprechenden Abstände s_3 und s_4 durch das Dach zu der im Gebäudeinnern geführten Gleichstrom-Hauptleitung (oder der Netzzuleitung, falls der Wechselrichter im Estrich installiert ist). Es sei $l_1 = 13$ m , $l_2 = 6$ m , $l_3 = 7$ m und es werden normale Blitzschutzanforderungen (Blitzschutzklasse III) verlangt.

Es sind zwei Fälle zu unterscheiden:

Die grösste Spannung u_1 , welche für s_1 und s_3 massgebend ist, entsteht bei einem Einschlag i_1 in den Kamin. In diesem Fall beträgt $k_C \approx 0{,}5$, und die massgebende Ableiterlänge ist $(l_1+l_3) = 20$ m. Mit (6.20) erhält man s_{1min} = 40 cm (k_m = 1, da Überschlag in Luft) und s_{3min} = 80 cm (k_m = 0,5, da Durchschlag durch festes Material). Bei fehlender zweiter Ableitung (rechts) wäre k_C = 1, s_{1min} = 80 cm und s_{3min} = 1,6 m.

Die grösste Spannung u_2 , welche für s_2 und s_4 massgebend ist, entsteht bei einem seitlichen Einschlag i_2 in der Nähe des Endes der Dachrinne. In diesem Fall beträgt $k_C \approx 0{,}83$ für die Teilstrecke l_3 (mit Widerstandsverhältnis der beiden Ableiterwege abgeschätzt) und k_C = 1 für die Teilstrecke l_2 , für s_2 ist k_m = 1 (Überschlag in Luft) und für s_4 ist k_m = 0,5 (Durchschlag durch festes Material). Damit ergibt sich mit (6.20):

s_{2min} = 0,04·6 m + 0,04·0,83·7 m= 47 cm und $s_{4min} = 2s_{2min}$ = 94 cm. Bei fehlender zweiter Ableitung (rechts) ergäbe sich s_{2min} = 52 cm und s_{4min} = 1,04 m.

Bei extremen Anforderungen an den Blitzschutz (BSK I) sind diese Sicherheitsabstände zu verdoppeln. Bei steilen Dächern liegt die Dachrinne evtl. noch im Schutzbereich der Dachfirst-Fangleitung (siehe Bild 6-5), so daß ein Einschlag in die Dachrinne ausgeschlossen ist.

Kann der minimale Sicherheitsabstand s_{min} nicht eingehalten werden oder ist eine Verbindung mit der Blitzschutzanlage vorgeschrieben, ist eine metallische Verbindung zwischen der Blitzschutzanlage und den Modulrahmen und/oder der Tragkonstruktion zu erstellen, über die dann aber ein Teil des Blitzstroms fliesst, und es ist die Verwendung abgeschirmter Leitungen mit teilblitzstromtragfähigen Abschirmungen nach Kap. 6.6.4 erforderlich.

6.6.3 Induzierte Ströme

Sind die Leiterschleifen geschlossen (z.B. durch einen Kurzschluss, eine Bypassdiode in einem Modul, die Impedanz eines angeschlossenen Geräts, einen Überspannungsableiter oder einen Überschlag über eine Trennstrecke mit ungenügendem Abstand), so fliesst als Folge der induzierten Spannung auch ein induzierter Strom. Die Kenntnis der auftretenden Ströme ist insbesondere für die *strommässige Dimensionierung von Überspannungsableitern* in solchen Schleifen wichtig. In diesem Kapitel wird eine Methode vorgestellt, welche die Bestimmung des nötigen Nennstroms $I_{8/20}$ des Varistors erlaubt. Dabei wird zunächst der leicht zu berechnende Kurzschlussstrom I_{So} der verlustlosen Schleife ($R_S = 0$) ermittelt. Daraus kann mit Hilfe eines Korrekturfaktors k_V , der von M, k_C , R_S und der Varistor-DC-Betriebsspannung U_{VDC} abhängt, der notwendige Varistorstrom $I_{8/20}$ bestimmt werden.

Die hohe induzierte Spannung ist nur sehr kurzzeitig (meist < 10 µs) vorhanden. Während des Anstiegs des Blitzstroms wird der in einer geschlossenen Schleife induzierte Strom i_S primär durch die Selbstinduktivität L_S der Schleife bestimmt, da der Spannungsabfall am Widerstand R_S der Schleife meist vernachlässigt werden kann. Die Selbstinduktivität wird oft auch kurz als Induktivität bezeichnet.

Für eine Zweidrahtleitung mit dem Leiterradius r_o , dem Achsenabstand b und der Länge l gemäss dem rechten Teil von Bild 6-13 gilt für l >> b unter Vernachlässigung des kleinen Beitrags der inneren Induktivität, der zudem nur bei tiefen Frequenzen von Bedeutung ist:

(Selbst-)Induktivität einer langen Zweidrahtleitung: $$L = 0{,}4 \cdot l \cdot \ln \frac{b - r_o}{r_o} \qquad (6.21)$$

Dabei ist L die Induktivität in µH, wenn alle Längenangaben (Leitungslänge l, Achsenabstand b und Leiterradius r_o) in Meter angegeben werden. Um eine universelle Anwendbarkeit zu erreichen, ist in Bild 6-16 für eine lange Zweidrahtleitung statt der Induktivität L der sogenannte Induktivitätsbelag L′ = L/l , also die Induktivität pro Längeneinheit, dargestellt. Aus L′ folgt durch Multiplikation mit l die in einer konkreten Anordnung auftretende Induktivität L.

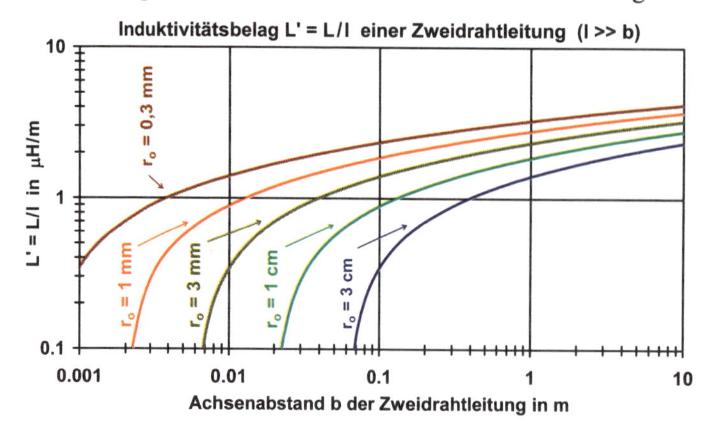

Bild 6-16: Induktivitätsbelag L′ = L/l einer Zweidrahtleitung (r_o = Leiterradius, b = Abstand der Leiterachsen, Länge l >> b), Skizze siehe rechter Teil von Bild 6-13.

Bei der praktischen Realisierung von Blitzschutzmassnahmen treten oft auch Leiterschleifen auf, bei denen die Bedingung $l >> b$ nicht mehr erfüllt ist. In diesen Fällen trägt nicht nur die Länge l, sondern auch die Breite b nennenswert zur Induktivität bei. Anstelle der relativ komplizierten exakten Formeln gemäss [Has89] kann eine viel einfachere Näherungsformel verwendet werden, welche für $l \geq b$ und $b >> r_o$ nur sehr geringe Abweichungen ergibt:

$$\textit{Induktivität einer Rechteckschleife: } L \approx 0{,}4 \cdot (l+b) \cdot \ln \frac{b-r_o}{r_o} - 0{,}55 \cdot b \qquad (6.22)$$

Dabei ist L die Induktivität in µH, wenn alle Längenangaben (Länge l, Breite b, Leiterradius r_o) in Meter angegeben werden ($l \geq b$, $b >> r_o$).

6.6.3.1 In verlustloser Schleife induzierter Kurzschlussstrom

Besonders einfach ist die Berechnung des Kurzschluss-Stroms i_{So} in einer widerstandslosen Schleife mit der Induktivität L_S. Mit der Gegeninduktivität $M = M_b$ ergibt sich für den Kurzschluss-Strom i_{So} , der in einer Anordnung nach Bild 6-13 von dem in einer Ableitung fliessenden (Teil-)Blitzstrom i_A in einer geschlossenen Leiterschleife mit $R_S = 0$ und der Induktivität L_S induziert wird:

$$\textit{Induzierter KS-Strom in Leiterschleife } (R_S = 0)\textit{: } i_{So} \approx \frac{M}{L_S} i_A = \frac{M}{L_S} k_C \cdot i = \frac{M_i}{L_S} i \qquad (6.23)$$

Dabei ist $M_i = k_C \cdot M$ *die effektive Gegeninduktivität* zwischen dem gesamten Blitzstrom i und der Schleife.

Durch Einsetzen des Maximalwertes i_{max} (100 kA bis 200 kA nach Tab. 6.3) kann sehr einfach der in einer widerstandslosen Schleife auftretende Maximalwert des Kurzschlussstromes i_{Somax} berechnet werden:

$$\textit{Induzierter maximaler KS-Strom in Leiterschleife } (R_S = 0)\textit{: } i_{Somax} \approx \frac{M_i}{L_S} i_{max} \qquad (6.24)$$

6.6.3.2 Induzierte Ströme in Schleifen mit Überspannungsableitern

Ist die Schleife nicht widerstandslos, klingt der induzierte Strom i_S nach dem Erreichen eines Maximalwertes i_{Smax} umso schneller ab, je kleiner die Induktivität L_S und je grösser die in der Schleife vorhandenen Widerstände und Varistorspannungen sind.

Für die bezüglich Strom korrekte Dimensionierung von Überspannungsableitern ist eine genügend genaue Berechnung der in Schleifen mit Varistoren fliessenden Ströme erforderlich. Da Varistoren nichtlineare Elemente sind und die induzierten Ströme von verschiedenen Parametern abhängen, ist die exakte Berechnung dieser Ströme nicht einfach. Gewisse Vereinfachungen und Abschätzungen nach der sicheren Seite sind deshalb nötig, um den mathematischen Aufwand in vernünftigen Grenzen zu halten.

Für die mathematische Darstellung der Blitzströme wurde folgende Form gewählt:

$$i(t) = I\left(e^{-\sigma_1 t} - e^{-\sigma_2 t}\right) \qquad (\sigma_2 >> \sigma_1) \qquad (6.25)$$

Sie stellt ohne allzu grossen mathematischen Aufwand eine gute Näherung an die Realität dar, kann leicht an die in Normen empfohlenen Maximalwerte für i_{max}, $(di/dt)_{max}$ und Q angepasst werden und entspricht zudem genau der Kurvenform der von Stossstromgeneratoren in Hochspannungslaboratorien erzeugten Stossströme.

Da für Überspannungsableiter je nach Typ und Hersteller oft nur relativ wenige Daten verfügbar sind, ist eine Ersatzschaltung erforderlich, welche mit sehr wenig produktspezifischen Daten auskommt, die praktisch von allen Herstellern zur Verfügung gestellt werden. Diese Daten sind die maximale Betriebs-Gleichspannung U_{VDC} des Varistors und der maximal zulässige Stossstrom $I_{8/20}$ bei der Kurvenform 8/20 µs. Um übliche Werkzeuge der Netzwerktheorie einsetzen zu können, ist eine Linearisierung der entsprechenden Schaltung zweckmässig.

Da Blitzströme von aussen eingeprägte Ströme sind, also den Charakter von idealen Stromquellen haben, kann zudem die Rückwirkung des in der Schleife mit dem Varistor fliessenden Stroms $i_V = i_S$ auf den primären Strom i vernachlässigt werden.

Damit erhält man folgende Ersatzschaltung für eine mit dem Blitzstrom gekoppelte Schleife mit einen Überspannungsableiter:

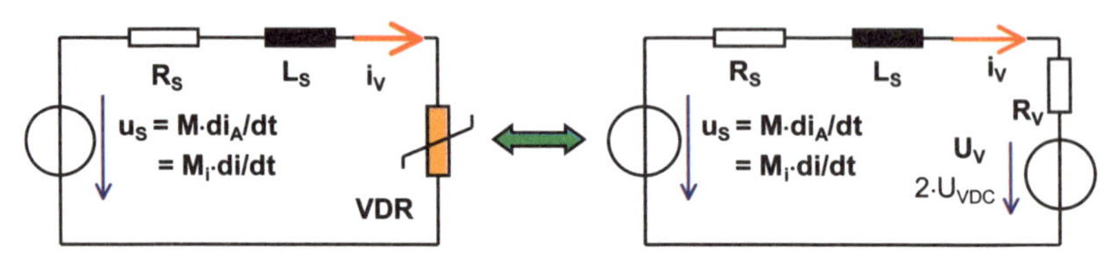

Bild 6-17:
Ersatzschaltung zur Berechnung der auftretenden Varistorströme i_V in mit einem Blitzstrom i induktiv gekoppelten Schleifen (links Originalschaltung, rechts linearisierte Form für $i_V > 0$).

Wenn der Varistor in der linearisierten Schaltung durch eine reale Spannungsquelle mit $U_V = 2 \cdot U_{VDC}$ und einem Innenwiderstand $R_V = U_{VDC}/i_{Somax}$ ersetzt wird, befindet man sich auf jeden Fall auf der sicheren Seite. Für relativ grosse Werte der effektiven Gegeninduktivität $M_i = k_C \cdot M$ (typischerweise $M_i >$ etwa 1 µH) kann der Strom i_V nach dem Erreichen des Wertes 0 auch noch negativ werden. In diesem Fall muss für die Berechnung des negativen Bereichs von i_V das Vorzeichen der Spannungsquelle in der linearisierten Ersatzschaltung umgekehrt werden.

Berechnung des Stromes i_V mit der Laplace-Transformation

Mit der linearisierten Schaltung nach Bild 6-17 kann i_V mit Hilfe der Laplace-Transformation analytisch berechnet werden [6.19].

Die Laplace-Transformierte I(s) des Blitzstromes $i(t) = I(e^{-\sigma_1 t} - e^{-\sigma_2 t})$ lautet:

$$I(s) = \frac{I}{s+\sigma_1} - \frac{I}{s+\sigma_2} = \frac{I \cdot (\sigma_2 - \sigma_1)}{(s+\sigma_1)(s+\sigma_2)} \tag{6.26}$$

Für die in der Schleife induzierte Spannung $U_S(s)$ ergibt sich damit:

In Schleife induzierte Spannung: $U_S(s) = s \cdot M_i \cdot I(s) = \dfrac{s \cdot M_i \cdot I \cdot (\sigma_2 - \sigma_1)}{(s+\sigma_1)(s+\sigma_2)}$ (6.27)

In der Schaltung nach Bild 6-17 ergibt sich für den Varistorstrom $I_V(s)$ mit $\sigma_3 = (R_S + R_V)/L_S$:

$$I_V(s) = \frac{U_S(s) - \frac{U_V}{s}}{R_S + R_V + s \cdot L_S} = \frac{U_S(s) - \frac{U_V}{s}}{L_S(s+\sigma_3)} \tag{6.28}$$

Durch Einsetzen von $U_S(s)$ gemäss (6.27) folgt weiter:

$$I_V(s) = \frac{M_i \cdot I \cdot s \cdot (\sigma_2 - \sigma_1)}{L_S(s+\sigma_1)(s+\sigma_2)(s+\sigma_3)} - \frac{U_V}{L_S \cdot s \cdot (s+\sigma_3)} \quad (6.29)$$

Durch Rücktransformation in den Zeitbereich ergibt sich:

$$i_V(t) = \frac{M_i \cdot I}{L_S}\left[\frac{\sigma_1 \cdot e^{-\sigma_1 \cdot t}}{(\sigma_1 - \sigma_3)} + \frac{\sigma_2 \cdot e^{-\sigma_2 \cdot t}}{(\sigma_3 - \sigma_2)} + \frac{\sigma_3 \cdot (\sigma_1 - \sigma_2) \cdot e^{-\sigma_3 \cdot t}}{(\sigma_1 - \sigma_3)(\sigma_2 - \sigma_3)}\right] - \frac{U_V(1 - e^{-\sigma_3 \cdot t})}{L_S \cdot \sigma_3} \quad (6.30)$$

Zu einer bestimmten Zeit t_0 erreicht $i_V(t)$ den Wert 0. Für $t > t_0$ wird $i_V < 0$. Für die Berechnung des negativen Bereiches von $i_V < 0$ muss das *Vorzeichen der Quelle* $U_V = 2 \cdot U_{VDC}$ *in Bild 6-17 umgekehrt* werden, d.h. $U_V' = -U_V$. Da bei realen Blitzströmen $\sigma_2 >> \sigma_1$ ist, gilt für $t > t_0$ für i(t):

$$i(t) \approx I \cdot e^{-\sigma_1 t} = I \cdot e^{-\sigma_1 \cdot t_0} \cdot e^{-\sigma_1 \cdot \tau}, \quad \text{wobei } \tau = t - t_0 \quad (6.31)$$

Die Spannung $u_S(t) = M_i \cdot di/dt$ beträgt somit:

$$u_S(t) = -\sigma_1 \cdot M_i \cdot I \cdot e^{-\sigma_1 t} = -\sigma_1 \cdot M_i \cdot I \cdot e^{-\sigma_1 t_0} \cdot e^{-\sigma_1 \cdot \tau} \quad (6.32)$$

Die Laplace-Transformierte (bezüglich des Zeitnullpunktes $\tau = 0$) davon lautet:

$$U_S(s) = \frac{-\sigma_1 \cdot M_i \cdot I \cdot e^{-\sigma_1 \cdot t_0}}{(s+\sigma_1)} \quad (6.33)$$

Durch Einsetzen in (6.28) ergibt sich nach dem Ersetzen von U_V durch $-U_V$ damit für $I_V(s)$:

$$I_V(s) = \frac{-\sigma_1 \cdot M_i \cdot I \cdot e^{-\sigma_1 \cdot t_0}}{L_S(s+\sigma_1)(s+\sigma_3)} + \frac{U_V}{L_S \cdot s \cdot (s+\sigma_3)} \quad (6.34)$$

Durch Rücktransformation in den Zeitbereich ergibt sich (für $t > t_0$):

$$i_V(t) = -\sigma_1 \cdot M_i \cdot I \cdot e^{-\sigma_1 \cdot t_0} \frac{e^{-\sigma_1 \cdot (t-t_0)} - e^{-\sigma_3 \cdot (t-t_0)}}{L_S(\sigma_3 - \sigma_1)} + \frac{U_V(1 - e^{-\sigma_3 \cdot (t-t_0)})}{L_S \cdot \sigma_3} \quad (6.35)$$

Diese Lösung gilt für $t > t_0$, solange $i_V < 0$ ist. Wenn i_V den Wert 0 erreicht hat, würde eigentlich wieder das Original-Ersatzschema gemäss Bild 6-17 gelten. Da aber u_S im Rücken des Blitzes negativ bleibt, ist keine treibende Spannung vorhanden, die erneut ein $i_V > 0$ erzeugen könnte, d.h. i_V bleibt endgültig 0.

Um auf der sicheren Seite zu bleiben (Worst-Case Abschätzung), genügt es, relativ kleine Werte von R_S und R_V zu untersuchen. Für die Simulation mit dem Computer wurden deshalb folgende Werte von R_S und R_V verwendet (automatisch aus den gewählten Werten von L_S und U_{VDC} berechnet): $R_S = L_S \cdot 1 m\Omega/\mu H$, $R_V = U_{VDC} / i_{Somax}$, d.h. der totale Spannungsabfall am Varistor bei i_{Somax} ist $3 \cdot U_{VDC}$.

Die Bilder 6-18 – 6-23 zeigen einige Beispiele von mit diesen Annahmen berechneten Varistorströmen mit relativ kleinen und relativ grossen Werten von M_i und U_{VDC}. Um vergleichbare Verhältnisse zu erhalten, wurde bei allen Beispielen das gleiche Verhältnis $M_i / L_S = ¼$ gewählt.

In den Bildern 6-18 bis 6-20 werden zunächst die in einer relativ grossen Schleife mit $M_i = 5\,\mu H$ und $L_S = 20\,\mu H$ von einem Erstblitz mit einem i_{max} = 100 kA (I = 106,5 kA, $\sigma_1 = 2150\,s^{-1}$, $\sigma_2 = 189900\,s^{-1}$) induzierten Ströme betrachtet.

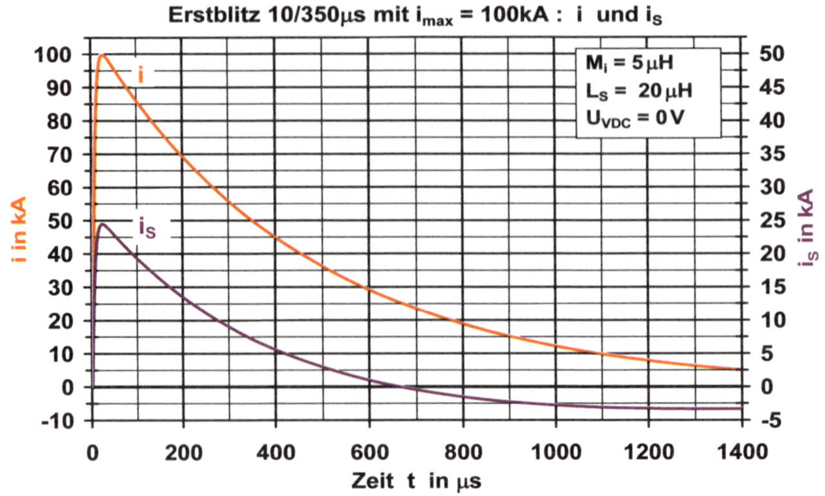

Bild 6-18:
In einer relativ grossen Schleife M_i = 5 µH und L_S = 20 µH (ohne Varistor) von einem Erstblitz mit i_{max} = 100 kA induzierter Kurzschlussstrom i_S. Wegen des sehr kleinen Widerstandes (R_S = 20 mΩ) gilt $i_S \approx i_{So}$ (gemäss (6.23)). Am Anfang ist der Verlauf von i_S und i deshalb sehr ähnlich. Nach längerer Zeit wird i_S (wegen des von σ_3 stammenden dritten Pols) dagegen leicht negativ. Der erreichte negative Spitzenwert ist aber viel kleiner als i_{Smax}.

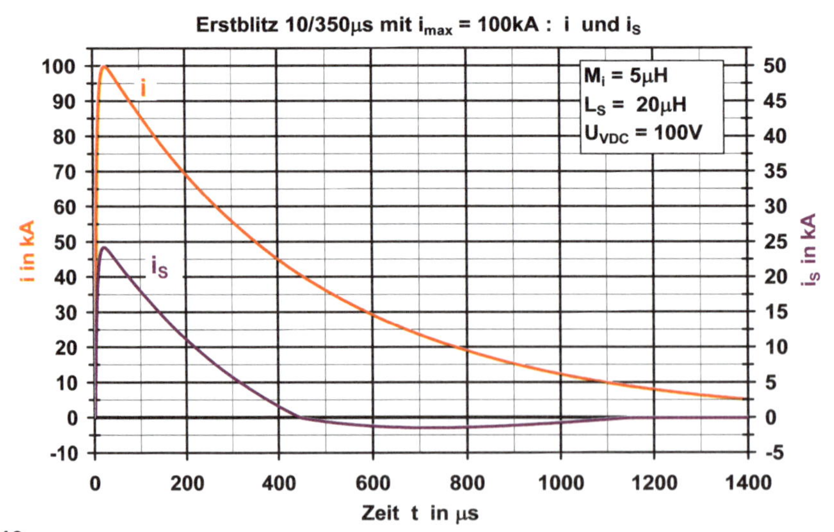

Bild 6-19:
In der gleichen Schleife mit einem Varistor mit einer kleinen maximalen DC-Betriebsspannung U_{VDC} = 100 V von einem Erstblitz mit i_{max} = 100 kA induzierter Strom $i_S = i_V$. Weil $U_{VDC} > 0$ ist, fällt i_S nun rascher ab. Wegen des relativ grossen Wertes von M_i und des relativ kleinen Wertes von U_{VDC} reicht die im Rücken des Blitzstroms induzierte, negative Spannung u_S noch aus, um nach dem Nulldurchgang von i_S kurzzeitig einen kleinen negativen Strom zu erzeugen.

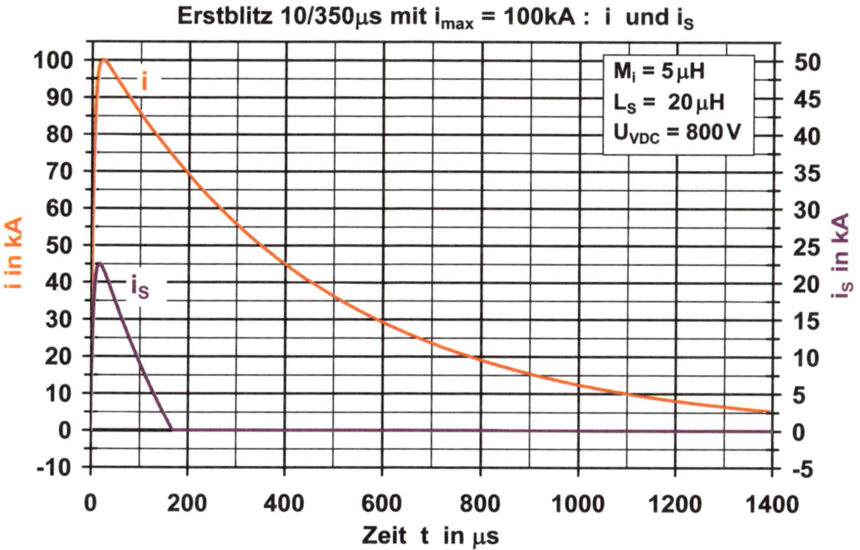

Bild 6-20:
In der gleichen Schleife mit einem Varistor mit einer relativ grossen maximalen DC-Betriebsspannung U_{VDC} = 800 V von einem Erstblitz mit i_{max} = 100 kA induzierter Strom $i_S = i_V$. Da U_{VDC} relativ gross ist, erreicht i_S nicht mehr ganz den Spitzenwert i_{Smax} von Bild 6-18 und fällt sehr rasch ab. Nachdem i_S den Wert 0 erreicht hat, reicht die im Rücken des Blitzstroms induzierte, negative Spannung u_S trotz des relativ grossen Wertes von M_i wegen des grossen Wertes von U_{VDC} nicht mehr aus, um noch einen negativen Strom zu erzeugen.

Bei den Beispielen mit relativ grosser effektiver Gegeninduktivität M_i gemäss Bild 6-19 und Bild 6-20 dauert der Stossstrom i_S viel länger als ein Stossstrom $I_{8/20}$ der Kurvenform 8/20 µs, für den die meisten Ableiter spezifiziert sind. Soll der Ableiter keinen Defekt erleiden, muss er deshalb für einen höheren Stossstrom $I_{8/20}$ als der in Bild 6-19 und 6-20 auftretende Maximalstrom i_{Smax} ausgelegt werden. Eine konservative Annahme ist dabei, dass die infolge i_S durch den Varistor fliessende Ladung Q (Beträge der positiven und negativen Halbwelle addiert) gleich gross sein darf wie die Ladung Q_S eines Stossstromes $I_{8/20}$, wobei gilt $Q_S \approx I_{8/20} \cdot 20$ µs. Da bei kleineren Strömen die Spannung am Varistor und damit die umgesetzte Energie etwas kleiner ist, liegt man mit dieser Annahme auf der sicheren Seite. Damit kann für diese Fälle ein Korrekturfaktor k_V bezüglich des leicht zu berechnenden maximalen Kurzschlussstroms i_{Somax} der verlustlosen Schleife bestimmt werden (siehe Bild 6-24).

In den Bildern 6-21 bis 6-23 auf den folgenden beiden Seiten werden die in einer relativ kleinen Schleife mit $M_i = 0{,}1$ µH und $L_S = 0{,}4$ µH von einem negativen Folgeblitz mit $i_{max} = 25$ kA ($I = 25{,}2$ kA, $\sigma_1 = 6931\ s^{-1}$, $\sigma_2 = 3975000\ s^{-1}$) induzierten Ströme dargestellt.

Bei den Beispielen mit relativ kleiner effektiver Gegeninduktivität M_i gemäss Bild 6-22 und Bild 6-23 dauert der Stossstrom i_S viel weniger lang als ein Stossstrom $I_{8/20}$ der Kurvenform 8/20 µs, für den die meisten Ableiter spezifiziert sind. Die umgesetzte Ladung ist deshalb viel kleiner als die vom Stossstrom $I_{8/20}$ umgesetzte Ladung, der Varistor könnte damit eigentlich viel kleiner gewählt werden.

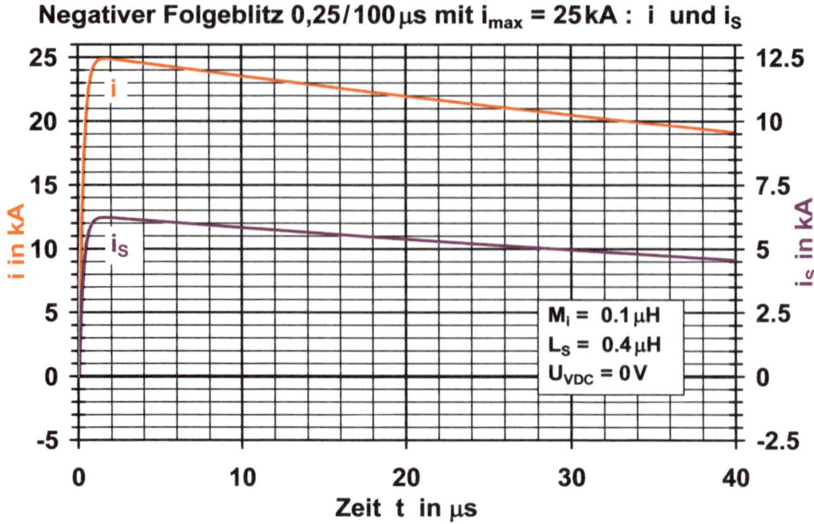

Bild 6-21:
In einer relativ kleinen Schleife mit M_i = 0,1 µH und L_S = 0,4 µH (ohne Varistor) von einem negativen Folgeblitz mit i_{max} = 25 kA induzierter Kurzschlussstrom i_S. Wegen des sehr kleinen Widerstandes (R_S = 0,4 mΩ) gilt $i_S \approx i_{So}$ (gemäss (6.23)) Am Anfang ist der Verlauf von i_S und i deshalb sehr ähnlich. Nach längerer Zeit wird i_S (wegen des von σ_3 stammenden dritten Pols) wie in Bild 6-18 noch kurzzeitig leicht negativ (im Diagramm nicht mehr sichtbar). Der erreichte negative Spitzenwert ist aber ebenfalls viel kleiner als i_{Smax}.

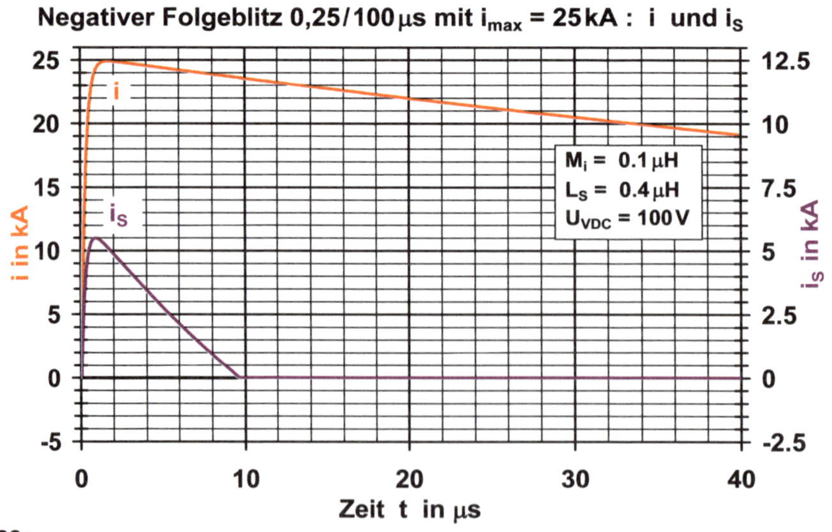

Bild 6-22:
In der gleichen Schleife mit einem Varistor mit einer relativ kleinen maximalen DC-Betriebsspannung U_{VDC} = 100 V von einem negativen Folgeblitz mit i_{max} = 25 kA induzierter Strom $i_S = i_V$. Weil U_{VDC} > 0 ist, fällt i_S nun viel rascher ab. Nachdem i_S den Wert 0 erreicht hat, reicht die im Rücken des Blitzstroms induzierte, negative Spannung u_S wegen des ziemlich kleinen Wertes von M_i trotz des kleinen Wertes von U_{VDC} nicht mehr aus, um noch einen negativen Strom zu erzeugen.

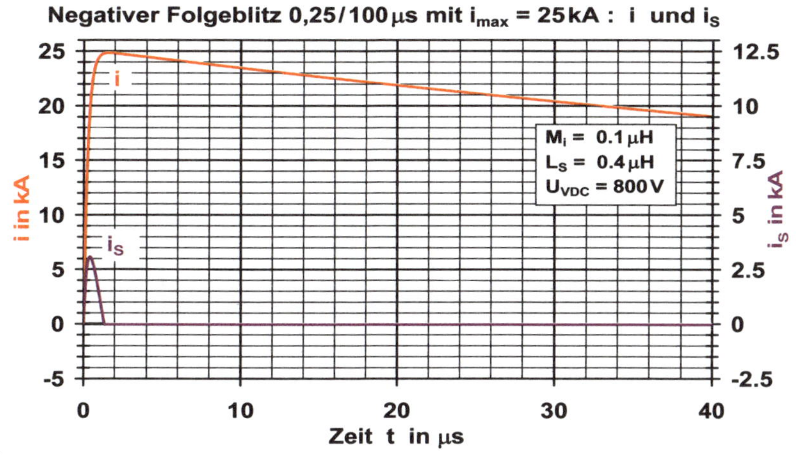

Bild 6-23:
In der gleichen Schleife mit einem Varistor mit einer relativ grossen maximalen DC-Betriebsspannung U_{VDC} = 800 V von einem negativen Folgeblitz mit i_{max} = 25 kA induzierter Strom $i_S = i_V$. Da U_{VDC} relativ gross ist, erreicht i_S gegenüber i_{Smax} von Bild 6-21 einen viel kleineren Spitzenwert und fällt äusserst rasch ab. Nachdem i_S den Wert 0 erreicht hat, reicht die negative Spannung u_S im Rücken des Blitzstroms deshalb auch nicht mehr aus, um einen negativen Strom zu erzeugen.

Da bei grösseren Strömen als der Nennstrom die Spannung ansteigt und Schäden möglich sind, wäre eine Dimensionierung auf gleiche umgesetzte Ladung aber nicht mehr konservativ. Dagegen kann in diesen Fällen der spezifizierte Maximalstrom $I_{8/20}$ des zu verwendenden Varistors gleich dem effektiv auftretenden Maximalstrom i_{Smax} gewählt werden, der hier etwas kleiner ist als der leicht zu berechnende maximale Kurzschlussstrom i_{Somax} der verlustlosen Schleife (vergleiche Bild 6-21 und Bild 6-23). Damit kann auch für diese Fälle ein entsprechender Korrekturfaktor k_V bezüglich des leicht zu berechnenden maximalen Kurzschlussstroms i_{Somax} der verlustlosen Schleife bestimmt werden (siehe Bild 6-24). Bei sehr kleinen Werten von M_i erzeugen zudem nur noch die etwas stromschwächeren negativen Folgeblitze mit ihren höheren $(di/dt)_{max}$-Werten (100 kA/µs bis 200 kA/µs nach Tab. 6.3) genügend hohe Spannungen, um die Varistoren zum Leiten zu bringen. Da negative Folgeblitze jedoch mehrfach auftreten können, ist es trotzdem zweckmässig, für die strommässige Dimensionierung der Varistoren mit den gleichen Maximalströmen i_{max} wie für Erstblitze (100 kA bis 200 kA nach Tab. 6.3) zu rechnen. Es können dann bis zu vier in kurzer Zeit aufeinander folgende Folgeblitze (mit Maximalströmen von 25 kA bis 50 kA nach Tab. 6.3) verkraftet werden.

Um ein einfach zu handhabendes Verfahren zur Bestimmung des für eine bestimmte Anwendung notwendigen Varistor-Nennstroms $I_{V8/20}$ der Kurvenform 8/20 µs zu erhalten, wurde unter den beschriebenen Annahmen für verschiedene Werte der Varistor-DC-Nennspannung U_{VDC} ein Varistor-Korrekturfaktor k_V in Funktion der effektiven Gegeninduktivität $M_i = k_C \cdot M$ ermittelt. k_V ist von L_S unabhängig und ist in Bild 6-24 dargestellt.

Damit kann der notwendige Varistor-Nennstrom $I_{V8/20}$ aus dem leicht aus M_i und L_S berechenbaren maximalen Kurzschlussstrom i_{Somax} der verlustlosen Schleife berechnet werden:

Notwendiger Varistor-Nennstrom (8/20µs): $$I_{V8/20} = k_V \cdot i_{Somax} = k_V \frac{M_i}{L_S} i_{max} \qquad (6.36)$$

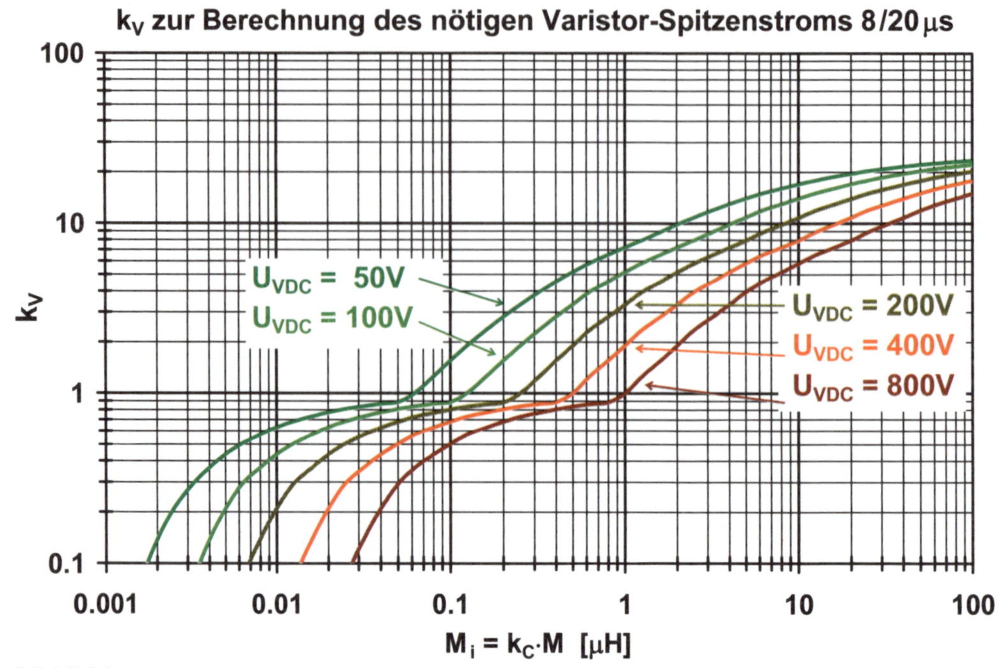

Bild 6-24:
Varistor-Korrekturfaktor k_V für die Bestimmung des notwendigen Varistorstroms $I_{V8/20}$ aus dem maximalen Kurzschlussstrom der verlustlosen Schleife mit (6.36). Die bei der Berechung dieser Kurven gemachten Annahmen sind konservativ, d.h. bei Verwendung dieser Werte befindet man sich bei normalen Blitzschutzanforderungen auf der sicheren Seite.

Beispiele:

1) Normale Blitzschutzanforderungen: Blitzstrom mit i_{max} = 100 kA, k_C = 0,5, M = 10 µH, L_S = 20 µH, U_{VDC} = 800 V. Gesucht: Maximaler Kurzschlusstrom i_{Somax} der verlustlosen Schleife sowie der notwendigen Varistor-Spitzenstrom $I_{V8/20}$ (Situation von Bild 6-20).

Lösung:
$k_C = 0{,}5 \Rightarrow M_i = k_C{\cdot}M = 5\ \mu H \Rightarrow i_{Somax} = i_{max}{\cdot}M_i / L_S = 25$ kA gemäss (6.24). Aus Bild 6-24 entnimmt man bei M_i = 5 µH und U_{VDC} = 800 V den Wert k_V = 4. Somit ergibt sich mit (6.36) $I_{V8/20}$ = 100 kA.

2) Normale Blitzschutzanforderungen: Blitzstrom mit i_{max} = 100 kA, k_C = 0,25, M = 0,2 µH, L_S = 1 µH, U_{VDC} = 400 V. Gesucht: Maximaler Kurzschlusstrom i_{Somax} der verlustlosen Schleife sowie der notwendiger Varistor-Spitzenstrom $I_{V8/20}$.

Lösung:
$k_C = 0{,}25 \Rightarrow M_i = k_C{\cdot}M = 0{,}05\ \mu H \Rightarrow i_{Somax} = i_{max}{\cdot}M_i / L_S = 5$ kA gemäss (6.24). Aus Bild 6-24 entnimmt man bei M_i = 0,05 µH und U_{VDC} = 400 V den Wert k_V = 0,5. Mit (6.36) folgt somit $I_{V8/20}$ = 2,5 kA.

6.6.3.3 Induzierte Ströme in Bypassdioden

Bei Blitzeinschlägen in der Nähe von PV-Anlagen können auch Schäden an Bypassdioden entstehen. Fliesst ein nennenswerter Teilblitzstrom im Rahmen eines Solarmoduls, werden die Bypassdioden wegen der hohen induzierten Spannungen und Ströme auf jeden Fall zerstört.

Heute werden in Modulen wegen des geringeren Vorwärtsspannungsabfalls meist Schottky-Dioden verwendet, die aber nur eine relativ kleine Sperrspannung von etwa 40 V – 100 V aufweisen. Durch Blitzströme in einer Modulschleife induzierte Spannungen können aber auch in einem gewissen Abstand vom Blitzstrom leicht viel höhere Werte annehmen (siehe Kap. 6.7.7). Zum Glück können viele Dioden bei nicht allzu hohen Strömen auch ganz kurzzeitig etwas in den Durchbruchs-(Avalanche-)Bereich hinein betrieben werden, so dass das Problem in der Praxis etwas weniger gravierend ist als zunächst angenommen. Bypassdioden können aber je nach der Polarität der induzierten Spannung, die beim Anstieg des Blitzstroms entsteht, nicht nur in Sperrrichtung, sondern auch in Durchlassrichtung beansprucht werden. Um die mögliche Beanspruchung der Bypassdioden bei beiden möglichen Polaritäten abschätzen zu können, ist deshalb eine eingehendere Untersuchung dieses Problems angezeigt. Dabei können die bereits in Kap. 6.6.3.2 hergeleiteten Gleichungen nützliche Dienste leisten.

Experimentelle Untersuchungen haben gezeigt, dass die induzierten Spannungen bei ungerahmten Modulen gut mit den berechneten Spannungswerten übereinstimmen, die in durch den Schwerpunkt der Solarzellen verlaufenden drahtförmigen Leiterschleifen entstehen würden [6.3], [6.6]. Für solche Modulschleifen kann leicht eine Gegeninduktivität M zwischen dem Teilblitzstrom $i_A = k_C \cdot i$ und der betreffenden Schleife berechnet werden. Verfügt das Modul über einen Metallrahmen, wird die induzierte Spannung um einen Rahmen-Reduktionsfaktor R_R weiter reduziert (siehe Kap. 6.7.7.4). R_R liegt für Einzelschleifen in Modulen etwa zwischen 2,5 und 5, bei rahmenlosen Modulen dagegen bei 1. Die in (6.14) zu verwendende Gegeninduktivität M_i für die Berechnung der von Blitzströmem in einzelnen Modulschleifen induzierten Spannung wird damit *unter Berücksichtigung des Rahmeneinflusses* mit k_C gemäss (6.6) und R_R gemäss (6.50):

$$M_i = \frac{k_C \cdot M}{R_R} \tag{6.37}$$

Ein vernünftiger Blitzschutz ist nur möglich, wenn der Solargenerator einer Photovoltaikanlage im Schutzbereich einer Blitzschutzanlage untergebracht wird (siehe Kap. 6.3.2 und 6.3.3). Dabei muss zwischen einer (teil-)blitzstrom führenden Ableitung und einem Modul zur Vermeidung von gefährlichen Näherungen immer ein gewisser Minimalabstand eingehalten werden, der meist im Minimum etwa 50 cm betragen dürfte (siehe Kap. 6.6.2).

Der Abstand b einer modulinternen Bypassdioden-Leiterschleife mit jeweils n_Z Solarzellen in Serie variiert je nach Zellengrösse zwischen 10 cm und 20 cm, und die Länge l einer solchen Schleife liegt bei kommerziellen Modulen meist zwischen etwa 0,8 m und 2 m. Deshalb sind sehr hohe Werte für M_i nicht möglich. Realistische Werte für M_i für Module in relativ geringen Abstand zum Teilblitzstrom i_A liegen somit etwa im Bereich 10 nH bis 80 nH (Bild 6-14).

Bei der Berechnung der Schleifeninduktivität L_S kann nicht direkt die Formel (6.22) angewendet werden, da der Wert für den Leiterradius r_o nicht bekannt ist, für die Verbindungen quer zur Schleifenachse ein anderer Leiterradius massgebend ist und gewisse zusätzliche Verbindungsleitungen auftreten. Es ist aber möglich, eine Näherungsformel für L_S anzugeben, die Werte ergibt, welche gut mit praktischen Messungen an einzelnen Modulen übereinstimmen.

In kristallinen Modulen haben die Solarzellen einen Abstand b und die Kontaktierung der Frontelektroden erfolgt meist über zwei parallele Leiter (Breite c ca. 0,02·b) im Abstand von etwa 0,48·b (siehe Bild 6-25, Bilder von entsprechenden Modulen siehe Bild 4-5, 4-7 und 4-9). Diese zwei parallelen Leiter können näherungsweise als 2-er-Bündelleitung aufgefasst werden, bei denen sich der äquivalente Radius als geometrisches Mittel des Leiterabstandes und des Radius eines Bündelleiters berechnet. Als Radius des Bündelleiters wird im Fall der Solarzelle zweckmässigerweise der Radius eines Leiters mit kreisförmigem Querschnitt angenommen, der die gleiche Oberfläche hat wie der streifenförmige Leiter.

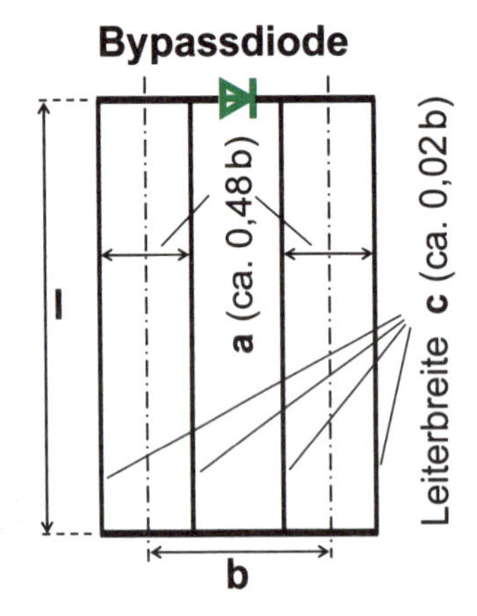

Bild 6-25:
Skizze zur näherungsweisen Berechnung der Schleifeninduktivität L_S in einer Bypassdiodenschleife.

Somit ergibt sich als äquivalenter Radius r_o näherungsweise:

$$\textit{Äqivalenter Radius für } L_S\textit{-Berechnung: } r_o \approx \sqrt{0{,}48 \cdot b \cdot \frac{2 \cdot 0{,}02 \cdot b}{2\pi}} \approx 0{,}055 \cdot b \qquad (6.38)$$

Das Argument des ln in (6.22) beträgt damit weitgehend unabhängig von b für ein typisches Modul etwa 18 und der ln(18) wird somit etwa 3. Da die Verbindungen quer zur Leiterachse einen geringeren äquivalenten Radius aufweisen und zudem bis zur Modulanschlussdose mit den Bypassdioden noch eine zusätzliche Leitungslänge von 0,5·b bis 1,5·b berücksichtigt werden muss, ergibt sich mit einem Zuschlag von ca. 50 nH für die Bypassdiode durch eine leichte Modifikation von (6.22) folgende *Näherungsformel* für die Schleifeninduktivität L_S in µH:

$$\textit{Bypassdioden-Schleifeninduktivität } L_S \approx 1{,}2 \cdot (l + 2 \cdot b) + 0{,}05 \qquad (6.39)$$

Dabei ist L_S die für die Beanspruchung der Bypassdiode massgebende Schleifeninduktivität in µH, wenn alle Längenangaben (Länge l, Zellenabstand b) in Metern angegeben werden.

Typische Werte von L_S liegen im Bereich von etwa 1 µH bis 3 µH. Diese Werte konnten auch durch Messungen an einigen Modulen im Labor bestätigt werden.

Da M_i ebenfalls proportional zu l ist, ist das das Verhältnis M_i/L_S primär vom Abstand d, dem Vorhandensein eines Metallrahmens und von k_C, jedoch kaum von l abhängig.

Je nach der gegenseitigen Lage und Orientierung von blitzstromführender Ableitung und modulinterner Schleife können zwei verschiedene Fälle unterschieden werden. Sie unterscheiden sich bezüglich der Polarität der in der Front des Blitzstroms induzierten Spannung. Je nach dieser Polarität können zwei verschiedene Fälle unterschieden werden, bei denen die Bypassdiode und die Solarzellendioden entweder in Sperrrichtung (Bild 6-26) oder in Durchlassrichtung beansprucht werden (Bild 6-27).

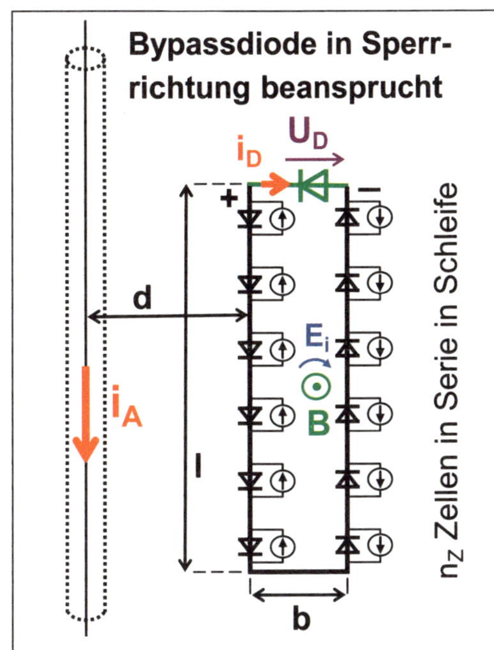

Bild 6-26:
Bypassdiode und Solarzellendioden werden in der Front des Blitzstroms in Sperrrichtung beansprucht. Beim Überschreiten der relativ hohen Durchbruchsspannung können sie bei nicht allzu hohen Strömen ohne Schaden ganz kurze Zeit im Durchbruchs-(Avalanche-) Bereich arbeiten. Wegen der hohen Gegenspannung nimmt der Strom rasch ab.

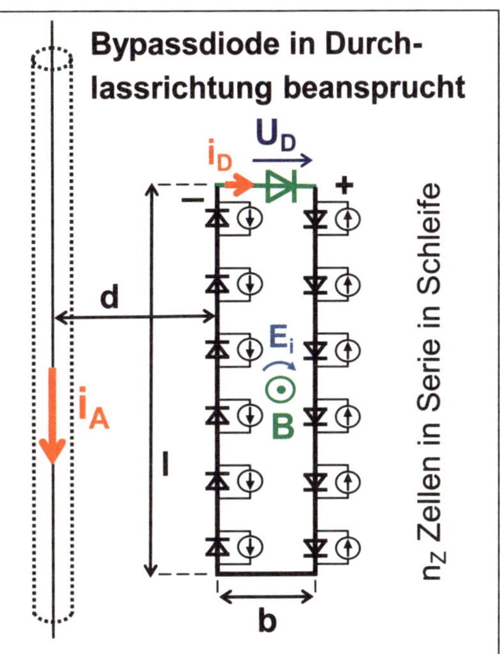

Bild 6-27:
Bypassdiode und Solarzellendioden werden in der Front des Blitzstroms in Durchlassrichtung beansprucht. An den Solarzellendioden und der Bypassdiode tritt nur ein relativ kleiner Spannungsabfall auf. Beim Überschreiten des zulässigen Grenzstroms wird die Bypassdiode zerstört. Wegen der viel kleineren Gegenspannung nimmt der Strom viel langsamer ab.

Für die Berechnung der auftretenden Ströme in der Bypassdiode kann (wie in Bild 6-17) je eine entsprechende linearisierte Ersatzschaltung aufgestellt werden, mit der unter Verwendung der Formeln (6.26) bis (6.35) der resultierende Bypassdiodenstrom berechnet werden kann.

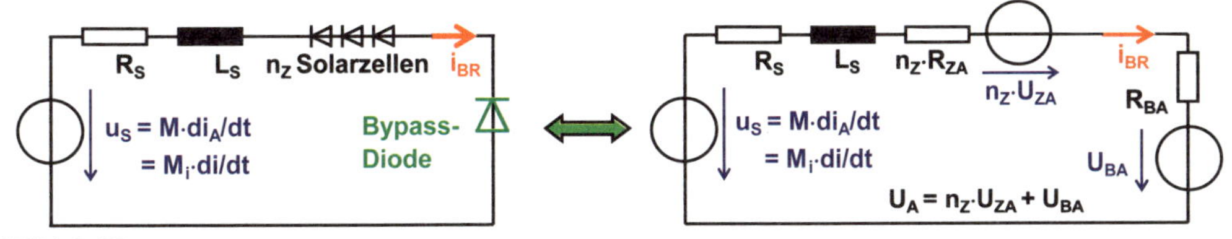

Bild 6-28:
Ersatzschaltung zur Berechnung der auftretenden Bypassdiodenströme $i_D = i_{BR}$ bei Beanspruchung der Bypassdioden in Sperrichtung gemäss Bild 6-26 (links Originalschaltung, rechts linearisierte Form für Betrieb im Durchbruchs- resp. Avalanche-Bereich).

Beim Betrieb im Durchbruchsbereich kann im linearisierten Modell für jede der n_Z Solarzellen eine Spannungsquelle mit der Durchbruchsspannung U_{ZA} und ein Widerstand R_{ZA} angenommen werden. Als typische, eher konservative Werte können U_{ZA} = 20 V (siehe Kap. 4.2.1) und R_{ZA} = 5 mΩ verwendet werden. Die Bypassdiode wird durch die Durchbruchsspannung U_{BA} und ein Widerstand R_{BA} dargestellt. Als typische Werte für U_{BA} können angenommen werden:

Bei Schottky-Dioden: $U_{BA} \approx (1{,}5 \ldots 2) \cdot U_{RRM}$ (6.40)

Bei normalen Silizium-Dioden $U_{BA} \approx (1{,}2 \ldots 1{,}5) \cdot U_{RRM}$ (6.41)

wobei U_{RRM} = periodische Spitzen-Sperrspannung gemäss Dioden-Datenblatt.

Für die Berechnung des resultierenden Bypassdiodenstroms i_{BR} im Avalanche-Betrieb können die bereits in Kap. 6.6.3.2 hergeleiteten Formeln (6.26) bis (6.35) verwendet werden, wenn gemäss Bild 6-28 folgende Werte für U_V und R_V verwendet werden:

$$U_V = U_A = n_Z \cdot U_{ZA} + U_{BA} \quad (6.42)$$

$$R_V = R_A = n_Z \cdot R_{ZA} + R_{BA} \quad (6.43)$$

Als Beispiel wurden für einige typische Werte für M_i (10 nH, 20 nH, 40 nH, 80 nH) und einen mittleren Wert L_S = 2 μH sowie R_{ZA} = 5 mΩ und R_{BA} = 50 mΩ die im Durchbruchsbetrieb fliessenden Ströme i_{BR} berechnet (siehe Bild 6-29, Bild 6-30 und Bild 6-31).

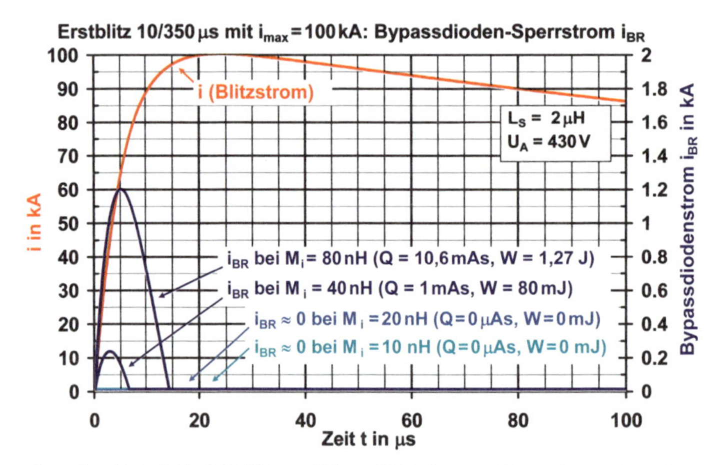

Bild 6-29: In einer Modulschleife mit n_Z = 18 Solarzellen mit U_{ZA} = 20 V und einer Schottky-Bypassdiode mit U_{BA} = 70 V bei verschiedenen typischen Werten der effektiven Gegeninduktivität M_i auftretende Bypassdiodenströme i_{BR} beim Betrieb im Durchbruchsbereich bei einem Erstblitz mit einem i_{max} = 100 kA. Bei kleinen M_i-Werten wird $i_{BR} \approx 0$.

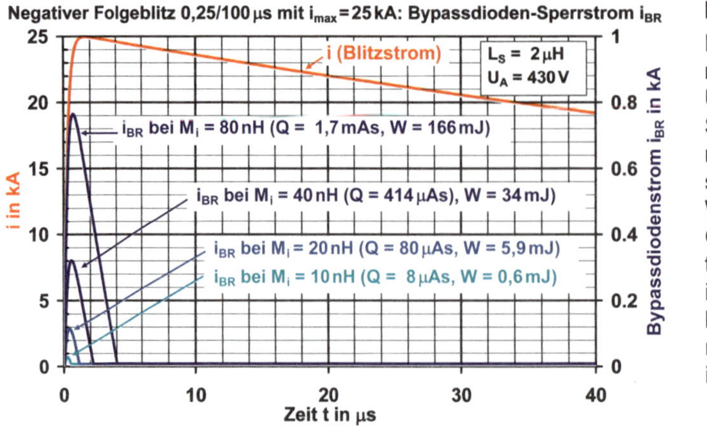

Bild 6-30: In einer Modulschleife mit n_Z = 18 Solarzellen mit U_{ZA} = 20 V und einer Schottky-Bypassdiode mit U_{BA} = 70 V bei verschiedenen typischen Werten der effektiven Gegeninduktivität M_i auftretende Bypassdiodenströme i_{BR} beim Betrieb im Durchbruchsbereich bei einem negativen Folgeblitz mit i_{max} = 25 kA.

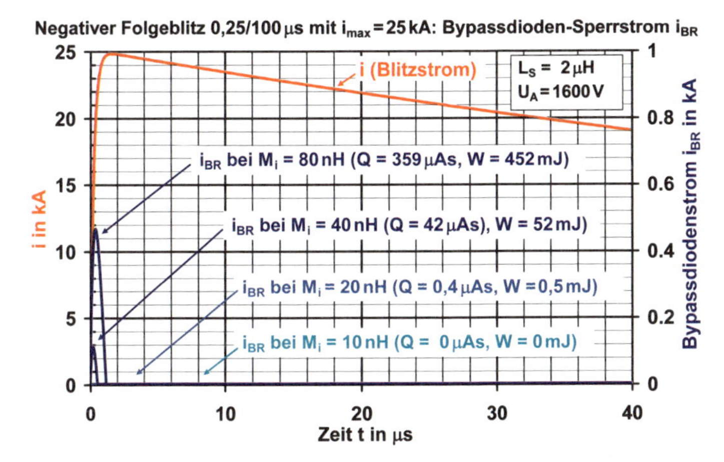

Bild 6-31:

In einer Modulschleife mit n_Z = 18 Solarzellen mit U_{ZA} = 20 V und einer hochsperrenden Si-Bypassdiode mit U_{BA} = 1,24 kV bei verschiedenenen typischen Werten der effektiven Gegeninduktivität M_i auftretende Bypassdiodenströme i_{BR} beim Betrieb im Durchbruchsbereich bei einem negativen Folgeblitz mit i_{max} = 25 kA. Bei kleinen M_i-Werten wird $i_{BR} \approx 0$.

In den Bildern 6-29 bis 6-31 sind bei den einzelnen Stromkurven jeweils auch die durch die Dioden fliessenden Ladungen und die in der Bypassdiode umgesetzten Energien angegeben. Dank der relativ hohen Gegenspannung U_A von etwa 300 V – 550 V bei Schottky-Dioden (bei hochsperrenden Silizium-Dioden sogar bis gegen 2 kV) sinken die Bypassdiodenströme i_{BR} jeweils relativ rasch ab.

Bei hochsperrenden Silizium-Dioden mit U_{RRM} = 1 kV für $M_i \leq 80$ nH sind die induzierten Spannungen bei Erstblitzen zu klein, um einen Durchbruch auszulösen, d.h. $i_{BR} \approx 0$. Selbst bei negativen Folgeblitzen ist für $M_i \leq 20$ nH i_{BR} noch ≈ 0 (siehe Bild 6-31).

Mit wachsendem M_i steigen die Bypassdiodenströme und damit das Risiko eines Diodendefektes überproportional an. Bei kleinen M_i-Werten ($\leq$ ca. 20 nH) dürften meist noch keine Schäden an Dioden auftreten. Dioden mit spezifiziertem Durchbruchsverhalten können auch noch etwas höhere Belastungen aushalten. Manche Schottky-Dioden ertragen laut Datenblatt Avalanche-Energien bis zu einigen 10 mJ (Angaben allerdings meist bei relativ kleinen Strömen). Resultate einiger konkreter Messungen an Bypassdioden sind in Kap. 6.7.7.6 dargestellt.

Da sowohl M_i als auch L_S mit zunehmender Anzahl Solarzellen pro Schleife ansteigen, wird das Verhältnis M_i/L_S nur wenig von der Zellenzahl n_Z pro Bypassdiodenschleife abhängig. Da die Durchbruchspannung U_A gemäss (6.42) mit n_Z ansteigt, dürften sich höhere Werte von n_Z besonders bei Schottky-Dioden mit relativ kleinem U_{BA} eher günstig auswirken und mithelfen, den Strom i_{BR} im Durchbruchbereich zu begrenzen. In einem Modul tritt dank der Spannungsbegrenzung pro Bypassdiode gegen aussen jeweils nur etwa eine Spannung von etwa U_{BA} auf.

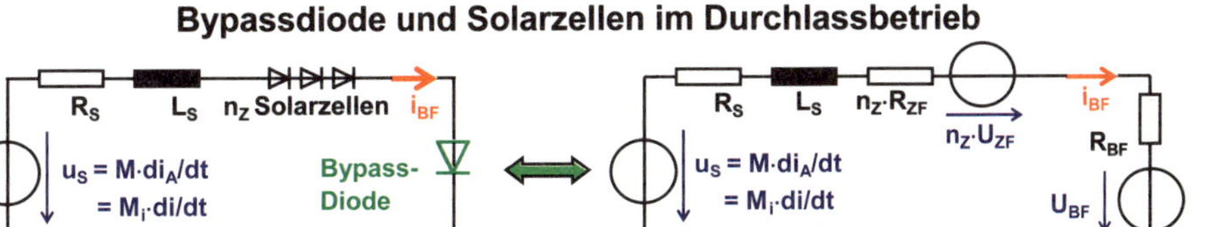

Bild 6-32:

Ersatzschaltung zur Berechnung der auftretenden Bypassdiodenströme $i_D = i_{BF}$ bei Beanspruchung der Bypassdioden in Durchlassrichtung gemäss Bild 6-27 (links Originalschaltung, rechts linearisierte Form). Für die möglichst genaue Modellierung des Hochstrombetriebs werden etwas höhere Werte für U_{ZF} und U_{BF} als für den normalen Durchlassbetrieb angenommen.

Beim Betrieb im Durchlassbereich kann im linearisierten Modell für jede der n_Z Solarzellen eine Spannungsquelle mit der Vorwärtsspannung U_{ZF} und ein Widerstand R_{ZF} angenommen werden (siehe Bild 6-32). Die Bypassdiode wird ebenfalls durch die Vorwärtsspannung U_{BF} und ein Widerstand R_{BF} dargestellt. Als typischer Wert kann für R_{ZF} etwa 4 mΩ verwendet werden. Als typische Werte für U_{BF} und U_{ZF} können angenommen werden:

Bei Schottky-Dioden: $U_{BF} \approx 0{,}7 \dots 1\ V$ (6.44)

Bei normalen Silizium-Dioden und Si -Solarzellen: $U_{BF} \approx U_{ZF} \approx 0{,}8 \dots 1{,}1\ V$ (6.45)

Für die Berechnung des resultierenden Bypassdiodenstroms i_{BF} im Durchlassbetrieb können die bereits in Kap. 6.6.3.2 hergeleiteten Formeln (6.26) bis (6.35) verwendet werden, wenn gemäss Bild 6-32 folgende Werte für U_V und R_V verwendet werden:

$$U_V = U_F = n_Z \cdot U_{ZF} + U_{BF} \tag{6.46}$$

$$R_V = R_F = n_Z \cdot R_{ZF} + R_{BF} \tag{6.47}$$

Als Beispiel wurden für einige typische Werte für M_i (10 nH, 20 nH, 40 nH, 80 nH) und einen mittleren Wert L_S = 2 µH sowie R_{ZF} = 4 mΩ und R_{BF} = 3 mΩ die im Durchlassbetrieb fliessenden Ströme i_{BF} berechnet (siehe Bild 6-33 und 6-34).

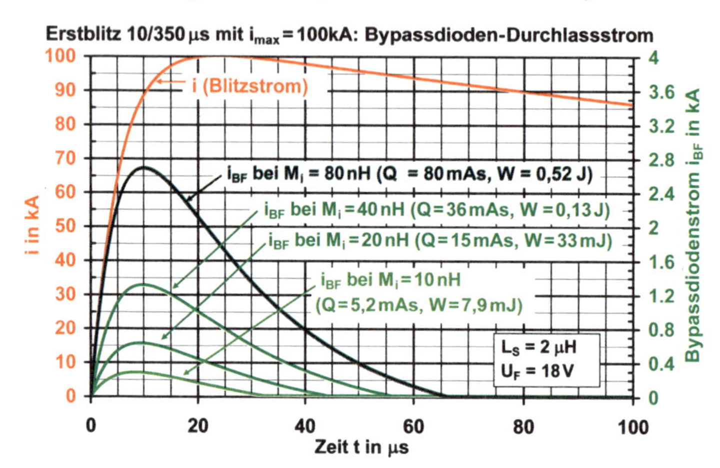

Bild 6-33: In einer Modulschleife mit n_Z = 18 Solarzellen mit U_{ZF} = 0,95 V und einer Schottky-Bypassdiode mit U_{BF} = 0,9 V bei verschiedenenen typischen Werten der effektiven Gegeninduktivität M_i auftretende Bypassdiodenströme i_{BF} beim Betrieb im Durchlassbereich bei einem Erstblitz mit i_{max} = 100 kA.

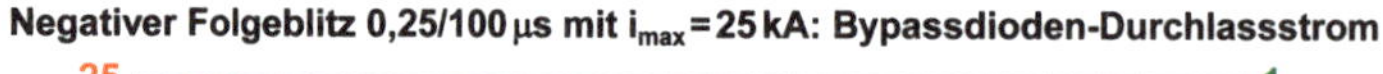

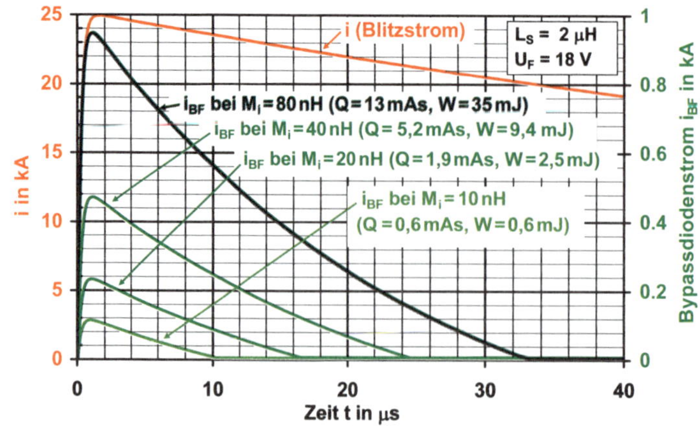

Bild 6-34: In einer Modulschleife mit n_Z = 18 Solarzellen mit U_{ZF} = 0,95 V und einer Schottky-Bypassdiode mit U_{BF} = 0,9 V bei verschiedenenen typischen Werten der effektiven Gegeninduktivität M_i auftretende Bypassdiodenströme i_{BF} beim Betrieb im Durchlassbereich bei einem negativen Folgeblitz mit einem i_{max} = 25 kA.

Beim Betrieb im Durchlassbereich liegt die Spannung pro Bypassdiode nur wenig über U_{BF}, d.h. die in einem Modul gegen aussen wirksame Spannung beträgt höchstens einige Volt.

Beim Betrieb im Durchlassbereich treten wesentlich höhere Ströme und Ladungen als im Sperrbereich auf. Bei zu grossen Spitzenströmen kann die Bypassdiode ebenfalls zerstört werden. Der für einen bestimmten Diodentyp maximal zulässige Strom wird am besten experimentell bestimmt (siehe Kap. 6.7.7.6). Stehen keine Messdaten für den maximal zulässigen Kurzzeit-Spitzenstrom zur Verfügung, so ist eine konservative Abschätzung mit dem in Dioden-Datenblättern angegebenen Wert für den einmaligen Spitzenstrom I_{FSM} möglich. I_{FSM} wird für eine Sinushalbwelle von 8,3 oder 10 ms Dauer angegeben und liegt bei üblichen Bypassdioden meist im Bereich von 300 A bis 600 A.

Defekte Bypassdioden stellen in der Regel einen (nicht ganz perfekten) Kurzschluss dar, der in einer Anlage unter Umständen zu einer gefährlichen Erwärmung und eventuell auch zu einem Lichtbogen führen kann.

6.6.4 Spannungen im Innern von blitzstromführenden Zylindern

Wird der (Teil-)Blitzstrom an der Oberfläche eines Metallzylinders gemäss Bild 6-35a geführt, so entsteht im Innern dieses Metallzylinders (z.B. Metallrohr, (teil-)blitzstromtragfähige Abschirmung) kein Magnetfeld. Damit kann in einer Leiterschleife im Innern eines derartigen Metallzylinders auch keine Spannung induziert werden. Derartige Zweidrahtleitungen mit gemeinsamer, (teil-)blitzstromtragfähigen Abschirmungen (10 mm^2 Cu) sind im Handel erhältlich und bezüglich Blitzschutz optimal für Gleichstromhauptleitungen in PV-Anlagen (siehe Bilder 4-67 und 4-68). Sind nur einadrige abgeschirmte Leitungen verfügbar (z.B. wenn eine doppelte Isolierung verlangt wird), so kann eine ähnlich günstige Anordnung gemäss Bild 6-35b realisiert werden, wenn die *(teil-)blitzstromführenden Abschirmungen an beiden Enden miteinander verbunden und unmittelbar parallel angeordnet werden.*

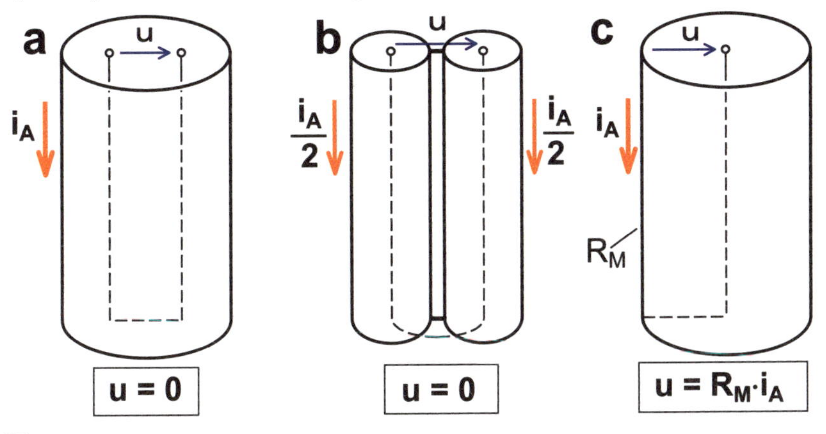

Bild 6-35:
Auftretende Spannungen in Leitungen in einer metallischen Hülle (Metallrohr, Metallkanal, Abschirmung), die von einem (Teil-) Blitzstrom durchflossen wird . In der Anordnung a und b wird überhaupt keine Spannung induziert, in der Anordnung c tritt nur der ohmsche Spannungsabfall über dem Widerstand R_M des Metallmantels auf, der durch Wahl eines entsprechend grossen Querschnitts genügend klein gehalten werden kann.

Bei einem Stromfluss über den Metallmantel entsteht zwar keine induzierte Spannung in Leiterschleifen im Innern dieses Zylinders. Durch den Stromfluss entsteht aber ein ohmscher Längsspannungsabfall u am Widerstand R_M des Metallmantels oder der Abschirmung, der auch in Leiterschleifen auftritt, welche auf einer Seite an den Metallmantel angeschlossen sind (siehe Bild 6-35c):

Ohmscher Spannungsabfall an (teil-)blitzstromdurchflossenem Metallmantel:

$$u = R_M \cdot i_A \qquad (6.48)$$

Bei schnellen Vorgängen kann bei dichten Schirmen infolge des Skin-Effektes der massgebende Wert von R_M sogar noch kleiner als der Gleichstromwiderstand sein [Has89], man ist somit auf der sicheren Seite, wenn man mit dem Gleichstromwiderstand rechnet.

Fliessen Teilblitzströme über die Abschirmung einer Leitung, ist es zweckmässig, die einzelnen Adern beim *Eintritt und beim Austritt aus der metallischen Hülle* mit Überspannungsableitern gegen die Abschirmung auszurüsten, da durch die Nähe zu einem Teilblitzstrom (in der Abschirmung) in den dort nicht mehr geschirmten Anschlussleitungen hohe induzierte Spannungen entstehen. Bei einer netzgekoppelten Photovoltaikanlage erfolgt dies zweckmässigerweise im Generatoranschlusskasten und beim Wechselrichter. Um einen nennenswerten Teilblitzstrom während der ganzen Dauer des Blitzes durch diese Überspannungsableiter zu verhindern, der diese zerstören könnte, ist darauf zu achten, dass die maximal auftretende Spannung u_{max} am vom Teilblitzstrom durchflossenen Metallmantel diese Überspannungsableiter nicht allzu stark zum Leiten bringt. Dies ist bei üblichen Varistoren etwa dann gewährleistet, wenn u_{max} nicht grösser als die doppelte Summe der Nenngleichspannungen der beiden Varistoren ist (siehe Bild 6-10), d.h. wenn

Maximale Spannung an einem von einem Teilblitzstrom durchflossenen Metallmantel:

$$u_{max} = R_M \cdot i_{Amax} = R_M \cdot k_C \cdot i_{max} < 2(U_{VDC1} + U_{VDC2}) \qquad (6.49)$$

U_{VDC1} = Maximal zulässige Betriebs-Gleichspannung von Varistor 1 auf PV-Generatorseite

U_{VDC2} = Maximal zulässige Betriebs-Gleichspannung von Varistor 2 auf der Laderegler-/Wechselrichterseite

i_{Amax} = $k_C \cdot i_{max}$ = Maximal auftretender Teilblitzstrom in Metallzylinder resp. Abschirmung

R_M = Widerstand des Metallmantels oder der Abschirmung

Ist die Bedingung (6.49) nicht erfüllt, kann die Spannung u_{max} durch eine Verstärkung des Querschnitts des Metallmantels resp. der Abschirmung oder durch eine zusätzliche parallele Entlastungsleitung mit genügendem Querschnitt neben der geschirmten Leitung reduziert werden oder die zulässige Spannung durch Wahl einer höheren Nennbetriebsspannung der Überspannungsableiter (besonders auf der Seite des weniger empfindlichen Solargenerators) etwas erhöht werden. Die Erfüllung der Ungleichung (6.49) ist bei Anlagen mit höheren Betriebsspannungen leichter möglich als bei Anlagen mit relativ kleinen Betriebsspannungen.

6.7 Experimente zum Blitzschutz von Photovoltaikanlagen

6.7.1 Einführung

Photovoltaikmodule auf Gebäudedächern sind Blitzschlägen ausgesetzt. Auf dem Neubau der Abteilung Elektrotechnik der Berner Fachhochschule (BFH) in Burgdorf (vormals ISB) wurde 1993 ein Solargenerator von 60 kWp installiert, der für Untersuchungen an Photovoltaiksystemen (speziell Wechselrichter) dienen sollte. Über die Auswirkungen von direkten Blitzschlägen in Photovoltaikanlagen war im Zeitpunkt der Planung der Anlage nur wenig bekannt. Zur Ausarbeitung eines optimalen Blitzschutzkonzepts wurden deshalb im Rahmen von Semester- und Diplomarbeiten in den Jahren 1990 bis 1993 im Hochspannungslabor der Schule ausgedehnte Tests an Solarzellen, Solarmodulen und einem Modell einer Photovoltaikanlage durchgeführt. Neben dem Aufbau eines Stossstromgenerators musste dazu auch ein Testplatz zur reproduzierbaren Aufnahme von Solarmodulkennlinien unter definierten Einstrahlungsbedingungen entwickelt werden [6.4] – [6.7].

Die zunächst durchgeführten Tests zeigten, dass Solarmodule mit Metallrahmen ziemlich robust sind und dass Blitzströme, die in unmittelbarer Nähe von Solarzellen fliessen, an diesen nur relativ geringe Schäden verursachen. Ein vollständiger Schutz schien deshalb möglich zu sein. In weiteren Untersuchungen konnte experimentell demonstriert werden, dass keine Schäden infolge des elektromagnetischen Feldes mehr auftreten, wenn die Distanz zwischen Blitzstrom und Solarzellen auf einige Zentimeter erhöht wird. Tests im Hochspannungslabor haben weiter gezeigt, dass Blitze mit kurzen, nur etwa 30 cm langen Blitzfängern sicher aufgefangen werden können. Die so aufgefangenen Blitzströme lassen sich in kontrollierter Weise in einen Ableiter leiten, der einige Zentimeter von den Solarzellen vorbeiführt und vorzugsweise Teil der Tragstruktur ist.

Im Rahmen eines EU-Projektes wurden 1999 und 2000 ausgedehnte Messungen der in Solarmodulen und Modellen von Solargeneratoren induzierten Spannungen durchgeführt. Dabei erfolgten genaue quantitative Messungen des Einflusses von Metallrahmen und Untersuchungen der Auswirkungen verschiedener Erdungskonzepte auf die Grösse der entstehenden Spannungen. Durch diese Messungen konnten bereits früher theoretisch durchgeführte Überlegungen experimentell bestätigt werden.

6.7.2 Der Stossstromgenerator

6.7.2.1 Für PV-Anlagen wichtige Blitzkennwerte

Blitze gefährden Photovoltaikanlagen einerseits durch hohe Spannungen, die zu Durchschlägen führen können, andererseits aber auch durch hohe Ströme, welche die Verkabelung oder die Überspannungsschutzelemente beschädigen können. Auf Grund des Induktionsgesetzes erzeugen Blitze während des raschen Stromanstiegs zu Beginn der Entladung entlang von Leitern sehr hohe induktive Längsspannungsabfälle ($u = L \cdot di/dt$) und induzieren in Installationsschleifen hohe Spannungen ($u = M \cdot di/dt$). Für die Durchführung realistischer Tests sollte der Stossstromgenerator deshalb di/dt-Werte erzeugen können, die deutlich über den Werten durchschnittlicher Blitze liegen. In kurzgeschlossenen Schleifen erreichen die induzierten Ströme Maximalwerte von etwa $i_{max} \cdot M/L$ (siehe Kap. 6.6.3.1). Deshalb sollte der Stossstromgenerator auch Maximalströme i_{max} erzeugen können, die deutlich über denen von durchschnittlichen Blitzen liegen (Tabelle 6.5).

Tabelle 6.5: Typische Kennwerte von Blitzen (vergl. [6.20]).

	Maximalstrom i_{max} [kA]	**Max. Steilheit $(di/dt)_{max}$ [kA/µs]**	**Ladung Q [As]**
Durchschnittsblitz	30	25	9
Starker Blitz	100	100	100

6.7.2.2 Aufbau und Kenndaten der verwendeten Stossstromanlage

Die Stossstromanlage, welche für die Tests in den Jahren 1990 – 1998 verwendet wurde, bestand zunächst aus 10 Stosskondensatoren 1,2 µF/50 kV (siehe auch Bild 6-39). Dank einem koaxialen Aufbau war sie speziell darauf ausgelegt, hohe Stossströme mit steilem Stromanstieg *in die Metallrahmen von einzelnen Solarmodulen* einzuspeisen. Die maximal mögliche Modulbreite betrug damals etwa 50 cm.

Im Rahmen eines EU-Projektes (PV-EMI, JOR3 CT98 0217, Partner: FhG/ISE, Berner Fachhochschule und KEMA) konnte 1999 der Stossgenerator wesentlich vergrössert werden, so dass nun auch ganze Module und sogar Modelle von Solargeneratoren bis zu einer Grösse von etwa 1,2 m · 2,25 m untersucht werden können. Tabelle 6.6 zeigt die maximal erreichbaren Kennwerte von Stossströmen, die mit den verwendeten Anlagen erzeugt werden konnten.

Tabelle 6.6: Mit der Stossstromanlage maximal erreichbare Stossstrom-Kennwerte

	Maximalstrom i_{max} [kA]	**Max. Steilheit $(di/dt)_{max}$ [kA/µs]**	**Ladung Q [As]**
Alte Anlage	108	53	0,6
Neue Anlage	120	40	1,2

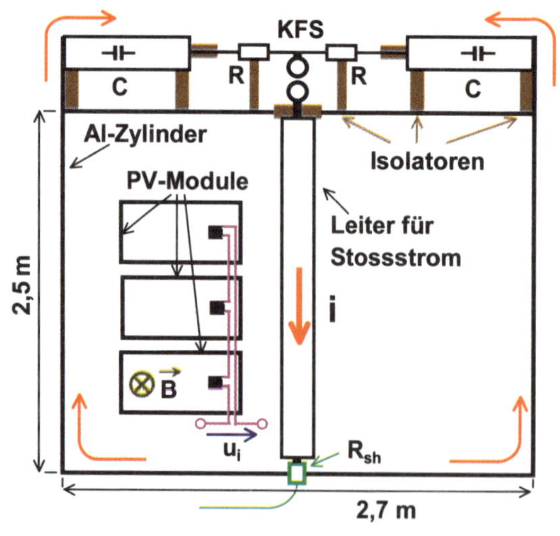

Bild 6-36:
Schematischer Aufbau des neuen koaxialen Stossstromgenerators der BFH in Burgdorf (ab 1999 im Gebrauch). Er besteht aus 20 parallelen RC-Gliedern mit R = 4,1 Ω und C = 1,2 µF / 50 kV. Kenndaten: i_{max} = 120 kA, di/dt_{max} = 40 kA/µs, Q_{max} = 1,2 As. (KFS = Kugelfunkenstrecke). Die neue Stossstromanlage erreicht bezüglich maximaler Stromsteilheit nicht mehr ganz den Maximalwert der alten Anlage. Die für Versuche nutzbare Fläche ist aber viel grösser und erlaubt auch die Untersuchung des Verhaltens von verdrahteten Modellen von PV-Generatoren.

Bild 6-36 zeigt schematisch den Aufbau des neuen koaxialen Stossstromgenerators, der es erlaubt, Solarmodule und verdrahtete Solargeneratoren mit einer Fläche bis zu etwa 1,25 m · 2,25 m dem Magnetfeld eines simulierten Blitzstroms auszusetzen. Bild 6-37 zeigt drei in diesem Stossstromgenerator montierte Module KC60 von Kyocera und Bild 6-38 einen typischen für die Tests verwendeten Stossstrom.

Bild 6-37:

Blick in den neuen Stossstromgenerator mit einem zu Testzwecken montiertem Solargenerator aus drei Modulen Kyocera KC60.

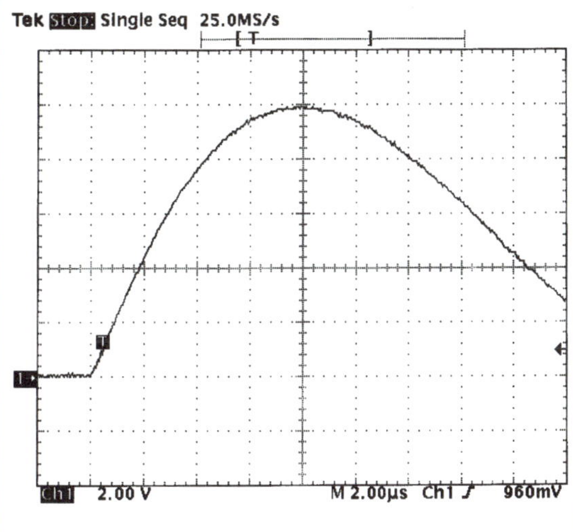

Bild 6-38:

Kurvenform eines für viele Tests verwendeten Stossstroms.
($i_{max} \approx 100$ kA und $di/dt_{max} \approx 25$ kA/µs, Massstäbe: 20 kA/Div. und 2 µs/Div).

Bei i_{max} und di/dt werden mit beiden Anlagen Werte erreicht, die deutlich über denen von Durchschnittsblitzen liegen. Einzig bei der Ladung Q erreichen die Anlagen unterdurchschnittliche Werte. Aus Kostengründen war diese Einschränkung aber unvermeidlich.

Der Aufbau und die Inbetriebnahme dieser Anlagen erforderte viel Zeit. Wegen der starken elektromagnetischen Eigenstörungen beim Betrieb der Anlage erforderte der korrekte Aufbau der Messtechnik (Shunts, Teiler, Abschirmungen, Führung und Erdung der Koaxialkabel, Anpassungsprobleme) besondere Aufmerksamkeit und Sorgfalt. Bild 6-38 zeigt einen typischen von der Anlage erzeugten Stossstrom und die erreichte Genauigkeit der Messtechnik.

6.7.3 Testplatz für Solarmodulkennlinien

Um die Auswirkungen von Blitzströmen auf die Funktion von Solarmodulen quantitativ erfassen zu können, ist es notwendig, I-U-Kennlinien von Solarmodulen bei definierten Einstrahlungen und Modultemperaturen genau reproduzierbar aufnehmen zu können. Zu diesem Zweck wurde 1990 im Rahmen einer Semester- und Diplomarbeit ein relativ preisgünstiger Solarmodultestplatz mit 30 Fluoreszenzlampen entwickelt [6.14]. Die verwendeten Lampen (Osram Biolux) weisen ein ziemlich sonnenähnliches Spektrum auf. Mit diesem Testplatz ist es möglich, auf einer rechteckigen Fläche von etwa 130 cm Länge und 50 cm Breite eine bis auf wenige Prozent homogene Einstrahlung von $G_{max} \approx 300$ W/m^2 zu erreichen. Im Jahre 2002 wurde eine verbesserte Version mit einer nutzbaren Fläche von etwa 170 cm · 70 cm und $G_{max} \approx 500$ W/m^2 realisiert. Damit können die I-U-Kennlinien von PV-Modulen vor und nach der Beanspruchung durch simulierte Blitzströme der Stossstromanlage gemessen werden.

6.7.4 Beschädigungen durch im Rahmen oder in unmittelbarer Nähe von einzelnen Solarzellen und Solarmodulen fliessende Stossströme

Viele dieser in den Jahren 1990 – 1993 durchgeführten Tests wurden aus Kostengründen zunächst mit Einzelzellen, danach mit dreizelligen Minimodulen und schliesslich mit einigen Solarmodulen durchgeführt. Bild 6-39 zeigt das Prinzip der verwendeten Testanordnung. Bei den Tests mit Einzelzellen und dreizelligen Minimodulen floss der simulierte Blitzstrom jeweils durch einen Draht im Abstand von 1 bis 4 mm von der Kante der Solarzelle (siehe Bild 6-40).

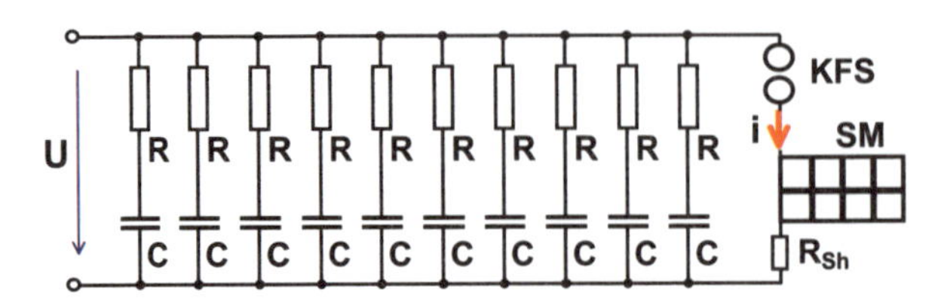

Bild 6-39:
Für die Belastungstests an der BFH in den Jahren 1990 – 1993 verwendeter Test-Aufbau.
KFS = Kugelfunkenstrecke
SM = Solarmodul
R_{Sh} = Shunt zur Strommessung

Für die Modultests wurde der Stossstrom jeweils entweder in die kürzere Seite des Modulrahmens (siehe Bild 6-39), in die Mitte des Modulrahmens oder im Falle eines rahmenlosen Moduls in einen flachen Leiter unmittelbar unter der Modulrückseite (siehe Bild 6-41) eingespeist. Auf diese Weise konnten direkte Blitzeinschläge in den Modulrahmen oder in die Tragstruktur eines rahmenlosen Moduls (Laminates) simuliert werden.

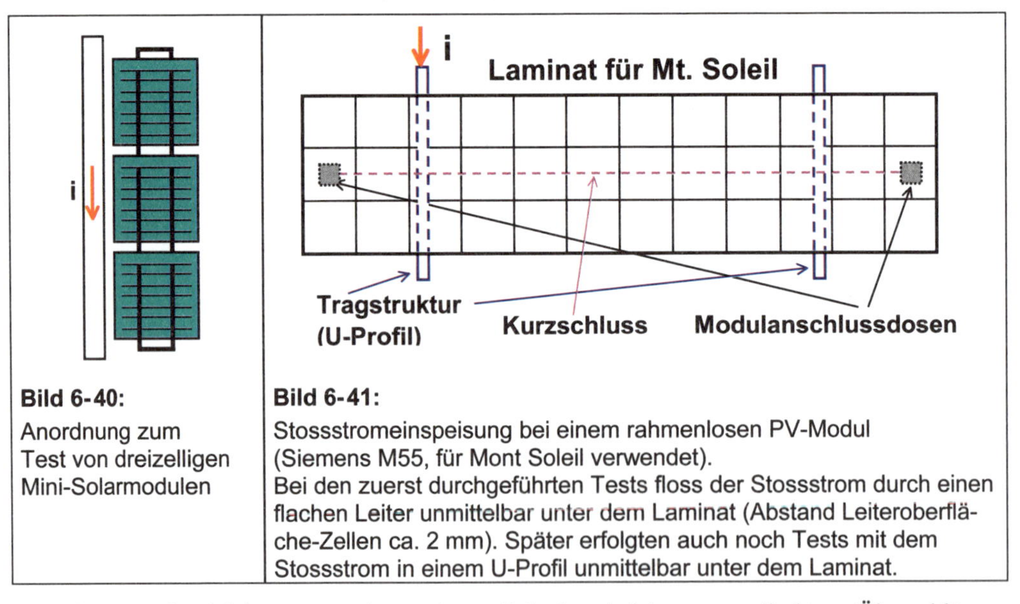

Bild 6-40:
Anordnung zum Test von dreizelligen Mini-Solarmodulen

Bild 6-41:
Stossstromeinspeisung bei einem rahmenlosen PV-Modul (Siemens M55, für Mont Soleil verwendet).
Bei den zuerst durchgeführten Tests floss der Stossstrom durch einen flachen Leiter unmittelbar unter dem Laminat (Abstand Leiteroberfläche-Zellen ca. 2 mm). Später erfolgten auch noch Tests mit dem Stossstrom in einem U-Profil unmittelbar unter dem Laminat.

Vor der Testdurchführung wurden primär Schäden infolge von direkten Überschlägen zwischen dem Modulrahmen und unmittelbar benachbarten Solarzellen und somit ein Totalausfall des Moduls erwartet. Mit den relativ hohen di/dt-Werten von 40...50 kA/µs beträgt die induktive Längsspannung längs eines metallischen Leiters (Induktivitätsbelag L'=L/l in der Grössenordnung 1 µH/m) etwa 40...50 kV/m. Bei den durchgeführten Tests konnten aber nie derartige Überschläge beobachtet werden.

6.7.4.1 Ergebnisse der Zellen- und Modultests

Die Experimente zeigten als einzige Auswirkung der im Modulrahmen fliessenden Blitzströme eine sukzessive Verschlechterung des Füllfaktors der I-U-Kennlinie der betreffenden Solarzelle oder des entsprechenden Moduls (siehe Bild 6-42 und 6-43). Dies dürfte eine Folge des schnell wechselnden elektromagnetischen Feldes des Blitzstromes sein. Solarzellen mit einer nennenswerten Verschlechterung des Füllfaktors haben meist sichtbare Schäden an der frontseitigen und rückseitigen Kontaktierung, die vermutlich von im Gitter zirkulierenden Wirbelströmen verursacht werden. Neben der Veränderung der Modulkennlinien traten bei einigen Modulen auch Defekte an Bypassdioden auf (meist Kurzschluss nach dem Test) [6.4].

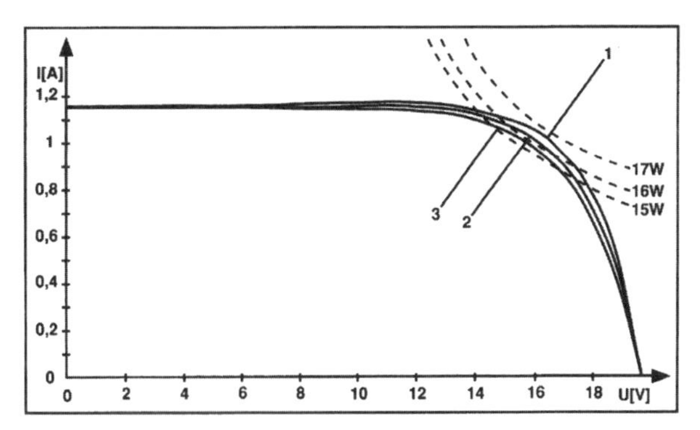

Bild 6-42:
Kennlinien eines gerahmten Moduls MSX60 bei G = 300 W/m^2 (Modul beim Stoss kurzgeschlossen).
1 ursprüngliche Kennlinie
2 nach Stossstrom mit
i_{max} = 53 kA, di/dt_{max} = 33 kA/µs
3 nach Zusatzstoss mit
i_{max} = 80 kA, di/dt_{max} = 53 kA/µs

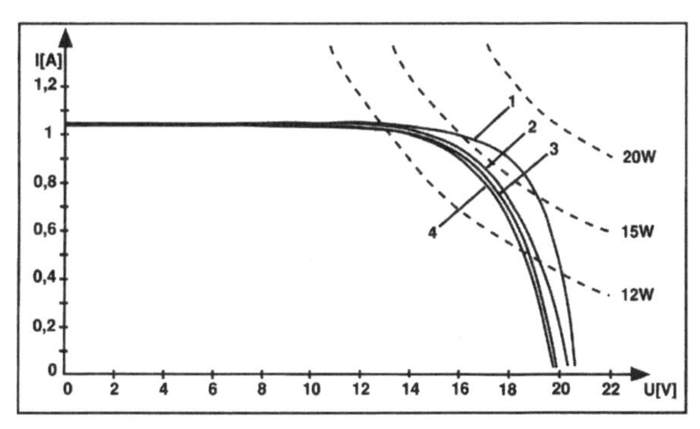

Bild 6-43:
Kennlinien eines rahmenlosen Moduls (Laminates) M55 (für Mont Soleil verwendet) bei G = 320 W/m^2 (Modul beim Stoss kurzgeschlossen).
1 ursprüngliche Kennlinie
2 nach Stossstrom mit
i_{max} = 53 kA, di/dt_{max} = 33 kA/µs
3 nach Zusatzstoss mit
i_{max} = 69 kA, di/dt_{max} = 43 kA/µs
4 nach Zusatzstoss mit
i_{max} = 80 kA, di/dt_{max} = 53 kA/µs

Die Bilder 6-44 und 6-45 zeigen entsprechende Schäden bei einer monokristallinen Solarzelle. Bild 6-46 zeigt ähnliche Defekte in der Rückseitenkontaktierung einer polykristallinen Solarzelle (auf der Frontseite keine sichtbaren Schäden, da kurzgeschlossene Schleifen am Solarzellenrand fehlen).

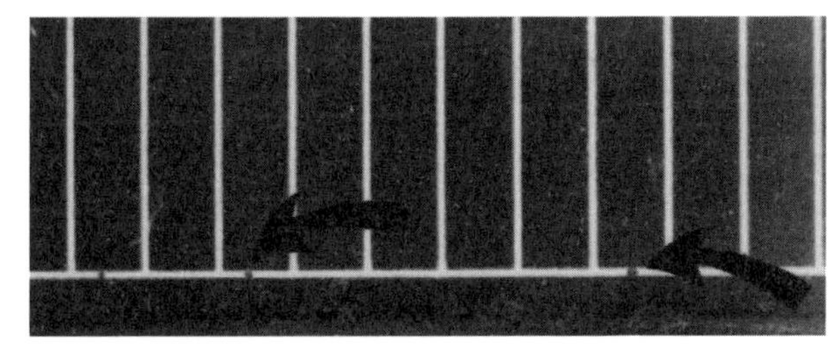

Bild 6-44:
Defekte im vorderseitigen Kontaktgitter einer Solarzelle:
Von Stossströmen erzeugte Defekte (Unterbrüche) im Kontaktgitter auf der Vorderseite einer monokristallinen Solarzelle von Siemens
(siehe Pfeile).

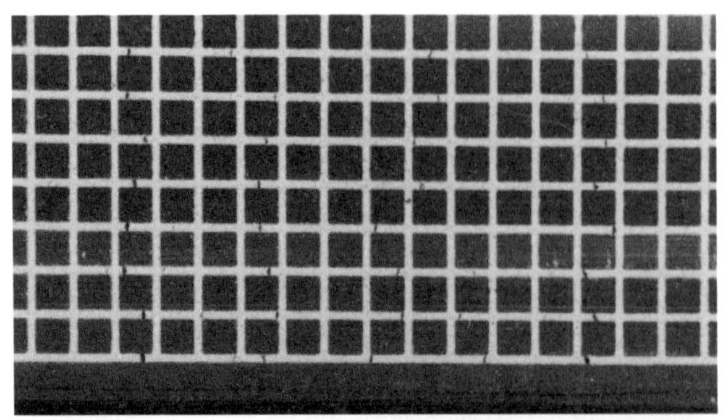

Bild 6-45:

Defekte im rückseitigen Kontaktgitter einer monokristallinen Zelle:

Von Stossströmen erzeugte Defekte am rückseitigen Kontaktgitter einer monokristallinen Solarzelle von Siemens.
Es sind viele Unterbrüche im Kontaktgitter zu erkennen.

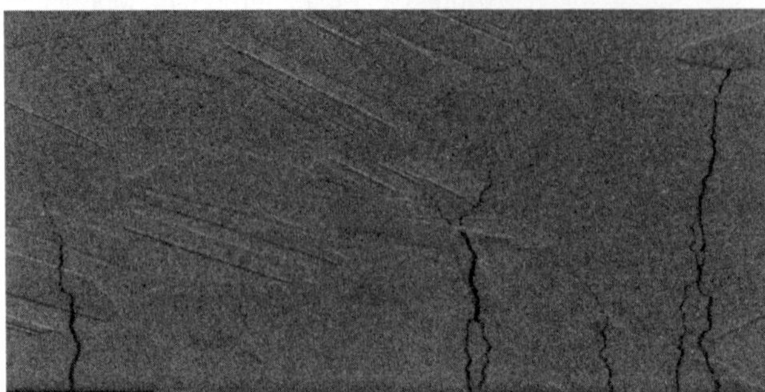

Bild 6-46:

Defekte am Rückseitenkontakt einer polykristallinen Solarzelle:

Von Stossströmen erzeugte rissartige Schäden an polykristalliner Solarzelle von Telefunken Systemtechnik.

Die Verschlechterung der I-U-Charakteristik ist möglicherweise nicht nur auf eine Erhöhung des Seriewiderstandes infolge Beschädigung der Front und Rückseitenkontakte zurückzuführen, sondern auch auf interne Defekte im Halbleitermaterial, die durch das schnelle elektromagnetische Wechselfeld entstanden sind. Es konnte nachgewiesen werden, dass die Verschlechterung der I-U-Charakteristik der Gesamtzelle durch das vom Feld geschädigte Gebiet in unmittelbarer Nähe des Blitzstromes verursacht wird.

Wie ein Vergleich von Bild 6-42 mit 6-43 zeigt, *werden rahmenlose Module unter sonst gleichen Bedingungen stärker beschädigt als gerahmte Module* (siehe dazu auch Kap. 6.7.7). Der von Blitzströmen im Modulrahmen verursachte Schaden hängt in hohem Mass vom Aufbau des Moduls ab. Module mit kleinen Abständen (1 bis 2 mm) zwischen Rahmen und Solarzellenrand werden schwerer beschädigt als Module mit grösseren Abständen (z.B. 5 mm). Zudem können Wirbelströme in einer eventuell auf der Modulrückseite vorhandenen Metallfolie das schnell ändernde elektromagnetische Feld beträchtlich schwächen und somit die darüber befindlichen Solarzellen schützen. Metallfolien können andere Probleme verursachen, erwiesen sich aber bei unseren Tests mit im Modulrahmen fliessenden Blitzströmen als Vorteil für die damit ausgerüsteten Module.

In einem gerahmten Modul, das zufällig beide günstigen Bedingungen (Metallfolie und grossen Abstand zu den Solarzellen) aufwies (Kyocera LA361J48), konnte auch nach mehreren Stössen mit Maximalstärke keine Veränderung der I-U-Kennlinie festgestellt werden (siehe dazu auch Kap. 6.7.7). Andere getestete Solarmodule (Solarex MSX60 und Siemens M65), die keine Metallfolie auf der Rückseite und eine geringere Distanz zwischen Rahmen und Zellen aufweisen, zeigten Veränderungen der I-U-Charakteristik analog zu Bild 6-42.

Die von Blitzströmen verursachten Schäden hängen auch von der Verdrahtung der Module ab. Ein bestimmter Blitzstrom erzeugt an kurzgeschlossenen Solarzellen oder Modulen die schwersten Schäden. Werden die Zellen oder Module dagegen im Leerlauf betrieben, sind die vom gleichen Strom verursachten Schäden dagegen geringer. Die in Kap. 6.7.4 beschriebenen Experimente wurden deshalb meist mit kurzgeschlossenen Modulen durchgeführt.

6.7.5 Erhöhung der Immunität von Modulen gegenüber Blitzströmen

Da die bei den Versuchen gemäss Kap. 6.7.4 festgestellten Schäden besonders bei Modulen mit Metallrahmen relativ gering sind, liegt die Vermutung nahe, dass diese Schäden durch eine Vergrösserung des Abstands zwischen Blitzstrompfad und Solarzellen vermeidbar sind.

Im Frühjahr 1993 durchgeführte experimentelle Untersuchungen zeigten tatsächlich, dass bei einem gerahmten Solarmodul Siemens M65 mit monokristallinen Solarzellen bereits keine Schäden mehr auftreten, wenn die Stossströme (i_{max} bis 111 kA und di/dt bis 56 kA/µs) statt im Modulrahmen in einem unmittelbar darunter montierten, metallisch mit diesem verbundenen Aluminium U-Profil fliessen [6.6]. Bild 6-47 zeigt die verwendete Testanordnung, bei der der Schwerpunkt des durchfliessenden Stossstromes ca. 6 cm von der nächsten Solarzelle entfernt ist. Früher durchgeführte Tests mit ähnlichen Stossströmen, die direkt in den Rahmen eines Solarmoduls M65 eingespeist wurden, hatten noch leichte Schäden wie die in Bild 6-42 gezeigten zur Folge gehabt.

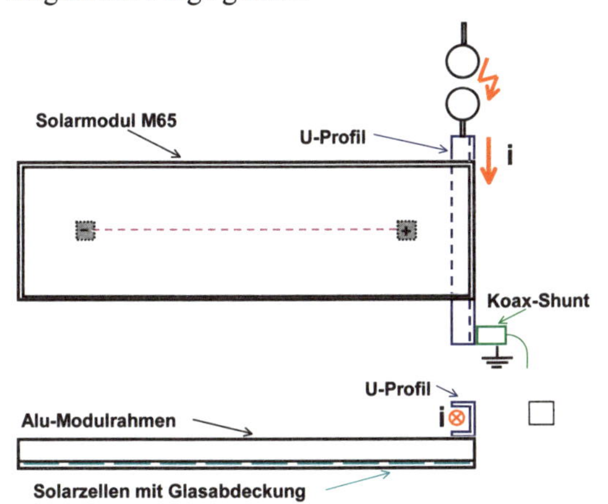

Bild 6-47:
Testanordnung mit erhöhter Distanz (ca. 6 cm) zwischen Schwerpunkt des Stossstroms und Solarzellen bei einem gerahmten Modul (kurzgeschlossen während des Tests).

Der Stossstrom wird in ein Aluminium-U-Profil 50 mm · 40 mm · 4 mm mit einem direkt darauf montierten Solarmodul Siemens M65 eingeleitet.

Bei dieser Anordnung konnten auch mit den stärksten Stossströmen ($i_{max} \approx$ 111 kA und di/dt ≈ 56 kA/µs keine Schäden mehr registriert werden.

Auf Grund der durchgeführten Experimente scheint es also möglich zu sein, durch einfache Vergrösserung des Abstandes zwischen Blitzstrompfad und Solarzellen Schäden an gerahmten Solarmodulen durch das elektromagnetische Feld von Blitzströmen völlig zu vermeiden. Das dabei zu lösende Problem ist natürlich, diesen Minimalabstand unter allen Bedingungen zu gewährleisten und insbesondere Direkteinschläge in das Modul zu vermeiden, ohne den Solargenerator nennenswert zu beschatten. Dazu eignen sich z.B. die in Kap. 6.7.6 näher beschriebenen Miniatur-Blitzfänger oder andere geeignete Fangeinrichtungen.

Wichtiger Hinweis:

Bei den durchgeführten Experimenten war nur bei Modulen mit metallischem Rahmen ein vollständiger Schutz möglich. Die durch den Rahmen gebildete, kurzgeschlossene Schleife schwächt das magnetische Feld etwas ab und verringert dadurch die schädlichen Einflüsse von Blitzströmen (siehe auch Kap. 6.7.7 und [6.3]).

Es wurden auch einige Versuche mit rahmenlosen Laminaten M55 (Typ Mont Soleil) durchgeführt. Bei den auf dem Mont Soleil verwendeten Laminaten und U-Profilen liegt der Schwerpunkt des Blitzstromes etwas näher bei den Solarzellen (ca. 3,5 cm) und ein Schenkel des blitzstromführenden Profils sogar nur etwa 2 mm unter der Solarzellenebene. Wie bei den früher durchgeführten Versuchen mit Flachprofilen traten auch bei der Verwendung von U-Profilen (gleicher Typ wie auf dem Mont Soleil verwendet) noch ziemlich starke Veränderungen der I-U-Kennlinie auf. Für die vollständige Vermeidung von Schäden an rahmenlosen Modulen müsste der notwendige Abstand zwischen Blitzstrompfad und Solarzellen also noch vergrössert und durch weitere Untersuchungen näher bestimmt werden.

6.7.6 Miniatur-Blitzfänger für Photovoltaikanlagen

Bei früheren Versuchen zur Vermeidung direkter Blitzschläge in Photovoltaikanlagen wurden meist grosse vertikale Fangstangen von vielen Metern Höhe oder horizontale, über die Anlage gespannte Erdungsseile verwendet [Ima92]. Solche Strukturen werfen zu gewissen Tages- und Jahreszeiten Schatten, welche die Energieproduktion der PV-Anlage reduzieren. Sie sind zudem aus ästhetischen Gründen nicht überall einsetzbar (z.B. auf Gebäuden). Die Tatsache, dass bereits einige wenige Zentimeter Distanz zwischen Blitzstrom und Solarmodul zur Vermeidung von Schäden ausreichen, erlaubt die Verwendung von viel kleineren Fanganordnungen. Für den Blitzschutz der Photovoltaik-Testanlage (60 kWp) auf dem Neubau der Abteilung Elektrotechnik der Berner Fachhochschule (BFH) in Burgdorf [6.24] wurden deshalb kleine Miniatur-Blitzfänger von nur 30 cm Höhe entwickelt. Die Wirksamkeit dieser Blitzfänger wurde im Hochspannungslabor der Emil Haefely AG in Basel mit Blitzen bis zu 3 m Länge und Stossspannungen (1,2 μs / 50 μs) bis 2 MV eingehend getestet, siehe Bild 6-48.

Bild 6-48:

Einschlag in ein mit Blitzfängern geschütztes PV-Modul:

Test der am PV-Labor der BFH in Burgdorf entwickelten Miniaturblitzfänger im Hochspannungslabor der Emil Haefely AG in Basel:

Einschlag eines Blitzes von etwa 3 m Länge und einer Spitzenspannung von ca. 2 MV in ein mit Blitzfängern geschütztes Solarmodul Siemens M55.

Die Tests zeigten, dass zwei auf beiden Seiten montierte Miniatur-Blitzfänger ein Solarmodul sicher vor Blitzen schützen. Bei mehr als 40 positiven und negativen Stössen schlugen die Blitze immer in die Blitzfänger, d.h. es wurden keine Einschläge in den Rahmen oder in das Modul registriert. Da diese Miniatur-Blitzfänger nur einen Durchmesser von 1 cm haben, ist die Beschattung von benachbarten Modulen in grösseren Solargeneratoren sehr gering.

Bild 6-49 zeigt die Miniatur-Blitzfänger, wie sie in der Photovoltaik-Anlage der BFH in Burgdorf montiert sind (verwendete Module: Siemens M55). Oberhalb der obersten Modulreihe jedes Arrays ist pro Modul einer dieser Blitzfänger montiert. Ein eventuell einschlagender Blitz wird in die geerdete Tragstruktur einige cm von der Solarzellenebene eingeleitet. Infolge der Spitzenwirkung der Blitzfänger liegt nicht nur die oberste Modulreihe, sondern der ganze Array im Schutzbereich, d.h. die ganze Anlage ist vor direkten Blitzschlägen geschützt. Die damals verwendete Anzahl Blitzfänger ist aus heutiger Sicht allerdings etwas übertrieben, gemäss Kap. 6.3.2 würde ein derartiger Blitzfänger etwa alle 6 m absolut ausreichen.

Bild 6-49:
Teilansicht des PV-Generators von 60 kWp (β = 30°) auf dem Elektrotechnik-Neubau der BFH in Burgdorf.
Oberhalb der obersten Modulreihe sind die Miniaturblitzfänger montiert.
Ein eventuell einschlagender Blitz wird direkt in das U-Profil der Tragstruktur eingeleitet, auf dem die Module montiert sind und fliesst somit einige Zentimeter von der Solarzellenebene entfernt, so dass keine Modulschäden entstehen. Schäden an Bypassdioden unmittelbar beim Einschlagpunkt sind jedoch noch möglich.

6.7.7 Messungen der in einzelnen Modulen induzierten Spannungen

6.7.7.1 Einführung

Wie bereits in Kap. 6.6 gezeigt, wird in jeder aufgespannten Schleife, ganz gleich ob sie durch die modulinterne Serieschaltung der Solarzellen oder durch die äussere Verdrahtung der Module innerhalb eines Solargenerators gebildet wird, durch den Blitzstrom gemäss dem Induktionsgesetz eine Spannung induziert. Im Rahmen des bereits erwähnten EU-Projektes (PV-EMI, JOR3 CT98 0217, Partner: FhG/ISE, BFH und KEMA) wurden im Jahr 2000 mit dem neuen Stossstromgenerator weitere ausgedehnte Messungen der von simulierten Blitzströmen in verschiedenen Modultypen induzierten Spannungen durchgeführt. Die Versuche wurden mit damals aktuellen, typischen Modulen durchgeführt, welche in die im Stossstromgenerator vorhandene Versuchsfläche hinein passten.

In kristallinen PV-Modulen sind die einzelnen Solarzellen meist mäanderförmig in Serie geschaltet. Die Gegeninduktivität für die Berechnung der an den Modulklemmen entstehenden induzierten Spannung ist deshalb deutlich kleiner als die Spannung, die in einer Rechteckschleife mit gleichen äusseren Abmessungen wie das Modul induziert würde. Wie bereits in Kap. 6.6.3.3 erwähnt, stimmen die gemessenen induzierten Spannungen bei ungerahmten Modulen gut mit den Spannungswerten überein, die in drahtförmigen Leiterschleifen entstehen würden, welche durch den Schwerpunkt der Solarzellen verlaufen [6.3], [6.6].

In einem Solarmodul aus kristallinen Solarzellen treten in der Regel mindestens zwei modulinterne Schleifen auf. Je nach der gegenseitigen Orientierung dieser Schleifen können sich die induzierten Spannungen addieren (Normalfall) oder bei einigen speziellen Modultypen teilweise oder ganz kompensieren. Bei kompensierenden Modulen sind die induzierten Spannungen somit geringer.

Die Situation wird aber durch die über den Schleifen vorhandenen Bypassdioden kompliziert, da diese entweder sperren oder leiten. Sperrende Bypassdioden, die intakt sind, können bei höheren, aber noch nicht für sie gefährlich hohen Spannungen zudem in den Avalanche-Betrieb übergehen und begrenzen dann die Spannung an ihrer Schleife auf etwas mehr als ihre Durchbruchspannung U_{BA} (siehe Kap. 6.6.3.3, Bild 6-28). Unter Einbezug der Wirkung der Bypassdioden können zwei Arten von Modulen unterschieden werden:

- **Additive Module mit einer geraden Anzahl Zellenreihen**
  (weitaus häufigster Typ, Beispiel: Kyocera KC60):
  Je nach der Richtung des Blitzstroms addieren sich die induzierten Spannungen in den n_B in Serie geschalteten modulinternen Bypassdiodenschleifen auf maximal etwa $n_B \cdot U_{BA}$ (Bypassdioden sperren oder begrenzen) oder sind praktisch 0 (Bypassdioden leiten).
- **Kompensierende Module**
  (Beispiele: Solarex MSX60/64, Siemens SM46, SM55):
  Unterschiedliche Polaritäten der in den einzelnen Schleifen induzierten Spannungen. Gegen aussen tritt immer die Spannung der Schleife(n) in Erscheinung, deren Bypassdioden sperren oder begrenzen. Alle Schleifen, in denen Spannungen umgekehrter Polarität induziert werden, werden durch deren Bypassdioden praktisch kurzgeschlossen.

Bei gerahmten Modulen wird durch einen in einer nahegelegenen Ableitung fliessenden Blitzstrom im gut leitenden Metallrahmen gemäss (6.23) ein Kurzschlussstrom induziert, der das magnetische Feld in der Schleife schwächt und somit die an den Solarmodulklemmen auftretende Spannung und die effektive Gegeninduktivität M_i reduziert (siehe (6.37), Abschirmung durch Kurzschlussmasche, [Rod89]). Der Gesamtfluss durch das Modul wird dabei nahezu $\Phi = 0$, infolge lokaler Unterschiede der magnetischen Feldstärke im Modul sinkt die induzierte Spannung jedoch nicht so stark ab.

Aus Platzgründen werden hier nur die Testergebnisse des weitaus häufigsten Modultyps (additive Module) näher gezeigt.

6.7.7.2 Induzierte Spannungen bei einem additiven Modul (KC60) in Parallel-Position

Die grössten Spannungen treten zu Beginn des Stossstroms auf, wenn di/dt maximal ist. Bei dieser maximalen Spannung sind auch die grössten Probleme und Schäden zu erwarten. Wenn ein Metallrahmen vorhanden ist, wird in diesem Rahmen ein Kurzschlussstrom induziert, der das induzierte Feld schwächt und somit die induzierten Spannungen reduziert. Ist das Modul relativ nahe beim Blitzstrom, kann in der weiter entfernten Schleife sogar eine Überkompensation mit einer Polaritätsumkehr auftreten. In der Praxis hätte eine solche Polaritätsumkehr wie bei den kompensierenden Modulen zur Folge, dass wegen der Bypassdioden nur die Spannung der inneren Schleife an den Klemmen wirksam wird. Um bei den durchgeführten Messungen nicht unnötige Bypassdiodendefekte zu erhalten, die besonders bei geringem Abstand zum Stossstrom häufig auftraten, wurden die gezeigten Messungen ohne Bypassdioden durchgeführt (leitende Dioden wurden dabei durch Kurzschlüsse, sperrende durch Leerläufe ersetzt).

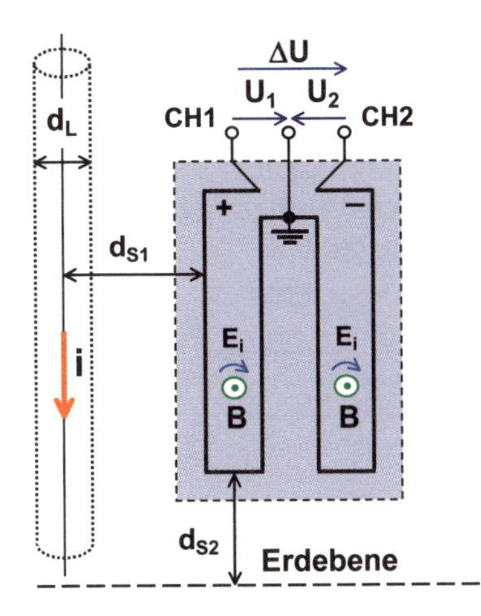

Bild 6-50:

Modul KC60 in Parallel-Position (Längsseiten parallel zu Stossstrom), beide Schleifen im Leerlauf (d_{S1} = 450 mm, d_{S2} = 900 mm).

Moduldaten des KC60:
P_{max} = 60 Wp bei STC,
Länge 751 mm, Breite 652 mm.
Anordnung: 9·4 Zellen,
Zellenhöhe 77 mm,
Zellenbreite 154 mm.

Da die innere Schleife näher beim Stossstrom liegt, sind dort das Magnetfeld und die induzierte Spannung etwas grösser.

Bild 6-50 zeigt die verwendete Testanordnung, Bild 6-51 die in einem rahmenlosen und Bild 6-52 die in einem gerahmten Modul KC60 in Parallelposition in einem Abstand von 450 mm durch einen Blitzstrom mit $(di/dt)_{max}$ = 25 kA/µs induzierten Spannungen.

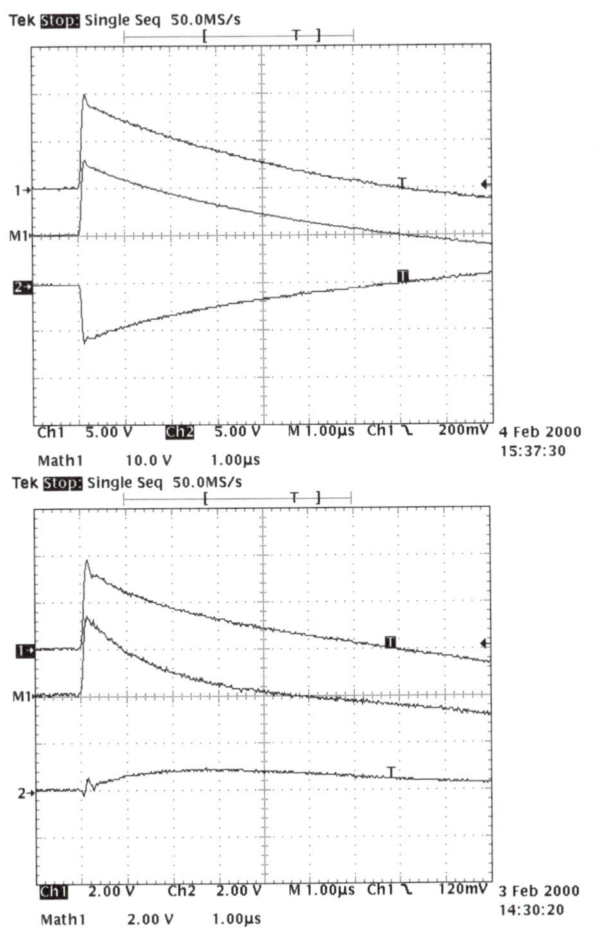

Bild 6-51:

In rahmenloses KC60 (Daten und Anordnung siehe Bild 6-50) in Parallel-Position (Längsseite parallel Blitzstrom) induzierte Spannungen bei einem Stossstrom nach Bild 6-38.

Da Spannungsteiler 100:1 verwendet werden, sind die effektiven Spannungen 100 mal grösser. Nach Eliminierung des Einflusses des leichten Einschwingvorganges zu Beginn betragen die maximalen Spannungen U_1 ca. 900 V, U_2 ca. 600 V und ΔU ca. 1500 V, was Gegeninduktivitäten $M_{i1} \approx 36$ nH und $M_{i2} \approx 24$ nH entspricht.

Bild 6-52:

In KC60 (Daten und Anordnung siehe Bild 6-50) *mit Alu-Rahmen* (Längsseite parallel Blitzstrom) induzierte Spannungen bei einem Stossstrom nach Bild 6-38.

Da Spannungsteiler 100:1 verwendet werden, sind die effektiven Spannungen 100 mal grösser. Die Spannung in der leerlaufenden Schleife 2 wird positiv. In der Praxis würde hier die Bypassdiode leiten und es wäre an den Modulklemmen nur die Spannung der Schleife 1 wirksam.
In diesem Fall wird $U_1 \approx \Delta U \approx 350$ V und somit $M_{i1} \approx 14$ nH.

Da wegen der beschränkten nutzbaren Versuchsfläche im Stossstromgenerator nicht beliebig grosse Abstände messtechnisch untersucht werden konnten, wurde auch ein mathematisches Model zur Berechnung der Gegeninduktivitäten (auch mit Berücksichtigung des im Metallrahmen fliessenden Stromes) gebildet, das mit den vorhandenen Messdaten validiert wurde. Bild 6-53 zeigt die in verschiedenen Abständen mit diesem Modell berechneten und gemessenen maximalen induzierten Spannungen bei einem KC60 in Parallelposition.

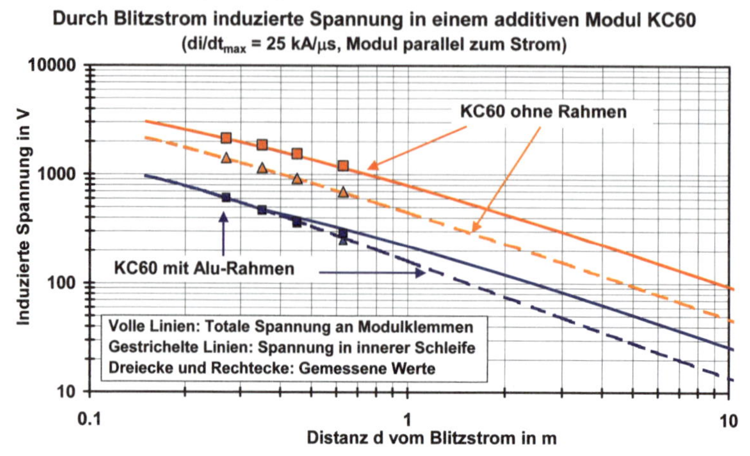

Bild 6-53:
In einem additivem Solarmodul KC60 in Parallel-Position (Modul-Längsseiten parallel zum Blitzstrom) ohne (obere Kurven) und mit Metallrahmen (untere Kurven) induzierte Spannungen (Maximalwerte) bei einem di/dt_{max} = 25 kA/μs.
Beim gerahmten Modul wird im Rahmen ein Kreisstrom induziert, der das Magnetfeld des Blitzstroms schwächt, so dass die im Modul induzierten Spannungen viel kleiner werden.

Die durchgeführten Untersuchungen gelten für den Worst-Case. Ist di/dt oder die Modul-Orientierung umgekehrt, leiten die Bypassdioden und die Spannungen werden nahezu 0.

6.7.7.3 Induzierte Spannungen bei einem additiven Modul (KC60) in Normal-Position

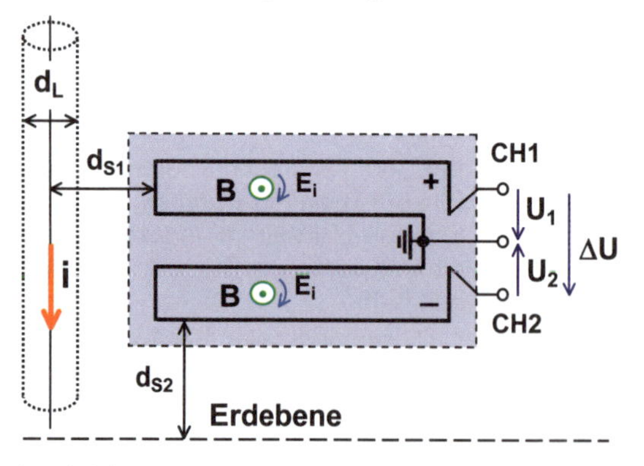

Bild 6-54:
Modul KC 60 in Normal-Position (Längsseiten senkrecht zu Stossstrom), beide Schleifen im Leerlauf (d_{S1} = 450 mm, d_{S2} = 900mm).
In dieser Postion ist das Magnetfeld in beiden Schleifen im gleichen Abstand gleich, deshalb ist U_1 und U_2 betragsmässig gleich und somit ist $\Delta U = 2U_1$.

Die gleichen Messungen wurden auch mit einer um 90° gedrehten Modulanordnung durchgeführt. Bild 6-54 zeigt die entsprechende Anordnung und Bild 6-55 die in verschiedenen Abständen berechneten und gemessenen maximalen induzierten Spannungen bei einem KC60 in Normalposition (Modul-Längsseiten senkrecht zu Blitzstrom).

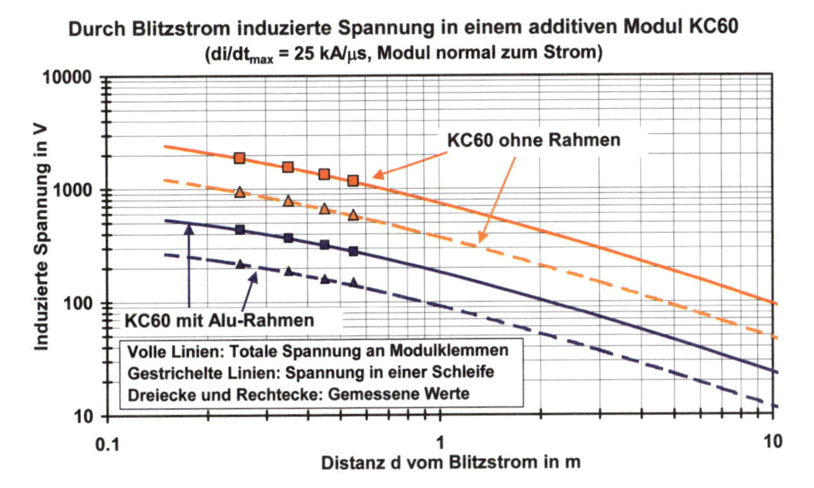

Bild 6-55:
In einem additivem Solarmodul KC60 in Normal-Position (Modul-Längsseiten senkrecht zum Blitzstrom) ohne (obere Kurven) und mit Metallrahmen (untere Kurven) induzierte Spannungen (Maximalwerte) bei einem di/dt_{max} = 25 kA/µs.
Beim gerahmten Modul wird im Rahmen ein Kreisstrom induziert, der das Magnetfeld des Blitzstroms schwächt, so dass die im Modul induzierten Spannungen viel kleiner werden.

6.7.7.4 Rahmen-Reduktionsfaktor bei verschiedenen Modultypen

Um das Verhalten von Modulen mit und ohne Rahmen zu vergleichen, kann ein Rahmen-Reduktionsfaktor R_R eingeführt werden, der das Verhältnis der ohne und mit Metallrahmen induzierten Maximalspannung angibt. R_R ist vom Modultyp und vom Abstand d (= d_{S1} gemäss Bild 6-50 und Bild 6-54) des Moduls zum Blitzstrom abhängig (siehe Bild 6-56).

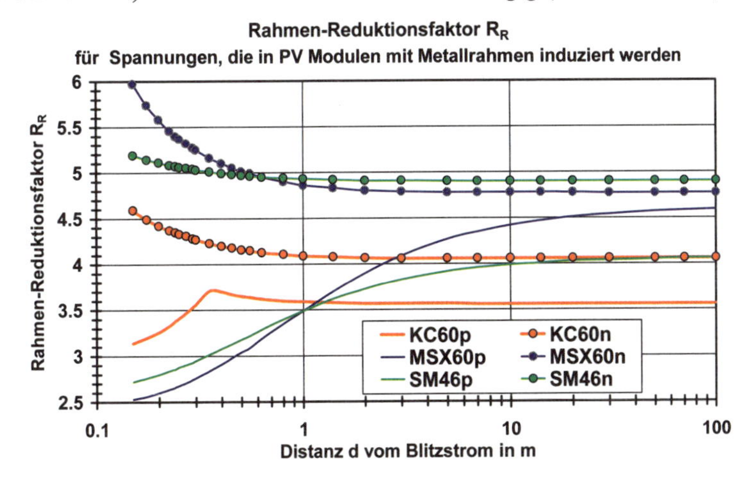

Bild 6-56:
Rahmen-Reduktionsfaktor R_R in Funktion des Abstandes d vom Blitzstrom bei 3 verschiedenen Modultypen:
- Additives Modul KC60 (rote Kurven, p = Parallelposition, n = Normalposition)
- 4-reihiges kompensierendes Modul MSX60
- 3-reihiges kompensierendes Modul SM46

Für grössere Distanzen d = d_{S1} wurden die Werte mit einem Rechenmodell ermittelt.

Der Rahmenreduktionsfaktor R_R wird somit wie folgt definiert:

$$R_R = \frac{\text{Maximalspannung ohne Rahmen}}{\text{Maximalspannung mit Rahmen}} = \frac{U_{\max-ohneRahmen}}{U_{\max-mitRahmen}} \tag{6.50}$$

Der so definierte Rahmenreduktionsfaktor R_R bezieht sich immer auf die *induzierte Gesamtspannung* des Moduls. Für die bezüglich Bypassdiodenbelastung kritische, dem Blitzstrom am nächsten liegende Schleife ist R_R bei Modulen in Parallelposition (siehe Bild 6-50) meist ein wenig geringer als der auf die Modul-Gesamtspannung bezogene Wert. Werden nur die Teilspannungen in einzelnen Schleifen miteinander verglichen, kann die entsprechende Reduktion bei Schleifen im Innern von grösseren Modulen (mit 3 oder mehr parallelen Schleifen) unter Umständen noch etwas geringer ausfallen, beträgt für solche Schleifen aber im Minimum etwa $R_R' = 2{,}2$. Bei allen Modulen ist das prinzipielle Verhalten gleich, d.h. ein Metallrahmen reduziert die induzierte Spannung deutlich und M_i sinkt entsprechend (6.37). Ebenso ist R_R immer etwas geringer für Module in Parallelposition als für solche in Normalposition.

Mit den vorhandenen Modellen wurden auch entsprechende Simulationen für heute typische additive Module mit quadratischen Zellen (z.B. mit 9·4 150mm-Zellen, 9·4 200mm-Zellen, 12·6 125mm-Zellen, 12·6 150mm-Zellen) durchgeführt. Die erhaltenen Werte für den Rahmen-Reduktionsfaktoren R_R lagen meist noch etwas über denen des KC60, nämlich im Bereich von etwa 3,2 bis 6. Um in der Regel auf der sicheren Seite zu liegen, empfehlen sich für Berechnungen die Werte gemäss Tabelle 6.7:

Tabelle 6.7: Empfohlene Werte für Rahmen-Reduktionsfaktor R_R für Berechnungen:

Module in Parallelposition (Bild 6-50):	$R_R = 3$
Für Bypassdiodenschleifen in Modulen in *Parallelposition* (Bild 6-50):	$R_R = 2{,}5$
Module in Normalposion (Bild 6-54):	$R_R = 4$
Für Bypassdiodenschleifen in Modulen in *Normalposion* (Bild 6-54):	$R_R = 4$

6.7.7.5 Einfluss von Aluminiumfolie auf der Modulrückseite

Einige Modulhersteller verwenden auf der Rückseite von Modulen Aluminiumfolie als Dampfsperre. Bei einem Blitzschlag werden darin Wirbelströme induziert, welche das Magnetfeld und damit die induzierten Spannungen stark reduzieren. Um diesen Effekt quantitativ erfassen zu können, wurde Aluminiumfolie auf der Rückseite der bereits früher getesteten KC60 mit und ohne Rahmen aufgeklebt (minimaler Abstand zum Rahmen ca. 5 mm). Dabei zeigte sich, dass eine Aluminiumfolie eine weitere Reduktion der induzierten Spannungen um einen Folien-Reduktionsfaktor $R_F \approx 7 \ldots 10$ bewirkt. Dieser Effekt ist *kumulativ zur Reduktion infolge des Metallrahmens*. Bei Modulen mit Aluminiumfolie ist es aber viel schwieriger, die Anforderungen der Schutzklasse II bezüglich Isolation zu erfüllen.

6.7.7.6 Praktische Messungen der Blitzstromempfindlichkeit von Bypassdioden

Wie bereits in Kap.6.6.3.3 erwähnt, können Bypassdioden bei Blitzeinschlägen in der Nähe von Photovoltaikanlagen zerstört werden. Durch Blitzschläge beschädigte Bypassdioden stellen nachher oft einen (nicht perfekten) Kurzschluss dar, was besonders bei PV-Anlagen, die aus vielen parallelen Strängen ohne Sicherungen bestehen, gefährlich werden kann. Mit den in 6.6.3.3 angegebenen Methoden kann eine approximative Berechnung der dabei auftretenden Ströme vorgenommen werden. In diesem Kapitel sollen kurz die Resultate einiger praktischer Versuche dargestellt werden, um die prinzipielle Richigkeit dieser Berechnungen zu zeigen. Dabei wurden Stossströme mit der in Bild 6-38 gezeigten Kurvenform verwendet und rahmenlose Module KC60 in Parallelposition gemäss Bild 6-50 verwendet.

Die Bilder 6-57 und 6-58 zeigen zwei Tests, bei denen die Solarzellen und die Bypassdiode in Sperrrichtung beansprucht wurden und dabei kurzzeitig in den Durchbruchs-(Avalanche-) Betrieb gerieten. In der Front des Blitzstroms ist der Strom dank der Spannungsabfälle an den im Avalanche-Betrieb arbeitenden Dioden trotz der hohen induzierten Spannung noch relativ klein. In Bild 6-57 überlebte die Diode gerade noch, in Bild 6-58 wurde sie dagegen zerstört.

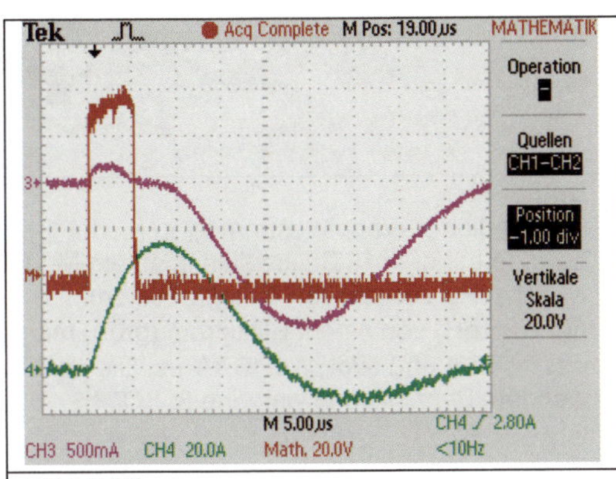

Bild 6-57:
Bypassdioden-(Avalanche-)Rückstrom i_{BR} in Modulschleife mit n_Z = 18 Solarzellen in einem Modul KC60 in Parallelposition bei d_{S1} = 30 cm ($M_i \approx$ 55 nH) von einem Blitzstrom (grün) mit $i_{max} \approx$ 54 kA und $di/dt_{max} \approx$ 15 kA/µs. Die verwendete Bypassdiode war eine 80SQ045 (Nenn-Sperrspannung U_{RRM} = 45 V).

In diesem Fall überlebte die Diode gerade noch. Im Avalanchebetrieb wird die Spannung (rot) während 5 µs auf ≈ 75 V begrenzt, der Spitzenstrom (violet) ist etwa 200 A und die berechnete Avalanche-Energie etwa 48 mJ (auf Datenblatt: 10 mJ). Da der Blitzstrom hier ein relativ hohes negatives di/dt im Rücken hat, werden Bypassdiode und Solarzellendioden im Rücken des Blitzstroms zusätzlich in Durchlassrichtung beansprucht, was bei einem normgerechten Blitzstrom kaum der Fall wäre.

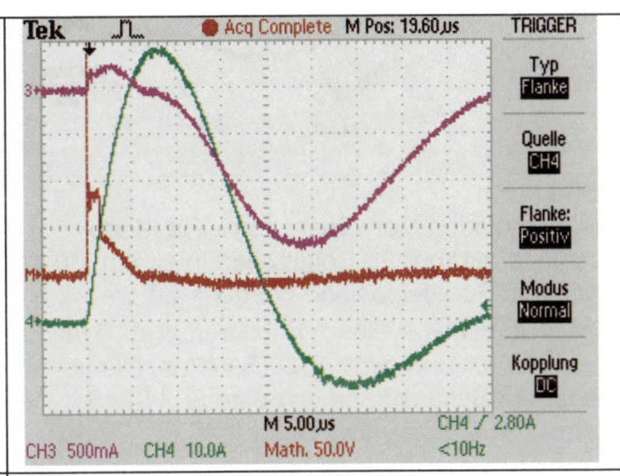

Bild 6-58:
Bypassdioden-(Avalanche-)Rückstrom i_{BR} in Modulschleife mit n_Z = 18 Solarzellen in einem Modul KC60 in Parallelposition bei d_{S1} = 30 cm ($M_i \approx$ 55 nH) von einem Blitzstrom (grün) mit $i_{max} \approx$ 58 kA und $di/dt_{max} \approx$ 16 kA/µs. Die verwendete Bypassdiode war eine 80SQ045 (Nenn-Sperrspannung U_{RRM} = 45 V).

In diesem Fall fällt die Diode schon nach etwa 1.5 µs aus. Im Avalanchebetrieb wird die Spannung (rot) während 1.5 µs auf ≈ 80 V begrenzt, der Strom (violet) auf etwa 250 A. Nach dem Durchbruch fällt die Diodenspannung zusammen, die Diode schmilzt durch und leitet nun in beiden Richtungen, ist aber kein perfekter Kurzschluss. Wie in Bild 6-57 fliesst im Rücken des Blitzstroms ein starker Vorwärtsstrom durch Bypassdiode und Zellendioden, was bei einem normgerechten Blitzstrom kaum der Fall wäre.

Die verwendete Diode 80SQ045 hielt also im Avalanche-Betrieb eine Avalanche Energie von 48 mJ und einen Stossstrom von $i_{max} \approx 200$ A aus, wobei die effektive Gegeninduktivität $M_i \approx 55$ nH betrug. Ein Vergleich mit Bild 6-29 und 6-30 zeigt, dass diese Diode in einem Modul mit $M_i \leq 20$ nH sowohl Erstblitze als auch negative Folgeblitze überleben dürfte.

Die Bilder 6-59 und 6-60 zeigen zwei Tests, bei denen die Solarzellen und die Bypassdiode in Durchlassrichtung beansprucht wurden. In der Front des Blitzstroms werden die Diodenströme wegen der geringen Spannungsabfälle an den Dioden nun viel grösser. In Bild 6-59 überlebte die Diode gerade noch, in Bild 6-60 wurde sie durch den hohen Stossstrom zerstört.

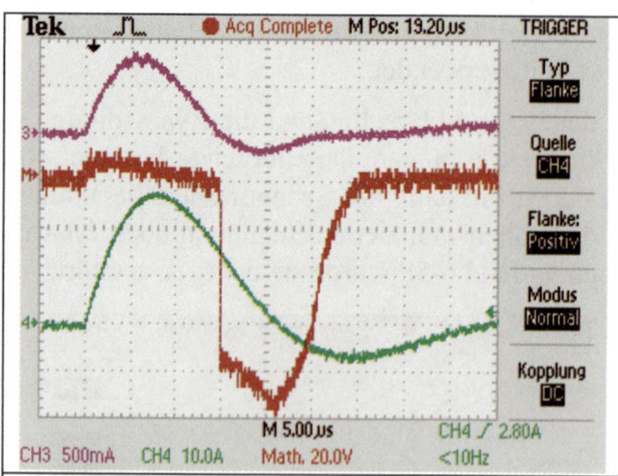

Bild 6-59:
Bypassdioden-Vorwärtsstrom i_{BF} in Modulschleife mit n_Z = 18 Solarzellen in einem Modul KC60 in Parallelposition bei d_{S1} = 30 cm ($M_i \approx 55$ nH) von einem Blitzstrom (grün) mit $i_{max} \approx 27$ kA und $di/dt_{max} \approx 7{,}5$ kA/µs. Die verwendete Bypassdiode war eine 80SQ045 (Nenn-Sperrspannung U_{RRM} = 45 V).

In diesem Fall überlebt die Diode gerade noch. Im Vorwärtsbetrieb wird die Spannung (rot) auf einige Volt begrenzt, aber der Strom (violet), der eine ähnliche Form wie der Blitzstrom hat, erreicht bereits einen Spitzenstrom von etwa 800 A. Da der verwendete Blitzstrom ein relativ hohes negatives di/dt im Rücken hat, werden Bypassdiode und Solarzellendioden im Rücken des Blitzstroms zusätzlich in Sperrrichtung beansprucht, es erfolgt sogar ein kurzer Avalanchebetrieb wie in Bild 6-57, Dies wäre bei einem normgerechten Blitzstrom nicht so.

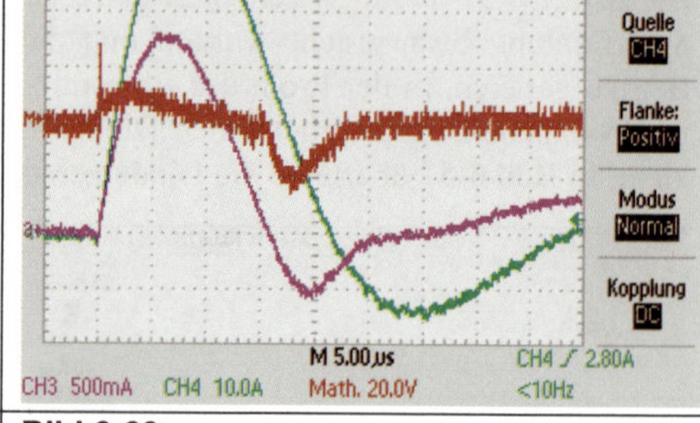

Bild 6-60:
Bypassdioden-Vorwärtsstrom i_{BF} in Modulschleife mit n_Z = 18 Solarzellen in einem Modul KC60 in Parallelposition bei d_{S1} = 30 cm ($M_i \approx 55$ nH) von einem Blitzstrom (grün) mit $i_{max} \approx 58$ kA und $di/dt_{max} \approx 16$ kA/µs. Die verwendete Bypassdiode war eine 80SQ045 (U_{RRM} = 45 V).

In diesem Fall fällt die Diode aus. Im Vorwärtsbetrieb wird die Spannung (rot) auf einige Volt begrenzt, aber der Strom (violet), der eine ähnliche Form wie der Blitzstrom hat, erreicht bereits einen Spitzenstrom von etwa 1750 A.

Da der verwendete Blitzstrom ein relativ hohes negatives di/dt im Rücken hat, werden Bypassdiode und Solarzellendioden im Rücken des Blitzstroms zusätzlich in Sperrrichtung beansprucht, aber die Diode hat ihre Sperrfähigkeit verloren und leitet bereits.

Die verwendete Diode 80SQ045 hielt also im Durchlass-Betrieb einen Stossstrom von $i_{max} \approx 800$ A aus, wobei die effektive Gegeninduktivität $M_i \approx 55$ nH betrug. Ein Vergleich mit Bild 6-33 und 6-34 zeigt, dass diese Diode in einem Modul mit $M_i \leq 20$ nH sowohl Erstblitze als auch negative Folgeblitze gerade noch überleben dürfte.

Diese ersten praktischen Versuche bestätigen somit die bereits in Kap. 6.6.3.3 formulierte Vermutung, dass meist keine Schäden zu erwarten sind, wenn die effektive Gegeninduktivität $M_i \leq 20$ nH beträgt. Für eine generelle Regel sind aber noch weitere Versuche mit verschiedenen Modulen und Dioden und mit normgerechten Stossströmen erforderlich.

6.7.7.7 Einfluss von gerahmten Nachbarmodulen auf die induzierten Spannungen

In einem PV-Generator, der aus Modulen mit Metallrahmen besteht, hängt die in einem bestimmten Modul von einem Blitzstrom induzierte Spannung nicht nur von diesem Blitzstrom und dem im eigenen Rahmen fliessenden Strom ab, sondern auch vom Strom, der in den Rahmen *benachbarter* Module zirkuliert. Dies erschwert die Berechnung der Modulspannung.

Im Rahmen des in Kap. 6.7.2.2 erwähnten EU-Projektes wurde auch versucht, für einfachere Fälle die auftretenden Spannungen zu bestimmen [6.15]. Es zeigte sich, dass bei einer mehrreihigen Modulanordnung die induzierten Spannungen in den innersten (dem Blitzstrom am nächsten liegenden) Modulen durch die Präsenz weiter aussen liegender Nachbarmodule generell etwas reduziert werden (bei kompensierenden Modulen bis zu 40%). Dagegen werden die Spannungen in den äusseren Modulen durch die Präsenz innerer Module etwas angehoben (bei kompensierenden Modulen bis zu 100%). Der gemessene Effekt war bei additiven Modulen (weitaus häufigster Typ) deutlich geringer. Die Spannung überschritt aber nie die Spannung an einem einzeln angebrachten innersten Modul ohne Nachbarn.

Empirisch wurde sogar eine Summenregel festgestellt, welche die Berechnung der induzierten Spannung in einem Strang erlaubt, der aus Modulen in verschiedenem Abstand besteht. Nach dieser Regel ist die Summe der Modulspannungen von Modulen im Solargenerator mit Nachbarmodulen etwa gleich wie die Summe der Spannungen von Einzelmodulen an den entsprechenden Positionen [6.15].

6.7.8 Induzierte Spannungen bei verdrahteten Solargeneratoren

Die in diesem Kapitel gezeigten Messungen zeigen die Richtigkeit der in den Kapiteln 6.8 und 6.9 gegebenen Empfehlungen für die praktische Realisierung des Blitzschutzes von PV-Anlagen. Eilige Leser, die sich nur für die Ergebnisse und weniger für die theoretischen Grundlagen und grundlegende Experimente interessieren, können dieses Kapitel auch überspringen. Um das Verständnis zu erleichtern und unnötige Schäden zu vermeiden, wurden die in diesem Kapitel gezeigten Messungen ohne (oder mit hochsperrenden) Bypassdioden durchgeführt.

6.7.8.1 Überlagerungssatz für induzierte Maximalspannungen

Trotz der nichtlinearen Charakteristik der internen Dioden in den Solarzellen und der Bypassdioden kann zur Bestimmung der auftretenden Maximalspannung bei einem nahegelegenen Blitzeinschlag das Überlagerungsprinzip verwendet werden. Die maximale induzierte Spannung tritt zu Beginn des Blitzstroms auf. Sperrende Solarzellen-Dioden sind dabei von der relativ grossen Sperrschichtkapazität (einige μF pro Zelle) überbrückt, während leitende Dioden beinahe Kurzschlüsse darstellen im Vergleich zu den relativ grossen induzierten Spannungen. Für die ohne Bypassdioden maximal auftretende Spannung (unmittelbar zu Beginn des Blitzstroms) gilt deshalb trotz der vielen nichtlinearen Elemente immer noch das Überlagerungsprinzip. Bei vorhandenen Bypassdioden wird die maximal auftretende Spannung pro Modul jedoch auf etwa $U_M = n_B \cdot U_{BA}$ begrenzt (siehe Kap. 6.6.3.3 und 6.7.7.1).

Die maximal auftretende Gesamtspannung U_S in einem verdrahteten Seriestrang besteht im schlimmsten Fall aus der Verdrahtungsspannung U_V, die in der Verdrahtung zwischen den Modulen induziert wird, und der Summe der in den einzelnen Modulen induzierten Spannungen U_M (evtl. durch Bypassdioden auf $n_B \cdot U_{BA}$ begrenzt). Diese Spannung ist eine symmetrische (differentielle) Spannung zwischen + und – der Module, zwischen den Leitern der Speiseleitung oder zwischen + und – des am Ende angeschlossenen Gerätes (z.B. ein Wechselrichter).

Maximale induzierte Spannung in einem Strang: $U_S = U_V + \Sigma U_M \quad (U_M \leq n_B \cdot U_{BA})$ (6.51)

Je nach der Strangverdrahtung und der modulinternen Verschaltung kann einer dieser Terme in der Praxis dominant sein oder es können beide in beträchtlichem Ausmass zur Gesamtspannung beitragen. Natürlich ist es denkbar, dass sich die Verdrahtungsspannung und die Modulspannungen teilweise kompensieren, davon kann aber im allgemeinen Fall nicht ausgegangen werden. Die kleinstmögliche Verdrahtungsspannung U_V ergibt sich, wenn die durch die Modulverdrahtungsschleifen aufgespannte Fläche möglichst klein gehalten wird. Dies ist aber im allgemeinen Fall nicht immer möglich.

Sind in der Nähe des Solargenerators geerdete Strukturen vorhanden, können sehr grosse Schleifen auftreten, in welchen durch einen nahegelegenen Blitzstrom sehr hohe Spannungen induziert werden können. Derartige Spannungen sind unsymmetrische Spannungen zwischen dem Innern der Solarmodule oder des Wechselrichters und der geerdeten Struktur (z.B. der metallischen Modul-Tragkonstruktion, welche absichtlich oder unabsichtlich geerdet ist, dem metallischen Modulrahmen oder dem Wechselrichter-Gehäuse). Ohne geeignete Gegenmassnahmen können solche Spannungen leicht die Isolation der Module oder Wechselrichter durchschlagen und Schäden oder gar einen Brand verursachen. Um die Auswirkungen derartigen Spannungen zu beherrschen, sind eine richtige Erdphilosophie und die Verwendung geeigneter Überspannungsableiter erforderlich.

6.7.8.2 Reduktion der induzierten Verdrahtungsspannung bei gerahmten Modulen

Experimente mit *gerahmten Modulen* (ohne Bypassdioden) haben gezeigt, dass in einer *ausgedehnten Modulverdrahtungsschleife*, welche sich in der *Ebene des Solargenerators befindet und dessen Grenzen nicht überschreitet*, die induzierten Spannungen in ähnlichem Masse reduziert werden wie die Spannungen in den Modulen selbst, d.h. die Verdrahtungsspannung U_V wird um einen analogen Reduktionsfaktor R_R (etwa 3 bis 5, siehe Bild 6-56) reduziert wie die Modulspannung U_M. Bild 6-61 zeigt eine der verwendeten Versuchsanordnungen.

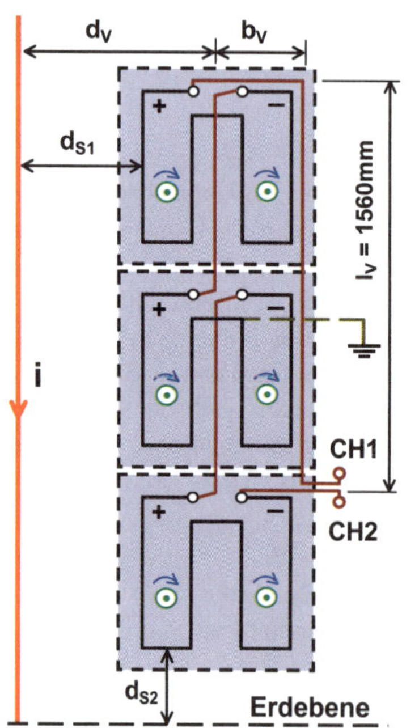

Bild 6-61:

Verdrahteter Solargenerator mit einem Strang von drei KC60 in Parallelposition (wie in Bild 6-50), der für die Bestätigung des Überlagerungsprinzips für induzierte Maximalspannungen verwendet wurde. Masse: d_{S1} = 450 mm, d_V = 735 mm, b_V = 255 mm (resp. 0), l_V = 1560 mm.

Um die Isolation der verwendeten Module nicht unnötig zu beanspruchen, wurden für einige Messungen reduzierte Werte von di/dt_{max} verwendet (ca. 15 kA/µs statt 25 kA/µs). d_{S1} betrug bei allen hier gezeigten Messungen 450 mm, es wurden aber auch Messungen mit anderen Abständen durchgeführt, die analoge Resultate ergaben.

Es wurden Module ohne und mit Metallrahmen (gestrichelt) verwendet. Alle Module wurden nahe beieinander montiert. Eine metallische Verbindung der Module oder die Erdung der Module hatte praktisch keinen Einfluss auf die induzierte Strangspannung U_S (symmetrische Spannung zwischen CH1 und CH2). CH1 wurde an den + Anschluss, CH2 an den – Anschluss des Strangs angeschlossen. Mit den angegebenen Dimensionen beträgt die Gegeninduktivität zwischen Blitzstrom und der Verdrahtungsschleife bei ungerahmten Modulen $M_V \approx 93\,nH$.

Für jeden Modultyp wurden zwei verschiedene Verdrahtungsmethoden verwendet:

- mit minimaler Fläche der Verdrahtungsschleife ($b_V \approx 0$), damit U_V möglichst klein wird.
- mit nennenswerter Fläche der Verdrahtungsschleife und bedeutendem U_V (Dimensionen gemäss Bild 6-61).

Bei minimaler Fläche der Verdrahtungsschleife beträgt die in den Strang induzierte Maximalspannung sowohl bei ungerahmten als auch bei gerahmten Modulen etwa das dreifache der in ein KC60 im Abstand von 450mm nach Bild 6-51 und 6-52 induzierten Maximalspannung (aus Platzgründen nicht gezeigt).

Bei den Versuchen mit ausgedehnter Verdrahtungsschleife (Dimensionen gemäss Bild 6-61) betrug die Gegeninduktivität zwischen Blitzstrom und Verdrahtungsschleife gemäss (6.16) $M_V \approx 93$ nH. Um die Isolation der verwendeten Komponenten nicht zu stark zu beanspruchen, wurde die Stromsteilheit für diese Versuche auf etwa 14,2 kA/µs bis 14,6 kA/µs reduziert.

Bild 6-62 zeigt die in einem Solargenerator aus drei rahmenlosen KC60 in Parallelposition gemäss Bild 6-61 induzierte Spannung bei einem $di/dt_{max} \approx 14,6$ kA/µs.

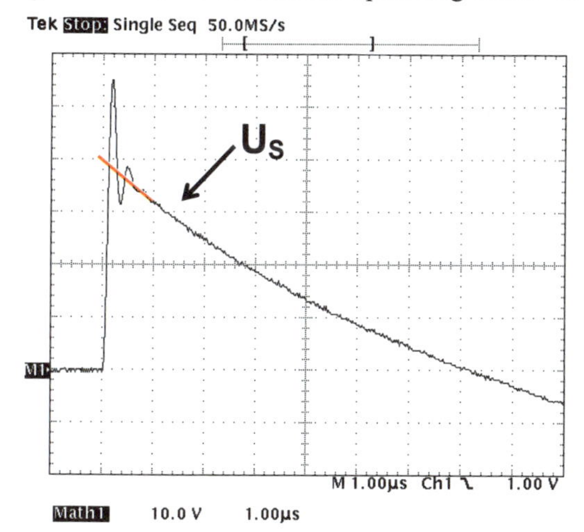

Bild 6-62:

Induzierte Spannung in einem PV-Generator aus 3 rahmenlosen KC60 in Parallel-Position nach Bild 6-61 bei $di/dt_{max} \approx 14,6$ kA/µs.

Da Spannungsteiler 100:1 verwendet werden, sind die effektiven Spannungen 100 mal grösser. In den ersten 500 ns ergibt sich wegen der Eingangskapazität der Messonden (ca. 100 pF) und der jetzt grösseren Schleifeninduktivität ein RLC-Einschwingvorgang. Den wahren Wert der induzierten Anfangsspannung erhält man durch Verlängerung einer Tangente an U_S (rot) nach dem Ende dieses Einschwingvorganges bis zum Anfangszeitpunkt der Stossspannung.

Mit $M_V \approx 93$ nH und dem angegebenen di/dt_{max} ergibt sich $U_{Vmax} \approx 1,36$ kV. Gemäss Bild 6-51 beträgt die Spannung eines Moduls in der gleichen Distanz bei einem $di/dt_{max} = 25$ kA/µs etwa 1,5 kV. Die resultierende Summe der Modulspannungen bei $di/dt_{max} = 14,6$ kA/µs beträgt somit $\Sigma U_{Mmax} = 3 \cdot (14,6/25) \cdot 1,5$ kV = 2,63 kV. Die berechnete Summe für U_{Smax} beträgt somit 3,99 kV. Aus Bild 6-62 ergibt sich ein Anfangswert von etwa 4 kV, die Übereinstimmung mit dem berechneten Wert ist somit sehr gut.

Bild 6-63 zeigt die in einem Solargenerator aus drei *gerahmten* KC60 in Parallelposition gemäss Bild 6-61 induzierte Spannung bei einem $di/dt_{max} \approx 14,2$ kA/µs.

Gemäss Bild 6-52 beträgt die Spannung eines Moduls in der gleichen Distanz etwa 350 V. Die resultierende Summe der Modulspannungen beträgt $\Sigma U_{Mmax} = 3 \cdot (14,2/25) \cdot 350$ V = 596 V. Gemäss Bild 6-63 ergibt sich wieder eine Maximalspannung $U_{Smax} \approx 920$ V. Die in diesem Fall in die Verdrahtung induzierte Maximalspannung ist $U_{Vmax} = U_{Smax} - \Sigma U_{Mmax} \approx 324$ V. Dies ist viel weniger als die theoretische Berechung von U_{Vmax} unter der Annahme ergibt, dass die Metallrahmen keinen Einfluss auf die in die Verdrahtung induzierte Spannung U_V haben.

Unter dieser Annahme würde mit M_V = 93nH und $di/dt_{max} \approx 14{,}2$ kA/µs ein $U_{Vmax} \approx 1{,}32$ kV resultieren, was offensichtlich viel zu hoch ist. In diesem Fall ergibt sich somit für die induzierte maximale Verdrahtungsspannung U_V (und damit auch für die effektive Verdrahtungs-Gegeninduktivität M_{Vi}) ein Rahmen-Reduktionsfaktor R_R = 1320 V /324 V ≈ 4,1. Versuche mit einem anderen Solargenerator aus 4 gerahmten SM46 (kompensierende Module) ergaben dagegen ein R_R von etwa 3.

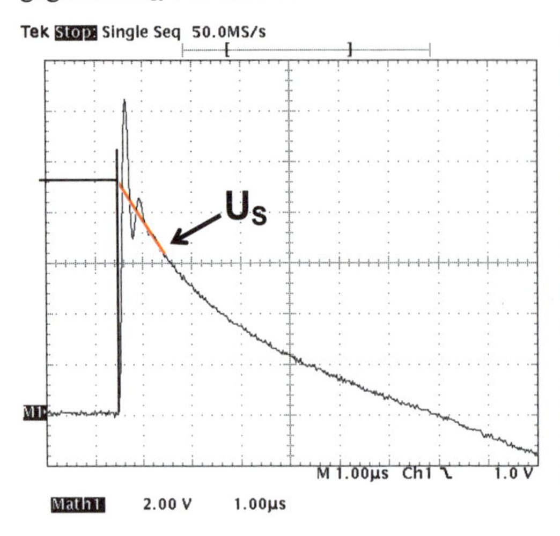

Bild 6-63:

Induzierte Spannung in einem PV-Generator aus 3 gerahmten KC60 in Parallel-Position nach Bild 6-61 bei $di/dt_{max} \approx 14{,}2$ kA/µs.

Da Spannungsteiler 100:1 verwendet werden, sind die effektiven Spannungen 100 mal grösser. In den ersten 500 ns ergibt sich wegen der Eingangskapazität der Messsonden (ca. 100 pF) und der jetzt grösseren Schleifeninduktivität ein RLC-Einschwingvorgang. Den wahren Wert der induzierten Anfangsspannung erhält man durch Verlängerung einer Tangente an U_S (rot) nach dem Ende dieses Einschwingvorganges bis zum Anfangszeitpunkt der Stossspannung.

Weitere Messungen zeigten, dass wenn die ganze Modulverdrahtung entlang der Metallrahmen geführt wird, die in den Metallrahmen fliessenden Kreisströme den magnetischen Gesamtfluss in der Verdrahtung praktisch auf 0 bringen, so dass auch die in der Verdrahtung induzierte Spannung nahezu 0 wird. In der Praxis ist dies allerdings nicht immer realisierbar, die Minimierung der Fläche der Verdrahtungsschleifen ist sicher einfacher. Ebenso zeigte es sich, dass es keine Rolle spielt, ob metallische Verbindungen zwischen den Modulen vorhanden sind oder nicht, wenn die Module sehr nahe beieinander montiert sind.

6.7.8.3 Einfluss der Erdung von Solargeneratoren

Nach den meisten Sicherheitsvorschriften sollten bei Solargeneratoren mit gerahmten Modulen die Metallrahmen geerdet werden. Die Erdung der Rahmen ist speziell zu empfehlen (auch bei Verwendung von Modulen der Schutzklasse II), wenn Wechselrichter ohne galvanische Trennung zwischen Gleich- und Wechselstromseite verwendet werden. Durch (absichtliches oder unabsichtliches) Erden der Metallrahmen (oder der metallischen Tragstruktur eines Solargenerators mit rahmenlosen Modulen) können grosse Erdschleifen entstehen, in denen von einem nahegelegenen Blitzstrom i sehr hohe Spannungen $U_{ES} = M_{ES} \cdot di/dt$ induziert werden können (M_{ES} = Gegeninduktivität Blitzstrom-Erdschleife). Da solche Erdschleifen meist kleine (isolierte) Öffnungen haben (z.B. die Isolation zwischen Solarzellen und Modulrahmen oder zwischen Wechselrichterelektronik und Gehäuse), sind sie oft auf den ersten Blick nicht erkennbar. Im Falle eines nahegelegenen Blitzstroms fällt die in der Schleife induzierte Spannung U_{ES} ganz oder teilweise an diesen Schleifenöffnungen ab.

Bezogen auf die Anschlüsse der Module oder der Wechselrichter stellen diese Zusatzspannungen unsymmetrische Spannungen zwischen dem Innern der Module und Erde oder dem Innern des Wechselrichters und Erde dar.

Ohne geeignete Gegenmassnahmen können solch hohe Spannungen leicht zu Überbeanspruchungen der Isolation der Module oder des Wechselrichters führen und folgenschwere Schäden oder im Extremfall gar einen Brand verursachen. Um Schäden durch solch hohe Spannungen zu vermeiden, sind eine richtige Erdung und die Verwendung geeigneter Überspannungsableiter unerlässlich.

Wird eine derartige Erdschleife geschlossen (z.B. mit Varistoren), fliesst darin ein Teilblitzstrom, der den totalen magnetischen Fluss in dieser Schleife nahezu auf 0 bringt. Deshalb sind die induzierten Spannungen an den Schleifenöffnungen viel kleiner, aber alle Elemente in der Schleife müssen den auftretenden Teilblitzstrom führen können. Bei geeigneter Auslegung kann ein zusätzlicher paralleler Erdleiter (oder noch besser ein Kabelschirm) einen grossen Teil dieses Teilblitzstroms übernehmen und deshalb die DC-Hauptleitung und die Varistoren entlasten. In der Schweiz war die Verwendung geschirmter DC-Hauptleitungen nach den 1990 erschienenen provisorischen Sicherheitsvorschriften für Photovoltaikanlagen [4.4] vorgeschrieben. Die generelle Verwendung geschirmter Leitungen wird aber in andern Ländern als zu aufwändig erachtet und ist in [4.10] nicht zwingend vorgeschrieben.

Im Rahmen des bereits erwähnten EU-Projektes wurden die wichtigsten Fälle im Labor untersucht. Auf den folgenden Seiten werden einige Ergebnisse kurz dargestellt (Geometrie und gemessene Spannungen).

6.7.8.3.1 Geerdeter Solargenerator ohne Teilblitzstrom in DC-Hauptleitung

Wenn kein Teilblitzstrom in der Leitung erwartet werden muss (z.B. weil sich der Solargenerator im Schutzbereich einer Blitzschutzablage befindet), ist es am besten, die Erdung mit Hilfe eines parallel zur DC-Hauptleitung verlegten Erdleiters ausreichenden Querschnitts (≥ 6 mm^2 Cu) vorzunehmen. Bild 6-64 zeigt ein Modell eines so geerdeten Solargenerators.

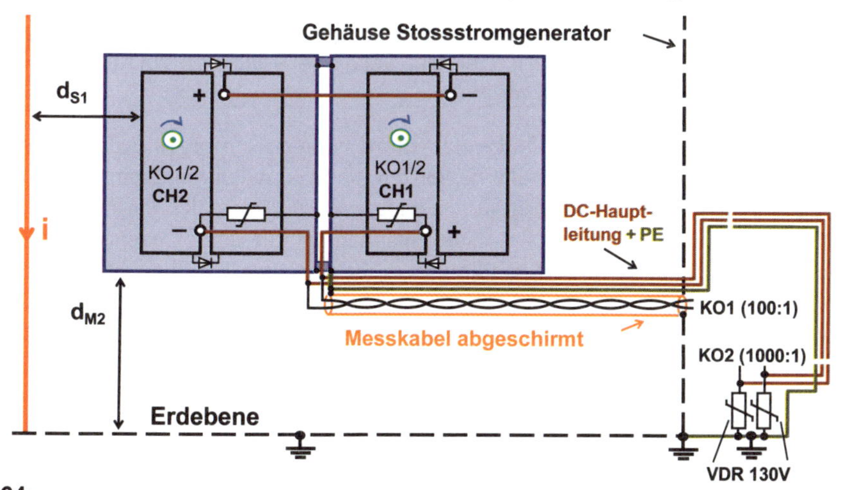

Bild 6-64:
Modell eines Solargenerators mit zwei gerahmten, geerdeten Modulen SM46 im Magnetfeld eines nahe gelegenen Blitzstroms i. Da der Erdleiter (Schirm des Messkabels) sehr nahe bei der DC-Hauptleitung geführt wird, entsteht keine Erdschleife, deshalb wird keine zusätzliche unsymmetrische Spannung U_{ES} induziert und es fliesst kein Teilblitzstrom in der Erdleitung. Alle Messungen wurden bei einem $di/dt_{max} \approx 25$ kA/µs, d_{S1} = 350 mm und d_{M2} = 900 mm durchgeführt. Unter diesen Bedingungen beträgt die in einem Strang maximal induzierte Spannung $U_{Smax} \approx 1{,}2$ kV. Die Kabellänge betrug etwa 10 m.

An diesem Modell wurden Messungen mit und ohne parallel zur DC-Hauptleitung mitgeführten Erdleiter und mit allen vier möglichen Varistor-Beschaltungsvarianten (beidseitig je ein Varistor VM130 zwischen + und – und Erde, Varistoren nur auf der Solargeneratorseite, Varistoren nur auf der Wechselrichter/Ladereglerseite (rechts), keine Varistoren) durchgeführt. Aus Platzgründen können nicht alle Resultate dargestellt werden.

Bild 6-65 zeigt exemplarisch die Ergebnisse für den Fall, dass nur auf der Wechselrichterseite Varistoren angeschlossen sind.

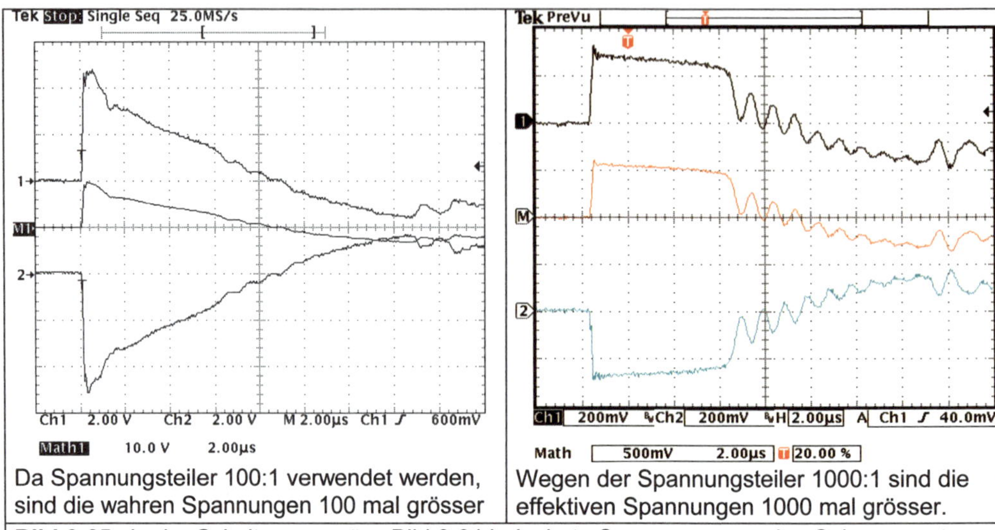

Da Spannungsteiler 100:1 verwendet werden, sind die wahren Spannungen 100 mal grösser

Wegen der Spannungsteiler 1000:1 sind die effektiven Spannungen 1000 mal grösser.

Bild 6-65: In der Schaltung gemäss Bild 6-64 induzierte Spannungen an den Solargenerator-Anschlüssen (links) und auf der Wechselrichter-/Laderegler-Seite (rechts), wenn nur auf der Wechselrichter-/Laderegler-Seite zwei Varistoren VM130 mit U_{DCmax} = 130 V eingesetzt werden.

Die Spannungen auf der + und – Leitung sind nahezu symmetrisch gegen Erde. Die Varistoren auf der Laderegler-/Wechselrichter-Seite begrenzen die maximalen Spannungen auf 250 V bis 300 V. Wegen des Spannungsabfalls an der Leitungsinduktivität ist der Einfluss der am anderen Ende angeschlossenen Varistoren auf die Spannungen auf der PV-Generatorseite relativ klein. Die dort maximal auftretende Spannung U_{Smax} beträgt etwa 1 kV und ist damit nur wenig kleiner als die induzierte maximale Leerlaufspannung von etwa 1,2 kV. In grösseren PV-Generatoren mit viel mehr Modulen pro Strang kann die Spannung U_{Smax} aber viel grösser werden und einen Isolationsdurchschlag verursachen. Deshalb ist es speziell bei grösseren Solargeneratoren ratsam, auf beiden Seiten der Leitung Varistoren vorzusehen, welche die Spannung auf einen ähnlichen Wert wie auf der Wechselrichter-/Ladereglerseite begrenzen.

Wenn nur auf der Solargeneratorseite Varistoren eingesetzt werden, begrenzen die Varistoren die Spannungen auf der Solargeneratorseite. Wegen RLC-Einschwingvorgängen auf der DC-Leitung tritt in diesem Fall jedoch am Leitungsende im Maximum nahezu die doppelte Spannung wie auf der Solargeneratorseite auf, so dass die am Leitungsende angeschlossene Elektronik wesentlich schlechter geschützt ist.

Fehlen Varistoren auf beiden Seiten der Leitung, treten nicht nur am Leitungsende, sondern auch am Leitungsanfang derartige Einschwingvorgänge auf, und es treten auch auf der Solargeneratorseite noch höhere Maximalspannungen als im Leerlauf auf.

Die gleichen Messungen wurden auch ohne mitgeführte Erdleitung aufgenommen. Da keine Teilblitzströme durch die Leitung fliessen, waren die gemessenen Spannungen nahezu gleich wie mit mitgeführter Erdleitung, wenn wenigstens auf einer Seite der Leitungen Varistoren gegen Erde angebracht waren. Nur wenn überhaupt keine Varistoren verwendet wurden, zeigten sich infolge kapazitiver Effekte leichte Abweichungen.

6.7.8.3.2 Geerdeter Solargenerator mit Teilblitzstrom in abgeschirmter DC-Hauptleitung

Bild 6-66 zeigt den für die Versuche verwendeteten Testaufbau. Auch an diesem Modell wurden Messungen mit allen vier möglichen Varistor-Beschaltungsvarianten (beidseitig je ein Varistor VM130 zwischen + und – und Erde, Varistoren nur auf der Solargeneratorseite, Varistoren nur auf der Wechselrichter/Ladereglerseite (rechts), keine Varistoren) durchgeführt. Um Probleme bei unkorrekter Erdung aufzuzeigen, wurden all diese Messungen auch mit nur einseitig am Leitungsende geerdeter Abschirmung wiederholt. Aus Platzgründen können natürlich nicht alle Resultate dargestellt werden. Bild 6-67 zeigt exemplarisch die Ergebnisse für den Fall, dass die Abschirmung beidseitig geerdet ist und nur auf der Wechselrichterseite Varistoren angeschlossen sind. Bild 6-68 zeigt den gleichen Fall mit nur am Leitungsende geerdeter Abschirmung (ohne rote Kurzverbindung in der Mitte von Bild 6-66).

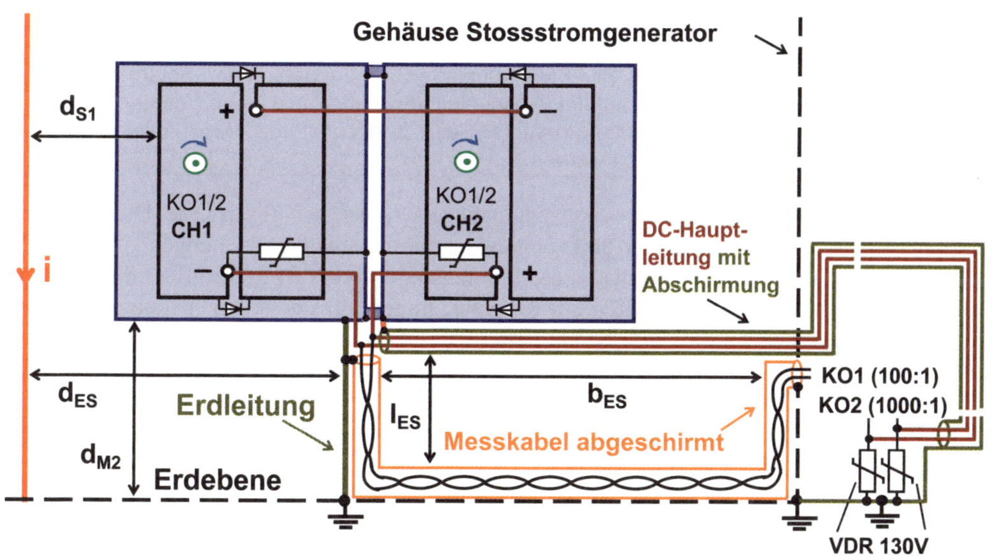

Bild 6-66:

Modell eines Solargenerators mit zwei gerahmten, geerdeten Modulen SM46 mit einer separaten Erdverbindung im Magnetfeld eines nahegelegenen Blitzstroms i. Die Modulrahmen sind unten in der Mitte (parallel zum Messkabelanschluss) geerdet, deshalb entsteht eine grosse Erdschleife, in die eine sehr hohe U_{ES} induziert würde. Um dies zu verhindern, ist die Erdschleife über den *beidseitig* angeschlossenen Kabelschirm geschlossen. Dies hat aber zur Folge, dass ein *Teilblitzstrom im Kabel* fliesst. Kabellänge ca. 50 m, alle Leiterquerschnitte (+, – und Abschirmung) = 10 mm^2, totale Induktivität L_{ES} der ganzen Erdschleife (inkl. Induktivität zwischen Schirm des DC-Kabels und Erde) etwa 40 µH, $di/dt_{max} \approx 25$ kA/µs, d_{S1} = 350 mm und d_{M2} = 900 mm, Erdschleife: d_{ES} = 560 mm, l_{ES} = 770 mm und b_{ES} = 800 mm, $M_{ES} \approx 0{,}14$ µH.

Zur Beachtung: Kanäle 1 und 2 gegenüber Bild 6-64 vertauscht, deshalb sind alle Spannungspolaritäten umgekehrt.

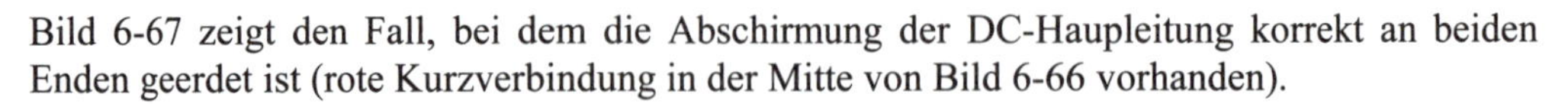

Bild 6-67 zeigt den Fall, bei dem die Abschirmung der DC-Haupleitung korrekt an beiden Enden geerdet ist (rote Kurzverbindung in der Mitte von Bild 6-66 vorhanden).

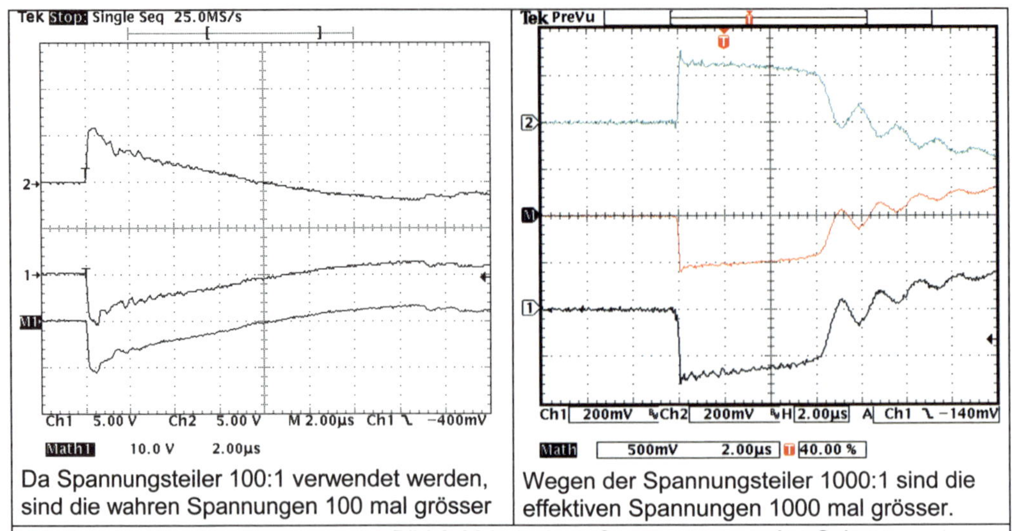

Da Spannungsteiler 100:1 verwendet werden, sind die wahren Spannungen 100 mal grösser

Wegen der Spannungsteiler 1000:1 sind die effektiven Spannungen 1000 mal grösser.

Bild 6-67: In der Schaltung gemäss Bild 6-66 induzierte Spannungen an den Solargenerator-Anschlüssen (links) und auf der Wechselrichter-/Laderegler-Seite (rechts), wenn nur auf der Wechselrichter-/Laderegler-Seite zwei Varistoren VM130 mit U_{DCmax} = 130 V eingesetzt werden.

Die Spannungen auf der + und – Leitung sind nahezu symmetrisch gegen Erde. Die Varistoren auf der Laderegler-/Wechselrichter-Seite begrenzen die maximalen Spannungen auf 250 V bis 300 V. Wegen des Spannungsabfalls an der Leitungsinduktivität ist der Einfluss der am anderen Ende angeschlossenen Varistoren auf die Spannungen auf der Solargeneratorseite relativ klein. Die dort maximal auftretende Spannung U_{Smax} beträgt etwa 1 kV und ist damit nur wenig kleiner als die induzierte maximale Leerlaufspannung von etwa 1,2 kV. Trotz des in der Abschirmung fliessenden Teilblitzstromes sind die auftretenden Spannungen somit ähnlich wie in Bild 6-65 (zu beachten: Kanäle 1 und 2 jeweils vertauscht und anderer Spannungsmassstab auf linkem Bild im Vergleich zu Bild 6-65).

In grösseren Solargeneratoren mit viel mehr Modulen pro Strang kann allerdings die Spannung U_{Smax} viel grösser werden und einen Isolationsdurchschlag verursachen. Deshalb ist es speziell bei grösseren Solargeneratoren ratsam, auf beiden Seiten der Leitung Varistoren vorzusehen, welche die Spannung auf einen ähnlichen Wert wie auf der Wechselrichter-/Ladereglerseite begrenzen.

Wenn nur auf der Solargeneratorseite Varistoren eingesetzt werden, werden die Spannungen auf der Solargeneratorseite durch die Varistoren begrenzt. Wegen RLC-Einschwingvorgängen auf der DC-Leitung tritt in diesem Fall jedoch am Leitungsende im Maximum nahezu die doppelte Spannung wie auf der Solargeneratorseite auf, so dass die am Leitungsende angeschlossene Elektronik wesentlich schlechter geschützt ist.

Fehlen Varistoren auf beiden Seiten der Leitung, treten nicht nur am Leitungsende, sondern auch am Leitungsanfang derartige Einschwingvorgänge auf, und es treten auch auf der Solargeneratorseite noch höhere Maximalspannungen als im Leerlauf auf.

Bild 6-68 zeigt den Fall, bei dem die *Abschirmung der DC-Haupleitung unkorrekt nur am Ende der Leitung geerdet* ist (rote Kurzverbindung in der Mitte von Bild 6-66 fehlt!).

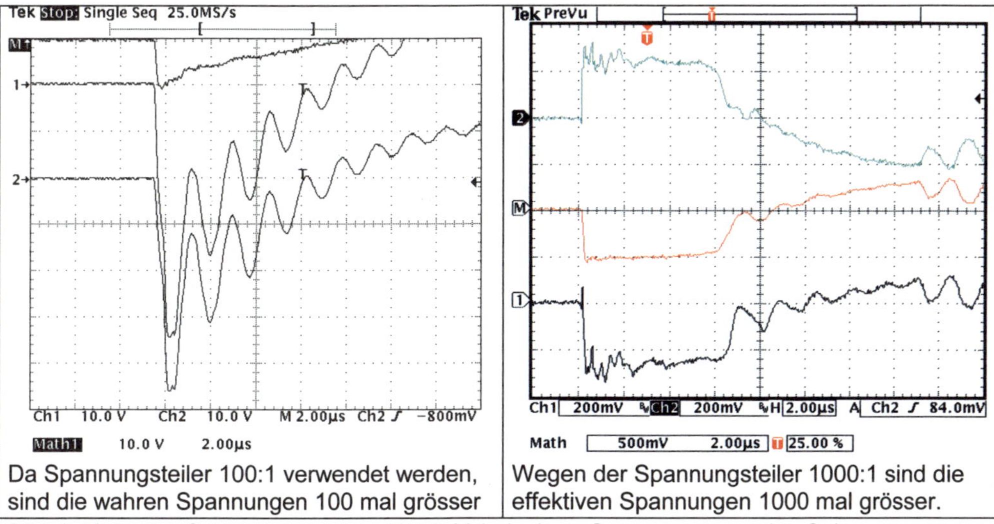

Bild 6-68: In der Schaltung gemäss Bild 6-66 induzierte Spannungen an den Solargenerator-Anschlüssen (links) und auf der Wechselrichter-/Laderegler-Seite (rechts), wenn der *Kabelschirm nur am Leitungsende geerdet* ist und nur auf der Wechselrichter-/Laderegler-Seite zwei Varistoren VM130 eingesetzt werden.

Die Spannungen zwischen den + und – Leitungen sind nicht mehr symmetrisch zur Erde. Die Varistoren auf der Wechselrichter / Laderegler-Seite begrenzen die maximale Spannung gegen Erde auf 250 V bis 320 V. An den Solargeneratoranschlüssen ist das DC-Kabel beinahe im Leerlauf, deshalb erscheint dort zusätzlich beinahe die volle in der Erdschleife induzierte, sehr hohe asymmetrische Spannung U_{ES} , während die Differenzspannung zwischen + und – praktisch gleich ist wie in Bild 6-67. Man erkennt, dass bei diesem doch noch sehr kleinen Solargenerator bereits eine Maximalspannung von etwa 5,4 kV gegen Erde auftrat. Wenn die Module derartige Spannungen nicht aushalten, können durch solche Spannungsspitzen leicht Schäden auftreten. In grösseren Solargeneratoren mit ausgedehnten Erdschleifen können diese Spannungen noch wesentlich höher sein.

Abgeschirmte DC-Hauptleitungen sind ein sehr wirksames Mittel, um Teilblitzströme in solchen Leitungen beherrschen zu können. Damit der Schirm aber seine Wirkung entfalten kann, muss er unbedingt auf beiden Seiten geerdet werden, sonst ist er völlig wirkungslos!

6.7.8.3.3 Geerdeter Solargenerator mit Teilblitzstrom in DC-Hauptleitung mit parallelem Erdleiter

Um Kosten zu sparen, wird auch versucht, statt einer abgeschirmten DC-Haupleitung nur einen mit der Hauptleitung parallel geführten, dicht an ihr liegenden (im Idealfall mit ihr verdrillten), beidseitig geerdeten Erdleiter genügenden Querschnitts mitzuführen. Auch dieser Fall wurde eingehend untersucht.

Die Versuchsanordnung war analog zu Bild 6-66, es wurde aber statt des geschirmten DC-Kabels nur eine verdrillte Leitung mit je 6mm^2 Querschnitt und mit einem parallelen, dicht an ihr liegenden Erdleiter mit gleichem Querschnitt eingesetzt. Auch an diesem Modell wurden

Messungen mit allen vier möglichen Varistor-Beschaltungsvarianten (beidseitig je ein Varistor VM130 zwischen + und – und Erde, Varistoren nur auf der Solargeneratorseite, Varistoren nur auf der Wechselrichter/Ladereglerseite (rechts), keine Varistoren) durchgeführt. Um Probleme bei unkorrekter Erdung aufzuzeigen, wurden all diese Messungen zudem auch mit nur einseitig am Leitungsende geerdeter Erdleitung wiederholt. Aus Platzgründen können natürlich nicht alle Resultate dargestellt werden. Bild 6-69 zeigt exemplarisch die Ergebnisse für den Fall, dass die Erdleitung beidseitig geerdet ist und nur auf der Wechselrichterseite Varistoren angeschlossen sind.

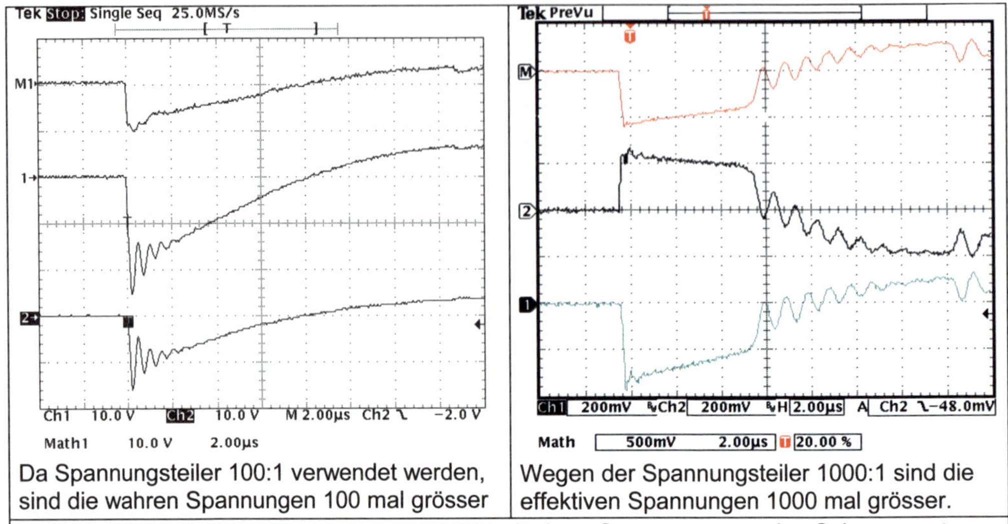

Da Spannungsteiler 100:1 verwendet werden, sind die wahren Spannungen 100 mal grösser

Wegen der Spannungsteiler 1000:1 sind die effektiven Spannungen 1000 mal grösser.

Bild 6-69: In der Schaltung gemäss Bild 6-66 induzierte Spannungen an den Solargenerator-Anschlüssen (links) und auf der Wechselrichter-/Laderegler-Seite (rechts), wenn statt einer abgeschirmten Leitung ein zur Leitung paralleler, dicht an ihr liegender, beidseitig geerdeter Erdleiter mitgeführt wird und nur auf der Wechselrichter-/Laderegler-Seite zwei Varistoren VM130 angeschlossen sind.

Ein Vergleich mit Bild 6-67 und 6-68 zeigt, dass die auftretenden Spannungen auch bei beidseitig angeschlossener Erdleitung deutlich höher als im Fall der abgeschirmten Leitung sind. Sie sind aber doch wesentlich geringer als bei völlig fehlender Erdverbindung oder nur einseitig geerdeter Abschirmung.

6.7.9 Zusammenfassung über die durchgeführten Experimente

Die durchgeführten Experimente haben gezeigt, dass Solarmodule eigentlich erstaunlich geringe Schäden erleiden (Veränderung der U-I-Kennlinie mit Verschlechterung des Füllfaktors), wenn der Modulrahmen von einem simulierten Blitzstrom durchflossen wird. Zu schwach dimensionierte Bypassdioden können in solchen Fällen dagegen Totalausfälle erleiden. Gerahmte Module reduzieren sowohl die in den Modulen selbst als auch die in der Verdrahtung induzierten Spannungen (und damit auch die induzierten Ströme und die Belastung eventueller Ableiter). Auch Metallfolien auf der Modulrückseite haben einen ähnlichen Effekt. Die Verwendung von Überspannungsableitern sowohl beim Solargenerator als auch beim Verbraucher auf beiden Seiten einer abgeschirmten Gleichstromhauptleitung reduziert die auf den Verbraucher einwirkenden transienten Spannungen und Ströme wesentlich.

Werden Blitze mit geeigneten Fangeinrichtungen aufgefangen und die Ableitungen mindestens im Abstand von einigen 10 cm von den Solarmodulen angeordnet, scheint mit vertretbarem Aufwand ein vollständiger Blitzschutz von Solargeneratoren aus gerahmten Modulen möglich zu sein, wenn die Verdrahtung gegeninduktivitätsarm ausgeführt wird, an der richtigen Stelle geeignete Varistoren eingesetzt werden und die Erdung richtig konzipiert ist.

In den folgenden Kapiteln werden die gewonnenen Erkenntnisse in Empfehlungen für die Praxis umgesetzt. In Kapitel 6.8 werden zunächst Regeln für die bezüglich Blitzschutz optimale Dimensionierung von Solargeneratoren formuliert. In Kapitel 6.9 folgen dann Hinweise für die Realisierung eines optimalen Schutzes von PV-Anlagen gegen direkte Blitzeinschläge

6.8 Blitzschutztechnisch optimale Dimensionierung des PV-Generators

Um eine PV-Anlage wirksam gegen Blitzschäden zu schützen, ist es zunächst einmal notwendig, durch einen wirksamen äusseren Blitzschutz Direkteinschläge in die Solarmodule zu verhindern. Besonders günstig ist es natürlich, wenn man den Solargenerator im Schutzbereich einer Blitzschutzanlage montieren kann und in unmittelbarer Nähe der Module (z.B. im Abstand < 1 m) keine (Teil-)Blitzströme fliessen. Bei einem Direkteinschlag ins Gebäude oder in die Anlage erfolgt die Gefährdung primär durch die in der Front des Blitzstromes induzierten Spannungen in benachbarten Leiterschleifen. Damit diese Spannungen nicht zu hoch werden, muss die Gegeninduktivität M_S zwischen der Strangverdrahtung und den (Teil-)Blitzströmen $i_A = k_C \cdot i$ möglichst klein gehalten werden und es ist durch geeignete Überspannungsableiter dafür zu sorgen, dass die induzierten Spannungen die Isolation der Module und der Verdrahtung und die angeschlossene Elektronik (Laderegler, Wechselrichter usw.) nicht beschädigen.

Photovoltaikanlagen sind aber auch bei Naheinschlägen in der näheren Umgebung (z.B. in Nachbargebäude) in einem gewissen Masse gefährdet. Bei einem solchen Einschlag ist die Gefährdung durch induzierte Spannungen bereits deutlich geringer. Bei Ferneinschlägen (in Abständen > etwa 100 m) sinken die induzierten Spannungen noch weiter ab. Derartige Ferneinschläge können unter Umständen aber noch Schäden durch den in die Solargeneratorfläche und damit die Anschlussleitungen eingekoppelten Verschiebungsstrom infolge der schnellen Änderung des elektrischen Feldes verursachen.

Die effektive Gegeninduktivität M_{Si} eines Stranges setzt sich aus den effektiven Modul-Gegeninduktivitäten M_{Mi_k} der n_{MS} in Serie geschalteten Module des Stranges und der effektiven Gegeninduktivität M_{Vi} der Verdrahtung zusammen:

Effektive Gegeninduktivität eines Stranges: $$M_{Si} = \sum_{k=1}^{n_{MS}} M_{Mi_k} + M_{Vi} \quad (6.52)$$

Sind die Bypassdioden intakt, ist die induzierte Spannung über einem Modul bei leitenden Bypassdioden sehr klein und bei sperrenden Bypassdioden auf etwa $n_B \cdot U_{BA}$ begrenzt (siehe Kap. 6.7.7.1). Deshalb ist man bei Berechnung der induzierten Spannungen mit M_{Si} gemäss (6.52) und (6.14) immer auf der sicheren Seite.

Bei sehr sorgfältiger Planung und Ausführung wäre es an sich möglich, die Gegeninduktivität der Module ganz oder teilweise durch die Gegeninduktivität der Verkabelung zu kompensieren. Um den schlimmstmöglichen Fall zu berücksichtigen, ist es aber sicherer, gemäss (6.52) mit der Summe der Gegeninduktivitäten der Module und der Verkabelung zu rechnen.

Um eine möglichst kleine Gegeninduktivität eines Stranges zu erreichen, ist deshalb sowohl eine niedrige Modul-Gegeninduktivität M_{Mi} als auch eine möglichst kleine Gegeninduktivität

M_{Vi} der Verkabelung anzustreben. Beide Grössen sind nicht fix gegeben, sondern von der Verschaltungsgeometrie, der Distanz zur (teil-)blitzstromführenden Ableitung, vom Vorhandensein eines Rahmens und von k_C gemäss (6.6) abhängig. Bei den Berechnungsverfahren gemäss Kap. 6.8.1 und 6.8.2 wird angenommen, dass der (Teil-)Blitzstrom in der Solarmodulebene fliesst. Oft sind die Module aber um einen Winkel β gegen die Horizontale geneigt. Bei vertikalen Blitzströmen im Abstand von einigen Metern (z.B. bei einer PV-Anlage auf einem Flachdach oder auf dem freien Feld) sind die so berechneten Werte für M_{Mi} und M_{Vi} in diesem Fall noch mit einem Korrekturfaktor sinβ zu multiplizieren.

6.8.1 Gegeninduktivität von Solarmodulen

Experimente haben gezeigt, dass die effektive Gegeninduktivität M_{Mi} rahmenloser Module mit guter Näherung der Gegeninduktivität einer drahtförmigen Leiterschleife durch den Schwerpunkt der miteinander verbundenen Solarzellen entspricht. Damit lässt sich für verschiedene Arten der inneren Modulverschaltung die Gegeninduktivität M_{Mi} eines Moduls näherungsweise berechnen. Je nach der Orientierung der modulinternen Verdrahtungsschleifen bezüglich der Ableitung mit dem (Teil-)Blitzstrom i_A ergeben sich für M_{Mi} leicht andere Beziehungen.

Bei kompensierenden Modulen (z.B. SM46, SM55, MSX 60/64) ist M_{Mi} bezogen auf die Grösse des ganzen Moduls je nach Modulorientierung um bis zu einem Faktor 2 kleiner als bei additiven Modulen (z.B. KC60 und die meisten anderen Module), da wegen der Bypassdioden in der Regel nur die Hälfte der modulinternen Schleifen aktiv ist. Durch Verwendung kompensierender Module kann bei einem Solargenerator gleicher Grösse eine kleinere Gegeninduktivität erreicht werden als bei der Verwendung additiver Module. Nach den dem Autor vorliegenden Informationen gibt es aber keine Hersteller, die bewusst kompensierende Module herstellen.

Die Berechnung der effektiven Modul-Gegeninduktivität M_{Mi} mit allen modulinternen Schleifen unter korrekter Berücksichtigung von Rahmenströmen ist relativ aufwändig. Für die Praxis genügt oft ein leicht zu berechnender approximativer Wert von M_{Mi} gemäss (6.53). Er wird mit der gemäss Formel (6.16) einfach zu berechnenden *Gegeninduktivität* M_{MR} *des Randes des Modulrahmens* und dem (Teil-)Blitzstrom $i_A = k_C \cdot i$, *einem Korrekturfaktor* k_{MR} und k_C nach (6.6) berechnet. Der Korrekturfaktor k_{MR} hängt von der Art des Moduls und des Rahmens ab.

Effektive Modul-Gegeninduktivität $M_{Mi} \approx k_{MR} \cdot M_{MR} \cdot k_C$ (6.53)

Auf Grund der durchgeführten Messungen und Simulationen kann man in erster Näherung für k_{MR} folgende Werte einsetzen:

Tabelle 6.8: Empfohlene Werte für Korrekturfaktor k_{MR} zur Berechnung der Modul-Gegeninduktivität M_M aus der Gegeninduktivität M_{MR} des Modulrandes.

Typische Werte für k_{MR}:	Parallel-Montage		Normal-Montage	
(1 Gesamtschleife pro Modul)	ohne Rahmen	mit Rahmen	ohne Rahmen	mit Rahmen
Additive Module (2 Schleifen, z.B. 4x9)	0,38 ... 0,42	0,1 ... 0,12	0,39 ... 0,41	0,1
Additive Module (3 Schleifen, z.B. 6x12)	0,37 ... 0,41	0,07 ... 0,1	0,38 ... 0,41	0,09 ... 0,1
Richtwert für additive Module	0,4	0,11	0,4	0,1
Komp. Module (3-reihig, z.B. M55)	0,33	0,11	0,3	0,06
Komp. Module (4-reihig, z.B. MSX 64)	0,24	0,09	0,2	0,04

Bei Modulen mit Metallfolien wird k_{MR} entsprechend der zusätzlichen Abschwächung des Magnetfeldes durch die in den Folien zirkulierenden Wirbelströme noch kleiner. Die in Tab. 6.9 angegebenen typischen Werte wurden mit dem additiven Modul KC60 mit zusätzlich aufgeklebter Alu-Folie ermittelt. Werte in ähnlicher Grössenordnung wurden 2003 auch bei Versuchen mit Dünnschichtzellen-Modulen (ST20 mit integrierter Metallfolie) gemessen.

Tabelle 6.9: Empfohlene Werte für k_{MR} bei Modulen mit Metallfolie in Parallelposition:

Typische Werte für k_{MR} bei Modulen mit Folien (1 Gesamtschleife pro Modul)	Parallel-Montage + Folie	
	ohne Rahmen	mit Rahmen
Additive Module (krist.+Dünnsch.)	0,05	0,011

Hinweis:
Bei Modulen mit n parallelen Schleifen kann k_{MR} entsprechend der Anzahl paralleler Schleifen reduziert werden (bei Normalmontage um Faktor n, bei Parallelmontage etwas weniger).

Beispiel:
Normale Blitzschutzanforderungen mit di/dt_{max} = 100 kA/µs, k_C = 0,25, Modul KC60 (Länge l = 0,751 m, Breite b = 0,653 m, additiv, 4-reihig) mit Metallrahmen in Parallel-Montage (Bild 6-50) im Abstand 0,8 m vom einem Teilblitzstrom $i_A = k_C \cdot i$. Wie gross ist M_{MR}, M_{Mi} und die maximal in das Modul induzierte Spannung u_{max}?

Lösung:
Mit (6.16) wird M_{MR} = 89,6 nH und mit (6.53) $M_{Mi} = k_{MR} \cdot M_{MR} \cdot k_C$ = 2,46 nH. Mit (6.14) wird somit $u_{max} \approx$ 246 V, was gut mit dem gemessenen Wert gemäss Bild 6-53 übereinstimmt.

6.8.2 Gegeninduktivität der Verdrahtung

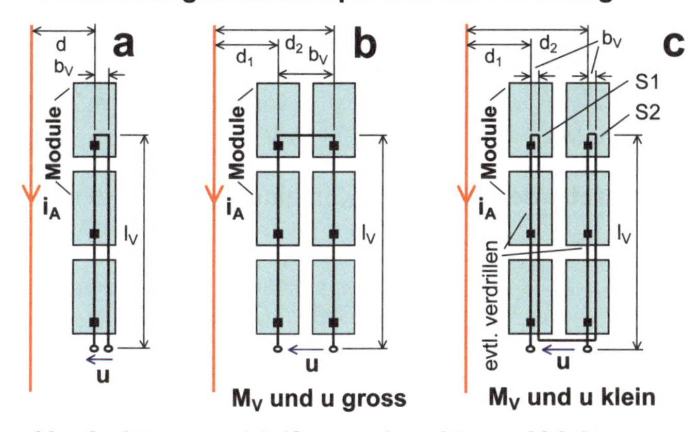

Bild 6-70:
Beispiel für Strangverdrahtungen parallel zur Ableitung mit durchschnittlicher (a), grosser (b) und kleiner (c) Verdrahtungs-Gegeninduktivität M_V.
Um ein möglichst kleines M_V zu erhalten ist die Schleifenbreite b_V zu minimieren und evtl. zusätzlich die Hin- und Rückleitung zu verdrillen.
Es ist auch möglich, die Schleifen zusätzlich kompensierend anzuordnen (c).

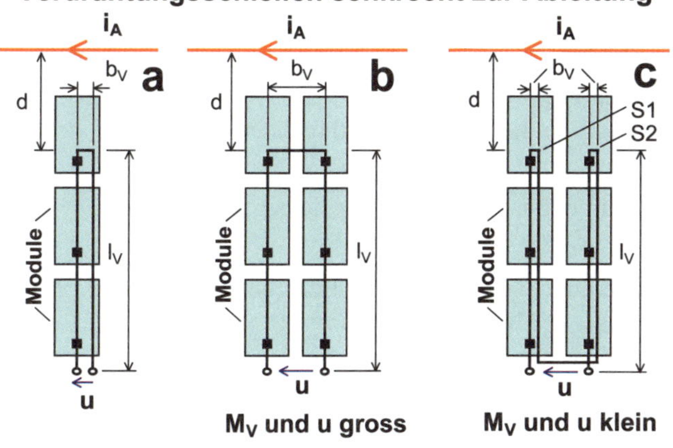

Bild 6-71:
Beispiel für Strangverdrahtungen senkrecht zur Ableitung mit durchschnittlicher (a), grosser (b) und kleiner (c) Verdrahtungs-Gegeninduktivität M_V.
Um ein möglichst kleines M_V zu erhalten ist primär wieder die Schleifenbreite b_V zu minimieren. Es können auch zusätzlich die in Bild 6-70 erwähnten weiteren Massnahmen vorgesehen werden.

Die Verdrahtung eines Stranges setzt sich meist aus einer oder mehreren rechteckförmigen Schleifen zusammen. Die Berechnung der Gegeninduktivität M_V der Strangverkabelung kann deshalb mit (6.16) oder mit (6.17) erfolgen. Um möglichst kleine Werte von M_V zu erhalten, soll die von der Verdrahtungsschleife aufgespannte Fläche A_S möglichst klein und der Abstand von der Ableitung möglichst gross sein. Auch eine Verdrillung von Hin- und Rückleiter oder eine kompensierende Anordnung der Leiterschleifen reduziert M_V.

Es ist ferner zu berücksichtigen, dass wie bei (6.37) bei Modulen mit Metallrahmen die effektive Gegeninduktivität M_{Vi} der Verdrahtung um k_C und um einen Rahmen-Reduktionsfaktor R_R von 3 ... 5 reduziert wird (siehe Kap. 6.7.8.2 und Bild 6-56), wenn sich die Verdrahtung etwa in der Ebene der Metallrahmen befindet und die Grenzen des PV-Generators nicht überschreitet.

Beispiel:

Normale Blitzschutzanforderungen, di/dt_{max} = 100 kA/µs, k_C = 0,25, Verdrahtungsschleife gemäss Bild 6-70a mit l_V = 5 m im Abstand d = 1 m von einem Teilblitzstrom $i_A = k_C \cdot i$.
Wie gross sind M_{Vi} und u_{max}

a) bei b_V = 40 cm und b) bei b_V = 0,8 cm bei ungerahmten Modulen?

c) Wie gross wird u_{max} etwa, wenn die Module gerahmt sind und sich die Verdrahtung innerhalb der durch die Metallrahmen begrenzten Fläche befindet?

Lösung:

a) Für b_V = 40 cm ergibt sich M_V = 336 nH und M_{Vi} = 84 nH. Mit (6.14) wird $u_{max} \approx$ 8,4 kV.

b) Für b_V = 0,8 cm ergibt sich $M_V \approx$ 8 nH und $M_{Vi} \approx$ 2 nH. Mit (6.14) wird $u_{max} \approx$ 200 V.

c) Nach Kap. 6.7.8.2 kann beim Vorhandensein von Metallrahmen auch etwa mit einem Rahmen-Reduktionsfaktor $R_R \approx 4$ gerechnet werden. Für den Fall a wird somit M_{Vi} = 21 nH und $u_{max} \approx$ 2,1 kV. Für den Fall b wird M_{Vi} = 0,5 nH und $u_{max} \approx$ 50 V.

6.8.3 Berechnungsbeispiel für auftretendes M_S und u_{max} in einem ganzen Strang

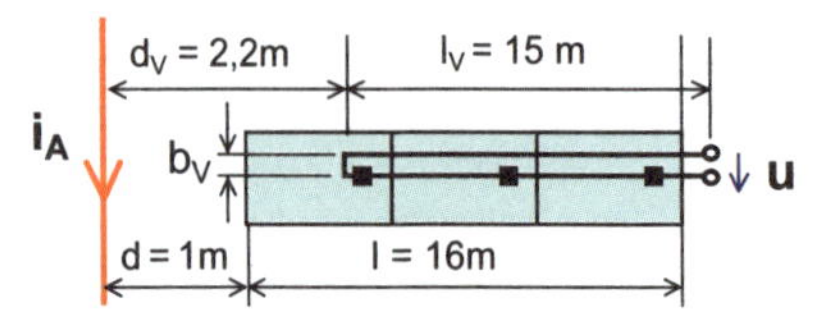

Bild 6-72:

Modulanordnung relativ zum Teilblitzstrom i_A gemäss untenstehendem Berechnungsbeispiel.

Beispiel:

Normale Blitzschutzanforderungen, di/dt_{max} = 100 kA/µs, k_C = 0,25. 10 additive Module (Länge a = 1,6 m, Breite b = 0,8 m) sind dicht aneinander in Normalposition montiert. Die Kante des innersten Moduls liegt im Abstand von 1 m vom Teilblitzstrom $i_A = k_C \cdot i$. Die Verdrahtungsschleife mit l_V = 15 m und b_V = 3 cm beginnt im Abstand d_V = 2,2 m von i_A.Wie gross ist die gesamte Gegeninduktivität M_{Si} des Stranges und die induzierte Maximalspannung u_{max}

a) bei ungerahmten Modulen?

b) bei gerahmten Modulen (ganze Verdrahtung in der durch Module begrenzten Fläche)?

Lösung:

a) Da die Module dicht beeinander angeordnet sind, genügt die Berechnung einer gesamten Rand-Gegeninduktivität $M_{MR\text{-}tot}$ für alle 10 Module gemeinsam! Mit (6.16) wird $M_{MR\text{-}tot}$ = 453 nH und mit (6.53) $M_{Mi\text{-}tot} = k_{MR} \cdot M_{MR} \cdot k_C \approx$ 45 nH. Analog ergibt sich ferner $M_{Vi} \approx$ 3 nH. Somit wird $M_{Si} = M_{Mi\text{-}tot} + M_{Vi}$ = 48 nH und mit (6.14) $u_{max} \approx$ 4,8 kV.

b) Dank dem Rahmenreduktionsfaktor $R_R \approx 4$ beträgt hier $M_{Si} \approx$ 12 nH und $u_{max} \approx$ 1,2 kV.

Ohne geeignete Schutzmassnahmen können die in den Beispielen in Kap. 6.8.2 und 6.8.3 berechneten Spannungen den Wechselrichter oder den Laderegler einer PV-Anlage gefährden.

6.8.4 Auswirkungen von Ferneinschlägen

6.8.4.1 Bei Ferneinschlägen kapazitv eingekoppelte Verschiebungsströme

Bei Ferneinschlägen (Abstand > ca. 100 m) erfolgt zwar kein direkter Blitzeinschlag ins Gebäude oder die Anlage selbst, es treten aber kurzzeitig starke Schwankungen der elektrischen Feldstärke auf. Wegen der grossen Fläche und der direkten Exposition wirken sich diese Feldstärkeschwankungen bei Solargeneratoren stärker aus als bei andern elektrischen Anlagen.

Wenn sich ein elektrisches Feld zeitlich ändert, entsteht eine Verschiebungsstromdichte J_V. Trifft diese Verschiebungsstromdichte auf eine geeignete Empfangsfläche A (z.B. einen PV-Generator), die mit einem Leiter verbunden ist, fliesst in diesem ein Verschiebungsstrom i_V. Bei einem PV-Generator, der in der Regel zwei angeschlossene Leiter (+ und -) aufweist, teilt sich i_V je zur Hälfte auf die beiden Leiter auf. Diese Leiter liegen meist sehr dicht beeinander, so dass diese Aufteilung auf zwei Leiter für die Grösse des entstehenden Magnetfeldes und der induzierten Spannungen unwesentlich ist. Bild 6-73 zeigt die entsprechende Situation.

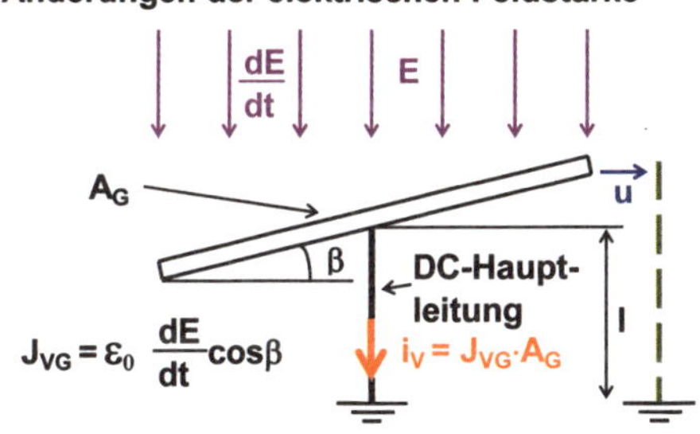

Bild 6-73:
Durch die Änderungen des elektrischen Feldes bei einem Naheinschlag wird in die Anschlussleitungen eines Solargenerators mit der Fläche A_G ein Verschiebungsstrom i_V eingekoppelt, der über die Anschlussleitungen des Solargenerators und die angeschlossenen Geräte (resp. Überspannungsableiter) zur Erde abfliesst. Zur Vereinfachung wurde nur eine Ader der Leitung gezeichnet.

Für die Verschiebungsstromdichte J_{VG} normal zur Generatorfläche gilt:

$$\textit{Verschiebungsstromdichte } (\perp \textit{ Generatorfläche})\; J_{VG} = \varepsilon_0 \cdot \cos\beta \cdot \frac{dE}{dt} \tag{6.54}$$

wobei E = elektrische Feldstärke , ε_0 = Elektrische (Feld-)Konstante = 8,854 pF/m,
dE/dt = Ableitung (mathematisch) der elektrischen Feldstärke nach der Zeit,
J_{VG} = resultierende Verschiebungsstromdichte in Generatorebene,
β = Generatoranstellwinkel.

Auf Grund der Verschiebungsstromdichte J_{VG} entsteht in den Anschlussleitungen ein Strom i_V. Ist das elektrische Feld E homogen, ergibt sich mit der Fläche A_G des Solargenerators:

$$\textit{Verschiebungsstrom}\; i_V = J_{VG} \cdot A_G = \varepsilon_0 \cdot \cos\beta \cdot \frac{dE}{dt} \cdot A_G \tag{6.55}$$

Dieser Verschiebungsstrom wirkt wie eine ideale Stromquelle und sucht sich seinen Weg zur Erde mit aller Gewalt. Auf der Gleichstromseite eines Wechselrichters oder Ladereglers sollte deshalb bei jeder angeschlossenen Leitung ein Überspannungsableiter gegen Erde vorgesehen werden, über den dieser Strom abfliessen kann. Behelfsweise ist auch der Einsatz eines genügend grossen hochfrequenztauglichen Kondensators möglich (Bestimmung aus zulässiger Spannung mit (6.61)).

Die grössten Verschiebungsströme treten bei negativen Folgeblitzen auf. Für die Abschätzung der Gefährdung und die näherungsweise Berechnung der auftretenden Ströme kann man sich deshalb auf diesen Blitztyp beschränken. Die dabei entstehenden elektromagnetischen Felder wurden durch F. Heidler untersucht. Für das vorliegende Problem wichtig sind die folgenden Erkenntnisse, welche in [Has89] dargestellt sind:
Die Dauer derartiger Verschiebungsströme ist jeweils sehr kurz ($< 0{,}5\,\mu s$). Ihre maximale Stromänderungsgeschwindigkeit di_V/dt, welche für die Berechnung der durch sie induzierten Spannungen massgebend ist, kann bis zu $i_{Vmax}/0{,}05\,\mu s$ betragen. Bei einem Einschlag im Abstand von 30 m können Maximalwerte $(dE/dt)_{max}$ von $500\,kV/m/\mu s$ auftreten [Has89]. Auch in DIN VDE 0185 Teil 103/8 wird für Ferneinschläge bis zu einem Abstand von 100 m ein Höchstwert von $(dE/dt)_{max}$ von $500\,kV/m/\mu s$ angegeben. Da es hier primär um eine *Abschätzung der ungefähren Werte* geht, kann der Einfluss des $\cos\beta$ in erster Näherung vernachlässigt werden. Da die meisten Solargeneratoren Werte von $\beta > 25°$ aufweisen, liegt man auf der sicheren Seite, wenn man für die Berechnung von J_{VG} folgenden Wert annimmt:

Maximale Verschiebungsstromdichte bei Ferneinschlägen: $J_{VGmax} \approx 4\ A/m^2$ (6.56)

Für die Abschätzung der elektrischen Beanspruchung von Photovoltaikanlagen durch Verschiebungsströme bei Ferneinschlägen (Abstand $\geq 100\,m$) dürfte man mit den folgenden Werten auf der sicheren Seite liegen, die auf Grund der Angaben in [Has89] bestimmt wurden:

Maximaler Verschiebungsstrom bei Ferneinschlägen $i_{Vmax} \approx 4\ A/m^2 \cdot A_G$ (6.57)

Maximale Ladung des Verschiebungsstromes i_V: $\Delta Q_{Vmax} \approx\ 0{,}4\ \mu As/m^2 \cdot A_G$ (6.58)

Maximale Stromänderungsgeschwindigkeit von i_V : $(di_V/dt)_{max} \approx 80 \frac{A}{\mu s} \cdot A_G/m^2$ (6.59)

In (6.57), (6.58) und (6.59) ist die Solargeneratorfläche A_G in m^2 einzusetzen.

(6.57) dient dabei zur strommässigen Dimensionerung der Überspannungsableiter, (6.58) zur Abschätzung der auf Kondensatoren maximal auftretenden Spannungen und (6.59) zur Abschätzung induzierter Spannungen gemäss (6.13).

Bei Gebäuden mit Blitzschutzanlagen, bei denen der PV-Generator im Schutzbereich von Fangeinrichtungen angeordnet ist, treten bei einem Direkteinschlag in die Blitzschutzanlage noch deutlich höhere Verschiebungsströme auf. Wird ein mittlerer Abstand von ca. 3 m angenommen, erhält man unter Verwendung der Angaben in [Has89] etwa das Zehnfache der in (6.57) und (6.59) und das Zwanzigfache der in (6.58) angegebenen Werte.

6.8.4.2 Dimensionierung der Überspannungsableiter auf die Verschiebungsströme

Im Gegensatz zu Anlagen zum Schutz gegen direkte Blitzeinschläge, wo die Überspannungsableiter wegen der geringen Häufigkeit von Direkteinschlägen nur relativ selten voll beansprucht werden, treten Ferneinschläge wesentlich häufiger auf, d.h. es ist im Laufe der Lebensdauer einer Anlage mit mehreren derartigen Ereignissen zu rechnen. Die Grösse des eingekoppelten Stromes nimmt etwa umgekehrt proportional zur Entfernung ab, andererseits steigt natürlich mit zunehmendem Abstand die massgebende Blitz-Fangfläche gemäss Kap. 6.1 und damit die Häufigkeit entsprechender Naheinschläge. Bei üblichen Varistoren, welche als Überspannungsableiter eingesetzt werden, beträgt die Anzahl der zulässigen Stossströme bei einer Beanspruchung mit $1/n$ des Nennstromes meist n^2, d.h. es sind viel mehr schwache Stösse zulässig. Da die Dauer eines Verschiebungsstroms nur kurz ist (< 0,5 µs), genügen für eine Kurvenform 8 µs/20 µs spezifizierte Überspannungsableiter vollauf.

Die in (6.57), (6.58) und (6.59) angegebenen Werte gelten für Ferneinschläge im Abstand von ≥ 100 m. Mit der vereinfachten, sehr konservativen Annahme, dass alle im Abstand zwischen 100 m und 300 m einschlagenden Blitze Verschiebungsströme dieser Stärke verursachen, d.h. dass der Überspannungsableiter pro Jahr mit etwa $0{,}25 \cdot N_g$ Ferneinschlägen (gemäss Kap. 6.1) beaufschlagt wird, liegt man bei der Abschätzung der Ableiterbeanspruchung auf der sicheren Seite. Nimmt man für die Lebensdauer einer Photovoltaikanlage 40 Jahre an, muss der Ableiter total etwa $10 \cdot N_g$ Stromstösse aushalten, in Mitteleuropa also etwa 10 – 60.

Üblicherweise wird je ein Überspannungsableiter bei der + und – Leitung der Solargenerator-Hauptleitung gegen Erde eingesetzt (siehe Bild 6-78), so dass auf ihn nur die Hälfte des maximalen Verschiebungsstroms i_{Vmax} gemäss (6.57) entfällt. Es ist auch zu berücksichtigen, dass die umgesetzte Ladung wegen der viel kürzeren Dauer der Stromimpulse viel kleiner als bei der Kurvenform 8/20 µs ist. Deshalb dürfte etwa folgender Varistor-Nennstrom ausreichend sein:

Notwendiger Varistor-Nennstrom (8/20 µs): $I_{V8/20} \geq i_{Vmax} \approx 4\ A/m^2 \cdot A_G$ (6.60)

i_{Vmax} ist der mit (6.57) aus der PV-Generatorfläche A_G berechnete max. Verschiebungsstrom.

Für diese Anwendung genügen somit sogenannte Ableiter Typ 3 (früher Typ D) für Maximalströme (8/20 µs) von einigen kA, wie sie von vielen Wechelrichterherstellern bereits serienmässig in die Geräte eingebaut werden. Laderegler weisen hingegen nicht immer einen genügenden Überspannungsschutz auf.

6.8.4.3 Abschätzung der von Verschiebungsströmen verursachten Spannungen

Der in den Solargenerator eingekoppelte Verschiebungsstrom i_{Vmax} erzeugt wie ein normaler Blitzstrom am Erdungswiderstand R_E eine Potentialanhebung $V_{max} = R_E \cdot i_{Vmax}$ gemäss (6.8), siehe Bild 6-8. Diese Spannung tritt auch gegenüber von aussen herangeführten Leitungen (z.B. Netz) auf. Wegen der viel kleineren Stromwerte sind allerdings die auftretenden Spannungen sehr viel geringer (typisch etwa 100 V bis einige kV). Falls bei grösseren Anlagen ein Schutz gegen diese Überspannungen vorgesehen werden soll, sind keine Blitzstromableiter erforderlich, sondern es genügen normale Überspannungsableiter Typ 2 (früher Typ C) oder Typ 3 (früher Typ D) für die Kurvenform 8 µs/20 µs.

Der durch die Solargenerator-Anschlussleitung einer Photovoltaikanlage fliessende Verschiebungsstrom erzeugt wie ein normaler Blitzstrom ein zeitlich veränderliches Magnetfeld und induziert deshalb gemäss (6.13) und (6.14) in benachbarten Schleifen Spannungen. Diese sind einige Grössenordnungen kleiner als bei Blitzströmen.

Wegen der möglichen sehr kurzen Anstiegs- und Abfallzeiten stösst man hier allerdings an die Grenzen des für die Berechnung der induzierten Spannungen in der Blitzschutztechnik allgemein verwendeten Modells, denn bei Distanzen, welche grösser als etwa 2 – 3 m sind, erfolgen die Feldänderungen im betrachteten Gebiet nicht mehr praktisch gleichzeitig. Bei grösseren Distanzen ist es zweckmässiger, die von derartigen Verschiebungsströmen erzeugten Spannungen mit der *Theorie der Wanderwellen auf Leitungen* zu berechnen.

Bild 6-74 zeigt die Ersatzschaltungen für die Berechnung der bei einem Ferneinschlag auftretenden Spannungen. Sie werden jeweils durch den Verschiebungsstrom i_V gespeist.

Dabei sind zwei Fälle zu unterscheiden: Bei gerahmten Modulen oder bei einer metallischen Unterkonstruktion liegt eine Serieschaltung von zwei Kapazitäten C_1 (zwischen Solarzellen und der Gesamtheit der Modulrahmen resp. der metallischer Unterkonstruktion UK) und C_2 zwischen Modulrahmen resp. UK und Erde vor. Bei isoliert montierten rahmenlosen Modulen ist nur eine einzige Kapazität C_3 zwischen Solarzellen und Erde massgebend. Parallel dazu ist eine Leitung mit der Wellenimpedanz Z_W (Bild 6-74a) geschaltet. Die genaue Berechnung der auftretenden Spannungen und Ströme ist sehr schwierig, denn der Verlauf von i_V in Funktion der Zeit ist nicht genau bekannt und kann von Fall zu Fall variieren. Meist genügt aber eine *Abschätzung der auftretenden Maximalspannungen* an gewissen Stellen (z.B. Spannungen am Leitungsanfang zwischen Solarzellen und Modulunterkonstruktion oder gegen Erde).

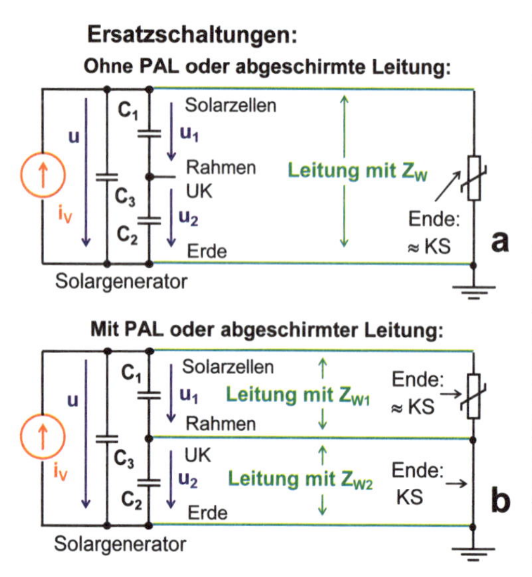

Bild 6-74:
Ersatzschaltungen für die Berechung der bei einem Ferneinschlag auftretenden Spannungen (KS = Kurzschluss). Der Verschiebungsstrom i_V speist eine Parallelschaltung einer Serieschaltung von C_1 und C_2 (oder von C_3) und einer Leitung mit der Wellenimpedanz Z_W (Schema a). Zwischen Solarzellen und Modulrahmen resp. Unterkonstruktion (UK) tritt die Spannung u_1, gegenüber der fernen Erde die Spannung u auf. Bei genügend grossem C_1 erreicht u_1 meist keine gefährlich hohen Werte. Bei Bedarf kann u_1 gemäss Schema b durch Mitführen einer Potenzialausgleichsleitung (PAL) oder Verwendung einer abgeschirmten Leitung weiter reduziert werden. Eine derartige Leitung reduziert auch die am Ende der Leitung mit Z_{W1} maximal mögliche Spannung (z.B. bei fehlenden Varistoren) und die an den Varistoren auftretende Reflexionen.

Unter der Annahme, dass die gesamte von i_V transportierten Ladung ΔQ_{Vmax} gemäss (6.58) auf eine Kapazität C aufgebracht wird, ergibt sich für die maximal mögliche Spannung u_{Cmax}:

Maximale Kondensatorspannung wegen Ladung von i_V: $$u_{Cmax} = \frac{\Delta Q_{V\,max}}{C} \qquad (6.61)$$

Bei gerahmten Modulen oder bei rahmenlosen Modulen mit einer nahe der Solarzellenebene angebrachten, ausgedehnten metallischen Unterkonstruktion UK liegt C_1 meist deutlich über 100 pF/m^2·A_G und ist damit wesentlich grösser als C_2. In diesen Fällen ergibt sich mit (6.61) $u_{1max} < 4$ kV, was für die Isolation der Solarmodule meist unproblematisch ist.

Für die gegen die ferne Erde auftretende Spannung u ist in (6.61) für C die Gesamtkapazität gegen Erde einzusetzen, also je nach Fall C_1 in Serie mit C_2 oder C_3. Bei einem Solargenerator mit gerahmten Modulen oder mit einer isolierten metallischen Unterkonstruktion UK auf einem Gebäude ist $C \approx C_2 \approx C_E$ nach (6.62) ($C_1 >> C_2$). Bei einem auf einem geerdeten Metallgestell montierten PV-Generator ist C_2 nahezu kurzgeschlossen und $C \approx C_1$. Bei einem PV-Generator aus rahmenlosen Modulen ohne metallische Unterkonstruktion auf einem Gebäude (z.B. mit Solardachziegeln aus Kunststoff gemäss Bild 4-9) ist $C_1 = C_2 = 0$ und somit $C = C_3 = C_E$.

C_E ist relativ gross, wenn sich der Solargenerator relativ nahe am Boden oder an einem armierten Flachdach befindet. Solche Solargeneratoren sind in den Bildern 6-84 bis 6-88 dargestellt. Eine grobe Abschätzung der Erdkapazität eines Solargenerators der Fläche A_G, der mittleren Höhe h über dem Boden (oder dem armierten Beton), dem äusseren Umfang l und der Kantenhöhe d (Rahmenhöhe bei gerahmten Modulen) ist mit (6.62) möglich (linker Term: Kapazität eines Plattenkondensators, rechter Term: Kapazität einer halben Einfachleitung über Erde):

Abschätzung der Erdkapazität eines Solargenerators:

$$C_E \approx \varepsilon_0 \cdot \frac{A_G}{h} + \frac{\pi \cdot \varepsilon_0 \cdot l}{\ln \frac{4h}{d}} \tag{6.62}$$

Alle Flächen sind in m^2 und alle Längen in m anzugeben, Bedeutung von ε_0 siehe (6.54).

Bei relativ kleinen Werten von C_E ist die maximal auftretende Spannung u dagegen primär von der *Wellenimpedanz Z_W der vom Solargenerator wegführenden Leitung* bestimmt. Wegen der endlichen Ausbreitungsgeschwindigkeit des elektromagnetischen Feldes wird die Spannung am Leitungsanfang zunächst allein durch die Wellenimpedanz Z_W bestimmt. Für die Abschätzung der auftetenden Spannungen genügt die Kenntnis der Wellenimpedanz Z_W einiger typischer Anordnungen, die bei PV-Anlagen oft auftreten (siehe Bild 6-75).

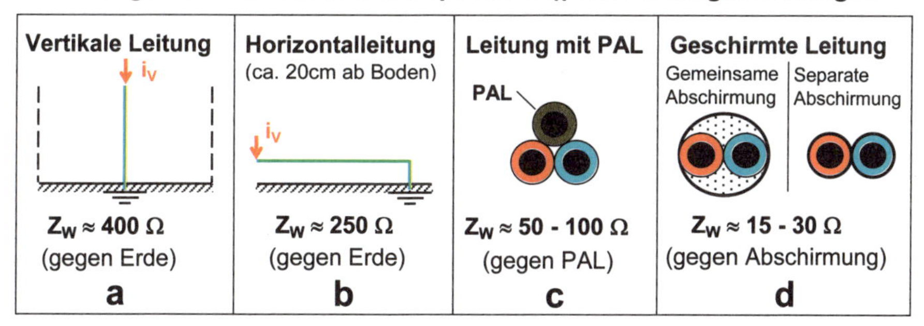

Bild 6-75:

Näherungswerte für die Wellenimpedanz Z_W bei einigen typischen bei Photovoltaikanlagen auftretenden Leitungsgeometrien. Die beiden Adern bilden eine 2er-Bündelleitung (wie z.B. bei Hochspannungsleitungen üblich) und können für die Berechnung von Z_W für diese schnelle asymmetrische Störung als parallelgeschaltet betrachtet werden. In Teilbild c verwendete Abkürzung: PAL = Potenzialausgleichsleitung.

Das resultierende Z_W wird somit mit dem Ersatzradius r_E dieser 2er-Bündelleitung berechnet ($r_E = \sqrt{r \cdot a}$, r = Leiterradius, a = Leiterabstand).

Der Verschiebungsstrom i_V teilt sich je zur Hälfte auf die beiden Adern für + und – auf. Die beiden Adern bilden somit eine 2er-Bündelleitung (wie z.B. bei Hochspannungsleitungen von 230 kV üblich) und können für die Berechnung von Z_W für diese schnelle asymmetrische Störung als *parallelgeschaltet* betrachtet werden. Die resultierenden Wellenimpedanzen Z_W sind deshalb niedriger als bei normalen Zweidraht- oder Koaxialleitungen. Bei den Leitungen mit Potenzialausgleichsleitungen (PAL) oder Abschirmungen gelten die niedrigeren Werte für dicht aneinander liegende Leiter mit relativ grossen Querschnitten. Damit kann nun die maximale Spannung auf der Leitung infolge i_V berechnet werden:

Maximalspannung infolge i_V an einer Leitung mit Z_W: $u_{Lmax} \approx k \cdot Z_W \cdot i_{Vmax}$ (6.63)

Der Faktor k liegt in der Praxis etwa zwischen 1 und 1,8. Am Leitungsende wird die eintreffende Welle durch die dort meist vorhandenen Varistoren (oder auch durch einen Durchschlag infolge zu hoher Spannung) gegen Erde abgeleitet. Dabei trifft die einlaufende Welle nahezu auf einen Kurzschluss und wird deshalb zu einem grossen Teil reflektiert.

Die maximal zwischen den Solarzellen und der fernen Erde auftretende Spannung u_{max} kann somit wie folgt abgeschätzt werden:

$$\text{Maximalspannung: } u_{max} \leq \text{Min}(u_{Cmax}, u_{Lmax}) = \text{Min}\left(\frac{\Delta Q_{V\,max}}{C}, k \cdot Z_W \cdot i_{Vmax}\right) \quad (6.64)$$

Die Maximalspannung u_{max} kann somit den kleineren der beiden mit (6.61) resp. (6.63) berechneten Spannungswerte für u unter Verwendung der Werte gemäss (6.57) und (6.58) nicht überschreiten.

Die zwischen Solarzellen und Modulrahmen resp. Unterkonstruktion auftretende Spannung u_1 kann bei Bedarf durch Mitführen einer Potenzialausgleichsleitung (PAL) oder Verwendung einer abgeschirmten Leitung weiter reduziert werden. Bild 6-74b zeigt die dabei gültige Ersatzschaltung, bei der gegenüber der fernen Erde zwei Wellenimpedanzen in Serie geschaltet sind. Die Wellenimpedanz Z_{W1} zwischen den beiden (für diese schnelle Störung parallel geschalteten) Adern + und – und der mitgeführten PAL resp. Abschirmung ist viel kleiner als die Wellenimpedanz Z_{W2} der Gesamtleitung gegenüber Erde. Näherungswerte für Z_{W1} können aus Bild 6-75 entnommen werden. Durch diese Massnahme wird die maximal auf dieser Leitung mögliche Spannung gemäss (6.64) deutlich reduziert. Die Werte von Z_{W2}, die für die Spannung u_2 der Modulrahmen resp. Unterkonstruktion gegenüber der fernen Erde massgebend sind, sind jedoch nur wenig kleiner als die Z_W-Werte ohne PAL resp. Abschirmung.

Die maximal zwischen den Solarzellen und den Modulrahmen resp. Unterkonstruktion (UK) auftretende Spannung u_{1max} damit wie folgt abgeschätzt werden:

$$\text{Maximalspannung } u_{1max} \leq \text{Min}(u_{C1max}, u_{L1max}) = \text{Min}\left(\frac{\Delta Q_{V\,max}}{C_1}, k \cdot Z_{W1} \cdot i_{Vmax}\right) \quad (6.65)$$

Analog ergibt sich für die zwischen Modulrahmen resp. Unterkonstruktion und Erde auftretende Spannung u_{2max} folgende Abschätzung (u_{2max} ist meist >> u_{1max}):

$$\text{Maximalspannung } u_{2max} \leq \text{Min}(u_{C2max}, u_{L2max}) = \text{Min}\left(\frac{\Delta Q_{V\,max}}{C_2}, k \cdot Z_{W2} \cdot i_{Vmax}\right) \quad (6.66)$$

Durch eine *isolierte Montage des Solargenerators* kann die zwischen Solarzellen und Modulrahmen resp. Unterkonstruktion bei einem Ferneinschlag entstehende Spannung u_1 wesentlich reduziert werden. Die verwendete Isolation muss aber die gegenüber entfernten geerdeten Objekten auftretenden Spannungen aushalten. Wie bereits erwähnt ist bei gerahmten Modulen die Kapazität zwischen der Gesamtheit der Modulrahmen und den Solarzellen meist deutlich grösser als die Erdkapazität der gesamten Anordnung, so dass die zwischen Solarzellen und Modulrahmen auftretende maximale Spannung gemäss (6.61) bei ungeerdeter Montage des PV-Generators relativ klein ist. Bei den gerahmten Modulen Siemens M55 ist die Kapazität C_1 zwischen Zellen und Metallrahmen typischerweise etwa 700 $pF/m^2 \cdot A_G$. Mit derartigen Kapazitätswerten können sich mit den Ladungen gemäss (6.58) keine gefährlichen Spannungen aufbauen, so dass die isolierte Montage die *einfachste Schutzmassnahme* gegen zu hohe Spannungen zwischen Solarzellen und Modulrahmen *bei Ferneinschlägen* im Abstand ≥ 100 m ist.

Bei PV-Anlagen mit *trafolosen Wechselrichtern* müssen die Modulrahmen aus Gründen des Berührungsschutzes immer geerdet werden, d.h. die *isolierte Montage* ist dort *nicht möglich*.

Zur Reduktion von u_1 bei zu kleinem C_1 kann gemäss Bild 6-78 eine Erdverbindung über eine Potenzialausgleichsleitung (PAL) vorgenommen werden, welche unmittelbar parallel zur Gleichstrom-Hauptleitung angeordnet ist, somit gut mit dieser gekoppelt ist und deshalb eine niedrige Wellenimpedanz Z_{W1} aufweist. Noch besser, aber natürlich aufwändiger ist die Verwendung einer geschirmten Leitung gemäss Bild 6-81.

Ist die Gleichstrom-Hauptleitung an einen Wechselrichter angeschlossen, der mit dem Schutzleiter (PE) verbunden, sonst aber nicht geerdet ist (z.B. ein String-Wechselrichter), so fliesst der eingekoppelte Verschiebungsstrom über den Schutzleiter weiter bis zur Hauseinführung, wo dieser meist mit der Gebäudeerde verbunden ist. Es ist in diesem Fall wieder eine ähnliche Situation wie in Bild 6-74b vorhanden. Die übrigen Adern der Leitung können für diese sehr schnelle, asymmetrische Störung als parallelgeschaltet und am Ende geerdet betrachtet werden. Die Wellenimpedanz Z_{W1} zwischen der PE-Leitung und den übrigen Adern ist relativ klein (Näherungswerte gemäss Bild 6-75c), die Wellenimpedanz Z_{W2} zwischen dem gesamten Kabel und Erde wesentlich grösser (Näherungswerte z.B. gemäss Bild 6-75b). u_1 zwischen PE und den übrigen Adern kann wieder mit (6.65), u_2 zwischen PE und Erde mit (6.66) abgeschätzt werden. Die Spannung u_2 kann reduziert werden, wenn dem Strom i_V eine möglichst kurze und direkte Verbindung vom Wechselrichtergehäuse zur Erdungsanlage angeboten wird (siehe Bild 6-78, gestrichelt). Die so entstehende Spannung addiert sich im Prinzip zur Potenzialanhebung $V_{max} = R_E \cdot i_{Vmax}$ am Erdungswiderstand.

Zum Schutz gegen derartige Überspannungen und gegen die infolge der Potenzialanhebung entstehenden Überspannungen sind auch auf der Netzseite des Wechselrichters Überspannungsableiter mit etwa gleicher Stossstrombelastbarkeit wie auf der Gleichstromseite nötig. Oft sind vom Wechselrichterhersteller geeignete Varistoren bereits eingebaut. Bei kleinen Geräten (z.B. String-Wechselrichter) kann auch ein gutes Netzfilter mit Y-Kondensatoren $\geq$ 2,2 nF den Schutz gegen derartige schnelle netzseitige Überspannungen allein übernehmen.

6.8.4.4 *Beispiele zur Abschätzung der Einflüsse eingekoppelter Verschiebungsströme*

1) Netzgekoppelte einphasige PV-Anlage nach Bild 6-78 mit 60 gerahmten Modulen Siemens M55, P_{Go} = 3,3 kW, Solargenerator isoliert montiert (keine PAL), äusserer Umfang des Solargenerators l = 22,2 m , Modul-Rahmenhöhe 34 mm, mittlere Höhe über Erde h = 7 m, Fläche A_G = 25,6 m^2, Erdungswiderstand des Gebäudes R_E = 10 Ω. Die Kapazität C_M zwischen Rahmen und Solarzellen beträgt 300 pF pro Modul.

Mit (6.57) ergibt sich $i_{Vmax} \approx$ 102 A. Für den blossen Schutz gegen Naheinschläge genügen in diesen Fall deshalb nach (6.60) zwei Überspannungsableiter mit einem Nenn-Stossstrom von je $I_{V8/20}$ > 100 A. Dazu reichen auch schon kleine Varistoren. Fehlen diese Überspannungsableiter an Leitungsende, können Schäden auftreten. An einer Wicklungskapazität $C_W \approx$ 200 pF zwischen Primär- und Sekundärwicklung eines Wechselrichters könnte nach (6.61) beispielsweise eine Spannung von etwa 51 kV entstehen!

Am Erdungswiderstand R_E des Gebäudes entsteht infolge i_V gemäss (6.8) eine Potenzialanhebung V_{max} = 1,02 kV. Ist auf der Netzseite dieses Wechselrichters ein gutes Netzfilter mit Y-Kondensatoren von je 2,2 nF vorhanden, ergibt sich an diesen Kondensatoren, durch die im schlimmsten Fall $i_V/3$ fliesst, nach (6.61) zusätzlich eine maximale Spannung von 1,55 kV. Diese Spannung kann bei einem guten Netzfilter noch unproblematisch sein.

Sicherer wäre es allerdings, wenn auf der Netzseite des Wechselrichters (vor dem Netzfilter) bei L1 und N je ein Varistor eingebaut wäre.

Für die Kapazität C_1 ergibt sich C_1 = 18 nF. Unter der (konservativen) Annahme, dass die ganze Ladung von i_V auf C_1 fliesst, ergibt sich mit (6.61) für die maximale Spannung $u_{C1max} \approx 570$ V. Diese Spannung, welche zudem nur ganz kurzzeitig vorhanden ist, stellt bei einer Modulprüfspannung von 3 kV kein Problem dar. Da ein Teil des Stromes i_V durch Z_W fliesst, ist die tatsächliche Spannung u_{1max} aber natürlich noch etwas geringer.

Die Erdkapazität C_E des Solargenerators beträgt nach (6.62) etwa 124 pF, d.h. hier ist $C_1 >> C_2 = C_E$. Die nach (6.61) auf Grund der Ladung des Verschiebungsstromes mögliche Maximalspannung beträgt somit $u_{max} \approx 83$ kV. Gemäss Bild 6-75a beträgt die Wellenimpedanz Z_W etwa 400 Ω. Nach (6.63) ist mit k ≈ 1,8 somit etwa eine Spannung $u_{Lmax} \approx k \cdot Z_W \cdot i_{Vmax} \approx 74$ kV zu erwarten. Gegenüber der fernen Erde tritt somit nach (6.64) ganz kurzzeitig höchstens eine Spannung von $u_{max} \approx 74$ kV auf, was bei isolierter Montage des Solargenerators (z.B. Montage auf Ziegeldach mit auf Holzsparren montierten Trägern) meist noch unproblematisch ist.

2) Anlage gemäss Bild 6-88 mit 60 String-Wechselrichtern zu je 850 W, mit je $A_G = 6{,}3\ m^2$ (je 10 auf isolierten Trägern gemäss Bild 4-43 oder 4-44 montierte rahmenlose Module BP585). Die Module sind hintereinander montiert (äusserer Umfang des Solargenerators l = 25m), Modul-Rahmenhöhe 0,3 mm (Dicke der Solarzellen), mittlere Höhe über Flachdacharmierung h = 20 cm, Erdungswiderstand des Gebäudes $R_E = 2\ \Omega$.

Mit (6.57) ergibt sich $i_{Vmax} \approx 25$ A. Für den blossen Schutz des Wechselrichters gegen Naheinschläge genügen in diesen Fall deshalb nach (6.60) bereits zwei kleine Überspannungsableiter mit einem Nenn-Stossstrom von je $I_{V8/20} > 25$ A. Fehlen diese Überspannungsableiter an Leitungsende, können Schäden auftreten. An einer Wicklungskapazität $C_W \approx 100$ pF zwischen Primär- und Sekundärwicklung eines Wechselrichters könnte nach (6.61) beispielsweise eine Spannung von etwa 25 kV entstehen.

Durch den Erdungswiderstand R_E des Gebäudes fliesst ein totaler Verschiebungsstrom $i_{Vmax\text{-}tot} = 60 \cdot 25$ A = 1,5 kA. Somit entsteht infolge i_{Vtot} gemäss (6.8) eine Potenzialanhebung $V_{max} = 3$ kV. Bei der Gebäudeeinführung sollten bei einer derart grossen Anlage mindestens in allen drei Phasen Überspannungsableiter mit einer Strombelastbarkeit gemäss (6.60) von $I_{V8/20} \geq 1{,}5$kA (8 µs/20 µs) vorgesehen werden (z.B. Typ 2, besser für ein grosses Gebäude wäre natürlich Typ 1). Ist auf der Netzseite jedes Wechselrichters ein gutes Netzfilter mit Y-Kondensatoren von je 2,2 nF vorhanden, ergibt sich an diesen Kondensatoren, durch welche im schlimmsten Fall $i_V/3$ fliesst, nach (6.61) zusätzlich eine maximale Spannung von 382 V. Diese Spannung ist für ein Netzfilter in der Regel noch unproblematisch.

Die Erdkapazität $C_E = C_3$ eines der 60 Solargeneratoren beträgt nach (6.62) etwa 367 pF. Die nach (6.61) auf Grund der Ladung des Verschiebungsstromes mögliche Maximalspannung beträgt somit $u_{max} \approx 6{,}9$ kV. Gemäss Bild 6-75b beträgt die Wellenimpedanz Z_W etwa 250 Ω. Nach (6.63) ist mit k ≈ 1,8 somit etwa eine Spannung $u_{Lmax} \approx k \cdot Z_W \cdot i_{Vmax} \approx 11{,}3$ kV zu erwarten. Gegenüber der Flachdacharmierung tritt somit nach (6.64) ganz kurzzeitig höchstens eine Spannung von $u_{max} \approx 6{,}9$ kV auf, was unproblematisch ist.

6.9 Praktische Realisierung des Blitzschutzes bei PV-Anlagen

Ein vollständiger Schutz einer Photovoltaikanlage gegen direkte Blitzschläge ist sehr aufwändig und oft aus wirtschaftlichen Gründen nicht sinnvoll, wenn die Wahrscheinlichkeit eines Direkteinschlages klein ist. Im Einzelfall ist deshalb immer abzuschätzen, ob dieser Aufwand wirtschaftlich gerechtfertigt ist oder ob ein niedrigeres Schutzziel ausreicht. Je nach der Höhe des gewünschten Schutzziels ist der erforderliche Aufwand sehr unterschiedlich.

6.9.1 Prinzipiell mögliche Schutzmassnahmen

Sind beim Solargenerator metallische Modulrahmen und Tragkonstruktionen vorhanden, können diese als einfachste Blitzschutzmassnahme mit Leitern von genügendem Durchmesser (bei Cu: Durchmesser mindestens 6 mm) auf möglichst kurzem Weg mit einer guten Erdung verbunden werden. Durch diese Massnahme wird erreicht, dass bei einem Blitzschlag der Blitzstrom auf möglichst direktem Weg zur Erde fliesst. Bei netzgekoppelten Anlagen darf für die Erdung nie nur der Schutzleiter (PE) verwendet werden, sondern es ist immer eine massive Verbindung (z.B. mit mindestens 25 mm^2 Cu) zu einem geeigneten Erder (Fundamenterder, Ringleitung) zu verwenden. Auf Gebäuden mit Blitzschutzanlage kann eine direkte Verbindung zur Blitzschutzanlage erforderlich sein, wenn der Solargenerator nicht im Schutzbereich von Fangeinrichtungen angeordnet werden kann und Näherungen vorhanden sind. Bei grösseren Anlagen wird man die einzelnen Teile miteinander vermaschen. Wie allgemein bei Blitzschutzanlagen üblich, muss zur Verhinderung von Überschlägen immer auch ein Potenzialausgleich zu benachbarten grösseren Metallteilen vorgesehen werden.

Bei einem Blitzeinschlag fliessen sehr grosse und sich schnell ändernde Ströme. Diese können in benachbarten Leiterschleifen sehr hohe Spannungen (ohne weiteres mehrere 10 – 100 kV, siehe Kap. 6.6.1) induzieren, welche die Elektronik der Photovoltaikanlage und eventuell sogar Isolationen gefährden. Gegen solche Überspannungen können Überspannungsableiter auf der Basis von (wenn möglich thermisch überwachten) Varistoren eingesetzt werden (siehe Kap. 6.5.3). Im Solargenerator-Anschlusskasten wird jede abgehende Leitung möglichst nahe beim Solargenerator über einen Varistor mit den Modulrahmen und der Tragkonstruktion und damit auch mit Erde verbunden. Durch diese Massnahme wird die Beanspruchung der Isolation im Innern der Solarmodule im Falle eines Blitzschlags reduziert.

Ist die Distanz bis zur Gebäudeeinführung gross (mehr als einige Meter), kann zur Erzielung eines optimalen Blitzschutzes dort nochmals jede Leitung über einen Varistor mit Erde verbunden werden. Beträgt die Distanz zwischen Gebäudeeinführung und Anlagenelektronik (Laderegler, Wechselrichter usw.) wieder mehr als einige Meter, kann jede zur Elektronik führende Leitung nochmals über einen Varistor geerdet werden. Gegebenenfalls sind auch abgeschirmte Leitungen einzusetzen. Durch drei Varistoren in Y-Schaltung mit je etwas mehr als der halben DC-Betriebsspannung kann die zwischen den Anschlüssen + und – und zwischen diesen Anschlüssen und Erde auftretende induzierte Spannung gleichermassen begrenzt werden.

Die Betriebsspannung der Varistoren ist so zu wählen, dass sie etwas höher liegt als die an einem sehr kalten Wintertag bei maximaler Einstrahlung zu erwartende Leerlaufspannung des Solargenerators. Es ist auch sehr wichtig, Varistoren mit genügender Strombelastbarkeit einzusetzen (Abschätzung des maximal induzierten Stromes gemäss Kap. 6.6.3.2). Sind auf beiden Seiten einer (teil-)blitzstromführenden Leitung nur dem Überspannungsschutz dienende Varistoren (z.B. Typ 2) angeordnet, muss durch Verwendung einer Abschirmung genügenden Querschnitts gemäss Kap. 6.6.4 auch dafür gesorgt werden, dass die Varistoren nicht während der ganzen Dauer des Blitzstroms leiten, sonst werden diese massiv überlastet und sofort zerstört.

Werden alle aufgeführten Massnahmen realisiert, ist somit ein beträchtlicher Aufwand zu betreiben. Dieser Aufwand ist jedoch nicht in allen Fällen notwendig, es ist je nach Anforderungen und Schutzziel eine vernüftige Auswahl zu treffen. Wie bereits in Kap. 6.7 ausführlich dargestellt, ist es für einen optimalen Blitzschutz aber auf jeden Fall empfehlenswert, gerahmte Module zu verwenden oder Laminate in oder auf geschlossene Metallrahmen zu montieren.

Die in den folgenden Kapiteln angegebenen Distanzen für die Unterscheidung der verschiedenen Typen von Blitzschlägen gelten für Solargeneratoren mit gerahmten Module (bei ungerahmten Modulen für ca. 4-fache Distanz)! In den verwendeten Schemas sind verschiedene Typen von Ableitern eingezeichnet. Unter SPD 1 (SPD = Surge Protection Device, Überspannungsableiter) werden Ableiter Typ 1 (Blitzstromableiter) verstanden, die mindestens einen Teilblitzstrom mit i_{max} = 25 kA der Kurvenform 10/350μs ableiten können. Sie werden vor allem zum Schutz der Netzanschlussleitungen (230 V / 400 V) eingesetzt. Unter SPD 2 werden Überspannungsableiter Typ 2 verstanden, die mindestens Ströme i_{max} = 15 bis 20 kA der Kurvenform 8/20 μs ableiten können. SPD 3 sind Überspannungsableiter Typ 3 für den Feinschutz, die noch für Ströme von i_{max} = 2 bis 3 kA der Kurvenform 8/20 μs ausgelegt sind.

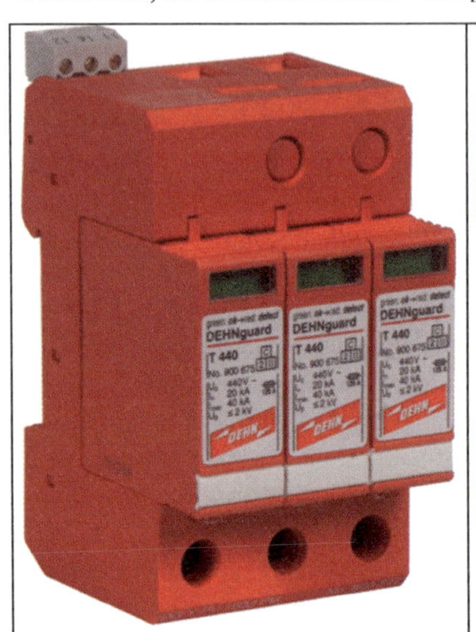

Bild 6-76:
Spezieller PV-Überspannungs ableiter Typ 2 (SPD2) in Y- Schaltung (links +, rechts –, Mitte Erdanschluss) für PV-Anlagen mit einem maximalen U_{OC} von 1 kV und i_{max} = 20 kA (8/20 μs), Spannungsbegrenzung bei Nennstrom bei ≤ 4 kV. Durch Kombinationen anderer Ableiter mit andern Nennspannungen sind auch entsprechende Schaltungen mit andern Spannungen im Bereich 100 V – 1 kV realisierbar.
(Bild Dehn + Söhne)

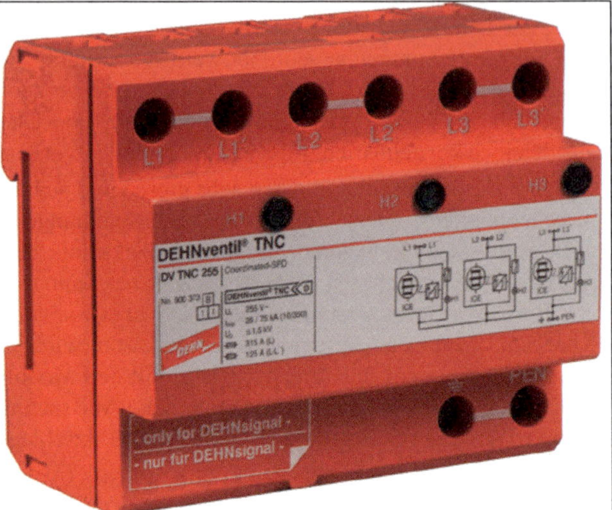

Bild 6-77:
Blitzstromableiter Typ1 (SPD1) für den Schutz von Netzanschlussleitungen 230 V / 400 V für i_{max} = 25 kA (10/350 μs) pro Phase im TNC-Netz.
Da der PEN-Leiter der Netzanschlussleitung direkt angeschlossen wird, kann auf der an einen solchen Ableiter angeschlossenen Leitung ein Blitzstrom von total i_{max} = 100 kA (10/350 μs) fliessen.
Das gezeigte Element ist *ein Kombi-Ableiter* aus einem reinen Blitzstromableiter Typ 1 mit einem Ableiter Typ 2 für den Mittelschutz. Dadurch wird eine bezüglich der Nennspannung speziell tiefe Spannungsbegrenzung erreicht. Auch bei Nennstrom wird die Spannung hier auf maximal 1,5 kV begrenzt.
(Bild Dehn + Söhne)

6.9.2 Schutz nur gegen Ferneinschläge

Ein vollständiger Schutz einer Photovoltaikanlage gegen direkte Blitzschläge ist sehr aufwändig und oft aus wirtschaftlichen Gründen nicht sinnvoll, wenn die Wahrscheinlichkeit N_D eines Direkteinschlages klein ist (siehe Kap. 6.1). Im Minimum sollte jedoch ein Schutz gegen die wesentlich häufiger vorkommenden Ferneinschläge mit Abständen > 100 m realisiert werden. Wird eine einigermassen gegeninduktivitätsarme Verkabelung realisiert (kleine aufgespannte Flächen, siehe Kap. 6.8.2), sollten bei Ferneinschlägen noch keine Schäden infolge induzierter Überspannungen auftreten und es genügt ein Schutz gemäss Bild 6-78 gegen die Auswirkungen der in Kap. 6.8.4 beschriebenen Verschiebungsströme.

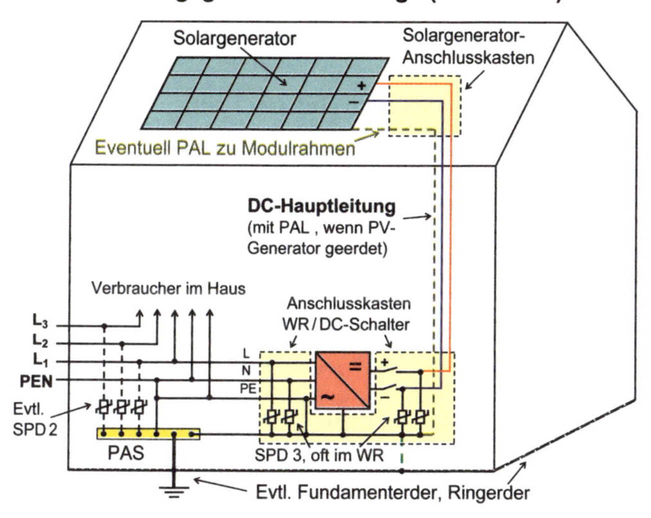

Bild 6-78:
Zum Schutz von kleineren PV-Anlagen *nur gegen Ferneinschläge* genügen (bei gegeninduktivitätsarmer Verdrahtung des PV-Generators) Schutzmassnahmen gegen die Auswirkungen des in die Anschlussleitungen des PV-Generators eingekoppelten Verschiebungsstroms i_V.

PAS = Potenzialausgleichsschiene,

PAL = Potenzialausgleichs-Leitung ($\geq 6mm^2$, besser jedoch 16 mm^2)

SPD3 = Überspannungsableiter Typ 3.

Bei isolierter Montage des PV-Generators ist keine PAL nötig.

Der über die Anschlussleitungen des PV-Generators eingekoppelte Verschiebungsstrom i_V wird via Überspannungsableiter (SPD3) beim oder im Wechselrichter (bei Inselanlagen: Laderegler) zum Schutzleiter PE (resp. direkt zur Erde, grün gestrichelteVerbindung) abgeleitet.

Zur Reduktion der infolge i_V entstehenden Spannung zwischen dem Innern des Moduls und einem allfälligen Metallrahmen (resp. einer Metall-Unterkonstruktion) kann ein Potenzialausgleichsleiter (PAL) unmittelbar bei der Gleichstrom-Hauptleitung mitgeführt werden. Ein derartiger PAL-Leiter ist auch empfehlenswert, wenn eine Erdung von Modulrahmen oder Unterkonstruktion erforderlich ist (z.B. bei trafolosen Wechselrichtern). Bei isolierter Montage des PV-Generators *mit genügender Isolationsfestigkeit* (z.B. für eine Stossspannung > 50 kV ... 100 kV) kann dieser PAL-Leiter bei kleineren Anlagen auch weggelassen werden. Bei vorhandener Gleichstromhauptleitung ist auch bei der Hauseinführung eine entsprechende Isolationsfestigkeit notwendig. Bei einer Inselanlage wird anstelle des Wechselrichters in Bild 6-78 der Systemregler der Anlage angeordnet und es ist keine Verbindung zu einem externen Netz vorhanden. Bei netzgekoppelten Anlagen ist auch auf der Wechselstromseite ein analoger Schutz durch geeignete Überspannungsableiter erforderlich. Bei vielen Wechselrichtern hat der Hersteller solche kleinen Varistoren auf der DC- und AC-Seite bereits eingebaut, so dass keine externen Ableiter Typ 3 mehr erforderlich sind.

Bei kleinen PV-Anlagen mit String-Wechselrichtern befindet sich der Wechselrichter oft in der Nähe der Solarmodule und es ist keine Gleichstrom-Hauptleitung vorhanden. Bei solchen einfach aufgebauten Anlagen wird oft nur ein derartiger Minimalschutz gegen Ferneinschläge vorgesehen. Durch einen aufwändigen Schutz gegen Direkteinschläge, bei dem externe Varistoren und Erdungsleitungen erforderlich sind, wird der Aufbau wieder komplizierter, d.h. es geht ein Teil der Vorteile derartiger Anlagen verloren. Dieser Aufwand ist an vielen Standorten im Verhältnis zum relativ geringen Wert einer derartigen Anlage wirtschaftlich kaum vertretbar, besonders wenn zu günstigen Konditionen eine Versicherung möglich ist.
Es muss jedoch ganz klar darauf hingewiesen werden, dass bei einem derartigen Minimalschutz gegen Ferneinschläge bei Naheinschlägen und erst recht bei Direkteinschlägen *kein Schutz* besteht. Wird ein Gebäude mit einer derartigen Photovoltaikanlage direkt von einem Blitz getroffen, so treten mit Sicherheit Schäden an der Photovoltaikanlage auf. Besitzt das Gebäude keine Blitzschutzanlage, treten meist auch Schäden am Gebäude selbst auf.

6.9.3 Schutz gegen Ferneinschläge und Naheinschläge (bis ca. 20m)

Wird ein Schutz auch gegen näher liegende Blitzschläge gewünscht, werden die induzierten Spannungen deutlich grösser und es sind auch dagegen gewisse Schutzmassnahmen erforderlich. Eine Blitzschutzanlage für das Gebäude selbst ist jedoch noch nicht unbedingt nötig.

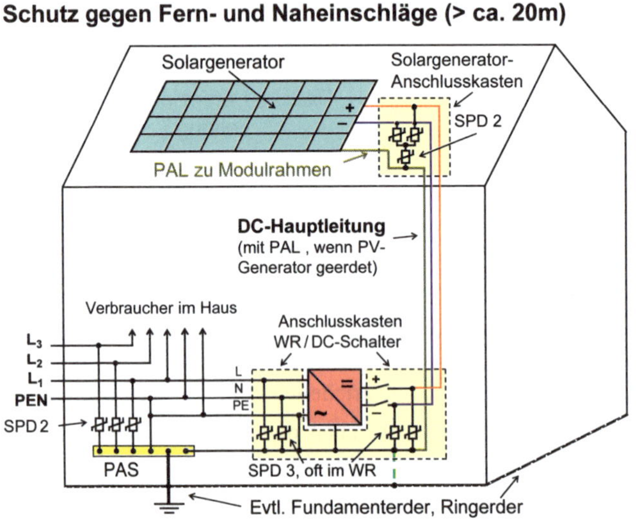

Bild 6-79: Zum Schutz von PV-Anlagen auch gegen Naheinschläge sind zusätzlich auch Massnahmen gegen die induzierten Spannungen nötig. Dazu werden beim PV-Generator und bei der Einführung des Netzes ins Gebäude Überspannungsableiter Typ 2 angebracht.
PAS = Potenzialausgleichsschiene,
PAL = Potenzialausgleichs-Leitung ($\geq$ 6mm^2, besser jedoch 16 mm^2)
SPD2 = Überspannungsableiter Typ 2.
SPD3 = Überspannungsableiter Typ 3.

Sowohl im Solargenerator-Anschlusskasten als auch bei der Netzeinführung ins Gebäude empfiehlt sich der Einsatz von Überspannungsableitern Typ 2. Beim PV-Generator können drei Ableiter in Y oder im Δ verschaltet werden, um die Spannung sowohl gegen Erde als auch zwischen + und – etwa auf den gleichen Betrag zu begrenzen. Von der Firma Dehn werden geeignete Varistoren in Y-Schaltung in einem Gehäuse angeboten (siehe Bild 6-76).

Bei einem Direkteinschlag in den Solargenerator werden bei der gezeigten Anlage mit Sicherheit Überspannungsschäden auftreten. Um in einem solchen Fall aber wenigstens Brandschäden am Gebäude zu verhindern, ist ein Querschnitt von mindestens 16 mm^2 für die Potenzialausgleichsleitung und eine massive Verbindung mit einem externen Erder (z.B. Wasserleitung, besser Ring- oder Fundamenterder) empfehlenswert.

6.9.4 Schutz vor Direkteinschlägen bei PV-Anlagen auf Gebäuden

6.9.4.1 Direkteinschlag bei PV-Anlage mit Solargenerator im Schutzbereich von Fangeinrichtungen ohne Teilblitzstrom in DC-Hauptleitung

Bei einem Direkteinschlag in die Fläche eines gerahmten oder ungerahmten Moduls wird dieses mit Sicherheit zerstört. Ein Direkteinschlag in den Rahmen eines Solarmoduls führt nach den in Kap. 6.7 beschriebenen Versuchsergebnissen zwar oft nicht zu einer vollständigen Zerstörung, aber zu einer Schädigung des betreffenden Solarmoduls. Sind mehrere miteinander verdrahtete Module betroffen, dürften die Schäden wegen der höheren wirksamen Gesamt-Gegeninduktivität eher noch grösser sein. Um die auftretenden Schäden zu begrenzen, ist es deshalb zweckmässig, einen direkten Blitzeinschlag in die Solarmodule wenn immer möglich zu vermeiden und den *Solargenerator im Schutzbereich einer Fangeinrichtung* unterzubringen (siehe Kap. 6.3.2) und zu (teil-)blitzstromführenden Ableitungen einen genügenden Sicherheitsabstand s einzuhalten (siehe Kap. 6.6.2). Durch Verwendung von gerahmten Modulen und durch eine möglichst gegeninduktivitätsarme Verdrahtung, die in der Ebene und innerhalb der Grenzen der Modulrahmen angebracht ist (siehe Kap. 6.8.2, Bild 6-70 und 6-71) können die induzierten Spannungen sehr stark reduziert werden.

Bild 6-80 zeigt die notwendigen Blitzschutzmassnahmen bei einem Gebäude, bei welchem sich der Solargenerator auf dem Dach im Schutzbereich einer Fangleitung befindet.

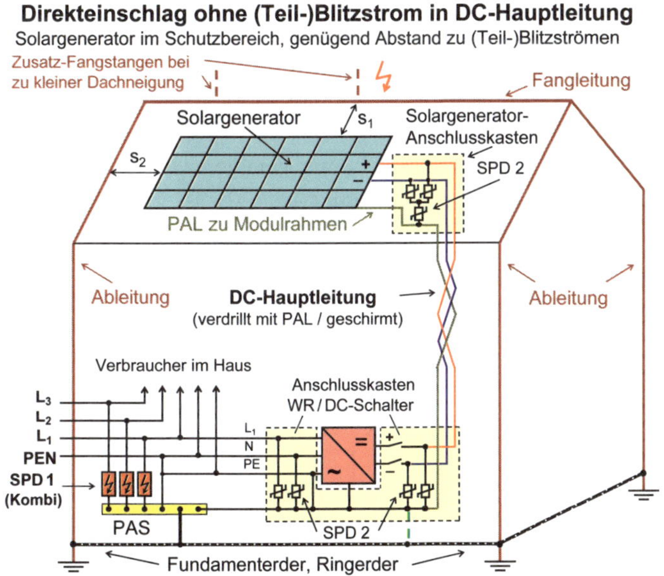

Bild 6-80:
Direkteinschlag bei einer PV-Anlage im Schutzbereich einer Fangleitung mit genügendem Sicherheitsabstand (bei Einfamilienhäusern: s_1 und s_2 z.B. > 60 cm). Es sind gerahmte Module und eine gegeninduktivitätsarme Verdrahtung zu verwenden. Beidseits der DC-Hauptleitung sind Überspannungsableiter vorzusehen und es ist eine Potenzialausgleichsleitung (PAL) mitzuführen. Die Netzanschlussleitungen sind mit Blitzstromableitern (SPD 1), der Wechselrichter mit Ableitern Typ 2 (SPD 2) zu schützen.
(PAS = Potenzial-Ausgleichs-schiene)

Bei Einfamilienhäusern mit zwei Ableitungen ist ein Mindestabstand von etwa 60 cm (auf dem Dach in Luft) sinnvoll. Um die induzierten Spannungen klein zu halten, wäre ein grösserer Abstand (z.B. 1 m) natürlich sehr erwünscht. Bei höheren Gebäuden sind entsprechend grössere Abstände zu wählen (Details siehe Kap. 6.6.2). Die Verwendung gerahmter Module und und/oder eine vermaschte metallische Unterkonstruktion ist sehr empfehlenswert.

Bei vorhandener Gleichstromhauptleitung (bei Anlagen mit Zentralwechselrichter, siehe Bild 6-80 und 6-81) sind beidseitig Überspannungsableiter vorzusehen und es ist eine (möglichst mit der Gleichstrom-Hauptleitung verdrillte) Potenzialausgleichsleitung (PAL) mitzuführen.

Noch besser ist die Verwendung einer geschirmten Hauptleitung wie in Bild 6-81. Wie in Bild 6-15 dargestellt, muss die Gleichstrom-Hauptleitung im Bereich des Daches auch gegenüber anderen Teilen der Blitzschutzanlage die erforderlichen Sicherheitsabstände (s_3 und s_4) einhalten. Bei einer Inselanlage wird anstelle des Wechselrichters in Bild 6-80 der Systemregler der Anlage angeordnet. Da dann keine Verbindung zu einem externen Netz vorhanden ist, sind in diesem Fall auch keine Blitzstromableiter (SPD1) erforderlich.

Bei einem Blitzeinschlag in die Blitzschutzanlage des Gebäudes entsteht eine starke Potenzialanhebung (siehe Kap. 6.5). Bei netzgekoppelten Anlagen ist zum Schutz gegen die dadurch verursachten, länger anhaltenden Überspannungen ein einwandfreier Potenzialausgleich mit Blitzstromableitern (SPD 1, am besten Kombi-Ableiter mit tieferer Spannungsbegrenzung, siehe Bild 6-77) unmittelbar beim Hausanschlusskasten notwendig. Beträgt die Entfernung zum Ableiter SPD 1 mehr als einige Meter, ist es empfehlenswert, am Netzanschluss des Wechselrichters weitere Überspannungsableiter Typ 2 (SPD 2) vorzusehen.

Beim Einsatz von String-Wechselrichtern entfällt meist die DC-Hauptleitung, da der Wechselrichter in der Nähe des PV-Generators angeordnet wird. Es ist in diesem Fall sorgfältig zu untersuchen, ob bei einer genügend kleinen Strang-Gegeninduktivität M_S die internen Überspannungsableiter für den Schutz noch ausreichen (Untersuchung des induzierten Stromes gemäss Kap. 6.6.3). Bei Bedarf sind zusätzlich externe Ableiter Typ 2 einzusetzen.

6.9.4.2 Direkteinschlag bei PV-Anlage mit Solargenerator im Schutzbereich von Fangeinrichtungen mit Teilblitzstrom in DC-Hauptleitung

Ist eine Anordnung des Solargenerators im Schutzbereich von Fangeinrichtungen nicht möglich, ist es nicht zu vermeiden, dass ein Teilblitzstrom in unmittelbarer Umgebung des Solargenerators fliesst (siehe Bild 6-81). Ein wirksamer Blitzschutz wird in diesem Fall noch schwieriger. Durch sofortige Aufteilung des Blitzes (Wahl einer genügenden Anzahl Ableitungen, siehe Kap. 6.4) kann dafür gesorgt werden, dass nur ein relativ kleiner Teil des gesamten Blitzstromes in unmittelbarer Nähe von Solarmodulen und Verkabelung fliesst.

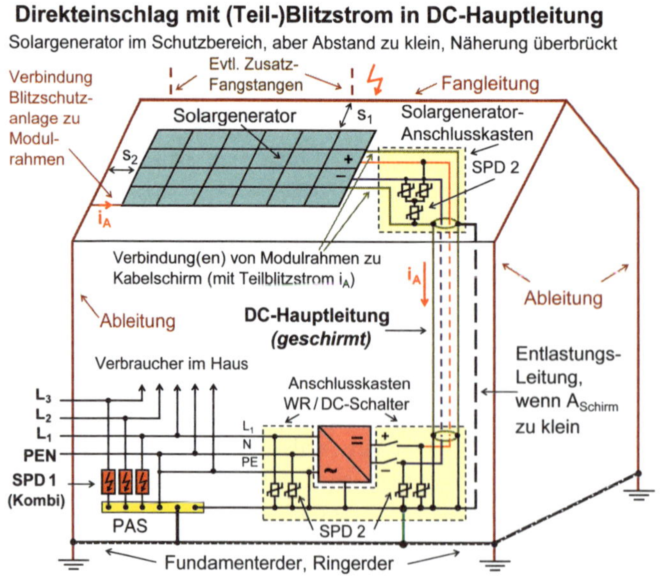

Bild 6-81: Direkteinschlag bei einer PV-Anlage im Schutzbereich einer Fangleitung ohne genügenden Sicherheitsabstand. Der PV-Generator ist bei einer Näherung mit der Blitzschutzanlage verbunden. Durch diese Verbindung und die Abschirmung der DC-Hauptleitung fliesst ein Teilblitzstrom i_A. Beide Seiten dieser Leitung sind mit Überspannungsableitern Typ 2 (SPD 2) ausgerüstet. Ohne Verwendung gerahmter Module und einer gegeninduktivitätsarmen Verdrahtung ist ein vollständiger Schutz kaum realisierbar. (PAS = Potenzial-Ausgleichsschiene).

Ohne die Verwendung von Modulen mit Metallrahmen, einer stark vermaschten metallischen Tragstruktur, einer Verdrahtung mit sehr niedriger Gegeninduktivität und wirksamen Überspannungsableitern mit genügender Strombelastbarkeit dürfte die Vermeidung von Blitzschäden kaum möglich sein. Eine analoge, jedoch noch heiklere Situation liegt bei einem Direkteinschlag in die geerdeten Modulrahmen bei einem Gebäude ohne Blitzschutzanlage vor.

Bild 6-81 zeigt die notwendigen Blitzschutzmassnahmen bei einem Gebäude, bei welchem sich der PV-Generator auf dem Dach in der Nähe einer Fangleitung befindet und die erforderlichen Sicherheitsabstände nicht eingehalten werden können. Der PV-Generator ist bei einer Näherung mit der Blitzschutzanlage verbunden. Dabei fliesst zwangsläufig ein Teilblitzstrom i_A durch diese Verbindung und die DC-Hauptleitung, die mit einer *beidseitig angeschlossenen Abschirmung* versehen werden muss, damit keine allzu grossen Beeinflussungen auftreten (siehe Kapitel 6.6.4, Bild 6-35).

Der auftretenden Teilblitzstrom i_A fliesst über diese Abschirmung, die deshalb einen genügenden Querschnitt (z.B. 10 mm^2 Cu) aufweisen muss. Auf beiden Seiten dieser Leitung sind Überspannungsableiter Typ 2 (SPD 2) vorzusehen. Es ist speziell darauf zu achten, dass der von und zur Abschirmung dieser Leitung fliessende Teilblitzstrom i_A an den Leitungsenden möglichst keine zusätzlichen Spannungen induziert. Deshalb ist die Verwendung von Metallgehäusen an beiden Leitungsenden und die Führung dieses Teilblitzstromes über das Metallgehäuse und spezielle Kabelverschraubungen direkt auf die Abschirmung optimal. Zweckmässigerweise wird der Generator-Anschlusskasten bei der Gebäudeeinführung angeordnet. Treten Näherungen zwischen der abgeschirmten DC-Hauptleitung und anderen geerdeten Strukturen auf (z.B. Armierungen bei einer Gebäudeeinführung oder in einer Decke), bei welchen der mit (6.20) berechnete Sicherheitsabstand unterschritten wird, sollte diese Näherung ebenfalls überbrückt werden (siehe Kap. 6.6.2).

Wie bereits erwähnt, entsteht bei einem Blitzeinschlag in ein Gebäude eine starke Potenzialanhebung (siehe Kap. 6.5). Bei netzgekoppelten Anlagen ist zum Schutz gegen die dadurch verursachten, länger anhaltenden Überspannungen ein einwandfreier Potenzialausgleich mit Blitzstromableitern (SPD 1, am besten Kombi-Ableiter mit tieferer Spannungsbegrenzung) unmittelbar beim Hausanschlusskasten notwendig. Beträgt die Entfernung zum Ableiter SPD 1 mehr als einige Meter, ist es empfehlenswert, am Netzanschluss des Wechselrichters weitere Überspannungsableiter Typ 2 (SPD 2) vorzusehen. Bei einer Inselanlage wird anstelle des Wechselrichters in Bild 6-81 der Systemregler der Anlage angeordnet. Da dann keine Verbindung zu einem externen Netz vorhanden ist, sind in diesem Fall auch keine Blitzstromableiter (SPD1) erforderlich.

Wie bereits in Kap. 6.6.4 erwähnt, muss der resultierende Widerstand R_M der Abschirmung so klein gehalten werden, dass der Spannungsabfall infolge i_A die angeschlossenen Überspannungsableiter nicht allzu stark zum Leiten bringt, d.h. (6.49) muss erfüllt sein. Eine Möglichkeit ist die Verringerung von i_A durch zusätzliche Ableitungen. Es kann aber auch R_M bei einem zu kleinem Querschnitt A_{Schirm} mit einer parallel geschalteten Entlastungsleitung verringert werden (siehe Bild 6-81).

Bei PV-Anlagen ist neben dem Blitzschutz auch eine erd- und kurzschlusssichere Leitungsführung wichtig. Deshalb wird für die Strangverdrahtung seit einigen Jahren meist doppelt isoliertes Spezial-Solarkabel aus Radox 125 verwendet (siehe Bild 4-67 und Bild 4-68, links), das nicht nur gemäss (4.18) resp. (4.19) sonderisoliert ist, sondern zwei effektiv getrennte Isolationsschichten aufweist.

Das in der Schweiz für Gleichstrom-Hauptleitungen häufig verwendete Spezialkabel ($2 \cdot 10\,\text{mm}^2$ + Abschirmung $10\,\text{mm}^2$, siehe Bild 4-67 und Bild 4-68, rechts) ist ebenfalls sonder-isoliert, weist aber nur eine einschichtige Aderisolation aus Radox 125 auf. Der Hersteller wäre an sich in der Lage, ein entsprechendes Kabel mit zweischichtiger Aderisolation herzustellen, was aber zu etwas höheren Produktionskosten führen würde und deshalb erst bei entspechender Nachfrage erfolgen kann. Dies wäre für DC-Hauptleitungen eigentlich die technisch optimale Lösung.

In Deutschland wird für DC-Hauptleitungen von PV-Anlagen, die für direkte Blitzeinschläge ausgelegt werden müssen, für die Plus- und die Minus-Leitung je eine einfach abgeschirmte Leitung verwendet. Derartige spezielle Koaxialkabel mit doppelter Isolierung und zwei separaten Isolationsschichten sind offenbar im Handel leichter erhältlich. Sind diese Leitungen unmittelbar parallel geführt und sind *die Abschirmungen oben und unten direkt miteinander verbunden* (siehe Bild 6-35b), ist dies ebenfalls eine gute Lösung, allerdings besteht in der Praxis die Gefahr, dass aus Unwissenheit oder Unachtsamkeit die beidseitige Verbindung der Abschirmungen unterbleibt (siehe z.B. [DGS05]) und deshalb bei einem Blitzschlag plötzlich sehr hohe induzierte Spannungen auftreten.

6.9.5 Blitzschutz von grossen Photovoltaikanlagen auf freiem Feld

Auch bei grossen PV-Anlagen auf dem freien Feld ist es günstig, wenn ein direkter Einschlag in die Module oder ihre Rahmen durch geeignete Fangeinrichtungen verhindert werden kann. Diese (möglichst schlanken!) Fangstangen werden jeweils etwas nördlich von den einzelnen Solargeneratoren platziert, so dass diese noch im Schutzbereich sind (siehe Kap. 6.3.2 und 6.3.3) und der minimale Sicherheitsabstand s nach (6.20) eingehalten wird. Da bei Freifeldanlagen in der Regel mehrere gestaffelte Reihen von Solargeneratoren verwendet werden, ist dabei auch darauf zu achten, dass der Abstand zu weiteren Reihen genügend gross ist, damit im Winter möglichst keine direkte Beschattung auftritt (vergl. Kap. 2.5.4.1). Die Bilder 6-82 und 6-83 zeigen den prinzipiellen Aufbau einer mit Fangstangen geschützten Freifeldanlage im Grund- und Seitenriss. Der Schatten einer Fangstange ist wegen seiner kleinen Breite zwar viel weniger tragisch als der Schatten einer Wand, er kann aber trotzdem beim betroffenen Modul einen Ertragsverlust im Bereich von einigen Prozent bewirken und erzeugt etwas zusätzlichen Mismatch in seinem Strang (siehe Kap. 4.4.2).

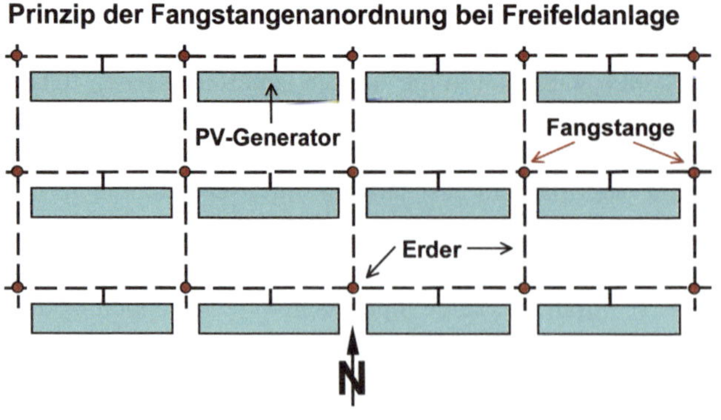

Bild 6-82:
Prinzipielle Anordnung der Fangstangen bei einer Freifeldanlage im Grundriss.

Die Fangstangen und allfällige metallische Tragstrukturen sind mit einer geeigneten Erdungsanlage zu verbinden (Maschenweite ≤ 20 m).

Optimal ist meist ein Abstand von etwa 1 m zwischen Fangstangen und PV-Generator.

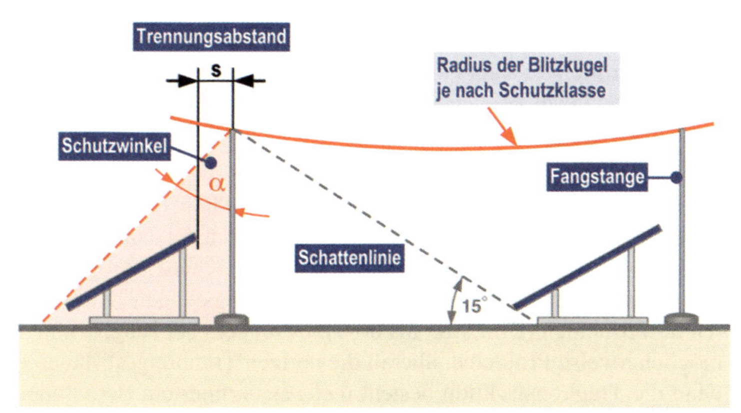

Bild 6-83:
Die Fangstangen sind so aufzustellen, dass sich die PV-Generatoren im Schutzbereich befinden, der minimale Trennungsabstand s zu den PV-Generatoren eingehalten wird und dass im Winter keine unzulässige Beschattung auftritt.
(Bild Dehn + Söhne)

Auch hier ist für einen optimalen Blitzschutz die Verwendung von gerahmten Modulen, einer vermaschten metallischen Tragstruktur, einer Verdrahtung mit sehr niedriger Gegeninduktivität und wirksamen Überspannungsableitern mit genügender Strombelastbarkeit zweckmässig. Bild 6-84 gibt einen Gesamtüberblick über die erforderlichen Blitzschutzmassnahmen.

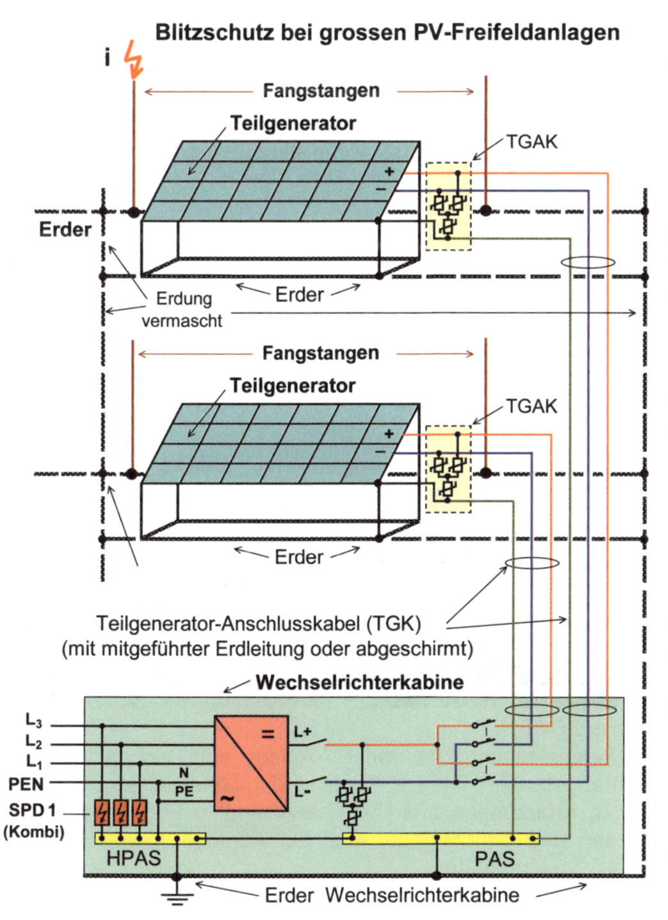

Bild 6-84:
Blitzschutz bei grossen PV-Freifeldanlagen mit grossen dreiphasigen Wechselrichtern.
Zwischen den Teilgenerator-anschlusskästen (TGAK) und dem Generatoranschlusskasten in der Wechselrichterkabine sind lange DC-Leitungen erforderlich. Diese sind in geeigneten Kabelschutzrohren oder in oberirdischen (Metall-) Kabelkanälen unterzubringen. An beiden Enden dieser Leitungen sind Überspannungsableiter Typ 2 (SPD 2) einzusetzen. Das Mitführen einer Erdleitung (gleicher Querschnitt wie + und -) entlastet die Varistoren von allfällig in dieser Leitung noch fliessenden Teilblitzströmen.
Auf der Netzseite sind Blitzstromableiter (SPD 1, am besten Kombi-Ableiter mit tieferer Spannungsbegrenzung) einzusetzen.
HPAS = Hauptpotenzialausgleichsschiene
PAS = Potenzialausgleichsschiene.

Sind die Fangstangen direkt an der Tragstruktur der Module befestigt (wie in Bild 6-49, weniger günstiger Fall), sind wie in Bild 6-81 wegen des im Teilgenerator-Anschlusskabel (TGK) fliessenden Teilblitzstromes abgeschirmte DC-Kabel einzusetzen oder durchgehend verbundene, beidseitig geerdete Metall-Kabelkanäle zu verwenden.

6.9.6 Blitzschutz von Photovoltaikanlagen auf Flachdächern

Seit vielen Jahren werden auf grösseren Gebäuden mit Flachdächern auch Photovoltaikanlagen errichtet. Wenn diese mit konventionellen Zentralwechselrichtern ausgerüstet sind, besteht bezüglich Blitzschutz eine gewisse Ähnlichkeit zu den in Kap. 6.9.5 besprochenen Freifeldanlagen mit Zentralwechselrichtern. Auch hier kann man versuchen, mit Fangstangen Direkteinschläge in die PV-Generatoren zu vermeiden (Bild 6-85 bis 6-87). Besonders bei ausgedehnten Flachdächern hat man aber möglicherweise Probleme, überall die nötigen Trennungsabstände s gemäss (6.20) einzuhalten, denn die Tragkonstruktion besteht meist aus armiertem Beton oder Stahl und liegt meist nur wenige Zentimeter unter den Fangleitungen einerseits und den PV-Kabeln andererseits. Einerseits kann mindestens bei Kreuzungen ein gewisser Abstand eingehalten werden, die Ableitungen und die Fangstangen können in einer gewissen Distanz isoliert geführt werden oder es können neu entwickelte, isolierte Ableitungen (HVI-Leitung von Dehn) eingesetzt werden. Andererseits können auch die PV-Module isoliert montiert und die DC-Verkabelung in einem gewissen Abstand vom Dach isoliert geführt werden. Günstig ist auf jeden Fall die Verwendung durchgehend verbundener Metall-Kabelkanäle. Schliesslich können analog zu Kap. 6.9.4.2 Näherungen bewusst überbrückt und alle DC-Leitungen abgeschirmt geführt werden. Günstig sind auch Gebäude mit Metalldächern und Metallfassaden, da dort wesentlich geringere Sicherheitabstände s nötig sind, wenn die Blitzströme direkt in die Metallhaut des Gebäudes eingeleitet werden können.

Bild 6-85:
Schutz von PV-Generatoren auf Flachdach durch Fangstangen (Abstand zu Fangstangen und Ableitungen ≥ 1 m, DC-Leitungen in Metallrohren geführt)
(Bild Dehn + Söhne)

Bild 6-86:
Schutz einer grösseren PV-Anlage auf Flachdach durch Fangstangen. Die DC-Kabel sind in Metallkanälen geführt. An Kreuzungen zwischen Kabelkänalen und Ableitungen der Blitzschutzanlage wird ein Abstand s von einigen 10 cm eingehalten.
(Bild Dehn + Söhne)

Bild 6-87:

PV-Anlage auf Flachdach mit PV-Generator im Schutzbereich von Fangstangen.

Bei dieser Anlage beträgt der Trennungsabstand s zwischen den DC-Kabeln im Metallkanal und den Ableitungen an der Kreuzungsstelle nur wenige cm und ist damit eindutig zu klein.

(Bild Dehn + Söhne)

Es gibt auch Photovoltaikanlagen auf Flachdächern, die nicht mit Zentralwechselrichtern, sondern mit Stringwechselrichtern oder gar mit Modulwechselrichtern ausgerüstet sind. Die Module derartiger Anlagen (gerahmt und ungerahmt) sind oft auf nicht leitenden Tragstrukturen (z.B. mit SOFREL-Elementen, siehe Bild 4-43, oder mit Kies gefüllten Kunstsoffwannen) montiert. Dadurch wird der Aufwand für die Montage und die Gleichstromverkabelung deutlich verringert. Im Prinzip wäre auch bei solchen Anlagen ein Schutz mit Fangstangen gegen Direkteinschläge sinnvoll. Aus Kostengründen wird bei einer solchen PV-Anlagen aber manchmal nur ein Schutz gegen Nah- und Ferneinschläge realisiert (siehe Bild 6-88).

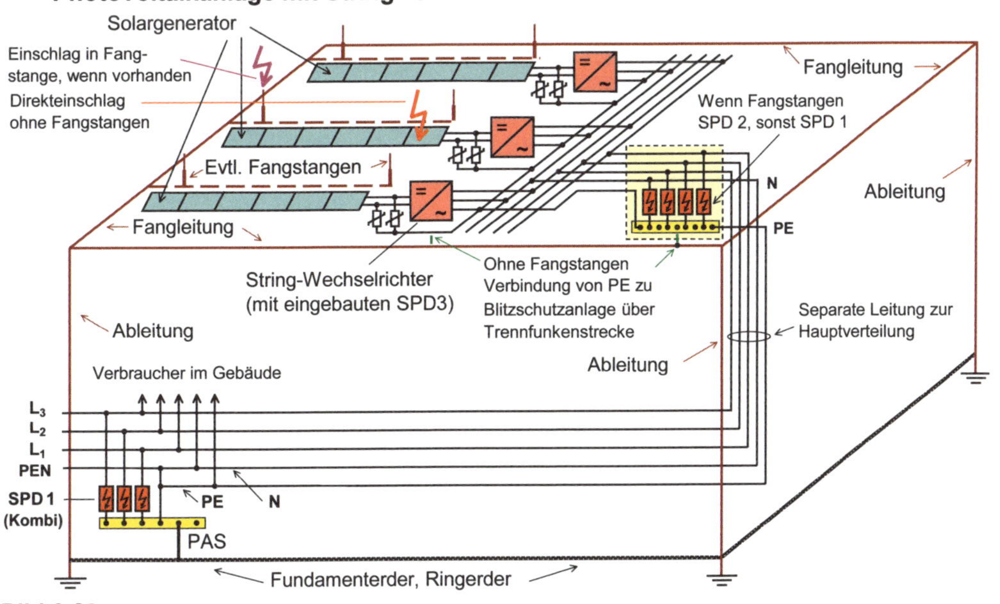

Bild 6-88:

PV-Anlage auf Gebäude mit Flachdach mit String- oder Modulwechselrichtern. Dank der Fangleitungen am Gebäuderand ist zwar das Gebäude selbst gegen Direkteinschläge geschützt. Werden aber die Fangstangen und die zugehörigen Ableitungen (dunkelrot, gestrichelt) weggelassen, ist die PV-Anlage und ihre Verkabelung Direkteinschlägen (rot) voll ausgesetzt!

Grössere Gebäude müssen gemäss geltenden Vorschriften mit einer Blitzschutzanlage ausgerüstet werden. Wird für die eigentliche PV-Anlage aber nur ein Schutz gegen Nah- und Ferneinschläge vorgesehen, ist *die ganze Installation der Photovoltaikanlage direkten Blitzeinschlägen ausgesetzt.* Ihre Netzanschlussleitungen können deshalb grössere Teilblitzströme mit Rückenhalbwertszeiten von bis zu 350 μs führen. Beim Eintritt dieser Anschlussleitungen in das Gebäude müssen zum Schutz der übrigen elektrischen Installationen deshalb auch im Dachbereich Blitzstromableiter (SPD 1) eingesetzt werden. Es ist zweckmässig, diese Leitungen separat zur Hauptverteilung des Gebäudes zu führen. Der Feinschutz kann dann durch die dort ohnehin vorhandenen Überspannungsableiter (SPD 1, Kombiableiter) erfolgen. Natürlich wäre es auch hier sinnvoll, die Verkabelung in metallischen Kabelkanälen auszuführen. Durch auf dem Dach verteilte Trennfunkenstrecken zwischen den metallischen Kabelkanälen, den Gehäusen resp. Schutzleitern (PE) der Stringwechselrichter und der Blitzschutzanlage kann der in diesen Netzanschlussleitungen fliessende Teilblitzstrom in vielen Fällen reduziert werden. Mit diesen Massnahmen sollte es möglich sein, Schäden an den elektrischen Anlagen des Gebäudes zu vermeiden, wobei aber Schäden zumindest an Teilen der PV-Anlage bei einem allfälligen Direkteinschlag in Kauf genommen werden müssen.

Ist dagegen die PV-Anlage mit geeigneten Fangstangen gegen Direkteinschläge geschützt, sind keine Trennfunkenstrecken erforderlich und es genügen Überspannungsableiter Typ 2. Wenn immer möglich ist diese Lösung vorzuziehen, denn Teilblitzströme in Netzanschlussleitungen im Gebäude stellen immer ein gewisses Problem dar.

6.9.7 Blitzschutz von PV-Anlagen nach bestehenden Vorschriften in der Schweiz

Die bis 2004 formell gültigen provisorischen Sicherheitsvorschriften des eidgenössischen Starkstrominspektorates für PV-Anlagen aus dem Jahr 1990 [4.4] waren bei netzgekoppelten Anlagen auf das damals einzig bekannte Anlagekonzept mit Zentralwechselrichter ausgelegt. Sie basierten auf den damals in der Schweiz allein gültigen Blitzschutzvorschriften, die keinen Schutzbereich von Fangeinrichtungen kannten [6.1]. Gemäss diesen Vorschriften wurde ein Gebäude ohne Blitzschutzanlage durch die Installation einer PV-Anlage nicht blitzschutzpflichtig, da die Wahrscheinlichkeit eines Blitzeinschlags dadurch nicht ansteigt. Es wurde aber in Analogie zu den damals gültigen Vorschriften für Antennenanlagen verlangt, diese spezielle Zusatzinstallation so auszulegen, dass sie blitzstromtragfähig wird, d.h. dass durch einen Blitzeinschlag in die Photovoltaikanlage kein Brand entstehen konnte.

Die gemäss [4.4] zu treffenden Massnahmen zur Erdung und zum Überspannungsschutz bei Photovoltaikanlagen umfassten einen Teil, aber nicht alle der in Bild 6-81 dargestellten Schutzmassnahmen gegen direkte Blitzschläge. Die DC-Hauptleitung zwischen dem Generator-Anschlusskasten auf der PV-Generatorseite und dem Wechselrichter war als geschirmte Leitung mit mindestens 10 mm^2 Cu auszuführen. Bei Gebäuden mit Blitzschutzanlage war eine Verbindung zwischen dieser Abschimung und der Blitzschutzanlage vorgeschrieben, bei Gebäuden ohne Blitzschutzanlage wurde parallel zur geschirmten Gleichstrom-Hauptleitung eine Entlastungsleitung von mindestens 16 mm^2 Cu verlangt. Im Schirm dieser Leitung floss somit immer ein Teilblitzstrom i_A. Gegen die in der Front eines Blitzstroms induzierten Spannungen musste auf der DC-Hauptleitung im Klemmenkasten und beim Wechselrichter ein Überspannungsschutz mit Überspannungsableitern erfolgen, wenn diese Leitung mehr als einige Meter lang war. Auf der Netzseite waren dagegen Überspannungsschutzelemente nicht vorgeschrieben, sondern nur empfohlen.

Diese Schutzmassnahmen genügen aber nur bei Inselanlagen ohne Verbindung zu einem äusseren Netz. Sie reichen bei einer netzgekoppelten PV-Anlage für einen vollständigen Schutz gegen Direkteinschläge nicht aus. Um einen solchen Schutz zu erreichen, müssen die von aussen ins Gebäude eintretenden Netzanschlussleitungen mit Blitzstromableitern (SPD 1, am besten Kombi-Ableiter) gemäss Bild 6-80 oder 6-81 versehen werden, um Schäden an den elektrischen Installationen und am Wechselrichter durch die Potentialanhebung bei einem Blitzeinschlag zu vermeiden. Ein Blitzschutz gemäss [4.4] kann somit nur Schäden durch Brände infolge von Einschlägen in die netzgekoppelte Photovoltaikanlage verhindern, nicht jedoch Schäden am Wechselrichter und an den elektrischen Installationen.

Im Jahre 2002 erschien eine neue IEC-Norm für PV-Anlagen auf Gebäuden [4.10], die besonders in den darin dargestellte Zeichnungen bezüglich Blitzschutz keine klaren Hinweise gibt. Im Jahre 2004 erschien die Schweizerische Adaptation dieser IEC-Norm, die in den dazugehörigen Beispielen und Erläuterungen bezüglich Blitzschutz doch einige Klarstellungen und Verbesserungen enthält [4.13] und nun auch implizit die Anordnung des PV-Generators im Schutzbereich von Fangeinrichtungen zulässt. Die neuen, seit 2006 auch in der Schweiz gültigen Blitzschutznormen [6.20 – 6.23] erlauben (wie bereits eine Europäische Vornorm von 1995 [6.2]) nun auch formell die Anordnung von PV-Generatoren im Schutzbereich von Fangeinrichtungen ohne Verbindung zur Blitzschutzanlage, wie dies in diesem Kapitel als eindeutig beste Möglichkeit ausführlich dargestellt wurde und wie dies in Deutschland schon seit vielen Jahren zulässig ist. Die Empfehlungen im Kap. 6.9 entsprechen damit nun auch formell den in der Schweiz heute gültigen Blitzschutznormen.

6.10 Zusammenfassung und Ausblick

Im Kapitel 6 erfolgte zunächst eine sorgfältige Einführung in die Prinzipien des Blitzschutzes und die dabei wirksamen elektrotechnischen Gesetze, wobei nicht nur die relativ leicht zu berechnenden induzierten Spannungen, sondern auch die induzierten Ströme ausführlich behandelt wurden, die insbesondere für die richtige Dimensionierung von Bypassdioden und Überspannungsableitern wichtig sind. Es wurde auch eine einfach zu handhabende Methode zur strommässigen Dimensionierung von Varistoren angegeben. Danach wurde in einem umfangreichen Kapitel ein Einblick in die Resultate von ausgedehnten experimentellen Untersuchungen zum Thema Blitzschutz von PV-Anlagen gegeben.

Die durchgeführten Experimente an Einzelmodulen haben gezeigt, dass vor allem *gerahmte Solarmodule* aus kristallinen Solarzellen erstaunlich robust gegen die Auswirkungen von Blitzströmen sind, so dass mit geeigneten Massnahmen ein praktisch vollständiger Schutz dagegen möglich sein sollte. Problematisch ist auf Modulebene einzig die oft noch nicht genügende Spannungsfestigkeit und Stossstrombelastbarkeit der heute meist verwendeten Schottky-Bypassdioden.

Die in den letzten Jahren durchgeführten detaillierten Experimente an Modellen von Solargeneratoren bestätigten zudem die bereits früher vermutete Tatsache, dass auch bei ganzen Solargeneratoren bezüglich Blitzschutz Module mit geschlossenen Metallrahmen eindeutig günstiger sind, da ein Rahmen induzierte Spannungen und Ströme sowohl im Innern des Moduls als auch in der Verkabelung deutlich reduziert.

Werden die Empfehlungen und Hinweise in den Kapiteln 6.8 und 6.9 befolgt, sollte es möglich sein, PV-Anlagen so auszulegen, dass sie im Normalfall auch einen direkten Blitzschlag ohne grössere Schäden überleben.

6.11 Literatur zu Kapitel 6

[6.1] SEV-Norm SEV4022.1987: Leitsätze des SEV: Blitzschutzanlagen. 6. Auflage.

[6.2] Europäische Vornorm ENV61024-1(1995): Blitzschutz baulicher Anlagen.

[6.3] H.J. Stern: "Über die Beeinflussung von Solarmodulen durch transiente Magnetfelder". Fortschr. Berichte VDI Reihe 21, Nr. 154. VDI-Verlag Düsseldorf, 1994.

[6.4] H. Häberlin, R. Minkner: "Blitzschläge - eine Gefahr für Solarmodule? Experimente zur Bestimmung der Blitzstromempfindlichkeit von Photovoltaikanlagen". SEV/VSE - Bulletin 1/1993.

[6.5] H. Häberlin, R. Minkner: "Tests of Lightning Withstand Capability of PV-Systems and Measurements of Induced Voltages at a Model of a PV-System with ZnO-Surge-Arresters". Proc. 11th EC PV-Conf., Montreux 1992.

[6.6] H. Häberlin, R. Minkner: "Einfache Methode zum Blitzschutz von Photovoltaikanlagen". SEV/VSE - Bulletin 19/1994.

[6.7] H. Häberlin, R. Minkner: "A Simple Method for Lightning Protection of PV-Systems". Proc. 12th EU PV Conf., Amsterdam 1994.

[6.8] M. Real: "Optimierte Verkabelungssysteme für Solarzellenanlagenanlagen". Schlussbericht NEFF-Forschungsprojekt 532.2, 1996.

[6.9] R. Hotopp: "Blitzschutz von PV-Anlagen: Stand der Technik und Entwicklungsbeitrag durch die Photovoltaik-Siedlung Essen". 1. VDE/ABB Blitzschutztagung 29.2.-1.3.1996.

[6.10] F. Vassen, W. Vaassen: "Bewertung der Gefährdung von netzparallelen PV-Anlagen bei direktem und nahem Blitzeinschlag und Darstellung der daraus abgeleiteten Massnahmen des Blitz- und Überspannungsschutzes". 2. VDE/ABB Blitzschutztagung 6./7.11.1997.

[6.11] H. Häberlin: "Von simulierten Blitzströmen in Solarmodulen und Solargeneratoren induzierte Spannungen". SEV/VSE-Bulletin 10/2001.

[6.12] H. Häberlin: "Blitzschutz von Photovoltaikanlagen – Teil 1". Elektrotechnik 4/2001.

[6.13] H. Häberlin: "Blitzschutz von Photovoltaikanlagen – Teil 2". Elektrotechnik 5/2001.

[6.14] H. Häberlin: "Blitzschutz von Photovoltaikanlagen – Teil 3". Elektrotechnik 6/2001.

[6.15] H. Häberlin: "Blitzschutz von Photovoltaikanlagen – Teil 4". Elektrotechnik 7-8/2001.

[6.16] H. Häberlin: "Blitzschutz von Photovoltaikanlagen – Teil 5". Elektrotechnik 9/2001.

[6.17] H. Häberlin: "Blitzschutz von Photovoltaikanlagen – Teil 6". Elektrotechnik 10/2001.

[6.18] H. Häberlin: "Interference Voltages induced by Magnetic Fields of Simulated Lightning Currents in Photovoltaic Modules and Arrays". Proc. 17th EU PV Conf., Munich, 2001.

[6.19] H. Häberlin: "Einsatz von Überspannungsableitern beim Blitzschutz: Notwendige Strombelastbarkeit von Varistoren in induktiv gekoppelten Schleifen". SEV-Bulletin 25/2001.

[6.20] EN62305-1 (2006): "Blitzschutz. Teil 1: Allgemeine Grundsätze".

[6.21] EN62305-2 (2006): "Blitzschutz. Teil 2: Risiko-Management".

[6.22] EN62305-3 (2006): "Blitzschutz. Teil 3: Schutz von baulichen Anlagen und Personen".

[6.23] EN62305-4 (2006): "Blitzschutz. Teil 4: Elektrische und elektronische Systeme in baulichen Anlagen".

[6.24] H. Häberlin: "Das neue 60kWp-Testzentrum der ISB". SEV/VSE - Bulletin 22/1994.

Ferner: [4.10], [4.13], [Has 89], [Deh05], [Pan86].

7 Normierte Darstellung von Energieertrag und Leistung bei Photovoltaikanlagen

Um die Energieproduktion und das Betriebsverhalten von PV-Anlagen verschiedener Grösse und an verschiedenen Orten in fairer Weise miteinander vergleichen zu können, wurde vom JRC in Ispra/Italien eine normierte Datenauswertung vorgeschlagen [7.1]. Solche Darstellungen sind in andern Zweigen der elektrischen Energietechnik bereits seit langer Zeit üblich.

In diesem Kapitel wird zunächst eine Einführung in diese Darstellung mit Schwergewicht auf netzgekoppelten Anlagen vorgenommen. Dabei werden auch einige am PV-Labor der Berner Fachhochschule (BFH) in Burgdorf entwickelte Erweiterungen dieser Methode vorgestellt, die den Informationsgehalt der erzeugten Grafiken erhöhen und insbesondere eine detaillierte Analyse sporadischer Fehlfunktionen (z.B. Maximum-Power-Tracking-Fehler beim Wechselrichter, (Teil-) Beschattung oder Schneebedeckung des Generators usw.) erlauben [7.2]. Anschliessend werden anhand einiger Beispiele die damit möglichen Auswertungen vorgestellt.

Die normierte Darstellung eignet sich aber nicht nur für die Analyse des Betriebsverhaltens von Photovoltaikanlagen auf Grund von Messdaten. Sie kann auch sehr gut für die Berechnung des Energieertrags von Photovoltaikanlagen eingesetzt werden (siehe Kap. 8).

7.1 Einführung

Bei vielen PV-Anlagen werden Einstrahlung und Energieproduktion mit Datenerfassungssystemen registriert. Auf Grund dieser Daten können dann Diagramme für die tägliche, monatliche oder jährliche Einstrahlung und Energieproduktion generiert werden. Da sich die installierte Leistung und die lokalen Strahlungsverhältnisse bei verschiedenen Anlagen oft stark unterscheiden, können aus solchen Diagrammen nur in begrenztem Masse Fehlfunktionen erkannt oder Vergleiche zwischen dem Verhalten verschiedener Anlagen angestellt werden. Solche Vergleiche sind zur Optimierung der Systemtechnik von PV-Anlagen sehr nützlich.

7.2 Normierte Erträge, Verluste und Performance Ratio

7.2.1 Die normierten Erträge (Yields)

Der Einfluss der Anlagengrösse kann eliminiert werden, wenn der Energieertrag der Anlage in einer bestimmten Bezugsperiode τ (z.B. Tag (d), Monat (mt), Jahr (a)) durch die Nennleistung P_{Go} des PV-Generators bei STC (G = 1 kW/m², AM 1,5-Spektrum, Zellentemperatur 25°C) dividiert wird. Man erhält so den spezifischen Ertrag (englisch: Yield) der Anlage, wobei zwischen dem **End-Ertrag Y_F** (Final Yield, Nutzenergieertrag) und dem **Generator-Ertrag Y_A** (Array Yield, DC-Ertrag des PV-Generators) unterschieden wird:

End-Ertrag (Final Yield) $$Y_F = \frac{E_{nutz}}{P_{Go}} \quad (7.1)$$

Generator-Ertrag (Array Yield) $$Y_A = \frac{E_A}{P_{Go}} \quad (7.2)$$

wobei: E_{nutz} = in der Bezugsperiode τ von der PV-Anlage produzierte Nutzenergie

E_A = in der Bezugsperiode τ vom PV-Generator produzierte Gleichstromenergie

P_{Go} = Nennleistung des PV-Generators (Summe der Modulleistungen) bei STC ($G = G_o = G_{STC}$ = 1 kW/m², AM 1,5-Spektrum, Zellentemperatur 25°C).

Kürzt man im Zähler und Nenner kW heraus, bleibt als Einheit h/τ. Die Grössen Y_F und Y_A geben also auch an, wieviele Stunden die Anlage mit der Solargenerator-Nennleistung P_{Go} arbeiten müsste, um in der Zeit τ die gleiche Energiemenge zu erzeugen. Damit lässt sich die spezifische Energieproduktion von Anlagen unterschiedlicher Grösse bereits gut vergleichen. Bild 7-1 zeigt beispielsweise den Endertrag Y_F in kWh/kWp pro Monat der netzgekoppelten Photovoltaikanlage der BFH auf dem Jungfraujoch [7.3] im Vergleich zu einer Anlage in Burgdorf und der Anlage auf dem Mont-Soleil im Jahre 2003.

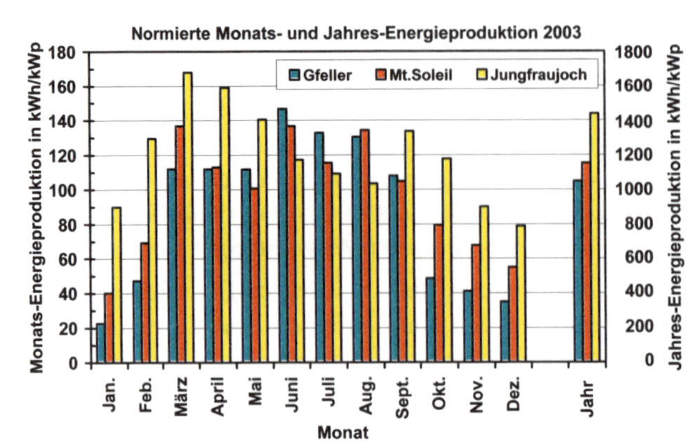

Bild 7-1:
Vergleich des Endertrags Y_F in kWh/kWp pro Monat bei drei verschiedenen netzgekoppelten PV-Anlagen in verschiedener Höhe, alle seit ≥ 10 Jahren im Betrieb: Gfeller/Burgdorf (3,18 kWp, 540 m), Mont Soleil (555 kWp, 1270 m), Jungfraujoch (1,152 kWp, 3454 m). Alle Angaben sind auf die nominelle PV-Generatorleistung P_{Go} gemäss Modul-Datenblatt bezogen.

Der Einfluss der lokal und zeitlich unterschiedlichen Einstrahlung wird durch die Einführung des **Strahlungs- oder Referenz-Ertrags Y_R** (Reference Yield) berücksichtigt. Man erhält diese Grösse, wenn die in der Bezugsperiode τ in die Solargeneratorebene eingestrahlte Energie H_G (in kWh/m²) durch die Bestrahlungsstärke G_o = 1 kW/m² bei STC dividiert wird. Kürzt man im Zähler und im Nenner kW/m² heraus, bleibt als Einheit ebenfalls h/τ. Der Strahlungsertrag Y_R bedeutet somit auch die Anzahl Stunden, während der die Sonne mit G_o = 1 kW/m² scheinen müsste, um in der Bezugsperiode τ die Energie H_G in die Solargeneratorebene einzustrahlen, oder kurz gesagt die **Sonnen-Volllaststunden**! Eine ideale, verlustlose PV-Anlage, deren Solargeneratortemperatur dauernd auf STC-Temperatur (25°C) wäre, würde daraus einen genau gleich grossen Endertrag $Y_F = Y_R$ erzeugen, daher die Bezeichnung Referenzertrag.

$$\textit{Strahlungs-Ertrag (Reference Yield)}\quad Y_R = \frac{H_G}{G_o} = \frac{H_G}{G_{STC}} \tag{7.3}$$

Dabei bedeutet:

H_G = in Bezugsperiode τ in PV-Generatorebene eingestrahlte Energie in kWh/m² ([7.1]: H_I)
$G_o = G_{STC}$ =1 kW/m² = Bestrahlungsstärke bei Standard-Testbedingungen (STC).

Grundsätzlich ist man in der Wahl der Bezugsperiode τ (Tag (d), Monat (mt), Jahr(a)) frei. Für Bezugsperioden, die grösser als einen Tag sind (Monat und Jahr), wird der erhaltene Y-Wert oft noch durch die Anzahl Tage n_d dividiert, welche die Bezugsperiode τ umfasst. Auf diese Weise erhält man direkt vergleichbare, numerisch nicht allzu stark variierende, normierte Durchschnitts-Tageserträge in kWh/kWp/d resp. h/d.

Oft werden bei den normierten Energieerträgen (Yields) statt der grossen Indizes (F, R, A) auch kleine Indizes und anstelle von H_G das Symbol H_I verwendet [7.1]. Tabelle 7.1 gibt eine Übersicht über die Definition der normierten Erträge und Verluste.

7.2.2 Definition der normierten Verluste (Losses)

Die Differenz zwischen dem Referenzertrag $\mathbf{Y_R}$ und dem Generator-Ertrag $\mathbf{Y_A}$ bezeichnet man als **Generatorverluste** $\mathbf{L_C = Y_R - Y_A}$ (Capture Losses, Einfangverluste, Feldverluste). Sie setzen sich aus zwei Komponenten zusammen, den temperaturbedingten und den nicht temperaturbedingten Generatorverlusten, d.h. $\mathbf{L_C = L_{CT} + L_{CM}}$. Es gilt also:

Generatorverluste (Capture Losses) $L_C = Y_R - Y_A = L_{CT} + L_{CM}$ (7.4)

Die **temperaturbedingten Generatorverluste** $\mathbf{L_{CT}}$ (Thermal Capture Losses) entstehen, weil die maximale Leistung des Solargenerators im praktischen Betrieb meist kleiner als P_{Go} ist wegen der gegenüber STC meist höheren Solargeneratortemperatur. Wird die Solargeneratortemperatur gemessen, lassen sich diese temperaturbedingten Generatorverluste relativ leicht berechnen (Details in Kap. 7.4).

Die **nicht temperaturbedingten Generatorverluste** $\mathbf{L_{CM}}$ (Miscellaneous Capture Losses) dagegen haben viele verschiedene Ursachen. Normal sind die Verluste in der Verdrahtung an Widerständen und Strangdioden und der Wirkungsgradverlust der Module bei kleinen Bestrahlungsstärken.

Daneben sind darin diverse, vom Systemersteller nicht beabsichtigte, manchmal nur sporadisch auftretende Verluste enthalten, die oft Systemprobleme anzeigen:

- Verluste, weil effektive gelieferte Leistung der Module kleiner als deklarierte Leistung.
- Verluste wegen Teilabschattung, Verschmutzung, Schneebedeckung und Strahlungsinhomogenitäten beim Generator.
- Fehlanpassungen zwischen den Modulen eines Stranges (Mismatch).
- Fehler beim Maximum-Power-Point-Tracking (z.B. bei Wechselrichtern).
- Fehler bei der Strahlungsmessung.
- Bei netzgekoppelten Anlagen zusätzlich Verluste wegen Wechselrichterausfällen.
- Bei Inselanlagen zusätzlich Abregelverluste bei vollem Akkumulator.
- Bei Pyranometer-Strahlungsmessung ferner spektrale Verluste und Glasreflexionsverluste bei kleinen Lichteinfallswinkeln.

Gut geplante und realisierte netzgekoppelte Anlagen haben möglichst kleine L_{CM}-Verluste!

Die Differenz zwischen dem Generator-Ertrag Y_A und dem Endertrag Y_F bezeichnet man als **Systemverluste** $\mathbf{L_S = L_{BOS} = Y_A - Y_F}$ (System Losses oder BOS-Losses). Darunter versteht man alle Systemverluste mit Ausnahme der oben erwähnten Generator- oder Feld-Verluste. In L_S sind insbesondere die Umwandlungsverluste DC-AC eines Wechselrichters (sofern vorhanden) und bei Inselanlagen die Speicherverluste des Akkumulators enthalten. Es gilt also:

Systemverluste (System Losses, Balance of System Losses) $L_S = L_{BOS} = Y_A - Y_F$ (7.5)

Wichtig: Bei netzgekoppelten Anlagen sind Verluste infolge Wechselrichterausfällen und Maximum-Power-Tracking Fehlern in L_{CM} und nicht etwa in L_S enthalten!

7.2.3 Die Performance Ratio

Da bei realen Anlagen in verschiedenen Komponenten Verluste auftreten und die PV-Generatortemperatur meist höher als 25°C ist, ist der Endertrag Y_F einer realen Anlage kleiner als Y_R . Um den Grad der Annäherung an den Idealfall anzugeben, definiert man die Performance Ratio als Quotient aus Endertrag und Referenzertrag in der gleichen Bezugsperiode τ :

Performance Ratio (Performanz, Nutzungsziffer, Ertragsverhältnis) $PR = \frac{Y_F}{Y_R}$ (7.6)

7.2.4 Übersichtstabelle mit den neuen normierten Grössen

Tab. 7.1: Übersicht über Definition und Bedeutung der normierten Erträge und Verluste bei Photovoltaikanlagen. Bei der Angabe der Einheiten wurde angenommen, dass für längere Bezugsperioden *Tages-Durchschnittswerte* angegeben werden.

Symbol	Bezeichnung	Bedeutung / Erklärung / Ursache	Einheit	
Y_R	Strahlungsertrag, Referenzertrag (Reference Yield)	$\mathbf{Y_R = H_G / G_o}$. Y_R entspricht der Zeit, während der die Sonne mit G_o = 1 kW/m² scheinen muss, um die Energie H_G auf den PV-Generator einzustrahlen.	$\frac{kWh/m^2}{d \cdot 1kW/m^2}$	$\frac{h}{d}$
L_C	Generatorverluste, Feldverluste (Capture Losses)	**Temperaturbedingte Verluste L_{CT} :** - Verluste, weil Zellentemperatur T_Z meist > 25°C **Übrige, nicht temperaturbedingte Verluste L_{CM} :** - Verdrahtung, Strangdioden, kleine Einstrahlung - Effektive Modulleistung kleiner als deklariert - Teilabschattung, Verschmutzung, Schneebedeckung - Strahlungsinhomogenitäten, Mismatch - Maximum-Power-Point-Tracking-Fehler, Nichtabnahme der verfügbaren PV-Generator-leistung wegen Wechselrichterausfällen oder vollem Akku (bei Inselanlagen) - Fehler bei Strahlungsmessung - Bei Pyranometer-Strahlungsmessung: Spektrale Verluste, Glasreflexionsverluste	$\frac{kWh}{d \cdot kWp}$	$\frac{h}{d}$
Y_A	Generator-Ertrag (Array Yield)	$\mathbf{Y_A = E_A / P_{Go}}$. Y_A entspricht der Zeit, während der die Anlage mit PV-Generator-Nennleistung P_{Go} arbeiten muss, um die Generator-DC-Energie E_A zu erzeugen.	$\frac{kWh}{d \cdot kWp}$	$\frac{h}{d}$
L_S	Systemverluste (System Losses)	Umwandlungsverluste DC-AC, Speicherverluste des Akkus bei Inselanlagen	$\frac{kWh}{d \cdot kWp}$	$\frac{h}{d}$
Y_F	Endertrag (Final Yield)	$\mathbf{Y_F = E_{nutz} / P_{Go}}$. Y_F ist die Zeit, während der die Anlage mit PV-Generator-Nennleistung P_{Go} arbeiten muss, um die Nutzenergie E_{Nutz} zu erzeugen. Bei Netzverbundanlagen: $E_{Nutz} = E_{AC}$.	$\frac{kWh}{d \cdot kWp}$	$\frac{h}{d}$
PR	Performance Ratio (Performanz, Nutzungsziffer, Ertragsverhältnis)	**PR = $\mathbf{Y_F / Y_R}$**. PR (oder auch R_P) ist das Verhältnis zwischen der effektiv genutzten Energie E_{Nutz} zur Energie, die eine verlustlose, ideale PV-Anlage mit PV-Generatortemperatur T_Z = 25°C bei gleicher Einstrahlung produzieren würde.	[1]	[1]
$Y_R \xrightarrow{-L_C} Y_A \xrightarrow{-L_S} Y_F$		$Y_R \xrightarrow{-L_{CT}} Y_T \xrightarrow{-L_{CM}} Y_A \xrightarrow{-L_S} Y_F$		

7.3 Standardgrafiken für normierte Erträge und Verluste

7.3.1 Normierte Jahres- und Monatsstatistiken

Rechnet man alle Y- und L-Werte auf normierte Durchschnitts-Tageserträge um, kann man eine sehr informative grafische Darstellung für die Energieproduktion in einem Jahr erstellen, indem man in einem Balkendiagramm für jeden Monat eines Jahres Y_F , L_S und L_C in kWh/kWp/d aufträgt. Eine derartige Darstellung soll als **normierte Jahresstatistik** bezeichnet werden. Eine analog aufgebaute **normierte Monatsstatistik** erhält man, wenn man in einem Balkendiagramm für jeden Tag eines Monats Y_F , L_S und L_C darstellt [7.1].

Aus diesen Grafiken kann man auch die nicht direkt angegebenen Werte von Y_A (Grenzlinie zwischen L_S und L_C) und Y_R (meist obere Grenze von L_C) ablesen. Nur bei sehr kalten Tagen kann L_C ausnahmsweise negativ werden, so dass die maximale Balkenhöhe Y_A entspricht. Mit geeigneten Schraffuren (wenn möglich in verschiedenen Farben) für Y_F, L_S und L_C kann man aber erreichen, dass alle Y- und L-Werte sicher ablesbar sind.

Durch eine einfache Neuerung kann man den Informationsgehalt dieser Grafiken noch wesentlich erhöhen: *Man gibt über jedem Balken noch die Performance Ratio PR in Prozenten an.* Auf diese Weise enthalten diese kompakten Standardgrafiken alle Informationen, die früher nach [7.1] in zwei separaten Darstellungen präsentiert werden mussten (Y_F, L_S, L_C, Y_R (ohne PR-Angabe) in einer Grafik und Y_F, Y_R, PR in einer andern Grafik (Beispiel siehe Bild 7-4)). Aus diesen Standardgrafiken kann man bereits sehr viele Informationen über aufgetretene betriebliche Probleme entnehmen.

Bild 7-2 zeigt die normierte Jahresstatistik 1994 der netzgekoppelten PV-Anlage der BFH auf dem Jungfraujoch. Man erkennt, dass die PR-Werte wegen hoher L_C-Werte in den Frühlingsmonaten April bis Juni deutlich geringer als in andern Monaten sind. Die Darstellung der normierten Monatsstatistik ermöglicht eine genauere Analyse.

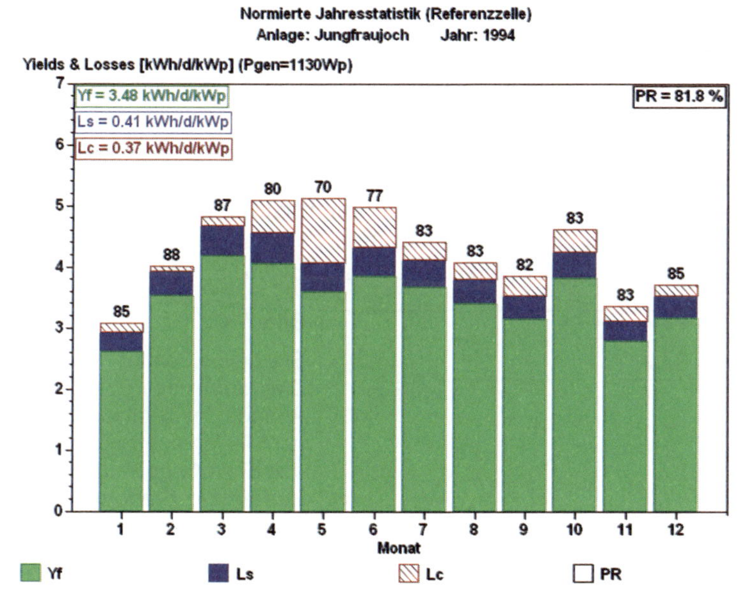

Bild 7-2:
Normierte Jahresstatistik für die Energieproduktion der netzgekoppelten PV-Anlage Jungfraujoch (3454 m) im Jahre 1994 [7.3]. Die Anlage befindet sich an der Aussenfassade der hochalpinen Forschungsstation.

Alle Y- und L-Werte sind als Tages-Durchschnittswerte in kWh/kWp/d resp. h/d angegeben.

Als Basis für die Normierung dient hier die *effektiv gemessene* Generator-Spitzenleistung bei STC von P_{Go} = 1,13 kWp.

Bild 7-3 zeigt die normierte Monatsstatistik dieser Anlage im Mai 1994. An einigen Tagen ist nach intensiven Schneefällen L_C sehr gross und PR sinkt auf tiefe Werte (bis unter 50%), weil die Schneehöhe vor dem östlichen Solargenerator der Anlage nach dem sehr schneereichen Winter 1993/94 die Unterkante des Solargenerators erreichte, so dass dieser nach starken Schneefällen zuerst wieder freigeschaufelt werden musste. Da das Gelände unter dem westlichen Solargenerator wesentlich steiler abfällt, war die Energieproduktion dieser Generatorhälfte dagegen nie längere Zeit wegen Schnee beeinträchtigt. Normierte Tagesstatistiken oder Tagesdiagramme, die in den folgenden Kapiteln beschrieben werden, ermöglichen eine detailliertere Analyse der festgestellten Probleme.

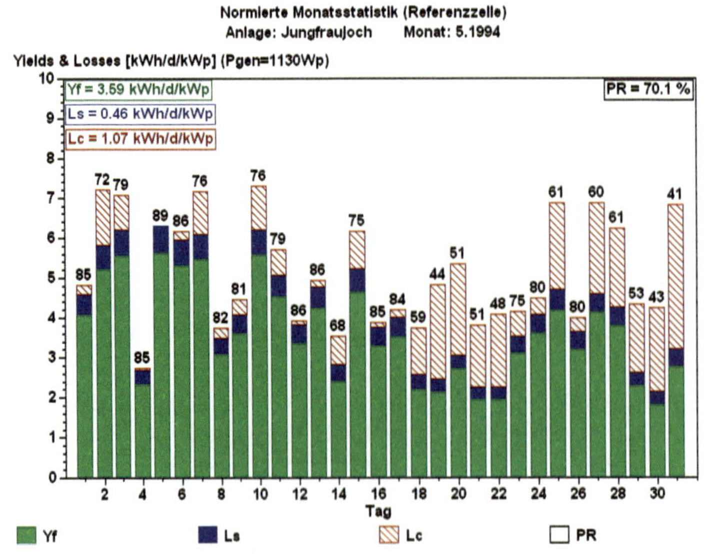

Bild 7-3: Normierte Monatsstatistik der Anlage Jungfraujoch im Mai 1994. An mehreren Tagen ist die Energieproduktion der Anlage infolge Schneebedeckung der östlichen Generatorhälfte beeinträchtigt (niedrige PR- und hohe L_C-Werte). Diese Darstellung enthält neben allen Angaben von Bild 7-4 noch viele weitere Informationen (z.B. alle Datumsangaben, L_C, L_S, genaue PR-Werte).

Bild 7-4 zeigt ein spezielles Scatter-Diagramm nach [7.1] für die gleiche Anlage und den gleichen Monat wie in Bild 7-3. In diesem Diagramm sind die Werte für Y_F und Y_R sowie mit Hilfe der zweiten Achse auch die Performanz PR dargestellt. Messpunkte, welche deutlich unterhalb der Verbindungslinie zwischen Ursprung und PR = 0,7 liegen, zeigen betriebliche Probleme der Anlage an. L_C und L_S sind darin jedoch nicht ersichtlich und gemäss [7.1] ist keine Angabe zum Messzeitpunkt vorgesehen. In Bild 7-4 wurde versucht, bei den Tagen mit betrieblichen Problemen zusätzlich auch das Datum anzugeben. Es ist aber aus Gründen der Übersichtlichkeit nicht möglich, zu jedem Messpunkt das Datum anzugeben.

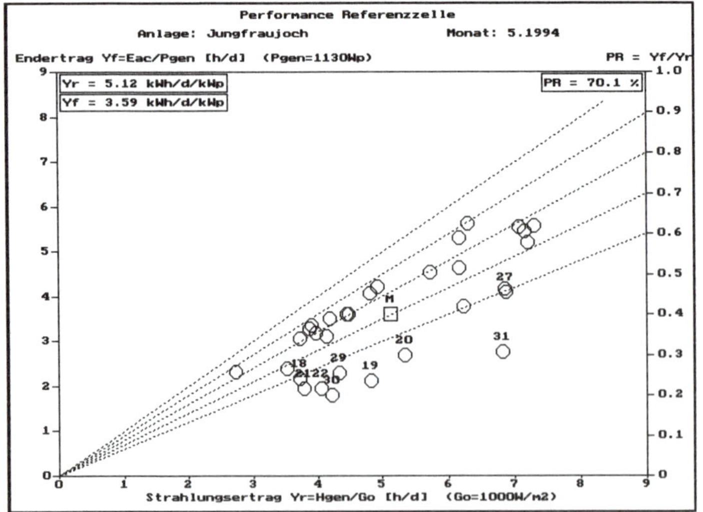

Bild 7-4: Spezielles Scatter-Diagramm nach [7.1] zur Angabe des Strahlungs- oder Referenzertrags Y_R, des Endertrags Y_F und der Performanz (Performance Ratio) PR = Y_F / Y_R (rechter Massstab) bei der Anlage Jungfraujoch im Mai 1994.

Bei den Messpunkten mit PR < 70% ist auch der Tag angegeben. Dadurch ist es zwar in der Regel möglich, die Tage mit Problemen zu identifizieren, allerdings leidet die Übersichtlichkeit.

Die normierte Monatsstatistik ermöglicht auch bereits die Erkennung von sporadischen Wechselrichterproblemen, die rein auf Grund der Monatsproduktionswerte nicht unbedingt entdeckt würden.

Bild 7-5 zeigt die entsprechende Auswertung für eine 3,18 kWp-Anlage in Burgdorf (β = 30°) für den März 1993. Am 3.3. und 4.3. hatte die Anlage bereits Probleme, ebenso in der Zeit zwischen 28.3. und 31.3. Am 30.3. war die Anlage sogar vollständig ausser Betrieb, da der Wechselrichter nicht automatisch aufstartete. Eine detaillierte Analyse mit normierten Tagesdiagrammen ergab, dass der PV-Generator am 3. und 4. schneebedeckt war, dass aber in der Zeit nach dem 28.3. der Wechselrichter Probleme mit dem Aufstarten und dem MPP-Tracking hatte. Bei beiden Anlagen kann mit der im folgenden Kapitel eingeführten normierten Tagesstatistik die Ursache der aufgetretenen Probleme näher untersucht und genauer eingegrenzt werden (siehe Bilder 7-6 und 7-7).

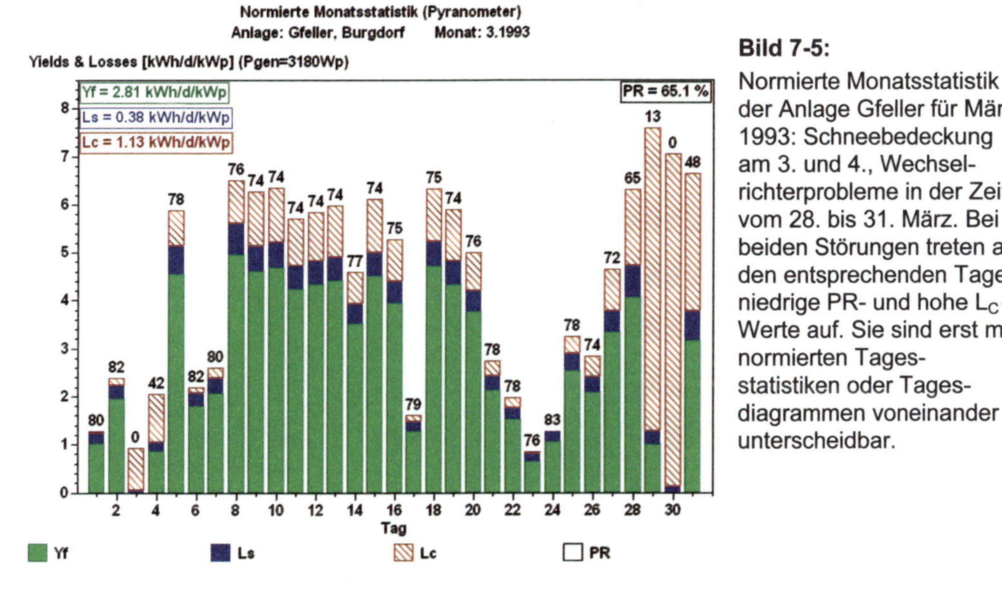

Bild 7-5:
Normierte Monatsstatistik der Anlage Gfeller für März 1993: Schneebedeckung am 3. und 4., Wechselrichterprobleme in der Zeit vom 28. bis 31. März. Bei beiden Störungen treten an den entsprechenden Tagen niedrige PR- und hohe L_C-Werte auf. Sie sind erst mit normierten Tagesstatistiken oder Tagesdiagrammen voneinander unterscheidbar.

7.3.2 Normierte Tagesstatistik mit Stundenwerten

Man kann die Bezugszeit τ , in der die Einstrahlung und die Energieerträge ermittelt werden, natürlich auch kleiner als einen Tag wählen. Wird für τ eine Stunde gewählt, so erhält man *Stunden-Y-Werte*, welche für die betrachtete Stunde die Energieproduktion in kWh/kWp pro Stunde oder die *entsprechende mittlere Leistung der Photovoltaikanlage in dieser Stunde in Bezug auf die Solargeneratorleistung P_{Go}* angeben. Analog kann man auch Stunden-L-Werte definieren. Kürzt man die Einheit Stunde (h) im Zähler und im Nenner heraus, haben diese Stunden-Y- und Stunden-L-Werte die Einheit kW/kWp, d.h. sie sind eigentlich dimensionslos. Verglichen mit Durchschnitts-Tageswerten in kWh/kWp/d sind sie numerisch natürlich deutlich kleiner und liegen meist unter 1 (Ausnahme: Y_R kann den Wert 1 in Ausnahmefällen leicht überschreiten). Zwischen dem Tageswert und den Stundenwerten besteht ein einfacher Zusammenhang: Der Tageswert ist die Summe der Stundenwerte der betreffenden Grösse während des betrachteten Tages.

Mit diesen neu eingeführten Stundenwerten für Y_F , Y_A , Y_R , L_C und L_S kann man nun eine **normierte Tagesstatistik** mit Stundenwerten analog zur normierten Monatsstatistik oder Jahresstatistik darstellen und über dem Balkendiagramm der Stundenwerte von Y_F , L_S und L_C wieder die Performanz PR in Prozenten angeben. Bei den gezeigten Beispielen zeigen die

Balken der Tagesstatistik für jede Stunde jeweils die Stundenmittelwerte der vorangegangenen Stunde an.

Bild 7-6 zeigt die normierte Tagesstatistik (mit Stundenwerten) der Anlage Jungfraujoch am 23.5.1994. An diesem Tag steigt die Performanz nach einer längeren Zeit intensiver Schneefälle (18.5. bis 22.5.1994, siehe Bild 7-3), von Werten um 50% wieder auf Normalwerte an. Das Diagramm zeigt sehr schön, was an diesem Tag passierte: In den Morgenstunden bis 10 Uhr liegt die PR bei Werten von 50% und weniger, weil der eingeschneite Ostgenerator wie in den vergangenen Tagen nur wenig zur Stromproduktion beiträgt. Zwischen 10 und 11 Uhr steigt die PR dagegen plötzlich an und erreicht zwischen 11 und 12 Uhr einen Wert von 85%. Da der Solargenerator im Sommer zu dieser Zeit noch im Schatten liegt, ist dieses Phänomen auf einen menschlichen Eingriff zurückzuführen, d.h. der Hauswart schaufelte nach einer Periode starker Schneefälle den eingeschneiten Generator auf der Ostseite frei.

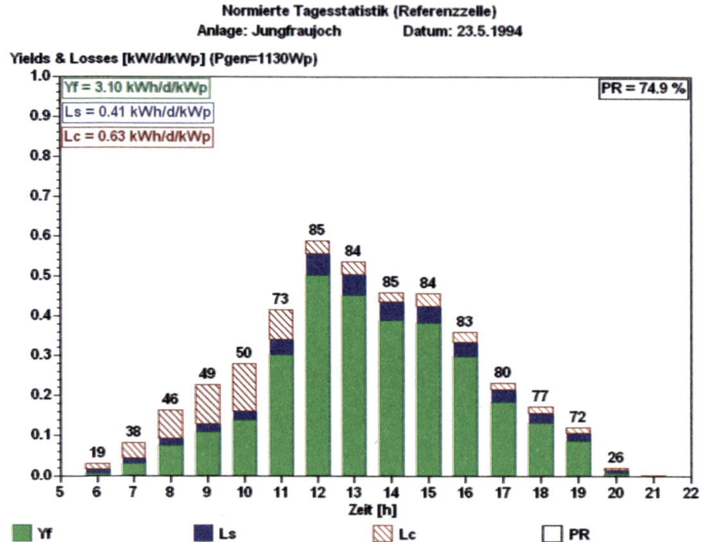

Bild 7-6:

Normierte Tagesstatistik der Anlage Jungfraujoch am 23.5.1994. Für jede Stunde sind die Stundenwerte für Y_F, L_S und L_C sowie PR angegeben. Wie bei den normierten Monats- und Jahresstatistiken sind auch die Stundenwerte von Y_A und Y_R leicht ablesbar. Alle Stundenwerte von Y und L sind in kW/kWp (resp. dimensionslos) angegeben. Die angegebenen Tageswerte sind die Summe der jeweiligen Stundenwerte.

Bild 7-7 zeigt die normierte Tagesstatistik für den 31.3.1993 der bereits früher erwähnten Anlage in Burgdorf, die im März 1993 mehrere betriebliche Probleme hatte (siehe Bild 7-5). In der Zeit vor 9 Uhr ist die Energieproduktion der Anlage noch 0, weil der Wechselrichter nicht automatisch aufstartete. Entsprechend hoch ist in dieser Zeit der L_C-Wert (fast so gross wie Y_R, da der Wechselrichter von der an sich verfügbaren Solargeneratorleistung praktisch nichts aufnimmt). In der Zeit zwischen 9 und 10 Uhr startet der Wechselrichter (nach einem manuellen Eingriff des Betreibers), hat dann aber anschliessend massive Probleme mit dem Maximum-Power-Point-Tracking bei mittleren und grösseren Leistungen, da die PR-Werte viel zu tief liegen. Diese Probleme können noch einige Tage weiter (bis in die ersten Apriltage) verfolgt werden, bis der Wechselrichter mit einem Hardwaredefekt endgültig ausfiel.

Da bei den meisten PV-Anlagen mit einer einigermassen sinnvollen automatischen Datenerfassung zumindest Stundenmittelwerte der wichtigsten Grössen erfasst werden, sollten die bisher beschriebenen Darstellungen (normierte Jahres-, Monats- und Tagesstatistiken) bei all diesen Anlagen realisiert werden können. Diese Darstellungen erlauben mit den gleichen Messdaten eine genauere Analyse eventueller Fehlfunktionen der Anlage als die in [7.1] vorgeschlagenen Auswertungen.

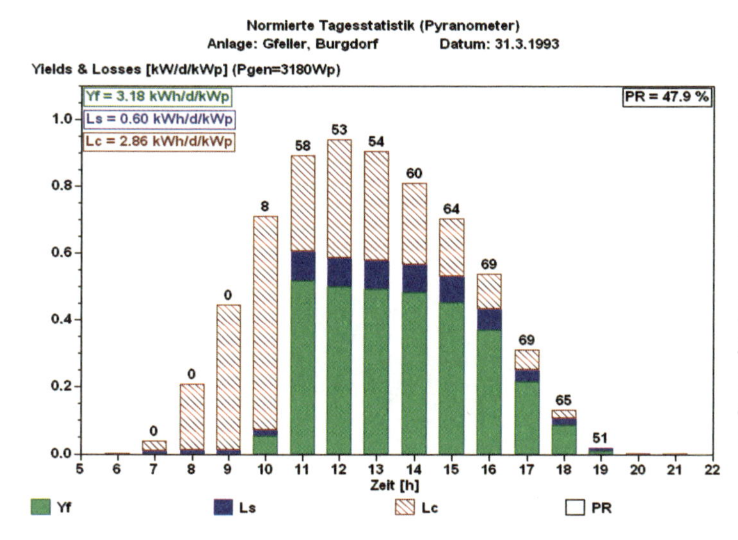

Bild 7-7:

Normierte Tagesstatistik der Anlage Gfeller für den 31.3.1993. Am Morgen (vor 9 Uhr) startet der Wechselrichter nicht automatisch. Nachdem er manuell gestartet wurde, funktioniert das Maximum-Power-Point-Tracking nicht richtig, d.h. PR ist zu klein und L_C zu gross.

Einige Tage später erlitt das Gerät dann einen Hardware-Defekt.

7.4 Normierte Leistungen bei Photovoltaikanlagen

Bei den meisten Photovoltaikanlagen mit detaillierten Messprogrammen werden für jede Grösse mehrere Werte pro Stunde (im Abstand Δt) erfasst. Bei der 60 kWp-Anlage der BFH in Burgdorf [7.4] z.B. wird jeder Messwert einmal pro Sekunde abgetastet. Daraus werden im Normalfall (keine Störungen der Anlage) Minuten-Mittelwerte gebildet und abgespeichert. Bei den Anlagen Jungfraujoch und Gfeller/ Burgdorf werden im Normalfall 5-Minuten-Mittelwerte gebildet. In solchen Fällen liegt es nahe, bei Bedarf die *Bezugsperiode τ noch weiter zu verkleinern und gleich dem minimalen zeitlichen Abstand* Δt *der gespeicherten Messwerte zu setzen*, bei den erwähnten Anlagen also gleich 1 resp. 5 Minuten. Dies ermöglicht eine noch feinere Analyse des Betriebsverhaltens solcher Anlagen. Man kann somit für jede dieser nunmehr recht kurzen Bezugsperioden τ einen kurzzeitigen Mittelwert für jeden Y- resp. L-Wert bilden und diesen als *normierten Momentanwert y_F , y_A und y_R resp. l_C und l_S* auffassen. Die normierten Momentanwerte werden analog zu den Erträgen mit entsprechenden Kleinbuchstaben bezeichnet.

Bei vielen Anlagen wird neben der Umgebungstemperatur auch noch die Solarzellentemperatur T_Z gemessen. In solchen Fällen ist eine Aufteilung der Generatorverluste L_C in die unvermeidlichen temperaturbedingten Verluste L_{CT} und die übrigen, nichttemperaturbedingten Verluste L_{CM} möglich, wenn mit der Einführung der oben erwähnten Momentanwerte *drei weitere Momentanwerte y_T , l_{CT} und l_{CM}* definiert werden. L_{CM} und l_{CM} steigen bei Fehlfunktionen der Photovoltaikanlage sofort stark an und sind deshalb ausgezeichnete Indikatoren für Anlagenprobleme, besonders wenn die globale Bestrahlungsstärke G_G in die Solargeneratorebene mit einer Referenzzelle gemessen wird. Für die Definition dieser Werte wird die temperaturkorrigierte Solargeneratorleistung P_{GoT} benötigt.

Da die Leistung eines Solargenerators temperaturabhängig ist, liefert ein sonst idealer, verlustloser Solargenerator mit der Nennleistung P_{Go} , dessen Solarzellen auf der Temperatur T_Z sind, bei Bestrahlung mit G_o = 1 kW/m^2 im Punkt maximaler Leistung (Maximum Power Point = MPP) die folgende Leistung (Symbolerklärung siehe nächste Seite):

Temperaturkorrigierte Solargenerator-Nennleistung $P_{GoT} = P_{Go} \cdot [1 + c_T(T_Z - T_o)]$ (7.7)

Damit kann man die normierten Momentanwerte für Leistungen und Verluste sowie die momentane Performanz wie folgt definieren:

Normierte Strahlungsleistung (Referenzleistung) $y_R = \dfrac{G_G}{G_o} = \dfrac{G_G}{1\,kW/m^2}$ (7.8)

Temperaturkorrigierte Strahlungsleistung $y_T = y_R \cdot \dfrac{P_{GoT}}{P_{Go}} = y_R \cdot [1 + c_T(T_Z - T_o)]$ (7.9)

Normierte Solargeneratorleistung $y_A = \dfrac{P_A}{P_{Go}}$ (7.10)

Normierte Nutzleistung $y_F = \dfrac{P_{Nutz}}{P_{Go}}$ (7.11)

Temperaturbedingte normierte Generatorverlustleistung $l_{CT} = y_R - y_T$ (7.12)

Nicht temperaturbedingte normierte Generatorverlustleistung $l_{CM} = y_T - y_A$ (7.13)

Normierte Systemverlustleistung $l_S = y_A - y_F$ (7.14)

Momentane Performance Ratio $pr = \dfrac{y_F}{y_R}$ (7.15)

Dabei bedeuten:

P_{GoT} Temperaturkorrigierte Solargenerator-Nennleistung

P_{Go} Solargenerator-Nennleistung bei STC.

c_T Temperaturkoeffizient der MPP-Leistung des Solargenerators (bei kristallinen Solarzellen ca. -0,38 %/K bis -0,5 %/K).

T_Z Zellentemperatur des Solargenerators (oft auch als T_C bezeichnet).

T_o STC-Bezugstemperatur, bei der die PV-Generator Nennleistung P_{Go} definiert ist (25°C).

G_G Globale Bestrahlungsstärke in Solargeneratorebene in kW/m^2 (oft auch G_I).

G_o Bestrahlungsstärke bei STC (1 kW/m^2).

P_A vom Solargenerator produzierte Gleichstromleistung.

P_{nutz} von PV-Anlage produzierte Nutzleistung (bei netzgekoppelten Anlagen: $P_{nutz} = P_{AC}$).

7.4.1 Normiertes Tagesdiagramm mit Momentanwerten

Die hier definierten normierten Leistungen und Verluste liegen meist zwischen 0 und 1. Bei kurzzeitigen Strahlungsspitzen (Cloud-Enhancement-Situationen) sind bei Stationen im Flachland in Ausnahmefällen kurzzeitige Spitzen von y_R bis gegen 1,4 , im Hochgebirge sogar bis gegen 2 möglich. Diese Beschränkung des Variationsbereichs der so definierten Momentanwerte erleichtert das Einzeichnen dieser Funktionen in ein einziges, möglichst informatives Tagesdiagramm mit normierten Leistungswerten. In der Folge soll dieses Diagramm kurz als **normiertes Tagesdiagramm** bezeichnet werden. Das wichtigste Problem bei der praktischen Erstellung dieses Diagramms ist die Sicherstellung der Unterscheidbarkeit der verschiedenen Kurven an Tagen mit stark wechselnden Strahlungsverhältnissen. Steht Farbe zur Verfügung, werden die *Kurven am besten verschiedenfarbig* realisiert, andernfalls müssen sie durch verschiedene Symbole oder Strichformen unterschieden werden.

7.4.2 Berechnung der Tages-Energieerträge aus normierten Momentanwerten

Aus den Momentanwerten y_R, y_T, y_A, y_F resp. l_{CT}, l_{CM} und l_S kann man durch Integration über den betreffenden Tag die Tageswerte Y_R, Y_T, Y_A, Y_F resp. L_{CT}, L_{CM} und L_S berechnen:

$$Y_i = \int_0^T y_i \cdot dt = \sum_k y_{ik} \cdot \Delta t \quad resp. \quad L_i = \int_0^T l_i \cdot dt = \sum_k l_{ik} \cdot \Delta t \qquad (7.16)$$

Mit diesen Beziehungen können nun auch die Tageswerte für $\mathbf{Y_T}$ **(temperaturkorrigierter Strahlungs- resp. Referenzertrag)**, die **temperaturbedingten Generatorverluste** $\mathbf{L_{CT}}$ und die **nicht temperaturbedingten Generatorverluste** $\mathbf{L_{CM}}$ bestimmt werden.

7.4.3 Definition der Korrekturfaktoren k_G, k_T und des Nutzungsgrades n_I

Mit diesen normierten Tageswerten können neben der Performance Ratio PR noch weitere sinnvolle Verhältnisse definiert werden:

$$\textit{Temperatur-Korrekturfaktor}\ k_T = \frac{Y_T}{Y_R} \qquad (7.17)$$

$$\textit{Generator-Korrekturfaktor}\ k_G = \frac{Y_A}{Y_T} \qquad (7.18)$$

Bei netzgekoppelten Anlagen ferner:

$$\textit{Wechselrichter-Nutzungsgrad DC-AC}\ n_I = \frac{Y_F}{Y_A} \qquad (7.19)$$

Natürlich können entsprechende Korrekturfaktoren k_G, k_T und n_I nicht nur aus Tageswerten, sondern auch aus Monats- oder Jahreswerten von Y_R, Y_T, Y_A und Y_F bestimmt werden. Mit derartigen Korrekturfaktoren für Monats- oder Jahreswerte ist es auch mit einfachen Mitteln möglich, Monats- oder Jahresenergieerträge von PV-Anlagen zu berechnen (siehe Kapitel 8).

7.4.4 Auswertungsmöglichkeiten mit normierten Tagesdiagrammen

Das normierte Tagesdiagramm, in dem die Werte y_R, y_T, y_A, y_F sowie l_{CM} und pr eingezeichnet sind, eignet sich besonders gut zur Beurteilung des betrieblichen Verhaltens einer PV-Anlage. Bei einer gut konzipierten und einwandfrei funktionierenden Anlage liegt pr während des ganzen Tages im Idealfall nur wenig unter 1, und für die normierten nicht temperaturbedingten Generatorverluste gilt: $l_{CM} << 1$. Steigt der l_{CM}-Wert an, bedeutet dies, dass die Anlage die an sich verfügbare Solargeneratorleistung $y_T \cdot P_{Go}$ nicht mehr voll abnimmt.

Bei **Inselanlagen** ist dieser Idealfall natürlich nicht immer erfüllt, denn eine Inselanlage ist meist darauf ausgelegt, auch einige Schlechtwettertage überbrücken zu können, d.h. sie verfügt über einen Akku als Energiespeicher. Dieser Akku muss auch ab und zu vollgeladen werden, damit er eine genügende Lebensdauer erreicht. Bei vollgeladenem Akku wird aber y_T nicht mehr voll ausgenützt, d.h. l_{CM} und auch der entsprechende Tageswert L_{CM} steigen an, wogegen pr und der Tageswert PR abfallen. Besonders krass ist diese Situation bei ganzjährig betriebenen Inselanlagen in gemässigten Zonen im Sommer. Bei Inselanlagen liegen die L_{CM}-Werte deshalb immer deutlich höher und die PR-Werte wesentlich tiefer als bei gut konzipierten netzgekoppelten Anlagen.

Bei einwandfrei funktionierenden **netzgekoppelten Anlagen** mit genügend grossem Wechselrichter (gleichstromseitige Wechselrichter-Nennleistung P_{DCn} etwa P_{Go} oder sogar etwas darüber) ist dagegen der **l_{CM}-Wert ein guter Indikator für Anlagenprobleme**. Liegt l_{CM} über etwa 5 bis 10%, hat die Anlage in der Regel irgend ein betriebliches Problem.

Da die Leistung des PV-Generators im praktischen Betrieb bei Flachlandanlagen kaum je den Wert P_{Go} erreicht, ist es dort oft sinnvoll, die PV-Generator-Nennleistung P_{Go} etwas grösser als die Wechselrichter-Nennleistung P_{DCn} zu wählen, z.B. um 10%. Bei Fassadenanlagen im Flachland kann dieser Wert bis gegen 30% erhöht werden (Details siehe Kap. 5.2.5.8). Voraussetzung dazu ist natürlich, dass der Wechselrichter bei einem Überangebot an Leistung nicht einfach abschaltet, sondern zur Leistungsbegrenzung den MPP verlässt und weiter arbeitet. Dabei steigt natürlich der l_{CM}-Wert kurzzeitig an (meist über Mittag an schönen Tagen bei hohen y_T-Werten). Die Leistung y_F wird dabei meist auf einen relativ konstanten Wert begrenzt. Der L_{CM}-Wert (resp. der Generator-Korrekturfaktor k_G) zeigt dabei den dadurch verlorenen normierten Tagesertrag an. In der übrigen Zeit (bei kleineren y_T-Werten) muss natürlich auch bei solchen Anlagen $l_{CM} \ll 1$ sein und pr nahe bei 1 liegen.

7.4.5 Beispiele zu den normierten Tagesdiagrammen

Anhand einiger Beispiele sollen nun die Möglichkeiten der normierten Tagesdiagramme näher vorgestellt werden.

Bild 7-8 zeigt das normierte Tagesdiagramm der Anlage Jungfraujoch am 22.11.1993. Bei dieser Anlage ist P_{DCn} etwa 1,8 kW, also wesentlich höher als P_{Go}, was hier wegen den häufig auftretenden Strahlungsspitzen von weit über 1 kW/m^2 sehr sinnvoll ist (siehe Kap. 5.2.5.8). Man erkennt, dass l_{CM} während des ganzen Tages sehr klein ist. L_{CM} ist deshalb auch sehr klein und k_G liegt nahe bei 1. Die Anlage funktionierte an diesem Tag somit ohne Probleme.

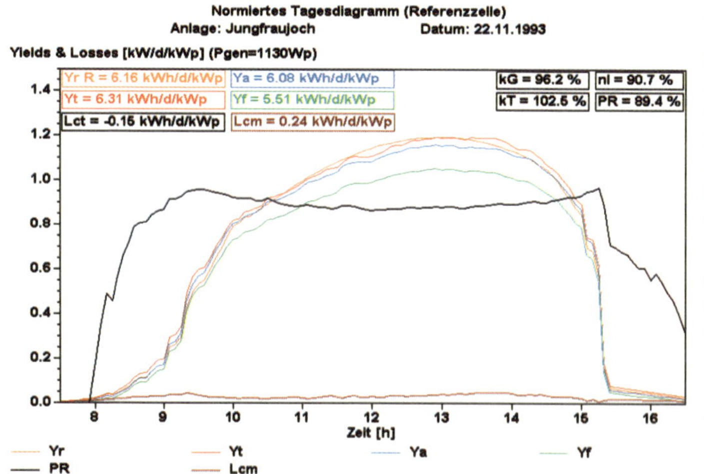

Bild 7-8:

Normiertes Tagesdiagramm der Anlage Jungfraujoch am 22.11.1993. Strahlend schöner Tag mit sehr kleinem l_{CM} und hohem k_G, d.h. die Anlage funktioniert an diesem Tag einwandfrei und ohne irgendwelche Beeinträchtigungen. Am frühen Nachmittag ist längere Zeit $G \approx 1{,}2$ kW/m^2, $y_A \approx 1{,}16$ und $P_{DC} \approx 1{,}31$ kW, also wesentlich grösser als P_{Go}.

Bild 7-9 zeigt ein gedehntes normiertes Tagesdiagramm der gleichen Anlage am 3.5.1994. Um etwa 9:40 steigt l_{CM} plötzlich an und bleibt bis um 12:15 relativ hoch, was ein entsprechendes Absinken von pr zur Folge hat. Das Phänomen wurde durch eine Dachlawine vor dem ostseitigen Generator ausgelöst. Der entstandene Schneewall bewirkt eine teilweise Abschattung dieser Generatorhälfte. Kurz nach Mittag rutscht der Schnee ab oder wird weggeschaufelt, l_{CM} sinkt wieder ab und pr steigt an. k_G ist an diesem Tag deshalb deutlich kleiner als bei Bild 7-8.

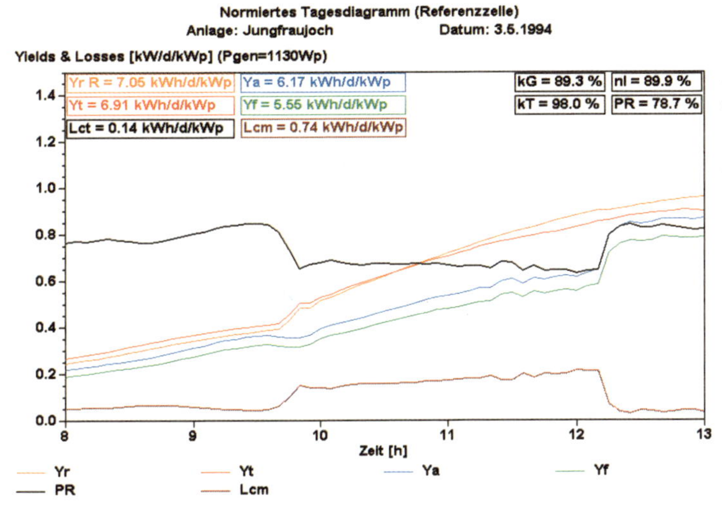

Bild 7-9:

Normiertes Tagesdiagramm der Anlage Jungfraujoch (gedehnt) für den 3.5.1994 (8:00 bis 13:00). Zwischen 9:40 und 12:15 ist l_{CM} deutlich höher, weil der ostseitige Solargenerator infolge einer Dachlawine teilweise abgeschattet ist.

Bild 7-10 zeigt das normierte Tagesdiagramm für den 4.1.1995 der Anlage Birg auf einer Höhe von 2670 m (P_{Go} = 4,134 kWp), die mit einem etwas überdimensionierten Solargenerator ausgerüstet ist. Der Wechselrichter begrenzt die gleichstromseitige Eingangsleistung auf etwa 3,5 kW oder in normierter Darstellung bei y_A etwa 0,85. Da y_T an diesem schönen, kalten Wintertag einen Spitzenwert von etwa 1,12 erreicht, steigt l_{CM} über die Mittagszeit stark an und erreicht Spitzenwerte von etwa 0,28. Auch pr sinkt über die Mittagszeit deutlich ab und steigt erst am Nachmittag wieder an. L_{CM} liegt an diesem Tag bei 1,05 kWh/kWp/d statt vielleicht bei 0,35 kWh/kWp/d bei einer Anlage ohne überdimensionierten Solargenerator, d.h. es gehen etwa 0,7 kWh/kWp/d durch die Leistungsbegrenzung des Wechselrichters verloren. Entsprechend tiefer liegt auch k_G, nämlich bei knapp 85%. Diese Anlage wurde etwa gleich überdimensioniert wie eine Flachlandanlage, was für eine alpine Anlage aber zu hoch ist.

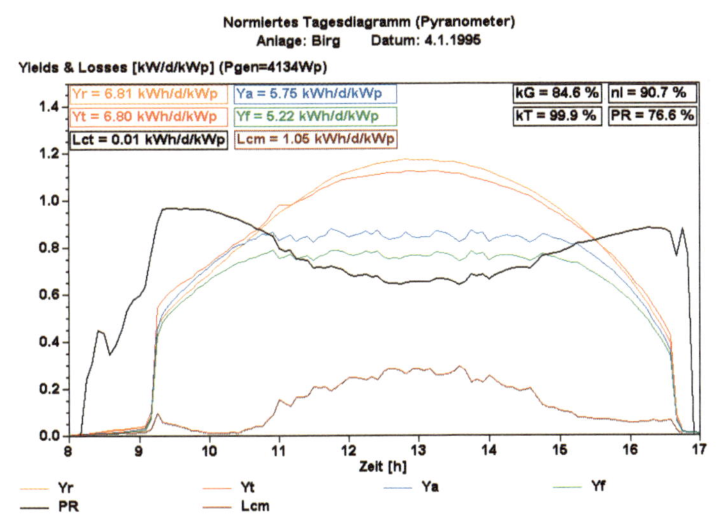

Bild 7-10:

Normiertes Tagesdiagramm für die Anlage Birg (2670 m) am 4.1.1995. Weil der Solargenerator dieser Fassadenanlage im Vergleich zur Wechselrichter-Nennleistung etwas (zu stark!) überdimensioniert ist, steigt l_{CM} über die Mittagszeit etwas an, was eine deutlich geringere Energieausbeute zur Folge hat. Die Werte für k_G (ca. 85%) und PR (ca. 77%) liegen entsprechend tiefer.

Bild 7-11 zeigt das normierte Tagesdiagramm der gleichen Anlage am 15.1.1995 nach einer Periode starker Schneefälle. Sobald die Sonne aufgeht, steigt l_{CM} sofort auf einen Wert von etwa 0,2 an und erreicht am Mittag gar Werte um 0,37. Auch pr ist über den ganzen Tag tief.

Obwohl auch dieser Tag strahlend schön ist, tritt über die Mittagszeit keine Leistungsbegrenzung auf. Offensichtlich fehlt an diesem Tag ein bestimmter Anteil der Solargeneratorleistung, weil dieser zum Teil eingeschneit ist. Ein ähnliches Tagesdiagramm ergäbe sich nach einem Ausfall einiger Stränge des Solargenerators infolge defekter Strangdioden oder Strangsicherungen. L_{CM} liegt an diesem Tag bei beachtlichen 2,24 kWh/kWp/d und k_G auf knapp 66%, PR sogar nur bei knapp 57%. Im Diagramm ist auch zu erkennen, dass der Wechselrichter kurz vor 10 Uhr kurzzeitig ausfiel (wegen eines Spannungseinbruchs auf der AC-Seite).

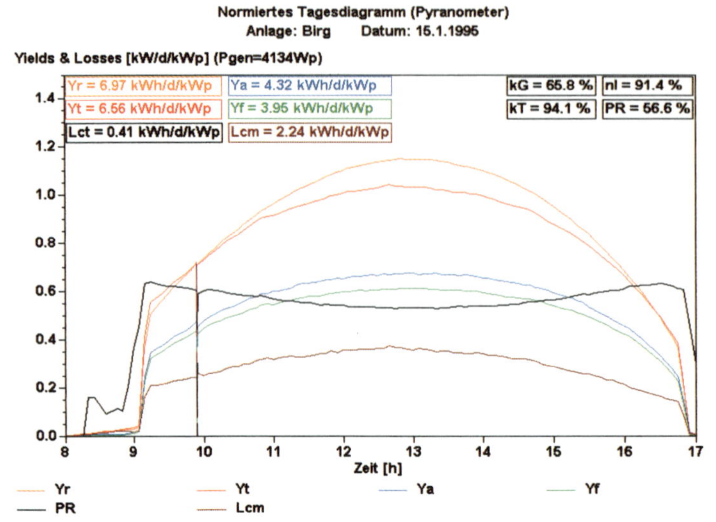

Bild 7-11: Normiertes Tagesdiagramm der Anlage Birg am 15.1.1995. Nach starken Schneefällen ist ein Teil des Generators eingeschneit. l_{CM} steigt sofort nach Sonnenaufgang auf etwa 0,2 an und erreicht über die Mittagszeit den Wert 0,37. Die Energieproduktion ist an diesem Tag stark beeinträchtigt, k_G liegt bei nur etwa 66% und PR gar nur bei knapp 57%.

Bild 7-12 zeigt das normierte Tagesdiagramm des 23.5.1993 bei der Anlage Aerni in Arisdorf. An diesem Tag hat der verwendete Wechselrichter offenbar ein gravierendes Problem mit dem MPP-Tracking. l_{CM} steigt schon bei relativ tiefen Bestrahlungsstärken stetig an und erreicht über Mittag Werte um 0,4. Entsprechend tief ist auch pr. Der Tageswert von L_{CM} liegt mit 2,24 kWh/kWp/d sehr hoch. k_G erreicht nur gut 60% und PR gar nur etwa 48%.

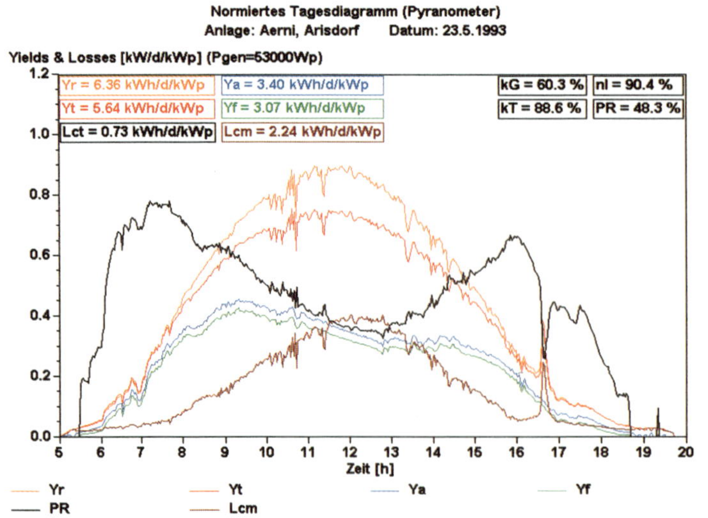

Bild 7-12: Normiertes Tagesdiagramm der Anlage Aerni in Arisdorf am 23.5.1993. An diesem Tag hatte der verwendete Wechselrichter offensichtlich ein schwerwiegendes Problem mit dem Maximum-Power-Point-Tracking.

l_{CM} steigt im Laufe des Tages stark an. Deshalb liegen an diesem Tag sowohl k_G (ca. 60%) als auch PR (ca. 48%) sehr tief.

Bild 7-13 zeigt das normierte Tagesdiagramm am 11.12.1994 einer Anlage mit einem dreiphasigen 20 kW-Wechselrichter, die am Photovoltaik-Testzentrum der BFH in Burgdorf betrieben wird. Die Solarmodule dieser auf einem Sheddach montierten Anlage sind horizontal in Serie geschaltet, so dass am späteren Nachmittag nicht beim ersten Schattenwurf des vorne liegenden Sheds die ganze Solargeneratorleistung ausfällt, sondern nur in Stufen entsprechend den bereits beschatteten Modulreihen (siehe Bild 1-11, zeigt Besonnung Ende Februar um ca. 17:00). Man erkennt, dass nach 15:00 l_{CM} plötzlich auf ein neues Niveau ansteigt und nach 15:30 nochmals ansteigt. Entsprechend geht auch pr zurück. Dies ist auf die Beschattung der untersten resp. zweituntersten Modulreihe zurückzuführen. l_{CM} reagiert also sehr deutlich auch auf Teilbeschattungen des Solargenerators durch nahe gelegene Objekte.

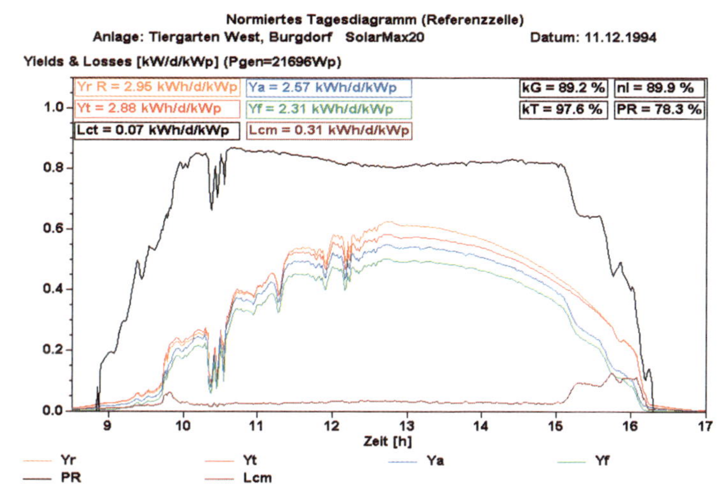

Bild 7-13:
Normiertes Tagesdiagramm für den 11.12.1994 der 20 kW-Anlage auf der Westseite des neuen Elektrotechnik-Gebäudes der BFH in Burgdorf [6.24]. Es ist zu erkennen, wie nach 15:00 durch die Beschattung der unteren Modulreihen l_{CM} deutlich ansteigt. l_{CM} ist somit auch ein guter Indikator für Teilbeschattungen des Solargenerators.

7.5 Fehlereingrenzung mit den verschiedenen Darstellungsarten

Die Unterteilung der Generatorverluste L_C in die temperaturbedingten Generatorverluste L_{CT} und die nicht temperaturbedingten Generatorverluste L_{CM} ist auch bei der normierten Jahres-, Monats- und Tagesstatistik zweckmässig und ermöglicht eine genauere Analyse von aufgetretenen Problemen. Falls nur *Stundenwerte als Ausgangsmaterial* für die Berechnung von Y_T und die Aufteilung von L_C in L_{CT} und L_{CM} zur Verfügung stehen, sollte darauf geachtet werden, dass für die *Zellentemperatur strahlungsgewichtete Temperaturmesswerte* zur Verfügung stehen, um eine möglichst hohe Genauigkeit zu erzielen. Durch sukzessiven Einsatz der verschiedenen normierten Statistiken und des normierten Tagesdiagramms ist die Erkennung von Fehlern und ihren Ursachen dann ziemlich einfach, wie das nachfolgende Beispiel zeigt.

Bild 7-14 zeigt eine derartige normierte Jahresstatistik 1994 der Anlage der Industriellen Betriebe Interlaken (IBI), die mit vier im Master-Slave-Betrieb arbeitenden 1,8 kW-Wechselrichtern ausgerüstet ist. Bei genauerem Hinsehen ist zu erkennen, dass im Oktober 1994 die L_{CM}-Verluste relativ zu den anderen Monaten zu hoch sind. Für die genauere Untersuchung wird eine normierte Monatsstatistik gemäss Bild 7-15 erstellt. Hier erkennt man, dass die Anlage am 2.10.1994 Probleme bekam. Eine normierte Tagesstatistik dieses Tages (Bild 7-16) zeigt, dass die Anlage zwischen 13:00 und 14:00 total ausfiel (Defekt am Master-Wechselrichter), was an einem plötzlichen starken Abfall der Stunden-PR-Werte erkennbar ist. Die Stunden-L_{CM}-Werte steigen gleichzeitig auf die Stundenwerte von Y_T, d.h. der Wechselrichter nimmt keine Leistung vom PV-Generator mehr auf.

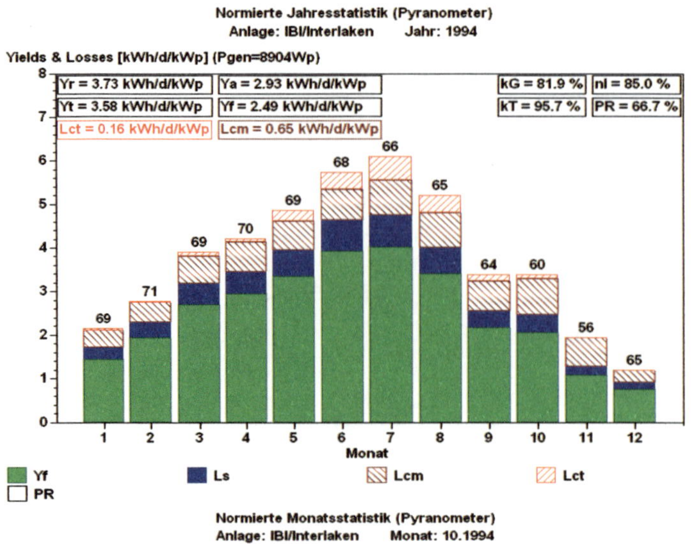

Bild 7-14:
Normierte Jahresstatistik 1994 der IBI-Anlage in Interlaken. Es ist zu erkennen, dass im Oktober die L_{CM}-Verluste relativ zu den andern Werten zu gross sind, d.h. es muss in diesem Monat ein Problem vorliegen.

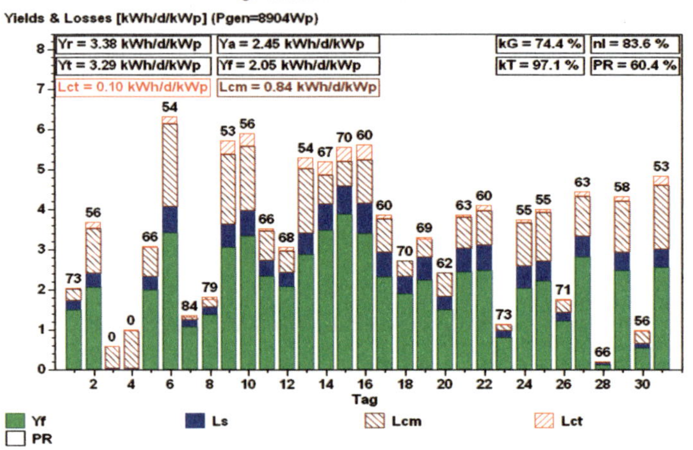

Bild 7-15:
Normierte Monatsstatistik der IBI-Anlage Interlaken für Oktober 1994. Man erkennt, dass offenbar im Laufe des 2.10. Probleme auftraten und dass die Anlage am 3.10. und 4.10. ausser Betrieb war. Ab dem 5.10. nahm die Anlage mit reduzierter Leistung den Betrieb wieder auf.

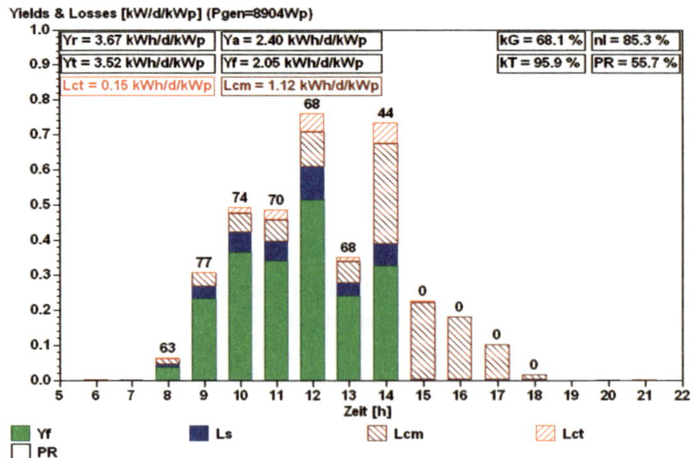

Bild 7-16:
Normierte Tagesstatistik für den 2.10.1994 für die Anlage IBI Interlaken. Es ist zu erkennen, dass die Anlage zwischen 13:00 und 14:00 ausfiel.

Hinweis: Wie bereits in Kap. 7.3.2 erwähnt, zeigen die Balken der Tagesstatistik für jede Stunde jeweils die Stundenmittelwerte der vorangegangenen Stunde an, die Balken bei 14 Uhr also die Mittelwerte der Zeit von 13:00 bis 14:00.

Eine noch feinere Analyse dieses Ausfalls ermöglicht das für die kritische Zeit gedehnte normierte Tagesdiagramm (Bild 7-17, Darstellung normierter 5-Minuten-Messwerte). Man erkennt, dass sich der Ausfall bereits in den Messwerten von 13:35 durch ein temporäres Maximum-Power-Tracking-Problem vorankündigt (starker l_{CM}-Anstieg kombiniert mit entsprechendem pr-Abfall). Die Messwerte um 13:40 sind wieder normal. Der eigentliche Ausfall erfolgt etwa um 13:42 und äussert sich erstmals in den Messwerten von 13:45. Danach steigt l_{CM} auf y_T und pr sowie y_F sinken auf 0, d.h. die Anlage ist ausgefallen.

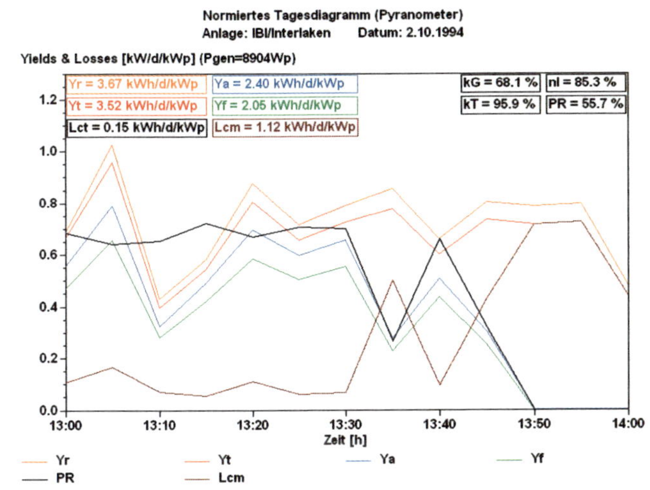

Bild 7-17:

Detailanalyse des Ausfalls vom 2.10.1994 durch ein gedehntes normiertes Tagesdiagramm der Anlage IBI Interlaken für die Zeit zwischen 13:00 bis 14:00 (mit 5-Minuten-Mittelwerten). Der Ausfall der Anlage kündigt sich bereits in den Messwerten von 13:35 durch ein temporäres MPP-Tracking-Problem (Anstieg von l_{CM} , Einbruch von pr) an. Um ca. 13:42 erfolgt der endgültige Ausfall des Master-Wechselrichters, die Energieproduktion der ganzen Anlage sinkt auf 0 und als Folge davon werden auch y_F und pr = 0.

Am 3.10. und 4.10. war die Anlage ausser Betrieb. Sie wurde am 5.10. wieder provisorisch mit zwei, am 14.10 mit drei Wechselrichtern in Betrieb genommen (siehe Bild 7-15). Die PR-Tageswerte stiegen deshalb wieder deutlich an. Am 16.10. trat erneut ein Hardware-Defekt auf, diesmal nur an einem Slave-Wechselrichter. Im weiteren Verlauf des Monats lief die Anlage nur noch mit zwei Wechselrichtern, was die tiefen PR-Werte an schönen Tagen erklärt.

Dank der normierten Darstellung konnten auch schon gefährliche Fehler im PV-Generator erkannt werden, z.B. ein Schwelbrand im Generator-Anschlusskasten einer 11-jährigen Anlage.

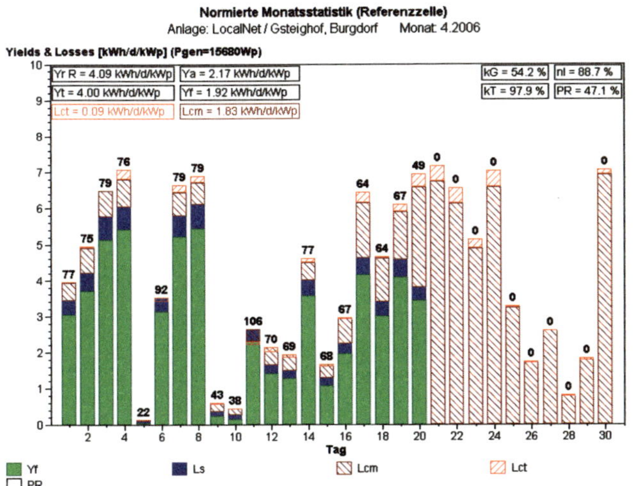

Bild 7-18:

Normierte Monatsstatistik für April 2006 der Anlage Localnet in Burgdorf. Es ist zu erkennen, dass nach dem 16.4.2006 der Anteil der L_{CM}-Verluste deutlich ansteigt und die PR absinkt.

Da die Anlage 8 Stränge aufweist, deutet dies auf den Ausfall eines Stranges hin. Mit einem normierten Tagesdiagramm für den 16.4.2006 kann der Fehler näher untersucht werden.

Ein normiertes Tagesdiagramm dieser Anlage für den 16.4. zeigt, dass der Fehler kurz nach 11:00 während einer kurzzeitigen Strahlungsspitze auftrat (plötzliches, starkes Ansteigen von l_{CM}). Die Anlage wurde am 20.4.2006 nach dem Entdecken des Fehlers manuell abgeschaltet.

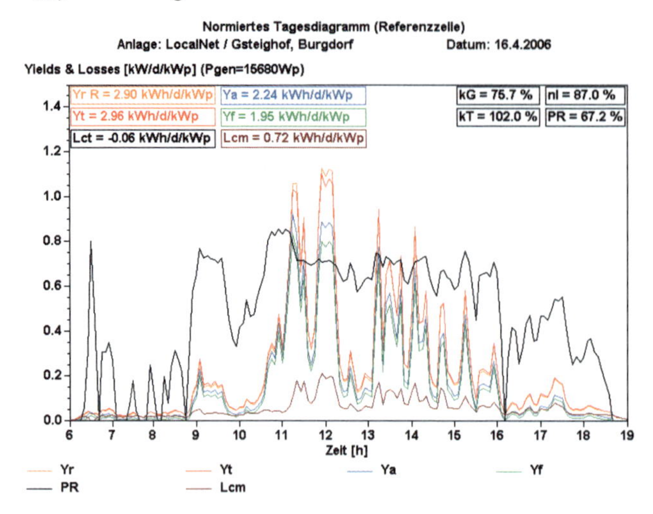

Bild 7-19:

Detailanalyse des Ausfalls vom 16.4.2006 durch ein normiertes Tagesdiagramm. Der Ausfall erfolgte etwa um 11:10 während eines Cloud-Enhancements (plötzlicher Anstieg von l_{CM}).

Die Ursache dieses Ausfalls war vermutlich eine nicht ganz perfekte Lötstelle, deren Widerstand sich im Laufe der Jahre allmählich erhöhte, so dass sich schliesslich ein Lichtbogen entwickelte, der einen Schwelbrand auf dem Print des Klemmenkastens auslöste.

7.6 Zusammenfassung und Ausblick

Dank den in diesem Kapitel eingeführten normierten Darstellungen kann das Betriebsverhalten von Photovoltaikanlagen verschiedener Grösse und an unterschiedlichen Standorten im Detail analysiert und verglichen werden. Wird bei einer Photovoltaikanlage ein etwas detaillierteres Messprogramm durchgeführt, sollte nicht nur die Umgebungstemperatur, sondern unbedingt auch die Zellen- oder Modultemperatur T_Z (resp. T_C) gemessen werden. Mit dieser Grösse können die Generator- oder Feldverluste in den temperaturbedingten und nicht temperaturbedingten Anteil aufgespaltet werden, was eine wesentlich genauere Untersuchung erlaubt. Stehen Messwerte in kürzeren Messintervallen als eine Stunde zur Verfügung, ermöglicht die Darstellung der normierten Leistungen und Verluste im normierten Tagesdiagramm eine noch feinere Analyse.

Normierte Leistungen und Verluste können auch zur online Fehlerdiagnose verwendet werden. Werden die Messwerte häufig (z.B. jede Sekunde) erfasst, lässt sich mit normierten Leistungen und Verlusten auf einfache Weise eine permanente Betriebsüberwachung realisieren, die eine sofortige Erkennung von auftretenden Fehlern ermöglicht. Beim PV-Testzentrum der BFH in Burgdorf [6.24] wird diese Methode bereits seit vielen Jahren eingesetzt.

7.7 Literatur zu Kapitel 7

[7.1] "Guidelines for the Assessment of Photovoltaic Plants, Document B: Analysis and Presentation of Monitoring Data", Issue 4.1, June 1993. JRC, Ispra.

[7.2] H. Häberlin und Ch. Beutler: "Analyse des Betriebsverhaltens von Photovoltaikanlagen durch normierte Darstellung von Energieertrag und Leistung". SEV/VSE-Bulletin 4/1995.

[7.3] H. Häberlin, Ch. Beutler und S. Oberli: "Die netzgekoppelte 1,1kW-Photovoltaikanlage der Ingenieurschule Burgdorf auf dem Jungfraujoch". SEV/VSE-Bulletin 10/1994.

[7.4] H. Haeberlin and Ch. Beutler: "Normalized Representation of Energy and Power for Analysis of Performance and On-line Error Detection in PV-Systems". 13th EU PV Conference on Photovoltaic Solar Energy Conversion, Nice, France, 1995.

8 Dimensionierung von Photovoltaikanlagen

Der prinzipielle Aufbau von Photovoltaikanlagen wurde bereits in Kap. 5 behandelt. In diesem Kapitel werden nun die speziellen Probleme bei der Dimensionierung von Photovoltaikanlagen behandelt. Allgemeine elektrotechnische Probleme wie z.B. Wahl der richtigen Leiterquerschnitte, Konzept der Anlagenabsicherung oder die Berechnung von Spannungsabfällen werden als bereits bekannt vorausgesetzt. Wichtig ist bei diesen elektrotechnischen Problemen in erster Linie, dass vom Hersteller für Gleichstrom spezifiziertes Material verwendet wird und dass Isolationsmaterialien die nötige Licht- und Witterungsbeständigkeit aufweisen. Je nach Land sind auch spezielle Vorschriften für die Erstellung von Photovoltaikanlagen zu beachten (z.B. [4.10], in der Schweiz [4.13]).

8.1 Prinzip und Ausgangsgrössen für die Ertragsberechnung

Die hier präsentierte Ertragsberechnung bei allen Arten von Photovoltaikanlagen basiert auf der im Kapitel 7 eingeführten normierten Darstellung des Energieertrags unter Verwendung von Monatsmittelwerten. Neben dem *Strahlungsertrag* $Y_R = H_G / 1kWm^{-2}$ in der Solargeneratorebene wird in jedem Fall noch der *Generator-Korrekturfaktor* k_G benötigt. Bei Anlagen mit Maximum-Power-Trackern (netzgekoppelte Anlagen, Inselanlagen mit Ladereglern mit Maximum-Power-Trackern) wird auch der *Temperatur-Korrekturfaktor* k_T benötigt. Bei *netzgekoppelten Anlagen* ist zudem die Kenntnis des mittleren Wirkungsgrades $\eta_{WR} = n_I$ des verwendeten Wechselrichters (z.B. der europäische Wirkungsgrad η_{EU} nach (5.28) oder besser der mit den entsprechenden Gewichtsfaktoren berechnete totale Wirkungsgrad $\eta_{tot\text{-}EU}$ nach (5.33) erforderlich. Bei *Ladereglern mit Maximum-Power-Trackern* sollte auch der in analoger Weise berechnete mittlere Wirkungsgrad $\eta_{LR\text{-}MPT}$ oder kurz η_{MPT} bekannt sein.

Mit relativ teuren Simulationsprogrammen (einige 100 €) können auf modernen PC's nach einer entsprechenden Einarbeitungszeit fast alle Arten von PV-Anlagen simuliert werden. Solche Programme sind für die Dimensionierung praktischer PV-Anlagen aber meist zu kompliziert. Oft bieten sie für viele mögliche Anlagen umfassende Simulationsmöglichkeiten, sind aber deshalb nicht sehr benutzerfreundlich und überfordern den Anfänger oder den nur gelegentlichen Anwender. Da die Funktionsweise derartiger Programme meist wenig transparent ist, eignen sie sich auch nicht sehr gut für Lehr- oder Lernzwecke. Lernende können damit kein umfassendes Verständnis für das Fachgebiet der Photovoltaik aufbauen. Erst für den erfahrenen Anwender mit guten Photovoltaik-Kenntnissen sind sie ein gutes Werkzeug für die Optimierung von Anlagen. Die heute erhältlichen Programme berücksichtigen aber wichtige Einflüsse wie winterliche Schneebedeckung, Verschmutzung, Modulminderleistung meist nicht korrekt.

Nach der Behandlung aller technisch relevanten Aspekte von Photovoltaikanlagen werden hier Methoden vorgestellt, welche mit vernünftigem Aufwand die Dimensionierung und die Berechnung des Energieertrags von Photovoltaikanlagen erlauben. Man muss sich dabei aber immer bewusst sein, dass besonders im Winter die Einstrahlungswerte im gleichen Monat stark schwanken können (bis mehr als Faktor 4, siehe Bild 2-9 und 2-26!) und in einem Wintermonat auch einmal weniger als die Hälfte der mittleren Einstrahlung auftreten kann. Ertragsberechnungen von Photovoltaikanlagen basieren immer auf gewissen statistischen Erfahrungswerten und können deshalb nie die wirkliche Energieproduktion in einem bestimmten Monat exakt voraussagen. Es ist deshalb nicht unbedingt sinnvoll, einen grossen Aufwand für die sehr präzise Berechnung von Korrekturfaktoren zu betreiben, wenn durch witterungsbedingte Schwankungen des Energieertrags und der Schneebedeckung ohnehin mit viel grösseren Variationen der Energieproduktion gerechnet werden muss.

8.1.1 Strahlungsberechnung

Für die Dimensionierung des Solargenerators von Inselanlagen werden zunächst *möglichst genaue Strahlungsdaten des vorgesehenen Standortes* benötigt, mit denen die in die Solargeneratorebene eingestrahlte Energie H_G berechnet werden kann. Derartige Berechnungen wurden bereits in Kapitel 2 ausführlich behandelt.

Da bei Inselanlagen meist Tages-Energiebilanzen verwendet werden, ist es für die Dimensionierung derartiger Anlagen günstig, H_G in kWh/m^2/d anzugeben. Bei Inselanlagen ist es oft nicht notwendig, H_G für jeden Monat zu bestimmen, es genügt in vielen Fällen die Analyse der Verhältnisse in den kritischen Monaten mit der geringsten Einstrahlung.

Bei netzgekoppelten Anlagen interessieren meist sämtliche Monatswerte und der Jahreswert der Energieproduktion. Stehen Monatswerte der Einstrahlung zur Verfügung, kann bei diesen Anlagen auch direkt mit Monatswerten operiert werden, andernfalls sind die durchschnittlichen Tageswerte mit n_d (Anzahl Tage pro Monat) des jeweiligen Monats zu multiplizieren.

Mit den im Anhang enthaltenen Angaben kann H_G für viele Standorte in Europa berechnet werden. Noch bequemer ist natürlich die Verwendung eines entsprechenden Computerprogramms [2.3], [2.4], [2.5]. Aus H_G erhält man mit (7.3) dann leicht $Y_R = H_G/(1\text{kW/m}^2)$.

Mit der in Kap. 2.4 dargestellten einfachen Methode kann mit geringem Aufwand die Einstrahlung in die Solargeneratorebene berechnet werden (Tab. 2.4). Sie berücksichtigt aber lokale Unterschiede nur in beschränktem Umfang und kann nicht auf spezielle Probleme (Beschattung, Einfluss von nahen Gebäuden usw.) eingehen. Soll eine höhere Genauigkeit erzielt werden, ist die in Kap. 2.5 vorgestellte, aufwändigere Methode mit dem Dreikomponentenmodell anzuwenden (Tab. 2.8). Die praktische Berechnung von Y_R bei konkreten Anlagen kann mit den oben erwähnten Tabellen erfolgen. In den Kapiteln, die sich im Detail mit der Berechnung der einzelnen Anlagetypen befassen, werden aber auch kombinierte Tabellen vorgestellt, welche die Berechnung von Einstrahlung und Energieertrag auf einem Blatt gestatten.

8.1.2 Bestimmung des Temperatur-Korrekturfaktors k_T

Ausführliche Messungen an vielen Anlagen, die vom PV-Labor der BFH in den letzten Jahren an vielen Anlagen in verschiedenen Klimaregionen der Schweiz durchgeführt wurden, haben gezeigt, dass der Generator-Korrekturfaktor k_T etwa im Bereich $0{,}88 < k_T < 1{,}1$ variiert. Dieser Bereich ist wegen der ähnlichen klimatischen Verhältnisse auch für Anlagen in Deutschland und Österreich und im übrigen Mitteleuropa repräsentativ. In südlicheren Ländern dürften die k_T-Werte in den Sommermonaten dagegen bis gegen 0,8 sinken.

Die höchsten k_T-Werte werden meist im Dezember oder Januar an Flachlandstandorten mit relativ geringer Einstrahlung registriert. An Gebirgsstandorten sind in diesen Monaten trotz der niedrigeren Umgebungstemperaturen die k_T etwas tiefer, da dank höherer Einstrahlungen die (strahlungsgewichtete) Temperatur T_{ZG} höher liegt. An Gebirgsstandorten werden die höchsten k_T-Werte oft in den Monaten Februar oder März erreicht. Die tiefsten k_T-Werte werden in den Sommermonaten an gut besonnten Flachlandstandorten registriert. An Gebirgsstandorten ist die Einstrahlung in den Sommermonaten eher etwas geringer als im Flachland (Gewitterbildung) und die Umgebungstemperaturen tiefer, sodass die k_T-Werte deutlich über den Werten von Flachlandstandorten liegen.

8.1.2.1 *Näherungsweise Bestimmung der strahlungsgewichteten Zellentemperatur*

In Kap. 7 wurde der Temperatur-Korrektorfaktor $k_T = Y_T/Y_R$ für PV-Anlagen eingeführt, bei denen die Einstrahlung $G_G = G_I$ in die Modulebene und die Zellentemperatur T_Z im Rahmen eines Monitoringprogramms gemessen wird. Wie unten gezeigt wird, ist mit der sogenannten strahlungsgewichteten Zellentemperatur T_{ZG} die Berechnung von $k_T = Y_T/Y_R$ auch für beliebige Anlagen aus meteorologischen Daten möglich:

Mit (7.9) (Definition von y_T) und (7.16) (Berechnung von Y_i aus Momentanwerten y_i) und den in Kap. 7 eingeführten Bezeichnungen und Definitionen folgt:

$$Y_T = \int_0^T y_R[1 + c_T(T_Z - T_o)] \cdot dt = Y_R - c_T \cdot T_o \cdot Y_R + c_T \int_0^T y_R \cdot T_Z \cdot dt \qquad (8.1)$$

Einführung der strahlungsgewichteten Temperatur: $T_{ZG} = \frac{1}{Y_R} \int_0^T y_R \cdot T_Z \cdot dt$ (8.2)

Mit (8.1) und (8.2) wird ergibt sich somit:

$$k_T = \frac{Y_T}{Y_R} = 1 + c_T(T_{ZG} - T_o) \qquad (8.3)$$

Solche strahlungsgewichtete Modultemperaturen stehen leider nicht allgemein zur Verfügung. Meteorologische Dienste erfassen neben der globalen Einstrahlung in die Horizontalebene meist nur die Umgebungstemperatur T_U. Nur bei speziellen Langzeit-Messprogrammen an PV-Anlagen, bei denen detaillierte Messungen von Einstrahlung, Modultemperatur und Umgebungstemperatur erfolgen, können derartige strahlungsgewichtete Modultemperaturen direkt gewonnen werden.

Es stellt sich somit das Problem, aus der durchschnittlichen Tagessumme Y_R der Einstrahlung in die Solargeneratorebene und der Umgebungstemperatur die strahlungsgewichtete Zellentemperatur T_{ZG} zu bestimmen. Das folgende Verfahren beschreibt eine einfache Näherung.

Der zeitliche Verlauf der Bestrahlungsstärke in die Horizontalebene hat an schönen Tagen näherungsweise den Verlauf einer Sinushalbwelle mit der Amplitude G_{max}. An einem derartigen Tag mit der Taglänge t_{dh} wird in diese Ebene etwa die Energie $H_G \approx (2/\pi) \cdot G_{max} \cdot t_{dh}$ eingestrahlt. Dabei entspricht t_{dh} der Zeit in Stunden, während der die Sonne höher als 5° über dem Horizont steht.

Unter der vereinfachenden Annahme, dass die Bestrahlungsstärke G_G in die (geneigte) Solargeneratorebene einen etwa analogen zeitlichen Verlauf hat, ergibt sich mit der Zeit $t_d \leq t_{dh}$, während der die Sonne mindestens 5° über der Solargeneratorebene mit dem Anstellwinkel β steht:

$$H_G = \frac{2}{\pi} G_{G\max} \cdot t_d = Y_R \cdot G_o = Y_R \cdot 1\,kW/m^2 \qquad (8.4)$$

Eine genau südorientierte Fläche mit Anstellwinkel β ist parallel zu der Horizontalebene auf dem äquivalenten Breitengrad φ′ = φ - β auf dem gleichen Längengrad. Mit (2.2) kann aus dem Breitengrad φ und der Sonnendeklination δ für jeden Tag die Zeit t_d berechnet werden, während der die Sonne auf dem äquivalenten Breitengrad φ' mindestens 5° über der Fläche und zugleich auf dem betrachteten Breitengrad φ mindestens 5° über dem Horizont steht.

Daraus folgt für die maximale Bestrahlungsstärke an einem *strahlungsmässig durchschnittlichen* Tag eines Monats, wenn angenommen wird, dass die Bestrahlungsstärke gemäss einer Sinushalbwelle verläuft, d.h. dass $G = G_{Gmax} \cdot \sin(\pi \cdot t/t_d)$:

$$G_{G\max} = \frac{\pi \cdot Y_R \cdot G_o}{2 \cdot t_d} = \frac{\pi}{2 \cdot t_d} Y_R \cdot 1\, kW/m^2 \quad (8.5)$$

Bei $G_o = 1\ kW/m^2$ erwärmt sich ein Solarmodul gegenüber der Umgebungstemperatur T_U je nach Montageart um etwa $\Delta T_o \approx 23°C$ bis 43°C. Für die Temperaturerhöhung ΔT_U gegenüber T_U bei der Bestrahlungsstärke G folgt somit:

$$\Delta T_U = T_Z - T_U = \Delta T_0 \frac{G}{G_o} = \Delta T_o \cdot y_R \quad (8.6)$$

Mit (8.2) folgt somit:

$$T_{ZG} = \frac{1}{Y_R} \int_0^{t_d} y_R \cdot (T_U + \Delta T_o \cdot y_R) \cdot dt = T_U + \frac{1}{Y_R} \int_0^{t_d} y_R{}^2 \cdot \Delta T_o \cdot dt \quad (8.7)$$

Unter der Annahme, dass der Strahlungsverlauf wieder einer Sinushalbwelle entspricht, gilt:

$$\frac{1}{Y_R} \int_0^{t_d} y_R{}^2 \cdot \Delta T_o \cdot dt = \Delta T_o \cdot \frac{1}{2 \cdot Y_R} \cdot y_{R\max}{}^2 \cdot t_d \quad (8.8)$$

Damit ergibt sich für die strahlungsgewichtete Temperatur:

$$\Rightarrow T_{ZG} = T_U + \Delta T_o \frac{y_{R\max}{}^2 \cdot t_d}{2 \cdot Y_R} = T_U + \Delta T_o \frac{\pi^2}{8 \cdot t_d} Y_R = T_U + c_Y \cdot Y_R \quad (8.9)$$

Die bei der Herleitung dieser Beziehungen verwendete Umgebungstemperatur T_U ist im Tagesverlauf natürlich nicht konstant, sondern sie variiert etwas. Am Tag ist sie höher als in der Nacht und am Nachmittag höher als am Vormittag. Wenn jedoch angenommen wird, dass der Strahlungsverlauf im Mittel etwa einer Sinushalbwelle entspricht, wird die am Vormittag im linken Term (mit T_U) des Integrals in (8.7) zu tiefe Temperatur durch die am Nachmittag etwas höhere Temperatur kompensiert, wenn bei der Anwendung der Formeln (8.6) bis (8.9) für T_U nicht die mittlere Tagestemperatur T_{Um} über 24 Stunden (die von den meteorologischen Stationen meist angegeben wird), sondern die mittlere Temperatur T_{Ud} während der Zeit t_d (Sonne mindestens 5° über Fläche des Solargenerators) eingesetzt wird.

T_{Ud} kann durch Addition einer Korrekturgrösse T_K (Erhöhung der mittleren Temperatur während des Tages gegenüber der 24 h-Tagesmitteltemperatur T_{Um}) zur mittleren Umgebungstemperatur T_{Um} erhalten werden.

$$\Rightarrow T_{ZG} = T_{Um} + T_K + \Delta T_o \frac{\pi^2}{8 \cdot t_d} Y_R = T_{Um} + T_K + c_Y \cdot Y_R \quad (8.10)$$

Auf Grund langjähriger Messreihen des PV-Labors der BFH an verschiedenen Standorten in der Schweiz hat sich für mitteleuropäische Verhältnisse ein Wert T_K von etwa 7 K bewährt. Der Korrekturterm T_K in (8.10) berücksichtigt den Unterschied zwischen dem Mittelwert der Umgebungstemperatur T_{Ud} während des Tages und dem von den Wetterdiensten erfassten 24h-Mittelwert $T_{Um.}$ sowie die seit den Messungen der Mittelwerte erfolgte Klimaerwärmung.

Für die praktische Handhabung der Formel (8.10) ist es zweckmässig, für den betrachteten Standort zunächst den Faktor $c_Y = \Delta T_0 \cdot (\pi^2/8t_d)$ für den strahlungsmässig durchschnittlichen Tag jedes Monats zu berechnen. In Tabelle 8.1 sind als Beispiel für jeden Monat die c_Y-Werte für drei verschiedene Montagearten (freistehend, parallel zu einer Ebene oder integriert) für einen Solargenerator in Kloten angegeben und einem Anstellwinkel von 45° angegeben, der etwa dem Breitengrad entspricht.

Tab. 8.1: c_Y-Werte in K/(h/d) oder °C/(h/d) zur Berechnung der Temperaturerhöhung aus Y_R für jeden Monat für drei verschiedene Montagearten in Kloten (β = 45°).

c_Y für Temperaturberechnung aus Y_R		Jan	Feb	März	Apr	Mai	Juni	Juli	Aug	Sep	Okt	Nov	Dez
t_d in h		7.67	9.12	10.77	11.30	11.30	11.30	11.30	11.30	11.30	9.69	8.12	7.14
Freistehend	ΔT = 23K bei 1kW/m²	3.72	3.13	2.65	2.52	2.52	2.52	2.52	2.52	2.52	2.94	3.51	4.00
Auf Dach	ΔT = 33K bei 1kW/m²	5.34	4.49	3.80	3.62	3.62	3.62	3.62	3.62	3.62	4.22	5.04	5.73
Integriert	ΔT = 43K bei 1kW/m²	6.95	5.85	4.95	4.72	4.72	4.72	4.72	4.72	4.72	5.50	6.57	7.47

Bei einem freistehenden Solargenerator beträgt $\Delta T_0 \approx 23$ K. Bei der Montage des Solargenerators parallel zu einer (nahen) Ebene (z.B. Dach, Fassade) mit einer gewissen Hinterlüftung wird $\Delta T_0 \approx 33$ K. Wird der Solargenerator ohne Hinterlüftung in ein Dach oder eine Fassade integriert, ist $\Delta T_0 \approx 43$ K. Bei häufigem starkem Wind (z.B. im Hochgebirge) kann ΔT_0 auch etwas kleiner sein.

Die c_Y-Werte hängen nur wenig vom Anstellwinkel ab. Bei einem steileren Anstellwinkel sinkt zwar die Einstrahlung in den Sommermonaten etwas, aber auch das entsprechende t_d für die Solargeneratorfläche, d.h. der Einfluss auf c_Y ist relativ gering. Da damit nur ein Korrekturfaktor berechnet wird, genügt die für die Berechnung von T_{ZG} und damit k_T die Verwendung eines für den gewählten Standort sinnvollen Mittelwertes des Anstellwinkels.

8.1.2.2 Berechnung von k_T und Y_T

Mit der so bestimmten strahlungsgewichteten Temperatur T_{ZG} kann nun mit (8.3) mit dem Temperaturkoeffizienten c_T der MPP-Leistung des Solargenerators der Korrekturfaktor k_T berechnet werden. Da bei höherer Temperatur auch die ohmschen Verluste ansteigen und infolge Temperaturdifferenzen im Solargenerator auch gewisse zusätzliche Mismatch-Verluste entstehen können, ist es bei Ertragsberechnungen zweckmässig, bei kristallinen Solarmodulen mit betragsmässig etwas höheren Werten von $c_T \approx -0{,}45\,\%/K$ *bis* $-0{,}5\,\%/K$ zu rechnen:

$$k_T = 1 + c_T(T_{ZG} - T_o) \tag{8.11}$$

Dabei bedeuten

c_T Temperaturkoeffizient der MPP-Leistung von Solargenerator + Verdrahtung (ca. -0,0045K^{-1} bis -0,005 K^{-1} bei kristallinen Solarzellen).

T_{ZG} strahlungsgewichtete Zellentemperatur des PV-Generators (Kap. 8.1.2.1).

T_o STC-Bezugstemperatur (25°C), bei der PV-Generator-Nennleistung P_{Go} definiert ist.

Damit kann nun mit (7.17) oder (8.3) aus Y_R der temperaturkorrigierte Strahlungs- oder Referenzertrag Y_T berechnet werden:

$$\textit{Temperaturkorrigierter Strahlungs- oder Referenzertrag: } Y_T = k_T \cdot Y_R \tag{8.12}$$

8.1.2.3 Verwendung der k_T-Werte der Referenzstationen

Da mit der strahlungsgewichteten Temperatur T_{ZG} nur ein Korrekturfaktor berechnet wird, hat ein kleiner Fehler bei der Berechnung von T_{ZG} nur einen relativ geringeren Einfluss auf den gesamten Energieertrag. Deshalb genügt es in der Praxis oft, statt mit einer exakten Berechnung von T_{ZG} gemäss Kap. 8.1.2.1 einfach *mit dem Temperatur-Korrekturfaktor k_T der zum Standort gehörenden Referenzstation* zu arbeiten. In Tabelle 8.2 sind die mit c_T = -0,45% berechneten k_T-Werte der 9 Referenzstationen für 3 verschiedene Montagearten angegeben.

Tabelle 8.2: Temperaturkorrekturfaktoren k_T für die verwendeten Referenzstationen für drei verschiedene Montagearten (kleiner, mittlerer und grosser Temperatureinfluss). Bei Modulen aus amorphem Silizium ist der Temperatureinfluss immer klein.

Temperatureinfluss klein:
Freifeldaufstellung kristalliner Module oder bei Modulen aus amorphem Silizium

	Jan	Feb	März	Apr	Mai	Juni	Juli	Aug	Sep	Okt	Nov	Dez	Jahr
Kloten	1.06	1.05	1.02	1.00	0.97	0.96	0.94	0.94	0.97	1.01	1.04	1.06	0.98
Davos	1.05	1.04	1.02	1.01	0.99	0.98	0.96	0.97	0.99	1.01	1.04	1.05	1.00
Locarno	1.03	1.03	1.01	1.00	0.98	0.95	0.93	0.93	0.96	0.99	1.02	1.03	0.98
Postdam	1.07	1.06	1.03	1.00	0.97	0.95	0.94	0.95	0.98	1.01	1.04	1.06	0.98
Giessen	1.06	1.05	1.03	1.00	0.97	0.95	0.95	0.96	0.99	1.01	1.04	1.06	0.98
München	1.06	1.05	1.02	1.00	0.97	0.95	0.94	0.95	0.97	1.00	1.04	1.05	0.98
Marseille	1.00	1.00	0.98	0.96	0.94	0.92	0.90	0.91	0.94	0.96	0.99	1.00	0.95
Sevilla	0.98	0.97	0.95	0.95	0.92	0.90	0.88	0.89	0.91	0.93	0.97	0.98	0.93
Kairo	0.96	0.94	0.93	0.91	0.89	0.88	0.88	0.88	0.89	0.90	0.93	0.95	0.91

Temperatureinfluss mittel:
Aufdachmontage mit Hinterlüftung oder Fassadenintegration kristalliner Module

	Jan	Feb	März	Apr	Mai	Juni	Juli	Aug	Sep	Okt	Nov	Dez	Jahr
Kloten	1.05	1.03	1.01	0.98	0.95	0.93	0.91	0.92	0.95	0.99	1.04	1.05	0.96
Davos	1.03	1.02	1.00	0.98	0.97	0.96	0.94	0.95	0.97	0.98	1.02	1.03	0.98
Locarno	1.02	1.02	0.99	0.98	0.96	0.93	0.90	0.91	0.94	0.98	1.01	1.02	0.96
Postdam	1.06	1.05	1.02	0.98	0.94	0.93	0.92	0.93	0.96	1.00	1.04	1.06	0.96
Giessen	1.06	1.04	1.01	0.98	0.94	0.93	0.92	0.93	0.97	1.00	1.04	1.06	0.96
München	1.05	1.03	1.01	0.98	0.94	0.92	0.92	0.93	0.95	0.99	1.02	1.04	0.96
Marseille	0.98	0.98	0.95	0.93	0.91	0.89	0.87	0.88	0.91	0.93	0.97	0.98	0.92
Sevilla	0.95	0.95	0.93	0.92	0.89	0.87	0.85	0.85	0.88	0.91	0.95	0.96	0.90
Kairo	0.93	0.92	0.90	0.88	0.86	0.84	0.84	0.84	0.86	0.87	0.90	0.93	0.88

Temperatureinfluss hoch:
Kristalline Module ohne Hinterlüftung in Dächern integriert

	Jan	Feb	März	Apr	Mai	Juni	Juli	Aug	Sep	Okt	Nov	Dez	Jahr
Kloten	1.04	1.02	0.99	0.96	0.93	0.91	0.89	0.90	0.93	0.98	1.03	1.04	0.94
Davos	1.00	0.99	0.97	0.96	0.94	0.93	0.91	0.92	0.94	0.96	1.00	1.01	0.96
Locarno	1.00	1.00	0.97	0.97	0.94	0.90	0.87	0.88	0.92	0.96	0.99	1.00	0.94
Postdam	1.05	1.04	1.00	0.96	0.92	0.90	0.90	0.91	0.94	0.98	1.03	1.05	0.94
Giessen	1.05	1.03	1.00	0.96	0.92	0.91	0.90	0.91	0.96	0.99	1.03	1.05	0.95
München	1.03	1.01	0.99	0.95	0.92	0.90	0.89	0.90	0.93	0.97	1.01	1.03	0.94
Marseille	0.96	0.96	0.93	0.91	0.88	0.86	0.84	0.85	0.89	0.91	0.95	0.96	0.90
Sevilla	0.93	0.92	0.90	0.89	0.86	0.84	0.81	0.82	0.86	0.88	0.93	0.94	0.87
Kairo	0.90	0.89	0.87	0.84	0.82	0.81	0.81	0.81	0.83	0.84	0.87	0.90	0.84

8.1.3 Wahl des Generator-Korrekturfaktors k_G

8.1.3.1 Einflüsse auf den Generator-Korrekturfaktor k_G

Wie bereits in Kapitel 7.2.2 und 7.4.3 erwähnt, beschreibt der Generator-Korrekturfaktor k_G die gesamthafte Auswirkung einer Vielzahl verschiedener Einflüsse auf die Energieproduktion. Zu ihrer Unterscheidung kann k_G als Produkt verschiedener Teilfaktoren dargestellt werden, die natürlich möglichst gross sein sollten, um einen grossen k_G-Wert zu erhalten:

$$\text{Generator-Korrekturfaktor } k_G = k_{PM} \cdot k_{NG} \cdot k_{GR} \cdot k_{SP} \cdot k_{TB} \cdot k_{MM} \cdot k_R \cdot k_V \cdot k_S \cdot k_{MPP} \quad (8.13)$$

Dabei bedeuten

k_{PM} Korrekturfaktor für Minderleistung der Module (z.B. 0,9 ... 1)

k_{NG} Korrekturfaktor für niedrige Einstrahlung (z.B. 0,96 ... 0,995)

k_{GR} Korrekturfaktor für Glasreflexionsverluste (z.B. 0,96 ... 0,995)

k_{SP} Korrekturfaktor für spektralen Mismatch (z.B. 0,96 ... 0,995)

k_{TB} Korrekturfaktor für Teilbeschattung einzelner Module (z.B. 0,8 ... 1)

k_{MM} Korrekturfaktor für Mismatch (z.B. 0,95 ... 1)

k_R Korrekturfaktor für ohmsche Verluste (Widerstände/Strangdioden, z.B. 0,96 ... 0,998)

k_V Korrekturfaktor für Verschmutzung (z.B. 0,8 ... 1)

k_S Korrekturfaktor für Schneebedeckung im Winter (z.B. 0,5 ... 1)

k_{MPP} Korrekturfaktor für nicht im MPP arbeitende Last (z.B. Laderegler, Wechselrichter), wenn nicht anderweitig bereits berücksichtigt (z.B. in η_{tot} bei einem Wechselrichter)

8.1.3.1.1 Korrekturfaktor k_{PM} für Minderleistung der Module

Alle Modulhersteller liefern ihre Module mit einer gewissen Fertigungstoleranz (z.B. ±3%, ±5% oder ±10%). Der Mittelwert der Leistungen der gelieferten Module liegt dabei meist nicht bei der Nennleistung, sondern oft deutlich darunter und liegt oft nur wenig über der garantierten Minimalleistung. Diese Praxis war früher besonders ausgeprägt. Seit der Einführung der normierten Darstellung des Energieertrags hat sich die Situation tendenziell etwas gebessert, denn Anlagen mit Modulen von Herstellern, welche immer zu geringe Modulleistungen liefern, haben schlechtere PR-Werte als Anlagen der Konkurrenz, was sich langfristig herumspricht. Da die Leistung eines Stranges weitgehend durch das schlechteste Modul bestimmt wird, gehen vorsichtige Planer für die Bestimmung von k_{PM} primär von der garantierten Mindestleistung eines Moduls aus, d.h. für ein Modul mit ±10% wird $k_{PM} \approx 0,9$, für ein Modul mit ± 5% $k_{PM} \approx 0,95$. Ist die gelieferte Qualität deutlich besser, kann für die Bestimmung realistischer k_{PM}-Werte etwa vom Mittelwert zwischen garantierter Minimalleistung und Nennleistung der Module ausgegangen werden.

8.1.3.1.2 Korrekturfaktor k_{NG} für niedrige Einstrahlung

Bei Bestrahlungsstärken kleiner als $G_o = 1\ kW/m^2$ sinkt die Leerlaufspannung und die MPP-Spannung U_{MPP} etwas ab, was mit sinkender Bestrahlungsstärke G eine Reduktion des photovoltaischen Wirkungsgrades η_{PV} der Solarzellen bewirkt (siehe Bild 3-16). Die daraus resultierende Reduktion der Energieausbeute kann durch einen Korrekturfaktor k_{NG} berücksichtigt werden. An Orten mit einem relativ hohen Anteil an Diffusstrahlung (Flachlandstandorte in Mitteleuropa, besonders im Winter) ist k_{NG} etwas kleiner als an Orten mit grossen Direktstrahlungsanteilen. Bei vielen Dünnschichtmodulen sinkt η_{PV} auch bei kleinen G kaum, deshalb ist k_{NG} dort beinahe 1.

8.1.3.1.3 Korrekturfaktor k_{GR} für Glasreflexionsverluste

Bei Einfallswinkeln, welche deutlich von der Normalen abweichen, wird ein Teil der auf die Oberfläche eines Solarmoduls einfallenden Strahlung reflektiert (siehe Bild 8-1).

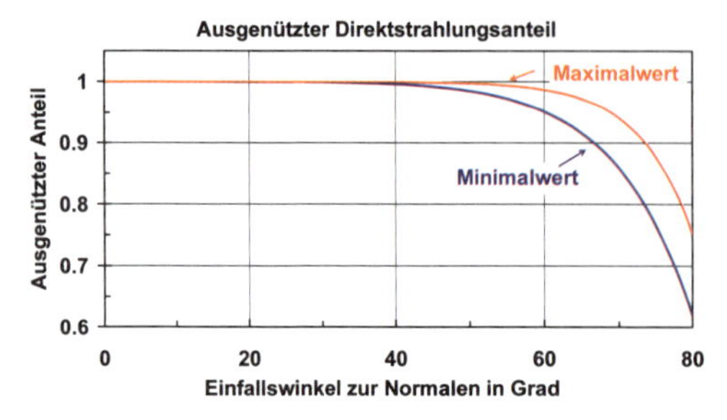

Bild 8-1:
Ausgenützter Direktstrahlungsanteil in Funktion des Einfallswinkels zur Normale. Bei kleinen Einfallswinkeln wird die volle Strahlung ausgenützt, bei grossen Einfallswinkeln (flacher Einfall) geht jedoch in Abhängigkeit von der gewählten Glassorte ein gewisser Anteil der Strahlung verloren [8.1].

Dieser Effekt ist bei der Direktstrahlung besonders ausgeprägt, tritt aber auch bei der Diffusstrahlung auf. Je nach Solargeneratororientierung und Jahreszeit wirkt sich dies in einem mehr oder weniger grossen Energieverlust aus, der in k_{GR} berücksichtigt wird. Besonders ungünstige Verhältnisse und damit kleine k_{GR}-Werte treten bei südorientierten Fassadenanlagen in den Sommermonaten und bei Anlagen mit kleinen Solargenerator-Anstellwinkeln in den Wintermonaten auf. Während im Normalfall die Glasreflexionsverluste relativ klein sind, können sie in derart ungünstigen Situationen durchaus mehrere Prozent betragen.

8.1.3.1.4 Korrekturfaktor k_{SP} für spektralen Mismatch

Wie bereits in Bild 2-46, 2-48 und 2-49 gezeigt, messen geeichte Referenzzellen, welche nur den von Solarzellen auswertbaren Teil des Sonnenspektrums auswerten, gegenüber in der gleichen Ebene angebrachten Pyranometern meist eine um einige Prozent geringere Einstrahlung. Auch bei Berücksichtigung der gegenüber Pyranometern deutlich geringeren Messgenauigkeit von ca. 2% bleibt eine Differenz von 2% bis 3%. Da die von Wetterdiensten gemessenen Einstrahlungswerte mit Pyranometern gemessen werden, tritt ein sogenannter spektraler Mismatch (spektrale Fehlanpassung) zwischen dem natürlichen Sonnenlicht und dem bei den Eichungen von Referenzzellen und Leistungsmessungen an Solarmodulen verwendeten Licht auf, der mit dem Korrekturfaktor k_{SP} berücksichtigt wird.

8.1.3.1.5 Korrekturfaktor k_{TB} für Teilbeschattung einzelner Module

Die Beschattung der ganzen Photovoltaikanlage durch den fernen Horizont kann gemäss Kap. 2.5.4 mit dem Beschattungsfaktor k_B berücksichtigt werden. Wie bereits in Kapitel 4.4.1 dargestellt, führt auch eine Teilbeschattung eines Moduls (z.B. durch Gebäudeteile, Kamine, Masten, Bäume usw.) in zu einem (überproportionalen) Leistungsabfall des betroffenen Stranges und damit zu einem Energieproduktionsverlust. Derartige Produktionsverluste können mit dem Teilbeschattungs-Korrekturfaktor k_{TB} erfasst werden.

8.1.3.1.6 Korrekturfaktor k_{MM} für Mismatch

Wie bereits in Kapitel 4.4.2 dargestellt, wird die Leistung eines Stranges weitgehend durch das Modul mit dem geringsten Strom bestimmt. Unterschiede in der Modulleistung oder in der Einstrahlung auf die einzelnen Module eines Stranges führen deshalb zu einem (überproportionalen) Leistungsabfall des betroffenen Stranges und damit zu einem Energieproduktionsverlust. Derartige Produktionsverluste können mit dem Mismatch-Korrekturfaktor k_{MM} erfasst werden. Bei Anlagen mit Modulwechselrichtern können keine Fehlanpassungen zwischen den Modulen auftreten, so dass bei derartigen Anlagen $k_{MM} = 1$ ist.

8.1.3.1.7 Korrekturfaktor k_R für ohmsche Verluste

In Kap. 4.5.4 wurde bereits ein approximatives Verfahren für die Abschätzung der ohmschen Verluste auf der DC-Seite gegeben. Bei einer gut dimensionierten PV-Anlage liegen die ohmschen Verluste auf der DC-Seite etwa im Bereich 0,2 % bis 2 %. Da im Winter die auftretenden Leistungen meist kleiner als im Sommer sind, sind die entsprechenden Verluste im Winter auch etwas kleiner.

8.1.3.1.8 Korrekturfaktor k_V für Verluste infolge Modulverschmutzungen

Wie bereits in Kap. 4.5.8 an einigen Beispielen gezeigt, kann im Laufe der Zeit durch Modulverschmutzungen der Energieertrag von Photovoltaikanlagen besonders bei gerahmten und mit geringem Anstellwinkel β montierten Modulen durch eine sich entwickelnde permanente Verschmutzung beeinträchtigt werden [8.2], [8.3], [8.4]. Bei gerahmten Modulen wird die Entwicklung einer Verschmutzung durch ungenügenden Abstand (z.B. < 1 cm) zwischen Zellen und Rahmen begünstigt. Die Entwicklung der Verschmutzung ist dabei stark von den lokalen Verhältnissen in der Umgebung der Anlage abhängig. Bei ungünstig gelegenen Anlagen (in der Nähe von Kaminen, Bahnlinien oder Betrieben, die gewisse Luftverschmutzungen verursachen) kann sie relativ stark sein (nach einigen Jahren ohne Reinigung Ertragsverluste von bis zu 10%, in Einzelfällen bis gegen 30%), bei andern Anlagen am gleichen Ort jedoch nur wenige Prozent betragen. Wiederholte grössere Schneefälle im Winter haben bei geneigten Generatoren einen gewissen Reinigungseffekt und wirken der Verschmutzung entgegen.

In ariden Gebieten kann der verschmutzungsbedingte Ertragsausfall sogar noch höher sein. In [Wag06] wird von einer Anlage in Dakar (Senegal) berichtet, bei welcher der Energieertrag in der Trockenzeit innert 6 Monaten sogar auf nur 18 % des ursprünglichen Ertrags zurückging, bei monatlicher Reinigung innert eines Monats auf 74 % und bei wöchentlicher Reinigung innert einer Woche auf 93 %.

Wenn die Anlage nicht regelässig gereinigt wird, ist deshalb für seriöse langfristige Ertragsberechnungen immer ein Verschmutzungs-Korrekturfaktor k_V einzusetzen, der etwas kleiner als 1 ist (typischerweise mindestens einige Prozent).

8.1.3.1.9 Korrekturfaktor k_S für Verluste infolge Schneebedeckung

Bei längeren Schneebedeckungen des PV-Generators im Winter kann der Energieertrag der PV-Anlage während mehrere Tage ganz oder teilweise ausfallen, deshalb ist an Orten mit winterlichem Schneefall in den Wintermonaten ein Korrekturfaktor k_S für Schnee zu berücksichtigen, der je nach Solargeneratoranstellwinkel β, Ort und Höhenlage mehr oder weniger < 1 sein kann. Bei kleineren β ist das Abgleiten erschwert und damit k_S kleiner, bei grösseren β im Bereich 45° schon wesentlich leichter und damit k_S grösser, bei β > 60° muss ausser in hochalpinen Anlagen kaum mehr mit einer Schneebedeckung gerechnet werden, wenn das Abgleiten von Schnee nicht behindert ist.

8.1.3.1.10 Korrekturfaktor k_{MPP} für Verluste infolge MPP-Tracking-Fehlern

Wenn der PV-Generator nicht im MPP betrieben wird, tritt ein Leistungs- und ein Energieertragsverlust auf, der gemäss Kap. 7 in den Generator-Korrekturfaktor k_G eingeht und somit bei der Berechnung von k_G berücksichtigt werden müsste. Wenn bei Netzverbund-Anlagen für Wechselrichter aber der totale Wirkungsgrad $\eta_{tot} = \eta \cdot \eta_{MPPT}$ bei der gewählten MPP-Spannung vorliegt, der das MPP-Trackingverhalten bereits berücksichtigt, kann $\eta_{WR} = \eta_{tot}$ gesetzt werden. Für die Berechnung des Energieertrags kann dann $k_{MPP} = 1$ angenommen werden und nur der aus den andern Faktoren berechnete k_G verwendet werden.

8.1.3.1.11 Diskussion der in der Praxis besonders ins Gewicht fallenden Faktoren

Stark ins Gewicht fallen insbesondere folgende Faktoren:

- k_{PM} Die gelieferten Module weisen gegenüber der spezifizierten Leistung oft eine deutliche Minderleistung auf, d.h. ihre STC-Leistung liegt an oder sogar unter der unteren spezifizierten Leistungstoleranzgrenze (früher oft, heute noch gelegentlich praktiziert).
- k_V Gerahmte Module mit ungenügendem Abstand zwischen Zellen und Modulrahmen mit flachem Anstellwinkel β zeigen nach einigen Jahren oft eine Leistungsreduktion infolge Verschmutzung (durch Reinigung grossteils reversibel).
- k_S In den Wintermonaten kann durch längere Schneebedeckungen besonders bei kleinen β eine markante Reduktion der Energieproduktion auftreten. Daher können die k_S- und damit die k_G-Werte im Winter stark streuen.

Übliche Simulationsprogramme vernachlässigen diese schwer im Voraus berechenbaren Einflüsse oft!

Natürlich haben auch die andern Faktoren (speziell k_{SP}, k_{NG} und k_{GR}) einen gewissen Einfluss.

8.1.3.2 Richtwerte für den Generator-Korrekturfaktor k_G

Ausführliche Messungen an vielen Anlagen, welche seit 1992 vom PV-Labor der Berner Fachhochschule in Burgdorf in den letzten Jahren an vielen Anlagen in verschiedenen Klimaregionen der Schweiz durchgeführt wurden, haben gezeigt, dass die Monatswerte des Generator-Korrekturfaktors k_G in der Praxis etwa im Bereich $0{,}3 < k_G < 0{,}9$ variieren. Im Sommer sind sie relativ hoch, können aber in schneereichen Wintermonaten recht tief werden.

Basierend auf den langjährigen Messungen an vielen PV-Anlagen in der Schweiz sind in Bild 8-2, 8-3 und 8-5 für jeden Monat der in den Jahren 1992 bis Frühjahr 2006 für Anstellwinkel β von 30°, 45° und 90° der gemessene Mittelwert, der Maximal- und der Minimalwert für den Generator-Korrektufaktor k_G angegeben. Da die meisten Anlagen in den Jahren 1992 bis 1995 mit Modulen von ± 10% Leistungstoleranz erstellt wurden, in denen die Modulleistungen meist an der unteren Toleranzgrenze lagen, ist auch noch *eine Kurve angegeben, mit der die k_G-Werte für neue Anlagen mit Modulen, deren STC-Leistung effektiv der deklarierten Nennleitung entspricht*, bestimmt werden können. Zur Vervollständigung zeigt Bild 8-4 eine entsprechende Kurve für β = 60° (Abschätzung auf Grund der vorhandenen Erfahrungen).

Tiefe k_G-Werte werden in Wintermonaten in schneereichen Gebieten mit kleinen Solargenerator-Anstellwinkeln β erreicht, hohe Werte in Sommermonaten bei Solargeneratoren mit $20° < \beta < 35°$ ohne Teilbeschattung und ohne Verschmutzung. Bei kleinen β streuen die k_G-Werte in den Wintermonaten stark. Von April bis Oktober liegt der typische k_G-Bereich bei Anlagen mit $20° < \beta < 35°$ an Flachlandstandorten in Mitteleuropa etwa zwischen 0,8 bis 0,9. Bei grösseren β-Werten (z.B. > 45°) ist k_G auch im Winter relativ hoch. Bei Fassadenanlagen sind die k_G-Werte in den Sommermonaten etwas niedriger, weil wegen des hohen Sonnenstandes erhöhte Reflexionsverluste an den Glasoberflächen der Module auftreten ($k_{GR} < 1$). Es können auch Teilbeschattungen durch Gebäudeteile (z.B. vorspringende Dächer, darüberliegende Modulreihen bei $\beta < 90°$, siehe z.B. Bild 2-39) auftreten.

Da sich das Klima in Mitteleuropa nicht grundsätzlich von dem Klima in der Schweiz unterscheidet, dürften diese Werte ohne allzu grosse Fehler auch für Gebiete in ganz Mitteleuropa (insbesondere Deutschland und Österreich) anwendbar sein. Für Anlagen in Südeuropa liegen die k_G-Werte im Winter aber natürlich höher.

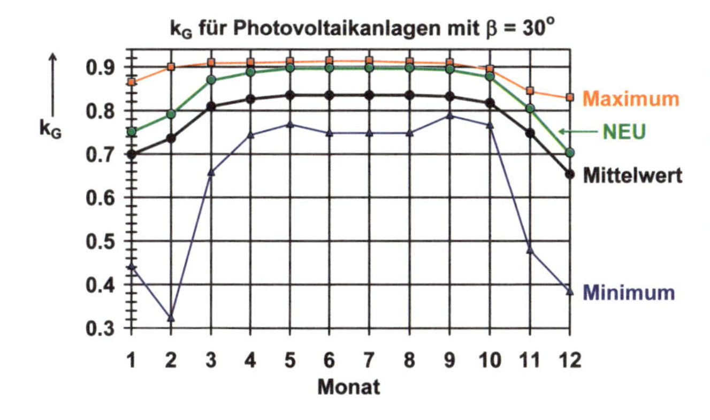

Bild 8-2:

Monatswerte für den Generator-Korrekturfaktor k_G für PV-Anlagen mit β = 30° basierend auf Langzeitmessungen des PV-Labors der Berner Fachhochschule an mehreren Flachlandanlagen in der Schweiz in den Jahren 1993 bis Frühjahr 2006.

In den Wintermonaten streuen die Werte sehr stark.

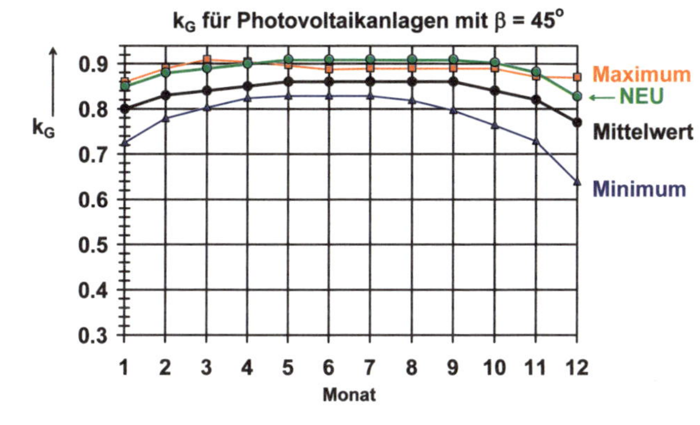

Bild 8-3:

Monatswerte für den Generator-Korrekturfaktor k_G für PV-Anlagen mit β = 45° basierend auf Langzeitmessungen an zwei Flachlandanlagen in der Schweiz in den Jahren 1992 – 1996.

In den Wintermonaten streuen die Werte deutlich weniger als bei β = 30°.

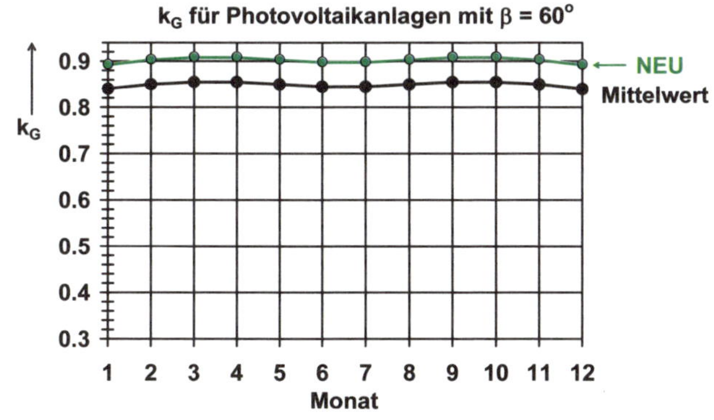

Bild 8-4:

Für Berechnungen empfohlene Monatswerte für den Generator-Korrekturfaktor k_G für PV-Anlagen im Flachland mit β = 60°, basierend auf Abschätzungen auf Grund der in den Langzeitmessprojekten gewonnenen Erfahrungen. Deshalb liegen keine gemessenen Minimal- und Maximalwerte vor.

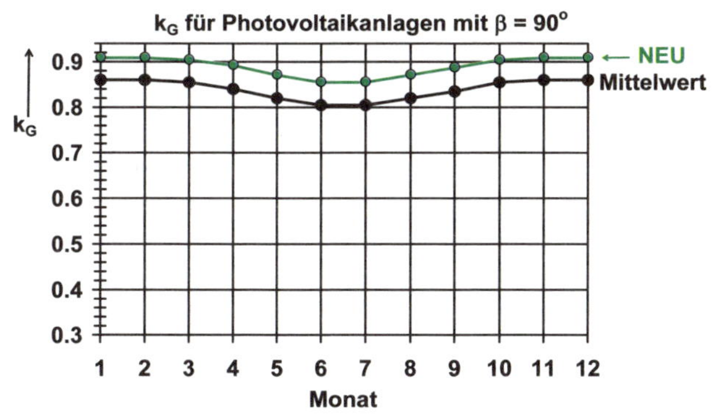

Bild 8-5:

Für Berechnungen empfohlene Monatswerte für den Generator-Korrekturfaktor k_G für PV-Anlagen im Flachland mit β = 90°, basierend auf Abschätzungen auf Grund der in den Langzeitmessprojekten gewonnenen Erfahrungen. Deshalb liegen keine gemessenen Minimal- und Maximalwerte vor. Hier ist k_G in den Sommermonaten minimal.

In den Tabellen 8.3 bis 8.5 sind empfohlene k_G-Werte für Berechnungen angegeben. Es sind jeweils zwei Tabellen übereinander angegeben. Eine erste, obere Tabelle ist für langfristige Ertragsprognosen, bei denen auch eine gewisse Verschmutzung und Degradation des PV-Generators und eine gewisse Leistungsminderung infolge etwas zu geringer gelieferter Modulleistung berücksichtigt wird. Auf der zweiten, jeweils unteren Tabelle sind die k_G-Werte angegeben, mit denen man bei Neuanlagen mit Modulen rechnen kann, welche alle tatsächlich mindestens die spezifizierte STC-Nennleistung erbringen.

In Tabelle 8.3 sind die empfohlenen k_G-Werte für Standorte in Mitteleuropa angegeben, an denen mit einer gelegentlichen winterlichen Schneedecke gerechnet werden muss. Die angegebenen Werte entsprechen im wesentlichen den in Bild 8-2 bis 8-5 angegebenen Werten.

Tabelle 8.3: Empfohlene k_G-Werte für Standorte mit einer gelegentlichen winterlichen Schneedecke (z.B. in Mitteleuropa).

Orte mit gelegentlichem winterlichem Schneefall (Mitteleuropa)

Empfohlene Mittelwerte für k_G für langfristige Ertragsberechnungen

β	Jan	Feb	März	Apr	Mai	Juni	Juli	Aug	Sep	Okt	Nov	Dez
30°	0.69	0.73	0.81	0.83	0.84	0.84	0.84	0.84	0.84	0.82	0.75	0.66
45°	0.80	0.83	0.84	0.85	0.86	0.86	0.86	0.86	0.86	0.84	0.82	0.77
60°	0.84	0.85	0.86	0.86	0.85	0.85	0.85	0.85	0.86	0.86	0.85	0.84
90°	0.86	0.86	0.85	0.84	0.82	0.81	0.81	0.82	0.84	0.85	0.86	0.86

Empfohlene k_G-Werte für Neuanlagen mit Modulen ohne Minderleistung

β	Jan	Feb	März	Apr	Mai	Juni	Juli	Aug	Sep	Okt	Nov	Dez
30°	0.75	0.79	0.86	0.88	0.90	0.90	0.90	0.90	0.90	0.88	0.80	0.70
45°	0.85	0.88	0.89	0.90	0.91	0.91	0.91	0.91	0.91	0.89	0.87	0.82
60°	0.89	0.90	0.91	0.91	0.90	0.90	0.90	0.90	0.91	0.91	0.90	0.89
90°	0.91	0.91	0.90	0.89	0.87	0.86	0.86	0.87	0.89	0.90	0.91	0.91

In Tabelle 8.4 sind die empfohlenen k_G-Werte für Standorte angegeben, an denen im Winter nur selten Schneefälle auftreten, an denen aber in den Sommermonaten Niederschläge eher selten sind (z.B. Anlagen am nördlichen Mittelmeer).

Tabelle 8.4: Empfohlene k_G-Werte für Standorte mit seltenen winterlichen Schneefällen und eher trockenen Sommern (z.B. nördlicher Rand des Mittelmeers).

Orte mit seltenem winterlichem Schneefall und trockenem Sommer

Empfohlene Mittelwerte für k_G für langfristige Ertragsberechnungen

β	Jan	Feb	März	Apr	Mai	Juni	Juli	Aug	Sep	Okt	Nov	Dez
30°	0.80	0.81	0.83	0.84	0.84	0.83	0.83	0.83	0.84	0.84	0.81	0.80
45°	0.85	0.85	0.86	0.86	0.85	0.85	0.85	0.85	0.85	0.86	0.86	0.85
60°	0.86	0.86	0.86	0.85	0.84	0.83	0.83	0.83	0.84	0.85	0.86	0.86
90°	0.86	0.86	0.85	0.83	0.81	0.80	0.80	0.81	0.83	0.85	0.86	0.86

Empfohlene k_G-Werte für Neuanlagen mit Modulen ohne Minderleistung

β	Jan	Feb	März	Apr	Mai	Juni	Juli	Aug	Sep	Okt	Nov	Dez
30°	0.85	0.86	0.88	0.89	0.89	0.88	0.88	0.88	0.89	0.89	0.86	0.85
45°	0.90	0.90	0.91	0.91	0.90	0.90	0.90	0.90	0.90	0.91	0.91	0.90
60°	0.91	0.91	0.91	0.90	0.89	0.88	0.88	0.88	0.89	0.90	0.91	0.91
90°	0.91	0.91	0.90	0.88	0.86	0.85	0.85	0.86	0.88	0.90	0.91	0.91

In Tabelle 8.5 sind die empfohlenen k_G-Werte für Standorte angegeben, an denen im Winter kaum je Schneefälle auftreten, an denen im Sommer meist eine mehrmonatige Trockenperiode auftritt und nur im Winter Niederschläge zu erwarten sind (z.B. Anlagen in Südeuropa und Nordafrika).

Tabelle 8.5: Empfohlene k_G-Werte für Standorte ohne winterliche Schneefällen und sehr trockenen Sommern (z.B. Südeuropa, Nordafrika).

Orte ohne winterlichen Schneefall und sehr trockenem Sommer

Empfohlene Mittelwerte für k_G für langfristige Ertragsberechnungen

β	Jan	Feb	März	Apr	Mai	Juni	Juli	Aug	Sep	Okt	Nov	Dez
30°	0.84	0.84	0.84	0.84	0.83	0.82	0.82	0.82	0.83	0.84	0.84	0.84
45°	0.86	0.86	0.86	0.86	0.84	0.83	0.83	0.83	0.84	0.86	0.86	0.86
60°	0.86	0.86	0.86	0.85	0.83	0.82	0.82	0.82	0.83	0.85	0.86	0.86
90°	0.86	0.86	0.85	0.82	0.78	0.77	0.77	0.78	0.83	0.85	0.86	0.86

Empfohlene k_G-Werte für Neuanlagen mit Modulen ohne Minderleistung

β	Jan	Feb	März	Apr	Mai	Juni	Juli	Aug	Sep	Okt	Nov	Dez
30°	0.89	0.89	0.89	0.89	0.88	0.87	0.87	0.87	0.88	0.89	0.89	0.89
45°	0.91	0.91	0.91	0.91	0.89	0.88	0.88	0.88	0.89	0.91	0.91	0.91
60°	0.91	0.91	0.91	0.90	0.88	0.87	0.87	0.87	0.88	0.90	0.91	0.91
90°	0.91	0.91	0.90	0.87	0.83	0.82	0.82	0.83	0.88	0.90	0.91	0.91

In den Tabellen 8.4 und 8.5 wurde in den Sommermonaten eine geringfügige Verringerung von k_G infolge Verschmutzung in den niederschlagsarmen oder niederschlagsfreien Sommermonaten angenommen. Je nach lokalen Verhältnissen kann dieser Effekt bei fehlender periodischer Reinigung natürlich noch wesentlich ausgeprägter und k_G deshalb noch deutlich kleiner sein [Wag06]. Bei Fassadenanlagen ($\beta = 90°$) sinkt k_G in den Sommermonaten umso stärker ab, je südlicher die Anlage liegt und je grösser die Sonnenhöhe h_S um die Mittagszeit deshalb ist (höhere Glasreflexionsverluste, siehe Bild 8.1).

Mit dem Generator-Korrekturfaktor k_G kann dann aus Y_T gemäss (8.12) mit (7.18) der Generator-Ertrag (englisch Array Yield) Y_A berechnet werden:

$$\textit{Generatorertrag (DC-Energieertrag):}\quad Y_A = k_G \cdot Y_T = k_G \cdot k_T \cdot Y_R \tag{8.14}$$

Bei der normierten Darstellung von Energieertrag und Leistung sind MPP-Tracking-Fehler von Wechselrichtern und MPT-Ladereglern in k_G enthalten (siehe Kap. 7). Bei der hier vorgestellten Ertragsberechnung ist es aber (wie bereits in Abschnitt 8.1.3.1.10 erwähnt) zweckmässiger, mit k_G-Werten zu operieren, die nur die übrigen Effekte enthalten, mit denen man also den maximal möglichen DC-Ertrag bei perfektem MPP-Tracking des angeschlossenen Gerätes erhält. Die Tabellen 8.3 bis 8.5 enthalten solche Erfahrungswerte, die nur die übrigen Einflüsse auf k_G, nicht jedoch den Einfluss des MPP-Trackings enthalten. Die Güte des MPP-Trackings ist ja neben dem Umwandlungswirkungsgrad eine weitere wichtige Eigenschaft eines Wechselrichters oder eines MPT-Ladereglers und wird am besten gemeinsam durch den totalen Wirkungsgrad η_{tot} erfasst (siehe Kap. 5.2.5 und speziell 5.2.5.3).

8.2 Ertragsberechnung bei netzgekoppelten PV-Anlagen

Die Berechnung der Monats- und Jahres-Energieerträge von netzgekoppelten PV-Anlagen ist bei Verwendung der in Kap. 7 eingeführten Begriffe der normierten Darstellung sehr einfach. Sie erfolgt am besten in Form einer geeigneten Tabelle (Tab. 8.6 und 8.7 resp. im Anhang A6 Tab. A6.1 und A6.2).

Zunächst wird für jeden Monat gemäss Kap. 2.4 oder 2.5 die Einstrahlung $H_G = H_I$ in die geneigte Ebene berechnet. Eine Division durch G_o = 1kW/m² ergibt daraus Y_R ("Sonnen-Volllaststunden").

Durch Multiplikation mit den k_T-Werten der Referenzstation (Kap. 8.1.2) ergibt sich Y_T, durch Multiplikation mit k_G gemäss Kap. 8.1.3 daraus Y_A. Durch Multiplikation mit dem mittleren (europäischen) Wechselrichter-Wirkungsgrad η_{WR} (am besten dem totalen Wirkungsgrad η_{tot}) ergibt sich schliesslich Y_F:

$$\textit{Endertrag (Final Yield)}\ Y_F = \eta_{WR} \cdot k_G \cdot k_T \cdot Y_R = \eta_{WR} \cdot k_G \cdot k_T \frac{H_G}{G_o} \quad (8.15)$$

Aus Y_F kann durch Multiplikation mit n_d , der Anzahl Tage pro Monat, und der Generator-Spitzenleistung P_{Go} sehr einfach der Monats-Energieertrag berechnet werden:

$$\textit{Monats-Energieproduktion}\ E_{AC} = P_{Go} \cdot n_d \cdot Y_F \quad (8.16)$$

Durch Addition der Monatsproduktion ergibt sich die Jahresproduktion.

Ferner können definiert werden:

$$\textit{Rechnerische AC-Nennleistung}\ P_{ACn} = k_{Gmax} \cdot P_{Go} \cdot \eta_{WR} \quad (8.17)$$

$$\textit{AC-Volllaststunden}\ t_V = E_{AC}/P_{ACn} \quad (8.18)$$

Tabelle 8.6: Tabelle zur Berechnung des Energieertrags von netzgekoppelten PV-Anlagen mit vereinfachter Strahlungsberechnung nach Kap. 2.4. Die hellgrauen Felder müssen nicht unbedingt ausgefüllt werden. Eine Kopiervorlage befindet sich auch als Tabelle A6.1 in Anhang A6).

Ertragsberechnung für netzgekoppelte PV-Anlagen (vereinfachte Strahlungsberechnung)

Ort:		Referenzstation:		β =	
P_{Go} [kW]:		$P_{ACn} = k_{Gmax} \cdot P_{Go} \cdot \eta_{WR}$ [kW]:		γ =	

Monat	Jan.	Feb.	März	April	Mai	Juni	Juli	Aug.	Sept.	Okt.	Nov.	Dez.	Jahr	
H														kWh/m²
R(β,γ)														
$H_G = R(\beta,\gamma) \cdot H$														kWh/m²
$Y_R = H_G/1\text{kWm}^{-2}$														h/d
k_T														
$Y_T = k_T \cdot Y_R$														h/d
k_G														
$Y_A = k_G \cdot Y_T$														h/d
η_{WR} (η_{tot})														
$Y_F = \eta_{WR} \cdot Y_A$														h/d
n_d (Anzahl Tage)	31	28	31	30	31	30	31	31	30	31	30	31	365	d
$E_{AC} = n_d \cdot P_{Go} \cdot Y_F$														kWh
$t_V = E_{AC}/P_{ACn}$														h
$PR = Y_F/Y_R$														

Tabelle 8.7: Tabelle zur Berechnung des Energieertrags von netzgekoppelten PV-Anlagen mit Strahlungsberechnung mit Dreikomponentenmodell nach Kap. 2.5. Die hellgrauen Felder müssen nicht unbedingt ausgefüllt werden. Eine Kopiervorlage befindet sich auch als Tabelle A6.2 in Anhang A6).

Ertragsberechnung für netzgekoppelte PV-Anlagen (mit Dreikomponentenmodell)

Ort:		Referenzstation:	β =	
P_{Go} [kW]:		$P_{ACn} = k_{Gmax} \cdot P_{Go} \cdot \eta_{WR}$ [kW]:	γ =	
R_D = ½cos α_2 + ½cos (α_1+β) =		R_R = ½ - ½cosβ =		

Monat	Jan.	Feb.	März	April	Mai	Juni	Juli	Aug.	Sept.	Okt.	Nov.	Dez.	Jahr	
H														kWh/m²
H_D														kWh/m²
R_B														
k_B														
$H_{GB} = k_B \cdot R_B \cdot (H-H_D)$														kWh/m²
$H_{GD} = R_D \cdot H_D$														kWh/m²
ρ														
$H_{GR} = R_R \cdot \rho \cdot H$														kWh/m²
$H_G = H_{GB}+H_{GD}+H_{GR}$														kWh/m²
$Y_R = H_G/1kWm^{-2}$														h/d
k_T														
$Y_T = k_T \cdot Y_R$														h/d
k_G														
$Y_A = k_G \cdot Y_T$														h/d
η_{WR} (η_{tot})														
$Y_F = \eta_{WR} \cdot Y_A$														h/d
n_d (Anzahl Tage)	31	28	31	30	31	30	31	31	30	31	30	31	365	d
$E_{AC} = n_d \cdot P_{Go} \cdot Y_F$														kWh
$t_V = E_{AC}/P_{ACn}$														h
$PR = Y_F/Y_R$														

In Tab. 8.6 und 8.7 ist in der ersten Spalte jeweils auch die anzuwendende Formel angegeben. Die beiden Tabellen stehen als leere Kopiervorlagen auch im Anhang A6.1 zur Verfügung.

Ferner ist geplant, die Tabellen 8.6 und 8.7 als EXCEL-Tabellen mit bereits eingebauten Formeln in einem Download-Bereich zu diesem Buch unter www.pvtest.ch verfügbar zu machen. Die im Buch dargestellten Beispiele wurden mit diesen EXCEL-Tabellen mit exakten Werten gerechnet. Infolge der automatischen Rundung auf zwei Kommastellen bei den in diesem Buch angegebenen Tabellen können bei der Berechnung von Hand unter Verwendung der in den verschiedenen Tabellen angegebenen, jeweils bereits auf zwei Kommastellen gerundeten Werte ganz leichte Differenzen entstehen.

Wenn natürlich aus irgend einer Quelle (z.B. aus einem Meteo-Datenprogramm oder ab Internet, siehe Kap. 8.4) Monatswerte von H_G in kWh/m² zur Verfügung stehen, können diese Werte direkt in die Zeile für H_G resp. Y_R eingesetzt werden und die vorangehenden Berechnungen entfallen. Falls für jeden Monat effektive Monatssummen und nicht mittlere Tagessummen angegeben werden, entfällt zudem die Multiplikation mit n_d.

Da der Wechselrichterwirkungsgrad spannungsabhängig ist (siehe Kap. 5.2.5.1 bis 5.2.5.3), empfiehlt es sich, vor der endgültigen Ertragsberechnung die optimale DC-Betriebsspannung der Anlage festzulegen (siehe Kap. 5.2.6.8.4).

8.2.1 Beispiele zur Ertragberechnung von netzgekoppelten PV-Anlagen

8.2.1.1 Beispiele mit vereinfachter Strahlungsberechnung nach Kap. 2.4

1) Netzgekoppelte Photovoltaikanlage auf Gebäude in Burgdorf

Planerische Vorgaben:

Aufdachanlage mit Anstellwinkel $\beta = 30°$, Solargeneratorazimut 0° (S), Solargenerator-Spitzenleistung $P_{Go} = 3{,}18$ kWp, mittlerer Wechselrichterwirkungsgrad $\eta_{WR} = 92\%$.
Die Verluste im Generator infolge Mismatch, Verkabelung, Verschmutzung usw. werden durch einen Generator-Korrekturfaktor k_G gemäss Tabelle 8.3 (für langfristige Energieertrags-prognosen) berücksichtigt. *Referenzstation Kloten* (für $R(\beta,\gamma)$- und k_T-Berechnung).

Gesucht:

a) Monats- und Jahressummen der Globalstrahlung in die Generatorebene (in kWh/m²/d).
b) Monatliche und jährliche Energieerträge in kWh.
c) Winterenergieanteil (Produktion von Oktober bis März) in % ?
d) Spezifische Jahresenergieproduktion Y_{Fa} dieser Anlage in kWh/kWp/a ?
e) Vollbetriebsstunden t_V der Wechselstrom-Nennleistung P_{ACn} der Anlage ?
f) Kapazitätsfaktor CF = t_V /(8760h) ?

Lösungen:

a) + b)

Ertragsberechnung für netzgekoppelte PV-Anlagen (vereinfachte Strahlungsberechnung)

Ort:	Burgdorf	Referenzstation:	Kloten	β =	30°
P_{Go} [kW]:	3.18	$P_{ACn} = k_{Gmax} \cdot P_{Go} \cdot \eta_{WR}$ [kW]:	2.458	γ =	0°

Monat	Jan.	Feb.	März	April	Mai	Juni	Juli	Aug.	Sept.	Okt.	Nov.	Dez.	Jahr	
H	0.99	1.69	2.74	3.68	4.59	5.09	5.59	4.75	3.41	1.94	1.04	0.77	**3.03**	**kWh/m²**
$R(\beta,\gamma)$	1.34	1.28	1.16	1.06	1.01	0.98	1.00	1.05	1.13	1.21	1.26	1.34		
$H_G = R(\beta,\gamma) \cdot H$	1.33	2.16	3.18	3.90	4.64	4.99	5.59	4.99	3.85	2.35	1.31	1.03	**3.28**	**kWh/m²**
$Y_R = H_G/1\text{kWm}^{-2}$	**1.33**	**2.16**	**3.18**	**3.90**	**4.64**	**4.99**	**5.59**	**4.99**	**3.85**	**2.35**	**1.31**	**1.03**	**3.28**	**h/d**
k_T	1.05	1.03	1.01	0.98	0.95	0.93	0.91	0.92	0.95	0.99	1.04	1.05	0.96	
$Y_T = k_T \cdot Y_R$	1.39	2.23	3.21	3.82	4.40	4.64	5.09	4.59	3.66	2.32	1.36	1.08	**3.16**	**h/d**
k_G	0.69	0.73	0.81	0.83	0.84	0.84	0.84	0.84	0.84	0.82	0.75	0.66	0.82	
$Y_A = k_G \cdot Y_T$	0.96	1.63	2.60	3.17	3.70	3.90	4.27	3.85	3.07	1.91	1.02	0.72	**2.57**	**h/d**
η_{WR} (η_{tot})	0.92	0.92	0.92	0.92	0.92	0.92	0.92	0.92	0.92	0.92	0.92	0.92	0.92	
$Y_F = \eta_{WR} \cdot Y_A$	**0.88**	**1.50**	**2.39**	**2.92**	**3.40**	**3.59**	**3.93**	**3.55**	**2.83**	**1.75**	**0.94**	**0.66**	**2.37**	**h/d**
n_d (Anzahl Tage)	31	28	31	30	31	30	31	31	30	31	30	31	365	**d**
$E_{AC} = n_d \cdot P_{Go} \cdot Y_F$	**87**	**133**	**236**	**278**	**336**	**342**	**388**	**350**	**270**	**173**	**90**	**65**	**2747**	**kWh**
$t_V = E_{AC}/P_{ACn}$	**35**	**54**	**96**	**113**	**136**	**139**	**158**	**142**	**110**	**70**	**36**	**26**	**1117**	**h**
$PR = Y_F/Y_R$	**0.667**	**0.692**	**0.753**	**0.748**	**0.734**	**0.719**	**0.703**	**0.711**	**0.734**	**0.747**	**0.718**	**0.638**	**0.721**	

c) Winterenergieertrag 784 kWh = 28,5%.
d) Spezifischer Jahresenergieertrag Y_{Fa} = 2,37 kWh/kWp/d = 864 kWh/kWp/a.
e) P_{ACn}-Volllaststunden t_V = 1117 h/a.
f) Kapazitätsfaktor CF = 12,8 %.

Hinweis: Gemäss langjährigen Messungen des PV-Labors der BFH sind die verwendeten, auf Strahlungsmessungen in vergangenen Jahrzehnten beruhenden H-Werte und die $R(\beta,\gamma)$-Werte von Kloten für Burgdorf etwas zu pessimistisch (siehe Kap. 10.1.1).

2) Photovoltaik-Kraftwerk auf dem Mont Soleil

Planerische Vorgaben:

Freifeldanlage mit Solargenerator-Anstellwinkel = 45° , Solargeneratorazimut 0° (S), Solargenerator-Spitzenleistung P_{Go} = 560 kWp, mittlerer Wechselrichterwirkungsgrad η_{WR} = 95%.

Die Verluste im Generator infolge Mismatch, Verkabelung, Verschmutzung usw. sollen durch einen Generator-Korrekturfaktor k_G gemäss Tabelle 8.3 (für langfristige Energieertragsprognosen) berücksichtigt werden. Für die Berechnung von R(β,γ) und k_T ist die *Referenzstation Davos* zu verwenden.

Im Gegensatz zur realen Anlage Mt. Soleil ist diese Anlage leicht idealisiert, der Anstellwinkel ist 45° (statt 50°), der Solargeneratorazimut genau Richtung Süden und es wird keine Beschattung durch den Horizont oder vordere Modulreihen angenommen.

Gesucht:

a) Monats- und Jahressummen der Globalstrahlung in die Generatorebene (in kWh/m^2/d).

b) Monatliche und jährliche Energieerträge in kWh.

c) Winterenergieanteil (Produktion von Oktober bis März) in % ?

d) Spezifische Jahresenergieproduktion dieser Anlage in kWh/kWp/a ?

e) Vollbetriebsstunden t_V der Wechselstrom-Nennleistung P_{ACn} der Anlage ?

f) Kapazitätsfaktor CF = t_V /(8760h) ?

Lösungen:

a) + b)

Ertragsberechnung für netzgekoppelte PV-Anlagen (vereinfachte Strahlungsberechnung)

Ort:	Mt. Soleil	Referenzstation:	Davos	β =	45°
P_{Go} [kW]:	560	$P_{ACn} = k_{Gmax} \cdot P_{Go} \cdot \eta_{WR}$ [kW]:	458	γ =	0°

Monat	Jan.	Feb.	März	April	Mai	Juni	Juli	Aug.	Sept.	Okt.	Nov.	Dez.	Jahr	
H	1.36	2.10	3.09	3.96	4.54	4.98	5.57	4.79	3.63	2.42	1.44	1.14	**3.25**	kWh/m²
R(β,γ)	1.90	1.59	1.33	1.10	0.95	0.91	0.92	1.00	1.15	1.39	1.69	1.98	1.16	
$H_G = R(\beta,\gamma) \cdot H$	2.58	3.34	4.11	4.36	4.31	4.53	5.12	4.79	4.17	3.36	2.43	2.26	**3.78**	kWh/m²
$Y_R = H_G/1kWm^{-2}$	**2.58**	**3.34**	**4.11**	**4.36**	**4.31**	**4.53**	**5.12**	**4.79**	**4.17**	**3.36**	**2.43**	**2.26**	**3.78**	h/d
k_T	1.05	1.04	1.02	1.01	0.99	0.98	0.96	0.97	0.99	1.01	1.04	1.05	1.00	
$Y_T = k_T \cdot Y_R$	2.71	3.47	4.19	4.40	4.27	4.44	4.92	4.65	4.13	3.40	2.53	2.37	**3.79**	h/d
k_G	0.80	0.83	0.84	0.85	0.86	0.86	0.86	0.86	0.86	0.84	0.82	0.77	0.84	
$Y_A = k_G \cdot Y_T$	2.17	2.88	3.52	3.74	3.67	3.82	4.23	4.00	3.55	2.85	2.08	1.82	**3.20**	h/d
η_{WR} (η_{tot})	0.95	0.95	0.95	0.95	0.95	0.95	0.95	0.95	0.95	0.95	0.95	0.95	0.95	
$Y_F = \eta_{WR} \cdot Y_A$	**2.06**	**2.74**	**3.35**	**3.55**	**3.49**	**3.63**	**4.02**	**3.80**	**3.38**	**2.71**	**1.97**	**1.73**	**3.04**	h/d
n_d (Anzahl Tage)	31	28	31	30	31	30	31	31	30	31	30	31	365	d
$E_{AC} = n_d \cdot P_{Go} \cdot Y_F$	**35.8**	**42.9**	**58.1**	**59.7**	**60.6**	**61.0**	**69.8**	**65.9**	**56.7**	**47.1**	**33.1**	**30.1**	**620.7**	MWh
$t_V = E_{AC}/P_{ACn}$	78	94	127	130	132	133	152	144	124	103	72	66	1355	h
$PR = Y_F/Y_R$	0.798	0.820	0.814	0.816	0.809	0.801	0.784	0.792	0.809	0.806	0.810	0.768	0.802	

c) Winterenergieertrag 247,1 MWh = 39,8%.

d) Spezifischer Jahresenergieertrag Y_{Fa} = 3,04 kWh/kWp/d = 1108 kWh/kWp/a.

e) P_{ACn}-Volllaststunden t_V = 1357 h/a.

f) Kapazitätsfaktor CF = 15,5 %.

3) Photovoltaik-Kraftwerk in Montana/VS

Planerische Vorgaben:

Freifeldanlage mit Solargenerator-Anstellwinkel = 60° , Solargeneratorazimut 0° (S), Solargenerator-Spitzenleistung P_{Go} = 100 kWp, mittlerer Wechselrichterwirkungsgrad η_{WR} = 94%.

Die Verluste im Generator infolge Mismatch, Verkabelung, Verschmutzung usw. sollen durch einen Generator-Korrekturfaktor k_G gemäss Tabelle 8.3 (*für Neuanlagen mit Modulen, welche die deklarierte STC-Nennleistung in der Praxis auch erbringen*) berücksichtigt werden. Für die Berechnung von R(β,γ) und k_T ist die *Referenzstation Davos* zu verwenden.

Gesucht:

a) Monats- und Jahressummen der Globalstrahlung in die Generatorebene (in kWh/m²/d).
b) Monatliche und jährliche Energieerträge in kWh.
c) Winterenergieanteil (Produktion von Oktober bis März) in % ?
d) Spezifische Jahresenergieproduktion dieser Anlage in kWh/kWp/a ?
e) Vollbetriebsstunden t_V der Wechselstrom-Nennleistung P_{ACn} der Anlage ?
f) Kapazitätsfaktor CF = t_V /(8760h) ?

Lösungen:

a) + b)

Ertragsberechnung für netzgekoppelte PV-Anlagen (vereinfachte Strahlungsberechnung)

Ort:	Montana	Referenzstation:	Davos	β =	60°
P_{Go} [kW]:	100	$P_{ACn} = k_{Gmax} \cdot P_{Go} \cdot \eta_{WR}$ [kW]:	85.54	γ =	0°

Monat	Jan.	Feb.	März	April	Mai	Juni	Juli	Aug.	Sept.	Okt.	Nov.	Dez.	Jahr	
H	1.61	2.53	3.88	4.77	5.61	5.74	6.08	5.28	4.13	2.80	1.68	1.35	**3.78**	kWh/m²
R(β,γ)	2.01	1.66	1.32	1.04	0.85	0.80	0.82	0.91	1.09	1.39	1.78	2.13	1.12	
$H_G = R(\beta,\gamma) \cdot H$	3.24	4.20	5.12	4.96	4.77	4.59	4.99	4.80	4.50	3.89	2.99	2.88	**4.24**	kWh/m²
$Y_R = H_G/1kWm^{-2}$	**3.24**	**4.20**	**5.12**	**4.96**	**4.77**	**4.59**	**4.99**	**4.80**	**4.50**	**3.89**	**2.99**	**2.88**	**4.24**	h/d
k_T	1.05	1.04	1.02	1.01	0.99	0.98	0.96	0.97	0.99	1.01	1.04	1.05	1.00	
$Y_T = k_T \cdot Y_R$	3.40	4.37	5.22	5.01	4.72	4.50	4.79	4.66	4.46	3.93	3.11	3.02	**4.26**	h/d
k_G	0.89	0.90	0.91	0.91	0.90	0.90	0.90	0.90	0.91	0.91	0.90	0.89	0.90	
$Y_A = k_G \cdot Y_T$	3.02	3.93	4.75	4.56	4.25	4.05	4.31	4.19	4.06	3.58	2.80	2.69	**3.85**	h/d
η_{WR} (η_{tot})	0.94	0.94	0.94	0.94	0.94	0.94	0.94	0.94	0.94	0.94	0.94	0.94	0.94	
$Y_F = \eta_{WR} \cdot Y_A$	**2.84**	**3.70**	**4.47**	**4.29**	**3.99**	**3.81**	**4.05**	**3.94**	**3.81**	**3.36**	**2.63**	**2.53**	**3.62**	h/d
n_d (Anzahl Tage)	31	28	31	30	31	30	31	31	30	31	30	31	365	d
$E_{AC} = n_d \cdot P_{Go} \cdot Y_F$	**8.81**	**10.3**	**13.9**	**12.9**	**12.4**	**11.4**	**12.6**	**12.2**	**11.4**	**10.4**	**7.89**	**7.83**	**132.0**	MWh
$t_V = E_{AC}/P_{ACn}$	**103**	**121**	**162**	**150**	**145**	**134**	**147**	**143**	**134**	**122**	**92**	**92**	**1543**	h
$PR = Y_F/Y_R$	**0.878**	**0.880**	**0.873**	**0.864**	**0.838**	**0.829**	**0.812**	**0.821**	**0.847**	**0.864**	**0.880**	**0.878**	**0.852**	

c) Winterenergieertrag 59,1 MWh = 44,8%.
d) Spezifischer Jahresenergieertrag Y_{Fa} = 3,62 kWh/kWp/d = 1320 kWh/kWp/a.
e) P_{ACn}-Volllaststunden t_V = 1543 h/a.
f) Kapazitätsfaktor CF = 17,6 %.

Hinweis: In höheren Regionen in den Alpen kann auch bei einem Anstellwinkel β = 60° nach starken Schneefällen kurzzeitig Schnee auf dem PV-Generators liegen. Die angenommen k_G-Werte sind deshalb möglicherweise etwas zu optimistisch. Wenn absolut keine Schneebedeckung zulässig ist, muss β = 90° gewählt werden.

8.2.1.2 Beispiele mit Strahlungsberechnung mit 3-Komponentenmodell nach Kap. 2.5

1) Neue netzgekoppelte Photovoltaikanlage auf Gebäude in Sevilla

Planerische Vorgaben:

Aufdachanlage mit Anstellwinkel $\beta = 35°$, $\varphi = 37{,}4°N$, Solargeneratorazimut 0° (S), $\alpha_1 = \alpha_2 = 0°$, Reflexionsfaktor $\rho = 0{,}35$ (ganzes Jahr), R_B-Werte interpoliert, Solargenerator-Spitzenleistung $P_{Go} = 60$ kWp, mittlerer Wechselrichterwirkungsgrad $\eta_{WR} = 94\%$.
Die Verluste im Generator infolge Mismatch, Verkabelung, Verschmutzung usw. werden durch einen Generator-Korrekturfaktor k_G gemäss Tabelle 8.5 (für Neuanlagen mit voller deklarierter Leistung, 30°-Wert) berücksichtigt. *Referenzstation Sevilla* (für k_T-Berechnung).

Gesucht:

a) Monats- und Jahressummen der Globalstrahlung in die Generatorebene (in kWh/m²/d).
b) Monatliche und jährliche Energieerträge in kWh.
c) Winterenergieanteil (Produktion von Oktober bis März) in % ?
d) Spezifische Jahresenergieproduktion Y_{Fa} dieser Anlage in kWh/kWp/a ?
e) Vollbetriebsstunden t_V von P_{ACn} und Kapazitätsfaktor CF = t_V /(8760h) der Anlage?

Lösungen:

a) + b)

Ertragsberechnung für netzgekoppelte PV-Anlagen (mit Dreikomponentenmodell)

Ort:	Sevilla	Referenzstation:	Sevilla	β =	35°
P_{Go} [kW]:	60	$P_{ACn} = k_{Gmax} \cdot P_{Go} \cdot \eta_{WR}$ [kW]:	50.20	γ =	0°
$R_D = ½\cos\alpha_2 + ½\cos(\alpha_1+\beta)$ =	0.910	$R_R = ½ - ½\cos\beta$ =	0.090		

Monat	Jan.	Feb.	März	April	Mai	Juni	Juli	Aug.	Sept.	Okt.	Nov.	Dez.	Jahr	
H	**2.52**	**3.26**	**4.70**	**5.35**	**6.62**	**7.20**	**7.58**	**6.51**	**5.38**	**3.86**	**2.50**	**2.16**	**4.80**	kWh/m²
H_D	1.08	1.41	1.75	2.22	2.37	2.40	2.15	2.11	1.82	1.51	1.19	0.99	1.75	kWh/m²
R_B	1.86	1.57	1.29	1.08	0.94	0.89	0.91	1.02	1.20	1.46	1.76	1.98		
k_B	1	1	1	1	1	1	1	1	1	1	1	1		
$H_{GB} = k_B \cdot R_B \cdot (H-H_D)$	2.68	2.90	3.81	3.38	4.01	4.25	4.95	4.47	4.27	3.44	2.31	2.32	3.57	kWh/m²
$H_{GD} = R_D \cdot H_D$	0.98	1.28	1.59	2.02	2.16	2.18	1.96	1.92	1.66	1.37	1.08	0.90	1.59	kWh/m²
ρ	0.35	0.35	0.35	0.35	0.35	0.35	0.35	0.35	0.35	0.35	0.35	0.35		
$H_{GR} = R_R \cdot \rho \cdot H$	0.08	0.10	0.15	0.17	0.21	0.23	0.24	0.21	0.17	0.12	0.08	0.07	0.15	kWh/m²
$H_G = H_{GB}+H_{GD}+H_{GR}$	3.74	4.28	5.55	5.57	6.38	6.66	7.15	6.60	6.10	4.93	3.47	3.29	5.32	kWh/m²
$Y_R = H_G/1kWm^{-2}$	**3.74**	**4.28**	**5.55**	**5.57**	**6.38**	**6.66**	**7.15**	**6.60**	**6.10**	**4.93**	**3.47**	**3.29**	**5.32**	h/d
k_T	0.95	0.95	0.93	0.92	0.89	0.87	0.85	0.85	0.88	0.91	0.95	0.96	0.90	
$Y_T = k_T \cdot Y_R$	3.55	4.07	5.16	5.12	5.68	5.79	6.08	5.61	5.37	4.49	3.30	3.16	4.79	h/d
k_G	0.89	0.89	0.89	0.89	0.88	0.87	0.87	0.87	0.88	0.89	0.89	0.89	0.88	
$Y_A = k_G \cdot Y_T$	3.16	3.62	4.59	4.56	5.00	5.04	5.29	4.88	4.72	3.99	2.93	2.81	4.22	h/d
η_{WR} (η_{tot})	0.94	0.94	0.94	0.94	0.94	0.94	0.94	0.94	0.94	0.94	0.94	0.94	0.94	
$Y_F = \eta_{WR} \cdot Y_A$	**2.97**	**3.40**	**4.32**	**4.29**	**4.70**	**4.74**	**4.97**	**4.59**	**4.44**	**3.75**	**2.76**	**2.64**	**3.97**	h/d
n_d (Anzahl Tage)	31	28	31	30	31	30	31	31	30	31	30	31	365	d
$E_{AC} = n_d \cdot P_{Go} \cdot Y_F$	**5.53**	**5.71**	**8.03**	**7.72**	**8.74**	**8.53**	**9.24**	**8.53**	**7.99**	**6.98**	**4.96**	**4.91**	**86.89**	MWh
$t_V = E_{AC}/P_{ACn}$	**110**	**114**	**160**	**154**	**174**	**170**	**184**	**170**	**159**	**139**	**99**	**98**	**1731**	h
$PR = Y_F/Y_R$	**0.795**	**0.795**	**0.778**	**0.770**	**0.736**	**0.711**	**0.695**	**0.695**	**0.728**	**0.761**	**0.795**	**0.803**	**0.746**	

c) Winterenergieertrag 36,12 MWh = 41,6%.
d) Spezifischer Jahresenergieertrag Y_{Fa} = 3,97 kWh/kWp/d = 1448 kWh/kWp/a.
e) P_{ACn}-Volllaststunden t_V = 1731 h/a, Kapazitätsfaktor CF = 19,8%.

2) Netzgekoppelte Photovoltaikanlage in der Wüste bei Aswan

Planerische Vorgaben:

Freifeldanlage mit Anstellwinkel $\beta = 20°$ in der Wüste bei Aswan (Ägypten), $\varphi = 24°N$), Solargeneratorazimut 0° (S), $\alpha_1 = \alpha_2 = 0°$, Reflexionsfaktor $\rho = 0{,}35$ (ganzes Jahr), Solargenerator-Spitzenleistung $P_{Go} = 10$ MWp, mittlerer Wechselrichterwirkungsgrad $\eta_{WR} = 96\%$. Die Verluste im Generator infolge Mismatch, Verkabelung, Verschmutzung usw. werden durch einen Generator-Korrekturfaktor k_G gemäss Tabelle 8.5 (für langfristige Energieertragsprognosen, 30°-Wert) berücksichtigt. *Referenzstation Kairo* (für k_T-Berechnung wegen etwa 5°C höherer Umgebungstemperatur k_T-Werte jedoch um 0,02 kleiner als in Kairo wählen).

Gesucht:

a) Monats- und Jahressummen der Globalstrahlung in die Generatorebene (in kWh/m^2/d).
b) Monatliche und jährliche Energieerträge in kWh.
c) Winterenergieanteil (Produktion von Oktober bis März) in % ?
d) Spezifische Jahresenergieproduktion Y_{Fa} dieser Anlage in kWh/kWp/a ?
e) Vollbetriebsstunden t_V von P_{ACn} und Kapazitätsfaktor CF = t_V /(8760h) der Anlage?

Lösungen:

a) + b)

Ertragsberechnung für netzgekoppelte PV-Anlagen (mit Dreikomponentenmodell)

Ort:	Aswan	Referenzstation:	Kairo	β =	20°
P_{Go} [kW]:	10000	$P_{ACn} = k_{Gmax} \cdot P_{Go} \cdot \eta_{WR}$ [kW]:	8064	γ =	0°
$R_D = ½\cos\alpha_2 + ½\cos(\alpha_1+\beta)$ =	0.970	$R_R = ½ - ½\cos\beta$ =	0.030		

Monat	Jan.	Feb.	März	April	Mai	Juni	Juli	Aug.	Sept.	Okt.	Nov.	Dez.	Jahr	
H	**4.99**	**6.00**	**6.96**	**7.85**	**8.25**	**8.81**	**8.40**	**8.04**	**7.37**	**6.24**	**5.32**	**4.78**	**6.90**	kWh/m^2
H_D	1.14	1.23	1.46	1.56	1.67	1.44	1.61	1.56	1.44	1.34	1.14	1.05	1.39	kWh/m^2
R_B	1.32	1.22	1.11	1.01	0.94	0.90	0.92	0.98	1.06	1.18	1.29	1.36		
k_B	1	1	1	1	1	1	1	1	1	1	1	1		
$H_{GB} = k_B \cdot R_B \cdot (H-H_D)$	5.10	5.82	6.09	6.34	6.16	6.66	6.23	6.32	6.31	5.77	5.41	5.08	5.94	kWh/m^2
$H_{GD} = R_D \cdot H_D$	1.10	1.19	1.42	1.52	1.62	1.40	1.56	1.51	1.40	1.30	1.10	1.02	1.35	kWh/m^2
ρ	0.35	0.35	0.35	0.35	0.35	0.35	0.35	0.35	0.35	0.35	0.35	0.35		
$H_{GR} = R_R \cdot \rho \cdot H$	0.05	0.06	0.07	0.08	0.09	0.09	0.09	0.08	0.08	0.07	0.06	0.05	0.07	kWh/m^2
$H_G = H_{GB}+H_{GD}+H_{GR}$	6.25	7.07	7.58	7.94	7.87	8.15	7.88	7.91	7.79	7.14	6.57	6.15	7.36	kWh/m^2
$Y_R = H_G/1kWm^{-2}$	**6.25**	**7.07**	**7.58**	**7.94**	**7.87**	**8.15**	**7.88**	**7.91**	**7.79**	**7.14**	**6.57**	**6.15**	**7.36**	h/d
k_T	0.94	0.92	0.91	0.89	0.87	0.86	0.86	0.86	0.87	0.88	0.91	0.93	0.89	
$Y_T = k_T \cdot Y_R$	5.88	6.50	6.90	7.07	6.85	7.01	6.78	6.80	6.78	6.28	5.98	5.72	6.54	h/d
k_G	0.84	0.84	0.84	0.84	0.83	0.82	0.82	0.82	0.83	0.84	0.84	0.84	0.83	
$Y_A = k_G \cdot Y_T$	4.94	5.46	5.79	5.94	5.68	5.75	5.56	5.58	5.63	5.28	5.02	4.80	5.45	h/d
η_{WR} (η_{tot})	0.96	0.96	0.96	0.96	0.96	0.96	0.96	0.96	0.96	0.96	0.96	0.96	0.96	
$Y_F = \eta_{WR} \cdot Y_A$	**4.74**	**5.25**	**5.56**	**5.70**	**5.46**	**5.52**	**5.33**	**5.36**	**5.40**	**5.07**	**4.82**	**4.61**	**5.23**	h/d
n_d (Anzahl Tage)	31	28	31	30	31	30	31	31	30	31	30	31	365	d
$E_{AC} = n_d \cdot P_{Go} \cdot Y_F$	**1.47**	**1.47**	**1.72**	**1.71**	**1.69**	**1.66**	**1.65**	**1.66**	**1.62**	**1.57**	**1.45**	**1.43**	**19.10**	GWh
$t_V = E_{AC}/P_{ACn}$	**182**	**182**	**214**	**212**	**210**	**205**	**205**	**206**	**201**	**195**	**179**	**177**	**2368**	h
$PR = Y_F/Y_R$	**0.758**	**0.742**	**0.734**	**0.718**	**0.693**	**0.677**	**0.677**	**0.677**	**0.693**	**0.710**	**0.734**	**0.750**	**0.711**	

c) Winterenergieertrag 9,11 GWh = 47,7%.

d) Spezifischer Jahresenergieertrag Y_{Fa} = 5,23 kWh/kWp/d = 1910 kWh/kWp/a.

e) P_{ACn}-Volllaststunden t_V = 2368 h/a, Kapazitätsfaktor CF = 27,0%.

3) Netzgekoppelte Photovoltaik-Grossanlage in der Umgebung von München

Planerische Vorgaben:

Neue Freifeldanlage mit Anstellwinkel $\beta = 35°$ in der Umgebung von München, $\varphi = 48{,}2°N$), Solargeneratorazimut $\gamma = 30°$ (30° Abweichung von Süden gegen Westen), $\alpha_1 = \alpha_2 = 0°$, Reflexionsfaktor ρ: April bis Okt. 0,3, März + Nov. 0,35, Feb. 0,45, Dez. + Jan. 0,5 (wegen Schnee im Winter etwas höher), R_B-Werte interpoliert, Solargenerator-Spitzenleistung $P_{Go} = 6$ MWp, mittlerer Wechselrichterwirkungsgrad $\eta_{WR} = 96\%$. Die Verluste im Generator infolge Mismatch, Verkabelung, Verschmutzung usw. werden durch einen Generator-Korrekturfaktor k_G gemäss Tabelle 8.3 (für Neuanlagen mit Modulen, die bei STC ihre Nennleistung effektiv erbringen, 30°-Wert) berücksichtigt. *Referenzstation München.*

Gesucht:

a) Monats- und Jahressummen der Globalstrahlung in die Generatorebene (in kWh/m²/d).

b) Monatliche und jährliche Energieerträge in kWh.

c) Winterenergieanteil (Produktion von Oktober bis März) in % ?

d) Spezifische Jahresenergieproduktion Y_{Fa} dieser Anlage in kWh/kWp/a ?

e) Vollbetriebsstunden t_V von P_{ACn} und Kapazitätsfaktor CF = t_V /(8760h) der Anlage?

Lösungen:

a) + b)

Ertragsberechnung für netzgekoppelte PV-Anlagen (mit Dreikomponentenmodell)

Ort:	München	Referenzstation:	München	β =	35°
P_{Go} [kW]:	6000	$P_{ACn} = k_{Gmax} \cdot P_{Go} \cdot \eta_{WR}$ [kW]:	5184	γ =	30°
$R_D = ½\cos\alpha_2 + ½\cos(\alpha_1+\beta)$ =	0.910	$R_R = ½ - ½\cos\beta$ =	0.090		

Monat	Jan.	Feb.	März	April	Mai	Juni	Juli	Aug.	Sept.	Okt.	Nov.	Dez.	Jahr	
H	**1.03**	**1.80**	**2.88**	**4.01**	**5.04**	**5.43**	**5.40**	**4.61**	**3.53**	**2.13**	**1.13**	**0.79**	**3.14**	kWh/m²
H_D	0.67	1.05	1.60	2.18	2.61	2.81	2.71	2.35	1.82	1.24	0.75	0.55	1.69	kWh/m²
R_B	2.29	1.80	1.42	1.18	1.03	0.97	1.00	1.11	1.31	1.65	2.11	2.52		
k_B	1	1	1	1	1	1	1	1	1	1	1	1		
$H_{GB} = k_B \cdot R_B \cdot (H-H_D)$	0.82	1.35	1.82	2.16	2.50	2.54	2.69	2.51	2.24	1.47	0.80	0.60	1.79	kWh/m²
$H_{GD} = R_D \cdot H_D$	0.61	0.96	1.46	1.98	2.38	2.56	2.47	2.14	1.66	1.13	0.68	0.50	1.55	kWh/m²
ρ	0.50	0.45	0.35	0.30	0.30	0.30	0.30	0.30	0.30	0.30	0.35	0.50		
$H_{GR} = R_R \cdot \rho \cdot H$	0.05	0.07	0.09	0.11	0.14	0.15	0.15	0.12	0.10	0.06	0.04	0.04	0.09	kWh/m²
$H_G = H_{GB}+H_{GD}+H_{GR}$	1.48	2.38	3.37	4.25	5.02	5.25	5.31	4.77	4.00	2.66	1.52	1.14	3.43	kWh/m²
$Y_R = H_G/1kWm^{-2}$	**1.48**	**2.38**	**3.37**	**4.25**	**5.02**	**5.25**	**5.31**	**4.77**	**4.00**	**2.66**	**1.52**	**1.14**	**3.43**	h/d
k_T	1.06	1.05	1.02	1.00	0.97	0.95	0.94	0.95	0.97	1.00	1.04	1.05	0.98	
$Y_T = k_T \cdot Y_R$	1.57	2.50	3.44	4.25	4.87	4.99	4.99	4.53	3.88	2.66	1.58	1.20	3.37	h/d
k_G	0.75	0.79	0.86	0.88	0.90	0.90	0.90	0.90	0.90	0.88	0.80	0.70	0.87	
$Y_A = k_G \cdot Y_T$	1.18	1.97	2.96	3.74	4.38	4.49	4.49	4.08	3.49	2.34	1.26	0.84	2.94	h/d
η_{WR} (η_{tot})	0.96	0.96	0.96	0.96	0.96	0.96	0.96	0.96	0.96	0.96	0.96	0.96	0.96	
$Y_F = \eta_{WR} \cdot Y_A$	**1.13**	**1.90**	**2.84**	**3.59**	**4.21**	**4.31**	**4.31**	**3.92**	**3.35**	**2.25**	**1.21**	**0.80**	**2.82**	h/d
n_d (Anzahl Tage)	31	28	31	30	31	30	31	31	30	31	30	31	365	d
$E_{AC} = n_d \cdot P_{Go} \cdot Y_F$	**210**	**318**	**528**	**646**	**783**	**776**	**802**	**728**	**603**	**418**	**219**	**150**	**6181**	MWh
$t_V = E_{AC}/P_{ACn}$	**41**	**61**	**102**	**125**	**151**	**150**	**155**	**140**	**116**	**81**	**42**	**29**	**1192**	h
$PR = Y_F/Y_R$	**0.763**	**0.796**	**0.842**	**0.845**	**0.838**	**0.821**	**0.812**	**0.821**	**0.838**	**0.845**	**0.799**	**0.706**	**0.822**	

c) Winterenergieertrag 1843 MWh = 29,8 %.

d) Spezifischer Jahresenergieertrag Y_{Fa} = 2,82 kWh/kWp/d = 1030 kWh/kWp/a.

e) P_{ACn}-Volllaststunden t_V = 1192 h/a, Kapazitätsfaktor CF = 13,6%.

Auch in Deutschland sind bei Neuanlagen Jahresenergieerträge > 1000 kWh/kWp möglich!

8.3 Dimensionierung von PV-Inselanlagen mit Akku

Bei einer PV-Inselanlage muss im Mittel die gesamte von den angeschlossenen Verbrauchern bezogene Energie zuzüglich der in der Anlage entstehenden Verluste vom Solargenerator geliefert werden. Die *Dimensionierung des PV-Generators erfolgt deshalb primär über die Energiebilanz der Anlage.*

An Orten mit zwischen Sommer und Winter stark schwankendem Strahlungsangebot (z.B. in mittleren und höheren Breiten, besonders an nebligen Flachlandstandorten) kann es wirtschaftlich sinnvoll sein, statt einer reinen PV-Anlage eine sogenannte *Hybridanlage* zu realisieren, bei der bei geringem Strahlungsangebot ein Teil der benötigten Energie aus einer andern Hilfsenergiequelle (z.B. von einem Benzin- oder Dieselgenerator) geliefert wird. Da im Winterhalbjahr meist stärkere Winde herrschen, ist an solchen Orten oft auch eine Ergänzung durch einen Windgenerator sinnvoll.

Soll die Anlage während einer gewissen Zeit auch ohne Sonnenlicht Strom liefern, ist zur *Energiespeicherung zudem ein für die verlangte Autonomiezeit ausgelegter Akku* erforderlich.

Bei PV-Inselanlagen sollten *nur hocheffiziente Verbraucher* mit möglichst geringer Leistungsaufnahme eingesetzt werden. Sonst ist ein grösserer und deshalb teurerer PV-Generator erforderlich. Speziell für PV-Anlagen entwickelte DC-Verbraucher (z.B. Stromsparlampen mit speziellem DC-Adapter oder LED-Lampen) sind bereits auf einen möglichst niedrigen Verbrauch ausgelegt. Da heute für Inselanlagen sehr gute Sinuswechselrichter mit hohem Wirkungsgrad erhältlich sind, werden aber oft auch normale AC-Geräte für 230 V eingesetzt, die bezüglich Energieverbrauch nicht optimiert sind. Zum Energieverbrauch der Verbraucher kommen in diesem Fall noch die Umwandlungsverluste des Wechselrichters dazu. Auch bei der Auswahl von AC-Verbrauchern für PV-Inselanlagen ist deshalb unbedingt auf einen möglichst geringen Verbrauch zu achten! Der Aufbau eines 230V-Netzes bei einer Inselanlage verlockt dazu, bei Bedarf zusätzliche Verbraucher anzuschliessen, die in der ursprünglichen Energiebilanz nicht vorgesehen waren. Bei netzversorgten Gebäuden ist dies problemlos möglich, die Folge ist nur eine höhere Stromrechnung. Bei PV-Inselanlagen führt dies ohne zusätzliche Energiezufuhr jedoch früher oder später zu Problemen und Schäden an der Anlage.

Nach der Berechnung der Einstrahlung in die PV-Generatorebene (oft nur in den strahlungsärmsten, kritischen Monaten) erfolgt die Dimensionierung einer PV-Inselanlage normalerweise in drei Schritten:

1. Berechnung des durchschnittlichen täglichen Energiebedarfs aller Verbraucher.
2. Dimensionierung des Akkumulators.
3. Dimensionierung des Solargenerators (und einer eventuellen Hilfsenergiequelle).

8.3.1 Berechnung des mittleren täglichen Energieverbrauchs der Verbraucher

Bei der Berechnung des täglichen Energieverbrauchs der Verbraucher ist es zweckmässig, zunächst auf der Basis der *verbrauchten DC-Energie* zu operieren. Es ist aber auch möglich, direkt mit dem täglichen Ladungsverbrauch der einzelnen Verbraucher zu rechnen.

In der PV-Anlage benötigen n verschiedene, nicht dauernd eingeschaltete Verbraucher jeweils eine Leistung P_i während der Zeit t_i. Jeder Verbraucher nimmt dabei auf der DC-Seite eine bestimmte Energie E_i auf. Bei Anlagen mit Wechselrichtern (Wirkungsgrad $\eta_{WR} < 1$) ist bei AC-Verbrauchern bei der Berechnung von E_i zu berücksichtigen, dass sie auf der DC-Seite die Leistung $P_{DCi} = P_{ACi} / \eta_{WR}$ aufnehmen (η_{WR} = mittlerer Wechselrichter-Wirkungsgrad).

Von einem einzelnen Verbraucher (Leistungsaufnahme P_i) benötigte DC-Energie:

Bei DC-Verbrauchern: $E_i = P_{DCi} \cdot t_i = P_i \cdot t_i$ (8.19)

Bei AC-Verbrauchern: $E_i = P_{DCi} \cdot t_i = \frac{P_{ACi}}{\eta_{WR}} t_i = \frac{P_i}{\eta_{WR}} t_i$ (8.20)

Von allen Verbrauchern aufgenommene DC-Energie $E_V = \sum_{i=1}^{n} E_i$ (8.21)

Dazu kommt noch die Energie E_0, welche die dauernd eingeschalteten Geräte aufnehmen (z.B. Laderegler, Wechselrichter-Leerlaufverluste, Akku-Selbstentladung usw., aber auch der Energieverbrauch von dauernd in Betrieb stehenden Kühlschränken und Tiefkühltruhen).

Die nicht dauernd eingeschalteten Verbraucher mit dem Energieverbrauch E_V werden bei bestimmten Anlagen nicht jeden Tag, sondern nur mit einer gewissen Häufigkeit h_B benützt. Bei einem dauernd bewohnten Haus ist beispielsweise $h_B = 1$, bei einem Wochenendhaus, das nur an 2 Tagen in der Woche benützt wird, ist dagegen $h_B = 2/7$. Für den durchschnittlichen täglichen Energieverbrauch E_D gilt also:

Durchschnittlich täglich verbrauchte DC-Energie (allgemein): $E_D = h_B \cdot E_V + E_0$ (8.22)

Dabei ist h_B die durchschnittliche Häufigkeit der Benützung ($0 \leq h_B \leq 1$).

Bei einem dauernd bewohnten Haus oder einer dauernd in Betrieb stehenden Anlage ist $h_B = 1$ und der durchschnittliche tägliche Energieverbrauch E_D beträgt somit:

Durchschnittlich täglich verbrauchte DC-Energie: $E_D = E_V + E_0$ (8.23)

Bei einem Wochenendhaus, das nur an 2 Tagen in der Woche benützt wird, ist $h_B = {}^2/_7$ und die im Wochenendhaus im Schnitt täglich verbrauchte DC-Energie E_D beträgt somit:

Durchschnittlich täglich verbrauchte DC-Energie: $E_D = {}^2/_7 E_V + E_0$ (8.24)

Bei der weiteren Dimensionierung der PV-Anlage ist die Verwendung des durchschnittlichen täglichen Ladungsverbrauchs Q_D zweckmässig, der mit der Systemspannung U_S (Nennspannung des Akkus) leicht aus E_D berechnet werden kann:

Durchschnittlicher täglicher Ladungsverbrauch $Q_D = \frac{E_D}{U_S}$ (8.25)

Neben der Berechnung des durchschnittlichen täglichen Energie- und Ladungsverbrauchs ist für die Dimensionierung einer PV-Inselanlage auch die Ermittlung der auftretenden maximalen Leistungen P_{DCmax} auf der DC-Seite und P_{ACmax} auf der AC-Seite notwendig, um die notwendigen Leiterquerschnitte, Sicherungen und die Nennleistung eines allfälligen Wechselrichters bestimmen zu können. Dabei ist zu prüfen, ob wirklich alle vorhandenen Lasten gleichzeitig gespeist werden müssen oder ob nicht durch Wahl einer etwas geringeren Maximalleistung Kosten eingespart werden können.

Die Ermittlung der in diesem Abschnitt eingeführten Grössen und die Dimensionierung des Akkus gemäss Abschnitt 8.3.2 erfolgt zweckmässigerweise mit der Tabelle 8.9 resp. A6.3 im Anhang A6.

8.3.2 Notwendige Akkukapazität K

Da die Kapazität von Akkumulatoren meist in Ampèrestunden [Ah] angegeben wird, ist es für die Dimensionierung des Akkus zweckmässig, mit Ladungen statt Energien zu rechnen.

Während einer Schlechtwetterperiode soll der Akku während n_A Tagen alle Verbraucher autonom versorgen können. Dabei darf er nur bis zur Zyklentiefe t_Z (siehe Kap. 5.1.1) entladen werden. Die bei einer Entladung maximal entnehmbare Ladung Q_E wird nutzbare Kapazität K_N genannt.

Nutzbare Kapazität eines Akkus: $K_N = K \cdot t_Z$ (8.26)

Während der Autonomiedauer n_A muss die gesamte benötigte Energie aus dem Akku geliefert werden, wobei die Verbraucher oft jeden Tag die volle Energie E_V benötigen. Wegen des Energiesatzes gilt:

$$U_S \cdot K_N = n_A(E_V + E_0) \quad (8.27)$$

oder aufgelöst nach K_N:

$$K_N = \frac{n_A(E_V + E_0)}{U_S} \quad (8.28)$$

Somit folgt für die minimal erforderliche Akkukapazität (je nach Anwendung K_{10}, K_{20} oder K_{100}):

Erforderliche Akkukapazität $K = \frac{n_A(E_V + E_0)}{U_S \cdot t_Z}$ (8.29)

Bei der Verwendung von Wechselrichtern sollte K auch mindestens den in (5.19) angegebenen Wert aufweisen.

Soll die Selbstentladung des Akkus mitberücksichtigt werden, kann die nach der Wahl der Akkukapazität K bekannte tägliche Selbstentladung (typisch z.B. 3 % von K pro Monat resp. 0,1 % von K pro Tag) berücksichtigt werden, indem E_0 um etwa $0{,}001 \cdot U_S \cdot K$ erhöht wird. In der Praxis ist aber die Selbstentladung meist vernachlässigbar und durch die meist ohnehin erfolgenden Aufrundungen abgedeckt.

8.3.3 Dimensionierung des Solargenerators

Nach einer Tiefentladung muss die PV-Anlage die nutzbare Kapazität K_N in einer bestimmten Zeitspanne, der Systemerholungszeit n_E (Anzahl Tage bis zur Vollladung), *zusätzlich* zum durchschnittlichen täglichen Ladungsverbrauch Q_D bereitstellen. Zudem ist bei jedem Akku die abgegebene Ladung um den Ampèrestunden-Wirkungsgrad η_{Ah} kleiner als die beim Laden aufgenommene Ladung (siehe Kap. 5.1.1).

Damit die Ladungsbilanz im Gleichgewicht bleibt, muss dem Akku somit im Durchschnitt täglich folgende Ladung Q_L zugeführt werden:

Durchschnittlich täglicher Ladungsbedarf $Q_L = \frac{1}{\eta_{Ah}}\left(Q_D + \frac{K_N}{n_E}\right)$ (8.30)

Falls keine Systemerholungszeit vorgeschrieben ist, wird $n_E = \infty$ und die für die zur Aufladung des Akkus minimal erforderliche Ladung wird:

$$Q_{L\min} = \frac{Q_D}{\eta_{Ah}} \tag{8.31}$$

Der Bau einer reinen PV-Anlage mit einem nur auf Q_{Lmin} ausgelegten PV-Generator ist aber ziemlich riskant, da keine Reserven für ungeplante Ereignisse bestehen (z.B. zwei längere Schlechtwetterperioden hintereinander).

Dagegen kann bei einer Hybridanlage der Solargenerator ohne weiteres nur auf Q_{Lmin} ausgelegt werden, da ein eventuelles Defizit durch den Hilfsgenerator gedeckt werden kann. Bei einer derartigen Dimensionierung ist der Treibstoffbedarf des Hilfsgenerators noch sehr klein, da er nur im Notfall eingesetzt wird.

Bei einer reinen PV-Anlage muss der Solargenerator im Mittel täglich eine Ladung Q_{PV} erzeugen, welche gleich Q_L ist. Bei *Hybridanlagen* kann auch ein Hilfsgenerator (z.B. Benzin- oder Dieselgenerator bei grösseren Anlagen, thermoelektrischer Generator oder Brennstoffzelle bei kleinen Anlagen) in kritischen Monaten (z.B. im Winter) eine Energie E_H beisteuern.

Beim Aufladen des Akkus ist die Spannung im Mittel höher als die Systemspannung U_S. Dies kann näherungsweise dadurch berücksichtigt werden, dass für den Ladevorgang eine mittlere Ladespannung von $1{,}1 \cdot U_S$ angenommen wird. Damit ergibt sich:

Aus E_H resultierende Ladung von Hybridgenerator: $$Q_H = \frac{E_H}{1{,}1 \cdot U_S} \tag{8.32}$$

Bei vorhandenem Hilfsgenerator gilt dann:

$$Q_L = Q_{PV} + Q_H \quad \text{resp.} \quad Q_{PV} = Q_L - Q_H \tag{8.33}$$

8.3.3.1 PV-Generator-Dimensionierung bei normalen Ladereglern

Bei derartigen Anlagen besteht der PV-Generator meist aus n_{SP} parallel geschalteten Seriesträngen, in welchen zur Erzeugung der notwendigen Systemspannung je n_{MS} Solarmodule in Serie geschaltet sind (siehe Bild 4-30 resp. 4-31 in Kap. 4.3.3). Beim Erreichen der Ladegrenzspannung U_G am Akku, die typischerweise zwischen $1{,}15 \cdot U_S$ und $1{,}2 \cdot U_S$ liegt, liegt an jedem Modul bei Vernachlässigung der Spannungsabfälle an ohmschen Widerständen, Seriereglern und Dioden die Spannung:

Spannung pro Modul bei Ladegrenzspannung: $$U_{MG} = \frac{U_G}{n_{MS}} \tag{8.34}$$

Meist werden für das Aufladen von Akkus pro 12 V Systemspannung 32 bis 36 in Serie geschaltete kristalline Si-Solarzellen verwendet. Die Module werden dabei bei Spannungen deutlich unterhalb der MPP-Spannung $U_{MPP-STC}$ bei STC betrieben. In der Praxis sind die Modultemperaturen im Betrieb meist deutlich höher als die STC-Temperatur von 25°C und die MPP-Spannungen etwas tiefer (siehe Bild 4-13), liegen aber immer noch über U_{MG}. Somit kann angenommen werden, dass bei $G_o = 1$ kW/m^2 der Modulstrom I_{Mo} immer ein wenig grösser als der auf den Moduldatenblättern angegebene MPP-Strom $I_{MPP-STC}$ bei STC ist.

Es kann deshalb angenommen werden, dass bei Verwendung von 32 – 36 kristallinen Zellen pro 12 V Akkuspannung für den Modulstrom I_M mit guter Näherung gilt:

$$I_M = I_{MPP-STC} \frac{G}{G_o} \tag{8.35}$$

Bei anderen Modulen ist aus den Kennlinien der Strom I_{Mo} bei U_G und G_o und der höchsten zu erwartenden Modultemperatur zu bestimmen.

Somit kann mit dem Strahlungs- oder Referenzertrag Y_R leicht die von diesem Modul produzierbare Ladung Q_M berechnet werden:

$$\textit{Von einem Modul produzierbare Ladung } Q_M = I_{Mo} \cdot Y_R \approx I_{MPP\text{-}STC} \cdot Y_R \tag{8.36}$$

In einem Solargenerator sind meist mehrere Module zusammengeschaltet. Dabei entstehen aus verschiedenen Gründen (z.B. Teilbeschattung, Verschmutzung, Schneebedeckung, Mismatch, spektrale Verluste, Glasreflexionsverluste, Modulminderleistung usw., Details siehe Kap. 7) zusätzliche Verluste, die am einfachsten durch den sogenannten Generator-Korrekturfaktor k_G berücksichtigt werden können. Viele dieser Effekte sind auch bereits bei einem einzigen Modul vorhanden, so dass k_G eigentlich immer berücksichtigt werden muss ($k_G < 1$).

Ein Solargeneratorstrang mit n_{MS} gleichen Modulen in Serie kann pro Strang somit folgende Ladung Q_S produzieren:

$$\textit{Pro Strang produzierbare Ladung } Q_S = k_G \cdot Q_M = k_G \cdot I_{Mo} \cdot Y_R \approx k_G \cdot I_{MPP\text{-}STC} \cdot Y_R \tag{8.37}$$

Wenn der PV-Generator aus n_{SP} parallel geschalteten Seriesträngen besteht, in denen zur Erzeugung der notwendigen Systemspannung je n_{MS} Module in Serie geschaltet sind (siehe Bild 4-30 resp. 4-31 in Kap. 4.3.3), die pro Strang eine durchschnittliche tägliche Ladung Q_S produzieren können, ergibt sich für die notwendige Anzahl paralleler Stränge:

$$\textit{Notwendige Anzahl paralleler Stränge: } n_{SP} = \frac{Q_{PV}}{Q_S} = \frac{Q_L - Q_H}{Q_S} \tag{8.38}$$

Für eine reine Photovoltaik-Inselanlage ohne Hilfsgenerator gilt:

$$n_{SP} = \frac{Q_L}{Q_S} \tag{8.39}$$

8.3.3.2 PV-Generator-Dimensionierung bei Ladereglern mit MPT

Bei einer PV-Inselanlage mit einem MPT-Laderegler (mit Maximum-Power-Tracker) wird zunächst wie bei einer netzgekoppelten Anlage Y_A berechnet. Durch Multiplikation mit η_{MPT} (totaler Wirkungsgrad des MPT-Ladereglers, meist höher als typische η_{tot} bei Wechselrichtern, bis 99%) ergibt sich wie in (8.15) der (maximal) produzierbare Endertrag Y_F':

$$\textit{Produzierbarer Endertrag } Y_F' = \eta_{MPT} \cdot k_G \cdot k_T \cdot Y_R = \eta_{MPT} \cdot k_G \cdot k_T \frac{H_G}{G_o} \tag{8.40}$$

Y_F' wird deshalb verwendet, weil bei einer Inselanlage (anders als bei netzgekoppelten Anlagen) nicht immer der volle Y_F-Wert auch effektiv produziert wird. Aus dem produzierbaren Y_F' kann nun wie in (8.16) durch Multiplikation mit der Generator-Spitzenleistung P_{Go} sehr einfach der produzierbare mittlere Tages-Energieertrag E_{DC} für jeden Monat berechnet werden. Da es sich um einen Tages-Energieertrag handelt, entfällt hier die Multiplikation mit n_d.

$$\textit{Mittlerer täglicher Energieertrag eines MPT-Ladereglers: } E_{DC} = P_{Go} \cdot Y_F' \tag{8.41}$$

Beim Aufladen des Akkus ist die Spannung im Mittel etwa $1{,}1 \cdot U_S$. Deshalb gilt:

Aus E_{DC} resultierende Ladung von PV-Generator: $$Q_{PV} = \frac{E_{DC}}{1{,}1 \cdot U_S} \qquad (8.42)$$

Mit den Formeln (8.19) bis (8.42) kann eine photovoltaische Inselanlage komplett dimensioniert werden. Bei der Herleitung dieser Formeln wurde primär von der betrieblichen Situation einer Anlage in einem Haus ausgegangen, sie gelten aber natürlich auch für andere Anlagen.

Für die Dimensionierung einer photovoltaischen Inselanlage in gemässigten Zonen genügt es oft, die Verhältnisse in den Monaten mit der geringsten Einstrahlung zu untersuchen (bei ganzjährig betriebenen Anlagen auf der nördlichen Hemisphäre von November bis Februar).

Die praktische Dimensionierung erfolgt mit den Tab. 8.9, 8.10 und 8.11 (siehe Beispiele).

8.3.3.3 Richtwerte für einige Grössen bei PV-Inselanlagen

Generator-Korrekturfaktor k_G: $0{,}5 < k_G < 0{,}9$
(je nach Monat und Generatorneigung, siehe Kap. 8.1.3)

Ampèrestundenwirkungsgrad η_{Ah}: 0,9 (0,8...0,98).

Zyklentiefe t_Z: $0{,}3 < t_Z < 0{,}8$, typisch liegt t_Z etwa zwischen 0,4 bis 0,6.
Bei Blei-Kalzium-Akkus: $t_Z \leq 0{,}5$.
bei Anlagen mit Wechselrichtern: $t_Z \leq 0{,}6$.

Die angegebenen Werte gelten für einen vollen Autonomiezyklus von n_A Tagen, die Tageszyklentiefe ist meist wesentlich kleiner. Kleinere Werte von t_Z erhöhen die Akku-Lebensdauer!

Systemautonomie n_A:

Tabelle 8.8: Empfohlene Werte für Systemautonomie n_A:

n_A (Tage)	Winter	Frühling/Herbst	Sommer
Geografische Breite	(Monate 1, 2 ,11, 12)	(Monate 3, 4, 9, 10)	(Monate 5, 6, 7, 8)
30°N	3 - 6	2 - 5	2 - 4
40°N	4 - 8	3 - 6	2 - 4
50°N	7 - 15	5 - 8	3 - 5
60°N	10 - 25	7 - 10	3 - 6

Systemerholungszeit n_E: Für n_E sollte ein (nicht allzu grosses) Vielfaches von n_A gewählt werden.

Bei einem regelmässig benützten Wochenendhaus mit $n_A = 2$ Tage muss $n_E \leq 5$ Tage sein! Bei grösseren Werten von n_A ist es oft sinnvoll, auch etwas grössere Werte von n_E zu wählen.

Die Versorgungssicherheit und der Aufwand steigt mit zunehmender Systemautonomie n_A und abnehmender Systemerholungszeit n_E!

Falls eine zuverlässige Hilfsenergiequelle (z.B. Diesel- oder Benzingenerator) zur Verfügung steht, kann eine Hybridanlage realisiert werden. Bei einer solchen Anlage können n_A und n_E wesentlich tiefer gewählt und damit Kosten gespart werden. Zudem kann dadurch bei PV-Anlagen in mittleren und höheren Breiten der Anteil der effektiv ausgenutzten Solarenergie im Verhältnis zur an sich vorhandenen Solarenergie erhöht werden. Eine reine PV-Anlage erzeugt an solchen Orten im Sommer sonst immer einen grossen ungenutzten Energieüberschuss.

8.3.4 Tabellen für Dimensionierung von PV-Inselanlagen

Die praktische Berechnung von PV-Inselanlagen geschieht wie bei netzgekoppelten Anlagen am besten in geeigneten Tabellen (auch im Anhang A6.2 nochmals vorhanden). Die Bestimmung der Tages-Energiebilanz (evtl. für verschiedene Monate), die Berechnung der notwendigen Akkukapazität K und der erforderlichen mittleren täglichen Ladung Q_L erfolgt mit der Tabelle 8.9 resp. A6.3 im Anhang A6.

In der linken Hälfte der Tabelle wird zunächst für alle Verbraucher die täglich benötigte DC-Energie E_{DC} ermittelt. Bei AC-Verbrauchern ist dabei für die Bestimmung der DC-Energie die Division durch den Wirkungsgrad η_{WR} des Insel-Wechselrichters erforderlich:

Erforderliche DC-Energie bei AC-Verbrauchern: $$E_{DC} = \frac{E_{AC}}{\eta_{WR}} \quad (8.43)$$

Tabelle 8.9: Hilfstabelle zur Bestimmung der Energiebilanz und der Akkukapazität K (Kopiervorlage auch als Tabelle A6.3 in Anhang A6):

Energiebilanz für PV-Inselanlage (Dimensionierung des PV-Generators auf separatem Blatt)

	Verbraucher (geschaltet)	AC/DC	P[W]	t [h]	E_{AC}	η_{WR}	E_{DC}	
1								Wh/d
2								Wh/d
3								Wh/d
4								Wh/d
5								Wh/d
6								Wh/d
7								Wh/d
8								Wh/d
		$E_V = \Sigma E_{DC}$ gesch. Verbr. =						Wh/d

	Dauernde Verbraucher	AC/DC	P[W]	t [h]	E_{AC}	η_{WR}	E_{DC}	
1								Wh/d
2								Wh/d
3								
4								Wh/d
		$E_0 = \Sigma E_{DC}$ Dauer-Verbr. =						Wh/d

Nutzbare Akku-Kapazität $K_N = n_A \cdot (E_V+E_0)/U_S$ =		Ah
Minimale Akku-Kapazität $K = K_N/t_Z = n_A \cdot (E_V+E_0)/(U_S \cdot t_Z)$ =		Ah
Erforderliche tägliche Ladung $Q_L = (1/\eta_{Ah}) \cdot (Q_D+K_N/n_E)$ =		Ah/d

Ort:	**Monat:**

Systemspannung U_S =		V
Akku-Zyklentiefe t_Z =		
Ah-Wirkungsgrad η_{Ah} =		
Autonomiedauer n_A =		d
Systemerholungszeit n_E =		d
Benutzungshäufigkeit h_B =		

Hinweis:
Diese Tabelle mit dem mittleren täglichen Energieverbrauch ist meist nur für den Monat mit dem grössten Verbrauch auszufüllen. Wenn der Energieverbrauch über das Jahr stark schwankt, sind evtl. mehrere Tabellen auszufüllen.

Mittl. tägl. $E_D = h_B \cdot E_V + E_0$ =		Wh/d
Mittl. tägl. $Q_D = E_D/U_S$ =		Ah/d

Auf der rechten Seite der Tabelle werden die Systemspannung U_S, die Zyklentiefe t_Z des Akkus, der Ah-Wirkungsgrad η_{Ah}, die Autonomiedauer n_A und die Systemerholungszeit n_E eingetragen. Danach werden sukzessive die verlangten Zwischen- und Endgrössen bestimmt, wobei wieder die zu verwendenden Formeln in der Tabelle angegeben sind. Als Ergebnisse der Berechnung erhält man die notwendige Akkukapazität K sowie die für eine ausgeglichene Energiebilanz erforderliche mittlere tägliche Ladungszufuhr Q_L.

Zur Bestimmung der notwendigen Grösse des PV-Generators dienen die Tabellen 8.10 und 8.11. Zunächst wird im obersten Teil der Tabellen von den (evtl. monatlich verschiedenenen) Q_L-Werten eine von einem allfälligen Hilfsgenerator erzeugte Ladung Q_H abgezogen und die effektiv noch von der PV-Anlage zu erzeugende Ladung Q_{PV} bestimmt.

Im nächsten Abschnitt erfolgt die Strahlungsberechung (bei Tabelle 8.10 mit dem vereinfachten Verfahren nach Kap. 2.4, bei Tabelle 8.11 mit dem in Kap. 2.5 beschriebenen Dreikomponentenmodell). Beide Tabellen sind sowohl für Laderegler mit und ohne MPP-Tracker geeignet, es muss jedoch immer nur der eine oder andere zutreffende Teil ausgefüllt werden.

Bei Anlagen mit Ladereglern ohne MPP-Tracker müssen in der Mitte der Tabelle nur die k_G-Werte des jeweiligen Monats angegeben werden. Mit dem Strom $I_{Mo} = I_{MPP\text{-}STC}$ des verwendeten Moduls kann dann aus dem berechneten Strahlungs- oder Referenzertrag Y_R die pro Strang produzierte Ladung Q_S berechnet werden.

Bei Anlagen mit MPT-Ladereglern kann analog wie bei netzgekoppelten Anlagen durch Multiplikation mit k_T, k_G und η_{MPT} (statt η_{WR} resp. η_{tot} wie bei Netzverbundanlagen) der mögliche Endertrag Y_F' berechnet werden, aus dem durch Multiplikation mit der im Strang vorhandenen Modulleistung $n_{MS} \cdot P_{Mo}$ die *produzierbare DC-Energie* $E_{DC\text{-}S}$ *pro Strang* berechnet werden kann. Da beim Laden im Mittel die Akkuspannung etwa $1{,}1 \cdot U_S$ beträgt, kann daraus die entsprechende von einem Strang produzierbare Ladung Q_S berechnet werden.

Durch Division der erforderlichen PV-Ladung Q_{PV} durch die mit der einen oder anderen Methode berechnete Strangladung Q_S und Aufrunden auf die nächste ganze Zahl und Bestimmung des Maximalwertes aus allen Monaten ergibt sich die notwendige Anzahl n_{SP} paralleler Stränge und durch Multiplikation mit n_{MS} schliesslich die benötigte gesamte Modulzahl n_M.

Tabelle 8.10: Hilfstabelle zur Dimensionierung des PV-Generators einer Inselanlage bei Verwendung der einfachen Strahlungsberechnung nach Kap. 2.4 (hellgraue Felder nicht unbedingt ausfüllen, Kopiervorlage auch als Tabelle A6.4 in Anhang A6):

Berechnung PV-Generator für Inselanlagen (vereinfachte Strahlungsberechnung)

Ort:		Referenzstation:		β =		γ =	°
I_{Mo} =	A	P_{Mo} =	W	Systemspannung U_S =	V	Module / Strang n_{MS} =	

Monat	Jan	Feb	Mrz	April	Mai	Juni	Juli	Aug	Sept	Okt	Nov	Dez	
Erf. tägl. Ladung Q_L													Ah/d
Hilfsenergie E_H													Wh/d
$Q_H = E_H/(1{,}1 \cdot U_S)$													Ah/d
$Q_{PV} = Q_L - Q_H$ =													Ah/d

Monat	Jan	Feb	Mrz	April	Mai	Juni	Juli	Aug	Sept	Okt	Nov	Dez	
H													kWh/m²
$R(\beta,\gamma)$													
$H_G = R(\beta,\gamma) \cdot H$													kWh/m²
$Y_R = H_G/1\text{kWm}^{-2}$ =													h/d

Ohne MPT-Laderegler *(unten nur k_G-Werte eingeben, wenn dieser Fall zutrifft)*:

k_G													
$Q_S = k_G \cdot I_{Mo} \cdot Y_R$ =													Ah/d

Mit MPT-Laderegler *(unten nur k_T- und k_G-Werte eingeben, wenn dieser Fall zutrifft)*:

k_T													
$Y_T = k_T \cdot Y_R$													h/d
k_G													
$Y_A = k_G \cdot Y_T$													h/d
η_{MPT}													
$Y_F' = \eta_{MPT} \cdot Y_A$ =													h/d
$E_{DC\text{-}S} = n_{MS} \cdot P_{Mo} \cdot Y_F'$ =													Wh/d
$Q_S = E_{DC\text{-}S}/(1{,}1 \cdot U_S)$													Ah/d

$n_{SP}' = Q_{PV}/Q_S$												

Erforderliche Anzahl Parallelstränge: Maximum(n_{SP}'), aufgerundet auf ganze Zahl:	n_{SP} =	
Total erforderliche Anzahl Module:	$n_M = n_{MS} \cdot n_{SP}$ =	

Tabelle 8.11: Hilfstabelle zur Dimensionierung des PV-Generators einer Inselanlage bei Verwendung des Dreikomponentenmodells zur Strahlungsberechnung (hellgraue Felder nicht unbedingt ausfüllen, Kopiervorlage auch als Tab. A6.5 in Anhang A6).

Berechnung PV-Generator für Inselanlagen (Strahlungsberechnung mit 3-Komp.-Modell)

Ort:		Referenzstation:		β =		γ =		°
		$R_D = ½\cos\alpha_2 + ½\cos(\alpha_1+\beta)$ =			$R_R = ½ - ½\cos\beta$ =			
I_{Mo} =	A	P_{Mo} =	W	Systemspannung U_S =	V	Module / Strang n_{MS} =		

Monat	Jan	Feb	Mrz	April	Mai	Juni	Juli	Aug	Sept	Okt	Nov	Dez	
Erf. tägl. Ladung Q_L													Ah/d
Hilfsenergie E_H													Wh/d
$Q_H = E_H/(1{,}1 \cdot U_S)$													Ah/d
$Q_{PV} = Q_L - Q_H$ =													Ah/d

Monat	Jan	Feb	Mrz	April	Mai	Juni	Juli	Aug	Sept	Okt	Nov	Dez	
H													kWh/m²
H_D													kWh/m²
R_B													
k_B													
$H_{GB} = k_B \cdot R_B \cdot (H-H_D)$													kWh/m²
$H_{GD} = R_D \cdot H_D$													kWh/m²
ρ													
$H_{GR} = R_R \cdot \rho \cdot H$													kWh/m²
$H_G = H_{GB}+H_{GD}+H_{GR}$													kWh/m²
$Y_R = H_G/1\,\text{kWm}^{-2}$ =													h/d

Ohne MPT-Laderegler *(unten nur k_G-Werte eingeben, wenn dieser Fall zutrifft)*:

k_G													
$Q_S = k_G \cdot I_{Mo} \cdot Y_R$ =													Ah/d

Mit MPT-Laderegler *(unten nur k_T- und k_G-Werte eingeben, wenn dieser Fall zutrifft)*:

k_T													
$Y_T = k_T \cdot Y_R$													h/d
k_G													
$Y_A = k_G \cdot Y_T$													h/d
η_{MPT}													
$Y_F' = \eta_{MPT} \cdot Y_A$ =													h/d
$E_{DC\text{-}S} = n_{MS} \cdot P_{Mo} \cdot Y_F'$ =													Wh/d
$Q_S = E_{DC\text{-}S}/(1{,}1 \cdot U_S)$													Ah/d

$n_{SP}' = Q_{PV}/Q_S$												

Erforderliche Anzahl Parallelstränge: Maximum(n_{SP}'), aufgerundet auf ganze Zahl:	n_{SP} =	
Total erforderliche Anzahl Module:	$n_M = n_{MS} \cdot n_{SP}$ =	

Bei Anlagen mit MPT-Ladereglern ist wie bei netzgekoppelten Anlagen natürlich die Anzahl n_{MS} der in Serie geschalteten Module so zu wählen, dass die Anlage immer im zulässigen MPP-Spannungsbereich arbeitet und dass die DC-Spannung möglichst im Bereich des optimalen Wirkungrades liegt, denn wie bei Netzwechselrichtern ist natürlich auch der Wirkungsgrad des MPT-Ladereglers etwas von der angelegten DC-Spannung abhängig. Solche MPT-Laderegler werden z.B. von den Firmen AERL unter der Marke "MAXIMIZER" und von Outback Power Systems angeboten. Bei größeren Leistungen kann der PV-Generator bei Bedarf in mehrere Teilgeneratoren mit je einen MPT-Laderegler aufgeteilt werden.

8.3.5 Beispiele zur Dimensionierung von Inselanlagen

8.3.5.1 Beispiele mit vereinfachter Strahlungsberechnung nach Kap. 2.4

1) Von März bis Oktober benutztes Wochenendhaus in der Nähe von Biel

Planerische Vorgaben:

Anlage ohne Maximum Power Tracker, Referenzstation Kloten.
Solargenerator-Anstellwinkel $\beta = 45°$, Solargeneratorazimut $\gamma = 0°$ (S).
Systemspannung 12 V, zu verwendende Solarmodule: Siemens M55, $P_{Mo} = 55\,W$, $I_{Mo} = 3{,}15\,A$, k_G gemäss Tab. 8.3, Autonomiedauer $n_A = 2$ Tage, Systemerholungszeit $n_E = 5$ Tage, max. Akku-Zyklentiefe $t_Z = 50\,\%$, Ah-Wirkungsgrad des Akkus $\eta_{Ah} = 90\%$, kein Wechselrichter!
Vorhandene Verbraucher (alle Angaben pro Tag):

Nr.	Anzahl	Art	Bezeichnung	Energiebedarf E	Leistung P	Zeit t
1	1	DC	Laderegler		0,5 W	24 h
2	3	DC	DC-PLC-Lampen zu je 11 W			2 h
3	1	DC	DC-FL-Lampe 15 W			4 h
4	1	DC	DC-Fernseher		36 W	2 h
5	1	DC	DC-Radio		4 W	3 h
6	1	DC	DC-Kühlschrank	480 Wh		
7	div.	DC	Div. DC-Kleinverbraucher	18 Wh		

Gesucht:

a) Notwendige Akkukapazität K ?
b) Notwendige Anzahl Solarmodule Siemens M55 resp. Isofoton I-55?
c) Wie viele Solarmodule würden benötigt, wenn diese Anlage statt in Biel auf dem Weissfluhjoch läge ?

Lösung:

1a) Berechnung in Tabelle zur Aufstellen der Energiebilanz (Tab. 8.9):

Energiebilanz für PV-Inselanlage (Dimensionierung des PV-Generators auf separatem Blatt)

	Verbraucher (geschaltet)	AC/DC	P[W]	t [h]	E_{AC}	η_{WR}	E_{DC}	
1	3 PLC-Lampen zu 11 W	DC	33	2			66	Wh/d
2	1 FL-Lampe zu 15 W	DC	15	4			60	Wh/d
3	Fernseher	DC	36	2			72	Wh/d
4	Radio	DC	4	3			12	Wh/d
5	Kühlschrank	DC					480	Wh/d
6	Div. Kleinverbraucher	DC					18	Wh/d
7								Wh/d
8								Wh/d
		$E_V = \Sigma E_{DC}$ gesch. Verbr. =					708	Wh/d

	Dauernde Verbraucher	AC/DC	P[W]	t [h]	E_{AC}	η_{WR}	E_{DC}	
1	Laderegler	DC	0.5	24			12	Wh/d
2								Wh/d
3								
4								Wh/d
		$E_0 = \Sigma E_{DC}$ Dauer-Verbr. =					12	Wh/d

Nutzbare Akku-Kapazität $K_N = n_A \cdot (E_V + E_0)/U_S$ =	120	Ah
Minimale Akku-Kapazität $K = K_N/t_Z = n_A \cdot (E_V + E_0)/(U_S \cdot t_Z)$ =	240	Ah
Erforderliche tägliche Ladung $Q_L = (1/\eta_{Ah}) \cdot (Q_D + K_N/n_E)$ =	46.51	Ah/d

Ort: Biel	Monat: 3. - 10.	
Systemspannung U_S =	12	V
Akku-Zyklentiefe t_Z =	0.5	
Ah-Wirkungsgrad η_{Ah} =	0.9	
Autonomiedauer n_A =	2	d
Systemerholungszeit n_E =	5	d
Benutzungshäufigkeit h_B =	0.2857	
Mittl. tägl. $E_D = h_B \cdot E_V + E_0$ =	214.3	Wh/d
Mittl. tägl. $Q_D = E_D/U_S$ =	17.86	Ah/d

Hinweis:
Diese Tabelle mit dem mittleren täglichen Energieverbrauch ist meist nur für den Monat mit dem grössten Verbrauch auszufüllen. Wenn der Energieverbrauch über das Jahr stark schwankt, sind evtl. mehrere Tabellen auszufüllen.

Die minimal notwendige Akkukapazität K für diese nur während 8 Monaten im Jahr benützte Anlage beträgt somit 240 Ah.

Hinweis:
Beim Aufstellen der Energiebilanz wurde angenommen, dass der Kühlschrank als weitaus grösster Energieverbraucher nur während des Wochenendes im Betrieb ist und an den übrigen Tagen abgestellt ist. Andernfalls müsste er unter den dauernd eingeschalteten Verbrauchern aufgeführt werden, wodurch sowohl K als auch Q_L wesentlich grösser würden!

1b) Dimensionierung des Solargenerators mit Tab. 8.10:

Berechnung PV-Generator für Inselanlagen (vereinfachte Strahlungsberechnung)

Ort:	Biel	Referenzstation:	Kloten	β =	45	γ =	0 °
I_{Mo} =	3.15 A	P_{Mo} =	55 W	Systemspannung U_S =	12 V	Module / Strang n_{MS} =	1

Monat	Jan	Feb	Mrz	April	Mai	Juni	Juli	Aug	Sept	Okt	Nov	Dez	
Erf. tägl. Ladung Q_L	0	0	46.5	46.5	46.5	46.5	46.5	46.5	46.5	46.5	0	0	Ah/d
Hilfsenergie E_H	0	0	0	0	0	0	0	0	0	0	0	0	Wh/d
$Q_H = E_H/(1,1 \cdot U_S)$	0	0	0	0	0	0	0	0	0	0	0	0	Ah/d
$Q_{PV} = Q_L - Q_H$ =	**0**	**0**	**46.5**	**46.5**	**46.5**	**46.5**	**46.5**	**46.5**	**46.5**	**46.5**	**0**	**0**	Ah/d

Monat	Jan	Feb	Mrz	April	Mai	Juni	Juli	Aug	Sept	Okt	Nov	Dez	
H	0.91	1.65	2.67	3.73	4.65	5.21	5.68	4.78	3.42	2.03	0.99	0.73	kWh/m²
$R(\beta,\gamma)$	1.42	1.33	1.17	1.03	0.94	0.91	0.93	1.00	1.13	1.24	1.31	1.45	
$H_G = R(\beta,\gamma) \cdot H$	1.29	2.19	3.12	3.84	4.37	4.74	5.28	4.78	3.86	2.52	1.30	1.06	kWh/m²
$Y_R = H_G/1\text{kWm}^{-2}$ =	**1.29**	**2.19**	**3.12**	**3.84**	**4.37**	**4.74**	**5.28**	**4.78**	**3.86**	**2.52**	**1.30**	**1.06**	h/d
Ohne MPT-Laderegler *(unten nur k_G-Werte eingeben, wenn dieser Fall zutrifft)*:													
k_G	0.80	0.83	0.84	0.85	0.86	0.86	0.86	0.86	0.86	0.84	0.82	0.77	
$Q_S = k_G \cdot I_{Mo} \cdot Y_R$ =	**3.26**	**5.74**	**8.27**	**10.3**	**11.8**	**12.8**	**14.3**	**12.9**	**10.5**	**6.66**	**3.35**	**2.57**	Ah/d
Mit MPT-Laderegler *(unten nur k_T- und k_G-Werte eingeben, wenn dieser Fall zutrifft)*:													
k_T													
$Y_T = k_T \cdot Y_R$													h/d
k_G													
$Y_A = k_G \cdot Y_T$													h/d
η_{MPT}													
$Y_F' = \eta_{MPT} \cdot Y_A$ =													h/d
$E_{DC\text{-}S} = n_{MS} \cdot P_{Mo} \cdot Y_F'$ =													Wh/d
$Q_S = E_{DC\text{-}S}/(1,1 \cdot U_S)$													Ah/d
$n_{SP}' = Q_{PV}/Q_S$	0	0	5.63	4.52	3.93	3.62	3.25	3.59	4.44	6.98	0	0	

Erforderliche Anzahl Parallelstränge: Maximum(n_{SP}'), aufgerundet auf ganze Zahl:	n_{SP} =	7
Total erforderliche Anzahl Module:	$n_M = n_{MS} \cdot n_{SP}$ =	7

Der kritische Monat mit der geringsten Sonneneinstrahlung ist hier der Oktober.

Da $n_{MS} = 1$ ist, werden hier also $n_M = n_{SP} = 7$ Module M55 benötigt.

Für die Berechnung der Anzahl der nötigen Module auf Weissfluhjoch gemäss Teilaufgabe c) kann die Energiebilanz gemäss Teilaufgabe a) weiter verwendet werden, es muss aber für die Strahlungsverhältnisse auf dem Weissfluhjoch eine weitere Tab. 8.10 ausgefüllt werden.

1c) gleiche Anlage auf dem Weissfluhjoch:

Da das Weissfluhjoch in den Alpen liegt, ist als Referenzstation Davos zu verwenden.

Ort:	Weissfluhjoch	Referenzstation:	Davos	β =	45	γ =	0 °
I_{Mo} =	3.15 A	P_{Mo} =	55 W	Systemspannung U_S =	12 V	Module / Strang n_{MS} =	1

Monat	Jan	Feb	Mrz	April	Mai	Juni	Juli	Aug	Sept	Okt	Nov	Dez	
Erf. tägl. Ladung Q_L	0	0	46.5	46.5	46.5	46.5	46.5	46.5	46.5	46.5	0	0	Ah/d
Hilfsenergie E_H	0	0	0	0	0	0	0	0	0	0	0	0	Wh/d
$Q_H = E_H/(1{,}1 \cdot U_S)$	0	0	0	0	0	0	0	0	0	0	0	0	Ah/d
$Q_{PV} = Q_L - Q_H$ =	**0**	**0**	**46.5**	**46.5**	**46.5**	**46.5**	**46.5**	**46.5**	**46.5**	**46.5**	**0**	**0**	Ah/d

Monat	Jan	Feb	Mrz	April	Mai	Juni	Juli	Aug	Sept	Okt	Nov	Dez	
H	1.87	2.91	4.32	5.59	6.05	5.73	5.56	4.78	4.01	3.02	2.04	1.59	kWh/m²
$R(\beta,\gamma)$	1.90	1.59	1.33	1.10	0.95	0.91	0.92	1.00	1.15	1.39	1.69	1.98	
$H_G = R(\beta,\gamma) \cdot H$	3.55	4.63	5.75	6.15	5.75	5.21	5.12	4.78	4.61	4.2	3.45	3.15	kWh/m²
$Y_R = H_G/1\text{kWm}^{-2}$ =	**3.55**	**4.63**	**5.75**	**6.15**	**5.75**	**5.21**	**5.12**	**4.78**	**4.61**	**4.20**	**3.45**	**3.15**	h/d

Ohne MPT-Laderegler *(unten nur k_G-Werte eingeben, wenn dieser Fall zutrifft)*:

	Jan	Feb	Mrz	April	Mai	Juni	Juli	Aug	Sept	Okt	Nov	Dez	
k_G	0.80	0.83	0.84	0.85	0.86	0.86	0.86	0.86	0.86	0.84	0.82	0.77	
$Q_S = k_G \cdot I_{Mo} \cdot Y_R$ =	**8.95**	**12.1**	**15.2**	**16.5**	**15.6**	**14.1**	**13.9**	**12.9**	**12.5**	**11.1**	**8.91**	**7.64**	Ah/d

Mit MPT-Laderegler *(unten nur k_T- und k_G-Werte eingeben, wenn dieser Fall zutrifft)*:

	Jan	Feb	Mrz	April	Mai	Juni	Juli	Aug	Sept	Okt	Nov	Dez	
k_T													
$Y_T = k_T \cdot Y_R$													h/d
k_G													
$Y_A = k_G \cdot Y_T$													h/d
η_{MPT}													
$Y_F' = \eta_{MPT} \cdot Y_A$ =													h/d
$E_{DC\text{-}S} = n_{MS} \cdot P_{Mo} \cdot Y_F'$ =													Wh/d
$Q_S = E_{DC\text{-}S}/(1{,}1 \cdot U_S)$													Ah/d

	Jan	Feb	Mrz	April	Mai	Juni	Juli	Aug	Sept	Okt	Nov	Dez
$n_{SP}' = Q_{PV}/Q_S$	0	0	3.06	2.82	2.99	3.29	3.36	3.59	3.72	4.19	0	0

Erforderliche Anzahl Parallelstränge: Maximum(n_{SP}'), aufgerundet auf ganze Zahl:	n_{SP} =	**5**
Total erforderliche Anzahl Module:	$n_M = n_{MS} \cdot n_{SP}$ =	**5**

Auch hier ist der kritische Monat mit der geringsten Sonneneinstrahlung der Oktober, die Einstrahlung ist im Oktober aber wesentlich höher als in Biel. Deshalb werden hier nur 5 (statt wie in Biel 7) Module M55 benötigt.

Hinweis:

Die in den Beispielen 1 und 2 verwendete EXCEL-Tabelle berechnet nach Eingabe der Meteodaten automatisch die Werte für sämtliche Monate. Bei einer Berechnung ohne Computer nur mit einem Taschenrechner würde es natürlich genügen, nur die kritischen Monate zu untersuchen, also bei Aufgabe 1 etwa März und Oktober, bei der Aufgabe 2 nur November, Dezember und Januar.

2) Stromversorgung für ganzjährig bewohntes Nullenergiehaus in Burgdorf

Planerische Vorgaben:

Anlage mit MPT-Laderegler, η_{MPT} = 97%, (optimale DC-Spannung ca. 130 V). Referenzstation Kloten, PV-Generator-Anstellwinkel β = 60°, PV-Generatorazimut γ = 0° (S), Systemspannung 48 V, Solarmodule: BP3160 (72 Zellen in Serie, P_{Mo} = 160 W, I_{Mo} = 4,55 A). k_T gemäss Tab. 8.2, k_G gemäss Tab. 8.3, Autonomiedauer n_A = 8 Tage, Systemerholungszeit n_E = 30 Tage, max. Akku-Zyklentiefe t_Z = 80 %, Ah-Wirkungsgrad des Akkus η_{Ah} = 90%. Wechselrichter: Leerlaufverluste 12 W (DC, dauernd), mittlerer Wirkungsgrad η_{WR} = 93%.

Vorhandene Verbraucher (alle Angaben pro Tag):

Nr.	Anzahl	Art	Bezeichnung	Energiebedarf E	Leistung P	Zeit t
1	1	DC	Laderegler		1 W	24 h
2	6	AC	PLC-Lampen zu je 11 W			4 h
3	1	AC	Fernseher		60 W	2,5 h
4	1	AC	Kocherd / Backofen	1,9 kWh		
5	1	AC	Waschmaschine	0,9 kWh		
6		AC	Staubsauger		800 W	0,2 h
7	1	AC	Kühlschrank	450 Wh		
8	div.	AC	Div. Kleinverbraucher	250 Wh		

Gesucht:

a) Notwendige Akkukapazität K ?

b) Notwendige Anzahl Module n_M bei Verwendung von Solarmodulen BP 3160?

c) Anzahl erforderliche Module n_M, wenn diese Anlage statt in Burgdorf in St. Moritz liegt?

d) Wie gross wird K und n_M, wenn die Anlage in Burgdorf als Hybridanlage mit n_A = 4 Tage und $n_E = \infty$ mit Hilfsgenerator (z.B. Benzingenerator) realisiert würde, bei der im kritischen Monat die Hälfte der Energie vom Hilfsgenerator geliefert würde?

Lösung:

2a) Berechnung in Tabelle zur Aufstellen der Energiebilanz (Tab. 8.9):

Energiebilanz für PV-Inselanlage (Dimensionierung des PV-Generators auf separatem Blatt)

	Verbraucher (geschaltet)	AC/DC	P[W]	t [h]	E_{AC}	η_{WR}	E_{DC}	
1	6 PLC-Lampen zu 11 W	AC	66	4	264	0.93	284	Wh/d
2	Fernseher	AC	60	2.5	150	0.93	161	Wh/d
3	Kochherd	AC			1900	0.93	2043	Wh/d
4	Waschmaschine	AC			900	0.93	968	Wh/d
5	Staubsauger	AC	800	0.2	160	0.93	172	Wh/d
6	Kühlschrank	AC			450	0.93	484	Wh/d
7	Div. Kleinverbraucher	AC			250	0.93	269	Wh/d
8								Wh/d
		$E_V = \Sigma E_{DC}$ gesch. Verbr. =					4381	Wh/d

	Dauernde Verbraucher	AC/DC	P[W]	t [h]	E_{AC}	η_{WR}	E_{DC}	
1	Laderegler	DC	1	24			24	Wh/d
2	Wechselrichter-Leerlauf	DC	12	24			288	Wh/d
3								
4								Wh/d
		$E_0 = \Sigma E_{DC}$ Dauer-Verbr. =					312	Wh/d

Nutzbare Akku-Kapazität $K_N = n_A \cdot (E_V + E_0)/U_S$ =	782.1	Ah
Minimale Akku-Kapazität $K = K_N/t_Z = n_A \cdot (E_V + E_0)/(U_S \cdot t_Z)$ =	977.6	Ah
Erforderliche tägliche Ladung $Q_L = (1/\eta_{Ah}) \cdot (Q_D + K_N/n_E)$ =	137.6	Ah/d

Ort: Burgdorf	Monat:	
Systemspannung U_S =	48	V
Akku-Zyklentiefe t_Z =	0.8	
Ah-Wirkungsgrad η_{Ah} =	0.9	
Autonomiedauer n_A =	8	d
Systemerholungszeit n_E =	30	d
Benutzungshäufigkeit h_B =	1	

Hinweis:
Diese Tabelle mit dem mittleren täglichen Energieverbrauch ist meist nur für den Monat mit dem grössten Verbrauch auszufüllen. Wenn der Energieverbrauch über das Jahr stark schwankt, sind evtl. mehrere Tabellen auszufüllen.

Mittl. tägl. $E_D = h_B \cdot E_V + E_0$ =	4693	Wh/d
Mittl. tägl. $Q_D = E_D/U_S$ =	97.76	Ah/d

Die minimal notwendige Akkukapazität K für diese ganzjährig benützte Anlage beträgt somit 978 Ah.

2b) Dimensionierung des Solargenerators mit Tab. 8.10:

Da die optimale DC-Betriebsspannung des zu verwendenden MPT-Ladereglers etwa 130 V beträgt, werden pro Strang n_{MS} = 4 Module in Serie geschaltet.

Berechnung PV-Generator für Inselanlagen (vereinfachte Strahlungsberechnung)

Ort:	Burgdorf	Referenzstation:	Kloten	β =	60	γ =	0 °
I_{Mo} =	4.55 A	P_{Mo} =	160 W	Systemspannung U_S =	48 V	Module / Strang n_{MS} =	4

Monat	Jan	Feb	Mrz	April	Mai	Juni	Juli	Aug	Sept	Okt	Nov	Dez	
Erf. tägl. Ladung Q_L	137.6	137.6	137.6	137.6	137.6	137.6	137.6	137.6	137.6	137.6	137.6	137.6	Ah/d
Hilfsenergie E_H	0	0	0	0	0	0	0	0	0	0	0	0	Wh/d
$Q_H = E_H/(1{,}1 \cdot U_S)$	0	0	0	0	0	0	0	0	0	0	0	0	Ah/d
$Q_{PV} = Q_L - Q_H$ =	138	138	138	138	138	138	138	138	138	138	138	138	Ah/d

Monat	Jan	Feb	Mrz	April	Mai	Juni	Juli	Aug	Sept	Okt	Nov	Dez	
H	0.99	1.69	2.74	3.68	4.59	5.09	5.59	4.75	3.41	1.94	1.04	0.77	kWh/m²
$R(\beta,\gamma)$	1.47	1.33	1.12	0.95	0.84	0.80	0.82	0.91	1.06	1.21	1.31	1.48	
$H_G = R(\beta,\gamma) \cdot H$	1.46	2.25	3.07	3.50	3.86	4.07	4.58	4.32	3.61	2.35	1.36	1.14	kWh/m²
$Y_R = H_G/1\text{kWm}^{-2}$ =	1.46	2.25	3.07	3.50	3.86	4.07	4.58	4.32	3.61	2.35	1.36	1.14	h/d
Ohne MPT-Laderegler *(unten nur k_G-Werte eingeben, wenn dieser Fall zutrifft)*:													
k_G													
$Q_S = k_G \cdot I_{Mo} \cdot Y_R$ =													Ah/d
Mit MPT-Laderegler *(unten nur k_T- und k_G-Werte eingeben, wenn dieser Fall zutrifft)*:													
k_T	1.05	1.03	1.01	0.98	0.95	0.93	0.91	0.92	0.95	0.99	1.04	1.05	
$Y_T = k_T \cdot Y_R$	1.53	2.32	3.10	3.43	3.66	3.79	4.17	3.98	3.43	2.32	1.42	1.20	h/d
k_G	0.84	0.85	0.86	0.86	0.85	0.85	0.85	0.85	0.86	0.86	0.85	0.84	
$Y_A = k_G \cdot Y_T$	1.28	1.97	2.67	2.95	3.11	3.22	3.55	3.38	2.95	2.00	1.20	1.01	h/d
η_{MPT}	0.97	0.97	0.97	0.97	0.97	0.97	0.97	0.97	0.97	0.97	0.97	0.97	
$Y_F' = \eta_{MPT} \cdot Y_A$ =	1.25	1.91	2.59	2.86	3.02	3.12	3.44	3.28	2.86	1.94	1.17	0.97	h/d
$E_{DC\text{-}S} = n_{MS} \cdot P_{Mo} \cdot Y_F'$ =	797	1222	1655	1829	1933	1998	2201	2098	1833	1241	748	624	Wh/d
$Q_S = E_{DC\text{-}S}/(1{,}1 \cdot U_S)$	15.1	23.1	31.3	34.6	36.6	37.8	41.7	39.7	34.7	23.5	14.2	11.8	Ah/d

	Jan	Feb	Mrz	April	Mai	Juni	Juli	Aug	Sept	Okt	Nov	Dez
$n_{SP}' = Q_{PV}/Q_S$	9.12	5.95	4.39	3.97	3.76	3.64	3.30	3.46	3.96	5.86	9.72	11.6

Erforderliche Anzahl Parallelstränge: Maximum(n_{SP}'), aufgerundet auf ganze Zahl:	n_{SP} =	12
Total erforderliche Anzahl Module:	$n_M = n_{MS} \cdot n_{SP}$ =	48

Hinweis:

Der kritische Monat bei dieser Anlage ist der Dezember. Wenn die Anlage keinen MPT-Laderegler hätte, müsste die Dimensionierung des Solargenerators analog zu Beispiel 1 erfolgen. In diesem Fall wären 32 Stränge und 64 Module BP3160 notwendig. Ein MPT-Laderegler erhöht zwar die Komplexität der Anlage und führt möglicherweise zu störenden HF-Störspannungen auf der DC-Seite der Anlage, erlaubt aber Einsparungen auf der Seite des PV-Generators.

Wenn diese Anlage an einem strahlungsmässig günstigeren Ort liegt, kann der Solargenerator bei gleichem Energieverbrauch wesentlich kleiner dimensioniert werden (siehe Teilaufgabe 2c).

2c) gleiche Anlage in St. Moritz:

Da St. Moritz in den Alpen liegt, ist als Referenzstation Davos zu verwenden.

Berechnung PV-Generator für Inselanlagen (vereinfachte Strahlungsberechnung)

Ort:	St. Moritz	Referenzstation:	Davos	β =	60	γ =	0 °
I_{Mo} =	4.55 A	P_{Mo} =	160 W	Systemspannung U_S =	48 V	Module / Strang n_{MS} =	4

Monat	Jan	Feb	Mrz	April	Mai	Juni	Juli	Aug	Sept	Okt	Nov	Dez	
Erf. tägl. Ladung Q_L	137.6	137.6	137.6	137.6	137.6	137.6	137.6	137.6	137.6	137.6	137.6	137.6	Ah/d
Hilfsenergie E_H	0	0	0	0	0	0	0	0	0	0	0	0	Wh/d
$Q_H = E_H/(1{,}1 \cdot U_S)$	0	0	0	0	0	0	0	0	0	0	0	0	Ah/d
$Q_{PV} = Q_L - Q_H$ =	**138**	**138**	**138**	**138**	**138**	**138**	**138**	**138**	**138**	**138**	**138**	**138**	Ah/d

Monat	Jan	Feb	Mrz	April	Mai	Juni	Juli	Aug	Sept	Okt	Nov	Dez	
H	1.74	2.70	4.06	5.29	5.75	6.01	6.16	5.23	4.16	2.86	1.83	1.45	kWh/m²
$R(\beta,\gamma)$	2.01	1.66	1.32	1.04	0.85	0.80	0.82	0.91	1.09	1.39	1.78	2.13	
$H_G = R(\beta,\gamma) \cdot H$	3.50	4.48	5.36	5.50	4.89	4.81	5.05	4.76	4.53	3.98	3.26	3.09	kWh/m²
$Y_R = H_G/1\text{kWm}^{-2}$ =	**3.50**	**4.48**	**5.36**	**5.50**	**4.89**	**4.81**	**5.05**	**4.76**	**4.53**	**3.98**	**3.26**	**3.09**	h/d

Ohne MPT-Laderegler *(unten nur k_G-Werte eingeben, wenn dieser Fall zutrifft)*:

k_G													
$Q_S = k_G \cdot I_{Mo} \cdot Y_R$ =													Ah/d

Mit MPT-Laderegler *(unten nur k_T- und k_G-Werte eingeben, wenn dieser Fall zutrifft)*:

	Jan	Feb	Mrz	April	Mai	Juni	Juli	Aug	Sept	Okt	Nov	Dez	
k_T	1.03	1.02	1.00	0.98	0.97	0.96	0.94	0.95	0.97	0.98	1.02	1.03	
$Y_T = k_T \cdot Y_R$	3.60	4.57	5.36	5.39	4.74	4.62	4.75	4.52	4.40	3.90	3.32	3.18	h/d
k_G	0.84	0.85	0.86	0.86	0.85	0.85	0.85	0.85	0.86	0.86	0.85	0.84	
$Y_A = k_G \cdot Y_T$	3.03	3.89	4.61	4.64	4.03	3.92	4.04	3.84	3.78	3.35	2.82	2.67	h/d
η_{MPT}	0.97	0.97	0.97	0.97	0.97	0.97	0.97	0.97	0.97	0.97	0.97	0.97	
$Y_F' = \eta_{MPT} \cdot Y_A$ =	**2.94**	**3.77**	**4.47**	**4.50**	**3.91**	**3.81**	**3.91**	**3.73**	**3.67**	**3.25**	**2.74**	**2.59**	h/d
$E_{DC\text{-}S} = n_{MS} \cdot P_{Mo} \cdot Y_F'$ =	1879	2412	2861	2878	2502	2436	2505	2386	2348	2080	1753	1659	Wh/d
$Q_S = E_{DC\text{-}S}/(1{,}1 \cdot U_S)$	**35.6**	**45.7**	**54.2**	**54.5**	**47.4**	**46.1**	**47.5**	**45.2**	**44.5**	**39.4**	**33.2**	**31.4**	Ah/d

	Jan	Feb	Mrz	April	Mai	Juni	Juli	Aug	Sept	Okt	Nov	Dez
$n_{SP}' = Q_{PV}/Q_S$	3.87	3.01	2.54	2.52	2.90	2.98	2.90	3.05	3.09	3.49	4.14	4.38

Erforderliche Anzahl Parallelstränge: Maximum(n_{SP}'), aufgerundet auf ganze Zahl:	n_{SP} =	**5**
Total erforderliche Anzahl Module:	$n_M = n_{MS} \cdot n_{SP}$ =	**20**

Da die Verbraucherseite der Anlage gleich bleibt, kann für die Energiebilanz die bereits für die Anlage in Burgdorf unter Teilaufgabe 2a ausgefüllte Tabelle verwendet werden.

Wegen der in St. Moritz viel höheren Sonneneinstrahlung in den Wintermonaten ist die notwendige Anzahl Solarmodule um gegen 60% kleiner als in Burgdorf!

2d) Modifizierte Energiebilanz für gleiche Anlage mit Hybridgenerator:

Eine grosse Einsparung ist an Orten mit stark schwankendem Strahlungsangebot auch durch Realisierung einer *Hybridanlage* möglich. Obwohl der eigentliche Energieverbrauch gleich bleibt, ist für eine Hybridanlage eine neue Energiebilanz zu erstellen, da ein Teil der Energie in den Wintermonaten durch die Hilfsenergiequelle (z.B. Benzingenerator) erzeugt wird. Danach ist für den restlichen, durch den PV-Generator abzudeckenden Energiebedarf ein entsprechend kleiner dimensionierter PV-Generator zu planen (siehe nächste Seite). Mit der auf Grund der Verhältnisse im kritischen Monat festgelegten Grösse des PV-Generators kann dann der PV-Ertrag in den andern Monaten berechnet und der noch notwendige Beitrag des Hilfsgenerators bestimmt werden. Allerdings muss die Energie von diesem Hilfsgenerator in den kritischen Wintermonaten (im Beispiel im November, Dezember und Januar) immer verfügbar sein!

Energiebilanz für PV-Inselanlage (Dimensionierung des PV-Generators auf separatem Blatt)

	Verbraucher (geschaltet)	AC/DC	P[W]	t [h]	E_{AC}	η_{WR}	E_{DC}	
1	6 PLC-Lampen zu 11 W	AC	66	4	264	0.93	283.9	Wh/d
2	Fernseher	AC	60	2.5	150	0.93	161.3	Wh/d
3	Kochherd	AC			1900	0.93	2043	Wh/d
4	Waschmaschine	AC			900	0.93	968	Wh/d
5	Staubsauger	AC	800	0.2	160	0.93	172	Wh/d
6	Kühlschrank	AC			450	0.93	484	Wh/d
7	Div. Kleinverbraucher	AC			250	0.93	269	Wh/d
8								Wh/d
		$E_V = \Sigma E_{DC}$ gesch. Verbr. =					4381	Wh/d

Ort: Burgdorf	Monat:	
Systemspannung U_S =	48	V
Akku-Zyklentiefe t_Z =	0.8	
Ah-Wirkungsgrad η_{Ah} =	0.9	
Autonomiedauer n_A =	4	d
Systemerholungszeit n_E =	9999	d
Benutzungshäufigkeit h_B =	1	

	Dauernde Verbraucher	AC/DC	P[W]	t [h]	E_{AC}	η_{WR}	E_{DC}	
1	Laderegler	DC	1	24			24	Wh/d
2	Wechselrichter-Leerlauf	DC	12	24			288	Wh/d
3								
4								Wh/d
		$E_0 = \Sigma E_{DC}$ Dauer-Verbr. =					312	Wh/d

Hinweis:
Diese Tabelle mit dem mittleren täglichen Energieverbrauch ist meist nur für den Monat mit dem grössten Verbrauch auszufüllen. Wenn der Energieverbrauch über das Jahr stark schwankt, sind evtl. mehrere Tabellen auszufüllen.

Nutzbare Akku-Kapazität $K_N = n_A \cdot (E_V+E_0)/U_S$ =	391.1	Ah
Minimale Akku-Kapazität $K = K_N/t_Z = n_A \cdot (E_V+E_0)/(U_S \cdot t_Z)$ =	488.8	Ah
Erforderliche tägliche Ladung $Q_L = (1/\eta_{Ah}) \cdot (Q_D+K_N/n_E)$ =	108.7	Ah/d

Mittl. tägl. $E_D = h_B \cdot E_V + E_0$ =	4693	Wh/d
Mittl. tägl. $Q_D = E_D/U_S$ =	97.76	Ah/d

Berechnung PV-Generator für Inselanlagen (vereinfachte Strahlungsberechnung)

Ort: Burgdorf	Referenzstation: Kloten	β = 60	γ = 0 °		
I_{Mo} = 4.55 A	P_{Mo} = 160 W	Systemspannung U_S = 48 V	Module / Strang n_{MS} = 4		

Monat	Jan	Feb	Mrz	April	Mai	Juni	Juli	Aug	Sept	Okt	Nov	Dez	
Erf. tägl. Ladung Q_L	108.7	108.7	108.7	108.7	108.7	108.7	108.7	108.7	108.7	108.7	108.7	108.7	Ah/d
Hilfsenergie E_H	1760	0	0	0	0	0	0	0	0	0	2010	2870	Wh/d
$Q_H = E_H/(1{,}1 \cdot U_S)$	33.3	0	0	0	0	0	0	0	0	0	38.1	54.4	Ah/d
$Q_{PV} = Q_L - Q_H$ =	75.3	109	109	109	109	109	109	109	109	109	70.6	54.3	Ah/d

Monat	Jan	Feb	Mrz	April	Mai	Juni	Juli	Aug	Sept	Okt	Nov	Dez	
H	0.99	1.69	2.74	3.68	4.59	5.09	5.59	4.75	3.41	1.94	1.04	0.77	kWh/m²
$R(\beta,\gamma)$	1.47	1.33	1.12	0.95	0.84	0.80	0.82	0.91	1.06	1.21	1.31	1.48	
$H_G = R(\beta,\gamma) \cdot H$	1.46	2.25	3.07	3.50	3.86	4.07	4.58	4.32	3.61	2.35	1.36	1.14	kWh/m²
$Y_R = H_G/1\text{kWm}^{-2}$ =	1.46	2.25	3.07	3.50	3.86	4.07	4.58	4.32	3.61	2.35	1.36	1.14	h/d

Ohne MPT-Laderegler *(unten nur k_G-Werte eingeben, wenn dieser Fall zutrifft)*:

k_G													
$Q_S = k_G \cdot I_{Mo} \cdot Y_R$ =													Ah/d

Mit MPT-Laderegler *(unten nur k_T- und k_G-Werte eingeben, wenn dieser Fall zutrifft)*:

	Jan	Feb	Mrz	April	Mai	Juni	Juli	Aug	Sept	Okt	Nov	Dez	
k_T	1.05	1.03	1.01	0.98	0.95	0.93	0.91	0.92	0.95	0.99	1.04	1.05	
$Y_T = k_T \cdot Y_R$	1.53	2.32	3.10	3.43	3.66	3.79	4.17	3.98	3.43	2.32	1.42	1.20	h/d
k_G	0.84	0.85	0.86	0.86	0.85	0.85	0.85	0.85	0.86	0.86	0.85	0.84	
$Y_A = k_G \cdot Y_T$	1.28	1.97	2.67	2.95	3.11	3.22	3.55	3.38	2.95	2.00	1.20	1.01	h/d
η_{MPT}	0.97	0.97	0.97	0.97	0.97	0.97	0.97	0.97	0.97	0.97	0.97	0.97	
$Y_F' = \eta_{MPT} \cdot Y_A$ =	1.25	1.91	2.59	2.86	3.02	3.12	3.44	3.28	2.86	1.94	1.17	0.97	h/d
$E_{DC\text{-}S} = n_{MS} \cdot P_{Mo} \cdot Y_F'$ =	797	1222	1655	1829	1933	1998	2201	2098	1833	1241	748	624	Wh/d
$Q_S = E_{DC\text{-}S}/(1{,}1 \cdot U_S)$	15.1	23.1	31.3	34.6	36.6	37.8	41.7	39.7	34.7	23.5	14.2	11.8	Ah/d

	Jan	Feb	Mrz	April	Mai	Juni	Juli	Aug	Sept	Okt	Nov	Dez
$n_{SP}' = Q_{PV}/Q_S$	4.99	4.70	3.47	3.14	2.97	2.87	2.61	2.73	3.13	4.63	4.99	4.60

Erforderliche Anzahl Parallelstränge: Maximum(n_{SP}'), aufgerundet auf ganze Zahl:	n_{SP} =	5
Total erforderliche Anzahl Module:	$n_M = n_{MS} \cdot n_{SP}$ =	20

8.3.5.2 Beispiel mit Strahlungsberechnung mit 3-Komponentenmodell nach Kap. 2.5

Stromversorgung für Haus in Tamanrasset

Planerische Vorgaben:

PV-Anlage ohne MPT-Laderegler in Tamanrasset, $\varphi \approx 23°N$, Referenzstation Kairo. Solargenerator-Anstellwinkel $\beta = 30°$, Solargeneratorazimut $\gamma = 0°$ (S), $\alpha_1 = \alpha_2 = 0°$. Systemspannung 24 V, zu verwendende Solarmodule: SW185 (72 Zellen in Serie, $P_{Mo} = 185$ W, $I_{Mo} = 5{,}1$ A). Da keine Angabe für 23°N in R_B-Tabelle A4: Näherungsweise Verwendung von R_B von 24°N verringert um 0,01.

k_G gemäss Tab. 8.5, Autonomiedauer $n_A = 4$ Tage, Systemerholungszeit $n_E = 20$ Tage, maximale Akku-Zyklentiefe $t_Z = 80$ %, Ah-Wirkungsgrad des Akkus $\eta_{Ah} = 90\%$.

Wechselrichter: Leerlaufverluste 10 W (DC, dauernd), mittlerer Wirkungsgrad $\eta_{WR} = 93\%$.

Vorhandene Verbraucher (alle Angaben pro Tag):

Nr.	Anzahl	Art	Bezeichnung	Energiebedarf E	Leistung P	Zeit t
1	5	AC	PLC-Lampen zu je 11 W			3 h
2	1	AC	FL-Lampe		36 W	4 h
3	1	AC	Fernseher		60 W	3,5 h
4	1	AC	Staubsauger		800 W	0,2 h
5	1	AC	Radio		5 W	6 h
6	1	AC	Kühlschrank	450 Wh		
7	div.	AC	Div. Kleinverbraucher	250 Wh		
8	1	DC	Laderegler		1 W	24 h

Gesucht:

a) Notwendige Akkukapazität K ?

b) Notwendige Anzahl Module n_M bei Verwendung von Solarmodulen SW185?

Lösung:

a) Berechnung in Tabelle zur Aufstellen der Energiebilanz (Tab. 8.9):

Energiebilanz für PV-Inselanlage (Dimensionierung des PV-Generators auf separatem Blatt)

	Verbraucher (geschaltet)	AC/DC	P[W]	t [h]	E_{AC}	η_{WR}	E_{DC}	
1	5 PLC-Lampen zu 11 W	AC	55	3	165	0.93	177	Wh/d
2	1 FL-Lampe	AC	36	4	144	0.93	155	Wh/d
3	Fernseher	AC	60	3.5	210	0.93	226	Wh/d
4	Staubsauger	AC	800	0.2	160	0.93	172	Wh/d
5	Radio	AC	5	6	30	0.93	32	Wh/d
6	Kühlschrank	AC			450	0.93	484	Wh/d
7	Div. Kleinverbraucher	AC			250	0.93	269	Wh/d
8								Wh/d
		$E_V = \Sigma E_{DC}$ gesch. Verbr. =					1515	Wh/d

	Dauernde Verbraucher	AC/DC	P[W]	t [h]	E_{AC}	η_{WR}	E_{DC}	
1	Laderegler	DC	1	24			24	Wh/d
2	Wechselrichter-Leerlauf	DC	10	24			240	Wh/d
3								
4								Wh/d
		$E_0 = \Sigma E_{DC}$ Dauer-Verbr. =					264	Wh/d

Nutzbare Akku-Kapazität $K_N = n_A \cdot (E_V+E_0)/U_S$ =	296.5	Ah
Minimale Akku-Kapazität $K = K_N/t_Z = n_A \cdot (E_V+E_0)/(U_S \cdot t_Z)$ =	370.6	Ah
Erforderliche tägliche Ladung $Q_L = (1/\eta_{Ah}) \cdot (Q_D+K_N/n_E)$ =	98.8	Ah/d

Ort: Tamanrasset	Monat:	
Systemspannung U_S =	24	V
Akku-Zyklentiefe t_Z =	0.8	
Ah-Wirkungsgrad η_{Ah} =	0.9	
Autonomiedauer n_A =	4	d
Systemerholungszeit n_E =	20	d
Benutzungshäufigkeit h_B =	1	
Mittl. tägl. $E_D = h_B \cdot E_V + E_0$ =	1779	Wh/d
Mittl. tägl. $Q_D = E_D/U_S$ =	74.1	Ah/d

Hinweis:
Diese Tabelle mit dem mittleren täglichen Energieverbrauch ist meist nur für den Monat mit dem grössten Verbrauch auszufüllen. Wenn der Energieverbrauch über das Jahr stark schwankt, sind evtl. mehrere Tabellen auszufüllen.

Es wird somit ein Akku mit einer minimalen Kapazität von K = 370 Ah benötigt.

b) Dimensionierung des Solargenerators mit Tab. 8.11:

Berechnung PV-Generator für Inselanlagen (mit Dreikomponentenmodell)

Ort:	Tamanrasset	Referenzstation:	Kairo	β =	30	γ =	0 °

$R_D = ½\cos\alpha_2 + ½\cos(\alpha_1+\beta)$ =	0.933	$R_R = ½ - ½\cos\beta$ =	0.067

I_{Mo} =	5.1 A	P_{Mo} =	185 W	Systemspannung U_S =	24 V	Module / Strang n_{MS} =	1

Monat	Jan	Feb	Mrz	April	Mai	Juni	Juli	Aug	Sept	Okt	Nov	Dez	
Erf. tägl. Ladung Q_L	98.8	98.8	98.8	98.8	98.8	98.8	98.8	98.8	98.8	98.8	98.8	98.8	Ah/d
Hilfsenergie E_H	0	0	0	0	0	0	0	0	0	0	0	0	Wh/d
$Q_H = E_H/(1{,}1 \cdot U_S)$	0	0	0	0	0	0	0	0	0	0	0	0	Ah/d
$Q_{PV} = Q_L - Q_H$ =	98.8	98.8	98.8	98.8	98.8	98.8	98.8	98.8	98.8	98.8	98.8	98.8	Ah/d

Monat	Jan	Feb	Mrz	April	Mai	Juni	Juli	Aug	Sept.	Okt	Nov	Dez	
H	5.30	6.34	6.98	7.44	7.28	7.80	7.61	7.08	6.44	6.02	4.92	4.59	kWh/m²
H_D	1.08	1.13	1.50	1.78	2.09	1.94	1.97	2.00	1.87	1.51	1.40	1.23	kWh/m²
R_B	1.42	1.27	1.10	0.96	0.85	0.81	0.83	0.91	1.04	1.21	1.37	1.48	
k_B	1	1	1	1	1	1	1	1	1	1	1	1	
$H_{GB} = k_B \cdot R_B \cdot (H - H_D)$	5.99	6.61	6.04	5.45	4.42	4.76	4.69	4.64	4.77	5.46	4.83	4.96	kWh/m²
$H_{GD} = R_D \cdot H_D$	1.01	1.05	1.40	1.66	1.95	1.81	1.84	1.87	1.74	1.41	1.31	1.15	kWh/m²
ρ	0.35	0.35	0.35	0.35	0.35	0.35	0.35	0.35	0.35	0.35	0.35	0.35	
$H_{GR} = R_R \cdot \rho \cdot H$	0.12	0.15	0.16	0.17	0.17	0.18	0.18	0.17	0.15	0.14	0.12	0.11	kWh/m²
$H_G = H_{GB} + H_{GD} + H_{GR}$	7.12	7.81	7.60	7.28	6.54	6.75	6.71	6.68	6.66	7.01	6.26	6.22	kWh/m²
$Y_R = H_G / 1\,\text{kWm}^{-2}$ =	7.12	7.81	7.60	7.28	6.54	6.75	6.71	6.68	6.66	7.01	6.26	6.22	h/d

Ohne MPT-Laderegler *(unten nur k_G-Werte eingeben, wenn dieser Fall zutrifft)* :

	Jan	Feb	Mrz	April	Mai	Juni	Juli	Aug	Sept	Okt	Nov	Dez	
k_G	0.84	0.84	0.84	0.84	0.83	0.82	0.82	0.82	0.83	0.84	0.84	0.84	
$Q_S = k_G \cdot I_{Mo} \cdot Y_R$ =	30.5	33.5	32.6	31.2	27.7	28.2	28.1	27.9	28.2	30.0	26.8	26.6	Ah/d

Mit MPT-Laderegler *(unten nur k_T- und k_G-Werte eingeben, wenn dieser Fall zutrifft)* :

	Jan	Feb	Mrz	April	Mai	Juni	Juli	Aug	Sept	Okt	Nov	Dez	
k_T													
$Y_T = k_T \cdot Y_R$													h/d
k_G													
$Y_A = k_G \cdot Y_T$													h/d
η_{MPT}													
$Y_F' = \eta_{MPT} \cdot Y_A$ =													h/d
$E_{DC\text{-}S} = n_{MS} \cdot P_{Mo} \cdot Y_F'$ =													Wh/d
$Q_S = E_{DC\text{-}S}/(1{,}1 \cdot U_S)$													Ah/d

	Jan	Feb	Mrz	April	Mai	Juni	Juli	Aug	Sept	Okt	Nov	Dez
$n_{SP}' = Q_{PV}/Q_S$	3.24	2.95	3.04	3.17	3.57	3.50	3.52	3.54	3.51	3.29	3.69	3.71

Erforderliche Anzahl Parallelstränge: Maximum(n_{SP}'), aufgerundet auf ganze Zahl:	n_{SP} =	4
Total erforderliche Anzahl Module:	$n_M = n_{MS} \cdot n_{SP}$ =	4

Trotz relativ hohem Energieverbrauch werden an diesem strahlungsmässig günstigen Standort somit nur 4 Module SW185 benötigt.

8.4 Programme auf dem Internet zur Strahlungsberechnung

Wenn ein PC mit Internet-Anschluss zur Verfügung steht, kann die Ertragsberechnung durch Benützung einiger auf dem Internet allgemein verfügbarer, kostenloser Programme vereinfacht werden. Diese Programme liefern nicht nur Strahlungsdaten für die Horizontalebene, sondern auch für die geneigte Ebene. Nach entsprechender Angewöhnung können damit für viele Standorte direkt Monats- und Jahresmittelwerte in Wh/m^2/d generiert werden. Wenn die so erhaltenen Werte durch den Faktor 1000 dividiert werden, ergeben sich die entsprechenden Werte in kWh/m^2/d, welche direkt in den in den Kap. 8.2 und 8.3 eingeführten Tabellen verwendet werden können. Dadurch wird der Rechenaufwand deutlich verringert.

Gegenüber den mit den Tabellen im Anhang dieses Buches enthaltenen Angaben können sich leichte Abweichungen ergeben, da in Meteonorm 4.0 (Basis der Daten im Anhang) und in diesen Internet-Programmen sowohl unterschiedliche Ausgangsdaten als auch verschiedene Modelle verwendet wurden. Für europäische Verhältnisse liegt man bei Verwendung der Daten im Anhang dieses Buch eher auf der sicheren Seite, d.h. die Strahlungserträge werden damit besonders im Winter eher etwas unter- als überschätzt.

8.4.1 PVGIS des EU-Forschungszentrums JRC in Ispra/Italien

Unter http://re.jrc.ec.europa.eu/pvgis (im Moment der Manuskripterstellung gültige Internet-Adresse) steht eine Website zur Verfügung, welche die interaktive Erzeugung von Strahlungsdaten für Orte in Europa, Nahost und Afrika erlaubt. Es kann damit nicht nur die Einstrahlung in die Horizontalebene, sondern auch in südorientierte (resp. für Orte südlich des Äquators nordorientierte) Flächen mit Anstellwinkeln von 15°, 25°, 40° und 90° sowie mit dem bezüglich Jahresertrag optimalen Anstellwinkel generiert werden. Für Europa und Umgebung steht auch ein Werkzeug zur groben Abschätzung des Jahresenergieertrags in die strahlungsmässig optimal orientierte Solargeneratorebene zur Verfügung.

Es sind dort auch Karten mit den Jahressummen der Globalstrahlung in die Horizontalebene für alle EU-Länder erhältlich, ebenso einige weitere Karten und viele Links zu anderen Strahlungsdatenbanken.

8.4.2 Europäische Strahlungsdatenbank Satel-Light

Unter http://www.satel-light.com (im Moment der Manuskripterstellung gültige Internet-Adresse) steht eine auf den Strahlungsdaten der Jahre 1996 – 2000 basierende, interaktive Europäische Strahlungsdatenbank zur Verfügung. Sie basiert auf Satellitendaten (Halbstundenwerten) von Meteosat und die Grundlage dazu wurde im Rahmen eines EU-Projektes in den Jahren 1996 – 1998 gelegt. Sie erlaubt die interaktive Erzeugung von Strahlungsdaten für Orte in Europa und in Marokko, Algerien und Tunesien. Es kann damit nicht nur die Einstrahlung in die Horizontalebene, sondern auch für beliebig orientierte Flächen berechnet werden. Ebenso können vom Benützer spezifizierte Karten generiert werden.

Für die Benützung von Satel-Light ist eine Registrierung mit Angabe einer e-Mail-Adresse erforderlich. Die Ergebnisse der Berechnung stehen jeweils nicht sofort, sondern erst nach einigen Minuten zur Verfügung. Nach dieser Zeit wird auf die angegebene Adresse jeweils eine e-Mail gesandt mit einem Link, auf dem die verlangten Daten oder Karten verfügbar sind. Dadurch gestaltet sich der praktische Umgang mit Satel-Light etwas mühsamer.

8.5 Simulationsprogramme

Heute ist auf dem Markt eine Vielzahl von kommerziellen Simulationsprogrammen für Photovoltaikanlagen erhältlich. Eine Kurzübersicht über viele dieser Programme ist in [Mar03] zu finden. Solche Programme kosten zusammen mit einer genügenden Anzahl Meteodaten meist zwischen etwa 400 und 1000 €. Nach einer gewissen Einarbeitungszeit eignen sie sich insbesondere zur detaillierten Analyse verschiedener Anlagenkonzepte in der Planungsphase und können beispielsweise die Einflüsse von Nah- und Fernverschattungen des Solargenerators berücksichtigen. Verschiedene in der Praxis wichtige Einflüsse (z.B. zu geringe Leistung der gelieferten Module, winterliche Schneebedeckung, sich allmählich entwickelnde Verschmutzung) können damit aber nicht richtig simuliert werden.

Die in diesen Programmen verwendeten Algorithmen sind dem Benutzer in der Regel (wenn überhaupt) nur andeutungsweise offen gelegt und vom Benutzer kaum nachvollziehbar. Der Benutzer muss den Resultaten meist mehr oder weniger blind vertrauen. Deshalb ist es sehr zu empfehlen, dass der Benutzer solcher Programme sich ein detailliertes Verständnis von Aufbau, Funktion und Auslegung von Photovoltaikanlagen erwirbt, wie es in diesem Buch vermittelt wird. Nur so kann er Simulationsergebnisse kritisch beurteilen und eventuelle Fehler feststellen. Nützlich ist auch ein Vergleich wichtiger Zwischen- (z.B. Einstrahlung in Modulebene) oder Schlussresultate mit Daten aus andern Quellen (z.B. mit Strahlungsdaten gemäss Kap. 8.4 oder mit den Ergebnissen anderer Simulationsprogramme). Auch ein Vergleich mit Resultaten, die mit Hilfe der in diesem Buch enthaltenen Angaben berechnet wurden, ist sehr nützlich und erlaubt die Erkennung von problematischen Simulationsergebnissen.

Beispiele von in den deutschsprachigen Ländern verbreiteten Simulationsprogramme sind (ohne Anspruch auf Vollständigkeit):

- PVSYST (Beschreibung und Unterlagen unter www.pvsyst.com)
- PV*SOL (Beschreibung und Unterlagen unter www.valentin.de)
- INSEL (Beschreibung und Unterlagen unter www.inseldi.com)

Einige Programme enthalten schon gewisse Strahlungsdaten, andere benötigen Daten aus weiteren Programmen (z.B. Meteonorm), um die Einstrahlung in die geneigte Ebene an einer genügenden Anzahl Orte als Basis für ihre Simulation zu erhalten.

8.6 Literatur zu Kapitel 8

[8.1] A. Parretta et al.: "Analysis of Loss Mechanisms in Crystlline Silicon Modules in Outdoor Operation". 14th EU PV Conf. Barcelona, 1997.

[8.2] H. Becker, W. Vaassen: "Minderleistungen von Solargeneratoren aufgrund von Verschmutzungen". 12. Symposium Photovoltaische Solarenergie, Staffelstein, 1997.

[8.3] H. Häberlin and J. Graf: "Gradual Reduction of PV Generator Yield due to Pollution". Proc. 2nd World Conf. on Photovoltaic Energy Conversion, Vienna, Austria, 1998.

[8.4] H. Häberlin und Ch. Renken: "Allmähliche Reduktion des Energieertrags von Photovoltaikanlagen durch permanente Verschmutzung". 14. Symposium Photovoltaische Solarenergie, Staffelstein / BRD, 1999.

Ferner: [Mar03], [Wag06].

9 Wirtschaftlichkeit von Photovoltaikanlagen

Photovoltaikanlagen erfordern hohe Kapitalinvestitionen und einen relativ grossen Energieaufwand für die Herstellung der Solarmodule. In diesem Kapitel soll die Wirtschaftlichkeit solcher Anlagen in finanzieller und energetischer Hinsicht untersucht werden.

9.1 Die Kosten photovoltaisch erzeugten Stromes

Da Photovoltaikanlagen sehr kapitalintensiv sind, hängen die Kosten des erzeugten Stromes sehr stark von den Annahmen über Zinssatz und Lebensdauer der Anlage ab. Je nach den getroffenen Annahmen schwanken die berechneten Stromkosten für eine bestimmte Anlage beträchtlich. Bei seriösen Berechnungen müssen diese Annahmen (Zinssatz, Amortsationsdauer usw.) deshalb immer angegeben werden.

Solarmodule und die elektrische Verkabelung weisen eine lange Lebensdauer auf, es kann dafür durchaus mit einer langen Lebensdauer von 15 bis 30 Jahren gerechnet werden. Die Lebensdauer von Anlageteilen mit elektronischen Komponenten (Wechselrichter, Laderegler usw.) ist dagegen geringer, es ist zweckmässig, dafür etwa 7 bis 15 Jahren einzusetzen. Bei Inselanlagen ist wegen der beschränkten Lebensdauer der Akkumulatoren ab und zu ein Batteriewechsel erforderlich, man sollte Akkus deshalb je nach Typ und Beanspruchung in einer noch kürzeren Zeit (2 bis 10 Jahre) abschreiben. Dieser periodisch erforderliche Akkuwechsel verursacht gegenüber einer netzgekoppelten Anlage vergleichbarer Grösse zusätzliche Speicherkosten zwischen etwa 0,5 Fr. (ca. 0,3 €) bis über 1 Fr. (ca. 0,6 €) pro Kilowattstunde, aber nur für Energie, die effektiv im Akku gespeichert wird, nicht jedoch für tagsüber ohne Speicherung direkt verbrauchte Energie. Der übrige erforderliche Unterhalt beschränkt sich im Wesentlichen auf die Kosten für Service, Reparaturen (vor allem bei Wechselrichtern ab und zu erforderlich!), Versicherungen und eventuell periodische Generator-Reinigungen.

Tabelle 9.1: Erforderliche jährliche Abschreibung a in % des investierten Kapitals für die Amortisation in n Jahren (nachschüssige Rückzahlung, d.h. Abschreibung jeweils Ende Jahr).

Abschreibungssatz a in Funktion von Zinssatz und Amortisationszeit							
Laufzeit n	Zinssatz p						
(Jahre)	2,5%	3%	4%	5%	6%	7%	8%
2	51,88%	52,26%	53,01%	53,78%	54,54%	55,31%	56,08%
3	35,01%	35,35%	36,03%	36,72%	37,41%	38,11%	38,80%
4	26,58%	26,90%	27,55%	28,20%	28,86%	29,52%	30,19%
5	21,52%	21,84%	22,46%	23,10%	23,74%	24,39%	25,05%
6	18,16%	18,46%	19,08%	19,70%	20,34%	20,98%	21,63%
7	15,75%	16,05%	16,66%	17,28%	17,91%	18,56%	19,21%
8	13,95%	14,25%	14,85%	15,47%	16,10%	16,75%	17,40%
10	11,43%	11,72%	12,33%	12,95%	13,59%	14,24%	14,90%
12	9,749%	10,05%	10,65%	11,28%	11,93%	12,59%	13,27%
15	8,077%	8,377%	8,994%	9,634%	10,30%	10,98%	11,68%
20	6,415%	6,722%	7,358%	8,024%	8,719%	9,439%	10,19%
25	5,428%	5,743%	6,401%	7,095%	7,823%	8,581%	9,368%
30	4,778%	5,102%	5,783%	6,505%	7,265%	8,059%	8,883%
35	4,321%	4,654%	5,358%	6,107%	6,897%	7,723%	8,580%
40	3,984%	4,326%	5,052%	5,828%	6,646%	7,501%	8,386%

Für die Berechnung realistischer Stromkosten ist es zweckmässig, die totalen Anlagekosten K_{TOT} für die Errichtung einer ganzen Photovoltaikanlage aufzuteilen in die Kosten K_G für den Solargenerator, Verkabelung, Sicherungen, Überspannungsschutz usw. (lange Amortisationszeit von 15 bis 30 Jahren), die Kosten der elektronischen Komponenten K_E (Wechselrichter, Laderegler usw. mit mittlerer Amortisationszeit von 7 bis 15 Jahren) und den Akkukosten K_A (Amortisationszeit 2 bis 10 Jahre, je nach Typ und Beanspruchung). Von den Kosten K_G können auch eventuell eingesparte Kosten K_S (z.B. Kosten der Ziegel bei einer dachintegrierten Anlage) abgezogen werden.

Es gilt also für die totalen Investitionskosten K_{TOT} :

Totale Investitionskosten $K_{TOT} = (K_G - K_S) + K_E + K_A$ (9.1)

wobei

K_G = Kosten für Solargenerator, Aufständerung, Verkabelung, Überspannungsschutz usw.

K_S = Eingesparte Kosten (z.B. für Dachziegel, Fassadenaussenseite usw.). Für die Generator-Nettokosten (K_G - K_S) : Lange Amortisationszeit von 15 bis 30 Jahren.

K_E = Kosten für Elektronik wie Wechselrichter, Laderegler usw. Für diese Kosten gilt eine mittlere Amortisationszeit von 7 bis 15 Jahren.

K_A = Kosten für den Akku bei Inselanlagen: Kurze Amortisationszeit von 2 bis 10 Jahren.

Um die Jahreskosten k_J zu ermitteln, werden nun mit den für die einzelnen Kostenarten geltenden Abschreibungssätzen a_i (gemäss Tabelle 9.1) die entsprechenden Jahreskosten ermittelt und dazu noch die jährlichen Betriebs- und Wartungskosten k_B der Anlage dazugerechnet.

Jahreskosten $k_{J\,TOT} = (K_G - K_S) \cdot a_G + K_E \cdot a_E + K_A \cdot a_A + k_B$ (9.2)

wobei

a_G = Abschreibungssatz für die Solargenerator-Nettokosten (K_G - K_S) gemäss Tabelle 9.1 (lange Amortisationszeit von 15 bis 30 Jahren)

a_E = Abschreibungssatz für die elektronischen Komponenten gemäss Tabelle 9.1 (mittlere Amortisationszeit von 7 bis 15 Jahren)

a_A = Abschreibungssatz für den Akkumulator gemäss Tabelle 9.1 (kurze Amortisationszeit von 2 bis 10 Jahren)

k_B = Jährliche Kosten für Betrieb, Wartung und Reparaturen (inkl. Versicherungen).

Den effektiven Energiepreis erhält man durch Division der Jahreskosten durch den Jahresenergieertrag.

Falls man den Aufwand für eine genaue Rechnung scheut, kann man auch die groben Richtwerte von Tabelle 9.2 verwenden, wenn die Ansprüche an die Genauigkeit nicht allzu gross sind:

Tabelle 9.2: Richtwerte für die Kosten von photovoltaischem Strom

Energie-Richtpreise für Strom aus Photovoltaikanlagen (2006) :	
Bei netzgekoppelten Anlagen:	**ca. 0,5 – 1,1 Fr./kWh (0,3 – 0,7 €/kWh)**
Gespeicherter Strom bei Inselanlagen:	**ca. 1,5 – 2,5 Fr./kWh (0,9 – 1,55 €/kWh)**

9.1.1 Beispiele mit genauerer Energiepreisberechnung:

1) Neue kostengünstige netzgekoppelte Anlage von 3,3 kWp im Mittelland (2006)

Die Anlagekosten betragen K_{TOT} = Fr. 29'000.-. Der Zinssatz für die Amortisation betrage p = 2,5%. Für die Anlage soll generell eine Amortisationszeit von 30 Jahren angenommen werden, ausser für den Wechselrichter, der K_E = Fr. 3'000.- kostet und in 10 Jahren amortisiert werden soll. Für die jährlichen Betriebs- und Wartungskosten werden Fr. 200.- angenommen. An einem guten Mittellandstandort hat die Anlage einen spezifischen Jahresenergieertrag von $Y_{Fa} \approx$ 900 kWh/kWp bezogen auf die Generator-Spitzenleistung P_{Go} (siehe Kap. 1.4.4), was eine Jahresproduktion von 2970 kWh ergibt.

Jährliche Kosten k_J :

	Amortisation (Jahre)	Investitionskosten K_i (Fr. / €)	Amortisationssatz a_i	Jahreskosten K_J (Fr. / €)
PV-Generator	30 Jahre	26000 / 16250	4,778 %	1242 / 776
Wechselrichter	10 Jahre	3000 / 1875	11,43 %	343 / 214
Betriebskosten				200 / 125
TOTAL		29000 / 18125		1785 / 1115

Energiepreis:

Bei der angenommenen Jahresproduktion von 900 kWh/kWp Fr. 0,60 (0,38 €) pro kWh.

Falls 1000 kWh/kWp (an einem etwas besseren Standort) Fr. 0,54 (0,34 €) (pro kWh.

Falls nur 800 kWh/kWp (an einem noch schlechteren Standort) Fr. 0,68 (0,42 €) pro kWh.

2) Anlage von Beispiel 1 mit sehr vorsichtigen Annahmen in Hochzinsperiode

Wir betrachten die gleiche Anlage wie in Beispiel 1 (neue netzgekoppelte Anlage von 3,3 kWp im Mittelland). Als Zinssatz für die Abschreibung wird p = 6 % angenommen und es werden eher vorsichtige Annahmen für die Lebensdauer getroffen (15 Jahre für Anlage, für Wechselrichter 7 Jahre).

Jährliche Kosten k_J :

	Amortisation (Jahre)	Investitionskosten K_i (Fr. / €)	Amortisationssatz a_i	Jahreskosten K_J (Fr. / €)
PV-Generator	15 Jahre	26000 / 16250	10,30 %	2678 / 1674
Wechselrichter	7 Jahre	3000 / 1875	17,91 %	537 / 336
Betriebskosten				300 / 187
TOTAL		29000 / 18125		3515 / 2197

Energiepreis:

Bei einer Jahresproduktion von 900 kWh/kWp Fr. 1,18 (0,74 €) pro kWh.

Falls 1000 kWh/kWp (an einem etwas besseren Standort) Fr. 1,07 (0,67 €) pro kWh.

Falls nur 800 kWh/kWp (an einem noch schlechteren Standort) Fr. 1,33 (0,83 €) pro kWh.

3) Fassadenanlage von 60 kWp an durchschnittlichem Mittellandstandort

Die totalen Anlagekosten betragen K_{TOT} = Fr. 550'000.-. Die eingesparten Fassadenkosten wurden dabei zu einem gewissen Teil für eine ästhetisch optimale Integration des Solargenerators in die Gebäudehülle und teurere kundenspezifische Module wieder aufgebraucht. Der Zinssatz für die Amortisation betrage p = 3%. Für die Anlage soll generell eine Amortisationszeit von 25 Jahren angenommen werden, ausser für den Wechselrichter, der K_E = Fr. 30'000.- kostet und in 10 Jahren amortisiert werden soll. Für die jährlichen Betriebs- und Wartungskosten werden Fr. 1'000.- eingesetzt. An diesem Standort habe die Fassadenanlage einen spezifischen Jahresenergieertrag von $Y_{Fa} \approx$ 600 kWh/kWp bezogen auf die Generator-Spitzenleistung P_{Go} (siehe Kap. 1.4.4), was eine Jahresproduktion von 36'000 kWh ergibt.

Jährliche Kosten k_J:

	Amortisation (Jahre)	Investitionskosten K_i (Fr. / €)	Amortisationssatz a_i	Jahreskosten K_J (Fr. / €)
PV-Generator (Netto: K_G-K_S)	25 Jahre	520000 / 325000	5,743 %	29864 / 18665
Wechselrichter	10 Jahre	30000 / 18750	11,72 %	3516 / 2198
Betriebskosten				1000 / 625
TOTAL		550000 / 343750		34379 / 21488

Energiepreis:

Bei der angenommenen Jahresproduktion von 600 kWh/kWp Fr. 0,95 (0,60 €) pro kWh.

Falls 1100 kWh/kWp (an einem guten alpinen Standort) Fr. 0,52 (0,33 €) pro kWh.

Falls nur 500 kWh/kWp (an einem etwas schlechteren Standort) Fr. 1,15 (0,72 €) pro kWh.

4) Inselanlage von 1,2 kWp in einer SAC-Hütte auf 3000 m

Die Anlagekosten betragen K_{TOT} = Fr. 40'000.- (Bau- und Transportkosten in der Höhe relativ gross). Der Zinssatz für die Amortisation betrage p = 3%. Für die Anlage soll generell eine Amortisationszeit von 30 Jahren angenommen werden, ausser für den Wechselrichter und den Laderegler, die zusammen K_E = Fr. 4'000.- kosten und in 12 Jahren amortisiert werden sollen sowie den Akku, der K_A = Fr. 12'000.- kostet und in 8 Jahren (relativ lange) abgeschrieben werden soll. Für die jährlichen Betriebs- und Wartungskosten werden Fr. 300.- angenommen. An einem hohen Alpenstandort habe die Anlage einen spezifischen Jahresenergieertrag von $Y_{Fa} \approx$ 1250 kWh/kWp bezogen auf die Generator-Spitzenleistung P_{Go} (siehe Kap. 1.4.4), was eine Jahresproduktion von 1500 kWh ergibt.

Jährliche Kosten k_J:

	Amortisation (Jahre)	Investitionskosten K_i (Fr. / €)	Amortisationssatz a_i	Jahreskosten K_J (Fr. / €)
PV-Generator Verkabelung usw.	30 Jahre	24000 / 15000	5,102 %	1224 / 765
Wechselrichter Laderegler usw.	12 Jahre	4000 / 2500	10,05 %	402 / 251
Akkumulator	8 Jahre	12000 / 7500	14,25%	1710 / 1069
Betriebskosten				300 / 188
TOTAL		40000 / 25000		3636 / 2273

Energiepreis: Fr. 2,42 (1,51 €) pro kWh.

Bei dieser Rechnung wurde angenommen, dass die erzeugte elektrische Energie auch bei einem Überangebot an Strahlung irgendwie nutzbringend verwendet werden kann (z.B. zu Heizzwecken). Ist dies nicht der Fall, steigen die auf die elektrische Nutzenergie bezogenen Energiekosten noch weiter an. Falls das Material mit erdgebundenen Fahrzeugen statt mit dem Helikopter angeliefert werden kann, sind die Baukosten und damit auch die Energiekosten deutlich geringer. In derartigen nicht allzu abgelegenen Gebieten sind bei Inselanlagen Stromkosten unter 2 Fr. /kWh möglich.

9.1.2 Vergleich der Kosten von PV-Strom mit denen von konventionellem Strom

Die Stromkosten bei Inselanlagen sind beträchtlich höher als bei netzgekoppelten Anlagen. Trotzdem sind photovoltaische Inselanlagen in abgelegenen Gebieten oder bei grosser Entfernung vom Netz oft schon heute die wirtschaftlichste Lösung. Photovoltaisch erzeugter Strom in Inselanlagen ist viel billiger als Strom aus Primärbatterien und auch günstiger als Strom aus Dieselgeneratoren. Für die Versorgung abgelegener Verbraucher in den Bergen oder in Entwicklungsländern sind Photovoltaik-Inselanlagen also nicht nur unter ökologischen und logistischen (keine Umweltbelastung und kein Nachschubproblem), sondern auch unter wirtschaftlichen Gesichtspunkten sehr günstige Lösungen. Oft sind die Kosten für *Hybridanlagen*, die in strahlungsarmen Zeiten teilweise eine zusätzliche Energiequelle (z.B. Windgenerator, Diesel- oder Benzingenerator) nutzen, wesentlich günstiger als bei einer reinen PV-Anlage.

Die in den Beispielen 1 bis 4 berechneten Energiepreise für photovoltaisch erzeugten Strom sind die heute in der Volkswirtschaft unter den getroffenen Annahmen und den aktuellen wirtschaftlichen Rahmenbedingungen effektiv anfallenden Kosten. Eine eventuelle Subventionierung über Steuern, durch Elektrizitätswerke oder durch Umlage auf den Strompreis aller Verbraucher ändert daran für die gesamte Volkswirtschaft nichts, wohl aber für den einzelnen Anlagenbesitzer. In den heutigen Energiepreisen für konventionellen Strom sind aber auch gewisse externe Kosten noch nicht enthalten, somit ist ein Vergleich mit heutigen konventionellen Strompreisen unfair.

Es ist beispielsweise höchst unsicher, ob die bisher getätigten und in den Strompreisen enthaltenen Rückstellungen dereinst für den Abbruch der Kernkraftwerke und die sichere Endlagerung der Atomabfälle ausreichen werden. Kernkraftwerke sind politisch höchst umstritten und die bekannten Uranvorräte reichen für konventionelle Fissionskraftwerke auch nur noch für einige Jahrzehnte aus. Das Risiko eines Atomunfalls ist für Kernkraftwerke westlichen Standards zwar sehr klein, aber dafür ist das Schadenspotenzial so gross, dass keine Versicherung mit genügender Deckung dagegen möglich ist, d.h. letztlich würden die Betroffenen einen grossen Teil ihrer Schäden wahrscheinlich selbst zu tragen haben. Eine grosse Gefahr für den sicheren Betrieb von Kernkraftwerken stellt heute auch der internationale Terrorismus dar. Mit Plutonium betriebene Brüterkraftwerke, die eine bessere Ausnutzung der vorhandenen Uranreserven ermöglichen würden, sind noch nicht fertig entwickelt und dürften ein noch grösseres Risiko für die Umwelt darstellen als Urankraftwerke. Die kontrollierte Kernfusion würde zwar viel weniger radioaktive Abfälle erzeugen, ist aber nach mehreren Jahrzehnten intensiver Forschungstätigkeit noch weit von der praktischen Anwendbarkeit entfernt.

Auch in den Preisen für fossil erzeugten Strom sind keine externen Kosten für Schäden enthalten, die an der Umwelt oder der Gesundheit der Anwohner infolge der Luftverschmutzung oder wegen des Klimawandels als Folge der CO_2-Emissionen entstehen. Wegen der Verknappung der Ölvorräte und der politischen Unsicherheit steigen die Kosten für Strom aus Öl und Erdgas stetig. Strom aus Kohle dürfte wegen des CO_2-Problems und der vielen Schadstoffe in der in grossen Mengen anfallenden Asche auch keine nachhaltige Lösung sein.

Im sehr sonnenreichen und heissen Juli 2006 mussten in Mitteleuropa viele thermische Kraftwerke mit Flusswasserkühlung wegen zu hohen Wassertemperaturen ihre Energieproduktion deutlich drosseln. Dagegen lieferten die installierten Photovoltaikanlagen in dieser Zeit Spitzenerträge. Mit einem Handelspreis von 0,54 € je Kilowattstunde lag (nach Angaben der DGS) der Tagespreis für Spitzenlaststrom an der Leipziger Strombörse am 27. Juli 2006 erstmals über dem Erzeugungspreis von Solarstrom. Dieser wurde im Jahre 2006 in Deutschland auf Grund des Erneuerbaren-Energien-Gesetzes (EEG) für in diesem Jahr erstellte Anlagen mit 0,406 €/kWh bis 0,518 €/kWh (für Fassadenanlagen sogar bis 0,568 €/kWh) vergütet. Vergleichbare Spitzenpreise wurden auch in der Schweiz registriert. Wegen des vermehrten Einsatzes von Kühlgeräten erreicht somit der Stromkonsum immer häufiger nicht nur in Südeuropa, sondern auch in Mitteleuropa an heissen Sommertagen Spitzenwerte. Photovoltaisch erzeugter Strom ist ideal geeignet, derartige Spitzen zu brechen, denn er fällt immer genau zum Zeitpunkt solcher sommerlichen Verbrauchsspitzen an.

Die aktuellen Energiepreise für Hochtarifstrom in Niederspannung liegen in der Schweiz gegenwärtig etwa zwischen 16 Rp. und 30 Rp. (etwa 0,1 bis 0,19 €) pro kWh. Viele Elektrizitätswerke (z.B. die Bernischen Kraftwerke (BKW)) verlangen heute nur noch einen Energiezähler und verrechnen somit den ins Netz eingespeisten und den verbrauchten Strom im Verhältnis 1:1, obwohl der photovoltaisch erzeugte Strom für die Elektrizitätswerke wegen der unsichereren Verfügbarkeit betriebswirtschaftlich nicht ganz den gleichen Wert hat wie beispielsweise der Hochtarifstrom aus Kleinwasserkraftwerken. Diese Massnahme stellt eine sehr zu begrüssende, für die EW's wirtschaftlich nicht ins Gewicht fallende minimale Förderung der netzgekoppelten Photovoltaikanlagen dar. Effizienter für die Weiterentwicklung der Photovoltaik ist natürlich eine Förderung über einen einigermassen kostendeckenden Rücknahmepreis für photovoltaisch erzeugten Strom, wie er seit April 2000 (Inkrafttreten des EEG) in Deutschland bezahlt wird.

Der Netzverbundbetrieb von PV-Anlagen war in der Schweiz, die bis Ende 2007 kein landesweit gültiges Einspeisegesetz hatte, für den einzelnen Anlagebesitzer meist ein Verlustgeschäft (Verlust etwa zwischen 30 Rp. und Fr. 1.20 oder etwa 0,19 bis 0,75 € pro kWh, je nach getroffenen Annahmen und Anlagenstandort). Nur wenn auf lokaler Ebene gewisse Subventionen an die Anlagekosten und/oder Steuervergünstigungen gewährt wurden oder örtliche Elektrizitätswerke hohe Rücknahmetarife anwendeten, war ein kostendeckender Betrieb möglich. In der ersten Hälfte 2007 wurde aber endlich auch in der Schweiz eine Einspeisevergütung für PV-Strom beschlossen, die 2008 in Kraft treten wird (Details siehe Kap. 5.2.7.6).

Eine Abschätzung der zukünftigen Kostenentwicklung ist schwierig. Sicher ist, dass einerseits die Preise für elektrische Energie in Zukunft tendenziell steigen werden und dass andererseits die Preise für Solarzellen weiter sinken werden. Der Preisunterschied zwischen photovoltaischem Strom und konventionell erzeugtem Strom wird deshalb auch dank steigender Preise für konventionellen Strom abnehmen. Durch die immer grössere Produktion von Solarzellen dank landesweiten Einspeisegesetzen in immer mehr Ländern Europas wird auch der Preis für Solarmodule sinken. Es wird allgemein damit gerechnet, dass unter normalen Umständen eine Verdoppelung der Produktionsmenge eine Preisreduktion um 15 – 20% bewirken sollte.

Allgemein wurde in der Vergangenheit in vielen Studien der sinkende Preistrend zwar richtig vorausgesagt, aber die Geschwindigkeit dieser Preisreduktionen stark überschätzt (Beispiel siehe Bild 9-1). Ein Technologiesprung, der massive Verbilligungen zur Folge hat, ist gegenwärtig noch nicht in Sicht. Preisprognosen sind von vielen Faktoren abhängig und deshalb mit grossen Unsicherheiten verbunden. Auf Grund der Lehren der Vergangenheit ist Vorsicht angezeigt und es soll hier auf eine eigene konkrete Prognose verzichtet werden.

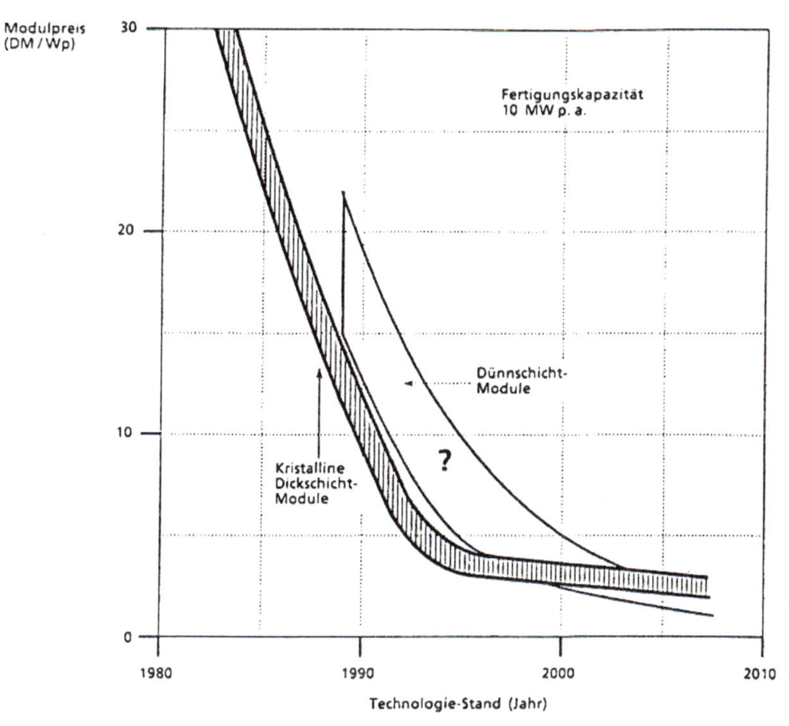

Bild 9-1: Beispiel für eine (historische) Prognose über die künftige Preisentwicklung von PV-Modulen aus dem Jahr 1990 (1 DM entspricht etwa 0,5 € oder 0,8 Fr.) [9.1]. Nach dieser (zu optimistischen) Prognose müssten die Modulpreise heute (2007) deutlich unter den effektiv verlangten Preisen liegen. Richtig prognostiziert ist aber, dass Dünnschichtmodule etwas günstiger als andere sind.

9.1.3 Kosten von durch Pumpspeicherkraftwerke veredeltem PV-Strom

Die berechneten Kosten für Photovoltaikstrom erhöhen sich natürlich um die Speicherkosten, sobald mehr als die nach Kap. 5.2.7 vom Netz maximal absorbierbare Energiemenge erzeugt werden soll.

Die Kosten für die in einem Pumpspeicherwerk produzierte Energie berechnen sich ungefähr wie folgt:

$$k_E = \frac{k_A \cdot (a + 2\%)}{t} + 1{,}3 \cdot k_P \qquad (9.3)$$

Dabei bedeuten

k_E Kosten pro kWh erzeugte Energie.

k_A spezifische Anlagekosten für das Pumpspeicherwerk (heute ca. 1000 Fr./kW [9.2]).

a Abschreibungssatz gemäss Tabelle 9.1.
Der Zuschlag von 2% deckt Personalkosten und Versicherungen.

t Betriebszeit im Generatorbetrieb.

k_P Kosten pro kWh Pumpenergie.
Faktor 1,3, weil etwa 1,3 kWh Pumpenergie pro produzierte kWh erforderlich ist.

Beispiel: Mit angenommenen zukünftigen Solarstromkosten von 20 Rp. (0,125 €) pro kWh, einem Zinssatz von 3%, einer Amortisationszeit von 40 Jahren und einer angenommenen jährlichen Betriebszeit von 2500 Stunden ergeben sich mit (9.3) Stromkosten von 28,5 Rp. (0,178 €) pro kWh, d.h. die Zusatzkosten für die Energieveredelung durch Pumpspeicherung betragen in diesem Fall 8,5 Rp. (0,053) € /kWh.

Die im Beispiel verwendeten Werte für die Investitions- und Betriebskosten von Pumpspeicherwerken decken sich einigermassen mit Angaben aus [9.2], [9.3] und [9.4].

Im Gegensatz zu den Kosten für Solarmodule und Wechselrichter dürften die Kosten für die Pumpspeicherung in Zukunft jedoch nicht wesentlich sinken.

Die Speicherung von elektrischer Energie in Form von Wasserstoff ist technisch noch nicht voll ausgereift und kostenmässig viel teuerer als die Pumpspeicherung. Genaue Zahlen sind wegen des Fehlens kommerzieller Produkte mit genügenden Standzeiten nicht verfügbar. Problematisch ist auch der geringe Energiewirkungsgrad Strom-Wasserstoff-Strom, der nur zwischen etwa 35% bis allerhöchstens 50% beträgt, d.h. die Zusatzkosten infolge von Speicherverlusten sind viel höher als bei der Pumpspeicherung.

9.2 Graue Energie, Energierücklaufzeit und Erntefaktor

Für die Herstellung von Solarzellen und Solarmodulen wird sehr viel Energie (grösstenteils elektrische Energie) benötigt. Energie wird auch für die Herstellung der Elektronik (z.B. Wechselrichter), der Montagestrukturen und der Verkabelung der Photovoltaikanlage benötigt. Ein Energieerzeugungssystem zur Nutzung erneuerbarer Energie ist nur dann ökologisch sinnvoll, wenn zu seiner Herstellung deutlich weniger Energie eingesetzt werden muss, als es während seiner Lebensdauer produziert.

Unter der grauen Energie GE in einem Produkt versteht man die Energie, die zur Herstellung der Rohmaterialien und zur Herstellung des Produktes selbst insgesamt benötigt wurde. Im Einzelfall ist die Ermittlung der grauen Energie oft schwierig. Da sie für die energetische Beurteilung von Photovoltaikanlagen wichtig ist, wurden verschiedene Studien über die graue Energie in gegenwärtig und zukünftig erhältlichen Solarmodulen durchgeführt.

Für viele Geräte und Komponenten fehlt oft eine Angabe der grauen Energie. Eine ganz grobe Abschätzung ist aber über den Preis möglich. Dividiert man den schweizerischen Energieverbrauch im Jahre 1989 durch das Bruttosozialprodukt des gleichen Jahres, so erhält man etwa 0,8 kWh/Fr. Da ein Teil des Bruttosozialproduktes nicht warenbezogen ist, hört man auch andere Angaben von 1,1 kWh/Fr. oder gar 1,2 kWh/Fr. Da eine Abschätzung über den Preis immer sehr grob ist, merken wir uns folgenden ganz groben Richtwert für die graue Energie:

Graue Energie eines Produktes GE ≈ 1kWh/Fr. ≈ 1,6kWh/€ (ohne nähere Angaben)

Für industriell hergestellte Produkte, die sowohl einen Anteil Materialkosten als auch einen Anteil Arbeitskosten enthalten, erhält man damit oft einigermassen vernünftige Werte. Für die graue Energie eines Tiefkühlgerätes, das Fr. 800.- kostet, erhält man mit obigem Richtwert beispielsweise einen GE-Wert von etwa 800 kWh. Auch bei Solarmodulen oder Elektronikgeräten liefert der obige Richtwert sinnvolle Ergebnisse.

Es gibt aber auch Fälle, bei denen krasse Abweichungen auftreten (z.B. beim Preis von Energieträgern). Ein Liter Heizöl zum heutigen Preis von 90 Rp. (0,56 €) liefert beim Verbrennen etwa 10 kWh thermische Energie, d.h. die auf den Preis bezogene graue Energie beträgt somit etwa 11 kWh/Fr. Andererseits ist diese Grösse bei einem Bild eines alten Meisters, das viele Millionen Franken kostet, praktisch gleich 0.

Für die energetische Beurteilung von Komponenten von Photovoltaikanlagen beziehen wir die graue Energie nicht auf den Preis, sondern auf die Spitzenleistung P_{Go} oder die Solargeneratorfläche A_G.

Spitzenleistungsbezogene graue Energie: $e_P = \dfrac{GE}{P_{Go}}$ (9.4)

Flächenbezogene graue Energie: $e_A = \dfrac{GE}{A_G}$ (9.5)

Pro Jahr produzierte Energie $E_a = P_{Go} \cdot t_{Vo}$ (9,6)

Während Lebensdauer L produzierte Gesamtenergie $E_L = E_a \cdot L = P_{Go} \cdot t_{Vo} \cdot L$ (9.7)

Energierücklaufzeit oder Energierückzahlzeit $ERZ = \dfrac{GE}{E_a}$ (9.8)

Erntefaktor $EF = \dfrac{E_L}{GE}$ (9.9)

Dabei bedeuten GE Graue Energie in kWh

P_{Go} Solargenerator-Spitzenleistung in W_P

A_G Solargeneratorfläche in m^2

L Lebensdauer der Anlage (in Jahren)

In Studien über die graue Energie von Produkten wird oft die für die ***Produktion benötigte Primärenergie*** angegeben. Die für die Produktion benötigte elektrische Energie wird dabei (durch Division durch den durchschnittlichen Wirkungsgrad η_K aller Kraftwerke bei der Umwandlung von Primärenergie in elektrischen Strom) in entsprechend mehr Primärenergie umgerechnet. In Europa beträgt dieser durchschnittliche Wirkungsgrad etwa $\eta_K = 35\%$.

Die in Tabelle 9.3 angegebenen Werte für die graue Primärenergie von netzgekoppelten Photovoltaikanlagen stammen aus [9.6]. Die dort angegebenen Primärenergien pro Flächeneinheit wurden für netzgekoppelte Photovoltaikanlagen mit monokristallinen Si-Modulen (c-Si, $\eta_M = 14\%$), poly- oder multi-kristallinen Si-Modulen (p-Si, $\eta_M = 13\%$) und amorphen Si-Modulen (a-Si, $\eta_M = 7\%$) auf die Spitzenleistung pro Watt peak umgerechnet. Dabei wurde unterschieden zwischen dem Energieaufwand für die Herstellung des Laminates (Modul ohne Rahmen), des Aluminium-Rahmens, des Wechselrichters (WR) sowie der Verkabelung und der Montagestruktur (zwei verschiedene Montagearten). Da der Aufwand für Rahmen und Montagestrukturen flächenproportional ist, ist der dafür notwendige Energieaufwand bei den Modulen mit kleinerem Modulwirkungsgrad η_M pro Watt peak etwas grösser.

Tabelle 9.3: Graue (Primär-)Energie von netzgekoppelten PV-Anlagen mit monokristallinen (c-Si), poly- oder multikristallinen (p-Si) oder amorphen (a-Si) Modulen [9.6].

Graue Energie *(Primärenergie)*		**Laminat**	**ALU-Rahmen**	**WR**	**Montage**	**TOTAL**
($\eta_{Elektrisch}$ = 35%)	**η_M**	**e_P [MJ/W]**	**e_P [MJ/W]**	**e_P [MJ/W]**	**e_P [MJ/W]**	**e_P [MJ/W]**
Monokristallines Si (c-Si) (Dach/Fassaden-Montage)	**14%**	**40.7**	**2.9**	**1.6**	**2.5**	**47.7**
Monokristallines Si (c-Si) (Boden-Montage)	**14%**	**40.7**	**2.9**	**1.6**	**13.2**	**58.4**
Polykristallines Si (p-Si) (Dach/Fassaden-Montage)	**13%**	**32.3**	**3.1**	**1.6**	**2.7**	**39.7**
Polykristallines Si (p-Si) (Boden-Montage)	**13%**	**32.3**	**3.1**	**1.6**	**14.2**	**51.2**
Amorphes Si (a-Si) (Dach/Fassaden-Montage)	**7%**	**17.1**	**5.7**	**1.6**	**5.0**	**29.5**
Amorphes Si (a-Si) (Boden-Montage)	**7%**	**17.1**	**5.7**	**1.6**	**26.4**	**50.9**

Die von einer Photovoltaikanlage produzierte elektrische Energie muss dann aber in analoger Weise in Primärenergie umgerechnet, d.h. aufgewertet werden, um korrekte Werte für die Energierücklaufzeit und den Erntefaktor zu erhalten.

Zur Berechnung der Energierücklaufzeiten bei verschiedenen Anlagen mit verschiedenen Volllaststunden t_{Vo} mit der Solargenerator-Spitzenleistung P_{Go} ist es bei Photovoltaikanlagen aber in der Praxis etwas einfacher, wenn die für die Anlagenerstellung benötigte graue Energie statt als Primärenergie E_{Pr} in MJ/W in *äquivalente graue elektrische Energie E_e in kWh_e/W* umgerechnet wird, wobei gilt:

Äquivalente graue elektrische Energie: $$E_e\,[kWh/W] = \frac{\eta_K \cdot E_{Pr}}{3{,}6MJ\,/\,W} \qquad (9.10)$$

wobei η_K = mittlerer Wirkungsgrad aller Kraftwerke bei der Umwandlung von Primärenergie E_{Pr} in elektrischen Strom (in Europa: 35%).

Damit ergeben sich folgende Werte für die graue Energie in äquivalenter elektrischer Energie:

Tabelle 9.4: Graue Energie (in äquivalenter elektrischer Energie E_e) von netzgekoppelten PV-Anlagen mit monokristallinen (c-Si), poly- oder multikristallinen (p-Si) oder amorphen (a-Si) Modulen.

Graue Energie		**Laminat**	**ALU-Rahmen**	**WR**	**Montage**	**TOTAL**
(äquival. elektrische Energie)	η_M	e_P [kWh$_e$/W]	e_P [kWh$_e$/W]	e_P [kWh$_e$/W]	e_P [kWh$_e$/W]	e_P [kWh$_e$/W]
Monokristallines Si (c-Si) (Dach/Fassaden-Montage)	14%	3.96	0.28	0.16	0.24	4.63
Monokristallines Si (c-Si) (Boden-Montage)	14%	3.96	0.28	0.16	1.28	5.68
Polykristallines Si (p-Si) (Dach/Fassaden-Montage)	13%	3.14	0.30	0.16	0.26	3.86
Polykristallines Si (p-Si) (Boden-Montage)	13%	3.14	0.30	0.16	1.38	4.98
Amorphes Si (a-Si) (Dach/Fassaden-Montage)	7%	1.67	0.56	0.16	0.49	2.86
Amorphes Si (a-Si) (Boden-Montage)	7%	1.67	0.56	0.16	2.57	4.95

Mit diesen Werten kann nun mit den Formeln (9.6), (9.7), (9.8) und (9.9) für PV-Anlagen an verschiedenen Standorten direkt und sehr einfach die Energierücklaufzeit ERZ und der Erntefaktor EF berechnet werden.

Bei einer angenommenen Lebensdauer von 30 Jahren beträgt der Erntefaktor EF für netzgekoppelte PV-Anlagen mit kristallinen Modulen für Flachlandanlagen in Mitteleuropa heute also etwa 5 – 6, an günstigen Wüstenstandorten sogar etwa das Doppelte (siehe Bild 9-2, 9-3 und 9-4). Bei der Bodenmontage kann der Energieaufwand bei Verwendung riesiger Bodenschrauben statt Fundamenten gegenüber Tab. 9.3 und 9.4 oft noch etwas reduziert werden.

Dank verschiedenen Verbesserungen (z.B. dünnere Wafer, geringerer Sägeverlust, höherer Wirkungsgrad, Verwendung von etwas weniger reinem "solar grade" Silizium statt wie heute von "electronic grade" Silizium) hofft man, bis 2010 den Energieaufwand für die Herstellung der Laminate (Modul ohne Rahmen) nochmals etwa halbieren zu können. Beim Recycling alter Solarmodule beträgt die zur Herstellung neuer Module benötigte Energie gemäss einer an der 19. EU PV Konferenz in Paris 2004 vorgestellten Studie nur einen Bruchteil der angegebenen Werte. Mittel- und langfristig kann somit durch Recycling alter Module nochmals viel graue Energie eingespart werden.

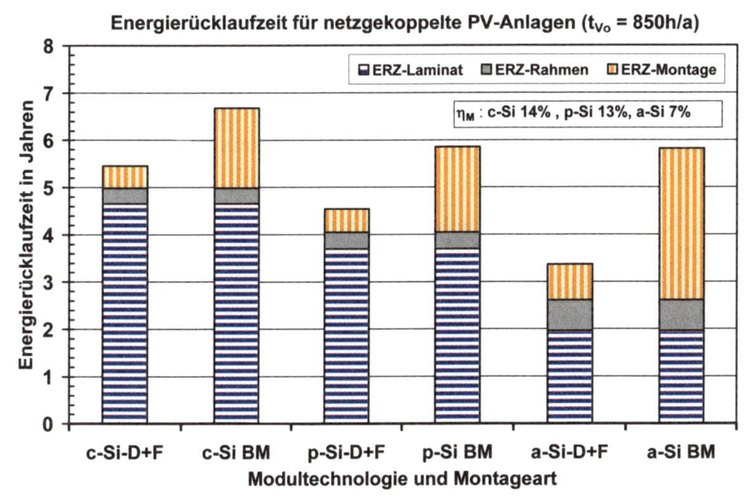

Bild 9-2: Energierücklaufzeiten für netzgekoppelte PV-Anlagen mit monokristallinen (c-Si), poly- oder multikristallinen (p-Si) oder amorphen (a-Si) Modulen für Orte mit t_{Vo} = 850 h/a (Mitteleuropa).
D+F: Dach- oder Fassadenmontage
BM: Bodenmontage
(Stand etwa 2002)

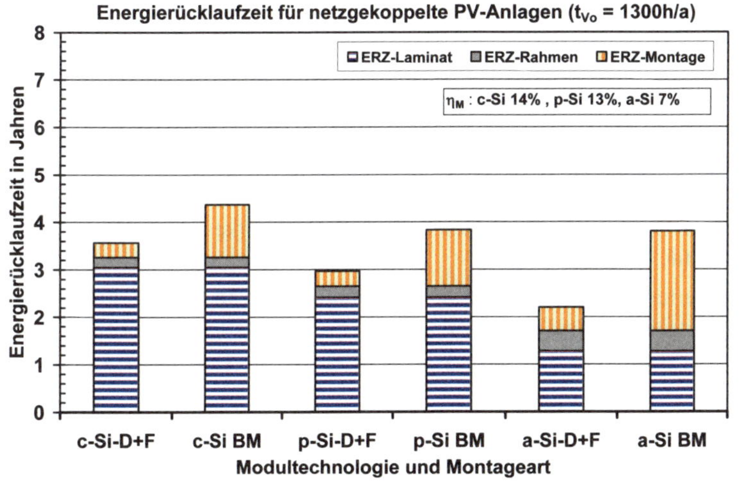

Bild 9-3: Energierücklaufzeiten für netzgekoppelte PV-Anlagen mit monokristallinen (c-Si), poly- oder multikristallinen (p-Si) oder amorphen (a-Si) Modulen für Orte mit t_{Vo} = 1300 h/a (Südeuropa, Alpen)
D+F: Dach- oder Fassadenmontage
BM: Bodenmontage
(Stand etwa 2002)

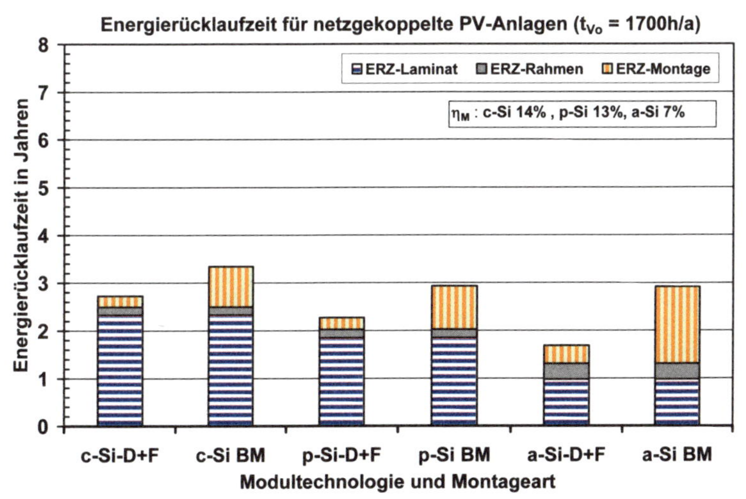

Bild 9-4: Energierücklaufzeiten für netzgekoppelte PV-Anlagen mit monokristallinen (c-Si), poly- oder multikristallinen (p-Si) oder amorphen (a-Si) Modulen für Orte mit t_{Vo} = 1700 h/a (Wüstengebiete).
D+F: Dach- oder Fassadenmontage
BM: Bodenmontage
(Stand etwa 2002)

Bei Inselanlagen mit Speicher ist die Situation bezüglich grauer Energie meist deutlich ungünstiger, da einerseits die graue Energie für den (periodisch zu ersetzenden) Akkumulator mit in die Rechnung einbezogen werden muss und andererseits oft nicht die ganze verfügbare Leistung der PV-Anlage effektiv ausgenützt werden kann (z.B. im Sommer in gemässigten Zonen).

Beim Vergleich mit anderen Kraftwerken, die nicht erneuerbare Energien nutzen (fossile Kraftwerke und Kernkraftwerke) wird oft nur die für die Erstellung (und eventuell auch den Abbruch) benötigte graue Energie berücksichtigt, nicht jedoch der Energieinhalt des *(unwiederbringlich verbrauchten)* Brennstoffs. Dieser Vergleich ist aber absolut unfair. Wird korrekterweise auch der Energieinhalt des Brennstoffs (Kohle, Öl, Gas, Uran) berücksichtigt, liegt der Erntefaktor EF jedes derartigen Kraftwerks deutlich unter 1!

9.3 Literatur zu Kapitel 9

[9.1] D. Strese: "Die Ludwig-Bölkow-Studie: Solarstrom wird rentabel". In [Jäg90].

[9.2] "Boom der Pumpspeicherwerke". Bulletin SEV/VSE 2/2006, S. 27.

[9.3] S. Grötzinger: "Das Potenzial der Wasserkraft – Szenarien im Spannungsfeld von Wirtschaft und Politik". Bulletin SEV/VSE 2/2006, S. 22 ff.

[9.4] M. Balmer, D. Möst, D. Spreng: "Schweizerische Wasserkraftwerke im Wettbewerb". Bulletin SEV/VSE 2/2006, S.11 ff.

[9.5] G. Hagedorn: "Kumulierter Energieverbrauch und Erntefaktoren von Photovoltaik-Systemen". Energiewirtschaftliche Tagesfragen, 39. Jg (1989), Heft 11, S. 712 ff.

[9.6] E. Alsema: "Energy-Pay-Back Time and CO_2 Emissions of PV Systems". In [Mar03].

[9.7] E. Alsema, M. de Wild-Scholten: "Environmental Impacts of Crystalline Silicon Photovoltaic Module Production".
13th CIRP Intern. Conf on Life Cycle Engineering, Leuven, 31 May- 2 June 2006.

10 Betriebserfahrungen

In diesem Kapitel werden in einem ersten Unterkapitel einige interessante Photovoltaikanlagen vorgestellt, bei denen dank Messungen der wichtigsten Daten (mindestens Einstrahlung in PV-Generatorebene und Energieproduktion) auch Betriebserfahrungen über mindestens ein Jahr vorliegen. Bei einigen durch das PV-Labor der BFH unter der Leitung des Autors gemessenen Anlagen mit sehr detaillierten Daten können alle in Kap. 7 vorgestellten Auswertungen vorgenommen werden. Daneben werden auch einige andere Anlagen vorgestellt, bei denen weniger Daten vorliegen, bei denen aber immerhin Monatswerte der Performance Ratio berechnet werden können. Da solche Ertragsdaten meist nur von netzgekoppelten Anlagen vorhanden sind, werden nur derartige Anlagen besprochen.

Im zweiten Unterkapitel wird der Energieertrag von vier Anlagen verschiedener Grösse und an verschiedenen Standorten in der Schweiz verglichen, die seit über 12 Jahren im Betrieb stehen und von denen aus dieser Zeit detaillierte Langzeitmessdaten vorliegen.

10.1 Beispiele von einigen realisierten PV-Anlagen mit gemessenen Ertragsdaten

In diesem Kapitel erfolgt jeweils zuerst eine kurze Anlagenbeschreibung, eine Darstellung der entsprechenden Messresultate und eine Diskussion. Es ist zu beachten, dass die resultierende Performance Ratio PR etwas von der Art der Strahlungsmessung abhängt, sie ist bei Verwendung von Referenzzellen meist einige Prozent höher als bei Verwendung von Pyranometern.

10.1.1 PV-Anlage Gfeller, Burgdorf

Diese Anlage ist die erste auf einem Einfamilienhaus in Burgdorf errichtete Anlage, deren Betriebsdaten im Rahmen mehrerer Langzeit-Messprojekte seit 1992 lückenlos erfasst wurden. Ein Bild dieser Anlage ist bereits in Kap. 1 zu finden (Bild 1-10).

Tabelle 10.1: Wichtigste technische Daten der Anlage Gfeller/Burgdorf

Ort:	CH-3400 Burgdorf, 540 m.ü.M, φ = 47,0°N	**Inbetriebnahme: 24.6.92**
PV-Generator:	P_{Go} = 3,18 kWp, A_G = 25,6 m^2, 60 Module M55,	Aufdachmontage
	Neigung β = 28°, Azimut γ = -10° (Ostabw. von S)	
Wechselrichter:	ASP Top Class 3000 bis 14.04.97	
	ASP Top Class 4000 Grid III ab 14.04.97	
Messgrössen:	• Einstrahlung in Modulebene (mit Pyranometer)	
	• Umgebungs- und Modultemperatur	
	• Gleichstrom und Gleichspannung	
	• Eingespeiste Wechselstrom-Wirkleistung	

Die Anlage und die Messtechnik sind seit dem 24.6.92 in Betrieb. Beim ersten Wechselrichter TopClass 3000 traten immer wieder betriebliche Probleme auf, die auch grössere Ertragsausfälle zur Folge hatten. Im Jahre 1997 wurde der alte Wechselrichter durch einen TopClass 4000/6 Grid III ausgetauscht, was eine Umverkabelung des PV-Generators und eine Anpassung der Messtechnik (DC-Spannungsmessung) erforderte. Seither funktionierte die Anlage fehlerfrei mit einem Energieertrag, der sich im Mittelfeld der Burgdorfer Anlagen befindet.

Der neue Wechselrichter hat keine Aufstart-Probleme mehr und der Wechselrichter-Nutzungsgrad ist um ca. 2% gestiegen. Zudem sind auf der DC-Seite die Verluste in der Verkabelung dank der höheren Betriebsspannung (6 Module in Serie statt 4) tendenziell tiefer. Der Generator-Korrekturfaktor k_G und die Performance Ratio PR sind durch diese Massnahmen um einige Prozent gestiegen (siehe Tabelle 10.2).

Tabelle 10.2: Spezifischer Jahresenergieertrag und Performance Ratio der PV-Anlage Gfeller in den Jahren 1993 – 2006 (PR-Werte auf Pyranometer-Messwerte bezogen).

Jahr	1993	1994	1995	1996	1997	1998	1999	2000	2001	2002	2003	2004	2005	2006
Y_{Fa} (kWh/kWp)	825	854	898	792	1004	982	897	994	915	931	1048	919	944	932
PR in %	67.1	70.5	67.0	61.7	72.3	72.4	72.3	73.9	72.6	73.2	70.7	70.4	68.7	70.8

Die Anlage befindet sich am Stadtrand und es sind keine Industrieanlagen oder Bahnlinien in der Nähe vorhanden. Deshalb verläuft die Entwicklung einer permanenten Verschmutzung hier deutlich langsamer als an ungünstiger gelegenen Standorten in Burgdorf (siehe Bilder 4-80 bis 4-86). Die seit 2003 beobachtete Abnahme der PR ist primär auf einen vor der Anlage wachsende Baum (siehe Bilder 10-2 bis 10-4) und vermehrte längere Schneebedeckungen im Winter in den Jahren 2003, 2004 und besonders 2005 zurückzuführen. Im relativ sonnigen Winter 2006/2007 fiel dagegen praktisch kein Schnee.

Bild 10-1 zeigt eine normierte Mehrjahresstatistik dieser Anlage in der Zeit von Mai 1997 bis März 2007. Bei Y_F ist mit einem schwarzen Balken jeweils auch der Streubereich angegeben. Der Mehrjahres-Mittelwert der Jahresproduktion beträgt 953 kWh/kWp und ist damit deutlich höher als in Beispiel 1 in Kap. 8.2.1.1. Dies ist hauptsächlich darauf zurückzuführen, dass die effektiv gemessene Einstrahlung Y_R in die Solargeneratorebene etwa 10% höher ist als die mit den angegebenen (älteren) Daten berechnete Einstrahlung. Es ist klar zu erkennen, dass Y_F bei einer Anlage mit einem relativ geringen Anstellwinkel β = 28° in den Monaten November bis Februar stark schwankt (Beispiele für Dezember siehe Bilder 10-5 bis 10-7).

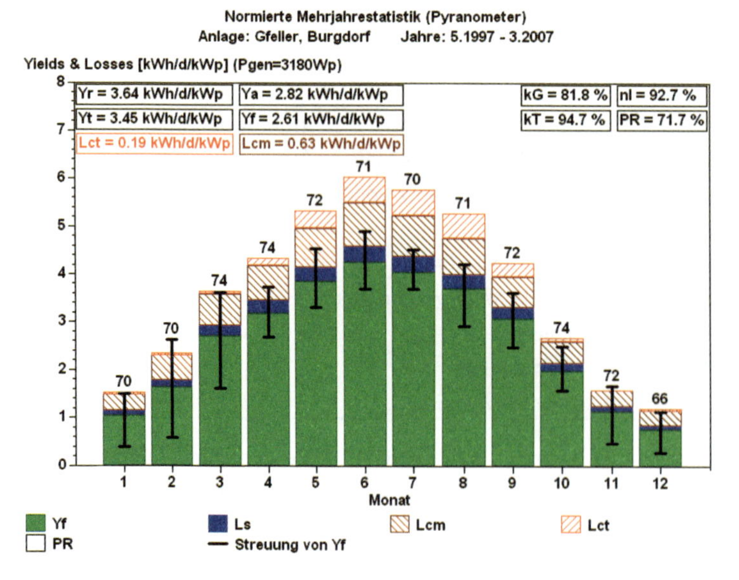

Bild 10-1: Normierte Mehrjahresstatistik (mit eingezeichnetem Streubereich) seit dem Betrieb des neuen Wechselrichters ASP Top Class 4000/6 Grid III. Das Ertragsprofil ist typisch für eine PV-Anlage im Mittelland. Der Winterenergieanteil beträgt 29,3 Prozent. In den Monaten November – März streut die Energieproduktion sehr stark (typisch für Anlagen im Mittelland mit gelegentlichen Schneebedeckungen).

Die temperaturbedingten Verluste des Solargenerators sind im Vergleich zu frei aufgestellten Modulen relativ hoch. Die Module werden bei einem Abstand von nur etwa 10 cm zur Dachhülle relativ warm.

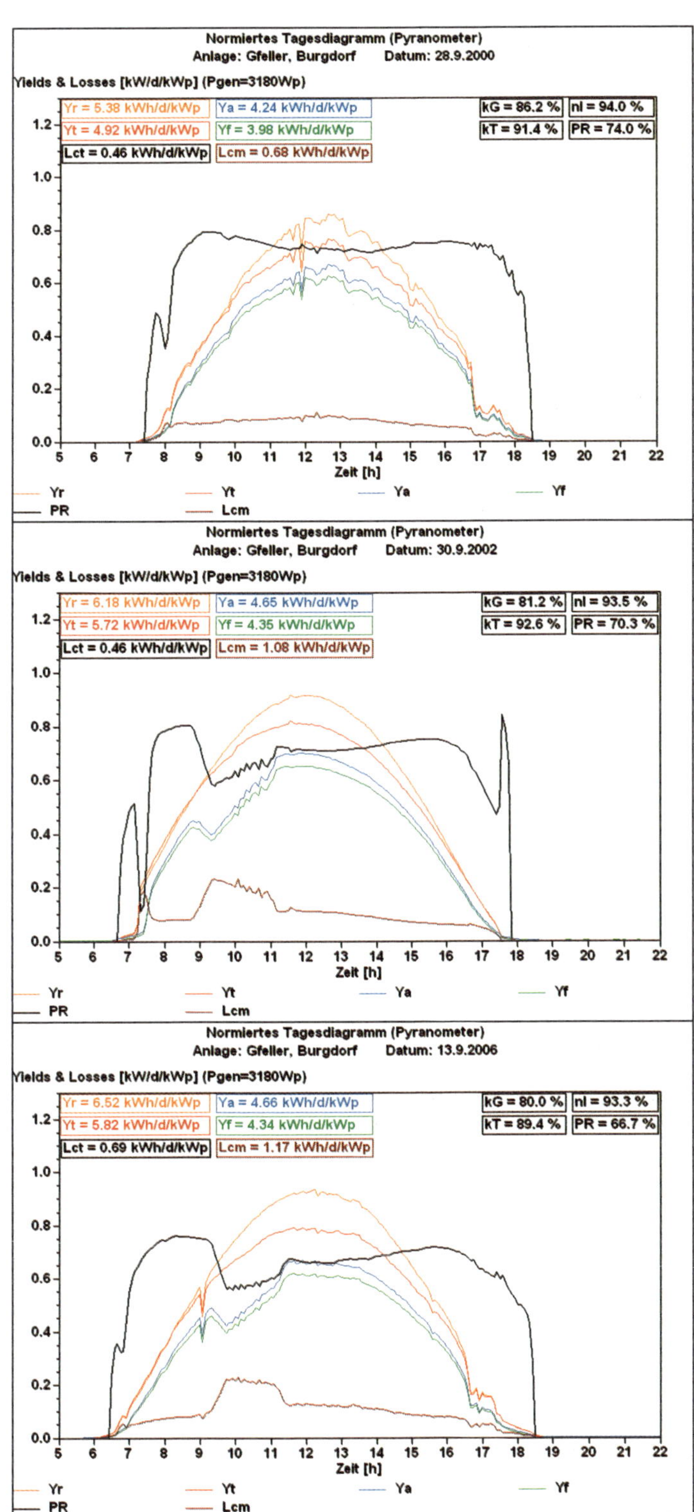

Bild 10-2:
Schönwettertag Ende September im Jahr 2000. Der Tagesverlauf ist normal. Es sind keine Verschattungen des Solargenerators zu erkennen. Der Generator-Korrekturfaktor beträgt k_G = 86,2%.

Bild 10-3:
Analoger Tag zwei Jahre später im Jahr 2002. Zwischen 9 Uhr und 11 Uhr wird der Solargenerator von einem inzwischen gewachsenen Baum teilbeschattet und L_{cm} steigt in dieser Zeit markant an. Der Generator-Korrekturfaktor sinkt deshalb auf k_G = 81,2%.

Bild 10-4:
Analoger Tag vier Jahre später im Jahr 2006. Schon Mitte September wird der Solargenerator nun zwischen 9 Uhr und 11 Uhr vom weiter gewachsenen Baum teilbeschattet. Zudem ist L_{cm} am Nachmittag etwas höher als in Bild 10-2 und 10-3, was auf eine gewisse Verschmutzung hindeutet. Deshalb sinkt der Generator-Korrekturfaktor auf k_G = 80,0%.

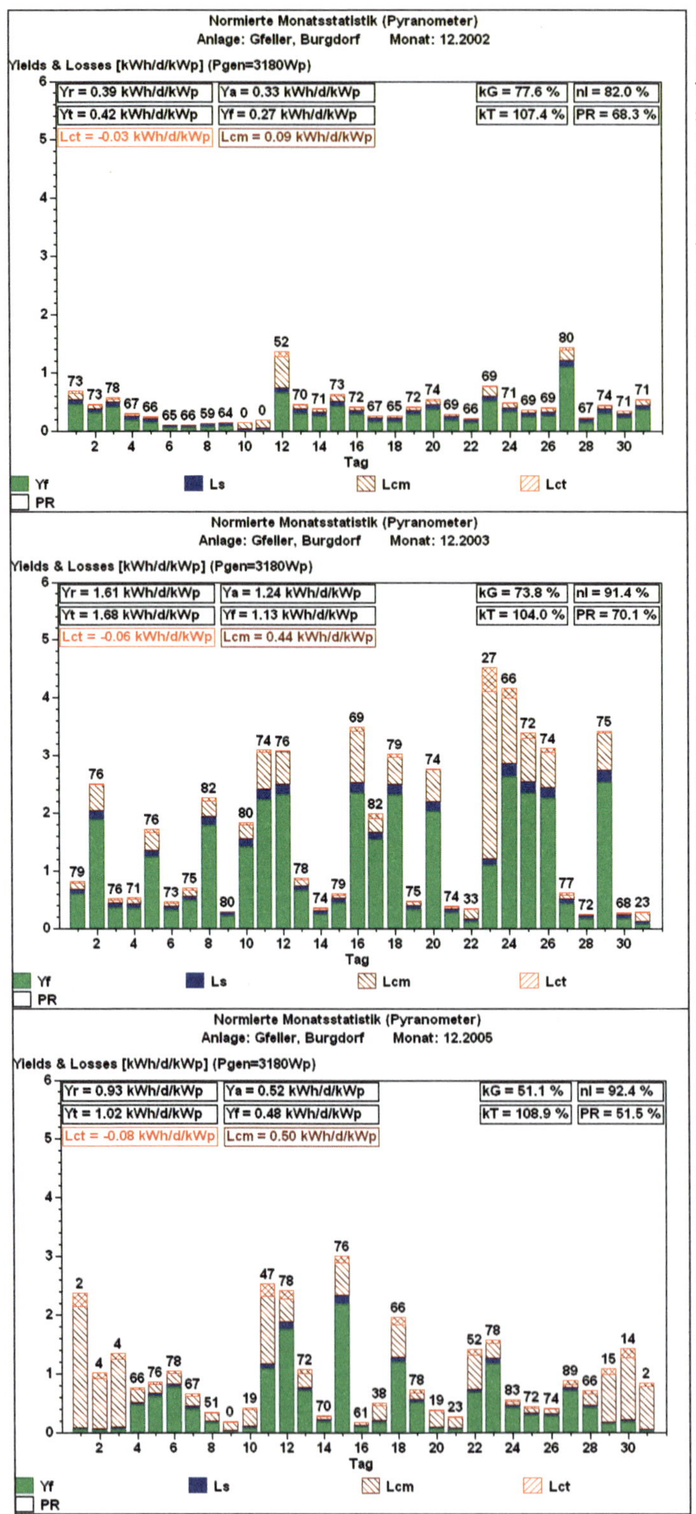

Bild 10-5:
Normierte Monatsstatistik für Dezember 2002. In diesem Monat tritt ausser am 10. bis 12. praktisch keine Schneebedeckung auf. Die Einstrahlung in die Generatorebene ist mit nur Y_R = 0,39 h/d extrem klein (häufige Hochnebel-Wetterlagen). Wegen der geringen Schneebedeckung ist k_G mit 77,6 % für Dezember relativ hoch. Wegen dem sehr kleinen Y_R ist auch Y_F sehr klein, nämlich nur Y_F = 0,27 h/d.

Bild 10-6:
Normierte Monatsstatistik für Dezember 2003. In diesem Monat tritt ausser am 16., 23. und 24. praktisch keine Schneebedeckung auf, deshalb ist k_G mit 73,8 % für Dezember relativ hoch. Auch die Einstrahlung in die Generatorebene ist mit Y_R = 1,61 h/d für Dezember relativ hoch, deshalb ist auch Y_F mit Y_F = 1,13 h/d hoch und um mehr als einen Faktor 4 grösser als in Bild 10-5!

Bild 10-7:
Normierte Monatsstatistik für Dezember 2005. In diesem Monat ist die Einstrahlung in die Generatorebene etwa durchschnittlich (Y_R = 0,93 h/d), es treten aber an vielen Tagen Schneebedeckungen des Generators auf (1. bis 3., 9. bis 11., 18., 22., 29. bis 31.). Deshalb ist k_G relativ klein und beträgt nur k_G = 51,1 %, die Performance Ratio nur PR = 51,5 % und der Endertrag Y_F = 0,48 h/d, was auch ziemlich klein ist.

10.1.2 PV-Anlage Mont Soleil im Berner Jura (1270 m)

Die Anlage Mt. Soleil (Bild 1-13) wurde am 19.2.1992 in Betrieb genommen [10.1]. Kurz nach der Inbetriebnahme trat aber in einem für diese Anwendung nicht geeigneten Leistungsschalter ein Lichtbogen auf, der einen Brand in Schaltschrank auf der Gleichstromseite auslöste. Erst nach einigen Monaten konnte die Anlage deshalb mit voller Leistung in Betrieb gehen.

Tabelle 10.3: Wichtigste technische Daten der PV-Anlage Mont Soleil:

Ort:	CH-2610 Mont Soleil, 1270 m.ü.M, φ = 47,2°N	**Inbetriebnahme: 19.2.92**
PV-Generator:	P_{Go} = 554,6 kWp, A_G = 4465 m², 10464 Module M55,	Freifeldmontage
Teilgenenerator 1	Neigung: β = 50°, Azimut γ = -20° (Ostabw. von S)	*(rahmenlose Module)*
Teilgenenerator 2	Neigung: β = 50°, Azimut γ = -35° (Ostabw. von S)	
Wechselrichter:	ABB (Spezialanfertigung), P_{ACn} = 500 kW	
Messgrössen:	• Einstrahlung in Horizontalebene (Pyranometer)	
	• Einstrahlung in Modulebene (Pyranometer, beheizt)	
	• Einstrahlung in Modulebene (Referenzzelle M1R)	
	• Umgebungs- und Modultemperatur	
	• Gleichstrom und Gleichspannung	
	• Eingespeiste Wechselstrom-Wirkleistung	
	• Netzspannung	

In den Jahren 1992 bis 1999 wurde die Anlage von einer anderen Schule mit einer relativ aufwändigen, aber eher unzuverlässigen Messtechnik überwacht. Deshalb liegen aus dieser Zeit nur lückenlose Ablesungen des Stromzählers vor, alle übrigen Messdaten weisen oft grössere Messlücken auf und die Berechung der PR ist eher ungenau. Nach einem längeren Messunterbruch erhielt 2001 das PV-Labor an der damaligen HTA Burgdorf (jetzt BFH) den Auftrag, ein neues, einfacheres, aber zuverlässigeres Messsystem zu entwickeln (siehe Bild 10-8).

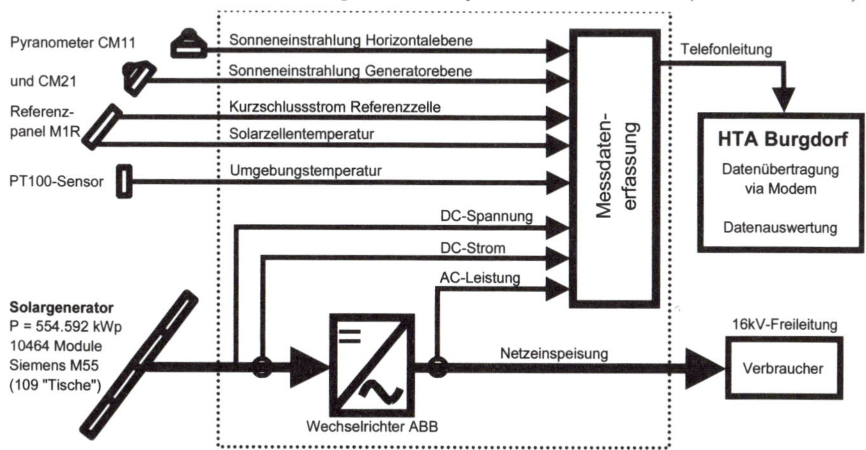

Bild 10-8:
Schema des Messsystems der PV-Anlage Mont Soleil. Von den 110 Modul-„Tischen" mit je 96 Modulen sind zur Zeit 109 an den grossen ABB-Wechselrichter angeschlossen. Die übrigen Module werden mit Kleinwechselrichtern betrieben und nicht messtechnisch erfasst.

Die Messsignale werden dabei im 2s-Takt von einem Datalogger Campbell CR10X erfasst und alle 5 Minuten als Mittelwert abgespeichert. Die Übertragung der Daten und die Auswertung erfolgt täglich. Die Referenz-Strahlungsmessung wird trotz der grossen Generatorfläche nur an einem Standort und zwar direkt hinter dem Solargeneratorfeld durchgeführt. Zudem wird ausschliesslich der Gesamt-Gleichstrom des Solargenerators und nicht die Ströme der einzelnen 11 Teilfelder gemessen. Die Messeinrichtung liefert in dieser Ausführung die gewünschten Informationen über das Betriebsverhalten der PV-Anlage und zudem konnten die Kosten relativ niedrig gehalten werden. Das Messsystem ist seit dem 01.06.2001 in Betrieb.

Bild 10-9:
Meteostation der 2001 installierten Messtechnik auf dem Mont Soleil.
Erfassung der Einstrahlung in Generatorebene mit beheiztem Pyranometer CM-21 und Referenzzelle M1R. Messung der Horizontalstrahlung mit Pyranometer CM-11. Erfassung der Modultemperatur durch Messung der Referenzzellentemperatur. Zusätzlich Messung der Umgebungstemperatur.

Die Zuverlässigkeit und damit der Energieertrag der Anlage Mont Soleil konnte seit Beginn der Messungen der HTA Burgdorf im Juni 2001 deutlich gesteigert werden. Ein zuverlässiges Monitoring erlaubt eine schnelle Fehlerdetektion und somit die schnelle Behebung von Ausfällen.

Wegen zu knapp dimensionierten Sicherungsautomaten in den 11 Teilgenerator-Anschlussleitungen traten aber bis zu einer im Sommer 2005 durchgeführten Sanierung besonders während kurzzeitigen Strahlungsspitzen (Cloud-Enhancements) immer wieder sporadische Abschaltungen einzelner Teilgeneratoren auf, die zu Ertragsausfällen führten (siehe Bild 10-10).

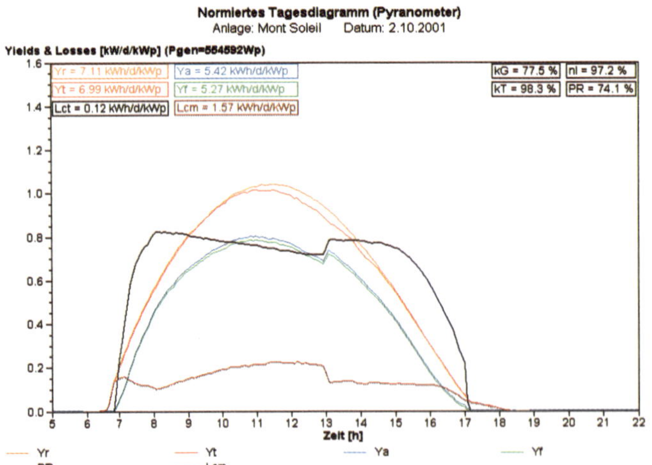

Bild 10-10:
Normiertes Tagesdiagramm der Anlage Mont Soleil vom 2.10.01 mit Teilausfall und manueller Wiedereinschaltung eines der 11 Teilfelder des PV-Generators. Bis um 13:00 Uhr war ein Q_{DC}-Schalter eines Teilfelds ausgelöst. Deshalb sind in dieser Zeit die Feldverluste L_{cm} zu hoch. Beim Einschalten steigt im normierten Tagesdiagramm die Performance Ratio PR um ca. 7% an und die Feldverluste L_{cm} sinken dementsprechend.

Zudem traten ab und zu spontane Abschaltungen des Wechselrichters auf, die manuelle Wiedereinschaltungen erforderten. Im Jahre 2006 traten zwar keine Ausfälle von Teilgeneratoren mehr auf, dagegen hatte der Wechselrichter erstmals einen Hardwaredefekt. Diese Ausfälle konnten zwar dank dem Monitoring rasch erkannt werden, hatten aber bis zur manuellen Wiedereinschaltung trotzdem gewisse Energieverluste zur Folge (bis zu einigen Prozent pro Jahr).

Tabelle 10.4: Spezifischer Jahresenergieertrag und Performance Ratio von Mt. Soleil für 1993 bis 2006. Infolge sporadischer Messlücken in der früheren Messkampagne ist die Berechnung der Performance Ratio PR vor 2002 eher ungenau und für 1999 bis 2001 ist wegen der fehlenden Strahlungsmessung überhaupt kein PR verfügbar.

Jahr	1993	1994	1995	1996	1997	1998	1999	2000	2001	2002	2003	2004	2005	2006
Y_{Fa} (kWh/kWp)	956	929	938	1063	1135	1060	872	732	933	965	1165	988	1000	979
PR in %	77.8	76.6	75.7	78.9	78.0	78.5	-	-	-	75.3	73.6	74.3	69.0	69.6

Die PV-Anlage erzielte aber in den letzten Jahren insgesamt trotzdem recht gute Resultate. In der Zeit von Juni 2001 bis März 2005 (zwischen Inbetriebnahme der neuen Messung und Sanierung) betrug der gemittelte Energieertrag Y_F = 2,86 kWh/d/kWp oder 1044 kWh/kWp (siehe Bild 10-11). Dieser Wert liegt mit 26,5 % deutlich über dem schweizerischen Mittelwert von gegenwärtig 825 kWh/kWp. Er liegt auch klar über dem langjährigen Mittelwert der Anlage Mont Soleil von 1993 – 2001 mit 958 kWh/kWp. Der Winterenergieanteil beträgt gut 38,2 % und ist somit deutlich höher als der von Mittelland-Anlagen (ca. 25 – 30 %), aber auch niedriger als der von hochalpinen Anlagen (ca. 45 – 58 %).

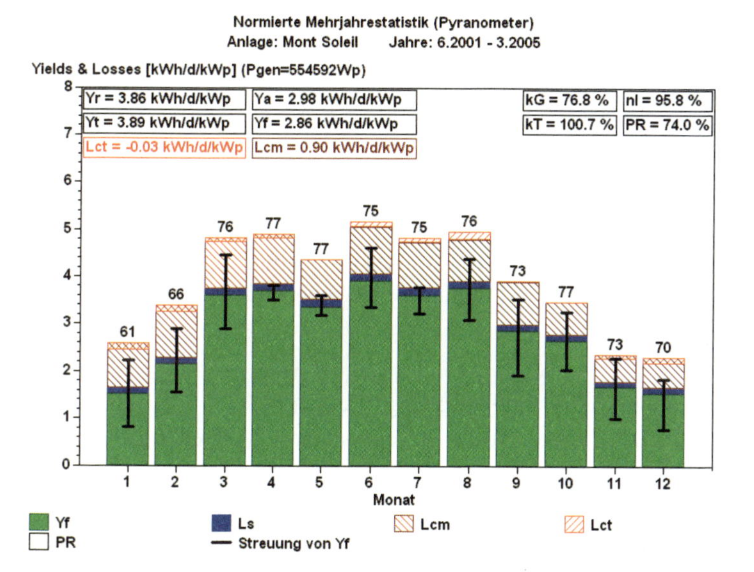

Bild 10-11: Normierte Mehrjahresstatistik seit Inbetriebnahme der neuen Messtechnik des PV-Labors der BFH bis zum Beginn der Sanierung im Jahre 2005. Der Winterenergieanteil in dieser Zeit betrug 38,2 %. Auch bei dieser Anlage streut die Energieproduktion zwischen November und Februar beträchtlich, der Mittelwert ist aber deutlich höher ist als bei Flachlandanlagen (Bild 10-1).

Ohne den Monat mit Wechselrichterdefekt (Juni 2006, PR nur 38,9 %) betrugen die Monatswerte der Performance Ratio PR seit Beginn der Messungen 53,3 – 79,7 %. Der minimale Wert mit 53,3 % trat im sehr schneereichen Februar 2005 auf, wo längere Schneebedeckungen auftraten. Der maximale Wert von 79,7 % wird meist nur von hochalpinen PV-Anlagen übertroffen (z.B. PV-Anlagen Jungfraujoch und Birg, Kap. 10.1.3 und 10.1.4) oder von Anlagen, bei denen die effektive STC-Modulleistung die deklarierte Nennleistung erreicht oder gar überschreitet.

Die Gründe für das gute Betriebsverhalten liegen zum einen bei dem sehr hohen Wechselricher-Umwandlungswirkungsgrad von 89,4 – 96,8 %. Der grosse ABB-Wechselrichter (500 kW) wandelt die Energie sehr effizient um. Zum anderen ist bedingt durch die relativ niedrige Aussentemperatur (Anlagenstandort 1‘270 m.ü.M.) der Temperatur-Korrekturfaktor k_T für die Module mit bisher 94,8 – 108,6 % vergleichsweise hoch. Der Anstellwinkel von β = 50° reicht bei dieser Höhenlage allerdings nicht aus, um gelegentliche winterliche Schneebedeckungen zu verhindern, der Generator-Korrekturfaktor k_G variierte 2001 – 2006 zwischen 53,4 % und 82,5 %. Bild 10-12 zeigt als Beispiel die normierte Monatsstatistik für Dezember 2005 mit einem k_G von 53,4 %.

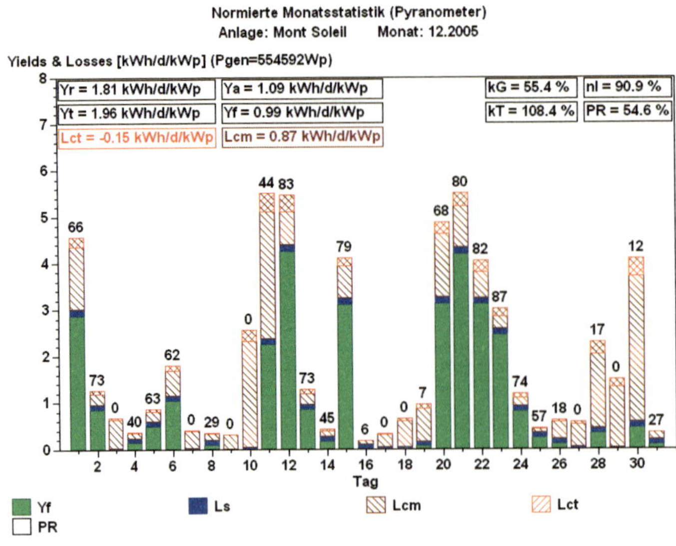

Bild 10-12: Normierte Monatsstatistik für Dezember 2005. In diesem Monat ist die Einstrahlung in die Generatorebene etwa durchschnittlich (Y_R = 1,81 h/d), aber an vielen Tagen treten teilweise oder ganze Schneebedeckungen des Generators auf (1., 3., 6., 7., 9. bis 11., 17. bis 21., 25. bis 31.). Deshalb ist k_G relativ klein und beträgt nur k_G = 55,4%, die Performance Ratio nur PR = 54,6% und der Endertrag Y_F = 0,99 h/d. Dies ist aber doch viel mehr als im Flachland (Bild 10-7).

Positiv fiel auf, dass der Solargenerator nicht nennenswert verschmutzt ist und dass nur geringe Delaminationen bei den Modulen festgestellt werden konnten. Bisher mussten auch nur wenige defekte Module resp. Laminate ausgetauscht werden, obwohl diese rahmenlos sind und auf die Tragstruktur nur aufgeklebt sind. Bild 4-42 zeigt ein Bild des Solargenerators.

Wie bei vielen Anlagen in Mitteleuropa war auch bei der Anlage Mont Soleil das Jahr 2003 bisher mit Abstand am ertragsreichsten (siehe Bild 10-13). Allerdings traten aus verschiedenen Gründen auch gewisse Ertragsverluste auf, die auf folgende Ursachen zurückzuführen waren:

- Wechselrichterausfälle: 0%
- Schneebedeckungen: 2,11%
- Geplante Service-Abschaltungen der 16 kV-Mittelspannungs-Leitung: 0,91%
- Unbeabsichtigte Auslösungen der DC-Strangschalter, Störungen der 16 kV-Leitung: 2,76%

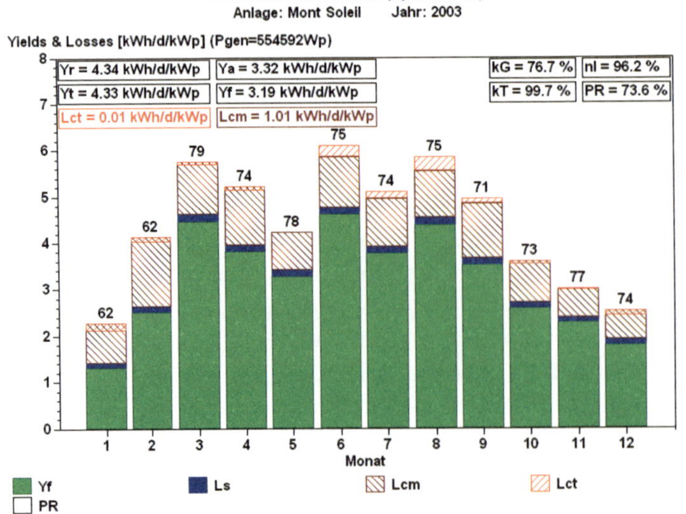

Bild 10-13: Normierte Jahresstatistik für 2003. In diesem Jahr wurde mit Y_F = 3,19 h/d resp. 1165 kWh/kWp pro Jahr der bisher höchste spezifische Energieertrag verzeichnet. Ohne die Ertragsverluste infolge Schneebedeckungen, geplanten Abschaltungen der ganzen Anlage, unbeabsichtigten Abschaltungen von Teilgeneratoren und Störungen an der 16 kV-Leitung wäre der Ertrag mit 1234 kWh/kWp noch etwas höher ausgefallen.

10.1.3 PV-Anlage Jungfraujoch (3454 m)

Die zur Zeit ihrer Errichtung höchstgelegene netzgekoppelte Photovoltaikanlage der Welt auf dem Jungfraujoch (3454 m) wurde durch das Photovoltaiklabor der BFH im Sommer und Herbst 1993 geplant und realisiert. Die Anlage Jungfraujoch arbeitet seit ihrer Inbetriebnahme Ende Oktober 1993 nunmehr seit mehr als 13 Jahren störungsfrei mit einer Verfügbarkeit von Energieproduktion und Messdaten von 100%. Der Betrieb einer PV-Anlage in derartigen Höhenlagen ist ein extremer Stress für alle Komponenten. Anlagekomponenten, die sich in derart extremen Umweltbedingungen bewähren, sollten auch unter normalen Betriebsbedingungen sehr zuverlässig arbeiten. Ausführlichere Informationen: [10.2, 10.3, 10.4, 10.7, 10.8, 10.9].

Bild 10-14: Blick auf die eine Hälfte des Solargenerators der PV-Anlage (1,13 kWp) an der Fassade der hochalpinen Forschungsstation Jungfraujoch (HFSJG, 3454 m, etwa 46,5°N). Am rechten Bildrand sind zwei Strahlungssensoren (ein beheiztes Pyranometer und eine Referenzzelle) zu erkennen.

Gegenüber den ersten Betriebsjahren konnte der Energieertrag durch einige Verbesserungen der Anlage sogar noch etwas gesteigert werden. 1999 – 2001 war die Energieproduktion durch den Ersatz der Fenster an der Fassade der hochalpinen Forschungsstation beeinträchtigt. Im Frühling 2001 war die Produktion wegen einer lang dauernden Schneebedeckung der östlichen Hälfte des Solargenerators relativ tief. Die Anlage mit einer effektiven Spitzenleistung von 1,13 kWp hat 2005 einen neuen Rekord für die spezifische Jahresenergieproduktion aufgestellt. Trotz eines eintägigen Stromausfalls am 23.8.2005 infolge Überschwemmungen im Tal wurden im Jahr 2005 1537 kWh/kWp produziert, wobei der Winterenergieanteil 48,5 % betrug. Der bisherige Rekordwert von 1504 kWh/kWp aus dem Jahre 1997 wurde damit deutlich übertroffen. Ohne den Stromausfall wären 2005 sogar 1540 kWh/kWp produziert worden. Im Durchschnitt der Jahre 1994 – 2006 hat die Anlage 1411 kWh/kWp produziert, wobei der mittlere Winterenergieanteil 46,5 % betrug (Minimalwert 43,2 %, Maximalwert 50,7 %).

Tabelle 10.5: Spezifischer Jahresenergieertrag (bezüglich effektiver STC-Leistung) und Performance Ratio der PV-Anlage Jungfraujoch von 1994 bis 2006 (Inkl. Mittelwert).

	1994	1995	1996	1997	1998	1999	2000	2001	2002	2003	2004	2005	2006	Mittelwert 1994-2006
Y_{Fa} (kWh/kWp)	1272	1404	1454	1504	1452	1330	1372	1325	1400	1467	1376	1537	1449	1411
PR in %	81.8	84.1	84.7	85.3	87.0	84.8	84.6	78.6	85.2	84.9	86.2	86.9	85.5	84.6

Im Mittel über 13 Jahre liegt die Energieproduktion der PV-Anlage auf dem Jungfraujoch um mehr als 70 % höher als die einer vergleichbaren Anlage im Mittelland (Mittlerer Jahres-Energieertrag dort etwa 825 kWh/kWp). Solche Erträge sind für eine Anlage in Mitteleuropa absolut hervorragend und wären auch für südeuropäische Anlagen noch sehr beachtlich.

Tabelle 10.6: Wichtigste technische Daten der PV-Anlage Jungfraujoch:

Ort:	CH-3801 Jungfraujoch, 3454 m.ü.M, φ = 46,5°N	**Inbetriebnahme: 29.10.93**
PV-Generator:	P_{Go} = 1,152 kWp, A_G = 9,65 m², 24 Module M75 (48Wp)	(P_{Ao} = 1,13 kWp)
Teilgenenerator 1	Neigung: β = 90°, Azimut γ = 12° (Westabw. von S)	Fassadenmontage
Teilgenenerator 2	Neigung: β = 90°, Azimut γ = 27° (Westabw. von S)	
Wechselrichter:	ASP Top Class 1800 vom 29.10.93 bis 16.7.96	
	ASP Top Class 2500/4 Grid III ab 16.7.96	
Messgrössen:	• Einstrahlung in Modulebene 1 (Pyranometer, beheizt)	
	• Einstrahlung in Modulebene 1 (Referenzzelle M1R)	
	• Einstrahlung in Modulebene 2 (Pyranometer, beheizt)	
	• Einstrahlung in Modulebene 2 (Referenzzelle M1R)	
	• Umgebungs- und Modultemperatur	
	• Gleichströme Teilgen. 1 und 2 sowie Gleichspannung	
	• Eingespeiste Wechselstrom-Wirkleistung	
	• Netzspannung	

Der PV-Generator besteht aus 24 Modulen Siemens M75 (48 Wp) mit einer Nennleistung von 1152 Wp, die senkrecht an die Aussenfassade der internationalen Forschungsstation Jungfraujoch montiert sind. Auf dieser Höhe treten von Zeit zu Zeit STC-Bedingungen auf, deshalb ist es möglich, direkt aus den Messdaten die effektive Leistung des PV-Generators zu bestimmen, indem die gemessene DC-Leistung am Wechselrichter bei STC um die rechnerischen Verluste in der Verdrahtung und an den Strangdioden erhöht wird. Die so bestimmte effektive STC-Leistung beträgt 1130 Wp. Nach 32 Monaten mit sehr guten Betriebserfahrungen konnte der Energieertrag der Anlage noch etwas erhöht werden durch die Elimination der Strangdioden und den Ersatz des Wechselrichters durch ein verbessertes Modell (Top Class 2500/4 Grid III).

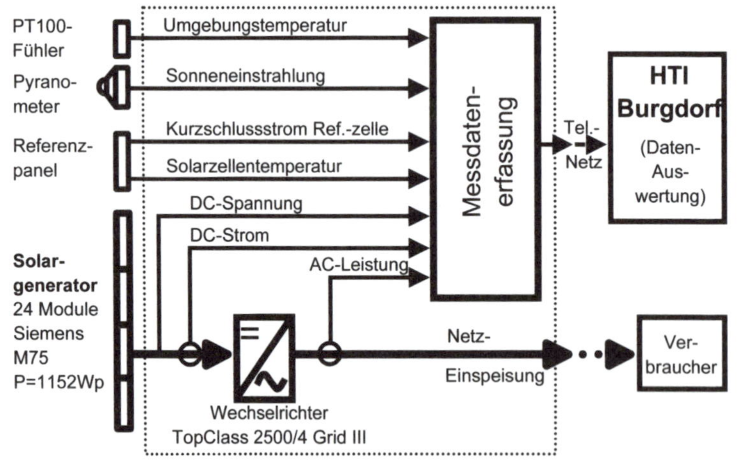

Bild 10-15: Blockschema der netzgekoppelten PV-Anlage Jungfraujoch (1,152 kWp nominal, 1,13 kWp effektiv) des PV-Labors der BFH (früher HTI) auf dem Jungfraujoch (3454 m).

Diese gemessenen Werte werden alle zwei Sekunden abgetastet. Die Daten werden temporär in einem Datenlogger Campbell CR10 gespeichert. Unter normalen Bedingungen werden daraus alle 5 Minuten Mittelwerte berechnet und abgespeichert. Im Falle einer Störung stehen jedoch die Originaldaten als Error-File zur Verfügung, was eine detaillierte Analyse des Fehlers erlaubt. Jeden Tag werden die Daten am frühen Morgen mit einem Telefonmodem automatisch zur weiteren Analyse und Speicherung ans PV-Labor in Burgdorf übermittelt.

Um eine optimale Zuverlässigkeit zu erhalten, ist eine richtige mechanische und elektrische Dimensionierung unabdingbar. Die an diesem Ort auftretenden Windlasten sind extrem hoch, und wegen der häufigen Gewitter ist ein guter Blitz- und Überspannungsschutz unerlässlich.

Betriebserfahrungen und Zuverlässigkeit

Seit Betriebsbeginn hat die Anlage ohne irgendwelche Schäden folgenden hochalpinen Beanspruchungen standgehalten:

- **Schwere Stürme** mit Windgeschwindigkeiten bis über 250 km/h. Dies stellt einen sehr harten Test für die mechanischen Komponenten und die Konstruktion dar.
- **Gewitter** mit schweren Blitzeinschlägen, die in andern Experimenten, die nicht genügend geschützt waren, Überspannungsschäden verursachten.
- **Strahlungsspitzen** mit Werten bis 1720 W/m²: Derartige Spitzen können an diesem Standort während "Cloud-Enhancement“-Situationen" (wolkenbedingten Strahlungserhöhungen) auftreten, weil die vom Himmel stammende Strahlung durch diffuse Reflexionen vom Gletscher vor dem Solargenerator noch zusätzlich erhöht wird. Wegen der Proportionalität von Einstrahlung und DC-Leistung sind solche Spitzen eine harte Belastung für den Wechselrichter.
- **Grosse Temperaturdifferenzen**: An einem kalten Wintertag kann der Abfall der Solargeneratortemperatur nach Sonnenuntergang 40°C in 30 Minuten übersteigen. Die gemessenen Solargeneratortemperaturen schwankten im Bereich von -29°C bis +66°C.
- **Schnee- und Eisbedeckung** des Solargenerators: Im Frühling sind Schneehöhen von mehr als 3 m möglich. Die resultierende Schneehöhe hängt nicht nur von der Schneemenge, sondern auch von der Windgeschwindigkeit und der Windrichtung während und nach dem Schneefall ab. Manchmal wird die Energieproduktion aber auch durch massive Reifbedeckung und Schatten von riesigen Eiszapfen vor dem PV-Generator beeinträchtigt.

Im Sommer 1999, 2000 und 2001 mussten die Fenster an der Fassade der Forschungsstation ersetzt werden. Deshalb musste ein Gerüst errichtet werden, das in diesen Jahren in den Monaten August bis Oktober eine zeitweise Teilbeschattung des PV-Generators zur Folge hatte. Während der Arbeiten im Jahre 2001 wurde ein Modul mechanisch beschädigt. Beim Ersatz dieses Moduls wurde bemerkt, dass sich bei einem andern Modul im Westgenerator an der Unterkante Delaminationen zu entwickeln begannen. Bei einer visuellen Inspektion zwei Jahre zuvor war davon noch nichts bemerkt worden, deshalb schien sich diese Delamination relativ rasch entwickelt zu haben. Sie wurde wahrscheinlich durch Feuchtigkeit verursacht, die von der Kante her ins Modul eindrang und eine beginnende elektrolytische Zersetzung der Nachbarzellen verursachte. Es wurde zwar noch kein messbarer Leistungsabfall des PV-Generators registriert, aber als Vorsichtsmassnahme wurde das Modul im Herbst 2001 ebenfalls ersetzt.

In mehr als 13 Jahren Betrieb unter diesen extremen klimatischen Bedingungen zeigte nur eines von 24 Modulen sichtbare Zeichen einer Degradation, die von natürlichen Einflüssen verursacht wurde. Vor seinem Ersatz wurde allerdings kein Abfall der elektrischen Leistung registriert. Das einzige betriebliche Problem sind die manchmal grossen Schneemengen im Frühling, die eine zeitweise Schneebedeckung der Osthälfte des PV-Generators bewirken können (siehe Bild 10-16), welche dann einen Verlust der Produktion dieser Generatorhälfte von einigen Tagen bis einigen Wochen zur Folge hat.

Vom 28.03.2001 – 27.06.2001 traten die bisher langwierigsten und massivsten Verschattungen des Solargenerators bedingt durch Schneeansammlungen vor dem Gebäude auf. Über viele Tage wurde kaum noch Energie vom Ost-Solargenerator geliefert. Die Performance Ratio PR sank dadurch im Monat April um ca. 22%, im Mai um ca. 23% und im Juni um ca. 16%. Hochgerechnet hatte dies eine Ertragseinbusse von ca. 120 kWh zur Folge. Insgesamt fiel im Jahre 2001 der Generator-Korrekturfaktor (k_G = 84,5%) und somit auch die Performance Ratio (PR = 78,6%) so niedrig wie nie zuvor aus (siehe Tabelle 10.5). Beim Bau von alpinen PV-Anlagen ist dem Abstand zwischen Solargenerator und Boden besondere Beachtung zu schenken.

Bild 10-16: Ost-Generator der PV-Anlage Jungfraujoch am 7.5.2001. Die Solarmodule sind immer horizontal zu Strängen von je 4 Modulen verschaltet. Bei Verschattung der hinteren Module liefern die einzelnen Stränge kaum noch Energie.

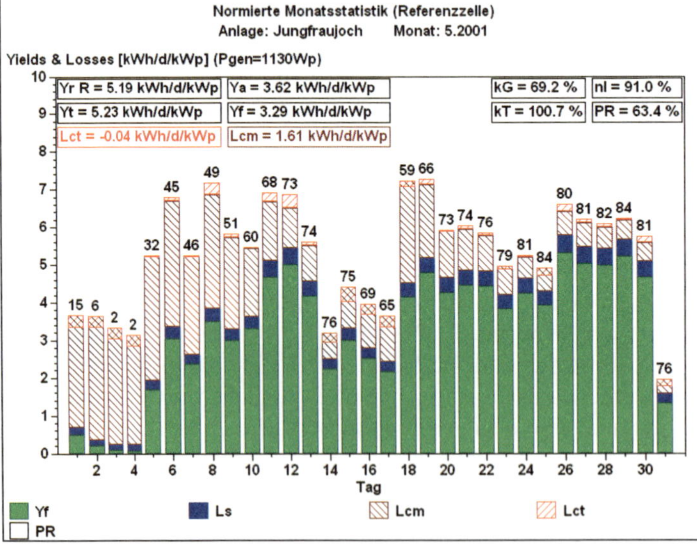

Bild 10-17: In der normierten Monatsstatistik Mai 2001 ist die Verschattung des Solargenerators sehr gut zu erkennen. Am 07.05.2001, an dem Bild 10-16 aufgenommen wurde, erreichte die Anlage nur eine Performance Ratio PR von 46%. Gut zu erkennen, ist auch das langsame Abschmelzen des Schnees im Laufe des Monats, d.h. die Feldverluste L_{cm} sinken und die Performance Ratio PR steigt wieder.

Mittlere normierte Jahresenergieproduktion und Performance Ratio von 1994 – 2006

In Bild 10-18 wird eine normierte Jahresstatistik für das Durchschnittsjahr zwischen 1994 und 2006 mit Monatswerten von Y_F, Y_A , temperaturkorrigiertem Strahlungsertrag Y_T und Strahlungsertrag Y_R dargestellt. Alle Werte sind auf die effektive PV-Generatorleistung bezogen.

In Bild 10-19, 10-20 und 10-21 werden normierte Jahresstatistiken für das Jahr mit der tiefsten und der höchsten Jahresproduktion sowie für 2003, dem Jahr mit dem dritthöchsten Energieertrag, aber den höchsten durchschnittlichen Modultemperaturen dargestellt. In all diesen Diagrammen wurde die Einstrahlung mit einer Referenzzelle gemessen.

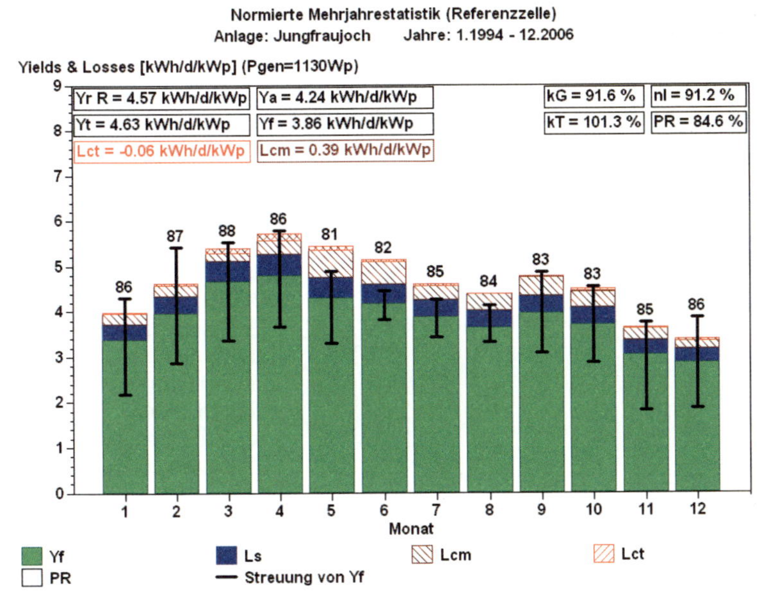

Bild 10-18: Normierte Mehrjahresstatistik der PV-Anlage Jungfraujoch von 1994 bis 2006 mit eingezeichnetem Streubereich für jeden Monat. Die monatlichen PR-Werte liegen zwischen 81% und 88%, das Jahresmittel beträgt 84,6%. Der Winterenergieanteil liegt bei 46,5%.

Hinweis: Wenn die Werte auf die Generator-Nennleistung von 1,152 kWp bezogen wären, lägen Y_F und PR etwa 2% tiefer.

Teilweise Schneebedeckungen des PV-Generators im Frühling bewirken höhere L_{CM}-Werte und tiefere PR-Werte speziell in den Monaten Mai und Juni. Die Produktion von August bis Oktober ist wegen der Teilbeschattungen zwischen 1999 und 2001 auch etwas beeinträchtigt.

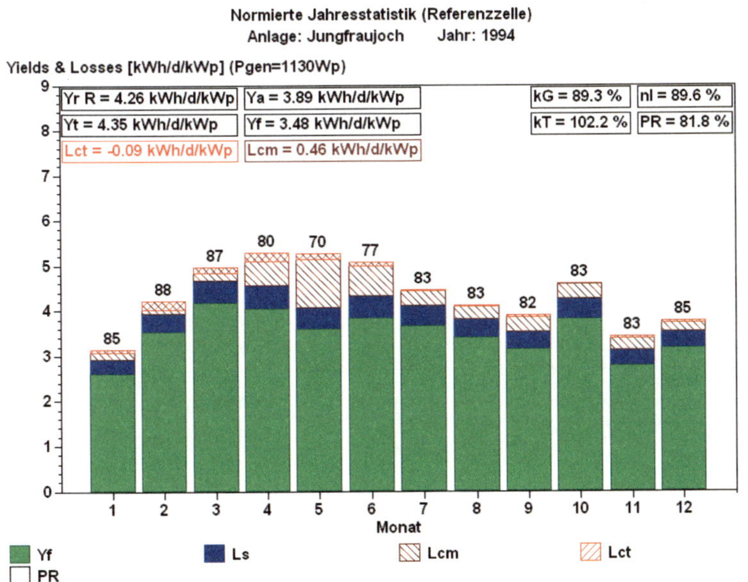

Bild 10-19: Normierte Jahresstatistik für 1994, dem Jahr mit der tiefsten Jahresproduktion in 13 Jahren. Von April bis Juni ist die Energieproduktion durch Schnee beeinträchtigt. Deshalb sind die Jahresmittelwerte für k_G und PR eher tief. Der Winterenergieanteil beträgt 48,0%, was vor allem auf den eher geringen Sommerertrag wegen der Schneebedeckung von April bis Juni zurückzuführen ist.

Im Jahre 2005 waren die Einstrahlung und der Energieertrag in der Zeit von 1994 bis 2006 am höchsten. Im Jahre 2003 wurden im Mittelland Rekordwerte von Einstrahlung und Sommertemperaturen erreicht. Auf Jungfraujoch jedoch war 2003 bezüglich Einstrahlung in die Solargeneratorebene und Energieertrag nur das drittbeste Jahr in dieser Periode, dagegen erreichte die strahlungsgewichtete Modultemperatur einen Spitzenwert und folglich k_T ein Minimum.

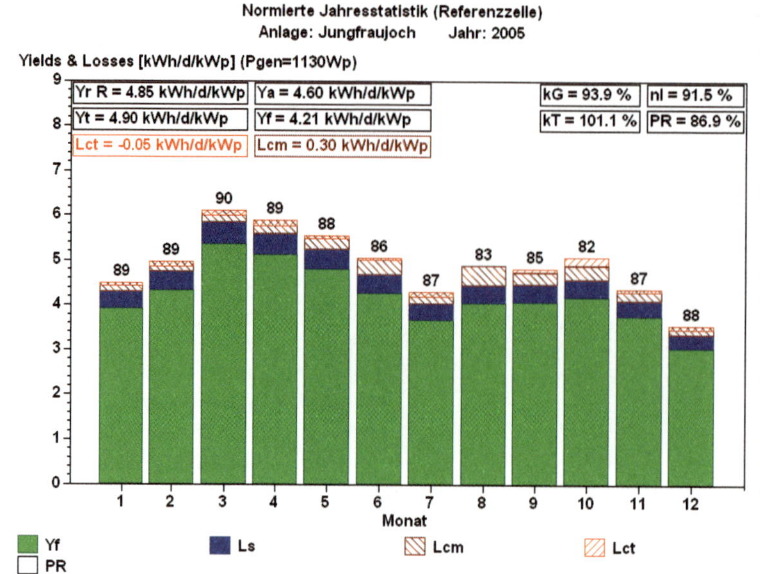

Bild 10-20: Normierte Jahresstatistik für 2005, dem Jahr mit der höchsten Jahresproduktion in 13 Jahren.
Der Strahlungsertrag Y_R erreichte einen Rekordwert und das ganze Jahr war die Anlage praktisch nie von Beschattung durch Schnee betroffen. Deshalb sind die Jahresmittelwerte für k_G und PR sehr hoch. Der Winterenergieanteil beträgt 48,5%.

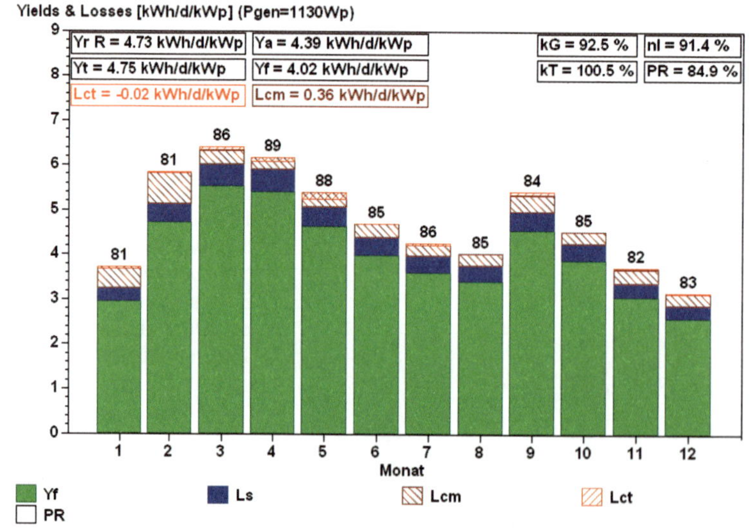

Bild 10-21: Normierte Jahresstatistik für 2003, in dem viele Anlagen in Mitteleuropa den bisher höchsten Jahresertrag hatten.
Die Anlage Jungfraujoch hatte in diesem Jahr aber nur den dritthöchsten Ertrag, denn mehrere Wintermonate waren von gewissen Schneebedeckungen betroffen, Y_R war etwas geringer als 2005 und k_T erreichte wegen der hohen Temperaturen den geringsten Wert.

Hinweis:

Bei der Anlage Jungfraujoch in den angegebenen Tabellen und Bildern wurde die Performance Ratio PR immer auf den mit einer Referenzzelle gemessenen Wert von Y_R bezogen, der meist um einige Prozent tiefer liegt als der mit dem Pyranometer gemessene Wert (siehe Kap. 2.8.3). Deshalb sind die mit Referenzzellen-Strahlungsmessungen bestimmten PR-Werte um einige Prozent höher als die mit Pyranometer-Strahlungsmessungen bestimmten Werte. In der normierten Mehrjahresstatistik 1994 – 2006 gemäss Bild 10-18 wäre die mit Pyranometer-Strahlungsmessung bestimmte Jahres-Performance Ratio beispielsweise nur 81,1 %.

10.1.4 PV-Anlage Birg (2670 m)

Die PV-Anlage auf der Zwischenstation Birg der Schilthornbahn (siehe Bilder 10-22 und 10-23, wichtigste technische Daten siehe Tabelle 10.7) wurde im Laufe des Jahres 1992 geplant und realisiert und am 21.12.1992 in Betrieb genommen. Sie ist nur wenige Kilometer von der Anlage Jungfraujoch entfernt, liegt aber noch nördlich des Alpenhauptkamms.

Bild 10-22:
Solargenerator der Anlage Birg. Im Sommerhalbjahr wird der obere Teil des Generators am frühen Morgen und am späten Nachmittag durch das Dach verschattet. Ganz rechts sind das Pyranometer und der Umgebungstemperatursensor zu erkennen.

Bild 10-23:
Wegen des relativ geringen Abstandes zu einem darunter liegenden Dach können in schneereichen Wintern die unteren Module und der Feldanschlusskasten durch Schnee bedeckt werden.

Tabelle 10.7: Wichtigste technische Daten der PV-Anlage Birg:

Ort:	Mittelstation Birg der Schilthornbahn	**Inbetriebnahme: 21.12.92**
	CH-3825 Mürren, 2670 m.ü.M, φ = 46,5°N	
PV-Generator:	P_{Go} = 4,134 kWp, A_G = 33,3 m², 78 Module M55,	Fassadenmontage
	Neigung: β = 90°, Azimut γ = 5° (Westabw. von S)	
Wechselrichter:	Solcon3400 HE bis 25.1.2003	
	ASP Top Class 4000 Grid III ab 21.2.2003	
Messgrössen:	• Einstrahlung in Modulebene (mit Pyranometer)	
	• Umgebungs- und Modultemperatur	
	• Gleichstrom und Gleichspannung	
	• Eingespeiste Wechselstrom-Wirkleistung	
	• Netzspannung	

Nach Behebung anfänglicher betrieblicher Schwierigkeiten in den Jahren 1993 und 1994 (Wechselrichterdefekte, Störung des Betriebsfunks der Schilthornbahn durch den Wechselrichter, längere Abschaltungen des Wechselrichters wegen schlechter Netzverhältnisse) funktionierte die Anlage Birg über 8 Jahre mit einer 100%-igen Zuverlässigkeit und einem im Vergleich zu Flachlandanlagen überdurchschnittlichen Energieertrag (siehe Bild 10-24).

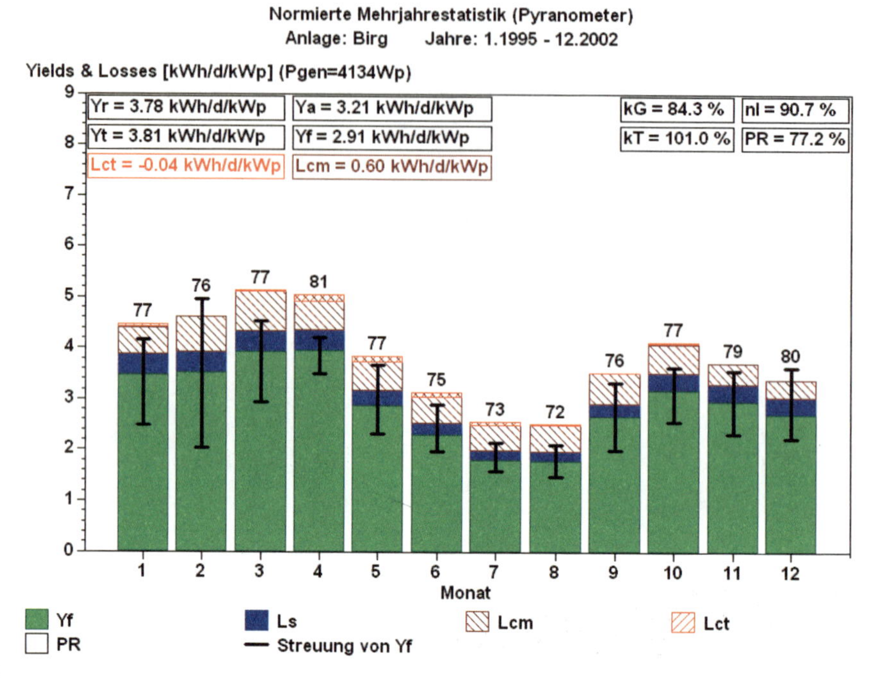

Bild 10-24:

Normierte Mehrjahresstatistik der PV-Anlage Birg (Mittelwert der Jahre 1995 bis 2002 mit eingezeichnetem Streubereich für jeden Monat). Die monatlichen PR-Werte liegen zwischen 72% und 81%, das Jahresmittel beträgt 77,2%. Da diese Anlage (im Gegensatz zur Anlage Jungfraujoch) keinen reflektierenden Gletscher vor sich hat, sondern eine im Sommer schneefreie Umgebung, tritt bei einer solchen hochalpinen Fassadenanlage ein ausgeprägtes Sommerloch auf. Der Winterenergieanteil beträgt im Mittel 56,3%.

Im Januar 2003 ereignete sich ein weiterer Wechselrichterdefekt. Wegen des hohen Alters des Geräts und dem eingeschränkten Reparaturservice durch den Hersteller entschied sich der Anlagenbetreiber, einen neuen Wechselrichter einzusetzen. Der alte Solcon 3400HE wurde deshalb durch einen neuen ASP Top Class 4000/6 Grid III ersetzt, der seither einwandfrei funktioniert.

Tabelle 10.8 zeigt den spezifischen Jahresenergieertrag Y_{Fa} und die Performance Ratio PR seit Anfang 1993. Wegen der zu Beginn noch häufigen Wechselrichterausfälle in den Jahren 1993 und 1994 sowie des längeren Ausfalls im Jahre 2003 sind in diesen Jahren sowohl der Energieertrag als auch die Performance Ratio tiefer als in den anderen Jahren.

Tabelle 10.8: Spezifischer Jahresenergieertrag und Performance Ratio der PV-Anlage Birg von 1993 bis 2006.

Jahr	1993	1994	1995	1996	1997	1998	1999	2000	2001	2002	2003	2004	2005	2006
Y_{Fa} in kWh/kWp	575	885	1090	1079	1111	1103	991	1056	1074	1010	998	1072	1098	1089
PR in %	44.5	72.3	78.2	79.3	76.7	77.0	74.6	76.7	77.7	77.0	67.6	76.8	74.9	76.1

Abgesehen vom Wechselrichterausfall im Jahre 2003 (siehe dazu auch Bild 5-116 und 5-117 in Kap. 5) konnte in den über 14 Betriebsjahren nur eine geringe ertragsmindernde Alterung der PV-Anlage festgestellt werden. In den meisten Jahren war der Generator-Korrekturfaktor k_G und die Performance Ratio PR relativ konstant. Nur in den Jahren 1999 und 2005 war die PR deutlich tiefer, da im Frühjahr grosse Mengen Schnee den Solargenerator über einen langen Zeitraum verschatteten (siehe Bild 10-26 im Vergleich zu Bild 10-25). Am 23. und 24. August 2005 trat zudem ein längerer Netzausfall wegen einer Überschwemmung im Tal auf, so dass keine Energie eingespeist werden konnte, was die PR in diesem Jahr weiter reduzierte.

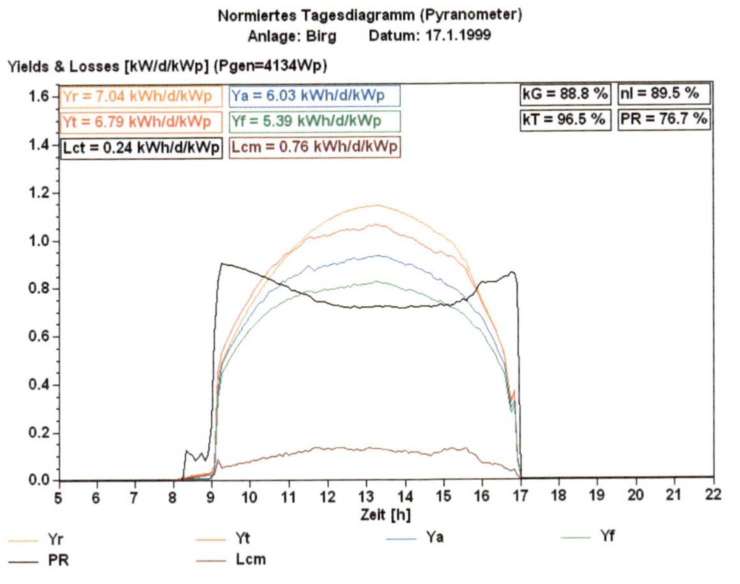

Bild 10-25: Normiertes Tagesdiagramm vom 17.1.99, einem Tag ohne Schneebedeckung des PV-Generators. Da G_{max} mit etwa 1,12 kW/m^2 nicht allzu hoch ist, tritt noch keine Leistungsbegrenzung auf. L_{CM} steigt den ganzen Tag nicht übermässig an und k_G mit 88,8 % und PR mit 76,7 % sind relativ hoch.

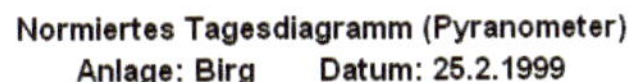

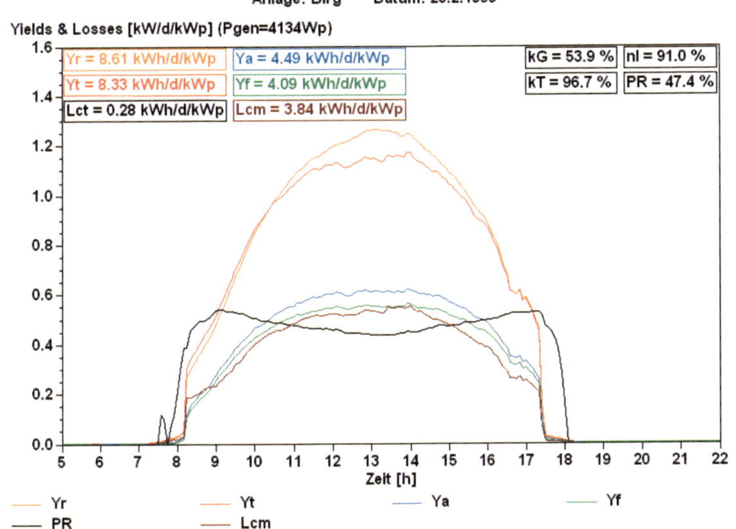

Bild 10-26: Normiertes Tagesdiagramm vom 25.2.99, einem Tag mit einer Schneebedeckung des unteren Teils des PV-Generators (siehe auch Bild 10-23). L_{CM} steigt schon am frühen Morgen sprunghaft an und ist den ganzen Tag relativ hoch und nur wenig unter Y_A. Deshalb ist k_G mit 53,9 % und PR mit 47,4 % ziemlich tief und es tritt ein wesentlicher Energieverlust auf.

Der Leistung P_{Go} des Solargenerator der Anlage Birg wurde seinerzeit entsprechend den Anfang der 90-Jahre üblichen Empfehlungen für Flachlandanlagen dimensioniert. Dabei wurde nicht berücksichtigt, dass an solchen hochalpinen Standorten Strahlungsspitzen mit über 1,3 kW/m² auftreten können (siehe auch Kap. 5.2.5.8, Bild 5-120 und 5-121). Der verwendete Wechselrichter kann aber nur ganz kurzzeitig Leistungen im Bereich der DC-Nennleistung P_{DCn} (4 kW) verarbeiten und begrenzt danach die eingespeiste Leistung auf einem etwas tieferen Wert (ca. 3,7 kW bis 3,8 kW). Deshalb tritt bei solchen Situationen ein gewisser Energieverlust auf (siehe Bild 10-27).

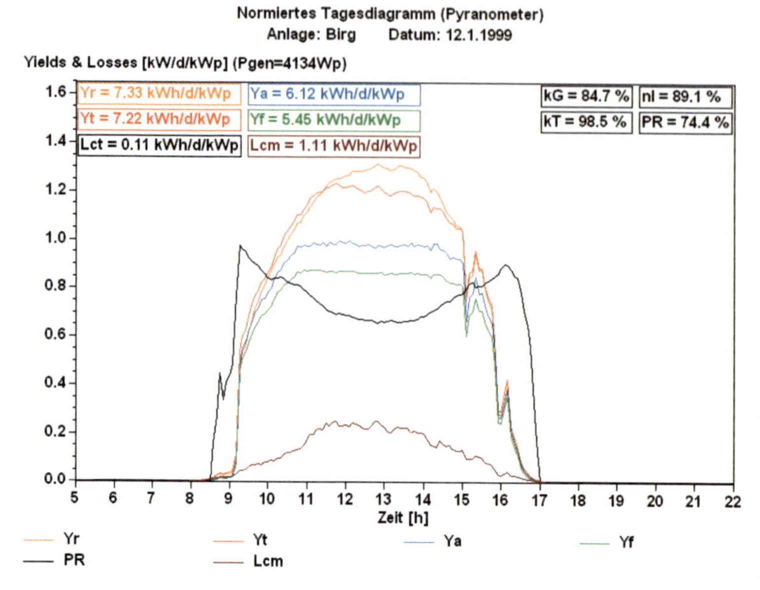

Bild 10-27: Normiertes Tagesdiagramm vom 12.1.99, einem Tag ohne Schneebedeckung des PV-Generators. Die Einstrahlung ist hier sehr hoch und erreicht über Mittag längere Zeit Spitzenwerte von etwa 1,3 kW/m². Zwischen 10:45 und 14:30 tritt eine erkennbare Leistungsbegrenzung auf. L_{CM} steigt in dieser Zeit im Vergleich zu Bild 10-25 deutlich an, k_G beträgt nur 84,7 % und PR nur 74,4 %.

Wegen der Fassadenmontage (β = 90°) ist die Einstrahlung im Sommer wegen der steil stehenden Sonne relativ gering und zudem die Reflexionsverluste (siehe Bild 8-1) relativ hoch. Da vor der Anlage kein Gletscher vorhanden ist, tritt dann auch kein Zusatzgewinn durch Schneereflexionen auf wie bei der Anlage Jungfraujoch. Die Messungen haben aber gezeigt, dass sporadische Schneefälle in den Sommermonaten den Energieertrag, bedingt durch die dann vorhandenen Schneereflexionen, jeweils temporär deutlich ansteigen lassen. Anlagenstandorte, bei denen sich ganzjährig Schnee vor dem Solargenerator befindet (wie z.B. bei der Anlage Jungfraujoch), wirken sich deshalb sehr positiv auf die Energieproduktion aus.

In den nicht von Wechselrichterausfällen betroffenen Jahren 1995 – 2002 betrug der Winterenergieanteil im Mittel 56,3 %, was für eine Anlage in Mitteleuropa sicher bemerkenswert ist. Werden alle Jahre (1993 – 2006) seit Inbetriebnahme der Anlage berücksichtigt, variierte der Winterenergieanteil in all diesen Jahren zwischen 53,4 % und 59,7 %. In den nicht von Wechselrichter-Defekten betroffenen Jahren (1995 – 2002 und 2004 – 2006) betrug die mittlere Jahresenergieproduktion 1070 kWh/kWp.

Weitere Informationen, speziell auch Vergleiche zwischen der Anlage Birg und der Anlage Jungfraujoch sind in [10.5], [10.10] und [10.12] und in Kap. 10.2 zu finden.

10.1.5 PV-Anlage Stade de Suisse in Bern

Die PV-Anlage Stade de Suisse der BKW (STC-Nennleistung 855 kWp) auf dem neuen Fussballstadion Wankdorf in Bern (φ = 46,9°N) wurde am 18.3.2005 in Betrieb genommen. Sie besteht aus 5122 Modulen Kyocera KC167GH-2 von 167 Wp (effektive STC-Leistung im Mittel gegen 170 Wp). Der Solargenerator besitzt einen Anstellwinkel β von 6,8° und drei verschiedene Orientierungen (γ = -63°, γ = 27° und γ = 117°, siehe Bild 10-28). Er ist in 7 Teilgeneratoren unterteilt, die an je einen Wechselrichter Sputnik Solarmax 125 angeschlossen sind.

Bild 10-28: Blick auf die PV-Anlage Stade de Suisse aus der Luft. Die Aufnahme wurde aus einem Heissluftballon gemacht. Der Anstellwinkel β ist mit $\beta \approx 7°$ relativ gering, deshalb bleibt der Schnee im Winter recht lange liegen. Die periodische Reinigung erfolgt mit einem speziellen Reinigungsgefährt. (Aufnahme von www.bergfoto.ch)

Seit dem 1. April 2005 werden die Betriebsdaten vom PV-Labor der BFH erfasst und ausgewertet. Es werden die Einstrahlungen in die drei verschiedenen Solargeneratorebenen, die Modul- und Umgebungs-Temperaturen, DC- und AC-Leistungen aller Teilgeneratoren sowie die Netzspannung registriert. Bild 10-29 zeigt ein Blockschema dieser Anlage.

Nach gewissen Anlaufschwierigkeiten funktionieren die Anlage und die Messtechnik seit Ende Juni 2005 einwandfrei. Wegen dem flachen Anstellwinkel ist der Energieertrag in den Sommermonaten und an trüben Wintertagen (ohne Schneedecke) höher als bei andern Anlagen. Nach Schneefällen dauert es aber wegen des flachen Anstellwinkels wesentlich länger als bei anderen PV-Anlagen, bis der Schnee abgeschmolzen ist und die Anlage wieder Energie produziert, und es tritt an schönen Wintertagen praktisch kein Gewinn aus der von der schneebedeckten Umgebung reflektierten Strahlung auf. Der Winterenergieanteil ist deshalb relativ tief.

Bild 10-30 zeigt die normierte Monatsstatistik für den Monat Dezember 2005. Ein Vergleich mit der normierten Statistik einer nahe gelegenen Anlage in Burgdorf mit β = 28° (Bild 10-7) zeigt klar die stärkere Empfindlichkeit der Anlage Stade de Suisse auf Schneebedeckungen (k_G beträgt in diesem Monat nur 37,1% verglichen mit 51,1% bei der Vergleichsanlage).

Die Anlage produziert deshalb vor allem Sommerenergie. Bild 10-31 zeigt die normierte Jahresstatistik für 2006. Im Gegensatz zum Winter 2005/06, in dem längere Schneebedeckungen im November 2005, Dezember 2005, März 2006 und April 2006 auftraten, war die Produktion im Winter 2006/07 wegen praktisch fehlender Schneebedeckung relativ hoch.

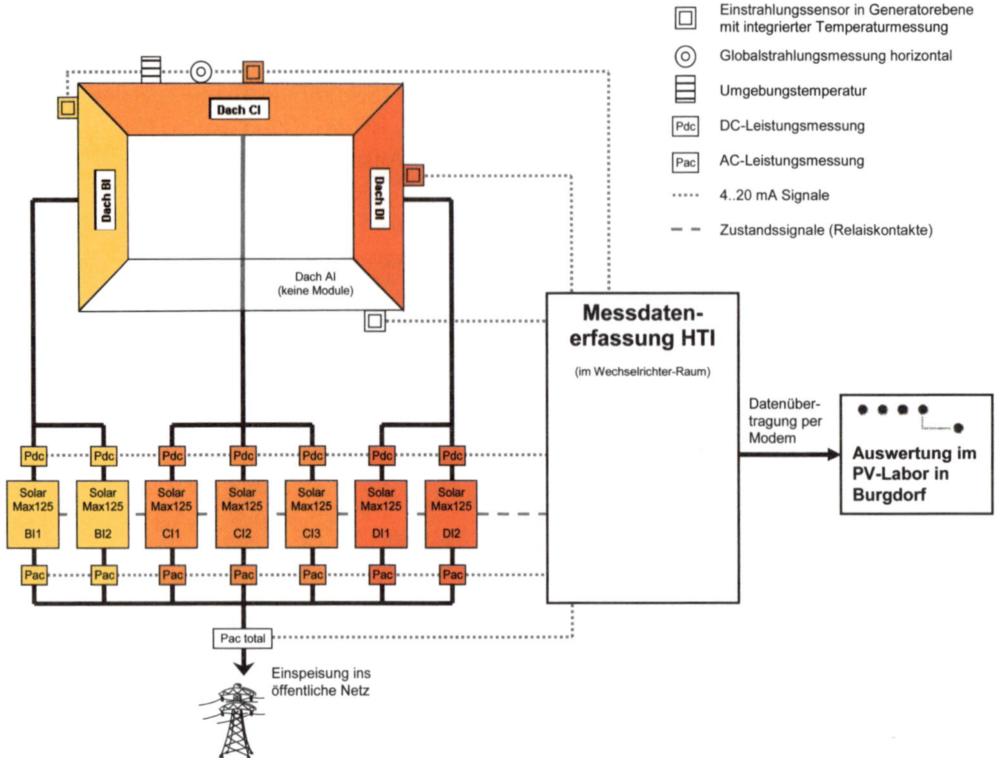

Bild 10-29:
Blockschema der PV-Anlage Stade de Suisse mit 855 kWp der Bernischen Kraftwerke AG (BKW), der gegenwärtig grössten Anlage auf einem Fussballstadion. Ein Ausbau auf etwa 1,35 MWp (11 Wechselrichter statt 7) ist im Gang. Die zusätzlichen Anlagenteile sollten Mitte 2007 in Betrieb genommen werden.

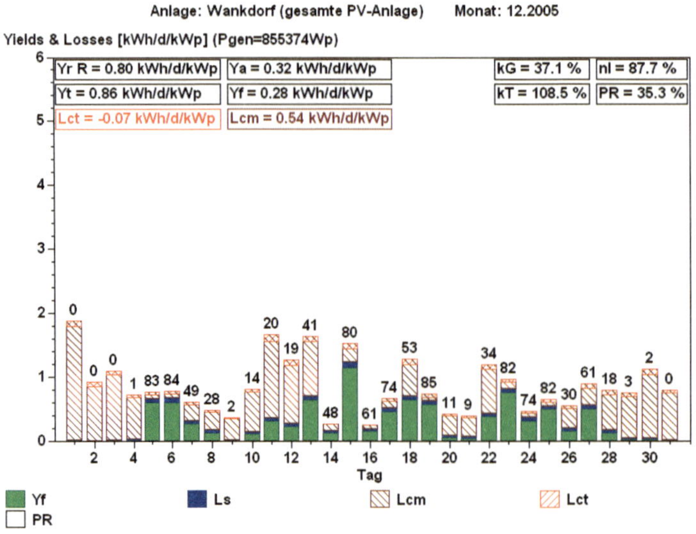

Bild 10-30:
Normierte Monatsstatistik der PV-Anlage Stade de Suisse für Dezember 2005.
In diesem Monat beträgt die Einstrahlung in die flache Generatorebene nur Y_R = 0,80 h/d, es treten aber an vielen Tagen Schneebedeckungen des Generators auf (1. bis 4., 7. bis 13., 18., 20. bis 22., 26. bis 31.). Deshalb beträgt k_G nur 37,1 %, PR nur 35,3 % und der Endertrag nur Y_F = 0,28 h/d, also viel weniger als bei der Anlage nach Bild 10-7.

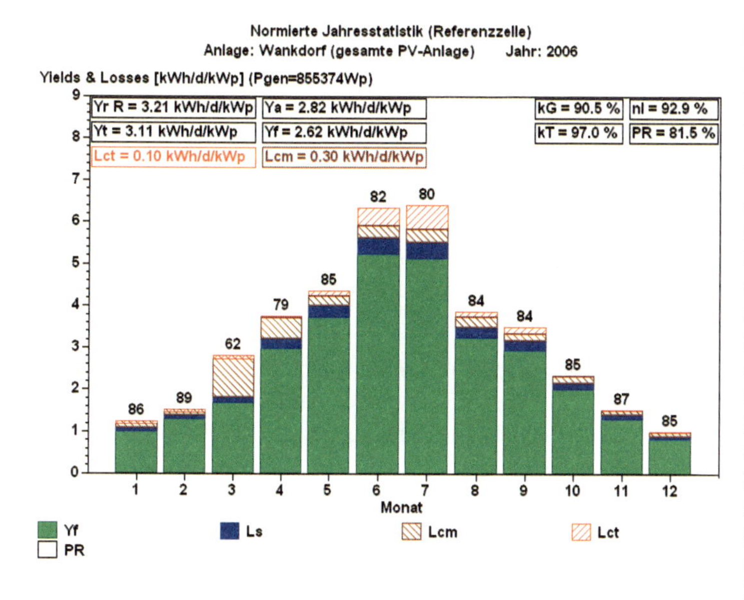

Bild 10-31:
Normierte Jahresstatistik der PV-Anlage Stade de Suisse für das Jahr 2006. In dieser Zeit traten keine Wechselrichterprobleme auf. Deshalb ist an den nicht temperaturbedingten Generatorverlusten L_{CM} zu erkennen, dass im März und April 2006 längere Schneebedeckungen mit entsprechenden Ertragsverlusten auftraten. 2006 betrug der Winterenergieanteil nur 25,8%. Zwischen Juli 2005 und Juni 2006 betrug der Winterenergieanteil wegen des strengen Winters 2005/06 sogar nur 24,2%.

Die in den Monaten ohne Schneebedeckung gemessenen Monatsmittelwerte und der Jahresmittelwert des Generator-Korrekturfaktors k_G sind sehr hoch. Dies hat verschiedene Gründe:

- Die mittlere STC-Leistung der Module liegt relativ nahe bei der Nennleistung von 167 Wp. Die vom Hersteller nach der Produktion gemessenen Leistungen variieren zwischen etwa 161 Wp und 177 Wp und sind im Mittel etwa 1,6% höher als die Nennleistung. Eine unabhängige Messung durch den TUEV Rheinland an einer grösseren Stichprobe der verbauten Module ergab demgegenüber eine mittlere Leistung, die etwa 1,6% unter der deklarierten Nennleistung liegt, d.h. unter Berücksichtigung der Messgenauigkeit liegen die Ergebnisse nahe beieinander und im Bereich der deklarierten Nennleistung.
- Wie bereits in Kap. 2.8 gezeigt, sind mit einer Referenzzelle gemessene Monats- und Jahreswerte der Einstrahlung meist einige Prozent tiefer (und damit die k_G- und die PR-Werte bei der gleichen Anlage einige Prozent höher) als wenn die Einstrahlung mit einem Pyranometer gemessen wird.
- Zudem sind die flachen und unbeheizten Referenzzellen im Winter auch zeitweise schneebedeckt, was die gemessene Einstrahlung in diesen Monaten weiter reduziert und damit zu noch höheren k_G-Werten führt. Aus den gleichen Gründen ist auch die Performance Ratio PR dieser Anlage sehr hoch.

10.1.6 PV-Anlage Newtech mit Dünnschichtzellen-Modulen

Im Jahre 2001 konnte in einer Zusammenarbeit zwischen dem ADEV Burgdorf und dem Photovoltaiklabor der damaligen HTA Burgdorf (heute BFH) auf dem Dach eines Gebäudes der Firma Ypsomed AG in Burgdorf eine Pilotanlage mit drei neuen Dünnschichtzellen-Technologien errichtet werden. Die Module der Anlage sind genau nach Süden orientiert, praktisch nie beschattet und wurden erst unmittelbar vor der Inbetriebnahme montiert. Die Anlage wurde am 17.12.2001 in Betrieb genommen und wird seit dem ersten Betriebstag in einem Monitoringprojekt ausgemessen. Dadurch sind interessante Vergleiche mit andern Anlagen (mono- und polykristallin) möglich.

Kurze technische Beschreibung der Anlage

Die Anlage "Newtech" in Burgdorf (geografische Breite φ = 47,1°N, Höhe 540 m ü. M.) besteht aus 3 netzgekoppelten 1 kWp-Photovoltaikanlagen mit 3 verschiedenen neuartigen Dünnschichtzellen-Technologien. Die Gesamtleistung der PV-Anlage beträgt 2844 Wp. Die Modulneigungswinkel betragen β = 30° und die Ausrichtung γ = 0° (Süd). Die Anlage besteht aus 3 Teilanlagen von je etwa 1 kWp, die ihre Energie je über einen eigenen ASP Top Class Spark Wechselrichter (mit Trafo) ins Netz einspeisen. Bei Anlagen mit Dünnschichtzellen ist zur Vermeidung von Langzeit-Degradationen an den Solarmodulen die Verwendung von Trafowechselrichtern ratsam [10.15].

Anlage Newtech 1: Kupfer-Indium-Diselenid-Zellen ($CuInSe_2$- oder CIS-Zellen)
24 gerahmte Module Siemens ST 40 (40 Wp), 3 Stränge zu 8 Modulen in Serie, STC-Nennleistung $\mathbf{P_{STC\text{-}Nenn}}$ **= 960 Wp,** TK ≈ –0,4%/K. Gemessen: P_{STC} ≈ 1015 Wp.

Anlage Newtech 2: Tandemzellen aus amorphem Si
20 gerahmte Module Solarex MST 43-LV (43 Wp), 2 Stränge zu 10 Modulen in Serie, STC-Nennleistung $\mathbf{P_{STC\text{-}Nenn}}$ **= 860 Wp,** TK ≈ –0,22%/K. Gemessen: P_{STC} ≈ 810 Wp.

Anlage Newtech 3: Tripelzellen aus amorphem Si
16 gerahmte Module Uni-Solar US-64 (64 Wp), 2 Stränge zu 8 Modulen in Serie, STC-Nennleistung $\mathbf{P_{STC\text{-}Nenn}}$ **= 1024 Wp,** TK ≈ –0,21%/K. Gemessen: P_{STC} ≈ 1000 Wp.

Bild 10-32: Ansicht des Solargenerators mit den 3 Teilanlagen Newtech 1 – 3

Ende März 2002 wurde mit dem Kennlinienmessgerät des PV-Labors die I-U-Kennlinien der drei Anlagen gemessen und mit den erhältlichen Angaben über die Temperaturkoeffizienten der Module auf STC umgerechnet. Bei der Anlage Newtech 1 mit CIS-Modulen ST40 von Siemens ergab sich dabei erstmals eine STC-Leistung, die deutlich über der Summe der Nennleistungen der Module liegt. Dies wurde in allen bis damals durchgeführten Feldmessungen an Modulen noch nie beobachtet. Damit wich ein Hersteller erstmals von der in der PV-Branche damals verbreiteten Praxis ab, den Kunden Module zu liefern, deren Anfangsleistung nur knapp über dem garantierten Minimalwert, jedoch deutlich unter dem Nennwert liegt. Bei den amorphen Technologien wurden dagegen Leistungen gemessen, die wie üblich um einige Prozent unter der Summe der STC-Nennleistungen liegen.

Bild 10-33 zeigt ein Blockschema der Anlage und der verwendeten Messtechnik.

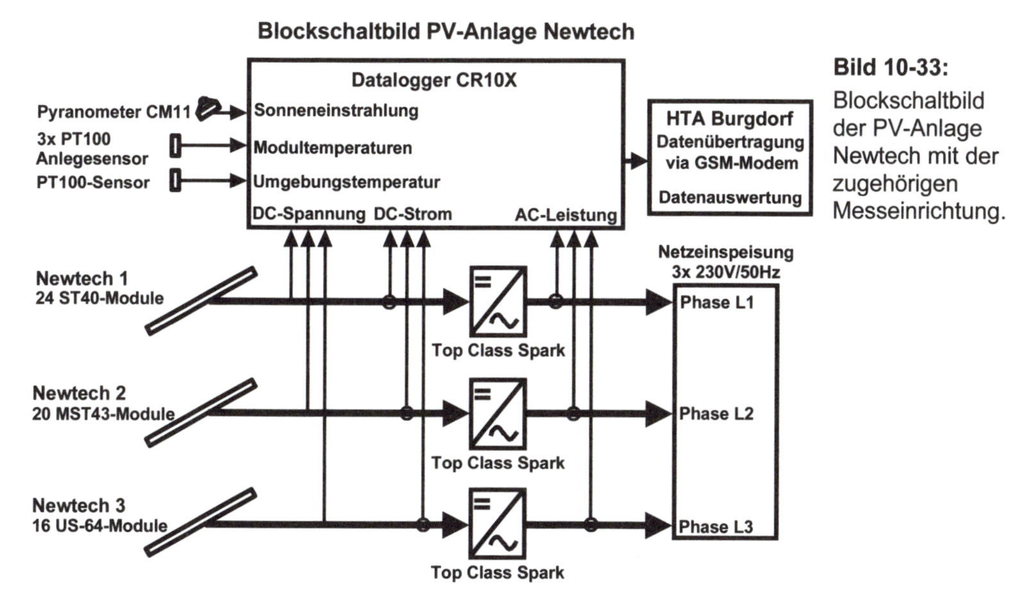

Bild 10-33: Blockschaltbild der PV-Anlage Newtech mit der zugehörigen Messeinrichtung.

Im 2s-Takt werden folgende Messgrössen erfasst:

- Sonneneinstrahlung in die Modulebene mit einem Pyranometer CM11 (beheizt)
- Solarzellentemperatur der 3 Solargeneratoren mit PT100-Anlegefühler
- Umgebungstemperatur mit PT100

  Von allen 3 Teilanlagen:
- Gleichstrom und Gleichspannung, daraus berechnet Gleichstromleistung
- ins Netz eingespeiste Wirkleistung
- Netzspannung am Einspeisepunkt einer Phase

Aus diesen Messungen werden 5-Minuten-Mittelwerte gebildet und abgespeichert. Bei Störungen werden die 2-Sekunden-Messwerte in einem Error-File gespeichert. Die Daten werden täglich automatisch per Modemverbindung via GSM übertragen, gespeichert und zur Auswertung aufbereitet.

Energieertrag der drei Dünnschichtzellen-Anlagen

Bei allen drei Anlagen funktionierte bisher sowohl die Messtechnik als auch die Anlage praktisch störungsfrei. Da die Inbetriebnahme wegen baulichen Verzögerungen im Winter erfolgte, konnte trotz der Messung seit der Inbetriebnahme in einer ersten Auswertung keine eindeutig feststellbare Initialdegradation registriert werden, da an einigen Tagen im Dezember, Januar und März 2002 noch Schneebedeckungen vorhanden waren.

Tabelle 10.9: Spezifischer Jahresenergieertrag und Performance Ratio der Anlagen Newtech 1 (CIS), Newtech 2 (a-Si-Tandem) und Newtech 3 (a-Si-Triple) in 2002 – 2006.

	Newtech 1					Newtech 2					Newtech 3				
Jahr	2002	2003	2004	2005	2006	2002	2003	2004	2005	2006	2002	2003	2004	2005	2006
Y_{Fa} (kWh/kWp)	1092	1258	1102	1149	1086	964	1037	883	930	882	1033	1103	957	1015	977
PR in %	82.6	81.9	81.2	78.7	78.9	73.0	67.6	65.0	63.7	64.1	78.2	71.9	70.5	69.4	71.0

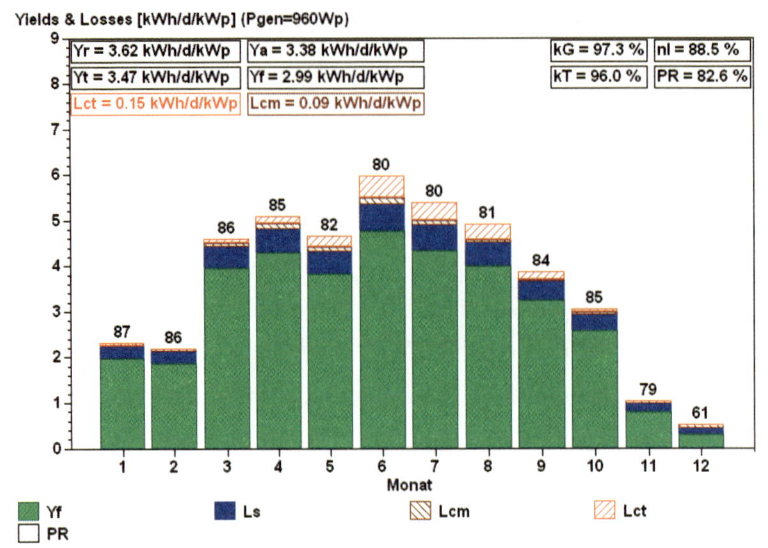

Bild 10-34: Normierte Jahresstatistik 2002 der CIS-Anlage Newtech 1 mit Siemens ST40. Die nicht temperaturbedingten Generatorverluste L_{CM} sind sehr klein, da die anfängliche Leistung der Module deutlich über der spezifizierten Nennleistung liegt. Deshalb sind k_G und PR sehr hoch (auch wegen fehlender Schneebedeckung in diesem Jahr). Der Winterenergieanteil betrug 31,8 %.

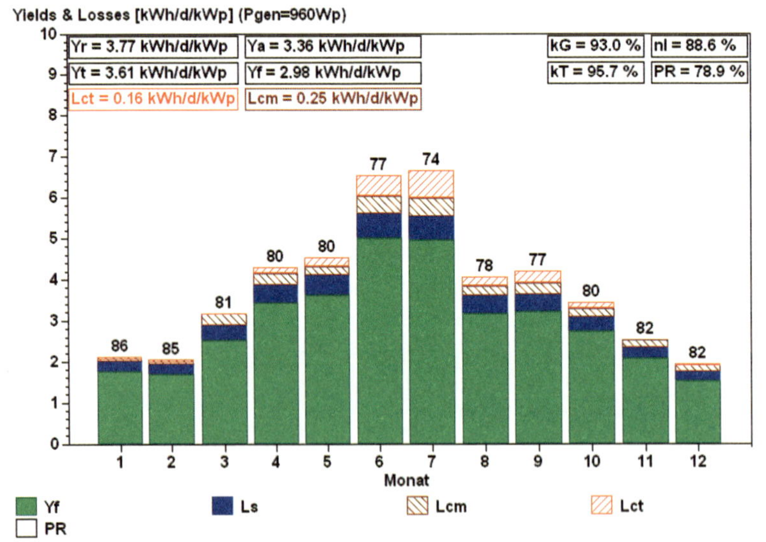

Bild 10-35: Normierte Jahresstatistik 2006 der CIS-Anlage Newtech 1 mit Siemens ST40. Die nicht temperaturbedingten Generatorverluste L_{CM} haben auch im Sommer deutlich zugenommen, was auf eine gewisse Degradation schliessen lässt (der Generator wird halbjährlich gereinigt). Deshalb sind auch k_G und PR etwas tiefer als in Bild 10-34. Der Winterenergieanteil betrug 34,4 %.

Die Anlage Newtech 2 mit amorphen Si-Tandemzellen zeigt die bei amorphem Si übliche, saisonal variierende, aber im Mittel kontinuierliche Degradation. Seit 2004 ist der weitere Leistungsabfall allerdings etwas kleiner geworden. Da diese Module nicht mehr hergestellt werden, wird diese Anlage aus Platzgründen nicht gleich detailliert besprochen. Die Bilder 10-34 bis 10-37 zeigen die normierten Jahresstatistiken der Anlagen Newtech 1 und 3 in den Jahren 2002 (mit sehr wenig Schnee und sehr geringer Einstrahlung im November und Dezember) und 2006 (nennenswerter Schnee nur im März und April, November und Dezember mit viel Sonne). Es ist auch bei diesen Anlagen zu erkennen, dass der Generatorkorrekturfaktor k_G und die Performance Ratio PR im Laufe der Zeit etwas absinken.

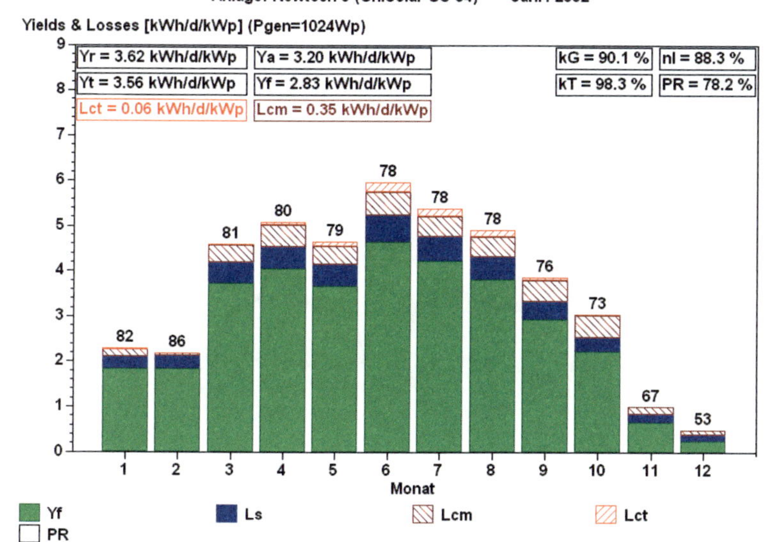

Bild 10-36:
Normierte Jahresstatistik 2002 der a-Si-Tripel-Anlage Newtech 3 mit Unisolar US-64.
Auch hier sind k_G und PR relativ hoch, dank der hohen Leistung zu Beginn, dem hohen Wirkungsgrad von Dünnschichtzellen bei schwacher Einstrahlung und der in diesem Jahr nicht vorhandenen Schneebedeckung. Der Winterenergieanteil betrug 31,1 %.

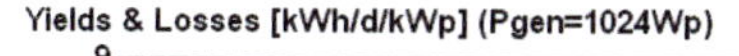

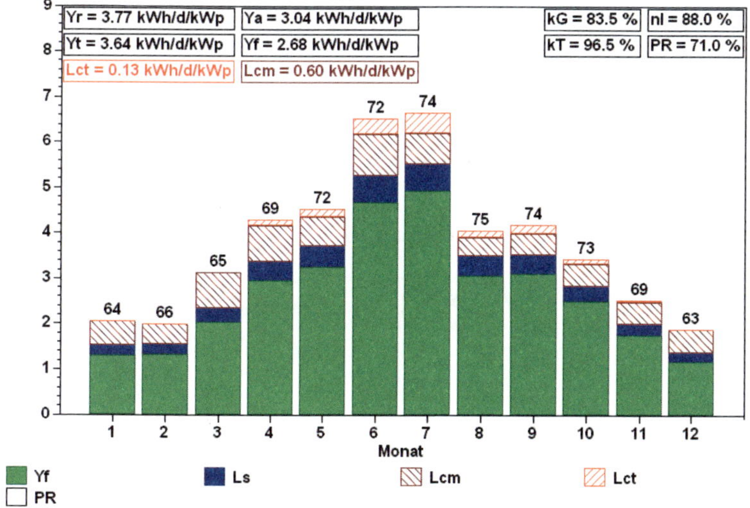

Bild 10-37:
Normierte Jahresstatistik 2006 der a-Si-Tripel-Anlage Newtech 3 mit Unisolar US-64. Dank der thermischen Isolation auf der Rückseite im Herbst 2003 konnte die weitere Degradation seit diesem Zeitpunkt fast gestoppt werden (siehe auch Bild 10-38 und 10-39). Die Anlage ist empfindlicher auf Schnee, da die Moduloberfläche gerifelt ist (vergl. mit Bild 10-35, 3./4.06). Der Winterenergieanteil betrug 31,3 %.

Bei den Anlagen Newtech 1 und 3 sind geringfügige Veränderungen der Zellenstruktur erkennbar. Bei Newtech 2 sind dagegen bereits stärkere Delaminationen sichtbar.

In Bild 10-38 werden die Monats-DC-Nutzungsgrade und in Bild 10-39 die Generator-Korrekturfaktoren $k_G = Y_A/Y_T$ der drei Newtech-Anlagen sowie einer Anlage mit kristallinen Siliziumzellen verglichen. Bei einer idealen Anlage sollte bekanntlich $k_G = 1$ sein.

Weitere Messdaten (normierte Jahres- und Monatsstatistiken) aller drei Newtech-Anlagen und der andern in den Kap. 10.1.1 bis 10.1.6 besprochenen Anlagen sind unter www.pvtest.ch unter > PV-Messdaten zugänglich.

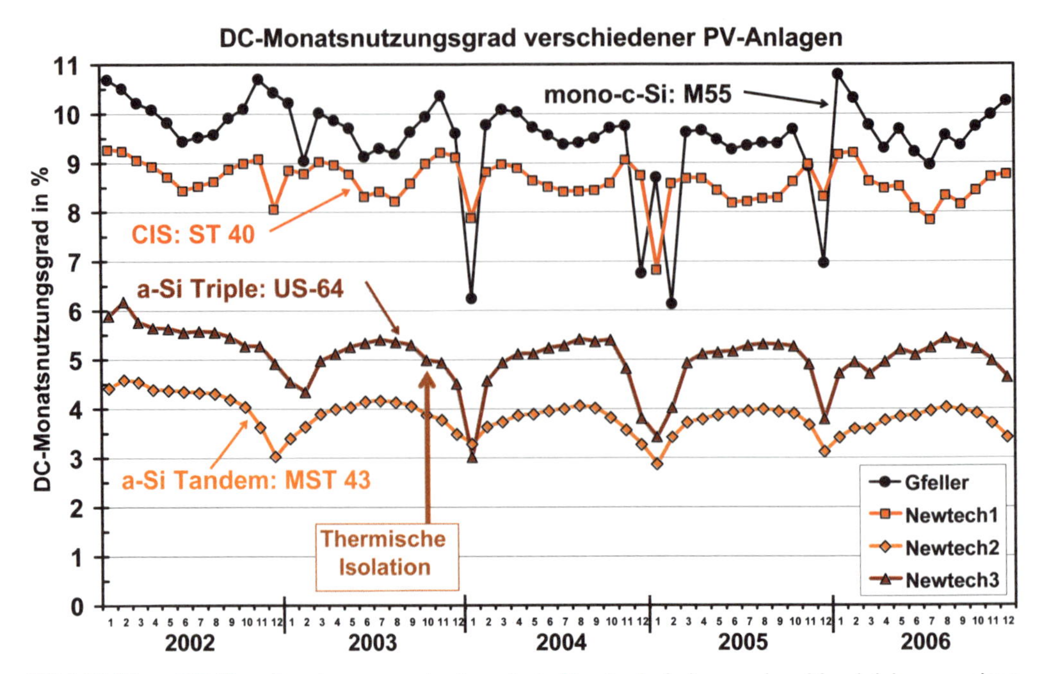

Bild 10-38: DC-Monatsnutzungsgrad der drei Newtech-Anlagen im Vergleich zu einer mono-c-Si-Anlage in Burgdorf (Anstellwinkel β = 30° resp. 28°(Gfeller)).

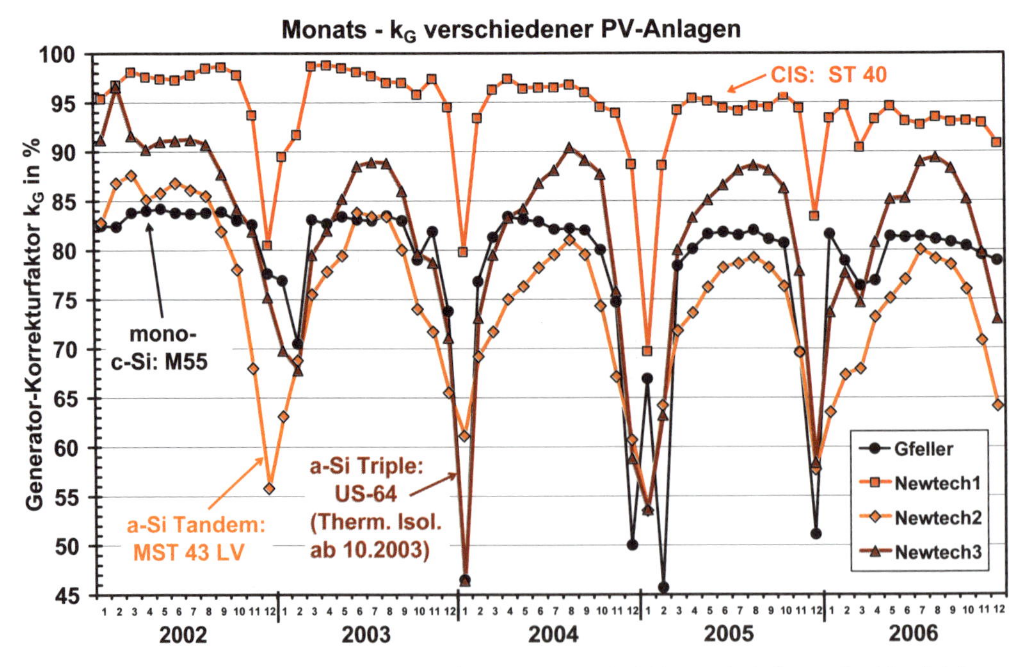

Bild 10-39: Monats-Generator-Korrekturfaktor k_G der drei Newtech-Anlagen im Vergleich zu einer mono-c-Si-Anlage in Burgdorf (Anstellwinkel β = 30° resp. 28°(Gfeller)).

Der bisher gemessene spezifische Energieertrag der CIS-Anlage Newtech 1 liegt deutlich über dem Ertrag einer Anlage aus monokristallinen Zellen, was vor allem an der (gegenüber der Nennleistung gemäss Datenblatt) deutlich höheren effektiven STC-Nennleistung der gelieferten Module liegt. Die Anlage liegt deshalb bezüglich k_G eindeutig an der Spitze. Günstig sind aber auch die lange Zellenform und die Hochkant-Montage, bei der durch Schnee und Schmutz alle Zellen gleichmässig und nur geringfügig beeinträchtigt werden. Der Winterenergieanteil variiert zwischen 30,7 % und 35,4 %. Wie in Bild 10-39 zu erkennen ist, tritt seit etwa 2003 auch bei dieser Anlage eine gewisse Degradation auf (ca. 1,5 % pro Jahr).

Die Anlage Newtech 2 mit a-Si-Tandemzellen liegt ertragsmässig im Bereich von durchschnittlichen Anlagen mit monokristallinen Zellen. Im Sommer sind die temperaturbedingten Verluste geringer als bei Anlagen mit kristallinen Zellen. Bei schwacher Einstrahlung fällt aber die Ausgangsspannung der verwendeten Module stark ab und der Wechselrichter arbeitet dann ausserhalb des MPP, was eher ungünstig ist. Bei dieser Anlage trat von 2002 – 2004 eine deutlich erkennbare Degradation auf, die eine Reduktion des DC-Nutzungsgrades, des Generator-Korrekturfaktors k_G und der Performance Ratio PR (ca. 11 %) bewirkte. Seither hat sich der weitere Leistungsabfall stark verringert. Der Winterenergieanteil betrug 28,0 % bis 32,7 %.

Die Anlage Newtech 3 mit den a-Si-Tripel Zellen von Unisolar liegt im Bereich der besten monokristallinen Anlagen (neue Anlagen mit trafolosem Wechselrichter). Sie profitiert im Sommer ebenfalls vom viel niedrigeren Temperaturkoeffizienten. Beachtlich ist vor allem die gute Performance Ratio PR an Tagen mit geringer Einstrahlung. Eher negativ wirkte sich an Tagen mit Schneebedeckung die leicht geriffelte Oberfläche der Module aus, die das Abgleiten von Schnee behindert sowie die Tatsache, dass bei Hochkant-Montage die untersten Zellen durch Schnee vollständig bedeckt sein können (Winterenergieanteil 27,3 % bis 32,0 %).

In Bild 10-38 und 10-39 ist zu erkennen, dass die Anlage Newtech 3 zwar bis Herbst 2003 auch relativ stark degradiert ist (von Sommer 2002 bis Sommer 2003 in nur einem Jahr ca. 3 %), seit der im Herbst 2003 erfolgten thermischen Isolation der Rückseite (ca. 2 cm Schaumstoff) danach aber kaum weiter degradiert. Die mittlere Modultemperatur im Betrieb ist dadurch deutlich angestiegen und erreicht im Hochsommer nun Spitzenwerte von etwa 75°C statt wie früher 60°C. Diese höheren Temperaturen begünstigen das thermische Annealing im Sommer, wodurch die durch die tiefen Wintertemperaturen hervorgerufene saisonale Degradation durch den Staebler-Wronski-Effekt weitgehend rückgängig gemacht werden kann. Sowohl der sommerliche DC-Nutzungsgrad in Bild 10-38 als auch der Generator-Korrekturfaktor in Bild 10-39 sinken seit dieser Massnahme kaum mehr ab. Es scheint somit, dass Module mit a-Si-Tripel-Zellen von Unisolar ideal geeignet sind für die direkte Aufbringung auf Isolationsmaterialien und für die Herstellung entsprechender Verbundprodukte für Dächer und Fassaden. Entsprechende Produkte werden teilweise schon auf dem Markt angeboten.

Bei allen drei Anlagen wurden jeweils im Frühjahr und im Herbst nach einer vorgängigen Reinigung der Module Kennlinienmessungen durchgeführt und die auf STC umgerechneten Spitzenleistungen der Module bestimmt. Die so bestimmten Leistungen der Solargeneratoren zeigen einen analogen Verlauf wie die k_G-Werte gemäss Bild 10-39, d.h. sie weisen eine langfristig sinkende Tendenz auf, die bei der Anlage Newtech 3 durch die thermische Isolation ab Herbst 2003 nahezu gestoppt werden konnte. Bei Newtech 2 hat sich der Abfall seit 2004 von selbst deutlich verlangsamt. Beide amorphen Anlagen zeigen die bei solchen Anlagen typische saisonale Variation des Wirkungsgrades (Maximum etwa im August, Minimum im Frühjahr (je nach Schneeverhältnissen), die ca. 1 – 2 Monate dem Temperaturverlauf hinterherlaufen. Bei allen drei Anlagen könnten Energieertrag und PR durch den Einsatz eines modernen Trafo-Wechselrichters mit höherem Wirkungsgrad noch um einige Prozent gesteigert werden.

10.1.7 PV-Anlage Neue Messe München

Im Jahre 1997 wurde auf dem Dach der Neuen Messe in München (φ = 48,3°N) eine erste grosse netzgekoppelte PV-Anlage von 1 MWp errichtet. Der Probebetrieb wurde am 19.11.1997 aufgenommen, die offizielle Abnahme erfolgte nach einem mehrmonatigen Probe- und Optimierungsbetrieb im August 1998 [10.11]. Die Anlage gehört heute dem Solarenergieförderverein Bayern und den Stadtwerken München. Es erfolgt eine regelmäßige Erfassung und Auswertung der Messdaten im Auftrag des Solarenergiefördervereins Bayern. Im Jahre 2002 wurde auf benachbarten Dächern durch die Phoenix Sonnenstrom AG eine zweite, ähnliche Anlage errichtet.

Kurze technische Beschreibung der Anlage

Die Anlage besteht aus 7812 rahmenlosen Modulen von 130 Wp (U_{MPP} = 20,4 V, I_{MPP} = 6,35 A) mit jeweils 84 monokristallinen Zellen (Hersteller: Siemens Solar) mit einer Modulfläche A_M = 1,012 m^2. Von den total 66'000 m^2 Dachfläche benötigt die Anlage (mit den notwendigen Abständen zwischen den Modulen) 38'100 m^2. Sie besteht aus total 372 Strängen mit je 21 Modulen in Serie und ist in 12 Teilgeneratoren unterteilt. Die Gesamtleistung der PV-Anlage beträgt 1,016 MWp. Die Modulneigungswinkel betragen β = 28° und die Ausrichtung γ = 0° (Süd). Bild 10-40 zeigt eine Teilansicht eines Teilgenerators. Der von der Anlage produzierte Gleichstrom wird mit drei 330 kVA-Wechselrichtern der Firma Siemens (im Master Slave-Betrieb mit rotierendem Master) in Wechselstrom umgewandelt und über einen Trafo direkt ins 20 kV-Mittelspannungsnetz eingespeist (Bild 10-41).

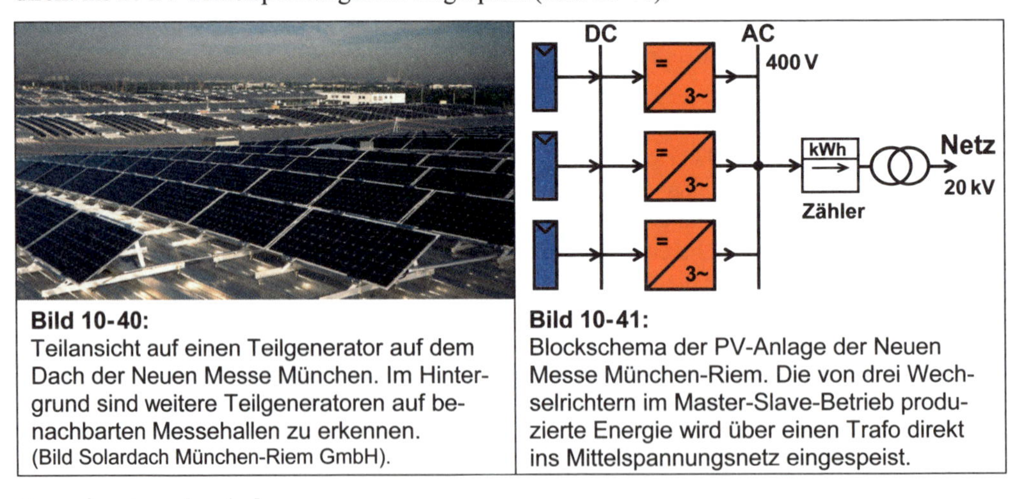

Bild 10-40:
Teilansicht auf einen Teilgenerator auf dem Dach der Neuen Messe München. Im Hintergrund sind weitere Teilgeneratoren auf benachbarten Messehallen zu erkennen.
(Bild Solardach München-Riem GmbH).

Bild 10-41:
Blockschema der PV-Anlage der Neuen Messe München-Riem. Die von drei Wechselrichtern im Master-Slave-Betrieb produzierte Energie wird über einen Trafo direkt ins Mittelspannungsnetz eingespeist.

Energieertrag der Anlage

Nach einem mehrmonatigen Probe- und Optimierungsbetrieb wurde die Anlage im August 1998 abgenommen. Seither sind ihre spezifische jährliche Energieproduktion Y_{Fa} und Performance Ratio PR trotz gelegentlicher sporadischer Probleme beachtlich (siehe Tabelle 10.10).

Tabelle 10.10: Spezifischer Jahresenergieertrag und Performance Ratio der Anlage Neue Messe München-Riem in den Jahren 1999 – 2005. Die Resultate zeigen, dass auch in Deutschland im Flachland in guten Jahren spezifische Jahreserträge von über 1000 kWh/kWp möglich sind.

Jahr	1999	2000	2001	2002	2003	2004	2005
Y_{Fa} in kWh/kWp	973	990	932	1026	1113	1026	952
PR in %	79.5	77.0	77.2	78.9	78.5	80.6	73.6

In den Jahren 2002, dem Rekordjahr 2003 und 2004 erzielte die Anlage dank weitgehend störungsfreiem Betrieb und relativ hoher Einstrahlung sehr hohe Erträge (Bild 10-42 und 10-43).

Vom Solarenergieförderverein Bayern wurden für eine weitergehende Analyse für einige Jahre Monatsmittelwerte von Einstrahlung, DC-Energieertrag und AC-Energieertrag zur Verfügung gestellt. Da nur Mittelwerte der Umgebungstemperatur, aber keine gemessenen strahlungsgewichteten Modultemperaturwerte zur Verfügung standen, konnten bei den normierten Jahresstatistiken die Generatorverluste nicht weiter unterteilt werden, d.h. es sind in den Diagrammen nur Y_R, Y_A und Y_F sichtbar (siehe Kap. 7). Weil die Aufteilung von L_C in L_{CM} und L_{CT} nicht möglich ist, kann nur $k_G \cdot k_T$, aber nicht k_G und k_T einzeln bestimmt werden. Möglich wäre ggf. eine Näherung für die strahlungsgewichtete Modultemperatur gemäss Kap. 8.1.2.1.

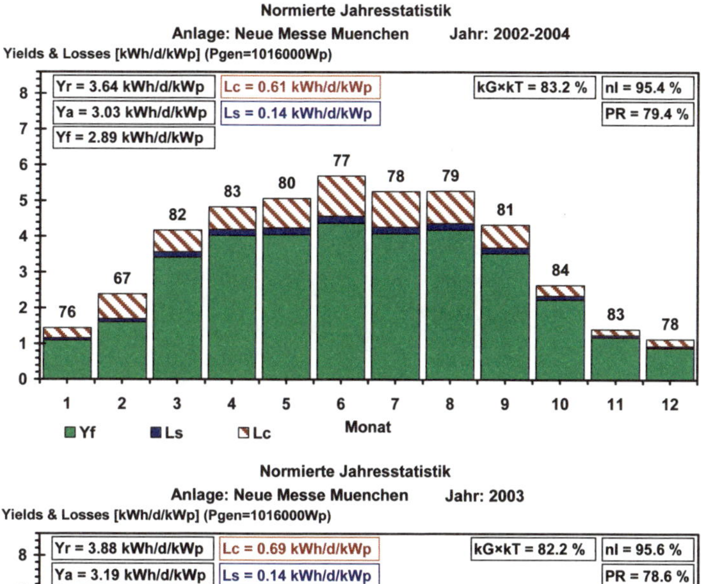

Bild 10-42: Normierte Mehrjahresstatistik der drei Jahre 2002 – 2004 der PV-Anlage Neue Messe München, die durch keine nennenswerten betrieblichen Probleme gestört wurden. Im Februar war der Energieertrag zeitweise durch Schneebedeckung beeinträchtigt. Der Winterenergieanteil war 30,0%. (Datenquelle: Solarenergieförderverein Bayern).

Bild 10-43: Normierte Mehrjahresstatistik von 2003 der PV-Anlage Neue Messe München. In diesem Jahr erreichte der Energieertrag mit 1113 kWh/kWp einen Rekordwert. Im Februar war der Energieertrag durch Schneebedeckung stark beeinträchtigt. Der Winterenergieanteil betrug 29,0%. (Datenquelle: Solarenergieförderverein Bayern).

Wie bei der Anlage Mont Soleil traten auch bei dieser Anlage in der ersten Zeit Probleme mit den zunächst verwendeten DC-Schaltern auf, die einen Ersatz notwendig machten. Neben sporadischen Wechselrichterproblemen traten bei einem heftigen Sturm an einzelnen der rahmenlosen Module Sturmschäden auf. Ferner wurde ein Bruch an einer Klemme und ein Isolationsfehler in einem Strang beobachtet [10.11]. Wie bei vielen anderen Anlagen trat im Winter auch ein Ertragsverlust infolge Schneebedeckung auf. In den Jahren 1999 – 2004 lag der gemessene Verlust im Bereich von etwa 0,3 % bis 2,7 % des Jahresenergieertrags [10.14].

10.1.8 PV-Anlage Leipziger Land

Diese Freifeldanlage mit 5 MWp wurde 2004 von der GEOSOL Gesellschaft für Solarenergie mbH, der Shell Solar GmbH und der WestFonds Immobilien-Anlagegesellschaft GmbH in Espenhain (ca. 30 km südlich von Leipzig) auf dem Gelände einer ehemaligen Kohlestaubdeponie errichtet. Sie belegt eine Fläche von 21,6 ha und besteht aus 4 Teilanlagen von je 1,25 MWp. Der von jeder Teilanlage erzeugte Gleichstrom wird von je 3 im Master-Slave-Betrieb arbeitenden Wechselrichtern Sinvert 400 in Wechselstrom umgewandelt. Die erzeugte Energie wird über zwei Trafos von 2 MVA direkt ins Mittelspannungsnetz eingespeist. Bild 10-44 zeigt ein Blockschema, Bild 1-15 eine Teilansicht, Bild 10-45 eine Luftaufnahme der ganzen Anlage, Bild 10-46 und Bild 10-47 zwei Detailansichten, auf der auch die Montage der Solarmodule auf einem Fachwerk aus speziell witterungsbeständigem Robinienholz erkennbar ist. Tabelle 10.11 gibt eine Übersicht über die wichtigsten technischen Daten.

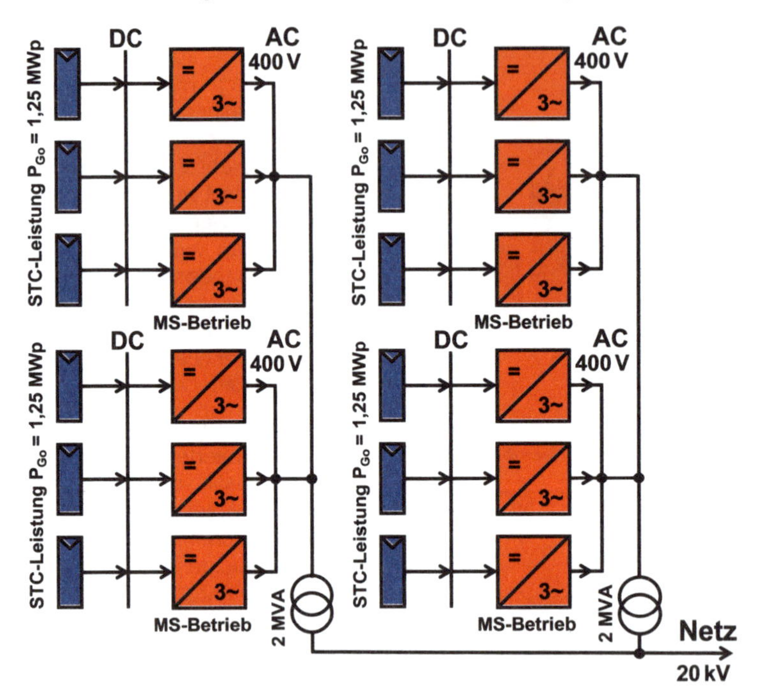

Bild 10-44:
Blockschema der Freifeld-PV-Anlage Leipziger Land.
Jede Teilanlage speist drei Wechselrichter von 400 kVA, die im Master-Slave-Betrieb (mit rotierendem Master) arbeiten.
Die von je zwei Teilanlagen erzeugte Energie wird über je einen 2 MVA-Trafo ins 20 kV-Mittelspannungsnetz eingespeist. In der Nacht werden die Trafos auf der Mittelspannungsseite zur Vermeidung unnötiger Verluste jeweils abgeschaltet.

Tabelle 10.11: Wichtigste technische Daten der Freifeldanlage Leipziger Land (5 MWp):

Ort:	Espenhain/Sachsen, 164 m.ü.M, φ = 51,2°N, λ = 12,5°E	**Inbetriebnahme: Aug. 2004**
PV-Generator:	P_{Go} = 4998 kWp, A_G = 43918 m^2, 33264 Module SQ150,	Freifeldmontage
	Neigung: β = 30°, Azimut γ =0° (S) , bestehend aus	*(rahmenlose Module)*
	4 Teilanlagen mit je 462 parallelen Strängen mit	(Montage auf Holzgestellen)
	18 monokristallinen Modulen SQ150 (72 Zellen in Serie)	
Wechselrichter:	Pro Teilanlage je 3 Siemens Sinvert 400 kVA (Master-Slave)	
Messgrössen:	• Einstrahlung in Horizontalebene (Pyranometer)	
(u.a.)	• Einstrahlung in Modulebene (Referenzzelle)	
	• Umgebungs- und Modultemperatur	
	• Gleichstrom und Gleichspannung	
	• Eingespeiste Wechselstrom-Wirkleistung	

Bild 10-45:
Gesamtansicht der Freifeld-PV-Anlage Leipziger Land von 5 MWp aus der Luft.
(Bild Geosol GmbH, www.geosol.de)

Bild 10-46:
Detailansicht eines Teilgenerators. Die rahmenlosen Module sind mit je 4 speziellen Klammern auf einem Fachwerk aus Robinienholz montiert. Bild 10-47 zeigt das Blitzschutzkonzept im Detail.
(Bild Geosol)

Bild 10-47:
Rückansicht eines Teilgenerators. Die Module sind isoliert montiert und im Schutzbereich der etwa 50 cm oberhalb der Module montierten Fangleitungen angebracht. In der linken oberen Ecke ist auch eine Ableitung zu erkennen.
(Bild Geosol)

Energieertrag der Anlage

Trotz des relativ weit im Norden liegenden Standortes (51,2°N) hat die Anlage nach den bisher vorliegenden Daten sehr gut gearbeitet. Für eine vertiefte Analyse wurden von der Firma Geosol freundlicherweise für das Jahr 2005 detaillierte Monitoring-Daten der Anlage zur Verfügung gestellt. Dank der guten Qualität dieser Daten und der Tatsache, dass auch detaillierte Daten der Modultemperatur zur Verfügung standen, konnten wie bei den in Kap. 10.1.1 bis 10.1.6 beschriebenen Anlagen alle in Kap. 7 eingeführten Auswertungen vorgenommen werden. Bild 10-48 zeigt die normierte Jahresstatistik für 2005.

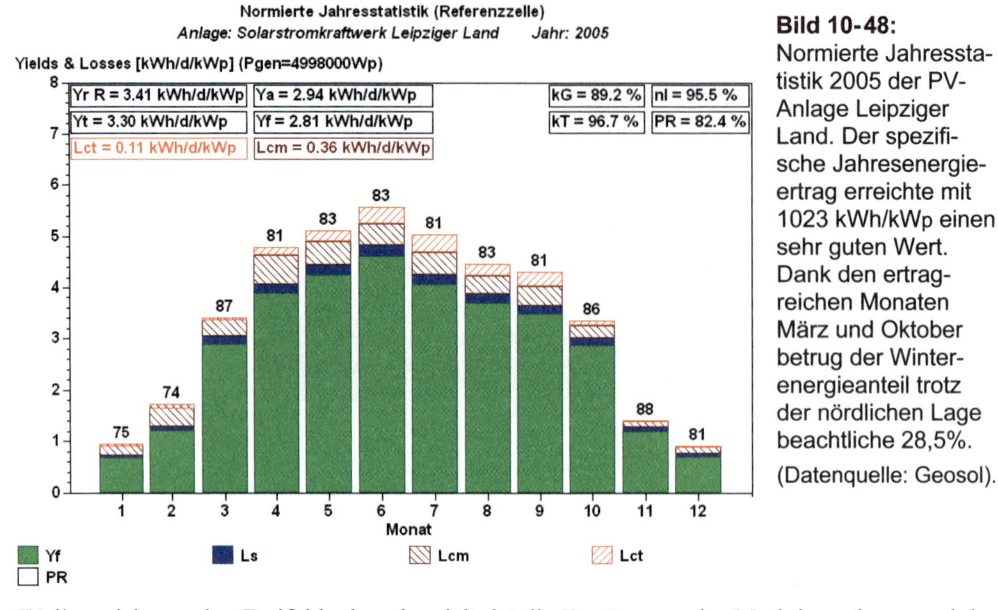

Bild 10-48: Normierte Jahresstatistik 2005 der PV-Anlage Leipziger Land. Der spezifische Jahresenergieertrag erreichte mit 1023 kWh/kWp einen sehr guten Wert. Dank den ertragreichen Monaten März und Oktober betrug der Winterenergieanteil trotz der nördlichen Lage beachtliche 28,5%. (Datenquelle: Geosol).

Weil es sich um eine Freifeldanlage handelt, ist die Erwärmung der Module geringer und deshalb der Temperatur-Korrekturfaktor k_T (Jahresmittelwert 96,7 %) relativ hoch. Die Produktion war nur im Januar und Februar etwas durch Schnee beeinträchtigt. Aus diesem Grund ist auch der Generator-Korrekturfaktor k_G (Jahresmittelwert 89,2%) und damit die Performance Ratio PR (Jahresmittelwert 82,4%) sehr hoch. Auch der Wechselrichter-Nutzungsgrad liegt in einem ähnlichen Bereich (95 – 96 %) wie bei den andern besprochenen Anlagen Mont Soleil (Kap. 10.1.2) und neue Messe München (Kap. 10.1.7). Aus den zur Verfügung gestellten Daten war auch ersichtlich, dass im Frühling (z.B. im April) die Anlage an einigen Tagen (ohne Schnee) zeitweise nur mit halber Leistung in Betrieb war. Es liegen keine Informationen vor, ob die Abschaltungen geplant oder die Folge von kurzen Betriebsstörungen waren.

Wie bei der Anlage Stade de Suisse (Kap. 10.1.5) liegt die effektive Leistung der gelieferten Module nahe bei der vom Hersteller deklarierten Leistung. Gemäss Angaben der Firma Geosol liegen für alle Module individuelle Messdaten des Herstellers vor, die zudem stichprobenweise von einem unabhängigen Prüfinstitut bestätigt wurden. Auch die Tatsache, dass die Einstrahlung mit Referenzzellen (oder bei dieser Anlage mit kleinen Referenzmodulen) gemessen wird, dürfte ein weiterer Grund für die hohen Werte von k_G und damit der Performance Ratio PR sein. Bekanntlich ist die mit Referenzzellen gemessene Einstrahlung meist etwas kleiner als bei Verwendung von Pyranometern (siehe Kap. 2.8.3) und nach Schneefällen ist nicht nur der Solargenerator, sondern auch die Referenzzelle bedeckt, d.h. Y_R ist etwas kleiner und damit k_G und PR etwas grösser. Auch ist die Messgenauigkeit bei Referenzzellen meist deutlich geringer als die von Pyranometern. Trotzdem ist der gemessene PR-Wert (Jahresmittel 82,4 %) für eine Flachlandanlage hervorragend.

10.1.9 PV-Anlage Springerville (USA)

Die PV-Anlage Springerville liegt in einer Wüste in Arizona (geografische Breite φ = 34°N, geografische Länge λ = 109°W, Höhe ca. 2000 m ü. M.). Sie wurde ab 2001 in mehreren Etappen von der Tucson Electric Power Company (TEP) erstellt und betrieben (siehe Bild 1-16). Die Anlage hat heute (2006) eine Leistung von 4,59 MWp und umfasst total 34 Teilanlagen von je 130 bis 135 kWp, die an je einen Dreiphasen-Wechselrichter Xantrex PV-150 angeschlossen sind. Die Wechselrichter sind direkt im Freien aufgestellt. Von diesen Anlagen sind 26 mit Solargeneratoren aus kristallinen Grossmodulen (300 Wp) von RWE Schott Solar ausgerüstet, 4 mit CdTe-Modulen von 45 – 50 Wp von First Solar und 4 mit Modulen mit amorphen Si-Tandemzellen MST-43 (43 Wp) von BP Solarex (wie bei Anlage Newtech 2). Alle Module sind genau südorientiert mit einem Anstellwinkel von β = 34° montiert ($\beta = \varphi$ ist günstig für Standorte mit hoher Direktstrahlung). Die erzeugte elektrische Energie wird ins 34,5 kV-Mittelspannungsnetz eingespeist. Die Anlage kann am gleichen Standort noch auf eine AC-Nennleistung von 8 MW ausgebaut werden [10.13].

Freundlicherweise wurden für eine Analyse von der Tucson Electric Power Company für einige Jahre Daten von Einstrahlung und ins Netz eingespeister Leistung zur Verfügung gestellt. Da nur Angaben über Einstrahlung und AC-Erträge verfügbar sind, kann nur Y_R, Y_F und PR bestimmt werden, eine Aufteilung der Verluste in L_{CT}, L_{CM} und L_S war leider nicht möglich.

Bild 10-49 zeigt die normierte Jahresstatistik für 2005, in dem die Anlage das ganze Jahr mit der gleichen Leistung in Betrieb war. Wie bei der Anlage Jungfraujoch ist die Energieproduktion über das ganze Jahr relativ gleichmässig und die Performance Ratio fast 80 %, was teilweise auch auf die Höhenlage und damit die nicht extrem hohen Umgebungstemperaturen zurückzuführen sein dürfte. Wegen der südlicheren Lage ist der spezifische Energieertrag natürlich noch deutlich höher als bei der Anlage Jungfraujoch, der Winterenergieanteil ist mit 46,4 % aber durchaus vergleichbar.

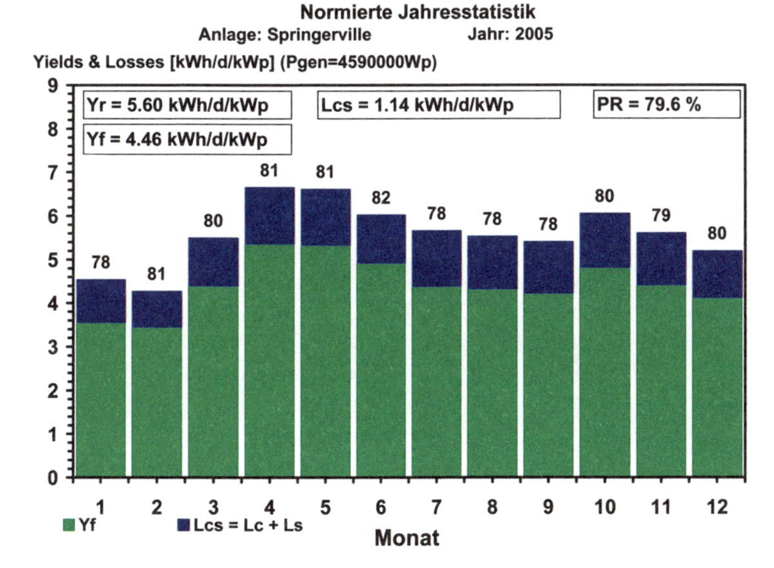

Bild 10-49: Normierte Jahresstatistik 2005 der PV-Anlage Springerville (Breite φ = 34°N, 2000 m ü. M.) in Arizona / USA. Der spezifische Jahresenergieertrag betrug in diesem Jahr 1628 kWh/kWp, die Performance Ratio PR = 79,6% und der Winterenergieanteil 46,4%. (Datenquelle: Tucson Electric Power Company TEP).

Im Jahr 2004 war die spezifische Jahresenergieproduktion sogar 1720 kWh/kWp. Der mittlere spezifische Jahresenergieertrag seit Inbetriebnahme beträgt 1673 kWh/kWp In den Jahren 2003 und 2004 wurden Teile der Anlage durch Blitzschläge beschädigt [10.13].

10.2 Vergleich zwischen einigen PV-Anlagen in der Schweiz

In diesem Kapitel wird die normierte monatliche Energieproduktion von vier Anlagen an verschiedenen Orten in der Schweiz verglichen, für die detaillierte Langzeitmessungen über mehr als 12 Jahre vorliegen. Eine Anlage liegt im Flachland, eine in erhöhter Lage im Jura, eine in einer hohen alpinen Lage und eine gar an einem Extremstandort auf dem Alpen-Hauptkamm.

Bild 10-50 zeigt die normierte monatliche Energieproduktion bezogen auf die Solargenerator-Spitzenleistung in den Jahren 1994 bis 1999 für eine PV-Anlage in Burgdorf (3,18 kWp, 540 m), für die grosse PV-Anlage Mont Soleil (555 kWp, 1270 m), für die Anlage Birg (4,134 kWp, 2670 m) und für die PV-Anlage Jungfraujoch (1,15 kWp, 3454 m). Bild 10-51 zeigt für die gleichen Anlagen die normierte monatliche Energieproduktion bezogen auf die Solargenerator-Spitzenleistung in den folgenden Jahren 2000 bis 2005. Bei den Anlagen Jungfraujoch und Mont Soleil traten in diesen 12 Jahren keine Wechselrichterausfälle auf.

Im Sommer 1996 wurde die Energieproduktion der Anlage in Burgdorf durch einen Wechselrichterausfall beeinträchtigt, der während der Ferien des Eigentümers auftrat und deshalb nicht sofort bemerkt wurde. Bei PV-Anlagen im Mittelland, das im Herbst und Winter oft von Nebel oder Hochnebel bedeckt ist, variiert die Energieproduktion im Jahresverlauf sehr stark zwischen einem Maximum im Sommer und einem tiefen Minimum im Winter. Bei solchen Anlagen treten ein ausgeprägtes Sommermaximum und ein ebenso prominentes Winterminimum auf. Bei der Anlage in Burgdorf beträgt der mittlere Winterenergieanteil 29 % und das Verhältnis Maximum zu Minimum kann sich auf bis zu 15:1 belaufen.

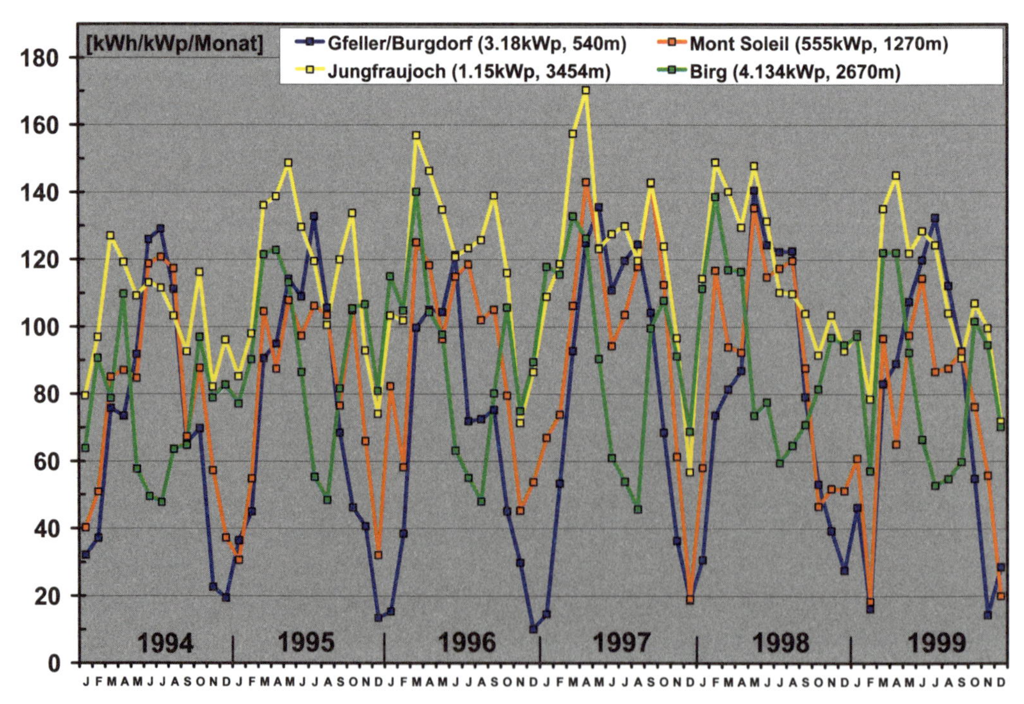

Bild 10-50: Normierte monatliche Energieproduktion (bezogen auf Solargenerator-Nennleistung) der PV-Anlagen Jungfraujoch (1,152 kWp), Birg (4,134 kWp), Mont Soleil (555 kWp) und Gfeller/Burgdorf (3,18 kWp) in den Jahren 1994 bis 1999.

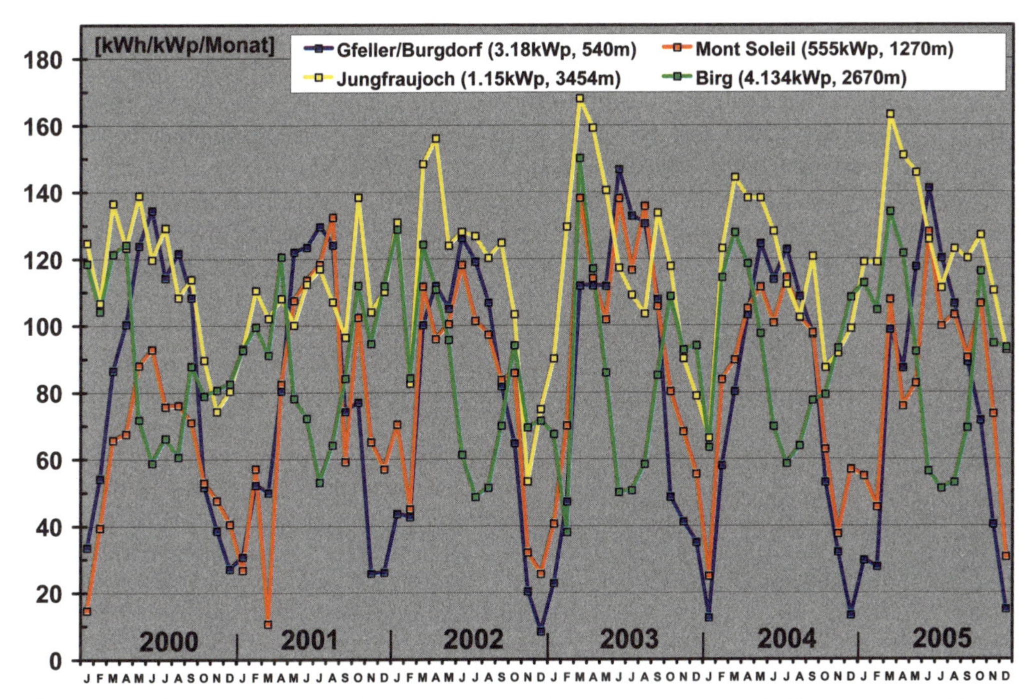

Bild 10-51: Normierte monatliche Energieproduktion (bezogen auf Solargenerator-Nennleistung) der PV-Anlagen Jungfraujoch (1,152 kWp), Birg (4,134 kWp), Mont Soleil (555 kWp) und Gfeller/Burgdorf (3,18 kWp) in den Jahren 2000 bis 2005.

Bei der höher gelegenen Anlage Mont Soleil ist die Situation ähnlich, allerdings ist die Energieproduktion etwas höher, das Verhältnis zwischen Maximum und Minimum i.A. geringer und der mittlere Winterenergieanteil steigt auf 38 % (Minimum 34,2 %, Maximum 41,9%). In einigen Jahren tritt bei der Anlage Mont Soleil ein Sommer-Maximum wie bei Mittellandanlagen auf, in anderen Jahren treten dagegen zwei Maxima im Frühling und im Herbst auf (wie bei der Anlage Jungfraujoch). Von Herbst 1999 bis Frühling 2001 wurde die Anlage Mont Soleil nur rudimentär überwacht, was eine wesentliche Minderproduktion infolge lange unentdeckter Strang-Ausfälle zur Folge hatte. Im Juni 2001 wurde durch das PV-Labor der BFH eine neue Messtechnik in Betrieb genommen. Seither ist dank der kontinuierlichen Überwachung die Produktion wieder deutlich angestiegen.

Noch günstiger sind die beiden Fassaden-Anlagen in den Alpen. Die Jahresenergieproduktion ist deutlich höher als bei den andern Anlagen und sie verläuft viel gleichmässiger (geringere Streuung der Monatsenergieproduktion). Das Verhältnis zwischen Maximum und Minimum liegt normalerweise nur zwischen etwa 2 und 3. Zudem treten pro Jahr zwei Produktionsmaxima mit einem Sommerloch auf. Die beobachteten Winterenergieanteile variieren zwischen 43,2 % und 58,4 % und sind damit vergleichbar mit den Werten von Anlagen in Wüstengebieten (siehe Kap. 10.1.9).

Beim direkten Vergleich der beiden hochalpinen Anlagen fällt auf, dass die Anlage Birg im Sommer zwar weit hinter der Anlage Jungfraujoch zurückliegt (kein reflektierender Gletscher vor der Anlage), dass sie aber in den Wintermonaten manchmal sogar eine etwas höhere spezifische Monatsenergieproduktion als die Anlage Jungfraujoch aufweist. Dies ist darauf zurückzuführen, dass im Winter oft Südwestlagen mit Niederschlägen auf der Südabdachung der Alpen auftreten, die sich auf dem Jungfraujoch unmittelbar auf dem Alpenhauptkamm stärker auswirken als auf Birg, das etwa 800 m tiefer und einige Kilometer vom Hauptkamm entfernt liegt und deshalb davon weniger betroffen ist. Wegen des reflektierenden Gletschers ist aber bei der Anlage Jungfraujoch das Sommerloch viel weniger ausgeprägt und deshalb die spezifische Jahresenergieproduktion deutlich höher als bei der Anlage Birg.

Das einzige grössere betriebliche Problem bei den beiden hochalpinen Anlagen sind temporäre Schneebedeckungen, die oft im Frühling auftreten. Dank des Anstellwinkels von 90° ist dieses Problem jedoch nicht sehr schwerwiegend. Mit einer grösseren Höhe des PV-Generators über Grund (z.B. 5 m bis 7 m statt nur 3 m bei Jungfraujoch oder bei Birg etwa 2 m – 3 m statt weniger als 1 m) würde dieses Problem wahrscheinlich kaum mehr auftreten.

Sonnenexponierte Fassaden von alpinen Gebäuden mit Netzanschluss eignen sich für die Installation von netzgekoppelten Photovoltaikanlagen besonders gut. Die von derartigen Anlagen produzierte Energie passt viel besser ins Lastprofil der Stromversorgung in der Schweiz als die Energie von PV-Anlagen im Mittelland und ergänzt die Energieproduktion von Laufkraftwerken sehr gut. In den Monaten *November bis Februar* produzieren sie pro installiertes kW_p Solargeneratorleistung ein *Mehrfaches der Energie von entsprechenden Anlagen* auf Dächern oder an Fassaden von Gebäuden *im Mittelland.* Bei alpinen Anlagen ist eine Überdimensionierung des Solargenerators im Gegensatz zu Mittellandanlagen nicht zweckmässig. Dank der meist vor direkten Blitzeinschlägen geschützten Lage in der Fassade lassen sich die in den Alpen häufigen atmosphärischen Überspannungen mit geeigneten Schutzmassnahmen gut beherrschen. Es ist deshalb sinnvoll, derartige Anlagen an möglichst vielen Gebäuden (insbesondere der touristischen Infrastruktur) in den Alpen zu realisieren, falls die Netzverhältnisse einen Wechselrichteranschluss zulassen. Erfreulicherweise sind in den letzten Jahren einige neue derartige Anlagen realisiert worden.

Die nun seit über 13 Jahren durchgeführten Messungen an den Anlagen Jungfraujoch und Birg belegen, dass nach Überwindung allfälliger Anfangsschwierigkeiten mit guten Wechselrichtern die erwarteten Energieerträge von 1000 bis 1500 kWh/kW_p in der Praxis auch tatsächlich erreicht werden können. Somit konnte gezeigt werden, dass ein zuverlässiger Betrieb von netzgekoppelten PV-Anlagen und hohe bis sehr hohe Energieerträge mit hohem Winterenergieanteil unter den extremen klimatischen Bedingungen in den Hochalpen möglich sind. Unter optimalen Bedingungen können bei hochalpinen PV-Anlagen Jahreserträge erreicht werden, die durchaus vergleichbar mit denen von Anlagen in Südeuropa sind.

10.3 Literatur zu Kapitel 10

[10.1] R. Minder: "Das Solarkraftwerk Phalk Mont-Soleil: Betriebserfahrungen und erste Bilanz". SEV/VSE-Bulletin 10/1993.

[10.2] H. Häberlin, Ch. Beutler und S. Oberli: "Die netzgekoppelte 1,1 kW-Photovoltaikanlage der Ingenieurschule Burgdorf auf dem Jungfraujoch". SEV-Bulletin 10/1994.

[10.3] H. Häberlin und Ch. Beutler: "Die netzgekoppelte Photovoltaikanlage der ISB auf dem Jungfraujoch". 10. Symposium. Photovoltaische Sonnenenergie , Staffelstein, März 1995.

[10.4] H. Häberlin and Ch. Beutler: "Highest Grid Connected PV Plant in the World at Jungfraujoch (3454m): Excellent Performance in the First two Years of Operation". Proc. 13th EU PV Conference, Nice, 1995.

[10.5] H. Häberlin und Ch. Beutler: "Energieertrag hochalpiner netzgekoppelter Photovoltaikanlagen". Elektrotechnik 9/1996.

[10.6] H. Häberlin und Ch. Renken: "Hoher Energieertrag auf Jungfraujoch: Die ersten fünf Betriebsjahre der netzgekoppelten 1,1 kWp-Photovoltaikanlage der HTA Burgdorf." 14. Symposium Photovoltaische Solarenergie , Staffelstein, März 1999.

[10.7] H. Häberlin: "Grid-connected PV plant on Jungfraujoch in the Swiss Alps". *Erschienen in:* Michael Ross und Jimmy Royer (Editors): "Photovoltaics in Cold Climates". James and James, London, 1999, ISBN 1-873936-89-3.

[10.8] H. Häberlin: "Netzgekoppelte Photovoltaikanlage Jungfraujoch: 10 Jahre störungsfreier Betrieb mit Rekord-Energieerträgen". SEV/VSE-Bulletin 10/2004.

[10.9] H. Häberlin: "Grid Connected PV Plant Jungfraujoch (3454m) in the Swiss Alps: 10 Years of trouble-free Operation with Record Energy Yields". Proc. 19th EU PV Conf., Paris, France, 2004.

[10.10] H. Häberlin: "Hochalpine Photovoltaikanlagen – Langzeiterfahrungen mit Fassadenanlagen". Elektrotechnik 6-7/2004.

[10.11] G. Becker u.a.: "More than 6 Years of Operation Experience with a 1 MW Photovoltaic Power Plant – Highlights and Weak Points". 19th EU PV Conf., Paris, 2004.

[10.12] H. Häberlin: "Langzeiterfahrungen mit zwei hochalpinen Photovoltaikanlagen". 20. Symposium Photovoltaische Solarenergie , Staffelstein / BRD, 2005.

[10.13] T. Hansen, L. Moore, T. Mysak, H. Post: "Photovoltaic Power Plant Experience at Tucson Electric Power". Nov. 2005 (herunterladbar unter www.greenwatts.com).

[10.14] G. Becker u.a.: "An Approach to the Impact of Snow on the Yield of Grid-Connected PV Systems". 21st EU PV Conf., Dresden, 2006.

[10.15] H. Schmidt, B. Burger, K. Kiefer: "Welcher Wechselrichter für welche Modultechnologie". 21. Symposium Photovoltaische Solarenergie, Staffelstein, 2006.

Energie mit Zukunft.
BKW
Auf dem Dach das grösste stadionintegrierte
Sonnenkraftwerk der Schweiz. Und mittendrin
als Hauptpartner des Stade de Suisse.
www.bkw-fmb.ch
BKW FMB Energie AG
ihr partner für
1to1
energy

11 Zusammenfassung und Ausblick

Trotz deutlichen Preisreduktionen seit 1990 sind Photovoltaikanlagen immer noch relativ teuer und für ihre Herstellung ist ein beträchtlicher Energieaufwand nötig. Schon lange gibt es aber viele wirtschaftlich, ökologisch und sozial sehr sinnvolle Anwendungen, bei denen Photovoltaikanlagen die zweckmässigste Möglichkeit zur Stromversorgung sind.

Photovoltaische Inselanlagen werden heute an vielen Orten auf der ganzen Welt für die Versorgung von abgelegenen Verbrauchern kleiner und mittlerer Leistung eingesetzt, beispielsweise von Anlagen für Telekommunikation, Navigation, Wetter- und Umweltbeobachtung (z.B. für die Lawinenvorhersage) sowie von Ferienhäusern, Berg- und Alphütten. In Entwicklungsländern können sie auch die Energie für den Antrieb von Wasserpumpen in Trockengebieten, für die Stromversorgung von Landspitälern und für die Grundstromversorgung von Haushalten in abgelegenen ländlichen Gebieten bereitstellen. Bereits mit 0,1 kWh...0,2 kWh pro Tag kann der Stromverbrauch eines einfachen Haushalts für Beleuchtung, Radio, Kassettenrecorder und Fernsehen gedeckt werden. Kommt noch ein gut isoliertes kleines Kühlgerät dazu, steigt der Grundstrombedarf auf 0,5 kWh bis 1 kWh täglich. Dank der Modularität von Photovoltaikanlagen können solche Energiemengen sowohl in Einzelhausanlagen wie im Rahmen von Dorfstromversorgungen bereitgestellt werden. Dank der in Entwicklungsländern meist hohen täglichen Einstrahlung, die viel geringeren jahreszeitlichen Schwankungen unterliegt als in gemässigten Zonen, sind auch die Gestehungskosten für photovoltaisch erzeugten Strom wesentlich geringer als beispielsweise in Mitteleuropa. Ein Problem sind die noch hohen Investitionskosten, die aber beispielsweise im Rahmen von Entwicklungshilfeprojekten aufgebracht werden könnten. Dadurch würde auch in ländlichen Regionen der dritten Welt ein gewisser minimaler Komfort geschaffen, der die unerwünschte Abwanderung der Landbevölkerung in die Grossstädte oder gar in Industrieländer dämpfen würde. Da die Anzahl der an solchen Stromversorgungen potenziell interessierten Haushalte weltweit sicher einige Hundert Millionen beträgt, stellen solche Anlagen ein riesiges Marktpotenzial dar.

Die oben beschriebenen Inselanlagen können zwar die Zunahme des Energieverbrauchs in Drittweltländern etwas bremsen helfen oder zusätzliche Bedürfnisse decken, sie ermöglichen aber nicht die Produktion von Energiemengen, die im Vergleich zu den bereits heute produzierten Mengen elektrischer Energie ins Gewicht fallen. Dafür sind grössere und mit dem Stromnetz gekoppelte PV-Anlagen erforderlich, die wegen der wegfallenden Kosten für den Akku wesentlich günstigere Energiepreise ermöglichen und auch bei der Energiebilanz (Erntefaktor > 1, siehe Kap. 9.2) viel günstiger abschneiden als photovoltaische Inselanlagen, die sich wegen des periodisch notwendigen Akkuwechsels energetisch kaum amortisieren lassen.

Allerdings ist wegen der tageszeitlichen und wetterbedingten Variation der Leistung und der deshalb an schönen Tagen um die Mittagszeit auftretenden Leistungsspitze die Menge der problemlos ins Netz einspeisbaren Energie aus Photovoltaikanlagen aus physikalischen Gründen beschränkt. Ohne spezielle Massnahmen liegt diese Grenze in der Schweiz etwa bei 12 % des totalen Verbrauchs an elektrischer Energie (siehe Kap. 5.2.7). Mit den heutigen informationstechnischen Möglichkeiten sind aber weitere Massnahmen tariflicher und technischer Art (z.B. Lastverschiebung bei Leistungs-Überangebot) möglich, welche diese Grenze ohne allzu grosse Probleme deutlich erhöhen dürften. Auch ein verstärkter Energieaustausch im europäischen Verbundnetz zum Ausgleich lokaler Produktionsunterschiede ist möglich.

Sollen langfristig im Netzverbundbetrieb von Photovoltaikanlagen noch grössere Energiemengen erzeugt werden, muss ein Teil dieser Energie temporär gespeichert werden (z.B. mit Pumpspeicherwerken, Druckluftspeicherwerken oder in chemisch gebundener Form, z.B. in

Form von Wasserstoff), um die Netzstabilität nicht zu gefährden. Pumpspeicherwerke sind für die Speicherung von grösseren Mengen unregelmässig anfallender Energie aus neuen erneuerbaren Quellen (Photovoltaik, Wind) sehr wertvoll, denn sie können im Pumpbetrieb Leistungsspitzen reduzieren und im Generatorbetrieb Produktionslücken füllen und damit die Netzstabilität erhöhen (siehe Kap. 5.2.7). Ein diesbezügliches Umdenken bei gewissen Umweltorganisationen, die grundsätzlich gegen jedes Pumpspeicherwerk opponieren, wäre da sehr sinnvoll.

Im Gegensatz zu Inselanlagen, die trotz eines höheren Strompreises von etwa 1,5 – 2,5 Fr./kWh (ca. 0,9 – 1,6 €/kWh) für ihre Anwendung durchaus wirtschaftlich sind, arbeiten netzgekoppelte Photovoltaikanlagen bei realistischen Annahmen über Lebensdauer und Zinssätze im Vergleich zu den aktuellen Verbrauchertarifen (im Hochtarif ca. 16 – 32 Rp./kWh resp. ca. 0,1 – 0,2 €/kWh) heute noch unwirtschaftlich, wenn nicht durch ein Einspeisegesetz wie in Deutschland für photovoltaisch erzeugten Strom eine höhere Vergütung bezahlt wird.

Die für die Herstellung von Photovoltaikanlagen benötigte Energie ist gegenüber früher deutlich zurückgegangen, die Energierücklaufzeit heute installierter Anlagen beträgt in Mitteleuropa für im Flachland installierte Anlagen noch etwa 4 – 5 Jahre (Details siehe Kap. 9.2). Man kann deshalb nicht behaupten, dass die Erstellung von netzgekoppelten PV-Anlagen energetisch ein Unsinn sei, denn die Lebensdauer solcher Anlagen liegt wesentlich höher.

Die attraktiven Einspeisebedingungen zunächst in Japan, ab 2000 auch in Deutschland haben zu einer seit nun schon zehn Jahre anhaltenden, stetig steigenden Nachfrage geführt. Deshalb hat die Photovoltaik-Industrie ihre Produktionskapazität für Solarzellenmodule stark ausgebaut und ihre wirtschaftliche Bedeutung ist stark gewachsen. Die Photovoltaikindustrie dürfte heute pro Jahr über 10 Milliarden € umsetzen. Auf Grund der Lernkurve ist bei industriellen Produkten jeweils bei einer Verdoppelung der Produktionsmenge im Prinzip eine Preisreduktion von ca. 15% – 20% zu erwarten. Bei den Wechselrichtern wurden entsprechende Preisreduktionen realisiert. Bei Solarmodulen hingegen hat der gegenwärtig noch vorhandene Mangel an genügend reinem Silizium bei steigender Nachfrage trotz Ausbau der Produktionskapazität in den Solarzellen- und Solarmodulfabriken eine entsprechende Reduktion der Modulpreise verhindert. Allerdings dürfte dieser Siliziummangel in den nächsten 1 – 2 Jahren dank einem Ausbau der Produktionskapazitäten der Siliziumhersteller beseitigt sein, so dass auch die Preise für Solarmodule deutlich sinken dürften. Auch der nach EEG jährlich sinkende Vergütungssatz (siehe Tabelle 1.2) dürfte eine Senkung der Modulpreise erzwingen.

Der Siliziummangel, die anhaltend grosse Nachfrage und der steigende Umsatz bedeuten für die Modulhersteller auch einen Anreiz zu stärkeren Anstrengungen im Bereich Forschung und Entwicklung, um ihre Produkte immer weiter zu verbessern und den Wirkungsgrad und/oder die benötigte Siliziummenge pro Watt zu reduzieren. Entsprechende Verbesserungen reduzieren gleichzeitig die Gestehungskosten (siehe Kap. 9.1) und den Energieaufwand für die Herstellung pro Watt (siehe Kap. 9.2). Der Siliziummangel bewirkt auch ein steigendes Interesse für Module mit Dünnschichtzellen, die mit viel weniger oder ganz ohne Silizium auskommen und trotzdem noch einem vernünftigen Wirkungsgrad besitzen (z.B. Module mit amorphen Tripelzellen oder CIS-Module).

Aus Umweltschutzgründen wäre es an sich ideal, eine künstliche, stetig steigende Verteuerung der umweltbelastenden fossilen Energieträger einzuführen, denn dies würde das Energiesparen und die Konkurrenzfähigkeit der neuen erneuerbaren Energien einfach und sehr effizient mit marktwirtschaftlichen Mechanismen fördern. Aus politischen Gründen dürfte dies aber nur schwer zu realisieren sein. Als zweitbeste Lösung ist die Beschleunigung dieser Entwicklung durch eine Förderung der umweltfreundlichen photovoltaischen Stromproduktion mittels staatlich organisierten, zeitlich begrenzten finanziellen Anreizen zweckmässig und sinnvoll.

Dabei sind fixe Subventionen pro installiertes kWp wenig zweckmässig, da sie nur den Bau von Anlagen, nicht aber deren Betrieb mit einem möglichst hohen Energieertrag fördern. Das ab 2000 in Deutschland eingeführte EEG mit automatischer jährlicher Degression hat sich als sehr erfolgreich erwiesen und wird inzwischen in vielen europäischen Ländern in mehr oder weniger modifizierter Form kopiert. Wenn solche Fördermassnahmen, die natürlich während einer gewissen Zeit einen bedeutenden finanziellen Aufwand bedeuten, lange genug durchgehalten werden, entwickelt sich der Markt, die entsprechende Industrie und die Technologie derart, dass die neue Technik immer wirtschaftlicher wird und mit zunächst immer geringerer und schliesslich ohne Förderung auskommt (Beispiel Windenergie in Deutschland). Die Schweiz war Anfang und Mitte der 90-er Jahre bei der Entwicklung und dem Bau von PV-Anlagen mit an der Spitze. Die im ersten Halbjahr 2007 endlich beschlossene Einspeisevergütung mit tief angesetzter Begrenzung genügt für einen wesentlichen Ausbau der Photovoltaik leider noch nicht und sollte nur einen ersten Anfang darstellen.

Der Ausbau bestehender und der Aufbau neuer Produktionskapazitäten benötigt aber relativ viel Zeit, man kann deshalb nicht plötzlich bestehende Kernkraftwerke einfach abschalten und nur auf Photovoltaik und Wind setzen. Die Entwicklung der Weltproduktion von Solarzellen in den Jahren 1997 bis 2006 (historische Entwicklung) und eine Abschätzung der möglichen Weiterentwicklung ab 2007 wurde bereits in Bild 1-23 dargestellt.

In grösseren Photovoltaikanlagen in gemässigten Zonen dürften in den nächsten Jahren meist weiterhin mono- und polykristalline Silizium-Solarmodule verwendet werden. Auch moderne Silizium-Dünnschichtzellen (Tripelzellen) haben zwar gegenüber früheren amorphen Modulen einen deutlich höheren, aber immer noch relativ geringen Wirkungsgrad. Für die Entwicklung der Photovoltaik ist es deshalb wichtig, in den nächsten Jahren bei mono- und polykristallinen Zellen die erwarteten, aber noch in viel zu geringem Ausmass erfolgten Preisreduktionen endlich zu realisieren und den Energieverbrauch bei der Herstellung zu reduzieren. Eine weitere Steigerung des Wirkungsgrades um ein paar Prozent in Richtung der Werte heutiger Laborzellen ist ebenfalls erwünscht, wenn dies keinen wesentlichen Einfluss auf den Preis hat.

Amorphe Silizium-Solarzellen heutiger Technologie eignen sich dagegen sehr gut für die Stromversorgung kleiner portabler Geräte, die sehr wenig Strom benötigen, meist im natürlichen oder künstlichen Licht benutzt werden und sonst aus Batterien betrieben werden müssten (z.B. Taschenrechner). Die spektrale Empfindlichkeit amorpher Si-Solarzellen ist gut für diese Anwendung geeignet. Da die Herstellung von Primärbatterien bis zu 50 mal mehr Energie benötigt, als diese später abgeben und da die Entsorgung dieser Batterien nicht unproblematisch ist, ist diese Anwendung energetisch und ökologisch sehr sinnvoll.

An der Entwicklung verbesserter Dünnschicht-Solarzellen, die sich mit viel geringerem Energieaufwand und zu günstigeren Preisen herstellen lassen, wird eifrig gearbeitet. Viele Forscher beschäftigen sich auch mit Tandemzellen, die eine bessere Ausnutzung der Energie des Sonnenlichtes und damit einen grösseren Wirkungsgrad versprechen. Es bestehen gute Aussichten, dass die eine oder andere Entwicklung mittel- und langfristig zu Serienprodukten führt, die mindestens den Wirkungsgrad heutiger mono- und polykristalliner Solarzellen besitzen, aber preislich und in Bezug auf die zur Herstellung nötige Energie günstiger sind. Dabei ist aber immer die ökologische Problematik der verwendeten Materialien zu berücksichtigen. Substanzen wie Kadmiumtellurid (CdTe) sind für eine Massenproduktion von Solarzellen deshalb nicht optimal. Bei Verwendung von CdTe-Modulen ist ein sauberes Recycling-Konzept für beschädigte und ausgediente Module absolut unerlässlich. Diese Module sind gegenwärtig (Anfang 2007) sogar am billigsten, weshalb sie in steigendem Mass für Freifeld-Grossanlagen eingesetzt werden. Interessant sind auch Module aus CIS, deren Wirkungsgrad nicht mehr allzu weit unter dem von Modulen aus kristallinem Silizium liegt (siehe Bild 10-38), wo aber bei einer massiven Produktionsausweitung ein Ressourcenproblem beim Indium besteht.

Auf irgendeine Spekulation von Seiten des Autors, wann welches Produkt zu welchem Preis erhältlich sein wird, soll hier bewusst verzichtet werden. Schon all zu oft haben eifrige Promotoren der Photovoltaik euphorische Prognosen über rasche Preisreduktionen aufgestellt, die sich dann später nicht bestätigt haben. Beispiele dafür finden sich auch in diesem Buch.

Da es sich bei der Photovoltaik inzwischen um einen Markt von etwa 10 Milliarden € handelt, werden laufend weitere Studien über die zukünftige Entwicklung des Marktes veröffentlicht. Nach einer neuen Studie von Photon Consulting (Photon 4/2007) sollen sich die Produktionskosten (aber noch nicht die Marktpreise!) von Komponenten für PV-Anlagen bis 2010 soweit verbilligen, dass in manchen Ländern die damit berechneten Kosten von Solarstrom vergleichbar mit den Kosten sein sollen, die von den EVUs den Verbrauchern verrechnet werden.

In den letzten Jahren hat sich auch auf Grund der Tatsache, dass weltweit ein Klimawandel im Gang ist, das Interesse für neue erneuerbare Energien wieder verstärkt. Es stellt sich deshalb die Frage, wie sich dieser Klimawandel auf die einzelnen Energiequellen auswirkt.

Bei der Wasserkraft wird meist angenommen, dass die Wasserführung von Flüssen im Winter wegen der zu erwartenden tendenziell stärkeren Niederschläge eher zunimmt, während sie im Sommer deutlich abnimmt, vor allem wenn mittel- und langfristig ein wesentlicher Rückgang der Gletscher in den Alpen stattfinden sollte. Während somit die Stromproduktion aus Wasserkraft im Winter tendenziell zunimmt, dürfte sie im Sommer dagegen eher abnehmen. Eine leicht erhöhte Winterproduktion wäre an sich elektrizitätswirtschaftlich nicht ungünstig, da in Mitteleuropa die Stromnachfrage im Winter etwas grösser ist als im Sommer. Insgesamt ist bei der Wasserkraft auf Grund des Klimawandels aber ein gewisser Rückgang zu erwarten.

Die Nachfrage nach Strom dürfte sich vor allem im Sommer (grösserer Bedarf an Klima- und Kühlanlagen) tendenziell erhöhen. Im Winter dürfte der Verbrauch zwar bei den einzelnen Konsumenten, die mit Strom heizen, wegen der Klimaerwärmung deutlich zurückgehen. Wegen der zunehmenden und an sich sinnvollen Substitution von fossilen Energieträgern bei der Beheizung von Gebäuden (Ersatz von Öl- und Gasheizungen durch Wärmepumpen, Antrieb von Belüftungsanlagen und Umwälzpumpen bei Niedrigenergiehäusern) dürfte die Stromnachfrage im Winter aber insgesamt kaum zurückgehen. Auch ein Bevölkerungswachstum trägt natürlich zu einer Steigerung des Stromverbrauchs bei.

Bei der Photovoltaik dürfte der zu erwartende Klimawandel sich eher positiv auswirken. Wie bereits in früheren Kapiteln dargestellt (z.B. Kap. 10), führt das Photovoltaiklabor der BFH seit 1992 Langzeitmessungen an vielen Photovoltaikanlagen durch. Bei einigen Anlagen sind inzwischen lückenlose Messreihen von 13 – 15 Jahren verfügbar, die alle einen klaren Trend zeigen. Sowohl die Einstrahlung H in die Horizontalebene als auch die Einstrahlung H_G in die geneigte Ebene des Solargenerators und der Energieertrag zeigen in den letzen Jahren eine klar steigende Tendenz (mittlere Zunahme je nach Anlage zwischen etwa 0,3 % – 0,6 % pro Jahr, siehe Bild 11-1). Beide Kurven liegen auch deutlich über den jeweiligen Mittelwerten, die mit dem Strahlungsberechnungsprogramm Meteonorm 5 berechnet wurden, das mit einer Datenbasis arbeitet, die vorwiegend auf Messungen in den achtziger und neunziger Jahren des letzten Jahrhunderts beruht [2.5]. Da die Werte in den Tabellen A2.1 bis A2.7 und A3.1 bis A3.3 für die Berechnung der Einstrahlung in die Solargeneratorebene auf Meteonorm 3 und 4, also auch auf älteren Messungen beruhen, dürfte man sich bei Verwendung dieser Werte für Ertragsberechnungen nach Kap. 2.6 und 8 in der Regel auf der sicheren Seite befinden, d.h. die effektiv auftretenden Erträge dürften meist einige Prozent über den damit berechneten Werten liegen.

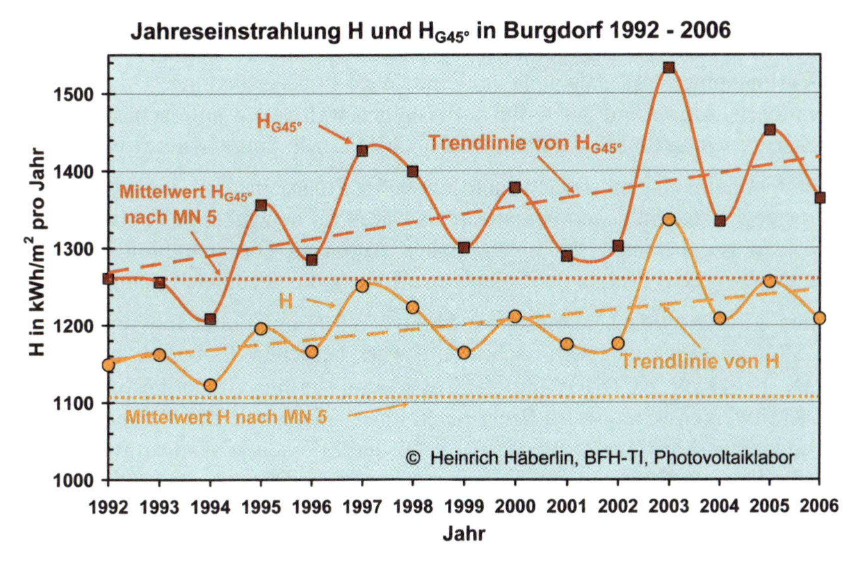

Bild 11-1: Jahreswerte der Einstrahlung H in die Horizontalebene und der Einstrahlung $H_{G45°}$ in eine um 45° geneigte, genau südorientierte Ebene bei der zentralen Meteo-Messstation der BFH in Burgdorf in den Jahren 1992 – 2006. Zudem sind auch noch die Mittelwerte von H und $H_{G45°}$ gemäss dem Programm Meteonorm 5 [2.5] angegeben, das die Berechnung der Einstrahlung in beliebig orientierte Flächen ermöglicht.

Da sich wegen der Klimaerwärmung auch die Umgebungstemperaturen erhöhen, dürfte die Mehrproduktion von Photovoltaikanlagen eigentlich nicht ganz so stark ausfallen wie die Erhöhung der Einstrahlung. Auch die Verschmutzung im Sommer dürfte tendenziell zunehmen. Andererseits sinkt die Dauer von winterlichen Schneebedeckungen und die Anlagen werden häufiger bei mittleren und höheren Leistungen betrieben, wo der totale Wirkungsgrad der Wechselrichter oft etwas grösser ist. Die Energieproduktion von PV-Anlagen dürfte deshalb insgesamt im ähnlichen Ausmass zunehmen wie die Einstrahlung. Bei den Anlagen, bei denen lückenlose Messdaten von mindestens 10 Jahren vorliegen (Birg, Gfeller, Jungfraujoch, siehe Kap. 10) wurde sowohl bei der Einstrahlung als auch bei der Energieproduktion eine analoge, stetig zunehmende Tendenz gemessen.

Insgesamt zeigen die Messungen, dass sich die Energieproduktion von PV-Anlagen und Wasserkraft sehr gut ergänzen. In den fünfziger und sechziger Jahren (als in der Schweiz noch keine Kernkraftwerke in Betrieb waren) war beispielsweise der Strom im Frühjahr in Schönwetterperioden manchmal knapp, da die Speicherseen fast leer waren und es wurde zum Stromsparen aufgerufen. In solchen Situationen oder bei einem möglichen Strommangel in zukünftigen trockeneren Sommern könnten PV-Anlagen wertvolle Beiträge leisten. Werden PV-Anlagen in den Alpen oder in Südeuropa angeordnet, steigt nicht nur ihre Gesamtenergieproduktion, sondern vor allem (um Faktoren!) die Produktion von November bis Februar.

Es ist sicher, dass die Photovoltaik langfristig einen nennenswerten Beitrag an die weltweite Stromproduktion leisten wird. Wie gross dieser Beitrag sein wird, hängt nicht nur von den möglichen Verbesserungen und Verbilligungen bei der Massenproduktion von Solarzellen, sondern auch von der unbedingt notwendigen Lösung des Speicherproblems ab. Sollen grössere Energiemengen durch nicht permanent vorhandene neue Energiequellen wie Photovoltaik oder Wind erzeugt werden, so ist eine wirkungsvolle, zuverlässige und kostengünstige Lösung für die Speicherung des ungleichmässig anfallenden Stroms aus diesen Quellen nötig.

Wie bereits in Kap. 5.2.7.5.3 angedeutet, könnte auch ein globales Verbundnetz im Prinzip mit Nord-Süd-Verbindungen das saisonale und mit West-Ost-Verbindungen das tägliche Speicherproblem lösen. Auf Grund der dafür notwendigen weltweiten politischen Stabilität ist ein solches Szenario zwar technisch denkbar, aber höchstens sehr langfristig realistisch.

Kleinere Photovoltaikanlagen werden sich ausser in Polargebieten wahrscheinlich weltweit verbreiten. Dagegen scheint es momentan so, als wären für netzgekoppelte Grossanlagen (10 – 1000 MW) in Wüstengebieten mit einem hohen Anteil an Direktstrahlung solarthermische Kraftwerke, die nach dem Prinzip der Solarfarm arbeiten, die geeignete Lösung.

In Kalifornien wird seit vielen Jahren in der Mojave Wüste in Kramer Junction ein in den Jahren 1985 – 1991 erstelltes solarthermisches Kraftwerk betrieben. Es besteht aus 9 Teilanlagen (SEGS I – IX, $1 \cdot 14$ MW, $6 \cdot 30$ MW und $2 \cdot 80$ MW) und hat eine Gesamtleistung von 354 MW. Bei diesen Kraftwerken wird ein im Brennpunkt einer spiegelbelegten Parabolrinne liegendes Metallrohr auf etwa 400°C erwärmt, das von Öl durchflossen wird. Damit wird Dampf erzeugt, der eine Dampfturbine mit einem Generator antreibt. Das erwärmte Öl kann auch kurzzeitig gespeichert werden. In Zeiten schwacher Sonneneinstrahlung und/ oder starker Stromnachfrage wird etwas mit Erdgas nachgeheizt, wobei aber die durch Gas produzierte Energie nur 25% der Gesamtenergie betragen darf. Unter den klimatischen und elektrizitätswirtschaftlichen Gegebenheiten Kaliforniens (Spitzenbelastung durch Klimaanlagen an heissen Sommertagen) ist solarthermischer Strom dort bereits nahezu wirtschaftlich. Bei steigenden Ölpreisen dürften solche Anlagen dort in Kürze wirtschaftlich werden. Kombiniert mit geothermischer Energie ergäbe sich bei solchen Kraftwerken ein optimaler Tagesgang der Produktion.

Für die klimatischen Verhältnisse Mitteleuropas mit einem grösseren Anteil an Diffusstrahlung und gelegentlichen Schneefällen eignen sich Photovoltaikanlagen und -kraftwerke dagegen besser und dürften an nebelarmen, gut besonnten Standorten gute Erträge liefern, allerdings zu höheren Preisen pro kWh. Der Flächenbedarf für PV-Anlagen ist zwar hoch, aber nicht das zentrale Problem beim Bau solcher Anlagen.

Damit in einigen Jahrzehnten eine nennenswerter Teil unseres Energiebedarfs von Photovoltaikanlagen produziert werden kann, ist es notwendig, bereits heute nicht nur in Labors immer bessere Solarzellen zu entwickeln, sondern auch Solarzellen und Anlagen in sehr grossen Stückzahlen industriell zu produzieren und den dafür notwendigen Aufwand Schritt um Schritt zu reduzieren. Damit die Industrie die dafür notwendigen Investitionen von vielen Milliarden vornimmt, braucht es stabile Rahmenbedingungen und die Aussicht auf einen angemessenen Gewinn. Jede bisher vom Menschen eingeführte Energiegewinnungstechnik war gegenüber den jeweils konventionellen Techniken für die ersten Anwender unwirtschaftlich und brauchte von der Einführung bis zur Reife einige Jahrzehnte. Nutzen, fördern und optimieren wir also die Photovoltaik, lernen wir die damit verbundenen Probleme kennen und versuchen wir diese nach und nach zu lösen. Im Verbund können, müssen und werden die erneuerbaren Energien (Photovoltaik, solarthermische Wüstenkraftwerke, Wasserkraft, Wind, Biomasse und Geothermie) längerfristig in der Lage sein, die gesamte Stromversorgung sicherzustellen. Sowohl die Reserven an fossilen Brennstoffen als auch an Uran sind beschränkt und es ist trotz aufwändigen, schon Jahrzehnte dauernden Forschungsarbeiten sehr unsicher, ob allenfalls die Kernfusion in ferner Zukunft irgendwann einen Beitrag zur Energieversorgung liefern wird.

A Anhang mit Berechnungstabellen und Strahlungsdaten

A1 Kopiervorlagen der Tabellen zur Strahlungsberechnung (Kap. 2)

A1.1 Einfache Strahlungsberechnung nach Kap. 2.4:

Die in die Solargeneratorebene eingestrahlte Energie H_G beträgt nach (2.7): $\boldsymbol{H_G = R(\beta,\gamma)\cdot H}$

Tabelle A1.1: Hilfstabelle für die H_G-Berechnung mit der einfachen Methode nach Kap. 2.4.

	Jan	Feb	März	April	Mai	Juni	Juli	Aug	Sept	Okt	Nov	Dez	Jahr	Einheit
H														kWh/m²
R(β,γ)														
H_G														kWh/m²

Dabei bedeuten H : Eingestrahlte Energie der Globalstrahlung in Horizontalebene

R(β,γ) : Globalstrahlungsfaktor der zugehörigen Referenzstation

Daten für H in Tabelle A2 (fette Werte), Daten für R(β,γ) im Anhang A3.

A1.2 Strahlungsberechnung mit Dreikomponentenmodell nach Kap. 2.5:

Die in die Solargeneratorebene eingestrahlte Energie H_G beträgt nach (2.28):

$$H_G = H_{GB} + H_{GD} + H_{GR} = k_B \cdot R_B \cdot (H - H_D) + R_D \cdot H_D + R_R \cdot \rho \cdot H$$

Dabei bedeuten
- H : Eingestrahlte Energie der Globalstrahlung in Horizontalebene
- H_D : Eingestrahlte Energie der Diffusstrahlung in Horizontalebene
- k_B : Beschattungskorrekturfaktor gem. Kapitel 2.5.4 (unbeschattet $k_B = 1$)
- R_B : Direktstrahlungsfaktor gemäss Anhang A4.
- R_D : Korrigierter Diffusstrahlungsfaktor $R_D = ½\cos\alpha_2 + ½\cos(\alpha_1+\beta)$
- R_R : Wirksamer Reflexionsstrahlungsanteil : $R_R = ½ - ½\cos\beta$
- α_1 : Horizont-Elevation (in Richtung von γ)
- α_2 : Elevation von Fassade/Dachkante gegenüber Solargeneratorebene
- β : Anstellwinkel der geneigten Ebene gegenüber der Horizontalebene
- ρ : Reflexionsfaktor (Albedo) des Erdbodens vor dem Solargenerator

Daten für H (fette Werte) und H_D im Anhang A2, k_B-Bestimmung nach Anhang A5.

Tabelle A1.2: Hilfstabelle zur Berechnung von H_G mit der Dreikomponentenmethode:

$R_D = ½\cos\alpha_2 + ½\cos(\alpha_1+\beta) =$ $R_R = ½ - ½\cos\beta =$

	Jan	Feb	Mrz	Apr	Mai	Juni	Juli	Aug	Sep	Okt	Nov	Dez	Jahr	Einheit
H														kWh/m²
H_D														kWh/m²
R_B														
k_B														
$H_{GB} = k_B \cdot R_B \cdot (H-H_D)$														kWh/m²
$H_{GD} = R_D \cdot H_D$														kWh/m²
ρ														
$H_{GR} = R_R \cdot \rho \cdot H$														kWh/m²
$H_G = H_{GB} + H_{GD} + H_{GR}$														kWh/m²

A2 Monatssummen der horizontalen Globalstrahlung

*Die Globalstrahlung **H** ist fett gedruckt.* Quelle: Meteonorm [2.4], teilweise auch [2.2], [2.3].

Tabelle A2.1: Horizontale Globalstrahlung in kWh/m²/d an einigen Orten in der Schweiz Teil 1

Ort		Jan	Feb	März	Apr	Mai	Juni	Juli	Aug	Sep	Okt	Nov	Dez	Jahr
Adelboden	H	**1.46**	**2.33**	**3.52**	**4.46**	**5.27**	**5.36**	**5.85**	**5.07**	**3.89**	**2.60**	**2.49**	**1.26**	**3.55**
46.5°N, 7.6°E, 1350m	H_D	0.68	1.03	1.52	2.00	2.37	2.49	2.50	2.18	1.70	1.18	0.75	0.58	1.58
Airolo	H	**1.56**	**2.44**	**3.80**	**4.58**	**5.20**	**5.75**	**5.96**	**5.04**	**3.84**	**2.41**	**1.60**	**1.25**	**3.62**
46.5°N, 8.6°E, 1175m	H_D	0.70	1.04	1.54	2.01	2.36	2.55	2.51	2.18	1.69	1.15	0.76	0.58	1.59
Basel (-Binningen)	H	**0.96**	**1.64**	**2.54**	**3.57**	**4.61**	**5.16**	**5.59**	**4.73**	**3.38**	**2.02**	**1.13**	**0.82**	**3.00**
47.6°N, 7.6°E, 316m	H_D	0.67	1.05	1.59	2.16	2.62	2.81	2.70	2.36	1.84	1.25	0.77	0.56	1.69
Beatenberg	H	**1.31**	**2.10**	**3.29**	**4.14**	**4.84**	**4.97**	**5.47**	**4.79**	**3.59**	**2.39**	**1.41**	**1.09**	**3.28**
46.7°N, 7.8°E, 1150m	H_D	0.81	1.17	1.68	2.29	2.73	2.94	2.74	2.38	1.92	1.36	0.91	0.69	1.80
Bern (-Liebefeld)	H	**1.06**	**1.76**	**2.79**	**3.72**	**4.68**	**5.20**	**5.69**	**4.82**	**3.56**	**2.06**	**1.13**	**0.84**	**3.12**
46.9°N, 7.4°E, 565m	H_D	0.71	1.09	1.63	2.19	2.63	2.81	2.69	2.36	1.86	1.27	0.78	0.58	1.72
Biasca	H	**1.45**	**2.11**	**3.15**	**3.81**	**4.53**	**5.49**	**5.87**	**5.04**	**3.69**	**2.12**	**1.44**	**1.14**	**3.32**
46.3°N, 9.0°E, 300m	H_D	0.69	1.00	1.47	1.88	2.23	2.51	2.50	2.18	1.68	1.08	0.73	0.56	1.54
Biel/Bienne	H	**0.91**	**1.65**	**2.67**	**3.73**	**4.65**	**5.21**	**5.68**	**4.78**	**3.42**	**2.03**	**0.99**	**0.73**	**3.03**
47.1°N, 7.2°E, 435m	H_D	0.65	1.07	1.61	2.19	2.63	2.81	2.69	2.36	1.86	1.26	0.73	0.54	1.70
Brig	H	**1.48**	**2.23**	**3.54**	**4.66**	**5.65**	**6.10**	**6.32**	**5.39**	**4.02**	**2.62**	**1.55**	**1.21**	**3.72**
46.3°N, 8.0°E, 680m	H_D	0.80	1.16	1.63	2.19	2.56	2.71	2.52	2.24	1.83	1.34	0.90	0.68	1.71
Brugg	H	**0.82**	**1.57**	**2.60**	**3.67**	**4.76**	**5.22**	**5.60**	**4.70**	**3.34**	**1.85**	**0.87**	**0.65**	**2.97**
47.5°N, 8.2°E, 350m	H_D	0.62	1.04	1.59	2.17	2.63	2.81	2.70	2.36	1.84	1.22	0.67	0.50	1.68
Buchs (SG)	H	**1.06**	**1.86**	**3.16**	**3.90**	**4.88**	**5.10**	**5.48**	**4.58**	**3.42**	**2.13**	**1.15**	**0.81**	**3.12**
47.1°N, 9.5°E, 450m	H_D	0.71	1.10	1.64	2.19	2.63	2.81	2.71	2.37	1.86	1.28	0.78	0.57	1.72
Burgdorf	H	**0.99**	**1.69**	**2.74**	**3.68**	**4.59**	**5.09**	**5.59**	**4.75**	**3.41**	**1.94**	**1.04**	**0.77**	**3.02**
47.1°N, 7.6°E, 540m	H_D	0.69	1.08	1.62	2.18	2.62	2.81	2.70	2.37	1.86	1.25	0.75	0.56	1.70
Chur (-Ems)	H	**1.43**	**2.20**	**3.29**	**4.36**	**5.13**	**5.35**	**5.69**	**4.78**	**3.69**	**2.51**	**1.46**	**1.11**	**3.41**
46.9°N, 9.5°E, 560m	H_D	0.79	1.15	1.67	2.24	2.68	2.89	2.68	2.38	1.89	1.34	0.90	0.68	1.53
Davos	H	**1.68**	**2.66**	**4.02**	**5.01**	**5.58**	**5.70**	**5.88**	**5.01**	**3.95**	**2.78**	**1.72**	**1.34**	**3.77**
46.8°N, 9.8°E, 1560m	H_D	0.78	1.12	1.62	2.23	2.68	2.87	2.78	2.43	1.91	1.34	0.88	0.66	1.77
Disentis	H	**1.52**	**2.43**	**3.71**	**4.54**	**5.17**	**5.55**	**5.73**	**4.85**	**3.75**	**2.48**	**1.56**	**1.21**	**3.54**
46.7°N, 8.8°E, 1150m	H_D	0.77	1.10	1.57	2.19	2.64	2.82	2.68	2.37	1.87	1.33	0.88	0.66	1.74
Fribourg/Freiburg	H	**1.08**	**1.75**	**2.83**	**3.78**	**4.77**	**5.26**	**5.76**	**4.88**	**3.55**	**2.02**	**1.10**	**0.86**	**3.13**
46.8°N, 7.2°E, 620m	H_D	0.72	1.09	1.64	2.19	2.63	2.81	2.68	2.36	1.87	1.27	0.78	0.59	1.72
Genève	H	**0.95**	**1.75**	**2.91**	**4.08**	**5.05**	**5.67**	**6.11**	**5.16**	**3.89**	**2.28**	**1.08**	**0.82**	**3.31**
46.2°N, 6.2°E, 375m	H_D	0.69	1.11	1.67	2.22	2.63	2.80	2.63	2.33	1.86	1.33	0.78	0.59	1.72
Grächen	H	**1.68**	**2.66**	**4.09**	**4.97**	**5.68**	**6.09**	**6.26**	**5.47**	**4.29**	**2.91**	**1.76**	**1.41**	**3.94**
46.2°N, 7.9°E, 1610m	H_D	0.80	1.10	1.50	2.18	2.65	2.82	2.63	2.30	1.82	1.34	0.93	0.69	1.73
Interlaken	H	**1.13**	**1.88**	**3.03**	**3.81**	**4.82**	**5.12**	**5.66**	**4.75**	**3.49**	**2.20**	**1.26**	**0.90**	**3.17**
46.7°N, 7.9°E, 565m	H_D	0.73	1.12	1.66	2.19	2.63	2.81	2.70	2.37	1.87	1.30	0.82	0.61	1.73
Kloten (Flughafen)	H	**0.91**	**1.66**	**2.69**	**3.77**	**4.78**	**5.20**	**5.59**	**4.73**	**3.38**	**1.92**	**0.94**	**0.70**	**3.02**
47.5°N, 8.5°E, 436m	H_D	0.65	1.06	1.60	2.18	2.63	2.81	2.70	2.36	1.85	1.24	0.70	0.52	1.69
La Chaux-de-Fonds	H	**1.32**	**2.06**	**3.05**	**3.86**	**4.39**	**4.99**	**5.62**	**4.75**	**3.56**	**2.28**	**1.39**	**1.08**	**3.19**
47.1°N, 6.8°E, 1018m	H_D	0.79	1.16	1.70	2.31	2.76	2.94	2.70	2.39	1.91	1.36	0.89	0.67	1.79
Lausanne	H	**1.03**	**1.73**	**2.89**	**3.94**	**4.89**	**5.44**	**5.94**	**5.02**	**3.69**	**2.13**	**1.13**	**0.86**	**3.22**
46.5°N, 6.6°E, 450m	H_D	0.71	1.10	1.66	2.21	2.63	2.81	2.65	2.35	1.87	1.30	0.79	0.60	1.72
Locarno	H	**1.42**	**2.00**	**3.06**	**3.57**	**4.39**	**5.50**	**5.95**	**5.17**	**3.72**	**2.17**	**1.44**	**1.13**	**3.29**
46.2°N, 8.8°E, 200m	H_D	0.82	1.21	1.74	2.33	2.77	2.86	2.59	2.28	1.92	1.40	0.93	0.71	1.79
Lugano	H	**1.36**	**1.98**	**2.97**	**3.49**	**4.35**	**5.39**	**5.82**	**5.15**	**3.71**	**2.17**	**1.44**	**1.14**	**3.25**
46.0°N, 9.0°E, 273m	H_D	0.84	1.22	1.76	2.32	2.77	2.89	2.64	2.29	1.92	1.41	0.94	0.72	1.81
Luzern	H	**0.91**	**1.56**	**2.62**	**3.56**	**4.42**	**4.63**	**5.13**	**4.49**	**3.21**	**1.92**	**0.98**	**0.72**	**2.85**
47.0°N, 8.3°E, 450m	H_D	0.66	1.05	1.61	2.17	2.60	2.77	2.72	2.37	1.85	1.25	0.73	0.54	1.69
Martigny	H	**1.39**	**2.17**	**3.33**	**4.61**	**5.50**	**5.94**	**6.41**	**5.42**	**4.01**	**2.61**	**1.52**	**1.17**	**3.67**
46.1°N, 7.1°E, 475m	H_D	0.81	1.17	1.68	2.19	2.60	2.76	2.48	2.24	1.84	1.34	0.91	0.69	1.72

Tabelle A2.2: Horizontale Globalstrahlung in kWh/m²/d an einigen Orten in der Schweiz Teil 2

Ort		Jan	Feb	März	Apr	Mai	Juni	Juli	Aug	Sep	Okt	Nov	Dez	Jahr
Montana	H	1.61	2.53	3.88	4.77	5.61	5.74	6.08	5.28	4.13	2.80	1.68	1.35	3.78
46.3°N, 7.5°E, 1506m	H_D	0.73	1.04	1.46	2.03	2.42	2.61	2.46	2.15	1.70	1.23	0.83	0.63	1.61
Olten	H	0.85	1.60	2.63	3.61	4.62	5.15	5.60	4.68	3.34	1.87	0.92	0.67	2.96
47.4°N, 7.9°E, 400m	H_D	0.63	1.05	1.60	2.17	2.62	2.81	2.70	2.37	1.85	1.23	0.69	0.51	1.68
Payerne	H	0.99	1.71	2.88	3.94	4.92	5.52	5.98	5.06	3.65	2.04	1.03	0.77	3.21
46.8°N, 7.0°E, 490m	H_D	0.69	1.09	1.65	2.20	2.63	2.81	2.64	2.33	1.86	1.27	0.75	0.56	1.71
Schaffhausen	H	0.85	1.60	2.62	3.74	4.85	5.31	5.65	4.71	3.36	1.89	0.89	0.67	3.01
47.7°N, 8.6°E, 400m	H_D	0.63	1.04	1.59	2.18	2.63	2.81	2.69	2.36	1.84	1.22	0.68	0.51	1.68
Sion/Sitten	H	1.38	2.18	3.35	4.57	5.55	5.88	6.31	5.34	4.00	2.67	1.50	1.13	3.65
46.2°N, 7.3°E, 500m	H_D	0.80	1.17	1.68	2.19	2.59	2.77	2.52	2.26	1.84	1.34	0.90	0.68	1.73
St. Gallen	H	0.99	1.75	3.10	3.82	4.77	5.03	5.47	4.63	3.34	2.01	1.07	0.80	3.06
47.4°N, 9.4°E, 680m	H_D	0.68	1.08	1.63	2.19	2.63	2.81	2.71	2.37	1.85	1.25	0.75	0.56	1.71
St. Moritz	H	1.74	2.70	4.06	5.29	5.75	6.01	6.16	5.23	4.16	2.86	1.83	1.45	3.93
46.5°N, 9.8°E, 1835m	H_D	0.77	1.06	1.50	2.05	2.63	2.84	2.66	2.37	1.86	1.33	0.89	0.65	1.71
Winterthur	H	0.86	1.62	2.66	3.82	4.83	5.23	5.57	4.70	3.34	1.89	0.90	0.65	3.00
47.5°N, 8.7°E, 440m	H_D	0.64	1.05	1.60	2.19	2.63	2.81	2.70	2.36	1.84	1.23	0.69	0.50	1.68
Zermatt	H	1.67	2.74	4.15	5.16	5.84	6.19	6.39	5.57	4.35	2.95	1.79	1.42	4.01
46.0°N, 7.8°E, 1640m	H_D	0.82	1.08	1.49	2.12	2.61	2.80	2.57	2.26	1.81	1.33	0.93	0.70	1.71
Zürich	H	0.84	1.59	2.66	3.79	4.77	5.17	5.53	4.65	3.31	1.88	0.89	0.64	2.97
47.4°N, 8.5°E, 415m	H_D	0.63	1.04	1.60	2.19	2.63	2.81	2.71	2.37	1.85	1.23	0.69	0.49	1.68
Gebirgsstationen:		Jan	Feb	März	Apr	Mai	Juni	Juli	Aug	Sep	Okt	Nov	Dez	Jahr
Chasseral	H	1.59	2.33	3.33	4.27	4.59	4.94	5.59	4.85	3.74	2.66	1.68	1.37	3.40
47.1°N, 7.1°E, 1599m	H_D	0.68	1.01	1.49	1.96	2.24	2.41	2.46	2.15	1.68	1.17	0.76	0.58	1.55
Cimetta (ob Locarno)	H	1.70	2.54	3.72	4.27	4.73	5.69	6.22	5.42	3.96	2.54	1.80	1.44	3.69
46.2°N, 8.8°E, 1672m	H_D	0.73	1.06	1.54	1.97	2.28	2.54	2.53	2.21	1.72	1.18	0.80	0.62	1.60
Corvatsch	H	2.02	3.05	4.59	5.85	6.45	6.31	6.16	5.28	4.44	3.29	2.19	1.76	4.27
46.4°N, 9.8°E, 3315m	H_D	0.55	0.75	1.02	1.49	1.99	2.31	2.24	1.99	1.48	0.99	0.65	0.45	1.32
Evolène-Villa (VS)	H	1.68	2.75	4.19	5.19	5.88	6.06	6.29	5.42	4.29	2.95	1.82	1.42	3.99
46.1°N, 7.5°E, 1825m	H_D	0.81	1.07	1.45	2.10	2.60	2.83	2.62	2.32	1.82	1.33	0.92	0.70	1.71
Grand-St-Bernard	H	1.74	2.83	4.32	5.37	6.09	6.19	6.18	5.32	4.15	2.90	1.87	1.51	4.04
45.9°N, 7.2°E, 2472m	H_D	0.81	1.06	1.41	2.04	2.52	2.80	2.65	2.36	1.89	1.35	0.93	0.69	1.71
Grimsel-Hospiz	H	1.68	2.66	4.09	4.91	5.64	5.72	5.92	5.07	4.01	2.67	1.73	1.42	3.79
46.6°N, 8.3°E, 1980m	H_D	0.79	1.14	1.62	2.24	2.68	2.87	2.78	2.43	1.91	1.34	0.89	0.67	1.78
Gütsch (ob Andermatt)	H	1.80	2.86	4.35	5.56	5.91	5.91	6.05	5.16	4.15	2.80	1.92	1.53	4.00
46.7°N, 8.6°E, 2287m	H_D	0.73	0.97	1.33	1.90	2.58	2.87	2.70	2.39	1.85	1.34	0.85	0.61	1.68
Jungfraujoch	H	1.65	2.65	3.97	5.53	6.15	6.42	6.31	5.47	4.46	3.19	2.16	1.57	4.12
46.6°N, 8.0°E, 3580m	H_D	0.66	0.91	1.30	1.63	2.10	2.29	2.20	1.94	1.47	1.01	0.65	0.52	1.39
La Dôle	H	1.44	2.11	3.12	3.86	4.29	4.68	5.33	4.61	3.62	2.45	1.56	1.27	3.19
46.4°N, 6.1°E, 1670m	H_D	0.68	1.00	1.46	1.89	2.18	2.35	2.44	2.12	1.67	1.16	0.75	0.59	1.52
Moléson	H	1.51	2.38	3.39	4.42	4.78	4.78	5.40	4.80	3.74	2.66	1.68	1.34	3.40
46.6°N, 7.0°E, 1972m	H_D	0.69	1.04	1.51	1.99	2.28	2.37	2.45	2.15	1.69	1.19	0.78	0.60	1.56
Mont Soleil	H	1.36	2.10	3.09	3.96	4.54	4.98	5.57	4.79	3.63	2.42	1.44	1.14	3.25
47.2°N, 7.0°E, 1270m	H_D	0.65	0.98	1.45	1.91	2.23	2.42	2.46	2.14	1.66	1.14	0.71	0.55	1.53
Napf	H	1.32	1.94	2.83	3.45	4.08	4.46	5.13	4.42	3.31	2.28	1.39	1.10	2.97
47.0°N, 7.9°E, 1406m	H_D	0.84	1.25	1.85	2.44	2.90	3.12	3.03	2.64	2.08	1.46	0.95	0.72	1.94
Pilatus	H	1.49	2.30	3.32	4.20	4.52	4.18	4.66	4.35	3.53	2.72	1.63	1.27	3.19
47.0°N, 8.2°E, 2106m	H_D	0.68	1.02	1.49	1.95	2.23	2.21	2.30	2.07	1.65	1.18	0.76	0.57	1.51
San Bernardino	H	1.68	2.71	4.05	5.03	5.54	5.85	6.03	5.13	3.97	2.61	1.76	1.39	3.81
46.5°N, 9.2°E, 1639m	H_D	0.79	1.06	1.51	2.15	2.69	2.89	2.71	2.40	1.91	1.38	0.91	0.67	1.75
Säntis	H	1.60	2.54	3.65	4.92	5.42	5.16	5.45	4.78	3.89	2.95	1.85	1.42	3.62
47.3°N, 9.4°E, 2490m	H_D	0.76	1.12	1.66	2.22	2.68	2.83	2.78	2.42	1.89	1.30	0.85	0.64	1.76
Weissfluhjoch	H	1.87	2.91	4.32	5.59	6.05	5.73	5.56	4.78	4.01	3.02	2.04	1.59	3.96
46.8°N, 9.8°E, 2690m	H_D	0.75	1.07	1.56	2.12	2.64	2.87	2.79	2.43	1.90	1.31	0.85	0.64	1.74

Tabelle A2.3: Horizontale Globalstrahlung in $kWh/m^2/d$ an einigen Orten in Deutschland

Ort		Jan	Feb	März	Apr	Mai	Juni	Juli	Aug	Sep	Okt	Nov	Dez	Jahr
Berlin	H	0.60	1.20	2.28	3.57	4.85	5.25	5.04	4.32	2.95	1.63	0.72	0.43	2.74
52.5°N, 13.3°E, 33m	H_D	0.45	0.82	1.42	2.06	2.57	2.80	2.69	2.28	1.69	1.05	0.54	0.34	1.56
Bocholt	H	0.63	1.39	2.19	3.80	4.85	4.82	4.87	4.13	2.76	1.73	0.86	0.48	2.71
51.8°N, 6.6°E, 24m	H_D	0.47	0.89	1.42	2.09	2.58	2.78	2.69	2.28	1.69	1.08	0.60	0.37	1.58
Bonn	H	0.72	1.47	2.23	3.56	4.44	4.63	4.85	4.08	2.73	1.76	0.96	0.56	2.66
50.7°N, 7.1°E, 65m	H_D	0.52	0.93	1.45	2.09	2.57	2.76	2.70	2.30	1.70	1.12	0.65	0.41	1.60
Braunschweig	H	0.65	1.30	2.26	3.53	4.80	5.11	4.75	4.15	2.83	1.63	0.77	0.46	2.68
52.3°N, 10.5°E, 81m	H_D	0.47	0.85	1.42	2.06	2.57	2.80	2.68	2.28	1.68	1.05	0.56	0.35	1.56
Bremen	H	0.60	1.30	2.09	3.57	4.78	4.54	4.61	3.96	2.67	1.56	0.77	0.41	2.57
53.1°N, 8.8°E, 24m	H_D	0.44	0.84	1.36	2.05	2.56	2.74	2.67	2.26	1.64	1.01	0.55	0.32	1.54
Coburg	H	0.70	1.51	2.30	3.77	4.89	4.92	5.33	4.35	2.97	1.77	0.84	0.50	2.83
50.3°N, 11.0°E, 357m	H_D	0.52	0.95	1.48	2.12	2.60	2.79	2.70	2.32	1.75	1.13	0.62	0.39	1.61
Dresden	H	0.77	1.47	2.35	3.65	4.85	4.82	4.87	4.20	2.79	1.87	0.91	0.57	2.76
51.1°N, 13.7°E, 271m	H_D	0.54	0.92	1.47	2.10	2.58	2.79	2.70	2.30	1.70	1.13	0.63	0.42	1.60
Fichtelberg	H	0.77	1.51	2.35	3.56	4.52	4.32	4.52	4.06	2.76	1.90	1.03	0.57	2.64
50.5°N, 13.0°E, 1214m	H_D	0.64	1.08	1.68	2.37	2.90	3.09	3.02	2.59	1.94	1.30	0.77	0.50	1.82
Frankfurt (Main)	H	0.73	1.52	2.38	3.81	4.83	5.06	5.22	4.34	3.10	1.77	0.94	0.57	2.85
50.1°N, 8.8°E, 92m	H_D	0.55	0.97	1.50	2.13	2.60	2.80	2.71	2.33	1.77	1.14	0.66	0.43	1.63
Freiburg	H	0.89	1.59	2.62	3.72	4.73	5.40	5.52	4.80	3.41	2.04	1.15	0.63	3.04
48.0°N, 7.9°E, 308m	H_D	0.64	1.03	1.59	2.17	2.62	2.81	2.70	2.34	1.83	1.24	0.77	0.51	1.68
Giessen	H	0.65	1.42	2.23	3.80	4.70	4.90	5.09	4.13	2.85	1.63	0.81	0.48	2.71
50.6°N, 8.7°E, 201m	H_D	0.49	0.93	1.45	2.12	2.59	2.79	2.70	2.31	1.72	1.09	0.60	0.38	1.60
Hamburg	H	0.53	1.15	2.09	3.53	4.73	5.11	4.68	4.08	2.73	1.51	0.69	0.41	2.61
53.6°N, 10.0°E, 10m	H_D	0.40	0.78	1.35	2.04	2.55	2.79	2.67	2.26	1.63	0.99	0.51	0.31	1.52
Hohenpeissenberg	H	1.34	2.08	3.17	4.10	4.87	5.31	5.40	4.68	3.72	2.52	1.42	1.10	3.31
47.8°N, 11.0°E, 990m	H_D	0.75	1.11	1.65	2.26	2.71	2.89	2.75	2.39	1.84	1.28	0.85	0.64	1.76
Kassel	H	0.65	1.42	2.26	3.65	4.75	4.75	4.85	4.15	2.79	1.59	0.81	0.48	2.68
51.3°N, 9.5°E, 233m	H_D	0.48	0.91	1.44	2.09	2.58	2.77	2.69	2.29	1.69	1.07	0.59	0.38	1.58
Konstanz	H	0.89	1.59	2.79	4.01	4.89	5.43	5.52	4.70	3.31	1.94	1.01	0.70	3.07
47.7°N, 9.2°E, 450m	H_D	0.64	1.04	1.61	2.19	2.63	2.81	2.71	2.36	1.84	1.24	0.72	0.52	1.69
Köln	H	0.72	1.46	2.23	3.56	4.44	4.63	4.85	4.08	2.74	1.75	0.95	0.55	2.66
50.9°N, 7.0°E, 39m	H_D	0.52	0.93	1.45	2.09	2.57	2.76	2.70	2.30	1.70	1.11	0.65	0.41	1.60
Mannheim	H	0.74	1.54	2.35	3.80	4.85	5.04	5.26	4.35	3.12	1.77	0.98	0.57	2.85
49.5°N, 8.5°E, 106m	H_D	0.56	0.98	1.51	2.14	2.61	2.80	2.71	2.33	1.78	1.16	0.69	0.44	1.64
München (Flugh.)	H	1.03	1.80	2.88	4.01	5.04	5.43	5.40	4.61	3.53	2.13	1.13	0.79	3.14
48.2°N, 11.7°E, 447m	H_D	0.67	1.05	1.60	2.18	2.61	2.81	2.71	2.35	1.82	1.24	0.75	0.55	1.69
Nürnberg	H	0.77	1.61	2.33	3.77	4.70	4.90	5.23	4.36	3.17	1.87	1.01	0.57	2.85
49.5°N, 11.1°E, 312m	H_D	0.56	0.99	1.50	2.14	2.60	2.80	2.71	2.33	1.79	1.17	0.69	0.44	1.64
Osnabrück	H	0.60	1.34	2.11	3.65	4.82	4.75	4.75	4.10	2.69	1.63	0.81	0.43	2.64
52.3°N, 8.0°E, 104m	H_D	0.45	0.87	1.39	2.07	2.57	2.77	2.68	2.28	1.66	1.05	0.57	0.34	1.56
Passau	H	0.86	1.73	2.64	4.03	5.13	5.16	5.47	4.59	3.24	2.09	1.01	0.65	3.04
48.6°N, 13.5°E, 412m	H_D	0.62	1.04	1.58	2.17	2.61	2.81	2.70	2.35	1.81	1.23	0.71	0.48	1.67
Potsdam	H	0.60	1.20	2.28	3.57	4.85	5.26	5.04	4.32	2.95	1.63	0.72	0.43	2.73
52.4°N, 13.0°E, 81m	H_D	0.45	0.82	1.42	2.06	2.57	2.80	2.69	2.28	1.69	1.05	0.54	0.34	1.56
Schleswig	H	0.50	1.18	1.97	3.65	4.92	4.85	4.95	4.22	2.67	1.44	0.69	0.39	2.61
54.5°N, 9.6°E, 59m	H_D	0.38	0.77	1.30	2.02	2.54	2.78	2.67	2.24	1.60	0.95	0.49	0.29	1.50
Stuttgart	H	0.91	1.66	2.57	3.77	4.73	5.14	5.30	4.49	3.27	1.94	1.18	0.72	2.97
48.8°N, 9.2°E, 318m	H_D	0.63	1.02	1.56	2.16	2.61	2.80	2.71	2.35	1.81	1.20	0.75	0.51	1.67
Trier	H	0.70	1.49	2.45	3.72	4.78	5.14	5.13	4.35	3.15	1.83	0.86	0.57	2.85
49.8°N, 6.7°E, 278m	H_D	0.53	0.96	1.51	2.13	2.60	2.80	2.71	2.33	1.78	1.16	0.64	0.44	1.63
Weihenstephan	H	1.00	1.80	2.83	3.96	4.96	5.35	5.35	4.56	3.48	2.11	1.10	0.79	3.11
48.4°N, 11.7°E, 476m	H_D	0.66	1.05	1.59	2.17	2.62	2.81	2.71	2.35	1.81	1.24	0.74	0.54	1.69
Würzburg	H	0.82	1.59	2.62	3.91	4.96	5.38	5.28	4.46	3.31	1.92	0.94	0.65	2.97
49.8°N, 10.0°E, 275m	H_D	0.57	0.98	1.54	2.14	2.60	2.80	2.71	2.33	1.78	1.17	0.66	0.47	1.64

Tabelle A2.4: Horizontale Globalstrahlung in kWh/m²/d an einigen Orten in Österreich, Nord- und Osteuropa

Orte in Österreich:		Jan	Feb	März	Apr	Mai	Juni	Juli	Aug	Sep	Okt	Nov	Dez	Jahr
Feuerkogel	H	**1.23**	**1.99**	**3.07**	**3.86**	**4.49**	**4.27**	**4.39**	**3.92**	**3.12**	**2.50**	**1.42**	**1.03**	**2.92**
47.8°N, 13.7°E, 1598m	H_D	0.81	1.21	1.80	2.44	2.93	3.09	3.02	2.63	2.06	1.40	0.92	0.68	1.91
Graz	H	**1.23**	**1.80**	**2.95**	**3.89**	**4.70**	**5.09**	**5.38**	**4.66**	**3.36**	**2.23**	**1.30**	**0.96**	**3.12**
47.1°N, 15.5°E, 342m	H_D	0.84	1.25	1.85	2.46	2.93	3.14	2.99	2.63	2.08	1.45	0.94	0.71	1.94
Innsbruck	H	**1.23**	**1.99**	**3.17**	**4.03**	**4.82**	**4.92**	**4.92**	**4.32**	**3.31**	**2.37**	**1.39**	**0.96**	**3.12**
47.3°N, 11.4°E, 582m	H_D	0.83	1.24	1.81	2.45	2.93	3.14	3.04	2.64	2.07	1.44	0.94	0.70	1.93
Klagenfurt	H	**1.34**	**2.16**	**3.24**	**4.20**	**5.11**	**5.47**	**5.71**	**4.95**	**3.65**	**2.20**	**1.25**	**0.96**	**3.36**
46.7°N, 14.3°E, 452m	H_D	0.81	1.17	1.69	2.28	2.68	2.87	2.66	2.35	1.91	1.38	0.89	0.68	1.78
Salzburg	H	**1.03**	**1.73**	**2.72**	**3.65**	**4.52**	**4.73**	**4.82**	**4.15**	**3.19**	**2.11**	**1.10**	**0.79**	**2.88**
47.8°N, 13.0°E, 435m	H_D	0.78	1.21	1.81	2.44	2.93	3.14	3.04	2.64	2.06	1.42	0.87	0.64	1.91
Sonnblick	H	**1.87**	**2.59**	**4.15**	**5.20**	**5.64**	**5.50**	**5.38**	**4.63**	**3.84**	**3.10**	**1.94**	**1.49**	**3.76**
47.1°N, 13.0°E, 3106m	H_D	0.73	1.12	1.59	2.19	2.67	2.86	2.78	2.42	1.90	1.29	0.85	0.65	1.75
Wien	H	**0.86**	**1.54**	**2.71**	**3.81**	**5.12**	**5.38**	**5.45**	**4.67**	**3.22**	**2.09**	**0.96**	**0.65**	**3.03**
48.2°N, 16.4°E, 170m	H_D	0.62	1.01	1.59	2.17	2.61	2.81	2.71	2.35	1.81	1.24	0.69	0.48	1.67
Orte in Nordeuropa:		**Jan**	**Feb**	**März**	**Apr**	**Mai**	**Juni**	**Juli**	**Aug**	**Sep**	**Okt**	**Nov**	**Dez**	**Jahr**
Göteborg / S	H	**0.39**	**0.90**	**1.69**	**3.56**	**4.85**	**5.33**	**5.41**	**3.94**	**2.55**	**1.25**	**0.58**	**0.27**	**2.56**
57.5°N, 12.0°E, 5m	H_D	0.30	0.63	1.16	1.94	2.51	2.77	2.63	2.18	1.52	0.84	0.40	0.21	1.42
Helsinki /SF	H	**0.25**	**0.88**	**2.08**	**3.58**	**5.28**	**6.06**	**5.45**	**4.03**	**2.31**	**1.05**	**0.31**	**0.14**	**2.62**
60.2°N, 24.9°E, 5m	H_D	0.20	0.57	1.17	1.87	2.43	2.69	2.60	2.12	1.41	0.73	0.25	0.12	1.34
Kobenhavn / DK	H	**0.52**	**1.13**	**2.02**	**3.84**	**5.04**	**5.14**	**5.34**	**4.25**	**2.67**	**1.43**	**0.66**	**0.36**	**2.69**
55.7°N, 12.5°E, 5m	H_D	0.37	0.73	1.29	1.99	2.53	2.78	2.65	2.21	1.57	0.92	0.45	0.26	1.48
Olso / N	H	**0.34**	**0.97**	**2.09**	**3.50**	**5.47**	**5.49**	**5.38**	**4.13**	**2.55**	**1.16**	**0.49**	**0.23**	**2.65**
59.9°N, 10.7°E, 5m	H_D	0.27	0.66	1.32	2.09	2.58	3.04	2.86	2.35	1.61	0.86	0.37	0.18	1.51
Stockholm / S	H	**0.34**	**0.96**	**2.19**	**3.63**	**5.30**	**5.91**	**5.22**	**4.18**	**2.57**	**1.23**	**0.46**	**0.24**	**2.68**
59.2°N, 18.0°E, 5m	H_D	0.24	0.61	1.20	1.90	2.44	2.71	2.63	2.13	1.46	0.79	0.32	0.17	1.38
Orte in Osteuropa:		**Jan**	**Feb**	**März**	**Apr**	**Mai**	**Juni**	**Juli**	**Aug**	**Sep**	**Okt**	**Nov**	**Dez**	**Jahr**
Beograd	H	**1.25**	**2.11**	**3.28**	**4.41**	**5.56**	**5.99**	**6.21**	**5.58**	**4.12**	**2.71**	**1.51**	**1.13**	**3.65**
44.7°N, 20.5°E, 76m	H_D	0.88	1.27	1.77	2.29	2.59	2.72	2.49	2.14	1.85	1.42	0.99	0.77	1.76
Bratislava	H	**0.89**	**1.66**	**2.73**	**4.22**	**5.47**	**5.91**	**6.16**	**4.99**	**3.65**	**2.35**	**1.08**	**0.67**	**3.31**
48.1°N, 17.1°E, 289m	H_D	0.56	0.93	1.44	2.01	2.43	2.60	2.49	2.19	1.69	1.16	0.66	0.44	1.55
Bucuresti	H	**1.32**	**1.96**	**2.86**	**4.44**	**5.40**	**6.40**	**6.31**	**5.66**	**4.08**	**2.72**	**1.40**	**0.91**	**3.62**
44.5°N, 26.2°E, 88m	H_D	0.74	1.07	1.54	2.08	2.46	2.58	2.50	2.20	1.79	1.28	0.81	0.57	1.63
Budapest	H	**0.96**	**1.66**	**2.79**	**4.25**	**5.23**	**5.74**	**5.91**	**4.97**	**3.65**	**2.28**	**1.18**	**0.74**	**3.28**
47.5°N, 19.1°E, 105m	H_D	0.59	0.95	1.47	2.03	2.43	2.60	2.52	2.20	1.71	1.16	0.69	0.47	1.57
Istanbul	H	**1.60**	**2.39**	**3.44**	**5.02**	**6.18**	**6.80**	**6.77**	**6.12**	**4.61**	**3.07**	**1.93**	**1.39**	**4.11**
41.0°N, 29°E, 5m	H_D	1.01	1.38	1.87	2.25	2.46	2.47	2.36	2.10	1.90	1.51	1.12	0.89	1.77
Ljubliana	H	**1.10**	**1.76**	**2.86**	**3.77**	**4.78**	**5.14**	**5.45**	**4.63**	**3.24**	**1.97**	**1.10**	**0.77**	**3.04**
46.1°N, 14.5°E, 300m	H_D	0.74	1.12	1.67	2.20	2.63	2.81	2.72	2.39	1.88	1.27	0.79	0.57	1.73
Moskva	H	**0.48**	**1.27**	**2.47**	**3.35**	**5.27**	**5.21**	**5.11**	**4.11**	**2.37**	**1.24**	**0.54**	**0.33**	**2.64**
55.8°N, 37.5°E, 150m	H_D	0.40	0.84	1.48	2.21	2.72	3.09	2.96	2.46	1.73	0.99	0.47	0.29	1.64
Praha	H	**0.68**	**1.33**	**2.31**	**3.80**	**4.79**	**4.86**	**4.65**	**4.39**	**2.91**	**1.83**	**0.84**	**0.48**	**2.74**
50.1°N, 14.5°E, 187m	H_D	0.52	0.92	1.49	2.13	2.60	2.79	2.69	2.33	1.75	1.16	0.63	0.39	1.61
Pristina	H	**1.63**	**2.50**	**3.39**	**4.61**	**5.56**	**5.97**	**6.38**	**5.91**	**4.44**	**2.95**	**1.68**	**1.25**	**3.86**
42.7°N, 21.2°E, 575m	H_D	0.98	1.33	1.85	2.31	2.61	2.74	2.42	2.04	1.83	1.47	1.08	0.86	1.79
Sarajevo	H	**1.44**	**2.16**	**3.33**	**4.39**	**5.33**	**5.52**	**5.91**	**5.02**	**3.69**	**2.66**	**1.54**	**1.20**	**3.52**
43.9°N, 18.5°E, 630m	H_D	0.92	1.31	1.80	2.31	2.66	2.86	2.62	2.40	2.01	1.47	1.03	0.81	1.85
Sofia	H	**1.16**	**1.99**	**2.86**	**3.96**	**4.73**	**5.31**	**5.59**	**4.99**	**3.65**	**2.40**	**1.32**	**0.96**	**3.24**
42.8°N, 23.4°E, 550m	H_D	0.82	1.25	1.75	2.28	2.65	2.81	2.72	2.41	1.98	1.43	0.93	0.71	1.81
Warszawa / PL	H	**0.64**	**1.34**	**2.33**	**3.66**	**5.15**	**5.06**	**5.22**	**4.43**	**2.79**	**1.75**	**0.78**	**0.45**	**2.79**
52.2°N, 21.0°E, 80m	H_D	0.47	0.87	1.44	2.08	2.56	2.80	2.69	2.28	1.69	1.08	0.56	0.35	1.57
Zagreb	H	**1.07**	**1.92**	**2.81**	**4.12**	**5.18**	**5.52**	**5.85**	**5.19**	**3.90**	**2.27**	**1.31**	**0.77**	**3.32**
45.8°N, 16.0°E, 148m	H_D	0.74	1.16	1.68	2.23	2.63	2.81	2.67	2.35	1.89	1.34	0.86	0.58	1.74

Tabelle A2.5: Horizontale Globalstrahlung in kWh/m²/d an einigen Orten in Frankreich und Nordwesteuropa

Orte in Frankreich:		Jan	Feb	März	Apr	Mai	Juni	Juli	Aug	Sep	Okt	Nov	Dez	Jahr
Ajaccio (Korsika)	H	**1.73**	**2.50**	**3.69**	**5.02**	**6.00**	**7.08**	**7.15**	**6.22**	**4.80**	**3.22**	**2.06**	**1.53**	**4.24**
41.9°N, 8.8°E, 5m	H_D	0.85	1.16	1.58	1.96	2.22	2.14	1.99	1.84	1.59	1.27	0.93	0.75	1.52
Bordeaux	H	**1.25**	**1.99**	**3.10**	**4.32**	**4.99**	**5.64**	**5.91**	**5.13**	**4.13**	**2.57**	**1.58**	**1.10**	**3.48**
44.8°N, 0.7°W, 46m	H_D	0.87	1.27	1.79	2.31	2.72	2.82	2.61	2.33	1.85	1.43	0.98	0.76	1.81
Clermont-Ferrand	H	**1.20**	**1.94**	**3.05**	**4.20**	**4.63**	**5.56**	**5.98**	**4.96**	**3.86**	**2.33**	**1.44**	**1.03**	**3.36**
45.8°N, 3.1°E, 329m	H_D	0.83	1.23	1.76	2.30	2.76	2.84	2.57	2.37	1.89	1.42	0.94	0.72	1.80
Dijon	H	**0.91**	**1.71**	**2.76**	**4.13**	**4.87**	**5.67**	**5.95**	**4.89**	**3.65**	**2.11**	**1.30**	**0.74**	**3.21**
47.3°N, 5.1°E, 222m	H_D	0.65	1.08	1.62	2.19	2.63	2.79	2.64	2.35	1.85	1.27	0.81	0.55	1.70
Lyon	H	**0.99**	**1.69**	**2.93**	**4.18**	**4.86**	**5.82**	**6.14**	**5.09**	**3.80**	**2.11**	**1.19**	**0.80**	**3.29**
45.8°N, 4.9°E, 163m	H_D	0.71	1.10	1.68	2.22	2.63	2.78	2.62	2.35	1.88	1.31	0.82	0.58	1.72
Marseille	H	**1.80**	**2.45**	**3.89**	**5.14**	**6.19**	**6.96**	**7.05**	**6.09**	**4.63**	**3.00**	**1.92**	**1.49**	**4.21**
43.3°N, 5.4°E, 5m	H_D	0.79	1.11	1.49	1.90	2.16	2.18	2.02	1.85	1.58	1.24	0.87	0.70	1.49
Millau	H	**1.42**	**2.06**	**3.39**	**4.46**	**5.06**	**6.17**	**6.62**	**5.45**	**4.32**	**2.54**	**1.56**	**1.23**	**3.69**
44.1°N, 3.1°E, 715m	H_D	0.91	1.30	1.78	2.30	2.72	2.66	2.28	2.23	1.81	1.47	1.02	0.80	1.77
Nancy	H	**0.79**	**1.59**	**2.57**	**3.86**	**4.78**	**5.28**	**5.59**	**4.66**	**3.29**	**1.87**	**1.03**	**0.65**	**3.00**
48.7°N, 6.2°E, 212m	H_D	0.58	1.01	1.56	2.16	2.62	2.81	2.69	2.34	1.81	1.19	0.71	0.48	1.66
Nice	H	**1.76**	**2.40**	**3.65**	**4.70**	**5.91**	**6.56**	**6.68**	**5.91**	**4.51**	**2.90**	**1.85**	**1.49**	**4.03**
43.7°N, 7.2°E, 5m	H_D	0.90	1.27	1.73	2.25	2.53	2.58	2.39	2.12	1.81	1.42	1.00	0.79	1.73
Paris	H	**0.77**	**1.49**	**2.37**	**3.72**	**4.39**	**5.02**	**5.11**	**4.42**	**3.15**	**1.90**	**1.08**	**0.63**	**2.83**
48.80°N, 2.3°E, 75m	H_D	0.57	0.99	1.52	2.15	2.58	2.81	2.72	2.35	1.80	1.19	0.73	0.47	1.65
Perpignan	H	**1.76**	**2.50**	**3.82**	**4.73**	**5.33**	**6.19**	**6.43**	**5.64**	**4.46**	**3.00**	**1.99**	**1.59**	**3.96**
42.7°N, 2.9°E, 42m	H_D	0.82	1.15	1.64	2.08	2.39	2.59	2.54	2.27	1.83	1.33	0.92	0.73	1.69
Rennes	H	**0.93**	**1.71**	**2.76**	**4.18**	**4.87**	**5.50**	**5.49**	**4.68**	**3.53**	**2.11**	**1.22**	**0.77**	**3.14**
48.1°N, 1.7°W, 35m	H_D	0.65	1.05	1.60	2.18	2.62	2.81	2.70	2.35	1.83	1.25	0.78	0.54	1.69
Strasbourg	H	**0.79**	**1.61**	**2.57**	**3.81**	**4.82**	**5.26**	**5.52**	**4.66**	**3.29**	**1.80**	**1.06**	**0.65**	**2.97**
48.5°N, 7.8°E, 150m	H_D	0.59	1.02	1.57	2.17	2.62	2.81	2.70	2.34	1.81	1.18	0.72	0.48	1.66
Orte britsche Inseln:		**Jan**	**Feb**	**März**	**Apr**	**Mai**	**Juni**	**Juli**	**Aug**	**Sep**	**Okt**	**Nov**	**Dez**	**Jahr**
Birmingham / UK	H	**0.63**	**1.17**	**2.01**	**3.47**	**4.35**	**4.54**	**4.43**	**3.87**	**2.68**	**1.49**	**0.82**	**0.47**	**2.49**
52.5°N, 2.2°W, 100m	H_D	0.46	0.81	1.35	2.06	2.54	2.75	2.65	2.26	1.65	1.01	0.57	0.35	1.54
Dublin / EIR	H	**0.65**	**1.17**	**2.26**	**3.61**	**4.64**	**4.78**	**4.78**	**3.68**	**2.77**	**1.59**	**0.78**	**0.47**	**2.59**
53.1°N, 6.1°W, 55m	H_D	0.53	0.92	1.59	2.31	2.86	3.12	3.00	2.52	1.87	1.16	0.63	0.39	1.74
Efford /UK	H	**0.82**	**1.64**	**2.50**	**4.22**	**5.11**	**5.31**	**5.23**	**4.52**	**3.17**	**1.90**	**1.08**	**0.65**	**3.00**
50.8°N, 1.6°W, 16m	H_D	0.64	1.08	1.69	2.32	2.85	3.11	2.98	2.55	1.95	1.29	0.77	0.52	1.81
Glasgow / UK	H	**0.45**	**1.04**	**1.94**	**3.41**	**4.49**	**4.71**	**4.35**	**3.49**	**2.33**	**1.25**	**0.61**	**0.32**	**2.36**
55.7°N, 4.5°W, 10m	H_D	0.39	0.81	1.45	2.23	2.83	3.11	2.97	2.46	1.73	1.00	0.51	0.29	1.65
London / UK	H	**0.65**	**1.20**	**2.25**	**3.42**	**4.44**	**4.87**	**4.59**	**4.00**	**2.94**	**1.69**	**0.87**	**0.50**	**2.61**
51.6°N, 0.0°W, 5m	H_D	0.48	0.84	1.43	2.06	2.56	2.79	2.68	2.28	1.70	1.08	0.61	0.38	1.57
Orte in Holland:		**Jan**	**Feb**	**März**	**Apr**	**Mai**	**Juni**	**Juli**	**Aug**	**Sep**	**Okt**	**Nov**	**Dez**	**Jahr**
Amsterdam /NL	H	**0.64**	**1.47**	**2.39**	**4.00**	**5.22**	**5.28**	**5.10**	**4.37**	**2.94**	**1.66**	**0.81**	**0.47**	**2.86**
52.6°N, 4.8°E, 5m	H_D	0.47	0.88	1.43	2.07	2.55	2.80	2.69	2.28	1.69	1.05	0.56	0.35	1.56
Vlissingen / NL	H	**0.72**	**1.54**	**2.45**	**4.01**	**4.99**	**5.28**	**5.26**	**4.42**	**3.00**	**1.77**	**0.94**	**0.53**	**2.90**
51.5°N, 3.6°E, 8m	H_D	0.51	0.92	1.47	2.10	2.58	2.80	2.70	2.29	1.71	1.10	0.63	0.39	1.60
Ort in Belgien:		**Jan**	**Feb**	**März**	**Apr**	**Mai**	**Juni**	**Juli**	**Aug**	**Sep**	**Okt**	**Nov**	**Dez**	**Jahr**
Uccle / Bruxelles	H	**0.65**	**1.32**	**2.13**	**3.41**	**4.52**	**4.70**	**4.59**	**3.99**	**2.81**	**1.73**	**0.81**	**0.50**	**2.59**
50.8°N, 4.4°E, 105m	H_D	0.49	0.90	1.42	2.07	2.58	2.77	2.68	2.29	1.71	1.11	0.60	0.39	1.58

Tabelle A2.6: Horizontale Globalstrahlung in kWh/m²/d an einigen Orten in Südeuropa

Orte in Italien:		Jan	Feb	März	Apr	Mai	Juni	Juli	Aug	Sep	Okt	Nov	Dez	Jahr
Ancona	H	1.27	2.01	3.41	4.70	5.78	6.29	6.53	5.56	4.34	2.66	1.58	1.17	3.76
43.6°N, 13.5°E, 105m	H_D	0.91	1.32	1.80	2.25	2.52	2.60	2.34	2.19	1.82	1.48	1.04	0.81	1.75
Bolzano (Bozen)	H	1.27	2.08	3.19	4.42	4.52	5.88	5.86	5.11	3.81	2.47	1.49	1.03	3.43
46.5°N, 11.3°E, 241m	H_D	0.82	1.19	1.71	2.24	2.76	2.75	2.63	2.29	1.88	1.36	0.92	0.69	1.77
Brindisi	H	1.73	2.30	3.55	4.94	6.09	6.80	6.82	5.98	4.75	3.24	2.02	1.60	4.15
40.7°N, 18.0°E, 10m	H_D	1.03	1.39	1.87	2.28	2.49	2.48	2.34	2.18	1.86	1.51	1.13	0.92	1.79
Cagliari (Sardinien)	H	2.11	2.88	4.20	5.35	6.19	7.20	6.91	6.15	4.94	3.39	2.28	1.87	4.46
39.2°N, 9.1°E, 18m	H_D	0.94	1.24	1.59	1.95	2.20	2.09	2.08	1.92	1.66	1.35	1.03	0.84	1.57
Gela (Sizilien)	H	2.54	3.48	4.63	5.93	6.75	7.30	7.28	6.41	5.40	3.99	2.81	2.19	4.89
37.1°N, 14.2°E, 33m	H_D	1.09	1.39	1.77	2.10	2.35	2.37	2.28	2.15	1.83	1.49	1.17	0.99	1.75
Genova	H	1.39	2.13	3.17	3.96	4.75	5.62	6.12	5.23	3.68	2.47	1.56	1.17	3.43
44.4°N, 8.9°E, 3m	H_D	0.91	1.28	1.80	2.36	2.76	2.84	2.54	2.30	1.99	1.46	1.01	0.78	1.83
Messina (Sizilien)	H	1.92	2.71	4.15	5.56	6.75	7.25	7.39	6.53	5.23	3.62	2.19	1.70	4.58
38.2°N, 15.6°E, 59m	H_D	0.99	1.29	1.64	1.92	2.04	2.06	1.89	1.80	1.60	1.36	1.06	0.88	1.54
Milano	H	1.06	1.80	3.10	4.32	5.23	5.97	6.08	5.28	3.89	2.35	1.20	0.89	3.43
45.5°N, 9.3°E, 103m	H_D	0.65	1.02	1.56	2.06	2.45	2.61	2.52	2.21	1.77	1.23	0.74	0.56	1.61
Monte Terminillo	H	1.85	2.45	3.46	3.89	4.80	5.11	6.12	5.11	4.03	2.88	1.99	1.63	3.60
42.5°N, 13.0°E, 1875m	H_D	0.84	1.15	1.59	1.94	2.30	2.44	2.53	2.22	1.80	1.31	0.92	0.73	1.65
Napoli	H	1.66	2.45	3.69	5.04	6.00	6.86	6.86	6.08	4.63	3.41	1.94	1.59	4.17
40.8°N, 14.3°E, 72m	H_D	0.88	1.20	1.61	1.98	2.23	2.19	2.09	1.92	1.68	1.28	0.97	0.78	1.57
Pisa	H	1.44	2.21	3.33	4.75	5.81	6.62	7.22	6.02	4.44	2.79	1.70	1.20	3.96
43.7°N, 10.4°E, 5m	H_D	0.91	1.28	1.77	2.24	2.55	2.56	2.12	2.07	1.83	1.43	1.01	0.78	1.71
Roma	H	1.87	2.62	3.96	5.14	6.19	6.74	6.96	6.12	4.75	3.26	2.11	1.60	4.27
41.8°N, 12.6°E, 131m	H_D	0.85	1.16	1.54	1.94	2.18	2.24	2.05	1.87	1.61	1.26	0.94	0.75	1.53
Torino	H	1.59	2.11	3.32	4.37	5.09	5.79	5.88	5.11	3.89	2.57	1.58	1.30	3.55
45.2°N, 7.7°E, 282m	H_D	0.85	1.25	1.75	2.29	2.71	2.80	2.63	2.33	1.91	1.42	0.97	0.75	1.80
Trapani (Sizilien)	H	2.02	2.93	4.25	5.59	6.51	7.39	7.05	6.15	4.99	3.58	2.38	1.87	4.55
38.0°N, 12.5°E, 14m	H_D	0.99	1.29	1.63	1.93	2.12	2.00	2.03	1.94	1.69	1.38	1.07	0.90	1.58
Orte in Spanien:		Jan	Feb	März	Apr	Mai	Juni	Juli	Aug	Sep	Okt	Nov	Dez	Jahr
Almeria	H	2.50	3.45	4.68	5.83	6.51	6.84	6.94	6.26	5.11	3.96	2.81	2.16	4.75
36.8°N, 2.5°W, 7m	H_D	1.19	1.53	1.94	2.35	2.65	2.75	2.64	2.43	2.10	1.65	1.29	1.08	1.97
Barcelona	H	1.72	2.45	3.75	4.75	5.53	6.31	6.49	5.65	4.44	3.00	1.94	1.53	3.96
41.4°N, 2.2°E, 5m	H_D	0.99	1.36	1.81	2.30	2.63	2.66	2.47	2.28	1.92	1.51	1.09	0.88	1.82
Madrid	H	2.13	2.76	4.56	5.09	6.57	7.44	7.41	6.48	5.02	3.39	2.14	1.59	4.54
40.5°N, 3.6°W, 668m	H_D	0.88	1.20	1.43	1.97	2.08	1.99	1.87	1.77	1.58	1.29	0.98	0.79	1.49
Palma de Mallorca	H	2.09	2.81	4.08	5.31	6.34	6.94	6.91	6.08	4.66	3.41	2.20	1.85	4.39
39.5°N, 2.6°E, 8m	H_D	0.93	1.23	1.60	1.95	2.16	2.18	2.08	1.94	1.71	1.34	1.01	0.83	1.58
Santander	H	1.44	2.08	3.33	4.15	5.21	5.59	5.47	4.75	3.98	2.62	1.66	1.23	3.45
43.5°N, 3.8°W, 65m	H_D	0.95	1.32	1.82	2.37	2.70	2.84	2.76	2.47	1.96	1.49	1.05	0.82	1.88
Sevilla	H	2.52	3.26	4.70	5.35	6.62	7.20	7.58	6.51	5.38	3.86	2.50	2.16	4.80
37.4°N, 6.0°W, 30m	H_D	1.08	1.41	1.75	2.22	2.37	2.40	2.15	2.11	1.82	1.51	1.19	0.99	1.75
Orte in Portugal:		Jan	Feb	März	Apr	Mai	Juni	Juli	Aug	Sep	Okt	Nov	Dez	Jahr
Lisboa	H	2.13	2.81	4.66	5.28	6.43	7.20	7.25	6.68	5.19	3.65	2.16	1.87	4.60
38.7°N, 9.2°W, 77m	H_D	0.96	1.27	1.50	1.98	2.13	2.08	1.95	1.73	1.59	1.34	1.05	0.87	1.54
Porto	H	1.92	2.54	4.08	5.04	6.22	6.94	6.65	6.19	4.85	3.26	2.02	1.53	4.27
41.1°N, 8.6°W, 100m	H_D	0.88	1.19	1.54	1.98	2.18	2.19	2.17	1.86	1.61	1.30	0.96	0.78	1.55
Ort in Griechenland:		Jan	Feb	März	Apr	Mai	Juni	Juli	Aug	Sep	Okt	Nov	Dez	Jahr
Athinai (Athen)	H	2.13	2.67	3.36	4.87	5.86	6.68	6.86	6.45	5.19	3.43	2.20	1.70	4.27
38.0°N, 23.7°E, 107m	H_D	0.99	1.30	1.69	2.06	2.28	2.26	2.10	1.83	1.63	1.40	1.07	0.89	1.62
Ort auf Malta:		Jan	Feb	März	Apr	Mai	Juni	Juli	Aug	Sep	Okt	Nov	Dez	Jahr
Luga/Qrendi	H	2.64	3.60	5.06	5.95	7.39	7.78	7.92	6.96	5.62	4.10	3.09	2.30	5.20
35.8°N, 14.5°E, 135m	H_D	1.15	1.43	1.72	2.12	2.13	2.19	2.01	1.97	1.81	1.52	1.19	1.05	1.69

Tabelle A2.7: Horizontale Globalstrahlung in kWh/m²/d an einigen Orten in der übrigen Welt

Orte in Nordafrika:		Jan	Feb	März	Apr	Mai	Juni	Juli	Aug	Sep	Okt	Nov	Dez	Jahr
Alger	**H**	**2.09**	**3.03**	**4.10**	**5.35**	**6.34**	**6.80**	**7.32**	**6.22**	**5.08**	**3.46**	**2.38**	**2.11**	**4.52**
36.5°N, 3.0°E, 5m	H_D	1.05	1.33	1.70	2.01	2.18	2.21	1.93	1.94	1.70	1.46	1.12	0.94	1.63
Aswan (Assuan)	**H**	**4.99**	**6.00**	**6.96**	**7.85**	**8.25**	**8.81**	**8.40**	**8.04**	**7.37**	**6.24**	**5.32**	**4.78**	**6.90**
24.1°N, 32.8°E, 192m	H_D	1.14	1.23	1.46	1.56	1.67	1.44	1.61	1.56	1.44	1.34	1.14	1.05	1.39
Asyut	**H**	**4.15**	**5.28**	**6.34**	**7.42**	**8.11**	**8.50**	**8.28**	**7.82**	**7.08**	**5.76**	**4.61**	**3.89**	**6.42**
27.1°N, 31.2°E, 69m	H_D	1.25	1.36	1.61	1.72	1.76	1.70	1.74	1.66	1.50	1.40	1.23	1.17	1.51
Cairo	**H**	**3.42**	**4.41**	**5.56**	**6.59**	**7.46**	**7.96**	**7.81**	**7.23**	**6.28**	**5.06**	**3.78**	**3.10**	**5.72**
30.1°N, 31.2°E, 16m	H_D	1.26	1.47	1.76	1.99	2.05	2.01	1.99	1.89	1.73	1.50	1.30	1.18	1.68
Casablanca	**H**	**2.79**	**3.57**	**4.85**	**5.88**	**6.62**	**6.89**	**6.92**	**6.41**	**5.38**	**4.08**	**2.95**	**2.47**	**4.89**
33.5°N, 7.5°W, 5m	H_D	1.24	1.54	1.86	2.20	2.38	2.45	2.37	2.21	1.95	1.64	1.31	1.14	1.86
Tamanrasset	**H**	**5.30**	**6.34**	**6.98**	**7.44**	**7.28**	**7.80**	**7.61**	**7.08**	**6.44**	**6.02**	**4.92**	**4.59**	**6.47**
22.8°N, 5.5°E, 1380m	H_D	1.08	1.13	1.50	1.78	2.09	1.94	1.97	2.00	1.87	1.51	1.40	1.23	1.62
Tripoli	**H**	**2.44**	**3.33**	**4.67**	**5.71**	**6.88**	**7.47**	**7.48**	**6.58**	**5.38**	**3.94**	**2.86**	**2.20**	**4.91**
32.7°N, 13.3°E, 5m	H_D	1.18	1.46	1.73	1.99	2.02	1.94	1.84	1.86	1.75	1.52	1.25	1.09	1.63
Tunis	**H**	**2.52**	**3.19**	**4.51**	**5.47**	**6.72**	**7.51**	**7.63**	**6.72**	**5.52**	**4.12**	**3.00**	**2.42**	**4.94**
36.8°N, 10.3°E, 5m	H_D	1.10	1.44	1.81	2.21	2.36	2.29	2.13	2.05	1.81	1.47	1.16	0.99	1.73
Orte in Nahost:		**Jan**	**Feb**	**März**	**Apr**	**Mai**	**Juni**	**Juli**	**Aug**	**Sep**	**Okt**	**Nov**	**Dez**	**Jahr**
Bagdad	**H**	**2.46**	**3.41**	**4.66**	**5.80**	**7.14**	**7.70**	**7.63**	**7.02**	**5.77**	**4.39**	**3.16**	**2.39**	**5.12**
33.2°N, 44.5°E, 37m	H_D	1.16	1.43	1.72	1.96	1.91	1.83	1.77	1.66	1.59	1.39	1.18	1.07	1.55
Damaskus	**H**	**2.84**	**3.86**	**5.22**	**6.88**	**7.68**	**8.54**	**8.41**	**7.63**	**6.51**	**5.04**	**3.78**	**2.73**	**5.75**
33.5°N, 36.5°E, 700m	H_D	1.17	1.43	1.71	1.82	1.96	1.76	1.73	1.69	1.50	1.32	1.09	1.06	1.52
Jerusalem	**H**	**3.10**	**3.60**	**4.92**	**6.21**	**7.46**	**8.56**	**8.47**	**7.61**	**6.74**	**5.38**	**3.89**	**2.95**	**5.74**
31.8°N, 35.2°E, 790m	H_D	1.24	1.53	1.85	2.07	2.05	1.73	1.69	1.73	1.46	1.29	1.18	1.11	1.58
Riyad	**H**	**4.03**	**4.35**	**5.71**	**5.91**	**6.89**	**6.50**	**5.86**	**6.29**	**5.88**	**5.35**	**4.44**	**3.75**	**5.41**
24.7°N, 46.7°E, 585m	H_D	1.25	1.59	1.65	2.02	1.88	2.12	2.28	1.95	1.75	1.39	1.21	1.20	1.69
Orte in Asien:		**Jan**	**Feb**	**März**	**Apr**	**Mai**	**Juni**	**Juli**	**Aug**	**Sep**	**Okt**	**Nov**	**Dez**	**Jahr**
Bejing	**H**	**2.09**	**2.88**	**3.72**	**5.02**	**5.45**	**5.47**	**4.20**	**4.22**	**3.91**	**3.17**	**2.20**	**1.80**	**3.67**
39.8°N, 116.4°E,40m	H_D	0.99	1.31	1.76	2.15	2.50	2.64	2.52	2.33	1.94	1.46	1.08	0.88	1.79
Calcutta	**H**	**4.18**	**4.90**	**5.40**	**6.41**	**6.25**	**4.82**	**4.35**	**4.46**	**4.19**	**4.72**	**4.40**	**3.83**	**4.82**
22.5°N, 88.4°E, 10m	H_D	1.73	1.96	2.31	2.46	2.67	2.71	2.62	2.58	2.39	2.13	1.79	1.66	2.25
Dehli	**H**	**3.82**	**4.90**	**6.08**	**6.89**	**7.18**	**6.56**	**5.38**	**5.16**	**5.69**	**5.33**	**4.30**	**3.72**	**5.41**
28.5°N, 77.3°E, 215m	H_D	1.26	1.43	1.64	1.93	2.15	2.40	2.47	2.34	1.95	1.48	1.24	1.13	1.78
Lhasa	**H**	**4.18**	**5.06**	**5.11**	**6.21**	**5.06**	**4.25**	**4.06**	**4.25**	**3.68**	**4.27**	**4.49**	**4.08**	**4.55**
29.6°N, 91.2°E, 3700m	H_D	1.28	1.53	2.15	2.42	2.73	2.65	2.58	2.53	2.22	1.94	1.31	1.11	2.04
Taipei	**H**	**2.56**	**2.54**	**3.32**	**4.10**	**4.54**	**5.42**	**5.97**	**5.34**	**4.83**	**3.88**	**2.81**	**2.38**	**3.97**
25.0°N, 121.5°E, 10m	H_D	1.43	1.56	1.93	2.24	2.40	2.53	2.48	2.39	2.19	1.88	1.53	1.34	1.99
Tashkent	**H**	**1.76**	**2.71**	**2.68**	**5.50**	**7.01**	**7.87**	**7.68**	**6.89**	**5.50**	**3.58**	**2.09**	**1.51**	**4.63**
41.3°N, 69.2°E, 460m	H_D	0.88	1.18	1.60	1.87	1.91	1.80	1.75	1.56	1.36	1.22	0.95	0.77	1.40
Tokyo	**H**	**2.56**	**3.09**	**3.71**	**4.27**	**4.85**	**4.21**	**4.13**	**4.54**	**3.24**	**2.81**	**2.31**	**2.21**	**3.49**
35.7°N, 139.8°E, 5m	H_D	1.33	1.72	2.23	2.70	3.01	3.07	3.01	2.82	2.36	1.91	1.46	1.22	2.23
Ulan Bator	**H**	**1.59**	**2.62**	**4.15**	**5.09**	**5.76**	**5.79**	**5.12**	**4.42**	**3.86**	**2.95**	**1.82**	**1.27**	**3.70**
47.8°N, 106.8°E, 1330m	H_D	0.73	1.07	1.54	2.19	2.65	2.87	2.76	2.39	1.87	1.26	0.82	0.62	1.73
Orte in Nordamerika:		**Jan**	**Feb**	**März**	**Apr**	**Mai**	**Juni**	**Juli**	**Aug**	**Sep**	**Okt**	**Nov**	**Dez**	**Jahr**
El Paso	**H**	**3.69**	**4.90**	**6.34**	**7.63**	**8.25**	**8.43**	**7.71**	**7.18**	**6.09**	**5.26**	**3.98**	**3.41**	**6.07**
31.8°N,106.4°W, 1205m	H_D	1.09	1.22	1.38	1.51	1.72	1.82	2.04	1.90	1.75	1.33	1.14	1.02	1.49
Miami	**H**	**3.49**	**4.21**	**5.12**	**5.99**	**5.96**	**5.61**	**5.83**	**5.59**	**4.89**	**4.33**	**3.63**	**3.27**	**4.82**
25.9°N, 80.1°W, 5m	H_D	1.46	1.71	1.96	2.17	2.42	2.54	2.47	2.36	2.17	1.83	1.53	1.37	2.00
New York	**H**	**1.87**	**2.72**	**3.73**	**4.74**	**5.66**	**5.99**	**5.85**	**5.40**	**4.32**	**3.19**	**1.86**	**1.48**	**3.90**
40.8°N, 74.0°W, 5m	H_D	1.03	1.37	1.85	2.31	2.62	2.74	2.68	2.37	1.98	1.51	1.12	0.91	1.87
Salt Lake City	**H**	**2.11**	**3.26**	**4.73**	**5.85**	**7.15**	**7.78**	**8.04**	**6.94**	**5.59**	**3.96**	**2.32**	**1.80**	**4.96**
40.8°N, 111.9°W, 1285m	H_D	0.87	1.09	1.36	1.77	1.85	1.84	1.56	1.55	1.33	1.12	0.95	0.79	1.34
Toronto	**H**	**1.57**	**2.54**	**3.57**	**4.63**	**5.77**	**6.30**	**6.29**	**5.45**	**4.05**	**2.67**	**1.36**	**1.15**	**3.77**
43.8°N, 79.3°W, 75m	H_D	0.91	1.24	1.75	2.26	2.55	2.67	2.54	2.28	1.93	1.44	0.95	0.76	1.77

A3 Globalstrahlungsfaktoren für einige Referenzstandorte

Tabelle A3.1:
Globalstrahlungsfaktoren R(β,γ) für Orte in der Schweiz, Österreich und SW-Deutschland

Globalstrahlungsfaktoren R(β,γ) für geneigte Flächen															
Ort	**β**	**γ**	**Jan**	**Feb**	**Mrz**	**Apr**	**Mai**	**Jun**	**Jul**	**Aug**	**Sep**	**Okt**	**Nov**	**Dez**	**Jahr**
Kloten (Flugh.) (φ = 47,2°) (für Mittelland, NW-Schweiz, SW-Deutschland, Flachlandstandorte in Österreich)	20°	0°	1.24	1.20	1.13	1.06	1.03	1.00	1.02	1.06	1.11	1.16	1.18	1.24	1.07
	20°	±30°	1.21	1.17	1.11	1.05	1.02	1.00	1.01	1.04	1.09	1.14	1.15	1.21	1.06
	20°	±45°	1.16	1.13	1.08	1.04	1.01	1.00	1.00	1.03	1.07	1.10	1.13	1.17	1.04
	30°	0°	1.34	1.28	1.16	1.06	1.01	0.98	1.00	1.05	1.13	1.21	1.26	1.34	1.08
	30°	±30°	1.29	1.23	1.13	1.04	0.99	0.97	0.99	1.04	1.11	1.18	1.21	1.28	1.06
	30°	±45°	1.21	1.17	1.09	1.03	0.98	0.97	0.98	1.02	1.08	1.13	1.15	1.24	1.04
	45°	0°	1.42	1.33	1.17	1.03	0.94	0.91	0.93	1.00	1.13	1.24	1.31	1.45	1.05
	45°	±30°	1.37	1.26	1.13	1.01	0.93	0.90	0.92	0.98	1.09	1.19	1.23	1.34	1.02
	45°	±45°	1.26	1.19	1.07	0.98	0.92	0.90	0.91	0.96	1.04	1.13	1.18	1.28	0.99
	60°	0°	1.47	1.33	1.12	0.95	0.84	0.80	0.82	0.91	1.06	1.21	1.31	1.48	0.98
	60°	±30°	1.37	1.25	1.07	0.92	0.84	0.80	0.82	0.89	1.02	1.14	1.23	1.38	0.95
	60°	±45°	1.26	1.16	1.02	0.90	0.83	0.80	0.81	0.87	0.98	1.08	1.13	1.28	0.92
	90°	0°	1.34	1.16	0.89	0.68	0.56	0.52	0.53	0.63	0.81	1.00	1.13	1.34	0.71
	90°	±30°	1.24	1.07	0.84	0.68	0.58	0.54	0.55	0.63	0.77	0.93	1.05	1.24	0.71
	90°	±45°	1.11	0.97	0.79	0.66	0.58	0.55	0.56	0.62	0.74	0.85	0.95	1.10	0.68
Davos (φ = 46,5°) (für Alpen)	20°	0°	1.47	1.33	1.20	1.10	1.03	1.00	1.02	1.05	1.13	1.24	1.39	1.52	1.13
	20°	±30°	1.40	1.28	1.17	1.08	1.02	1.00	1.01	1.04	1.11	1.20	1.33	1.45	1.11
	20°	±45°	1.33	1.23	1.13	1.06	1.01	1.00	1.00	1.03	1.08	1.16	1.26	1.36	1.08
	30°	0°	1.67	1.46	1.27	1.11	1.01	0.98	0.99	1.05	1.16	1.32	1.53	1.73	1.16
	30°	±30°	1.57	1.39	1.23	1.09	1.00	0.97	0.99	1.03	1.13	1.27	1.46	1.63	1.13
	30°	±45°	1.46	1.31	1.17	1.06	0.99	0.97	0.98	1.01	1.09	1.21	1.36	1.50	1.09
	45°	0°	1.90	1.59	1.33	1.10	0.95	0.91	0.92	1.00	1.15	1.39	1.69	1.98	1.17
	45°	±30°	1.76	1.50	1.26	1.07	0.94	0.90	0.92	0.98	1.11	1.31	1.58	1.82	1.13
	45°	±45°	1.59	1.38	1.20	1.04	0.93	0.89	0.91	0.96	1.07	1.22	1.44	1.64	1.08
	60°	0°	2.01	1.66	1.32	1.04	0.85	0.80	0.82	0.91	1.09	1.39	1.78	2.13	1.12
	60°	±30°	1.84	1.53	1.25	1.01	0.85	0.80	0.81	0.89	1.05	1.29	1.64	1.95	1.08
	60°	±45°	1.64	1.40	1.17	0.98	0.84	0.79	0.81	0.87	0.99	1.19	1.47	1.73	1.03
	90°	0°	1.96	1.53	1.14	0.80	0.57	0.51	0.52	0.62	0.83	1.17	1.65	2.09	0.89
	90°	±30°	1.76	1.39	1.07	0.78	0.58	0.53	0.54	0.62	0.79	1.07	1.50	1.88	0.85
	90°	±45°	1.53	1.24	0.99	0.77	0.59	0.55	0.56	0.62	0.75	0.97	1.31	1.63	0.80
Locarno (φ = 46,1°) (für die Region Genfersee, Alpensüdseite, inneralpine Täler)	20°	0°	1.34	1.20	1.13	1.04	1.01	1.00	1.02	1.06	1.12	1.16	1.25	1.34	1.09
	20°	±30°	1.29	1.17	1.10	1.03	1.01	1.00	1.01	1.05	1.09	1.13	1.20	1.30	1.07
	20°	±45°	1.24	1.13	1.08	1.02	1.00	1.00	1.00	1.03	1.07	1.10	1.17	1.23	1.05
	30°	0°	1.47	1.27	1.16	1.03	0.99	0.98	0.99	1.06	1.14	1.20	1.33	1.49	1.10
	30°	±30°	1.41	1.23	1.13	1.02	0.98	0.97	0.98	1.04	1.11	1.16	1.28	1.40	1.08
	30°	±45°	1.32	1.17	1.09	1.01	0.97	0.97	0.98	1.02	1.08	1.12	1.22	1.32	1.05
	45°	0°	1.61	1.33	1.16	0.99	0.93	0.90	0.92	1.00	1.13	1.22	1.42	1.62	1.08
	45°	±30°	1.51	1.26	1.12	0.97	0.92	0.90	0.92	0.99	1.09	1.17	1.33	1.51	1.05
	45°	±45°	1.39	1.19	1.07	0.95	0.91	0.90	0.90	0.96	1.05	1.11	1.25	1.38	1.01
	60°	0°	1.68	1.32	1.11	0.91	0.83	0.79	0.81	0.91	1.06	1.19	1.43	1.68	1.01
	60°	±30°	1.54	1.24	1.06	0.89	0.83	0.79	0.81	0.90	1.02	1.12	1.33	1.55	0.98
	60°	±45°	1.39	1.15	1.01	0.87	0.82	0.79	0.80	0.87	0.97	1.06	1.22	1.40	0.93
	90°	0°	1.54	1.13	0.87	0.66	0.56	0.51	0.51	0.61	0.80	0.97	1.25	1.55	0.75
	90°	±30°	1.39	1.04	0.82	0.65	0.57	0.53	0.53	0.62	0.77	0.90	1.13	1.40	0.73
	90°	±45°	1.22	0.94	0.77	0.64	0.58	0.55	0.55	0.62	0.73	0.83	1.02	1.23	0.70

Tabelle A3.2:
Globalstrahlungsfaktoren R(β,γ) für Orte in Deutschland und angrenzenden Länder in W und E

Globalstrahlungsfaktoren R(β,γ) für geneigte Flächen															
Ort	β	γ	Jan	Feb	Mrz	Apr	Mai	Jun	Jul	Aug	Sep	Okt	Nov	Dez	Jahr
Potsdam	20°	0°	1.28	1.22	1.15	1.08	1.04	1.02	1.02	1.07	1.13	1.21	1.27	1.33	1.09
(φ = 52,4°)	20°	±30°	1.24	1.20	1.13	1.07	1.03	1.01	1.02	1.06	1.11	1.18	1.23	1.28	1.07
(für Norden	20°	±45°	1.20	1.16	1.09	1.05	1.02	1.00	1.01	1.04	1.08	1.13	1.17	1.22	1.05
und Osten)	30°	0°	1.40	1.30	1.19	1.09	1.03	1.00	1.01	1.07	1.16	1.26	1.33	1.44	1.10
	30°	±30°	1.36	1.26	1.16	1.07	1.01	0.99	1.00	1.05	1.13	1.22	1.30	1.39	1.08
	30°	±45°	1.28	1.20	1.12	1.05	1.00	0.98	0.99	1.03	1.10	1.18	1.23	1.28	1.05
	45°	0°	1.56	1.38	1.21	1.07	0.98	0.94	0.95	1.03	1.16	1.32	1.43	1.56	1.08
	45°	±30°	1.44	1.32	1.17	1.04	0.97	0.93	0.94	1.01	1.12	1.26	1.37	1.50	1.05
	45°	±45°	1.36	1.24	1.12	1.01	0.95	0.92	0.93	0.98	1.07	1.19	1.27	1.39	1.02
	60°	0°	1.60	1.40	1.18	0.99	0.89	0.84	0.85	0.95	1.11	1.31	1.47	1.61	1.01
	60°	±30°	1.52	1.32	1.13	0.97	0.88	0.83	0.85	0.93	1.07	1.24	1.37	1.50	0.98
	60°	±45°	1.36	1.22	1.06	0.93	0.86	0.83	0.84	0.91	1.02	1.15	1.27	1.39	0.95
	90°	0°	1.56	1.28	0.97	0.74	0.61	0.56	0.58	0.68	0.87	1.12	1.33	1.56	0.76
	90°	±30°	1.40	1.18	0.92	0.72	0.61	0.57	0.59	0.67	0.83	1.03	1.23	1.44	0.75
	90°	±45°	1.28	1.08	0.85	0.70	0.61	0.58	0.59	0.66	0.78	0.94	1.10	1.28	0.72
Giessen	20°	0°	1.26	1.22	1.13	1.08	1.03	1.01	1.02	1.05	1.11	1.18	1.24	1.25	1.08
(φ = 50,3°)	20°	±30°	1.22	1.19	1.11	1.06	1.03	1.00	1.01	1.04	1.09	1.15	1.21	1.20	1.07
(für Mitte	20°	±45°	1.19	1.15	1.08	1.04	1.02	1.00	1.00	1.03	1.07	1.12	1.15	1.15	1.05
und Westen)	30°	0°	1.33	1.31	1.16	1.09	1.02	0.99	1.00	1.05	1.13	1.22	1.32	1.35	1.09
	30°	±30°	1.30	1.25	1.13	1.07	1.01	0.98	1.00	1.03	1.10	1.19	1.26	1.30	1.07
	30°	±45°	1.22	1.20	1.10	1.04	0.99	0.98	0.98	1.02	1.08	1.13	1.21	1.25	1.04
	45°	0°	1.44	1.39	1.16	1.06	0.96	0.92	0.94	1.01	1.13	1.26	1.38	1.45	1.06
	45°	±30°	1.37	1.31	1.12	1.03	0.95	0.92	0.93	0.99	1.09	1.21	1.32	1.35	1.04
	45°	±45°	1.26	1.24	1.08	1.01	0.93	0.91	0.92	0.97	1.05	1.15	1.24	1.30	1.01
	60°	0°	1.48	1.41	1.12	0.99	0.87	0.82	0.84	0.92	1.07	1.24	1.41	1.50	0.99
	60°	±30°	1.37	1.31	1.08	0.96	0.86	0.82	0.83	0.91	1.03	1.18	1.32	1.40	0.96
	60°	±45°	1.26	1.22	1.02	0.92	0.85	0.81	0.83	0.88	0.98	1.09	1.21	1.30	0.93
	90°	0°	1.37	1.25	0.90	0.72	0.59	0.54	0.56	0.66	0.82	1.03	1.26	1.40	0.74
	90°	±30°	1.26	1.15	0.85	0.71	0.60	0.56	0.58	0.65	0.79	0.96	1.15	1.30	0.73
	90°	±45°	1.15	1.03	0.81	0.68	0.60	0.57	0.58	0.65	0.75	0.88	1.03	1.15	0.70
München	20°	0°	1.33	1.25	1.15	1.07	1.03	1.01	1.02	1.06	1.12	1.20	1.28	1.33	1.09
(Flugh.)	20°	±30°	1.28	1.21	1.13	1.06	1.02	1.00	1.01	1.04	1.10	1.17	1.23	1.30	1.08
(φ = 48,2°)	20°	±45°	1.23	1.17	1.10	1.04	1.01	1.00	1.00	1.03	1.08	1.13	1.19	1.24	1.06
(für Südbayern,	30°	0°	1.47	1.35	1.19	1.08	1.01	0.98	1.00	1.05	1.16	1.27	1.38	1.48	1.11
inneralpine Täler	30°	±30°	1.40	1.29	1.16	1.06	1.00	0.98	0.99	1.04	1.12	1.22	1.32	1.42	1.08
in Österreich)	30°	±45°	1.30	1.23	1.12	1.04	0.99	0.97	0.98	1.02	1.09	1.17	1.23	1.33	1.06
	45°	0°	1.60	1.44	1.21	1.05	0.95	0.92	0.93	1.01	1.15	1.31	1.47	1.64	1.09
	45°	±30°	1.51	1.36	1.17	1.02	0.94	0.91	0.92	0.99	1.11	1.25	1.38	1.55	1.06
	45°	±45°	1.40	1.27	1.11	0.99	0.93	0.90	0.91	0.96	1.06	1.18	1.30	1.42	1.02
	60°	0°	1.70	1.47	1.18	0.97	0.85	0.81	0.83	0.92	1.10	1.30	1.51	1.73	1.02
	60°	±30°	1.58	1.37	1.12	0.95	0.85	0.81	0.82	0.90	1.05	1.22	1.40	1.61	0.99
	60°	±45°	1.42	1.27	1.06	0.92	0.84	0.81	0.82	0.88	0.99	1.13	1.28	1.45	0.95
	90°	0°	1.63	1.33	0.95	0.70	0.57	0.52	0.54	0.64	0.84	1.09	1.36	1.64	0.78
	90°	±30°	1.49	1.23	0.89	0.69	0.59	0.54	0.56	0.64	0.80	1.00	1.23	1.52	0.76
	90°	±45°	1.33	1.11	0.83	0.67	0.59	0.56	0.56	0.63	0.76	0.91	1.11	1.33	0.73

Tabelle A3.3:
Globalstrahlungsfaktoren R(β,γ) für Orte in Südeuropa, Nordafrika und Nahost

Globalstrahlungsfaktoren R(β,γ) für geneigte Flächen																
Ort	β	γ	Jan	Feb	Mrz	Apr	Mai	Jun	Jul	Aug	Sep	Okt	Nov	Dez	Jahr
Marseille	20°	0°	1.41	1.26	1.17	1.08	1.03	1.00	1.02	1.06	1.15	1.23	1.35	1.44	1.11
(φ = 43,3°)	20°	±30°	1.35	1.23	1.15	1.07	1.02	1.00	1.01	1.05	1.12	1.20	1.30	1.37	1.10
(Südfrankreich,	20°	±45°	1.28	1.18	1.11	1.05	1.01	0.99	1.00	1.04	1.09	1.15	1.24	1.31	1.07
Nordküste	30°	0°	1.57	1.35	1.22	1.09	1.01	0.97	0.99	1.06	1.18	1.31	1.49	1.61	1.14
Mittelmeer,	30°	±30°	1.48	1.29	1.18	1.07	1.00	0.97	0.98	1.04	1.14	1.26	1.40	1.52	1.11
Mittelitalien,	30°	±45°	1.37	1.23	1.14	1.04	0.98	0.96	0.97	1.02	1.10	1.20	1.31	1.40	1.07
Adria usw.)	45°	0°	1.73	1.43	1.24	1.06	0.94	0.89	0.91	1.01	1.18	1.37	1.61	1.79	1.12
	45°	±30°	1.61	1.35	1.19	1.03	0.93	0.89	0.90	0.99	1.13	1.30	1.50	1.66	1.08
	45°	±45°	1.47	1.25	1.12	1.00	0.91	0.88	0.89	0.96	1.08	1.21	1.38	1.50	1.04
	60°	0°	1.80	1.43	1.20	0.97	0.82	0.76	0.79	0.91	1.11	1.35	1.65	1.89	1.05
	60°	±30°	1.65	1.33	1.13	0.94	0.82	0.77	0.79	0.89	1.06	1.26	1.53	1.73	1.01
	60°	±45°	1.47	1.22	1.06	0.91	0.81	0.77	0.79	0.87	1.00	1.17	1.38	1.53	0.96
	90°	0°	1.64	1.22	0.93	0.66	0.50	0.43	0.45	0.58	0.82	1.12	1.48	1.74	0.76
	90°	±30°	1.47	1.10	0.86	0.65	0.53	0.47	0.49	0.59	0.78	1.02	1.33	1.55	0.73
	90°	±45°	1.27	0.98	0.80	0.64	0.54	0.50	0.51	0.59	0.74	0.92	1.15	1.34	0.70
Sevilla	20°	0°	1.31	1.21	1.14	1.05	1.00	0.98	0.99	1.03	1.11	1.19	1.26	1.33	1.09
(φ = 37,3°)	20°	±30°	1.27	1.18	1.11	1.04	1.00	0.98	0.99	1.03	1.09	1.16	1.22	1.29	1.08
(für Südeuropa,	20°	±45°	1.21	1.14	1.09	1.03	0.99	0.98	0.98	1.01	1.06	1.12	1.17	1.22	1.06
Südtürkei und	30°	0°	1.43	1.28	1.17	1.04	0.97	0.94	0.95	1.01	1.13	1.25	1.35	1.46	1.10
Nordküste der	30°	±30°	1.36	1.23	1.13	1.03	0.97	0.94	0.95	1.00	1.09	1.20	1.29	1.39	1.08
Magrebstaaten)	30°	±45°	1.28	1.18	1.09	1.01	0.96	0.94	0.95	0.99	1.06	1.15	1.22	1.30	1.05
	45°	0°	1.53	1.32	1.16	0.99	0.89	0.84	0.86	0.95	1.10	1.28	1.42	1.58	1.07
	45°	±30°	1.44	1.26	1.12	0.97	0.88	0.85	0.86	0.93	1.06	1.21	1.34	1.48	1.04
	45°	±45°	1.32	1.18	1.06	0.95	0.88	0.85	0.86	0.92	1.02	1.14	1.24	1.36	1.00
	60°	0°	1.56	1.30	1.10	0.89	0.76	0.71	0.72	0.83	1.02	1.24	1.42	1.61	0.98
	60°	±30°	1.44	1.22	1.04	0.87	0.77	0.72	0.73	0.83	0.98	1.16	1.32	1.49	0.95
	60°	±45°	1.30	1.13	0.98	0.85	0.77	0.73	0.74	0.81	0.93	1.08	1.21	1.34	0.91
	90°	0°	1.35	1.06	0.81	0.58	0.44	0.38	0.38	0.50	0.71	0.98	1.21	1.42	0.68
	90°	±30°	1.22	0.96	0.76	0.59	0.48	0.43	0.43	0.53	0.69	0.89	1.10	1.28	0.67
	90°	±45°	1.07	0.88	0.72	0.59	0.50	0.46	0.47	0.54	0.66	0.82	0.97	1.11	0.65
Kairo	20°	0°	1.25	1.18	1.10	1.03	0.98	0.95	0.96	1.01	1.07	1.16	1.24	1.27	1.06
(φ =30,1°)	20°	±30°	1.21	1.15	1.08	1.02	0.97	0.95	0.96	1.00	1.06	1.13	1.20	1.23	1.05
(für Nordafrika	20°	±45°	1.17	1.12	1.06	1.01	0.97	0.96	0.96	0.99	1.04	1.10	1.15	1.18	1.03
und Nahost)	30°	0°	1.33	1.23	1.12	1.01	0.93	0.90	0.91	0.97	1.07	1.20	1.31	1.37	1.06
	30°	±30°	1.27	1.19	1.09	1.00	0.93	0.90	0.91	0.97	1.05	1.16	1.26	1.30	1.04
	30°	±45°	1.21	1.14	1.06	0.98	0.93	0.90	0.91	0.96	1.03	1.12	1.19	1.23	1.02
	45°	0°	1.40	1.26	1.08	0.94	0.83	0.78	0.80	0.88	1.03	1.20	1.36	1.44	1.01
	45°	±30°	1.32	1.19	1.05	0.92	0.83	0.79	0.81	0.88	1.00	1.15	1.28	1.36	0.99
	45°	±45°	1.22	1.12	1.01	0.91	0.83	0.80	0.81	0.87	0.97	1.09	1.20	1.25	0.96
	60°	0°	1.39	1.21	1.00	0.82	0.68	0.62	0.65	0.75	0.93	1.15	1.34	1.44	0.91
	60°	±30°	1.29	1.13	0.96	0.81	0.70	0.65	0.67	0.76	0.90	1.08	1.25	1.34	0.89
	60°	±45°	1.17	1.06	0.92	0.80	0.71	0.67	0.69	0.76	0.87	1.01	1.14	1.21	0.86
	90°	0°	1.14	0.93	0.69	0.48	0.34	0.28	0.30	0.40	0.60	0.85	1.09	1.22	0.60
	90°	±30°	1.04	0.85	0.66	0.51	0.40	0.35	0.37	0.45	0.59	0.79	0.99	1.10	0.60
	90°	±45°	0.91	0.78	0.64	0.52	0.44	0.40	0.42	0.48	0.59	0.73	0.88	0.96	0.59

A4 R_B-Faktoren für Strahlungsberechungen mit dem Dreikomponentenmodell

Die R_B-Faktoren dienen zur Berechnung der in die Solargeneratorebene eingestrahlten Direktstrahlung (aus der Direktstrahlung H_B = (H-H_D) in die die Horizontalebene) gemäss Kap. 2.5. Sie hängen nur vom Anstellwinkel β und der Orientierung γ des Solargenerators sowie der geografischen Breite φ des Ortes ab, an dem die Strahlung in die Solargeneratorebene berechnet werden soll. Die angegebenen Werte wurden mit den in Meteonorm 95 [2.2] angegebenen Beziehungen ermittelt.

Die geografische Breite φ ist für jeden Ort bei der Ortsbezeichnung in den Tabellen im Anhang A2 angegeben. Dort sind auch für jeden Monat die Werte von H (fett) und H_D angegeben.

Unten und auf den folgenden Seiten folgen Tabellen für den R_B-Faktor für jeweils 42 verschiedene Solargenerator-Orientierungen (Anstellwinkel β = 20°, 30°, 35°, 45°, 60° und 90° und bei jedem dieser Werte für γ = -60°, -45°, -30°, 0°, +30°, +45° und +60°) für Orte auf der Nordhalbkugel auf den geographischen Breiten von 24°, 26°, 28°, 30°, 32°, 34°, 36°, 38°, 40°, 42°, 44°, 46°, 47°, 48°, 49°, 50°, 51°, 52°, 53°, 54°, 56°, 58° und 60°.

Es wurde bewusst für die deutschsprachigen Länder zwischen 46°N und 54°N eine feinere Auflösung gewählt, um dort eine optimale Genauigkeit zu erreichen. Für eine Erhöhung der Genauigkeit ist für gegebene β und γ auch eine Interpolation möglich.

R_B - Faktoren für geografische Breite 24 Grad													
β	γ	Jan	Feb	Mrz	Apr	Mai	Jun	Jul	Aug	Sep	Okt	Nov	Dez
20°	0°	1.32	1.22	1.11	1.01	0.94	0.90	0.92	0.98	1.06	1.18	1.29	1.36
20°	±30°	1.27	1.18	1.09	1.00	0.94	0.91	0.92	0.97	1.05	1.15	1.24	1.31
20°	±45°	1.21	1.14	1.06	0.99	0.94	0.92	0.93	0.97	1.03	1.11	1.19	1.24
20°	±60°	1.13	1.08	1.03	0.98	0.94	0.93	0.93	0.96	1.01	1.06	1.12	1.15
30°	0°	1.43	1.28	1.11	0.97	0.86	0.82	0.84	0.92	1.05	1.22	1.38	1.49
30°	±30°	1.35	1.22	1.08	0.96	0.87	0.83	0.85	0.92	1.03	1.17	1.31	1.40
30°	±45°	1.27	1.16	1.04	0.94	0.87	0.84	0.85	0.91	1.00	1.12	1.23	1.31
30°	±60°	1.15	1.08	1.00	0.93	0.88	0.85	0.86	0.90	0.97	1.05	1.13	1.18
35°	0°	1.46	1.29	1.10	0.93	0.81	0.76	0.79	0.88	1.03	1.22	1.41	1.53
35°	±30°	1.38	1.23	1.07	0.92	0.82	0.78	0.80	0.88	1.00	1.17	1.33	1.44
35°	±45°	1.28	1.16	1.03	0.91	0.83	0.79	0.81	0.87	0.98	1.11	1.24	1.32
35°	±60°	1.15	1.07	0.98	0.90	0.84	0.81	0.82	0.87	0.94	1.03	1.12	1.18
45°	0°	1.50	1.29	1.05	0.85	0.70	0.64	0.67	0.78	0.97	1.20	1.44	1.58
45°	±30°	1.40	1.21	1.01	0.84	0.72	0.67	0.69	0.79	0.94	1.14	1.34	1.47
45°	±45°	1.27	1.13	0.97	0.83	0.73	0.69	0.71	0.79	0.91	1.07	1.23	1.33
45°	±60°	1.12	1.02	0.91	0.82	0.75	0.72	0.73	0.78	0.87	0.98	1.09	1.16
60°	0°	1.47	1.21	0.93	0.68	0.50	0.42	0.46	0.59	0.82	1.11	1.39	1.57
60°	±30°	1.34	1.12	0.88	0.68	0.54	0.47	0.50	0.61	0.79	1.03	1.27	1.43
60°	±45°	1.20	1.02	0.84	0.68	0.56	0.52	0.54	0.63	0.77	0.95	1.14	1.27
60°	±60°	1.03	0.91	0.78	0.67	0.59	0.56	0.57	0.63	0.73	0.86	0.99	1.07
90°	0°	1.13	0.82	0.49	0.21	0.05	0.00	0.02	0.13	0.37	0.70	1.03	1.24
90°	±30°	0.98	0.72	0.48	0.28	0.16	0.11	0.13	0.22	0.39	0.63	0.90	1.08
90°	±45°	0.83	0.65	0.47	0.32	0.23	0.19	0.20	0.28	0.40	0.58	0.78	0.91
90°	±60°	0.69	0.57	0.45	0.35	0.28	0.25	0.26	0.31	0.40	0.52	0.65	0.73

R_B - Faktoren für geografische Breite 26 Grad													
β	γ	Jan	Feb	Mrz	Apr	Mai	Jun	Jul	Aug	Sep	Okt	Nov	Dez
20°	0°	1.35	1.24	1.12	1.02	0.95	0.92	0.93	0.99	1.08	1.20	1.32	1.39
20°	±30°	1.30	1.20	1.10	1.01	0.95	0.92	0.93	0.98	1.06	1.16	1.27	1.33
20°	±45°	1.23	1.15	1.07	1.00	0.95	0.93	0.94	0.98	1.04	1.12	1.21	1.26
20°	±60°	1.15	1.09	1.03	0.98	0.95	0.93	0.94	0.97	1.01	1.07	1.13	1.17
30°	0°	1.47	1.31	1.13	0.98	0.88	0.83	0.85	0.94	1.07	1.24	1.42	1.53
30°	±30°	1.39	1.25	1.10	0.97	0.88	0.84	0.86	0.93	1.04	1.19	1.34	1.44
30°	±45°	1.29	1.18	1.06	0.96	0.88	0.85	0.87	0.92	1.02	1.14	1.26	1.34
30°	±60°	1.17	1.09	1.01	0.94	0.89	0.86	0.87	0.91	0.98	1.06	1.15	1.20
35°	0°	1.51	1.32	1.13	0.96	0.83	0.78	0.80	0.90	1.05	1.25	1.45	1.58
35°	±30°	1.42	1.26	1.09	0.94	0.84	0.79	0.81	0.90	1.02	1.20	1.37	1.48
35°	±45°	1.31	1.18	1.04	0.93	0.84	0.81	0.82	0.89	0.99	1.13	1.27	1.36
35°	±60°	1.17	1.08	0.99	0.91	0.85	0.82	0.83	0.88	0.95	1.05	1.15	1.21
45°	0°	1.56	1.33	1.09	0.88	0.73	0.66	0.69	0.81	0.99	1.24	1.49	1.65
45°	±30°	1.44	1.25	1.04	0.86	0.74	0.69	0.71	0.81	0.96	1.17	1.38	1.52
45°	±45°	1.31	1.16	0.99	0.85	0.75	0.71	0.73	0.80	0.93	1.10	1.26	1.37
45°	±60°	1.15	1.04	0.93	0.83	0.76	0.73	0.74	0.80	0.88	1.00	1.12	1.19
60°	0°	1.54	1.26	0.96	0.71	0.53	0.45	0.49	0.62	0.85	1.15	1.45	1.65
60°	±30°	1.40	1.16	0.91	0.70	0.56	0.50	0.53	0.64	0.82	1.07	1.33	1.50
60°	±45°	1.25	1.06	0.86	0.70	0.58	0.54	0.56	0.65	0.79	0.99	1.19	1.32
60°	±60°	1.06	0.93	0.80	0.69	0.60	0.57	0.59	0.65	0.75	0.88	1.02	1.11
90°	0°	1.20	0.88	0.54	0.24	0.07	0.02	0.04	0.16	0.41	0.75	1.10	1.33
90°	±30°	1.04	0.77	0.51	0.31	0.18	0.13	0.15	0.25	0.42	0.68	0.96	1.15
90°	±45°	0.89	0.69	0.49	0.34	0.24	0.20	0.22	0.29	0.43	0.62	0.82	0.97
90°	±60°	0.72	0.59	0.47	0.36	0.29	0.26	0.27	0.33	0.42	0.55	0.68	0.77

R_B - Faktoren für geografische Breite 28 Grad													
β	γ	Jan	Feb	Mrz	Apr	Mai	Jun	Jul	Aug	Sep	Okt	Nov	Dez
20°	0°	1.38	1.26	1.14	1.03	0.96	0.93	0.94	1.00	1.09	1.22	1.34	1.43
20°	±30°	1.32	1.22	1.11	1.02	0.96	0.93	0.94	0.99	1.07	1.18	1.29	1.36
20°	±45°	1.25	1.17	1.08	1.01	0.96	0.93	0.94	0.98	1.05	1.14	1.23	1.28
20°	±60°	1.16	1.10	1.04	0.99	0.95	0.94	0.94	0.97	1.02	1.08	1.14	1.19
30°	0°	1.51	1.34	1.16	1.00	0.89	0.85	0.87	0.95	1.09	1.27	1.46	1.58
30°	±30°	1.42	1.27	1.12	0.99	0.90	0.86	0.87	0.95	1.06	1.22	1.38	1.48
30°	±45°	1.32	1.20	1.08	0.97	0.90	0.86	0.88	0.94	1.03	1.16	1.28	1.37
30°	±60°	1.20	1.11	1.02	0.95	0.89	0.87	0.88	0.92	0.99	1.08	1.17	1.23
35°	0°	1.56	1.36	1.15	0.98	0.85	0.80	0.82	0.92	1.08	1.28	1.50	1.64
35°	±30°	1.46	1.29	1.11	0.96	0.86	0.81	0.83	0.91	1.04	1.22	1.40	1.53
35°	±45°	1.34	1.21	1.06	0.94	0.86	0.82	0.84	0.90	1.01	1.15	1.30	1.40
35°	±60°	1.20	1.10	1.00	0.92	0.86	0.83	0.84	0.89	0.96	1.07	1.17	1.24
45°	0°	1.62	1.37	1.12	0.90	0.75	0.69	0.71	0.83	1.02	1.28	1.54	1.71
45°	±30°	1.50	1.28	1.07	0.89	0.76	0.71	0.73	0.83	0.99	1.21	1.43	1.58
45°	±45°	1.36	1.19	1.01	0.87	0.77	0.72	0.74	0.82	0.95	1.12	1.30	1.42
45°	±60°	1.18	1.07	0.94	0.84	0.77	0.74	0.75	0.81	0.90	1.02	1.15	1.23
60°	0°	1.62	1.31	1.00	0.74	0.56	0.48	0.51	0.65	0.89	1.20	1.52	1.73
60°	±30°	1.47	1.21	0.95	0.73	0.58	0.52	0.55	0.66	0.85	1.11	1.38	1.57
60°	±45°	1.30	1.10	0.89	0.72	0.60	0.55	0.58	0.67	0.82	1.02	1.23	1.38
60°	±60°	1.10	0.96	0.82	0.70	0.62	0.58	0.60	0.66	0.77	0.91	1.06	1.15
90°	0°	1.29	0.94	0.58	0.28	0.10	0.04	0.06	0.19	0.45	0.81	1.18	1.42
90°	±30°	1.12	0.83	0.55	0.33	0.20	0.15	0.17	0.27	0.45	0.72	1.02	1.23
90°	±45°	0.95	0.73	0.52	0.36	0.26	0.22	0.23	0.31	0.45	0.65	0.88	1.03
90°	±60°	0.76	0.62	0.49	0.37	0.30	0.27	0.28	0.34	0.44	0.57	0.72	0.82

R_B - Faktoren für geografische Breite 30 Grad

β	γ	Jan	Feb	Mrz	Apr	Mai	Jun	Jul	Aug	Sep	Okt	Nov	Dez
20°	0°	1.41	1.28	1.15	1.05	0.97	0.94	0.95	1.01	1.11	1.24	1.37	1.46
20°	±30°	1.35	1.24	1.13	1.03	0.97	0.94	0.95	1.00	1.09	1.20	1.31	1.39
20°	±45°	1.27	1.18	1.09	1.02	0.96	0.94	0.95	0.99	1.06	1.15	1.25	1.31
20°	±60°	1.18	1.11	1.05	1.00	0.96	0.94	0.95	0.98	1.03	1.09	1.16	1.20
30°	0°	1.56	1.37	1.18	1.02	0.91	0.86	0.89	0.97	1.11	1.30	1.50	1.63
30°	±30°	1.46	1.30	1.14	1.00	0.91	0.87	0.89	0.96	1.08	1.24	1.41	1.53
30°	±45°	1.36	1.23	1.09	0.98	0.91	0.87	0.89	0.95	1.05	1.18	1.31	1.41
30°	±60°	1.22	1.13	1.03	0.96	0.90	0.88	0.89	0.93	1.00	1.09	1.19	1.25
35°	0°	1.61	1.40	1.18	1.00	0.87	0.82	0.84	0.94	1.10	1.32	1.54	1.70
35°	±30°	1.51	1.32	1.13	0.98	0.87	0.83	0.85	0.93	1.07	1.25	1.45	1.58
35°	±45°	1.38	1.23	1.08	0.96	0.87	0.83	0.85	0.92	1.03	1.18	1.33	1.44
35°	±60°	1.23	1.12	1.02	0.93	0.87	0.84	0.85	0.90	0.98	1.08	1.19	1.27
45°	0°	1.68	1.42	1.15	0.93	0.77	0.71	0.74	0.86	1.05	1.32	1.60	1.79
45°	±30°	1.55	1.33	1.10	0.91	0.78	0.72	0.75	0.85	1.01	1.24	1.48	1.64
45°	±45°	1.40	1.22	1.04	0.89	0.78	0.74	0.76	0.84	0.97	1.15	1.34	1.47
45°	±60°	1.22	1.09	0.96	0.86	0.78	0.75	0.76	0.82	0.92	1.04	1.18	1.27
60°	0°	1.70	1.37	1.04	0.77	0.58	0.51	0.54	0.68	0.92	1.25	1.59	1.82
60°	±30°	1.54	1.26	0.98	0.76	0.61	0.54	0.57	0.69	0.88	1.16	1.45	1.65
60°	±45°	1.36	1.14	0.92	0.74	0.62	0.57	0.59	0.69	0.84	1.06	1.29	1.44
60°	±60°	1.14	0.99	0.84	0.72	0.63	0.60	0.61	0.68	0.79	0.94	1.09	1.20
90°	0°	1.38	1.01	0.63	0.32	0.13	0.06	0.09	0.22	0.49	0.87	1.26	1.53
90°	±30°	1.20	0.88	0.59	0.36	0.22	0.17	0.19	0.29	0.48	0.77	1.10	1.32
90°	±45°	1.01	0.77	0.55	0.38	0.27	0.23	0.25	0.33	0.48	0.69	0.93	1.10
90°	±60°	0.81	0.65	0.51	0.39	0.31	0.28	0.30	0.35	0.46	0.60	0.76	0.87

R_B - Faktoren für geografische Breite 32 Grad

β	γ	Jan	Feb	Mrz	Apr	Mai	Jun	Jul	Aug	Sep	Okt	Nov	Dez
20°	0°	1.45	1.31	1.17	1.06	0.98	0.95	0.96	1.02	1.12	1.26	1.40	1.50
20°	±30°	1.38	1.26	1.14	1.04	0.98	0.95	0.96	1.01	1.10	1.22	1.34	1.43
20°	±45°	1.30	1.20	1.11	1.03	0.97	0.95	0.96	1.00	1.07	1.17	1.27	1.34
20°	±60°	1.20	1.13	1.06	1.00	0.97	0.95	0.96	0.99	1.03	1.10	1.17	1.22
30°	0°	1.61	1.41	1.21	1.04	0.93	0.88	0.90	0.99	1.13	1.33	1.54	1.69
30°	±30°	1.51	1.33	1.16	1.02	0.92	0.88	0.90	0.98	1.10	1.27	1.45	1.58
30°	±45°	1.39	1.25	1.11	1.00	0.92	0.89	0.90	0.96	1.06	1.20	1.35	1.45
30°	±60°	1.24	1.15	1.05	0.97	0.91	0.89	0.90	0.94	1.01	1.11	1.21	1.28
35°	0°	1.67	1.44	1.21	1.02	0.89	0.84	0.86	0.96	1.13	1.35	1.59	1.76
35°	±30°	1.56	1.36	1.16	1.00	0.89	0.84	0.86	0.95	1.09	1.28	1.49	1.63
35°	±45°	1.42	1.26	1.10	0.97	0.88	0.85	0.86	0.93	1.05	1.20	1.37	1.49
35°	±60°	1.26	1.14	1.03	0.94	0.88	0.85	0.86	0.91	0.99	1.10	1.22	1.30
45°	0°	1.76	1.47	1.19	0.95	0.80	0.73	0.76	0.88	1.08	1.37	1.66	1.87
45°	±30°	1.61	1.37	1.13	0.93	0.80	0.74	0.77	0.87	1.04	1.28	1.54	1.71
45°	±45°	1.45	1.26	1.06	0.91	0.80	0.75	0.77	0.86	0.99	1.18	1.39	1.53
45°	±60°	1.25	1.12	0.98	0.87	0.79	0.76	0.78	0.84	0.93	1.07	1.21	1.31
60°	0°	1.78	1.43	1.09	0.80	0.61	0.54	0.57	0.71	0.96	1.31	1.67	1.92
60°	±30°	1.61	1.31	1.02	0.79	0.63	0.57	0.60	0.71	0.92	1.20	1.51	1.73
60°	±45°	1.42	1.18	0.95	0.77	0.64	0.59	0.61	0.71	0.87	1.09	1.34	1.51
60°	±60°	1.18	1.02	0.86	0.73	0.65	0.61	0.63	0.69	0.81	0.96	1.13	1.25
90°	0°	1.48	1.08	0.68	0.35	0.16	0.09	0.12	0.26	0.53	0.93	1.35	1.64
90°	±30°	1.28	0.94	0.63	0.39	0.24	0.19	0.21	0.32	0.52	0.82	1.17	1.42
90°	±45°	1.08	0.82	0.59	0.41	0.29	0.25	0.27	0.35	0.50	0.73	0.99	1.18
90°	±60°	0.86	0.69	0.53	0.41	0.33	0.29	0.31	0.37	0.48	0.63	0.80	0.92

R_B - Faktoren für geografische Breite 34 Grad													
β	γ	Jan	Feb	Mrz	Apr	Mai	Jun	Jul	Aug	Sep	Okt	Nov	Dez
20°	0°	1.48	1.33	1.19	1.07	0.99	0.96	0.97	1.04	1.14	1.28	1.44	1.55
20°	±30°	1.41	1.28	1.16	1.06	0.99	0.96	0.97	1.02	1.11	1.24	1.37	1.46
20°	±45°	1.33	1.22	1.12	1.04	0.98	0.96	0.97	1.01	1.08	1.18	1.29	1.37
20°	±60°	1.21	1.14	1.07	1.01	0.97	0.95	0.96	0.99	1.04	1.11	1.19	1.24
30°	0°	1.66	1.44	1.23	1.06	0.94	0.90	0.92	1.01	1.16	1.37	1.59	1.75
30°	±30°	1.56	1.37	1.18	1.04	0.94	0.90	0.92	0.99	1.12	1.30	1.49	1.63
30°	±45°	1.43	1.28	1.13	1.01	0.93	0.90	0.91	0.97	1.08	1.22	1.38	1.49
30°	±60°	1.27	1.16	1.06	0.98	0.92	0.90	0.91	0.95	1.02	1.13	1.24	1.32
35°	0°	1.73	1.48	1.24	1.04	0.91	0.85	0.88	0.98	1.15	1.39	1.65	1.83
35°	±30°	1.61	1.39	1.19	1.02	0.91	0.86	0.88	0.97	1.11	1.32	1.54	1.70
35°	±45°	1.47	1.29	1.12	0.99	0.90	0.86	0.88	0.95	1.06	1.23	1.41	1.54
35°	±60°	1.29	1.17	1.05	0.95	0.89	0.86	0.87	0.92	1.00	1.12	1.25	1.34
45°	0°	1.83	1.52	1.22	0.98	0.82	0.75	0.78	0.91	1.12	1.41	1.73	1.96
45°	±30°	1.68	1.42	1.16	0.96	0.82	0.76	0.79	0.89	1.07	1.32	1.60	1.79
45°	±45°	1.51	1.29	1.09	0.93	0.82	0.77	0.79	0.88	1.02	1.22	1.44	1.60
45°	±60°	1.29	1.14	1.00	0.88	0.81	0.77	0.79	0.85	0.95	1.09	1.24	1.35
60°	0°	1.88	1.50	1.13	0.84	0.64	0.56	0.60	0.75	1.00	1.36	1.76	2.03
60°	±30°	1.70	1.37	1.06	0.82	0.66	0.59	0.62	0.74	0.95	1.25	1.59	1.83
60°	±45°	1.49	1.23	0.98	0.79	0.66	0.61	0.63	0.73	0.90	1.14	1.40	1.59
60°	±60°	1.23	1.06	0.89	0.75	0.66	0.62	0.64	0.71	0.83	0.99	1.18	1.31
90°	0°	1.59	1.16	0.73	0.39	0.19	0.12	0.15	0.29	0.58	1.00	1.45	1.77
90°	±30°	1.38	1.01	0.67	0.42	0.27	0.21	0.23	0.35	0.56	0.88	1.26	1.53
90°	±45°	1.15	0.87	0.62	0.43	0.31	0.26	0.28	0.37	0.53	0.78	1.06	1.27
90°	±60°	0.91	0.73	0.56	0.43	0.34	0.31	0.32	0.39	0.50	0.66	0.85	0.99

R_B - Faktoren für geografische Breite 36 Grad													
β	γ	Jan	Feb	Mrz	Apr	Mai	Jun	Jul	Aug	Sep	Okt	Nov	Dez
20°	0°	1.53	1.36	1.21	1.09	1.00	0.97	0.99	1.05	1.15	1.31	1.47	1.59
20°	±30°	1.45	1.31	1.17	1.07	1.00	0.97	0.98	1.04	1.13	1.26	1.40	1.51
20°	±45°	1.36	1.24	1.13	1.05	0.99	0.96	0.98	1.02	1.09	1.20	1.32	1.40
20°	±60°	1.24	1.16	1.08	1.02	0.98	0.96	0.97	1.00	1.05	1.13	1.21	1.27
30°	0°	1.72	1.49	1.26	1.08	0.96	0.91	0.93	1.02	1.18	1.40	1.65	1.82
30°	±30°	1.61	1.40	1.21	1.06	0.95	0.91	0.93	1.01	1.14	1.33	1.54	1.69
30°	±45°	1.47	1.31	1.15	1.03	0.94	0.91	0.92	0.99	1.09	1.25	1.42	1.54
30°	±60°	1.30	1.19	1.08	0.99	0.93	0.90	0.91	0.96	1.04	1.14	1.27	1.35
35°	0°	1.80	1.53	1.27	1.06	0.93	0.87	0.90	1.00	1.18	1.43	1.71	1.92
35°	±30°	1.67	1.43	1.21	1.04	0.92	0.87	0.90	0.98	1.13	1.35	1.59	1.77
35°	±45°	1.52	1.33	1.15	1.01	0.91	0.87	0.89	0.96	1.08	1.26	1.46	1.60
35°	±60°	1.32	1.19	1.06	0.96	0.90	0.87	0.88	0.93	1.02	1.14	1.28	1.38
45°	0°	1.92	1.58	1.26	1.01	0.84	0.78	0.81	0.93	1.15	1.46	1.81	2.06
45°	±30°	1.76	1.47	1.19	0.98	0.84	0.78	0.81	0.92	1.10	1.36	1.66	1.88
45°	±45°	1.57	1.34	1.12	0.95	0.83	0.79	0.81	0.89	1.04	1.25	1.49	1.67
45°	±60°	1.34	1.17	1.02	0.90	0.82	0.79	0.80	0.86	0.97	1.12	1.28	1.40
60°	0°	1.99	1.57	1.18	0.87	0.67	0.59	0.63	0.78	1.04	1.43	1.85	2.16
60°	±30°	1.79	1.43	1.10	0.85	0.68	0.61	0.64	0.77	0.99	1.31	1.67	1.93
60°	±45°	1.56	1.28	1.02	0.82	0.68	0.63	0.65	0.75	0.93	1.18	1.47	1.68
60°	±60°	1.29	1.09	0.91	0.77	0.68	0.64	0.66	0.73	0.85	1.03	1.22	1.37
90°	0°	1.72	1.24	0.79	0.43	0.22	0.15	0.18	0.33	0.63	1.07	1.56	1.91
90°	±30°	1.49	1.08	0.72	0.45	0.29	0.23	0.26	0.37	0.60	0.94	1.35	1.66
90°	±45°	1.24	0.93	0.66	0.46	0.33	0.28	0.30	0.40	0.56	0.83	1.14	1.37
90°	±60°	0.97	0.77	0.58	0.44	0.36	0.32	0.34	0.40	0.52	0.70	0.90	1.06

R_B - Faktoren für geografische Breite 38 Grad													
β	γ	Jan	Feb	Mrz	Apr	Mai	Jun	Jul	Aug	Sep	Okt	Nov	Dez
20°	0°	1.57	1.39	1.23	1.10	1.02	0.98	1.00	1.06	1.17	1.33	1.51	1.65
20°	±30°	1.49	1.33	1.19	1.08	1.01	0.98	0.99	1.05	1.14	1.28	1.44	1.55
20°	±45°	1.39	1.26	1.15	1.06	1.00	0.97	0.98	1.03	1.11	1.22	1.35	1.44
20°	±60°	1.26	1.17	1.09	1.02	0.98	0.97	0.97	1.01	1.06	1.14	1.23	1.30
30°	0°	1.79	1.53	1.29	1.10	0.98	0.93	0.95	1.04	1.20	1.44	1.71	1.90
30°	±30°	1.67	1.44	1.23	1.07	0.97	0.93	0.94	1.02	1.16	1.36	1.59	1.76
30°	±45°	1.52	1.34	1.17	1.04	0.96	0.92	0.94	1.00	1.11	1.28	1.46	1.60
30°	±60°	1.34	1.21	1.09	1.00	0.94	0.91	0.92	0.97	1.05	1.16	1.30	1.39
35°	0°	1.88	1.58	1.30	1.09	0.95	0.89	0.92	1.02	1.21	1.48	1.78	2.01
35°	±30°	1.74	1.48	1.24	1.06	0.94	0.89	0.91	1.00	1.16	1.39	1.65	1.85
35°	±45°	1.57	1.36	1.17	1.02	0.93	0.89	0.90	0.98	1.10	1.29	1.50	1.66
35°	±60°	1.36	1.22	1.08	0.98	0.91	0.88	0.89	0.94	1.03	1.17	1.32	1.43
45°	0°	2.02	1.65	1.30	1.04	0.87	0.80	0.83	0.96	1.19	1.52	1.90	2.17
45°	±30°	1.84	1.52	1.23	1.01	0.86	0.80	0.83	0.94	1.13	1.41	1.74	1.98
45°	±45°	1.64	1.38	1.15	0.97	0.85	0.80	0.82	0.91	1.07	1.29	1.55	1.75
45°	±60°	1.39	1.21	1.04	0.92	0.83	0.80	0.81	0.88	0.99	1.15	1.33	1.46
60°	0°	2.11	1.65	1.23	0.91	0.70	0.62	0.66	0.81	1.09	1.49	1.96	2.30
60°	±30°	1.89	1.50	1.14	0.88	0.71	0.64	0.67	0.80	1.02	1.36	1.76	2.06
60°	±45°	1.64	1.33	1.05	0.84	0.70	0.65	0.67	0.78	0.96	1.23	1.54	1.78
60°	±60°	1.35	1.13	0.94	0.79	0.69	0.65	0.67	0.75	0.87	1.06	1.28	1.44
90°	0°	1.85	1.33	0.84	0.47	0.25	0.17	0.21	0.37	0.68	1.15	1.68	2.08
90°	±30°	1.61	1.16	0.77	0.48	0.32	0.25	0.28	0.40	0.64	1.01	1.46	1.80
90°	±45°	1.34	0.99	0.70	0.48	0.35	0.30	0.32	0.42	0.60	0.88	1.22	1.48
90°	±60°	1.04	0.81	0.61	0.46	0.37	0.33	0.35	0.42	0.55	0.74	0.96	1.13

R_B - Faktoren für geografische Breite 40 Grad													
β	γ	Jan	Feb	Mrz	Apr	Mai	Jun	Jul	Aug	Sep	Okt	Nov	Dez
20°	0°	1.63	1.43	1.25	1.11	1.03	0.99	1.01	1.07	1.19	1.36	1.56	1.71
20°	±30°	1.54	1.36	1.21	1.09	1.02	0.99	1.00	1.06	1.16	1.30	1.48	1.61
20°	±45°	1.43	1.29	1.16	1.07	1.01	0.98	0.99	1.04	1.12	1.24	1.38	1.49
20°	±60°	1.29	1.19	1.10	1.03	0.99	0.97	0.98	1.01	1.07	1.15	1.25	1.33
30°	0°	1.87	1.58	1.32	1.12	1.00	0.94	0.97	1.06	1.23	1.48	1.77	2.00
30°	±30°	1.74	1.48	1.26	1.09	0.98	0.94	0.96	1.04	1.18	1.40	1.65	1.84
30°	±45°	1.58	1.37	1.19	1.06	0.97	0.93	0.95	1.02	1.13	1.31	1.51	1.67
30°	±60°	1.38	1.23	1.11	1.01	0.95	0.92	0.93	0.98	1.06	1.19	1.33	1.44
35°	0°	1.97	1.64	1.34	1.11	0.97	0.91	0.94	1.05	1.24	1.52	1.86	2.12
35°	±30°	1.82	1.53	1.27	1.08	0.96	0.91	0.93	1.02	1.19	1.43	1.72	1.94
35°	±45°	1.64	1.40	1.20	1.04	0.94	0.90	0.92	0.99	1.13	1.32	1.56	1.74
35°	±60°	1.41	1.25	1.10	0.99	0.92	0.89	0.90	0.96	1.05	1.19	1.35	1.48
45°	0°	2.13	1.72	1.35	1.07	0.89	0.82	0.85	0.99	1.22	1.58	1.99	2.30
45°	±30°	1.94	1.58	1.27	1.03	0.88	0.82	0.85	0.96	1.16	1.46	1.82	2.09
45°	±45°	1.72	1.43	1.18	0.99	0.87	0.82	0.84	0.93	1.09	1.33	1.62	1.84
45°	±60°	1.44	1.24	1.07	0.93	0.85	0.81	0.83	0.89	1.01	1.18	1.38	1.53
60°	0°	2.24	1.74	1.28	0.94	0.73	0.65	0.68	0.84	1.13	1.56	2.07	2.46
60°	±30°	2.01	1.57	1.19	0.91	0.73	0.66	0.69	0.83	1.06	1.43	1.86	2.19
60°	±45°	1.74	1.39	1.09	0.87	0.73	0.67	0.69	0.80	0.99	1.28	1.62	1.89
60°	±60°	1.42	1.18	0.97	0.81	0.71	0.67	0.69	0.76	0.90	1.10	1.34	1.52
90°	0°	2.01	1.43	0.91	0.52	0.29	0.20	0.24	0.41	0.73	1.23	1.82	2.26
90°	±30°	1.74	1.24	0.82	0.52	0.34	0.27	0.30	0.43	0.68	1.08	1.57	1.96
90°	±45°	1.44	1.06	0.74	0.51	0.37	0.32	0.34	0.44	0.63	0.94	1.31	1.61
90°	±60°	1.11	0.86	0.64	0.49	0.39	0.35	0.37	0.44	0.57	0.78	1.03	1.23

R_B - Faktoren für geografische Breite 42 Grad													
β	γ	Jan	Feb	Mrz	Apr	Mai	Jun	Jul	Aug	Sep	Okt	Nov	Dez
20°	0°	1.69	1.46	1.27	1.13	1.04	1.00	1.02	1.09	1.21	1.39	1.61	1.79
20°	±30°	1.59	1.39	1.23	1.11	1.03	1.00	1.01	1.07	1.17	1.33	1.52	1.67
20°	±45°	1.47	1.31	1.18	1.08	1.01	0.99	1.00	1.05	1.13	1.26	1.42	1.54
20°	±60°	1.32	1.21	1.11	1.04	0.99	0.98	0.98	1.02	1.08	1.17	1.28	1.37
30°	0°	1.96	1.63	1.35	1.14	1.01	0.96	0.98	1.08	1.26	1.53	1.85	2.10
30°	±30°	1.81	1.53	1.29	1.11	1.00	0.95	0.97	1.06	1.21	1.44	1.72	1.94
30°	±45°	1.64	1.41	1.22	1.07	0.98	0.94	0.96	1.03	1.15	1.34	1.56	1.74
30°	±60°	1.42	1.26	1.12	1.02	0.96	0.93	0.94	0.99	1.08	1.21	1.37	1.49
35°	0°	2.07	1.70	1.38	1.14	0.99	0.93	0.95	1.07	1.27	1.58	1.95	2.24
35°	±30°	1.91	1.58	1.30	1.10	0.97	0.92	0.95	1.04	1.21	1.48	1.80	2.05
35°	±45°	1.71	1.45	1.22	1.06	0.96	0.91	0.93	1.01	1.15	1.36	1.62	1.82
35°	±60°	1.46	1.28	1.12	1.00	0.93	0.90	0.91	0.97	1.07	1.22	1.40	1.54
45°	0°	2.25	1.79	1.39	1.10	0.92	0.84	0.88	1.01	1.26	1.64	2.10	2.46
45°	±30°	2.05	1.65	1.31	1.06	0.91	0.84	0.87	0.99	1.20	1.52	1.91	2.22
45°	±45°	1.80	1.48	1.21	1.01	0.89	0.84	0.86	0.95	1.12	1.38	1.70	1.95
45°	±60°	1.51	1.28	1.09	0.95	0.86	0.82	0.84	0.91	1.03	1.21	1.43	1.60
60°	0°	2.39	1.83	1.34	0.98	0.76	0.67	0.71	0.88	1.18	1.64	2.20	2.64
60°	±30°	2.14	1.65	1.24	0.94	0.76	0.69	0.72	0.86	1.10	1.49	1.98	2.35
60°	±45°	1.85	1.46	1.13	0.90	0.75	0.69	0.72	0.83	1.02	1.33	1.72	2.02
60°	±60°	1.49	1.23	1.00	0.83	0.73	0.68	0.70	0.78	0.92	1.14	1.40	1.61
90°	0°	2.19	1.54	0.97	0.56	0.32	0.24	0.27	0.45	0.78	1.32	1.97	2.47
90°	±30°	1.89	1.34	0.87	0.56	0.37	0.30	0.33	0.47	0.73	1.16	1.70	2.14
90°	±45°	1.57	1.14	0.78	0.54	0.39	0.34	0.36	0.47	0.67	1.00	1.42	1.76
90°	±60°	1.20	0.92	0.68	0.51	0.41	0.36	0.38	0.46	0.60	0.82	1.10	1.33

R_B - Faktoren für geografische Breite 44 Grad													
β	γ	Jan	Feb	Mrz	Apr	Mai	Jun	Jul	Aug	Sep	Okt	Nov	Dez
20°	0°	1.76	1.51	1.30	1.15	1.05	1.01	1.03	1.10	1.23	1.42	1.67	1.87
20°	±30°	1.65	1.43	1.25	1.12	1.04	1.01	1.02	1.08	1.19	1.36	1.57	1.75
20°	±45°	1.52	1.34	1.19	1.09	1.02	1.00	1.01	1.06	1.15	1.28	1.46	1.60
20°	±60°	1.35	1.23	1.12	1.05	1.00	0.98	0.99	1.03	1.09	1.19	1.31	1.41
30°	0°	2.06	1.69	1.39	1.17	1.03	0.98	1.00	1.10	1.29	1.58	1.94	2.23
30°	±30°	1.90	1.58	1.32	1.13	1.01	0.97	0.99	1.08	1.23	1.48	1.79	2.04
30°	±45°	1.71	1.46	1.24	1.09	0.99	0.96	0.97	1.04	1.17	1.37	1.62	1.83
30°	±60°	1.47	1.29	1.14	1.03	0.97	0.94	0.95	1.00	1.09	1.24	1.41	1.56
35°	0°	2.19	1.77	1.42	1.16	1.01	0.95	0.97	1.09	1.30	1.63	2.05	2.38
35°	±30°	2.01	1.64	1.34	1.12	0.99	0.94	0.96	1.06	1.24	1.53	1.88	2.17
35°	±45°	1.79	1.50	1.25	1.08	0.97	0.93	0.95	1.03	1.17	1.40	1.69	1.92
35°	±60°	1.52	1.31	1.14	1.02	0.94	0.91	0.92	0.98	1.08	1.25	1.45	1.61
45°	0°	2.40	1.88	1.44	1.13	0.94	0.87	0.90	1.04	1.30	1.71	2.22	2.63
45°	±30°	2.17	1.72	1.35	1.09	0.93	0.86	0.89	1.01	1.23	1.58	2.02	2.37
45°	±45°	1.91	1.55	1.25	1.04	0.91	0.85	0.88	0.98	1.15	1.43	1.78	2.07
45°	±60°	1.58	1.33	1.12	0.97	0.87	0.84	0.85	0.92	1.05	1.25	1.49	1.69
60°	0°	2.57	1.93	1.40	1.02	0.79	0.70	0.74	0.91	1.23	1.73	2.35	2.86
60°	±30°	2.29	1.74	1.29	0.98	0.79	0.71	0.74	0.89	1.15	1.57	2.10	2.54
60°	±45°	1.97	1.53	1.18	0.93	0.77	0.71	0.74	0.85	1.06	1.39	1.82	2.17
60°	±60°	1.58	1.28	1.03	0.86	0.74	0.70	0.72	0.80	0.95	1.19	1.48	1.72
90°	0°	2.39	1.66	1.04	0.61	0.36	0.27	0.31	0.49	0.84	1.42	2.14	2.72
90°	±30°	2.07	1.44	0.93	0.59	0.40	0.32	0.36	0.50	0.78	1.24	1.85	2.36
90°	±45°	1.71	1.22	0.83	0.57	0.42	0.36	0.39	0.50	0.71	1.07	1.54	1.93
90°	±60°	1.30	0.98	0.71	0.53	0.42	0.38	0.40	0.48	0.63	0.87	1.19	1.45

R_B - Faktoren für geografische Breite 46 Grad													
β	γ	Jan	Feb	Mrz	Apr	Mai	Jun	Jul	Aug	Sep	Okt	Nov	Dez
20°	0°	1.84	1.55	1.32	1.16	1.06	1.02	1.04	1.12	1.25	1.46	1.74	1.97
20°	±30°	1.72	1.47	1.27	1.13	1.05	1.02	1.03	1.09	1.21	1.39	1.63	1.83
20°	±45°	1.58	1.37	1.21	1.10	1.03	1.00	1.02	1.07	1.16	1.31	1.51	1.67
20°	±60°	1.39	1.25	1.14	1.06	1.01	0.99	1.00	1.03	1.10	1.21	1.34	1.46
30°	0°	2.18	1.76	1.42	1.19	1.05	0.99	1.02	1.12	1.32	1.63	2.03	2.37
30°	±30°	2.00	1.64	1.35	1.15	1.03	0.98	1.00	1.09	1.26	1.53	1.88	2.17
30°	±45°	1.80	1.50	1.27	1.11	1.01	0.97	0.99	1.06	1.19	1.41	1.69	1.93
30°	±60°	1.53	1.33	1.16	1.05	0.98	0.95	0.96	1.01	1.11	1.26	1.46	1.63
35°	0°	2.33	1.85	1.46	1.19	1.03	0.97	0.99	1.11	1.34	1.70	2.16	2.55
35°	±30°	2.12	1.71	1.38	1.15	1.01	0.96	0.98	1.08	1.27	1.58	1.98	2.32
35°	±45°	1.89	1.55	1.28	1.10	0.99	0.94	0.96	1.05	1.20	1.45	1.77	2.04
35°	±60°	1.59	1.35	1.16	1.03	0.95	0.92	0.93	0.99	1.10	1.28	1.51	1.70
45°	0°	2.57	1.97	1.50	1.17	0.97	0.89	0.92	1.07	1.35	1.79	2.36	2.84
45°	±30°	2.32	1.80	1.40	1.12	0.95	0.88	0.91	1.04	1.27	1.64	2.14	2.55
45°	±45°	2.02	1.61	1.29	1.06	0.92	0.87	0.89	1.00	1.18	1.48	1.88	2.22
45°	±60°	1.66	1.38	1.15	0.99	0.89	0.85	0.87	0.94	1.07	1.29	1.56	1.80
60°	0°	2.78	2.05	1.47	1.06	0.82	0.73	0.77	0.95	1.28	1.82	2.52	3.11
60°	±30°	2.47	1.84	1.35	1.01	0.81	0.74	0.77	0.92	1.19	1.65	2.25	2.76
60°	±45°	2.12	1.62	1.22	0.96	0.79	0.73	0.76	0.88	1.10	1.46	1.94	2.35
60°	±60°	1.69	1.34	1.07	0.88	0.76	0.72	0.74	0.82	0.98	1.24	1.57	1.85
90°	0°	2.63	1.79	1.12	0.65	0.39	0.30	0.34	0.53	0.90	1.53	2.34	3.02
90°	±30°	2.28	1.55	1.00	0.63	0.43	0.35	0.38	0.54	0.83	1.33	2.02	2.61
90°	±45°	1.87	1.31	0.89	0.61	0.44	0.38	0.41	0.53	0.75	1.14	1.68	2.14
90°	±60°	1.42	1.04	0.75	0.56	0.44	0.40	0.42	0.50	0.66	0.93	1.29	1.60

R_B - Faktoren für geografische Breite 47 Grad													
β	γ	Jan	Feb	Mrz	Apr	Mai	Jun	Jul	Aug	Sep	Okt	Nov	Dez
20°	0°	1.88	1.58	1.34	1.17	1.07	1.03	1.05	1.12	1.26	1.48	1.78	2.03
20°	±30°	1.76	1.49	1.28	1.14	1.05	1.02	1.04	1.10	1.22	1.41	1.66	1.88
20°	±45°	1.61	1.39	1.22	1.11	1.04	1.01	1.02	1.07	1.17	1.33	1.53	1.71
20°	±60°	1.42	1.26	1.14	1.06	1.01	0.99	1.00	1.04	1.11	1.22	1.36	1.49
30°	0°	2.25	1.80	1.44	1.20	1.06	1.00	1.03	1.13	1.33	1.66	2.09	2.46
30°	±30°	2.06	1.67	1.37	1.16	1.04	0.99	1.01	1.10	1.27	1.55	1.93	2.25
30°	±45°	1.84	1.53	1.28	1.12	1.01	0.97	0.99	1.07	1.21	1.43	1.73	1.99
30°	±60°	1.57	1.35	1.17	1.05	0.98	0.95	0.96	1.02	1.12	1.28	1.49	1.67
35°	0°	2.40	1.89	1.48	1.21	1.04	0.97	1.00	1.13	1.35	1.73	2.22	2.65
35°	±30°	2.19	1.75	1.40	1.16	1.02	0.96	0.99	1.09	1.29	1.61	2.04	2.40
35°	±45°	1.94	1.58	1.30	1.11	0.99	0.95	0.97	1.05	1.21	1.47	1.82	2.11
35°	±60°	1.63	1.37	1.18	1.04	0.96	0.92	0.94	1.00	1.11	1.30	1.54	1.75
45°	0°	2.66	2.02	1.53	1.18	0.98	0.90	0.94	1.09	1.37	1.83	2.44	2.96
45°	±30°	2.40	1.85	1.42	1.13	0.96	0.89	0.92	1.05	1.29	1.68	2.21	2.66
45°	±45°	2.09	1.65	1.31	1.07	0.93	0.88	0.90	1.01	1.20	1.51	1.94	2.30
45°	±60°	1.71	1.40	1.16	1.00	0.90	0.86	0.87	0.95	1.09	1.31	1.60	1.86
60°	0°	2.89	2.11	1.50	1.08	0.84	0.75	0.79	0.97	1.31	1.87	2.62	3.26
60°	±30°	2.57	1.90	1.38	1.03	0.83	0.75	0.78	0.94	1.22	1.69	2.34	2.89
60°	±45°	2.20	1.66	1.25	0.97	0.81	0.74	0.77	0.89	1.12	1.50	2.01	2.45
60°	±60°	1.74	1.38	1.09	0.89	0.77	0.72	0.75	0.83	1.00	1.26	1.62	1.92
90°	0°	2.76	1.86	1.16	0.68	0.41	0.32	0.36	0.55	0.93	1.59	2.45	3.19
90°	±30°	2.39	1.62	1.03	0.66	0.44	0.36	0.40	0.55	0.86	1.38	2.12	2.76
90°	±45°	1.97	1.36	0.91	0.62	0.46	0.39	0.42	0.54	0.78	1.18	1.75	2.26
90°	±60°	1.48	1.08	0.78	0.57	0.45	0.41	0.43	0.52	0.68	0.96	1.34	1.68

R_B - Faktoren für geografische Breite 48 Grad													
β	γ	Jan	Feb	Mrz	Apr	Mai	Jun	Jul	Aug	Sep	Okt	Nov	Dez
20°	0°	1.93	1.60	1.35	1.18	1.08	1.04	1.05	1.13	1.27	1.50	1.82	2.09
20°	±30°	1.80	1.51	1.30	1.15	1.06	1.03	1.04	1.11	1.23	1.43	1.70	1.94
20°	±45°	1.64	1.41	1.23	1.11	1.04	1.01	1.02	1.08	1.18	1.34	1.56	1.76
20°	±60°	1.44	1.28	1.15	1.07	1.01	0.99	1.00	1.04	1.11	1.23	1.38	1.52
30°	0°	2.32	1.84	1.47	1.22	1.07	1.01	1.03	1.14	1.35	1.69	2.15	2.55
30°	±30°	2.13	1.71	1.39	1.17	1.05	1.00	1.02	1.11	1.29	1.58	1.98	2.33
30°	±45°	1.90	1.56	1.30	1.12	1.02	0.98	1.00	1.08	1.22	1.45	1.78	2.06
30°	±60°	1.60	1.37	1.18	1.06	0.99	0.96	0.97	1.02	1.13	1.29	1.52	1.72
35°	0°	2.49	1.93	1.51	1.22	1.05	0.98	1.01	1.14	1.37	1.76	2.29	2.75
35°	±30°	2.26	1.78	1.42	1.17	1.03	0.97	1.00	1.11	1.31	1.64	2.09	2.50
35°	±45°	2.00	1.61	1.32	1.12	1.00	0.95	0.98	1.06	1.23	1.50	1.86	2.19
35°	±60°	1.67	1.40	1.19	1.05	0.96	0.93	0.94	1.01	1.12	1.32	1.57	1.80
45°	0°	2.76	2.08	1.55	1.20	0.99	0.91	0.95	1.10	1.39	1.87	2.52	3.09
45°	±30°	2.49	1.90	1.45	1.15	0.97	0.90	0.93	1.07	1.31	1.72	2.28	2.77
45°	±45°	2.16	1.69	1.33	1.09	0.94	0.89	0.91	1.02	1.22	1.55	2.00	2.40
45°	±60°	1.76	1.43	1.18	1.01	0.90	0.86	0.88	0.96	1.10	1.33	1.65	1.92
60°	0°	3.02	2.18	1.54	1.11	0.86	0.76	0.80	0.99	1.34	1.93	2.72	3.42
60°	±30°	2.68	1.96	1.41	1.05	0.84	0.76	0.80	0.95	1.24	1.74	2.43	3.03
60°	±45°	2.29	1.71	1.27	0.99	0.82	0.75	0.78	0.91	1.14	1.54	2.08	2.57
60°	±60°	1.81	1.41	1.11	0.90	0.78	0.73	0.75	0.85	1.01	1.29	1.67	2.00
90°	0°	2.91	1.94	1.20	0.70	0.43	0.33	0.37	0.57	0.97	1.65	2.57	3.37
90°	±30°	2.52	1.69	1.07	0.68	0.46	0.38	0.41	0.57	0.88	1.44	2.22	2.92
90°	±45°	2.07	1.42	0.94	0.64	0.47	0.40	0.43	0.56	0.80	1.23	1.84	2.39
90°	±60°	1.56	1.12	0.80	0.59	0.46	0.42	0.44	0.53	0.70	0.99	1.40	1.77

R_B - Faktoren für geografische Breite 49 Grad													
β	γ	Jan	Feb	Mrz	Apr	Mai	Jun	Jul	Aug	Sep	Okt	Nov	Dez
20°	0°	1.99	1.63	1.36	1.19	1.08	1.04	1.06	1.14	1.28	1.53	1.86	2.16
20°	±30°	1.85	1.54	1.31	1.16	1.07	1.03	1.05	1.11	1.24	1.45	1.74	2.00
20°	±45°	1.68	1.43	1.24	1.12	1.05	1.02	1.03	1.08	1.19	1.36	1.59	1.81
20°	±60°	1.47	1.29	1.16	1.07	1.02	1.00	1.01	1.05	1.12	1.24	1.41	1.56
30°	0°	2.40	1.88	1.49	1.23	1.08	1.02	1.04	1.16	1.37	1.72	2.21	2.66
30°	±30°	2.19	1.74	1.41	1.19	1.05	1.00	1.03	1.12	1.30	1.61	2.03	2.42
30°	±45°	1.95	1.59	1.31	1.13	1.03	0.99	1.00	1.08	1.23	1.48	1.82	2.13
30°	±60°	1.64	1.39	1.20	1.07	0.99	0.96	0.97	1.03	1.14	1.31	1.55	1.77
35°	0°	2.58	1.98	1.53	1.23	1.06	0.99	1.02	1.15	1.39	1.80	2.37	2.87
35°	±30°	2.34	1.83	1.44	1.19	1.04	0.98	1.01	1.12	1.32	1.67	2.16	2.60
35°	±45°	2.07	1.65	1.34	1.13	1.01	0.96	0.98	1.07	1.24	1.52	1.92	2.27
35°	±60°	1.72	1.42	1.20	1.06	0.97	0.93	0.95	1.01	1.14	1.34	1.61	1.86
45°	0°	2.88	2.14	1.59	1.22	1.01	0.92	0.96	1.12	1.42	1.92	2.61	3.24
45°	±30°	2.59	1.95	1.47	1.17	0.98	0.91	0.95	1.08	1.33	1.76	2.36	2.90
45°	±45°	2.24	1.73	1.35	1.10	0.95	0.90	0.92	1.03	1.23	1.58	2.06	2.50
45°	±60°	1.82	1.46	1.20	1.02	0.91	0.87	0.89	0.97	1.11	1.36	1.69	2.00
60°	0°	3.16	2.25	1.58	1.13	0.87	0.77	0.82	1.01	1.37	1.98	2.84	3.60
60°	±30°	2.80	2.02	1.44	1.07	0.86	0.77	0.81	0.97	1.27	1.79	2.52	3.19
60°	±45°	2.38	1.76	1.30	1.00	0.83	0.76	0.79	0.92	1.16	1.58	2.16	2.70
60°	±60°	1.88	1.45	1.13	0.92	0.79	0.74	0.76	0.86	1.03	1.32	1.72	2.09
90°	0°	3.07	2.02	1.24	0.73	0.45	0.35	0.39	0.59	1.00	1.71	2.70	3.58
90°	±30°	2.66	1.76	1.11	0.70	0.47	0.39	0.43	0.59	0.91	1.49	2.34	3.10
90°	±45°	2.18	1.48	0.97	0.66	0.48	0.41	0.44	0.57	0.83	1.27	1.93	2.54
90°	±60°	1.63	1.16	0.82	0.60	0.47	0.42	0.45	0.54	0.72	1.03	1.47	1.87

R_B - Faktoren für geografische Breite 50 Grad													
β	γ	Jan	Feb	Mrz	Apr	Mai	Jun	Jul	Aug	Sep	Okt	Nov	Dez
20°	0°	2.05	1.66	1.38	1.20	1.09	1.05	1.07	1.14	1.29	1.55	1.91	2.24
20°	±30°	1.90	1.57	1.32	1.16	1.07	1.03	1.05	1.12	1.25	1.47	1.78	2.07
20°	±45°	1.72	1.45	1.25	1.13	1.05	1.02	1.03	1.09	1.19	1.37	1.63	1.86
20°	±60°	1.50	1.31	1.17	1.08	1.02	1.00	1.01	1.05	1.12	1.25	1.43	1.60
30°	0°	2.49	1.92	1.51	1.24	1.08	1.02	1.05	1.17	1.38	1.76	2.29	2.77
30°	±30°	2.27	1.78	1.43	1.20	1.06	1.01	1.03	1.13	1.32	1.64	2.10	2.52
30°	±45°	2.01	1.62	1.33	1.14	1.03	0.99	1.01	1.09	1.24	1.50	1.87	2.21
30°	±60°	1.69	1.41	1.21	1.07	1.00	0.96	0.98	1.04	1.15	1.33	1.59	1.83
35°	0°	2.68	2.03	1.56	1.25	1.07	1.00	1.03	1.16	1.41	1.84	2.45	3.01
35°	±30°	2.43	1.87	1.46	1.20	1.05	0.99	1.01	1.13	1.34	1.71	2.23	2.71
35°	±45°	2.14	1.68	1.35	1.14	1.02	0.97	0.99	1.08	1.26	1.55	1.97	2.37
35°	±60°	1.77	1.45	1.22	1.06	0.97	0.94	0.96	1.02	1.15	1.36	1.65	1.93
45°	0°	3.00	2.20	1.62	1.24	1.02	0.94	0.97	1.13	1.44	1.97	2.71	3.40
45°	±30°	2.69	2.00	1.50	1.18	1.00	0.92	0.96	1.09	1.35	1.80	2.45	3.04
45°	±45°	2.33	1.77	1.37	1.12	0.96	0.91	0.93	1.04	1.25	1.61	2.13	2.61
45°	±60°	1.88	1.50	1.21	1.03	0.92	0.88	0.89	0.98	1.13	1.38	1.74	2.08
60°	0°	3.31	2.33	1.61	1.15	0.89	0.79	0.83	1.02	1.40	2.04	2.96	3.80
60°	±30°	2.93	2.09	1.48	1.09	0.87	0.79	0.82	0.99	1.30	1.84	2.63	3.36
60°	±45°	2.49	1.81	1.33	1.02	0.84	0.77	0.81	0.94	1.19	1.62	2.25	2.84
60°	±60°	1.95	1.49	1.15	0.93	0.80	0.75	0.77	0.87	1.05	1.35	1.79	2.19
90°	0°	3.24	2.11	1.29	0.76	0.47	0.37	0.41	0.61	1.04	1.78	2.84	3.81
90°	±30°	2.81	1.83	1.14	0.72	0.49	0.40	0.44	0.61	0.94	1.55	2.46	3.30
90°	±45°	2.30	1.54	1.01	0.68	0.50	0.43	0.46	0.59	0.85	1.32	2.03	2.70
90°	±60°	1.72	1.21	0.85	0.62	0.49	0.43	0.46	0.55	0.74	1.06	1.54	1.98

R_B - Faktoren für geografische Breite 51 Grad													
β	γ	Jan	Feb	Mrz	Apr	Mai	Jun	Jul	Aug	Sep	Okt	Nov	Dez
20°	0°	2.12	1.70	1.40	1.21	1.09	1.05	1.07	1.15	1.31	1.57	1.96	2.33
20°	±30°	1.96	1.59	1.34	1.17	1.08	1.04	1.06	1.13	1.26	1.49	1.83	2.15
20°	±45°	1.77	1.48	1.27	1.13	1.05	1.02	1.04	1.10	1.20	1.39	1.66	1.93
20°	±60°	1.53	1.32	1.18	1.08	1.02	1.00	1.01	1.05	1.13	1.26	1.46	1.64
30°	0°	2.59	1.97	1.53	1.25	1.09	1.03	1.06	1.18	1.40	1.79	2.36	2.90
30°	±30°	2.36	1.82	1.45	1.21	1.07	1.02	1.04	1.14	1.34	1.67	2.16	2.63
30°	±45°	2.08	1.65	1.35	1.15	1.04	1.00	1.02	1.10	1.26	1.53	1.93	2.31
30°	±60°	1.74	1.44	1.22	1.08	1.00	0.97	0.98	1.04	1.16	1.35	1.63	1.89
35°	0°	2.79	2.09	1.58	1.26	1.08	1.01	1.04	1.18	1.44	1.88	2.54	3.16
35°	±30°	2.53	1.92	1.49	1.21	1.06	1.00	1.02	1.14	1.36	1.74	2.31	2.84
35°	±45°	2.22	1.72	1.37	1.15	1.03	0.98	1.00	1.09	1.27	1.58	2.04	2.47
35°	±60°	1.82	1.48	1.23	1.07	0.98	0.94	0.96	1.03	1.16	1.38	1.70	2.00
45°	0°	3.14	2.27	1.65	1.26	1.03	0.95	0.99	1.15	1.47	2.02	2.82	3.59
45°	±30°	2.81	2.06	1.53	1.20	1.01	0.93	0.97	1.11	1.38	1.85	2.54	3.20
45°	±45°	2.43	1.82	1.40	1.13	0.97	0.91	0.94	1.06	1.27	1.65	2.21	2.75
45°	±60°	1.95	1.53	1.23	1.04	0.93	0.88	0.90	0.99	1.14	1.41	1.80	2.17
60°	0°	3.48	2.41	1.66	1.17	0.90	0.80	0.85	1.04	1.43	2.11	3.09	4.03
60°	±30°	3.08	2.16	1.51	1.11	0.89	0.80	0.84	1.00	1.33	1.90	2.75	3.56
60°	±45°	2.61	1.87	1.36	1.04	0.86	0.79	0.82	0.95	1.21	1.66	2.34	3.00
60°	±60°	2.04	1.53	1.17	0.94	0.81	0.76	0.78	0.88	1.07	1.39	1.85	2.30
90°	0°	3.44	2.21	1.33	0.78	0.49	0.38	0.43	0.64	1.07	1.86	2.99	4.07
90°	±30°	2.98	1.92	1.19	0.75	0.51	0.42	0.46	0.63	0.98	1.62	2.59	3.53
90°	±45°	2.44	1.60	1.04	0.70	0.51	0.44	0.47	0.61	0.88	1.37	2.13	2.88
90°	±60°	1.82	1.26	0.87	0.63	0.50	0.44	0.47	0.57	0.76	1.10	1.61	2.11

R_B - Faktoren für geografische Breite 52 Grad													
β	γ	Jan	Feb	Mrz	Apr	Mai	Jun	Jul	Aug	Sep	Okt	Nov	Dez
20°	0°	2.19	1.73	1.41	1.21	1.10	1.06	1.08	1.16	1.32	1.60	2.02	2.43
20°	±30°	2.02	1.62	1.35	1.18	1.08	1.04	1.06	1.13	1.27	1.51	1.88	2.23
20°	±45°	1.82	1.50	1.28	1.14	1.06	1.03	1.04	1.10	1.21	1.41	1.71	2.00
20°	±60°	1.57	1.34	1.18	1.09	1.03	1.01	1.02	1.06	1.14	1.28	1.49	1.69
30°	0°	2.69	2.02	1.56	1.27	1.10	1.04	1.07	1.19	1.42	1.83	2.45	3.05
30°	±30°	2.45	1.87	1.47	1.22	1.08	1.02	1.05	1.15	1.35	1.71	2.24	2.76
30°	±45°	2.16	1.69	1.37	1.16	1.05	1.00	1.02	1.11	1.27	1.56	1.99	2.41
30°	±60°	1.79	1.46	1.23	1.09	1.01	0.97	0.99	1.05	1.17	1.37	1.67	1.97
35°	0°	2.92	2.15	1.61	1.28	1.09	1.02	1.05	1.19	1.46	1.93	2.63	3.33
35°	±30°	2.64	1.97	1.51	1.23	1.07	1.00	1.03	1.15	1.38	1.78	2.39	2.99
35°	±45°	2.30	1.76	1.39	1.17	1.03	0.98	1.01	1.10	1.29	1.61	2.10	2.59
35°	±60°	1.89	1.51	1.25	1.08	0.99	0.95	0.97	1.04	1.17	1.40	1.75	2.09
45°	0°	3.29	2.34	1.69	1.28	1.05	0.96	1.00	1.17	1.49	2.08	2.94	3.80
45°	±30°	2.95	2.12	1.56	1.22	1.02	0.95	0.98	1.12	1.40	1.89	2.64	3.38
45°	±45°	2.54	1.87	1.42	1.14	0.99	0.92	0.95	1.07	1.29	1.69	2.29	2.89
45°	±60°	2.03	1.57	1.25	1.05	0.94	0.89	0.91	1.00	1.16	1.44	1.86	2.27
60°	0°	3.67	2.50	1.70	1.20	0.92	0.82	0.86	1.06	1.46	2.18	3.24	4.29
60°	±30°	3.24	2.24	1.55	1.13	0.90	0.81	0.85	1.02	1.35	1.96	2.87	3.78
60°	±45°	2.74	1.94	1.39	1.06	0.87	0.80	0.83	0.97	1.23	1.71	2.45	3.18
60°	±60°	2.13	1.58	1.20	0.96	0.82	0.77	0.79	0.89	1.09	1.42	1.93	2.43
90°	0°	3.66	2.31	1.38	0.81	0.51	0.40	0.45	0.66	1.11	1.94	3.16	4.37
90°	±30°	3.17	2.00	1.23	0.77	0.52	0.43	0.47	0.65	1.01	1.69	2.74	3.79
90°	±45°	2.59	1.68	1.08	0.72	0.52	0.45	0.48	0.63	0.91	1.43	2.25	3.09
90°	±60°	1.92	1.31	0.90	0.65	0.51	0.45	0.48	0.58	0.78	1.14	1.70	2.26

R_B - Faktoren für geografische Breite 53 Grad													
β	γ	Jan	Feb	Mrz	Apr	Mai	Jun	Jul	Aug	Sep	Okt	Nov	Dez
20°	0°	2.27	1.77	1.43	1.22	1.11	1.06	1.08	1.17	1.33	1.63	2.09	2.55
20°	±30°	2.10	1.66	1.37	1.19	1.09	1.05	1.07	1.14	1.28	1.54	1.93	2.33
20°	±45°	1.88	1.53	1.29	1.15	1.06	1.03	1.05	1.11	1.22	1.43	1.75	2.08
20°	±60°	1.61	1.36	1.19	1.09	1.03	1.01	1.02	1.06	1.15	1.29	1.52	1.75
30°	0°	2.82	2.08	1.58	1.28	1.11	1.05	1.08	1.20	1.44	1.88	2.54	3.22
30°	±30°	2.56	1.92	1.49	1.23	1.09	1.03	1.06	1.16	1.37	1.74	2.32	2.90
30°	±45°	2.25	1.73	1.38	1.17	1.06	1.01	1.03	1.12	1.29	1.59	2.05	2.53
30°	±60°	1.85	1.49	1.25	1.10	1.01	0.98	0.99	1.06	1.18	1.39	1.72	2.05
35°	0°	3.06	2.21	1.64	1.30	1.10	1.03	1.06	1.20	1.48	1.98	2.74	3.52
35°	±30°	2.76	2.02	1.54	1.24	1.08	1.01	1.04	1.16	1.40	1.82	2.48	3.16
35°	±45°	2.40	1.81	1.42	1.18	1.04	0.99	1.01	1.11	1.30	1.65	2.18	2.73
35°	±60°	1.96	1.54	1.26	1.09	0.99	0.96	0.97	1.05	1.18	1.43	1.80	2.18
45°	0°	3.47	2.42	1.72	1.30	1.06	0.97	1.01	1.18	1.52	2.14	3.08	4.04
45°	±30°	3.10	2.19	1.59	1.23	1.03	0.96	0.99	1.14	1.42	1.95	2.76	3.59
45°	±45°	2.66	1.93	1.45	1.16	1.00	0.93	0.96	1.08	1.31	1.73	2.39	3.06
45°	±60°	2.12	1.61	1.27	1.06	0.94	0.90	0.92	1.01	1.17	1.47	1.93	2.39
60°	0°	3.88	2.60	1.74	1.22	0.94	0.83	0.88	1.08	1.50	2.25	3.40	4.58
60°	±30°	3.43	2.32	1.59	1.16	0.92	0.82	0.86	1.04	1.38	2.02	3.01	4.03
60°	±45°	2.89	2.00	1.42	1.08	0.88	0.81	0.84	0.98	1.26	1.76	2.56	3.38
60°	±60°	2.24	1.63	1.22	0.97	0.83	0.78	0.80	0.91	1.11	1.46	2.01	2.58
90°	0°	3.90	2.42	1.44	0.84	0.53	0.42	0.46	0.68	1.15	2.02	3.35	4.71
90°	±30°	3.38	2.10	1.27	0.80	0.54	0.45	0.49	0.67	1.04	1.76	2.90	4.08
90°	±45°	2.76	1.75	1.11	0.74	0.54	0.46	0.50	0.64	0.94	1.49	2.38	3.33
90°	±60°	2.04	1.37	0.93	0.67	0.52	0.46	0.49	0.60	0.81	1.19	1.79	2.42

R_B - Faktoren für geografische Breite 54 Grad													
β	γ	Jan	Feb	Mrz	Apr	Mai	Jun	Jul	Aug	Sep	Okt	Nov	Dez
20°	0°	2.37	1.81	1.45	1.23	1.11	1.07	1.09	1.18	1.35	1.66	2.16	2.68
20°	±30°	2.18	1.69	1.38	1.20	1.09	1.05	1.07	1.15	1.29	1.56	1.99	2.45
20°	±45°	1.95	1.56	1.30	1.15	1.07	1.04	1.05	1.11	1.23	1.45	1.80	2.17
20°	±60°	1.66	1.38	1.20	1.10	1.03	1.01	1.02	1.07	1.15	1.31	1.55	1.82
30°	0°	2.95	2.14	1.61	1.30	1.12	1.06	1.09	1.21	1.46	1.92	2.65	3.42
30°	±30°	2.67	1.97	1.51	1.25	1.10	1.04	1.06	1.17	1.39	1.78	2.41	3.07
30°	±45°	2.34	1.77	1.40	1.19	1.06	1.02	1.04	1.13	1.30	1.62	2.13	2.67
30°	±60°	1.92	1.52	1.26	1.11	1.02	0.98	1.00	1.06	1.19	1.41	1.77	2.15
35°	0°	3.21	2.28	1.67	1.31	1.11	1.04	1.07	1.22	1.50	2.03	2.86	3.74
35°	±30°	2.89	2.08	1.56	1.26	1.09	1.02	1.05	1.17	1.42	1.87	2.59	3.35
35°	±45°	2.51	1.86	1.44	1.19	1.05	1.00	1.02	1.12	1.32	1.68	2.27	2.89
35°	±60°	2.03	1.58	1.28	1.10	1.00	0.96	0.98	1.05	1.20	1.45	1.86	2.29
45°	0°	3.66	2.51	1.76	1.32	1.07	0.98	1.02	1.20	1.55	2.20	3.23	4.31
45°	±30°	3.26	2.26	1.63	1.25	1.04	0.97	1.00	1.15	1.45	2.00	2.89	3.83
45°	±45°	2.80	1.99	1.48	1.18	1.01	0.94	0.97	1.09	1.33	1.78	2.49	3.26
45°	±60°	2.21	1.65	1.29	1.08	0.95	0.90	0.93	1.02	1.19	1.50	2.00	2.53
60°	0°	4.12	2.70	1.79	1.25	0.95	0.85	0.89	1.11	1.53	2.33	3.58	4.92
60°	±30°	3.63	2.41	1.63	1.18	0.93	0.84	0.88	1.06	1.42	2.09	3.17	4.32
60°	±45°	3.06	2.08	1.46	1.10	0.90	0.82	0.85	1.00	1.29	1.82	2.69	3.62
60°	±60°	2.36	1.68	1.25	0.99	0.84	0.79	0.81	0.92	1.13	1.50	2.10	2.74
90°	0°	4.18	2.54	1.49	0.87	0.55	0.43	0.48	0.71	1.19	2.11	3.56	5.10
90°	±30°	3.62	2.20	1.32	0.82	0.56	0.46	0.50	0.69	1.08	1.83	3.08	4.42
90°	±45°	2.96	1.84	1.15	0.76	0.55	0.48	0.51	0.66	0.97	1.55	2.53	3.61
90°	±60°	2.18	1.43	0.96	0.68	0.53	0.48	0.50	0.61	0.83	1.23	1.89	2.61

R_B - Faktoren für geografische Breite 56 Grad													
β	γ	Jan	Feb	Mrz	Apr	Mai	Jun	Jul	Aug	Sep	Okt	Nov	Dez
20°	0°	2.60	1.90	1.49	1.25	1.13	1.08	1.10	1.19	1.38	1.73	2.33	3.02
20°	±30°	2.38	1.77	1.42	1.22	1.10	1.06	1.08	1.16	1.32	1.62	2.14	2.74
20°	±45°	2.11	1.62	1.33	1.17	1.08	1.04	1.06	1.12	1.25	1.50	1.92	2.41
20°	±60°	1.77	1.43	1.22	1.11	1.04	1.02	1.03	1.08	1.17	1.34	1.64	1.99
30°	0°	3.29	2.27	1.67	1.33	1.14	1.07	1.10	1.24	1.51	2.02	2.90	3.91
30°	±30°	2.97	2.09	1.57	1.27	1.11	1.05	1.08	1.20	1.43	1.87	2.62	3.50
30°	±45°	2.58	1.87	1.45	1.21	1.08	1.03	1.05	1.15	1.33	1.69	2.30	3.02
30°	±60°	2.09	1.59	1.29	1.12	1.03	0.99	1.01	1.08	1.21	1.47	1.90	2.40
35°	0°	3.60	2.43	1.74	1.35	1.14	1.06	1.09	1.25	1.55	2.14	3.15	4.31
35°	±30°	3.23	2.22	1.62	1.29	1.11	1.04	1.07	1.20	1.46	1.97	2.84	3.85
35°	±45°	2.79	1.97	1.49	1.22	1.07	1.01	1.04	1.14	1.36	1.77	2.47	3.29
35°	±60°	2.23	1.66	1.32	1.12	1.01	0.97	0.99	1.07	1.22	1.51	2.01	2.58
45°	0°	4.13	2.70	1.85	1.36	1.10	1.01	1.05	1.23	1.61	2.34	3.58	5.02
45°	±30°	3.68	2.43	1.70	1.29	1.07	0.99	1.02	1.18	1.50	2.12	3.19	4.44
45°	±45°	3.13	2.13	1.54	1.21	1.03	0.96	0.99	1.12	1.38	1.88	2.74	3.75
45°	±60°	2.45	1.75	1.34	1.10	0.97	0.92	0.94	1.04	1.23	1.58	2.18	2.88
60°	0°	4.70	2.94	1.89	1.30	0.99	0.88	0.93	1.15	1.61	2.50	4.02	5.78
60°	±30°	4.14	2.61	1.72	1.23	0.96	0.86	0.91	1.10	1.48	2.24	3.54	5.07
60°	±45°	3.47	2.24	1.53	1.14	0.92	0.84	0.88	1.03	1.34	1.94	2.99	4.23
60°	±60°	2.64	1.80	1.31	1.02	0.87	0.81	0.83	0.95	1.17	1.59	2.32	3.17
90°	0°	4.85	2.82	1.61	0.93	0.59	0.47	0.52	0.76	1.28	2.31	4.06	6.09
90°	±30°	4.20	2.44	1.42	0.88	0.59	0.49	0.54	0.74	1.16	2.01	3.52	5.28
90°	±45°	3.43	2.03	1.24	0.81	0.59	0.50	0.54	0.70	1.03	1.69	2.88	4.31
90°	±60°	2.51	1.57	1.03	0.72	0.56	0.50	0.52	0.64	0.88	1.34	2.14	3.10

R_B - Faktoren für geografische Breite 58 Grad													
β	γ	Jan	Feb	Mrz	Apr	Mai	Jun	Jul	Aug	Sep	Okt	Nov	Dez
20°	0°	2.91	2.02	1.54	1.28	1.14	1.09	1.11	1.21	1.41	1.81	2.55	3.52
20°	±30°	2.64	1.87	1.46	1.23	1.12	1.07	1.09	1.18	1.35	1.69	2.33	3.17
20°	±45°	2.33	1.70	1.37	1.18	1.09	1.05	1.07	1.14	1.28	1.56	2.08	2.76
20°	±60°	1.93	1.49	1.25	1.12	1.05	1.02	1.03	1.09	1.19	1.39	1.75	2.23
30°	0°	3.74	2.44	1.74	1.36	1.16	1.09	1.12	1.26	1.55	2.14	3.22	4.63
30°	±30°	3.36	2.23	1.62	1.30	1.13	1.07	1.09	1.22	1.47	1.97	2.90	4.13
30°	±45°	2.90	1.98	1.49	1.23	1.09	1.04	1.06	1.16	1.37	1.77	2.53	3.53
30°	±60°	2.32	1.68	1.33	1.14	1.04	1.00	1.02	1.09	1.24	1.53	2.06	2.76
35°	0°	4.12	2.62	1.82	1.38	1.16	1.08	1.11	1.27	1.61	2.28	3.52	5.14
35°	±30°	3.68	2.38	1.69	1.32	1.13	1.05	1.09	1.23	1.51	2.08	3.15	4.56
35°	±45°	3.15	2.10	1.54	1.24	1.09	1.03	1.05	1.17	1.40	1.86	2.73	3.87
35°	±60°	2.49	1.75	1.36	1.14	1.03	0.98	1.00	1.09	1.26	1.58	2.19	2.99
45°	0°	4.78	2.93	1.94	1.41	1.13	1.03	1.07	1.27	1.68	2.51	4.03	6.03
45°	±30°	4.23	2.63	1.78	1.33	1.10	1.01	1.05	1.22	1.56	2.27	3.59	5.32
45°	±45°	3.58	2.29	1.61	1.24	1.05	0.98	1.01	1.15	1.43	2.00	3.06	4.47
45°	±60°	2.77	1.87	1.39	1.13	0.99	0.93	0.96	1.06	1.27	1.67	2.40	3.38
60°	0°	5.48	3.22	2.01	1.36	1.02	0.91	0.96	1.19	1.69	2.70	4.57	7.02
60°	±30°	4.82	2.86	1.82	1.28	0.99	0.89	0.94	1.14	1.56	2.41	4.03	6.15
60°	±45°	4.02	2.44	1.62	1.18	0.95	0.87	0.90	1.07	1.41	2.09	3.38	5.11
60°	±60°	3.03	1.95	1.37	1.06	0.89	0.83	0.86	0.98	1.22	1.70	2.59	3.78
90°	0°	5.75	3.14	1.74	0.99	0.63	0.50	0.56	0.81	1.38	2.54	4.70	7.53
90°	±30°	4.98	2.72	1.54	0.93	0.63	0.52	0.57	0.78	1.24	2.21	4.07	6.52
90°	±45°	4.07	2.26	1.33	0.86	0.62	0.53	0.57	0.74	1.10	1.86	3.33	5.32
90°	±60°	2.95	1.73	1.10	0.76	0.59	0.52	0.55	0.68	0.94	1.46	2.45	3.80

R_B - Faktoren für geografische Breite 60 Grad													
β	γ	Jan	Feb	Mrz	Apr	Mai	Jun	Jul	Aug	Sep	Okt	Nov	Dez
20°	0°	3.35	2.15	1.59	1.30	1.15	1.10	1.12	1.23	1.45	1.90	2.84	4.29
20°	±30°	3.03	1.99	1.50	1.26	1.13	1.08	1.10	1.19	1.38	1.78	2.59	3.84
20°	±45°	2.64	1.80	1.40	1.20	1.10	1.06	1.08	1.15	1.31	1.63	2.28	3.31
20°	±60°	2.15	1.56	1.28	1.13	1.06	1.03	1.04	1.10	1.21	1.43	1.90	2.62
30°	0°	4.39	2.64	1.81	1.39	1.18	1.10	1.14	1.29	1.61	2.28	3.65	5.76
30°	±30°	3.92	2.40	1.69	1.33	1.15	1.08	1.11	1.24	1.51	2.09	3.27	5.11
30°	±45°	3.36	2.13	1.55	1.26	1.11	1.05	1.08	1.19	1.41	1.87	2.83	4.33
30°	±60°	2.64	1.78	1.37	1.16	1.05	1.01	1.03	1.11	1.27	1.60	2.27	3.32
35°	0°	4.86	2.85	1.90	1.42	1.18	1.09	1.13	1.31	1.67	2.44	4.01	6.44
35°	±30°	4.32	2.58	1.76	1.36	1.15	1.07	1.10	1.25	1.56	2.22	3.58	5.68
35°	±45°	3.68	2.26	1.61	1.27	1.10	1.04	1.07	1.19	1.44	1.97	3.08	4.79
35°	±60°	2.85	1.87	1.41	1.17	1.04	1.00	1.02	1.11	1.29	1.67	2.44	3.63
45°	0°	5.69	3.22	2.05	1.45	1.16	1.05	1.10	1.31	1.76	2.70	4.64	7.63
45°	±30°	5.02	2.88	1.88	1.38	1.12	1.03	1.07	1.25	1.63	2.44	4.11	6.70
45°	±45°	4.23	2.49	1.69	1.28	1.07	1.00	1.03	1.18	1.49	2.14	3.49	5.60
45°	±60°	3.22	2.02	1.45	1.16	1.01	0.95	0.98	1.09	1.31	1.77	2.71	4.18
60°	0°	6.60	3.57	2.14	1.42	1.06	0.94	0.99	1.24	1.78	2.94	5.32	8.98
60°	±30°	5.78	3.16	1.93	1.33	1.03	0.92	0.97	1.18	1.64	2.62	4.67	7.85
60°	±45°	4.81	2.69	1.71	1.23	0.98	0.89	0.93	1.11	1.48	2.26	3.91	6.50
60°	±60°	3.58	2.13	1.45	1.10	0.92	0.85	0.88	1.01	1.28	1.83	2.96	4.75
90°	0°	7.04	3.55	1.89	1.06	0.67	0.54	0.60	0.87	1.48	2.82	5.56	9.79
90°	±30°	6.10	3.07	1.67	1.00	0.67	0.55	0.60	0.83	1.34	2.45	4.82	8.48
90°	±45°	4.98	2.54	1.44	0.91	0.65	0.56	0.60	0.79	1.18	2.05	3.93	6.93
90°	±60°	3.58	1.93	1.18	0.81	0.62	0.55	0.58	0.72	1.00	1.60	2.87	4.92

A5 Beschattungsdiagramme für verschiedene geografische Breiten

Zur näherungsweisen Berechnung des Beschattungseinflusses gemäss Kapitel 2.5.4 bei Verwendung des Dreikomponentenmodells.

Der Beschattungkorrekturfaktor k_B berechnet sich nach Gleichung (2.22) wie folgt:

Beschattungskorrekturfaktor $k_B = 1 - \Sigma GPB / \Sigma GPS$

wobei ΣGPB = Gesamtgewicht der *beschatteten* Punkte auf der Sonnenbahn (jeweils für den strahlungsmässig mittleren Tag) des entsprechenden Monats

ΣGPS = Gesamtgewicht *aller* Punkte auf der Sonnenbahn des entsprechenden Monats

Bei unbeschatteten Anlagen ist $k_B = 1$, bei vollständiger Beschattung ist $k_B = 0$!

Bewertungdiagramm zu den Beschattungdiagrammen:

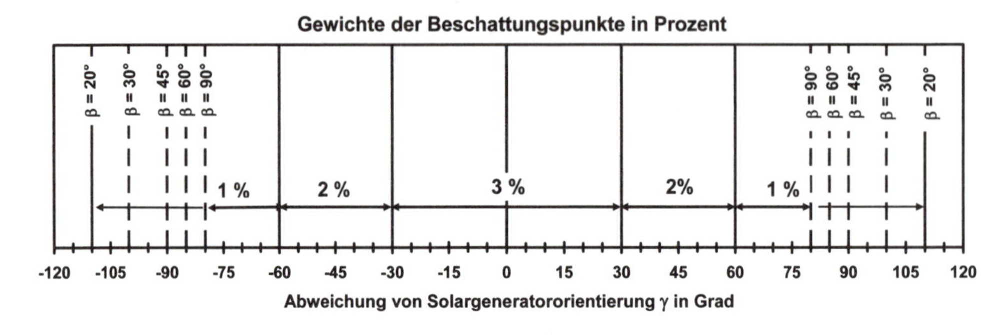

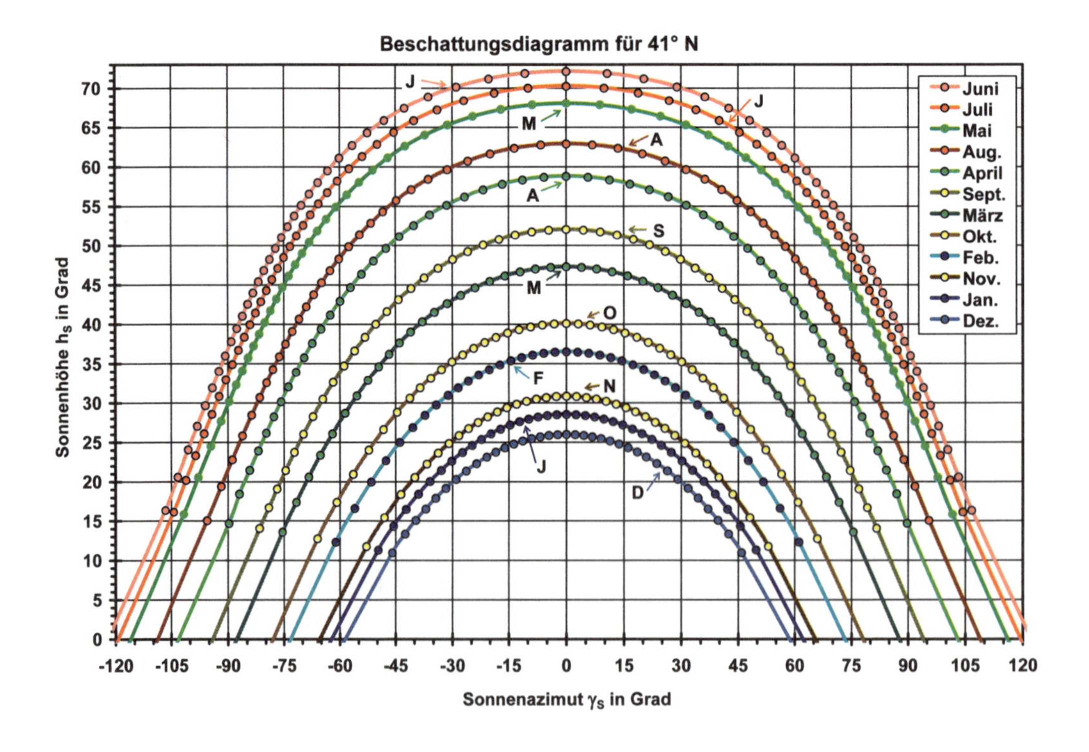

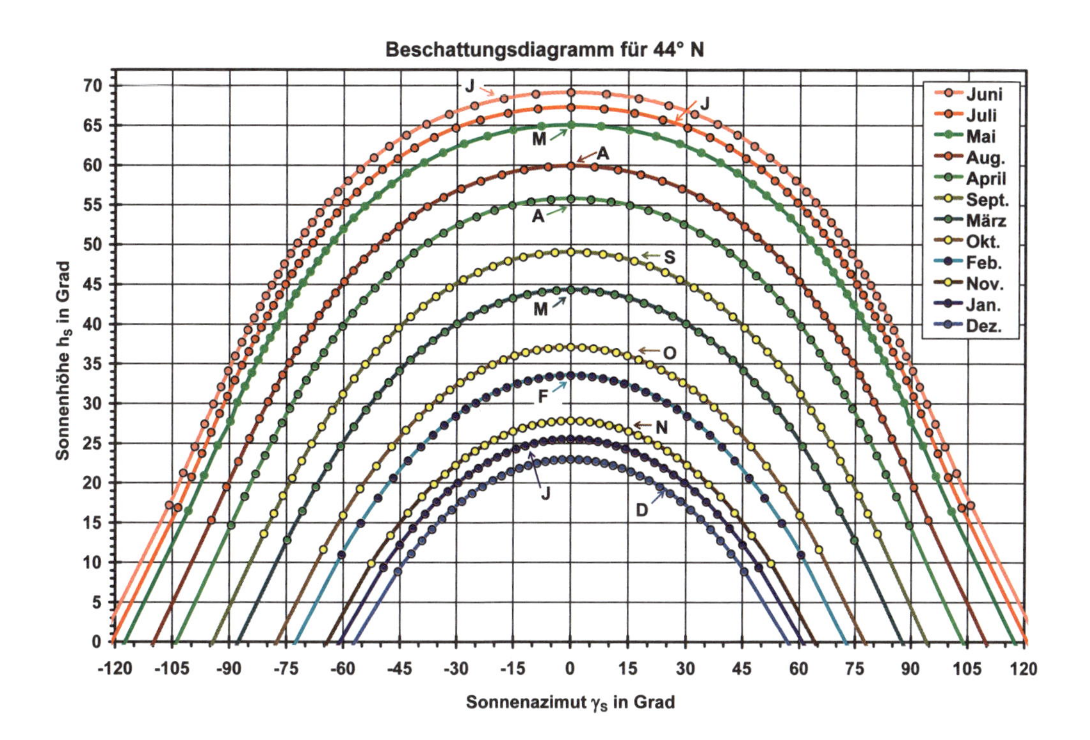

Beschattungsdiagramm für 44° N
Sonnenhöhe h_S in Grad
Sonnenazimut γ_S in Grad
Juni
Juli
Mai
Aug.
April
Sept.
März
Okt.
Feb.
Nov.
Jan.
Dez.
J
J
M
A
A
S
M
O
F
N
J
D

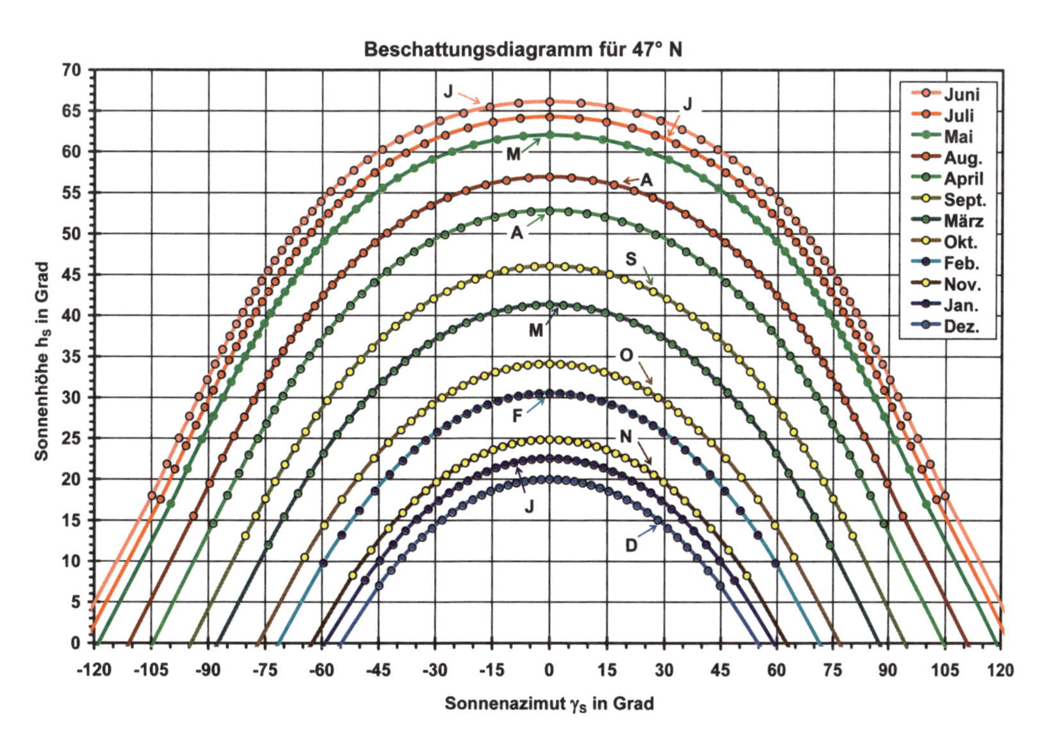

Beschattungsdiagramm für 47° N
Sonnenhöhe h_S in Grad
Sonnenazimut γ_S in Grad
Juni
Juli
Mai
Aug.
April
Sept.
März
Okt.
Feb.
Nov.
Jan.
Dez.
J
J
M
A
A
S
M
O
F
N
J
D

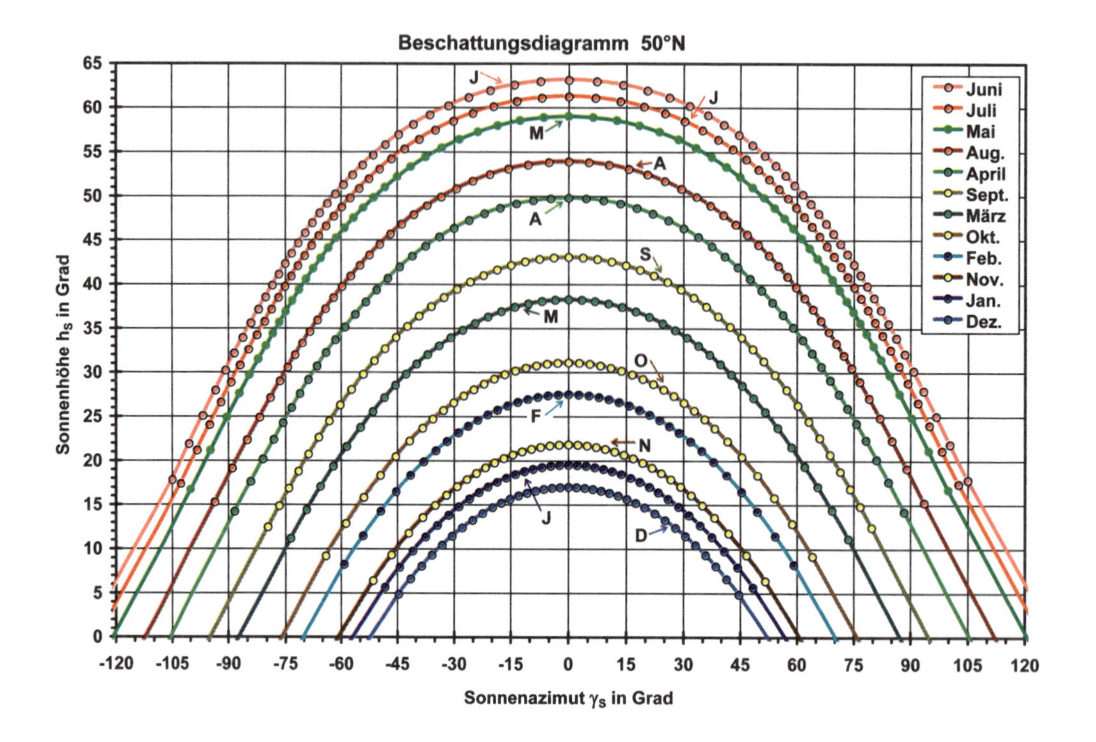

Beschattungsdiagramm 50°N
Sonnenhöhe h_S in Grad
Sonnenazimut γ_S in Grad
Juni
Juli
Mai
Aug.
April
Sept.
März
Okt.
Feb.
Nov.
Jan.
Dez.
J
J
M
A
A
S
M
O
F
N
J
D

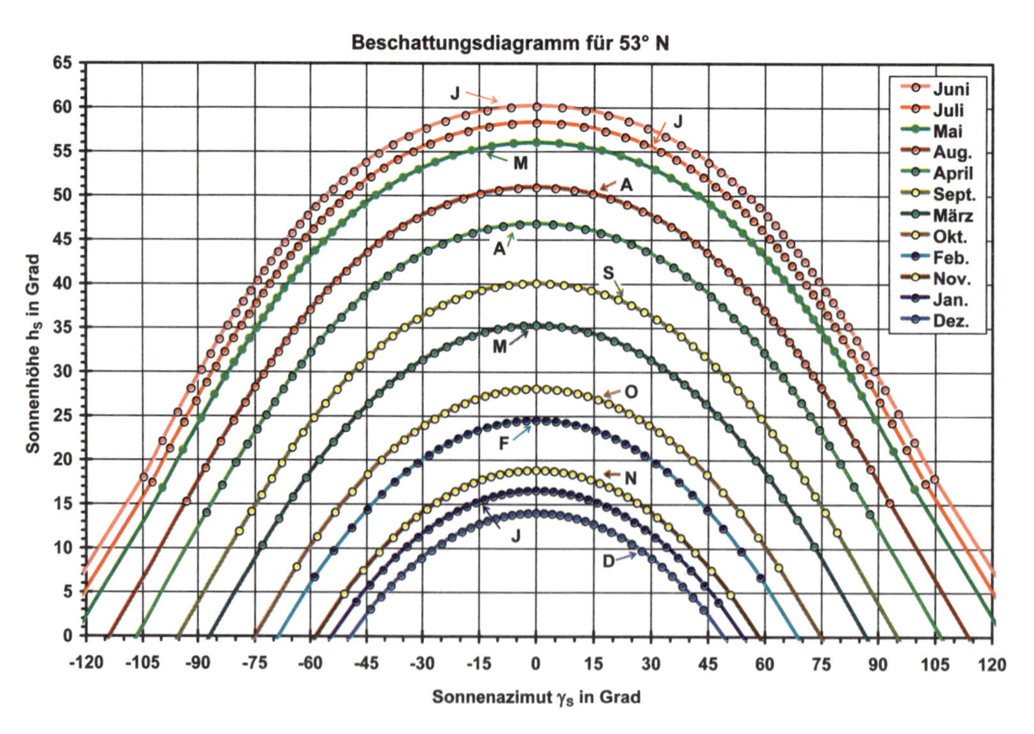

Beschattungsdiagramm für 53° N
Sonnenhöhe h_S in Grad
Sonnenazimut γ_S in Grad
Juni
Juli
Mai
Aug.
April
Sept.
März
Okt.
Feb.
Nov.
Jan.
Dez.
J
J
M
A
A
S
M
O
F
N
J
D

A6 Kopiervorlagen für Tabellen zur PV-Ertragsberechnung (Kap. 8)

Die Tabellen enthalten zur Erhöhung der Benützerfreundlichkeit jeweils zu Beginn auch den Teil für die Strahlungsberechnung, so dass dafür keine separate Tabelle (gemäss Anhang A1) nötig ist. Bei Bedarf können die Tabellen vor Gebrauch mit einem Fotokopierer vergrössert werden. Die für die Berechnung notwendigen Strahlungsdaten befinden sich in Anhang A2. Die Werte für k_T sind aus Tabelle 8.2, die Werte für k_G aus den Tabellen 8.3 bis 8.5 zu entnehmen.

A6.1: Tabellen zur Ertragsberechnung bei netzgekoppelten Anlagen (Kap. 8.2)

Tabelle A6.1: Tabelle zur Berechnung des Energieertrags von netzgekoppelten PV-Anlagen mit vereinfachter Strahlungsberechnung nach Kap. 2.4.
Angaben zu den Globalstrahlungsfaktoren R(β,γ) befinden sich in Anhang A3.
Die hellgrau hinterlegten Felder müssen nicht unbedingt ausgefüllt werden.

Ertragsberechnung für netzgekoppelte PV-Anlagen (vereinfachte Strahlungsberechnung)

Ort:		Referenzstation:		β =	
P_{Go} [kW]:		$P_{ACn} = k_{Gmax} \cdot P_{Go} \cdot \eta_{WR}$ [kW]:		γ =	

Monat	Jan.	Feb.	März	April	Mai	Juni	Juli	Aug.	Sept.	Okt.	Nov.	Dez.	Jahr	
H														kWh/m²
R(β,γ)														
$H_G = R(\beta,\gamma) \cdot H$														kWh/m²
$Y_R = H_G / 1kWm^{-2}$														h/d
k_T														
$Y_T = k_T \cdot Y_R$														h/d
k_G														
$Y_A = k_G \cdot Y_T$														h/d
η_{WR} (η_{tot})														
$Y_F = \eta_{WR} \cdot Y_A$														h/d
n_d (Anzahl Tage)	31	28	31	30	31	30	31	31	30	31	30	31	365	d
$E_{AC} = n_d \cdot P_{Go} \cdot Y_F$														kWh
$t_V = E_{AC} / P_{ACn}$														h
$PR = Y_F / Y_R$														

Tabelle A6.2: Tabelle zur Berechnung des Energieertrags von netzgekoppelten PV-Anlagen mit Strahlungsberechnung nach Kap. 2.5 mit Dreikomponentenmodell. Die Direktstrahlungsfaktoren R_B sind für 24°N bis 60°N in Anhang A4 tabelliert. Die Werte für den Bodenreflexionsfaktor ρ sind aus Tabelle 2.6 zu entnehmen. Die hellgrau hinterlegten Felder müssen nicht unbedingt ausgefüllt werden.

Ertragsberechnung für netzgekoppelte PV-Anlagen (mit Dreikomponentenmodell)

Ort:		Referenzstation:		β =	
P_{Go} [kW]:		$P_{ACn} = k_{Gmax} \cdot P_{Go} \cdot \eta_{WR}$ [kW]:		γ =	

$R_D = ½\cos\alpha_2 + ½\cos(\alpha_1+\beta)$ =		$R_R = ½ - ½\cos\beta$ =	

Monat	Jan.	Feb.	März	April	Mai	Juni	Juli	Aug.	Sept.	Okt.	Nov.	Dez.	Jahr	
H														kWh/m²
H_D														kWh/m²
R_B														
k_B														
$H_{GB} = k_B \cdot R_B \cdot (H-H_D)$														kWh/m²
$H_{GD} = R_D \cdot H_D$														kWh/m²
ρ														
$H_{GR} = R_R \cdot \rho \cdot H$														kWh/m²
$H_G = H_{GB}+H_{GD}+H_{GR}$														kWh/m²
$Y_R = H_G/1kWm^{-2}$														h/d
k_T														
$Y_T = k_T \cdot Y_R$														h/d
k_G														
$Y_A = k_G \cdot Y_T$														h/d
η_{WR} (η_{tot})														
$Y_F = \eta_{WR} \cdot Y_A$														h/d
n_d (Anzahl Tage)	31	28	31	30	31	30	31	31	30	31	30	31	365	d
$E_{AC} = n_d \cdot P_{Go} \cdot Y_F$														kWh
$t_V = E_{AC}/P_{ACn}$														h
$PR = Y_F/Y_R$														

A6.2: Tabellen zur Dimensionierung von PV-Inselanlagen (Kap. 8.3)

Tabelle A6.3: Hilfstabelle zur Bestimmung der Energiebilanz und der Akkukapazität

Energiebilanz für PV-Inselanlage (Dimensionierung des PV-Generators auf separatem Blatt)

	Verbraucher (geschaltet)	AC/DC	P[W]	t [h]	E_{AC}	η_{WR}	E_{DC}	
1								Wh/d
2								Wh/d
3								Wh/d
4								Wh/d
5								Wh/d
6								Wh/d
7								Wh/d
8								Wh/d
		$E_V = \Sigma E_{DC}$ gesch. Verbr. =						Wh/d

	Dauernde Verbraucher	AC/DC	P[W]	t [h]	E_{AC}	η_{WR}	E_{DC}	
1								Wh/d
2								Wh/d
3								
4								Wh/d
		$E_0 = \Sigma E_{DC}$ Dauer-Verbr. =						Wh/d

Nutzbare Akku-Kapazität $K_N = n_A \cdot (E_V + E_0)/U_S$ =		Ah
Minimale Akku-Kapazität $K = K_N/t_Z = n_A \cdot (E_V + E_0)/(U_S \cdot t_Z)$ =		Ah
Erforderliche tägliche Ladung $Q_L = (1/\eta_{Ah}) \cdot (Q_D + K_N/n_E)$ =		Ah/d

Ort:	Monat:

Systemspannung U_S =		V
Akku-Zyklentiefe t_Z =		
Ah-Wirkungsgrad η_{Ah} =		
Autonomiedauer n_A =		d
Systemerholungszeit n_E =		d
Benutzungshäufigkeit h_B =		

Hinweis:
Diese Tabelle mit dem mittleren täglichen Energieverbrauch ist meist nur für den Monat mit dem grössten Verbrauch auszufüllen. Wenn der Energieverbrauch über das Jahr stark schwankt, sind evtl. mehrere Tabellen auszufüllen.

Mittl. tägl. $E_D = h_B \cdot E_V + E_0$ =		Wh/d
Mittl. tägl. $Q_D = E_D/U_S$ =		Ah/d

Tabelle A6.4: Hilfstabelle zur Dimensionierung der PV-Generators einer Inselanlage bei Verwendung der einfachen Strahlungsberechnung nach Kap. 2.4.
Angaben zu den Globalstrahlungsfaktoren $R(\beta,\gamma)$ befinden sich in Anhang A3.
Die hellgrau hinterlegten Felder müssen nicht unbedingt ausgefüllt werden.

Berechnung PV-Generator für Inselanlagen (vereinfachte Strahlungsberechnung)

Ort:		Referenzstation:		β =		γ =		°
I_{Mo} =	A	P_{Mo} =	W	Systemspannung U_S =	V	Module / Strang n_{MS} =		

Monat	Jan	Feb	Mrz	April	Mai	Juni	Juli	Aug	Sept	Okt	Nov	Dez	
Erf. tägl. Ladung Q_L													Ah/d
Hilfsenergie E_H													Wh/d
$Q_H = E_H/(1{,}1 \cdot U_S)$													Ah/d
$Q_{PV} = Q_L - Q_H$ =													Ah/d

Monat	Jan	Feb	Mrz	April	Mai	Juni	Juli	Aug	Sept	Okt	Nov	Dez	
H													kWh/m²
$R(\beta,\gamma)$													
$H_G = R(\beta,\gamma) \cdot H$													kWh/m²
$Y_R = H_G/1\text{kWm}^{-2}$ =													h/d

Ohne MPT-Laderegler *(unten nur k_G-Werte eingeben, wenn dieser Fall zutrifft)*:

k_G													
$Q_S = k_G \cdot I_{Mo} \cdot Y_R$ =													Ah/d

Mit MPT-Laderegler *(unten nur k_T- und k_G-Werte eingeben, wenn dieser Fall zutrifft)*:

k_T													
$Y_T = k_T \cdot Y_R$													h/d
k_G													
$Y_A = k_G \cdot Y_T$													h/d
η_{MPT}													
$Y_F' = \eta_{MPT} \cdot Y_A$ =													h/d
$E_{DC\text{-}S} = n_{MS} \cdot P_{Mo} \cdot Y_F'$ =													Wh/d
$Q_S = E_{DC\text{-}S}/(1{,}1 \cdot U_S)$													Ah/d

$n_{SP}' = Q_{PV}/Q_S$												

Erforderliche Anzahl Parallelstränge: Maximum(n_{SP}'), aufgerundet auf ganze Zahl:	n_{SP} =	
Total erforderliche Anzahl Module:	$n_M = n_{MS} \cdot n_{SP}$ =	

Tabelle A6.5: Hilfstabelle zur Dimensionierung der PV-Generators einer Inselanlage bei Verwendung des Dreikomponentenmodells nach Kap. 2.5 zur Strahlungsberechnung. Die Direktstrahlungsfaktoren R_B sind für 24°N bis 60°N in Anhang A4 tabelliert. Die Werte für den Bodenreflexionsfaktor ρ sind aus Tabelle 2.6 zu entnehmen. Die hellgrau hinterlegten Felder müssen nicht unbedingt ausgefüllt werden.

Berechnung PV-Generator für Inselanlagen (Strahlungsberechnung mit 3-Komp.-Modell)

Ort: | Referenzstation: | β = | γ = °

$R_D = ½\cos\alpha_2 + ½\cos(\alpha_1+\beta)$ = | $R_R = ½ - ½\cos\beta$ =

I_{Mo} = A | P_{Mo} = W | Systemspannung U_S = V | Module / Strang n_{MS} =

Monat	Jan	Feb	Mrz	April	Mai	Juni	Juli	Aug	Sept	Okt	Nov	Dez	
Erf. tägl. Ladung Q_L													Ah/d
Hilfsenergie E_H													Wh/d
$Q_H = E_H/(1{,}1 \cdot U_S)$													Ah/d
$Q_{PV} = Q_L - Q_H$ =													Ah/d

Monat	Jan	Feb	Mrz	April	Mai	Juni	Juli	Aug	Sept	Okt	Nov	Dez	
H													kWh/m²
H_D													kWh/m²
R_B													
k_B													
$H_{GB} = k_B \cdot R_B \cdot (H - H_D)$													kWh/m²
$H_{GD} = R_D \cdot H_D$													kWh/m²
ρ													
$H_{GR} = R_R \cdot \rho \cdot H$													kWh/m²
$H_G = H_{GB} + H_{GD} + H_{GR}$													kWh/m²
$Y_R = H_G / 1\,\mathrm{kWm}^{-2}$ =													h/d

Ohne MPT-Laderegler *(unten nur k_G-Werte eingeben, wenn dieser Fall zutrifft)*:

	Jan	Feb	Mrz	April	Mai	Juni	Juli	Aug	Sept	Okt	Nov	Dez	
k_G													
$Q_S = k_G \cdot I_{Mo} \cdot Y_R$ =													Ah/d

Mit MPT-Laderegler *(unten nur k_T- und k_G-Werte eingeben, wenn dieser Fall zutrifft)*:

	Jan	Feb	Mrz	April	Mai	Juni	Juli	Aug	Sept	Okt	Nov	Dez	
k_T													
$Y_T = k_T \cdot Y_R$													h/d
k_G													
$Y_A = k_G \cdot Y_T$													h/d
η_{MPT}													
$Y_F' = \eta_{MPT} \cdot Y_A$ =													h/d
$E_{DC\text{-}S} = n_{MS} \cdot P_{Mo} \cdot Y_F'$ =													Wh/d
$Q_S = E_{DC\text{-}S}/(1{,}1 \cdot U_S)$													Ah/d

	Jan	Feb	Mrz	April	Mai	Juni	Juli	Aug	Sept	Okt	Nov	Dez
$n_{SP}' = Q_{PV}/Q_S$												

Erforderliche Anzahl Parallelstränge: Maximum(n_{SP}'), aufgerundet auf ganze Zahl:	n_{SP} =	
Total erforderliche Anzahl Module:	$n_M = n_{MS} \cdot n_{SP}$ =	

A7 Zusatzkarten zur Strahlungs- und Ertragsberechnung

A7.1 Beispiel eines Sonnenstandsdiagramms in Polardarstellung

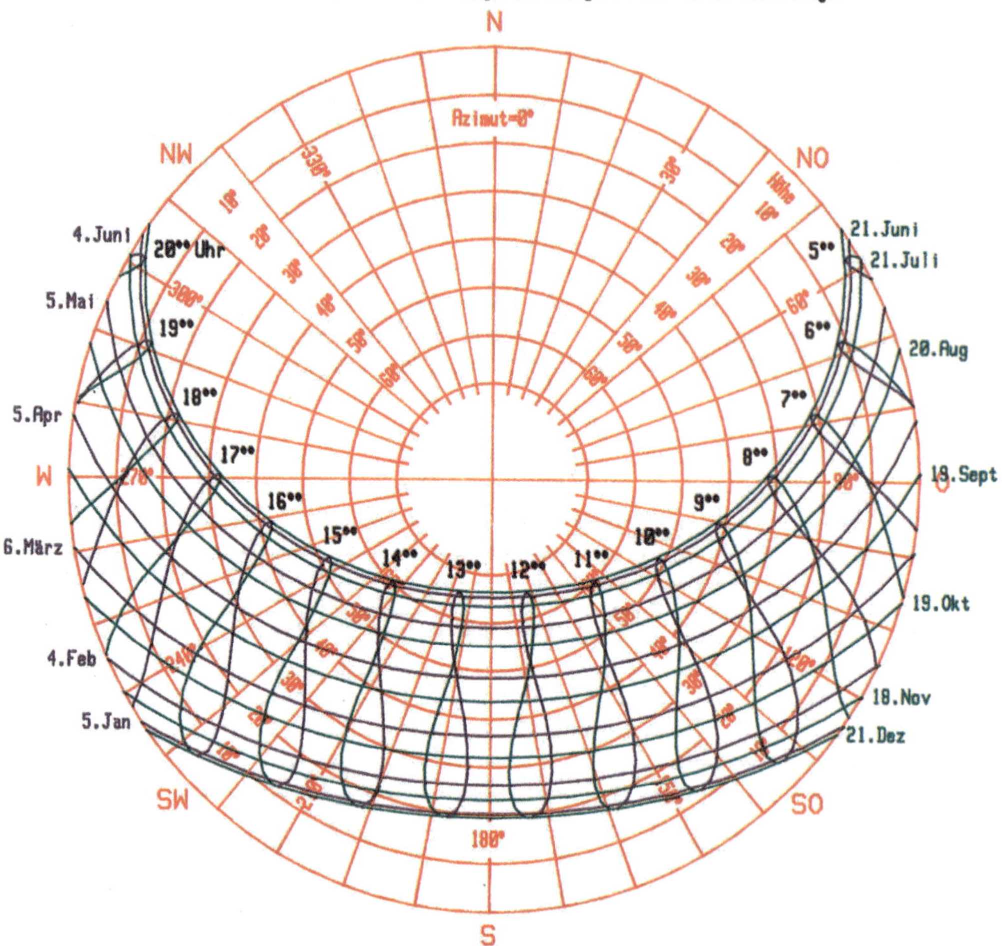

Bild A-1: Sonnenstandsdiagramm für Burgdorf (47,1°N, 7,6°E). Quelle: RWE

A7.2 Strahlungskarten

Auf den folgenden Seiten in diesem Anhang sind einige Karten angegeben, welche die Jahressummen der globalen Einstrahlung H auf eine horizontale Fläche auf der ganzen Welt, in den Alpenländern und in Deutschland angeben. Es ist zu beachten, dass die Farben für eine bestimmte Einstrahlung nicht überall gleich sind. Dies ist bei der Interpretation der Karten zu beachten. Der jeweils gültige Massstab ist auf jeder Karte angegeben.

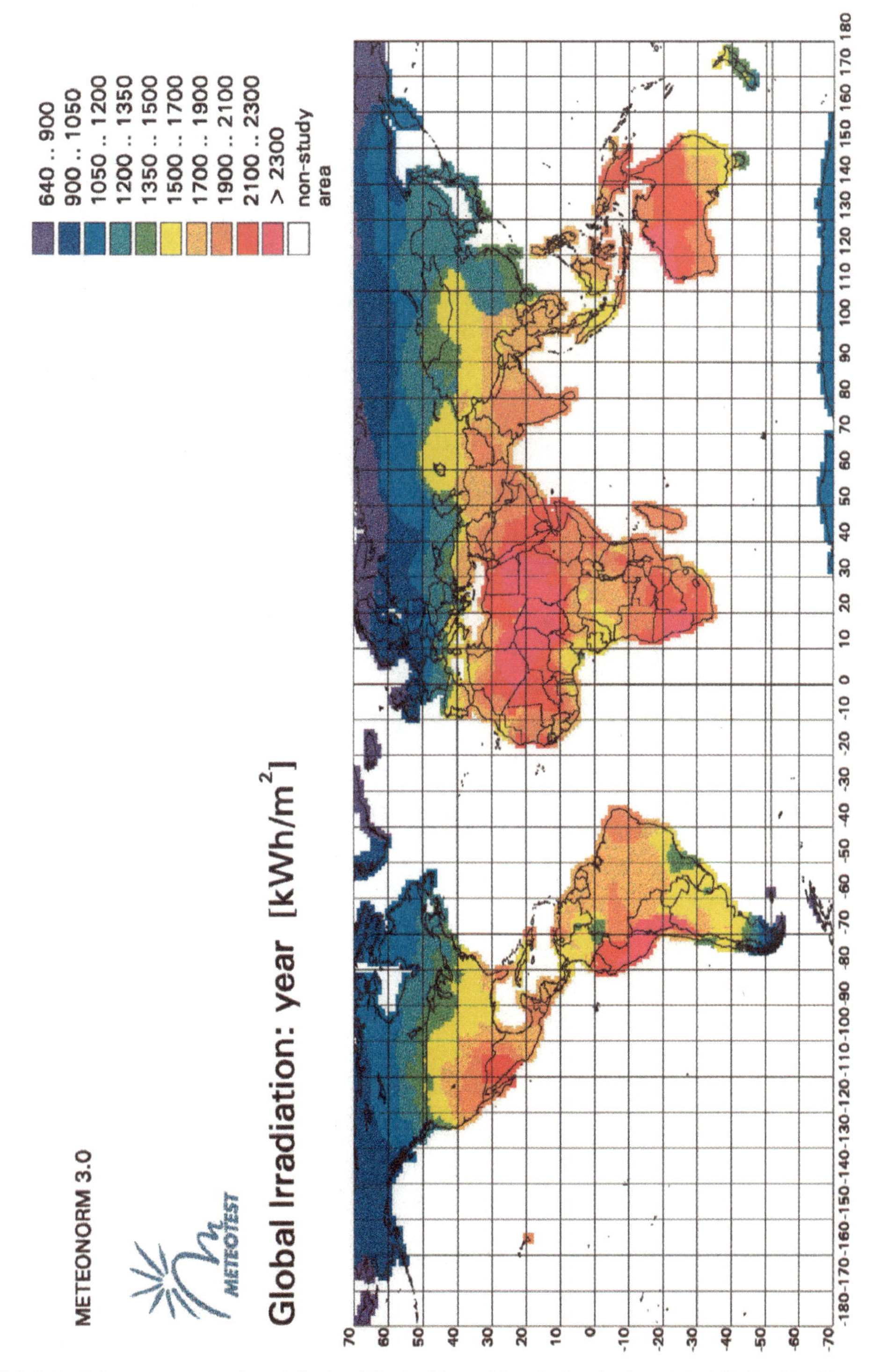

Bild A-2: Jahressummen der globalen Einstrahlung H auf eine horizontale Fläche für die ganze Welt in kWh/m^2 pro Jahr. Bild von Meteotest, Bern, erstellt mit Meteonorm 3.0 [2.3].

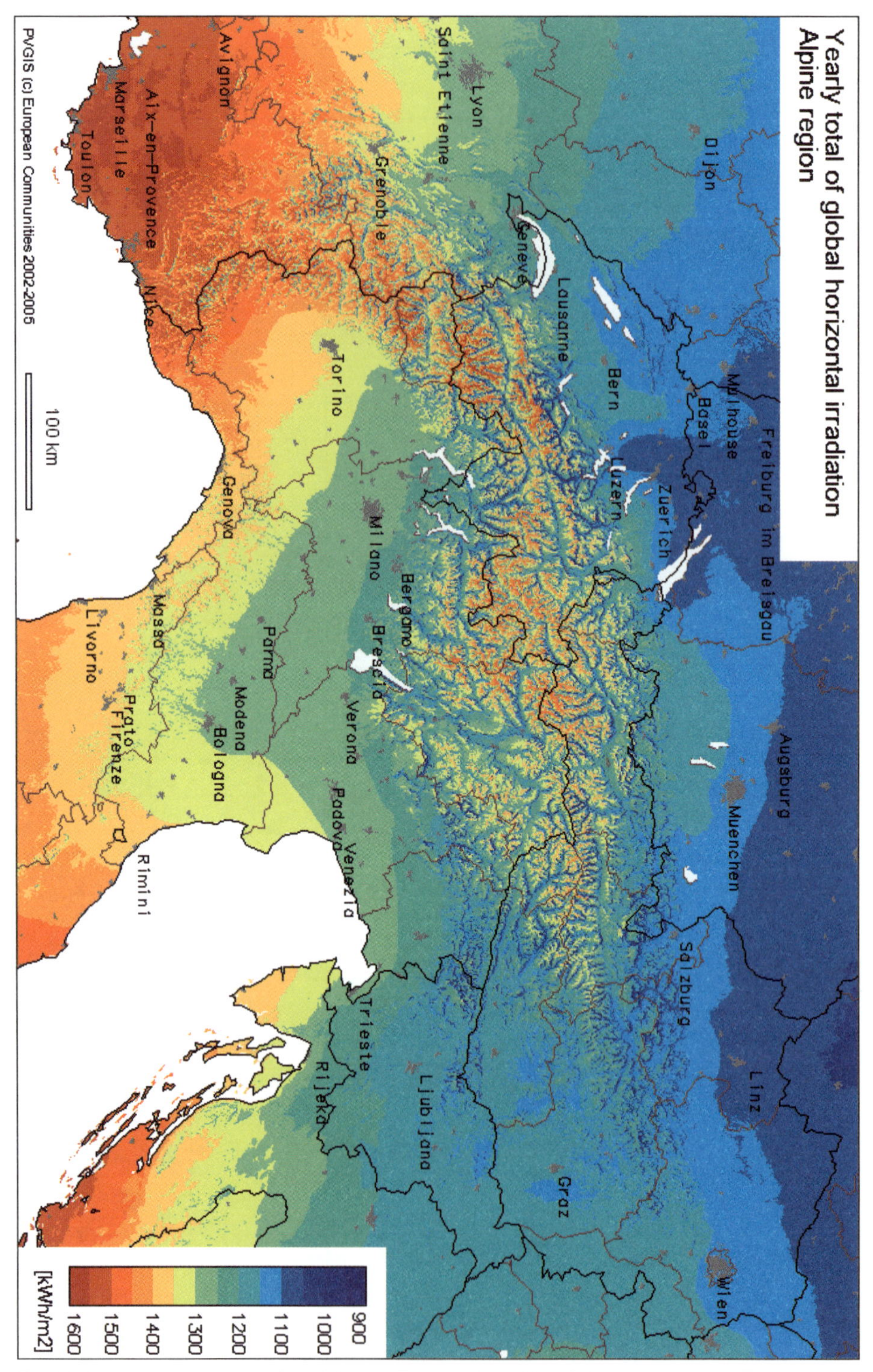

Bild A-3: Jahressummen der globalen Einstrahlung H auf eine horizontale Fläche für die Alpenländer in kWh/m^2 pro Jahr. Karte von PV-GIS © European Communities [2.7].

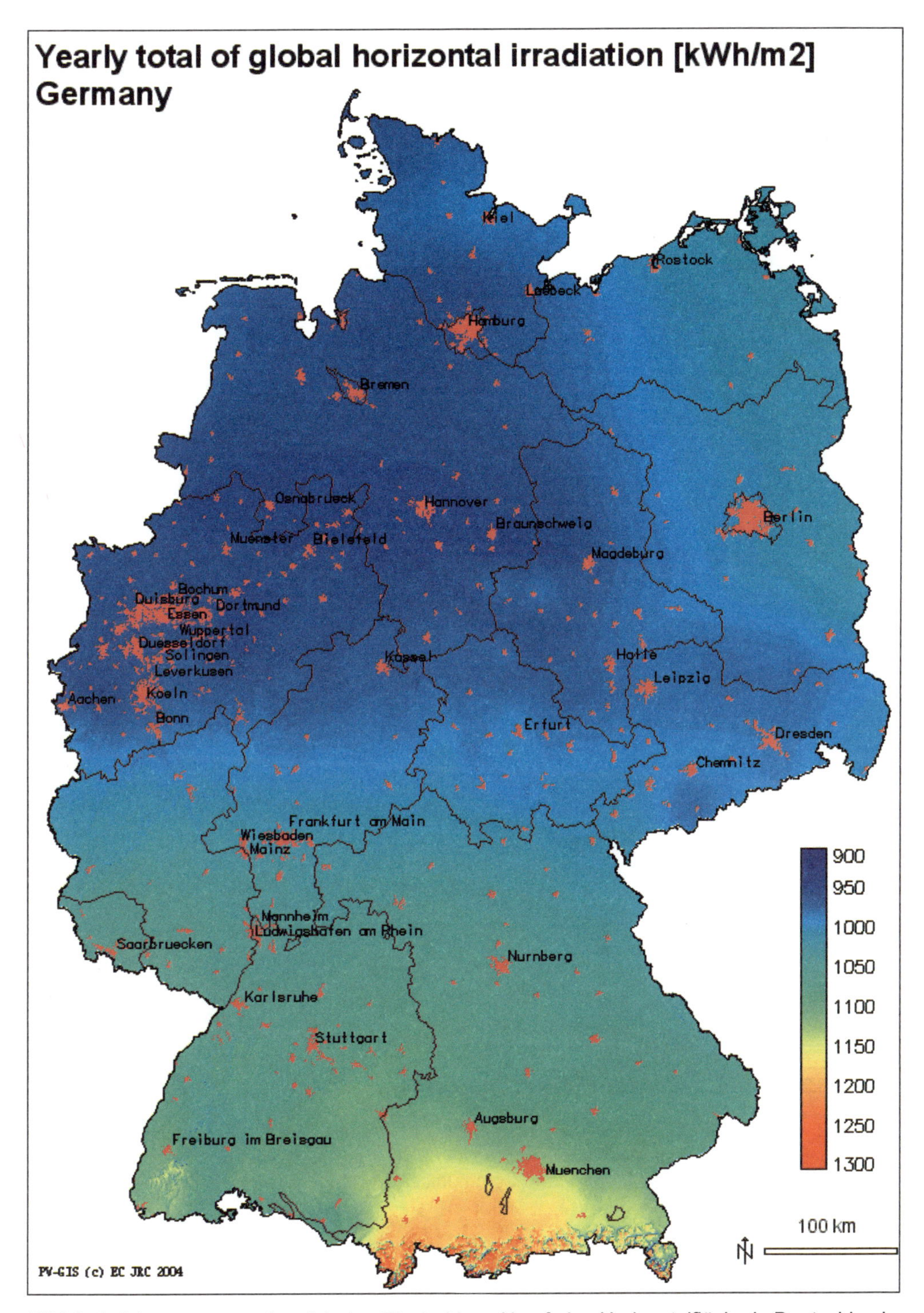

Bild A-4: Jahressummen der globalen Einstrahlung H auf eine Horizontalfläche in Deutschland in kWh/m^2 pro Jahr. Karte von PV-GIS © European Communities, 2002-2005 [2.7].

A7.3 Karte für möglichen PV-Jahresenergieertrag in Europa

Mit der unten angegebenen Karte ist eine grobe Abschätzung des möglichen jährlichen Energieertrags einer in Europa installierten Photovoltaikanlage möglich, die bezüglich Anstellwinkel β und Solargeneratororientierung γ optimal ist. Der optimale Anstellwinkel β beträgt je nach Ort etwa zwischen 25° und 45°, die optimale Orientierung γ meist etwa 0° (Südrichtung).

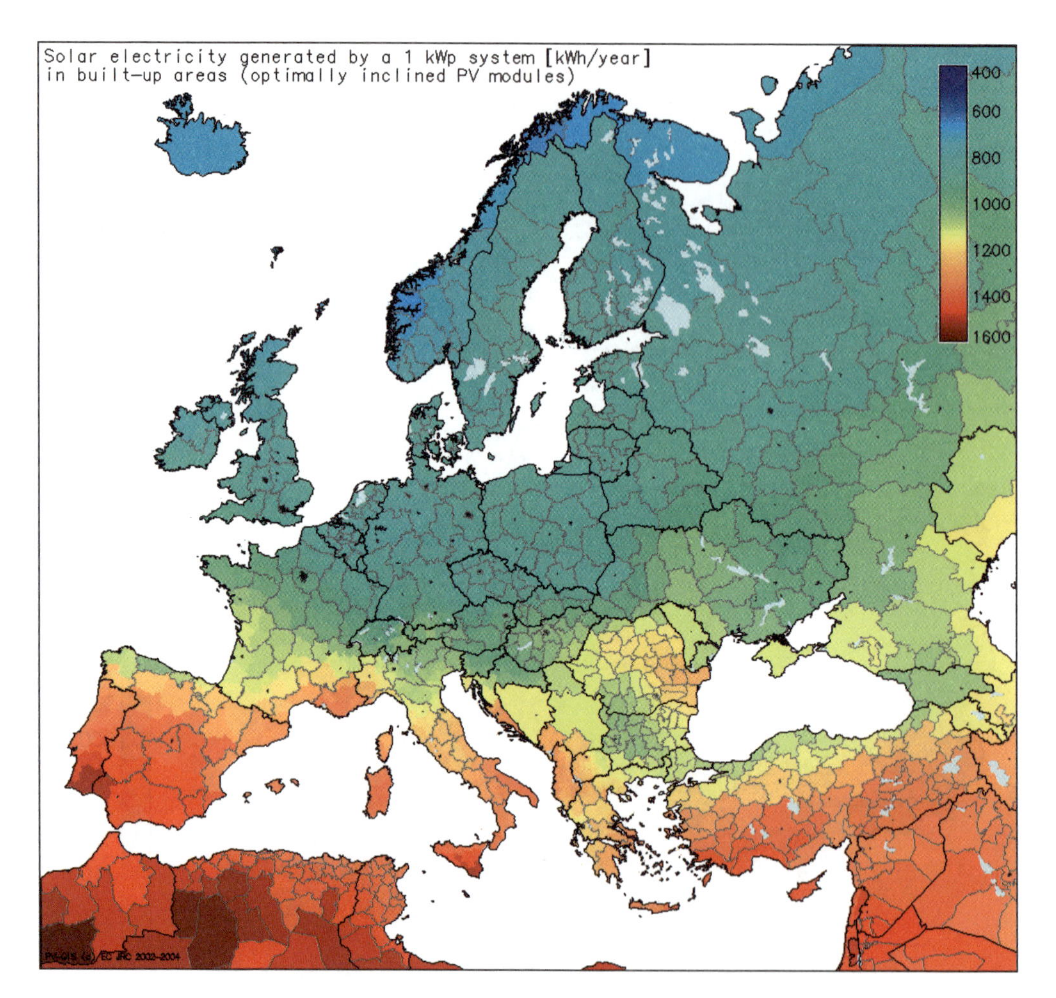

Bild A-5: Jährliche Energieproduktion in kWh/kWp bei einer *optimal orientierten* Photovoltaikanlage in Europa und Umgebung.
Karte von PV-GIS © European Communities, 2002-2005 [2.7].

Anhang B: Links, Bücher, Stichwörter, Symbolliste, Abkürzungen

B1 Einige Internet-Links zu Photovoltaik-Webseiten

Organisationen:

http://www.aee.at	Arbeitsgemeinschaft Erneuerbare Energie in Österreich (A)
http://www.dgs.de	Deutsche Gesellschaft für Sonnenenergie
http://www.energytech.at	Webseite für Erneuerbare Energien und Energieeffizienz in A
http://www.epia.org	Vereinigung der europäischen Photovoltaik-Industrie (EPIA)
http://www.eurosolar.at	Webseite der österreichischen Sektion von Eurosolar
http://www.eurosolar.org	Eurosolar (politisches Solar-Lobbying in Europa)
http://www.iea-pvps.org	PV-Programme der Internationalen Energieagentur (IEA)
http://www.ises.org	Internationale Solarenergie-Vereinigung (ISES)
http://www.photovoltaik.ch	Website PV-Forschung CH mit vielen Downloads und Links zu Schweizer PV-Organisationen
http://www.pv-ertraege.de	Datenbank mit Ertragsdaten von PV-Anlagen in D
http://www.pvgap.org	PV Global Approval Program, strebt weltweite PV-Qualitäts-standards an
http://www.pvresources.com	Viele PV-Informationen, speziell Grossanlagen
http://www.pv-uk.org.uk	Website PV Industry UK
http://www.satel-light.com	Solar-Strahlungsdaten für Europa mit Möglichkeit der individuellen Erzeugung von Karten
http://www.seia.org	Webseite der Solar Energy Industries Association (SEIA, vorwiegend USA)
http://www.sfv.de	Solarenergie-Förderverein: Viele nützliche Informationen für Besitzer von PV-Anlagen
http://www.soda-is.com	Solar-Strahlungsdaten
http://www.solarbuzz.com	Liste/Links zu PV-Firmen (vorwiegend USA)
http://www.solarenergy.org	Website von Solar Energy International (USA)
http://www.solarinfo.de	Informationen über Solarfirmen in Deutschland
http://www.solarplaza.com	Liste/Links zu PV-Firmen (kommerziell)
http://www.solarpro.ch	Fachverband Solarfirmen CH
http://www.solarserver.de	Viele PV-Informationen (Bücher, Firmen usw.)
http://www.solarwirtschaft.de	Bundesverband Solarwirtschaft (D)
http://www.sses.ch	Schweizerische Gesellschaft für Solarenergie
http://www.swissolar.ch	Schweizerische Arbeitsgemeinschaft für Sonnenenergie

Behörden / Amtsstellen:

http://www.eere.energy.gov	Website Energy Efficiency and Renewable Energy DOE USA
http://www.energie-schweiz.ch	Bundesamt für Energie (CH)
http://www.erneuerbare-energien.de	Webseite erneuerbare Energien des Bundesministeriums für Umwelt (BMU) in Deutschland
http://www.nrel.gov/ncpv	PV-Website US National Renewable Energy Laboratory
http://www.pv.bnl.gov	Gesundheits- und Umwelteinflüsse der PV

Forschungsinstitute:

http://re.jrc.ec.europa.eu/solarec	PV-Homepage EU Joint Research Centre in Ispra/I
http://www.arsenal.ac.at	Österreichisches Forschungs- und Prüfzentrum Arsenal
http://www.fv-sonnenenergie.de	Website Forschungsverbund Sonnenenergie in Deutschland
http://www.hmi.de	Hahn-Meitner-Institut Berlin
http://www.isaac.supsi.ch	Labor für Energie, Ökologie und Ökonomie, mit PV-Labor (vor allem Modul-Aussentests)
http://www.ise.fhg.de	Fraunhofer Institut für Solare Energiesysteme
http://www.iset.uni-kassel.de	Institut für Solare Energieversorgungstechnik
http://www.isfh.de	Institut für Solarenergieforschung Hameln
http://www.pv.unsw.edu.au	Centre for Photovoltaic Engineering Sydney/Australien
http://www.pvtest.ch	Photovoltaiklabor der Berner Fachhochschule, Technik und Informatik, in Burgdorf (CH)
http://www.rise.org.au	Research Institute for Sustainable Energy Perth/Australien
http://www.zsw-bw.de	Zentrum für Sonnenenergie- und Wasserstoffforschung

Fachzeitschriften:

http://www.bva-bielefeld.de	Zeitschrift Sonne Wind & Wärme
http://www.photon.de	Zeitschrift Photovoltaik in Deutsch
http://www.photon-magazine.com	Internationale Ausgabe von Photon
http://www.sonnenenergie.de	Zeitschrift Sonnenenergie der DGS
http://www.sses.ch	Zeitschrift Erneuerbare Energien des SSES (CH)
http://www.sunwindenergy.com	Sun & Wind Energy

Wichtiger Hinweis:

Diese Linkliste dient einzig zur Ermöglichung von Kontakten zu einigen Institutionen, die zur Zeit der Manuskripterstellung gewisse für die Photovoltaik interessante Informationen auf dem Internet zur Verfügung stellten. Sie stellt lediglich eine Auswahl dar und erhebt keinen Anspruch auf Vollständigkeit. Der Autor dieses Buches hat keinen Einfluss auf die Inhalte und Verfügbarkeit dieser Websites und lehnt deshalb jede diesbezügliche Verantwortung oder Haftung ab.

B2 Bücher zur Photovoltaik und verwandten Gebieten

[Bas87] Uwe Bastiansen: "Wasserstoff - Der Energieträger der Zukunft". Eichborn Verlag, Frankfurt, 1987, ISBN 3-8218-1111-0.

[Bur83] M. Buresch: "Photovoltaic Energy Systems". Mc Graw Hill Inc., New York, 1983, ISBN 0-07-008952-3.

[Deh05] Dehn+Söhne: "Blitzplaner". Dehn+Söhne GmbH, Neumarkt, 2005, ISBN 3-00-015976-2.

[DGS05] Deutsche Gesellschaft für Sonnenenergie (DGS): "Leitfaden Photovoltaische Anlagen", Autoren: R. Haselhuhn und Claudia Hemmerle. DGS Berlin, 2005, ISBN 3-9805738-3-4.

[Eic01] Ursula Eicker: "Solare Technologien für Gebäude". B.G. Teubner, Stuttgart, 2001, ISBN 3-519-05057-9.

[FIZ83] "Informationspaket Photovoltaik". Fachinformationszentrum Energie, Physik, Mathematik, Karlsruhe, 1983.

[Gre86] "Silicon Solar Cells - Operating Principles, Technology and System Applications". Centre for PV Devices and Systems, Univ. of NSW, Australia, 1986, ISBN 0-85823-580-3.

[Gre95] "Silicon Solar Cells - Advanced Principles & Practice". Centre for PV Devices and Systems, University of NSW, Australia, 1995, ISBN 0-7334-0994-6.

[Häb91] H. Häberlin: "Photovoltaik - Strom aus Sonnenlicht für Inselanlagen und Verbundnetz". AT-Verlag, Aarau, 1991, ISBN 3-85502-434-0.

[Hag02] I.B. Hagemann: "Gebäudeintegrierte Photovoltaik - Architektonische Integration der Photovoltaik in die Gebäudehülle". Rudolf Müller Verlag, Köln, 2002. ISBN 3-481-01776-6.

[Han95] B. Hanus: "Das grosse Anwenderbuch der Solartechnik". Franzis-Verlag,1995, ISBN 3-7723-7791-2.

[Has89] P. Hasse, J. Wiesinger: "Handbuch für Blitzschutz und Erdung". Pflaum Verlag, München, 1989,ISBN 3-7905-0559-5.

[Has05] R. Haselhuhn: "Photovoltaik - Gebäude liefern Strom". TUEV-Verlag, 2005, ISBN 3-8249-0854-9.

[Her92] L. Herzog, U. Muntwyler: "Photovoltaik - Planungsunterlagen für autonome und netzgekoppelte Anlagen". PACER / Bundesamt für Konjunkturfragen, Bern, 1992, ISBN 3-905232-12-X.

[Hof96] V.U. Hofmann: "Photovoltaik – Strom aus Licht". vdf-Verlag, Zürich, ISBN 3-7281-2211-4.

[Hu83] C. Hu und R. W. White: "Solar Cells. From Basics to Advanced Systems". Mc Graw Hill Inc., New York, 1983, ISBN 0-07-030745-8.

[Hum93] O. Humm, P. Toggweiler: "Photovoltaik und Architektur". Birkhäuser Verlag, Basel, 1993, ISBN 3-7643-2891-6.

[Ima92] M. S. Imamura, P. Helm, W. Palz: "Photovoltaic System Technology - A European Handbook". CEC, 1992, H S Stephens & Associates, Felmersham, ISBN 0-9510271-9-0.

[Jac89] P. Jacobs: "Strom aus Sonnenlicht". Wagner & Co. Solartechnik GmbH, Marburg, 1989, ISBN 3-923129-03-3.

[Jäg90] F. Jäger, A. Räuber (Hrsg.): "Photovoltaik - Strom aus der Sonne". C.F. Müller Verlag, Karlsruhe, 1990, ISBN 3-7880-7337-3.

[Joh80] W.D. Johnston, Jr.: "Solar Voltaic Cells". Marcel Dekker Inc., New York, 1980, ISBN 0-8247-6992-9.

[Kar88] S. Karamanolis: "Alles über Solarzellen". Elektra-Verlag, Neubiberg bei München, 1988, ISBN 3-922238-78-5.

[Kri92]] B. Krieg: "Strom aus der Sonne". Elektor Verlag, Aachen, 1992, ISBN 3-928051-17-2.

[Köt94] H. K. Köthe: "Stromversorgung mit Solarzellen". Franzis-Verlag, München, 1994, ISBN 3-7723-9434-5.

[Kur03] P. Kurzweil: "Brennstoffzellentechnik". Vieweg Verlag, Wiesbaden, 2003, ISBN 3-528-03965-5.

[Lad86] H. Ladener: "Solare Stromversorgung für Geräte, Fahrzeuge und Häuser". Oekobuch-Verlag Freiburg (Breisgau), 1986, ISBN 3-922964-28-1.

[Lew95] H.J. Lewerenz, H. Jungblut: "Photovoltaik – Grundlagen und Anwendungen". Springer Verlag, Berlin, 1995, ISBN 3-540-58539-7.

[Luq03] A. Luque, S. Hegedus (Ed.): "Handbook of Photovoltaic Science and Engineering". John Wiley & Sons , Chichester, 2003, ISBN 10: 0-471-49196-9.

[Mar94] T. Markvart: "Solar Electricity". John Wiley & Sons , Chichester, 1994, ISBN 0-471-94161-1.

[Mar00] T. Markvart: "Solar Electricity". John Wiley & Sons , Chichester, 2000, ISBN 0-471-98852-9

[Mar03] T. Markvart, L. Castaner (Ed.): "Photovoltaics – Fundamentals and Applications". Elsevier, Oxford, 2003, ISBN 1856173909.

[Mun90] U. Muntwyler: "Praxis mit Solarzellen". Franzis-Verlag, München, 1990, ISBN 3-7723-2043-0.

[Nor00] T. Nordmann und Ch. Schmidt: "Im Prinzip Sonne". Kontrast Verlag, Zürich, 2000, ISBN 3-9521287-6-7.

[Pan86] P. Panzer: "Praxis des Überspannungs- und Störspannungsschutzes elektronischer Geräte und Anlagen". Vogel-Verlag, Würzburg, 1986, ISBN 3-8023-0887-5.

[Par95] Larry D. Partain (Ed.): "Solar Cells and their Applications". John Wiley & Sons, Inc., New York, 1995, ISBN 0-471-57420-1.

[Qua03] V. Quaschning: "Regenerative Energiesysteme – Technologie, Berechnung, Simulation". Carl Hanser Verlag, München, 2003, ISBN 3-446-21983-8.

[Räu86] A. Räuber, F. Jäger: "Photovoltaische Solarenergienutzung. Vergleichende Studie der Entwicklungstendenzen in der Bundesrepublik Deutschland, in Europa, den USA und Japan". BMFT-FB-T86-048, Fachinformationszentrum Energie, Physik, Mathematik, Karlsruhe, 1986.

[Rin01] U. Rindelhardt: "Photovoltaische Stromversorgung". B.G. Teubner Verlag, Stuttgart, 2001, ISBN 3-519-00411-9.

[Rod89] A. Rodewald: "Elektromagnetische Verträglichkeit - Grundlagen, Experimente, Praxis". Vieweg Verlag, Wiesbaden, 1989, ISBN 3-528-04924-3.

[Ros99] M. Ross, J. Royer (Ed.): "Photovoltaics in Cold Climates". James & James, London, 1999, ISBN 1-873936-89-3.

[Rot97] W. Roth, H. Schmidt (Hrsg.): "Photovoltaikanlagen". Begleitbuch zum OTTI-Seminar Photovoltaikanlagen. Fraunhofer Institut für Solare Energiesysteme, D79100-Freiburg, 1997.

[Sch87] A. Schwarz, K. Schnuer: "Stromquelle Tageslicht". Orac-Verlag, Wien, 1987, ISBN 3-7015-0091-6.

[Sche87] H.Scheer (Hrsg:):"Die gespeicherte Sonne". Piper Verlag, München, 1987, ISBN 3-492-10828-8.

[Sch88] J. Schmid: "Photovoltaik. Direktumwandlung von Sonnenlicht in Strom". Verlag TUEV Rheinland, Köln, 1988, ISBN 3-88585-396-5.

[Sch93] S. Schodel: "Photovoltaik - Grundlagen und Komponenten für Projektierung und Installation". Pflaum Verlag, München, 1993, ISBN 3-7905-0621-4.

[Sch00] J. Schmid (Hrsg.): "Photovoltaik – Strom aus der Sonne". C. F. Müller, Heidelberg, 1999, ISBN 3-7880-7589-9.

[See93] T. Seemann, R. Wiechmann: "Solare Hausstromversorgung mit Netzverbund". VDE-Verlag, Berlin, 1993, ISBN 3-8007-1849-9.

[Sel00] T. Seltmann: "Fotovoltaik: Strom ohne Ende". Solarpraxis, Berlin, 2000, ISBN 3-934595-02-2.

[Sic96] F. Sick and Th. Erge (Ed.): "Photovoltaics in Buildings". James & James Ltd, London, 1996, ISBN 1 873936 59 1.

[SOL] Sonnenenergie Fachverband Schweiz : "Empfehlungen zur Nutzung der Sonnenenergie". Erhältlich bei SOLAR, Hopfenweg 21, 3007 Bern, www.solarpro.ch.

[SNV88] Sonnenergie: "Begriffe und Definitionen", SN 165000, herausgegeben von der Schweizerischen Normen-Vereinigung, Zürich, 1988.

[Sta87] M. R. Starr u.a.: "Photovoltaischer Strom für Europa". Verlag TUEV Rheinland, Köln, 1987, ISBN 3-88585-223-3.

[Wag06] A. Wagner: "Photovoltaik-Engineering". Springer Verlag, Berlin, 2006, ISBN-10 3-540-30732-X.

[Web91] R. Weber: "Der sauberste Brennstoff - Der Weg zur Wasserstoff-Wirtschaft". Olynthus Verlag, Oberbözberg, 1991, ISBN 3-907175-13-1.

[Wen95] S.R. Wenham, M.A. Green, M.E. Watt: "Applied Photovoltaics". Centre for PV Devices and Systems, University of NSW, Australia, 1995, ISBN 0-86758-909-4.

[Wil94] H. Wilk: "Solarstrom - Handbuch zur Planung und Ausführung von Photovoltaikanlagen". Arbeitsgemeinschaft Erneuerbare Energien, A-8200 Gleisdorf, 1994, ISBN 3-901425-01-2.

[Win89] C. J. Winter und J. Nitsch (Hrsg.): "Wasserstoff als Energieträger". Springer Verlag, Berlin, 1989,ISBN 3-540-50221-1.

[Win91] C.J. Winter, R.L. Sizmann, L.L. Vant-Hull: "Solar Power Plants". Springer Verlag, Berlin, 1991, ISBN 3-540-18897-5.

[Wür95] P. Würfel: "Physik der Solarzellen". Spektrum Verlag, Heidelberg, 1995, ISBN 3-86025-717-X.

[Wür05] P. Würfel: "Physics of Solar Cells". Wiley-VCH, Weinheim, 2005, ISBN 3-527-40428-7.

[Zah04] R. Zahoransky: "Energietechnik". Vieweg, Wiesbaden, 2004, ISBN 3-528-13925-0.

B3 Stichwortverzeichnis

B4 Liste der wichtigsten verwendeten Symbole (mit Einheiten)

Symbol	Bezeichnung	Einheit
a	Abschreibungssatz	%
a_A	Abschreibungssatz für Akku	%
a_E	Abschreibungssatz für Anlagen-Elektronik	%
A_G	Gesamtfläche eines Solargeneratorfeldes (Summe der Modulflächen)	m^2
a_G	Abschreibungssatz für Solargenerator	%
A_L	Benötigte Land- oder Dachfläche für Solargeneratorfeld	m^2
AM	Relative Luftmassenzahl (durchdrungene Atmosphärendicken)	-
a_{MB}	Relative Anzahl beschattete Module pro Strang	-
a_{MM}	Relative Anzahl Module pro Strang mit Minderleistung	-
A_Z	Fläche einer Solarzelle	m^2
C	Kapazität	F
C_E	Erdkapazität eines Solargenerators	F
CF	Kapazitätsfaktor, mittlere Arbeitsausnutzung, mittlere Auslastung	-
c_T	Temperaturkoeffizient der MPP-Leistung des Solargenerators	K^{-1}
di/dt_{max}	Maximale Stromsteilheit in der Front eines Blitzstroms	kA/μs
d_V	Relative Spannungsanhebung am Verknüpfungspunkt mit dem Netz	-
e	Elementarladung (Betrag der Ladung eines Elektrons oder Protons) ($e = 1{,}602 \cdot 10^{-19}$ As)	As
e	Basis der natürlichen Logarithmen: e = 2,718281828	-
E	Energie (allgemein)	kWh, MJ
e_A	Flächenbezogene graue Energie bei PV-Anlagen	kWh/m^2 MJ/m^2
E_{AC}	Von einer PV-Anlage produzierte AC-Energie	kWh
E_D	Durchschnittlich täglich verbrauchte DC-Energie einer PV-Inselanlage	Wh/d
E_{DC}	Von einer PV-Anlage produzierte DC-Energie	kWh
E_{DC-S}	Pro Strang gelieferte mittl. tägl. DC-Energie (bei Inselanlagen mit MPT)	Wh/d
EF	Erntefaktor = L / ERZ	-
E_G	Bandlückenenergie (wird meist in eV angegeben, $1\ eV = 1{,}602 \cdot 10^{-19}$ J)	eV
E_H	Durchschnittlich täglich von Hybridgenerator gelieferte Energie	Wh/d
E_L	Während Lebensdauer der Anlage produzierte Energie	kWh, MJ
e_P	Spitzenleistungsbezogene graue Energie bei PV-Anlagen	kWh/W, MJ/W
ERZ	Energierücklaufzeit (für Produktion der grauen Energie nötige Zeit)	a
f	Frequenz	Hz
FF	Füllfaktor einer Solarzelle / eines Solarmoduls / eines Solargenerators	-
FF_i	Idealisierter Füllfaktor	-
G	Globale Bestrahlungsstärke (Leistung/Fläche), meist in Horizontalebene	W/m^2
G_B	Bestrahlungsstärke *der Direktstrahlung*, meist in Horizontalebene	W/m^2
G_D	Bestrahlungsstärke *der Diffusstrahlung*, meist in Horizontalebene	W/m^2

Symbol	Bezeichnung	Einheit
GE	Graue Energie	kWh, MJ
G_{ex}	Extraterrestrische Bestrahlungsstärke	W/m^2
G_G	Globale Bestrahlungsstärke in Ebene des Solargenerators	W/m^2
G_o , G_{STC}	Bestrahlungsstärke bei STC: $G_o = 1kW/m^2$	W/m^2
H	Strahlungssumme, Einstrahlung der Globalstrahlung (Energie/Fläche), meist in Horizontalebene	kWh/m^2 (MJ/m^2)
H_B	Strahlungssumme, Einstrahlung *der Direktstrahlung* (meist in Horizontalebene)	kWh/m^2 (MJ/m^2)
H_D	Strahlungssumme, Einstrahlung *der Diffusstrahlung* (meist in Horizontalebene)	kWh/m^2 (MJ/m^2)
H_{ex}	Strahlungssumme der extraterrestrischen Strahlung auf eine Ebene parallel zur Horizontalebene ausserhalb der Erdatmosphäre	kWh/m^2 (MJ/m^2)
H_G	Strahlungssumme, Einstrahlung in die Ebene des Solargenerators (Energie/Fläche)	kWh/m^2 (MJ/m^2)
I	Strom (allgemein)	A
i_A	Teilblitzstrom in einer Ableitung	A
i_{Amax}	Maximalwert des Teilblitzstroms in einer Ableitung	A
I_{DCeff}	Effektivwert des DC-Eingangsstromes eines Inselwechselrichters	A
I_F	Durchlassstrom	A
I_L	Ladestrom	A
i_{max}	Maximalwert (Scheitelwert) eines Blitzstroms	A
I_{MPP}	Strom im MPP	A
I_{PV}	Solargeneratorstrom	A
I_R	Rückstrom in Solarmodul (= Durchlassstrom in Solarzellendiode!)	A
I_S	Sättigungsstrom (einer Diode oder Solarzelle)	A
I_{SC}	Kurzschlussstrom (von Solarzelle, Solarmodul oder Solargenerator)	A
I_{SC-STC}	Kurzschlussstrom bei STC	A
I_{SN}	Nennstrom einer Strangsicherung	A
i_{So}	Von Blitzstrom induzierter Kurzschlussstrom in Leiterschleife	A
i_{Somax}	Maximalwert des induzierten Kurzschlussstroms in Leiterschleife	A
i_V	Von Blitzstrom induzierter Varistorstrom	A
i_V	Von Ferneinschlag hervorgerufener Verschiebungsstrom in PV-Anlage	A
$I_{V8/20}$	Notwendiger Varistor-Nennstrom (für Kurvenform 8/20μs)	A
J_{max}	Maximale Stromdichte	A/m^2
J_S	Sättigungsstromdichte	A/m^2
k	Boltzmann-Konstante = $1{,}38 \cdot 10^{-23}$ J/K	J/K
K_A	Kosten für Akku bei Inselanlagen	€, Fr.
k_B	Beschattungskorrekturfaktor (1, wenn keine, 0 wenn volle Beschattung)	-
k_B	Jährliche Kosten für Betrieb	€/a, Fr./a
k_C	Relativer Blitzstromanteil in einer Ableitung	-
K_E	Kosten für Elektronik (Wechselrichter, Laderegler usw.)	€, Fr.

Symbol	Bezeichnung	Einheit
k_G	Generator-Korrekturfaktor	-
K_G	Kosten für Solargenerator, Aufständerung, Verkabelung usw.	€, Fr.
k_I	Strom-Klirrfaktor	-
K_J	Totale Jahreskosten für eine PV-Anlage	€/a, Fr./a
k_{MR}	Korrekturfaktor zur Berechnung von M_{Mi} aus M_{MR} des Modulrahmens	-
K_N	Nutzbare Akkukapazität	Ah
K_S	Eingesparte Kosten (z.B. für Dachziegel) bei Gebäudeintegration	€, Fr.
k_T	Temperatur-Korrekturfaktor	-
K_x	Kapazität eines Akkus bei Entladung in x Stunden ($K_x = f(x)!$)	Ah
L	Induktivität (allgemein)	H
L	Lebensdauer der Anlage in Jahren	a
L_C	Generatorverluste (Capture Losses)	h/d
L_{CM}	Nicht temperaturbedingte Generatorverluste (Miscellaneous Capture Losses)	h/d
l_{CM}	Nicht temperaturbedingte norm. Generatorverlustleistung: $l_{CM} = y_T - y_A$	-
L_{CT}	Temperaturbedingte Generatorverluste (Thermal Capture Losses)	h/d
l_{CT}	Temperaturbedingte normierte Generatorverlustleistung: $l_{CT} = y_R - y_T$	-
L_S	Induktivität der betrachteten Leiterschleife	H
l_S	Normierte Systemverlustleistung: $l_S = y_A - y_F$	-
L_S, L_{BOS}	Systemverluste ((Balance of) System Losses)	h/d
M	Gegeninduktivität (allgemein)	H
M_i	Effektive Gegeninduktivität (bezogen auf den gesamten Blitzstrom i)	H
M_{Mi}	Effektive Gegeninduktivität eines Moduls (bez. gesamten Blitzstrom i)	H
M_{MR}	Gegeninduktivität des Modulrahmens (bezogen auf $i_A = k_C \cdot i$)	H
n_{AP}	Anzahl parallel geschaltete Akkus	-
n_{AS}	Anzahl in Serie geschaltete Akkus	-
N_D	Durchschnittliche jährliche Anzahl Direkteinschläge	-
N_g	Anzahl Erdblitze pro km^2 und Jahr	km^{-2}
n_I	Wechselrichter-Nutzungsgrad (Energiewirkungsgrad)	-
n_{MP}	Anzahl Module, die in einem Solargenerator parallel geschaltet sind	-
n_{MS}	Anzahl Module, die in einem Strang (String) in Serie geschaltet sind	-
n_{MSB}	Anzahl beschattete Module pro Strang	-
n_{MSM}	Anzahl Module pro Strang mit Minderleistung	-
n_{SP}	Anzahl Stränge, die in einem Solargenerator parallel geschaltet sind	-
n_{VZ}	Vollzyklen-Lebensdauer eines Akkus	-
n_Z	Anzahl Zellen in Serie	-
n_{ZP}	Anzahl Zellen, die in einem Solarmodul parallel geschaltet sind	-
P	Wirkleistung	W
p	Für Amortisation zu verwendender Zinssatz	%
P_A	Von Solargenerator produzierte Gleichstromleistung	W

Symbol	Bezeichnung	Einheit
P_{Ao}	Effektive (gemessene) Solargenerator-Spitzenleistung bei STC	W
P_{AC}	Leistung auf der Wechselstromseite	W
P_{AC1}	Maximal einphasig anschliessbare Wechselrichter-Nennleistung	W
P_{AC3}	Maximal dreiphasig anschliessbare Wechselrichter-Nennleistung	W
P_{ACn}	Wechselstromseitige Nennleistung eines Wechselrichters / einer Anlage	W
P_{DC}	Leistung auf der Gleichstromseite	W
P_{DCn}	Gleichstromseitige Nennleistung eines Wechselrichters	W
PF	Flächennutzungsgrad (engl. Packing Factor)	-
P_{Go}	Nominelle Solargenerator-Spitzenleistung bei STC (Summe aller P_{Mo})	W
P_{GoT}	Temperaturkorrigierte nominelle Solargenerator-Spitzenleistung	W
P_{max}	Maximale Leistung (entspricht P_{MPP} bei STC)	W
P_{Mo}	Nennleistung eines Moduls bei STC (nach Herstellerangaben)	W
P_{MPP}	Leistung im MPP (Punkt maximaler Leistung) einer Solarzelle, eines Solarmoduls oder eines Solargenerators	W
P_{nutz}	Von PV-Anlage produzierte Nutzleistung	W
PR	Performance Ratio = Y_F/Y_R	-
pr	Momentane Performance Ratio pr = y_F/y_R	-
PR_a	Jahres-Performance Ratio	-
p_{VTZ}	Maximal zulässige flächenspezifische Verlustleistung (bei Solarzellen)	W/m^2
Q	Blindleistung (> 0, wenn induktiv)	Var
Q_D	Durchschnittlicher täglicher Ladungsverbrauch einer PV-Inselanlage	Ah/d
Q_H	Mittlere tägliche Ladung von Hybridgenerator bei PV-Inselanlagen	Ah/d
Q_L	Ladung eines Langzeit-Blitzstroms (Langzeitstrom, bis einige 100 ms)	As
Q_L	Mittlerer täglicher Ladungsbedarf einer PV-Inselanlage (> Q_D !)	Ah/d
Q_{PV}	Mittlere von PV-Generator gelieferte tägliche Ladung	Ah/d
Q_S	Ladung eines Blitzstroms (Stossstrom, Dauer < 1 ms)	As
Q_S	Mittlere tägliche Ladung von einem Strang einer PV-Inselanlage	Ah/d
R	Widerstand (allgemein), Realteil einer komplexen Impedanz $\underline{Z}$	Ω
R_{1L}	Realteil der komplexen einphasigen Impedanz der Leitung zwischen Trafo und Verknüpfungspunkt (beim Anschluss von Wechselrichtern)	Ω
R_{1N}	Realteil der komplexen einphasigen Netzimpedanz (ohmscher Anteil)	Ω
R_{1S}	Realteil der komplexen einphasigen Impedanz der Speiseleitung (mit Impedanz $\underline{Z}_S$) zwischen Verknüpfungspunkt und Wechselrichter	Ω
R_{3L}	Realteil der komplexen dreiphasigen Impedanz der Leitung zwischen Trafo und Verknüpfungspunkt (beim Anschluss von Wechselrichtern)	Ω
R_{3N}	Realteil der komplexen dreiphasigen Netzimpedanz (ohmscher Anteil)	Ω
R_{3S}	Realteil der komplexen dreiphasigen Impedanz der Speiseleitung (mit Impedanz $\underline{Z}_S$) zwischen Verknüpfungspunkt und Wechselrichter	Ω
$R(\beta,\gamma)$	Globalstrahlungsfaktor = H_G/H	-
$R_a(\beta,\gamma)$	Jahres-Globalstrahlungsfaktor = H_{Ga}/H_a (Verhältnis der Jahres-Einstrahlungen)	-

Symbol	Bezeichnung	Einheit
R_B	Direktstrahlungsfaktor = H_{GB}/H_B (gemäss Tabelle im Anhang A4)	-
r_B	Radius der Blitzkugel	m
R_D	Diffusstrahlungsfaktor = H_{GD}/H_D	-
R_E	Erdungswiderstand (einer Erdungsanlage)	Ω
R_i	Innenwiderstand (z.B. eines Akkus))	Ω
R_L	Widerstand der Anschlussleitung (Realteil von $\underline{Z}_L$)	Ω
R_M	Widerstand der Abschirmung / des Mantels einer geschirmten Leitung	Ω
R_N	Netz-Innenwiderstand (Realteil von $\underline{Z}_N$)	Ω
R_P	Parallelwiderstand	Ω
R_R	Rahmen-Reduktionsfaktor	-
R_S	Seriewiderstand einer Solarzelle oder einer Leiterschleife	Ω
R_T	Widerstand des Mittelspannungstrafos (Realteil von $\underline{Z}_T$)	Ω
R_V	Äquivalenter Widerstand der (linearisierten) Ersatzquelle des Varistors	Ω
S	Scheinleistung	VA
S_{1KV}	Einphasige Kurzschlussleistung des Netzes am Verknüpfungspunkt	VA
SF	Spannungsfaktor	-
S_{KV}	(Dreiphasige) Kurzschlussleistung des Netzes am Verknüpfungspunkt	VA
s_{min}	Minimal erforderlicher Sicherheitsabstand bei Näherungen	m
S_{WR}	(Dreiphasige) Nenn-Scheinleistung eines Wechselrichters	VA
T	(Absolute) Temperatur	K
T_C	Zellentemperatur (Variante zu T_Z)	°C
T_o , T_{STC}	STC-Bezugstemperatur (25°C)	°C
T_U	Umgebungstemperatur	°C
t_V	AC-Volllaststunden (Volllaststunden von P_{ACn} der Anlage)	h
t_{Vb}	AC-Volllaststunden einer PV-Anlage mit Leistungsbegrenzung auf $P_{AC\text{-}Grenz} < P_{ACmax}$ der Anlage)	h
t_{Vm}	AC-Volllaststunden einer PV-Anlage bezogen auf maximal auftretende AC-Leistung P_{ACmax} der Anlage (i.A. P_{ACmax} etwas verschieden von P_{ACn})	h
t_{Vo}	Volllaststunden einer PV-Anlage bezügl. Spitzenleistung P_{Go} (bei STC)	h
T_Z	Zellentemperatur	°C
t_Z	Zyklentiefe, Entladetiefe (eines Akkus)	-
T_{ZG}	Strahlungsgewichtete Zellen- resp. Modul-Temperatur	°C
U	Spannung (allgemein)	V
U_{1N}	Phasenspannung des Netzes (Wert der Ersatzquelle, im Leerlauf)	V
U_{1V}	Phasenspannung am Verknüpfungspunkt	V
U_{1WR}	Phasenspannung am Anschlusspunkt des Wechselrichters	V
U_{BA}	Spannung an einer Bypassdiode im Avalanche(Durchbruchs-)Betrieb	V
U_G	Grenzladespannung eines Akkus, Gasungsspannung eines Akkus	V
U_L	Ladespannung eines Akkus, Ausgangsspannung eines MPT-Ladereglers,	V
U_M	Von einem Blitzstrom in einem Modul maximal induzierte Spannung	V

Symbol	Bezeichnung	Einheit
u_{max}	Auftretende Maximalspannung	V
U_{MPP}	Spannung im MPP	V
$U_{MPPA-STC}$	Spannung im MPP der PV-Anlage (resp. des PV-Generators) bei STC	V
U_N	Netzspannung (verkettet) (Wert der Ersatzquelle, im Leerlauf)	V
U_{OC}	Leerlaufspannung (von Solarzelle, Solarmodul oder Solargenerator)	V
$U_{OCA-STC}$	Leerlaufspannung der PV-Anlage bei STC	V
U_{Ph}	Theoretische Photospannung = E_G/e	V
U_{PV}	Spannung am Solargenerator	V
U_R	Sperrspannung	V
U_{RRM}	Sperrspannung einer Diode	V
U_S	Systemspannung einer PV-Inselanlage	V
U_S	Von einem Blitzstrom in einem Strang maximal induzierte Spannung	V
U_V	Spannung am Verknüpfungspunkt (verkettet)	V
U_V	Äquivalente Spannung der (linearisierten) Ersatzquelle des Varistors	V
U_V	Von einem Blitzstrom in Verdrahtung maximal induzierte Spannung	V
U_{VDC}	Vom Hersteller spezifizierte DC-Betriebsspannung des Varistors	V
U_{WR}	Spannung am Anschlusspunkt des Wechselrichters (verkettet)	V
V_{max}	Maximale auftretende Potenzialanhebung gegenüber der fernen Erde	V
X	Reaktanz (Blindwiderstand) allgemein, Imaginärteil einer Impedanz $\underline{Z}$	Ω
X_{1L}	Imaginärteil der komplexen einphasigen Impedanz der Leitung zwischen Trafo und Verknüpfungspunkt (beim Anschluss von Wechselrichtern)	Ω
X_{1N}	Imaginärteil der komplexen einphasigen Netzimpedanz (Reaktanz)	Ω
X_{1S}	Imaginärteil der komplexen einphasigen Impedanz der Speiseleitung (mit Impedanz $\underline{Z}_S$) zwischen Verknüpfungspunkt und Wechselrichter	Ω
X_{3L}	Imaginärteil der komplexen dreiphasigen Impedanz der Leitung zwischen Trafo und Verknüpfungspunkt (beim Anschluss von Wechselrichtern)	Ω
X_{3N}	Imaginärteil der komplexen dreiphasigen Netzimpedanz (Reaktanz)	Ω
X_{3S}	Imaginärteil der komplexen dreiphasigen Impedanz der Speiseleitung (mit Impedanz $\underline{Z}_S$) zwischen Verknüpfungspunkt und Wechselrichter	Ω
X_L	Reaktanz der Anschlussleitung (Imaginärteil von $\underline{Z}_L$)	Ω
X_N	Netz-Reaktanz (Imaginärteil von $\underline{Z}_N$)	Ω
X_T	Reaktanz des Mittelspannungstrafos (Imaginärteil von $\underline{Z}_T$)	Ω
Y_A	Generator-Ertrag (Array Yield, bedeutet Volllaststunden von P_{Go})	h/d
y_A	Normierte Solargeneratorleistung = P_A/P_{Go}	-
Y_F	End-Ertrag (Final Yield, bedeutet Volllaststunden von P_{Go})	h/d
y_F	Normierte Nutzleistung = P_{nutz}/P_{Go}	-
Y_{Fa}	Spezifischer Jahresenergieertrag	kWh/kWp resp. h/a
Y_R	Strahlungsertrag (Reference Yield, bedeutet Volllaststunden der Sonne)	h/d
y_R	Normierte Strahlungsleistung = G_G/G_o	-
Y_T	Temperaturkorrigierter Strahlungsertrag	h/d

Symbol	Bezeichnung	Einheit
y_T	Temperaturkorrigierte normierte Strahlungsleistung = $y_R \cdot P_{GoT}/P_{Go}$	-
$\underline{Z}$	Komplexe Impedanz $\underline{Z} = R + jX$ (allgemein)	Ω
Z	Betrag der Impedanz (Wechselstromwiderstand)	Ω
$\underline{Z}_{1L}$	Komplexe einphasige Impedanz der Leitung Trafo-Verknüpfungspunkt	Ω
$\underline{Z}_{1N}$	Komplexe einphasige Netzimpedanz	Ω
$\underline{Z}_{3L}$	Komplexe dreiphasige Impedanz der Leitung Trafo-Verknüpfungspunkt	Ω
$\underline{Z}_{3N}$	Komplexe dreiphasige Netzimpedanz	Ω
$\underline{Z}_L$	Komplexe Impedanz der Anschlussleitung	Ω
$\underline{Z}_N$	Komplexe Netzimpedanz	Ω
$\underline{Z}_S$	Komplexe Netzimpedanz der Speiseleitung eines Wechselrichters	Ω
Z_N	Betrag der Netzimpedanz	Ω
$\underline{Z}_T$	Komplexe Impedanz des Mittelspannungstrafos	Ω
Z_W	Wellenimpedanz (der DC-Hauptleitung)	Ω
ΔU_V	Spannungsanhebung am Verknüpfungspunkt mit dem Netz	V
ΔU_{WR}	Spannungsanhebung am Anschlusspunkt des Wechselrichters	V
α	Elevation, Schutzwinkel (beim Blitzschutz)	°
β	Solargenerator-Anstellwinkel	°
γ	Solargenerator-Azimut (Abweichung von Süden gegen Westen)	°
η_{Ah}	Ampèrestunden-Wirkungsgrad (eines Akkus)	-
η_E	Energie-Wirkungsgrad (Nutzungsgrad) einer PV-Anlage	-
η_M	Solarmodul-Wirkungsgrad	-
η_{MPPT}	MPP-Tracking-Wirkungsgrad / Anpassungsgrad bei Netzwechselrichter	-
η_{MPT}	(totaler) Wirkungsgrad eines MPT-Ladereglers (Tracking+Umwandlung)	-
η_{PV}	Solarzellen-Wirkungsgrad	-
η_S	Spektraler Wirkungsgrad	-
η_T	Theoretischer Wirkungsgrad	-
η_{tot}	Totaler Wirkungsgrad $\eta_{tot} = \eta \cdot \eta_{MPPT}$	-
η_{WR}	Mittlerer Wechselrichter-Wirkungsgrad für Dimensionierung und Ertragsberechnungen bei PV-Anlagen (empfohlen: η_{tot}, wenn verfügbar)	
η , η_{UM}	Umwandlungswirkungsgrad	-
φ	Phasenwinkel zwischen U und I	°
φ	Geografische Breite (nötig für R_B-Bestimmung bei der Strahlungsberechnung mit der Dreikomponentenmethode)	°
ν	Frequenz (Nebensymbol für f für sehr hohe Frequenzen, z.B. bei Licht)	Hz
ρ	Spezifischer Widerstand eines Materials (i.A. eines Metalls)	$\Omega mm^2/m$
ρ	Reflexionsfaktor einer Fläche zur Berechnung der Reflexionsstrahlung	-
ψ	Netzimpedanzwinkel (Phasenwinkel) der Netzimpedanz $\underline{Z}_N$	°
ψ_1	Phasenwinkel der einphasigen Netzimpedanz $\underline{Z}_{1N}$	°
ψ_3	Phasenwinkel der dreiphasigen Netzimpedanz $\underline{Z}_{3N}$	°

B5 Liste der wichtigsten verwendeten Abkürzungen

AC Wechselstrom
AM Relative Luftmassenzahl (von Strahlung durchdrungene Atmosphärendicken)
a-Si amorphes Silizium
BFE Bundesamt für Energie, Bern
BFH Berner Fachhochschule
BKW Bernische Kraftwerke AG, Bern
BMU Bundesministerium für Umwelt (Deutschland)
CdTe Kadmiumtellurid
CIGS Kupfer-Indium-Gallium-Diselenid
CIS Kupfer-Indium-Diselenid
c-si kristallines Silizium
Cz Czochralski Verfahren (zum Ziehen von Si-Einkristallen)
DC Gleichstrom
DGS Deutsche Gesellschaft für Sonnenenergie
DOE Department of Energy (USA)
EEG Erneuerbare-Energien-Gesetz (Deutschland)
ENS Formell: **E**inrichtung zur **N**etzüberwachung mit zugehörigem **S**chaltorgan in Reihe (faktisch meist Einrichtung zur kontinuierlichen Netzimpedanzüberwachung zur Erkennung eines unerwünschten Inselbetriebs bei Netzverbund-Wechselrichtern).
ETH Eidgenössische Technische Hochschule
EVU Elektrizitätsversorgungsunternehmen (andere Bezeichnung: EW)
EW Elektrizitätswerk (andere Bezeichnung: EVU)
GaAs Gallium-Arsenid
GAK Generator-Anschlusskasten
Ge Germanium
MPP Maximum Power Point (Punkt maximaler Leistung auf Solarmodul-Kennlinie)
MPPT Maximum Power Point Tracker, hält Betriebspunkt immer im MPP des PV-Generators
MPT Maximum Power Tracker (Kurzform für Maximum Power-Point Tracker)
NOCT Nominelle Zellenbetriebstemperatur bei G = 800 W/m^2, Modul im Leerlauf im Freien, Umgebungstemperatur 20°C, Windgeschwindigkeit 1 m/s.
NREL Nationales Laboratorium für Erneuerbare Energien (USA)
PAL Potenzialausgleichsleitung
PAS Potenzialausgleichsschiene
PV Photovoltaik
PWM Pulsweitenmodulation
SEV Schweizerischer Elektrotechnischer Verein (heute Electrosuisse)
Si Silizium
SLF Schweizerisches Lawinenforschungsinstitut Weissfluhjoch/Davos
SPD Surge Protection Device, Überspannungsableiter
STC Standard-Testbedingungen ($G = G_o$ = 1 kW/m^2, AM1,5-Spektrum, Zellentemperatur 25°C)
TGAK Teilgenerator-Anschlusskasten

B6 Vorsilben für dekadische Bruchteile und Vielfache von Einheiten

Vorsilbe	Symbol	Bedeutung	Beispiel
Exa	E	10^{18}	1 EJ = 10^{18} J
Peta	P	10^{15}	1 PJ = 10^{15} J
Tera	T	10^{12}	1 TWh = 10^{12} Wh
Giga	G	10^{9}	1 GW = 10^{9} W
Mega	M	10^{6}	1 MV = 10^{6} V
Kilo	k	10^{3}	1 kHz = 10^{3} Hz
Zenti	c	10^{-2}	1 cm = 10^{-2} m
Milli	m	10^{-3}	1 mΩ = 10^{-3} Ω
Mikro	μ	10^{-6}	1 μH = 10^{-6} H
Nano	n	10^{-9}	1 ns = 10^{-9} s
Pico	p	10^{-12}	1 pF = 10^{-12} F
Femto	f	10^{-15}	1 fA = 10^{-15} A
Atto	a	10^{-18}	1 aA = 10^{-18} A

B7 Einige nützliche Umrechnungsfaktoren

In diesem Buch wurde soweit möglich das SI-Masssystem verwendet. Trotzdem sind aus didaktischen Gründen für gewisse Teilgebiete andere Einheiten besser geeignet. Für die Solarzellenphysik ist bei atomaren Vorgängen die Energieeinheit Elektronenvolt (eV) sehr sinnvoll. Als Energieeinheit für Einstrahlungen und elektrische Vorgänge ist oft die Kilowattstunde (kWh) am praktischsten. Deshalb wurden in den entsprechenden Kapiteln diese Einheiten bevorzugt.

Umrechnungsfaktoren: 1 eV = $1{,}602 \cdot 10^{-19}$ J
1 J = 1 Ws = 1 Nm
1 Wh = 3,6 kJ = $3{,}6 \cdot 10^{3}$ Ws
1 kWh = 3,6 MJ = $3{,}6 \cdot 10^{6}$ Ws
1 MWh = 3,6 GJ = 1000 kWh
1 GWh = 3,6 TJ = 10^{6} kWh = 1 Million kWh
1 TWh = 3,6 PJ = 10^{9} kWh = 1 Milliarde kWh
1 PJ = 277,8 GWh = 277,8 Millionen kWh
1 EJ = 277,8 TWh = 277,8 Milliarden kWh
1 Ah = 3600 As

B8 Wichtige Naturkonstanten

e Elementarladung: $e = 1{,}602 \cdot 10^{-19}$ As
c Lichtgeschwindigkeit: c = 299'800 km/s
h Planck'sche Konstante: $h = 6{,}626 \cdot 10^{-34}$ Js
k Boltzmannkonstante: $k = 1{,}38 \cdot 10^{-23}$ J/K
ε_0 Elektrische Konstante: $\varepsilon_0 = 8{,}854$ pF/m
μ_0 Magnetische Konstante: $\mu_0 = 0{,}4\pi$ μH/m

Verdankungen

Der Autor dankt allen Firmen, die durch Überlassung von Bildern, Daten oder sonstigen Unterlagen zu diesem Buch beigetragen haben. Ich möchte auch meinen ehemaligen und gegenwärtigen Assistenten danken, die im Rahmen vieler Forschungsprojekte Untersuchungen und Auswertungen durchgeführt haben, deren Ergebnisse nun in diesem Buch verwendet werden konnten. Dank gebührt auch den Institutionen, welche die erwähnten Forschungsprojekte in Auftrag gegeben und finanziert haben, dem Bundesamt für Energie, dem Bundesamt für Bildung und Wissenschaft, dem Wasser- und Energiewirtschaftsamt des Kantons Bern sowie verschiedenen Elektrizitätswerken (Localnet AG in Burgdorf, Bernische Kraftwerke AG, Gesellschaft Mont Soleil, Elektra Baselland und Elektrizitätswerk der Stadt Bern).

Während der Erstellung des Buches haben meine gegenwärtigen Assistenten, die Herren L. Borgna, Ch. Geissbühler, D. Gfeller, M. Kämpfer und U. Zwahlen, das Manuskript durchgelesen und auf noch vorhandene Fehler oder Unklarheiten hingewiesen. Auch meine Kollegen Dr. Urs Brugger und Michael Höckel haben einzelne Abschnitte kritisch durchgesehen. Allen diesen Personen sei an dieser Stelle herzlich dafür gedankt.

Ersigen, im Mai 2007 Heinrich Häberlin